Von der passiven Bodennutzungsplanung zur aktiven Bodenpolitik

Andreas Hengstermann

Von der passiven Bodennutzungsplanung zur aktiven Bodenpolitik

Die Wirksamkeit von bodenpolitischen Instrumenten anhand von Lebensmittel-Discountern

Andreas Hengstermann
Geographisches Institut - FU
Raumentwicklung und -planung
Universität Bern
Bern, Schweiz

Inauguraldissertation der Philosophisch-naturwissenschaftlichen Fakultät der Universität Bern vorgelegt von Andreas Hengstermann aus Deutschland

Leiter der Arbeit: Prof. Jean-David Gerber (Universität Bern, CH)
Vorsitzende des Examinationskommittees: Prof. Heike Mayer (Universität Bern, CH)
Koreferent: Prof. Tejo Spit (Utrecht University, NL)
Examinator: Prof. Hans-Heinrich Blotevogel (Universität Wien, AT)

Von der Philosophisch-naturwissenschaftlichen Fakultät angenommen
Bern, 24. April 2018
Der Dekan: Prof. Dr. Gilberto Colangelo

ISBN 978-3-658-27613-3   ISBN 978-3-658-27614-0   (eBook)
https://doi.org/10.1007/978-3-658-27614-0

Die Deutsche Nationalbibliothek verzeichnet diese Publikation in der Deutschen Nationalbibliografie; detaillierte bibliografische Daten sind im Internet über http://dnb.d-nb.de abrufbar.

Springer Spektrum
© Springer Fachmedien Wiesbaden GmbH, ein Teil von Springer Nature 2019

Springer Spektrum ist ein Imprint der eingetragenen Gesellschaft Springer Fachmedien Wiesbaden GmbH und ist ein Teil von Springer Nature.
Die Anschrift der Gesellschaft ist: Abraham-Lincoln-Str. 46, 65189 Wiesbaden, Germany

Town planning in its present stage of development seems to be impotent.
It is clear that to be effective the science and art of town planning
must be linked up with an effective policy for the land.

Liberal Land Committee (1925: 26)

Inhaltsverzeichnis

Abbildungsverzeichnis

Tabellenverzeichnis

Teil A: Tendenz von passiver Bodennutzungsplanung zu aktiver Bodenpolitik (Problemstellung und wissenschaftlicher Kontext)

Die vorliegende Arbeit ist nur vor dem Hintergrund der aktuellen fachlichen und politischen Debatten und den aktuellen Entwicklungen zu verstehen. Teil A beschreibt diesen Kontext und zeigt die darin enthaltene Problemstellung auf, die Anlass und Motivation der vorliegenden Arbeit ist.

Der Teil beginnt mit einem deskriptiven Einstieg – wobei nur ein Anspruch auf Illustrativität, nicht aber auf Vollständigkeit erhoben wird (Kap. 1). Wiederkehrendes Motiv ist dabei die Dikussion darüber, ob Raumplanung als Disziplin tatsächlich effektiv (genauer: wirksam) in der Lage ist, die tatsächliche Raumentwicklung zu beeinflussen. Spätestens seit dem Fall Galmiz werden daran berechtigte Zweifel geäussert. In diesem Zusammenhang wird von verschiedenen Akteuren periodisch die Idee eingebracht, dass eine Planung, die nicht passiv im Sinne einer Bodennutzungsplanung reagiert, sondern aktiv, im Sinne einer Bodenpolitik agiert, wirksamer sein müsste. Diese Denkschule wird aufgezeigt und systematisiert (Kap. 2). Da es sich bei Bodenpolitik um kein etabliertes Forschungsfeld mit gefestigten Wissensstrukturen handelt, ist dieses Kapitel bereits konzeptionell zu verstehen – und beinhaltet auch eine Begriffsdefinition, wie Bodenpolitik im Zusammenhang mit dieser Arbeit zu verstehen ist. Zu beachten ist ausserdem, dass nur ein kleiner Teil der vorbebrachten Argumente auf theoretischen Annahmen basiert. In der vorliegenden Arbeit wird dies separat dargestellt (Kap. 3).

Der Teil A zeigt gesamthaft auf, dass die Raumplanung als wenig wirksam wahrgenommen wird. Aktuelle politische und fachliche Bestrebungen zielen darauf ab, die Planung im Sinne einer aktiven Bodenpolitik weiterzuentwickeln. Diese Veränderung wird durch die Annahme legitimiert, dass dadurch eine höhere Wirksamkeit bei der Beeinflussung der Raumentwicklung zu erwarten ist. Ausreichende empirische Evidenz, welche diese Annahme belegt, ist jedoch nicht vorhanden. Die vorliegende Arbeit befasst sich damit, diese Forschungslücke zu verkleinern.

1. Bodenpolitik im Kontext des „Galmiz-Problems" der Raumplanung

1.1 Der Fall Galmiz als Symbol für den Zustand der Raumplanung

Im Jahr 2004 wurde öffentlich, dass ein US-amerikanischer Biotechnologiekonzern für ca. 2. Mrd. Franken einen neuen Produktionsstandort mit rund 1.200 Arbeitsplätzen aufbauen möchte (vgl. NZZ 2006, Bachmann 2005). Zunächst war unklar, um welchen Konzern es sich handelt. Amgen wurde als potenzieller Investor erst im April 2005 öffentlich bestätigt (vgl. NZZ 2004). Neben Singapur und Irland kam für das Unternehmen auch die Schweiz als Standort in Frage, zumal die Europazentrale kurz zuvor nach Luzern gelegt worden war.[1]

Eine solche Ansiedelung ist aus wirtschaftspolitischer Sicht für Gemeinden attraktiv, da neben den erwarteten Investitionen von rund 2 Mrd. Franken[2] und den direkten Beschäftigungseffekten auch indirekte Auswirkungen auf die lokale Wirtschaft zu erwarten sind. Viele Gemeindepolitiker hatten daher ein Interesse zur Ansiedelung des Unternehmens im jeweiligen Gemeindegebiet. Anstatt jedoch kantonsübergreifend eine Lösung zu finden, führte das Interesse des Unternehmens zu einem Wettbewerb der Gemeinden um die Ansiedelung, was Martinson als „kantonalen Chauvinismus" (2006: 11) bezeichnet.

Neben der Infrastruktur (Strasse und Schiene) nennt das Unternehmen das Arbeitskräfteangebot, das regulatorische Umfeld sowie Finanzen und Steuern als wichtige Kriterien zur Entscheidung über den Standort (vgl. NZZ 2004). Die speziellen Standortanforderungen des Unternehmens konnten jedoch nicht überall erfüllt werden. Neben dem grossen Flächenbedarf von 55 ha, die aus bautechnischen Gründen zudem topographisch möglichst eben sein sollten, war für das Unternehmen ein Gleisanschluss (für den Transport der benötigten Chemikalien) und die Anbindung an das europäische Autobahnnetz (für den Transport der Produkte) wichtig. Im Verlauf des öffentlichen Diskurses kristallisierte sich daher heraus, dass nur wenige Schweizer Gemeinden Flächen aufwiesen, die die Unternehmensanforderungen erfüllen konnten. Zu den vielversprechendsten Gemeinden gehörte die freiburgische Gemeinde Galmiz, sowie die waadtländischen Gemeinden Yverdon-les-Bains und Payerne.

Die Gemeinde Galmiz hatte großes Interesse an der Ansiedelung. In der Diskussion war ein Standort nördlich des Siedlungsköpers im grossen Moos. Die Fläche, die durch die Gewässerkorrektion und Moostrockenlegungen im 18. Jahrhundert urbar gemacht wurde, ist ausreichend gross, flach, zum damaligen Zeitpunkt landwirtschaftlich genutzt und erfüllt somit die Standortanforderungen des Unternehmens. Der Nutzungszonenplan, der die Fläche bislang als Landwirtschaftszone auswies, wurde schleunigst geändert (vgl. Bachmann 2005: 4). Gleiches geschah mit

---

[1] Aus steuerlichen Gründen ist die Zentrale mittlerweile nach Zug verschoben worden (vgl. NZZ 2006)

[2] Die Zahl ist eine in der Öffentlichkeit diskutierte Schätzung (vgl. NZZ 2006). Der Konzernsprecher sprach anfänglich von „üblicherweise dreistelligen Millionenbeträgen" (NZZ 2004), bzw. zum Ende des Projekts von Investitionen in Höhe von rund 1,6 Mrd. Franken (vgl. Swissinfo 2006)

© Springer Fachmedien Wiesbaden GmbH, ein Teil von Springer Nature 2019
A. Hengstermann, *Von der passiven Bodennutzungsplanung zur aktiven Bodenpolitik*, https://doi.org/10.1007/978-3-658-27614-0_1

dem kantonalen Richtplan, der erst zwei Monate zuvor vom Bundesrat genehmigt wurde (vgl. Weiss 2006: 3). Insgesamt wurden schnell die planungsrechtlichen Voraussetzungen für eine Ansiedelung geschaffen, sodass dem Unternehmen die Fläche angeboten werden konnte – wobei umstritten ist, ob diese Vorgänge rechtlich zulässig waren (vgl. Riva 2006: 12-13). Kanton und Bund erklärten dabei, dass die Einzonung nicht optimal sei, stimmten der Änderung letztlich jedoch zu. „Raumordnungspolitisch ist die Einzonung wegen der Distanz zu einer kompakten Siedlung und wegen der heute fehlenden Erschliessung mit dem öffentlichen Verkehr zwar nicht optimal. Sie verstösse aber nicht gegen die Bestimmung des Raumplanungsrechts des Bundes. Der Entscheid liege zudem in der Kompetenz von Gemeinde und Kanton" (ARE 2005: 10). Der Kanton, der explizit für solche Planungen einen Sachplan *Entwicklungsschwerpunkte Arbeitszone* als Instrument kennt, passte schliesslich einfach seine übergeordnete Planung an die Entscheidung der Gemeinde an, sodass auch hier kein Widerspruch vorläge (vgl. Bachmann 2005: 6).

Erst im weiteren Verlauf wurde die Entscheidung für Galmiz kritisch betrachtet. Zwar waren die Standortanforderungen des Unternehmens erfüllt, jedoch konnten die öffentlichen Interessen an einer solchen Unternehmensansiedelung an den alternativ diskutierten Standorten wohl besser erfüllt werden. So wurden die mangelhafte Verknüpfung zum bestehenden Industrie- und Siedlungsgebiet und die durch die Planung an einem bislang nicht im kantonalen Richtplan berücksichtigten Standort entstehenden hohen Infrastrukturkosten kritisiert (vgl. Bühlmann 2005: 116). Durch seine exponierte Lage auf der grünen Wiese würde der Standort zudem überproportionale Auswirkungen auf die Zersiedelung der Landschaft haben (vgl. Hotz-Hart et al. 2006: 229), zumal das Grosse Moos das grösste zusammenhängende Landwirtschaftsgebiet der Schweiz ist (vgl. Bachmann 2005: 6). Die alternativen Standorte in Yverdon-les-Bains und Payerne (beide Kanton Waadt) wurde raumplanerisch als deutlich bessere Standorte erachtet wurden (vgl. Bachmann 2005: 7, Bühlmann 2005: 116-117 und Hotz-Hart et al. 2006: 229). Galmiz kann, gemessen an den im Planungsrecht niedergeschriebenen Zielen, nicht als die bestmögliche Entscheidung angesehen werden.

Der Grund, warum Galmiz entgegen der öffentlichen Interessen und der planungsrechtlichen Ausgangslage favorisiert und ausgewählt wurde, liegt in der Eigentumsstruktur. In Yverdon-les-Bains waren die diskutierten Flächen im Privateigentum. Verhandlungen über einen Verkauf und den Verkaufspreis wären mit mehreren Eigentümern notwendig gewesen. Neben dem ungewissen Ausgang war nicht absehbar, welchen Zeitraum solche Verhandlungen eingenommen hätten. In Galmiz war die Fläche – ohne zugrundeliegende Strategie – im Besitz des Kantons, wodurch eine schnelle Verfügbarkeit gewährleistet war. Zudem konnte durch die Festlegung eines Preises unter Marktwert ein zusätzlicher finanzieller Anreiz für einen Schweizer Standort erstellt werden.

Schliesslich wurden daher dem Unternehmen die Flächen in Galmiz angeboten. Amgen entschied sich jedoch für einen Standort in Irland, wo weitreichendere steuerliche Vorzüge gewährt wurden. Letztlich wurde jedoch auch dieser Standort nicht realisiert, da die globale Konjunktur sich durch die Bankenkrise 2007/2008 änderte und die Investition als gesamtes hinterfragt und gestoppt wurde.

Der Fall Galmiz wird jedoch seither als Lehrstück für das Versagen einer koordinierenden, vorausschauenden und abwägenden Raumplanung diskutiert. Im Wesentlichen wird angeführt, dass der Fall mehrere Schwachstellen des Planungssystems offenlegt. Es zeigt auf,

- wie wenig vorbereitet die Raumplanung auf Flächennachfragen dieser Größenordnung und Entwicklungsgeschwindigkeiten der globalisierten Ökonomie ist
- wie schnell Kantone und Gemeinden in einen Wettbewerbsmodus verfallen, anstatt kooperativ und grenzüberschreitend die bestmögliche Lösung zu finden,
- wie einfach bestehende rechtliche und planerische Regulierungen verändert werden können und
- wie wenig die Flächenverfügbarkeit (also die eigentumsrechtliche Situation des Bodens) bislang strategisch in der Raumplanung berücksichtigt wurde.

Insbesondere der letzte Punkt ist für die vorliegende Arbeit von besonderen Interesse. „Dass das [der Fall Galmiz] passieren kann, ist nicht Folge der mangelhaften Gesetzgebung, sondern eines mangelhaften, um nicht zu sagen gesetzeswidrigen Vollzugs. Man kann Galmiz als negatives Schulbeispiel für ein ABC der Raumplanung verwenden. [...] Galmiz ist geradezu ein Paradebeispiel für das Ausmass, in welchem heute raumplanerisch klare Vorschriften manipuliert werden und wie Taten und Worte zunehmend auseinander klaffen, auch auf Bundesebene" (Weiss 2006: 3).

1.2   Dekonstruktion des Falles Galmiz aus Sicht der politischen Ökologie

Leicht lässt sich der Fall Galmiz als Einzelfall abtun, der aufgrund seiner Grösse und Einmaligkeit nicht repräsentativ für das System der Raumplanung in der Schweiz ist. Die Entscheidung für Galmiz und gegen Yverdon lässt sich als technische Notwendigkeit darstellen, die aufgrund der gegebenen Umstände von Planungssystem, wirtschaftlichen Anforderungen und Flächenverfügbarkeit entstanden ist. Eine solche Sichtweise negiert jedoch, dass jedes dieser drei Elemente das Ergebnis vorangegangen politisch-ökonomischer Prozesse ist und keinesfalls den Charakter eines Naturgesetzes hat. Jede einzelne dieser Entscheidung hätte auch anders getroffen werden können und eine alternative Entwicklung wäre ebenfalls denkbar.

Mit einem abstrakten Blick auf den Fall zeigt sich zunächst ein Konflikt zwischen zwei Ebenen. Einerseits ist die raumplanerische Situation eindeutig. Galmiz ist, gemessen an den im Planungsrecht formulierten öffentlichen Interessen (Art. 1 und 3 RPG), den alternativen Standortoptionen (bspw. in Yverdon-les-Bains) hinsichtlich der Erschliessung, planungsrechtlichen Situation und Auswirkungen auf die Landschaftszersiedelung unterlegen. Andererseits ist die zugrundeliegende eigentumsrechtliche Situation ebenfalls eindeutig. Durch die Eigenschaft als kantonaler Boden war die Fläche schnell und kostengünstig verfügbar. Langwierige Verhandlungen, wie dies in Yverdon notwendig geworden wäre, waren aufgrund der politischen Einigkeit nicht zu erwarten.

In einer solchen konfliktären Situation zeigt die Entscheidung für Galmiz auch, welche der beiden Ebenen stärker ist: Die eigentumsrechtliche Ebene. Die Logik des Eigentumsrechts setzt sich gegen die Logik der Bodennutzungsplanung durch und hat dazu geführt, dass der neue Produktionsstandort in Galmiz und nicht in Yverdon-les-Bains eröffnet worden wäre (falls Amgen sich für die Schweiz entschieden und die weltwirtschaftliche Situation die Eröffnung eines neuen Standortes nicht gänzlich verhindert hätte). Die Stärke des Eigentumsrechts führt zu Situationen, die die privaten Interessen gegenüber den öffentlichen Planungszielen bevorteilen.

1.2.1   Perspektive der politischen Ökologie auf den Fall Galmiz

Wie bereits angesprochen könnte man die Entscheidung für Galmiz als bedeutungslosen Einzelfall behandeln, als Teil der allgemeinen Raumentwicklung, welche eher zufällig entsteht und so zu akzeptieren ist, zumal keine Profiteure oder Benachteiligte sichtbar sind. Kritisch betrachtet allenfalls als eine Entscheidung, die aus einer fachlichen Sicht nicht optimal gewesen wäre, aber auch nicht ungewöhnlich in einem weitreichenden und komplexen System, welches kaum steuerbar ist. Eine solche Betrachtungsweise wird dem Fall jedoch kaum gerecht und würde die ökonomischen und sozialen Aspekte, die hinter der Raumplanung im Allgemeinen und der konkreten Entscheidung für Galmiz im speziellen stehen, vernachlässigen. Raumentwicklung entsteht nicht einfach.

Einer anderen Interpretationsmöglichkeit folgend werden Umweltveränderungen in den politischen Kontext gesetzt und dementsprechend analysiert. Raumentwicklung ist eine Veränderung der (zumeist baulichen) Umwelt, bezogen auf die Nutzung der Ressource Boden. Die Knappheit dieser Ressource und ihre unterschiedlichen Nutzungsmöglichkeiten führen dazu, dass unterschiedliche Akteure unterschiedliche Ansprüche an die Ressource haben und letztlich im Konflikt miteinander stehen. Die tatsächliche Raumentwicklung ist dann das Ergebnis politischer Prozesse zur Lösung dieser Konflikte. Diese Betrachtungsweise folgt dem Forschungsansatz der politischen Ökologie.

Der Ansatz der politischen Ökologie basiert historisch, begrifflich und inhaltlich auf der politischen Ökonomie (Adam Smith, Karl Marx und Thomas Malthus). Hierbei wird in den Vordergrund gestellt, dass wirtschaftliche Produktion nicht unabhängig von politischen Prozessen betrachtet werden kann.

Ganz ähnlich zu diesem Ansatz betont die politische Ökologie, dass auch Umweltprobleme und -veränderungen nicht ohne die zugrundliegenden politischen und wirtschaftlichen Prozesse betrachtet werden können und daher die politische Ökonomie um die Belange der Ökologie erweitert werden sollten (Blaikie and Brookfield 1987: 17 in: McCarthy 2002: 1297). Vor diesem Hintergrund hat sich die politische Ökologie als Forschungsansatz für umweltwissenschaftliche Untersuchungen etabliert. Zunächst in der sogenannten Dritten Welt, wo vielfach Zusammenhänge zwischen Umweltveränderungen und dem System der Landwirtschaft beforscht wurden (Vgl. auch für viele Beispiele Robbins 2002, 2004, McCarthy 2002). Wie McCarthy feststellt, gibt es jedoch keinen Grund weshalb dieser Ansatz für den Globalen Norden weniger gelten sollte, als für den Globalen Süden (Vgl. 2002: 1297-1298). Obwohl politische Fragen in der geographischen Forschung stets eine Rolle spielten, ist die explizite Betonung der politischen Dimension, wie sie mit der politischen Ökologie einhergeht, in den letzten Jahren vermehrt zu beobachten. Insgesamt findet derzeit eine Ausbreitung des Konzepts auf Studien in der sogenannten Ersten Welt statt. Die nicht begründbare Beschränkung auf die Dritte Welt wird durch diese „First World turn" (McCarthy 2005: 1) überwunden.

1.2.2   Was ist politische Ökologie?

Politische Ökologie ist eine Denkrichtung, die viele Studien aus diversen Disziplinen vereint. Dabei gibt keine einheitliche zugrundliegende theoretische oder methodische Herangehensweise. „It is arguably the presence of most or all of these themes as objects or components of case studies that defines political ecology more than any consistent theoretical or methodological approach to them" (McCarthy 2002: 1283). Die politische Ökologie zeichnet sich eher darin aus, dass diese Studien ähnliche Fragen stellen und ähnliche Elemente untersuchen. Politische Ökologie kann daher weder als eigenständige Disziplin bezeichnet, noch einer speziellen Disziplin zuzuordnen werden (Vgl. Robbins 2004: 5), sondern stellt einen Forschungsansatz dar. Viele Studien, die diesem Ansatz zugerechnet werden, kommen von unterschiedlichen Feldern und werden von Teams durchgeführt, die unterschiedliche fachliche Ausbildungen repräsentieren.

Der Begriff ist nicht einheitlich definiert und hat seit der (vermutlich) ersten Prägung 1972 durch Wolf auch eine Bedeutungsverschiebung erfahren (Vgl. Robbins 2004: 5). Den verschiedenen Definitionen sind als minimales Element gemein, dass sie den Unterschied zur unpolitischen Ökologie betonen, einige Grundannahmen teilen, und ähnliche Erklärungsmustern folgen (Vgl. Robbins 2004: 5).[3]

Bereits aus linguistischen Gründen kann aus der Bezeichnung als politische Ökologie abgeleitet werden, dass auch eine unpolitische Ökologie existiert. Als solche werden beispielsweise die Studien basierend auf dem „Limits to Growth"-Gedanken (Meadows et al. 1972) und auch Modernisierungstheorien bezeichnet (Vgl. Robbins 2004: 7-11). Die Inhalte dieser Studien sind dabei keinesfalls unpolitisch. Aus der Sicht der politischen Ökologie werden jedoch die politischen

---

[3]   Robbins zeigt eine Sammlung und einen Vergleich verschiedener Definitionen verschiedener Autoren. Siehe 2004: 6-7.

Aspekte nicht ausreichend explizit gemacht und „tend to ignore the significant influence of political economic forces" (Robbins 2004: 11). Dies trifft auch auf den Grossteil der planungswissenschaftlichen Literatur zu. Wenn Patsy Healey von der „Macht des besseren Arguments" (1996: 219) schreibt (und damit den Hauptfokus innerhalb der planungswissenschaftlichen Wissenschaft definiert), negiert sie paradoxerweise die Rolle des politischen innerhalb der Planung. Die Grundannahme, dass sich das bessere Argument durchsetze, reduziert die Machtfrage auf den kommunikativen Aspekt und führt zu einer Tabuisierung der eigentlichen Machtfrage (Vgl. Levin-Keitel/Lelong/Thaler 2017: 32). Im besten Falle ist dieser Ansatz naiv; zu mindestens aber wird die politische Dimension ignoriert.

Diese nicht ausreichende Betrachtung der politischen Dimension ist umso gravierende, als dass davon ausgegangen wird, dass Umweltveränderungen und ökologische Bedingungen das Resultat von politischen Prozessen ist. Dies ist eine Grundannahme, die in der politischen Ökologie wesentlich ist und zu drei verknüpften Annahmen führt. Umweltveränderungen sind mit Kosten und Gewinnen verknüpft, die unter den Akteuren ungleich verteilt werden, wodurch die bestehenden sozialen und wirtschaftlichen Ungleichheiten verstärkt oder vermindert werden, wodurch wiederum eine Verschiebung der politischen Macht impliziert ist (Vgl. Bryant and Bailey 1997, zit. n. Robbins 2004: 11). Daher steht die Identifizierung von versteckten Kosten, Gewinnern und Verlieren, sowie der Machtverschiebung im Zentrum dieses Forschungsansatzes.

Aufbauend auf diesen gemeinsamen Grundannahmen verfolgen Studien der politischen Ökologie ähnliche Erklärungsmuster. Die Forschung begnügt sich nicht mit der Beschreibung von Phänomenen, sondern zielt darauf ab diese zu erklären. Häufig werden dabei nicht nur die bestehenden Mechanismen kritisch hinterfragt, sondern auch mögliche Alternativen untersucht (Vgl. Robbins 2004: 11-12).

Der Begriff der politischen Ökologie umfasst also „empirical, research-based explorations to explain linkages in the condition and change of social/environmental systems, with explicit consideration of relations of power. Political ecology, moreover, explores these social and environmental changes with a normative understanding that there are very likely better, less coercive, less exploitative and more sustainable ways of doing things." (Robbins 2004: 12). Mit diesem Ansatz kann die politische Ökologie dazu beitragen, die wesentlichen Denk- und Fragerichtungen zu identifizieren, um relevante Aussagen über die Machtbeziehungen zuzulassen, mithilfe derer Umweltveränderungen tatsächlich erklärt werden können.

1.2.3 Nutzen für die Analyse von Raumentwicklungen

Der Nutzen einer solchen Denaturalisierung für die Analyse von räumlichen Entwicklungen sollte eigentlich gering sein. Aus politikwissenschaftlicher Perspektive ist eigentlich banal, „dass Macht der räumlichen Planung inhärent ist" (Levin-Keitel 2017: 32). Die Raumplanung hat als inhärenten Entstehungsgrund das gezielte Einwirken auf die räumlichen Entwicklungen in einem bestimmten Gebiet vor dem Hintergrund der besonderen Bedeutung von Boden und dessen Unvermehrbarkeit. Im Kern der Raumplanung steht die Bodennutzungsplanung. Daher ist Raumplanung per Definition die Anerkennung des menschlichen und politischen Einflusses auf die Umwelt und daher bereits aus sich heraus politische Ökologie.

Vor dem Hintergrund der politischen Ökologie ist lediglich transparent darzustellen, dass die Raumplanung keinesfalls ein neutrales, technisches System ist, wie dies noch während der Institutionalisierung und der Zeit der Planungseuphorie angenommen wurde. Die rationale Herangehensweise zur präzisen Entwicklung des Raumes wird durch ein urbanes Management ersetzt, welches anerkennt, die Raumentwicklung nur bedingt steuern zu können (Vgl. Albers 1996), womit die Machtfrage in räumlichen Prozessen gestellt ist.

Erschwerend kommt hinzu, dass räumliche Prozesse auf verschiedenen Ebenen stattfinden, die gegenseitig inkohärent sein können. Ganz grob lassen sich dabei mindestens die Ebene der Bodennutzung und des Bodeneigentums unterscheiden, wie am Fall Galmiz abzulesen ist. In jeder dieser Ebenen sind Akteure und ihre Interessen beteiligt und versuchen mit den ihnen zur Verfügung stehenden Möglichkeiten ihre Position durchzusetzen. Damit finden Auseinandersetzungen sowohl auf planungs- als auch auf eigentumsrechtlichen Ebene statt. Bei Inkohärenzen zeigt sich dann, welche dieser beiden Ebenen wirkungsmächtiger ist.

Mit einer politisch-ökologischen Herangehensweise wird also nicht das Untersuchungsobjekt verändert, sondern nur die Betrachtungsweise. Die Aufmerksamkeit wird auf den zentralen Aspekt der Macht gelenkt. Frei nach Lasswells Grundfrage der Politik: Wer bekommt was, wann und wie? („Politics is who gets what, when, how.") (Lasswell 1936): Welche Akteure setzen sich wann, wie und warum durch? Dabei erscheint es, dass die aktuelle Position der öffentlichen Planungsträger eher schwach bezüglich der politischen und wirtschaftlichen Akteure und der verschiedenen raumwirksamen Politikbereiche (Verkehr, Landwirtschaft, Umweltschutz, usw.) ist.

Als übergeordnete Forschungsfrage kann daher zunächst festgehalten werden:

> Welche Mechanismen bestimmen die Raumentwicklung und durch welche alternativen Strategien der öffentlichen Planungsträger kann eine nachhaltigere Raumentwicklung erwirkt werden?

Da eine solche Fragestellung viele nicht-messbare Wirkungsmechanismen abzielt, steht die Politische Ökologie zumeist in Verbindung mit qualitativen Methoden (McCarthy 2005: 954).

1.2.4   Schwachstelle der politischen Ökologie

Der Mehrwert der politischen Ökologie als Forschungsansatzes liegt in der expliziten Betonung der politischen Dimension von räumlichen Entwicklungen („Politisierung") und in der Offenheit auch mögliche alternative Ausprägungen des Systems zu untersuchen. Der Ansatz enthält jedoch keine Anhaltspunkte, nach welchen politischen Faktoren gesucht werden sollte, um die derzeitige Systematik zu erklären, und wie eine alternative Vorgehensweise aussehen könnte, die ggf. zu einer nachhaltigeren Raumentwicklung führt. Kurz gesagt, kann die politische Ökologie dabei helfen, die richtigen Fragen zu stellen, bietet aber keine Hilfe bei deren Beantwortung. Politische Ökologie ist keine Theorie, sondern lediglich eine Politisierung von Umweltproblemen und -veränderungen – was dann mithilfe von theoretischen Ansätzen wissenschaftlich bearbeitet werden kann.

Dieser Ansatz führt dazu, dass der politischen Ökologie vorgeworfen wird, dass es kein neutraler, wissenschaftlicher Ansatz sei. Viele der Studien versuchen die Mängel im bestehenden politischen und ökonomischen System aufzudecken und damit die unerwünschten Umweltauswirkungen zu erklären. Daher wird bereits, so die Kritik, in der Ausgangslage eine subjektive Bewertung vornehmen, die nicht selten der Position von bestimmten Akteursgruppen entspricht. Dem wird entgegengehalten, dass die politische Ökologie lediglich transparent macht, was andere Ansätze zwar ebenfalls beinhalten, aber durch eine Schein-Objektivität kaschieren. Ähnlich wie Arbeiten der kritischen Geschichtswissenschaft oder der kritischen Geographie werden also Phänomene hinterfragt, die als scheinbar unumstößliche Naturgesetze gelten, tatsächlich aber das Resultat von politischen Akteuren und ihren Interessen sind. Robbins bezeichnet dies als „Denaturalisierung" von gesellschaftlichen Phänomenen (2004: 12).

1.3 Das Beispiel Attisholz als Kontrast zu Galmiz

Dass der Fall Galmiz auch hätte anders verlaufen können, zeigt ein Vergleich mit dem Projekt *Attisholz* in den Städten Riedholz und Luterbach im Kanton Solothurn. Durch die Schliessung der dortigen Industrieanlage entstand die planerische Herausforderung der Neunutzung der grössten industriellen Brachfläche der Schweiz (etwa 110 ha). Das gewählte Verfahren (Testplanung) kombiniert dabei das kooperative Planungsverfahren mit Partizipations- und Wettbewerbselementen, welches der klassischen Nutzungsplanung insbesondere bei grossen und komplexen Problemstellungen vorgeschaltet werden kann. Um die Komplexität der räumlichen Fragestellung und die Vielzahl der betroffenen Interessensgruppen in den Griff zu bekommen, wird ein klar definierter Austauschprozess installiert. Simultan werden mehrere Lösungsvorschläge erarbeitet, präsentiert und diskutiert – und schliesslich auch verworfen. Durch die stetige Argumentation für oder gegen einen Entwurf entsteht im Verlaufe des Verfahrens ein Resultat, welches konsensorientiert ist und nachvollziehbar entwickelt wurde. „Durch Testen unterschiedlicher Ideen im Wechselspiel von Entwurf und Kritik kristallisieren sich grundsätzliche Lösungsrichtungen und deren Begründung heraus. Testplanungsverfahren liefern damit einen organisatorischen und kommunikativen Rahmen für explorativer Lernen" (Scholl/Vinzens/Staub 2013: 8) soll aber letztlich die Qualität der Nachnutzung gewährleisten (vgl. Vinzens 2013, zit. n. Scholl/Vinzens/Staub 2013: 3).

Die partizipativen und kompetitiven Elemente des Verfahrens werden seither in der schweizerischen Planungswissenschaft rezitiert und stetig als Positivbeispiel herangezogen. Dabei werden jedoch häufig zwei weitere Schlüsselfaktoren übersehen, die ganz wesentlich zum Erfolg des Projektes beigetragen haben: Zum einen hat der Kanton Solothurn bereits vor Beginn des Verfahrens Grundstücke des Plangebiets erworben, um so neben den planungsrechtlichen, auch eigentumsrechtlichen Einflussmöglichkeiten zu erlangen. Zum anderen wurde mit allen Eigentümer eine gemeinsame Strategie für die Zeitdauer des Verfahrens vereinbart, welche bspw. die Sistierung der Verkaufstätigkeit und auch die Verteilung des planungsbedingten Mehrwerts beinhaltet.

Im Zusammenhang betrachten agierten die verantwortlichen öffentlichen Planungsträger daher nicht im Sinne einer klassischen Bodennutzungsplanung, sondern im Sinne einer aktiven Bodenpolitik. Um die gewünschte räumliche Entwicklung zu erarbeiten, wurden intensive Beteiligungsmöglichkeiten geschaffen. Um dieses räumliche Entwicklungsleitbild auch tatsächlich umzusetzen, wurden die Nutzung und die Verteilung des Bodens aktiv beeinflusst. Anstatt lediglich unerwünschte Entwicklungen zu verhindern, wurde die Umsetzung räumlicher Ziele angestrebt. Der Fall Attisholz stellt daher planungskulturell einen Kontrast zum Fall Galmiz dar und verdeutlicht eine alternative Vorgehensweise der öffentlichen Planungsträger.

1.4 Galmiz – Vom Sündenfall zum Glücksfall?

Der Fall Attisholz zeigt auf, wie eine solche Industrieansiedlung planerisch und politisch anders ablaufen kann und verdeutlich damit nochmals die vielfältigen Probleme im Fall Galmiz. Nichtsdestotrotz kann Galmiz auch optimistisch interpretiert werden. Vielleicht war der Sündenfall Galmiz ein notwendiger externer Schock, der von den Akteuren als illustratives Beispiel zur Begründung des Reformbedürfnisses genutzt werden kann. In diesem Sinne kann Galmiz „Vom Unfall zum Glücksfall" (Weiss 2006) für die Raumplanung werden.

Eine solche Interpretation kann aus zweierlei Ansätzen begründet werden: Erstens war Galmiz der Auslöser, dass der Kanton Freiburg seine Raumplanungspolitik reformierte und eine aktive Bodenpolitik einführt. Zweitens wurde Galmiz auf bundespolitischer Ebene herangezogen, um die

Revision des eidgenössischen Raumplanungsgesetzes zu ermöglichen. Das Versagen im Einzelfall könnte somit letztlich zu einer Erhöhung der Wirksamkeit der Planungssystems führen.

Im Kanton Freiburg wurde als direkte Reaktion auf den Fall Galmiz eine aktive Bodenpolitik rechtlich, wie politisch etabliert. So wurden die Grundsätze der Raumplanung (Art. 10 FR-RPBG) 2008 um den Auftrag ergänzt, dass „eine aktive Bodenpolitik geführt wird, und zwar so, dass die Verfügbarkeit von Grundstücken in der Bauzone sichergestellt ist" (Art. 10 lit. d FR-RPBG).

Die Änderung im kantonalen Planungsrecht ist nicht allein als redaktionelle Anpassung zu verstehen. Der Staatsrat nimmt den neuen Auftrag ernst und entwickelt eine aktive Bodenpolitik. Als zentrales Element dieser neuen Politik werden seither Flächen von strategischer Bedeutung aktiv erworben. Der Fokus lag zunächst auf grossen, zusammenhängen Arealen, die vorzugsweise revitalisiert und industriell genutzt werden sollen. Beispiele hierfür die das ehemalige Tetra-Pak-Werk in Romont, die ehemalige Forschungsanstalt in St. Aubin, sowie weiteren Flächen in Marly (vgl. Medienmitteilung des Staatsrats vom 12.9.2016 bzw. vom 4.1.2017).

„Was der Sündenfall für die Raumplanung Schweiz zu werden drohte, kann unter Umständen zum Glücksfall für unsere Raumplanung werden. [...] Ohne Zweifel ist allein schon die Vorstellung, dass in die einmalige, grosse zusammenhängende Kulturlandschaft des grossen Mosses ein riesiger Industriekomplex mit Zufahrten und allen Drum und Dran geklotzt werden würde, ein solcher Paukenschlag, der nicht nur die Fachleute, sondern auch die ganz gewöhnlichen Bürger aufgeschreckt hat" (Ruedi Aeschbacher, zit. n. Weiss 2006: 2). Der Fall Galmiz zeigt die Widersprüchlichkeit der Politik, wie es bspw. am Verhalten des Bundesrates deutlich wird. Am 3.12.2004 schrieb der Bundesrat in einer Antwort auf die Motion ‚nachhaltige Bauzone': „Die flächenhafte Siedlungsentwicklung, wie sie heute leider immer noch Realität ist, steht in klarem Widerspruch zu wichtigen Grundanliegen der Raumplanung. Sowohl das Gebot der haushälterischen Bodennutzung als auch die Forderung nach einer geordneten Siedlungsentwicklung verlangen einen verantwortungsvollen Umgang mit der Ressource Boden. Die Siedlungsentwicklung in die Fläche beansprucht häufig bestes landwirtschaftliches Kulturland und führt zu hohen Belastungen der öffentlichen Hand für den Bau, den Betrieb und den Werterhalt der Infrastruktur [...]. Mit der Zersiedelung und den damit verbundenen Umweltbelastungen lässt sich zudem schwerlich urbane Qualität schaffen. Eine kostengünstige und qualitativ hochwertige Siedlungsstruktur ist ein wichtiger Vorteil im Standortwettbewerb"[4]. Nur drei Tage später, am 6. Dezember, „widerspricht der gleiche Bundesrat seinen eigenen Argumenten und stimmt der Einzonung von mehr als einer halben Million Quadratmeter Land ausserhalb des im Richtplan des Kantons Freiburg festgelegten Siedlungsgebietes zu" (Weiss 2006: 4).

Mit nur drei Tagen Abstand zeigt der Bundesrat damit also das gesamte Dilemma der Raumplanung auf. Genau dies kann als Problemdruck verstanden werden, sodass der Fall Galmiz ein Momentum kreierte, indem politische Veränderungen möglich wurden (‚window of opportunity'). Dies erklärt, warum eine Volksinitiative, wie die Landschaftsinitiative, politisch möglich wurde. Galmiz kann damit als Auslöser einer Reformaktivität gesehen werden. „Galmiz bewegte die Gemüter und löste eine landesweite Diskussion über die Raumplanung aus, wie sie alle in den letzten 25 Jahren publizierten amtlichen Berichte, Richtlinien und Broschüren nicht hervorbrachten" (Weiss 2006: 4).

Dabei ist unerheblich, dass der Fall Galmiz eigentlich kein Problem des Gesetzestextes, sondern vielmehr des Gesetzesvollzugs war (vgl. Riva 2006: 12-13). Den Fall für sich genommen, sind kaum rechtliche Änderungen notwendig. Bereits das damals gültige Gesetz enthielt (1) das Verbot des Bauens ausserhalb der Bauzone (wenn dies nicht sachlich notwendig ist) und somit die Trennung Bau- und Nicht-Bauzone & Konzentrationsprinzip (implizit in Art. 3 Abs. 3 & Art. 15

---

[4]   Antwort des Bundesrates auf die Motion 04.3593 Marty Kälin. Online verfügbar unter: https://www.parlament.ch/de/ratsbetrieb/suche-curia-vista/geschaeft?AffairId=20043593

RPG). (2) Ein Bauvorhaben, wie Amgen plante, gilt als raumwirksames Vorhaben und ist richtplanpflichtig. Eine Gemeinde hätte also im Nutzungszonenplan einen solchen Standort nur ausweisen dürfen, wenn dies im kantonalen Richtplan entsprechend ausgewiesen ist. In Galmiz war eine solche Ausweisung nicht vorhanden und wurde lediglich nachträglich eingepasst. Auch daher, ist das Planungssystem auf dem Papier ausreichend auf solche Flächennachfragen vorbereitet gewesen. Die Umzonung in Galmiz ist daher wiederrechtlich und als grober Anwendungsfehler zu bewerten (vgl. Riva 2006: 13), woraus sich eigentlich eine Veränderung auf der Vollzugs-, nicht aber auf der Gesetzestextebene ableiten liesse. Denn:

> „Wie der Fall Galmiz uns lehrt, sind Gesetzesgrundlagen nur so gut, wie sie effektiv vollzogen werden. Der Vollzug aber hängt – wie der Jurist illusionslos feststellen muss – zu einem erheblichen Teil von den dominierenden Strömungen in der Gesellschaft und in der Politik ab. Wenn wir einen korrekten Vollzug des geltenden Raumplanungsrechts wollen, so müssen wir alles daran setzen, dass der Sinn für die Aufgaben der Raumplanung und der Sinn für gewisse Begrenzungen, welche eine wirksame Raumplanung unvermeidlich verlangt, sich wieder allgemein durchsetzen"
> (vgl. Riva 2006: 15).

Die durch Galmiz angestossenen Reformprojekte haben mittlerweile dazu geführt, dass die Gesetze deutlich enger formuliert und mit klareren Vollzugsanweisungen ausgestattet sind. Wenn sich dadurch auch die Planungspraxis wandelt, kann Galmiz zu der grössten Weiterentwicklung der schweizerischen Raumplanung seit der Institutionalisierung in den 1970er Jahren geführt haben. Die grundsätzliche Annahme ist dabei, dass eine aktive Bodenpolitik die planungsrechtlichen Ziele effektiver umsetzen kann, als die bisherige passive Bodennutzungsplanung. Dies kommt einem Wandel des zugrundeliegenden Planungsverständnisses und einer neuen Epoche der Raumplanung gleich.

1.5 Auf dem Weg zur Reparatur der inkonsequenten Bodenpolitik? Eine historische Einordnung

Die aktuellen Entwicklungen sind in einen historischen Kontext eingebettet und entsprechend zu kontextualisieren. Durch die Aufarbeitung der historischen Entwicklungslinien der Planung kann nicht nur beschrieben, sondern auch verstanden werden, wie es zur heute vorherrschenden „hinsichtlich ihrer Wirksamkeit defizitären" (Müller 2004: 161) oder „inkonsequenten Bodenpolitik" (vgl. Albers 1996: 5) gekommen ist. Üblicherweise wird die Geschichte der neuzeitlichen[5] Raumplanung in vier Epochen erzählt (die genaue zeitliche Entwicklung in der Schweiz findet sich im Screening, siehe Kap. 8.3 und 8.4). Dabei wird festgestellt, dass die Bodenpolitik, die innerhalb dieser Entwicklungen entstanden ist, tatsächlich inkonsequent ist. Die Entwicklungen sind „sehr zum Schaden einer konsequenten Bodenpolitik" (Albers 1996: 5). Die aktuellen Entwicklungen in der Schweiz sind daher allenfalls als fünfte Epoche zu fassen und könnten eine Reparatur dieser Schäden darstellen.

---

[5] Die Darstellung des Systems einer Raumplanung und / oder Bodenpolitik im Altertum und dem Mittelalter könnte durchaus interessant sein. Allerdings ist aufgrund der Vielzahl von variierenden Rahmenbedingungen kaum eine Vergleichbarkeit gegeben, sodass die historische Betrachtung an dieser Stelle lediglich die Neuzeit umfasst oder (um genauer zu sein) auf den Ereignissen der französischen Revolution intellektuell aufbaut und mit der Industrialisierung beginnt.

1.5.1   Entwicklungsphasen der Raumplanung in Europa nach Albers

Zunächst soll das Narrativ wiedergegeben werden, welches über neuzeitliche Entwicklung der Raumplanung in Europa[6] und die Rolle der Planung in der Gesellschaft erzählt wird und auf Gerd Albers zurück geht (siehe Albers 1993a, 1993b und 1996).

Seine Beschreibung beginnt zu Zeiten der Industrialisierung. Als Gegenposition zum ungesteuerten und mit vielen Problemen behafteten freien Wachstum der Städte entwickelte sich eine Stadtplanung, die (anders als die mittelalterlichen Stadtbaumeister) nicht das Wohl der herrschenden Klasse, sondern das der Arbeiter und der einfachen Bevölkerung berücksichtigt. Als neue Disziplin basiert Stadtplanung dabei nicht mehr nur auf der Tradition der Architektur, sondern bezieht neue Impulse aus den Ingenieursarbeiten, Sozialreformen und baupolizeilichen Ordnungsdenken. Stadtplanung dient der Gefahrenabwehr und der Stadtplaner gilt als Experte für technische Verbesserung zur Behebung von Missständen der einfachen Stadtbewohner. Im Zentrum stehen stadthygienische Massnahmen, wie bspw. der Bau von Wasser Ver- und Entsorgungssystemen. Wesentliches planungsrechtliches Instrument ist dabei der Fluchtlinienplan, welcher (auch als Reaktion auf die Etablierung des Privateigentums seit der französischen Revolution) zwischen privaten und öffentlichen Räumen trennt. „Mit Fluchtlinien und Baulinien wird der öffentliche Raum gegen den privaten, die für Zugang und Versorgung notwendig Fläche gegen das Baugrundstück abgegrenzt. Was hinter jenen Baulinien geschieht, bleibt weitgehend der Eigentümerinitiative überlassen" (Selle 1995: 237). Insgesamt bezweckt der planerische Eingriff eine „Marktkorrektur", also die Anpassung der ungesteuerten Stadtentwicklungen an die Bedürfnisse der Bevölkerung oder zumindest die Beseitigung von unzumutbaren Zuständen. Die Raumplanung dieser Phase, welche in Kontinentaleuropa etwa im Zeitraum von 1860 bis 1900 stattfand, wird daher auch als *Anpassungsplanung* bezeichnet.

Die Anpassungsplanung wurde für ihre Naturferne kritisiert. Die Städte, die dadurch entstehen, seien keine Lebensräume für Menschen. „Die ungeheure Verantwortung beruht eben darin, dass des Städtebauers Werk das Dauerhafteste im Gesamtleben der Nation ist. Er darf seine Pflichten gegenüber den kommenden Geschlechtern gegenüber nie vergessen" (Gurlitt 1920, zit. n. Albers 1996: 9). Aus dieser Auffassung heraus, entwickelte sich nach der Jahrhundertwende eine Raumplanung, welche die schöpferische Leistung stärker in den Vordergrund rückt. Das Selbstverständnis der Planung entwickelt sich vom rein technischen Verständnis zu einem künstlerischen, missionarischen oder medizinischen Ansatz. „Die Stadt war krank und bedurfte eines Arztes: In dieser Expertenrolle sah sich der Planer gern" (Albers 1996: 10). Der künstlerische Aspekt spiegelt sich auch in dem in dieser Zeit geprägten Begriff des Städtebaus wider (nach dem Buch „Der Städtebau nach seinen künstlerischen Grundsätzen" Camillo Sitte aus 1889). Die Kunst des Städtebaus dient der Entwicklung (Sozialmontage) einer Stadt, die ein sozialer Organismus ist (und bspw. aus überschaubaren Nachbarschaften besteht) und der Maximierung des Allgemeinwohls bezweckt. Als planungsrechtliche Instrumente werden Angebotspläne (wie bspw. der kommunale Nutzungszonenplan in der Schweiz) entwickelt, welche „die künftig wirksamen Entwicklungskräfte möglichst reibungslos in sich aufzunehmen vermochte" (Albers 1996: 10). Auch erste bodenordnerische Instrumente (bspw. Baulandumlegung) entstammen dieser Zeit. Zusammengefasst dient die Raumplanung dieser Phase (welche in etwa den Zeitraum 1900 bis 1960 umfasst) dazu, die Entwicklungskräfte des freien Marktes aufzufangen, weshalb sie als *Auffangplanung* bezeichnet wird. Die Politik spielt dabei eine untergeordnete Rolle. Sie sollte lediglich den ‚richtigen' Plan bestätigten und die Verwirklichung der Pläne sicherstellen.

---

[6]   Wenn Gerd Albers über Europa spricht, meint er damit explizit nur den nordwestlichen Teil Europas, also den deutschen Sprachraum, die Niederlande, England, Frankreich und Skandinavien. Andere Länder, insb. in Osteuropa und im der Mittelmeerraum, werden nicht berücksichtigt

Diese apolitische Auffassung von Raumplanung wandelte sich im Verlaufe der 1960er Jahre. In zunehmenden Masse wurde erkannt, dass Raumplanung hochgradig politisch ist. „Zum einen nämlich erkannte man, dass die planerische Entscheidung auf einem Auswahlvorgang beruht, bei dem es nicht nur die ‚eine richtige Lösung' gibt, sondern verschiedene Handlungsalternativen, deren Wirkungen durchaus unterschiedlichen Bewertungen zugänglich sind" (Albers 1996: 10). Zum anderen erwuchs die Erkenntnis, dass räumlichen Prozesse keinesfalls natürliche Entwicklungen waren, sondern stark von wirtschaftlichen und sozialen Handlungen geprägt werden, die an einzelnen, teilweise widersprüchlichen Zielen orientiert waren. Vor diesem Hintergrund sollte räumliche Ziele entwickelt werden, die „die sozioökonomische Entwicklung steuern und so die Zukunft im Sinne bestimmter Ziele formen zu können" (Albers 1996: 11), weshalb das Planungsverständnis dieser Phase als *Entwicklungsplanung* bezeichnet wird. Die Rolle der Planer ändert sich entsprechend zu einem fachlich kompetenten und sozial engagierten Politikberater. Als absolut verlässliche Entscheidungshilfe zur Entwicklung diesen präzisen Zielsystems dient die Planungstheorie. In der Unerschütterlichkeit der wissenschaftlichen Erkenntnis und der absoluten Gewissheit der Steuerbarkeit der Gesellschaft und der Lösung jeglicher räumlichen Probleme wird diese Phase auch als *Planungseuphorie* bezeichnet. Diese Phase einer „umfassenden, vorausschauenden Planung des staatlichen Handelns in räumlicher, zeitlicher und finanzieller Hinsicht […] spielt bis heute in den Systemen und Diskursen der Planung eine wichtige Rolle – und sei es als erhofftes oder abgelehntes ‚Idealbild'‚ (Danielzyk 2004: 19).

Mit dem Ölschock und den Grenzen des Wachstums endete auch die planerische Wachstums- und Machbarkeitseuphorie. „Wenige Jahre nachdem das Planungsverständnis solche Allmachtsphantasien gebar, war auch schon alles vorbei: die Pläne blieben Pläne, die Konzepte Konzepte. Die tatsächliche Entwicklung ging über sie hinweg. Ernüchterung allerorten" (Selle 1995: 237). Räumliche Prozesse galten zunehmen als lediglich bedingt steuerbar. Planer kapitulierten vor der Komplexität der gesellschaftlichen Konflikte. Inhaltliche Ambitionen wurden eliminiert und die Planung auf die prozessualen Aspekte beschränkt. „Kern moderner Raumplanung ist nicht die Verwirklichung bestimmter inhaltlicher Leitbilder, sondern die Organisation adäquater Planungsprozesse" (Danielzyk 2004: 23). Statt grosse Pläne mit grossen Zielen zu entwickeln und diese dann getreu umzusetzen, wurde ab den 1980er Jahren lediglich versucht tagespolitische Chance im Sinne einer übergeordneten Idee zu nutzen. „Die Hoffnung, durch bessere Städte zu einer besseren, einer harmonischeren und solidarischere Gesellschaft beitrage oder gar hinführen zu können, die in der ersten Jahrhunderthälfte [des 20. Jahrhunderts] die Planer beflügelte, ist weitgehend erlahmt; dementsprechend ist das ursprüngliche Sendungsbewusstsein einer nüchternen Vorstellung gewichen, die dem Planer eher die Rolle eines Managers oder Vermittlers zuweist" (Albers 1996: 12). Um diese Vorgehensweise mittels Versuch und Irrtums zu rechtfertigen wird Stadtplanung zunehmend als Urban Management bezeichnet, was gleichzeitig auch die Anlehnung an die privatwirtschaftlichen Methoden vor dem Hintergrund des Rückzugs des Staates verdeutlicht. Die Wissenschaft verwendet als Synonym den Begriff des perspektivischen Inkrementalismus, woraus auch die Bezeichnung als *Perspektivplanung* abgeleitet wird. Dabei werden gezielte planerische Eingriffe „zwar nicht aufgegeben, aber stark zurückgenommen" (Selle 1995: 237). Stattdessen werden Zielvorgaben auf dem Niveau allgemeiner gesellschaftlicher Grundwerte (bspw. Nachhaltigkeit) formuliert, um Verständlichkeit und Konsensbildung zu fördern und sind an symbolischen Einzelfallentscheidungen nachzuweisen (vgl. Selle 1995: 238). „Neben dem [entwicklungsplanerischen] Vollständigkeitsanspruch und der Inflexibilität wird [bei der Perspektivplanung] zudem eine mangelnde Umsetzungsorientierung, insbesondere das Fehlen der Anhaben von zeitlichen und sachlichen Prioritäten, kritisiert" (Danielzyk 2004: 20).

	Anpassungsplanung	Auffangplanung	Entwicklungsplanung	Perspektivplanung
Aufgabe der Planung	– Marktkorrektur in Teilbereichen – Behebung von Missständen z.B. Hygienestandards	– Setzung eines Rahmens für Koordination der Entwicklungskräfte	– Verfolgung eines präzisen Zielsystems – Auswahl aus mehreren Handlungsalternativen	– Aufgreifen von Chancen – Beibehaltung allgemeine Planungsprinzipien
Rolle der Verwaltung	Eingriffsverwaltung	Leistungsverwaltung	Planende Verwaltung	Urban Management mit tagespolitischem Einschlag
Hauptziel der Verwaltung	Gefahrenabwehr z.B. Brandschutz	Daseinsvorsorge für die Bevölkerung z.B. Grünräume	Einsatzes für eine aktive Gesellschafts- und Sozialpolitik z.B. SozialerWohnungsbau	Projektrealisierung in Kooperation mit Privaten
Wesen der Planung aus Sicht des/der PlanerIn	Technik und Kunst	Schöpferische Leistung	Ergebnis rationaler Denk- und Abwägungsprozesse	Rationalität überlagert durch politische und wirtschaftliche Opportunität
Gedanklicher Perimeter	Aufgabenbezogen	Raumbezogen	Raumbezogen	Projektbezogen
Selbstverständnis des/der PlanerIn	Experte/ Expertin für technische Verbesserung und für die Verschönerung der Stadt	«Arzt»/«Ärztin» der kranken Stadt Missionarischer Anwalt/Anwältin des Allgemeinwohls	Fachlich kompetente/r und soziale/r engagierte/r PolitikberaterIn	Fachlich kompetente/r und soziale/r engagierte/r PolitikberaterIn
Beziehung zur Politik	rudimentär	Politik bestätigt den «richtigen» Plan	Entscheidungsfunktion	Evidence-based policy
Beziehung zur Wissenschaft	Einzelkontakte	Erkenntnishilfe	Verlässliche Entscheidungshilfe	Unzuverlässige Entscheidungshilfe

Tabelle 1: Die Entwicklungslinien der Raumplanung. Quelle: Eigene Darstellung. Weiterentwicklung von Albers (1996: 11).

1.5.2   *Weiterentwicklung vom Phasen- zum Schichtenmodell nach Selle*

Die Einteilung der historischen Entwicklung des Planungsverständnisses ist in der planungswissenschaftlichen Literatur aufgenommen und weitreichend zustimmend beurteilt worden (vgl. mit einigen Verweisen Selle 1995: 237), auch wenn einzelne Abgrenzungen und Einteilungen anders getroffen werden können. Grosse Uneinigkeit herrscht jedoch über die Bewertung der von Albers beschriebenen Phasen. Ist die von ihm aufgezeigte Entwicklung als Aufstieg oder als Fall der Planung zu bewerten? Und ist die Bezeichnung als Phasen tatsächlich zutreffen?

Begonnen werden soll mit dem letztgenannten Punkt. „Die traditionelle Phasen-Darstellung nährt den Eindruck, da käme jeweils eines nach dem anderen. Phase folge Phase. Dieses Bild ist zu korrigieren: Die Phasen sind in Wahrheit Schichten. Sie überlagern sich im Laufe der Jahrzehnte" (Selle 1995: 240). Mit dieser Einfachheit begründet Selle die abweichende Darstellung (vgl. Abbildung 1), die er am Beispiel der jüngsten Entwicklung verdeutlicht. Das kooperative Verständnis der Perspektivplanung, welches sich seit den 1980er Jahren entwickelt hat, löst nach Selle die vorangegebenen Aktions- und Organisationsformen nicht ab, sondern ergänzt diese (ebd.). Kooperation stellt damit zwar ein Erkennungsmerkmal dieser Epoche dar, gleichwohl existieren die vorherigen Aspekte, bspw. die Gefahrenabwehr der Auffangplanung, weiter.

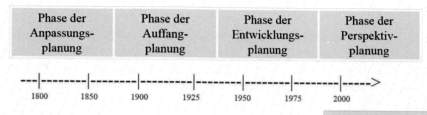

Phase der Anpassungs-planung	Phase der Auffang-planung	Phase der Entwicklungs-planung	Phase der Perspektiv-planung

```
---|--------|--------|--------|--------|--------|--------|----->
   1800    1850    1900    1925    1950    1975    2000
```

Perspektivplanung
(inkrementelles Planen mit abstrakter Perspektive, urban management)

Entwicklungsplanung
(Steuerung der gesellschaftlichen räumlichen Entwicklung)

Auffangplanung
(städtebaul. Ordnungsrahmen für private Entwicklungen zum Auffangen der Folgen von Landflucht und Stadtexpansion)

Anpassungsplanung
(Baupolizeiliche Abwehr von Gefahren, Anpassung der Stadterweiterungen an Mindeststandards bzgl. Erschliessung, Hygiene, Feuerschutz, …)

Abbildung 1: Phasenmodell (nach Albers, oben) und Schichtenmodell (nach Selle, unten) gegenübergestellt. Eigene Darstellung angelehnt an Selle (1995: 240) und Albers (1996: 10).

Dementsprechend sind auch plakative Aussagen über 'neue Planungsverständnisse', 'neue Konzepte', oder 'neue Strategien der Planung' anders zu interpretieren. Damit ist keinesfalls gemeint, dass alles neu sei. Das Schichtenmodell betont, dass dies lediglich bedeutet, dass neue Aspekte hinzugefügt werden oder an Bedeutung gewinnen. Die bisherigen Aspekte bestehen aber auch in neuen, innovativen Planungsansätzen weiter fort. Diesem Ansatz folgend ist Bodenpolitik als 'neuer Ansatz' ebenfalls nicht als Ersatz für 'klassische Raumplanung' zu verstehen. Es ist stattdessen die Betonung eines anderen, ggf. neuen Aspekts zusätzlich zu den bisherigen Ansätzen. Zumal davon auszugehen ist, dass auch die bisherigen Aspekte weiterhin ihre Notwendigkeit haben.

Darauf aufbauend soll noch auf den Aspekt eingegangen werden, den Selle in umgekehrter Reihenfolge als ersten Aspekt genannt hat. Wie sind insbesondere die Entwicklungen der letzten zwei Phasen / Stufen zu beurteilen? Ist der die inkrementelle Perspektivplanung als Aufstieg oder Fall zu verstehen? Fand mit dem Wandel im Planungsverständnis die gezielte Steuerung der räumlichen Entwicklung (im Sinne der Entwicklungsplanung) ihr grundsätzliches Ende oder markiert der Wandel lediglich das Ende einer historischen Ausnahmesituation?

Skeptisch kann angenommen werden, dass die Entwicklung von der rationalen Entwicklungsplanung zum perspektivischen Inkrementalismus als Ende der planmässigen Steuerung des Raumes aufgefasst werden muss. Einige Autoren spitzen dies mit dem Begriff der 'Planungskrise' zu (siehe bspw. Schönwandt 2002). In einer optimistischeren Auslegung wird zwar anerkannt, dass die Entwicklungsplanung deutlich ambitionierter ist, allerdings doch eher anhand der tatsächlichen Wirkung gemessen werden sollte. In diesem Sinne sei zwar „der perspektivische Inkrementalismus in der Theorie nur ein ‚kleiner Bruder' der Entwicklungsplanung, hinsichtlich seiner praktischen Wirkung aber doch wohl der ‚erfolgreiche Nachkomme'" (Selle 1995: 238). Die hohe Meinung in der planungswissenschaftlichen Literatur über die Phase der Planungseuphorie sei mehr Vision als Realität gewesen. Von daher ist die Weiterentwicklung zum inkrementellen Planungsverständnis als Normalisierung und nicht als Abstieg zu verstehen (vgl. Selle 1995: 238).

1.5.3   Bedeutung der aktuellen Entwicklung vor diesem historischen Hintergrund

Vor diesem Hintergrund sind die Entwicklungen im Schweizer Planungssystem höchst relevant und interessant. Der (angenommenen und an dieser Stelle noch nicht verifizierte) Wandel von der passiven Raumplanung zur aktiven Bodenpolitik kann als neue Phase oder Stufe interpretiert werden. In der Sprache von Albers wäre dies eine Revitalisierung der Entwicklungsplanung. Die öffentlichen Akteure nehmen wieder eine koordinierende Rolle bei räumlichen Entwicklungen ein und führen damit insbesondere Marktkorrekturen durch, wobei sie sich dem Instrumentarium des Bodeneigentums bedienen. In der Sprache von Selle wäre dies nicht ‚neu', sondern lediglich eine Epoche, in der wieder andere Aspekte betont werden. Statt des Primats der Kooperation steht die Steuerung wieder stärker im Vordergrund. Dabei werden die anderen Aspekte allerdings lediglich in ihrer Gewichtung, nicht aber in der Existenz verdrängt. Die Metapher als Schicht würde weiterhin heben, wenn auch in der graphischen Form keine aufsteigende Treppe mehr entstehen würde. Dabei ist diese Entwicklung nicht als Rückschritt zu verstehen, was deutlich wird, wenn nochmals Albers Perspektive eingenommen wird. Werden mit den aktuellen Entwicklungen allenfalls die „Schäden einer konsequenten Bodenpolitik" (Albers 1996: 5), die er in der Frühphase der Institutionalisierung der Raumplanung festgestellt hat, behoben?

1.6   Auswirkung von aktiver Bodenpolitik als Strategie der öffentlichen Planungsträger auf die Qualität der Raumentwicklung

1.6.1   Historische Entwicklung der Begriffe Stadtplanung, Raumplanung und Bodenpolitik

Seit im Jahr 1909 im Vereinigten Königreich das erste nationale Planungsrecht in Kraft trat, ist die Debatte über die planerische Einflussnahme auf räumliche Entwicklungen lebendig und dabei stets Entwicklungen, Veränderungen und neuen Diskussionsschwerpunkten unterworfen. Wie der Gesetzestitel *housing, town planning, etc., act* schon andeutet, beginnt dies bereits bei der Schwierigkeit der klaren Abgrenzung von Planung als Disziplin – welche zudem ständigen Weiterentwicklungen und Neudefinitionen unterworfen ist. Als nicht-wissenschaftlicher Indikator kann diese Dynamik mittels Google Ngram Viewer[7] illustriert werden.

Bei den deutschsprachigen Dokumenten werden die Verschiebungen deutlich, wenn die Suchbegriffe Bodenpolitik, Stadtplanung und Raumplanung miteinander verglichen werden. Der Begriff *Raumplanung* existierte vor 1930 quasi nicht. Die Debatten dieser Zeit wurden geprägt durch die städtische Ebene (siehe *Stadtplanung*) und eben durch den Begriff *Bodenpolitik*. Im Verlauf der 1930er Jahre kehrten diese relativen Verhältnisse und *Raumplanung* gewann an Bedeutung. *Bodenpolitik* bleibt (nicht zuletzt durch die nationalsozialistische Verwendung) von Bedeutung. In der Nachkriegszeit und der städtebaulichen Herausforderung des Wiederaufbaus der kriegszerstörten Städte kann von einer Dominanz der *Stadtplanung* gesprochen werden, welches sich auch in den relativen Häufigkeiten widerspiegelt. Der fast explosionsartige Bedeutungsgewinn des Begriffs *Raumplanung* ab 1960 ist auf die Einführung des Bundesbaugesetzes in Deutschland und dem begrifflichen Wandel von der Landes- zur Raumplanung in der Schweiz zurückzuführen. In den Verlaufskurven der Begriffe *Raumplanung* und *Stadtplanung* ist zudem die Phase der Planungseuphorie (bis etwa Mitte der 1970er Jahre) und die anschliessende Planungskrise (in den 1980er Jahren) hervorragend ablesbar. Die Entwicklung des Begriffs *Bodenpolitik* ist zu diesem Zeitpunkt noch ähnlich, wenn auch auf deutlich niedrigerem Niveau. Diese Parallelität ändert sich erst zu

---

[7]   Google Ngram Viewer analysiert die relative Häufigkeiten von Wörtern und Begriffen in den von Google Books erfassten Dokumenten. Die Aussagekraft für Fachbegriffe im deutschsprachigen Texten ist dabei begrenzt und kann höchstens als plakative Darstellung von Trends verstanden werden.

Beginn der 1990er Jahre. Seitdem verliert der Begriff kontinuierlich an Aufmerksamkeit in den Publikationen. Doch nicht alle bodenpolitischen Debatten sind in diesem Verlauf abgebildet. Der Indikator zeichnet beispielsweise die Entwicklungen in der Schweizer Debatte um den politischen Umgang mit Boden (bspw. Stadt-Land-Initiative von 1989) aufgrund der Minderheitenstellung in der deutschsprachigen Literatur nicht nach. Zudem sind aktuell wiederaufkeimende Debatten nicht abgebildet, welche seit dem Fall Galmiz auflebten und in der Landschaftsinitiative sowie den gesetzlichen Weiterentwicklungen auf eidgenössischer und kantonaler Ebene wiederzufinden sind.

Ein ähnliches Muster ist auch zu erkennen, wenn die gleiche Analyse auf Grundlage englischsprachiger Literatur mit den Suchbegriffen Land Policy, Town and Country Planning und Spatial Planning durchgeführt wird. *Land Policy* stellt bis in die Nachkriegszeit den dominierenden Begriff dar, ehe dann eine Ablösung durch *town and country planning* erfolgt. Das kurze Wiedererwachen der bodenpolitischen Debatte findet dabei im Vergleich zur deutschsprachigen Diskussion etwas später (in den 1980er Jahren) statt, ehe dann ein kontinuierlicher Abwärtstrend beginnt. Zusätzlich ist die Europäisierung der planungswissenschaftlichen Debatte ablesbar. Der klassische britische Disziplinbegriff *town and country planning* erhält mit den ersten internationalen Publikationen (in Englisch) ab den 1960er Jahren Konkurrenz durch den ursprünglich von deutschen Autoren geprägten Begriff *spatial planning* (vgl. Hengstermann 2012).

Dieser kurze historische Exkurs soll lediglich auf zwei Dinge aufmerksam machen: Erstens ist festzuhalten, dass der Fokus von Debatten über Zeiträume variiert. Die relative Stille, die um den Begriff der Bodenpolitik in den letzten zwei Dekaden bestanden hat, ist im historischen Vergleich zu relativieren. Bodenpolitik wurde in einigen Epochen stärker (1930er, 1960er, 1970er) und in anderen Epochen weniger stark (1950er, 1990er, 2000er) diskutiert. Zweitens, entwickelt sich auch das dahinterliegende politische System stetig weiter. Mittlerweile haben nahezu alle Länder ein System aufgebaut, um damit die räumliche Entwicklung ihres Raumes nach den jeweiligen politischen Schwerpunkten zu beeinflussen. Die institutionalisierten Teile dieser Planungssysteme zeigen sich im Planungsrecht.

1.6.2   Zusammenhang zwischen Planungsrecht und Steuerung der Raumentwicklung

Aus der Tatsache, dass mittlerweile weltweit nahezu alle räumlichen Entwicklungen im Rahmen eines planungsrechtlichen Konstrukts stattfinden, lässt sich keinesfalls ableiten, dass diese Entwicklungen rechtlich und politisch gesteuert sind. Der Zusammenhang zwischen Recht und Raumentwicklung ist nicht deterministisch. Die reine Existenz eines Planungsgesetzes sorgt noch nicht für eine geordnete (d.h. im Sinne der politisch vorgesehenen Ordnung) Entwicklung des Raumes. Selbst innerhalb der als rechtsstaatlich geltenden OECD-Länder kann bezweifelt werden, dass die Planungsgesetze die Kraft entfalten, die Erwartungen zu erfüllen, die ihnen Planungsexperten zuweisen. Schwarzbauten, die auch in den demokratischen Rechtsstaaten anzutreffen sind, stellen lediglich die symbolische Spitze des sprichwörtlichen Eisberges dar. Aus wissenschaftlicher Perspektive sind Schwarzbauten dabei noch vergleichsweise einfache Konfliktfälle. Mit technischen und juristischen Fachgutachten ist in nahezu jedem Einzelfall zu klären, ob geltendes Recht konkret verletzt wurde oder nicht. Schwieriger ist die Beziehung zwischen den eigentlichen Zielen eines Gesetzes und der Realität. Die Frage, ob ein Gesetz dazu führt, dass die bezweckten Probleme tatsächlich gelöst werden, ist nicht selbsterklärend und deutlich differenzierter zu betrachten, als planungsrechtswidrige Schwarzbauten. Die Umsetzung des Planungsziels ist gleichzeitig die Lösung des wahrgenommenen, zugrundliegenden Problems. Den Zusammenhang mit denen durch ein Gesetz erhofften Problemlösungen und der tatsächlichen gesellschaftlichen Entwicklung wird im Fachbereich der Rechtstatsachenforschung thematisiert und erscheint auch für die Raumplanung von grösster Relevanz.

Das Vorhandensein von planungsrechtlichen Regulierungen in den einzelnen Ländern zeugt in diesem Sinne lediglich von der Existenz des zugrundeliegenden Problems – bedeutet aber nicht, dass die tatsächliche Raumentwicklung durch das Gesetz gesteuert wird.

Vor diesem Hintergrund sind die dargestellten Tendenzen von einer passiven Bodennutzungsplanung zu einer aktiven Bodenpolitik mit der politischen Hoffnung auf effektivere Steuerung der räumlichen Entwicklung verknüpft. Ob die bisherigen wissenschaftlichen Erkenntnisse diese erhoffte Wirkung empirisch bestätigen, ist keinesfalls banal. Die tatsächliche Wirkung, insbesondere bezogen auf die veränderte Position der öffentlichen Planungsträger gegenüber den privaten Bodeneigentümern, ist nur wenig untersucht. Die meisten der genannten Autoren berufen sich auf Annahmen über die tatsächlichen Wirkungen, die aus Ableitungen aus der Theorie und Vergleichen mit anderen Politikfeldern oder auf die langjährigen Erfahrungen einzelner Autoren begründet werden. Diese Arbeiten stellen den Ausgangspunkt der vorliegenden Arbeit dar. Es wird jedoch davon ausgegangen, dass es einer empirischen Überprüfung der darin enthaltenen Kausalannahmen bedarf. Dazu möchte die vorliegende Arbeit einen Beitrag leisten und die Auswirkung von aktiver Bodenpolitik als Strategie der öffentlichen Planungsträger auf die Qualität der Raumentwicklung überprüfen.

Bodenpolitik wird dabei (wie in Kap. 0 ausführlich begründet wird) als staatliche Entscheidungen und Massnahmen verstanden, welche die Änderung der Bodenverteilung und -nutzung tatsächlich beabsichtigen, um dadurch das jeweilige räumliche Entwicklungsleitbild umzusetzen. Ein solches Begriffsverständnis ist damit einerseits deutlich breiter als das Verständnis von Bodenpolitik als Strategie einer öffentlichen Bodenbevorratung. Andererseits wird der Begriff damit deutlich enger verstanden als die Wahrnehmung von Bodenpolitik als alle staatlichen Entscheidungen und Massnahmen, die Einfluss auf Nutzung und Verteilung von Boden haben.

Das zugrundeliegende Verständnis von Bodenpolitik lässt sich gegenüber der Bodennutzungsplanung abgrenzen. Demnach (1) wird Boden explizit als Gegenstand der politischen Entscheidungen und Massnahmen betrachtet, (2) werden sowohl Nutzung und als auch Verteilung des Bodens werden, und (3) liegt ein Umsetzungscharakter vor, der mittels Angleichung dieser Nutzungs- und Verteilungsrechte agiert. Demgegenüber stellt Bodennutzungsplanung die vorwegnehmende Koordination von raumwirksamen Handlungsbeiträgen und deren Steuerung über längere Zeit dar. Als Oberbegriff umfasst dies alle räumlichen Planungen der öffentlichen Hand auf allen Staatsebenen und in allen raumrelevanten Sachgebieten wie Verkehr, Umwelt, Wirtschaft, Gesellschaft usw. (vgl. Lendi, Elsasser, VLP, zitiert in: Rupp und Schwab 2012: 4). Während Bodennutzungsplanung demnach lediglich die Nutzungsrechte betrachtet und zudem auf die Verhinderung von unerwünschten Entwicklungen ausgerichtet ist (Negativplanung), umfasst Bodenpolitik Nutzungs- wie Verfügungsrechte und ist auf die Umsetzung des räumlichen Entwicklungsleitbildes ausgerichtet (Positivplanung). Eine so verstandene aktive Bodenpolitik ist demnach mit einer deduktiv abgeleiteten Annahme über die Wirksamkeit verknüpft. Da Bodenpolitik per definitionem die Nutzungs- *und* Verfügungsrechte betrachtet, weisst ein derartiges Bodenregime einen höheren Grad an Integration aus als das derzeitige komplexe Bodenregime. Aus Untersuchungen zu anderen Ressourcen (bspw. Wald, Landschaft, Wasser) kann abgeleitet werden, dass ein solches integriertes Regime nachhaltiger mit der Ressource umgeht (siehe ausführlich in Kap. 3). Anders formuliert: Die Schwäche der Raumplanung lässt sich durch die Stärke der Eigentumsrechte erklären. Eine stärkere Betrachtung der Eigentumsrechte durch öffentliche Planungsträger müsste demnach die Raumplanungspolitik verstärken. Die Kausalität ist dabei bislang überwiegend theoretisch abgeleitet. Empirische Überprüfungen sind (zumindest für das Bodenregime) selten. Die vorliegende Arbeit soll dazu beitragen diese Forschungslücke zu füllen, und die Kausalität zwischen der Bodenpolitik und der effektiven Erreichung von planungspolitischen Zielen zu überprüfen. Dies beinhaltet sowohl die Feststellung der Schwäche der bisherigen passiven Bodennutzungsplanung als auch die Erwartung an einer höheren Wirksamkeit einer aktiven Bodenpolitik, die explizit oder implizit in verschiedenen Publikationen suggeriert werden (siehe Tabelle 2).

Aussage	Fundstelle
„Planning cannot escape its relationship to property rights"	Jacobs / Paulsen 2009: 141
„Ohne Grundeigentümer und Investoren, welche Verdichtungsprojekte verwirklichen wollen, geht nichts. Umso erstaunlicher ist, dass sich nur wenige Publikationen mit den Eigentümern und ihren Beweggründen befassen"	Schneider et al. 2017: 11
„Wie gehen sie [die Raumplaner] damit um, wenn das Land dort nicht verfügbar ist, wo es gebraucht wird, und dort wo es verfügbar wäre, nicht gebraucht wird?"	Weiss 2006: 6
„Die Stadtbaukunst von heute ist ohnmächtig. Es ist klar, daß Kunst und Wissenschaft der Stadt mit einer wirkungsvollen Bodenpolitik Hand in Hand gehen müssen, wenn sie zur Verwirklichung kommen wollen"	Towns and the land, Urban Report of the liberal Land Committee 1923-25. Zit. n. Bonzeck / Ernst 1971: 47
„Dank einer aktiven Politik der Baulandbeschaffung [...] finden wir [in den Niederlanden] einen vorbildlichen Städtebau."	Bohnsack 1967: 20
„Der Umgang mit dem Grund und Boden stellt eine Schlüsselaufgabe bei der Umsetzung des Prinzips der nachhaltigen Entwicklung dar, das als das innovative und ressortübergreifende Leitbild für die Raum- und Siedlungspolitik des 21. Jahrhundert gilt."	Kötter 2001: 145
„Es gibt Anzeichen dafür, dass der Infrastrukturausbau Gemeinden mit einer aktiven Bodenpolitik (Ankauf, Entwicklung und Veräußerung von Wohn- und Gewerbegrundstücken) und einer weitgehenden Umlegung von Nachfolgelasten weniger Probleme bereitet als Gemeinden, die die Siedlungsentwicklung und den Bodenmarkt weitgehend oder vollständig in privater Hand belassen."	Planungsverband München 2002: 85
„Die Raumplanung interessiert sich weder für die Person der Bodennutzer noch für die Eigentumsverteilung. Der Nutzungsplan als planungsrechtliches Hauptinstrument legt die zulässige Nutzung und – mit ihr – die Bandbreite der Ertragschancen fest; er unterteilt den Bodenmarkt in örtliche Teilmärkte. Die Raumplanung mag die Bodenfrage al solche nicht zu steuern; sie bestimmt nur, wo und in welchem Masse diese Nachfrage befriedigt wird"	EJPD Arbeitsgruppe 1991: 21
„Die Bereitstellung von Bauland ist eine der zentralen Vorbedingungen für eine erfolgreiche Wohnungs- und Städtebaupolitik"	Bodewig in: BMVBW 2001: 1
„[...] dass die bisherigen Planungsformen aufgrund von Defiziten hinsichtlich ihrer Wirksamkeit überdacht werden müssen"	Müller et al. 2004: 161
„Die Gemeinden verfolgen zu Gunsten einer effektiven Realisierung ihrer Planung eine an die örtlichen Verhältnisse angepasste aktive Bodenpolitik"	Art. 16 BauG Kanton Wallis

Aussage	Fundstelle
„The fact that [European] cities owned large areas of land had made it easy for them to implement plans and use the sites in their possession for social and public utility purposes."	Häussermann/ Haila 2005: 44
„Es stellt sich dabei auch die Frage, ob und inwieweit eine neue Planung und ein grundlegend anders Planungsverständnis notwendig sind"	Müller 2004: 170

Tabelle 2: Beispielhafte Fundstellen der angenommene kausalen Beziehung zwischen den Eigentumsrechten und der Effektivität der Raumplanung. Eigene Zusammenstellung. Jeweilige Quelle: Wie angegeben.

Ziel der Arbeit ist es daher die Wirksamkeit der Strategien der öffentlichen Planungsträger zu analysieren – oder in der Sprache der IRR-Forschung (siehe Kap. 3.2 und 3.3) formuliert: Welche Auswirkungen hat die Erhöhung der Kohärenz und damit die Veränderung hin zu einem etwas integrierterem Bodenregimes auf die Nachhaltigkeit der Ressourcennutzung? Mit einer solchen Zielsetzung werden drei Beiträge zu jeweiligen wissenschaftlichen Debatten geleistet:

(1) Die IRR-Forschung (siehe Kap. 3.2 und 3.3) basiert auf der deduktiv hergeleiteten Hypothese, dass integriertere Regime zu einer nachhaltigeren Ressourcennutzung beitragen. Die aufgezeigte Tendenz von einer passiven Bodennutzungsplanung zu einer aktiven Bodenpolitik stellt in diesem Sinne eine Erhöhung des Intergrationsgrades und somit ein intergrierteres Regime dar. Die Arbeit überprüft damit die Grundhypothese des IRR.

(2) Eine solche Forschung dient auch der planungswissenschaftlichen und -praktischen Erkenntnisentwicklung. Per definitionem kann die Planungswissenschaft allenfalls durch Abstraktion und Verallgemeinerung einen Beitrag für die Planungspraxis darstellen und wesentliche Einflussfaktoren untersuchen. Die vorliegende Arbeit folgt diesem Ansatz und testet bekannte bzw. identifiziert bislang unbekannte oder wenig beachtete weitere Wirkungsmechanismen.

(3) Letztlich knüpft die vorliegende Arbeit damit auch an die bodenpolitische Forschung an. Diese postuliert, dass die tatsächliche Raumentwicklung und die Wirksamkeit der Raumplanung nicht ohne Beachtung der Eigentumsrechte verstanden werden kann. Bodenpolitik kann allenfalls als Nischenforschungsrichtung betrachtet werden. Von daher ist die vorliegende Arbeit auch der Versuch, die Debatte weiter in sich zu entwickeln und zudem mit den anderen Forschungsrichtungen stärker zu verknüpfen.

Da jedoch davon ausgegangen wird, dass Raumentwicklung als Ergebnis der Interaktion zwischen privaten Entscheidungen (bspw. der Bodeneigentümer oder der Investoren) und der öffentlichen Planungsträger stattfindet, ist durch das Forschungsdesign der Einfluss der privaten Akteure auf die Resultate zu kontrollieren oder zumindest zu minimieren. Um zudem eine gewisse Vergleichbarkeit zwischen den Strategien der öffentlichen Akteure in unterschiedlichen Gemeinden und Kantonen zu ermöglichen, ist zusätzlich ein möglichst standardisierter Fall zu betrachten. Die vorliegende Arbeit untersucht daher die Wirkungsmechanismen der bodenpolitischen Strategien anhand von Fallstudien zu Lebensmittel-Discountern. Die Wahl von Discountern als Untersuchungseinheit ist dabei durch mehrere Aspekte begründet. Einerseits, handelt es sich dabei um eine gewöhnliche Aufgabe für die kommunalen Planungsträger, welche zudem typische planerische Herausforderungen beinhaltet. Gleichzeitig ist ein solches Vorhaben räumlich, zeitlich und von der Komplexität abgrenzbar, wodurch empirische Erkenntnisse vereinfacht werden. Zudem sind die privaten Interessen an einem solchen Projekt klar identifizier- und von den öffentlichen Interessen abgrenzbar. Letztlich erlaubt diese Konstellation Rückschlüsse auf die Strategien öffentlicher Planungsträger – und (aufgrund der Standardisierung der Filialtypen) deren Wirksamkeit (siehe die ausführliche Begründung in Kap. 5.1).

Letztlich wird die Qualität der Forschungsergebnisse auch durch die Auswahl der Fallstudien bestimmt. Hierzu wird ein mehrstufiges Auswahlverfahren angewandt. In einem ersten, allgemeinen Schritt wird ein allgemeines Screening des institutionellen Bodenregimes vorgenommen. Anschliessend werden die Gemeinden mittels eines Fragebogens kontaktiert und in idealtypische Typen eingeteilt. Gleichzeitig werden die Lebensmittel-Discounter mittels Fernerkundung analysiert. Aus diesen Vorarbeiten lässt sich die Auswahl der Fallstudien begründen, die dann durch Ortsbegehung, Interviews und Dokumentensichtung detailliert analysiert werden.

Diesem grundsätzlichen Erkenntnisinteresse folgend ist die Arbeit in vier übergeordnete Teile gegliedert, welche in insgesamt zwölf Kapitel strukturiert sind. Im **Teil A** wird die Ausgangslage erarbeitet, indem allgemeine Tendenzen und wissenschaftliche Relevanz beschrieben und die theoretischen Vorarbeiten erarbeitet werden. **Teil B** beschreibt dann das Forschungsdesign der vorliegenden Arbeit, wobei zwischen dem allgemeinen Forschungsrahmen und dem spezifischen Untersuchungsaufbau unterschieden wird. In **Teil C** werden die empirischen Ergebnisse dieser Arbeit dargestellt. Diese Ergebnisse werden abschliessend im **Teil D** diskutiert und einerseits auf die konkrete Forschungsfrage und andererseits auf das übergeordnete, allgemeine Erkenntnisinteresse reflektiert.

Teil A: Im **Kapitel 1** wurde bereits die allgemeine Problemstellung dargestellt. Festzuhalten bleibt, dass eine allgemeine Tendenz von einer passiven Bodennutzungsplanung zu einer aktiven Bodenpolitik in einzelnen Kantonen oder in Ansätzen auch auf eidgenössischer Ebene feststellbar ist. Die politische Hoffnung der Befürworter und Treibern dieser Entwicklung basiert auf der Erwartung einer höheren Wirksamkeit zur effektiven Umsetzung planungspolitischer Ziele. Ob dieser Effekt tatsächlich eintritt, ist keinesfalls wissenschaftlich gesichert. Dies stellt die Forschungslücke und das allgemeine Erkenntnisinteresse der vorliegenden Arbeit dar. Um eine empirische Überprüfung zu ermöglichen, werden dazu deduktiv erwartete Wirkungsmechanismen erarbeitet. Dazu ist der Begriff Bodenpolitik zunächst zu konzeptualisieren und mittels Bestimmungselementen zur Bodennutzungsplanung abzugrenzen (**Kap. 0**). Da sich bislang in der Forschung bislang noch kein allgemeiner Konsens über Bodenpolitik entwickelt hat, sind sowohl der Begriff, wie auch die dahinterstehenden Konzepte eigenständig zu erarbeiten. Anschliessend wird überprüft, ob die politische Hoffnung auf eine grössere Wirksamkeit auch aus der entsprechenden Fachliteratur abgeleitet werden kann (**Kap. 3**). Der Teil A umfasst damit den aktuellen politischen Anlass und den wissenschaftlichen Kontext der Arbeit.

Teil B: Auf Grundlage dieser Vorarbeiten wird anschliessend ein Forschungsdesign erarbeitet. Dabei wird zwischen dem allgemeinen Forschungsrahmen (**Kap. 0**) und dem spezifischen Untersuchungsaufbau (**Kap. 5**) unterschieden. Auf beiden Ebenen werden die zugrundeliegenden Variablen beschrieben und die Zusammenhänge (also die jeweiligen Fragen und Hypothesen) dargestellt. Dabei wird die Fokussierung auf eine Untersuchungseinheit und die Auswahl von Lebensmittel-Discountern als eben diese Untersuchungseinheit begründet. Für ein besseres Verständnis dieser Untersuchungseinheit Discounter, werden diese zudem bezüglich des betriebswirtschaftlichen Modells, der räumlichen Auswirkungen, der planungsrechtlichen Beschreibung und den angewendeten planerischen Instrumenten zur Beeinflussung kontextualisiert (**Kap. 6**). Abschliessend erfolgt die Operationalisierung des Untersuchungsaufbaus durch die Wahl und die entsprechende Anpassung der Untersuchungsmethoden (**Kap. 7**). Hierbei wird zwischen einem allgemeinen Screening des Regimes und der Untersuchung mittels spezifischer Fallstudien unterschieden. Methodisch setzen die Fallstudien sich wiederum durch vier verschiedene methodische Bausteine zusammen (Fernerkundung, Fragebogen, Ortsbegehung, Interviews & Dokumentensichtung). Teil B bezweckt also die Darstellung der Forschungsdesigns der vorliegenden Arbeit und der Vorbereitung der empirischen Untersuchung.

Teil C: Die Ergebnisse der Empirie werden anschliessend dargestellt. Dabei wird die bereits erwähnte Unterteilung in ein allgemeines Screening des institutionellen Bodenregimes (**Kap. 8**), dessen Instrumente (**Kap. 9**) und empirischen Befunden (**Kap. 10**) beibehalten. Die empirischen Befunde werden dabei dreistufig dargestellt. Zunächst werden die übergeordneten Ergebnisse der Fernerkundungsanalyse (Baustein A, **Kap. 10.1**) und des Fragebogens (Baustein B, **Kap. 10.2**) dargestellt. Diese Vorarbeiten ermöglichen allgemeine und flächendeckende Erkenntnisse. Zudem erlaubt dieser Zwischenschritt eine begründete Auswahl der Fallstudien. Diese werden anschliessend dargestellt (Bausteine C und D, **Kap. 10.3**), wobei hierbei die beiden methodischen Bausteine integriert werden. Teil C umfasst die empirischen Erkenntnisse, die Grundlage der übergeordneten Schlussfolgerungen bilden.

Teil D: Schlussfolgerungen zur allgemeinen Wirksamkeit aktiver Bodenpolitik zur Umsetzung planerischer Ziele werden abschliessenden Teil der Arbeit gezogen und diskutiert. Dabei erfolgt ein abgestuftes Vorgehen: Zunächst werden die empirischen Befunde vor dem Hintergrund des konkreten Untersuchungsaufbaus diskutiert (**Kap. 11**). Dies beinhaltet sowohl die Diskussion der bestehenden Forschungshypothesen (deduktiv), wie auch die Entwicklung neuer Hypothesen (induktiv). Aus diesen Erkenntnissen werden anschliessend allgemeingültige Aussagen extrahiert – wobei die Möglichkeiten und Grenzen der Generalisierbarkeit von zentraler Bedeutung ist (**Kap. 12**). Abschliessend werden aus diesen generalisierten Aussagen Handlungsempfehlungen abgeleitet (**Kap. 13**). Im Sinne einer anwendbaren Forschung steht dabei die tatsächliche Anwendbarkeit im Vordergrund und stellt eine weitreichende Interpretation der Forschungserkenntnisse dar. Die Handlungsempfehlungen werden dabei thematisch gebündelt.

1.7   Aktive Bodenpolitik als Antwort auf das „Galmiz-Problem"

Der Fall Galmiz ist zweierlei: Ein Symbolbild für die Unwirksamkeit der bisherigen Raumplanungspolitik und ein Schock für die Beteiligten Planungsträger. Als Reaktion sind seither Aktivitäten beobachten, die in Richtung eines Paradigmenwechsels deuten. Empirische Betrachtungen „lassen auf einen kürzlich begonnenen Paradigmenwechsel schließen, da eine zukünftige, möglichst aktive Bodenpolitik hinsichtlich strategisch wichtiger Parzellen heute in der politischen Exekutive auf breite Zustimmung stößt" (Devecchi 2016: 258). Mit der Landschaftsinitiative und der Teilrevision des RPG von 2012/2014 ist die Tendenz von der passiven Bodennutzungsplanung zur aktiven Bodenpolitik auch auf eidgenössischer Politik festzustellen. Mit dieser Neuausrichtung soll verhindert werden, dass „eine Standortsuche erst bei Anfragen von Investoren einsetzt" und diesen dann „häufig nicht jenes Land angeboten [wird], das sich raumplanerisch am besten für eine Industrieansiedlung eignet, sondern jenes Land, das verfügbar ist, weil es beispielsweise – wie im Fall Galmiz – im Eigentum des Kantons ist" (Bühlmann 2005: 117). Dabei stellen die ersten beiden Punkte eine Präzisierung der bestehenden Politik dar. Der dritte Punkt kann als Neuausrichtung verstanden werden. Die Reformen sind demnach mit der politischen Hoffnung verbunden, dass ein Wandel von einer passiven Bodennutzungsplanung zu einer aktiven Bodenpolitik zu einer höheren Wirksamkeit führt. Sie werden daher als Antwort auf das Galmiz-Problem der Raumplanung verstanden. Unklar bleibt dennoch, was mit aktiver Bodenpolitik genau gemeint ist und ob ein solches Konzept tatsächliche wirksamer ist.

2. Stand der bodenpolitischen Forschung

Die Auseinandersetzung um Bodenpolitik basiert auf der Annahme, dass eine bodenpolitische Vorgehensweise der öffentlichen Hand eine grössere Wirksamkeit aufweist, als dies mit der klassischen Raumplanung der Fall ist. Diese Grundannahme besteht wiederum aus zwei wesentlichen, weiteren Annahmen: Erstens, dass Bodenpolitik etwas Anderes ist, als das, was als ´klassische Raumplanung´ bezeichnet wird. Zum anderen, dass diese, wie auch immer definierte, klassische Raumplanung eine geringe Wirksamkeit aufweist. Zusammengenommen definieren diese Grundannahme mit ihren beiden Teilannahmen den Rahmen der vorliegenden Arbeit – oder, um genauer zu sein – die Forschungslücke, zur deren Verkleinerung die vorliegende Arbeit einen Beitrag liefern möchte.

Das vorliegende Kapitel wird daher den Stand der Forschung über Bodenpolitik nachzeichnen. Eine besondere Herausforderung ist dabei, dass es kein allgemeines Begriffsverständnis und keinen allgemein akzeptierten Forschungsstrang Bodenpolitik gibt. Die nachfolgenden Ausführungen sind daher als eigenständige Zusammenstellung zu verstehen. Aus diesem Grund muss das vorliegende Kapitel vergleichsweise kleinschrittig ausgestaltet werden. Als Vorarbeit wird dazu zunächst eine grundsätzliche Dekonstruktion von *Boden* und *der Bodenfrage* erarbeitet (Kap. 2.1). Im zweiten Teil erfolgt dann die eigentliche Konzeptualisierung von Bodenpolitik (Kap. 2.2). Dies beinhaltet neben der Erarbeitung einer eigenen, für die vorliegende Arbeit massgeblichen Definition auch die daraus abgeleitete Abgrenzung zur bereits erwähnten 'klassischen Raumplanung'. Aufbauend auf dieser Konzeptualisierung werden Typen von bodenpolitischer Strategien abgeleitet (Kap. 2.3). Dies dient auch als theoretische Grundlage der später folgenden Operationalisierung (siehe Kap. 6). Mithilfe dieser Bausteine wird der aktuelle Forschungsstand zu Bodenpolitik vor dem Hintergrund der Theorie-Praxis-Problematik der Raumplanung zusammengefasst (Kap. 2.4). Bevor mit diesen Elementen die, für die vorliegende Arbeit massgebliche, Forschungslücke definiert wird (Kap. 2.6), erfolgt noch eine Abschätzung der grundsätzlichen Relevanz des Ansatzes, indem die Abhängigkeit der Legitimität von der Effektivität des planerischen Handelns umschrieben wird (Kap. 2.5). Die Herleitung der theoretischen Annahmen zur Wirksamkeit von Bodenpolitik erfolgt im nachfolgenden Kapitel (siehe Kap. 3). Mit der Aufarbeitung des bodenpolitischen Forschungsstandes in diesem Kapitel ist auch die Erwartung verknüpft Bodenpolitik als eigenständigen Forschungsbereich auszubauen.

2.1 Bodenpolitik als Antwort auf die Bodenfrage

Eine erste Annäherung liefert die wohl allgemeinste Umschreibung, die der Begriff erfährt. Demnach wird Bodenpolitik als die Antwort auf die Bodenfrage verstanden. Ungeachtet der wissenschaftlich unpräzisen Verwendung von Metaphern, wird es den Lesern überlassen, Boden zu definieren und die Bodenfrage auszuformulieren. Stattdessen wird sogar durch die Verwendung des bestimmten Artikels impliziert, dass nur eine konkrete Bodenfrage existiert, die es aufgrund dieser

© Springer Fachmedien Wiesbaden GmbH, ein Teil von Springer Nature 2019
A. Hengstermann, *Von der passiven Bodennutzungsplanung zur aktiven
Bodenpolitik*, https://doi.org/10.1007/978-3-658-27614-0_2

Eindeutigkeit dann jedoch nicht mehr zu wiederholen braucht. Es bleibt beim Leser zu Recht die Unklarheit, welche diese eine Bodenfrage nun ist und warum denn nicht eine der anderen Bodenfragen gemeint sein kann – beispielsweise auf Grund eines anderen Verständnis von Boden. Es bleibt lediglich festzuhalten, dass Bodenpolitik irgendwie mit Boden und der Bodenfrage verbunden ist. Die Suche nach der konkreten Bedeutung von Boden und die Ausformulierung der Bodenfrage könnten daher einen Hinweis geben, was mit Bodenpolitik gemeint sein könnte.

2.1.1   Der Boden

Boden ist Gegenstand unterschiedlicher Disziplinen. Sowohl wissenschaftliche, wie auch politische, wirtschaftliche oder private Akteure sprechen, schreiben und diskutieren über Boden, nutzen diesen oder stellen Forderungen. Es besteht die Gefahr, dass unterschiedliche Vorstellungen dem jeweiligen Begriffsverständnis zu Grunde liegen. „Man spricht über den Boden, verbindet damit bestimmte Bedeutungen und denkt kaum daran, in welchen anderen Bedeutungen über den Boden gesprochen werden könnte" (Davy 2004: 57). Die Suche nach einer gültigen Definition wird weiter erschwert, wenn unterschiedliche Bedeutungen sogar innerhalb eines Akteurs verwendet werden.

Ein Extrembeispiel verdeutlicht dies: Dass unterschiedliche Akteure unterschiedliche Begriffsverständnisse aufweisen, mag leicht erklärbar sein. Dass Begriffe insbesondere dann unpräzise verwendet werden, wenn damit keine Konsequenzen verbunden sind, erscheint ebenfalls intuitiv nachvollziehbar. Wenn nun ein und derselbe Akteur in einem Dokument mit weitreichenden Konsequenzen unterschiedliche Begriffsverständnisse aufweist, zeugt von der Problematik im Umgang mit dem Begriff Boden. Das deutsche Baugesetzbuch (BauGB) ist ein solcher Fall. Dort findet sich der Begriff Boden (vgl. bspw. in § 1 Abs. 7 lit. a gegenüber § 1a Abs. 2), ohne das eindeutig ist, dass jeweils dasselbe gemeint ist. Es ist keine Legaldefinition vorhanden. Erschwerend kommt hinzu, dass auch ähnliche Begriffe wie Grundstück, Land, Fläche, und Gebiet verwendet, aber nicht abgegrenzt werden. Dies verdeutlicht das allgemeine sprachliche Dilemma in dem die Planungswissenschaft, wie auch andere Disziplinen stecken. Boden ist nicht gleich Boden und erst recht nicht gleich Land oder Fläche. Es bleibt „völlig offen, was mit dem Gesetzesbegriff ‚Boden' im BauGB wirklich gemeint ist" (Davy 2004: 59, Hervorhebung im Original). Der Jurist Davy kann sich nur mithilfe einer sprachwissenschaftlichen Methode helfen, die die Bedeutung des Wortes über den Gebrauch des Wortes ableitet und zu vier Begriffsbedeutungen kategorisiert: Boden im planerischen, zivilrechtlichen, wirtschaftlichen und ökologischen Sinne (vgl. Davy 2004: 61-63). Boden als planerische Kategorie ist eine Fläche und deren zukünftige Nutzung. Im planungseuphorischen Sinne wird am Zeichenbrett entschieden, wie Art und Mass der baulichen Nutzung dieser Fläche zukünftig auszusehen hat. Als territorialer Aspekt der kommunalen Selbstverwaltung wird dieser Fläche planungsrechtliche der vorgesehenen Nutzung zugeordnet. Auf den Punkt gebracht: „Eine Grünfläche ist eine Grünfläche, auch wenn dort kein einziger Grashalm wächst" (Davy 2004: 62). Boden im planerischen Sinne orientiert sich an dem Soll-Zustand. Boden im zivilrechtlichen Sinne knüpft an die juristisch-technische Einteilung des Bodens in Flur- und Grundstück an. „Sie symbolisieren Parzellierung und Aneignung, sie sind gleichsam der Inbegriff privaten Bodeneigentums, dessen Inhalt und Schranken durch die städtebaurechtliche Planung bestimmt werden soll" (Davy 2004: 62). Dabei umfasst der Begriff des Grundstücks[8] neben dem Boden auch das darauf stehende Gebäude (Art. 655a ZGB) und sogar Quellen (Art. 704) und sogar Bienenvölker (Art. 719). Boden im wirtschaftlichen Sinne betont, dass Boden kommodifiziert ist. Boden ist eine Ware und kann dementsprechend verkauft, beliehen, vererbt und wirtschaftlich ausgenützt werden. Der Wert kann monetär bemessen werden, wobei die Ermittlung eng mit der planerischen und rechtlichen Situation des Bodens (bezogen auf die zukünftige Nutzungsmöglichkeit) und den Wert der weiteren Grundstücksbestandteile (insb. errichtete Bauten) verknüpft ist. Boden im ökologischen Sinne umfasst die obere Schicht der Erdkruste[9] und

---

8   Hier gleichbedeutend mit dem Schweizerischen Begriff der Liegenschaft. Siehe Art. 655 ZGB
9   Legaldefinition aus § 2 Bundesbodenschutzgesetz (BBSchG)

betont die natürlichen Funktionen von Boden als „Lebensgrundlage und Lebensraum für Menschen, Tiere, Pflanzen und Bodenorganismen" (§2 (2) BBschG). Dieses Begriffsverständnis kommt der bodenkundlichen Betrachtung von Boden am nächsten, wenngleich über die Zugehörigkeit von bspw. Grundwasser[10] gestritten werden kann. Boden im ökologischen Sinne steht häufig politisch und journalistisch im Vordergrund, bspw. wenn über den Schutz des Kulturlandes[11] diskutiert wird. Diese vier Kategorien zeigen anhand eines einzelnen Beispiels die Pluralität des Bodenbegriffs auf. Die Steigerung der Komplexität durch verschiedene Dokumententypen, Disziplinen, Epochen und Denkschule ist vorstellbar. Bevor also „die Bodenfrage" gestellt werden kann, ist zu klären, was mit Boden gemeint ist.

Dabei ist wichtig zu berücksichtigen, dass Boden einige Eigenschaften hat, die ihn als Ressource einzigartig machen (vgl. bspw. Bracke 2004: 70, Kantzow 1995: 85, Dieterich 1993: 317ff):

- Boden ist nicht herstellbar
- Boden ist unzerstörbar
- Boden ist immobil
- Boden ist ein unverzichtbares Element des gemeinsamen Lebensraums

Alle diese Eigenschaften charakterisieren Boden, wenngleich keine ohne Ausnahme ist. Sie ist Boden in Form von Humus durchaus herstellbar, woher der Begriff der Bodenbildung stammt. Selbst in Form von Land oder gar Baugrund ist Boden herstellbar, wie die Niederländer im Verlaufe der Jahrhunderte bewiesen haben. Auch die Zerstörung von Boden ist entsprechen möglich. Planerisch wird dies bei der Problematik von Altlasten sichtbar. Die Mobilität ist mit Baggern und LKW durchaus herstellbar, wobei hier wiederum nur der Humus bewegt wird. Und schliesslich gibt es auf der Welt sogar Völker, die traditionell auf dem Wasser leben, und als Seenomaden bezeichnet werden (bspw. Bajau). Gesamthaft sind alle diese Ausnahmen zutreffend, ohne jedoch von der ursprünglichen Charakterisierung von Boden als nicht herstellbar, unzerstörbar, immobil und unverzichtbar abzurücken. Diese Ausnahmen betreffen Boden entweder in einem speziellen Verständnis oder betreffen sehr singuläre Spezialsituationen.

Dabei ist zu beachten, dass aus bodenpolitischer Perspektive Boden keine Tatsache, sondern ein politischer Gegenstand und somit sozial konstruiert ist. Daher: „Bodenpolitische Interventionen müssen auf die Vielfalt der sozialen Konstruktion von Boden achten" (Davy 2005: 117). Sozial konstruierter Boden stellt sich im planungswissenschaftlichen Kontext mindestens durch die drei Vorstellungen als Territorium, als Immobilie und als Umwelt dar (vgl. Davy 2006: 20, Davy 2005, Weiß 1998: 321-322, Scheidegger 1990: 153-158).

2.1.2   Boden als Ressource

Gegenstand der Bodenpolitik ist der Raum – in einem sozial konstruktivistischen Verständnis. Obwohl dieser die nutzbare Ressource (etwa als Lebensraum, Bauland oder Naturraum) darstellt, kann Raum jedoch direkt nicht angeeignet werden. Boden hingegen ist durch die Verteilung von Nutzungs- und Verfügungsrechten regelbar und bietet die institutionelle Grundlage zur Regulierung des Raumes. Dabei wird zwischen der Regulierung von Verfügungsrechten (Bodeneigentum), Nutzungsrechten (Baurecht) und dem der Wert von Boden (Wertgarantie) unterschieden.

Die enge gesellschaftliche Verbindung und die grosse Relevanz zeigen sich auch darin, dass der Mensch auf und gleichzeitig auch von den Böden lebt. Sprachlich spiegelt sich dies darin nieder, dass *homos* (für Mensch) und *humus* (für Boden) den gleichen Wortursprung entstammen (Vgl. Schneider/Haber 1999: 1). Eine ähnliche Nähe existiert im Hebräischen: Der biblische Stammva-

---

[10] Vgl. Untergrundplanung des Bundes, EU-HWRM-RL, etc.
[11] Vgl. Kulturlandinitiative ZH und BE

ter Adam ist nach *adam* (hebr. für Mensch) benannt, was an *adama* (hebr. für Ackerboden) angelehnt ist (ebd.). Im Licht der engen Verknüpfung der Zivilisationsgeschichte mit der Versorgungsfunktion des Bodens erscheint dies nachvollziehbar, wenngleich es mit der heutigen modernen
und kosmopolitischen Lebensweise wie ein „kulturhistorisches Kuriosum" wirkt (Schnei-
der/Haber 1999: 1). Die Beschäftigung mit Boden kann dabei in zwei grundsätzliche Richtungen
unterteilt werden, nämlich die Frage was *im* Boden geschieht und die Frage was *mit dem* Boden
geschieht. Das erste stellt dabei den bodenkundlichen Forschungsschwerpunkt dar (siehe bspw.
Nationales Forschungsprogramme NFP 68 oder auch „Status of the World's Soil Resources" der
FAO 2015). Bei der zweiten Frage handelt es sich um eine sozial- und politikwissenschaftliche
Fragestellung, in dessen Bereich auch die planerische Betrachtung von Boden fällt.

2.1.3   „Die Bodenfrage"

Mit dem Verständnis von Raum als konstruierte Ressource auf Grundlage des Elements Boden ist
es ungleich wichtiger, die sogenannte Bodenfrage (oder Engl. „Land Question" vgl. bspw. George
1881) klar zu benennen und auszuformulieren. Selbst bei gleichem Verständnis von Boden können
unterschiedlichste Fragen gestellt werden. Leider wird in vielen Veröffentlichungen die Bodenfrage
behandelt, ohne diese zu benennen. Werner Ernst und Willi Bonczek attestieren, dass „die Bodenfrage das Kernproblem des Städtebaus war und ist" (1971: 70). Klaus Kunzmann formuliert, dass
durch „die ungelöste Bodenfrage" „mancher gute Wille zunichte gemacht [wird]" und „alle vorangegangenen Bemühungen zum Scheitern verurteilt sind" (1972: 9). Neben der Lösung der Bodenfrage, bleiben in diesen Publikationen häufig selbst die Formulierung der Bodenfrage ungelöst. Ein
weiteres Beispiel ist die Veröffentlichung von Rudolf Rohr. Als Mitglied der „Aktion Freiheitliche
Bodenordnung" erschienen in 1970er Jahren regelmassig „Dokumente zur Bodenfrage"[12] und
schliesslich 1988 im Rahmen der politischen Auseinandersetzung um die Stadt-Land-Initiative ein
umfassendes Gesamtwerk (vgl. Rohr 1988). In dem Buch wird durch Titel und Aufbau glaubhaft
dargelegt, dass sich die Bodenfrage sowohl um Tatsachen als auch Meinungen dreht und in der
politischen Auseinandersetzung eine „höchst eigenartigen Stellenwert" einnimmt (Rohr 1988: 8).
Doch selbst in dieser umfangreichen Publikation wird nur von der Bodenfrage gesprochen und das
Wort sogar in Anführungszeichen gesetzt – allerdings nicht als Frage ausformuliert.

Ungeachtet der wissenschaftlich wenig geschätzten Verwendung von Metaphern, bleibt Boden zu
definieren und die Bodenfrage auszuformulieren. Durch die Verwendung des bestimmten Artikels
ist sogar impliziert, dass nur eine konkrete Bodenfrage existiere. Es bleibt jedoch häufig unklar,
welche diese eine Bodenfrage nun ist und warum denn nicht eine der anderen Bodenfragen gemeint sein kann – beispielsweise auf Grund eines anderen Verständnis von Boden. Es bleibt
lediglich festzuhalten, dass Bodenpolitik irgendwie mit Boden und der Bodenfrage verbunden ist.
Die Suche nach der konkreten Bedeutung von Boden und die Ausformulierung der Bodenfrage
konnten daher Hinweise geben, was mit Bodenpolitik gemeint ist.

Mit dem planerischen und zivilrechtlichen Verständnis von Boden ist es ungleich wichtiger, die
sogenannte Bodenfrage klar zu benennen und explizit auszuformulieren. Eine inter-ministeriellen
Arbeitsgruppe stellt fest, dass ‚die Bodenfrage' vielschichtig und nicht durch sektorielles Denken
zu lösen ist (vgl. EJPD 1991: 12). Vor der Lösung der Bodenfrage sind jedoch die explizite Formulierung und die Befreiung von den häufig verwendeten Anführungszeichen notwendig.

Eine explizite Formulierung liefert Erich Weiß:

> Die Frage, wie Grund und Boden im umfassenden Sinne für die verschiedenartigsten pri-
> vaten und öffentlichen Nutzungsansprüche, die zur geordneten Entwicklung unseres Lan-

---

[12]   Monographische Reihe bestehend aus 12 Teilen aus den Jahren 1974-1976. Siehe Aktion freiheitliche Grunordnung

des mit seinen vielgestaltigen Siedlungsbereichen als Weiler, Dorf oder Stadt, mit seinen vielfältigen Freiflächenfunktionen für den Bodenschutz, Wasserschutz, Naturschutz, die Landschaftspflege, für Freizeit und Erholung der Menschen u.v.a.m. so wie für die unterschiedlichsten Infrastrukturanforderungen notwendig sind, zu angemessenen Bedingungen, insbesondere nach Raum, Umfang, Zeit und Wert verfügbar zu machen ist, wird als allgemeine Bodenfrage, einem, offensichtlich seit längerer Zeit aktuellen, bedeutsamen Problem unserer gesellschaftspolitischen Entwicklungschancen, bezeichnet.
(Weiß 1998: 324-325)

Weiß bezeichnet also die allgemeine Bodenfrage, als das Problem Boden für die verschiedenen Nutzungsansprüche zu angemessenen Bedingungen verfügbar zu machen (vgl. auch Seele 1973 / 1994). Dabei werden die Nutzungsansprüche als verschiedenartigst beschrieben und die Bedingungen sehr umfassend verstanden. In diesen Verständnis zeigt sich bereits ein Grundproblem der Bodenpolitik: Die Thematik ist derartig vielschichtig, dass eine klare Abgrenzung schwierig ist. Die nicht abschliessende Liste von Weiß verdeutlicht dies sinnbildlich.

Gleichzeitig streicht Weiß aber auch die große Bedeutung des Bodenproblems heraus, indem sowohl der lange historische Hintergrund als auch die weitreichenden Konsequenzen für gesellschaftspolitische Entwicklungschancen benannt werden. Festzuhalten bleibt zudem, dass die Bodenfrage auch als Bodenproblem verstanden werden kann. Weiß bezieht sich dabei auf die Arbeit von Werner Ernst, der das Bodenproblem folgendermaßen beschreibt:

Das Problem, Grund und Boden für Nutzungen, die zur geordneten Entwicklung der Städte und Dörfer notwendig sind, vor allem für Umwidmungen, also Änderungen der bisherigen Nutzungsarten, verfügbar zu haben, und zwar zu Preisen, die mit der im Rahmen dieser Nutzung beabsichtigten Verwendung verträglich sind, also das sogenannte Bodenproblem, ist das Kardinalsproblem für Raumordnung und Städtebau. Es ist darüber hinaus ein wichtiges Problem für die gesamte Gesellschaftsordnung.
(Ernst 1971: 3, zit. nach Davy 1999: 105)

Diese Beschreibung differiert nicht sehr stark von der oben genannten allgemeinen Bodenfrage. Wiederum wird die Verfügbarmachung von Boden für spezifische Nutzungen unter verträglichen Bedingungen benannt. Besondere Gewichtung erhält das Bodenproblem bei Ernst jedoch durch die Betitelung als Kardinalsproblem für Raumordnung und Städtebau. Dieser Vergleich wurde bereit 1921 vom damaligen Kölner Oberbürgermeister und späteren Bundeskanzler Konrad Adenauer formuliert, der befand, dass „die Bodenfrage die Kardinalfrage der Siedlung, des Städtebaus, des ganzes Volkes [ist]. [...] Wir sind die erste Generation, die Großstadtleben wirklich durchlebt hat. Wir leiden an der falschen Bodenpolitik der vergangenen Jahrzehnte, die Hauptquelle aller physischen und psychischen Entartungserscheinungen. Die bodenreformerischen Fragen sind nach meiner Überzeugung Fragen der höchsten Sittlichkeit" (Adenauer 1921, zit. nach Bohnsack 1967: 1).

Adenauer wirft mit dieser Formulierung mehrere interessante Aspekte auf. Wiederum wird gesellschaftliche Bedeutung formuliert. Ergänzt werden die Aspekte der Zeit und der Erfahrung. Die Generation Adenauers (in der Phase der Hochindustrialisierung geboren und aufgewachsen) kennt einen vollständig anderen Umgang mit der Verteilung und Nutzung von Boden als das noch in den vorangegangenen Generationen der Fall war, was insbesondere durch die Entwicklungen der Industrialisierung, aber auch durch die langzeitigen Folgen der Eigentumsveränderung durch die europäischen Revolutionen. In seiner Funktion als Politiker richtet Adenauer auch die Aufmerksamkeit auf einen Aspekt, der in der Wissenschaft häufig als normativ verunglimpft wird. Die Frage nach einer richtigen und einer falschen Bodenpolitik scheint für ihn drängend, zumal er sie als

Ursache für weitreichende gesellschaftliche Konsequenzen betitelt. Weiß, Ernst und Adenauer lassen sich also grob so zusammenfassen, dass Boden Gegenstand einer Politik ist, welcher aufgrund der hohen gesellschaftlichen Bedeutung und den weitreichenden Konsequenzen eine zentrale Stellung zukommt. Die Ausgangslage kann dabei wahlweise als Bodenfrage oder Bodenproblem bezeichnet werden und umfasst vorwiegend die Verfügbarkeit von Boden für verschiedene Nutzungs- und Verteilungsziele. Bedeutend sind zudem die Bedingungen, zur deren das Ziel der Verfügbarkeit von Boden erreicht werden kann. Die Bodenfrage bezieht sich also auf Situationen, wo die Nutzungs- und Verteilungsdimension nicht kohärent sind und beinhaltet die beiden Teilfragen, (1) wie Boden zu bestimmten Bedingungen für bestimmte Nutzungen verfügbar gemacht werden kann, und (2) wie die aus dieser Bodennutzung resultierenden Vor- und Nachteile verteilt werden sollen. Oder anders formuliert: Die Bodenfrage fragt „wer den Boden für welche Zwecke nutzen [...] und wer von der Bodennutzung profitieren soll [...]" (Davy 1999: 104).

2.1.4   Eigentum an Boden

Etymologisch stammt der Begriff *Eigentum* aus dem mittelhochdeutschen, abgeleitet von *eigentuom* (Duden)[13] oder *eginduom* (HLS).[14] Konzeptionell bezieht sich Eigentum in der modernen Rechtssystematik stärker auf das lateinische *proprietas* (im Sinne von *Eigenschaft*). Im Mittelalter war der Begriff *Herrschaft* (lat. *dominium*) vorherrschend, welcher zudem verschiedenartig unterschieden werden kann. In dieser linguistischen Aufstellung zeigt sich bereits, dass bei der Kontextualisierung von Eigentum zwischen der römischen, der (mittelalterlichen) germanischen und der neuzeitlichen common-law Tradition unterschieden werden muss.

Rechtssystematisch umfasst der Eigentumsbegriff die Rechte an materiellen Sachen (daher der Begriff: Sachenrecht). Sind diese Sachen beweglich (lat. *mobilia*), wird vom Eigentum an Fahrhabe gesprochen. Sind diese Dinge unbeweglich (lat. *immobilia*), wird vom Eigentum an Grund und Boden, oder kurz: von Bodeneigentum gesprochen. Daneben existieren bestimmte Sonderfälle. So sind Tiere keine Sachen, werden rechtssystematisch jedoch wie solche behandelt (Art. 641a ZGB), weswegen Eigentumsrechte an Tieren existieren (im Gegensatz zum Verbot vom Eigentum an Menschen). Ein weiterer Sonderfall ist die Übertragung der Eigentumslogik auf immaterielle Güter. In der ursprünglichen Rechtssystematik war dies nicht vorgesehen. Durch das Aufkommen von nicht-rivalisierenden Gütern wird jedoch versucht, an immateriellen Gütern ein ähnliches Rechtssystem aufzubauen, was unter dem Begriff des *Geistigen Eigentums* debattiert wird. Obwohl die Rechtsnormen zu Fahrhabe, Tieren und immateriellen Gütern für die gesellschaftliche Grundordnung von grosser Bedeutung sind, bleibt diese in der vorliegenden Arbeit unberücksichtigt. Wenn im Weiteren von *Eigentum* gesprochen wird, ist damit (wenn nicht explizit anders gekennzeichnet) das Eigentum an Grund und Boden und (im Sinne von Art. 655 und 667 ZGB) den damit verbundenen Gegenständen gemeint, welches durch Kauf, Erbschaft, Schenkung, Ersteigerung, Ersitzen[15] (Eigentumsübertragung durch Besitz und Zeitablauf) oder Okkupation (Aneignung herrenloser Sachen) erworben ist.

2.1.4.1   Eigentumsrechte

Es ist zwischen absoluten und relativen Eigentumsrechten zu unterscheiden. Absolute Eigentumsrechte sind solche, die von jedermann zu beachten sind (bspw. im Grundbuch eingetragene Verfügungsrechte), während relative Eigentumsrechte aufgrund einer Vereinbarung von den jeweils Beteiligten zu beachten sind (bspw. ein vertragliches Kaufrecht). Absolute Eigentumsrechte sind dabei als idealtypischer Pol und nicht als reale Situation zu verstehen.

---

[13]   „Eigentum" auf Duden online. URL: https://www.duden.de/node/674221/revisions/1319728/view (Abrufdatum: 1.11.2017)
[14]   „Eigentum" im Historischen Lexikon der Schweiz. URL: http://www.hls-dhs-dss.ch/textes/d/D8971.php (Abrufdatum: 1.11.2017)
[15]   Ähnlich dem ndl. *Kraken*

Eigentumsrechte bestehen darüber hinaus aus verschiedenen Elemente, weshalb korrekterweise der Plural zu verwenden ist (Vgl. Demsetz 1967). Die wichtigsten Elemente des Eigentums sind Universalität, Exklusivität, Transferierbarkeit (vgl. Bracke 2004: 41) oder metaphorisch vom „Bündel von Rechten" (bundle of rights) gesprochen. Die genaue Einteilung dieser Bündel ist dabei kontextabhängig. Mit Bezug auf das germanische Recht kann von mindestens drei Bündeln ausgegangen werden, welche Pseudo-Lateinisch benannt werden: (1) usus, (2) usus fructus und (3) abusus. Daneben sind noch der (4) Ausschluss und die (5) Übertragbarkeit zu nennen.

1. Usus: Recht auf Gebrauch der Sache
2. Usus fructus: Recht auf Aneignung der Erträge der Sache
3. Abusus: Recht auf Veränderung der Sache, inkl. Recht auf Zerstörung
4. Ausschluss: Recht auf Ausschluss anderer von der Sache
5. Übertragbarkeit: Recht zur Übertragung der Rechte der Sache

Vereinfachend kann auch zwischen Verfügungs- und Nutzungsrechten unterschieden werden. Verfügungsrechte umfassen die Rechte, welche eine Übertragung der Sache beinhalten, also bspw. Bestimmungen zum Verkauf, Kauf, Vermietung, Verpachtung, Vererbung. Auch Beleihung wird als verfügungsrechtlich eingestuft. Die Verfügungsrechte werden üblicherweise öffentlich-rechtlich bestimmt, bspw. durch die rechtliche Definition von handelbaren und nicht-handelbaren Sachen. Die Nutzungsrechte umfassen die Rechte, welche die Art und Weise der Nutzung der Sache bestimmen und beschränken. Dies umfasst insbesondere bestimmte öffentlich-rechtliche Nutzungsverbote, aber auch privatrechtliche Nutzungsvereinbarungen. Als spezifische Untergruppe der Nutzungsrechte sind Dienstbarkeiten, wie Wege-, Leitungs- und Zugangsrechte, zu nennen. Diese können ebenfalls als konkret-individuelle Vereinbarungen oder generell-abstrakte Bestimmung ausgestaltet werden.

		SACHVERHALT		
		abstrakt	konkret
		Regelung eine bestimmten Sachverhalts	Regelung einer unbestimmten Anzahl an Sachverhalten
A D R E S S A T	generell	Betroffenheit eines bestimmten Adressaten oder einer bestimmten Gruppe von Adressaten	Rechtsnorm	Allgemein-verfügung
	individuell	Betroffenheit eines unbestimmten Adressatenkreises	Verwaltungsakt	Verwaltungsakt

Tabelle 3: Juristische Einteilung von Bestimmungen. Quelle: Eigene Darstellung.

Die Unterscheidung der Bestimmungen nach dem Adressaten und dem Sachverhalt (siehe Tabelle 3, bzw. für das dazugehörige Normenquadrat siehe Abbildung 2) erlauben dabei die präzise Beschreibung der Rechtswirkung.

```
Gebot      <      konträr      >      Verbot

  ∧              \            /           ∧

subaltern      kontradiktorisch      subaltern

  ∨            /              \          ∨

Erlaubnis    <    subkonträr    >    Freistellung
```

Abbildung 2: Schematische Darstellung des juristischen Normenquadrats. Quelle: Eigene Darstellung.

2.1.4.2   Öffentliche Politik und Eigentumsrechte

Der römisch-germanischen Rechtstradition folgend kann zwischen dem privaten und dem öffentlichen Recht unterschieden werden. Privatrecht umfasst solche Rechtsbestimmungen, welche die
Beziehung zwischen zwei rechtlich gleichgestellten Privatpersonen behandeln. Öffentliches Recht
umfasst solche Rechtsbestimmungen, welche die Beziehung zwischen dem Staat in seiner hoheitlichen Rolle und einer privaten Person (bspw. Verwaltungsrecht) oder den öffentlichen Stellen
untereinander (Staatsrecht) behandeln. Die Unterscheidung entstammt der kontinentaleuropäischen Rechtsordnung und ist in Staaten mit Präzedenz-Rechtssystem (*common law countries*)
oder geringerer Rechtsstaatlichkeit weniger präzise.

2.1.4.3   Eigentum nach Schweizer Recht

Der Rechtsbegriff Eigentum ist im schweizerischen Zivilgesetz (ZGB; ZR 210) kodifiziert.
Dort heisst es:

> 1 Wer Eigentümer einer Sache ist, kann in den Schranken der Rechtsordnung über sie
> nach seinem Belieben verfügen.
> 2 Er hat das Recht, sie von jedem, der sie ihm vorenthält, herauszuverlangen und jede un-
> gerechtfertigte Einwirkung abzuwehren.
> (Art. 641 ZGB)

Die Definition, wie sie im ZGB zu finden ist, beruht auf der verfassungsrechtlichen Einordnung des
Eigentums als Grundrecht (vgl. Art. 26 BV). „Ungeachtet der Unterschiede, die in den nationalen
Rechtssystemen institutionalisiert sind, kann für Gesellschaften mit Privateigentum verallgemeinert von
einer gegenseitigen sozialen Anerkennung der mit einem Eigentumstitel verbundenen Rechte gesprochen werden" (Bracke 2004: 43). Dieser Auffassung folgend ist Eigentum nicht eine Rechtsbeziehung
zwischen einer Person und einer Sache, sondern stattdessen eine Rechtsbeziehung zwischen Personen,
welche wiederum durch staatliche Institutionen geschützt wird (vgl. auch Bromley 1991: 15).

2.1.4.4   Legitimation des Eigentums

Die Existenz eines solchen Systems des privaten Bodeneigentums wird in westeuropäischen Verfassungen aus der Sozialethik (genauer: der katholischen Soziallehre, siehe bspw. von Nell-
Breuning 1968) legitimiert. Demnach kann Boden (ganz im Sinne der liberalstaatlichen Entwicklungen des 18. und 19. Jahrhunderts) Gegenstand eines privaten, staatlich geschützten Rechtsan-
spruchs sein (Privatnützigkeit des Eigentums). Gleichzeitig verpflichtet dieses Recht auch eine
gemeinwohlorientierte Nutzung des Eigentums (Sozialpflichtigkeit des Eigentums). Die wohl
knappste Formulierung dieses zweiteiligen Gedankens findet sich im deutschen Grundgesetz: „Eigentum verpflichtet" (Art. 14 Abs. 2 GG). Es verpflichtet den Staat, selbiges zu schützen und es
verpflichten den Einzelnen selbiges zum Wohle der Gemeinschaft einzusetzen. Dahinter steht die
Auffassung, dass nicht unbedingt der stärkste Akteur der beste ist. „Der Boden im Stadtbereich soll
also nicht dem zufälligen Eigentümer auf Grund eines übersteigerten und darum nicht aufrechtzuer-
haltenden Eigentumsbegriffes gewährleistet, auch nicht dem ‚besten Wirt', d.h. dem rücksichtslo-
sesten Ausnutzer, wie eine verflossene Wirtschaftsordnung wollte, sondern vielmehr auf solche
Eigentümer übertragen werden, die ihn nach Massgabe, der von der Planung ‚verfügten' Zweck-
widmung benutzt wollen oder ihn dazu benötigen" (Dittus 1951: 132, zit. n. Davy 2006: 29).

Neben der Gemeinnützigkeit von Eigentums enthält eine sozialethische Begründung des Privateigentums seine Legitimation auch aus freiheitlichen Debatten. Das Eigentum soll den Bürger vor
staatlicher Willkür und Absolutismus schützen. Erst durch die gewonnene Unabhängigkeit kann
ein freier Bürger entstehen.

Diese Argumentation enthält dabei Begründungen mit unterschiedlichen zugrundeliegenden Freiheitsverständnissen:

(1) Der Schutz vor externen Zwängen wird als negative Freiheit bezeichnet (*Freiheit von etwas*). Bekannte Vertreter sind J. Locke, T. Hobbes, S. Mill und R. Nozick.

(2) Die Befähigung zur Selbstverwirklichung wird als positive Freiheit bezeichnet (*Freiheit zu etwas*). Bekannte Vertreter sind J.-J. Rousseau, K. Marx und A. Sen.

Es müssen stets beide Ebenen betrachtet werden, da sie immer gemeinsam auftreten. So schwächt die positive Freiheit von Bodeneigentümern die negative Freiheit von Nicht-Eigentümern.

Vor diesem Hintergrund lässt sich die Aussage zum deutschen Grundgesetz und der dortigen Eigentumsdefinition auch auf den schweizerischen Rechtsstaat übertragen. „Das Menschenbild des Grundgesetzes [=die deutsche Verfassung] ist nicht das eines isolierten souveränen Individuums; das Grundgesetz hat vielmehr die Spannung Individuum – Gemeinschaft im Sinne der Gemeinschaftsbezogenheit und Gemeinschaftsgebundenheit der Person entschieden, ohne dabei deren Eigenwert anzutasten. [...] Dies heißt aber: der Einzelne muß sich diejenigen Schranken seiner Handlungsfreiheit gefallen lassen, die der Gesetzgeber zur Pflege und Förderung des sozialen Zusammenlebens in den Grenzen des bei dem gegebenen Sachverhalt allgemein Zumutbaren zieht, vorausgesetzt, daß dabei die Eigenständigkeit der Person gewahrt bleibt" (BVerfGE 4, 7, 15-16). Ein Eigentümer kann demnach nach seinem eigenen Willen mit seinem Eigentum verfahren, soll aber individuelle wie gesellschaftliche Interessen gleichzeitig bedienen. Die Definition von Eigentum ist demnach stets vor dem sozio-historischen Kontext zu verstehen, woraus sich auch die Notwendigkeit einer stetigen Neuinterpretation ableitet.

2.1.5   Boden als Handelsware am Bodenmarkt

Wenn Boden eigentumsrechtlich gefasst werden kann, können diese Eigentumsrechte auch gehandelt werden. Aus Boden kann also auch eine Handelsware entstehen, die grundsätzlich einen Wert zugemessen bekommen kann. Streng genommen ist dabei nicht der Boden an sich die Handelsware, sondern die für den Menschen nutzbare Form Raum. Raum konstituiert sich allerdings unmittelbar aus Boden; zumal Fläche zwei der drei Raumdimensionen abdeckt. Aus der ökonomischen Perspektive betrachtet wird jedoch von Bodenmarkt gesprochen, weshalb diese Begrifflichkeit beibehalten wird. Zu unterscheiden ist jedoch, dass eigentlich nicht *der Boden* gehandelt wird und es dementsprechend *den Bodenmarkt* gibt, sondern der Boden in verschiedene Formen zerfällt, die abhängig von der jeweiligen Ertragsmöglichkeit und damit auch abhängig von den jeweiligen planungs- und baurechtlichen Bestimmungen sind.

In der einfachsten Form kann *der Boden* bzw. *der Bodenmarkt* in einem einfachen linearen Modell nach dem Entwicklungszustand bewertet werden. Dabei kann (angelehnt an die Wertermittlungsverordnung) in vier groben Entwicklungsstufen unterteilt werden, die ausschliesslich über die ökonomische Nutzbarkeit definiert sind: Land- und forstwirtschaftliches Land, Bauerwartungsland, Rohbauland, und baureifes Land.

- Land- und forstwirtschaftliches Land eignet sich nach allgemeinen Merkmalen (wie bspw. Lage und Topographie) nicht für eine bauliche Nutzung. Der Bodenpreis bemisst sich daher ausschliesslich anhand von land- und forstwirtschaftlichen Ertragserwartungen.
- Bauerwartungsland umfasst Boden, welcher zwar (noch) nicht planungsrechtlich, aber aufgrund von konkreten Merkmale (bspw. Lage und Topographie) eine bauliche Nutzung mit hinreichender Sicherheit erwarten lassen.
- Rohbauland umfasst Boden, welcher planungsrechtlich bereits für eine bauliche Nutzung bestimmt ist, aber nach weiteren Merkmalen (noch) nicht entwickelt werden kann (bspw. fehlende Erschliessung oder Notwendigkeit der Anpassung der Grundstücksgrenzen).

- Baureifes Land umfasst Boden, welcher nach planungsrechtlichen und weiteren Merkmalen tatsächlich baulich nutzbar ist.

Die weiteren Merkmale, auf die in dieser Auflistung häufig Bezug genommen wird, können dabei sehr unterschiedlich sein. Die Lage, Topographie und planungsrechtliche Zulässigkeit sind dabei sicherlich wesentliche wertbestimmende Merkmale einzelner Parzellen. Aber auch andere Merkmale können wertbeeinflussend sein. Die im Grundbuch eingetragenen Dienstbarkeiten und weitere vertragliche Bindungen wirken sich auf den Bodenwert aus. Auch die (bisherige) tatsächliche bauliche Nutzung ist relevant. Bauten, die vor einer zweckgemässen baulichen Nutzung entfernt werden müssen, beeinflussen den Wert negativ. Andere Bauten können in Abhängigkeit vom baulichen Zustand (insb. Restnutzungsmöglichkeit) positiven oder negativen Einfluss haben. Die bodenkundliche Qualität des Bodens kann ebenfalls als ein weiteres Merkmal einfliessen. Allerdings wird sich der Einfluss lediglich auf bautechnische Ausprägungen (bspw. Eignung als Baugrund) oder im Sinne von Bodenverschmutzungen (bspw. durch Altlasten) beschränken. Die tatsächliche biologische Qualität ist nur bei der Kategorie der land- und forstwirtschaftlichen Böden von grossem Einfluss. Wesentlich grösser ist der Einfluss der abgabenrechtlichen Situation der Parzelle (bspw. die Erschliessungsbeiträge).

Trotz dieser vielen Merkmale ist diese Kategorisierung allenfalls eine erste Annäherung. Schliesslich zerfällt der Bodenmarkt aus ökonomischer Sicht in eine fast unendliche Zahl unterschiedlicher Teilmärkte. Dabei ist die Unendlichkeit lediglich durch die Anzahl der Parzellen auf dieser Erde beschränkt, wenn man die Individualität der Handelsware Boden (keine Austauschbarkeit, Immobilität) berücksichtigt. Anders als bei anderen Gütern (bspw. industriell gefertigten Gütern) ist jede Parzelle per definitionem einzigartig und nur schwerlich und mittels starker Simplifizierungen mit anderen Parzellen vergleichbar. Die Wertermittlung ist damit individuell, womit die allgemeinen Marktmechanismen nur bedingt greifen. Zudem sind ausschliesslich ökonomische Merkmale berücksichtigt. Hierdurch wird zwar ermöglicht, dass der Boden ähnlich einer Handelsware bestimmt werden kann, allerdings sind damit per se nicht kommodifizierte Werte ausgeschlossen.

Die Kategorisierung in die vier oben genannten Kategorien ist empirisch entstanden und induktiv kategorisiert worden. Nachträglich erfolgte eine Kodifizierung im deutschen Planungsrecht (siehe §§ 5 und 6 Immobilienwertverordnung). Die zugrundeliegenden Annahmen sind jedoch auch im Schweizer Planungsrecht anwendbar. Wesentlich sind dabei die grundsätzliche Baufreiheit, die Zonenkonformität und die Erschliessungspflicht, wie sie in Art. 22 RPG festgelegt sind:

(1) Bauten und Anlagen dürfen nur mit behördlicher Bewilligung errichtet und geändert werden.
(2) Voraussetzung einer Bewilligung ist, dass a. die Bauten und Anlagen dem Zweck der Nutzungszone entsprechen und b. das Land erschlossen ist.
(Art. 22 RPG)

Hieraus ergibt sich die grundsätzliche Freiheit, mit dem Boden im Rahmen der Rechtsordnung frei zu verfügen, was als Baufreiheit bezeichnet wird. Ob Boden als Handelsware betrachtet werden darf, ist eine philosophische Frage.

2.1.6   Das Paradoxon des Bodens

Ein Legitimationsgrund von Boden als Handelsware ist dabei stets, dass dann der Markt eine optimale Verteilung und Nutzung erzeuge. Noch schwerwiegender ist, dass ein solcher Ausgleich von Angebot und Nachfrage in der Realität nicht zutreffend ist. Bei Boden ist zu beobachten, dass gleichzeitig eine Über-, wie auch Unterversorgung vorliegen kann, die als Baulandparadox bezeichnet wird (Davy 1996, 2000). So wird in der Schweiz über Wohnungsnot, die stetigen Steigerungen der Mietpreise und die Schwierigkeiten zur Findung von Standorten für Unternehmen debattiert. Dabei handelt es sich um Problemstellungen, die auf Baulandmangel zurückzuführen sind. Gleichzeitig gibt es ebenso aktive Diskussionen über die Zersiedelung des Landes und den stetigen Verlust von geschätztem Kulturland. Dabei handelt es sich um Problemstellungen, die auf Baulandüberfluss zurückzuführen sind. Paradoxerweise existieren in der Schweiz also gleichzeitig zwei Debatten, mit scheinbar kontradiktorischen Positionen. Ob es sich dabei tatsächlich um das sog. Baulandparadox handelt, lässt sich anhand zweier Kontrollfragen prüfen (Davy 2000: 62):

1. Gibt es genügend geeignetes Bauland für jeden, der Bauland benötigt, um berechtigte und sozial erwünschte Zwecke zu verwirklichen?
2. Ist die sparsame und schonende Verwendung des Bodens gewährleistet, weil nicht zu viel Bauland festgesetzt wurde?

Wenn die erste Frage negativ beantwortet wird, ist ein Mangel an Bauland vorhanden. Individuell bestehende und gesellschaftlich gerechtfertigte Entwicklungsansprüche können nicht befriedigt werden. Wenn die zweite Frage negativ beantwortet wird, herrscht ein Überschuss an Bauland vor. Es ist mehr Fläche eingezont, als für die individuell bestehenden und gesellschaftlich gerecht-fertigten Entwicklungsansprüche notwendig wäre. In der Realität kann es jedoch auch dazu kommen, dass paradoxerweise beide Fragen gleichzeitig negativ zu beantworten sind. Das plane-risch festgesetzte Bauland reicht einerseits nicht aus, um die Nachfrage zu decken, und gleichzei-tig ist es zu umfassend und verletzt das Gebot der haushälterischen Bodennutzung.

Eine solche paradoxe Situation ist dabei von anderen Problematiken abzugrenzen. So ignoriert die Bezeichnung des Baulandparadoxes die grundsätzliche gesellschaftliche Debatte über die Frage der Eigentumsverteilung (bspw. breite Eigentumsstreuung). Wenn vom Bauland-Paradox gespro-chen wird, wird sich lediglich auf den politischen status quo bezogen. Mögliche andere Eigen-tumsverteilungen werden ignoriert. Auch kann nicht vom Bauland-Paradox gesprochen werden, wenn die Nichtübereinstimmung lediglich auf eine schlechte Verteilung, unzureichende planungs-rechtliche Bestimmung des Bodens oder konjunkturzyklische Schwankungen zurückzuführen ist.

Die planungswissenschaftliche Debatte um das Bauland-Paradox ist für die Schweiz von grosser Relevanz, erklärt sie doch ein wesentliches Phänomen der politischen Debatte um Raumplanung: Es lassen sich gleichzeitig zwei politische Standpunkte beobachten, die sich scheinbar gegenseitig ausschliessen. Einerseits wird gefordert, dass die Bauzone auszuweiten ist, da die Boden- und Woh-nungspreise stetig steigen und der Bedarf nach neuen Bauten durch individuelle (Wohnflächenzu-nahme) und gesellschaftliche (Migration) Entwicklungen stetig wächst. Andererseits wird gefordert, dass die Bauzone einzufrieren oder sogar zu verkleinern ist, da die Zersiedelung ungebremst ist und viele Bauzonen überdimensioniert sind. Die Gleichzeitigkeit dieser beiden Standpunkte ist dabei ein klassisches Bauland-Paradox und nicht allein durch die alternativen Erklärungsmöglichkeiten zu begründen. So ist zwar zutreffend, dass die schweizerische Bauzone auch einer schlechten Vertei-lung unterliegt, doch erklärt dies nur einen Teil der Debatte. Richtig ist, dass die Verteilung subop-timal ist. So ist bspw. die Bauzone im Wallis deutlich zu gross ist und würde bspw. am Genfer See oder in Zürich dringender gebraucht. Aber auch die Erklärungskraft dieser schlechten Verteilung ist begrenzt. So geht das Bundesamt für Raumentwicklung (ARE) davon aus, dass gesamtschweize-risch etwa 17 bis 24 % der Bauzone unbebaut ist (ARE 2005b: 33-35). Dabei ist festzustellen, dass selbst in den Metropolen hohe Baulandreserven vorhanden sind.

Die Schätzung des Amtes wird dabei durch eine Studie der ETH Zürich gestützt – und um weitere Details ergänzt. So sind neben den vollständig ungenutzten Flächen auch Reserven auf bereits bebauten, aber unternutzen Areal zu berücksichtigen. Werden diese Reserven ebenfalls berück-sichtigt, kann von Nutzungsreserven in der Grössenordnung von 19.600ha bis 36.800ha ausge-gangen werden (vgl. Nebel/Hollenstein 2017: 5). Die genaue Höhe hängt von methodischen und definitorischen Annahmen ab (vgl. Scholl 2009: 39). Damit ergibt sich eine theoretische Wohn-raum-Kapazität innerhalb der derzeitig rechtskräftigen Bauzone für ungefähr 2 Mio. weitere Menschen (vgl. Nebel/Hollenstein 2017: 4). Die Wohnungsnot lindert dies paradoxerweise trotz-dem nicht, wie es sich an der Entwicklung der Wohnungspreise ablesen lässt.

	MINIMUM SZENARIO	MAXIMUM SZENARIO
Unbebaute Parzelle	8'600 ha	11'800 ha
Untergenutzte Parzelle	11'000 ha	25'000 ha
Summe	19'600 ha	36'800 ha

Tabelle 4: Schweizweite Nutzungsreserven nach Bebauungsstand. Quelle: Eigene Darstellung basierend auf Daten von Nebel / Hollenstein (2017: 5).

Gesamthaft betrachtet erscheint *die Bodenfrage* von zentraler Bedeutung für viele gesellschaftliche und planerische Probleme. Eine genaue Ausformulierung wird dabei nur selten vorgenommen. Was genau die Bodenfrage ist, hängt mindestens vom zugrundeliegenden Bodenverständnis und den damit verbun-denen Sichtweisen ab. Als gemeinsame Grundlage der verschiedenen Formulierungen der Bodenfrage ist dabei die Inkohärenz zwischen den verschiedenen Nutzungs- und Verteilungszielen festzuhalten. Die Bodenfrage bezieht sich auf Situationen, wo die beiden Dimensionen in Konflikt stehen.

2.2   Bodenpolitik – Konzeptualisierung

Der Begriff Bodenpolitik (inkl. *land policy, politique foncière* und ähnlichen Übersetzungen) wird regelmässig von verschiedenen Akteuren und in verschiedenen Kontexten verwendet (vgl. auch Kap. 1.6). Dabei ist keinesfalls von einem einheitlichen Begriffsverständnis auszugehen. Im Extremfall wird Bodenpolitik sehr eng gefasst und umfasst lediglich die öffentliche Bevorratung von Boden (vgl. Buitelaar 2010, Hartmann/Spit 2015). Im anderen Extrem wird Bodenpolitik sehr weitreichend gefasst und umfasst alle politischen Entscheidungen, die Boden in irgendeiner Form beeinflussen können (vgl. Davy 2005). Vor dem Hintergrund dieser Vielfalt ist ein eigenständiges Begriffsverständnis der vorliegenden Arbeit notwendig und zu erarbeiten. Die hier folgende Erarbeitung wurde im Ergebnis bereits publiziert (siehe Hengstermann/Gerber 2015).

Die Abwesenheit eines einheitlichen Begriffsverständnisses führt in der Planungspraxis zu Prob-lemen. In Deutschland existiert ein verfassungsrechtlich verankertes Politikfeld Bodenrecht (Art. 74 Abs. 1 lit. 18 GG), aber kein entsprechendes Bodengesetz. In der Schweiz kann nach ständiger Rechtsprechung aus bodenpolitischen Interessen enteignet werden (Hänni 2008), ohne dass eine konkrete Definition vorliegt. Es ist daher von grosser praktischer, wie wissenschaftlicher Rele-vanz den Begriff zu fassen. Dieses Kapitel soll daher die Debatten um den Begriff der Bodenpoli-tik nachzeichnen und systematisch strukturieren, um letztlich einen eigenen Vorschlag für ein planungs- und politikwissenschaftlich brauchbares Bedeutungsverständnis zu liefern.

Der Aufbau des Kapitels orientiert sich dabei grob an der juristischen Auslegungslehre (Larenz 1983: 298ff, zit. n. Davy 2004: 59), wodurch eine zutreffende und nachvollziehbare Herleitung zur Bedeutung des Begriffs ermöglicht werden soll. Die Untersuchung folgt grundsätzlich der klassischen Rechtslehre in vier Schritten, wie sie von Friedrich Carl von Savigny begründet wur-de. Die Systematisierung, die üblicherweise den dritten Schritt darstellt, erfolgt jedoch im Rahmen des empirischen Teils der vorliegenden Arbeit (siehe Kap. 8.3 und 8.4) und wird daher an dieser Stelle (zur Vermeidung von Redundanzen) ausgelassen.

Zunächst erfolgt dazu im ersten Abschnitt eine Annäherung an den Begriff im engen Rahmen des Wortsinns. Dies beinhaltet auch eine Definition, die als Grundlage für die weitere Arbeit dienen wird und durch Bestimmungsmerkmale eine Abgrenzung zu verwandten Ansätzen erlaubt. Dann erfolgt im zweiten Abschnitt die Darstellung der geschichtlichen Entwicklung von Bodenpolitik. Diese Darstellung soll die Ursprünge des Konzepts sowie die darauf folgenden Weiterentwicklungen und geschichtlichen Veränderungen aufzeigen. Die Informationen über die Entstehungsgeschichte dienen auch zur Orientierung bei der systematischen Einordnung, welche üblicherweise als dritter Abschnitt erfolgen würde, aber auf Kap. 8.3 und 8.4 verschoben wird. Im Gegensatz zur geschichtlichen Entwicklung wird dabei jedoch ausschliesslich der schweizerische Kontext berücksichtigt. Das besondere Augenmerk liegt auf der Frage nach der Kohärenz bzw. dem Aufdecken von Widersprüchen. Abschließend erfolgt im vierten Abschnitt die teleologische Annäherung an den Begriff, also die Fragen nach dem Sinn von Bodenpolitik. Damit wird zwangsläufig auch die Frage behandelt, ob Bodenpolitik neutral oder normativ zu verstehen ist, und mit welchem Zweck der Begriff angewandt wird.

Aufbauend auf dieser Auslegung des Konzepts Bodenpolitik werden im anschliessenden Kapitel unterschiedliche Typen skizziert (siehe Kap. 2.3).

2.2.1   *Wortsinn und bestehende Definitionen von Bodenpolitik*

Eine erste Annäherung liefert die wohl allgemeinste Umschreibung, die der Begriff erfährt. Demnach wird Bodenpolitik als die Antwort auf die Bodenfrage verstanden. Mit diesen Aspekten sind das allgemeine Feld der Bodenpolitik und das zugrundeliegende Problem (Die Bodenfrage) umschrieben, ohne jedoch eine brauchbare Definition des Begriffs zu liefern. In der allgemeinsten Fassung umfasst Bodenpolitik alle „staatlichen und kommunalen Maßnahmen, die den Wert, die Nutzung und die Verteilung des Bodens beeinflussen" (Davy 2005: 117). Benjamin Davy umschreibt also grundsätzlich alle politischen Maßnahmen als Bodenpolitik, welche irgendwie Einfluss auf den Boden haben. Durch die fundamentale Funktion von Boden als Grundlage für Leben, Arbeiten, für jegliches menschliche Handeln und Existieren haben jedoch auch nahezu alle Politikbereiche einen impliziten Einfluss auf den Boden. Urs Scheidegger spitzt dies treffend zu, wenn er formuliert, dass „Politik notwendigerweise auch Bodenpolitik ist" (1990: 153). Die von Davy erarbeitete Formulierung ist daher als Abgrenzung wenig hilfreich, sondern zeigt lediglich auf, welche weitreichenden Verflechtungen zwischen Politik und Boden bestehen. Allerdings liefert diese Umschreibung eine brauchbare Einteilung wesentlicher Unterkategorien von Bodenpolitik, welche durch die Veränderung von Nutzung (Allokation), Verteilung (Distribution) oder Wert von Boden agiert. Auch andere AutorenInnen definieren und unterteilen Bodenpolitik ähnlich. Daniel Wachter versteht Bodenpolitik „als die Gesamtheit aller staatlichen Maßnahmen, welche die Zuweisung des Bodens auf verschiedene Bodenverwendungszwecke und die Nutzungsweise regeln oder beeinflussen, sowie jener Maßnahmen, welche die sich im Zusammenhang mit der Bodennutzung ergeben – den Einkommens- und Vermögensprobleme regeln" (1990: 10). Als wesentliches Element der Bodenpolitik werden Massnahmen, also politisch-administratives Outputs herangezogen. In einer späteren Publikation von Davy wird hingegen über das Resultat (outcome), also die Wirkung von tatsächlichem Handeln, definiert: „Land policy is the result of the choices and actions of policymakers, who contemplate land uses, public interests, and rights. From a contractarian perspective, land policy is a manifestation of the social contract with regard to land uses." (Davy 2012: 31). Hier wird wiederum die gesellschaftliche Komponente von Bodenpolitik angedeutet und auf den Gesellschaftsvertrag nach Rousseau eingegangen. Dieser ist Grundlage für das Handeln und die Macht von öffentlichen Akteuren. Der Vertrag stellt ein grundsätzliches Leitbild dar, welches mit gewissen Nutzungen des Eigentums einhergeht, weshalb dieses geschützt, erlaubt und ermöglicht (oder gar gefördert) werden, während andere Nutzungsarten nicht gewünscht sind und daher untersagt werden (vgl. Davy 2012: 31). Hartmut Dieterich verwendet die Zielstellung der Bodenpolitik gar, um selbige gänzlich darüber zu definieren: Bodenpolitik soll „ermöglichen und erreichen, dass das richtige Grundstück am richtigen Ort zur rechten Zeit zu einem vertretbaren Preis für jede wünschenswerte öffentliche und private Nutzung zur Verfügung steht." (1985: 30). Die Akteure und ihre Vorgehensweisen sind dabei nicht berücksichtigt, allerdings enthält diese Formulierung Bewertungen, die ganz im Sinne Adenauers sind und sich auch in dem oben angesprochenen Gesellschaftsvertrag wiederfinden. Eine objektive Bewertung davon, was das richtige Grundstück, am richtigen Ort, zur rechten Zeit, zu einem vertretbaren Preis, für die wünschenswerte Nutzung darstellt, ist nicht abschließend möglich. Die Bewertungen sind abhängig von den ethischen Vorstellungen der Gesellschaft, bestehend aus den jeweiligen Akteuren, deren Interessen, Perspektiven, Normen, Zielvorstellungen oder Rationalitäten, welche sich in einem Leitbild veranschaulichen.

Der Verweis auf die wünschenswerte Nutzung geht einher mit der Zielvorstellung von Bodenpolitik, welche auch Johann Heinrich Gottlob von Justi bereits 1760 beschrieb. „Es liegt dem Staate gar viel daran, dass die unbeweglichen Güther, und überhaupt der Boden des Landes auf die bestmöglichste Art genutzet werde" (von Justi, 1760, zit. nach Davy 1996: 194). Bei der Interpretation dieser staatstheoretischen Definition weist Davy richtigerweise auf den Umstand hin, dass zumindest von der semantischen Steigerung von bestmöglich inzwischen Abstand genommen wurde, wenngleich der Grundgedanke noch der heutigen Auffassung von Bodenpolitik (genauer: Der allokativen Bodenpolitik) entspricht.

Davy, Dieterich und von Justi sind lediglich Ausschnitte aus einer Vielzahl von Definitionsvorschlägen. Dennoch lassen sich bereits hier wesentliche Unterschiede erkennen, die eine allumfassende Definition des Begriffs Bodenpolitik erschweren. Im Laufe der langjährigen wissenschaftlichen und politischen Debatte um Bodenpolitik wurden verschiedene Denkrichtungen entwickelt, deren grundsätzliche Annahmen nur schwerlich vereinbar erscheinen. Eine Einteilung kann lediglich in zwei grundsätzliche Denkschulen erfolgen (vgl. ähnlich: Lichfield/Darin-Drabkin 1980: 9). Wesentliches Unterscheidungsmerkmal ist der gedankliche Perimeter des Begriffs, weshalb in *Bodenpolitik im weiteren Sinne* und *Bodenpolitik im engeren Sinne* unterteilt wird.

Die erarbeitete Definition basiert auf einer Vielzahl von Vorarbeiten anderer Autoren (siehe Tabelle 5). Lediglich eine kleine Anzahl konnte direkt referenziert und ausführlich in die Argumentation aufgenommen werden. Die folgende Tabelle beinhaltete zusätzliche Definitionen, die ebenfalls eingeflossen sind und die Pluralität des Begriffs andeutet. Auch dieser grössere Umfang stellt vermutlich nur einen Ausschnitt dar, zumal vorwiegend deutschsprachige Veröffentlichungen betrachtet wurden. Es wurden lediglich einige wenige englischsprachige Verweise aufgenommen, die die internationale Debatte allenfalls andeuten können.

Autor	Verständnis von Bodenpolitik	Fundstelle
Fritz Schumacher	„Städtebau ist in den ersten und wohl wichtigsten Kapiteln seiner Arbeit nichts anderes als praktische Bodenpolitik" (ca. 1923)	Zit. n. Ernst/Bonzeck 1971: 47
Benjamin Davy	„Bodenpolitik umfasst staatliche und kommunale Massnahmen, die den Wert, die Nutzung und die Verteilung des Bodens beeinflussen."	2005: 117
Hartmut Dietrich	„Bodenrecht und kommunale Bodenpolitik sollen ermöglichen und erreichen, dass das richtige Grundstück am richtigen Ort zur rechten Zeit zu einem vertretbaren Preis für jede wünschenswerte öffentliche und private Nutzung zur Verfügung steht."	1985: 30

Autor	Verständnis von Bodenpolitik	Fundstelle
Walter Seele	„Zum einen soll Bodenpolitik die im Sinne der raumordnerischen Grundsätze und der raumplanerischen Ziele optimale Verwendung des Bodens herbeiführen oder bewahren (allokative Zweckbestimmung), zum anderen soll Bodenpolitik bewirken, dass das Bodeneigentum und das Bodeneinkommen im Sinne einer breiten Streuung des individuellen Eigentums sozialgerecht verteilt werden (distributive Zweckbestimmung)."	1988: 193
Benjamin Davy	„Bodenpolitik beschäftigt sich mit der Frage, wer den Boden für welche Zwecke nutzen (allokativer Aspekt) und wer von der Bodennutzung profitieren soll (distributiver Aspekt)."	1999: 104
Wolfgang Ströbele	„Bodenpolitik umfasst alle Massnahmen, die die Nutzung des Boden für die verschiedenen allokativen Funktionen regeln oder beeinflussen sollen oder die sich im Zusammenhang mit der Bodennutzung ergebenden Eigentums- und Vermögensprobleme regeln."	1994: 107
Johann Heinrich Gottlob von Justi	„Es liegt dem Staate gar viel daran, dass die unbeweglichen Güther, und überhaupt der Boden des Landes auf die bestmöglichste Weise genutzt werde."	1760, zit. n. Davy 1996: 194
Benjamin Davy	„Land Policy is the result of the choices and actions of policymakers, who contemplate land uses, public interests, and rights. From a contractarian perspective, land policy is a manifestation of the social contract with regard to land uses."	2012: 31
Oswald von Nell-Breuning	„Maßnahmen [, die] zur Sicherung einer geordnete Nutzung des Bodens als Raum, als Substrat und als Produktionsfaktor […] von amtlichen oder nichtamtlichen Stellen in Wahrung öffentlicher Interessen oder der Allgemeinheit unternommen werden, handelt es sich um Bodenpolitik."	1983: 7
Niederländisches Raumordnungs-ministerium	„Städtische Bodenpolitik [soll] die Zielvorstellungen der räumlichen Ordnung des Reiches auf lokaler Ebene verwirklichen."	2001. Eigene Übersetzung
Jozef Delfgaauw	„Unter städtischer Bodenpolitik verstehen wir jenen Teil der gemeindlichen Aktivitäten, der die Zielsetzungen mittels des Erwerbs, der Verwertung und der Vergabe von Grund und Boden verwirklicht."	1977: 171, zit. n. Schreiber 2008: 34
Hartmut Dieterich	„Bodenpolitik und Bodenrecht [sind dazu da] dem Mangel und der Überteuerung von Boden für den Wohnungsbau entgegenzuwirken."	1998: 290
Fachwörterbuch Angewandte Geodäsie	„Bodenpolitik ist die Gesamtheit aller politischen Maßnahmen, die auf die Herrschaft über den Boden, auf die Nutzung des Bodens und auf die Verteilung des Bodeneinkommens einwirken."	2009
Bundesamt für Umwelt	„Bodenpolitik soll darauf abzielen, den Schutz und die Nutzung des Bodens in Bezug auf all seine Funktionen zu integrieren und die verfügbare Fläche bestmöglich zwischen den verschiedenen Ansprüchen zu verteilen."	2011: 6-7
Helmut Güttler	„Bodenpolitik hat zum Ziel den Boden für eine plankonforme städtebauliche und sonstige Nutzung aufzubereiten und dazu beizutragen, dass der Boden den aus städtebaulicher Sicht geeigneten Nutzern verfügbar ist."	1997: 86
Wolfgang Göllner / Tanja Finkbeiner	„Neben der schon erwähnten sozial gerechten Verteilung von Grund und Boden stehen heute aber auch die schnellere Mobilisierung von Bauland und die Verringerung bzw. Vermeidung von Bodenspekulationen […] im Mittelpunkt der [Bodenrechtsdebatte]."	1997: 138

Autor	Verständnis von Bodenpolitik	Fundstelle
Fabian Thiel	„Land policy as the comprehensive land development guideline in Germany can be interpreted as a propertysteering application of spatial planning. Land policy is part of the spatial planning system; it is defined as a systematic acting to achieve or maintain the optimal use of land and socially just distribution of land property (more precisely: of the property rights) and of windfall profits as the economical gain from the land use, in particular the ground rent."	2013: 76
Egbert Dransfeld	„Kommunale Bodenpolitik ist letztlich mehr als nur die Entwicklung, Finanzierung und Vermarktung von Baugrundstücken. Sie kann ebenso bedeutsam für darüber hinausgehende Aufgaben wie etwa Bestandsentwicklung und -aufwertung Zwischennutzungen oder interkommunale Kooperation auf dem Bauland- / Wohnungsmarkt sein. Eine umfassende kommunale Bodenpolitik ist Voraussetzung für die Bewältigung der anstehenden Zukunftsaufgaben.	2010: 19
Bernd Scholl	„Bodenpolitik [soll] dabei helfen, schrittweise Flächenreserven für zukünftige Zwecke aufzubauen."	2007: 25
Daniel Wachter	„Der Begriff der Bodenpolitik [bezeichnet] die Gesamtheit aller staatlichen Massnahmen […], welche die Zuweisung des Bodens auf verschiedene Bodenverwendungszwecke regeln oder beeinflussen oder die sich im Zusammenhang mit der Bodennutzung ergehenden Eigentums- und Vermögensprobleme regeln."	1993: 105
Friedrich Halstenberg	„Bodenpolitik umfaßt die staatlichen und kommunalen Maßnahmen, die auf eine geordnete Befriedigung des öffentlichen und privaten Bodenmarktes gerichtet sind."	1966: 302
Holger Magel	„Land policy is understood as conscious action to bring about (in the sense of spatial planning principles and aims) an optimal use of land as well as (in the sense of a private distribution of private landownership) of a socially just distribution of landownership and of income from land."	2003: 8
Melanie Marktstein	Der Begriff Bodenpolitik „umschreibt gemeindliche Strategien, um Nutzungsziele für Grund und Boden, vorrangig bauliche Nutzungen, am richtigen Standort umzusetzen."	2004: 4
Georg Schadt	„Allgemeine Ziels der Bodenpolitik sind die Schaffung eines funktionsfähigen Bodenmarktes, (insbesondere: Mobilisierung und effiziente Nutzung des Bodens), die Versorgung der öffentlichen Hand mit der Ressource Boden gemäß den bodeninanspruchnehmenden öffentlichen Aufgaben und die Kontrolle der Entwicklung der Bodenpreise."	1991, zit. n. Markstein 2004: 21
Europäische Kommission	„Land policy aims to achieve certain objectives relating to the security and distribution of land rights, land use and land management, and access to land, including the forms of tenure under which it is held"	2004: 3
Europäische Kommission	„Land policies determine who has legal rights of access and/or ownership to certain resources and under what conditions, and therefore how these productive assets are distributed among diverse stakeholders. Land policies therefore express, implicitly or explicitly, the political choices made concerning the distribution of power between the state, its citizens, and local systems of authority."	2004: 1

Autor	Verständnis von Bodenpolitik	Fundstelle
Bundesinstitut für Bau-, Stadt- und Raumforschung (BBSR)	„Flächenmanagement umfasst die Steuerung der Bodennutzung, Bodenordnung und Beeinflussung des Bodenmarkes durch Planungs-, Ordnungs- und Entwicklungsprozesse."	2012
Akademie für Raumforschung und Landesplanung (ARL)	„Die Bodenpolitik befasst sich mit der öffentlichen Verantwortung für die Verteilung (Erwerb und Veräusserung des Bodens), die Nutzung (Festlegung von Nutzungsart und -intensität) und den Schutz des Bodens (Bodenschutz, Kulturland) sowie für die Verwendung des Wertzuwachses am Boden als Folge seiner Knappheit (Liegenschaftssteuern, Mehrwertabgaben, Ausgleich)."	2008
Dirk Löhr / Thorsten Wiechmann	„Unter Flächenmanagement wird allgemein die Kombination von hoheitlichen und konsensualen Instrumenten zur Realisierung einer ressourcenschonenden und bedarfsgerechten Bodennutzung verstanden."	2005: 315
Rachel Altermann	„The term „Land Policy" commonly covers land development issues that are broader than land use (Ratcliffe 1976, Lichfield and Darin-Drabkin 1980), including questions about land taxation, tenures, mangement, and (..) the division of responsibility between the public and private sectors in development.	1990: 16-17
Walter Seele	Bodenpolitik „verstanden als bodenbezogenes Handeln der öffentlichen Hände"	1988: 193
Schweizerische Vereinigung für Landesplanung (VLP-ASPAN)	„Aktive Bodenpolitik: Massnahmen der Bodenpolitik, die darauf abzielen, in Einklang mit den räumlichen Entwicklungsvorstellungen der Gemeinde die Erfüllung öffentlicher Aufgaben sicherzustellen und für die Gesellschaft, Wirtschaft und Umwelt Mehrwert zu schaffen."	2017: 2
Vereinte Nationen (UN)	„Bodenpolitik umfasst politische Massnahmen, die Boden im Sinne der Allgemein zu nutzen. Damit waren insbesondere das Management von Bodenressourcen, Bodennutzungsplanung, Mehrwertabschöpfung, öffentliches Bodeneigentum, Eigentumsstrukturen und Bodennutzbarmachung und Informationslage gemeint."	1972: 10
Benjamin Davy	Bodenpolitik ist „die Schnittstelle zwischen dem Steuerungsanspruch der Bauleitplanung und den Verwertungsinteressen der Grundstückeigentümer."	2004: 28
Ministère français de l'Ecologie, du Développement et de l'Aménagement Durables	„Ensemble des réglementations, moyens, outils… mis en œuvre afin d'assurer l'administration des sols … urbains ou agricoles. La politique foncière a notamment pour but de maîtriser le développement urbain, de permettre aux communes la réalisation de projets importants en réservant des terrains pour ce faire, de contribuer à la régulation du marché foncier en freinant la spéculation. Expropriation, droit de préemption, remembrement, emplacements réservés… figurent parmi les outils de la politique foncière."	zit. n. MLIS 2003
Wilhelm Dittus	„Bodenpolitik „soll die für den Städtebau und eine gedeihliche Stadtentwicklung so nachteilige Sperrwirkung, die der Bodeneigentümer ausüben konnte und kann, gebrochen werden."	1951: 132 zit. n. Davy 2006: 29

Tabelle 5: Verschiedenes Verständnis von Bodenpolitik. Eigene Darstellung. Quellen: Wie angegeben.

Eine Einteilung in einen weiteren und einen engeren Sinne hat auch das Politikfeld der Raumplanung erfahren. Aleksandar Slaev argumentiert, dass Raumplanung entsprechend zu unterteilen ist, um unterschiedlichen Typen von Planungen gerecht zu werden, die sich durch die Präzision der

Zielformulierungen und den damit verbundenen Regulierungsansätzen orientiert (vgl. 2016: 276). Die Bezeichnungen dieser Typen sind dabei bewusst offen formuliert, um eine breite Leserschaft ansprechen zu können. Inhaltlich orientiert sich diese Einteilung jedoch an den Begriffen der Teleokratie und Nomokratie, welche von Oakeshott (1960er) entwickelt, von Hayek (1973, 1976) bekannt gemacht und von Moroni (2010: 138-148) auf die Planung übertragen wurde (weitere Verweise in Slaev 2014). Vor diesem Hintergrund erscheint die Einteilung Bodenpolitik im weiteren Sinne und Bodenpolitik im engeren Sinne möglich und weiterführend und erklärt zudem die vielen unterschiedlichen Ansichten.

2.2.2   Eigene Definition

Im weiteren Sinne kann Bodenpolitik passiv definiert werden. Demnach umfasst Bodenpolitik alle staatlichen Entscheidungen und Massnahmen, welche einen Einfluss auf Nutzung und Verteilung von Boden haben. Im engeren Sinne kann Bodenpolitik aktiv definiert werden. Demnach umfasst Bodenpolitik lediglich solche staatlichen Entscheidungen und Maßnahmen, welche die Änderung der Bodenverteilung und -nutzung auch tatsächlich beabsichtigen, um dadurch das jeweilige räumliche Entwicklungsleitbild umzusetzen.

2.2.2.1   Wesentliche Bestimmungselemente und Abgrenzungsmerkmale

Um Bodenpolitik von anderen verwandten Begriffen abgrenzen zu können, enthält die Definition als aktive Bodenpolitik einige bestimmende Elemente. Aktive Bodenpolitik zeichnet sich dadurch aus,

1. dass Boden explizit Gegenstand der Politik ist,
2. dass sowohl die Zuweisung als auch Verteilung des Bodens betrachtet werden,
3. dass ein Umsetzungscharakter vorliegt, der mittels Angleichung von Nutzungs- und Verteilungsrechten agiert.

Boden ist eine grundlegende Ressource – auch im wörtlichen Sinne. Daher sind nahezu alle Politikbereiche, ja sogar fast alle Bereiche menschlichen und gesellschaftlichen Handels mehr oder minder direkt bodenrelevant. Eine Definition von Bodenpolitik über das Merkmal der Relevanz für Bodennutzung und / oder -verteilung erscheint daher wenig zielführend. Eine Einschränkung ist zwingend notwendig. Daher ist es nicht genügend von einer Bodenpolitik zu sprechen, wenn Boden in irgendeiner Form beeinflusst wird. Von Bodenpolitik kann erst gesprochen werden, wenn der Boden auch expliziter Gegenstand der Politik ist. Als bestimmendes Merkmal wurde daher die Absicht in die Definition aufgenommen und es werden lediglich solche Massnahmen und Handlungen unter den Begriff der Bodenpolitik gefasst, die die Umsetzung von bodenpolitischen Zielen beabsichtigen. Bodenpolitik umfasst als Oberbegriff sowohl die Nutzung (Zuweisung von Nutzungsrechten – Allokation) als auch die Verteilung (Verteilung von Verfügungsrechten – Distribution) von Boden. Wenn diese beiden Ebenen miteinander im Konflikt stehen (also inkohärent sind), wird von einer Bodenfrage oder einem Bodenproblem gesprochen. Dies umfasst also das Szenarium, wo die nachvollziehbaren Vorhaben und Interessen des Bodeneigentümers durch eine öffentlich-rechtliche Beschränkung ausgeschlossen werden, sodass der Bodeneigentümer zwar das Verfügungsrecht, nicht aber das gewünschte Nutzungsrecht hält. Andersrum betrifft es auch die Situation, dass die öffentliche Planung der Bodennutzung nicht umgesetzt werden kann, da der notwendige Boden nicht zur Verfügung steht (z. B. Baulandhortung). Einem allgemeinen Verständnis folgend, umfasst Bodenpolitik zwingend die Teilaspekte der Bodennutzung und der Bodenverteilung. Erst durch die Schnittmenge mit beiden Bereichen hebt sich die allgemeine Bodenpolitik von den Teilaspekten der allokativen und distributiven Bodenpolitik ab. Dabei fällt die Bewertung über die Wirksamkeit dieser Teilaspekte auch deutlich unterschiedlich aus. Ganz grob formuliert, hält Walter Seele fest, dass im Bereich der allokativen Aufgaben die Bodenpolitik weit mehr erreicht hat, als im distributiven Bereich (vgl. Seele 1988/1994: 8, Lichfield/Darin-Drabkin 1980: 9). Die distributiven bodenpolitischen Ziele, also die als gerecht empfundene Verteilung des Bodens, unterliegt derzeit kaum einem Einfluss durch den Staat. Neben der Bodennutzung und -verteilung enthalten einige Definitionen von Bodenpolitik auch explizit den Bodenwert als Bestandteil. Die Beeinflussung von Bodenwerten (oder dem Bodenmarkt) ist jedoch kein eigenständiges Ziel, sondern bildet einen Mechanismus zur Erreichung von allokativen und / oder distributiven bodenpolitischen Zielen (siehe illustrativ: Wachter 1993). Hinzu kommt, dass der Bodenwert durch die Kombination der Nutzungs- und Verfügungsmöglichkeiten ermittelt wird. Als bestimmendes Merkmal von Bodenpolitik ist es daher nicht notwendig den Wert des Bodens aufzunehmen. Allenfalls ist über eine Unterteilung von Bodenpolitik mittels dem Interventionsparadigma Bodenmarkt nachzudenken. Wer ein Bodenproblem feststellt oder die Bodenfrage stellt, sieht eine Inkohärenz zwischen der Ebene der Bodennutzung und der -verteilung. Im Gegensatz zu den Teilbereichen (allokative oder distributive Bodenpolitik) hat die aktive Bodenpolitik die Kohärenz beider Ebenen im Blick.

Grundsätzlich kann daher gesagt werden, dass Bodenpolitik auf die Verringerung der Inkohärenz dieser beiden Ebenen zielt. Wie diese Angleichung jedoch stattfinden soll, ist abhängig von der jeweiligen Grundauffassung. Als grobe Orientierung kann Bodenpolitik entsprechend dem klassischen sozialdemokratischen vs. marktliberalen Politikpositionen (sog. Links-Rechts-Spektrum der Politik) aufgeteilt werden. „Den Spielraum in der Bodenpolitik [...] kann man abgrenzen nach rechts mit dem vollständigen Verzicht auf die Anwendung hoheitlicher Mittel und nach links mit der vollkommenen Beseitigung des privaten Grundeigentums" (Seele 1988/1994: 3). Bodenpolitik aus Sicht von Akteuren des rechten politischen Spektrums dient also der Garantie des privaten Bodeneigentums. Die Verteilung und Nutzung des Bodens ist in privater Verantwortung und die Rolle des Staates besteht darin, die Institution des Eigentums zu schützen. Eine Angleichung basiert also auf der Grundtendenz, dass das private Bodeneigentum belassen oder gar gestärkt werden sollte, während der staatlichen Einfluss auf die Bodennutzung vermindert werden sollte. Bodenpolitik aus Sicht von Akteuren des linken politischen Spektrums dient der Verwirklichung von kollektiven Interessen an Boden. Die Verteilung und Nutzung des Bodens ist eine gesellschaftliche Aufgabe, die durch den Staat umgesetzt werden soll. Eine Angleichung basiert daher auf der Grundtendenz, dass die staatliche Bodennutzungsplanung belassen oder gar gestärkt werden sollte, während der staatliche Einfluss auf die Bodenverteilung erhöht werden sollte. Unabhängig von der politischen Grundauffassung dient Bodenpolitik daher der Angleichung der Ebenen des Bodeneigentums und der Bodennutzung.

Der Begriff der Bodenpolitik steht also vor der Schwierigkeit, dass einerseits ein Umsetzungscharakter vorliegen muss, andererseits die Zielvorstellung abhängig ist von den jeweiligen Akteuren. Die erarbeitete Definition enthält daher das offene Element der Leitbildumsetzung. Als Leitbild werden übergeordnete Zielvorstellungen über die Entwicklung eines Raumes verstanden, welche auf der jeweiligen gesellschaftlichen Wertvorstellung basieren und als Handlungsmaxime dienen. Leitbilder werden entweder bewusst und instrumentalisiert erstellt (bestimmt durch einen politischen, gesellschaftlichen oder anders organisierten Zielfindungsprozess), oder bilden einen allgemeinen Konsens (unbewusst geprägt durch gesellschaftliche Normen und Zeitgeister). Wesentlich ist, dass sie in irgendeiner Form gesellschaftlich legitimiert sind und raumbedeutsame Handlungen Einzelner können hiervon abgeleitet werden. Bodenpolitik zielt zwingend auf die Umsetzung des jeweiligen räumlichen Entwicklungsleitbildes. Weg und Richtung sind dabei jedoch abhängig von den jeweiligen Akteuren.

2.2.2.2   Systematisierung und Abgrenzung zu ähnlichen Begriffen

Mit der erarbeiteten aktiven Definition sollen nun Raumplanung und Bodenmanagement abgegrenzt werden, die häufig in ähnlichen Kontexten und manchmal synonym verwendet werden. Bestehende Überschneidungen sollen explizit gemacht und gleichzeitig Unterschiede herausgearbeitet werden, um letztlich eine Positionierung des Begriffs Bodenpolitik innerhalb der verschiedenen Debatten zu ermöglichen.

Bei den Bestimmungsmerkmalen und bei der Herleitung der Definition wurde bereits mehrfach auf die Abgrenzung gegenüber dem Begriff der Raumplanung hingewiesen. Raumplanung und Bodenpolitik weisen große Überschneidungsbereiche auf, sind jedoch nicht als Synonyme zu verstehen. Ein grosses Problem stellt dabei auf, dass auch der Begriff Raumplanung nicht einheitlich definiert ist. „Even now, at the start of the 21st century, the nature of planning is not completely clear." (Slaev 2014: 24). Diese Ungewissheit kann auf viele Aspekte zurückgeführt werden: Die unterschiedlichen Planungssysteme und -kulturen in den verschiedenen Ländern, die Komplexität der Materie und die damit verbundene Anzahl beteiligter Akteure, oder auch die Natur der Sache, demnach Raumplanung gar keine eigene Disziplin sondern ähnlich wie Umwelt ein politischer Gegenstand ist. In seiner breitesten Fassung kann Raumplanung zunächst verstanden werden als die Gesamtheit aller raumbedeutsamen Planungen. Neben der nominellen Raumplanung (also solche Maßnahmen und Entscheidungen, die sich durch das Raumplanungsrecht legitimieren) umfasst dies auch die sog. funktionale Raumplanung, welche auch alle Sektoralpolitiken, wie bspw. Umwelt-, Verkehrs- oder Wirtschaftspolitik, aufgrund ihrer Raumwirksamkeit als Raumplanung bezeichnet. Den Planungsbehörden kommt dabei die Rolle zu, solche Raumwirkungen verschiedener Fachpolitiken zu koordinieren und zu bündeln, sowie private und öffentliche Interessen gegeneinander und untereinander gerecht abzuwägen und auszugleichen.

Im Kern bezweckt Raumplanung als öffentliche Politik die Beeinflussung von Art und Maß der baulichen Nutzung von Boden. Damit umfasst Raumplanung den allokativen Teil der Bodenpolitik, wenngleich im deutschen BauGB auch distributive Ziele (Eigentumsbildung) und Instrumente (Umlegung, Vorkaufsrecht, Baugebot) enthalten sind. Die Planumsetzung ist zentrales Bestimmungselement der Bodenpolitik und bildet sowohl die Verbindung als auch die Abgrenzung zur Raumplanung. Wenngleich Raumplanung an sich auch auf eine tatsächliche Veränderung der Raumentwicklung abzielt, besteht sie doch auch aus wichtigen (formellen und informellen) Bestandteilen eines Planaufstellungsprozesses. Bodenpolitik hingegen umfasst den Teil der Raumplanung, welche die Planumsetzung bezweckt. „Die durch die Raumplanung vorgesehene Bodennutzung wird sowohl durch die direkten Maßnahmen im engeren Sinne der Bodenordnung als auch durch bodenpolitische Regeln der Bodenverfassung realisiert" (Dieterich 1980: 1). Es besteht eine gegenseitige Abhängigkeit. „Die Raumplanung kann nur selten ohne besondere bodenordnerische Maßnahme in die Wirklichkeit umgesetzt werden" (ebd.). Direkter formuliert sagt Dieterich hier, dass Raumplanung ohne Berücksichtigung des Bodeneigentums nicht funktioniert. „Pläne bleiben akademische Fleißarbeiten, wenn es keine Möglichkeit gibt, für ihre Durchführung zu sorgen." (1980: 1)

Seit circa zwei Dekaden taucht zudem der Begriff des Bodenmanagements vermehrt in verschiedenen Publikationen auf. Teilweise wird dieser Begriff unpräzise und weit verstanden und zur Umschreibung „des gesamten Aufgabenfeldes der Rahmensetzung und Steuerung der Nutzung sowie des Nutzungs- und Verfügungsrechts von Boden verwendet" (Kötter 2001: 146). Bei genauerer Betrachtung ist mit Bodenmanagement häufig die Umsetzung bodenpolitischer Zielsetzungen gemeint und ersetzt damit den früheren Begriff der Bodenordnung. Die Abwandlung von Bodenordnung zu Bodenmanagement soll dabei die gesamtgesellschaftlichen Veränderungen, den zunehmenden Einfluss marktwirtschaftlicher Kräfte, den zunehmenden Einsatz nichthoheitlicher Instrumente und die wachsende Bedeutung der Baulandentwicklung für die kommunalen Finanzen auch begrifflich abbilden (Vgl. Kötter 2001: 146). Anders gesagt umschreibt Bodenmanagement den operativen Teil einer kommunalen Strategie zur Bereitstellung von Boden unter ökonomischen Gesichtspunkten (vgl. Drixler 2008: 180-181 und auch Dieterich 1999 mit Bezug auf den Baulandbericht 1993). Während Bodenmanagement die ökonomischen Belange des politischen Umgangs mit Boden betont und dabei vorwiegend auf die operative Ebene zielt, betont Bodenpolitik die gesellschaftlichen Rahmenbedingungen, auch wenn sich Bodenpolitik zunehmend managementorientiert entwickelt hat.

2.2.3 Geschichte und Köpfe der Bodenpolitik

Wie dargelegt, kann Boden nicht als normales Wirtschaftsgut angesehen werden. Durch seine einzigartigen Eigenschaften unvermehrbar, nicht-mobil, träge und von fundamentaler Bedeutung zu sein, bedarf es gesellschaftlichen Regeln im Umgang mit diesem aussergewöhnlichen Gut. Regelungen und politische Auseinandersetzungen um die Nutzung von Boden durchziehen die Menschheitsgeschichte seit der neolithischen Revolution und wandelten sich dabei stetig im Laufe der Zeit. Diese Regeln sind zu dem nicht frei von gesamtgesellschaftlichen Entwicklungen und müssen daher in stetiger Regelmässigkeit angepasst werden. Heutige Diskussionen über Bodenpolitik sollten daher vor dem Hintergrund der geschichtlichen Entwicklung geschehen.

Die geschichtliche Entwicklung über Bodenpolitik vollständig, in ihrer inhaltlichen Tiefe und vor den jeweiligen zeitgenössischen Kontexten wiederzugeben, übersteigt den Rahmen der vorliegenden Arbeit. Das Kapitel dient daher ausschliesslich der allgemeinen Übersicht. Angestrebt ist daher lediglich eine gewisse Vollständigkeit. Gleichzeitig bedeutet dies, dass es der jeweiligen Debatte nicht gerecht werden kann. Es wird daher lediglich der Kerngedanke dargestellt und politisch und historisch kontextualisiert. Für weitergehende Auseinandersetzung wird auf die entsprechenden Originaltexte und gehaltvolle Sekundärquellen verwiesen. An dieser Stelle können daher nur die wesentlichen Meilensteine angedeutet werden. Dies geschieht anhand der jeweiligen dahinterstehenden Köpfe. Die geschichtliche Entwicklung der Bodenpolitik bezieht sich dabei ausschliesslich auf die Neuzeit, beginnt also mit der modernen Staatsgründung. Eine Auseinandersetzung mit der Bodenpolitik im Altertum und im Mittelalter wäre wünschenswert, kann aber an dieser Stelle nicht geleistet werden.

2.2.3.1 Liberale Bodenpolitik zu Zeiten der Industrialisierung und als Ergebnis der Französischen Revolution (1789 bis ca. 1900)

Freiheit, Gleichheit, Brüderlichkeit werden als Schlagworte der französischen Revolution als Leitgedanken aller politischen Forderungen genannt. Die Eigentumsrechte (insbesondere auch an Boden) sind dabei von zentraler Bedeutung. Als Folge der Revolution in Frankreich wurden in Europe reihenweise liberale Staatssysteme etabliert. Auch die Gründung der Helvetischen Republik (1798) und folgend die Gründung des modernen Bundesstaates Schweiz (1848) basieren auf dem liberalen Gedankengut. Die Eigentumsfreiheit konnte als nahezu unbeschränktes Recht angesehen werden – sowohl bezogen auf die Verfügungs- als auch Nutzungsrechte (Häberli 1991: 119). Das damals etablierte Bodenrecht „ist das Ergebnis der Befreiung des Bodens aus den Bindungen der feudalen Agrargesellschaft." (Winkler 1970: 312). Im Rahmen dieser Auseinandersetzung ging es bodenpolitisch um die Frage, ob Boden ein gottgegebenes Naturprodukt oder notwendiger Gegenstand einer klaren rechtlichen Zuordnung zum Menschen sein sollte. Der erste Standpunkt wurde bspw. von französischen Physiokraten, wie Anne Robert Jacques Turgot und François Quesnay, eingenommen. Der zweite Standpunkt wurde von Vertretern der Aufklärung, wie bspw. Thomas Spence, William Ogilvie und Thomas Paine, und auch von Vertretern der klassischen Nationalökonomie, wie Adam Smith, David Ricardo und John Stuart Mill repräsentiert.

Im Ergebnis erfolgte eine Kodifikation des Bodenrechts nach liberalen Grundgedanken. Das Bodeneigentum wurde dem Eigentum an beweglichen Dingen weitgehend gleichgestellt (vgl. Winkler 1970:

312). Seither sind Inhalte des Eigentumsbegriffs im Privatrecht bestimmt, bspw. in schweizerischen Zivilgesetzbuch (seit 1912) bzw. im bürgerlichen Gesetzbuch (Deutschland 1896, siehe § 903 BGB). Darin sind Eigentum und die Eigentümerbefugnisse positiv und negativ umschrieben. Die Regelung entstammt diesem Höhepunkt des liberalen Sozialmodells von Eigentum vor dem ersten Weltkrieg und betont, dass Schranken des Eigentums nur als Ausnahme gelten gelassen werde können (Winkler 1970: 314-315). In der Folge wandelten sich die europäischen Staaten von Agrar- zu Industriegesellschaften. Die Bevölkerungszahlen im ländlichen Raum und die in der Landwirtschaft Beschäftigten sanken. In der Schweiz sank die Zahl der in der Landwirtschaft tätigen Menschen im Zeitraum von 1860 bis 1910 von 508.000 auf 483.000 Personen, was beim gleichzeitigen Anstieg der Gesamtbevölkerung einem prozentualen Rückgang von etwa 46 % auf 28 % gleichkommt (vgl. Bernhard 1920: 33). Gleichzeitig wuchsen die Städte exorbitant (siehe Tabelle 6). Die Einwohnerzahlen stiegen innerhalb einer Generation im Bereich von Faktor 2 (Zürich) bis Faktor 6 (Biel). Kurz vor dem ersten Weltkrieg haben die meisten Städte ihre heutige Grösse erreicht.

„Die Entwicklung eines agrarischen Landes zum Industriestaat wurde weder städtebauliche noch bodenpolitisch bewältigt" (Ernst/Bonzeck 1971: 43). Die Explosion der Bevölkerungszahlen in den Städten verursachte eine Wohnungsnot. Grössere Industriebetriebe errichteten für ihre Arbeiter eigene Wohnsiedlungen, um die notwendig Arbeitskraft sicherzustellen. Der Überhang der Nachfrage wurde durch weitere private Wohnungsunternehmen ausgenutzt. Eine Vielzahl von dunklen, kaum belüfteten und hygienisch fragwürdigen Wohnkasernen entstanden. Die Architektur richtete sich nach wirtschaftlichen Gesichtspunkten, „leider aber, ohne immer Sinn für ein freundliches Heim zu bekunden. Man sehe nur in die in den 80er und 90er Jahren [des 19. Jahrhundert] entstandenen Wohnkolonien in der Nähe mancher Fabriken. Zumeist Häuser ohne jeden architektonischen Geschmack" (Bernhard 1920: 45). Die in der liberalen Zurückhaltung und der allgemeinen Überforderung begründete Passivität des Staates mündete im Primat der renditeorientierten Architektur. „Die Städte wuchsen, den Erfordernissen der Industrialisierung, dem Gebot des wirtschaftlichen Profits planlos folgend, in Richtung des geringsten Widerstandes. Die ursprünglich blühende Stadtbaukunst des deutschen Mittelalters hatte zur Zeit des schrankenlosen Wirtschaftsliberalismus des 19. Jahrhunderts einen erschreckenden Tiefstand erreicht" (Ernst/Bonzeck 1971: 43). Die Feststellung ist dabei problemlos auch auf andere Staaten Europa übertragbar.

BEVÖLKERUNGSZAHLEN	IM JAHR 1850	IM JAHR 1910
Winterthur	13'651	46'384
Zürich	216'338	441'855
Biel	4'686	29'154
Basel	35'762	151'187
Genf	55'679	182'187

Tabelle 6: Bevölkerungszahlen der jeweiligen Städte (jeweils inkl. Vororte). Quelle: Eigene Darstellung nach Daten von Bernhard (1920: 44).

Aus dieser Problemstellung heraus entwickelten sich staatliche Reformbewegungen, wie die Stein-Hardenbergsche Reformen in Preussen (vgl. Thiel 2002: 51) oder die ersten Kodifizierungen des Bodeneigentums in verschieden Schweizer Kantonen (siehe Kap. 8.3 und 8.4) und entsprechende gesellschaftliche Gegenbewegungen. Zu letztgenannten gehören auch vielfältige Ansätze das Eigentum an Boden in irgendeiner Form zu vergesellschaften. Vertreter dieser Gedanken sind bspw. Pierre-Joseph Proudhon, Friedrich Engels, Karl Marx. Aus den verschiedenen vorstellbaren Formen der Vergesellschaftlichung entwickelten sich schliesslich verschiedene Ansätze, die grob unter dem Oberbegriff der Bodenreformbewegung zusammengefasst werden (siehe auch Tetzner 1966: 215-218 und Thiel 2002).

2.2.3.2   Bodenreformbewegungen (um 1900)

Ende des 19. und zu Beginn des 20. Jahrhunderts setzte in Europa die Bodenreformbewegung ein. Die Lebensbedingungen in den Gebieten der Stadterweiterungen dieser Zeit waren elend. Die Zunahme der Bevölkerungszahlen insgesamt und die Abwanderung aus den ländlichen Gebieten führte in den Städten zu massiver Wohnungsnot, welcher durch den Bau von grossflächigen Stadterweiterungen mit grossen Mietskasernen begegnet wurde. Die hygienischen Verhältnisse waren prekär.

Als zentrale Ursache dieser prekären Wohnverhältnisse wurden die Besitz- und Eigentumsver-hältnisse des Bodens – genauer die Privatisierung und die kapitalistische Verwertung des Bodens – ausgemacht (vgl. Thiel 2002: 51). Auch die Bodenreformbewegungen weist daher Kontakt-punkte mit dem Sozialismus auf. Bekannte Köpfe der Bewegung sind Theordor Hertzka, Leo Tolstoi, Gustav Landauer, Adolf Damschke, Ebenezer Howard, Silvio Gsell und Otto Neurath.

Eigentlich handelt es sich bei den sogenannten Bodenreformen um Bodenbesitzreformen (vgl. Tetzner 1966: 208), da Sinn und Zweck der Reformen eine Veränderung der Rechtsverhält-nisse an Boden war – also distributive Bodenpolitik. Dabei waren die Motive durchaus ge-streut und reichen von sozialistischen Fundamentalpositionen (vollständige Beseitigung des Privateigentums) bis zu gesellschaftlicher Teilhabe an unverdienter Bodenrente (via Besteue-rungs- oder Abschöpfungsmechanismen) (Tetzner 1966: 209). Gemeinsam ist, dass die Vertei-lung des Bodens und die damit verbundene Vermögenkonzentration als ungerecht empfunden wird und Gegenstand einer Reform sein sollte.

Zentrales Werk ist die Veröffentlichung „Freiland" von Theodor Hertzka (1889). Seine Idee sah ein herrenloses Land vor, welches durch selbstverwaltete Wirtschaftsassoziationen bearbeitet werden soll. Die Bodenerträge sollten jedem Assoziationsmitglied abhängig vom geleisteten Arbeitsbeitrag ausge-schüttet werden. Dass somit nur Arbeitseinsatz (und nicht etwa Kapitaleigentum) für den persönlichen Ertrag ausschlaggebend waren, sollte zur Befreiung des Individuums von politischen, sozialen und geistigen Beschränkungen führen, weshalb er seinen Ansatz *Freiland* nannte (vgl. Senft 2013: 113).

Dieser Ansatz ist sehr nahe an sozialtheoretischen Debatten dieser Zeit. So plädiert Leo Tolstoi für eine Auflösung des privaten Bodeneigentums und für die Gründung von selbst-verwalteten, solidarischen Siedlungen (vgl. 1890). Gustav Landauer argumentiert, dass Boden etwa anderes ist als Kapital und der Kapitalismus auf der Bodenlosigkeit breiter Bevölke-rungsschichten basiert (vgl. 1909/1924: 105-106). Von Zeit zu Zeit muss daher eine Neuauf-teilung des Bodens stattfinden, um den Besitz der Bevölkerungszahl anzupassen und sozialistische Siedlungen zu gründen (vgl. ebd: 109-111). In ähnliche Richtung zielen auch Vorschläge wie Otto Neurathers Forderung der Gründung von Baugilden. Bemerkenswert dabei ist, dass Neurath das Siedlungswesen als geschlossenes Ganzes versteht und dabei auch explizit die Stadtplanung mit einbezieht (vgl. Senft 2013: 114).

Eine solche Verknüpfung wird innerhalb der britischen Debatte stärker vorgenommen. Die industrielle Entwicklung nahm in Grossbritannien seinen zeitlichen Ursprung und entspre-chend waren die negativen Auswirkungen (insb. auf die ungesunde Wohnsituation und die hohen Wohnkosten der Arbeiterschaft) dort schon früher spürbar. Zudem war die dortige Bodenverfassung „noch viel feudalistischer verblieben und für die nun einsetzende liberalisti-sche Industrialisierung ungeeignet" (Ernst/Bonczek 1971: 48). Hieraus bildeten sich auch bodenreformerische Gegenbewegungen früher, als in anderen europäischen Staaten. Bereits

ab 1840 manifestierte sich der politische Unmut in politischen Forderungen nach einer Beseitigung der ungesunden Wohnverhältnisse und Massnahmen zur Minderung der horrenden
Bodenpreise (vgl. Ernst/Bonczek 1971: 48).

Vor diesem Hintergrund ist der von Ebenezer Howard präsentierte städtebauliche Entwurf
Tomorrow zu betrachten (vgl. 1898/1902). Die Idee sah die Errichtung eines Städtesystems
um die eigentlichen Kernstädte vor. Die Vorstädte sollten dabei keine trostlosen Wohnquartiere, sondern urbane und unabhängig funktionieren Mittelstädte sein, die bspw. eigene kulturelle, industrielle und versorgungstechnische Einrichtungen besassen. Die Wohnqualität sollte
dabei (ähnlich wie bei der 30 Jahre später publizierten *Charta von Athen*) durch strikte Funktionstrennung gefördert werden. Eines (von mehreren) Grundprinzipien war dabei die Berücksichtigung von Grünflächen in diesen Städten, weshalb dieses Konzept später unter dem
(konzeptionell eher reduzierenden) Namen *Gartenstadt* bekannt wurde. Neben diesen verschiedenen städtebaulichen Aspekten sah Howard aber auch politische Neuorganisation in
diesen Städten vor. Zur Vermeidung von Bodenspekulation und zur Wahrung der lokalen
Interessen sollte der Boden der jeweiligen Städte in gemeinschaftliches Eigentum gewandelt
werden. Politische Entscheidungen sollten direkt und gleichberechtigt durch die Bewohner
getroffen werden. Daher ist die Verortung von Howard als Städtebauer nur unzureichend.
Seine Forderungen beinhalten auch klar bodenreformerische Elemente, die in der verbreiteten
Wahrnehmung jedoch selten berücksichtigt werden.

2.2.3.3   Bodenpolitik 1920er bis 1940er

„Nicht nur in Deutschland, in der ganzen westlichen Welt traten die Bodenfragen und die Bau-
landnot immer stärker in den Brennpunkt des städtebaulichen Interesses" (Ernst/Bonzeck 1971:
47). Aus der Bodenpolitik heraus ist es zu erklären, dass dabei die neuen wissenschaftlichen
Erkenntnisse im Städtebau fast ausschliesslich in Stadterweiterungsgebieten zur Anwendung
kommen konnten. „Die alten, ungesunden und häßlichen Stadtteile und Stadtlandschaften blieben
erhalten, [...] obwohl die Stadtsanierung in Europa schon im 19. Jahrhundert als neue städtebauliche Aufgabe erkannt worden war" (Ernst/Bonczek 1971: 48). Einmal Gebautes kann kaum korrigiert werden. Ein Grundsatz, der bis heute das Stadtbild bestimmt und häufig herangezogen wird,
um die Bedeutung von Raumplanung und Städtebau nochmals zu verstärken. Selbst Grundstücke
mit baufälliger Substanz steigen im Wert stetig, wodurch jede städtebauliche Veränderung an Kosten geknüpft wird, die die öffentliche Hand nicht aufbringen kann (vgl. Ernst/Bonczek 1971: 49).

Die bodenpolitische Debatte fokussiert sich dabei bis in die 1920er Jahre auf das Thema der
Bodenspekulation und die Frage, ob ein Bodenmonopol existiert oder nicht. Die immensen
Entwicklungen auf dem Bodenmarkt (durch die Industrialisierung verursacht und durch die
Folgen des Ersten Weltkriegs verstärkt) führten dazu, dass die Debatte jedoch nicht mehr nur
theoretischer und philosophischer Natur war. In fast allen Grossstädten wurden erstmalig in
der Geschichte Erhebungen zu den Bodenpreisen veranlasst und entsprechend politisch diskutiert. In den entsprechenden Veröffentlichungen wurde damit einhergehend auch erstmals
flächendeckend der Begriff Bodenpolitik verwendet.

Die akademische Debatte wurde dabei überwiegend durch Volkswirte geführt (bspw. die
Schumpeter-Oppenheimer-Kontroverse, siehe Senft 2013: 131-144), weshalb der Begriff bis
heute eine solche Prägung aufweist (vgl. bspw. Wachter 1993). Gestritten wurde, ob dem
Boden eine Monopoleigenschaft zuzuschreiben ist. Neoklassische Ökonomen, wie bspw.
Franz Oppenheimer, erkennen ein solches Monopol nicht. Sie nehmen das kapitalistische
Wirtschaftssystem und die ungleiche Verteilung des Vermögens und das nutzenmaximierende
Verhalten der Individuen als gegeben an und befürworten die Privatisierung von Gütern
(bspw. Allmenden) (vgl. Senft 2013: 132). Demgegenüber sehen sozialistische Ökonomen,

wie bspw. Joseph Schumpeter, dringenden Handlungsbedarf, da Boden aufgrund der einzigartigen Eigenschaften per Definition eine Monopoleigenschaft aufweist, die entsprechendes staatliches Handeln zur Regulierung der gesellschaftlichen Auswirkung erfordert.

Die Fragen nach den politischen Konsequenzen der Entwicklungen am Bodenmarkt gingen jedoch weit über diese definitorische und modellorientierte Auseinandersetzung hinaus. Die enorme Kraft dieser Zeit erklärt sich auch daraus, dass mit den politischen Entwicklungen in Russland nun erstmalig eine Alternative zum kapitalistischen Wirtschaftssystem real zur Verfügung stand, und damit auch ein anderer gesellschaftlicher Umgang mit Boden und dem Privateigentum vorgeführt wurde. Die russische Revolution hatte dabei auch Ausstrahlungskraft nach Westeuropa und die dortigen kommunistischen Bewegungen (vgl. mit einigen Beispielen Senft 2013: 132-133). „Zu den unmittelbaren Nachkriegserscheinungen zählte die Sozialisierungsdebatte, die in Deutschland und in Österreich mit besonderer Heftigkeit geführt wurde. [...] Die Frage nach dem Zugang zu Grund und Boden (und damit zu erschwinglichem Wohnraum) sowie zu den Bodenschätzen hatte sprunghaft an Stellenwert gewonnen" (Senft 2013: 133).

Diese Heftigkeit hielt jedoch nur bis zur grossen Wirtschaftskrise von 1929. In der Folge verflachten die wirtschaftswissenschaftliche Theorienvielfalt und der Debattenschwerpunkt verlagerte sich auf andere Themen. Das Themenfeld Bodenpolitik wird seitdem von mainstream-Ökonomen als kommunistisches Thema abgetan und kaum mehr ernsthaft diskutiert (vgl. Senft 2013: 134-135). Die klare Einteilung Ost-West in der Zeit nach dem Zweiten Weltkrieg verunmöglichte offene Debatten. Der Bedeutungsverlust der Landwirtschaft in Folge des wirtschaftlichen Strukturwandels in der Nachkriegszeit wurde schliesslich mit dem Ende der Bedeutung von Boden als zentrales Wirtschaftsgut gleichgesetzt. Der politische Schwung der bodenreformerischen Bewegung nahm ein Ende.

2.2.3.4   *Bodenpolitische Wende (1950 bis 1970)*

Das (West-)Europa in den 1950er Jahren war vom kriegsbedingten Wiederaufbau der Städte und einem immensen Wirtschaftswachstum geprägt. Der gesellschaftliche und politische Umgang mit Grund und Boden war dabei hoch umstritten. Die Zeit war mit dem „Unbehagen an der damaligen Bodennutzungsordnung in den politischen Parteien" verbunden (Thiel 2002: 52). Als Problem wurde wahrgenommen, dass die gesamten deutschen Bodenwertsteigerungen auf lediglich 1.3 % der Bevölkerung entfielen (Thiel 2002: 53) und somit eine unerwünschte Vermögensverschiebung von unten nach oben stattfand. Die Versuche, das Instrument der Wertzuwachsabschöpfung flächendeckend einzuführen, scheiterten, so dass Kommunen versuchten mittels freihändigen Erwerbs an die dringend benötigten Bauflächen zu gelangen. Allerdings spiegelt der Bodenwert immer den erwarteten Planungsgewinn wider, weshalb es der Planung unmöglich ist, sich selber zuvorzukommen (Thiel 2002: 53). Mit der Zunahme der technischen Möglichkeiten in der Nachkriegszeit, entstanden weitergehende Möglichkeiten den Boden auszunutzen und im Sinne der individuellen Interessen zu verwerten. Gleichzeitig stieg das Bewusstsein über die Besonderheiten des Gutes Boden und der damit verknüpften sozialen Verantwortung an Grundeigentum. Umwelt- und Baupolizeirecht stellen die ersten Ausläufer der beginnenden Nutzungseinschränkungen an Eigentum dar. In den 1960er Jahren begann mit der Institutionalisierung der Raumplanung die moderne Ära der Bodenpolitik. Als eine der Hauptursachen können sowohl in Deutschland als auch in der Schweiz die massiv steigenden Bodenpreise genannt werden. In West-Deutschland beispielsweise stiegen die Baulandpreise von 1950 bis 1961 um das Fünffache und damit deutlich höher, als die allgemeine Lohnentwicklung im selben Zeitraum (Faktor 1,7.) (Meyer 1970: 286). Im Zeitraum 1957 bis 1969 stiegen die Baulandpreise sogar um das Siebenfache, während die Lohnentwicklung um den Faktor 2,3, die allgemeinen Baupreise um den Faktor 1,7 und die allgemeine Lebenshaltung um den Faktor 1,3 zunahmen (vgl. Ernst/Bonczek

1971: 70). Vergleichbare Zahlen zur Schweiz sind der Abwesenheit von öffentlich bestellten Gutachterausschüssen und staatlichen Bodenrichtwertkarten nicht zu erhalten, dürften sich aber in ähnlicher Dimension bewegen. Mit der Institutionalisierung der Raumplanung waren die deutschen und schweizerischen Bau- und Planungssysteme zunehmend in der Lage, unzweckmässige Verwendung des Bodens zu stoppen. Zur Umsetzung dieses, als Baulandsicherung bezeichnete, Ziels (Davy 1996: 196-197), wurde in erster Linie das Instrument von Plänen und Flächenwidmungen gewählt. Für eine Gewährleistung der ausreichenden Verfügbarkeit von Bauland ist die Widmung von Flächen offensichtlich nicht ausreichend.

In der Debatte waren zwei politische Lager zu identifizieren. Die progressive Seite forderte die Kommunalisierung des Bodens – frei nach dem Leitspruch „Planen heißt, über den Boden frei verfügen dürfen" (Ernst/Bonczek 1971: 50). Die konservative Seite galt als Verfechter des uneingeschränkten Privateigentums, welche jeglichen staatlichen Eingriff als schleichende Enteignung sahen. Zwischen diesen beiden extremen Positionen gab es einige Zwischenstandpunkte. So der Vorschlag von Hans Bernoulli über die Trennung von Boden- und Gebäudeeigentum und der Vorschlag aus der christlichen Soziallehre, dass Privateigentum gleichzeitig eine gesellschaftliche Verpflichtung beinhalte, wie dies bspw. von Oswald von Nell-Breuning mit Rückbezug auf Thomas von Aquin vorgetragen wurde. Häufigster Referenzpunkt dieses Standpunkts ist die Formulierung im deutschen Grundgesetz: „Eigentum verpflichtet. Sein Gebrauch soll zugleich dem Wohle der Allgemeinheit dienen" (Art. 14 Abs. 2 GG), wenngleich dieser Absatz von Neoliberalen und Rechtswissenschaftlern als Verpflichtung des Staates zum Schutz des Eigentums ausgelegt wird.

Der politische Diskurs um Grund und Boden ist dabei keinesfalls mit den Kodifizierungen der 1970er Jahre abgeschlossen. Aktuelle Debatten, bspw. um die Rolle des zivilgesetzlichen Baurechts, werden bspw. von Dirk Löhr geführt (vgl. 2008, 2013). Die jüngsten Entwicklungen der schweizerischen Bodeneigentumspolitik finden sich detailliert in Kap. 8.3. Die Tabelle 7 zeigt überblicksmässig die wesentlichen Epochen, wichtigste Autoren und deren argumentative Standpunkte um Bodenpolitik.

Epoche	Sozio-historischer Kontext	Wichtigste Autoren und zentrale Werke	Stichworte zu Kernaussagen und Hauptargumenten
Die (französischen) Physiokraten (18. Jh.)	• Produkt der Aufklärung	**Anne Robert Jaques Turgot** (1727-1781) *Betrachtungen über die Bildung und die Verteilung des Reichtums* (1766) **Francois Quesnay** (1694-1774) *Allgemeine Grundsätze der Wirtschaftlichen Regierung eines Ackerbau betreibenden Reiches* (1758) **Jean-Jaques Rousseau** (1712-1778) *Vom Gesellschaftsvertrag oder Prinzipien des Staatsrechtes* (1762) **Thomas Hobbes** (1588-1676) *Leviathan* (1651) **John Locke** (1632- 1704) *Zwei Abhandlungen über die Regierung* (1690)	• Aller Reichtum kommt vom Boden • Die Gesellschaft wird von diesem Reichtum getragen • Geld ist nur ein vermittelndes Pfand • Steuern können nur auf wahren Reichtümern erhoben werden à Grundrente aus Fruchtbarkeit des Bodens abgeleitet • Konzept der natürlichen Ordnung à laissez-faire Haltung • Urzustand ohne Eigentum als Gedankenmodell à Gesellschaftsvertrag • Mensch ist berechtigt ein Stück Natur zur Selbsterhaltung sich zu Eigen zu machen. • Bildung von Eigentum als Voraussetzung für Freiheit, Eigentum als Begründer der menschlichen Gesellschaft • Erst Arbeit gibt Recht auf Bodeneigentum

Epoche	Sozio-historischer Kontext	Wichtigste Autoren und zentrale Werke	Stichworte zu Kernaussagen und Hauptargumenten
Die Anfänge moderner Boden- reform in GB und den USA (18. Jh.)	• Wirtschaftliche Entwicklung • Einhegungsbeweg ung (enclosement) • Privatisierung von Naturgütern • Parzellierung des Landes • Erste Demokratisierung	**Thomas Spence** (1750-1814) *The Meridian Sun of Liberty* (1775) **William Ogilvie** (1736-1819) *An Essay on the Right of Property* (1782) **Thomas Paine** (1737-1809) *Agrarian Justice* (1796)	• Grundeigentum = rechtswidrige Aneignung • Forderung: Boden sollte öffentliches, unveräusserliches Gemeindegut sein • Alle haben Anrecht auf Anteil am Boden • Boden von Gott gegeben nur Nutzungsrecht à Sozialisierung der Erträge vom Boden
Die klassische Schule der Nationalökonomie (ca. 1750-1850)	• Französische Revolution • Bildung von Nationalstaaten • Hochzeit der Kolonialisierung	**Adam Smith** (1723-1790) *An Inquiry into the Nature and Causes of the Wealth of Nations* (1776) **David Ricardo** (1772-1823) *Principles of Political Economy and Taxation* (1817) **John Stuart Mill** (1806-1873) *Principles of Political Economy* (1848)	• Grundlagen moderner Wirtschaftsliberalismus • Quelle des Wohlstandes = Arbeit • Monopolistische Natur des Faktors Grund und Boden • Grundrente aus Mangel an fruchtbarem Boden • Distributionsfragen • Boden nicht menschgemacht à Ausnahme von privat Eigentum • Erste Ideen der Enteignung
Sozialismus am Grund und Boden (19. Jh.)	• wachsende Bevölkerung & Landflucht • Industrialisierung • Hungersnöte • Grenzen des Wachstums • Klassenkampf	**Pierre- Joseph Proudhon** (1809-1865) *Was ist Eigentum?* (1840) **Friedrich Engels** (1820-1895) *Zur Wohnungsfrage* (1872) **Karl Marx** (1818-1883) *Über die Nationalisierung des Grund und Bodens, nach einem handschriftlichen Manuskript* (1868)	• Eigentümer leisten keinen Mehrwert à Ihnen steht auch keine Rente zu • Privates Grundeigentum = Monopol und individueller Missbrauch • Zentralisierung der Produktionsmittel • Fordern: Abschaffung der bürgerlich-kapitalistischen Eigentumsverhältnisse
Liberale Orientierungsversuche in der Grundeigentumsfrage (2. Hälfte 19. Jh.)	• Landflucht • Elend in Grossstädten • Zunehmende Einschränkungen (Zensur) der Meinungsfreiheit • Baupolizei, Gefahrenabwehr, Hygienismus	**Jules Faucher** (1820-1878) *Englische Tagesfrage* (1844) **Hermann Heinrich Gossen** (1810-1858) *Entwicklung der Gesetze des menschlichen Verkehrs* (1854) **Léon Walras** (1834-1910) *Études d'économie sociale* (1896)	• Freihandel und Arbeitervereinigungen • Befürworter von Privateigentum mit Ausnahme von Boden dort wäre Staatseigentum angebracht • Steuerbelastungen für Landmänner zu hoch à Verstaatlichung des Bodens um Belastung zu verringern
Neophysiokraten und Bodenreformer (Schwelle zum 20. Jh.)	• Starkes Wachstum der Industriestädte • Bodenpreise steigen • Landeigentümer werde reicher • Arbeiterbewegungen	**Alfred Russel Wallace** (1823-1913) *Land Nationalisation: Its Necessity and its Aims* (1904) **Henry George** (1839-1897) *Progress and Property* (1879) *Land Question* (1881) **Michael Flürschein** (1844-1912) *Not aus Überfluss* (1909)	• Komplette Verstaatlichung von Grund und Boden • Weitergabe nur durch (Erb-)Pachtverträge • Entschädigungsplicht bei Enteignungen • Grundrente = Ursache allen sozialen Elend • Einheitssteuer (Single Tax)

Epoche	Sozio-historischer Kontext	Wichtigste Autoren und zentrale Werke	Stichworte zu Kernaussagen und Hauptargumenten
Siedlerbewegungen und Bodenreform (Beginn 20. Jh.)	• Unerträgliche Lebens-bedingungen in Städten • Wohnungsnot und Kriegsfolgen • Hochzeit der Industrialisierung • Fordismus	**Leo Tolstoi** (1828-1910) *Die Sklaverei unserer Zeit* (1890) **Gustav Landauer** (1870-1919) *Die Siedlung* (1909) **Theodor Hertzka** (1845-1924) *Freiland – Ein soziales Zukunftsbild* (1889) **Ebenezer Howard** (1850-1928) *Tomorrow. A Peaceful Path to real Reform* (1898); *Garden Cities of Tomorrow* (1902) **Otto Neurath** (1882-1945) *Österreichs Baugilde & ihre Entstehung* (1922) **Silvio Gesell** (1862-1930) *Die Verwirklichung des Rechtes auf den vollen Arbeits-ertrag durch die Geld- und Bodenreform* (1906) **Hans Bernoulli** (1876-1959) *Die Stadt und ihr Boden* (1946)	• Hinterfragt Sinnhaftigkeit masslosen Expansionsstreben à einfacheres naturnahes Dasein • Siedlungsgenossenschaften, direkt politisches Modell, • Vision Freiland, gemeinsamer Bodenbesitz • zinslose Kapitalbereitstellung • modernes Siedlungswesen als Ganzes betrachten (umfassenden Stadtplanung) • Gartenstädte brauchen Schulen, Spitäler usw. • Kritisiert Landeigentum • Fordert Bodenreform, Eigentümer sollten Entschädigt werden bei Enteignung • Parzellenweise Verpachtung • Ertrag an Gesellschaft
Christliche Soziallehre (Ca. 1945-1975)	• Nachkriegszeit • Ent-kolonialisierung	**Oswald von Nell-Breuning** (1890-1991) *Zur Neuordnung des Bodenrechts* (1968/1987); *Gerechtigkeit und Freiheit: Grundzüge katholischer Sozialllehre* (1980); *Baugesetze der Gesellschaft: Solidarität und Subsidiarität* (1990)	• Entwicklung des Subsidiaritätsprinzips • Katholische Soziallehre, Personalität, Solidarität und Subsidiarität • Eigentum verpflichtet • Rechte und Pflichten (system of checks and balances)
Kapitalismus und Neoliberalismus (Ca. seit 1970)	• Ölkrise • Niedergang des sowjetischen Sozialismus • Wirtschafts-liberalisierung • Nachtwächter-staat	**John Maynard Keynes** (1883-1946) *The General Theory of Employment, Interest and Money* (1936) **Milton Friedman** (1912-2006) *Capitalism and Freedom* (1962) **Garrett Hardin** (1915-2003) *The tragedy of the commons* (1968) **Amelie Lanier** (1961-) *Das Bodeneigentum als Grundlage allen Privateigentums* (2013)	• Privateigentum als die beste / die einzige Form der Ressourcenverteilung • Fortschritt durch Wettbewerb • Haushälterischer Umgang durch individuelle Nutzenmaximierung
Neue Bodenreformdebatte (Ca. seit 1990)	• Breite Anerkennung des Nachhaltigkeits-prinzips • Nachhaltigkeits-wende in der Planung • Globalisierungs-kritik • Neuorientierung nach Finanz- und Wirtschaftskrise	**Elinor Ostrom** (1933-2012) *Governing the Commons* (1990) **Walter Seele** (1924-2015) *Elemente und Probleme der städtischen Bodenpolitik* (1988) **Hans Christoph Binswanger** (1929-) *Dominium und Patrimonium – Eigentumsrechte und -pflichten unter dem Aspekt der Nachhaltigkeit* (1998) **Peter Knoepfel** (1949-) *Demokratisierung der Raumplanung* (1977) *Transformation der Rolle des Staates und der Grundeigentümer in städtischen Raumentwicklungsprozessen im Lichte der nachhaltigen Entwicklung* (2012) **Dirk Löhr** (1964-) *Prinzip Rentenökonomie* (2013) **Fabian Thiel** (1971-) *Strategisches Landmanagement* (2008) **Jean-David Gerber** (1975-) *The strategic use of time-limited property rights in land-use planning* (2017) *Decommodification as a foundation for ecological economics* (2017)	• Andere / Neue / Bessere Eigentumsformen neben der Privatisierung, bspw. Vergemeinschaftung (Allmende) und Dekommodifizierung • Strategische Nutzbarkeit von Eigentum als Instrument durch den Staat • Verantwortung der Gemeinden für eine nachhaltige Raumentwicklung • Verstaatlichung oder freihändiger Erwerbe • Abgabe im Erbbaurecht • Besteuerung des Bodeneigentums nach gesellschaftlichen Kriterien zur Internalisierung / Minimierung der externe Effekte

Tabelle 7: Debatte um Bodenpolitik in wichtigen Epochen. Quelle: Eigene Zusammenstellung.

2.2.4   Teleologische Annäherung

Als Politiker war es für Konrad Adenauer selbstverständlich die Frage nach der richtigen und falschen Bodenpolitik zu stellen. In der rechtswissenschaftlichen Auslegungslehre wird ein ähnlicher Ansatz verfolgt, der allerdings für andere, insbesondere naturwissenschaftliche Disziplinen eher ungewöhnlich ist. Die Frage nach dem Sinn und Zweck, also die teleologische Annäherung an einen Begriff. Im Gegensatz zu Adenauer wird dabei nicht auf richtig und falsch fokussiert, sondern die Dimensionen von gut und schlecht verwendet. Dies erlaubt zu einem eine deutlich feinere Ausdifferenzierung mit gegebenenfalls einer Vielzahl von Zwischenstufen. Zum anderen wird nicht suggeriert, dass es sich um eine objektive Bewertung handelt, sondern von vorne herein klar gemacht, dass es sich um die Beurteilung aus einer singulären, allerhöchstens gesellschaftlichen Sicht handelt. Rechtswissenschaftliche Arbeiten nehmen dazu häufig den Willen des Gesetzgebers als Referenzpunkt, wobei aus politikwissenschaftlicher Perspektive keinesfalls von „dem" Willen gesprochen werden kann und häufig genug nicht nur die inhaltlichen Interessenslagen, sondern auch sachgebietsfremde Gründe den Willenbildungsprozess beeinflusst haben. Nichtsdestotrotz ist es zulässig und relevant eine Politik auch mit ihrem jeweiligen Sinn und Zweck zu verknüpfen, da dieser immerhin die Existenzgründe liefern.

Der Sinn und Zweck der schweizerischen Bodenpolitik ist keinesfalls eindeutig zu bestimmen. „Die Bundesverfassung enthält allerdings kein geschlossenes bodenpolitisches Konzept, sondern eine historisch gewachsene Vielzahl einzelner bodenrechtlich relevanter Bestimmungen" (Wachter 1994: 211). Dies gilt ebenso für die einfachgesetzlichen Ausführungen.

Konzentrierte Dezentralisation	Schaffung räumlicher Vorraussetzungen für die Wirtschaft
Förderung der Siedlungsqualität	Förderung der Funktionsfähigkeit des Bodenmakrtes
Schutz des Agrarlandes als Versorgungsbasis	Haushälterische Bodennutzung
Schutz der natürlichen Lebensgrundlagen Boden, Wald, Landschaft	Mieter- und Pächterschutz
Wohnbauförderung	Streuung des Grundeigentums

Abbildung 3: Übersicht von Zielen der schweizerischen Bodenpolitik mit möglichen Zielkonflikten. Quelle: Eigene Darstellung angelehnt an Wachter (1993: 115).

Das wichtigste Rechtsgebiet mit bodenpolitischer Ziele ist dabei die Raumplanung (vgl. Wachter 1993, 1994) und das darin enthaltene Zielduo der zweckmässigen und haushälterischen Bodennutzung und der geordneten Siedlungsentwicklung (Art. 75 BV, Art. 1 RPG). Aus bodenpolitischer Sicht handelt es sich hierbei um ein allokatives Ziel, da die Verwendung des Bodens betrachtet wird. Daneben existiert eine Vielzahl weiterer allokativer Ziele, wie bspw. der Schutz der natürlichen Lebensgrundlagen (Art. 1 Abs. 2 lit. a RPG), die Siedlungsentwicklung nach innen bei angemessener Wohnqualität (lit. abis), eine konzentrierte Dezentralisation (lit. c) und die Sicherung der Versorgungsbasis des Landes (lit. d). Auch die Planungsgrundsätze enthalten allokative Zielsetzungen, welche jedoch geringeres Gewicht bei der Interessensabwägung haben. Hier werden bspw. die Mobilisierung von Baulandreserven (Art. 3 Abs. 3 lit. abis) und die Versorgung der Bevölkerung mit Gütern und Dienstleistungen (lit. d) genannt. Neben diesen allokativen Zielen umfasst die schweizerische Bodenpolitik auch distributive Ziele, also zur Verteilung des Bodens. Hierzu zählt das Gebot zur Streuung des Grundeigentums (ehem. Art. 34sexies BV, bspw. Art. 24 Abs. 3 KV-BE), und die Versorgung der Bevölkerung mit bezahlbaren Wohnraum (Art. 1 & 2 WFG). Die verschiedenen Ziele, sowie mögliche Zielkonflikte sind in Abbildung 3 zusammengetragen.

2.2.4.1   Optimale Bodenverteilung als Ziel allokativer Bodenpolitik

Boden im oben genannten Sinne ist eine knappe Ressource. „Die wichtigste Leistung des Eigentums besteht in der Bewältigung von Knappheitsproblemen" (Engel 2002, zit. n. Bracke 2004: 4), da hierdurch für alle Akteure ein Interesse an einer effizienten Ressourcennutzung entsteht. „Eine Gesellschaft nutzt alle ihr zur Verfügung stehenden Ressourcen bestmöglich, wenn alle Eigentümer ihre Nutzenströme aus den Ressourcen optimieren. Diesem gesellschaftlichen Interesse wird der Eigentümer auch gerecht, wenn er bei einem Verkauf oder einer Nutzungsüberlassung einen möglichst hohen Preis erzielt – denn der sichert die Befolgung der ökonomischen Rationalität durch den Nutzer oder spätere Eigentümer" (Bracke 2004: 47-48). Maßstab einer guten Bodenpolitik im allokativen Sinne ist daher eine effiziente Nutzung der knappen Ressource, also dass „keine vermeidbaren Verluste eintreten [und] alle erzielbaren Vorteile genutzt werden" (Davy 2006: 30). Das Ziel besteht also (ganz im Sinne von von Justi) darin, die bestmögliche Nutzung des Bodens zu anzustreben. Dabei ist jedoch nicht eindeutig, welcher Referenzwert für die Messung der Effizienz anzulegen ist. Davy beschreibt vier denkbare Effizienzmaßstäbe (ebd.: 30-31): Die Eigentümereffizienz, die gesamtwirtschaftliche Effizienz, die Pareto-Effizienz und die gesellschaftliche Effizienz:

- Eigentümereffizienz bezweckt die Bodennutzung an der Nützlichkeit für den Eigentümer auszurichten. Die nützlichste Verwendung könnte beispielsweise die Umzonung von landwirtschaftlichem Land in Bauland sein (sog. Baulandproduktion), also die Anpassung der Art der baulichen Nutzung an die Interessen des Eigentümers oder auch die Maximierung des zulässigen Maßes der baulichen Nutzung (Ausnützungsziffer) zur besseren wirtschaftlichen Verwertbarkeit des Bodens.
- Demgegenüber bezweckt die gesamtwirtschaftliche Effizienz die Maximierung des volkswirtschaftlichen Gesamtnutzens. Dies kann die Internalisierung von externen Effekten beinhalten.
- Des Weiteren kann die Effizienz im Sinne der sog. Pareto-Effizienz daran gemessen werden, ob eine Verbesserung der Allokation gelingen kann, ohne die Situation eines Anderen zu verschlechtern.
- Schließlich kann die Effizienz auch an nicht-ökonomischen Maßstäben gemessen werden. Denkbar sind hier vielfältige, teils widersprüchliche Werte, die von einzelnen Individuen oder gesellschaftlichen Gruppen definiert werden. Bekannte Beispiele sind ökologische Zielvorstellungen, wie sie beispielsweise die Umweltschutzorganisation ProNatura mit ihrer Bodenpolitik verfolgt.

Zusätzlich kann Bodenpolitik als administrative Aufgabe verstanden werden und dementsprechend anhand des Verwaltungsaufwandes zur Umsetzung von bodenpolitischen Zielen gemessen werden. Dabei ist zwischen der höchstmöglichen Umsetzung im Rahmen eines vorgegebenen Verwaltungsbudgets (Verwaltungseffektivität) oder der Umsetzung eines vorgegebenen Ziels mit möglichst geringem Verwaltungsaufwand (Verwaltungseffizienz) zu unterscheiden (vgl. Kap. 2.6).

2.2.4.2 Gerechte Bodenverteilung als Ziel distributiver Bodenpolitik

In erster Linie sind mit der distributiven Bodenpolitik die Verteilung von Nutzungs- und Verfügungsrechte gemeint. Allein in diesem Bereich stellt sich daher die Frage einer gerechten Verteilung. Noch drängender wird dies, wenn man berücksichtigt, dass auch indirekte Auswirkungen, also die Verteilung von Vor- und Nachteilen in den Bereich der distributiven Bodenpolitik fallen. Die Verteilung der Lasten, die über den eigentlich direkt bezogenen Boden hinausgehen (sog. negative externe Effekte) kann ebenso zu großen Konflikten führen, wie die Frage nach der Aufteilung der Vorteile (bspw. planungsbedingter Mehrwert) oder positiven externen Effekte (bspw. Bodenpreissteigerung durch ein attraktives Stadtbild).

Als Maßstab für eine gute distributive Bodenpolitik dient daher die Vorstellung über eine gerechte Verteilung der Vor- und Nachteile der Bodennutzung. Ebenso wie bei der Frage der Effizienz sind auch hier verschiedene Modelle anzutreffen. Die wesentlichen Gerechtigkeitsmodelle sind (vgl. Davy 1997, Sandel 2010, Thaler/Hartmann 2016): utilitaristische Gerechtigkeit, egalitäre Gerechtigkeit und soziale Gerechtigkeit.

- Dem Konzept der Utilitarismus folgend, entsteht Gerechtigkeit durch die grösstmögliche Summe aller Zugewinne aller Individuen.
- Dem gegenüber betont der Libertarismus die Freiheit des Individuums. Eine grosse Anzahl an Nutzniessern rechtfertigt noch nicht den Eingriff in individuelle Rechte durch den Staat. Nur der Markt („die unsichtbare Hand") kann eine solche Verteilung gerecht erwirken.
- Das Konzept des Egalitarismus stellt dieser fatalistischen Auffassung entgegen, dass eine gerechte Verteilung nur eine gleiche Verteilung sein kann. Jedes Individuum hat Anspruch auf dieselben Möglichkeiten.

Letztlich kann davon ausgegangen werden, dass in jeder Situation und auch innerhalb der einzelnen Akteure multiple Gerechtigkeitsmodelle situativ agieren und dementsprechend planerisch zu beachten sind (vgl. Davy 2012, Hartmann 2012, Hartmann/Hengstermann 2014).

2.2.4.3 Zusammenhang von optimaler Bodennutzung und gerechter Bodenverteilung

Die beiden Zielsysteme sind zunächst für sich genommen zu betrachten. Bemerkenswert ist jedoch, dass hinter beide jeweils Grundwerte liegen (die sich vor allem im Massstab und im Referenzobjekt zeigen), die durchaus Verknüpfungen haben. So lassen sich grob folgende Verbindungen aufzeigen, wie sie in Tabelle 8 dargestellt sind.

EFFIZIENZ	GERECHTIGKEIT
Eigentümereffizienz	Individualismus
Gesamtwirtschaftliche Effizienz	Egalitärer Liberalismus
Parteo-Effizienz	Utilitarismus
Gesellschaftliche Effizienz	Soziale Gerechtigkeit

Tabelle 8: Verbindungen von Effizienz- und Gerechtigkeitsmodellen. Quelle: Eigene Darstellung.

2.2.5 Fazit: Bodenpolitik

Festzuhalten bleibt das Verständnis des Begriffs Bodenpolitik, welches der vorliegenden Arbeit zu Grunde liegt. Die Auseinandersetzung mit Definitionsvorschlägen aus der deutschsprachigen Fachliteratur führt dazu, dass in zwei grundsätzliche Denkschulen unterteilt wird: Passive und aktive Bodenpolitik. Als passive Bodenpolitik werden alle staatlichen Entscheidungen und Massnahmen verstanden, welche einen Einfluss auf Nutzung und

Verteilung von Boden haben. Als aktive Bodenpolitik werden lediglich solche staatlichen Entscheidungen und Massnahmen verstanden, welche die Änderung der Bodenverteilung und -nutzung auch tatsächlich beabsichtigen, um dadurch das jeweilige räumliche Entwicklungsleitbild umzusetzen.

Unter Zuhilfenahme eines aktiven Verständnisses von Bodenpolitik lässt sich der Begriff von anderen verwandten Begriffen (wie bspw. Raumplanung) abgrenzen. Aktive Bodenpolitik zeichnet sich dadurch aus, dass (1) Boden explizit Gegenstand der Politik ist, dass (2) sowohl Nutzung und als auch Verteilung des Bodens betrachtet werden, und dass (3) Umsetzungscharakter vorliegt, der mittels der Angleichung von Nutzungs- und Verteilungsrechte agiert.

Mit einem solchen Verständnis umfasst der Begriff zudem mehr, als eine aktive Bodenbevorratungs- und -entwicklungsstrategie, wie dies bspw. in der niederländischen Planungsliteratur betrachtet wird. Bodenpolitik umfasst neben dem Kauf, Verkauf und Tausch von Grundstücken, auch die Abgabe von Land im Baurecht, Baulandmobilisierung, Bauzonenmanagement, aktives Verhandeln mit den Grundstückseigentümern und Investoren und die Einforderung des Mehrwertausgleichs (vgl. Bühlmann 2017: 2). All diese Elemente dienen dazu, die räumlichen Entwicklungsvorstellung (bspw. Leitbild, Strategie) und deren rechtliche Kodifizierung (insb. kantonaler Richtplan und Nutzungsplanung) durch die Angleichung der Nutzungs- und Verfügungsrechte umzusetzen.

2.3   Typen bodenpolitischer Strategien

Bodenpolitische Herangehensweisen von Planungsträgern können nicht als einheitliche Strategie verstanden werden. In verschiedenen Gemeinden herrschen unterschiedliche Arten von bodenpolitischen Strategien vor, die politisch erarbeitet sind. Das folgende Kapitel dient der Herleitung einer Typisierung dieser bodenpolitischen Strategien. Die vorliegende Typisierung basiert auf einem planungsökonomischen Ansatz, welche von Egbert Dransfeld und Winrich Voß erstellt und von Barrie Needham und Roelof Verhage weiterentwickelt wurde, und welcher um planungspolitischen Aspekten in dieser Arbeit ergänzt werden soll. Zur Herleitung werden daher die Ansätze der genannten Autoren kurz vorgestellt, ehe dann eine eigenständige Weiterentwicklung erfolgt.

Die grundsätzliche Idee, Idealtypen als wissenschaftliches Hilfsmittel zu verwenden, stammt dabei von Max Weber. Die Idealtypen dienen dazu, das konkrete Handeln einzelner Akteure zu verstehen, um letztendlich eine sinngebende Interpretation zu ermöglichen. „Modelle, die zum Verstehen des sozialen Handelns beitragen sollen, müssen auf idealtypischen Annahmen basieren, um den konkreten Verhaltenstypus durch einen kontrollierten Vergleich, durch Abgrenzung und Einordnung beschreibbar zu machen" (Weber 1922/2000: 17). In der Weberschen Vorstellung von Wissenschaft dienen Idealtypen demnach dazu, die komplexe soziale Realität zu strukturieren und so Regelmässigkeiten und Besonderheiten zu identifizieren.

Ein Idealtyp „ist ein Gedankenbild, welches nicht die historische Wirklichkeit oder gar die ‚eigentliche' Wirklichkeit ist, welches noch viel weniger dazu da ist, als ein Schema zu dienen, in welches die Wirklichkeit als Exemplar eingeordnet werden sollte, sondern welches die Bedeutung eines rein idealen Grenzbegriffs hat, an welchem die Wirklichkeit zur Verdeutlichung bestimmter bedeutsamer Bestandteile ihres empirischen Gehalts gemessen, mit dem sie verglichen wird. Solche Begriffe sind Gebilde, in welchen wir Zusammenhänge unter Verwendung der Kategorie der objektiven Möglichkeit konstruieren, die unsere an der Wirklichkeit orientierte und geschulte Phantasie als adäquat beurteilt" (Weber 1904: 67-68, zit. n. Blatter / Janning / Wagemann 2007: 41). Sie dienen damit als „wissenschaftlicher Referenzpunkt, um die sozialen Erscheinungen durch Feststellung der Differenz zu dem oder den Idealtypen zu kategorisieren und die Gegebenheiten durch Messung der Abweichung zu erfassen" (Blatter / Janning / Wagemann 2007: 41). Diese Abweichungen gilt es anschliessend zu erklären.

Webers Idee zur Bildung von Idealtypen stellt dabei keine allgemeine Forderung dar. Er geht vielmehr davon aus, dass in der Wissenschaft solche Idealtypen bereits vorhanden sind und deren Verwendung lediglich aufgedeckt und transparent gemacht werden sollte. „Ein Idealtypus muss als eine wissenschaftlich konstruiertes Ideal- oder Gedankenbild verstanden werden, das in Relation zur sozialen Realität den Charakter einer Utopie aufweist im Sinne einer ideal vorgestellten Handlungsmaxime oder Rationalitätsbehauptung" (Weber 1922, zit. n. Blatter/Janning/Wagemann 2007: 40). Die wissenschaftliche Konstruktion kann dabei sowohl deduktiv, wie auch induktiv erfolgen. Im Bereich von bodenpolitischen Idealtypen sind auch beide Ansätze vorfindbar.

Die in der vorliegenden Arbeit hergeleiteten bodenpolitischen Typen basieren auf verschiedenen Vorarbeiten, welche im Folgenden kurz vorgestellt werden. Dabei lässt sich zwischen deduktiven und induktiven hergeleitete Typen unterscheiden.

2.3.1 Deduktiv hergeleitete bodenpolitische Typen

In der planungswissenschaftlichen Literatur finden sich einige Beispiele von deduktiv hergeleiteten bodenpolitischen Typen. Grossen Einfluss hatte dabei die Studie von Dransfeld und Voß, welche auch als Grundlage für spätere Kategorisierung von Planungssystemen durch die EU-Kommission dient. Ihre Einteilung in 5 verschiedene Typen wurde dann im Anschluss von einigen Autoren weiterentwickelt, aber nicht grundsätzlich verändert wurde. Die Entwicklungen werden ebenfalls aufgezeigt, da sie einige Schwächen des ursprünglichen Modells offenlegen. Zudem wird zur weiteren Kontrastierung das Modell von Kalbro ergänzt, welches vier Typen bodenpolitischer Strategien beinhaltet.

2.3.1.1 Das ursprüngliche 5-Typen-Modell von Dransfeld und Voß

Die vorliegende Typisierung der Bodenpolitik geht auf eine vergleichende Untersuchung[16] im Auftrag des deutschen *Bundesministeriums für Raumordnung, Bauwesen und Städtebau (BMRBS)* zurück, welche im Jahr 1993 unter dem Titel „Funktionsweise städtischer Bodenmärkte in Mitgliedstaaten der Europäischen Gemeinschaft – ein Systemvergleich" veröffentlicht wurden (siehe Dransfeld/Voß 1993) In der Studie wurden die Bodenmärkte der fünf EG-Länder Deutschland, Niederlande, Frankreich, Italien und Grossbritannien untersucht. Die jeweilige Raumplanung stand nicht im Fokus der Untersuchung, wurde jedoch als wesentliche Rahmenbedingung mit grossem Einfluss berücksichtigt.

Als ein Nebenergebnis der Studie wurden die verschiedenen Baulandbereitstellungsprozesse zwischen und innerhalb der Untersuchungsländer typisiert. Die Typen sind dabei induktiv ermittelt worden. „Die Analyse der Prozesse hat ergeben, dass sich im Wesentlichen fünf generalisierte Erschliessungstypen herauskristallisieren lassen." (Dransfeld/Voß 1993: 141). Diese generalisierten Typen wurden anhand zweier Unterscheidungsmerkmale (Risiko und Verfahren) abgegrenzt.

---

[16] Auftragnehmer und Projektleiter war Prof. Hartmut Dieterich, welcher zu diesem Zeitpunkt den Lehrstuhl für Vermessungswesen und Bodenordnung an der Universität Dortmund besetzte. Die Verfasser der materiellen Ergebnisse der Studie waren Egbert Dransfeld und Winrich Voß und werden im Folgenden in der Zitation verwendet.

(a) Für das erste Unterscheidungsmerkmal wird gefragt, welcher Akteur das Entwicklungsrisiko trägt, um eine erste Einteilung anhand des Eigentums während der aktiven Entwicklungsphase vorzunehmen. (b) Für das zweite Unterscheidungsmerkmal wird gefragt, ob die Entwicklung mit oder ohne öffentlich-rechtlicher Verfahren durchgeführt wird. So entstehen vier Typen – ein weiterer Typ wird für einen häufig vorkommenden Überschneidungsfall ergänzt (Typ II). Typen I bis III weisen als gemeinsames Merkmal auf, dass der Bereitstellungsprozess mittels einheitlichem Bodeneigentum absolviert wurde. Bei Typen IV und V ist das Bodeneigentum gestreut; die Entwicklungen also als Einzelentwicklung vollzogen werden. Typen I und V gehen von einer aktiven Rolle der öffentlichen Organe aus, wohingegen bei Typen III und IV die aktive Rolle in privater Hand ist. Typ II stellt, bezogen auf dieses zweite Unterscheidungsmerkmal, einen Zwischentyp dar, der jedoch aufgrund der Häufigkeit in der räumlichen Praxis als eigener Typ aufgenommen wurde.

Die fünf einzelnen Typen sind (nach Dransfeld/Voß 1993: 141-142):

- Typ I Zwischenerwerb Gemeinde: Alle wesentlichen Flächen sind von der Gemeinde (oder einer anderen Gebietskörperschaft) als Zwischenerwerber aufgekauft.
- Typ II Zwischenerwerb Öffentliche Gesellschaft: Alle wesentlichen Flächen sind von einer öffentlichen oder halb-öffentlichen[17] Gesellschaft als Zwischenerwerber aufgekauft.
- Typ III Zwischenerwerb Developer: Alle wesentlichen Flächen sind von einem privaten Developer als Zwischenerwerber aufgekauft.
- Typ IV: Einzelentwicklung ohne öffentlich-rechtlichem Verfahren: Die Flächen verbleiben im Eigentum von verschiedenen Alt- oder Zwischeneigentümern und für die Entwicklung sind keine öffentlich-rechtlichen Erschließungs- oder Neuordnungsverfahren notwendig.
- Typ V: Einzelentwicklung mit öffentlich-rechtlichem Verfahren: Die Flächen verbleiben im Eigentum von verschiedenen Alt- oder Zwischeneigentümern, jedoch sind für die Entwicklung öffentlich-rechtlichen Grundstücksneuordnungsverfahren notwendig.

Im Zentrum steht dabei die Frage, wer Eigentümer des Bodens während der Planung und Entwicklung ist. Damit verknüpft sind Fragen bezüglich der Verantwortung für die verschiedenen Kosten und bezüglich der Frage, wer letztlich den planungsbedingten Mehrwert geniesst. Dies führt zu einer Unterteilung, die aufgrund der Eigentümerschaft und der Übernahme der Erschliessungskosten gegliedert ist.

Diese groben Typisierungen können dazu verwendet werden, den weiten Begriff der Bodenpolitik zu operationalisieren. Die Typen geben dabei unterschiedliche Ausprägungen wieder, die je nach planungspolitischem Kontext bevorzugt werden und anhand derer der Einfluss der bodenpolitischen Faktoren differenziert untersucht werden kann.

Die Ermittlung des jeweiligen Typs ist über die zwei Kernfragen möglich, welche beleuchten, wie die verschiedenen Kosten und wie der planungsbedingte Mehrwert verteilt werden. Unter den Begriff der Kosten fallen sowohl die Kosten für die notwendige inneren, sowie für die äusseren Erschliessungsleistungen. Des Weiteren können indirekt anfallende Folgekosten sowie die Trägerschaft des finanziellen Risikos betrachtet werden. Unter den planungsbedingten Mehrwert ist der Teil der Bodenpreissteigerung zu verstehen, welcher allein durch die Veränderung der planungsrechtlichen Situation und nicht durch Investitionen (wie bspw. Erschliessung) entsteht. Dieser Mehrwert kann den ursprünglichen Bodeneigentümern, dem jeweiligen (öffentlichen oder privaten) Entwicklungsträger oder per se (vollständig oder teilweise) der öffentlichen Hand zufallen. Über diese beiden Kernfragen und den jeweiligen untergliederten Varianten ist die Zuord-

---

[17] Hier sind recht unterschiedliche öffentlich-rechtliche oder privatrechtliche Gesellschaften denkbar (bspw. Erschliessungsträger- oder Landesentwicklungsgesellschaften, PPP-Modelle, etc.).

nung eines spezifischen bodenpolitischen Falls in die groben Typen möglich. Die Einteilung ermöglicht eine differenzierte Auseinandersetzung mit dem Begriff der Bodenpolitik, welche Grundlage der vorliegenden Hypothesen ist.

Durch diese Typisierung werden die Faktoren des Bodeneigentums an sich oder die darauf bezogenen kommunalen Umsetzungsstrategien ableitbar. Typen I bis III haben gemeinsam, dass ein einheitliches Bodeneigentum in der Phase der Initiierung der Planung vorliegt, welches entweder historisch bedingt ist (also letztlich als zufällig bezeichnet werden kann) oder durch strategische Entscheidungen entstanden ist. Die Unterschiede innerhalb der Typen betreffen die Ausprägung, ob öffentliche, private oder gemischte Träger des Eigentums bei der Durchführung der Planung vorhanden sind. Bei diesen drei Typen ist das Bodeneigentum einheitlich gebündelt. Bei geteilter Bodeneigentümerschaft treten die bodenpolitischen Strategien der Gemeinde hervor, welche sich entweder dem privatrechtlichen Instrumentarium oder den öffentlich-rechtlichen, hoheitlichen Befugnissen bedienen können. Dies spiegelt bipolar die Bandbreite einer kommunalen Baulandmobilisierungsstrategie wieder, welche alternativ auch in die Bereiche Information, Ökonomie, Recht und Gemeinschaft eingeteilt werden können (Thiel 2008).

2.3.1.2   *Weiterentwicklung des Modells durch Verhage, Needham und Dieterich*

Die Vorarbeiten von Dransfeld und Voß wurden von verschiedenen Autoren genutzt und weiterentwickelt. Im Fokus der weiteren wissenschaftlichen Auseinandersetzung stand vor allem die Weiterentwicklung der Unterscheidungsmerkmale, um die Klarheit der Abgrenzung der Typen zu fördern. Hier folgten ökonomische Prinzipien, welche bspw. durch Verhage, Needham und Dieterich eingebracht wurden.

Barrie Needham hat als nationaler Experte bereits an der ursprünglichen Vergleichsstudie von Dransfeld und Voß teilgenommen. Mit seiner ökonomischen Sichtweise und durch die Mitarbeit von Roelof Verhage erfährt die ursprüngliche Typisierung zwei wesentliche Ergänzungen (vgl. Needham/Verhage 1998, Verhage 2002, Needham/Verhage 2003). Zum einen wurde ein ökonomisches Modell zugrunde gelegt, um die unterschiedlichen Typen zu erklären. Zum anderen schärfen die beiden Autoren die Unterscheidungsmerkmale. Während Dransfeld und Voß den Aspekt des Erschliessungsrisikos zwar erwähnen, aber nicht weiterverfolgen, sehen Needham und Verhage die Kosten und Risiken eines Entwicklungsprojekts als zentralen Unterscheidungsaspekte an.

Falls das Bodeneigentum innerhalb des Plangebiets nicht bei einem Akteur liegt (oder gebündelt wird), kann die Bodenpolitik über die Art und Weise der Erschliessungsfinanzierung kategorisiert werden. Dahinter steckt die Annahme, dass Gebäude nicht ohne allgemeine Infrastruktur gebaut werden können und dass diese nicht von einem einzelnen Bodeneigentümer erstellt wird. Daher muss die öffentliche Hand (im Regelfall die Gemeinde) die Erstellung der notwendigen Infrastruktur übernehmen. Dabei kann sie einerseits mittels privatrechtlicher Vereinbarungen (Typ 4) oder mittels öffentlich-rechtlicher Verfahren (Typ 5) vorgehen. Die Grundstücke verbleiben dabei im Eigentum der Alt- oder Zwischeneigentümer.

In einer späteren Veröffentlichung diskutiert Hartmut Dieterich die Möglichkeiten und Grenzen von kommunalem Baulandmanagement (siehe Dieterich 1999). Auch hier wird die Ansicht wiederholt, dass nicht von einem universell einheitlichen Baulandmanagement gesprochen werden kann, wie auch an den von ihm aufgezeigten Beispielen ersichtlich wird. Die Kategorisierung, die Dieterich in diesem Artikel nutzt, basiert auf der ursprünglichen Studie von Dransfeld und Voß aus dem Jahr 1993 und enthält auch Aspekte der Weiterentwicklung durch Needham und Verhage aus dem Jahr 1998. Wesentlicher Unterschied ist jedoch, dass die Kategorisierung aus der Perspektive der Gemeinden erfolgt und auf deren Strategien in Bezug auf das Bodeneigentum fokussiert. Damit stellt Dieterich erstmals den politischen Aspekt bei der Kategorisierung in den Vordergrund.

Er begründet diese Entwicklung mit der gegenseitigen Abhängigkeit der jeweiligen Bodeneigentümer und der Gemeinde (vgl. Dieterich 1999: 23). Nach seiner Kategorisierung gibt es fünf verschiedene Typen von gemeindlichen Strategien (ebd: 24-27):

Bei Typ I erfolgt die planungsrechtliche Entwicklung erst, nachdem die Gemeinde alle notwendigen Flächen erworben hat. Die Erschliessung, Entwicklung und Veräusserung erfolgt direkt durch die Gemeinde. Der planungsbedingte Mehrwert verbleibt so bei der öffentlichen Hand. Die Alteigentümer werden lediglich durch den ursprünglichen Ankaufspreis an der Wertsteigerung beteiligt. Das Vorgehen und der Zeitpunkt der Akquisition durch die Gemeinde können dabei variieren. Dieterich nennt diesen Typen: „Zwischenerwerb ohne Bindung und ohne öffentliche Beteiligung der Alteigentümer an der Wertschöpfung".

Beispielhaft illustriert Dieterich diesen Typen anhand der schleswig-holsteinischen Stadt Neumünster. Diese verfolgt mit dieser Strategie im Wesentlichen zwei politische Ziele. Zum einen soll das aktive Agieren der Gemeinde auf dem lokalen Bodenmarkt eine preissenkende Wirkung haben. Wichtig ist dabei, dass die Auswahl der Ankaufgrundstücke und die Kalkulation der Ankaufspreise nach festen Kriterien erfolgt. Zum anderen können bei der Veräusserung der entwickelten Flächen politische Prioritäten gezielt gefördert werden. In Neumünster stehen dabei soziale Kriterien (u.ä. familiäre Verhältnisse, Kinderzahl) im Vordergrund.

Ein Sonderfall stellt die Kombination dieser klassischen Bodenbevorratungspolitik mit dem städtebaurechtlichen Instrument der städtebaulichen Entwicklungsmassnahme dar (§ 165 ff BauGB). Die Verwendung dieses Instrument eröffnet weitergehende Möglichkeiten, wie bspw. die Kombination mit einer Überbauungsfrist oder die Anwendung der Enteignung als ultima ratio. Die städtebauliche Entwicklungsmassnahme findet jedoch kein entsprechendes Pendant im schweizerischen Planungsrecht, weshalb dieser Typ (Typ Ia) für die vorliegende Arbeit nicht weiter von Relevanz ist.

Zur Förderung der Verkaufsbereitschaft der Alteigentümer können Modelle mit Wertsteigerungsbeteiligungen herangezogen werden (Typ II). Die planungsrechtliche Entwicklung erfolgt analog zum Typ I. Die Beteiligung des Alteigentümers an der planungsbedingten Wertsteigerung kann durch die Rückübertragung von Baugrundstücken (ggf. auch mittels Erbbaurechte) oder auch durch Optionsvereinbarungen erfolgen. Der Typ wird daher als „Zwischenerwerb mit Beteiligung an der Wertschöpfung" bezeichnet.

Beispielhaft für Typ II wird die Stadt Ulm genannt. Wiederrum bezweckt das Vorgehen der Stadt die Dämpfung des lokalen Bodenmarktes, was sich in den für süddeutsche Verhältnisse moderaten Bodenpreisen ausdrückt. Daneben bezweckt die Ulmer Bodenpolitik die Umsetzung von sozial- und umweltpolitische Zielen. Bemerkenswert ist, dass Ulm dabei auf eine über hundertjährige Tradition dieser Bodenpolitik zurückgreift.

Nicht in jeder Gemeinde sind die notwendigen finanziellen Ressourcen zum Ankauf der benötigten Flächen im regulären Haushalt verfügbar. In einigen Fällen wird daher der Erwerb der Flächen durch unabhängige Budgettöpfe geleistet. Als Rechtsform kommen kommunale Eigenbetriebe, Kommanditgesellschaften oder extern beauftrage Dienstleistungsunternehmen in Frage. Dieser Typ III wird von Dieterich als „Baulandbereitstellung ausserhalb des Haushaltes auch durch private Investoren" bezeichnet.

Die praktische Vorgehensweise ähnelt dabei dem Typ II, da häufig auch Wertschöpfungsbeteiligungen mit den Alteigentümern realisiert werden. Die sächsische Kleinstadt Meerane verfolgt ein solches Modell mittels einer eigens gegründeten Stadtentwicklungsgesellschaft mbH. Die Eifelstadt Monschau betreibt diese Bodenpolitik mittels einer Kommanditgesellschaft.

Als Typ IV bezeichnet Dieterich das Vorgehen einer Gemeinde mittels der Baulandumlegung. Bei diesem Modell werden die für eine Entwicklung notwendigen Parzellen eigentumsrechtlich neu geordnet, um so die Umsetzung der städtebaulichen Entwicklung zu ermöglich. Gemeinden können dabei hoheitlich vorgehen und eine Umlegung amtlich anordnen oder auf das Einverständnis der beteiligten Bodeneigentümer setzen[18]. Das Vorgehen mittels der Umlegung beinhaltet den Vorteil, dass die Gemeinde ohne die Aufwendung eigener Finanzmittel an die Flächen gelangen kann, die für die Entwicklung und die Erschliessung notwendig sind. Auch darüber hinausgehende Flächenabzüge sind möglich. Dieser Typ III wird als „Baulandbereitstellung durch amtliche und freiwillige Umlegungen" bezeichnet.

Die badische Stadt Bretten verfolgt den Typ III mit zwei spezifischen Zielen: Einerseits soll wiederum dämpfend auf die Bodenpreisentwicklung eingewirkt werden. Die Zuteilungsflächen werden dazu um die entstandenen Kosten verringert. Durch die Beschränkung auf die tatsächlichen Kosten (und nicht etwa die Abführung eines Gewinns) wirkt das Vorgehen preisdämpfend. Als zweiter wichtiger Aspekt wird das Umlegungsverfahren mit einer Bauverpflichtung kombiniert. Die Eigentümer verpflichten sich, die zugewiesenen Baugrundstücke innerhalb einer auf sechs Jahre festgesetzten Frist zu überbauen. Andernfalls fällt das Grundstück an die Stadt zurück, um sie dann an Baulandsuchende weiterzureichen. Auch das Münchner Modell der sozialgerechten Bodennutzung fällt in diesen Typ III.

Als Typ V bezeichnet Dieterich solche Gemeinden, welche die vier vorangegangenen Typen situativ und strategisch anwenden und kombinieren. Politisch wird dabei sowohl die Beteiligung der Alteigentümer an der Wertschöpfung, als auch das Erreichen bodenpolitischer Ziele verfolgt.

2.3.1.3   Kalbro-Modell

Nicht nur auf nationalen, sondern auch auf internationaler Ebene sind bodenpolitische Modelltypen entwickelt und diskutiert worden. Im Rahmen des Vergleichs der Planungssysteme der Ostsee-Anrainerstaaten präsentiert Thomas Kalbro ein zweiachsiges Modell zur Typisierung von Entwicklungsprozessen in Schweden (vgl. 2000). Als wesentliche Achsen werden dabei die Eigentumsverhältnisse und die Rolle der Entwickler im Planungsprozess bestimmt. Auf der Achse der Eigentumsverhältnisse wird dichotom zwischen Privateigentum und Gemeindeeigentum zu Beginn des Planungsprozesses unterschieden. Andere Eigentumsformen, wie bspw. durch eine überörtliche Staatsebene oder durch öffentlich-private Mischformen, sind nicht berücksichtigt. Auf der anderen Achse wird zwischen der aktiven Rolle der Entwickler bei der Planaufstellung bzw. der vollständigen Planung durch die Gemeinden unterschieden. Zusätzlich wird zwischen zwei wesentlichen Phasen unterschieden: Der Phase der Planaufstellung und der Bauphase.

Im Ergebnis können so vier Typen von Entwicklungsprozessen abgeleitet werden (siehe Abbildung 4).

	The developer does not participate actively in the plan preparation	The developer and the municipality prepare the Detailed Plan jointly
The developer owns the land	Case 1	Case 2
The municipality owns the land	Case 3	Case 4

Abbildung 4: Die vier bodenpolitischen Typen (Cases) nach Kalbro. Quelle: Eigene Darstellung angelehnt an Kalbro (2000: 103)

---

[18]   Als dritte Variante ist in einigen Ländern (wie Deutschland als Bezug Dieterichs) auch die freiwillige Umlegung im amtlichen Verfahren in Frage. Im schweizerischen Planungsrecht ist ein solches Verfahren jedoch nicht berücksichtigt.

Typ 1 tritt ein, wenn der Boden in der Hand von einem oder mehreren Bodeneigentümern ist, welche/r nicht in den Planungsprozess aktiv involviert sind. Dies ist insbesondere bei klassischen Einzeleigentümern (bspw. in Einfamilienhaussiedlungen) oder in bestehenden Stadtsanierungen (Brachflächenrevitalisierungen) der Fall. Diese Eigentümer sind häufig nicht professionalisiert und verfolgend überwiegend private, häufig nicht ökonomische Interessen. Die Planung obliegt bei der Gemeinde. Die Eigentümer beschränken sich auf deren bauliche Umsetzung.

Typ 2 tritt ein, wenn der Boden wiederum in der Hand von einem oder mehrere Bodeneigentümer ist, diese/r jedoch aktiv in den Planungsprozess involviert sind. Die aktive Einbindung hat aus Sicht der Entwickler zwei wesentliche Vorteile: Die Ausrichtung der Planung kann frühzeitig erkannt werden, um entweder die eigenen Vorbereitungen bereits daraufhin auszurichten, oder den politischen Prozess noch entsprechend der eigenen Interessen zu beeinflussen. Dies kann zudem die Gesamtdauer der Planungs- und Bauphase reduzieren. Aus Sicht der Gemeinde ist von wesentlicher Bedeutung, dass wichtige Planungsschritte ausgelagert werden können. Besonders bei komplexen Planungsherausforderungen können diese Planvorbereitungen sehr umfangreich und kostspielig sein. So ist bspw. mit steigender Komplexität die Ausrichtung der Planungsinhalte schwieriger zu bestimmen. Testplanungs- und Partizipationsverfahren werden notwendig. Mittels frühzeitiger Kooperation können diese Schritte dem Entwickler übertragen werden. Ähnliches gilt auch für notwendige Gutachten, bspw. zur UVP-Verträglichkeit oder bzgl. möglicher Altlasten.

Typ 3 tritt ein, wenn der Planungsprozess ohne die aktive Beteiligung von Privaten stattfindet und der Boden sich zudem im Gemeindeeigentum befindet. Das öffentliche Bodeneigentum kann dabei entweder durch strategische Landakquisition im Vorfeld der Planung geschehen oder, allerdings als Besonderheit des Schwedischen Planungsrechts (plan- och bygglagen), im Rahmen der Umsetzungsakquisition. Die Kompetenzen der schwedischen Planungsbehörden reichen dabei weiter, als dies nach Schweizer Planungsrecht der Fall ist. So können Planungsbehörden (vor und nach der Planaufstellung) für infrastrukturelle, aber auch wohnungspolitische oder städtebauliche Zwecke enteignen (expropriationslagen, 1972:719), solange die Flächen im Detailplan (detaljplan) nicht explizit als private Flächen deklariert sind.

Typ 4 tritt ein, wenn der Boden strategisch durch die Gemeinde erworben wurde und dann anschliessend an einen Entwickler weitergegeben wird. Die Phase der Planerarbeitung findet dabei häufig in Kooperation zwischen der öffentlichen Hand und dem Privaten statt, welches nach schwedischem Recht sogar teilformalisiert wird („föravtal"). Insofern stellt der Typ eine Mischform von Typ 2 und 3 dar und nutzt die jeweiligen Vorteile dieser Vorgehensweisen.

Das Vier-Typen-Modell nach Kalbro zeigt bereits wesentliche Unterscheidungsachsen auf. Mit der Berücksichtigung der Eigentums- und der Planungsebene ist das Modell aus bodenpolitischer Perspektive gewinnbringend und wird bei der Entwicklung des Modells im Rahmen der vorliegenden Arbeit berücksichtigt. Allerdings erscheinen die jeweiligen Kategorien und die daraus entstehende Merkmalsausprägung sehr dichotomisch. Das Modell ist daher lediglich in der Lage extreme Varianten der einzelnen Ausprägungen zu erfassen. Die Erfassung von Mischformen ist nicht vorgesehen und wird am Beispiel Schwedens auch nicht durchgeführt. Für die Anwendung in der Schweiz erscheint hier eine flexiblere Ausprägung notwendig, da angenommen wird, dass sich der Boden auch in anderen öffentlichen und halböffentlichen Eigentumsformen (Kanton, Burgergemeinde, etc.) befinden kann.

2.3.2   *Induktiv Deduktiv hergeleitete bodenpolitische Typen*

In der planungswissenschaftlichen Literatur findet sich grundsätzlich eine Vielzahl von Versuchen der Typisierung von bodenpolitischen Herangehensweisen. Wenige davon basieren jedoch auf Erfahrungen aus schweizerischen Gemeinden. Zu diesen Ausnahmen gehört der Versuch von

Kaspar Fischer, Matthias Thoma und Robert Salkeld, welche in Kooperation mit der Schweizeri-schen Vereinigung für Landesplanung (VLP-ASPAN) ein Fünf-Typen-Modell entwickelt haben. Dabei werden die Typen durch die Identifikation des treibenden Akteurs ermittelt. Ein ähnlicher Ansatz wurde von Jean-David Gerber verfolgt. In seinem Modell wird zwischen drei Typen unterschieden, die auf die öffentliche Hand und deren Rolle im Entwicklungsprozess konzentriert ist. Ein dritter Ansatz stammt von Lineo Devecchi, der das Verhalten schweizerischer Gemeinden untersuchte und dabei ebenfalls drei Typen identifizierte. Die drei Ansätze erscheinen für die vorliegende Arbeit vielversprechend, weshalb eine genauere Betrachtung erfolgt.

2.3.2.1   Organisationsmodelle nach Fischer / Thoma / Salkeld

Das private Büro Ernst Basler + Partner hat im Auftrage eines Konsortiums verschiedener Kanto-ne, Städte und Immobilienentwickler eine Studie zu Organisationsmodellen erarbeitet (zit. als Fischer/Thoma/Salkeld 2016). Als Resultat werden fünf Typen von Organisationsmodelle abge-leitet, die in der schweizerischen Raumentwicklung vorgefunden werden können und jeweils aufgrund eines bestimmten Organisationsaspekt charakterisierbar sind (vgl. Fi-scher/Thoma/Salkeld 2016: 11-15). Beim Modell *Gemeinde im Lead* übernimmt diese im Sinne einer Angebotsplanung die Planvorleistungen. „Die Gemeinde kann dadurch den Grundeigentü-mern mögliche Entwicklungspotenziale aufzeigen und so eine Entwicklung initiieren" (ebd.: 11). Dabei sind neben der Anpassung der baurechtlichen Grundordnung auch Ergänzungen eines intensiven Kommunikationsverfahrens möglich. Dem gegenüber basiert die Raumentwicklung im Modell *Organisierte Grundeigentümer* im Wesentlichen auf der Initiative der privaten Akteure. Diese können in loser (AG, IG) oder formalisiert Form (Verein) ihre Interessen gegenüber der öffentlichen Hand vertreten. Statt durch die Grundeigentümer kann die Entwicklung auch durch professionelle Unternehmen (Investoren, Bauunternehmen) vorangetrieben werden. Dieser dritte Typ heisst *Immobilienentwickler als Transformator*. Die Unternehmen koordinieren dabei die Interessen der Grundeigentümer und/oder versuchen zusätzlich selber entsprechenden Boden zu erwerben. Wenn mehrere Entwicklungsgesellschaften vorliegen, bilden diese *Entwicklungsge-meinschaften mit Handlungsfreiheiten*, den vierten Typ. „Im Unterschied zum Modell Organisier-te Grundeigentümer, kann die Planung und Entwicklung über Parzellengrenzen hinweg erfolgen. Damit können gegenüber der bisherigen Parzellenordnung optimierte Bebauungs- und Nutzungs-szenarien entwickelt werden" (ebd.: 13). Charakteristisch ist dabei, dass die Verteilung der pla-nungsbedingten Mehrwerte definiert wird. Schliesslich können sich die verschiedenen Entwickler auch zu einer *Entwicklungsgesellschaft* zusammenschliessen, dem fünften Organisationsmodell. „Das in der Gesellschaft kollektivierte Grundeigentum kann ohne Beachtung der bisherigen Parzellenstruktur beplant und entwickelt werden" (ebd.: 15).

Im Gegensatz zu anderen Organisationsmodellen berücksichtigt die Einteilung von Fischer, Thoma und Salkeld die Eigentümer und deren Organisationsformen. „Die vorgestellten Organisationsmodelle bieten für die zukünftigen Innenentwicklungen Lösungsansätze. Je nach Konstellation der Grundei-gentümerinnen eignet sich das eine oder andere Modell" (ebd.: 25). Wie bei allen Typisierungen sind jedoch auch diese vorgeschlagenen Typen kritisierbar. Auffällig ist, dass bspw. im Typ „Gemeinde im Lead" kein Unterschied gemacht wird, ob eine Gemeinde reine Angebotsplanung betreibt, aktive Partizipationsprojekte aufgleist und/oder mit öffentlichen Bodeneigentum agiert. Alle diese Auspräg-ungen fallen undifferenziert in diesen einen Typen. Ähnlich wird auch im Modell „Immobilienent-wickler als Transformator" nicht unterschieden, ob die Entwickler tatsächlich selber Bodeneigentum haben/erwerben, oder lediglich die Grundeigentümer koordinieren. Dies ist insofern ein Widerspruch, als dass bei allen aufgezeigten Modellen die Verteilung des planungsbedingten Mehrwertes als zentral erachtet wird, sich dies jedoch bei der Abgrenzung der Typen nicht widerspiegelt. Ebenfalls impliziert wird, dass die Organisationsform wesentlich ist für die Harmonisierung der Ebenen Planung und Parzellenstruktur. Alle Typen haben eine charakteristische Auswirkung auf diese Inkohärenz, welche jedoch jeweils nur beiläufig genannt wird. Schliesslich wird 'die Gemeinde' in allen Modellen als homogener Akteur verstanden. Eine genauere Differenzierung zwischen den verschiedenen Interessen innerhalb der öffentlichen Hand, bspw. Politik in den zahlreichen Facetten oder die verschiedenen Abteilungen, die ggf. widersprüchliche Ziele verfolgen, findet nicht statt.

2.3.2.2   Typen nach Gerber

Während die Studie von Fischer, Thoma und Salkeld auf die Organisation von Gemeinden fokussiert ist, untersucht Jean-David Gerber (2016) die Strategie der Gemeinden. Die Untersuchung erfolgt vor dem Hintergrund der öffentlichen Reformverwaltung (eng.: *New Public Management*) und fragt, welche Auswirkung die Reform auf die lokale Akteurskonstellation und damit auf die Strategien der jeweiligen Akteure hat (vgl. Gerber 2016: 4).

Resultat der Untersuchung ist, dass sich unterschiedliche Arten von Gemeindestrategien beobachten lassen, die sich in vielen wesentlichen Punkten unterscheiden. Um die empirische Vielfalt abzubilden und gleichzeitig aussagekräftige Ergebnisse zu erlangen, wurden Idealtypen gebildet, die jeweils einige charakteristische Elemente betonen. Gerber unterscheidet drei Idealtypen von Gemeindestrategien: *Laissez-faire Strategie*, *Verstärkungsstrategie*, und *Der-Zweck-heiligt-die-Mittel Strategie* (siehe Tabelle 9).

	LAISSEZ-FAIRE-STRATEGIE	VERSTÄRKUNGS-STRATEGIE	DER-ZWECK-HEILIGT-DIE-MITTEL-STRATEGIE
Charakteristische Eigenschaft	Minimale Intervention des Staates	(Wieder-) Verstärkung der staatlichen Interventionen durch eine Vielzahl an Instrumenten	(Wieder-) Verstärkung der staatlichen Intervention durch die Übernahme von typisch privaten Instrumenten. Verhalten der öffentlichen Akteure ähnelt Verhalten privater Akteure
Öffentlich-rechtliche Instrumente	Minimaler Einsatz	Standard-Instrumente (NZP, BO) ergänzt durch partizipative Elemente	Standard-Instrumente (NZP, BO) ergänzt durch private Sondernutzungspläne
Privatrechtliche Instrumente	Grundstücksverkäufe zur Kapitalisierung, PPP-Projekte	Privat-rechtliche Instrumente zur Unterstützung öffentlich-rechtlicher Instrumente (bspw. gezielter Ankauf von strategisch wichtigen Parzellen)	Einsatz von privatrechtlichen Instrumenten zur Umgehung von Öffentlichem Recht und zur Steigerung der Effizienz (Verstärkung des Vollzugs zum Preis der Gesetzgebung)
Erwartete Auswirkungen auf Raumentwicklung	Keine Bereitschaft zur Unterbindung von unnachhaltiger Raumentwicklung durch öffentliche Intervention	Ziele der sozialen und ökologischen Nachhaltigkeit	Ziel der ökonomischen Nachhaltigkeit
Prioritäten	Verwaltung des selbsttragenden Wachstums	Neuentwicklung von Brachflächen	Notwendigkeit zur Ankurbelung im Kontext von Schrumpfungsprozessen
Politische Legitimation	Freier Markt	Politische Unterstützung durch demokratische Legitimation (Primärlegitimation)	Konsens durch die Anerkennung der Ergebnisse (Sekundärlegitimation)
Bürokratische Traditionen	Kein Konsens zum Ankauf von Grundstücken	Etablierte Prozesse zum Erwerb von Grundstücken (zur Aufstockung der öffentl. Bodenreserven)	Konsens zur öffentlichen Intervention durch Erwerb. Öffentliche Bodenreserven vorhanden

Tabelle 9: Typologie der Gemeindestrategien vor dem Hintergrund der New Public Management Reformen. Quelle: Eigene Darstellung und Übersetzung nach Gerber (2016: 9).

Gemeinden mit einer Laissez-faire Strategie handeln demnach passiv-hoheitlich. Eine öffentliche Intervention in die Raumentwicklung ist nur in gewichtigen Fällen (massives Marktversagen) zu rechtfertigen. In allen anderen Fällen wird davon ausgegangen, dass die räumliche Entwicklung lediglich das Ergebnis der freien Marktkräfte ist und keine staatliche Verzerrung dieses Wirkens notwendig ist. Instrumentell zeigt sich diese Strategie durch die zentrale Rolle der baurechtlichen Grundordnung (Nutzungszonenplan, Bauordnung). Daneben werden kaum weitere Instrumente angewandt – weder öffentlich-rechtlicher, noch privatrechtlicher Natur.

Demgegenüber handeln einige Gemeinden proaktiv-hoheitlich, um die Position der öffentlichen Hand zu stärken (*Reinforcement strategy*). Diese Gemeinden ergänzen die üblichen öffentlichen-rechtlichen Instrumente (NZP, BO) durch weitere Instrumente, insbesondere partizipatorischer Natur. Zudem werden auch privatrechtliche Instrumente angewandt und punktuell (strategisch wichtige) Parzellen erworben. Dies alles soll zu einer nachhaltigen Raumentwicklung beitragen, wobei damit vor allem soziale und ökonomische Nachhaltigkeit gemeint ist. Die politische Legitimation erfährt diese Art durch vorgängige demokratische Prozesse.

Schliesslich handeln einige Gemeinden wie private Akteure. Dementsprechend sind privatrechtliche Instrumente von besonderer Bedeutung. Von zentraler Bedeutung ist dabei, dass die Zielerreichung gewährleistet werden und besonders effizient erfolgen soll. Über dieses Resultat erfolgt dann auch die politische Legitimation des Vorgehens, weshalb von einer Zweck-heiligt-die-Mittel-Strategie gesprochen wird (*end-justifies-the-means strategy*).

2.3.2.3 Devecchis Governance-Formen

In der politikwissenschaftlichen Studie von Lineo Devecchi (2016) werden Steuerungsformen in Schweizer Gemeinden untersucht. Wenngleich der explizite Anspruch der Arbeit die generelle Untersuchung von Urbanisierungsprozesse ist, fokussiert die Arbeit aus analytischen Gründen auf Gemeinden, die Thomas Sieverts als Zwischenstadt bezeichnen würden (vgl. 1997).

Für die vorliegende Arbeit interessant ist Devecchis Ansatz, weil er die Bildung von Governance-Formen erstens empirisch-induktiv und zweitens anhand der Kombinationsmuster von Policy-Instrumenten vorsieht. Die Kombination der Instrumente ist dabei keinesfalls technisch neutral zu verstehen, sondern ist abhängig vom politischen Narrativ, mit denen die Wahl und Anwendung der Instrumente begründet wird. „Es zeigt sich unter anderem, dass juristisch gesehen gleiche Instrumente andere intendierte Wirkungen aufweisen können, je nachdem welche Handlungsrationale die Nutzung prägen" (Devecchi 2016: 239). All diese Beobachtungen führen zu einer Einteilung von drei Formen von lokaler Governance: passive, reaktive und proaktive Governance. Die drei Formen werden dabei als zwei Pole, sowie eine Zwischenposition verstanden (vgl. ebd.: 240).

Wichtigstes Instrument einer passiv agierenden Gemeinde zur Steuerung und Kontrolle der räumlichen Entwicklung ist die baurechtliche Grundordnung. „Die passive Haltung der Behörden gegenüber den privaten Akteurinnen und Akteuren [ist] ganz klar Teil einer Strategie, die auf ein stark liberal geprägtes Staatsverständnis der kommunalen Behörden aufbaut. Den Privaten wird die Gestaltungsfreiheit bezüglich ihrer Grundstücke im Rahmen der Bau- und Zonenordnung explizit zugestanden und durch die proaktive Erschließung von Bauland sowie großzügige Zonendefinitionen noch gefördert. Eine reaktivere Haltung der Behörden bei der Implementierung und Kontrolle der Bau- und Zonenordnung wird demzufolge von den Entscheidungsträgerinnen und -trägern als nicht nötig wahrgenommen und – ebenfalls teilweise explizit – zurückgewiesen" (ebd: 242). Neben der baurechtlichen Grundordnung werden wenige weitere planerische Instrumente angewandt. Hierbei spielt auch eine Rolle, dass die Bauverwaltung nicht mit den notwendigen finanziellen und personellen Ressourcen ausgestattet wurden, um aufwändigere Instrumente zur Anwendung zu bringen. Zudem fehlen politisch unterstützte räumliche Leitbilder, die als Argumentationshilfe einer weiterreichenden administrativen Intervention dienen könnten. Eine solche passive Vorgehensweise führt dazu, dass teilweise die planungsrechtlichen Beschränkungen an die von den Investoren gewünschten Eckdaten angepasst werden. Insbesondere die Gestaltungspläne (Sondernutzungsplanung), aber auch Masterpläne und Wettbewerbe können zu einer Flexibilisierung der baurechtlichen Beschränkungen zugunsten der privaten Akteure verwendet werden. Die Verwendung der Instrumente wird in Gemeinden dieser Form so vollzogen, „dass die zusätzlich genutzten Instrumente [...] vielmehr dazu genutzt werden, den privaten Investorinnen und Investoren auf der einen Seite Anreize wie grössere Ausnutzungen und Bauhöhen sowie auf der anderen Seite Ideen und Inputs zu liefern, die zur möglichst schnellen Realisierung neuer Bauprojekte führen sollen" (ebd: 243). Kein charakteristischer Teil dieser Form ist eine kommunale Bevorratung und der aktive Ankauf von Boden. Nur in Ausnahmefällen ist der Ankauf von Grundstücken oder die Vergabe im Baurecht zu beobachten (vgl. ebd: 243). Üblich ist vielmehr, dass die bestehenden Grundstücke im Eigentum der öffentlichen Hand veräussert und zur privaten Entwicklung freigegeben werden. Dieses Vorgehen ist dabei eine bewusste Nicht-Handlung aufgrund der politischen Bevorzugung des Marktes (vgl. ebd: 243). Die Planung erfolgt also überwiegend mittels der baurechtlichen Grundordnung und dem regulären Baubewilligungsverfahren. Davon abweichende Planverfahren werden durch private Akteure initiiert und durchgeführt. Im Ergebnis führt diese bewusste passive Haltung der Gemeinde zu einer liberalen Bauherrenfreundlichkeit, die sich von allgemeiner Gestaltungsfreiheit im Rahmen der baurechtlichen Grundordnung bis hin zu Abweichungen von ebendieser baurechtlichen Grundordnung (insb. in Form von höheren Ausnützungen) zugunsten der privaten Verwertungsinteressen auszeichnet. Planungen sind daher vor allem an der privaten Marktlogik orientiert.

Die gegenteilige Form lokaler Governance ist proaktiv. Diese Gemeinden sehen die baurechtliche Grundordnung als Basis der politischen und administrativen Bemühungen an und intervenieren darüber hinaus intensiv. Die Intervention geschieht dabei sowohl während des regulären, formellen Baubewilligungsverfahrens, als auch vorgelagert im informellen Planungsprozess. Es geht „den öffentlichen Akteurinnen und Akteuren in praktisch allen Fällen einer Baueingabe darum, die Interessen der öffentlichen Hand (z.B. breitere Gehwege, Schaffung von öffentlichen Räumen) gegen abweichende Gestaltungsideen der privaten Akteurinnen und Akteure abzuwägen und zu versuchen, sie, wenn möglich, für die Gemeinde reaktiv zu wahren" (ebd: 246). Die öffentlichen Interventionen umfassen dabei auch Projekte, die im Rahmen der Regelbauweise stattfinden und aus juristischer Sicht kaum beeinflussbar sind. Zur Stärkung der Position der öffentlichen Akteure wird daher auch explizit auf informelle Gespräche im Rahmen der Planvoranfrage und andere Kommunikationsformen zurückgegriffen. Auch bei Gemeinden dieser Form sind Sondernutzungspläne von hoher Bedeutung. Im Gegensatz zu Gemeinden mit passiver Governance nutzen proaktive Gemeinden diese Flexibilisierung jedoch um die Regulierung stärker zugunsten der öffentlichen Interessen auszulegen, bspw. höhere Anforderungen an die architektonische Qualität (vgl. ebd: 247-248). Diese Beziehung zwischen den öffentlichen und privaten Akteuren ist jedoch nicht als Kampf gegeneinander, sondern als gegenseitige Kooperation zu verstehen. Zur Durchsetzung dieser weitreichenden öffentlichen Interessen werden den privaten Akteuren positive Anreize (höhere Ausnützung) zugestanden. Neben der instrumentellen Ebene zeigt sich diese proaktive Governanceform auch organisatorisch. So sind in diesen Gemeinden die Kommissionen (bspw. Ortsbildkommission oder der architektonische Beirat) von grosser Bedeutung. Die Durchsetzung von öffentlichen Interessen ist dabei nicht ausschliesslich altruistisch zu verstehen, sondern ebenfalls ein strategisches Mittel zur Aktivierung privater Handlungen. „Die Handlungsmotive dahinter sind neben einem schöneren Bild des Außenraums immer auch die Schaffung eines Klimas, das den Investorinnen und Investoren sowie den heutigen Liegenschaftsbesitzerinnen und -besitzern aufzeigen soll, dass auch die öffentliche Hand etwas unternimmt, um die Attraktivität der Gemeinde zu steigern" (ebd: 249). Wichtiger Baustein proaktiver lokaler Governance ist schliesslich eine aktive Bodenbevorratungsstrategie. Dies zielt darauf, „bei der aktuellen Entwicklung der Siedlungsräume mitdiskutieren und mitgestalten zu können, die zentralen Quartiere aufzuwerten und zu verdichten, öffentliche Räume zu schaffen und Langsamverkehrsverbindungen zu garantieren sowie einen für die Gemeinde optimalen Nutzungsmix zwischen Einkaufen, Dienstleistungsräumlichkeiten und Wohnen zu schaffen. [...] Ein weiterer Vorteil von Bodenpolitik [im Sinne von Bodenbevorratung] besteht darin, die Parzellen im öffentlichen Besitz unter gewissen Bedingungen mit privaten Bauwilligen zu tauschen, um so größere Parzellen zu schaffen, die optimale Nutzungen erlauben" (vgl. ebd: 250). Für proaktive Gemeinden ist daher charakteristisch, dass bei grösseren Planungen die Instrumente der Sondernutzungsplanung und der Bodenbevorratung angewandt werden, um schliesslich die bestmögliche Durchsetzung der öffentlichen Interessen zu gewährleisten – bei gleichzeitiger Wahrung der privaten Interessen. Kleinere Planungen werden dabei, wie bei den anderen Governance-Formen auch, mittels der baurechtlichen Grundordnung abgewickelt. Die proaktiven Instrumente sind daher als Ergänzung und nicht als Ersatz zu den regulären, passiven Instrumenten zu verstehen.

Zwischen diesen beiden Polen ist eine Zwischenposition, in Form einer reaktiven Governance vorhanden. Auch hier bilden reguläre, passive Instrumente (insb. die baurechtliche Grundordnung) wiederum die Basis für kleinere Planungen. Darüberhinausgehende Interventionen werden nicht grundsätzlich abgelehnt, jedoch auf Projekte von besonderer Bedeutung reduziert. Bei solchen Projekten werden einzelfallmässig weiterführende Instrumente, wie die Sondernutzungsplanung, eingesetzt, um eine öffentliche Mitsprache bei wichtigen privaten Projekten zu ermöglichen. Zudem geht es „um das Setzen zusätzlicher Anreize für die private Planung an den Orten, an denen die kommunale Bau- und Zonenordnung zu rigide definiert oder die Planung über mehrere Parzellen ohne Sondernutzungsplanung zu kompliziert wäre" (ebd: 255). Bodenbevorratung wird in Gemeinden dieser Form durchaus thematisiert, doch weit weniger konsequent verfolgt. So finden grundsätzlich Ankäufe durch die öffentliche Hand statt. Jedoch ist auch zu beobachten, dass einzelne Grundstücke aus rein finanzpolitischen Gründen (zur Aufbesserung des Gemeindehaushalts) veräussert werden, ohne dass diese Verkäufe an bestimmte planerische Ziele geknüpft zu werden (vgl. ebd: 258).

	FORMEN LOKALER GOVERNANCE		
MERKMALE	**PASSIV**	**REAKTIV**	**PROAKTIV**
Als wichtig wahr-genommene Policy-Instrumente	Hauptsächlich Bau- und Zonenordnung	Bau- und Zonenordnung sowie Sondernutzungsplanung	Sondernutzungsplanung, Bodenbevorratung, öffentlich-private Netzwerke
Verständnis der öffentlichen Hand	Kontrolle à la liberaler Nachtwächterstaat	Intervention und notwendige Kooperation	Gemeinsame Gestaltung und Intervention, wenn notwendig
Auftreten der öffentlichen Hand	Absenz der öffentlichen Hand oder Zielkongruenz mit Privaten	(Latenter) Konflikt trotz Netzwerk	Netzwerk und Aushandlung
Plananlass, Definition des Problems	Private (Markt-)Analyse, Marktlogik	Öffentliche Bedarfsabklärung / Strategieformulierung versus private Marktanalyse	Öffentlich-private Zusammenarbeit nach öffentlicher Strategie und gemeinsamer Problemabklärung

Tabelle 10: Merkmale unterschiedlicher Governance-Formen. Quelle: Überarbeitete Version basierend auf Devecchi (2016: 261).

Zusammenfassend können die drei Formen lokaler Governance anhand ihrer spezifischen Auswahl und Kombination von Instrumenten bestimmt werden (siehe Tabelle 10). Proaktive Gemeinden können dabei von reaktiven Gemeinden aufgrund ihrer strategischen und aktiven Bodenbevorratung abgegrenzt werden (vgl. ebd: 260). Gemein ist beiden Formen, dass die Bau- und Zonenordnung als Basisinstrument wahrgenommen wird und bei grösseren und strategisch wichtigen Projekten durch Sondernutzungsplanung ergänzt wird. Demgegenüber basiert die planerische Steuerung der räumlichen Entwicklung in Gemeinden mit passiver Governance fast ausschliesslich auf den Bestimmungen der Bau- und Zonenordnung.

2.3.3   Entwicklung von 5 Idealtypen bodenpolitischer Strategien

Aufbauend auf diesen Vorarbeiten werden für die Arbeit eigenständig ableitete Idealtypen bodenpolitischer Strategien verwendet. Sie bedienen sich dabei explizit den jeweiligen Stärken der genannten Modelle und weisen daher grosse Überschneidungen auf, ohne jedoch eines der genannten Modelle direkt zu übernehmen.

Bereits die erste Veröffentlichung durch Dransfeld und Voß enthielt eine präzise und treffende Beschreibung von fünf wesentlichen Typen. Der induktiven Entstehungsweise ist geschuldet, dass die klare Abgrenzung und Definition der Typen erst mit den darauf aufbauenden Studien (insb. durch Needham und Verhoef und dann durch Dieterich) gelang. Von diesen Arbeiten werden daher die wesentliche Aufteilung und die wesentlichen axiale Unterscheidungsmerkmale übernommen.

Die Dransfeld/Voß-Studie zielt aber auf den Bodenmarkt und hat daher die Schnittstelle zwischen öffentlichen und privaten Akteuren im Fokus, weshalb kleine Anpassungen erfolgen. So wird in der vorliegenden Typisierung der Fokus explizit auf die Strategien der öffentlichen Akteure, namentlich der Gemeinden, gelegt, ähnlich wie in den vorgestellten Modellen von Devecchi und von Gerber. Zudem ist nicht der marktwirtschaftliche, sondern der politische Aspekt zentral. Dennoch macht die Berücksichtigung des Eigentums und der Eigentumsstruktur Sinn. Die Stärke des ersten Unterscheidungsmerkmals wird daher übernommen und nochmals explizit formuliert, ähnlich wie Kalbro dies in seinem Modell erarbeitet hat. Nicht die Frage des Entwicklungsrisikos ist entscheidend, sondern die Frage, ob das Bodeneigentum einheitlich oder gestreut ist. Das erste Unterscheidungsmerkmal ist daher die Einheitlichkeit bzw. die Fragmentierung des Bodeneigentums während der Planungs- und Entwicklungsphase.

Die Dransfeld/Voß-Studie und auch das Kalbro-Modell verwenden das planerische Verfahren als zweites Unterscheidungsmerkmal. Diesem Gedanken wird im Ansatz gefolgt. Allerdings sind Verfahren keine gottgegebenen, unveränderbaren Rahmenbedingungen, sondern das Ergebnis einer grundsätzlich Haltung oder Planungskultur. Diese Dimension erscheint daher deutlich wichtiger. Um hierbei eine messbare Operationalisierung zu erhalten, wird dieser Aspekt leicht verändert. Als zweite Dimension dient die Frage danach, wer der projekttreibende, d.h. aktive Akteur ist. Dies impliziert die Gemeinde und ist vor dem Hintergrund der gewählten Untersuchungseinheit (siehe Kap.5 und 6) entscheidend.

Die Abänderung der Achsen im Vergleich zur ursprünglichen Definition ist erfolgt, um die Eigentümerschaft in den Vordergrund zu rücken. Der Aspekt des Entwicklungsrisikos ist dabei weiterhin inhärent vorhanden, allerdings nicht als zentraler Aspekt eingestuft. Zudem wird der Zwischenerwerb nicht als einzig denkbarer Fall einer öffentlichen Intervention in den Bodenmarkt eingegrenzt betrachtet. Auch der dauerhafte Verbleib des Bodens im öffentlichen Eigentum (und die Nutzbarmachung durch die Vergabe von zivilrechtlichen Baurechten) kann so im Modell berücksichtigt werden.

Aus einer solchen Typisierung ergeben sich insgesamt fünf Typen (siehe Abbildung 5). Zunächst können drei Typen der Bodenpolitik identifiziert werden, die sich durch eine einheitliche Eigentümerschaft bzw. geringe Fragmentierung des Eigentums auszeichnen. Planungsprojekte werden üblicherweise mit wenigen Eigentümern umgesetzt. Dabei wird unterschieden zwischen der Bodenpolitik bei Bodeneigentümerschaft der Gemeinde (Typ I), einer anderen öffentlichen oder öffentlich-privaten Körperschaft (Typ II) oder der eines privaten Entwicklers (Typ III). Die Eigentümer sind in diesen Fällen für die Erschliessung und die Bodenordnung zuständig und tragen diese entsprechenden Kosten. Wenn mit der Umsetzung des Planes auch ein Weiterverkauf des Bodens beabsichtigt wird, kann von Modellen des Zwischenerwerbs gesprochen werden, welche den Modellen mittels der Vergabe im privatrechtlichen Baurecht gegenüberstehen. Darüber hinaus ergeben sich zwei weitere Typen, die üblicherweise Planungsprojekte mit mehreren Eigentümern umsetzen. Auch hier kann wiederum unterschieden werden, ob die aktive Rolle bei den privaten Entwicklern (Typ IV) oder bei der Gemeinde (Typ V) liegt.

Die Ermittlung des jeweiligen Typs ist über die zwei Kernfragen möglich, welche beleuchten, wie die verschiedenen Kosten und wie der planungsbedingte Mehrwert verteilt werden. Unter den Begriff der Kosten fallen sowohl die Kosten für die notwendige inneren, als auch äusseren Erschliessungsleistungen. Des Weiteren können indirekt anfallende Folgekosten sowie die Trägerschaft des finanziellen Risikos betrachtet werden. Unter den planungsbedingten Mehrwert ist der Teil der Bodenpreissteigerung zu verstehen, welcher allein durch die Veränderung der planungsrechtlichen Situation und nicht durch Investitionen (wie bspw. Erschliessung) entsteht. Dieser Mehrwert kann den ursprünglichen Bodeneigentümern, dem jeweiligen (öffentlichen oder privaten) Entwicklungsträger oder per se (vollständig oder teilweise) der öffentlichen Hand zufallen. Über diese beiden Kernfragen und den jeweiligen untergliederten Varianten ist die Zuordnung eines spezifischen boden-politischen Falls in die groben Typen möglich. Die Einteilung ermöglicht eine differenzierte Auseinandersetzung mit dem Begriff der Bodenpolitik, welche Grundlage der vorliegenden Hypothesen ist.

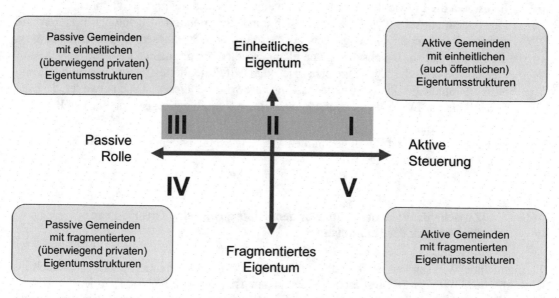

Abbildung 5: Graphische Darstellung der 5 Typen bodenpolitischer Strategien. Quelle: Eigene Darstellung.

Durch diese Typisierung werden die Faktoren des Bodeneigentums an sich oder die darauf bezogenen kommunalen Umsetzungsstrategien ableitbar. Typen I, II und IIII haben gemeinsam, dass ein einheitliches Bodeneigentum in der Phase der Initiierung der Planung vorliegt, welches entweder historisch bedingt ist (also letztlich als zufällig bezeichnet werden kann) oder durch strategische Entscheidungen entstanden ist. Die Unterschiede innerhalb der Typen betreffen die

Ausprägung, ob öffentliche, private oder gemischte Träger des Eigentums bei der Durchführung der Planung vorhanden sind. Bei diesen drei Typen ist das Bodeneigentum einheitlich gebündelt. Bei geteilter Bodeneigentümerschaft treten die bodenpolitischen Strategien der Gemeinde hervor, welche sich entweder dem privatrechtlichen Instrumentarium oder dem öffentlich-rechtlichen, hoheitlichen Befugnissen bedienen können. Dies spiegelt die Bandbreite einer kommunalen Baulandmobilisierungsstrategie wieder, welche alternativ auch in die Bereiche Information, Ökonomie, Recht und Gemeinschaft eingeteilt werden können (vgl. Thiel 2008). Im Sinne einer integrierten Strategie zur Reaktion auf verschiedenste Szenarien können diese Ansätze zu einer responsiven Bodenpolitik gebündelt werden (vgl. Davy 2006).

Mit dieser Typisierung werden die planungsökonomischen Ansätze (Dransfeld, Voß, Needham, Verhage) mit den politischen Aspekten (Kalbro, Dieterich, Gerber, Devecchi) verknüpft. Die organisatorischen Aspekte (Fischer / Thoma / Salkeld) sind zumindest in der einen Dimension enthalten, wenn auch weniger stark gewichtet.

Aus diesen fünf Idealtypen lassen sich typische Strategien ableiten, die wiederum der theoretischen Annahme zugeordnet werden können (siehe Kap. 3):

- Der bodenpolitische Typ I umfasst solche Gemeinden, die eine aktive Steuerung mittels wenig fragmentiertem Eigentum verfolgen. Der Hypothese folgend sind hier vergleichsweise nachhaltige Ergebnisse zu erwarten.
- Der bodenpolitische Typ II ist gekennzeichnet durch eine geringe Fragmentierung des Bodeneigentums und durch eine starke Rolle eines (semi-)öffentlichen Akteurs (nicht die Gemeinde).
- Der bodenpolitische Typ III zeichnet sich durch eine geringe Fragmentierung der Eigentumsrechte und eine passive Rolle der Gemeinde aus. Insofern wird erwartet, dass private Investoren die Entwicklung der Parzellen vergleichsweise frei gestalten können.
- Der bodenpolitische Typ IV zeichnet sich durch fragmentierte Eigentumsstrukturen und passive Strategie der Planungsträger aus. Insofern wird bei diesem Typen erwartet, dass die Effektivität zur Durchsetzung von Planungszielen am geringsten ist.
- Der bodenpolitische Typ V zeichnet sich durch fragmentierte Eigentumsstrukturen und aktive Strategie der Planungsträger aus. Insofern wird bei diesem Typen erwartet, dass die Effektivität zur Durchsetzung von Planungszielen ähnlich gering ist, wie bei Typ III.

Die Hypothesen basieren auf der angenommen Wirkungsweise bodenpolitischer Strategien, wie sie im Kap. 3 hergeleitet und begründet wird.

2.4   Zwischenfazit: Bodenpolitik vor dem Hintergrund der Theorie-Praxis-Problematik der Raumplanung

Die mangelnde Wirksamkeit der klassischen Raumplanung in der Planungspraxis kann auch als Schwäche der Disziplin und insbesondere der planungswissenschaftlichen Theorien bezeichnet werden. Planungstheoretiker weisen in diesem Zusammenhang gerne auf eine ‚planungstheoretische Leere' hin (vgl. bspw. Fainstein 2005) und beschreiben damit die fehlende Deckungsgleichheit zwischen planungswissenschaftlichen Kenntnissen und planungspraktischem Handeln. Um diese fehlende Deckungsgleichheit zu illustrieren, wird in der planungstheoretischen Literatur häufig die Metapher der ‚Lücke' (engl.: ‚gap') verwendet (vgl. bspw. Alexander 1997; Allmendinger/Tewdwr-Jones 1997; Gualini 2010; Fainstein 2005; Innes de Neufville 1983; Levin-Keitel/Sondermann 2017; Lord 2014; Moroni 2010; Pissourios 2013). Der Annahme folgend, dass eine Lücke zwischen Planungstheorie und Planungspraxis besteht, lassen sich zwei Erklärungsansätze identifizieren: Der Ansatz der ‚Theorie-Praxis-Lücke' und der Ansatz der ‚Praxis-Theorie-Lücke' (vgl. Moroni 2010: 137).

Der erste Ansatz bemängelt, dass die vorhandenen Planungstheorien die planerische Praxis nicht abdecken und daher keine Hilfestellung zur Lösung von räumlichen Problemen liefern. „So erscheinen Planungstheorien inadäquat, wenn sie mit praktischen Erfahrungen nicht vereinbar sind bzw. praktisches Handeln nicht unterstützen" (Levin-Keitel/Sondermann 2017: 2). Die Lücke ist durch bessere, sprich realitätsnähere Theorien zu überbrücken (‚bridging the gap'). Der zweite Ansatz postuliert, dass Theorien in ausreichender Zahl und Qualität vorhanden sind, jedoch in der konkrete Praxis nicht zur Anwendung gelangen. Dieser Ansatz folgt der Argumentation von John Friedmann, dass jeder Handlung explizit oder implizit immer eine Theorie zugrunde liegt (Friedmann 1998: 250, zit. n. Moroni 2010: 137-138). Auch Praktiker arbeiten mit theoretischen Annahmen. Die Lücke entsteht hierbei, wenn die zutreffende Theorie für eine spezifische praktische Problemlage nicht herangezogen wird.

Dass eine solche Lücke (unabhängig der gewählten Erklärungsrichtung) überhaupt vorhanden ist, liegt an der Ausrichtung der meisten planungswissenschaflichen Untersuchungen. Die Studien fokussieren zumeist auf den Planungsprozess (bspw. partizipative Planung), den Kontext der Planung (bspw. Stadtstrukturen) oder den Gegenstand der Planung (bspw. Umweltplanung, Städtebau) (vgl. mit vielen Beispielen Fainstein 2005: 159), ohne dabei erklärende Forschung zu betreiben und insbesondere die Mechanismen der Planumsetzung zu beachten. „Much of planning theory discusses what planners do with little reference either to the sociospatial constraints under which they do it or the object that they seek to affect" (Fainstein 2005: 159). Die aufgezeigten Lücken werden hierdurch also nicht gefüllt.

Erkenntnisbringend sind dagegen explorative und explanative Fragestellungen. All die vorher genannten Aspekte planungswissenschaftlicher Forschung sind dabei wesentlich, um Mechanismen des Raumes zu verstehen und zu beschreiben. Allerdings stellen sie lediglich Zwischenergebnisse und keine eigenständigen Erkenntnisfortschritte dar (vgl. Fainstein 2005: 169). Das Ziel der Studien bleibt der Zusammenhang zwischen dem räumlichen Ergebnis (outcome) und den Bedingungen, welche zu diesem Ergebnis geführt haben. Als planungswissenschaftliche Studie sind dabei planerische Prozesse (bspw. Strategien, die Anwendung spezifischer Instrumente) eine wesentliche Bedingung, ohne dass weitere Bedingungen ausserhalb der Planung vernachlässigt werden dürfen. Planungswissenschaftliche Studien, die einen Erkenntnisgewinn bezwecken, verfolgen daher explanative Fragestellungen, ohne die Öffnung für weitere Bedingungen (explorativer Ansatz) zu vernachlässigen. Welche Bedingungen erklären das räumliche Ergebnis und welchen Einfluss haben bestimmte raumplanerische Strategien, Instrumente, etc. auf die räumliche Entwicklung (vgl. Fainstein 2005: 159)? Hier sind viele Fragestellungen denkbar. Die vorliegende Arbeit konzentriert sich innerhalb dieser Forschungslücke auf die Rolle von Bodenpolitik auf die räumliche Entwicklung, dieser Herangehensweise eine höhere Wirksamkeit zugeschrieben wird.

2.5   Bodenpolitik und Umsetzung aus demokratietheoretischer Perspektive

Als öffentliche Politik greift das System der Raumplanung (und insbesondere das Planungsrecht) bewusst in das Verhalten und die Freiheit von bestimmten Akteuren ein, um dieses im Sinne der politischen Ziele zu ändern und letztlich die räumlichen Probleme, wie bspw. Zersiedelung der

Landschaft, zu lösen. Durch den demokratischen Entscheidungsprozess sind diese Eingriffe grundsätzlich zu legitimieren und demokratisch zu akzeptieren.

2.5.1   Tatsächliche Umsetzung als Voraussetzung demokratischer Raumplanung

Bei der Auseinandersetzung über die Effektivität einer öffentlichen Politik ist grundsätzlich auch die demokratische Legitimität zu hinterfragen. Dabei wird angenommen, dass ein grosses Mass an Effektivität zu einer Beeinträchtigung der legitimen Grundlage der jeweiligen Politik führt. Bei der Frage nach einer effektiven Raumplanungspolitik ist also auch zu fragen, wie diese vor dem Hintergrund demokratischer Werte zu beurteilen ist. Demokratietheoretisch wird die „Ausübung von Herrschaftsgewalt als Ausdruck kollektiver Selbstbestimmung legitimiert" (Scharpf 1999: 16). Dabei ist der Begriff Demokratie komplex und kann unterschiedlich interpretiert und aufgefasst werden. Fritz Scharpf unterscheidet grundsätzlich zwischen zwei verschiedenen, analytischen Ansätzen demokratischer Selbstbestimmung. Diese unterschiedlichen, aber komplementären Dimensionen betonen jeweils entweder den ersten oder den zweiten Bestandteil des Wortes Demokratie, also entweder das Staatsvolk (demo δῆμος) oder die Herrschaft (krat κράτος). Scharpf bezeichnet diese zwei Perspektiven als „input-orientierte" und „output-orientierte" Legitimitätsargumente (Scharpf 1999: 16). Der input-orientierte Ansatz stellt die Herrschaft durch das Volk in den Vordergrund. Demnach kann von einer legitimen Entscheidung gesprochen werden, „wenn und weil sie den Willen des Volkes widerspiegelt" (ebd.). Dem gegenüber betont die output-orientierte Perspektive die Herrschaft für das Volk. Eine Entscheidung ist also dann legitim, „wenn und weil sie auf wirksame Weise das allgemeine Wohl im jeweiligen Gemeinwesen fördert" (ebd.). Die beiden Interpretationen führen zu höchst unterschiedlichen Argumentationen und Vorbedingungen an demokratisch legitimierter Regierung.

Die input-orientierte Perspektive basiert auf den Prinzipien der Partizipation und des Konsenses. Beide Teilbereiche sind für lokale Situationen anwendbar. Mit zunehmender Distanz zwischen den Politikbegünstigten und den Entscheidungsträgern werden die Möglichkeiten der Partizipation jedoch deutlich gemindert. Das Primat des Konsenses stösst dort an die Grenzen, wo unvereinbare Interessen aneinanderstossen und eine Kompromissformel im Sinne aller Beteiligten nicht mehr möglich ist. Die Argumentation der demokratischen Selbstbestimmung durch partizipative Prozesse und Konsensbildung ist jedoch für umfangreichere und komplexe Entscheidungssituationen eine Herausforderung. Dieses „Zentralproblem input-orientierter Theorien demokratischer Legitimation" (Scharpf 1999: 16) kann in vielen aufwendig gestalteten Partizipationsmodellen von Grossprojekte betrachtet werden – an denen auch der beschränkte Erfolg ablesbar ist.

Eine Veränderung dieses Ansatzes auf die gleiche Möglichkeit zur Teilnahme an Entscheidungen ignoriert die tatsächliche Komplexität und reduziert die Entscheidungsfindung auf eine binäre Wahl. Ansichten, die im Prozess zwar eingebracht, aber unterlegen sind, müssten im Endresultat zwar berücksichtigt, aber nicht beachtet werden. Nicht eingebrachte Interessen müsste nicht einmal berücksichtigt werden, da die Möglichkeit zur Partizipation unbenommen blieb. Eine moralische Pflicht zur Respektierung einer Minderheitsmeinung besteht in dieser Legitimationsperspektive im Sinne eines Duells nicht. Die moralische Pflicht zur Respektierung der Mehrheitsinteressen würde damit vernachlässigt. Im Konfliktfalle könnte dies sogar zu einer bewussten Ignorierung der Minderheitsmeinung führen.

Scharpf hält fest, dass „unter den Standardprämissen des normativen Individualismus sich überzeugende Legitimitätsrechtfertigungen nicht auf rein input-orientierte […] Demokratiekonzepte stützen [lassen]." (1999: 17). Eine reine Fokussierung auf Einzelinteressen, ohne moralische Verpflichtung der Berücksichtigung der unterlegenen Minderheitsmeinung ist nicht im demokratischen Sinne.

Die Attraktivität dieser argumentativen Position liegt nicht in den formellen Anforderungen. Vielmehr steckt dahinter das Vertrauen in die Gesellschaft, dass auch andere Individuen das Wohl des Gemeinwesens im Sinn haben. Von daher beinhaltet der Konsensansatz den guten Willen der Mitbürger, aufgrund dessen persönliche Einschränkungen hinnehmbar werden. Unter der Annahme von gemeinsamen Werten, idealerweise illustriert in einem gemeinsamen Leitbild, beinhaltet ein Abweichen von der eigenen Position keinen Verlust der eigenen Interessen, da die anderen, überlegenen Positionen in die gleiche Richtung gehen. Eine Situation, in denen die verschiedenen Interessen grundsätzlich unvereinbar sind, ist nicht vorgesehen.

Die Input-Perspektive setzt also eine kollektive Identität und damit verbundene gemeinsame Grundinteressen voraus, aus deren heraus sich Entscheidungen legitimieren. Bei der Output-Perspektive wird hingegen eine Vielzahl von veränderbaren Legitimationsmechanismen berücksichtigt. „Die Herrschaft für das Volk leitet Legitimität von der Fähigkeit zur Lösung von Problemen ab, die kollektiver Lösungen bedürfen, weil sie weder durch individuelles Handeln noch durch den Markt und auch nicht durch freiwillig-gemeinsames Handeln in der Zivilgesellschaft gelöst werden könnten" (Scharpf 1999: 20). Die tatsächliche Lösung des zugrundeliegenden Problems ist also legitime Voraussetzung einer demokratischen Herrschaft. Die direkte Willensäusserung durch das Wahlvolk geschieht dabei durch regelmässige, aber von Einzelentscheidung unabhängige Wahlen. „Angesichts des instrumentellen Charakters dieser Mechanismen [der Wahlen] gibt es jedoch keinen Grund, funktionale Alternativen auszuschließen, wenn die demokratische Verantwortlichkeit der Amtsinhaber generell zu unerwünschten Ergebnissen führen würde oder wenn sie zu wenig effektiv wäre, weil die gesellschaftlichen und institutionellen Voraussetzungen demokratischer Verantwortlichkeit nicht erfüllt sind" (Scharpf 1999: 23).

Die effektive Umsetzung einer öffentlichen Politik ist nach dem Verständnis von Scharpf keinesfalls ein Widerspruch. Die Aussage, dass Raumplanung effektiv *oder* demokratisch sein kann, ist keinesfalls zutreffend. Das Gegenteil ist der Fall. Eine effektivere Raumplanung mindert nicht deren demokratische Legitimität, sondern trägt zu einer erhöhten demokratischen Selbstbestimmung bei. Dabei wird wiederum eine Legitimation durch das Volk nicht ausgeschlossen. Beide Formen der demokratischen Legitimation existieren üblicherweise nebeneinander. „Im Nationalstaat soll und kann Demokratie Herrschaft durch das Volk und für das Volk zugleich sein" (Scharpf 1999: 21).

2.5.2 Tatsächliche Umsetzung im Konflikt mit der politischen Akzeptanz?

Die politische Akzeptanzforschung geht sogar noch einen Schritt weiter und postuliert, dass ohne ausreichende politische Akzeptanz weder die Formulierung, noch die Einführung, noch die Umsetzung eines Gesetzes möglich ist. „In practice, an ideal spatial planning policy that could provide the perfect tools for a desired land-use may fail due to a lack of public support. A lack of public support can either lead to ineffective implementation or prevent the enactment of a new law" (Pleger et al. 2016: 2). In demokratischen Systemen kann diese politische Akzeptanz bei der Gesetzesabstimmung direkt einfliessen. Durch das System der direkten Demokratie in der Schweiz bedeutet dies, dass zu diesem Zeitpunkt des politischen Prozesses die politische Meinung der (stimmberechtigten) Bürger direkt ablesbar wird, wodurch sich für die Forschung direkte Möglichkeiten ergeben, die Motive und Gründe für die jeweiligen Abstimmungsverhalten zu untersuchen. Dieser Ansatz wurde sowohl anhand der Abstimmung über die Revision des RPG im März 2013, als auch über eine Reihe von raumplanungsrelevanten Abstimmungen im Zeitraum 1984 bis 2008 angewandt. Die Ergebnisse werden im Folgenden kurz dargestellt, da sie die grundsätzliche politische Legitimität der Raumplanungspolitik in Abhängigkeit zur tatsächlichen Wirksamkeit setzen (Pleger 2017).

2.5.2.1   Politische Akzeptanz im Rahmen des Referendums zur RPG-Revision (2013)

Die Akzeptanzforschung zur RPG-Revision basiert auf den sog. VOX-Daten. Im Rahmen einer repräsentativen Stichprobe werden Stimmbürger zwei Wochen nach dem Abstimmungstermin zu ihrem Wahlverhalten, den individuell relevanten Gründen, dem allgemeinen Informationsstand über das Thema, den relevanten Argumenten der Pro- und Contra-Parteien, sowie weiteren soziodemographischen Merkmalen befragt. Diese Daten werden grundsätzlich zu jeder nationalen Abstimmung seit 1977 erhoben und bilden für Meinungs- und Sozialforschungen eine verwertbare Datengrundlage.

Bezogen auf die Abstimmung vom März 2013 über die RPG-Revision basieren die Resultate auf den Antworten von 1517 Stimmbürgern, von denen 846 Datensätze verwertbar waren (Pleger et al. 2016: 9). Die Differenz ergibt sich aus Nichtwählern und unvollständigen Datensätzen. Der Datensatz ist damit aus statistischen Gründen zwar repräsentativ, bildet aber gleichzeitig nicht das tatsächliche Wahlergebnis ab. Während in der echten Abstimmung der Anteil der Ja-Stimmen 62.9 % betrug, stimmten im Rahmen der VOX-Umfrage 75.6 % der Befragten mit Ja (ebd.: 12). Der Anteil der Revisions-Befürworter ist somit überrepräsentiert. Dennoch erlaubt der Datensatz das Stimmverhalten anhand von vier unabhängigen Variablen zu untersuchen (ebd.). Drei davon beziehen sich auf das Sachthema, während in der vierten allgemeine sozio-ökonomische Kontrollvariablen herangezogen wurden (Geschlecht, Alter, Bildungsgrad). Die drei thematischen Variablen sind: (1) Politische Ideologie und Vertrauen in die Regierung, (2) Bodeneigentum und (3) Raumstruktur des Wohnorts. Es zeigt sich, dass alle drei thematischen Variablen einen Einfluss auf das Wahlverhalten haben. Der Einfluss der politischen Ideologie und des Vertrauens in die Regierung ist von den getesteten Variablen am grössten. „Voters who assess their political preferences on the left are more likely to accept the ballot compared to those who rate themselves to be right" (ebd.: 13). Jedoch haben auch die anderen beiden thematischen Variablen ebenfalls einen signifikanten Einfluss auf das Wahlverhalten. Dabei ist die persönliche Betroffenheit (also die Frage, ob ein Wähler als Bodeneigentümer direkt vom Gesetz betroffen ist) keineswegs einseitig. Einerseits wird die Raumplanung als Eingriff in die persönliche (Bau-) Freiheit empfunden und daher grundsätzlich skeptisch bewertet. Andererseits wird anerkannt und geschätzt, dass durch eine effektive Raumplanung ein geordneter räumlicher Kontext entsteht, was sich wiederum positiv auf das eigene Bodeneigentum auswirkt. Daher führt die persönliche Betroffenheit nicht zu einer grundsätzlichen Ablehnung, sondern zu einer differenzierten Auseinandersetzung mit der planungsrechtlichen Abstimmungsvorlage. Grösser und einseitiger ist der Einfluss, wenn die beiden Variablen kombiniert auftreten. Die persönliche Betroffenheit hat umso mehr einen Einfluss, je ländlicher der räumliche Kontext ist. „Landowners or people who live in rural areas tend to reject the amendment of the spatial planning law rather than voters who do not own land or live in urban areas. Nevertheless, this relationship is not as strong as expected" (ebd.: 13). Von den allgemeinen Kontextvariablen (Geschlecht, Alter, Bildungsgrad) hat keine einzige einen signifikanten Einfluss auf das Wahlverhalten (ebd.).

Zusätzlich wurden auch verschiedene politische Argumente getestet. Sowohl aus der Pro- als auch aus der Contra-Kampagne wurden je drei Argumente selektiert und den befragten Wahlbürgern vorgelegt. Auf der Pro-Seite wurden (P1) die Revision des RPG als effizientes Mittel zur Verminderung der Zersiedelung, (P2) die Verbesserung der Baulandverfügbarkeit durch die Stärkung der Gemeinden und (P3) die flexibleren Lösungen im Vergleich zur Landschaftsinitiative getestet (vgl. ebd.: 15). Als Contra-Argumente wurden (C1) der Anstieg der Bodenpreise, (C2) die rechtliche Unsicherheit und damit verbundenen hohen Gerichtskosten und (C3) die Zentralisierung getestet (ebd.). Die grössten Einflüsse auf das Wahlverhalten hatten das Zersiedelungsargument (P1) auf der Pro-Seite, und das Zentralisierungsargument (C3) auf der Contra-Seite.

Aus diesen Erkenntnissen lässt sich ableiten, dass die Argumente einen wesentlichen Einfluss auf das Wahlverhalten haben. Allein diese Tatsache ist nicht als gegeben anzusehen; ermöglicht jedoch auch eine vertiefte Analyse, welche Argumente die Stimmbürger (sowohl auf der Pro- als auch auf der Contra-Seite) überzeugt haben. Dazu wurde bei der VOX-Umfrage zusätzlich ein offenes Feld ergänzt, in welchem zwei wesentliche Argumente selbst formuliert werden sollten. Diese freien Antworten wurden in jeweils 33 Argumente codiert, welche wiederum in acht Hauptargumente auf der Pro-Seite und fünf Hauptargumente auf der Contra-Seite zusammengefasst werden konnten (ebd.: 22).

Die wesentlichen Argumente (siehe Tabelle 11), welche die Wähler bei der Stimmabgabe beeinflusst haben, unterscheiden sich naturgemäss zwischen den Ja- und den Nein-Stimmenden. Innerhalb der Wählergruppen ist die Abgrenzung der einzelnen Argumente jedoch schwierig. Auf der Seite der Zustimmung sind die beiden wesentlichen Argumente, dass mit dem neuen RPG die Zersiedelung gestoppt und Landschaft und Umwelt geschützt werden würde. Diese und auch die anderen Antworten gehen in eine ähnliche Richtung. Die tatsächliche räumliche Entwicklung und der Schutz von (wahlweise) Landschaft, Umwelt oder Natur stehen argumentativ im Fokus der Wähler.

MAIN REASONS FOR ACCEPTANCE IN DETAIL	RESPONSE FREQUENCY
Against urban sprawl	29 %
Environmental and landscape protection	21 %
Consideration towards nature / Preservation nature and landscape	16 %
Careful handling of soil / Soil protection	11 %
Against overdevelopment of construction in the country	10 %
Fear of too much asphalting over the country	7 %
Creating and preserving of green areas	5 %
Other reasons	1 %

Tabelle 11: Wesentliche Argumente zur Befürwortung der Revision des RPG (Abstimmung vom März 2013). n=308. Quelle: Eigene Darstellung nach Pleger et al. (2016: 24).

Auf der Seite der Ablehnung war das wesentliche Argument, dass ein zu grosser Einfluss des Bundes verhindert werden solle (siehe Tabelle 12). In diesem Argument zeigt sich sowohl eine grundsätzliche Ablehnung von zentralen Strukturen, als auch eine Status-Quo Heuristik. „The current status quo seems to be the better alternative for the voters because it is better known" (Pleger 2016: 27).

MAIN REASON FOR REFUSAL IN DETAIL	RESPONSE FREQUENCY
Spatial planning falls within the competence of cantons and municipals	53 %
(Too much) interference by the federal government	19 %
Existing regulation are enough; no legislative change required	17 %
Regulation at federal level unneeded	7 %
Other reasons	3 %

Tabelle 12: Wesentliche Argumente zur Ablehnung der Revision des RPG (Abstimmung vom März 2013). n=58. Quelle: Eigene Darstellung nach Pleger (2016: 2).

Die Argumente der Pro-Seite beziehen sich vor allem auf das wahrgenommene öffentliche Problem und das räumliche Ergebnis der Politik. Die Argumente der Contra-Seite beziehen sich hautsächlich auf die Intervention und die staatliche Struktur. Während die Pro-Seite also outputlegitimiert, ist die Contra-Seite interventionsskeptisch. Die argumentativen Auseinandersetzungen der jeweiligen Anhängerschaft ist damit zwar jeweils sachlich orientiert, Fokussieren sich aber auf unterschiedliche Aspekte.

2.5.2.2   Planungsrelevanten Abstimmungen 1984-2008

Die grundsätzlichen Aussagen der Akzeptanzforschung sind dabei nicht nur für das punktuelle Ereignis der Teilrevision des RPG zutreffend. In einer ähnlich aufgebauten Studie überprüfte Pleger die Resultate anhand von 18 weiteren, raumplanungsrelevanten Volksabstimmungen aus den Jahren 1984 bis 2008 (vgl. Pleger 2017). Darin zeigt sich, dass die politische Bindung und die Eigenschaft als (Nicht-) Eigentümer konsequent den grössten Einfluss auf das Wahlverhalten bei raumplanungsrelevanten Abstimmungen haben. „Results for individual determinants show that the main factor at the individual level for voters in Switzerland to accept spatial planning measures, in a broad sense, is voters' ideology as expressed by party affiliation. [...] Being a homeowner does also impact the voting decision systematically" (ebd.: 506). Demgegenüber ist der Einfluss anderer Eigenschaften, wie bspw. des räumlichen Kontextes (ländliches oder urbanes Umfeld), weniger relevant (vgl. ebd.: 506-507).

Die Querschnittsbetrachtung dieser 18 Abstimmungen erlaubt auch generelle Aussagen zu planungsrelevanten Abstimmungen auf kontextueller Ebene. Demnach können vier Faktoren identifiziert werden, die die Zustimmung der Wähler erhöhen (ebd.: 510): (1) Eine politische Intervention mittels Anreizinstrumenten wird mehr wertgeschätzt als durch Verbote und Vorschriften. (2) Einer Vorlage wird eher zugestimmt, wenn die dahinterliegenden organisatorischen Strukturen vorhanden sind. Im Unterschied zu anderen Politikfeldern gilt für die Raumplanung, dass Organisationen nicht nur gegen, sondern auch für bestimmte Massnahmen mobilisieren. (3) Die Unterstützung durch lokale Eliten hat einen positiven Einfluss auf das Abstimmungsergebnis. (4) Eine Kombination der planungspolitischen Vorlage kann mit jedem anderen Thema erfolgen, ausser Strassenverkehr. Planungsmassnahmen, die in den Kontext mit Strassenverkehrspolitik gesetzt werden, haben eine deutlich niedrigere Wahrscheinlichkeit der Annahme.

Das Teilresultat, dass gewisse Mechanismen und Instrumente gegenüber anderen durch die Wählerschaft grundsätzlich bevorzugt werden, ist hingegen distanziert zu betrachten. Hier liegt eine Voreingenommenheit der Untersuchung vor, die sich bereits in den verwendeten Begriffen zeigt. Auf der einen Seite werden 'Anreize', also ein positiver Begriff verwendet, während auf der anderen Seite 'Verbote', also ein negativer Begriff verwendet wird. Es bleibt unklar, ob die Untersuchungsergebnisse gleichblieben, wenn von 'Strafsteuer' und 'Erlaubnis' gesprochen worden wäre – was die gleichen Mechanismen aber mit umgekehrten Vorzeichen darstellt. Warum bei der Untersuchung diese Voreingenommenheit nicht nur die Wahl neutraler Begriffe eliminiert hat, bleibt ungeklärt.

2.5.2.3   Fazit

Die Ergebnisse der Akzeptanzforschung sind für die Planungswissenschaft von fundamentaler Bedeutung – wobei zwischen den verschiedenen Teilergebnissen zu differenzieren ist. Die grundsätzliche Legitimation des Politikfeldes Raumplanung / Bodenpolitik basiert auf der Überzeugung der Stimmbürger und deren Wahlverhalten. Daher sind die Auseinandersetzung mit der Abstimmung vom März 2013 und der Vergleich der verschiedenen raumplanungsrelevanten Abstimmungen der vergangenen zwei Dekaden zu beachten. Die Ergebnisse legitimieren das System der Raumplanung grundsätzlich.

Im Kern zeigen die Untersuchungsergebnisse, dass die Wahlergebnisse von der grundsätzlichen Ideologie, von der Formulierung der Vorlage und von der persönlichen Betroffenheit beeinflusst werden. Allerdings sind diese Aspekte nicht überzubewerten. Die Ergebnisse zeigen auch, dass der Informationsstand der Wähler recht gross ist und die inhaltlichen Argumente den grössten Einfluss auf das Wahlverhalten haben. „The case study of the spatial planning law in Switzerland revealed that content related determinants such as arguments and content-related values significantly influence the voting decision" (Pleger et al. 2016: 26). Grob wird häufig angenommen, dass Raumplanung ein Eingriff in die persönliche Freiheit der Einzelnen ist, der aufgrund seiner Wirksamkeit zur Steuerung der Raumentwicklung in die politisch erwünschte Richtung legitim ist.

Die Akzeptanzforschung auf Grundlage der VOX-Daten belegt also, a) dass Raumplanung aufgrund des tatsächlichen outcome legitimiert wird, und b) dass die Stimmbürger dem revidierten RPG grundsätzlich eine grosse Wirksamkeit unterstellen. Im Umkehrschluss könnte das auch bedeuten, dass eine nicht wirksame Raumplanung und eine unerwünschte Raumentwicklung (outcome) die Legitimität der Raumplanungspolitik per se vermindern. Die Legitimität des Politikfeldes aus der Perspektive der Wähler ist somit direkt abhängig von der Wirksamkeit der Politik.

2.6 Plan und Wirklichkeit – Evaluationsforschung

Gezeigt wurde somit, dass die – juristische wie demokratische – Legitimation der Raumplanungspolitik von der tatsächlichen Umsetzung abhängig ist. Eine Politik, die ihr Ziel nicht erreicht, hat keine Existenzberechtigung. Offen ist dabei jedoch, wie diese Zielerreichung zu bestimmen ist. Hierbei ist zwischen juristischen, planungswissenschaftlichen und politikwissenschaftlichen Ansätzen zu unterteilen. Die Ansätze unterscheiden sich dabei nicht nur inhaltlich, sondern auch begrifflich. Da die vorliegende Arbeit grundsätzlich alle drei Disziplinen berührt, sollen im folgenden die unterschiedlichen Ansätze und ihre jeweiligen Begrifflichkeiten erläutert und begründet werden. Letztlich wird deutlich, warum die vorliegende Arbeit den politikwissenschaftlichen Begriff *Wirksamkeit* im Untertitel trägt.

2.6.1 Rechtssoziologie und -tatsachenforschung

Eigentum bildet nicht selten den Forschungsgegenstand juristischer Arbeiten. Allerdings fokussieren sich Rechtswissenschaftler auf die Interpretation des bestehenden Rechts (Auslegungslehre) oder auf Vorschläge zur Überarbeitung des Rechtstexts (Rechtstheorie). Allenfalls werden zugrundeliegende Prinzipien bezogen auf verschiedene Gerechtigkeitsmodelle oder moralische Vorstellungen thematisiert (Rechtsphilosophie). Die Konfrontation des Rechtstextes mit der gesellschaftlichen Wirklichkeit wird, wenn überhaupt, am Rande betrachtet und nur selten systematisch untersucht. Dabei wären Analyse über die Wechselwirkungen von Recht und Gesellschaft und die tatsächliche Steuerungswirkung des Rechts für die Weiterentwicklung des Rechts von grossem Nutzen.

In dieser Nische der Rechtswissenschaft befindet sich die Rechtssoziologie. Sie fragt nicht nur (im klassischen juristischen Sinne) nachdem, „was sein soll", sondern auch nachdem, „was ist" (vgl. deutlich ausführlicher: Thiel 2008: 30). Recht wird zum Gegenstand der Untersuchung und als „soziales Faktum" (Baer 2015: 39) bzw. in seiner „empirisch vorfindbaren sozialen Tatsächlichkeit" (Kunz/Mona 2015: 37). Abstrakte Diskussionen über Gerechtigkeit werden ergänzt um die empirischen Beobachtungen, wie Recht tatsächlich gesetzt, gesprochen, in Anspruch genommen und durchgesetzt wird (vgl. Baer 2015: 39). Die Rechtssoziologie bleibt mit diesem Ansatz eine Teildisziplin innerhalb der Rechtswissenschaften und bedient sich lediglich Methoden anderer

Disziplinen (wie die Namensgebung schon andeutet: Vor allem der Soziologie) (vgl. auch für weitergehende Literaturhinweise Kunz/Mona 2015: 101-102).

Die erweiterte Einbindung des Rechts in gesellschaftliche Kontexte erfolgt mit der Rechtstatsachenforschung. Der Begriff bezieht sich explizit auf die deutsche Debatte. In der Schweiz wird von Implementierungsforschung gesprochen, wodurch jedoch eine Verwechslung mit einem politikwissenschaftlichen Ansatz riskiert wird (s.u.). Im angloamerikanischen Kontext bezeichnet der Begriff kritischer Rechtsrealismus eine ähnliche wissenschaftliche Ausrichtung. Zudem ist zu beachten, dass der Begriff ursprünglich aus dem Kontext des Zivilrechts stammt. Es bleibt allerdings unklar, warum eine Übertragung auf das öffentliche Recht nicht möglich sein sollte. Der Begriff Rechtstatsachenforschung geht auf Arthur Nussbaumer zurück, welcher durch die empirische Herangehensweise die Lebenswirklichkeit von Rechtsnormen untersuchte (vgl. Nussbaum 1914, zit. n. Baer 2015: 41). Ziel ist es, die tatsächlich beobachteten Tatsachen zu erklären, also ihre kausalen Abhängigkeiten aufzudecken (vgl. Kunz/Mona 2015: 37-38). Die zentrale Leitfrage ist dabei, „inwieweit Zustände in Recht und Gesellschaft voneinander abhängen, sich gegenseitig beeinflussen und einem rechtlich-sozialen Wandel unterliegen" (Baer 2015: 41) und schneidet damit u.a. politische, soziale und physiologische Aspekte (vgl. Kunz/Mona 2015: 116). Um Antworten für dieses Erkenntnisinteresse zu erlangen, müssen bspw. die tatsächlichen Wirkungsweisen von Recht in konkreten gesellschaftlichen Konfliktsituationen untersucht werden (Faktizität des Rechts). Nussbaumer ging es dabei darum, „die Rechtsdogmatik von überflüssigem Ballast zu befreien, der sich in der Rechtswirklichkeit als bedeutungslos erweist, um sich effizienter mit den realen Problemen des Alltags beschäftigen zu können" (Kunz/Mona 2015: 116-117). Der Ansatz kann in einem politikwissenschaftlichen Verständnis jedoch auch dazu beitragen, Erkenntnisse über die tatsächliche (und ggf. auch potenzielle) Steuerungsfähigkeit bestimmter Rechtsnormen zu erlangen, wobei unterschiedliche Schwerpunkte gewählt werden können. Max Weber folgend kann abgeschätzt werden, welche Rolle Recht in einer arbeitsteiligen Gesellschaft einnimmt (vgl. Raiser 2009: 86-106). Niklas Lehmann folgend kann beurteilt werden, ob und wie im modernen Gesetzgebungsstaat gesellschaftliche Bereiche durch Recht gesteuert werden können (vgl. Raiser 2009: 119- 147). Gunnar Folke Schuppert folgend kann übergeordnete untersucht werden, wann und wie Recht in komplexen Governancestrukturen mobilisiert wird (vgl. Kunz/Mona 2015: 37-38) (sog. Institutionenshopping).

Während des Gesetzgebungsverfahrens werden einzelnen Rechtsnormen bestimmte Wirkungen unterstellt, die allerdings nur eintreten können, wenn die entsprechenden Akteure diese Rechtsressource mobilisieren (siehe Kap. 3.4.2). Die Mobilisierung des Rechts zur Durchsetzung von politischen Zielen oder individuellen Interessen hängt von verschiedenen objektiven (Verfahren, Kosten, Chancen und Anwaltschaft) und subjektiven (Rechtsbewusstsein, Rechtskenntnis, Anspruchswissen) Faktoren ab (vgl. ausführlicher Baer 2015: 217-234). Die Betrachtung dieser Mobilisierungsfaktoren kann dann den entscheidenden Baustein liefern, um zu die tatsächliche Wirkung eines Gesetzes in der gesellschaftlichen Realität zu erklären. Solche Abschätzungen können zudem bezogen auf das konkrete Gesetz prospektiv, begleitend oder retrospektiv durchgeführt werden und fokussieren dabei sowohl auf intendierte, als auch auf nicht-intendierte Folgen (vgl. Baer 2015: 261-263). All diese Ansätze dienen dazu, die rechtswissenschaftlichen Überlegungen auf ihre Wechselwirkungen zur gesellschaftlichen Realität hin zu untersuchen.

2.6.2   Planerische Evaluationsforschung

Wie oben ausgeführt ist Rechtstatsachenforschung ein Begriff aus den Rechtswissenschaften. Das planungswissenschaftliche Pendent ist die Evaluationsforschung mit dem stehenden Begriff der Performance der Raumplanung. Bei der Darstellung werden drei Aspekte separiert. Erstens wird dargestellt, wie die Erkenntnis entstanden ist, dass Planung überhaupt zu evaluieren ist. Dies ist innerhalb der Planungsdisziplin keinesfalls trivial und stellt bis heute eine Forschungsnische dar.

Zweitens wird die Debatte um die adäquate Evaluationsmethode aufgezeigt. Hierbei wird dargestellt, dass die methodische Frage nur eine vordergründige Auseinandersetzung ist. Im Kern handelt die Debatte von unterschiedlichen Planungsverständnissen. Mit dieser Erkenntnis wird dann drittens aufgezeigt, warum diese planungswissenschaftlichen Evaluationsansätze für die vorliegende Arbeit nicht ausreichend sind und daher mit weiteren, politikwissenschaftlichen Elementen ergänzt werden, was im nachfolgenden Kapitel geschehen wird.

2.6.2.1 Notwendigkeit der Evaluierung von Planung?

Dass Planung zu evaluieren ist, war und ist keinesfalls selbstverständlich. Traditionell herrscht die Meinung vor, dass Planung eine zukunftsorientierte, konzeptionelle Disziplin ist. Daher ist die Aufgabe der Planung Lösungen für Räume zu erarbeiten. Mit Evaluation ist in diesem Zusammenhang allenfalls die Bewertung des aktuellen Ist-Zustandes des Raums gemeint und dient der Identifikation von räumlichen Problemstellungen. Die Planung an sich wird dann in einem (formellen, wie informellen) Verfahren durchgeführt und mündet schliesslich in einem Plan. Der gedankliche Perimeter der Planer ist damit abgeschlossen. Die Planumsetzung (also insb. die bauliche Ausführung) wird dann durch andere Disziplinen (Städtebauer, Architekten, Bauingenieure) durchgeführt und ist nicht mehr Teil des planerischen Auftrages. In einer solchen raum- und problemorientierten Denkweise ist eine systematische Evaluierung nicht notwendig. Mögliche Defizite sind lediglich die neuen Herausforderungen der nächsten Plangeneration.

Eine solche Denkweise ist keinesfalls auf die planungseuphorische Phase in den 1960er und 1970er Jahren beschränkt. Auch moderne Planungsansätze (bspw. partizipatorische Planung) folgen diesem Denkmuster (vgl. bspw. Khakee et al. 2008). Planungseuphorisch wird davon ausgegangen, dass die Planungsexperten die richtige Lösung für den Raum erdenken und auf dem Planwerk (dem Plan) festhalten. Aufgrund dieser Richtigkeit wird diese Lösung dann umgesetzt und das ursprüngliche Problem gelöst. Im partizipatorischen Ansatz wird dem entgegengesetzt, dass es keinesfalls *die* richtige Lösung geben kann. Richtig ist, was die Mehrheit für richtig hält. Daher sind möglichst breite Akteursgruppen zu beteiligen, wobei festzuhalten ist, dass damit nicht lediglich frühzeitige Information, sondern tatsächliche Teilhabe gemeint ist. Nur mit einem solchen Verfahren kann eine „gute" Lösung erarbeitet werden, die dann auf dem Planwerk (der Plan, aber auch im Stadtentwicklungskonzept, etc.) festgehalten wird. Aufgrund dieser demokratischen Erarbeitung ist die Lösung gut und wird daher umgesetzt und das ursprüngliche Problem gelöst.

Beide Ansätze unterscheiden sich fundamental – allerdings lediglich in der Art und Weise der Planaufstellung. Die gedanklichen Annahmen zur Planumsetzung ähneln sich. „Planners have for a long time assumed that if the input to the planning process is improved and if the planning process is undertaken ‚right', then implementation is bound to be successful and the impacts will be desirable" (Alexander/Alterman/Law-Yone 1983: 103). Wenn nun Fragen der (mangelnden) Effektivität aufgeworfen werden, wird dem planungseuphorischen, wie auch dem partizipatorischen Planungsverständnis folgend der Planaufstellungsprozess debattiert und ggf. verändert. Diese apolitischen Motive stellen bis heute die Mehrzahl der planungswissenschaftlichen Veröffentlichungen.

Daneben existiert jedoch ein kleinerer Forschungsstrang, der der Annahme unterliegt, dass die Effektivität nicht nur vom Planaufstellungsprozess, sondern auch von der Planumsetzung abhängt (so bspw. in Alexander & Faludi 1989, Talen 1996, Khakee et al. 2008, und Oliveira and Pinho 2010). „Planning cannot work without plan implementation. Planners seeking to make their plans more effective have come to realize this. But it is surprising how little effort has been addressed to systematic research of plan implementation processes" (Alexander/Alterman/Law-Yone 1983: 103). Dieser Denkschule folgende hat ein Plan keinen eigenen Wert, wenn dieser nicht umgesetzt wird. „A plan's ultimate purpose is to be implemented" (Padeiro 2016: 287; mit Bezug auf Alterman/Hill 1978 und Talen 2006 und Korthals Altes 2006).

Den Ursprung hat dieser Gedanke wohl in dem von Daniel Mandelker beschriebenen „Zoning Dilemma" (1971). Sein Ansatz entstammt der praktischen Raumplanung in den USA und beschreibt die komplexe Situation bei der Umsetzung der Zonenpläne. Eine ähnliche Fragestellung wurde von Rachelle Alterman in ihrer Dissertation (1975) verfolgt. Sie suchte mit statistischen Methoden Variablen, die Verzögerungen, inhaltliche Abweichungen und gar das Scheitern von Planumsetzungen erklären.

Fast zeitgleich erschien eine politikwissenschaftliche Forderung zu Auseinandersetzung mit der Implementierung von Politik. Jeffrey Pressman und Aaron Wildavsky (1973) untersuchten am Beispiel der Arbeitsmarktpolitik die Frage, warum ein verbindliches, in Washington beschlossenes Programm („Oakland Project") nicht die erwünschten Effekte in der angestrebten Region auslösen konnte. Von den zur Verfügung gestellten Finanzmitteln wurden lediglich 17 % abgerufen und im Ergebnis nur 63 statt der angestrebten 3.000 Arbeitsplätze geschaffen. Dieses Defizit nannten sie „implementation gap" (Pressman/Wildavsky 1973: 147). Das Werk wird allgemein als Aufruf zur Untersuchung der wesentlichen Entstehungsfaktoren referenziert und begründete damit die politikwissenschaftliche Implementierungsforschung.

Ihre Kritik war auch für die damalige Planungswissenschaft zutreffend. Auch dort war kein systematisches Wissen über das Zustandekommen von Abweichungen zwischen den Planungszielen und der räumlichen Realität vorhanden. Eine solche Ignoranz wurde entsprechend kritisiert und als Reaktion auf diese Kritik wurde die Planung mehrmals reformiert. „We do not know the answers to these questions [of insufficient plan implementation], even though they have constituted the leitmotif of several major changes of course in land use planning theory and practice" (Alexander/Alterman/Law-Yone 1983: 103). Festgestellt wurde also, dass eine Differenz zwischen Planinhalten und räumlicher Realität existiert. Tatsächlich wurde die Planung auch reformiert – allerdings ohne vorherige systematische Analysen durch Evaluationen durchzuführen. „Planners are generally poorly equipped to answer such criticism [of insufficient plan implementation]. This impotence stems from two sources: the first has to do with our current relative ignorance as to what may help or hamper successful implementation. The second is the traditional reluctance of planners to subject their efforts to systematic evaluation" (Alexander/Alterman/Law-Yone 1983: 103).

Inspiriert von Mandelkers Beschrieb der Realität, Altermans Suche nach Erklärungsvariablen und Pressmans und Wildavskys Ruf nach einer Evaluations- und Implementierungsforschung begannen Ende 1970er, Anfang der 1980er Jahre Auseinandersetzungen zu dem Thema (siehe zur geschichtlichen Entwicklung Khakee et al. 2008). Die zentrale Frage ist dabei mehr oder weniger unumstritten: „Why do systems for urban land use planning and control succeed or fail?" (Alexander/Alterman/Law-Yone 1983: 103). Die Wahl einer adäquaten Herangehensweise zur Beantwortung dieser Frage war und ist jedoch umstritten.

2.6.2.2   Conformance vs. Performance

Strittig ist demnach, wie die Effektivität von Raumplanung evaluiert werden kann und sollte. Die Debatte kann in zwei Denkschulen eingeteilt werden, die sich hinter den Begriffen *Performance* und *Conformance* verbergen. Zunächst ist dabei festzuhalten, dass sich bislang keine der beiden Denkschulen durchsetzen konnte und es daher bis heute keine standardisierten Evaluierungsmethoden gibt. „Unlike other complex fields of research (such as sectoral policies and infrastructure and facilities provision), the areas of plan quality and implementation have no standard evaluation methods" (Padeiro 2016: 287).

Die Einteilung in performance-based und conformance-based geht auf Susan Barrett und Colin Fudge (1981) zurück und enthielt ursprünglich die Einteilung Performance, Implementierung und Zielerreichung. Auf Ebene der Performance wird das Ausmass gemessen, mit welchem die strategische Planung Einfluss auf nachfolgende Entscheidungsträger und Pläne hat. Auf Ebene der Implementierung wird das Ausmass gemessen, mit welchem die von den nachfolgenden Entscheidungsträgern getroffenen Interventionen der übergeordneten Interventionshypothese folgen.

Auf Ebene der Zielerreichung wird das Ausmass gemessen, mit welchem die tatsächliche räumliche Entwicklung mit den ursprünglichen politisch formulierten Zielen übereinstimmt.

Eine solche Evaluation wurde als zu streng kritisiert. Anhand dieser Evaluationskriterien müsste eigentlich jede Planung scheitern, da sie niemals in der Lage ist die zukünftige räumliche Entwicklung bestimmend zu steuern. Ende der 1990er Jahre erfolgte daher eine Weiterentwicklung des klassischen Evaluationsansatzes. Auch dabei wird wiederum differenziert, und zwar zwischen drei Evaluationsschritten: Kommunikation, Konformität und Nutzen (de Lange/Mastrop/Spit 1997: 848). Im ersten Schritt wird gemessen, inwiefern mit den Adressaten der Politik (Zielgruppe) kommuniziert wurde. Kommunikation wird spätestens seit den 1990er Jahren als eine Grundbedingung einer erfolgreichen Planung anerkannt (vgl. Healey 1996) und wird daher eigenständig evaluiert. Im zweiten Evaluationsschritt wird die Konformität erhoben. „Here the question is whether objectives and goals in subsequent spatial plans of other governmental bodies are the same as, or comparable with, those in the structural outline scheme. Conformance is indicated by the adoption of policies" (de Lange/Mastrop/Spit 1997: 848). Schliesslich wird in einem abschliessenden dritten Schritt der tatsächliche Nutzen evaluiert. „Use or application is taken to be the prime goal of performance, the highest level of performance ambition. In this case the question is whether the agents concerned in day-to-day decisionmaking make deliberate use of the policies of the structural outline scheme of their own adopted variants" (de Lange/Mastrop/Spit 1997: 848).

Eine solche Herangehensweise versteht Planung als Lernprozess der Entscheidungsträger und Pläne als strategische, regierungsinterne Dokumente. „So the answer as to the type of evaluation needed depends on our assumptions about planning, its function and purpose. […] Strategic plans must be evaluated, not primarily in the light of their material outcomes, but for how they improve the understanding of decision makers of present and future problems they face. Where having such plans increases this understanding, they may be said to perform their role, irrespective of outcomes" (Faludi 2000: 300).

Aufbauend auf diesen strategischen Plänen werden durchaus auch die umsetzungsorientierten Projektpläne erwähnt. Deren Umsetzung wird jedoch weder als politisch, noch als problematisch angesehen. „Once adopted, the [project] plan is supposed to be an unambiguous guide to action, so its adoption implies closure of the image of the future. […] A project plan is expected to have a determinate effect. In other words, within predefined margins of error, outcomes must conform to the specifications in the project plan" (Faludi 2000: 300). Eine Notwendigkeit dieser Pläne auf Projektebene wird demnach nicht attestiert. „In this view [planning as the societal activity of developing optimal strategies to attain desired goals, linked to the intention and power to implement], a plan that was implemented, and where expected positive outcomes significantly outweigh unanticipated undesired effects, is effective" (Alexander/Faludi 1989: 128).

Eine Evaluierungsnotwendigkeit wird erst anerkannt, sobald Pläne als Verhandlungsgegenstand unterschiedlicher Akteure betrachtet werden. „Refers to how a plan fares during negotiations, whether people use it, whether it helps clarifying choices, whether (without necessarily being followed) the plan forms part of the definition of subsequent decision situations. So what happens with the plan becomes key to evaluation. Whether or not it is followed is not the issue" (Faludi 2000: 306). Einer solchen Definition folgend, ist es schwer die tatsächlichen Wirkung eines Plan zu evaluieren. „A plan is fulfilling its purpose, and is in this sense ´performing´, if and only if it plays a tangible role in the choices of the actors to whom is addressed" (Faludi 2000: 306).

Die Frage, wie Raumplanung denn nun zu evaluieren ist, ist nur vordergründig eine methodische Frage. Sie ist vom jeweiligen Planungsverständnis abhängig und daher viel fundamentaler. Wenn gilt „Planning is what planners do" (Vickers 1968, zit. n. Alexander/Faludi 1989: 127), ist eine Evaluierung der Effektivität von Raumplanung schlicht nicht möglich. Das gleiche Problem liegt vor, wenn Planung zu weit gefasst ist, oder (im Extremfall) gar nicht abgrenzend definiert wird. Wenn Planung alles umfasst, ist es ebenfalls nicht evaluierbar – eigentlich ist Planung dann an sich gar nichts. „If planning is everything, maybe it's nothing" (Wildavsky 1973). Erst wenn Planung definiert und auch abgegrenzt wird, entstehen Evaluierungsmöglichkeiten (vgl. Alexander 1981).

Wenn Planung nun als allgemeiner Lernprozess der Entscheidungsträger verstanden wird, sind Pläne entsprechend danach zu evaluieren, ob sie bei der Entscheidung eine Rolle gespielt haben. Dieser Ansatz steht hinter dem Begriff Performance der Raumplanung und wird bis heute vertreten. Wenn Planung als Steuerung der räumlichen Entwicklung verstanden wird, sind Pläne entsprechend danach zu evaluieren, ob die tatsächliche Raumentwicklung der geplanten Raumentwicklung entspricht. Dieser Ansatz steckt hinter dem Begriff Konformität der Raumplanung.

2.6.2.3   Kritische Auseinandersetzung mit Conformance- und Performance-Forschung in der Planung

Die Auseinandersetzung mit der Evaluierungsforschung zeigt zusammenfassend also, dass dieser Ansatz zwar nicht besonders präsent, aber durchaus existent in der planungswissenschaftlichen Literatur ist. Dabei sind verschiedene Strömungen und Unterteilungen sichtbar, welche sich insbesondere in der Auseinandersetzung zwischen der Conformance und der Performance der Planung zeigen (siehe auch Feitelson et al. 2017). Nichtsdestotrotz sind mit diesen Ansätzen Probleme verbunden, die eine direkte Übernahme für die vorliegende Arbeit verunmöglichen und eine Anpassung notwendig machen. Dies sei in drei wesentlichen Kritikpunkten zusammenzufassen: 1. Der fehlende Bezug zu den Bodeneigentümern, 2. die unterschiedlichen, zugrundeliegenden Planungsverständnisse, und 3. die damit verbundene fehlende Objektivität.

Erstens: Während die vorliegende Forschung sich mit dem grundeigentümerverbindlichen Teil der Raumplanung beschäftigt, steht die Performance-Forschung im direkten Zusammenhang mit der Diskussion um strategische Pläne. Damit steht vor allem die Frage im Raum, ob eine strategische Entscheidung auf einem hohen Abstraktionsgrad Einfluss auf die lokalen Entscheidungsträger hat. Als Implementierung wird damit lediglich die Aufnahme in die lokalen Pläne bezeichnet. Im Falle des schweizerischen Planungssystems würde die Performance messen, inwieweit bspw. das Raumkonzept Schweiz die kantonale Richtplanung beeinflusst oder inwieweit die Ziele der kantonalen Richtplanung in kommunalen Nutzungszonenplänen übernommen werden. Die weitergehende Annahme ist, dass solche Planinhalte dann fest stehen und sich auch in der räumlichen Entwicklung widerspiegeln werden. Ein Umsetzungsdefizit wird demnach lediglich innerhalb der verschiedenen Planungsebenen gesehen. Dass ein Umsetzungsdefizit auch zwischen der kommunalen Planung und der tatsächlichen Raumentwicklung vorhanden sein kann, wird nicht als möglich erachtet. Die eigentliche Zielgruppe, die die räumliche Entwicklung nach Auffassung der vorliegenden Arbeit tatsächlich beeinflusst und somit die Umsetzung der Raumplanung erst vollzieht, sind die Investoren und die Grundeigentümer, welche bei der Performance-Forschung vernachlässigt wird. „So in order to strategic spatial plans to be effective, conventional wisdom has it that they must ´have teeth´. The government agency responsible for making the plan must be able to rein other actors in. ´Other actors´ may refer to other government agencies, whether on the same level of government (horizontal coordination) or on other levels (vertical coordination). The need for control also applies to private actors" (Faludi 2000: 299). Diese Betrachtungsweise wird bei Faludi durchgezogen. Weiter heisst es: „[…] The addressees may also include other actors not explicitly named in the plan to whom (for whatever reason) it appeals so that they want to take it into account" (Faludi 2000: 306). Die Grundeigentümer werden in dieser Aussage lediglich im Rande eingeschlossen und stehen auf derselben Stufe, wie alle anderen privaten Akteure (also bspw. auch Nachbarn oder Interessensgruppen), die verglichen mit dem Grundeigentümern keine oder kaum rechtliche Einflussmöglichkeiten haben. Grundeigentümer werden, gemessen an ihrer tatsächlichen Bedeutung, bagatellisiert. Die zentrale Bedeutung der Grundeigentümer spiegelt sich in dieser Einstellung nicht wider. Um die Kritik daran mit den Worten von Alterman zu formulieren: „Most of the literature in planning, political science or law at the time adopted a self-deluding view, assuming that if decisions were made ‚correctly‘, then implementation would follow" (Alterman 2017: 270).

Zweitens stimmen die Ebenen und Tiefen der Evaluation nicht mit der vorliegenden Arbeit überein. Performance-Forschung versteht Planung als überörtliche, abstrakte Vorgabe von räumlichen Zielen (´planning-as-learning-process´). Damit steht die strategische Planung eindeutig im Vordergrund. Als Ergebnis der Planung werden daher auch nicht die tatsächlichen Effekte im konkreten Raum, sondern lediglich die nachfolgenden politischen Entscheidungen angesehen. Ein solcher Ansatz ist introvertiert. Die Evaluationstiefe ist somit nicht ausreichend für die vorliegende Arbeit. Es kann zudem bezweifelt werden, dass eine solche introvertierte Analyse unter Auslassung der Betrachtung der gesellschaftlichen und politischen Konflikte tatsächlich dazu beiträgt, „a better understanding how spatial planning performs in our society" zu geben (Faludi 2000: 317). Die Frage nach der adäquaten Methode zur Evaluierung von Raumplanung ist eng verbunden mit dem jeweiligen Verständnis der Planung. Liegt ein Verständnis von Raumplanung als technokratischer Lernprozess innerhalb der Mehrebenen Governance vor, so ist die Performance zu evaluieren. Liegt ein Verständnis von Raumplanung als steuernde Politik vor, so ist die Konformität der räumlichen Realität zu evaluieren.

Drittens ist festzuhalten, dass weder der Begriff der Performance, noch die Konformität der Planung wertneutral sind. Inhärent enthalten sind die Ansichten einer guten und einer schlechten Raumplanung. „The conventional planning model also implied a set of criteria for ‚good' and ‚bad' planning. [...] If planning is to have any credibility as a discipline or a profession, evaluation criteria must enable a real judgment of planning effectiveness: good planning must be distinguishable from bad" (Alexander/Faludi 1989: 127. Hervorhebung im Original). Gute und schlechte Raumplanung kann dabei nicht wertneutral sein und ist demnach zu stark von den Werten des Evaluierenden abhängig. Ein solches Bezugssystem ist nicht auszuschliessen; lediglich im Rahmen der Forschung transparent darzulegen.

Auf Grundlage dieser planungstheoretischen Auseinandersetzung folgt die vorliegende Arbeit dem Ansatz der Evaluation der Implementierung. Die daran geübte Kritik ist lediglich bei strategischer Planung zutreffend und daher für den vorliegenden Untersuchungsansatz von untergeordneter Bedeutung. Der mit dem Implementierungsansatz verbundene Fokus auf die Intervention ist im Einklang mit der beschriebenen Problemstellung. Allerdings ist die Übernahme des Ansatzes nicht ohne eine Weiterentwicklung möglich. Diese erfolgt durch die Kombination dieses planungswissenschaftlichen Ansatzes mit politikwissenschaftlichen Erkenntnissen.

2.6.3 Politikwissenschaftliche Implementierungsforschung in der Schweiz

In der Schweiz begann die Debatte um die Implementierungsforschung in den 1970er Jahren (vgl. Knoepfel 1979: 21-22, 39 und 44 mit Verweisen auf weitere Arbeiten dieser Zeit) und wurde zunächst unter dem Stichwort Vollzugsdefizit geführt. Bereits damals wurde auch explizit die Raumplanung als vollzugsschwacher Politikbereich identifiziert (vgl. Germann et al. 1979). Zentrale Befürchtung war die Entwicklung der Schweiz von einer Abstimmungsdemokratie zu einer Verhandlungsdemokratie (vgl. Neidhart 1975 zit. n. Knoepfel 1979: 25) in Bereichen, die tendenziell gegen ökonomische Interessen gerichtet sind. „Die Bürger fühlen sich um ihr Stimmrecht geprellt. Man hört nicht selten den pauschalen Vorwurf, die Gesetze seien schlicht unwirksam. Unmut, Stimmabstinenz und Resignation können eine Folge sein" (Knoepfel 1979: 18).

Als Vollzugsdefizit wurde damals die Differenz zwischen den bundesberner Vorgaben und den kommunalen Ausführungen aufgefasst. „Allen [Beispielen an Vollzugsdefiziten] gemeinsam ist ein Spannungsverhältnis von bundesparlamentarischen Gestaltungsanspruch und tendenziell zuwider- bzw. auseinanderstrebendem Vollzugsverhalten der zuständigen Instanzen der Kantone und Gemeinden im föderalistischen Staatswesen" (Knoepfel 1979: 12). Der Begriff Vollzugsforschung ist damit etwas enger zu verstehen, als der verwandte Begriff der Implementation, welcher in der Schweiz aus diesen Ansätzen entstand. „Implementation kann definiert werden als Inbegriff sämtlicher administrativer und gesellschaftlicher Prozesse, die für die Umsetzung der politischen Programmatik von Gesetzgebungsakten in ein zielkonformes angestrebtes Verhalten der Normadressaten erforderlich sind" (Knoepfel 1979: 12-13). Hier zeigen sich bereits die bis heute gültigen Elemente, insbesondere die Fokussierung auf das Verhalten der Zielgruppe und deren Beeinflussung durch Massnahmen der öffentlichen Politik.

Die zentralen Forschungsfragen sind dabei: „Welchen Einfluss haben a) Art und Struktur der umzusetzenden Verwaltungsprogramme selbst (Konkretheit, Regelungsdichte, Stellung der Normen in Bezug auf andere Zielbereiche usw.), und b) Organisation und Verfahrensweisen des Vollzugs (Zentralitätsgrad, Zuständigkeiten innerhalb der Verwaltung, verfahrensbeteiligte Personen und Gruppen im Verwaltungsraum (Machtstellung der Normadressaten, aktiven Öffentlichkeit usw.) auf die Qualität administrativer Umsetzung von Gesetzgebungsakten?" (Knoepfel 1979: 13).

Ähnlich wie in der planerischen Debatte lag der Fokus der politikwissenschaftlichen Auseinandersetzungen zunächst auf den politikinternen Prozessen – in diesem Fall den vorparlamentarischen und parlamentarischen Gesetzgebungsverfahren. „Unausgesprochen wird dabei unterstellt, solche Programme vermöchten – einmal zustande gekommen – das nachparlamentarische, politisch-administrative Staatshandeln tatsächlich auch im gewünschten Sinne zu steuern. Genau diese Annahme muss aber angesichts der neueren Erfahrungen im Bereich planender Staatstätigkeit [heute: Raumplanung] in Zweifel gezogen werden" (Knoepfel 1979: 36). Diese Inkohärenz wurde damals als Vollzugsdefizit betitelt. Darauf aufbauend wurde der nächste analytische Schritt ergänzt und die tatsächliche Wirkung bei den Normadressaten (heute: Zielgruppe) in die Untersuchungen einbezogen. „Gefragt wird primär nicht nach den Steuerungsprogrammen, Inhalten oder Intentionen zentraler Instanzen des politisch-administrativen Systems [...]. Implementationsforschung setzt am Ergebnis eines politisch-administrativen Staatshandelns an und fragt nach dessen Bestimmungsgrössen" (Knoepfel 1979: 36-37).

In anderen Ländern wurden zu dieser Zeit ähnliche Konzepte etabliert. So ist der akteurszentrierte Institutionalismus (Mayntz/Scharpf) in Deutschland diesem Konzept sehr nahe. Bezogen auf die Planungswissenschaftliche Debatte steht der politikwissenschaftliche Implementierungsbegriff zwischen dem Plan und der Planwirkung. „Implementierung steht zwischen Policy Decision und Performance" (Knoepfel 1979: 40). Im Gegensatz zum selben Begriff in der Evaluationsforschung, ist der politikwissenschaftliche Implementierungsbegriff explanativ zu verstehen. Während die Evaluationsforschung fragt, was passiert ist (also deskriptiv und evaluierend), steht bei der politikwissenschaftlichen Implementierungsforschung die Frage im Zentrum, warum ist es in dieser Weise passiert? (explanativ). Diesem Ansatz wird in der vorliegenden Arbeit gefolgt.

2.6.4   Von der Performance zur Effektivität

Aus den aufgeführten Gründen stellt die vorliegende Arbeit eine Implementierungsforschung dar, die die jeweiligen Ansätze der Rechts- und Planungswissenschaft kombiniert und mit weiteren, politikwissenschaftlichen Ansätzen ergänzt. Ziel der Arbeit ist es, das Wirkungsmodell, welches der Raumplanung und der Bodenpolitik zugrunde liegt, auf seine Wirksamkeit zu überprüfen. „Konkret geht es darum herauszufinden, ob die Zielgruppen ihr Verhalten tatsächlich verändert haben (Frage nach den *impacts*) und ob sich dadurch die ursprünglich als problematisch beurteilte Situation der Politikbegünstigten wirklich verbessert hat (Fragen nach den *outcomes*)" (Knoepfel/Larrue/Varone 2011: 244)

2.6.4.1   Wirkung ist nicht gleich Wirkung

Zentral ist dabei die Unterscheidung zwischen den Wirkungen auf der Ebene der Zielgruppe und den Wirkungen auf Ebene der Politikbegünstigten. „Während das Konzept der Umsetzungshandlung oder -aktivität (output) die Endprodukte politisch-administrativer Prozesse beinhaltet, d.h. die greifbaren Ergebnisse der von Verwaltungen realisierten Umsetzung, beziehen sich die impacts und outcomes auf die tatsächlichen Wirkungen einer öffentlichen Politik im gesellschaftlichen Umfeld. Auf dieser Ebene geht es folglich darum, die Zweckmäßigkeit der Interventionshypothesen (Haben die Zielgruppen wie vorgesehen reagiert?) und der Kausalhypothesen (Hat sich die Situation der

Politikbegünstigten verbessert?) einer empirischen Prüfung zu unterziehen" (Knoepfel/Larrue/Varone 2011: 245). Der Begriff impact beschreibt demnach die tatsächliche Wirkung auf Ebene der Zielgruppe und lässt sich durch die erwünschte Verhaltensänderung nachweisen. Ob hierdurch eine Lösung (oder zumindest Verminderung) des ursprünglichen Problems bewirkt wird, wird nicht betrachtet. Zentrale Frage ist, ob „die Politikumsetzung zu erwünschten (mehr oder weniger nachhaltigen) Verhaltensänderungen oder zur Stabilisierung eines Verhaltens [führt], das sich ohne öffentliche Intervention in unerwünschter Weise verändert hätte?" (Knoepfel/Larrue/Varone 2011: 245). Die daraus gewonnenen Erkenntnisse zeigen, ob das angewandte Interventionsinstrumentarium geeignet ist, das Verhalten der Zielgruppe zu beeinflussen.

Von Bedeutung ist dabei auch, dass bei einer impact-Evaluation nicht die Verhaltensveränderung festgestellt, sondern auch die Ursache der Verhaltensänderung nachgewiesen werden soll. Die impact-Untersuchung „interessiert sich vielmehr auch für die Verkettung von Ursachen und Wirkungen einer öffentlichen Politik [...]. Sie reduziert sich somit nicht darauf, zu untersuchen, ob das tatsächliche Verhalten dem normativen Modell des Verwaltungsprogramms entspricht, sondern beinhaltet eine Analyse der Kausalbeziehungen: Vom impact einer rechtlichen Norm oder einer Vollzugshandlung, die diese Norm konkretisiert, wird nur gesprochen, wenn die beobachtete Verhaltsänderung dem normativen Modell entspricht und tatsächlich auf die Norm oder eine auf ihr beruhende Umsetzungshandlung zurückgeht" (Knoepfel/Larrue/Varone 2011: 246).

Bei der Untersuchung der outcomes einer öffentlichen Politik wird auch der nachfolgende logische Schritt einbezogen. Zu berücksichtigen ist auch die Frage, ob diese Verhaltensänderung dann tatsächlich zur Lösung oder Verminderung des ursprünglichen Problems führt und sich somit die Situation der Politikbegünstigten verbessert. „Outcomes einer öffentlichen Politik [sind] die Gesamtheit der Wirkungen ihrer Maßnahmen auf den Zustand des zu lösenden Politikproblems, sofern diese auf Verhaltensänderungen der Zielgruppen (impacts) zurückgeführt werden können, und diese Verhaltensänderungen der Zielgruppen ihrerseits durch Vollzugshandlungen (outputs) ausgelöst werden" (Knoepfel/Larrue/Varone 2011: 249). Outcomes sind demnach die umgangssprachlichen Ergebnisse einer Politik und umfassend gleichermassen intendierte, wie un-intendierte Wirkungen.

Outputs, impacts und outcomes stehen (zumindest im analytischen Model) in einem plausiblen kausalen Zusammenhang. Dabei kann jedoch auch aufgezeigt werden, dass die jeweilige Vorstufe eine notwendige, aber keine hinreichende Bedingungen für die nachfolgende Stufe ist. „Denn die feststellbaren Verhaltensveränderungen der Zielgruppen tragen nur dann zur Zielerreichung bei, wenn die Annahmen über die Ursachen des zu lösenden Politikproblems (Kausalhypothese, welche die Zielgruppe bezeichnet) stichhaltig sind und wenn keine kontraproduktiven Wirkungen auftreten" (Knoepfel/Larrue/Varone 2011: 250). Die analytischen Herausforderungen bestehen dabei in zweierlei Aspekten: Einerseits sind die tatsächlichen outcomes einer Politik mit nachvollziehbaren und eindeutigen Indikatoren aufzuzeigen. Diese Indikatoren sind an dem eigentlichen politisch definierten Problem zu orientieren. Andererseits sind die kausalen Zusammenhänge aufgrund der gesellschaftlichen Komplexität und der Vielzahl der beeinflussenden Störvariablen schwerlich zu isolieren. „Ein einfacher Vergleich zwischen den angestrebten und den tatsächlichen Werten von zielbezogenen Indikatoren lässt noch keine Rückschlüsse darauf zu, inwiefern die Politikziele erreicht oder verfehlt wurden. Die festgestellten Veränderungen können nämlich auch aufgrund von anderen Ursachen eingetreten sein" (Knoepfel/Larrue/Varone 2011: 251). Die Unterscheidung zwischen outputs, impacts und outcomes ist insofern entscheidend, da ungelöste Politikprobleme verschiedene Ursachen haben können. Outputs werden gemessen an den Produkten des politisch-administrativen Systems. Impacts werden demnach gemessen anhand einer tatsächlichen oder ausbleibenden Verhaltensveränderung bei der Zielgruppe. Outcomes hingegen werden gemessen anhand der tatsächlichen oder ausbleibenden Veränderung der ursprünglichen Problemsituation.

2.6.4.2   Wirksamkeit oder Effektivität

Wenn diese unterschiedlichen Arten der Wirkung übernommen werden, ergeben sich auch unterschiedliche Evaluationskriterien. Je nachdem welche Eingangs- und Ausgangselemente miteinander in Bezug gesetzt werden, werden unterschiedliche Ergebnisse evaluiert. Hierbei kann zwischen der Effektivität, der Wirksamkeit und der Effizienz unterschieden werden.

2.6.4.2.1   Effektivität

Die Effektivität setzt die eingesetzten Interventionen der öffentlichen Politik in Bezug zum tatsächlichen Verhalten der Zielgruppe. „Die Evaluation der Effektivität erfolgt somit anhand eines Soll-Ist-Vergleichs, im Sinne der Gegenüberstellung der vorgesehenen und der tatsächlichen impacts" (Knoepfel/Larrue/Varone 2011: 253). Die tatsächliche Verhaltensänderung kann quantitativ in ihrem Umfang gemessen oder qualitativ auf ihre Ursache untersucht werden. Der qualitative Ansatz zielt auf den Nachweis von plausiblen kausalen Beziehungen zwischen der Intervention und dem Verhalten. „Eine kausal orientierte Perspektive ermöglicht es, die einer öffentlichen Politik inhärenten Ursache-Wirkung-Beziehungen zu rekonstruieren. Unter diesem Blickwinkel ist die Analyse der impacts von entscheidender Bedeutung, da die Effektivität einer Politik eine notwendige Bedingung ihrer Wirksamkeit ist. Oft können ausbleibende Politikwirkungen auf fehlende oder unvollständige impacts zurückgeführt werden. In der Tat [...] finden sich öffentliche Politiken, deren outputs keine der angestrebten Verhaltensänderungen auslösen, was auf eine ‚falsche' Interventionshypothese hindeutet" (Knoepfel/Larrue/Varone 2011: 253).

Eine Evaluation der Effektivität ist daher insbesondere in solchen Politikfeldern sinnvoll, die stark reguliert sind und wo die Regulierungen formell (meist rechtlich) verankert sind. Dies trifft auf die Bau- und Planungspolitik (zumindest in Kontinentaleuropa) zu, weshalb der Ansatz zulässig und zielführend ist. Es folgt zudem dem Ansatz, dass der Zweck einer öffentlichen Politik nicht die Produktion von Dokumenten, sondern die Veränderung des Verhaltens ist. „Der Sinn der Raumplanung erschöpft sich nicht bereits im Erlass des Planes; Erfüllung findet sie vielmehr erst mit seiner Verwirklichung" (EJPD Arbeitsgruppe 1991: 1).

2.6.4.2.2   Wirksamkeit

Der Begriff der Wirksamkeit geht dem gegenüber noch einen Schritt weiter und umfasst nicht nur die Verhaltensveränderung der Zielgruppe, sondern auch die daraus resultierenden Veränderungen bzgl. des ursprünglichen Problems. „Das Wirksamkeitskriterium bezieht sich direkt auf die Wirkungen (outcomes) öffentlicher Politiken. Es betrifft das Verhältnis zwischen den im Rahmen einer öffentlichen Politik erwarteten Auswirkungen und denjenigen, die in der gesellschaftlichen Realität tatsächlich auftreten" (Knoepfel/Larrue/Varone 2011: 254). Mit der Wirksamkeit wird demnach nicht nur die Interventions-, sondern gleichermassen auch die Kausalhypothese überprüft. Dies führt zu einer starken Steigerung der Komplexität, als dass es analytische, wie auch kausale Rekonstruktion der gesellschaftlichen Wirklichkeit darstellt.

Unwirksame Politiken können daher auf Grundlage einer unzutreffenden Intervention oder einer unzutreffenden Ursachenanalyse zurückgeführt werden. „Die Ursachen einer solchen, politisch brisanten Situation liegt oft in unzutreffenden Annahmen über die Rolle der angesprochenen Zielgruppen bei der Entstehung oder Lösung des zu bewältigen Kollektivproblems [...], in Verschlechterungen des Problemzustands infolge exogener Faktoren oder in falschen wissenschaftlichen Grundannahmen über die Wirkungsketten der öffentlichen Politik" (Knoepfel/Larrue/ Varone 2011: 255). Der politikwissenschaftliche Begriff der Wirksamkeit entspricht damit dem planungswissenschaftlichen Begriff der Planimplementierung. „Operational decisions are not the same as ‚implementation'. By the latter we mean effecting physical change, the delivery of services, etc. Planning often is only indirectly related to implementation because planning authorities lack the necessary powers" (Faludi 1989: 136).

2.6.4.2.3 Allokative Effizienz

Wirksamkeit und Effektivität fokussieren auf die verschiedenen Ergebnisse einer öffentlichen Politik bei gegebenen Aktivitäten. Der Aufwand, der dabei betrieben wird (bspw. die Intervention), wird dabei nicht in Relation zu den eingesetzten Ressourcen gesetzt. Eine solche Betrachtungsweise ist das Effizienzkriterium. „Es beschreibt somit das Verhältnis zwischen den Kosten und dem Nutzen einer Politik" (Knoepfel/Larrue/Varone 2011: 257). Eine solche Kosten-Nutzen-Analyse ist bspw. im Rahmen der Gesetzesfolgenabschätzung (siehe Rechtstatsachenforschung) oder bei planfeststellungspflichtigen Infrastrukturprojekten (nach EU-Recht) üblich. Alternativ kann eine Kosten-Wirksamkeits-Analyse beim Vergleich von verschiedenen möglichen Massnahmen zur Lösung eines Problems herangezogen werden. „Solche Überlegungen über die allokative Effizienz einer Politik werden allerdings erst dann möglich, wenn ihr Wirksamkeitsgrad empirisch festgestellt wurde [und dann relevant], wenn die generelle Wirksamkeit einer öffentlichen Politik feststeht und es lediglich um Optimierung des Einsatzes der (materiellen und immateriellen= Ressourcen der öffentlichen Akteure geht" (Knoepfel/Larrue/Varone 2011: 258).

2.6.4.2.4 Weitere Evaluationskriterien und allgemeine Übersicht

Neben diesen drei, für die vorliegende Arbeit zentralen Evaluationskriterien sind je nach Forschungsziel andere Kriterien sinnvoll (siehe Abbildung 6). So können auch die Zweckmässigkeit (also das Verhältnis zwischen den Zielen und dem Politikproblem) und die produktive Effizienz (also das Verhältnis zwischen den outputs und den Ressourcen) betrachtet werden.

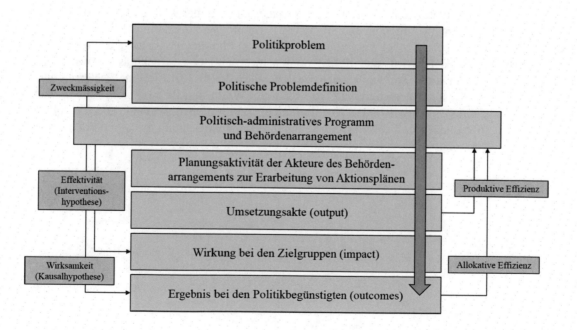

Abbildung 6: Evaluationsgegenstände und -kriterien. Quelle: Eigene Darstellung, angelehnt an: Knoepfel et al. (2011: 261).

Die jeweiligen Verhältnisse aller Evaluationskriterien können der nachfolgenden schematischen Darstellung entnommen werden. Auf der linken Seite sind die Kriterien zu entnehmen, welche untersuchen, ob eine Politik tatsächlich geeignet ist, das gesellschaftliche Problem (vollständig oder teilweise) zu lösen. Auf der rechten Seite sind die Kriterien aufgezeigt, welche untersuchen, ob die dazu benötigten Ressourcen in einem vertretbaren Ausmass angewandt werden.

Bei der vorliegenden Arbeit werden dieser Einteilung folgend die Effektivität der Raumplanungspolitik untersucht. Ins Verhältnis gesetzt werden die Intervention der öffentlichen Planungsträger zu den Impacts bei den Zielgruppen. Genauer wird untersucht, ob sich diese Effektivität verändert, wenn neben nutzungs- auch verfügungsrechtliche Interventionsinstrumente verwendet werden, also eine Strategie der Bodenpolitik verfolgt wird. Die aus der Theorie abgeleitete Annahme ist dabei, dass eine positive Entwicklung (also mehr Impact bei den Zielgruppen) zu erwarten ist, da die Inkohärenz im Bodenregime abnimmt und ein integrierteres Bodenregime entsteht.

Fokussiert wird damit explizit auf die Impacts der öffentlichen Intervention auf die Zielgruppen. Explizit nicht untersucht werden damit die Auswirkung auf das ursprüngliche Politikproblem im Falle einer Verhaltensveränderung. Die Erkenntnisse dieser Arbeit können also nicht dazu verwendet werden evaluative Statements über die Gesamtwirkung der Policy zu ziehen. Dazu trägt auch bei, dass lediglich auf plausible kausale Beziehungen fokussiert wird und dabei die politischen Schlussfolgerungen aussen vor bleiben.

2.7   Fazit: Wirksamkeit und Einflussfaktoren von Bodenpolitik (Forschungslücke)

Ist eine räumliche Planung ohne Umsetzung denkbar? Selbst in der wohl einfachsten Definition ist dies zu verneinen. Angenommen „Planning is thinking before acting" (Slaev 2014: 29) dann beinhaltet das bereits zwei wesentliche Aspekte: (1) Planung hat Ziele, über die vorweggenommen nachgedacht wird, und (2) ist dementsprechend erst zweckmässig, wenn eine Handlung folgt, um diese Ziele zu erreichen (vgl. Slaev 2014: 30). Ziel und Zielerreichung sind notwendige Bestimmungsmerkmale von Planung. Wenn nun Planung sogar rechtsstaatlich und aufgrund von formalisierten Regulierungen funktioniert („Planning and the rule of law" Booth 2016), sind die beeinflussenden Faktoren der Umsetzung zu kennen. Zu dieser Forschungslücke möchte die vorliegende Arbeit einen Beitrag leisten.

3. Theoretische Annahmen zur Wirkung von Bodenpolitik

Die Ausarbeitung von theoretischen Annahmen zur Wirksamkeit von Bodenpolitik soll in Bezugsrahmen, Theorie und Modell gestaffelt werden. Die drei Teile entsprechend der Einteilung nach Ostrom (2005, 2007) und sind nach ihrem Abstraktionsgrad sortiert.

- *Bezugsrahmen* (eng. frameworks) sind die meta-theoretischen Grundannahmen, auf denen eine Forschung basiert. „Frameworks organize diagnostic and prescriptive inquiry" (Ostrom 2007: 25). Bezugsrahmen dienen also dazu, wesentliche Variablen und Beziehungen dieser Variablen zu identifizieren, die mit einer nachfolgenden Theorie berücksichtigt werden müssen. Mithilfe von Bezugsrahmen können Anforderungen an die jeweilige Theorie abgeleitet werden.
- Im Gegensatz zum Bezugsrahmen können aus *Theorien* direkte Annahmen abgeleitet werden. „The development and use of theories enable the analyst to specify which element of the framework are particularly relevant to certain kinds of questions and to make general working assumptions about these elements" (Ostrom 2007: 25). Diese Annahmen bilden ein in sich widerspruchsfreie Gesetzmässigkeit auf Grundlage einer Erklärung. Bei deduktiver Forschung werden diese Annahmen überprüft, bei induktiver Forschung erarbeitet. Üblicherweise sind innerhalb eines Bezugsrahmens mehrere verschiedene Theorien möglich.
- *Modelle* sind die operationalisierte Spezifizierung von Theorien und bestehen aus klaren, testbaren Annahmen. Ein Model „makes precise assumptions about a limited set of parameters and variables" (Ostrom 2007: 26). Innerhalb einer Theorie sind wiederum mehrere verschiedene Modelle möglich.

In der vorliegenden Arbeit soll diese Dreiteilung zur Erarbeitung von Annahmen zur Wirksamkeit von Bodenpolitik übernommen werden. Dementsprechend ist das vorliegende Kapitel in drei Bereiche unterteilt, welche das institutionelle Ressourcenregime als Bezugsrahmen (Kap. 3.2), die Nachhaltigkeit durch integrierte Regime als zentrale Hypothese (Kap. 3.3) und die Analyse des Wirkungsmodells öffentlicher Politiken (Kap. 3.4) behandeln. Um das institutionelle Ressourcenregime entsprechend zu kontextualisieren, ist diesen drei Kapiteln noch der allgemeine Kontext vorgeschoben (Kap. 3.1).

3.1 Von Hardin bis Ostrom – Die Rolle von Eigentumsrechten als allgemeiner Kontext (Entstehungshintergrund)

Als Bezugsrahmen der vorliegenden Arbeit dient der Ansatz des institutionellen Ressourcen Regimes (IRR). Die Darstellung des Regimes erfolgt zunächst historisch, um zu zeigen in welcher

© Springer Fachmedien Wiesbaden GmbH, ein Teil von Springer Nature 2019
A. Hengstermann, *Von der passiven Bodennutzungsplanung zur aktiven Bodenpolitik*, https://doi.org/10.1007/978-3-658-27614-0_3

wissenschaftlichen Tradition der Ansatz steht. Vor dem Hintergrund dessen werden dann die wesentlichen Variablen im nachfolgenden Kapitel dargestellt.

Das IRR steht im Zusammenhang mit ökonomischen Studien und der geschichtlichen Auseinandersetzung über die Rolle von Eigentumsrechten bei der Analyse von Nutzungsmustern. Die Ökonomie betrachtet im Kern die Verwaltung von knappen Gütern – wie sich bereits aus dem Wortursprung ableiten lässt (oikonomía = griechisch: Haushaltung). Im Zuge dessen haben sich mehrere wissenschaftliche Ansätze zur Erklärung von Verteilungs- und Verwaltungsproblemen über die zugrundliegende Eigentumsstruktur herausgebildet.

In der Zeit unmittelbar nach dem zweiten Weltkrieg herrschten ideologische und akademische Auseinandersetzungen über die zutreffenden Eigentumsstrukturen an Ressourcen. Keineswegs war damals eindeutig, welches *die beste* Form von Eigentumsstrukturen ist. Aus diesem Zusammenhang ist erklärbar, warum im deutschen Grundgesetz bis heute sowohl die Privatisierung (Art. 14 GG), als auch die Sozialisierung (Art. 15 GG) scheinbar widersprüchlich nebeneinanderstehen. Der Gesetzestext ist ein Zeitdokument und zeugt davon, dass sich damals weder die eine, noch die andere Seite durchzusetzen vermochte.

Im Verlauf der 1960er Jahre setzten sich jedoch immer stärker die Kräfte durch, nach denen Kollektiveigentum zu einer Übernutzung der Ressourcen führt und daher die Individualisierung der Ressourcen vorzuziehen sei. In einem Gedankenexperiment von 1968 stellt Garrett Hardin fest, dass Gemeingüter (Allmenden) grundsätzlich immer zur Übernutzung führe, was er als *Tragödie der Allmenden* (auf Deutsch auch: *Allmendeklemme*) bezeichnet (vgl. Hardin 1968). Der inhärente Drang der Individuen die jeweiligen optimalen Individualergebnisse zu erlangen, führe in der Summe zu einer Übernutzung der eigentlichen Ressource. Um dies zu verhindern sei die privatwirtschaftliche Aneignung der Ressource notwendig, die daher immer zu einem gesamthaft besseren Ergebnis führe. Jahrzehnte später konkretisiert Hardin, dass dieses Resultat nur dann eintreffe, wenn die privatwirtschaftliche Nutzung unkontrolliert und ohne institutionellen Rahmen agiert. Er korrigiert daher, dass vielmehr von der *Tragödie der unkontrollierten Allmende* (open access) gesprochen werden müsse (Hardin 1991) und neben der privatwirtschaftlichen Aneignung auch eine strenge staatliche oder gesellschaftliche Kontrolle zu einer nachhaltigen Nutzung führen könne. Diese Korrektur findet in der wissenschaftlichen Literatur jedoch kaum Beachtung, sodass Hardin bis heute als Verfechter der Privatisierung zitiert wird, obwohl seine Erkenntnisse nur in diesen open access-Situationen zutreffen.

Die Debatte über die Institutionalisierungsformen der Ressourcen verlor Aufmerksamkeit und galt spätestens mit dem Zusammenbruch des Ostblocks als beendet. Just in dieser Zeit berichtet die Politikwissenschaftlerin Elinor Ostrom über ein Beispiel eines kollektiven Regimes, welches seit Jahrhunderte zu einer nachhaltigen Bewirtschaftung geführt hat. Das von ihr aufgezeigte Beispiel war die Alpgenossenschaft in Törbel (Kanton Wallis). Ostrom selber bezieht ihre Arbeit dabei auf Robert McC Netting, der als Anthropologe die Wechselbeziehungen zwischen der Subsistenzwirtschaft und kommunalen Gütern am Beispiel Törbels untersuchte (vgl. 1981). Ostrom leitete aus den Erfahrungen u.a. in Törbel vier Arten von Gütern ab, welche nach ihrer Bewirtschafts- und Eigentumsstruktur eingeteilt werden können. Öffentliche Güter, Clubgüter, Gemeingüter und private Güter (siehe Tabelle 13).

	Nicht-Rivalisierend	Rivalisierend
Nicht-Ausschliessbar	öffentliches Gut	Allmendegut
Ausschliessbar	Klubgut	Privates Gut

Tabelle 13: Verschiedene Arten von Gütern. Quelle: Eigene Darstellung nach Ostrom (1990).

Die Alpbewirtschaftung in Törbel ist ausserordentlich gut dokumentiert, was der entscheidende Grund für Netting war, sich mit genau dieser Gemeinde zu beschäftigen. Die älteste, erhaltene Satzung stammt aus dem Jahr 1483. Vermutlich führte die relative Trockenheit dieser Zeitepoche dazu, dass die Bauern zur damaligen Zeit ein Nutzungsregime aufsetzten. Die Alp (damals *Berg*) durfte nur auf Grundlage von Nutzungsrechten (*Bergrecht*) genutzt werden. Das Nutzungsrecht war dabei auch mit Pflichten verbunden, wie bspw. der Beitrag zum Erhalt der Bewässerungsgräben (*Suonen*). Dabei konnten nur einheimische Männer (*Bergmänner*) diese Rechte erlangen. Bei Verstoss gegen die Nutzungsregulierungen (oder allgemeinem Ausschluss aufgrund von Geschlecht oder Herkunft) verlor man dieses Recht (*Nicht-Bergmann*). Zur Überwachung und im Falle von Streitigkeiten wurde eine judikative Rolle eingerichtet (*Bergvogt*). Die Verteilung der Rechte basierte auf der zumutbaren Menge von Kühen, die auf die Alp getrieben werden konnten, ohne dass die Ökologie der Alp langfristigen Schaden erlitt (damals: 135 Kühe). Das grundsätzliche Regime der Alp in Törbel existiert bis heute mit nur wenigen Veränderungen. Die Ein-Mann-Rolle des Bergvogt wird heute von einer mehrköpfigen Jury eingenommen (*Alpkommission*) und die grundsätzlichen Rechte werden heute in einem *Alpbewirtschaftungsplan* festgehalten. Mittlerweile können auch Frauen die Nutzungsrechte erlangen. Auswärtigen ist jedoch bis heute die Nutzung verwehrt.

Ostrom nutzte dieses Beispiel, um die Grundsätzlichkeit von Hardins Gedankenexperiment zu relativieren. Zunächst belebte sie die Frage nach den möglichen Eigentumsrechten an einer Ressource neu. Sie stellte die Frage, welche Arten von Eigentumsrechten es neben dem Privateigentum noch gibt. Diese Fragestellung ist aus heutiger Sicht kaum zu überschätzen. Damals galt die Frage als bereits beantwortet und seit mehreren Jahrzehnten war das alleinige Dogma auf dem Privateigentum. Das Aufzeigen von möglichen anderen Formen ist daher bereits als Wendepunkt in der ökonomischen und politischen Debatte zu betrachten.

Zusätzlich fokussierte Ostrom sich selber zunehmen auf Möglichkeiten, wie gemeinschaftliche Güter (*common pool resources*) zu regulieren sind. Aus der Ostromischen Perspektive hat Hardin nicht die Tragödie der (unregulierten) *common*-, sondern der (unregulierten) *open access*-Güter beschrieben. Common-Güter können sehr wohl nachhaltig bewirtschaftet werden, wenn gewisse Bedingungen erfüllt sind. Sie nennt die folgenden 8 Bedingungen (vgl. Ostrom 2009):

- Klare Grenzen zum Ausschluss & Einschluss von berechtigungsfähigen Personen
- Rechte & Pflichten zur Nutzung der Ressource angepasst an die lokalen Verhältnisse
- Regeln zur Veränderung der Regeln bei Veränderung des Ressourcenzustandes
- Überwachung der Regeleinhaltung,
- Rechtsprechung zur Konfliktlösung (inkl. Sanktionsmöglichkeiten bei Missachtung)
- Anerkennung und Absicherung durch den Staat
- Dezentrale Steuerung der Aufgaben
- Weite Kontrollmöglichkeiten / Entscheidung

Mithilfe dieser acht Bedingungen lassen sich Gemeingüter so regulieren, dass eine nachhaltige Nutzung garantiert wird und das Regime somit der reinen Privatisierung überlegen ist.

Ostroms Arbeit inspirierte andere Ökonomen, sodass nach Jahrzehnten relativer Stille wieder eine Auseinandersetzung über die politischen Strukturen von Ressourcen entfacht wurde, sprich die Privatisierung von Gütern als „einziger Weg" interfragt wurde (Ostrom 1990). Eine bemerkenswerte Arbeit im Bereich der institutionellen Ökonomie wurde beispielsweise durch Douglass North geliefert (vgl. 1994). In seiner Rede im Rahmen der Nobelpreisvergabe beschreibt North die Ignoranz der neoklassischen Literatur gegenüber den politischen Strukturen, welche ein Faktor zur Erklärung von wirtschaftlichen Wandeln, gar bei der Erklärung über Auf- und Abstieg von

Gesellschaften ist. Die reine Fokussierung auf Marktmechanismen funktioniert nur solange, wie keinerlei Transaktionskosten auftreten. Zudem ist der Markt selber ein Produkt aus Regulierungen und Anreizsystemen, welche erst durch staatliches Handeln entstehen. Der Ansatz von Ostrom und North wurde schliesslich unter dem Begriff der Neuen Institutionen Ökonomie (NIÖ) begriffen.

Zu dieser Richtung gehört auch Oliver E. Williamson, der die Bedeutung des Ansatzes reflektiert. Einerseits wurde innerhalb der NIÖ bislang keine einheitliche Theorie herausgearbeitet (2000: 595-596). Sie ist stattdessen vom pluralistischen Ansätzen geprägt ist (ebd.). Andererseits wird mit dem Ansatz doch ein Mehrwert generiert, da es den Schwerpunkt der ökonomischen Forschung verändert. Während die klassischen Ökonomen auf die Frage nach der Verteilung und Nutzung der Güter fragen, stehen nun die bestimmenden, institutionellen Faktoren und deren Entstehungsmechanismen im Zentrum der Untersuchungen.

Nach Williamson werden dabei vier unterschiedliche Ebenen der Analyse unterschieden (2000: 596-600): Die Einbindung, das institutionelle Umfeld, die Governance-Struktur und die Ressourcenverteilung und -nutzung.

- In der obersten Stufe stehen Fragen bezüglich der Einbindung im Vordergrund. Dieser Ebene fokussiert auf kulturelle, religiöse und kognitive Elemente, durch welche die Entstehungsmechanismen von Normen, Werten, Traditionen und anderen (meist informellen) Handlungsweisen erklärt werden können. Institutionen dieser Ebene verändern sich nur sehr langsam und werden meist als gegeben angesehen.
- Auf der zweiten Ebene wird das institutionelle Umfeld betrachtet. Hier stehen formalisierte Institutionen im Vordergrund, welche sich als gesellschaftlichen Grundwerten in den Rechtsprinzipien und -sätzen wiederfinden. Im Rahmen dieser institutionellen Systeme werden daher bereits grundlegende Mechanismen der Machtverteilung festgelegt. Diese Ebene untersteht einem langsamen, evolutionären Anpassungsprozess, welcher durch besonders einschneidende Ereignisse ruckartig beschleunigen kann. So werden die grössten institutionellen Reformen der EU meist nach grösseren Krisen erzielt, während die evolutionäre Weiterentwicklung höchstens sehr langsam fortschreitet (vgl. Faludi 2004). Auch beim Umgang mit Hochwasserrisiken kann anschaulich abgelesen werden, wie Politikwechsel nach einem Hochwasserereignis möglich sind (vgl. Hartmann 2013). Durch den Eintritt von grossen Ereignissen wird für einen kurzen Zeitraum ein Möglichkeitsfenster geöffnet (weitere Verweise in Williamson: 598).
- Die dritte Ebene fokussiert auf Fragen der Governance-Struktur. Selbst innerhalb eines perfekten institutionellen Rahmens ist entscheidend, wie diese Regulierungen ihre tatsächliche Wirkung entfalten. Durch die Aufdeckung der privatrechtlichen Vertragsstrukturen, die daraus resultierende Governance-Organisation und deren Inkohärenzen können tatsächliche Phänomene erklärt werden. Die Governance-Strukturen sind relativ schnellen Wandelungen unterlegen.
- Schliesslich ist als vierte Ebene die Verteilung und Nutzung der Ressource zu betrachten. Auf dieser Ebene setzen die meisten neoklassischen ökonomischen Studien an und Produktions- und Marktfunktionen werden untersucht, um so die tatsächliche Distribution und Allokation der Ressource bewerten zu können. Diese Ebene untersteht einem stetigen Wandel.

In der Tradition der Neuen Institutionen Ökonomie (NIÖ) und folglich mit der Verknüpfung von Wirtschaft und Politik entwickelt sich der Ansatz der Institutionelle Ressourcen Regime (IRR). Als Teil der politischen Ökonomie wird beim IRR angenommen, dass die Vernachlässigung der institutionellen Rahmenbedingungen zu einer relevanten Minderung des Erklärungsgehalts führt. Die NIÖ betont daher die Relevanz der Institutionen. Die Eigentumsform ist dabei als eine solche relevante Institution anzusehen (vgl. Bracke 2004: 41-43), wie bspw. von Harold Demsetz festgehalten wird. „Property rights develop to internalize externalities when the gains of internalization become larger than the cost of internalization. If the main allocative function of property rights it the internalization of beneficial and harmful effects, then the emergence of property rights can be understood best by their association with the emergence of the new or different beneficial and harmful effects" (Demsetz 1967: 350).[19]

Während Ostrom Situationen mit Modellcharakter sucht und analytisch von *einer* Ressource und *einer* Ressourcennutzung ausgeht und zudem nur eine eingeschränkte Anzahl an Akteuren betrachtet, ist der Ansatz des IRR umfassender. Das IRR fokussiert auf die Ressource mit seinen vielfältigen Nutzungsmöglichkeiten. Entsprechend sind viele (im Extremfall: alle) Akteure eines bestimmten Ressourcenperimeters erfasst. Erst dadurch werden Konflikte sichtbar, die häufig bei den Nutzungen entstehen und dessen Regulierung erforderlich ist. Zudem werden der Staat als regulierende Ebene anerkannt und seine Interventionsmöglichkeiten differenziert betrachtet. Grob wird dabei zwischen der Intervention mittels Eigentumsrechte und mittels öffentlicher Politik unterschieden. Während die Politik dabei vergleichsweise einfach verändert werden kann und daher von den jeweiligen politischen Mehrheiten abhängig ist, sind die Eigentumsrechte stabiler und werden politisch deutlich seltener verändert.

3.2　　Ansatz institutioneller Ressourcen Regime (Beziehungsrahmen)

Vor dem Hintergrund dieser politischen und ökonomischen Debatte um die eigentumsrechtliche Bestimmung von Ressourcen ermöglicht das institutionelle Ressourcenregime die Analyse einer Ressource. Der grundsätzliche Ansatz ist dabei, dass die Eigentumsrechte und die Analyse der öffentlichen Politik zusammengedacht werden müssen.

Bevor an dieser Stelle auf solche Details des IRR eingegangen werden kann, soll noch kurz der grundsätzliche Gedanke aufgearbeitet werden.

3.2.1　　*Kombination von Eigentumsrechte und Politikanalyse*

Das institutionelle Ressourcenregime postuliert „that a combination of approaches from the political science (in particular policy analysis) and institutional economics (of property rights) enables the identification of the most relevant institutional dimensions which can explain the (un)sustainable use of resources" (Gerber et al. 2009: 799). Damit sollen auch die Grenzen der jeweiligen disziplinären Ansätze überwunden werden. „Einerseits erlaubt uns der Ansatz der Umweltpolitikanalyse der ganzen Komplexität der Funktionsweise staatlicher Institutionen bewusst zu werden. Er verbindet sich jedoch schlecht mit einem Umweltressourcenansatz, da die Eigentumsrechte nicht beachtet werden und nur eine sektorale Behandlung der Probleme erfolgt. Andererseits räumt die institutionelle Ökonomie der natürlichen Ressourcen die Notwendigkeit zur klaren Definition der Eigentumsrechte an Ressourcen (um die Nutzungen zu regulieren) eine bedeutsame Wichtigkeit ein, hat aber gleichzeitig Mühe, der Rolle des Staats und seiner öffentlichen Politik der Reinternalisierung externer negativer Effekte Rechnung zu tragen" (Ger-

---

[19]　Demsetz wird für seine Einteilung verschiedener Eigentumsarten (Gemeinschaftseigentum, Staatseigentum und Privateigentum) und der Entwicklung der theory of property rights (Theorie der Verfügungsrechte) zitiert. Während diese Schlussfolgerungen wissenschaftlich akzeptiert sind, sind die zugrundeliegenden Herleitungen kritisch zu betrachten. Er stützt seine Ergebnisse auf die Beobachtung, dass amerikanische Indianerstämme im 18. Jahrhundert anfingen Eigentumsrechte zu etablieren und so die Rechte am Wald und an der Jagd zu organisieren. Diese Interpretation ist jedoch umstritten. Eine solche „nachträgliche Deutung der Entstehung von exklusiven Rechten zur Nutzung einer Ressource als Austeilung von Eigentumsrechten überträgt moderne Begriffe eines rechtlich geregelten Verhältnisses in einer Gesellschaft thesenhaft auf frühere Kulturen" (Bracke 2004: 45).

ber/Nahrath 2013: 12). Diesem Ansatz folgend ist das IRR folgendermassen zu verstehen: Ein institutionelles Ressourcenregime ist „die Gesamtheit von in einem gegebenen (Ressourcen-)Perimeter geltenden formellen Regeln, die aus dem Privat- (Eigentumsrechte, Verträge, Konventionen, etc.) wie öffentlichem Recht (staatliche, kantonale, kommunale Gesetzgebung, formuliert im Rahmen der öffentlichen Politik) stammen und die Nutzungs- und Verfügungsrechte einer Ressource bestimmen" (Gerber/Nahrath 2013: 12). Durch diese Kombination ist der potenzielle Erklärungsgehalt des IRR höher, als dies bei einer reinen Betrachtung der Eigentumsrechte der Fall ist. Darin ist ein wesentlicher Mehrwert des IRR zu sehen. Die institutionelle Perspektive verbindet dabei eben die Politikwissenschaft (insb. Politikanalyse) und die Ökonomie (insb. Property Rights).

Der Hauptzweck besteht dann darin, dass tatsächliche Verhaltensweisen von Ressourcennutzer durch die institutionellen Rahmenbedingungen erklärt werden können. „One of the major contributions of the IRR framework is its ability to describe the different configurations of regimes, both theoretically and empirically, and to predict their effect on the sustainability of a resource based on the hypothesis that high levels of regime extent and coherence are necessary preconditions for sustainability" (Gerber et al. 2009: 798). Regulierung ist daher eine notwendige Bedingung. Im Gegensatz zu anderen Ansätze (bspw. Rational Choice) wird jedoch kein deterministischer Wirkungszusammenhang des Akteursverhaltens und der tatsächlichen Ressourcennutzung aufgrund der Regulierung angenommen. Unklar bleibt daher, ob Regulierungen auch hinreichende Bedingungen für eine entsprechende Ressourcennutzung darstellen.

Mit der Nutzung des IRR wird explizit auf die formalen Elemente (bspw. Politiken, Zivilrecht) fokussiert. Dieser Ansatz ist aus einer rechtsstaatlichen Perspektive entstanden und zunächst für funktionierende Staaten gültig. Von daher wird auch die zentrale Hypothese, dass ein grosses Ausmass und eine hohe Kohärenz an Regulierungen zu einer nachhaltigeren Ressourcennutzung führen, zunächst nur für Rechtsstaaten getroffen. Eine Übertragung auf andere, weniger formelle Politiksysteme ist nicht ausgeschlossen, jedoch nicht zentral. Das IRR kann für solche Fälle allenfalls Hinweise geben, jedoch nicht als alleiniger Bezugsrahmen dienen. „Discrepancies between actual use rights and formal property rights or policy norms constitute a clear sign that the definition of use rights is influenced by other informal factors (such as social norms)" (Gerber et al. 2009: 799). Demnach werden die Akteure als weiteres, zentrale Variable des IRR identifiziert. Im Sinne des Ansatzes kann dabei zwischen den Nutzern und den Eigentümern unterschieden werden, wobei Überschneidungen gegeben sind.

Die hohe Komplexität der Akteure im IRR ist bewusst gewählt. „An analytical framework that aims to understand a more representative range of resources uses must be capable of portraying the complexity of heterogeneous use situations" (Gerber et al. 2009: 800). Dies wird auch im Vergleich mit anderen (meist wirtschaftswissenschaftlichen) Ansätzen sichtbar. Hierbei werden häufig simplifizierte Nutzungskonstellationen betrachtet, die mit einer geringen Anzahl an Akteuren einhergehen. Beim IRR werden vier Arten von Nutzungssituationen unterschieden (vgl. Gerber et al. 2009: 802) (siehe Tabelle 14): Die einfache Nutzung, also solche Situationen, wo einzelne Akteure homogene Nutzung einer Ressource vornehmen. Die Mehrfachnutzung, also solche Situationen, wo einzelne Akteure heterogene Nutzungen einer Ressource vornehmen. Die gemeinsame Nutzung, also solche Situationen, wo verschiedene Nutzer eine homogene Nutzung vornehmen. Und schliesslich die verbundene Nutzung, also solche Situationen, wo verschiedene Nutzer eine heterogene Nutzung einer Ressource vornehmen. Während die klassischen institutionellen Untersuchungen (*institutional economics)* einfache oder Mehrfachnutzungen untersuchen, plädierte Elinor Ostrom für die Untersuchung von gemeinsame Nutzungssituationen. Demgegenüber erlaubt das IRR auch die Untersuchung von verbundenen Nutzungssituationen und deren institutionelles Regime und ist damit in der Lage ressourcenorientiert die Konflikte und den institutionellen Rahmen zu erfassen.

	Wenige Akteure	**Viele Akteure**
Heterogene Nutzung	Mehrfach-Nutzung	Verbundene Nutzung
Homogene Nutzung	Einfache Nutzung	Gemeinsame Nutzung

Tabelle 14: Verschiedene Arten von Ressourcennutzung. Quelle: Eigene Darstellung nach Gerber et al. (2009: 802).

„In all political systems based on the rule of law [...], the regulation of resource use depends on rules that are formalized and institutionalized to a greater or lesser extent" (Gerber et al. 2009: 803). Wie bereits erwähnt, wird damit der bewusste Schwerpunkt auf formelle Regulierungen gewählt, da diese (1) das Verhalten der relevanten Akteursgruppen stark und direkt beeinflussen, (2) die deutlichste Äusserung des gesellschaftlichen Willens im Umgang mit der Ressource verkörpern, und (3) zudem auch die indirekte Gegenreaktion in Form von informellen Regulierungsmustern rahmen (vgl. Gerber et al. 2009: 803).

Mit dem Ressourcenansatz und der dazugehörigen Analyse der Akteurs- und Institutionenkonstellationen wird die wissenschaftliche Betrachtung von politischen Prozessen stimuliert. „Political processes that lead their definition, monitoring, implementation, change and evaluation in terms of their effect on the sustainable or unsustainable uses of resource" (Gerber et al. 2009: 803).

Die Fokussierung auf formalisierte Institutionen ist dabei auch Ausdruck eines zivilrechtlich geprägten Rechtsverständnisses mit dem Recht als Ausdruck politischer und gesellschaftlicher Willensäusserung. „Public law is the expression of collective power and it is developed on the basis of well-defined procedures" (de Buren 2015: 18). Die Bedeutung von einzelnen gerichtlichen Entscheidungen ist (anders als in Präzedenz-Rechtssystemen) damit beschränkt. Abgesehen von den konkreten Einzelfällen erwachsen aus der Rechtsprechung keine direkten Regulierungen. Gleichzeitig wird ein Gesetz nicht als neutraler Text verstanden, sondern als politisch erarbeitete gesellschaftliche Willensäusserung. Im konkreten Einzelfall obliegt es dann bei den jeweiligen Akteuren diese Rechtsmöglichkeiten zu aktivieren. Der Regimebegriff umschreibt dabei das System der gegenseitigen Rechten und Pflichten. „A natural resource regime is an explicit (or implicit) structure of rights and duties characterizing the relationship of individuals to one another with respect to that particular resource" (Bromley 1992: 8).

3.2.2 Der IRR-Ansatz und Nachhaltigkeit

Das IRR nimmt explizit die Perspektive der Nachhaltigkeit ein. Daher ist die Entstehung und Entwicklung des IRR eng verknüpft mit der politischen und wissenschaftlichen Debatte um den Nachhaltigkeits-Begriff. Dabei wird auf dem Nachhaltigkeitsverständnis der Brundlandt-Kommission aufgebaut und die zentralen Aspekten der inter-Generationen Gerechtigkeit und der Wiederherstellungsfähigkeit einer Ressource betont (vgl. WCED 1987, sog. Brundtland-Kommission). „The IRR framework is rooted in political science or, to be more precise, environmental policy analysis. It is designed to produce a systematic analysis of the institutional context that influences actor behaviour and the use of natural resources" (de Buren 2015: 9).

Während Ostroms Institutional Analysis and Development framework (IAD) im Kontext des angelsächsischem Rechtssystems (Common Law Country) entstand und dementsprechend zunächst für solche Analysesituationen (insb. für selbstorganisierte Gemeinschaften, wie die Alpbewirtschaftung in Törbel) anwendbar ist, ist das IRR auf Länder mit kodifiziertem Rechtssystem (Civil Law Country) entstanden und entsprechend auf deren Analyse ausgelegt.

Das IRR wird der Strömung der institutionellen Ökonomie zugeordnet (vgl. Gerber/Nahrath 2013: 6). Da es sich dabei jedoch nicht um eine eigenständige Disziplin, sondern lediglich um einen erkenntnistheoretischen Ansatz handelt, ist eine genaue Zuteilung schwierig. Klare Bezüge können zu den historischen institutionellen Ökonomen (*old institutionalism*) (insb. Daniel Bromley und Arild Vatn) gemacht werden. „Diese insistieren auf der Tatsache, dass die Institutionen nicht nur durch gegebene externe Spielregeln, die das Akteursverhalten von aussen prägen, aufgebaut sind, sondern dass sie das Produkt sozialer Konstruktion sind" (Gerber/Nahrath 2013: 6). Institutionelle Ökonomie wird daher auch Neue Institutionelle Ökonomie (NIÖ) genannt und ist sowohl von Institutionalismus, als auch von Neo-Institutionalismus (auch: Neoliberalismus) abzugrenzen, die legalistisch argumentieren.

3.2.3   Institutionen

	Level	Frequency (in years)	Purpose
Social Theory	Embeddedness: informal institutions, cumstoms, traditions, norms, religion	100 to 1000	Often noncalculative; spontaneous (caveat)
Economics of property rights / positive political theory	Institutional environment: formal rules of the game – esp. property (polity, judiciary, bureaucracy)	10 to 100	Get the institutional environment right. 1st order economizing
Transaction cost economics	Governance: play of the game – esp. contract (aligning governance structures with transactions)	1 to 10	Get the governance structures right. 2nd order economzing
Neoclassical economics / agency theory	Resource allocation and employment (pricaes and quantities incentive alignment)	Continuous	Get the marginal conditions right. 3rd order economizing

Abbildung 7: Stabilität verschiedener Institutionen über Zeiträume. Quelle: Eigene Darstellung angelehnt an Williamson (2000: 597).

Der Begriff Institution darf nicht mit der umgangssprachlichen Verwendung im Sinne von Organisationen oder Verwaltungseinheiten verstanden werden. „A major confusion exists between scholars who use the term to refer to an organizational entity such as the U.S. Congress, a business firm, a political party, or a family, and scholars who use the term to refer to the rules, norms, and strategies adopted by individuals operating within or across organizations" (Ostrom 2007: 22). Ostrom verwendet den Begriff in letzteren Sinne und hat damit ein ähnliches Verständnis, wie auch in der deutschsprachigen Planungsliteratur. Dort werden Institutionen auch als „verhaltensregulierende und Erwartungssicherheit erzeugende soziale Regelsysteme" bezeichnet (Czada 2005: 381, zit. n. Fürst 2005: 33). Nochmals Ostrom folgend können Institutionen somit von Regeln, Normen und Strategien abgegrenzt werden. Institutionen sind „shared concepts used by humans in repetitive situations organized by rules, norms, and strategies [...]. By rules, I mean shared prescriptions (must, must not, or may) that are mutually understood and predictably enforced in particular situations by agents responsible for monitoring conduct and for imposing sanctions. By norms, I mean shared prescriptions that tend to be enforced by the participants themselves through internally and externally imposed costs and inducements. By strategies, I mean the regularized plans that individuals make within the structure of incentive produced by rules, norms, and expectations of the likely behavior of others in a situation affected by relevant physical and material conditions" (Ostrom 2007: 23). Kondensiert sind Institutionen „humanly devised contraints that structure political, economic and social interaction" (North 1991: 91).

Institutionen umfassen demnach formalisiert wie auch nicht-formalisierte regeln gleichermassen. Dabei besteht insbesondere bei den nicht-formalisierten Regeln die Herausforderung, dass diese nicht direkt sichtbar, sondern lediglich über ihre Auswirkungen indirekt rekonstruierbar sind. Bei formalisierten Regeln tritt dieser Effekt ebenfalls auf, da nicht von einer unveränderten Anwendung des geschriebenen Wortes ausgegangen werden kann, ist aber analytisch weniger signifikant. In der empirischen Realität ist zudem immer von einer Kombination beider Arten auszugehen. Daraus ergibt sich auch, dass die Anzahl der konkreten Institutionen vor Ort grundsätzlich die analytischen Fähigkeiten übersteigt und daher als unendlich zu bezeichnen ist. Jegliche Art ist der Einteilung ist daher stark simplifizierend, was auch für die bereits genannte dichotome Einteilung in formellen und informellen Institutionen zutrifft. Eine andere Möglichkeit ist die Einteilung nach zeitlicher Stabilität (oder Robustheit) der einzelnen Institutionen. Dieser Ansatz geht auf Oliver E. Williamson zurück, welcher zwischen vier Arten von Institutionen unterscheidet. Die Kernidee ist, dass die stabileren Institutionen (oben), die weniger stabilen Institutionen (unten) beeinflussen. Andersherum sind die weniger stabilen Institutionen auch Rückkopplungen auf die stabileren Institutionen.

Dieser Einteilung folgend wird klar, dass Institutionen keinesfalls als unveränderlich (determiniert) anzusehen sind. Im Gegenteil: Sie sind ebenfalls das Ergebnis von menschlichen und gesellschaftlichen Verhalten und unterliegen der Einflussnahme von Akteuren. Für die Institutionenökonomie und Politikwissenschaft sind dabei die Institutionen der mittleren Stufen interessant, da diese das allgemeine Handeln der Akteure beeinflussen. Sie bilden den Untersuchungsgegenstand.

Einen Weg, um den Zusammenhang zwischen den Akteuren, den Institutionen und den Strategien darzustellen, ist die Brettspiel-Metapher (*game actors play*). Spieler (Akteure) spielen auf einem gemeinsamen Spielfeld (Arena). Um zu gewinnen mobilisieren sie ihre verfügbaren Mittel (Politik-Ressourcen), wie Geld, Werkzeug, Rohstoffe, Personal, etc. Die Spieler agieren dabei innerhalb der festgeschriebenen und traditionellen Spielregeln (Institutionen). Um das Spielergebnis zu verstehen ist es daher sowohl notwendig die Spielregeln, als auch die Strategien der Spieler zu betrachten. Die Strategien sind dabei jedoch das Geheimnis der jeweiligen Spieler und können allenfalls über die einzelnen Spielzüge nachvollzogen werden.

3.2.4   Grundannahmen des IRR

Das IRR basiert auf drei Grundannahmen (vgl. Gerber et al. 2009: 805): „(1) Resource users can obtain use rights in terms of access to benefit streams through the acquisition of property rights or through the advantages bestowed by specific policy implementation acts (policy outputs) that allow the use of certain goods and/or services of a given resource at a given time (e.g. air pollution, building). [...] For analytical reasons, the two dimensions of property rights (PR system) and of public policies (PP) are presented separately below, although it is precisely the relationships that bind them that play an important role in the definition of the rules governing the use of resource. (2) A right can only be considered as such if institutions exist that protect its holder against other users who are potentially interested in the same benefit stream. In states based on the rule of law, this means that a close analysis of the legal foundations of the PR system in force is necessary. In this context, the analysis will concentrate on private law (e.g. civil codes) which defines the scope of each right. (3) Together with other explanatory variables (values and social norms), the IRR has a direct influence on the condition of the resource in defining the range of authorized actions that the holder of rights can undertake in terms of the use of goods and services provided by a resource. Thus the IRR framework postulates a causal relationship between the IRR and the sustainability of the resource system" (Gerber et al. 2009: 805).

3.2.5   Die drei wesentliche Variablen: Ressourcen, Akteure und Institutionen

Das IRR zielt auf die analytische Auseinandersetzung mit den (Macht-) Beziehungen zwischen der eigentlichen Ressource, den nutzenden und besitzenden Akteuren und den regulierenden Institutionen. Das Konzept integriert damit „die Gesamtheit der natürlichen, infrastrukturellen, kulturellen oder kognitiven Elemente, die zu den unterschiedlichen ökonomischen und sozialen Produktionssystemen gehören" (Gerber/Nahrath 2013: 8).

Eine Ressource ist dabei nicht als gegeben anzusehen. „A man-less universe is void of resources. Resources are inseparable from man and his wants" (Zimmermann 1933: 3). Ressourcen sind dementsprechend nicht vorhanden, sondern konstruiert. „Neither the environment as such nor parts or feature of the environment per se are resources; they become resources only if, when, and in so far as they are, or are considered to be, capable of serving man's needs. In other words, the word ‚resource' is an expression of appraisal and, hence, a purely subjective concept" (Zimmermann 1933: 3). Die Definition von Ressource über das menschliche Nutzungsbedürfnis führt dazu, dass der Begriff relativ wird und zudem aus dem natürlichen Element eine nutzbare Ressource erkannt werden muss. Dafür wird terminologisch und praktisch ein Produktionssystem benötigt. „La ressource est entendue ici comme un processus relationnel entre un objet et un système de production. Le lien (la ressource) se créée dès l'instant où une intention de production est projetée sur l'objet en question (avec ceci je peux produire cela). La ressource apparaît donc comme un moyen dont dispose l'homme pour son usage (inspiré de Bourrelier et Diethrich 1989) plus spécifiquement, il s'agit d'un objet qui, potentiellement, peut servir, être utile dans un processus de production de biens ou de services" (Kebir 2004: 23).

„La ressource est envisagée ici comme un système dans lequel des objets sont créés, détruits, identifiés comme utiles et mis en oeuvre dans le cadre de la production de biens ou de services" (Kebir 2004: 26). Da wiederum auch diese Verknüpfung nicht neutral und naturgegeben ist, kann das System erweitert betrachtet werden. Die Akteure bestimmen, inwieweit Ressourcen identifiziert und das Produktionssystem umgesetzt wird. „Les objets peuvent être détruits où créés au travers du processus de mise en oeuvre. L'identification d'un nouveau besoin peut entraîner la création d'objets. La destruction d'objets modifie le champ des possibilités ce qui affecte le processus d'identification et ainsi de suite" (Kebir 2004: 31).

Erst das menschliche Nutzungsbedürfnis und die technologische Möglichkeit zur Nutzung machen aus einem Element eine Ressource (Produktionssystem).

Die eigentliche Nutzung erfolgt materiell (*goods*) oder immateriell (*services*). Die Menge der zur Verfügung stehenden nutzbaren Ressource (*stock*) und auch die Erneuerungsfähigkeit (*reproduction capacity*) sind ebenfalls abhängig von technischen Möglichkeiten und von sozialer Konstruktion. Die nachhaltige Nutzung einer Ressource bemisst sich demnach an der Erneuerungsfähigkeit. „This objective can only be attained, in turn, if all of the users jointly ensure that the quantities they extract or withdraw from a resource do not reach the limit of the reproductive capacity of the resource system" (Gerber et al. 2009: 800).

3.2.6 Regulierungswege

Aufgrund der Kombinationsmöglichkeiten sind im IRR vier Wege von typischen Regulierungen analytisch zu trennen (Gerber et al 2009: 807-808; Gerber / Hartmann / Hengstermann 2018): (1) Regulierung mittels öffentlicher Politik ohne Auswirkung auf die Inhalte der Eigentumsrechte. Bspw. durch Beratung, Information oder (positiven oder negativen) finanziellen Anreizen. (2) Regulierung mittels öffentlicher Politik mit Auswirkungen auf die Inhalte der Eigentumsrechte. Bspw. durch die Beschränkung der Nutzungsmöglichkeiten. (3) Regulierung durch die Re-Definition der Nutzungs- und Verfügungsrechte. Bspw. durch den Ausschluss von bestimmten Gruppen vom Kauf. (4) Regulierung durch die Re-Definition der Struktur und der Verteilung der Eigentumsrechte. Bspw. durch die Veränderung der Eigentümerschaft mittels Enteignung oder die Dekommodifizierung bestimmter Sachen. Da sich aus den jeweiligen Regulierungswegen auch Annahmen zur Wirksamkeit ableiten, werden dies im nachfolgenden, theoretischen Abschnitt näher erläutert (siehe Kap. 3.3.2).

3.2.7 Zwischenfazit: Das IRR als Bezugsrahmen

Das IRR ist zunächst ein allgemeiner Rahmen, mit welchen die wesentlichen, zu betrachtenden Variablen identifiziert und in Beziehung gesetzt werden, nämlich Ressource, Akteure und Institutionen. Die Stärke liegt daher zunächst im ressourcenorientierten Fokus auf Akteure und Institutionen durch die gleichzeitige Betrachtung von politikwissenschaftlichen (Politikanalyse), wie auch ökonomischen (Eigentumsrecht) Ansätzen. Im Abgrenzung zu anderen Ansätzen werden damit (1) explizit die formellen institutionellen Beziehungen zwischen der Gesellschaft und der Ressource in den Vordergrund gehoben, (2) die Kohärenz von verschiedenen Regulierungswegen als Erklärung für Erfolg oder Misserfolg berücksichtigt, und (3) die komplexe Wirkung verschiedener Rechte Genüge getan (vgl. Gerber et al. 2009: 805).

Im Ostromischen Sinne ist das IRR an sich keine Theorie, da keine direkten Annahmen abgeleitet werden. Die mithilfe des IRR identifizierbaren Ressourcenregime erlauben solche grundsätzlichen Annahmen. Von daher sind die Regimetypen und deren (angenommene) Wirkung auf die nachhaltige Ressourcennutzung als Theorie anzusehen. Bevor diese nun vorgestellt werden, erfolgt noch ein Zwischenschritt. Fraglich ist, ob das IRR neutral im Sinne der Wissenschaftlichkeit oder als normativer Rahmen zu bezeichnen ist.

Das Postulat der neutralen Wissenschaft ist zunächst in drei Teile aufzuteilen, die unterschiedlich zu bewerten sind. (1) Zunächst kann eine nicht-neutrale Bewertung im Basisbereich (bspw. bei der Auswahl der Forschungsfrage) vorliegen. Eine solche Vororientierung ist in gesellschaftswissenschaftlichen Forschungen immer vorhandene und notwendige Bedingung, um eine Forschungstätigkeit zu beginnen. Ein Werturteil ist hierbei inhärent. Einziger Unterschied zwischen angeblich neutralen Forschungen und Forschungen mit expliziter Nennung der Vorannahmen ist die Transparenz. (2) Daneben gibt es Werturteile im Objektbereich. Hierbei werden wissenschaftliche Aussagen über die Objekte gezogen. Da jede gesellschaftswissenschaftliche Arbeit dabei notwendigerweise eine modellhafte Reduktion der Wirklichkeit im Sinne der Forschungsfrage darstellt, ist auch hier eine Neutralität ausgeschlossen und kann allenfalls unkenntlich werden. Der Analysefokus liegt allerdings auf den Werten der untersuchten Akteure und nicht auf den Werten der forschenden Person. (3) Schliesslich gibt es Werturteile im Aussagebereich, also der Umgang mit den Beobachtungen und Resultaten. Im Gegensatz zu den zwei erstgenannten Punkten ist die Rolle des Forschers hierbei umstritten. Um in diesem Bereich ebenfalls die grösstmögliche Aussagekraft zu erlangen, kann lediglich wiederum mit Transparenz die Nachvollziehbarkeit erhöht werden. In diesem Sinne ist es notwendig Forschungsdesign und -hypothesen zugänglich zu machen, um die Schlussfolgerungen überprüfbar zu halten. Mit Bezug zu

Max Weber kann also festgehalten werden: „Die reine Wissenschaft gibt uns also in Anwendung auf praktische Probleme Mittel in die Hand, praktische Möglichkeiten zu untersuchen und damit herauszubekommen, wie wir die vorliegende Situation bewältigen können,
aber sie sagt uns nicht, dass wir irgendeine der in Frage kommenden Möglichkeiten realisieren sollen" (Albert 1968: 66). Eine absolute Wertfreiheit ist demnach nicht möglich. Werte
sind überall im Forschungsprozess vorhanden. Werturteilsfreiheit kann als utopisches Ziel
der Wissenschaft angesehen werden, nicht jedoch als realistischer Bewertungsmassstab. In
diesem Sinne ist das IRR auch klar als nachhaltigkeitsorientierter Rahmen zu verstehen.
Ziel des IRR ist lediglich die transparente und nachvollziehbare Analyse der Politik, um so
Schlussfolgerungen zu ermöglichen. Eine Wertfreiheit wird dabei nicht postuliert.

3.3   Nachhaltigkeit durch integrierte Regime (Theorie)

Die theoretischen Grundlagen der vorliegenden Arbeit basieren auf der Annahme, dass zur
Untersuchung räumlicher Effekte die jeweilige öffentliche Politik und die Eigentumsrechte
gleichermassen relevant sind. Nur durch die gemeinsame Betrachtung dieser beiden institutionellen Ebenen können Akteursverhalten erklärt werden, welche letztlich die räumliche Entwicklung bestimmen. Dazu ist eine ressourcen- und institutionenorientierte
Herangehensweise notwendig. „In order to understand how actors' uses of the resource soil is
framed by legal institutions" (Viallon 2017: 87).

3.3.1   Nachhaltige Raumentwicklung als Norm

Mit der Perspektive der politischen Ökologie und insbesondere durch die Wahl des Ansatzes des institutionellen Ressourcenregimes bezieht sich die vorliegende Arbeit auf die Debatte um Nachhaltigkeit und auf das Leitbild der nachhaltigen Raumentwicklung. Das
Leitbild ist dabei im Sinne der schwachen Nachhaltigkeit stets relativ zu verstehen, dient
aber dennoch als allgemeine Perspektive. Innerhalb kurzer Zeit hat das Leitbild der nachhaltigen Raumentwicklung manifestiert. Dieterich Fürst weist zudem darauf hin, dass das
Konzept auch die „wichtigsten Eigenschaften von Reformkonzepten" aufweist (Müller
2004: 161). Erstens ist es eine Idee, die an gesamtgesellschaftlicher Akzeptanz gewinnt.
Zweitens gibt es Akteure, die unter zur Verfügung Stellung der entsprechenden Policy-
Ressourcen die Idee vertreten und fördern. Und „drittens gibt es einen Zeitgeist, der auf
Veränderungen drängt, weil aktuell bestehenden Strukturen gesellschaftlichen Handelns
nicht mehr als befriedigend empfunden werden" (Müller 2004: 161). Der schnelle Erfolg
innerhalb der Planungsdisziplin kann sicherlich auch durch die notwendige Neuorientierung
als Folge der Planungskrise erklärt werden. Daher dient die nachhaltige Raumentwicklung
im Sinne des perspektivischen Inkrementalismus als gesellschaftliche Norm. Grosse
Schwierigkeiten bereitet den in der Raumplanungspraxis tätigen Akteuren die Operationalisierung des Leitbildes in direkt anwendbare Handlungsmaxime. Besonders in den 1990er
Jahren wurden dazu zahlreiche Versuche unternommen – sowohl mit deduktiven (bspw. die
Enquete-Kommission des deutschen Bundestags „Schutz des Menschen und der Umwelt"
oder eine entsprechende Arbeitsgruppe der Deutschen Akademie für Landesplanung und
Raumforschung. Vgl. Müller 2004: 162), wie auch mit induktiven Ansätzen. Die Ausrichtung an dem Leitbild einer (wie auch immer operationalisierten) nachhaltigen Raumentwicklung dient dabei dreierlei Zwecken (vgl. Müller 2004: 162):

1. Die Fokussierung auf die Region als Handlungsebene bei gleichzeitiger Betonung der globalen Bedeutung des eigenen Handelns.
2. Eine damit einhergehende Zunahme der Komplexität durch die Multiplikation von ökologischen, ökonomischen und sozialen Anforderungen.
3. Ein Perspektivenwechsel von der klassischen planerischen Koordination zur umfangreichen, und hochgradig politischen Steuerungsdebatte.

Neuerdings (seit Zwischenstadt, siehe Kap. 6.2.1) wird aus dem Leitbild auch die Anerkennung des suburbanen Raums als eigenständigen Raumtypus abgeleitet (vgl. Lampugnani/Noell 2007: 51).

Die Eigenschaft als Leitbild geht gezwungenermassen mit einer Normativität einher, die kritisiert wird und über die inhärente Normativität von rechtssichernden Plänen (bspw. Nutzungszonenpläne) hinaus geht. Dabei dient die Formulierung von Zielen der Bestimmung eines in der Zukunft angestrebten Zustandes, also eines Solls (vgl. Fürst/Scholles 2001: 106). Wie bereits angedeutet, ist es notwendig bereits zur Vorbereitung der Bestandsaufnahme konkrete Vorstellungen über die Ziele einer Untersuchung zu haben. Zielformulierung und Bestandsaufnahme laufen daher in der Praxis meist parallel ab, „denn ohne Ziele kann man nicht zielgerichtet erheben, aber ohne eine Grundkenntnis über den Raum und dessen Probleme kann man schlecht sachgerechte Ziele formulieren." (Fürst/Scholles 2001: 106). Ziele sind der wertenden Ebene einer Planung zuzuordnen. Während Sachaussagen objektive Gegebenheiten beschreiben, geben Wertaussagen vor, wie die Umwelt sein sollte, welche Gegebenheiten also aus Sicht des Betrachters als gut bzw. schlecht zu beurteilen sind. Ziele sind somit subjektiv und abhängig von der Perspektive derjenigen, die sie Aufstellen: Was für die einen erstrebenswert ist, kann für andere als nachteilig bewertet werden (vgl. Fürst/Scholles 2001: 139). Doch Raumplanung kommt als öffentliche Politik nicht ohne Wertaussagen aus. Sie muss Zustände bewerten, um einschätzen zu können, was aufgrund von Mängeln geändert werden muss bzw. was bestehen bleiben kann, weil es den Zielen entspricht (vgl. Curdes 1995: 54). Erst vor diesem Hintergrund sind dann Erkenntnisse über die Ressoucennutzung relevant und interessant (vgl. auch Kap. 3.2.7).

3.3.2 Verknüpfung von öffentlicher Politik und Eigentumsrechten

Die Politikanalyse (nach Knoepfel/Larrue/Varone 2011) ermöglicht die Untersuchung der jeweiligen Mechanismen der staatlichen Intervention. Der Fokus liegt dabei auf der tatsächlichen und nicht auf der beabsichtigten Wirkungsweise. Dazu werden die wesentlichen Akteure identifiziert und modellhaft in ihre Rolle der jeweiligen öffentlichen Politik zugeordnet. Das Modell stösst jedoch von zweierlei Seiten an seine Grenzen. Einerseits vernachlässigt das Modell das gleichzeitige Vorhandensein von verschiedenen öffentlichen Politiken, insbesondere, wenn diese in inkohärenter Weise auf eine Ressource Einfluss nehmen (vgl. Viallon 2017: 87). Andererseits werden die zugrundliegenden Eigentumsrechte lediglich indirekt berücksichtigt, als dass diese als Policy-Ressource (siehe Kap. 3.4.2) den Akteuren (insb. der Zielgruppe) zur Verfügung stehen. Eine solche Betrachtung wird der fundamentalen Rolle der Eigentumsrechte nicht gerecht, wie sich in der Neuen Institutionenökonomie (NIÖ) vertreten wird (vgl. Ostrom 1990). Der Ansatz des institutionellen Ressourcenregimes (IRR) verknüpft die institutionellen Ebenen der öffentlichen Politik und der Eigentumsrechte (vgl. Gerber et al 2009). Mit dem IRR werden die wesentlichen Beziehungen zwischen dem institutionellen Rahmen, den Ressourcennutzer und -eigentümer, und den Gütern und Dienstleistungen Ressource (vgl. Nahrath 2003: 28 und Viallon 2017: 87-88).

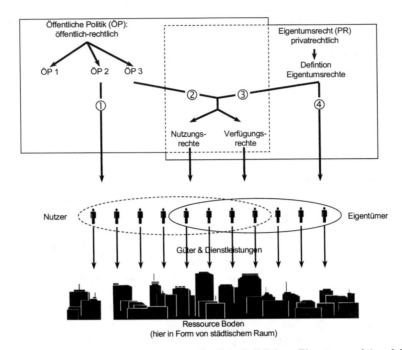

Abbildung 8: Darstellung der zwei Interventionsquellen (öffentliche Politik bzw. Eigentumsrecht) und den daraus resultierenden vier Wege zur Beeinflussung des Verhaltens der Ressourcennutzer und -eigentümer. Quelle: Eigene Darstellung angelehnt an Gerber, Hartmann, Hengstermann (2018: 15).

Das Verhalten der Akteure kann durch verschiedene staatliche Interventionen beeinflusst werden. Die Interventionen haben dabei ihren Ursprung in zwei unterschiedlichen Rechtsquellen (siehe Abbildung 8): Einerseits beeinflusst die öffentliche Politik die Art und Weise, wie eine Ressource genutzt werden darf. Dies umfasst sowohl direkte Nutzungsbeschränkungen (insb. Nutzungsverbote), als auch Beschränkungen bzgl. der Nutzung der erwirtschafteten Erträge. Andererseits ist Ressource auch durch das System der Eigentumsrechte reguliert. Basierend auf diesen beiden Quellen der Regulierung werden im IRR vier mögliche Regulierungswege berücksichtigt (vgl. Knoepfel et al. 2007: 478, Gerber et al 2009: 807, Gerber/Hartmann/Hengstermann 2018):

(1) Die Regulierung mittels öffentlicher Politik ohne Auswirkung auf die Nutzungs- oder Verfügungsrechte,

(2) die Regulierung mittels öffentlicher Politik mit Auswirkungen auf die Nutzungsrechte,

(3) die Regulierung durch die Änderung der Definition der Eigentumsrechte mit Veränderung der Nutzungs- und Verfügungsrechte und

(4) die Regulierung durch die Veränderung der Verteilung der Eigentumsrechte.

Die beiden Regulierungswege 1 und 4 sind dabei als Idealtypen zu verstehen. In der empirischen Realität hat jede öffentliche Politik Auswirkungen auf die Nutzungs- und Verfügungsrechte, bzw. können die Eigentumsrechte gar nicht ohne öffentliche Politik verändert werden. Beispielsweise gilt die Besteuerung als ein klassisches Instrument einer öffentlichen Politik und verändert juristisch gesehen die Nutzungs- und Verfügungsrechte nicht. In einer ökonomischen Betrachtungsweise bewirkt eine Besteuerung jedoch einen anderen Marktwert. Die tatsächliche Nutzbarkeit aufgrund der finanziellen Rahmenbedingungen wird daher durchaus verändert. Und da am Markt vor allem realisierbare, und nicht rein theoretische Rechte gehandelt werden, ist aus ökonomischer

– nicht jedoch juristischer – Perspektive zu argumentieren, dass auch eine Besteuerung die Nutzungs- und Verfügungsrechte beeinflussen. Die gewählte Einteilung basiert auf den jeweiligen Rechtsquellen, wenngleich auf die tatsächliche Wirkung auf Ebene der Zielgruppe fokussiert wird.

Da die vier Regulierungswege jedoch explizit nicht als trennscharfe und zweifelsfallfreie Einteilung, sondern als grobe Idealtypisierung gedacht sind, sind solche Unschärfen akzeptabel, ohne die intendierte Wirkung zu mindern. Die konkrete Bedeutung (inklusive der nun angedeuteten Ungenauigkeiten) zeigt sich dann bei der Zuteilung verschiedener bodenpolitischer Instrumente zu diesen Regulierungswegen im empirischen Teil dieser Arbeit (siehe insb. Kap. 9.14).

3.3.3 Regimetypen und Ausmass / Kohärenz

Dem Ansatz des IRR folgend werden vier unterschiedliche Typen von Regimen identifiziert. Ein Regime bezeichnet die Summe aller institutionellen Regelung der Ressource und der Ressourcennutzung. Dabei werden insbesondere formelle Regelungen innerhalb eines bestimmten Perimeters (idealerweise aus der Ressource abgeleitet) betrachtet (vgl. Gerber/Nahrath 2013: 12). Die informellen Regelungen werden lediglich indirekt berücksichtigt. Da ein Regime von der Ressource kommend definiert wird, umfasst es alle Ebenen und alle Politikbereiche in einem bestimmten Perimeter. Nicht enthalten sind die Akteure, die die Regelungen des Regimes einerseits im Sinne ihrer Interessen anwenden (aktivieren) und andererseits die Aufstellung des Regimes beeinflusst haben. Werden diese Akteure betrachtet, spricht man von Governanz.

Die Regimetypen lassen sich anhand von zwei Dimensionen, nämliche (der quantitativen Dimension) Ausmass und (der qualitativen Dimension) Kohärenz, ermitteln (vgl. Knoepfel et al. 2011, Gerber et al. 2009: 807-808, Viallon 2017, de Buren 2015: 16-17). Das Ausmass eines Regimes umfasst die Ausprägung der Regulierungen in Bezug auf die effektiv genutzten Güter und Dienstleistungen. Hierbei wird analytisch noch zwischen dem absoluten und dem relativen Ausmass unterschieden (vgl. Gerber et al. 2009: 807). Die Kohärenz eines Regimes umfasst den Grad der Widerspruchsfreiheit der unterschiedlichen Regulierungen sowohl innerhalb der öffentlichen Politik bzw. dem eigentumsrechtlichen System (interne Kohärenz), als auch zwischen diesen beiden Regelungssystemen (externe Kohärenz). Das Ausmass (quantitativ bewertet) und die Kohärenz (qualitativ bewertet) sind dabei nicht voneinander unabhängig. „The extent and the coherence are intrinsically linked because any increase in the number of regulations tends to generate inconsistencies. Conversely, when only a few uses are regulated, the coherence is likely to be much greater" (de Buren 2015: 16).

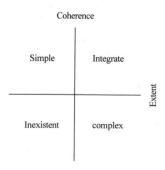

Abbildung 9: Matrix-Darstellung der vier Regimetyen in Abhängigkeit der beiden Dimensionen Kohärenz und Ausmass. Quelle: Eigene Darstellung nach Gerber et al (2009: 804).

Mit den Dimensionen Ausmass und Kohärenz lässt sich eine Matrix mit vier verschiedene Typen von institutionellen Regimen definieren (siehe Abbildung 9). Im Fokus steht dabei das relative Ausmass und die externe Kohärenz (vgl. Gerber et al. 2009: 808-809). In Situationen, wo keinerlei

Regulierungen bezüglich der Eigentumsrechte an einer Ressource oder der zugelassenen Nutzung existieren, wird von einem geringen Ausmass und einer geringen Kohärenz gesprochen. Ein solches Regime wird als *inexistentes Regime* bezeichnet und kann auftreten, wenn die Notwendigkeit einer Ressourcenregulierung gesellschaftlich und politisch (noch) nicht erkannt ist. Wenn eine solche Regulierungsnotwendigkeit erkannt wird, folgen erste Regulierungen einzelner Ressourcennutzungen. Da diese sich zumeist auf noch wenige Güter und Dienstleistungen der Ressource beziehen, wird häufig ein sehr kohärentes Regulierungssystem vorgefunden, welches jedoch noch geringes Ausmass aufweist. Solche Situationen werden *einfaches Regime* genannt. Situationen, in denen die Mehrheit (oder gar alle) Güter und Dienstleistungen einer Ressource reguliert sind, haben ein deutlich höheres Ausmass. Die Vielzahl der Regulierungen führt häufig zu internen und besonders auch externen Inkohärenzen. Solche Situationen werden *komplexe Regime* genannt. Schliesslich folgen Situationen, in denen alle Güter und Dienstleistungen einer Ressource reguliert sind – und zwar in einer kohärenten Art und Weise. Solche Situationen werden *integrierte Regime* genannt.

Inexistente und integrierte Regime sind dabei als Idealtypen zu verstehen, deren tatsächliche Existenz in reiner Form nicht anzunehmen ist. „In fact, perfectly integrated regimes, in which all uses are regulated in a coherent way, or inexistent regimes, in which uses are regulated by few and inconsistent norms, are rarely observable" (de Buren 2015: 16). Demgegenüber sind einfache und komplexe Regime als Mischformen in der Realität tatsächlich vorfindbar (ebd.).

Die vier unterschiedlichen Regimetypen lassen sich deduktiv herleiten. Empirische Studien zeigen, dass diese Regimetypen nicht unabhängig voneinander auftreten, sondern häufig in einem historischen Verlauf in der hier dargestellten Reihenfolge. Dieser Ansatz wird als Kontinuum bezeichnet, womit der fliessende Übergang zwischen den analytischen Idealtypen ausgedrückt werden soll. „The idea of *continuity* emerged from study of the evolution of regimes, which traditionally unfolds from inexistent to simple then complex and, ideally, integrated regimes" (de Buren 2015: 17. Eigene Hervorhebung). Im Gegensatz zur Matrixdarstellung werden bei der Kontinuum-Darstellung zwei wesentliche Dinge betont: Erstens die bereits erwähnte typische Abfolge von Regimetypen. Zweitens die sich verändernden Spielräume (*margin for manoeuvre*) der Akteure. Je integrierter ein Regime ausgestaltet ist, je weniger Spielraum haben die einzelnen Akteure (vgl. de Buren 2015: 17).

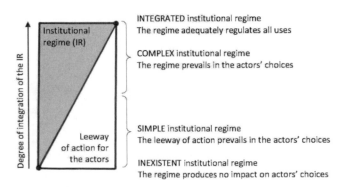

Figure 8: The four regime types and actors' leeway

Abbildung 10: Die Vier Regimetypen als Kontinuum-Darstellung. Quelle: de Buren (2015: 17); mit freundlicher Genehmigung von © Sanu Durabilitas. All Rights reserved.

Einer solchen Betrachtungsweise folgend sind auch die Dimensionen Ausmass und Kohärenz nicht unabhängig voneinander (siehe Abbildung 10 und Abbildung 11). Die Beziehung muss dabei differenziert betrachtet werden (vgl. de Buren 2015: 28). In einer frühen Phase (also im Übergang von einem inexistenten zu einem einfachen Regime) wird das Ausmass der Regulierungen erhöht, ohne dabei die Kohärenz allzu sehr zu beeinflussen. In einer späten Phase (im Übergang von einem komplexen zu einem integrierten Regime) wird die Kohärenz erhöht, ohne dass das Ausmass noch deutlich verändert wird. Lediglich in der mittleren Phase (im Übergang von einem einfachen zu einem komplexen Regime) beeinflusst die Erhöhung der Kohärenz die Erhöhung des Ausmasses. Demnach ist auch der analytische Rahmen je nach Phase zu wählen. Der für die vorliegende Arbeit gesetzte Fokus auf die späte Entwicklungsphase begründet daher die stärkere Auseinandersetzung mit der Kohärenz des Systems als mit dem Ausmass der Regulierungen.

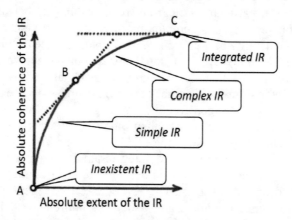

Abbildung 11: Verlauf der Regimetypen in Abhängigkeit der beiden Dimensionen Kohärenz und Ausmass. Quelle: de Buren (2015: 28); mit freundlicher Genehmigung von © Sanu Durabilitas. All Rights reserved.

Der im IRR verwendete Ansatz der Kombination von öffentlicher Politik und Eigentumsrechte lässt gleichermassen drei Wege der Regimeanpassung zu (vgl. Gerber et al. 2009: 808): (1) Die Anpassung der Eigentumsrechte (*property-rights-driven change*), (2) die Anpassung der öffentlichen Politik und ihrer Auswirkung auf die Nutzungsrechte (*policy-driven change*) und (3) parallele Anpassungen beider Regulierungsebenen (*parallel change*). Solche Anpassungen können die Kohärenz eines Regimes erhöhen.

3.3.4 Zentrale Hypothese über die Nachhaltigkeit der Ressource in Abhängigkeit vom Regimetyp

Die Regimetypen dienen nicht allein einer rein analytischen Einsortierung. Vielmehr sind mit den Regimetypen Annahmen über ihre Wirkung auf die nachhaltige Ressourcennutzung verknüpft. „The closer a resource regime moves towards integration, the greater the likelihood is that sustainable use conditions for the resource will be created" (Gerber et al. 2009: 809). Mit dem IRR wird also eine direkte Kausalität zwischen dem Regimetyp und der nachhaltigen Ressourcennutzung angenommen. Der Grad der Integration kann dabei noch in den Grad des Ausmasses und den Grad der Kohärenz aufgeteilt werden. Neben der Positivhypothese wird auch das Gegenteil angenommen: Je weniger integriert ein Regime ist, umso wahrscheinlicher sind Bedingungen, die zu einer unnachhaltigen Ressourcennutzung führen. Der Wirkungsmechanismus dieser Negativhypothese kann dabei zweierlei erklärt werden, sowohl durch die

Abwesenheit einer Regulierung als auch durch Inkohärenzen verschiedener, bestehender Regulierungen. Einerseits führt die Abwesenheit einer Regulierung (sei es durch öffentliche Politik oder durch Eigentumsrechte) zu unterschiedlichen strategischen Verhaltensweisen der Nutzer und dadurch zu einer Übernutzung und ggf. Zerstörung der Ressource. Dieser Ansatz folgt dem Gedankenexperiment von Hardin (1968). Andererseits kann auch eine Inkohärenz zwischen den verschiedenen Regulierungswegen (also öffentliche Politik und Eigentumsrechte) als Ursache einer unnachhaltigen Nutzung angesehen werden (vgl. Gerber et al. 2009: 809). Die Widersprüche verhindern, dass die Zielgruppe die Ressource nachhaltig nutzt, da sich die stärksten Akteure stets durchsetzen (Allmendeklemme).

Viele (jedoch nicht alle) empirische Untersuchungsergebnisse mithilfe des IRR tendieren dazu, die zentrale Hypothese zu bestätigen. Sowohl der grundsätzliche kausale Zusammenhang zwischen dem Regimetyp und der nachhaltigen Ressourcennutzung als auch der Zusammenhang zwischen der Integration des Regimes und der Nachhaltigkeit kann bestätigt werden. „Our results demonstrate in particular a clear-cut relationship [...] between regime change (from no regime to simple regime or to complex regime) and positive change on the level of the indicators for the sustainability of the resource uses (maintenance of the reproduction capacity)" (Gerber et al. 2009: 808). Anhand von Untersuchungen zu verschiedenen Ressourcen kann aufgezeigt werden, dass komplexe Regime zu nachhaltigeren Ressourcennutzungen führen, als einfache Regime (ebd.). Demnach ist das Ausmass der Regulierungen als erste Stufe und die Kohärenz der jeweiligen Regulierungen als zweite Stufe anzusehen. Die Regimetypen werden demnach in einer klaren Reihenfolge betrachtet, bei welchem die komplexen Regime auf die einfachen Regime folgen. Vergleichsweise wenige Untersuchungen lassen einen Vergleich zwischen komplexen und integrierten Regimen zu. Dies liegt schlicht daran, dass ein integriertes Regime (ebenso wie ein inexistentes Regime) ein analytischer Idealtyp als ein real vorfindbarer Zustand ist. Die Hypothese, dass integrierte Regime nachhaltiger sein müssten als komplexe Regime, kann daher nur indirekt bestätigt werden. Ein Vergleich der Regime zu den Ressourcen Wald und Wasser auf der einen, und zu Land und Luft auf der anderen Seite zeigt einen solchen Zusammenhang. Wald- und Wasserregime sind komplexe Regime mit einer Tendenz zu mehr Integration. Land- und Luftregime waren zum Untersuchungszeitpunkt komplexe Systeme ohne eine Tendenz zu mehr Integration. Bei diesem Vergleich zeigt sich, dass die Wald- und Wasserressourcen nachhaltiger genutzt werden, als Land- und Luftressourcen (vgl. Gerber et al. 2009: 808). Die Untersuchungen betreffend der Ressource Boden stammen jedoch aus dem Jahr 2003 und enthalten die aktuellen Entwicklungen des Bodenregimes seit dem Galmiz-Fall und den nachfolgenden Gesetzesänderungen noch nicht.

Gleichwohl ist der prognostische Gehalt der Hypothese umstritten (vgl. auch de Buren 2015: 31). Kritisiert wird, dass die Hypothese in dieser Form eine Determinierung suggeriert. Deterministische Einflüsse von Institutionen sind jedoch grundsätzlich abzulehnen (vgl. de Buren 2015: 16). Die Hypothese mag phänomenologisch zutreffen sein, ignoriert jedoch die wesentliche intermediäre Variable: Bei der Formulierung der These müssen zwingend die Akteure berücksichtigt werden. Deren Verhalten stellt eine Reaktion auf den institutionellen Rahmen dar und erst dadurch erhalten Institutionen eine beeinflussende Wirkung auf der Ebene der Ressource – insbesondere wenn der negative Fall einer unnachhaltigen Ressourcennutzung betrachtet wird. „Opportunistic actors use the gaps and inconsistencies in the regulations, create rivalries and put sustainability at risk. An improvement in the institutional setting may contribute to reducing the rival uses and thus boost sustainability" (de Buren 2015: 16-17). Die geäusserte Kritik bezieht sich demnach mehr auf den Detailierungsgrad der Hypothese und weniger auf den zugrundeliegenden Wirkungsmechanismus.

3.4   Analyse des Wirkungsmodells (Modell)

Für die Untersuchung der Wirksamkeit der Bodenpolitik wurde also zunächst die Verknüpfung zwischen Politikanalyse und Eigentumsrechte begründet. Im Ostromischen Sinne ist das die meta-theoretische Grundannahme (Bezugsrahmen), die die wesentlichen Variablen identifiziert. Die Annahmen über die tatsächlichen Wirkungsweisen wurden im nächsten Schritt (Theorie) aufgezeigt. Für die tatsächliche Untersuchung ist es nun noch wichtig, einen direkt untersuchbaren Ansatz zu erarbeiten (Modell). Im Sinne des bisher präsentierten sind bei dem Modell zwei Aspekte zentral. Einerseits bedarf es einer modellhaften Schematisierung der öffentlichen Politik, aus welcher die wesentlichen Akteursgruppen und deren Beziehungen hervorgehen. Andererseits ist es notwendig speziell auf den Aktivierungsprozess einzugehen. Die im IRR dargestellten Regulierungswege begründen lediglich mögliche Instrumente. Deren tatsächliche Anwendung (Aktivierung) geschieht durch die Akteure – oder auch nicht.

3.4.1   Modell zur Analyse des Wirkungsmechanismus öffentlicher Politiken

Das IRR kann in der Forschungspraxis auf zwei Richtungen angewandt werden (vgl. de Buren 2015: 10-14, wo noch ein weiterer, kombinierter Ansatz vorgestellt wird): (1) Vom Regime ausgehend und (2) von der lokalen Situation ausgehend. Im ersten Fall (top-down) wird zunächst das institutionelle Regime (IR) erarbeitet. Dies beinhaltet die vordefinierten Regulierungen einer Ressource. Die Analyse der tatsächlichen Situation erfolgt erst danach. Im zweiten Fall (bottom-up) wird zunächst die tatsächliche Situation, das sog. local regulatory arrangement (LRA), erarbeitet (bspw. anhand von konkreten Nutzungskonflikten). Erst im zweiten Schritt erfolgt dann die Dekonstruktion des zugrundeliegenden Regimes. Ein wesentlicher Unterschied besteht zwischen den beiden Ansätzen insbesondere bei den Rechten (als Politik-Ressource). Im top-down Ansatz werden zunächst alle vorhandenen Nutzungs- und Verfügungsrechte betrachtet – ungeachtet dessen, ob diese in der jeweiligen Situation tatsächlich zur Anwendung kommen. Im bottom-up Ansatz werden zunächst die tatsächlich angewendeten Rechte betrachtet – ungeachtet dessen, ob weitere Rechte existieren. Der Unterschied zwischen den vorhandenen und angewendeten Rechten hat wesentliche Aussagekraft über Inkohärenzen von Regimen. Dabei kann der Unterschied in beiden analytischen Fällen erarbeitet und aufgezeigt werden, weshalb keine allgemeine Bevorzugung eines Ansatzes getätigt werden kann. „Based on the awareness of the distribution of predefined rights among actors (in the IR), the analysis of the IR helps to identify the outputs of the activation process (in the LRA) and to understand the interaction between actors. On the other hand, observing activated rights (in the LRA) helps to identify the range of relevant regulations to be included in the IR. Thus the distinction is not contradictory and fits perfectly in the analytical framework" (de Buren 2015: 22). In beiden Fällen wird ein Modell zur tatsächlichen Untersuchung benötigt.

Um die Wirkungsweise von Raumplanung und Bodenpolitik darzustellen, wird ein Wirkungsmodell nach Knoepfel et al. (2011) verwendet, welches die einzelnen Variablen strukturiert und übersichtlich einordnet. Erklärt werden soll die inhaltliche Dimension (Policy) und die institutionelle Eigenschaft von Raumplanung und Bodenpolitik. Nach Knoepfel wird dies als Ergebnis von Interaktionen zwischen politisch-administrativen Akteuren und gesellschaftlichen Gruppen, Problemverursacher und Politikbegünstigte gesehen. Dementsprechend wird die Raumplanung als öffentliche Politik angesehen. Eine öffentliche Politik bezeichnet ein „Ensemble von intentional zusammenhängenden Entscheidungen oder Tätigkeiten verschiedener öffentlicher [...] Akteure mit unterschiedlichen Ressourcen, institutionellen Bindungen und Interessen, die in der

Absicht erfolgt, gezielt ein politisch als kollektiv definiertes Problem zu lösen" (Knoepfel et al. 2011: 47). Eine öffentliche Politik ist demnach die politische Gegenreaktion auf gesellschaftliche Konflikte. Die Existenz – bzw. genauer: die gesellschaftliche Bestimmung – des öffentlichen Problems ist damit Voraussetzung und Rahmen der öffentlichen Politik. Ist dieses öffentliche Problem nicht vorhanden, handelt es sich um eine Überregulierung.

Die öffentlichen Politiken werden demnach durch vier Schlüsselelemente analysiert (ebd.): (1) Der substantielle und institutionelle Gehalt der Politikprodukte, (2) die beteiligten Akteure, (3) das Portfolio an Policy-Ressourcen zur Durchsetzung der Akteursinteressen, und (4) die institutionellen Regeln. Zentrale analytische Fragen sind dabei: Welches sind die konstitutiven Elemente einer öffentlichen Politik? Wie können die verschiedenen Kategorien von Akteuren identifiziert und charakterisiert werden? Welches sind die verschiedenen Arten von Politik-Ressourcen, die die Akteure zur Beeinflussung der Inhalte und Prozesse der öffentlichen Politik einsetzen können? Welche allgemeinen und besonderen institutionellen Regeln steuern das Zusammenspiel der Akteure bei der Problemdefinition, der Formulierung, der Umsetzung und der Evaluation einer öffentlichen Politik?

Um alle beteiligten Akteure zu erfassen, wurde eine breite Definition des Akteursbegriffs gewählt (vgl. auch die Ausführungen dazu im empirischen Teil dieser Arbeit, siehe Kap. 8.1.3). Dies ist insbesondere wegen passiver Akteure (sog. Agenten) notwendig, die gewollt oder ungewollt zeitweise oder dauerhaft ihre Interessen nicht vertreten und keinen Einfluss auf die öffentliche Politik nehmen, aber dennoch für das Politikfeld von grosser Bedeutung sein können. Die Passivität dieser Akteure kann ein wesentlicher Erklärungsfaktor für Umsetzungsdefizite einer öffentlichen Politik sein. Eine Fokussierung auf die aktivsten (und daher sichtbarsten) Akteure oder der Ausschluss der passiven Akteure mittels einer zu eng gewählten Definition birgt die Gefahr das Politikfeld nicht adäquat abbilden zu können. Als Akteure werden daher alle Personen bezeichnet, die (ggf. nur potenziell) von einer öffentlichen Politik betroffen sind und daher an der Entstehung, Benennung und Lösung eines öffentlichen Problems beteiligt sind, sein könnten oder sein sollten.

Eine Unterteilung der Akteure erfolgt Unterscheidung zwischen politisch-administrative Akteuren (öffentliche Akteure), der Zielgruppen, den Politikbegünstigten und Dritter (in der Regel private Akteure).

Klassischerweise können öffentliche Akteure als solche Akteure bezeichnet werden, die nach öffentlichem Recht agieren, also im Sinne der Staatssouveränität (Gewaltenmonopol) und unter der Kontrolle der politischen Gremien die Interessen der Allgemeinheit verfolgen. Private Akteure sind demnach eigenständig handelnde Akteure, die ihre jeweiligen Interessen mit ihren zur Verfügung stehenden (privatrechtlichen und informellen) Mitteln (innerhalb des gesellschaftlichen Rahmens) verfolgen. Mit zunehmender neoliberaler Umstrukturierung des Staates seit den 1980er Jahren ist diese klare Trennung mittels des Kriteriums des Rechtsstatus schwieriger geworden. Immer mehr staatlichen Aufgaben werden durch parastaatliche Behördenarrangements durchgeführt, wie halbstaatliche Unternehmen oder vertraglich geregelte Übernahme von Staatsaufgaben durch private Organisationen. Als öffentliche Akteure können daher nicht mehr nur Akteur öffentlichen Rechts bezeichnet werden, sondern Akteure, die die Umsetzung der Interessen der Allgemeinheit bezwecken und im Regelfall irgendeiner Art öffentlicher Kontrolle unterliegen. Da das Allgemeinwohl wiederum keine allgemein gültige Definition erfahren hat, ist dies Kriterium im Einzelfall zu interpretieren und zu überprüfen.

Im Sinne des zugrundliegenden Politikanalyserasters sind die privaten Akteure in drei Gruppen zu unterteilen. Zum einen stellen private Akteure die Zielgruppe der staatlichen Interaktion dar. Ihr Verhalten ist politisch als die Ursache des wahrgenommenen Problems identifiziert worden oder trägt nach politischer Auffassung bestimmend zur Lösung bei. Durch Zuteilung von Rechten oder Pflichten soll das Verhalten verändert werden. Von der erhofften Verbesserung profitieren die Politikbegünstigten, welche die zweite Gruppe privater Akteure darstellt. Sie leiden unter der bisherigen Situation und es ist beabsichtigt, ihre Lage zu verbessern. Zuletzt gibt es noch die Drittgruppen, welche ebenfalls durch die öffentliche Politik eine veränderte Situation erfahren, allerdings ohne durch die Politik direkt angesprochen worden zu sein. Sie können so indirekt (manchmal unbeabsichtigt) von der Veränderung profitieren (Nutzniesser) oder die negativen Konsequenzen spüren (Beeinträchtigte).

Öffentliche Akteure sind nicht die Zielgruppe einer öffentlichen Politik. Eine klare Zuordnung wird jedoch schwierig, wenn öffentliche Akteure als private Akteure agieren. Eine landbesitzende Gemeinde kann so eine Doppelrolle einnehmen. Einerseits vertritt sie die Interessen der Allgemeinheit im Sinne der hoheitlichen Institution, andererseits ist sie als Bodeneigentümer den privaten Akteuren zuzurechnen. In dem Fall können Gemeinden tatsächlich als Zielgruppe einer öffentlichen Politik werden, wenngleich auch angenommen wird, dass sie sich in diesem Fall komplex verhalten und somit situationsbedingt ähnliche wie private Akteure agieren. Öffentliche Akteure in der Rolle als hoheitliche Akteure sind nie Zielgruppe öffentlicher Politik. Bei Gesetzesänderungen, die das Verhalten von kommunaler Praxis ändern sollen (wie bspw. die Revision des Raumplanungsgesetzes von 2012/2014 die kommunale Baulandausweisung eindämmen soll), dienen die Kommunen nur als Zwischenschritt innerhalb des Wirkungsmodells, um das Verhalten der eigentlichen Zielgruppe (in diesem Fall die privaten Bodeneigentümer) zu beeinflussen.

Im Rahmen dieses Akteursdreieck sind die verschiedenen Beziehungen zwischen den Akteuren zu identifizieren. Durch diese Rekonstruktion kann das Wirkungsmodell, welches der Bodenpolitik zugrunde liegt, gesamthaft erfasst werden:

- Grundlage einer jeden öffentlichen Politik ist, dass eine Situation wahrgenommen und identifiziert wird und zudem öffentlich als problematisch eingestuft wird.
- Die Kausalhypothese bestimmt dann politisch, wo die Ursache des wahrgenommenen Problems liegt und wer die verursachende Akteursgruppe ist. Somit stellt die Kausalhypothese die Verbindung zwischen der Gruppe, die (vermeintlich) das Problem verursacht oder durch ihr Verhalten lösen kann, und der Gruppe, die unter dem Problem leidet, dar. Um die Situation der leidenden Gruppe zu verbessern, wird die Gruppe der Verursacher entsprechend zur Zielgruppe der öffentlichen Politik erklärt.
- Die politisch-administrativen Akteure versuchen das Verhalten der Zielgruppe gezielt zu verändern. Die getroffenen Massnahmen basieren dabei auf den vorhandenen und interpretierten Informationen über das Problem und einer Vorhersage der Wirkung der Massnahmen auf das Verhalten der Zielgruppe, die dann erhoffte Verbesserung der Situation bewirken. Diese Interventionshypothese stellt somit die Verbindung zwischen den politisch-administrativen Akteuren und der Zielgruppe dar.

Das Modell zur Analyse des Wirkungsmechanismus nach Knoepfel et al. ist im Zusammenhang mit dem institutionellen Ressourcenregime (als Bezugsrahmen) und der vermuteten hohen Nachhaltigkeit von integrierten Regimen (als theoretisch abgeleitete Hypothese) zu verstehen. Es ermöglicht die Analyse der Ressource und deren politische Einflussnahme. Es betont zudem die zentrale Bedeutung von Akteuren – sowohl materiell in der Planungspraxis, wie auch analytisch in der Planungswissenschaft. Das Modell stellt damit eine anwendbare Konkretisierung der Vorüberlegungen zur Nachhaltigkeit von Ressourcen an, wie sie bspw. von Ostrom initiiert wurde. Die Einflussnahme durch die Veränderung von Nutzungs- und Verfügungsrechten, wie dies dem bodenpolitischen Ansatz entspricht, stellt dabei eine veränderte Interventionshypothese dar, die mit der Erwartung einer erhöhten Wirksamkeit verknüpft ist. Zu klären ist noch, wie die Akteure die Nutzung der Ressource beeinflussen und wie sie ihre jeweiligen Interessen durchzusetzen vermögen.

3.4.2   Aktivierbare Politikressourcen zur Beeinflussung der Bodenpolitik durch die Akteure

Gesetze enthalten vordefinierte Rechte, bedürfen aber einer Aktivierung durch jeweiligen Akteure (vgl. de Buren 2015: 22). Sie sind damit nicht als deterministischer Regelungsrahmen, sondern als optionale Instrumente zur Durchsetzung der eigenen Interessen anzusehen und dienen daher der Machtposition. Macht wird dabei verstanden als die Fähigkeit seine Interessen durchzusetzen. Macht ist „ability to get what one wants from others. It may come from greater wealth or social position or the ability to manipulate the ideology of others" (Ensminger 1992: 7). Akteure verwalten daher ihr Portfolio und ihnen zur Verfügung stehenden Instrumenten. In diesem Sinne unterscheiden sich formelle Instrumente nicht von anderen Politik-Ressourcen.

Politik-Ressourcen werden verstanden als Mittel, „welche öffentliche und private Akteure einsetzen, um ihre Werte und Interessen in den verschiedenen Phasen des Politikprozesses geltend zu machen" (Knoepfel et al. 2011: 86). Die Akteure kombinieren dabei die Ressourcen je nach eigener Verfügbarkeit und strategischer Hintergrundüberlegung. Die quantitative und qualitative Ausstattung der Politik-Akteure ist dabei von wesentlicher Bedeutung. Akteure müssen zudem in die Erzeugung, den Erhalt und die Anwendung der Ressourcen investieren, um die Verfügbarkeit langfristig zu erhalten oder vermehren. Einzelne Ressourcen können unter Umständen durch andere Ressourcen substituiert werden. Eine reichhaltige Ausstattung und geschickte Kombination durch die Akteure deutet auf einflussreiche, sprich mächtige Akteure hin, die prinzipiell grossen Einfluss auf den Politikprozess haben (vgl. Knoepfel et al. 2011: 86). Einzelne, vermeintlich kleinere und weniger starke Akteure können in Einzelfragen jedoch über einzelne wirkungsvolle Ressourcen verfügen und sich gegebenenfalls gegenüber mächtigeren Akteuren durchsetzen. Die Ausstattung mit Ressourcen ist daher immer kontextabhängig zu betrachten. Diese Fälle sind besonders interessant und daher für die Politikanalyse von zentraler Bedeutung.

Knoepfel et al. unterscheiden analytisch zwischen 10 verschiedenen Politik-Ressourcen (vgl. 2011: 88) und haben damit eine etwas umfangreichere, sprich: feingliederigere Aufteilung, als andere wissenschaftliche Ansätze. Die Ressourcen *Recht*, *Geld* und *Personal* gelten dabei als klassische, politikwissenschaftliche Untersuchungselemente. Daneben werden ebenfalls, wenn auch weniger häufig, *Organisation* und *Information*, sowie *Zeit* und *Konsens* betrachtet. Daneben werden noch *politischen Unterstützung* und *Zwang* als eigenständige Politik-Ressourcen aufgeführt. Von zentraler Bedeutung für die vorliegende Arbeit ist zudem die Ressource *Infrastruktur*, unter welche das Eigentum an Grund und Boden gezählt wird. Die zehn Ressourcen sollen im Weiteren kurz vorgestellt und beschrieben werden. Die Darstellung erfolgt dabei nach der Bedeutung für die vorliegende Arbeit unterschiedlich detailliert.

- *Recht:* Zur Beeinflussung der öffentlichen Politik stehen den verschiedenen Akteuren auch rechtliche Regelungen als Ressource zur Verfügung. Dies gilt sowohl für private Akteure, die sich zumeist auf einen rechtlich geschützten Anspruch berufen, als auch besonders für öffentliche Akteure, deren Existenz und Handeln in der Regel auf eine rechtliche Regelung begründet ist. Für politisch-administrative Akteure ist die juristische Ressource daher von besonderer Bedeutung. Aus ihr leiten sich vielfach die Legitimation und das Ziel ihres Handelns, aber auch die Wahl der anderen Ressourcen (Organisation, Geld, etc.) ab. Dies gilt insbesondere auch für die Raumplanung und Bodenpolitik. Ziel (nachhaltige Raumentwicklung), Art und Weise (entsprechend der planerischen Grundsätze) und Umsetzungsweg (formelle Instrumente, Planungshoheit) sind im entsprechenden Fachgesetz (RPG) verankert und legitimeren so die Beplanung des rechtlich geschützten Privateigentums.Um als Ressource langfristig zur Verfügung zu stehen muss das Recht regelmässig verwaltet und reproduziert werden (*dit et redit*). Das Beispiel des Baugebots in Deutschland zeigt, dass seine Nutzung als Ressource verfallen ist, da es keine Anwendung in realen Fällen erfuhr. Der normative Charakter des Rechts konnte nicht bewahrt werden, sodass aus dem Rechtsinstrument tote Buchstaben geworden sind. In der heutigen deutschen Planungspraxis steht das Baugebot daher nicht mehr zur Verfügung, obwohl es im Gesetzestext weiterhin enthalten ist.

Im gegenteiligen Fall gilt auch, dass eine zu intensive oder gar missbräuchliche Anwendung dazu führt, dass Legitimität verloren geht. Realitäts- und gesellschaftsferne Formalisierungen und zu hohe Regelungsdichten entheben der Rechtsregelung seinen eigentlichen Sinn und führen so dazu, dass die Zielgruppen oder gar die anwendenden Behörden das Recht in Frage stellen. Dadurch verliert das Recht die Möglichkeit der Beeinflussung und somit seine Funktion als Politik-Ressource. Die deutsche Steuer- und Familienpolitiken sind wohl die prominentesten Beispiele für Politikfelder, die aufgrund zu vieler Regelungen jegliche steuernde Wirkung verloren haben. Ähnliches kann auch bei zu detaillierten Bauvorschriften beobachtet werden.

Das Recht ist (wie andere Ressourcen auch) substituierbar. Ein Mangel an rechtlicher Möglichkeit kann (Konsens und finanzielle Mittel vorausgesetzt) durch rechtlich nicht vorgesehene Ausgleichszahlungen ersetzt werden. Mit negativer Konnotation können solche „deals" die Legitimität von Recht untergraben, welche eng mit dem Gleichheitsgrundsatz verknüpft ist. Sie können aber auch eine gesellschaftlich notwendige Lösung ermöglichen, welche rein mit den formellen Mitteln nicht möglich wäre, wie das Beispiel Röderau-Süd zeigt.

- *Personal:* Zur Beeinflussung einer öffentlichen Politik sind die entsprechenden personellen Ressourcen wesentlich. Diese können sowohl quantitativer, als auch qualitativer Art sein. Die Ressource Personal ist eng verknüpft mit Zugang zu Wissen, Netzwerk und Informationen. Um zentrale politische Dokumente lesen zu können, ist die Fähigkeit zum Verständnis der entsprechenden technischen Sprache wichtig, die durch spezialisiertes Personal eingebracht wird. Zudem bringen Fachpersonen auch entsprechende Netzwerke mit, welche wichtige Informationskanäle sind und zum Entscheidungsfindungsprozess direkt oder indirekt beitragen.

  Die Ressource Personal ist direkt von der Ressource Geld abhängig. Sie kann aber auch durch selbige ersetzt werden. Dies ist der Fall, wenn etwa öffentliche oder private Akteure Forschungsstudien einkaufen, die durch das eigene Personal nicht zu leisten wären (oder aus Reputationsgründen extern erarbeitet werden sollen). Um benötigte Ansprechpartner zu erreichen, werden auch gezielt Personaldienstleistungen, bspw. von ehemaligen Politikern, eingekauft, falls das eigene Netzwerk nicht in diese Zirkel reicht.

- *Geld:* Die offensichtlichste Ressource ist Geld. Das Betreiben oder die Beeinflussung einer öffentlichen Politik ist unmöglich, ohne entsprechende Personal- und Infrastrukturkosten decken zu können. Dies gilt für öffentliche und private Akteure gleichermassen. Auch die Umsetzung von öffentlichen Politiken wird häufig mittels gekoppelter finanzieller Anreize (Subventionen, Prämien, etc.) realisiert und steht daher neben dem Recht meist im Zentrum politischer Debatten. Die Ressource Geld kann grundsätzlich viele der anderen Ressourcen substituieren, wodurch es (zumindest in einem gewissen Ausmass) zu einer Art universaler Ressource wird.

Als bevorzugtes Interventionsinstrument und durch seinen universellen Charakter führt Geld auch dazu, dass die eigentlichen Politikziele und Zielgruppen in der politischen Debatte vernachlässigt, und indirekte Wirkungen und deren Nutzniesser/Beeinträchtigte zentral werden. Das Kernargument gegen die Zweitwohnungsinitiative betraf die befürchteten negativen Effekte auf die örtliche Bauwirtschaft und nicht die Sinnhaftigkeit und Wirkungsweise der Quotenregelung in Bezug auf den Landschaftsschutz.

- *Wissen:* Als Grundlage der Einflussnahme benötigen die öffentlichen wie privaten Akteure Wissen über die technischen, sozialen, ökonomischen und politischen Eigenschaften des Problems. Diese kognitive Ressource ist dient als Untermauerung von Entscheidungen und Handlungsmaximen in allen Phasen des Policy-Prozesses und geniesst wachsende Bedeutung (evidence-based policy).

  Neben der Erstellung, Sammlung und Pflege von Informationen umfasst die Ressource auch die gezielte Kontrolle über die Verbreitung der Informationen zu anderen Akteure. Akteure können (mit hohem Aufwand) eigene Informationen stetig aufarbeiten oder sich auf fremde Informationen stützen, wenngleich in diesem Fall die eigentliche Information und die Art der Weitergabe auch strategisch eingesetzt werden kann und daher kritisch hinterfragt werden muss.

- *Organisation:* Akteure unterscheiden sich hinsichtlich ihrer Fähigkeit die individuellen Eigenschaften ihrer Bestandteile zu strukturieren und in effektiven Beziehungsnetzwerken zu organisieren. Diese Ressource gestaltet die Interaktion der Bestandteile und kann die Qualität des Ergebnisses positiv beeinflussen, indem andere Ressourcen effizienter genutzt werden (Personal, Zeit) oder vermehrt werden können (Konsens, Information). Die einzelnen Ressourcen führen dabei nicht alleine zu einem optimalen Ergebnis. So kann gutes Personal durch schlechte Organisation schlechte Leistungen erbringen.

- *Konsens:* Mit Bezug auf die Umsetzung spielt die Ressource Vertrauen eine wichtige Rolle. Im demokratischen Rechtsstaat begründet dies die sekundäre Legitimation und kann daher die Umsetzung einer öffentlichen Politik begünstigen oder massiv behindern. Demokratische Mehrheitsentscheidungen (Ressource politische Unterstützung), geltendes Recht (Ressource Recht) oder die notwendigen finanziellen Mittel (Ressource Geld) können die Umsetzung einer Politik nicht garantieren. Ein politisch-administrativer Akteur benötigt einen minimalen Konsens, um seine Politik umsetzen zu können, wie die Beispiele Stuttgart 21 oder AK Endlagerung zeigen. Die konsens- und dialogorientierten Partizipationsmöglichkeiten und formellen Beteiligung, welche in der Raum- und Umweltplanung seit den 1980er Jahren entstanden sind und stetig zunehmen, tragen dieser Erkenntnis Rechnung und versuchen durch (kleine) Mitwirkungs- und Kontrollmöglichkeiten eine Anerkennung des Handelns des öffentlichen Akteurs zu erarbeiten. Hierdurch sollen auch andere Ressourcen (Zeit, Geld, Recht, Zwang) gespart werden und die Umsetzung gefördert werden.

- *Zeit:* Die Ressource Zeit betrifft sowohl die Ausarbeitung und Entscheidungsfindung einer öffentlichen Politik, als auch deren Umsetzung. Akteure, die entsprechend ihrer Ausstattung mit den Ressourcen Geld, Organisation und Personal, hauptamtlich tätig sind, verfügen in der Ausarbeitungs- und Entscheidungsfindungsphase über relativ hohe Zeitressourcen. Demgegenüber sind ehrenamtlich tätige Akteure knapp mit Zeit versorgt. Zudem sind Fristsetzungen, Übergangsregelungen und Dauer häufig Gegenstand der Inhalte der öffentlichen Politiken. Eine grosszügige Übergangsfrist kann die Ressource Konsens begünstigen (Bsp. Atomausstieg). Andererseits kann eine Verschleppungstaktik (auf Zeit spielen) den Prozess erheblich demontieren. Zeit muss daher als eigenständige Ressource angesehen werden.

- *Infrastruktur:* Besitz- oder Eigentumsrechte an beweglichen und unbeweglichen Gütern spielen für alle Politik-Akteure eine fundamentale Rolle. In seiner elementarsten Funktion ist verfügbare Infrastruktur die Voraussetzung für die Arbeit der anderen Ressourcen und kann daher nur schwer substituiert werden. Die Arbeitsweisen der Akteure sind auf die Verfügbarkeit von Arbeits- und Konferenzräumlichkeiten, von Kommunikation- und EDV-Anlagen und vielen mehr angewiesen.

  Darüber hinaus können Besitz- und Eigentumsrechte auch strategisch verwendet werden. Für alle Politikinterventionen, die im Bereich des verfassungsrechtlich geschützten Eigentums agieren, kann die Aneignung von zentralen Parzellen eine stark verbesserte Machtposition bedeuten. Dies gilt beispielsweise wenn Naturschutz-NROs Waldflächen aufkaufen, um dort die Umsetzung von Naturschutzmassnahmen durchzuführen. Für öffentliche Akteure besteht zudem die Möglichkeit durch den Status als Eigentümer die Umsetzung der öffentlichen Politik direkt selbstverantwortlich durchzuführen und nicht auf das Verhalten der Zielgruppe angewiesen zu sein.

  Darüber hinaus kann Infrastruktur auch indirekt als Ressource angewendet werden. Wenn die Ressource Konsens gefördert werden soll und dazu eine entsprechende Informationsveranstaltung organisiert wird, werden Räumlichkeiten benötigt, die dem öffentlichen Akteure z.B. in Form von Schulgebäuden zur Verfügung stehen und andernfalls nur für viel Geld angemietet werden müssten.

- *Politische Akzeptanz:* Für eine neue öffentliche Politik oder zur Neuausrichtung einer bestehenden Politik sind nach demokratischem Prinzip unterstützende Mehrheiten notwendig, die sich durch Repräsentanten in den Parlamenten oder in direktdemokratischen Prozessen ausdrücken können. Dieser Mehrheitswille wird meist in Gesetze gegossen, die als primäre Legitimation dienen und eine mehrheitliche politische Unterstützung wiedergeben, die zu diesem Zeitpunkt unter den gegebenen Umständen vorhanden ist. Mit dieser primären Legitimation können grundsätzlich auch gegen Minderheiten Politiken umgesetzt werden, wenngleich diese sich durch den Einsatz anderer Ressourcen wehren können. Ein hohes Ausmass an der Ressource politische Unterstützung kann den Einsatz anderer Ressourcen reduzieren. So können im Katastrophenfall (hoher Zeitdruck) Massnahmen getroffen werden, die notwendig erscheinenden (evtl. geringes Wissen), aber ggf. nicht rechtlich verankert sind. So war der Einsatz des Militärs bei der Sturmflut 1962 in Hamburg nach den Buchstaben der damaligen deutschen Gesetze nicht erlaubt. Die dramatische Situation in der Stadt und die damit verbundene breite Unterstützung machten diesen Schritt jedoch möglich.

- *Zwang:* Besonders in diktatorischen Staaten spielt die Ressource Gewalt/Zwang eine zentrale Rolle und wird von öffentlichen wie privaten Akteuren eingesetzt. Aber auch in demokratisch-rechtsstaatlichen Gesellschaften steht Zwang als Ressource grundsätzlich zur Verfügung. Oppositionelle nutzen bspw. Strassenblockaden oder Arbeitsniederlegung als Mittel des Protests. Dem gegenüber sieht das staatliche Gewaltmonopol durchaus den Einsatz physischer Gewalt vor, um beispielsweise die Räumung von besetzten Flächen zu vollziehen. Allerdings erfordert der Einsatz der Ressource Gewalt zunächst eine gefestigte rechtliche Absicherung und kann darüber hinaus häufig nur auf Kosten der Ressource Konsens vollzogen werden.

Die genannten Ressourcenkategorien bieten eine strukturierte Möglichkeit der detaillierten Untersuchung. Allerdings ist darauf hinzuweisen, dass erst der zusammenführende Blick auf die Gesamtheit der Ressourcen eine qualifizierte Aussage über die öffentliche Politik zulässt. Nicht jede Ressource wird entsprechend der substantiellen Politik eingesetzt. Es besteht die Gefahr des missbräuchlichen Einsatzes, um andere Ziele (oder auch Akteure) zu begünstigen. Im bodenpolitischen Kontext betrifft dies häufig den Einsatz der Ressource Geld, welche nicht immer im Sinne des ursprünglichen Politikproblems verwendet wird, sondern teilweise der Baubranche als Nutzniesser zu Gute kommt (siehe Zweitwohnungsinitiative).

Zur qualifizierten Analyse bietet das dargestellte Modell von Knoepfel et al. daher eine systematische Unterscheidung zwischen den einzelnen Ressourcen und den tatsächlichen Handlungsinstrumenten. Diese kombinieren die verfügbaren Ressourcen zu einer Interventionsform einer öffentlichen Politik mit der Absicht eine handlungsändernde Wirkung bei der Zielgruppe zu entfalten. Die Auswahl der Ressourcen und deren Kombination sind dabei von der Verfügbarkeit der Ressource sowie den strategischen Überlegungen abhängig.

3.4.3   Akteure in öffentlichen Politiken

Zur Erklärung von räumlichen Entwicklungen und Politiken ist es nicht ausreichend die Muster und Dynamiken zu beschreiben. Ein Verständnis kann nur erzeugt werden, wenn auch die zugrundeliegenden Institutionen analysiert werden. Doch auch diese Institutionen sind nicht als starre Rahmenbedingung zu verstehen, sondern als Ergebnis von politischen Auseinandersetzungen und gesellschaftlichen Prozessen. Im Kern sind daher stets die Akteure und ihre Handlungen zu betrachten. Raumentwicklung und -planung sind das Ergebnis von Akteuren, die im Rahmen ihrer Möglichkeiten und bezogen auf ihre Interessen handeln und sich mehr oder weniger gegenüber anderen Akteuren durchsetzen können. Leitfragen sind: Welche Akteure sind involviert (und welche nicht)? Wie handeln diese Akteure? Warum handeln diese Akteure so wie sie handeln? Planungswissenschaft muss daher als raumorientierte Sozialwissenschaft verstanden werden, wodurch ein Einbezug von theoretische und methodische Ansätze anderer sozialwissenschaftlicher Disziplinen notwendig wird.

Planungswissenschaftliche Auseinandersetzungen zur Erklärung der räumlichen Entwicklung werden aus verschiedenen Ansätzen verfolgt. Das Verhältnis zwischen dem Planungsobjekt, dem Planungssubjekt und den Treibern der räumlichen Entwicklung kann je nach Forschungsrichtung und Denkschule unterschiedlich beantwortet werden. Dem klassischen soziologischen Ansatz folgend ist die Beziehung zwischen den Akteuren und der Struktur entscheidend und kann in den *strukturalistischen* und den *voluntaristischen* Ansatz eingeteilt werden. Zu klären ist, ob gesellschaftliche und damit auch räumliche Entwicklungen durch die allgemeine Struktur (also bspw. Klasse, soziale Schicht, Lebensstil oder Institutionen) der Akteure bestimmt werden, da diese die Handlungsfähigkeit und -möglichkeit bestimmt, oder ob der Akteur selber diese bestimmt und die Struktur eine Folge davon ist. Die Auseinandersetzung darum wird als *structure-agency-debate* bezeichnet (vgl. Harding & Blokland 2014: 48; Giddens 1988, Bourdieu 1984, Tilly 1998). Mit Blick auf räumliche Entwicklungen erscheinen beide Ansätze ihre grundsätzliche Berechtigung zu haben – ohne in der Lage zu sein, Entwicklungen vollumfänglich zu erklären. Die beiden Ansätze lassen sich jedoch kombinieren, was als methodischer Individualismus bezeichnet wird.

Ein Akteur bezeichnet dabei „eine Einheit, die als Träger sozialer Rollen mit jeweils bestimmten Orientierungen (Werten, Einstellungen und Motivationen) in einer sozialen Situation handelt. Die Handlungseinheit wird nicht nur von einzelnen Individuen getragen, sondern auch von sozialen Gebilden und Kollektiven" (Parsons 1986, zit. n. Hillmann 1994: 6). Akteure sind demnach keine Individuen. Einzelne Personen können zwar Akteure sein, sind in diesem Moment jedoch im Sinne ihrer Interessensvertretung zu verstehen. Daraus folgen zwei Dinge: Einerseits kann ein und dieselbe natürliche Person gleichzeitig verschiedene Akteure darstellen, da diese Person verschiedene (im Zweifel sogar widersprüchliche) Interessen verfolgt. Andererseits kann auch ein Akteur scheinbar aus einer Person bestehen, bspw. Mandatsträger wie ein Ministeramt. Hierbei ist jedoch auch die Einbindung dieser Person in das Mandat zu beachten, weshalb „der Minister" oder „die Ministerin" nicht von weiteren Personen, bspw. Mitarbeitende im entsprechenden Ministerium, zu trennen ist. Letztlich ist es denkbar, dass ein Akteur mit einer natürlichen Person exakt übereinstimmt. Allerdings dürfte dieser Fall kaum auftreten.

Als häufigsten Fall ist anzunehmen, dass Akteure kollektiv auftreten. Dies umfasst Gruppen von Individuen, welche durch die gleichen Interessen verbunden sind und in diesem Sinne nicht individuell handeln (vgl. Knoepfel et al. 2011: 60). Als solche Gruppierungen kommen Kollektive (juristische Personen, Parteien, Verbände, Gewerkschaften, gesellschaftliche Gruppen) und auch soziale Gebilde (bspw. eine Verwaltungseinheit innerhalb der Stadtverwaltung) in Frage. Die genaue Abgrenzung der Akteure ist von der Fragestellung der Arbeit abhängig und keinesfalls einheitlich zu beantworten.

Wesentlich ist, dass Akteure als handlungsorientiert aufgefasst werden. Sie bedienen sich gemäss ihren Möglichkeiten (Mittel), um einen zukünftigen Zustand zu erreichen (Ziele), welcher sich aus ihren Werten, Einstellungen und Motivationen ableitet (Orientierung). Die Handlung ist dabei vom Bewusstsein über die eigenen Interessen, das Wissen über die entsprechende soziale Situation und auch der Handlungsfähigkeit bzw. -möglichkeit abhängig.

Aus dem Ansatz ergeben sich einige Konsequenzen, die transparent dargestellt werden sollen. So wird angenommen, dass Akteure stets absichtsvoll handeln und über gewissen Handlungsräume verfügen. Das effektive Ausmass des Handlungsspielraums hängt jedoch stark von der jeweiligen Situation ab. Zudem kann nicht angenommen werden, dass die Akteure allwissend sind (*bounded rationality*). Die Erforschung der Bodenpolitik bewegt sich daher in einem Bereich, der durch zwei Pole gekennzeichnet ist. Einerseits wird anerkannt, dass kein gesellschaftliches Feld (und damit auch kein Politikbereich) vollständig reguliert, kontrolliert und strukturiert ist. Die räumlichen Entwicklungen können nicht ausschliesslich darüber erklärt werden. Andererseits ist die strukturierende und begrenzende Wirkung anzuerkennen. Entscheidungen und Handlungen der Akteure werden innerhalb dieses institutionellen und gesellschaftlichen Kontexts getroffen und sind daher nicht davon unabhängig. Es wird also von interdependente Beziehungen zwischen den Akteuren und der Struktur ausgegangen, die allerdings begrenzt sind.

In der praktischen Arbeit wird daher von einigen Schwierigkeiten ausgegangen. So entspricht es selten der gängigen Praxis, dass die Akteure die Ziele oder gar die zugrundeliegende Orientierung explizit formulieren. Zudem unterliegen beide Aspekte auch stetigen Entwicklungen und verändern sich über die Zeit. Schliesslich ist nicht jede Handlung direkt auf diese Ziele zurückführbar. Hier kann zwischen dem *zweckrationalen* (also um das praktische Ziel zu erreichen) und *wertrationalen* (also um das höhere Interesse zu erreichen) Handeln unterschieden werden (vgl. Weber 1922). Die Beweggründe für absichtsvolles Handeln sind demnach von vielfältigen Faktoren abhängig und zudem strategisch motiviert.

Eine Herausforderung besteht letztlich auch darin, die Handlungen der Akteure und die dahinterstehenden Strategien aufzudecken und nachweisbar zu machen. Zu diesem Zweck verfolgt die vorliegende Arbeit einen instrumentenfokussierten Ansatz.

3.5   Instrumente als Indikator von bodenpolitischen Strategien

Akteure versuchen stets ihre Interessen durchzusetzen und bedienen sich dabei verschiedener Instrumente in einer strategischen Art und Weise (siehe Kap. 3.4.2 und 9). Die analytische Schwierigkeit bei der Untersuchung der Strategie liegt darin, die Akteurstrategien überhaupt zu illustrieren und aufzudecken. Selbst wenn angenommen wird alle Akteuren wären sich ihrer eigenen Strategie bewusst, ist eine einfache Befragung nicht möglich und eine Verschriftlichung häufig nicht vorhanden. Von daher ist es notwendig die Strategien auf indirektem Wege zu rekonstruieren, wofür ein Indikator benötigt wird.

Erschwerend kommt hinzu, dass Strategien unterschiedliche Formen annehmen können, bspw. Anwendung (Vollstreckung); Nichtaktivierung (Passivität); Falsche Anwendung (Ablenkung); Umgehung (Vermeidung von Durchsetzung) usw. (vgl. de Buren 2015: 23). Ein solches politikwissenschaftliches Verständnis von Strategie umfasst damit auch die Nicht-Handlung (Passivität) oder die Abwesenheit einer expliziten Strategie. Ein Akteur kann demnach nicht nicht strategisch handeln. Damit unterscheidet sich das politikwissenschaftliche Verständnis fundamental von der wirtschaftswissenschaftlichen Perspektive, wonach eine explizite Strategieformulierung und konkrete, strategische Handlung Voraussetzungen einer Strategie sind.

Dem politikwissenschaftlichen Verständnis von Strategie folgend, werden Instrumente als Indikatoren in den einzelnen Fallstudien verwendet. Diese Herangehensweise folgt dem Ansatz der sogenannten instrumentenfokussierten Politikforschung. Politikforschung interessiert sich in erster Linie für die Frage ‚Was macht die Regierung?'. Das Handeln der Regierung wird im Kontext der gesellschaftlichen Realität und der gewünschten gesellschaftlichen Entwicklung betrachtet. Die Regierung handelt, um ein öffentliches Problem zu lösen und damit dem (Wahl-) Volk zu dienen. Die einfache Frage nach dem Regierungshandeln kann dabei aus sehr unterschiedlichen Perspektiven betrachtet werden. So können die Entscheidungsfindungsprozesse im Mittelpunkt des wissenschaftlichen Interesses liegen. Dieser Blick auf die internen Regierungsstrukturen legt Wissen über die internen Machtverhältnisse frei und fragt häufig, wer wann was beeinflusst hat (vgl. Hood 1983). Daneben ist auch der Blick auf die Politikinhalte eine adäquate Herangehensweise. Im Zentrum des Erkenntnisgewinns stehen die Politikbereiche, welche die Regierung beeinflussen möchte. Dabei wird eine Vielzahl von Alltags- und Sonderfällen ersichtlich, bei denen Regierungshandeln erforderlich scheint. Eine dritte Betrachtungsmöglichkeit ist die Frage, nach den Instrumenten mit denen die Regierung die erwünschte Wirkung erzielen möchte. Die Wahl der Instrumente ist keinesfalls technokratisch, sondern ebenfalls hochpolitisch und fokussiert speziell auf die Schnittstelle zwischen Regierung und Gesellschaft. Dieser Ansatz wurde von Christopher Hood in seinem Buch „Tools of Government" (1983) beschrieben und als instrumentenfokussierte Politikforschung. Dieser Herangehensweise kann dabei in drei wesentliche Strömungen unterteilt werden kann (vgl. 2007: 133; Viallon 2017: 48-53; Gerber/Hengstermann/Viallon 2018): a) Institutions-astools, b) Politics-of-instrumentality und c) Decription-and-categorisation.

- Die erste Strömung fokussiert auf die Rolle von Institutionen als politische Instrumente. Im Zentrum des Erkenntnisinteresses steht die Frage, wie die verschiedenen Institutionen das tatsächliche Ergebnis der Politik beeinflussen. Letztlich wird also die Effektivität des Instruments bezogen auf die Veränderung des Verhaltens der Zielgruppe analysiert. Ein Wechsel der Instrumente kann daher als Indikator für einen übergeordneten Politikwechsel verstanden werden.
- Als zweite Strömung kann die Politik hinter der Instrumentenwahl ausgemacht werden. Dieser Ansatz „puts emphasis on the subjective perceptions and political processes that surround the choice of policy instruments – that is, the way policy makers and

politicians conceive policy instruments, and the ideological or political considerations that lead them to prefer some instruments to others" (Hood 2007: 136). Bereits die Auswahl des Instruments ist durch Konflikte und Interessen der verschiedenen Akteure geprägt und daher analytisch interessant.

- Die dritte Strömung der Instrumentenforschung beschäftigt sich mit deren Beschreibung und Kategorisierung – ohne den Rahmenbedingungen besondere Berücksichtigung zu geben. So können Instrumente beispielsweise anhand ihrer Wirkungsweise kategorisiert werden. Wenn Macht, als die Fähigkeit verstanden wird, jemand anderes zu einer bestimmten Handlung zu veranlassen oder davon abzuhalten (Vgl. Etzioni 1961, zit. n. Sandner 1993: 229-231), können Instrumente aufgrund der Weise kategorisiert werden, wie sie diese Macht ausüben. Dementsprechend gibt es überzeugende, lukrative und normative Instrumente (Vgl. Vedung 1998). Eine solche Einteilung wird einerseits als tautologisch kritisiert (Sandner 1993: 231) und umfasst andererseits viele staatliche Handlungen nicht, wie bspw. wirtschaftspolitische Macht mittels der gezielten Bereitstellung von Infrastruktur.

Für Hood lassen sich Instrumente zwischen Detektoren und Effektoren unterschieden (1983: 3). Die Begriffe wurden bewusst aus dem Wissenschaftsbereich der Regelungstechnik entlehnt. Ähnlich wie auch dieser ingenieurswissenschaftliche Bereich, bezweckt auch die Politik die Steuerung eines Systems – in diesem Fall eines gesellschaftlichen Systems. Detektoren dienen demnach der Informationsgewinnung. „Detectors are all the instruments that governments uses for taking information" (Hood 1983: 3). Ohne eine brauchbare Grundlage an Informationen kann keine gute Politikentscheidung getroffen und auch keine lösungsorientierte Politik implementiert werden. Die als Eingangsgrösse bezeichnete Ausgangslage beschreibt den Zustand im System. Ein Abgleich mit dem Sollwert ermöglicht die Identifizierung von Handlungsbedarf. Dabei sind im politischen Prozess beide Grössen Gegenstand von politischen Debatten und im Gegensatz zur ingenieurstechnischen Ansatz nicht neutral. Knoepfel bezeichnet diesen Vorgang als Definition des öffentlichen Problems (siehe Kap. 3.4 und 8). Selbst bei bester Informationslage bleibt ein Regelungssystem allerdings nutzlos, wenn es nicht die Möglichkeit zur Beeinflussung besitzt. Die dazu verwendeten Instrumente werden als Effektoren bezeichnet und sollen die Abweichung der Eingangsgrösse vom Sollwert vermindern. „Effectors are all the tools that government can use to try to make an impact on the world outside" (Hood 1983: 3).

Die aufgezeigten möglichen Kategorisierungen von Instrumenten sind um beliebig viele andere Modelle erweiterbar. Die instrumentenfokussierte Politikforschung, welche die Beschreibung und Kategorisierung von Instrumenten verfolgt, ist einer stetigen Entwicklung unterlegen. Bislang konnte sich keine der spezifischen Ansätze durchsetzen. Mit Blick auf die vorliegende Arbeit erscheint eine weitergehende Analyse verschiedener Kategorisierungsmodelle wenig zielführend, da in jedem Fall eine Adaption zu tätigen ist.

3.5.1 Adaption für die vorliegende Arbeit

Die verschiedenen Strömungen sind nicht ausschliessend, sondern gegenseitig komplementär zu verstehen. Die Beschreibung und Kategorisierung der Instrumente dient zur Gewinnung von Übersichtlichkeit und zur Strukturierung des Feldes und ist damit für die instrumentenfokussierte Politikforschung grundsätzlich notwendig. Die Unterteilung kann (muss aber nicht) auf der Wirksamkeit oder der Wirkungsweise des Instruments basieren. Die Forschung bezüglich der Effektivität von Instrumenten basiert wiederum auf diesen Kategorisierungen und testet insbesondere, ob diese oder jene Arten von Instrumenten bezogen auf die Zielformulierung effektiver als die andere Gruppe eine Verhaltensveränderung der Zielgruppe hervorrufen kann. Auf dem Wissen (oder der

Wahrnehmung) über die Wirksamkeit einzelner Instrumente basiert der politische Konflikt über die Auswahl des Instruments. Die verschiedenen politischen Akteure bevorzugen Instrumente, die versprechen ihre jeweiligen Zielen bestmöglich zu erreichen.

Phasen der Instrumentenpo- litik	Politische Zielsetzungen	→	Instrument bzw. Instrumen- tentyp	→	Verhalten der Zielgruppe als Reaktion auf das gewählte Instrument
Ansätze der Instrumenten- forschung		Politische Konflikte um Auswahl der Instrumente	Beschreibung- und- Kategorisierung der Instrumente	Effektivitätsfor- schung	

Abbildung 12: Schematische Darstellung der unterschiedlichen Ansätze der Instrumentenfoschung. Je nach Positionierung ergeben sich unterschiedliche Abhängige und Unabängige Variablen in der jeweilgen Forschung. Quelle: Eigene Erarbeitung.

Die Kategorisierung von Instrumenten ist für die vorliegende Arbeit kein eigenständiger Untersuchungsgegenstand, sondern vielmehr eine vorgängig getätigte analytische Einteilung. Einerseits wird auf die bodenpolitischen Instrumente der Raumplanung fokussiert. Damit wird eine eigene Kategorie herangezogen, um die relevanten Instrumente zu identifizieren. Die Bestimmung der Instrumente dieser Kategorie folgt der erarbeiteten Definition von Bodenpolitik (siehe Kap. 2.2) und der dargestellten Auswahl (siehe Kap. 2.3und auch Kap. 9.1). Andererseits kann der Hood`schen Einteilung folgend gesagt werden, dass die ausgewählten Instrumente allesamt Effektoren sind. Der Fokus auf das Umsetzungsdefizit der Raumplanung und die Untersuchung der Wirksamkeit bodenpolitischer Instrumente stellen Instrumente ins Zentrum, die in der Hood folgend die Abweichung der Eingangsgrösse vom Sollwert vermindern sollen.

Die Fokussierung auf die Instrumente ist neben der Fokussierung auf die internen Entscheidungsprozesse und der Betrachtung der Politikinhalte eine Möglichkeit der analytischen Herangehensweise an Regierungshandeln. Hood nennt drei wesentliche Vorteile, die aus diesem Betrachtungsansatz hervorgehen (1983: 7-11): Komplexität, Auswahl und Zeit.

Modernes Regierungshandeln erscheint häufig äusserst komplex. Eine Vielzahl von Problemen erhält politische Aufmerksamkeit und wird mit einer noch grösseren Vielzahl an Handlungen angegangen. Die Kombination daraus könnte zu einer unübersichtlichen politischen Lage führen. Die Fokussierung auf die Instrumente ermöglicht es, innerhalb dieser Gemengelage gemeinsame Muster aufdecken. „Look at those activities as the application of a relatively small set of basic tools, endlessly repeated in varying mixes, emphases and contexts, and the picture immediately becomes far easier to understand" (Hood 1983: 8). Hood vergleicht die Instrumente einer Politik mit den Elementen aus den Naturwissenschaften. Die Welt, ja das Universum besteht aus einer unendlichen Zahl an Verbindungen, doch der Fokus auf die lediglich 118 Elemente ermöglicht die unglaubliche Komplexität zu reduzieren und zu systematisieren (bspw. die Unterscheidung in organische und anorganische Chemie). Ähnlich erhalten immer neue Probleme und soziale Konstruktionen, jedoch bleibt die Anzahl der verfügbaren Instrumente überschaubar. Die ermöglicht zudem Vergleich zwischen verschiedenen Politikproblemen, Regierungen oder Zeitspannen. Der Instrumentenkasten der Politik entwickelt sich deutlich langsamer, als die Entdeckung neuer politischer Probleme fortschreitet. „Only the mixture varies. This means that if we can grasp the basics of government`s toolkit, we can have a better sense of what *they* – government, officialdom, authority – can do in any given case and what problems they may face" (Hood 1983: 8).

3.5.2 Definition Instrument

Das Hinterfragen des Regierungshandelns ist eng verknüpft mit Fragen der Effektivität und den Kosten öffentlicher Politiken – bzw. der andauernden Frustration darüber. Dabei ist schon wie bei Hood eine Strömung innerhalb der Politikwissenschaften zu vernehmen, welche einen neuen Analysefokus wählt, um ein besseres Verständnis über die Wirkungsweise von Politikimplementierung zu erlangen, und von Lester Salamon etwas hochgreifen als Revolution bezeichnet wird. „The heart of this revolution has been a fundamental transformation not just in the scope and scale of government action, but in its basics forms" (Salamon 2002: 1). Der Ansatz der New Governance fordert die fokussierte Auseinandersetzung mit den Instrumenten einer öffentlichen Politik. Dabei sind Kriterien für die Definition und Klassifikation, Werte zur Beurteilung der Instrumente und Dimensionen zur Ausprägung der Instrumente zu entwickeln.

Der Begriff des Instruments ist aufgrund seiner vielfältigen Anwendungsbereiche schwer zu fassen. Um die Vielfalt der politischen Instrumente zu umfassen, wählt Salamon eine weitreichende Definition: „A tool of public action is an identifiable method through which collective action is structured to address a public problem." (Salamon 2002: 19). In der englischsprachigen Literatur werden *tool* und *instrument* kongruent verstanden, während in der deutschen Sprache im wissenschaftlichen Kontext häufiger von *Instrumenten*, seltener jedoch von *Werkzeugen* gesprochen wird. Die Definition von Salamon basiert auf drei wesentlichen Merkmalen: den gemeinsamen Eigenschaften, dem institutionellen Charakter, und der problemlösungsorientierten Handlung. Jedes Instrument hat demnach eine gemeinsame Eigenschaft, anhand derer es identifiziert werden kann. Dabei ist zwischen den bestimmenden Eigenschaften, welche zur Abgrenzung verschiedener Instrumente dienen, und den ausgestaltenden Eigenschaften, welche die konkrete Ausbildung innerhalb eines Instrumententyps darstellt, zu unterscheiden. Diese Eigenschaften ermöglichen die präzise Beschreibung, Abgrenzung und Typisierung von Instrumenten.

Ein Instrument zeichnet sich dadurch aus, dass es darauf ausgelegt ist auf eine spezifische Situation Einfluss zu nehmen. Damit unterscheidet sich ein Instrument beispielsweise von Massnahmen zur internen Umorganisation einer Regierungsstruktur. Ein Instrument ist zielt zwingend auf das ursächliche öffentliche Problem und ist daher als gesellschaftliches Handeln zu verstehen.

Mithilfe dieser definitorischen Elemente ist es Salamon möglich, Instrumente von anderen Konzepte, wie beispielsweise Programmen und Policies zu unterscheiden. Instrumente sind zwar allgemeiner als Programme, gleichzeitig aber in solchen enthalten. Ein Programm adressiert ein spezifisches Problem oder Feld und enthält ein oder mehrere Instrumente zur Erreichung der Problemlösungen. Ein Instrument kann daneben in verschiedenen Programmen zur Anwendung kommen und auch für verschiedenartige Probleme verwandt werden. Daneben sind Policies deutlich weitgefasster und bilden sich aus einer Sammlung an Programmen. Dabei können unterschiedliche Instrumente den Zweck einer Policy implementieren. Der Begriff der Strategie ist innerhalb des Städtebaus sogar noch weiter gefasst. „Strategien besetzen methodisch die Schnittstelle zwischen systematischer, rationaler Analyse und intuitivem Entwurf sowie strukturell die Schnittstelle zwischen planungstheoretischen Überlegungen und planungspraktischem Alltag. Sie sind auf Ganzheitlichkeit ausgerichtete, synthetische Betrachtungs- und Handlungsweisen, die komplexe Situationen strukturieren und Leitgedanken für die Zukunft formulieren" (Lampugnani / Noell 2007: 44). Da Instrumente im Gegensatz zur Strategie identifizierbar, abgrenzbar und ggf. sogar messbar sind, können Instrumente als Indikatoren für die zugrundeliegenden Strategien dienen. Die vorliegende Arbeit folgt diesem Ansatz.

3.6   Theoretische Annahmen zur Wirksamkeit von Bodenpolitik und Rekonstruktion des Umsetzungsdefizits der Raumplanung

Die Regulierung des Bodens ist dem vorliegenden Ansatz nach ressourcen- und akteursorientiert zu untersuchen. Boden ist als Ressource (und nicht etwa sektoral) zu betrachten, welche in Form von verschiedenen Gütern und Dienstleistungen durch verschiedene Akteure genutzt wird. Um die daraus entstehenden Konflikte zu regulieren, ist ein Regulierungssystem gesellschaftlich und politisch entwickelt worden, deren wichtigste Elemente die öffentliche Politik und die eigentums-rechtlichen Struktur sind. Die zentrale Annahme ist, dass die Ressourcennutzung umso nachhalti-ger ist, je integrierter das Regime ist.

Das institutionelle Bodenregime ist dabei in der Schweiz (wie auch in den meisten anderen euro-päischen Ländern) als komplexes Regime zu bezeichnen (der genaue Nachweis erfolgt in Kap. 8). Die theoretisch abgeleitete Annahme ist demnach, dass die Nachhaltigkeit der Ressourcennutzung bei integrierten Regimen höher sein müsste als bei einem solchen komplexen Regimen. Um ein komplexes zu einem integrierten Regime zu entwickeln, ist die Kohärenz der verschiedenen vorhandenen Regulierungen zu erhöhen. Im Falle des Bodenregimes bedeutet dies vorwiegend, dass die nutzungsrechtliche Ebene (bspw. Planung) mit der verfügungsrechtlichen Ebene (insb. Eigentumsrechte an Boden) in Einklang zu bringen sind. Die in Kapitel 1 aufgezeigten Tendenzen zielen eben auf diese Verbesserung der Kohärenz. Da demnach der Wandel von einer passiven Bodennutzungsplanung zu einer aktiven Bodenpolitik die Erhöhung der Integration des Bodenre-gimes darstellt, müsste sich die Wirksamkeit bezogen auf die Nachhaltigkeit der Ressourcennut-zung erhöhen.

Zusammenfassend kann demnach festgehalten werden, dass sowohl der nationale, wie auch der kantonale Gesetzgeber im Konzept der Bodenpolitik eine potenzielle Verbesserung des Systems sieht. Die Raumplanung bewegt sich daher von einer passiven Bodennutzungsplanung zu einer aktiven Bodenpolitik. Die Wirksamkeit dieses Ansatzes ist bei vor allem theoretisch abgeleitet – nicht jedoch empirisch überprüft. Die wenigen wissenschaftlichen Auseinandersetzungen basieren auf deduktiven Erkenntnissen aus theoretischen Überlegungen. Eine Überprüfung der tatsächli-chen Wirkungsmechanismen in der raumplanerischen Praxis erscheint notwendig. Zudem kann durch die Identifikation weiterer, nicht berücksichtigten Einfluss-Variablen zur Theoriebildung und -weiterentwicklung beigetragen werden.

Teil B: Forschungsdesign

Raumordnungspolitik hat also das Problem der mangelnden Wirksamkeit. Als Gegenreaktion wird dabei diskutiert, ob das bisherige System der passiven Bodennutzungsplanung in ein System aktiver Bodenpolitik überführt werden sollte. Damit verbunden ist die theoriebasierte Erwartung einer erhöhten Wirksamkeit. Die vorliegende Arbeit möchte diese Erwartung einer empirischen Überprüfung unterziehen. Die genaue, wissenschaftsmethodische Vorgehensweise wird entwickelt und in ein Forschungsdesign zu überführen. Teil B dieser Arbeit zeigt die entsprechenden Schritte auf.

Zunächst werden in einem allgemeinen Forschungsrahmen die wesentlichen Elemente der Forschung explizit definiert und miteinander in Bezug gesetzt (Kap. 0). Da dies lediglich den logischen, nicht jedoch den testbaren Bezug darstellt, wird ein spezifischer Untersuchungsaufbau entwickelt (Kap. 5). Die konkrete Untersuchung wird an einer gewählten Untersuchungseinheit durchgeführt. Aus methodischen Gründen wurden dazu Lebensmittel-Discounter ausgewählt. Diese methodischen Gründe, wie auch geographische und planerische Grundlagen, werden ebenfalls dargestellt (Kap. 6). Schliesslich erfolgt die Darstellung der wesentlichen methodischen Vorgehensweisen (Kap. 7).

Die vorliegende Arbeit folgt der Denkschule, dass Raumentwicklung als Ergebnis privater, raumrelevanter Entscheidungen zu verstehen ist. Die Raumordnungspolitik kann daher die Raumentwicklung nicht direkt gestalten, sondern erfolgt über die Beeinflussung des Verhaltens der beteiligten Akteure. Eine Überprüfung der Wirksamkeit bestimmter Strategien ist daher akteurszentrierte Forschung.

4. Allgemeiner Forschungsrahmen

Auf Grundlage dieser allgemeinen und theoretischen Vorüberlegungen wird ein allgemeiner Forschungsrahmen bestehend aus dem Forschungsinteresse (Kap. 4.1), den Forschungsvariablen und -fragen (Kap. 4.2), den Forschungshypothesen (Kap. 4.3) und der Positionierung der Arbeit (Kap. 4.4).

4.1 Allgemeines Forschungsinteresse

Das Forschungsinteresse der vorliegenden Arbeit besteht darin, zu einem besseren Verständnis lokaler Raumentwicklungsprozesse und speziell der Rolle der öffentlichen Planungsträger innerhalb dieser Prozesse beizutragen. Speziell im Fokus steht dabei die Analyse der unterschiedlichen Wirkungsweisen von verschiedenen Strategien, welche von kommunalen Planungsträgern verwendet werden, um die tatsächliche Raumentwicklung im Sinne der formulierten Planungsziele zu steuern, somit also die Planungsziele effektiv gegenüber privaten Akteuren durchsetzen zu können. Aufgrund der theoretischen Vorüberlegungen wird dabei speziell auf bodenpolitische Strategien eingegangen. Das konkrete Forschungsziel besteht darin

- die deduktiv begründeten Annahmen über die Wirkungsweise von bodenpolitischen Strategien in der tatsächlichen raumplanerischen Praxis zu überprüfen, sowie
- weitere beeinflussenden Randbedingungen zu identifizieren.

Gesamthaft soll dazu beigetragen werden zu verstehen, ob und wenn ja unter welchen Bedingungen sich die öffentliche Hand mittels bodenpolitischer Strategien stärker gegenüber privaten Akteuren durchsetzen und somit eine nachhaltigere Raumentwicklung erwirken kann. Das Forschungsinteresse kombiniert somit die Forschungsinteressen dreier Forschungsgebiete

(1) Die Überprüfung der Grundhypothese des IRR, dass integriertere Regime zu einer nachhaltigeren Ressourcennutzungsführen
(2) Die Überprüfung der bodenpolitischen Grundhypothese, dass die tatsächliche Raumentwicklung nicht ohne die Betrachtung der zugrundeliegenden Eigentumsrechte verstanden kann und die Beeinflussung der privaten Akteure durch die öffentlichen Planungsträger diese Eigentumslogik berücksichtigen oder gar strategisch nutzen muss, um wirksam zu sein.
(3) Die Kombination dieser Erkenntnisse, um planungswissenschaftlich über wesentliche Einflussfaktoren und Wirkungsmechanismen der Raumentwicklung zu identifizieren und daraus planungspraktisch anwendbare Handlungsempfehlungen abzuleiten – wobei sowohl die Überprüfung bereits bekannter als auch die Identifizierung von bislang unbekannten bzw. wenig beachteten Wirkungsmechanismen gemeint ist.

© Springer Fachmedien Wiesbaden GmbH, ein Teil von Springer Nature 2019
A. Hengstermann, *Von der passiven Bodennutzungsplanung zur aktiven Bodenpolitik*, https://doi.org/10.1007/978-3-658-27614-0_4

4.2   Forschungsvariablen und -fragen

Im Zentrum einer jeder Forschungsarbeit steht die Forschungsfrage. Die Konzeption des gesamten Forschungsdesigns ist von der Forschungsfrage und ihrer Formulierung abhängig, wobei sich diese durch Reflexion und Reformierung im Verlaufe des Forschungsprozesses (insbesondere bei qualitativer Forschung) durchaus iterativ verändern kann. Von besonderer Schwierigkeit ist die Erarbeitung einer Fragestellung, die einerseits ausreichend präzise ist und andererseits die für qualitative Forschung nötige Offenheit zulässt. „Entscheidend ist, dass der Forscher eine klare Vorstellung über seine Fragestellung entwickelt und dabei noch offen bleibt für neue im besten Fall überraschende Erkenntnisse" (Flick 2007: 77). Schliesslich leiten sich aus der Fragestellung alle wesentliche Elemente des Forschungsdesigns ab. Fragestellungen sind der „Bezugspunkt für die Beurteilung der Stimmigkeit im Forschungsdesign und für die Angemessenheit der verwendeten Methode der Erhebung und der Interpretation von Daten" (Flick 2007: 82). Schliesslich hängt auch bereits von der Formulierung der Forschungsfrage ab, inwiefern sich die Forschungsergebnisse verallgemeinern lassen.

Der vorliegenden Arbeit liegt ein explizites Variablenmodell zu Grunde. Da dieser Vorgehensweise für qualitative Sozialforschung ungewöhnlich ist, erfolgt zunächst eine kurze grundsätzliche Beschreibung, ehe die konkrete Anwendung für die vorliegende Arbeit verdeutlicht wird.

4.2.1   Grundsätzliches zum Variablenmodell in qualitativer Forschung

Mit der Ausformulierung der Forschungsfrage geht auch gleichzeitig die Definition der Forschungsvariablen einher. „Der Bezug auf Variablen muss hier sehr fremd wirken, da er im Kontext der qualitativen Sozialforschern geradezu verpönt ist – die quantitative Sozialforschung wird von qualitativen Sozialforschern mitunter sogar abwerten als ´Variablen-Soziologie´ bezeichnet" (Gläser/Laudel 2009: 78). Eine solche Verschlossenheit ist jedoch nicht angebracht. Jeder (explanativen) Forschung liegt ein Variablenmodell zugrunde – zumeist wird dieses jedoch bei qualitativer Forschung nicht explizit offengelegt (vgl. van Evera 1997: 12). Die zuvor zitierte Kritik an quantitativer Forschung bezieht sich zumeist auf die mangelnde Unterscheidung zwischen der Variable und dem dazugehörigen Indikator und der allzu einseitigen oder eindimensionalen Analyse von statistisch signifikanten Zusammenhängen. Die Übernahme eines Variablenmodells für die vorliegende Forschung ist allerdings nicht als Fokussierung auf solche statischen Untersuchungen zu verstehen. Vielmehr werden die Vorteile eines Variablenmodels bezogen auf die Identifikation von plausiblen kausalen Zusammenhängen übernommen.

Dem politikwissenschaftlichen Ansatz von van Evera (1997) folgend, wird in der vorliegenden Arbeit zwischen vier Arten von Variablen unterschieden: Der abhängigen Variablen (AV), der unabhängigen Variablen (UV), intermediären Variablen (IntmV) und konditionalen Variablen (CV).

- Die *abhängige Variable (AV)* umschreibt das zu erklärende Problem oder Phänomen. Sie wird daher auch erklärte Variable genannt.
- Die *unabhängige Variable (UV)* umschreibt die Ursache, welche zu diesem Problem oder Phänomen geführt hat. Sie wird daher auch erklärende Variable genannt.
- Die *intermediäre Variable (IntmV)* umschreibt einen logischen Schritt, der zwischen der Ursache und dem Problem oder Phänomen liegt, aber nicht in der ursprünglichen Theorie berücksichtigt war. Die IntmV wird durch die UV beeinflusst und beeinflusst selbst wiederum die AV. Dieser Zwischenschritt kann (muss aber nicht) auftreten. Zudem ist die genaue Zuordnung eine Frage der Definition und des jeweiligen Forschungsfokuses[20], weshalb eine klare Offenlegung umso notwendiger wird. Sie wird auch Mediator bezeichnet.

---

[20]   Bei *A bewirkt B* ist A die unabhängige Variable. Bei *Q bewirkt A* wird A die abhängige Variable. Wenn nun die Aussagen kombiniert werden, wird A die intermediäre Variable in *Q bewirkt A und A bewirkt B*.

- Die *konditionale Variable (CV)* umschreibt Bedingungen, die Einfluss auf den Zusammenhang der UV und AV (und ggf. IntmV) haben. Diese Bedingungen können als Voraussetzungen oder als Faktor auftreten (vgl. van Evera 1997: 9-11). Als Voraussetzung bewirkt die An- oder Abwesenheit der CV, dass das Phänomen auftritt oder ausbleibt[21]. In diesem Sinne ermöglichen oder verhindern die CV den Mechanismus (Veto-Wirkung). Als Faktor bewirkt die An- oder Abwesenheit der CV eine Verstärkung oder Abschwächung des Mechanismus.[22] Gesamthaft sind unter den CV also zwei Arten (Voraussetzungen bzw. Faktoren) mit jeweils zwei Ausprägungen (Präsenz bzw. Abwesenheit) und jeweils zwei unterschiedlichen Auswirkungen (positiv oder negativ) möglich. Je nach Grad der Unterteilung werden die CV daher in anderen Forschungen auch mit anderen Begriffen umfasst, wobei eine abschliessende Liste an dieser Stelle nicht möglich ist.[23]

Mit Hilfe dieser Variablen lassen sich alle wesentlichen Elemente der Forschung – oder genauer des Forschungsdesigns – bestimmen und miteinander in Bezug setzen. Ausgangspunkt stellt eine beobachtete oder vermutete Beziehung zwischen zwei Phänomenen dar. Ziel der Forschung ist stets die Untersuchung dieser Beziehung, die auch Gesetzmässigkeit genannt wird, da ein kausaler Zusammenhang angenommen wird (vgl. van Evera 1997). Dabei wird eine Gesetzmässigkeit vermutet (Hypothese), die durch eine Theorie begründet und erklärt wird. Die gesetzmässige Beziehung der abhängigen und der unabhängigen Variablen kann dabei durch eine Reihe von unterschiedlichen Konditionen beeinflusst werden, deren Aufdeckung die Aussagekraft der Forschungsergebnisse erhöht.

4.2.2   Anwendung des Variablenmodells und Ausformulierung der Forschungsfrage

Die vorliegende Forschung dient dazu, zu untersuchen, welche Auswirkungen die Anwendung bodenpolitischer Strategien durch kommunale Planungsträger (UV) auf die effektive Umsetzung von raumplanerischen Zielen in der Raumentwicklung (AV) hat und von welchen Bedingungen die Wirkung von bodenpolitischen Strategien beeinflusst wird (CV). Da die Raumentwicklung als Ergebnis der Auseinandersetzung von öffentlichen mit privaten Akteuren angesehen wird, ist die Fähigkeit der öffentlichen Akteure zur Beeinflussung des Verhaltens der privaten Akteure (IntmV) ein logischer und notwendiger Zwischenschritt.

Im Sinne der oben genannten Grundannahme, dass eine unnachhaltige Raumentwicklung zunächst eine mangelnde Durchsetzung öffentlicher Interessen gegenüber privater Interessen darstellt und auf der Inkohärenz zwischen der Ebene der Eigentumsrechte und der Ebene der öffentlichen Raumordnungspolitik zurückzuführen ist, wird die Wirkung von bodenpolitischen Strategien untersucht. Dies folgt dem grundsätzlichen Ansatz von Fainstein wonach das räumliche Ergebnis (Outcome) mit dem planerischen Prozess (bspw. Strategien) ins Verhältnis zu setzen ist, um so zu erklären, wie das konkrete räumliche Ergebnis zustande gekommen ist und unter welchen Bedingungen ein bestimmtes anderes räumliches Ergebnis erzielt werden kann (vgl. 2005: 159, 169).

Die Forschungsfrage gliedert sich daher in eine übergeordnete explanative Forschungsfrage (RQ_0) (bestehend aus zwei Teilfragen RQ_1 und RQ_2) und einer explorativen Frage zu den Bedingungen (RQ-CV).

---

[21] Bspw.: A bewirkt B, wenn C anwesend, sonst nicht. Oder: A bewirkt B, nur wenn C abwesend ist.
[22] Bspw.: A bewirkt ein wenig B, wenn C abwesend ist. Wenn C anwesend, dann bewirkt A viel B.
[23] Eine Auswahl aus van Evera (1997: 10): Interaction terms, initial conditions, enabling condition, catalytic condition, precondition, activating condition, magnifying conditions, assumptions, assumed conditions, oder auxiliary assumptions.

RQ$_0$: Welche Auswirkungen hat die Anwendung von bodenpolitischen Strategien auf den Grad der Umsetzung von planungsrechtlichen Zielen?

RQ$_1$: Welchen Einfluss hat die Anwendung bodenpolitischer Strategien auf die Fähigkeit der kommunalen Planungsträger zur Beeinflussung des Verhaltens anderer Akteure?

Mit „anderen Akteuren" sind vordergründig die privaten Akteure, oder noch spezieller die (a) investierenden und die (b) bodenverfügenden Akteure gemeint, welche die Zielgruppe einer öffentlichen Raumplanungspolitik darstellen. Daneben können auch weitere Akteure (c) innerhalb der kommunalen Verwaltung und Politik, (d) der allgemeinen Bevölkerung, sowie (e) weitere Drittparteien (Nutzniesser oder Begünstigte) relevant sein.

Aufgrund der Annahme, dass die tatsächliche Raumentwicklung das Ergebnis der Interaktion zwischen den öffentlichen Planungsträgern und den privaten Akteuren ist, muss ein verbessertes Policy-Ressourcen-Portfolio noch nicht zwangsläufig eine wirksamere Umsetzung der raumplanerischen Ziele bedeuten. Zudem bleibt offen, ob die gewählten Interventionen auch tatsächlich in der Lage sind die Ursache (Kausalhypothese) zu beeinflussen und somit das ursprüngliche öffentliche Problem tatsächlich zu lösen und die planungsrechtlichen Ziele zu erreichen. Daher ist separat zu fragen:

RQ$_2$: Welche Auswirkung hat die veränderte Position auf den Grad der Umsetzung raumplanerischer Ziele?

Selbst wenn ein kausaler Zusammenhang zwischen der Anwendung bodenpolitischer Strategien und der Umsetzung von planungsrechtlichen Zielen (ggf. durch Hinzunahme der intermediären Variable) angenommen und nachgewiesen werden kann, können weitere Bedingungen diesen Kausalzusammenhang beeinflussen. Diese Bedingungen werden als Konditionale Variablen (CV) bezeichnet. Die letzte Forschungsfrage ist explorativ und fragt nach diesen Bedingungen:

RQ-CV: Welche Bedingungen haben einen Einfluss auf den Wirkungsmechanismus von bodenpolitischen Strategien?

Es wird angenommen, dass unterschiedliche konditionale Bedingungen den Wirkungsmechanismus von bodenpolitischen Strategien auf die Raumentwicklung beeinflussen. Dabei sind folgende Begrifflichkeiten relevant und daher entsprechend definiert:

- Positive Voraussetzungen: Bedingungen, deren Präsenz oder Abwesenheit die Wirkung von bodenpolitischen Strategien ermöglicht.
- Negative Voraussetzungen: Bedingungen, deren Präsenz oder Abwesenheit die Wirkung von bodenpolitischen Strategien verhindert.
- Positive Faktoren: Bedingungen, deren Präsenz oder Abwesenheit die Wirkung von bodenpolitischen Strategien verstärken.
- Negative Faktoren: Bedingungen, deren Präsenz oder Abwesenheit die Wirkung von bodenpolitischen Strategien verringert.

So ist denkbar, dass die Art und Weise bzw. die Form der bodenpolitischen Strategien von Bedeutung ist. Beispielsweise ist annehmbar, dass eine vorangegangene explizite Formulierung und Fixierung in einem politisch beschlossenem Dokument die Anwendung der Strategie formalisiert und so die Wirkung massgeblich beeinflusst. Einfluss kann auch eine ausgewogene Balance zwischen strikter Anwendung und flexibler Anpassung an die jeweilige Einzelsituation haben. Weitere geographisch-räumliche, politisch-rechtliche oder gesellschaftlich-kulturelle Bedingungen sind vorstellbar. Eine abschliessende Liste ist jedoch nicht möglich, weshalb dieser Teil der Fragestellung explorativ gehalten ist.

4.3 Forschungshypothesen

Die Forschungsfrage ist mit Erwartungen verknüpft, welche in Form von Hypothesen ausformuliert werden. Diese Vorgehensweise trägt dazu bei, die Erwartungen des Forschungsvorhabens aufzudecken und die Operationalisierung der Forschung effizienter zu gestalten. Da auch die Verwendung von Hypothesen im Kontext qualitativer Sozialforschung ungewöhnlich ist, wird analog zum Variablenmodell kurz ein grundsätzlicher Beschrieb vorangeführt.

4.3.1 Grundsätzliches zu Hypothesen in qualitativer Forschung

Im Gegensatz zu beobachteten Gesetzmässigkeiten handelt es sich bei Hypothesen um (im Idealfall: begründete) Mutmassungen oder Annahmen über die Beziehungen zwischen den jeweiligen Variablen (vgl. van Evera 1997: 9, Diekmann 2007: 124, Blatter et al. 2007: 28-30). Hypothesen sind damit zunächst nichts weiter als Vermutungen über einen bestimmten Sachverhalt. Im wissenschaftlichen Kontext sind mit dem Begriff Hypothese meist kausale, also deduktiv hergeleitete *nomologische Hypothesen* (dt. Zusammenhangshypothesen) gemeint (vgl. van Evera 1997: 9, Blatter et al. 2007: 28). Hierbei kann grundsätzlich zwischen deterministischen und probabilisitischen Hypothesen unterschieden werden. Deterministische Hypothesen dienen dazu, die auf den Vorwissen basierte Annahmen über die Relation der Variablen in eine (bspw. durch Experiment oder statistischer Auswertung) testbare Form zu organisieren und anschliessend zu bestätigen oder zu widerlegen. Solche relationsorientierte Erkenntnisinteressen greifen bei gesellschaftlichen Problemstellungen nicht, da keinesfalls alle möglichen beeinflussenden Variablen kontrolliert werden können. Deterministische Hypothesen sind daher für planungswissenschaftliche Forschung unbrauchbar.

Nichtsdestotrotz können Hypothesen auch in Gesellscahftswissenschaften und auch bei qualitativer Forschung hilfreich sein. In diesem Fall sind dann probabilisitische Hypothesen gemeint. Solche Annahmen über Wirkungszusammenhänge liegen dabei jeder Forschung zu Grunde, auch wenn dies nicht immer transparent dargestellt wird. „Die Zusammenhänge [in den Sozialwissenschaften] sind probabilistisch, auch wenn dies nicht immer explizit kenntlich gemacht wird" (Diekmann 2007: 124-125). Dementsprechend verfolgt die gesellschaftswissenschaftliche Forschung (und damit auch die Planungswissenschaft) mechanismusorientierte Erkenntnisinteressen. Probabilistische Hypothesen haben in diesem Zusammenhang einen anderen Zweck als deterministische Hypothesen. „Sie [die probabilistische Hypothesen] können die empirische Erhebung und die Auswertung anleiten, weil sie das Erkenntnisinteresse (die Forschungsfrage) detaillieren. Außerdem explizieren sie die Vorannahmen des Forschers, die ja einen nicht zu unterschätzenden Einfluss auf die Untersuchung haben" (Gläser/Laudel 2009: 77).

In der vorliegenden Forschung werden zur Hauptforschungsfrage (RQ_0), sowie zu den beiden Teilforschungsfragen (RQ_1 und RQ_2) Hypothesen formuliert. Die Frage zu den Bedingungen (RQ-CV) ist explorativ, sodass keine Hypothese formuliert werden kann.

4.3.2   *Formulierung von Hypothesen für die vorliegende Arbeit*

Die Primärhypothese (H_0) verknüpft die im theoretischen Kapitel aufgeführten Annahmen und beantwortet die Forschungsfrage wie folgt:

> H_0: Durch die Anwendung von bodenpolitischen Strategien durch kommunale Planungsträger erhöht sich der Grad der Umsetzung raumplanerischer Ziele in der Raumentwicklung, da die Gemeinden durch den kohärenteren Ansatz (Übertragung der Planungsziele in die Eigentumslogik) eine verbesserte Fähigkeit erlangen, dass Verhalten der privaten Akteure zu beeinflussen.

Auch bezüglich der beiden Teilforschungsfragen (RQ_1 und RQ_2) sind spezifische Erwartungen vorhanden. Um von der abhängigen Variable auszugehen, wird antichronologisch zunächst die Teilhypothese 2 (H_2) und dann die Teilhypothese 1 (H_1) aufgeführt. H_2 beschreibt die Erwartungen bezüglich der Auswirkung der verbesserten Machtposition auf die tatsächliche Raumentwicklung. Im Sinne der von anderen Ressourcen bekannten Erkenntnisse, wird dabei eine positive Auswirkung angenommen. Die H_2 lautet daher:

> H_2: Durch die verbesserte Machtposition der kommunalen Planungsträger wird die Umsetzung von öffentlichen Planungszielen erhöht, da die kommunalen Planungsträger das Verhalten der privaten Akteure durch die erweiterten Politik-Ressourcen gezielter beeinflussen können.

Als Machtposition wird dabei die Durchsetzung eigener Interessen durch die Verwendung des zur Verfügung stehenden Politikressourcenportfolios verstanden.

H_1 begründet den dahinter liegenden Wirkungsmechanismus. Diese Hypothese beschreibt, wie die zuvor genannte verbesserte Machtposition der kommunalen Planungsträger zustande kommt. Die Hypothese folgt dem dargestellten Forschungsansatz zur Verknüpfung von öffentlicher Politik und Eigentumsrechten und lautet daher:

> H_1: Die Anwendung bodenpolitischer Strategien durch kommunalen Planungsträger führt zu einer verbesserten Fähigkeit der kommunalen Planungsträger zur Beeinflussung des Verhaltens der privaten Akteure, da die öffentliche Politik (Raumplanung) durch die Logik des Eigentums ergänzt und somit kohärenter wird.

Es ist absehbar und Absicht, dass die Hypothesen in dieser Eindeutigkeit der empirischen Überprüfung nicht Stand halten werden. Sie denen lediglich dazu, die komplexe empirische Realität anhand von klaren, idealtypischen Mustern zu reflektieren, und so die empirischen Ergebnisse besser bewertbar zu machen.

Zudem entsprechen die Hypothesen in dieser Form zwar den theoretischen Annahmen, sind aber nicht testbar. Es bedarf eines spezifischen Untersuchungsaufbaus, bei welchem testbare Varianten (sog. Untersuchungshypothesen) abgeleitet werden.

4.4   Positionierung der Arbeit

Die Arbeit und der nun dargestellte allgemeine Forschungsrahmen lässt sich positionieren. Dabei ist zwischen dem engen Kontext (also der Positionierung der Arbeit als solches) und dem weiteren Kontext (also der Positionierung der Raumplanung im marktwirtschaftlichen Umfeld) zu unterscheiden.

4.4.1   Positionierung der Arbeit im wissenschaftlichen Kontext

Für die Positionierung im wissenschaftlichen Kontext ist relevant, dass die Arbeit einen Ressourcen-, institutionellen, akteurszentrierten, und instrumentellen Ansatz verfolgt (vgl. ausführlicher: Gerber, Hengstermann, Viallon 2018).

Wie bereits dargestellt, soll Boden nicht anhand von rechtlichen und politischen Kompetenzbereichen isoliert, sondern als Ressource ganzheitlich betrachtet werden. Dieser Ansatz, der aus der internationalen Debatte um Nachhaltigkeit abgeleitet wird, ermöglicht genauere Erkenntnisse über tatsächliche Wirkungsweisen von politischen Regulierungen. Einhergehend mit der Betrachtung von Boden als Ressource ist die Fokussierung auf die Akteure und speziell auf die Nutzer und Eigentümer. Eine Ressource wird über die Nutzbarkeit definiert, weshalb der Ressourcenansatz inhärenterweise auch ein akteurszentrierter Ansatz ist.

Der akteuerszentrierte Ansatz ist als Teil eines institutionellen Ansatzes zu verstehen. Postuliert wird, dass Akteure und Institutionen sich gegenseitig beeinflussen. Der klassische institutionelle Ansatz, wie er bspw. häufig in der Rechtswissenschaft vorzufinden ist, fokussiert auf die reine Beschreibung der wesentlichen Institutionen. Neoinstitutionelle Ansätze hingegen gehen einen Schritt weiter und postulieren, dass die Akteure einen gewissen Spielraum innerhalb dieser institutionellen Rahmenbedingungen haben und diesen gemäss ihrer eigenen Interessenlage bestmöglich auszunutzen versuchen. Da dabei verschiedene Institutionen strategisch aktiviert oder ignoriert werden, wird dies auch als ‚institution shopping' bezeichnet (in Anlehnung an Pralle 2003: 233).

Die Analyse dieser Akteursstrategien steht im Zentrum, stellt jedoch forschungspraktisch eine schwierige Aufgabe dar. Daher wird ein weiterer Ansatz verfolgt, welche mit Hilfe von Instrumenten eine Analyse ermöglichen soll. Während eine unendliche Vielzahl an Strategien vorstellbar ist, stehen den Akteuren zur deren Umsetzung lediglich eine begrenzte Menge an Instrumenten zur Verfügung. Spezifisch sind dann die Kombination und die Anwendung dieser Instrumente, wodurch sich analytische Möglichkeiten ergeben.

Die aufgezeigten Ansätze wurden in den vorangegangenen, theoretischen Kapiteln (Kap. 0 und 3) bereits materiell beleuchtet. Die nun vorgenommene Positionierung ist auch auf übergeordneter Ebene zu vollziehen. So bleibt fraglich, welche Rolle einer Raumplanung im marktwirtschaftlichen Umfeld zukommt. Daran lässt sich messen, ob eine wirksamere Raumplanung mittels bodenpolitischer Strategien legitimiert ist.

4.4.2   Positionierung der Arbeit im Kontext von Raumplanung im marktwirtschaftlichen Umfeld

„Die Ökonomisierung von Politik und Gesellschaft ist unübersehbar. Im Mittelpunkt der räumlichen Planung auf allen Ebenen steht immer stärker die Zielsetzung, die Wettbewerbsfähigkeit von Standorten und Regionen zu verbessern. Das traditionelle Ziel der Raumordnung, im Sinne der Realisierung des Sozialstaatsgebotes zum räumlichen Ausgleich, zur ‚Gleichwertigkeit der Lebensbedingungen' beizutragen, scheint immer mehr in den Hintergrund zu treten. Im Hinblick auf Globalisierung und Ökonomisierung werden Deregulierung und Privatisierung des staatlichen Sektors und damit auch der Planung im Allgemeinen, der Raumplanung im Speziellen, gefordert. Immer knapper werdende Mittel der Öffentlichen Hand und offenkundige Umsetzungsdefizite bisheriger planerischer Ansätze sind darüber hinaus pragmatische Gründe, die es rechtfertigen könnten, das bisherige raumplanerische System grundsätzlich infrage zu stellen" (Danielzyk 2004: 14).

Wenn von Raumplanung vor dem Hintergrund von Neoliberalismus, Ökonomisierung, New Public Management, oder ähnlichen Begriffen gesprochen wird, sind dabei unterschiedliche Phänomene gemeint. Es sollte zwischen der rechtlich-organisatorischen Privatisierung, der wirtschaftlichen Liberalisierung und der finanziellen Privatisierung unterschieden werden (vgl. Danielzyk 2004: 15). Mit rechtlich-organisatorischer Privatisierung ist das Phänomen gemeint, dass bislang staatliche Aufgaben zunehmend in privatrechtliche Organisationsformen überführt werden. Weit bekannt sind Beispiele nationaler Bedeutung, wie bspw. die Transformationen der ehemaligen Post- und Eisenbahnministerien in privatrechtliche Aktiengesellschaften. Gleichermassen umfasst dies auch zahlreiche Privatisierungen auf kommunaler Ebene, bspw. in den Bereichen Altenpflege oder Gesundheitsversorgung. Mit wirtschaftlicher Liberalisierung (oder New Public Management) wird die Übernahme von ökonomischen Prinzipien innerhalb der bestehenden Verwaltungsstrukturen beschrieben. Gebietskörperschaften oder staatliche Organisationen übernehmen das Primat der Effizienz und treten bspw. in Wettbewerbssituationen ein. Dies umfasst sowohl Situationen, in denen die Gebietskörperschaften selber im Wettbewerb stehen (bspw. Standort-, Steuer- oder MORO-Wettbewerbe), als auch solche, in denen der Wettbewerb als Mittel verwendet wird (städtebauliche Wettbewerbe, Ausschreibungen). Schliesslich werden auch finanzielle Privatisierungen realisiert, womit die Übernahme von nutzergerechten Leistungsentgelten (bspw. Schulgebühren anstelle einer steuerlichen Finanzierung der Schulen) gemeint sind.

Mit diesen verschiedenen Liberalisierungsansätzen sind vor allem Hoffnungen auf Effizienzgewinne verknüpft, die bspw. durch rationeller Erstellungen erzielt werden sollen (vgl. Danielzyk 2004: 15). Die Auswirkungen sind aus planerischer Sicht zunächst an den Entwicklungen im Bereich des Infrastrukturmanagements abzulesen (vgl. Danielzyk 2004: 16-18), reichen jedoch auch weit in das klassische Verwaltungshandeln und damit in die hoheitlich-planerischen Sphären herein.

Raumplanung ist eigentlich nicht als Gegensatz einer liberalen Marktwirtschaft zu verstehen. Dennoch erfolgt häufig (insbesondere von Gegner planerischer Eingriffe) die Darstellung, dass Raumplanung mit (kommunistischer) Planwirtschaft gleichzusetzen und eigentlich mit liberalen Gesellschaftsformen nicht vereinbar sei. Dies stellt eine unzutreffende Verkürzung dar, der sowohl mit ethischen, wie auch mit ökonomischen Argumenten begegnet werden kann (vgl. Danielzyk 2004: 20-23). Aus ethischer Perspektive ist eine hoheitliche Steuerung der Ressource Boden notwendig, um die Interessen und Handlungsspielräume künftiger Generationen zu wahren. Während Marktmechanismen auf die aktuellen Angebots- und Nachfragesituationen eingehen, finden die Interessen der kommenden Generationen ohne einen hoheitlichen Eingriff keine ausreichende Berücksichtigung. Ähnliches gilt auch für andere gesellschaftliche Akteure (bspw. Kinder, Betagte) oder öffentliche Interessen mit indirekten Akteuren (bspw. Naturschutzorganisationen), die sich am Markt nicht durchzusetzen vermögen, im Sinne unserer gesellschaftlichen Werte jedoch besonderen Schutz geniessen. In die ökonomische Sprache übersetzt handelt es sich dabei um externe Effekte, die nicht monetarisiert sind und daher in Marktpreisen nicht abgebildet sind. „Deshalb sind – wie in der Umweltpolitik – Maßnahmen erforderlich, um einer Sozialisierung der Kosten und Nachteile bei Privatisierung der Gewinne und Vorteile entgegenzuwirken" (Danielzyk 2004: 22). Schliesslich umfasst dieses auch die Bereitstellung von öffentlichen Gütern, wie bspw. Infrastruktur, was naturgemäss nicht durch den Einzelnen geschehen kann. Insgesamt folgt die Raumplanung damit einem Ansatz, der mit der Ökonomie im ursprünglichen Sinne stark verwandt ist, was sich sogar etymologisch zeigt. Der Bezug auf die Ökonomie ist durch die ursprüngliche, aus dem griechischen stammende Wortbedeutung „haushaltung" zu rechtfertigen. Die Knappheit des Bodens verlangt einen haushälterischen Umgang, wie recht plakativ auch der Legitimation der Raumplanung in der Bundesverfassung (Art. 75)[24] (ausführlichere Darstellung in Kap. 8.3) zu entnehmen ist.

> 1 Der Bund legt Grundsätze der Raumplanung fest. Diese obliegt den Kantonen und dient der *zweckmässigen* und *haushälterischen* Nutzung des Bodens und der geordneten Besiedlung des Landes.
> (Art. 75 BV. Eigene Hervorhebung)

Diese Argumente begründen jedoch nur die grundsätzliche Existenz einer öffentlichen Planungspolitik und stellen somit allenfalls die Zielebene dar. Unberührt bleiben die Interventionsmechanismen und deren Wirksamkeit. Gerade solch ethische Argumentationen für eine Raumplanung bringen auch die Notwendigkeit der Zielerreichung und damit den Bedarf an wirksamen Vorgehensweisen mit sich.

4.5   Notwendigkeit eines spezifischen Untersuchungsaufbaus

Die aufgezeigte Problemstellung konnte mithilfe der dargestellten theoretischen Grundlagen in einen allgemeinen Forschungsrahmen überführt werden. Dieser beschreibt, dass die Raumentwicklung als Ergebnis privater, raumrelevanter Entscheidungen verstanden wird. Der grundsätzliche Mechanismus der Raumordnungspolitik bezweckt die Beeinflussung des Verhaltens dieser Akteure. Im Zentrum der vorliegenden Arbeit wird in diesem Zusammenhang untersucht, inwiefern sich diese Beziehung durch die Verwendung von bodenpolitischen Strategien verändert. Die in den Hypothesen freigelegte Grundannahme folgt dabei den Erfahrungen von anderen Ressourcen, dass eine unnachhaltige Raumentwicklung auf ein inkohärentes institutionelles Regime zurückzuführen ist. Eine Erhöhung der Kohärenz führt demnach zu einer Er-

---

[24] Ähnlich der deutschen Formulierung der *sozialgerechten Bodennutzung* nach § 1 (5) BauGB

höhung der Nachhaltigkeit. Bodenpolitik wird in diesem Zusammenhang als Übertragung der Planungslogik in die Eigentumslogik verstanden. Bodenpolitischen Strategien werden daher eine höhere Kohärenz und schliesslich eine erhöhte Nachhaltigkeit unterstellt. Der vorliegende allgemeine Forschungsrahmen beschreibt diese Elemente und deren Zusammenhänge präziser. Die Beschreibung des spezifischen Untersuchungsaufbaus, der zu der Überprüfung des dargestellten Forschungsinteresses notwendig ist, folgt in nachfolgenden Kapitel.

5.   Spezifischer Untersuchungsaufbau

Um die im allgemeinen Forschungsrahmen aufgezeigte Fragestellung zu beantworten wird ein spezifischer Untersuchungsaufbau gewählt. Im Folgenden werden daher die verschiedenen Elemente des Forschungsrahmens auf diesen Untersuchungsaufbau übertragen und konkretisiert. Die Darstellung erfolgt in drei Teilen. Zunächst werden der grundsätzliche Ansatz und die Wahl der Untersuchungseinheit Lebensmittel-Discounter dargestellt (Kap. 5.1). Aufgezeigt wird auch, was passiert, wenn nichts passiert (sog. Nullhypothese) (Kap. 5.2) und welche Ausnahmen von den Grundannahmen bestehen (Kap. 5.3). Danach erfolgt die Präsentation der an die Untersuchungseinheit angepassten Variablen (Kap. 5.4). Um dabei eine Verwechselung mit den im vorherigen allgemeinen Forschungsrahmen (Kap. 0) vorgestellten Forschungsvariablen zu vermeiden, werden auf dieser Stufe abweichend die *Untersuchungs*variablen und *-frage* verwendet. Derselben Logik folgend werden im dritten Teil die Untersuchungshypothesen dargestellt (Kap. 5.5), welche als die Konkretisierung der Forschungshypothesen fungieren, und den gesamthaften Untersuchungsaufbau komplettiert (Kap. 5.6).

5.1   Lebensmittel-Discountern-Filialen als Untersuchungseinheit

Um die Effekte von öffentlicher Politik auf die tatsächliche Raumentwicklung analytisch möglichst isoliert aufzeigen und vergleichen zu können, ist eine Untersuchungseinheit zu wählen, welche die Mechanismen der Raumentwicklungspolitik aufzeigt. In planungswissenschaftlicher Literatur wird dies oft an Extremfällen, wie bspw. städtebaulichen Grossprojekten, praktiziert (siehe bspw. die Studie Flyvbjerg 1998, welche explizit methodisch kritiziert wurde, was in der Replik von 2006 mündete). Ein solcher Ansatz kann Sinn machen, wenn die spezifischen Aspekte in solchen aussergewöhnlichen Projekten intensiviert auftreten. Dieser planungswissenschaftliche Tourismus (vgl. Needham 2014: 209) ist jedoch innerhalb komplexer Planungssysteme und zur Analyse von den Mechanismen in der alltäglichen Planung zur Generierung von Erkenntnissen wenig zielführend, da die relevanten Variablen kaum isoliert werden können und daher die wesentlichen Mechanismen nicht aufgedeckt werden. Die Fokussierung auf Grossprojekte kann hingegen zu Fehlinterpretationen führen und so ein unzutreffendes Bild der Raumplanung generieren.

Für die vorliegende Untersuchung ist daher ein anderer Ansatz gewählt. Die Analyse der normalen Planungspraxis soll an einer Untersuchungseinheit durchgeführt werden, die für die kommunalen Planungsträger kein aussergewöhnliches Grossprojekt darstellt, sondern als Planungsalltag bezeichnet werden kann.

Die Planung eines neuen Supermarktes kann als eine solche gewöhnliche Planungsaufgabe bezeichnet werden, welche regelmässig in der Raumplanung auf kommunaler Ebene auftritt. Die planungstechnisch notwendigen Aufgaben bei der Vorbereitung einer neuen Filiale eines Le-

© Springer Fachmedien Wiesbaden GmbH, ein Teil von Springer Nature 2019
A. Hengstermann, *Von der passiven Bodennutzungsplanung zur aktiven Bodenpolitik*, https://doi.org/10.1007/978-3-658-27614-0_5

bensmittelnahversorgers beinhalten viele Aspekte typischer Planungstätigkeit bspw. die Koordination von verschiedenen Fachplanungen (wie Umwelt-, Verkehrs- und Siedlungsplanung), die vielschichtigen Rollenüberlagerungen (Bevölkerung als Betroffene, Nachbarn, Begünstigte, Wähler und Kunden) und die überlagerten Räume (Supermarkt als Lebensmittelnahversorger, aber auch als semi-öffentlicher Raum, als gesellschaftlicher Treffpunkt und letztlich als architektonisches Objekt in der Landschaft).

Aus konzeptioneller Sicht ist ein Lebensmittelmarkt zudem vorteilhaft, da es sich um ein überschaubares Projekt handelt, dessen zeitliche wie räumliche Reichweite im Rahmen einer Forschungsarbeit abhandelbar ist. Die beteiligten Akteure können einigermassen trennscharf identifiziert werden und deren Interessen sind weniger undurchsichtig als bei alternativen Untersuchungseinheiten (insb. Grossprojekte). Eine Supermarktplanung erfüllt die Kriterien einer Handlungsarena nach Elinor Ostrom (2005, 2007).

Als weitere Spezifizierung soll zudem auf die Neuplanung von Filialen von Lebensmitteldiscountern eingegangen werden, da hierbei die Interessen der Allgemeinheit und die Interessen des privaten Gewerbetreibenden noch deutlicher getrennt sind. Discounter zeichnen sich durch ein prägnantes Geschäftsmodell aus, welches vorwiegend auf dem Primat des Preises basiert (siehe genauer Kap. 6.1.2). Dadurch kann das Konfliktpotenzial zwischen dem privaten Einzelinteresse und dem Allgemeinwohl erhöht werden. Die Positionierung im Wettbewerb der Lebensmitteleinzelhändler geschieht durch die grösstmögliche Reduktion des Warenpreises. Die damit einhergehende Minimierung der Kosten umfasst auch die Kosten für Standort und Immobilie. Gleichzeitig ist auch das allgemeine Interesse an Discountern ungewöhnlich gross. Die Minimierung der betriebswirtschaftlichen Kosten führt zu einem Anstieg der negativen externen Effekte, wie bspw. der überdurchschnittlich hohe Bodenverbrauch, die Folgen der Autoorientierung und die Folgen von sozialpolitisch unerwünschten Beschäftigungsbedingungen. Die Anforderungen an die Raumplanung zur Beeinflussung der Discounterstandorte im Auftrage des Allgemeinwohls sind daher entsprechend hoch.

Für analytische Zwecke ist vorteilhaft, dass die Abgrenzung der privaten von den öffentlichen Interessen recht gut gelingen kann. Die Überschneidungen sind vergleichsweise gering. Zudem erlaubt die Planung eines neuen Lebensmitteldiscounters grundsätzlich eine Vergleichbarkeit zwischen verschiedenen Städten, Regionen und Nationen, da die Ausgangslage und Planungsaufgaben häufig ähnlich gelagert und weniger raumspezifisch sind.

Zusammenfassend lässt sich sagen, dass die Auswahl von Lebensmitteldiscountern als Untersuchungseinheit aus forschungsmethodischer Sicht von Vorteil ist, da dies ein Fall ist, bei dem

(1) die beteiligten privaten Akteure (Gewerbetreibende) ein möglichst homogenes Interesse und gleichbleibendes Repertoire an Policy-Ressourcen aufweisen,

(2) die Standardisierung extrem hoch ist und bei dem ohne Einfluss der Planung ein gleichbleibendes (somit messbares) Ergebnis zu erwarten ist

(3) physisch-geographische Kontextfaktoren vergleichsweise wenig Einfluss haben,

(4) auch in unterschiedlichen räumlichen Situationen der private Akteur ein gleichbleibendes Interesse hat,

(5) die öffentliche Hand ein konkretes Interesse (Problem der neg. externen Effekte) der Intervention hat, und

(6) dieses Interesse mit (je nach Gemeinde) unterschiedlichen Strategien durchzusetzen versucht.

Bei den Punkten (1) bis (5) wird daher eine geringe Varianz erwartet. Im Punkt (6), welcher die unabhängige Variable der vorliegenden Arbeit abbildet, wird hingegen ein grosse Varianz erwartet, welche dann die gewünschten Rückschlüsse ermöglicht. Durch diese Reduktion des Einflusses des privaten Akteurs auf das räumliche Ergebnis, können die wissenschaftlichen Erkenntnisse über die öffentliche Hand als Akteur maximiert werden. Je mehr Variablen kontrolliert oder minimiert werden, umso stärker sind die Aussagen zum Wirkungsmechanismus. Lebensmittel-Discounter-Filialen stellen daher eine Art Quasi-Experiment der Planungswissenschaft dar.

5.2 „Was passiert, wenn nichts passiert?" - Die Null-Hypothese

Die vorliegende Arbeit basiert dabei auf der Grundannahme, dass (vereinfacht gesagt) die räumliche Entwicklung das Ergebnis von privaten Entscheidungen und öffentlicher Intervention darstellt. Wenn nun (durch die Wahl einer standardisierten Untersuchungseinheit) die private Entscheidungen im Untersuchungsaufbau weitgehend kontrolliert (sprich: reproduziert) werden, müssten Abweichungen in der tatsächlichen Raumentwicklungen auf unterschiedliche Interventionen der öffentlichen Hand zurückzuführen sein.

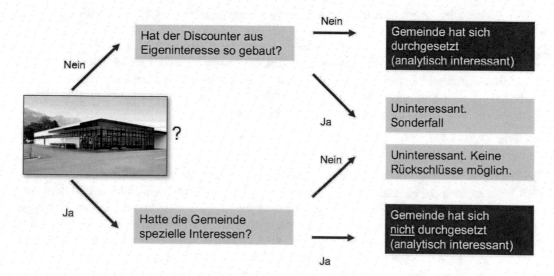

Abbildung 13: Entscheidungsmuster für analytische Interessantheit aufgrund der angenommen Null-Hypothese. Quelle: Eigene Darstellung.

Dies beinhaltet die sog. Null-Hypothese, also die Grundannahme was passiert, wenn nichts passiert. Wenn nun eine Intervention der öffentlichen Hand unterbleibt, wird in der vorliegenden Arbeit davon ausgegangen, dass stets das gleiche räumliche Ergebnis produziert wird, da die Entscheidungen des privaten Akteurs stetig gleich reproduzieren werden (und weitere Faktoren, wie physikalische Anforderungen, minimiert wurden). Zudem verfolgt der private Akteur stets dieselben Ziele und versucht diese mit denselben Möglichkeiten durchzusetzen. In der Folge wird angenommen, dass jede Abweichung von diesem standardisierten Ergebnis als Folge der öffentlichen Intervention zu sehen ist.

Der umgekehrte Rückschluss ist jedoch nicht zulässig. Eine standardisierte Filiale bedeutet nicht automatisch ein Versagen der öffentlichen Hand. Es ist gleichfalls möglich, dass die privaten und öffentlichen Interessen deckungsgleich waren und daher überhaupt kein Konflikt bestand.

Das Entscheidungsmuster (siehe Abbildung 13) zeigt den Zusammenhang dieser Grundannahme und der Abweichungen systematisch auf. Als Einstiegsfrage ist zu prüfen, ob die tatsächlich gebaute Filiale dem standatisierten Typ entspricht. Ist dies der Fall, ist zu überprüfen, ob die Gemeinde spezielle Interessen in Form von konkreten Anforderungen an das Planvorhaben hatte. Falls dies zutrifft, ist der Fall für den vorgegebenen Untersuchungsaufbau interessant, weil sich die Gemeinde nicht durchsetzen konnte. Falls dies nicht zutrifft, ist der Fall analytisch uninteressant, da keinerlei Rückschlüsse möglich sind. Sollte in der Ursprungsfrage, ob die tatsächliche Filiale dem standarsierten Typ entspricht, verneint werden, ist umgekehrt nach dem Interesse des Unternehmens zu fragen. Falls der Discounter aus Eigeninteresse so gebaut wurde, ist der Fall vor dem Hitnergrund der vorliegenden Untersuchung uninteressant, da es sich um einen Sonderfall handelt, der aufgrund der Grundannahme der vorliegenden Arbeit ausgeschlossen wird (siehe dazu auch Kap. 5.3). Falls diese Filiale aber gegen das Interesse des Unternehmens so gebaut worden sein, ist der Fall analytisch interessant, da sich die Gemeinde durchgesetzt hat. Diese Entscheidungswege zur Beurteilung der Interessantheit der Filialen (basierend auf dem Grad der möglichen Rückschlüsse) sind in Abb. 23 dargestellt.

5.3   Ausnahmen von der Grundannahme

Die grundsätzliche Zulässigkeit dieser Grundannahme bildet die Grundlage dieser Arbeit, wohlwissend, dass auch davon Ausnahmen existieren können. So ist unklar, wie das Tübinger Projekt *TÜhoch3* zu erklären ist. Medienwirksam ist der deutsche Aldi Konzern mit diesem Projekt in den Wohnungsmarkt eingestiegen. Im Gegensatz zu anderen Projekte ist die Aldi Filiale in Tübingen nicht nur in einem Wohnhaus untergebracht. Das Gebäude ist von Aldi als solches konzipiert und gebaut worden und wird bis heute von Aldi bewirtschaftet. Neben der eigenen Filiale ist auch eine Filiale einer Drogeriekette als Mieter vorhanden.

Mit dem Projekt TÜhoch3 hat Aldi gezeigt, dass sie von ihrem betriebswirtschaftlichen Konzept des Lebensmittel-Discounters durchaus abweichen.

Das Projekt in Tübingen scheint dabei durchaus erfolgreich zu sein. Wenige Monate später, im Frühjahr 2018, hat das Unternehmen angekündigt, in den nächsten fünf Jahren insgesamt 30 Filialen in Berlin nach diesem Muster umzubauen und so etwa 2000 Wohneinheiten zu bewirtschaften (vgl. Berliner Morgenpost 31.1.2018). Ob das Pilotprojekt in Tübingen und die ersten Ansätze in Berlin Hinweise für einen grundsätzlichen Wandel des betriebswirtschaftlichen und städtebaulichen Konzepts des Konzerns darstellen ist zum Zeitpunkt der Abgabe dieser Arbeit unklar. Da es sich jedoch bislang um Ausnahmen handelt, wird nicht von einer allgemeinen Option ausgegangen. Stattdessen wird an der Grundannahme der vorliegenden Arbeit festgehalten und die Projekte als bemerkenswerte Ausnahmen betrachtet.

5.4   Untersuchungsvariablen und -frage

Zur Untersuchung der Beziehung zwischen bodenpolitischen Strategien und der Fähigkeit kommunaler Planungsträger zur Umsetzung öffentlicher Interessen an der Raumentwicklung wird eine Untersuchungseinheit ausgewählt, anhand derer die Untersuchungsvariablen (gerahmt von den Untersuchungs-Konditionen) auf Grundlage der Untersuchungshypothese untersucht wird. Aus diesem Grund erfolgt auch eine Operationalisierung der Forschungsvariablen, -frage und -hypothesen.

Die Forschungsvariablen der vorliegenden Arbeit werden mittels der folgenden Untersuchungs-Variablen (SV) operationalisiert:

> SV-AV: Mass der städtebaul. Qualität einer LM-Discounter-Filiale
> SV-IntV: Mass der Abweichung der tatsächlichen Planung von der Idealplanung des

privaten Akteurs

SV-UV: Strategische Anwendung von bodenpolitischen Instrumenten durch kommunale Planungsträger

SV-CV: Bedingungen (Voraussetzungen und Faktoren), die die Wirkung von bodenpolitischen Instrumenten beeinflussen

Aus diesen Variablen lässt sich die folgende Untersuchungsfrage ableiten:

SV-RQ: Welche Auswirkungen hat die strategische Anwendung von boden-politischen Instrumenten durch kommunale Planungsträger auf die städtebauliche Qualität von LM-Discounter-Filialen?

Trotz dieser Operationalisierung bleibt es nicht aus, dass die Variablen im Verlaufe der Arbeit noch genauer präzisiert werden müssen. So ist das genaue Verständnis von *städtebaulicher Qualität* aus den planungsrechtlichen Vorgaben abzuleiten (siehe dazu Kap. 6.3). Auch die *bodenpolitischen Instrumente* werden noch eine genauere Beschreibung erfahren (siehe Kap. 9). Die induktiv zu ermittelnden Konditional-Variablen sind naturgemäss vor der empirischen Untersuchung unbekannt.

5.5 Untersuchungshyothese

Wie schon bei den Forschungsvariablen werden auch auf der Ebene der operationalisierten Untersuchungsvariablen konkrete Erwartungen formuliert, die aus den theoretischen Vorarbeiten abgeleitet sind. Wie bei den allgemeinen Forschungshypothesen gilt auch für die Untersuchungshypothesen, dass diese als idealtypische Ausprägung angesehen werden. Es wird nicht erwartet, dass diese in der Reinform im empirischen Teil der Arbeit auftreten. Dies gilt insbesondere für die Nullhypothese (SH_0), die von der Konstruktion realistisch ist und lediglich als Kontrastpunkt dient.

Angewandt auf die Untersuchungseinheit lauten die Untersuchungshypothesen:

SH_0: Ein Planungsträger, der ohne den Einsatz von bodenpolitischen Instrumenten agiert, wird keine Auswirkungen auf die städtebauliche Qualität der Raumentwicklung haben, da er zur Umsetzung der Planungsziele auf die Eigentümer angewiesen ist (Nullhypothese).

SH_1: Ein Planungsträger, der mit nutzungsrechtlichen Instrumenten agiert, wird die städtebauliche Qualität der Raumentwicklung beeinflussen können, da ein negatives Verhalten der Akteure verhindert werden kann (Negativplanung).

SH_2: Ein Planungsträger, der mittels der strategischen Anwendung von bodenpolitischen Instrumenten agiert, wird die städtebauliche Qualität der Raumentwicklung bestimmen können, da die Logik der Raumplanungspolitik um die Logik des Eigentums ergänzt und somit die Kohärenz erhöht und schliesslich ein integriertes Regime geschaffen wurde (Positivplanung).

Unter Zuhilfenahme der Typisierung kommunaler Bodenpolitik können diese Hypothesen noch weiter spezifiziert und operationalisiert werden. Die fünf aus der planungswissenschaftlichen Literatur abgeleiteten Typen bodenpolitischer Strategien (siehe. Kap. 2.3) sind nach zwei Dimensionen gegliedert:

- Aktives vs. passives Steuerungsverständnis der Gemeinden
- Einheitliche vs. zersplitterte Eigentumsstrukturen auf Projektebene

Die oben aufgezeigten Untersuchungshypothesen berücksichtigen die Eigentumsstrukturen noch nicht explizit. Von daher ist es ausreichend, bei der Anwendung der bodenpolitischen Typen die Untersuchungshypothesen lediglich auf das Steuerungsverständnis der Gemeinden zu beziehen. Dementsprechend werden Typen I und V als aktive Typen zusammengefasst. Typen III und IV werden als passive Typen zusammengefasst. Da die Hypothesen lediglich die Extremausprägungen darstellen ist Typ II als Zwischentyp nicht berücksichtigt. Durch diese Kombination der zwei Ansätze lassen sich die Untersuchungshypothesen präziser formulieren und lauten dann:

SH$_1$: Passive Gemeinden (Typen III und IV) wenden überwiegend nutzungsrechtliche Instrumente an und sind daher lediglich in der Lage negative Entwicklungen der städtebaulichen Qualität zu verhindern.

SH$_2$: Aktive Gemeinden (Typen I und V) wenden bodenpolitische Instrumente strategisch an und sind daher in der Lage die städtebauliche Qualität der Raumentwicklung zu bestimmen.

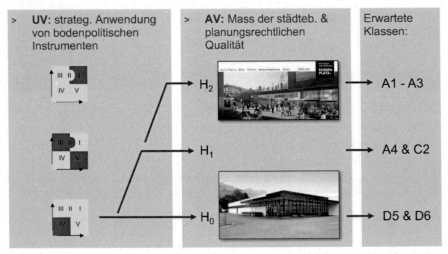

Abbildung 14: Erwartete Zusammenhänge zwischen den bodenpolitischen Typen und der Filial-Klassen. Quelle: Eigene Darstellung.

Eine weitere Konkretisierung erfahren diese Hypothesen durch die Bestimmung der erwarteten räumlichen Auswirkung. Für die konkrete Untersuchungseinheit Discounter wird eine Klassifizierung vorgenommen (für die ausführliche Herleitung siehe Kap. 7.3.1), deren Vorkommen abhängig von den bodenpolitischen Strateigen ist. Die Kombination ergibt also erwartete Zusammenhänge zwischen der unabhängigen Varialben (bodenpolitische Typen) und der abhängigen Variablen (Filial-Klassen), was in Abbildung 14 grafisch dargestellt ist.

5.6   Untersuchungsaufbau

Die Operationalisierung des allgemeinen Forschungsrahmens erfolgt demnach durch die Auswahl von Lebensmittel-Discounter-Filialen als Untersuchungseinheit und der Anpassung aller Elemente an diese Ebene. Zum besseren Verständnis der Untersuchungseinheit wird diese im Folgenden nochmals kontextualisiert.

6. Untersuchungseinheit Lebensmittel Discounter

Die Wahl der Untersuchungseinheit Lebensmittel-Discounter macht es notwendig diese als räumliches Element vorzustellen. Die Darstellung der Discounter soll dabei die der vorliegenden Arbeit zugrundeliegenden Annahmen kenntlich machen und begründen. Untersuchungseinheit wird daher aus vier unterschiedlichen Perspektiven betrachtet:

- Die betriebswirtschaftliche Betrachtung von Discountern als Standortformat (Kap. 6.1) zum besseren Verständnis und Abgrenzung von Discountern
- Die geographische Perspektive (Kap. 6.2) mit besonderem Blick auf negative externe Effekte in der Raumentwicklung
- Die normative Perspektive mit den Zielen der Raumplanung (Kap. 6.3)
- Die instrumentelle Perspektive der Raumplanung (Kap. 6.4) zur Umsetzung dieser planungsrechtlichen Ziele

Die Ausführungen erfolgen bewusst in knapper Form, da ausschliesslich der bestehende wissenschaftliche Kenntnisstand zum Thema resümiert wird. Für weitergehende Auseinandersetzungen wird auf die entsprechenden Referenzen verwiesen.

6.1 Discounter als Standortform

6.1.1 Entstehungsgeschichte von LM-Discountern in Europa

Der Begriff und das Betriebskonzept von *Discountern* ist in Europa historisch eng mit der Firma Aldi und der Familie Albrecht verbunden. Das Unternehmen wurde 1913 unter dem Namen *Karl Albrecht Lebensmittel* von Karl Albrecht Senior und seiner Frau Anna Albrecht gegründet. In Essen-Schonnebeck eröffnete das Ehepaar einen Backwarenladen, welcher (im damals üblichen Betriebsformat) bedient war. Der betriebliche Wandel begann erst mit der Übernahme der Firma durch die beiden Söhne Theo Albrecht und Karl Albrecht junior im Jahr 1945. Drei Jahre später begannen die beiden mit der Eröffnung von weiteren Läden. Bereits zehn Jahre später unterhielt das Unternehmen ein regionales Zentrallager und 100 Filialen (vgl. Hardacker 2016: 9). Im Jahr 1962 erfolgten zwei weitreichende Entscheidungen. Die erste Entscheidung war die Aufteilung des Bundesgebietes und die Trennung des Betriebes in zwei eigenständige Unternehmen. Theo Albrecht übernahm die Filialen nördlich, und Karl Albrecht die Filialen südlich einer imaginären Ost-West-Linie, dem sog. *Aldi-Äquator*. Die beiden medienscheuen Brüder äusserten sich nie offiziell zum Grund der Aufteilung des Unternehmens, weshalb nur Gerüchte (bspw. Streitigkeiten über den Verkauf von Tabakwaren), aber keine bestätigten Erklärungen existieren. Die zweite Entscheidung war nicht nur für das Unternehmen, sondern für den gesamten Lebensmitteleinzelhandel in Europa von weitreichender Bedeutung. Ab dem Jahr 1962 wurde in beiden Unterneh-

© Springer Fachmedien Wiesbaden GmbH, ein Teil von Springer Nature 2019
A. Hengstermann, *Von der passiven Bodennutzungsplanung zur aktiven Bodenpolitik*, https://doi.org/10.1007/978-3-658-27614-0_6

mensteilen ein neues Betriebskonzept *Lebensmittel-Discount* umgesetzt, worauf hin die Unternehmen in *ALDI* (*AL*-brecht *DI*-scount) umbenannt wurde. Oberste Maxime war die kompromisslose Reduktion der Kosten durch Effizienzsteigerungen und Eliminierung von als überflüssig erachtetem Einkaufskomfort. Statt der üblichen Bedienung der Kunden über die Ladentheke wurden die Waren in offenen Regalen angeboten (Selbstbedienungsprinzip). Die Warenpräsentation erfolgte dabei mit minimalem Aufwand, zumeist direkt aus den Verpackungskartons heraus, und ohne besondere Dekoration. Das Sortiment war stark reduziert, umfasste lediglich schnelldrehende, nicht verderbliche Waren des täglichen Bedarfs (Warenbreite) und genau ein Artikel pro Produkt (Warentiefe), wobei Markenartikel ausgeschlossen wurden. Dies erlaubte auch den Einkauf grosser Chargen und die Aushandlung von entsprechenden Mengenrabatten, die sonst nur im Grosshandel üblich waren. Auf die Auszeichnung der Preise auf jeden einzelnen Artikel wurde verzichtet und stattdessen Preisgruppen (sog. PLU) gebildet. Ebenfalls verzichtet wurde auf Werbung oder Rabattaktionen. Die Kunden sollten den Eindruck von dauerhaft tiefen Preisen erlangen. Die Einrichtung der Ladengeschäfte und die Ausstattung mit Personal wurde auf das Mindeste reduziert. Die Arbeitsaufträge des Personals wurden optimiert, was zu einer deutlichen Steigerung der Effektivität des verbleibenden Personals führte. Schliesslich konnte das Unternehmen stets eine grosse Liquidität vorweisen und die Expansion ohne Fremdkapital durchführen. Die liquiden Mittel wurden dabei auch dadurch generiert, dass Kunden stets Bar zu bezahlen hatten (der damals übliche Einkauf auf Rechnung wurde nicht gestattet. Die heute übliche Bezahlung mittels Bankkarte wurde erst vergleichsweise spät ab dem Jahr 2002 eingeführt) und Aldi selber den Lieferanten die Waren erst mit einem Zahlungsziel von 30 Tagen vergütete. Insgesamt erreichten die Gebrüder Albrecht durch die ,Kunst des Weglassens' grosse Effizienz, und damit Kosten- und Preisvorteile gegenüber den klassischen Lebensmittelläden und etablierten so ein neues Marktsegment im Lebensmitteleinzelhandel.

Jahre	Anzahl Läden
1945	1
1948	4
1954	77
1955	100
1962	Ca. 300

Tabelle 15: Expansion der Aldi KG. Eigene Darstellung. Quelle: Eigene Darstellung basierend auf Hardacker (2016: 9).

Die Ausweitung des Filialnetzes ging rasch voran (siehe Tabelle 15). Schon bald wurde das erfolgreiche Konzept von Mitbewerbern aufgegriffen. Bereits 1964 eröffnete Norma, 1972/1973 Plus, Lidl und Penny eigene Geschäfte mit sehr ähnlichem Betriebskonzept. Aldi konnte seiner Marktführerschaft ein Deutschland und in Europa bis etwa 2005 halten und wurde dann (nach Umsatz und Anzahl Filialen) vom Konkurrenten Lidl überholt.

Im Rahmen der vorliegenden Arbeit werden sowohl Aldi als auch Lidl-Filialen untersucht. Dabei wird davon ausgegangen, dass sich das betriebswirtschaftliche Konzept dieser beiden Unternehmen nicht merklich unterscheidet. Umgangssprachlich gilt Aldi zwar als der Erfinder des Discount-Prinzips und wird daher teilweise als Gattungsname verstanden, jedoch ist diese Gleichsetzung aus zweierlei Aspekten zu relativeren. Erstens ist Aldi zwar für den flächendeckenden Erfolg des Discount-Prinzips verantwortlich, kann aber nicht als der eigentliche Erfinder bezeichnet werden (siehe nächstes Kapitel). Zweitens ist das Konzept des Discounters über die Jahrzehnte stetig weiterentwickelt worden. Die klare Abgrenzung gegenüber klassischen Supermärkten ist dabei an verschiedenen Stellen aufgeweicht worden. So wird heute zwischen Hard-

und Softdiscountern unterschieden. In dieser Einteilung gilt Lidl mittlerweile als der Verfechter der reinen Discounterlehre (Harddiscounter), während Aldi weniger radikal geworden ist. Trotz dieser beiden Aspekte werden Aldi und Lidl im Rahmen dieser Arbeit gleichermassen als Discounter bezeichnet. Die Unterschiede zwischen beiden Unternehmen sind für das vorliegende Forschungsdesign von untergeordneter Bedeutung. Von zentraler Bedeutung ist lediglich, dass sowohl Aldi als auch Lidl konsequent als Discounter agieren, sprich jegliche Kosten reduzieren, und dazu auch die baulichen Aspekte der jeweiligen Filiale gehören. Dieser Fokus entspricht auch denm defintorischen Kern eines Discounters.

6.1.2   Definition Discounter und betriebswirtschaftliche Grundprinzipien

Der Begriff *Discounter* ist ein Scheinanglizismus. Der Begriff leitet sich scheinbar vom englischen Begriff *discount* und bring damit die Marktpositionierung über niedrige Preise zum Ausdruck. Der Begriff ist jedoch nicht eindeutig definiert und auch insbesondere im internationalen Kontext missverständlich (vgl. Hardaker 2016: 9). Zudem unterliegt das Konzept stetiger Weiterentwicklung, sodass die jeweiligen Definitionen auch im historischen Kontext zu betrachten sind.

6.1.2.1   Historische Definition

Das Konzept erfuhr zwar durch die Gebrüder Albrecht einen flächendeckenden Durchbruch in Europa, ist aber weder von diesen beiden erfunden, noch als erstes angewendet worden. In Europa taucht das Konzept und der Begriff in den 1960er Jahren zuerst auf.

Bereits seit der Wirtschaftskrise in den 1920er Jahren werden ähnliche Konzepte unter den Begriffen wie *Bargain Store, Self Service Department Store* oder auch *Super Center* in den USA umgesetzt, die sich in ihren Merkmalen mehr oder weniger gleichen und Anfang der 1960er Jahre bereits über 2500 Läden betrieben (vgl. Barnet et al. 1962: 13-15, 20). „Sparmaßnahmen zwangen die ganze Bevölkerung, mit dem Pfennig zu rechnen. Damals wurden alte Lagerhäuser in Verkaufsstellen umgewandelt, wo in verpachteten Abteilungen die Waren auf primitive Art kistenweise verkauft wurden" (Barnet et al. 1962: 28). Die amerikanischen Formate konkurrenzierten jedoch eher mit den Shopping-Centern und Warenhäusern (und ihren Waren des periodischen bzw. episodischen Bedarfs), als mit Supermärkten (und deren Ware des täglichen Bedarfs). Entsprechend waren die Verkaufsflächen deutlich grösser und lagen 1961 (im Neubau) bei 69.000 sq. ft. (also etwa 6.400m²) (vgl. Barnet et al. 1962: 16). Vor diesem historischen Hintergrund werden im angloamerikanischen Sprachgebrauch *Discounter* noch heute mit einfachen Warenhäusern und nicht (wie im deutschsprachigen Raum) mit Lebensmitteleinzelhandel verbunden.

Neben dieser schwierigen internationalen Abgrenzung ist auch eine exakte definitorische Bestimmung des Formats an sich schwierig. Das einzig stabile Merkmal ist das Primat des Preises zur entsprechenden Positionierung im Wettbewerb. Weitere, heute übliche und oft für Definitionen verwendete Merkmale (s.u.) sind eher indirekte Auswirkungen aus diesem Primat. Die wohl erste deutschsprachige Definition eines Discounters stammt aus den späten 1950er Jahren (veröffentlicht als Tagungsdokumentation im Jahr 1962) und wurde von der Amerikanischen Vereinigung für Konsumentenaufklärung erarbeitet und durch den damaligen Migros-Einkäufer Arnold Strasser übernommen. Diese Definition spiegelt auch den Preis als einzig entscheidendes Merkmal wider: „Das Diskonthaus ist ein Detailgeschäft, das bestrebt ist, Markenartikel unter dem normalen oder vom Fabrikanten vorgeschriebenen Preis dem Konsumenten laufend zuzuführen" (Vereinigung für Konsumentenaufklärung, zit. n. Strasser 1962: 14).[25] Der wesentliche Mecha-

---

[25]   Weitere, ähnliche Definitionen: „Ein Diskontgeschäft ist einfach ein Geschäft, das die größtmögliche Warenmenge, die der Verbraucher abzunehmen bereits ist, zu möglichst niedrigen Preisen verkauft, und zwar mit dem Service, den der Kunde wünscht" (Seedman 1962, zit. n. Applebaum et al. 1962: 143) und „Man könnte sagen, es handelt sich einfach um ein Unternehmen, das mit einem niedrigeren Kostenaufwand eingerichtet worden ist, als ein Geschäft der üblichen Art. Es bietet den

nismus zur Erreichung dieser Positionierung mittels Niedrigpreis liegt in der konsequenten Kostensenkung und der dadurch erzielten Gewinnspanne. „Sie [Diskonthäuser] sind in der Lage, ihre Spesen und damit ihre Marge zu reduzieren, da sie einerseits den Konsumenten gewisse Minderleistungen zumuten […] und andererseits konsequent nach dem bewährten Prinzip ‚raschester Umschlag – kleiner Gewinn' arbeiten" (Suter 1962: 117). Dies erscheint banal, ist doch der Gewinn und nicht der Umsatz aus betriebswirtschaftlicher Sicht entscheidend. „Die Kernfrage, das entscheidende Merkmal für eine erfolgreiche Geschäftstätigkeit ist am Ende die Rentabilität; sie fällt das endgültige Urteil. Hier nun zeichnet sich das Diskonthaus durch bedeutende und grundlegende Beiträge zur Vertriebsleistung besonders aus. […] Man ist bemüht, die Kosten im Verhältnis zum Umsatz zu stoppen und die Gewinne auf die eine oder andere Weise zu steigern" (Barnet et al 1962: 36). Das Konzept des Discounters und die Erfolgsfaktoren der erfolgreichen Discounter liegt jedoch in der Konsequenz, mit der die Kostensenkung durchgezogen wird, was zu einer Vielzahl von direkten und indirekten Folgen verbunden ist.

So zeichnen sich Discounter bereits in ihrer Anfangsphase durch das konsequente Weglassen jeglichen Einkaufskomforts aus. Die Migros bezeichnet dies als „Jahrmarkt-Atmosphäre", welche sich durch einfachste Lokale, einfachste Einrichtung, kaum Kundendienst und viel Lärm und grosse Unordnung auszeichnet (Strasser 1962: 13).

Bereits damals waren weitere externe Effekte direkt auf die bestehenden Einzelhändler (Niedergang der unabhängigen Händler) und auch indirekt auf die Auswirkungen auf die gewachsenen Stadtzentren (Niedergang des fussläufigen Einzelhandels) bekannt. Aus den Erfahrungen in den USA konnten solche Auswirkungen beobachtet werden und wurde schonungslos als ‚Katastrophe' bezeichnet. „Im Untertitel – die stürmische Entwicklung der Diskont-Häuser (mit bittrem Beigeschmack) – liegt auch eine Andeutung der Katastrophe und des Ruins, die unvermeidlich manchen erwarten werden, der den Versuch macht, dem amerikanischen Verbraucher dieses Gebräu zu beschaffen, sowie den Einzelhändler, der Tür an Tür mit ihm wohnt" (Barnet 1962: 25).

Die Unterschiede zwischen den amerikanischen und den europäischen Entwicklungen sind dabei vorhanden, aber gering. Das Grundprinzip gilt bei beiden gleich. „Was die Ladenlokale anbelangt, besteht der Unterschied vor allem in der Größe. Die Dimensionen, die in Amerika üblich sind, setzten entsprechende Umsatzmöglichkeiten voraus. Zudem fehlt uns [in Europa] meistens der nötige Raum für Parkplätze. Wenn auch der Boden bei uns sehr viel rarer und teurer ist, werden wir nicht darum herumkommen, auch in dieser Beziehung umzudenken und mit der Zeit mehr an die Peripherie und sogar in eine gewisse Entfernung von den überfüllten und verstopften Stadtzentren zu gehen. Im Übrigen ziehen wir wie die meisten Diskonthäuser vor, unsere Läden nur zu mieten, um nicht mehr Mittel als unbedingt notwendig in Liegenschaften zu immobilisieren. Wir kaufen in der Regel nur dann, wenn wir uns eine sehr gute Lage sonst nicht sichern könnten" (Suter 1962: 121).

Aus Investorensicht werden diese planerischen Eingriffe als unzulässig und rückständig angesehen. Die künstliche Verknappung des Baulandes durch die Zonenplanung führt zu einem renditegefährdenden Anstieg des Bodenpreises und die planerische Steuerung (insb. mittels Baubewilligungen) wird als nicht nachvollziehbare Einschränkungen durch die Behörden aufgefasst. Aus der Sicht (damals vorwiegend amerikanischer) Investoren gefährden diese europäische Eigenarten die Gewerbe- und Handelsfreiheit und letztlich die Kapitalverzinsung. „Es ist außerordentlich schwierig, geeignete Standorte zu finden, wo die Investition genügend niedrig gehalten werden kann. Auch durch den angeborenen Konservatismus [in England] – vielleicht ist Un-

---

höchsten Wert zu niedrigsten Preisen, und zwar ohne überflüssigen Aufwand" (Schurtenberger 1962, zit. n. Applebaum et al. 1962: 153).

kenntnis das passende Wort – der Behörden und Amtsstellen wird die Erlangung einer Baubewilligung sehr erschwert" (Keddie 1962: 91).

Ähnliche Erfahrungen wurden auch in Belgien gemacht: „Eine erste und augenfällige Änderung [im Vergleich zu Nordamerika] betrifft das ganze Problem der Geschäftslage. Die Stadtplanung, das Vorwiegen von Mehrfamilienhäusern anstelle alleinstehender Eigenheime in den Randgebieten, sowie gesetzliche Beschränkungen machen es schwer, wenn nicht gar unmöglich, sich die vorteilhaften Geschäftsgrundstücke in den Vororten zu sichern, wie das in den Vereinigten Staaten und in Kanada üblich ist" (Meyers 1962: 76).

6.1.2.2   Heutige Definitionen und Unterteilung in Hard- und Softdiscounter

Im allgemeinen (deutschsprachigen) Sprachgebrauch wird ein Discounter vom klassischen Supermarkt eines sog. *Vollsortimenters* (bzw. schw. *Grossverteiler*) abgegrenzt (vgl. bspw. Callis 2004: 139). „Discounter bieten ein enges, auf raschen Umschlag ausgerichtetes Sortiment zu niedrigen Preisen an. Da Discounter für diese Strategie große artikelspezifische Einkaufsvolumina und hohe Kundenfrequenzen benötigen, wird das Discountgeschäft fast ausschließlich von großen Einzelhandelsunternehmungen nach dem Filialprinzip betrieben. [...]" (Wortmann 2011: 103)

Entscheidendes Bestimmungsmerkmals eines Discount-Prinzips erscheint daher einzige und allein das Primat der Kostensenkung. Dies lässt sich dann in den wesentlichen Auswirkungen erkennen: die dauerhaft niedrigen Preise, das (bezogen auf Breite und Tiefe) reduzierte Sortiment, die einfache Warenpräsentation (inkl. einfacher Ladengestaltung), die hohen Umschlaggeschwindigkeiten, der geringe Personalbestand und die standardisierten, kostenoptimierten Filialstrukturen.

HARD-DISCOUNTER	SOFT-DISCOUNTER	VOLLSORTIMENTER
Sehr begrenztes Sortiment (500-1.000 Artikel)	Reduziertes Sortiment (1.500-4.000 Artikel)	Umfangreiches Sortiment (bis zu 12.000 Artikel)
Ausschliesslicher Vertrieb von Eigenmarken	Fokus auf Eigenmarken	Vertrieb von Markenartikel
Einheitliches Format an allen Standorten	Teil einer multiplen Format-Gruppe	grosse Bandbreite an Formaten

Tabelle 16: Merkmale zur Unterscheidung von Hard-, Soft-Discountern und Vollsortimentern. Quelle: Eigene Darstellung basierend auf Daten aus Hardaker (2016: 10), Barnet et al. (1962: 27-28) und Wortmann (2011: 103).

Eine genaue Definition wird jedoch auch dadurch erschwert, dass die Konzerne selber das eigene Konzept stetig überarbeiten und an die Marktbedingungen anpassen (siehe Tabelle 17). Was als „Revolution des Einzelhandels" (Barnet et al. 1962) begann, ist heute eher als „Evolution des Discount-Prinzips" zu bezeichnen (Hardaker 2016: 13). Wichtige Prinzipien aus den Anfangsjahren wurden über die Zeit verworfen oder aufgeweicht, sodass in jüngerer Zeit behelfsmässig zwischen *Hard-Discountern* und *Soft-Discounter* unterschieden wird (siehe Tabelle 16). Dieser (häufig unscharfen) Abgrenzung folgend, hat Aldi sich selbst vom „Erfinder" des Hard-Discount-Prinzips zu einem Soft-Discounter entwickelt und kann heute nicht mehr zur Definition herangezogen werden. Andere Anbieter, inklsuive Lidl, sind deutlich stärker am ursprünglichen Discounter-Prinzip geblieben und positionieren sich heute als Hard-Discounter. Die Unterschiede zwischen diesen beiden Varianten und auch insbesondere zwischen den beiden Unternehmen, welche im Rahmen der vorliegenden Arbeit untersucht werden (Aldi Suisse und Lidl Schweiz) sind jedoch von untergeordneter Bedeutung.

JAHR	EINFÜHRUNG / NEUERUNG	FOLGEN
1980	Parkplätze	Komfortgewinn
1984	Kühltheken	Breiteres Warenangebot
1984	Obst und Gemüse	Breiteres Warenangebot
1995	Hightech-PCs im Bereich Aktionsartikel	Ausweitung der Kundengruppe
1998	Tiefkühltruhen	Breiteres Warenangebot
2002	Moderne Scannerkassen	Komfortgewinn
2006	Frischfleisch und Bio-Produkte, Pfandautomaten	Komfortgewinn & Ausweitung der Kundengruppe
2007	Beginn Online-Service (Telefon / Blumen / Fotos)	Komfortgewinn & Breiteres Warenangebot
2009	Backvollautomaten	Breiteres Warenangebot
2015	Elektrotankstellen	Komfortgewinn

Tabelle 17: Veränderungen des Betriebskonzepts bei Aldi-Unternehmensgruppe (Nord und Süd). Quelle: Eigene Darstellung basierend auf Hardaker (2016: 13), Callis (2004: 139) und Wortmann (2011: 103).

LAND	NORD / SÜD	MARKT-EINTRITT	FILIALEN	DICHTE
Australien	Süd	2001	295	1.3
Belgien	Nord	1976	440	4.0
Dänemark	Nord	1977	230	4.1
Deutschland	Nord	1962	~2500	5.4*
Deutschland	Süd	1962	~1830	5.4*
Frankreich	Nord	1988	920	1.4
Grossbritannien	Süd	1990	~500	0.7
Irland	Süd	1999	95	2.1
Luxemburg	Nord	1991	~12	2.4
Niederlande	Nord	1973	507	3.0
Österreich	Süd	1968	440	5.2
Polen	Nord	2008	70	0.2
Portugal	Nord	2006	30	0.3
Schweiz	Süd	2005	175	2.1
Slowenien	Süd	2005	65	3.3
Spanien	Nord	2002	260	0.6
Ungarn	Süd	2008	85	0.9
Vereinigte Staaten	Nord	1976	470	0.5*
Vereinigte Staaten	Süd	1976	1230	0.5*

Tabelle 18: Aldi-Dichte. Anzahl der Filialen pro 100.000 Einwohner. Quelle: Eigene Darstellung auf Grundlage der Unternehmensangaben auf den jeweiligen nationalen Internetpräsenzen.
*=Für die Berechnung der Dichte sind in Deutschland und in den Vereinigten Staaten die beiden Unternehmensteile zusammengenommen.

6.1.2.3 Migros und Denner als Discounter?

Wie bereits beim Kapitel über das Forschungsdesign dargestellt, werden Lebensmittel-Discounter als Untersuchungseinheit gewählt. Im empirischen Teil dieser Arbeit werden dabei ausschliesslich Aldi- und Lidl-Filialen betrachtet. Offen bleibt dabei, ob nicht auch andere Lebensmittelhändler in der Schweiz, bspw. Migros oder Denner, als Discounter zu bezeichnen sind und in der vorliegenden Arbeit berücksichtigt werden müssten. Ein Discounter zeichnet sich nach dem vorliegenden Verständnis lediglich durch ein Prinzip aus: Die Positionierung am Markt erfolgt durch den niedrigen Preis, welcher wiederum durch das Primat der Kostenreduzierung erzielt wird. „Wenn das stimmt, so hat auch die Migros seit ihrer Gründung nach dem Diskont-Prinzip gearbeitet" (Suter 1962: 117). Und auch bei Denner stellt sich die Frage, ob diese nicht im Sinne der vorliegenden Arbeit als Discounter zu bezeichnen sind und daher als Untersuchungseinheit herangezogen werden müssten.

Der Name *mi-gros* ist ein Kunstwort, welches annäherungsweise mit *Mittelhändler* zu übersetzen ist. Der Name verkörpert bewusst die Positionierung zwischen den Grosshändlern (*en-gros*) und den Detailhändlern (*en-détail*). Die Kundschaft eines klassischen Detailhändlers (also das Volk) sollte von den betriebswirtschaftlichen Vorteilen der Vorgehensweise von Grosshändlern profitieren. „Im ersten Flugblatt [im Jahr 1925] wurden den Hausfrauen erklärt, bei diesem ernsthaften Versuch, den Konsumenten zu dienen, würden die Grundsätze des Großhandels im Kleinverkauf angewandt. Es würden kleine wohlklingenden Markennamen, dafür aber vollwertige, frische Waren zum billigsten Preis angeboten" (Suter 1962: 118). In diesem Sinne basiert das Migros-Prinzip tatsächlich auf der Positionierung durch den Preis, weshalb das Unternehmen als ein Discounter und der Gründer Gottlieb Duttweiler als Erfinder des Discount-Prinzips in der Schweiz zu bezeichnen ist. „Bien avant que les méthodes américaines de discount soient citées en exemple, c'est à la technique des ventes aus rabais que Duttweiler doit son exceptionnel succès commercial" (Suter 1962: 122).

Diese historische Einschätzung ist allerdings heutzutage zu relativieren. Das Konzept von Migros wandelte sich über die Zeit und sowohl das Primat des Preises als auch die weiteren typischen Elemente eines Discounters (bspw. bzgl. der Sortimentstiefe und -breite) fehlen heute. Insbesondere nach dem Fall der Systems der gebundenen Endverkaufspreise für Lebens- und Genussmittel (1967) nahm Migros Markenartikel in das Sortiment auf. Migros ist daher (im deutschen Jargon) als Vollsortimenter oder (im schweizerischen Jargon) als Grossverteiler zu bezeichnen.

Dem hingegen ist Denner explizit als Discounter gegründet worden (auch wenn der Begriff zu damaligen Zeit noch nicht existierte) (siehe Kap. 6.1.1) und erfüllt diese definitorischen Kriterien bis heute.

Migros ist daher nur historisch als Discounter zu bezeichnen und ist dementsprechend nach heutiger Definition nicht als Untersuchungseinheit der vorliegenden Arbeit auszuschliessen. Denner ist definitionsgemäss als Discounter zu bezeichnen. Allerdings wird dieser Anbieter aus forschungspraktischen Gründen von der Rolle als Untersuchungseinheit ausgeschlossen. Die Filialstruktur von Denner ist historisch gewachsen. Dies führt einerseits dazu, dass die Filialvarianten deutlich heterogener sind, als dies bei Aldi und Lidl der Fall ist. Andererseits ist bei vielen dieser älteren Filialen die planungsrechtliche Lage deutlich komplizierter und benötigt daher geschichtswissenschaftliche Ansätze. Die Filialen sind unter den jeweils damals herrschenden rechtlichen Rahmenbedingungen entstanden, die es zunächst überhaupt zu erarbeiten wären. Zudem ist die Vergleichbarkeit erheblich beeinträchtigt. Um hier keine Fehlschlüssel aufgrund der Blindheit gegenüber historischen Entwicklungen zu produzieren, wurde daher auf die Verwendung von Denner-Filialen als Untersuchungseinheiten vollständig verzichtet.

6.1.3   Anforderungen an Standort und Immobilie aus Branchensicht

Die Standortanforderungen von Discountern lassen sich plakativ darstellen. Von der Expansions-
politik des belgischen Discounters *Superbazar* sind die Standortanforderungen aus der Frühphase
der Discounter (Gründung des Unternehmens 1961) überliefert. Demnach ist jede Parzelle geeignet, solange sie am Stadtrand liegt, verfügbar, mit dem Auto erreichbar und genügend gross und
billig ist. „Unsere Verkaufsläden liegen in Außenquartieren, die in Entwicklung begriffen sind
und in welchen völlig ungenügenden Einkaufsmöglichkeiten bestehen. Wir zählen stark auf die
Zukunft, auf die Zunahme der Motorisierung und die Verstopfung der Stadtzentren. […] Die
vorgesehenen Parkflächen überschreiten den heutigen Bedarf […] und sind selbstverständlich
gratis" (Cauwe 1962: 100). „Wir haben soviel Land gekauft, wie wir nur konnten […] zu Preisen,
die wesentlich unter denjenigen liegen, die in den Stadtzentren verlangt werden. […]" Wir haben
billige Verkaufsläden mit einfachen Baumaterial erstellt. Die Konstruktion sind wirklich ‚low
cost‘, mit sichtbaren Balken und Verstrebungen. Die Läden sind eingeschossig […]. Auf diese
Weise konnten wir wesentliche Einsparungen auf der Einrichtung erzielen" (Cauwe 1962: 100).

Ein halbes Jahrhundert später zeigt sich, dass die Ausrichtung des Geschäftsmodells auf die Spekulation auf die Zunahme der Motorisierung weiter Bevölkerungsschichten vollkommen zutreffend war. Zudem haben sich die damaligen Standortanforderungen bis heute kaum verändert.

6.1.3.1   Heutige Standortanforderungen

Die Ableitung von direkten Standortanforderungen aus Sicht der Unternehmen ist methodisch
schwierig. Im Gegensatz zu anderen Unternehmen sind Aldi und Lidl grundsätzlich ver-
schlossen und reagieren nicht auf Interviewanfragen. Als Gesellschaft mit begrenzter Haftung
(Aldi) bzw. als Stiftung (Lidl) sind sie wirtschaftsrechtlich auch nicht zur Offenlegung von
Unternehmenskennzahlen verpflichtet. Alles in allem ist es damit schwierig, Primärdaten von
diesen Unternehmen zu erhalten.

Eine kleine Reaktion konnte jedoch im Rahmen der vorliegenden Arbeit eingeholt werden. Ein
Teilergebnis der empirischen Erkenntnisse (genauer: die Ergebnisse des Bausteins A Fernerkundungsanalyse, siehe Kap. 10.1) wurde in einer Tageszeitung veröffentlicht. Der Artikel „Jede
fünfte Aldi- und Lidl-Filiale steht auf der grünen Wiese" erschien am 5.8.2017 in der Berner
Zeitung (BZ). Als Folge des Artikels entstand eine öffentliche Debatte über die Rolle der Discounter bei der Zersiedelung der Schweiz (vgl. Aussagen Lukas Bühlmann in diesem Artikel).
Dieser öffentlichen Debatte ausgesetzt reagierten die Pressesprecher der beiden Unternehmen
tatsächlich. Zum Flächenverbrauch gab Philippe Vetterli, der Pressesprecher von Aldi Suisse, an,
dass „Aldi für sein Standardsortiment von 1400 Produkten eine Verkaufsfläche zwischen 600 und
1200 Quadratmetern [benötigt]" (BZ vom 5.8.2017). Auf die geringe Zentralität der Filialen
angesprochen betont er, dass die grundsätzliche Strategie eine andere sei: „Wo immer möglich,
bauen wir zentral" (ebd.) und nennt die Filiale Zürich Zollstrasse als Positivbeispiel. Auch der
Pressesprecher von Lidl Schweiz betont, dass die bevorzugten Lagen zentral sind: „Wir setzen
uns zum Ziel, ein wichtiger Bestandteil des Stadt- und Dorflebens zu werden" (ebd.). Zudem sei
Lidl zu baulichen Kompromissen bereit (Verkaufsfläche kleiner als 1000m², Erschliessungsfra-
gen) und über 90 % der Filialen seien keine Standardfilialen.

Die Aussagen der Pressesprecher reichen keinesfalls aus, um die Standortanforderung und -
strategie der Unternehmen ausreichend darstellen zu können. Es ist lediglich als Erfolg zu bewerten, dass überhaupt eine Stellungnahme abgegeben wurde. Für den Verlauf der vorliegenden
Arbeit sind jedoch weiterreichende, auch indirekte Ableitungen erforderlich, die bspw. durch die
veröffentlichten Grundstücksannoncen gestützt werden. Daraus lassen sich immerhin indirekt
einige belastbare Aussagen zu den Standortanforderungen ableiten.

Aldi Suisse formuliert: „Zur Errichtung eines leistungsfähigen Filialnetzes in der gesamten Schweiz suchen wir Kauf-, Miet- oder Baurechtsobjekte an Standorten mit mehr als 20.000 Einwohnern in der ganzen Schweiz" (Aldi Suisse o.J.). Diese Grundstücke müssen dabei mindestens 4.500m² gross sein, um eine Verkaufsfläche von mindestens 650m² zu ermöglichen. Die Anforderungen an den Marko-Standort sind recht gering. Die Grundstücke müssen an einer gut frequentierten Strasse positioniert und zudem gut sichtbar und einfach zufahrbar sein (ebd.).

LAND	NORD / SÜD	EINWOHNER IM EINZUGSGEBIET	GRUNDSTÜCK-GRÖSSE	VERKAUFS-FLÄCHE	PARK-PLÄTZE
AT	Süd	20.000	Min. 4.000 m²	Min. 900 m²	-
AU	Süd	20.000	-	1.350 - 1.800 m²	-
CH	Süd	20.000	Min. 4.500 m²	Min. 650 m²	Ca. 130
DE	Süd	10.000	Min. 3.000 m²	Min. 750 m²	-
IE	Süd	10.000	Min. 3.250 m² (0.8 acres)		-
UK	Süd	10.000	Min. 3.250 m² (0.8 acres)		-
US	Süd	35.000 (3miles) / 20.000 (cities) / 40.000 (counties)	Min. 8.000 m²	2.0 acres / 1.580 m² / 17.000 ft²	Min. 85
BE	Nord	-	4.000 - 6.000 m²	800 - 1.200 m²	Ca. 100
DE	Nord	-	Min. 4.000 m²	Min. 1.100 m²	-
DK	Nord	-	4.000 - 6.000 m²	800 - 1.200 m²	Ca. 60
FR	Nord	-	4.000 - 6.000 m²	1000 - 1.200 m²	Ca. 50
NL	Nord	-	4.000 - 6.000 m²	Ca. 1100 m²	Ca. 100
PL	Nord	-	3.000 m²	800 - 1.200 m²	Ca. 100
ES	Nord	Keine Expansionsstrategie			

Tabelle 19: Standortanforderung von Aldi in verschiedenen Ländern. Quelle: Eigene Darstellung auf Grundlage der jeweiligen Unternehmensangaben auf den nationalen Webseiten. In Spanien werden keine Anforderungen veröffentlicht, da das Unternehmen derzeit (Stand 12/2016) keine Ausweitung des Filialnetzes anstrebt.

Diese Angaben sind explizit *mindest*-Angaben und verdeutlichen vermutlich nur unzureichend das optimale Anforderungsprofil. Ein Hinweis darauf liefert die Angabe zur Parkfläche. „Optimale Parkplatzanzahl ca. 130" (ebd.). Hieraus lässt sich schliessen, dass aus Unternehmenssicht der ‚optimale Standort' keinesfalls bei 4.500m² Grundstücks- und 650m² Verkaufsfläche liegt. Aus der Parkplatzanzahl lässt sich vielmehr auf Standorte mit rund 1.200 bis 1.500m² Verkaufsfläche und dementsprechend (bei der üblichen eingeschossigen Bauweise) auf Grundstücke von ca. 8.000 bis 9.000m² schliessen.

Auch im internationalen Vergleich wird nochmals deutlich, wie die Schweizer Kennzahlen einzuschätzen sind (siehe Tabelle 19). So ist auffällig, dass die geforderte Anzahl an Parkplätzen in der Schweiz aussergewöhnlich hoch liegt. Demgegenüber ist die geforderte Mindestverkaufsfläche mit 650m² die geringste Anforderung von allen Ländern. Die geforderte Mindestgrösse des Grundstücks liegt im internationalen Mittel.

Keine Rückschlüsse lassen sich jedoch auf die Preisgestaltung ziehen. Es sind keine Unternehmensangaben zu finden, aus denen hervorgeht, welche Preise das Unternehmen bereit ist zu zahlen oder tatsächlich in der Vergangenheit gezahlt hat. Da diese Daten üblicherweise dem Vertragsgeheimnis unterliegen, sind die Zahlen auch in den Fallstudien (siehe Kap. 10.3) nicht verfügbar. Eine (unwissenschaftliche) Annäherung liefert lediglich eine investigative, journalistische Vorgehensweise. An einem Tag der offenen Tür anlässlich des 10jährigen Firmenjubiläums bei Aldi Suisse berichteten Regionalleiter,[26] dass Aldi im ländlichen Raum 120.- bis 150.- CHF pro m² zu zahlen bereit ist. Bei höheren Bodenpreisen kann die erwartete Rendite der Filiale nicht erreicht werden. Für städtische Filialen gelten diese starren Preisgrenzen jedoch nicht. Hier ist das Unternehmen in Einzelfällen bereit höhere Bodenpreise zu bezahlen, die dann zwar die Rentabilität der Filiale beeinträchtigen, aber als Marketingausgaben betrachtet werden. Aldi möchte auch im urbanen Raum der Schweiz präsent sein und ist daher zu diesen (sonst für das Unternehmen ungewöhnlichen) Strategieabweichungen bereit.

Lidl Schweiz macht auf seiner Webseite keinen Angaben zu gesuchten Grundstücken, aus denen sich die Standortanforderungen in der Schweiz ableiten liessen. Der Mutterkonzern veröffentlicht jedoch die Strategie „immobilien international" (Lidl 2014), deren Anwendbarkeit auf die Schweiz angenommen werden kann.

Darin wird lediglich darauf hingewiesen, dass es zu einzelnen Anpassungen an die jeweiligen landesspezifischen Umstände gibt, ohne diese explizit zu machen. „Nicht nur unser landesspezifisches Sortiment, sondern auch die Architektur unserer Filialen ist daher so unterschiedlich wie die Kulturen der einzelnen Länder" (Lidl 2014: 15). Welche Unterschiede dies im einzelnen sind, ist nicht aufgeführt.

Deutlich wird jedoch, dass die Standorte als wesentlicher Erfolgsfaktor wahrgenommen werden. „Garant für unseren Erfolg sind neben unserem Sortiment vor allem unsere Standorte in bester Lage, die einen bequemen Einkauf nah am Kunden bieten" (Lidl 2014: 16). Was das Unternehmen, unter Standorten in bester Lage versteht, lässt sich genauer bestimmen. Um eine Filiale betreiben zu können werden im Kernort mindestens 5.000 Einwohner, im weiteren Einzugsgebiet mindestens 10.000 Einwohner vorausgesetzt (ebd.). Darüber hinaus werden Grundstücke ab 5.000m² gesucht, auf denen sich mindestens 80 ebenerdige Parkplätze realisieren lassen (ebd.). Der Standort muss dabei an einer hochfrequentierten Strasse liegen, um verkehrstechnisch gut erreichbar und weithin sichtbar sein (ebd.). Die Grundstücksgrösse wird mit mindestens 5.000m² angegeben (ebd.). Interessant ist, dass eine Anforderung zur Verkaufsfläche nur für innerstädtische Standorte angegeben wird. Diese betragen zwischen 800 und 1.200m² (ebd.). Eine Angabe zu anderen Standorttypen wird nicht gemacht. Abweichend von dieser Immobilienstrategie werden in Deutschland 15.000 Einwohner im erweiterten Einzugsbereich, Verkaufsflächen von 1.000 bis 1.400m² und eine Parkplatzanzahl ab 120 Stück ebenerdig gefordert (vgl. Website Lidl Immobilien).

Darin zeigt sich schon, dass Lidl zwischen verschiedenen Standorttypen unterscheidet und nicht so einheitlich vorgeht, wie dies in der vorliegenden Arbeit als Forschungsannahme formuliert wurde (siehe Tabelle 20). Der baukulturelle Anspruch wird dabei sogar offensiv und hochwertig formuliert: „Wir erarbeiten für jeden Standort ein individuelles Bebauungskonzept. Dabei legen wir großen Wert auf eine Bebauung, die sich flexibel an dem architektonischen und städtebaulichen Charakter des Ortes orientiert" (Lidl 2014: 17). Aus diesem Anspruch leitet Lidl eine Differenzierung nach vier verschiedenen Standorttypen ab: „Wir sind in allen Lagen ein starker Nahversorger. Unsere Märkte finden Sie an klassischen Solitärstandorten wie auch in Fachmarkt- und Einkaufszentren und in zentralen Lagen hochverdichteter Gebiete" (Lidl 2014: 17).

---

[26] Zum Schutz der Person sind hier keine genaueren Angaben enthalten, die Rückschlüsse auf die Identität ermöglichen würden. Aldi verbietet den Kontakt mit Journalisten und Wissenschaftlern und droht mit direkten arbeitsrechtlichen Konsequenzen. Erfahrungen aus Deutschland, wo verschiedene Journalisten und ehemalige Manager auf diese Weise sozial- und arbeitsrechtliche Missstände aufdeckten, zeigen, dass das Unternehmen diese Drohungen wahrmacht.

STANDORTTYP	CHARAKTERISIERUNG
Solitärstandorte	„Moderne Nahversorgung erfordert kundenorientierte und komfortable Einkaufsmöglichkeiten. Vor allem in weniger verdichteten Gebieten setzen wir daher auf großzügige Verkaufsräume in verkehrsgünstigen Lagen. Unsere Kundenorientierung beginnt bereits vor dem Einkauf. Wir legen besonderen Wert auf unkomplizierte Zufahrtsmöglichkeiten und ein ausreichendes Angebot an ebenerdigen Stellplätzen. Großzügige Parkplätze und breite Fahrspuren erleichtern zudem das Rangieren" (Lidl 2014: 18).
Fachmarktzentren	„Als hochfrequentierter Kundenmagnet sind wir als Ankermieter eine gerngesehene Bereicherung für jedes Fachmarktzentrum. Gleichzeitig profitieren unsere Kunden von der Nähe zu anderen Geschäften. Das spart Zeit und ermöglicht kurze Wege" (Lidl 2014: 21).
Zentrale Lagen	„Auch in hochverdichteten städtischen Gebieten sind wir nah am Kunden. In zentralen Lagen entwickeln wir besondere Immobilien, die neben dem Lidl-Markt auch weitere Nutzungen einbinden können. Geeignete Ergänzungen sind neben Einzelhandelsgeschäften z.B. Hotels, Kindergärten, Seniorenwohnheime, Wohnungen und Büros" (Lidl 2014: 23).
Einkaufszentren	„Einkaufszentren sind aufgrund des vielfältigen Angebotes ein großer Kundenmagnet. Dabei sind wir als Lebensmittelanbieter eine gerngesehene Bereicherung des Angebots für den täglichen Bedarf und runden den Mietermix ab" (Lidl 2014: 23).

Tabelle 20: Charakterisierung der Standorttypen in der Eigenwahrnehmung des Lidl Unternehmen. Quelle: Eigene Darstellung, basierend auf den Angaben nach Lidl (2014: 18-23).

6.1.3.2 Interpretative Standortanforderungen

Diese direkten Angaben der Unternehmen legen nur einen Teil der Standortanforderungen offen. Es ist anzunehmen, dass weitere, nicht öffentlich kommunizierte Anforderungen bestehen. Diese lassen sich einerseits aus dem betriebswirtschaftlichen Konzept ableiten und andererseits in der empirischen Realität beobachten und legen nahe, dass zumindest Präferenzen innerhalb der von Lidl benannten Standorttypen bestehen. Nichtsdestotrotz sind die nachfolgenden Standortanforderungen interpretativer Art und nicht durch direkte Quellen der Unternehmen gestützt.

Das Betriebskonzept der Discounter basiert auf schnelldrehende Produktkäufe. Der Umsatz pro Einkauf soll daher entsprechend hoch sein. Die Kunden erledigen solche Einkäufe bevorzugt mit dem PKW, um den Transport der Waren angenehm zu absolvieren. Aus diesem Grund ist die Anbindung an das regionale Strassennetz für die Discounter von besonderer Bedeutung. Die Anbindung an den öffentlichen Personennahverkehr spielt demgegenüber lediglich eine untergeordnete Rolle. Aus dem gleichen Grund werden ebenerdige Verkaufsflächen und Parkplätze bevorzugt, was zu einer eingeschossigen, wenig dichten Ausnützung des Bodens führt. Dazu trägt auch bei, dass die Verkaufsflächen je Filiale stetig steigen. Während 1990 die durchschnittliche Verkaufsfläche noch 378m² betrug, waren es 10 Jahre später bereits 439m² (vgl. Callis 2004: 99). Neubauten weisen heute eine Mindestgrösse von 700m² auf, meistens gilt sogar 1000m² Verkaufsfläche als Untergrenze (ebd.). Schliesslich lässt das Betriebskonzept nicht zu, dass hohe Bodenpreise bezahlt werden. Aus den beiden letztgenannten Aspekten ergibt sich zusammengenommen die Bevorzugung der Siedlungsrandlagen, da hier grosse zusammenhänge Flächen zu günstigen Preise erhältlich sind. Ob diese, derzeitigen Standortanforderungen jedoch auch in Zukunft gelten, ist ungewiss. Bei den beiden hauptsächlich untersuchten Discountern Aldi und Lidl bemerkt man – neben ersten baulichen Abweichungen von Solitärstandorten und den beispielsweise Lidls aufgeführtes Bekenntnis zu anderen Optionen – auch im Sortiment stärkere Variationen in der Produkttiefe. In Deutschland wird bereits über das Ende der Discounterphase diskutiert, was mit entsprechend neuen Standorten verknüpft wäre. „Für die einst aggressiv ex-pandierenden Discounter lohnt sich die Eröffnung neuer Filialen immer weniger, der harte Wett-bewerb setzt zu, währen die Flächenproduktivität bei nahezu allen Discountern in den letzten Jahren stetig sinkt. Zudem stehen die hoch standardisierten Filialen und das begrenzte Warenan-gebot im Gegensatz zu den immer komplexer werdenden Verbrauchen und deren Strukturen und Vorlieben" (Hardaker 2016:10). Für die Schweiz ist jedoch anzunehmen, dass eine solche Sätti-gungsphase bereits zu einer Abkehr der klassischen Discounterprinzipien geführt hat, noch dass eine solche Phase unmittelbar bevorsteht.

6.1.4   Marktstruktur, Trends und Entwicklungen im Lebensmitteldetailhandel

Global agierende Lebensmittel-Discounter sind ein vergleichsweise junges Phänomen in der Schweiz. Traditionell ist der Schweizer Lebensmittelmarkt unter wenigen Akteuren aufgeteilt. ‚Platzhirsche' sind die beiden genossenschaftlich organisierten Grossverteiler *Coop* und *Migros* (inkl. der Discoun-ter-Marke *Denner*), die zusammen ca. 1.500 Supermärkte betreiben. Die Entstehungsgeschichte dieser beiden ist zwar ebenfalls eng mit dem Ziel der Preissenkung verbunden, allerdings handelt es sich bei beiden um buttom-up Initiative zur besseren Versorgung der Bevölkerung.

Nach der schweren Hungersnot in der Schweiz im Jahr 1817 („Jahr ohne Sommer") wurden in vielen Schweizer Städten genossenschaftliche *Konsumvereine* gegründet. Ab den 1890er Jahren fand dabei eine Konzentration der Vereine zum *Verband Schweizerischer Konsumvereine (VSK)*, welche 1969 in *Coop* umbenannt wurde und heute (nach Migros) der zweitgrösste Lebensmittel-händler in der Schweiz ist. Coop betreibt etwa 860 Supermärkte in verschiedenen Formaten sowie etwa 1200 Filialen weitere Handelsbereiche (bspw. Baumarkt, Elektronik, etc) (Stand: 2015). Das Unternehmen agiert dabei zu Beginn als geschlossener Verein (vgl. amerikanische Bedeutung von Discountern), öffnete sich allerdings sehr schnell allen Kundenschichten. Heute sind die Coop-Supermärkte klassische Vollsortimenter.

Eine weitere Hungersnot führte zur Gründung der *migros*. Als Reaktion auf die isolierte Lage der Schweiz während des Ersten Weltkrieges, den *Steckrübenwinter* 1917 und die Wirtschaftskrise in den 1920er Jahren wurde dieses, ebenfalls genossenschaftliche Unternehmen 1925 durch Gottlieb Duttweiler in Zürich gegründet. Der Name *mi-gros* (etwa: Mittelhändler) verkörpert dabei be-wusst die Positionierung zwischen den Grosshändlern (*en-gros*) und den Detailhändlern (*en-détail*). Die Kundschaft eines klassischen Detailhändlers (also das Volk) sollte von den betriebs-wirtschaftlichen Vorteilen der Vorgehensweise von Grosshändlern profitieren. In diesem Sinne ist die Migros implizit der älteste Discounter der Schweiz. Allerdings wandelte sich das Konzept und viele weitere Elemente eines Discounters (bspw. bzgl. der Sortimentstiefe und -breite) fehlten. Heute betreibt Migros etwa 580 Supermärkte des Vollsortiments sowie eine Vielzahl weiterer Standorte anderen Formats (insb. Fachmärkte). Zu Migros gehört seit 2007 teilweise und seit 2010 vollständig auch die Discountermarke Denner.

Denner basiert auf eine Reihe von Vorgängerunternehmen, deren Geschichte bis in die 1860er Jahre zurückreicht. In einem internen Streit zwischen der Gründerfamilie Cäsar und Carl Denner und dem damaligen Aufsichtsrat Karl Schweri in den Jahren 1947 bis 1951 erfolgte die Umwand-lung in eine Aktiengesellschaft. Alleiniger Besitzer war Schweri, der fortan die Geschäfte führte und eine massive Expansion startete. Als gelernter Rechtsanwalt umfasste die Betriebsführung auch juristische Auseinandersetzungen. So kippte er im Feburar 1967 gerichtlich das System der gebundenen Endverkaufspreise für Marken-Lebens- und Genussmittel und eröffnete daraufhin im Oktober 1967 in Zürich das erste Geschäft, welches sich nach heutigen Massstäben als Discounter zu bezeichnen ist, und daher den ersten Discounter der Schweiz darstellt. Denner etablierte sich mit etwa 500 Filialen als dritte Kraft am Schweizer Lebensmittelmarkt und übernahm weitere Konkurrenten (wie bspw. die *Pick Pay*, die Überreste des erfolglosen Markteintritts der deutschen

REWE-Gruppe). In den Jahren 2007 bis 2010 erfolgt die zunächst teilweise, dann vollständige Übernahme durch die Migros.

Daneben sind einige weitere, kleinere Lebensmittel-Detailhändler in der Schweiz aktiv. Gegenüber der Marktdominanz der grossen Ketten halten diese sich inbesondere durch die Besetzung von Nischen. So betreibt *Volg* knapp 580 Kleinstgeschäfte in stark peripheren Gegenden (bspw. in kleinen Bergdörfern), die für Grossverteiler nicht rentable zu betreiben wären. Darüber hinaus werden freie Detaillisten beliefert (etwa 300). Der Name steht für *Verband Ostschweizerischer Landwirtschaftlicher Genossenschaften* und weist auf die ebenfalls genossenschaftliche Vergangenheit der heutigen Aktiengesellschaft und auf den ostschweizerischen Hintergrund hin. Volg ist noch heute überwiegend in der Ost- und Zentralschweiz präsent. Einzelne Läden finden sich auch in der Romandie (insb. im Wallis). Im Tessin gibt es keine Geschäfte. Volg positioniert sich bewusst als Dorfladen und bedient dabei auch Kundenbedürfnisse ausserhalb des klassischen Lebensmittel-Detailhandels (bspw. durch spezifische Produktpalette oder auch als gesellschaftliches Dorfzentrum).

Als weiterer Lebensmittel-Detailhändler ist schliesslich noch die aus dem Agrarbereich stammende und ebenfalls genossenschaftlich organisierte *Landi* zu nennen. Landi wurde von Produzentenseite als Ansatzgenossenschaft gegründet und betreibt heute etwa 200 Geschäfte. Die Sortimente sind dabei auf die ländliche Kundschaft ausgerichtet.

Der gesamte Schweizer Lebensmittelmarkt besticht durch hohe Produktqualität, starke Bindung an heimische Erzeuger und (selbst währungs- und kaufkraftbereinigt) ein hohes Kostenniveau. Damit bietet sich aus der Perspektive von international erfolgreichen Discountern eine ideale Ausgangslage für eine Expansion.

	Umsatz (1987)	Umsatz (2016)	Anzahl (2016)	Filialen
Migros	6.230 Mio CHF (47 %)	11.816 Mio CHF (39 %)		578
Coop	4.412 Mio CHF (35 %)	10.487 Mio CHF (35 %)		824
Denner	1.237 Mio CHF (9 %)	3.049 Mio CHF (10 %)		780
Aldi	-	1.835 Mio CHF (6 %)		180
Volg	549 Mio CHF (5 %)	1.471 Mio CHF (5 %)		970
Lidl	-	870 Mio CHF (3 %)		102
Spar	-	596 Mio CHF (2 %)		182
Landi	k.A.	k.A.		276
Sonstige	655 Mio CHF (5 %)	124 Mio CHF (0.4 %)		k.A.
Summe	**13.365 Mio CHF**	**30.248 Mio CHF**		

Tabelle 21: Aufteilung des Schweizer Lebensmittelmarktes nach Umsätzen in Mio. CHF bzw. prozentualem Marktanteil. Coop inkl. Konsumverein Zürich (Übernahme durch im Jahr 1995). Denner inkl. Pick Pay (Übernahme durch Denner im Jahr 2005). Eigene Darstellung. Quelle für die Datengrundlage: GfK 2016: 33-34 ufa 1988: 27. Berücksichtigt sind nur Lebensmittelmärkte, keine Fachmärkte. Coop inkl. Konsumverein Zürich (Übernahme im Jahr 1995) und Waro (Übernahme im Jahr 2003). Denner inkl. Franchise-Filialen Denner Satellit und Pick Pay (Übernahme im Jahr 2005). Denner wird separat aufgeführt, da es als eigenständige Marke geführt wird, obwohl es seit 2009 zur Migros-Gruppe gehört. Volg inkl. von Volg belieferte freie Detaillisten. Spar inkl. Maxi, TopCC und von Spar belieferte freie Detaillisten. Bei Landi wird bei der Veröffentlichung der Umsatzzahlen der Anteil des Lebensmittel-Bereichs nicht separat ausgewiesen. Von der Darstellung unvergleichbarer Zahlen wurde daher abgesehen. Sonstige umfasst weitere Anbieter, wie Somora, Merkur, Waro und Maxi, sowie freie Detaillisten. Reihenfolge nach Marktanteil 2016. Quelle: Eigene Darstellung.

Vor diesem Hintergrund eröffneten die deutschen Lebensmitteldiscounter Aldi (2005) und Lidl (2009) die ersten Filialen. Anfänglich schien das Engagement in der Schweiz nicht aufzugehen, da die dominierende Fokussierung auf den Preis von Schweizer Konsumenten nicht ausreichend angenommen wurde. Seit etwa 2012 erfolgte daher bei beiden Unternehmen Strategiewechsel. Seither wird mit idyllischer Werbung voller patriotischer Elemente die Qualität und Nachhaltigkeit der Produkte angepriesen (siehe bspw. die 2017er Aldi Kampagne www.aldikind.ch oder die Kooperation zwischen Lidl und dem WWF Schweiz). Statt der „Aldisierung der Schweiz" (Wort des Jahres 2005) fand also eine „Verschweizerung der Discounter" (NZZ 2016) statt. Die Konsumenten honorierten dieses neue Image und seither legen die beiden Discounterketten auch betriebswirtschaftlich zu (siehe Tabelle 21).

Nicht nur die Konkurrenzunternehmen, auch das Planungssystem war nicht auf den Markteintritt der deutschen Discounter und deren Erfolg vorbereitet. Hatten die öffentlichen Planungsträger bislang mit volkswohlorientierten Anbietern zu tun, die im kooperativen Verfahren zu planerisch-baulichen Vereinbarungen bereit waren, stand man nun zunehmend einem Akteur gegenüber, der klar fokussierte Betriebs- und Standortkonzepte verfolgt und ohne Abstriche durchzusetzen versucht. Die öffentliche Hand unterschätzte zudem sowohl die Professionalität und Härte des Akteurs (vgl. Kap. 10.3), als auch die potenziellen unerwünschten Auswirkungen von schlecht integrierten Standorten auf die bestehenden Einzelhandels- und (im Vergleich zu Deutschland sehr intakten) Dorfstrukturen. Die kleinen Bauverwaltungen und lokalen Milizpolitiker erhielten zudem keine nennenswerte Unterstützung durch das kantonale oder eidgenössische Planungsrecht und waren meist machtlos – falls überhaupt ein Problembewusstsein bestand. Das bestehende Planungsinstrumentarium war nicht auf diesen neuen Gegenstand Discounter ausgerichtet. Aus dem deutschen Planungsrecht bekannte Steuerungsinstrumente (wie Einzelhandelskonzepte, die Grossflächigkeitsklausel oder die Kategorie des zentrenrelevanten Sortiments, siehe jeweils dazu Kap. 6.4) waren und sind nicht vorhanden. Selbst die Nutzungszonenplanung (das Standardinstrument der schweizerischen Raumplanung) hatte keine Effekte, da in vielen kommunalen Baureglementen Discounter in allen Nutzungszonen zulässig und daher (bei ausreichender Erschliessung) stets zu bewilligen waren. Ähnlich wie bei den ersten Einkaufszentren in Ostdeutschland in den 1990er Jahren, kann man sagen, dass die ersten Discounterfilialen in der Schweiz ohne aktive planerische Steuerung errichtet worden sind.

6.1.4.1   Weitere aktuelle Entwicklungen

Neben den Discounter als weiterer Wettbewerber stehen Schweizer Händler auch vor anderen Herausforderungen. Zu allererst zu nennen ist hierbei der zunehmende Onlinehandel und seine räumlichen Auswirkungen. In den verfügbaren statistischen Informationen zeigt der Onlinehandel bislang noch keine dramatischen Marktveränderungen. Gemessen an den Umsätzen des gesamten Einzelhandels machte der Onlinebereich im Jahr 2005 lediglich 1,3 % aus (DE-statis, Strukturdaten des Einzelhandels WZ08). Bis ins Jahr 2013 stieg der Anteil auf 5,8 %, was in relativen Zahlen eine starke Zunahme von immerhin 25,5 % jährlich ist. Absolut betrachtet kann jedoch noch nicht von einer dominanten Stellung gesprochen werden. Neuere Zahlen sind noch nicht verfügbar.

Diese Zahlen sind jedoch aufgrund einer statistischen Definition wenig aussagekräftig. Gemessen werden lediglich Handelsaktivitäten, die in einem Land direkt stattfinden. Da Unternehmen wie Amazon, Apple, etc. aus steuerlichen Gründen in anderen Ländern (bspw. Luxemburg oder Irland) gemeldet sind, sind diese kaum berücksichtigt. Wenn ein einheimischer Kunde ein Produkt auf Amazon.com erwirbt, welches dann von einem Logistikzentrum in Deutschland oder Tschechien an die schweizerische Adresse geliefert wird, werten Statistiker dies als eine Einzelhandelsaktivität in Luxemburg, da Amazon dort rechtlich niedergelassen ist.

Ungeachtet des bislang kaum absehbaren Ausmasses des Onlinehandels sind die Entwicklungen beachtenswert. Der Onlineverkauf ist für die Betrachtung von städtebaulichen Zentren auch deshalb von Bedeutung, da zunehmend zentrumsrelevante Sortimente gehandelt werden. Bezogen auf das Jahr 2013 wurden in den zentrenrelevanten Sortimentsgruppen, wie Textil oder Elektronik, fast 20 % der Produkte online verkauft (IFH Köln 2014). Bis ins Jahr 2020 wird hier eine Zunahme auf etwa 1/3 Marktanteil erwarte (ebd.). Der Lebensmittelhandel ist von dieser Entwicklung noch nicht betroffen. Bislang werden etwa 1,0 % des Umsatzes online erwirtschaftet (ebd.) und zudem sieht das IFH hier lediglich eine zurückhaltende Entwicklung auf 3,6 % im Jahr 2020 (ebd.). Die vorsichtige Wachstumsprognose basiert aber auf Annahmen, die hinterfragt werden können. So bescheinigt das IFH einerseits einen Profitabilitätsvorteil im stationären Handel und geht andererseits davon aus, dass der Lebensmittelhandel für den Onlinehandel schwer erreichbar ist (ebd.). Beide Annahmen erscheinen gewagt. Neuere Vertriebsformen verdeutlichen die Effizienz und die Innovationskraft der grossen Player (wie Amazon, Ebay), die zudem deutlich mehr in den Bereich Forschung und Entwicklung (F&E) investieren. Nach Christ (2014) investiert Amazon etwa 7,5 % des Umsatzes in F&E, Ebay etwa 11,3 %. Demgegenüber stehen grosse Einzelhandelsketten, wie Metro, die überhaupt keine Investitionen tätigen. Für den gesamten deutschen Einzelhandel wird von etwa 0,0034 % des Umsatzes ausgegangen (alle Zahlen aus: Christ 2014).

Aus den beiden Beobachtungen lässt sich zweierlei ableiten. Der Onlinehandel ist im zentrenrelevanten Einzelhandel in Deutschland bereits als bemerkenswerter Akteur angekommen und wird vermutlich weiter an Marktanteilen gewinnen. Für das Marktsegment des Lebensmittelhandels trifft dies jedoch bislang noch nicht zu. Allerdings ist es lediglich eine Frage der Zeit, bis auch in diesem Segment die Entwicklung nachgeholt wird. Die besonderen Herausforderungen im Umgang mit Lebensmittel (bspw. Kühlung) erschweren und verzögern hier den Einstieg der Online-Akteure. Ein gänzliches Ausbleiben ist jedoch kaum vorstellbar, worauf nicht zuletzt die hohen Investitionen in Forschung und Entwicklung hindeuten.

Die räumlichen Auswirkungen des zunehmenden Onlinehandels wird sich in einer Reduktion der Gesamtverkaufsflächen zeigen, wobei jedoch die verschiedenen Standorte und Betriebsformen unterschiedlich stark betroffen sein werden. Catella geht davon aus, dass auf dem europäischen Markt bis im Jahr 2030 etwa 10 % weniger Verkaufsflächen vorhanden sein werden (vgl. Catella 2016). Diese Reduktion wird zu einer weiteren Konzentration von Betrieben und Betriebsstätten führen, welche jedoch räumlich ungleich verteilt sein wird. Die sogenannten A-Lagen, also solche Verkaufsflächen mit dem höchsten Flächenumsatz, werden tendenziell gleichbleibend oder sogar leichtzunehmend sein (ebd.). Diese Lagen gelten bislang als ungefährdet. Demgegenüber stehen B- und C-Lagen, also solche mit mittleren oder geringen Flächenumsätzen. Diese werden insgesamt leichte bis starke Rückgänge erleben.

Auf gesamteuropäischen Massstab ist die durchschnittliche Flächenproduktivität in Deutschland und den Niederlanden gering. In der Schweiz wird von einem hohen Flächenumsatz ausgegangen (GFK 2016). Diese Einschätzung ist jedoch nur vorsichtig vergleichbar, da Währungs- und Kosteneffekte nicht berücksichtigt sind. Als vergleichbare Einheit kann die Verkaufsfläche pro Kopf herangezogen werden. Hier liegt die Schweiz mit 1,49m² Verkaufsfläche pro Einwohner hinter Österreich (1,74m²/E) und den Niederlanden (1,52m²/E) auf dem dritten Platz in Europa und somit noch vor dem Discounterland Deutschland (1,46m²/E). Rein bezogen auf das Verkaufsflächenangebot und das Kundenpotenzial ist die Schweiz daher als angespannter Markt zu bezeichnen.

So stehen Discounter nicht nur auf Heimatmarkt Deutschland unter starken Druck und verlieren derzeit Marktanteile (vgl. Hardaker 2016: 9-10). Als Gegenreaktion werden von den Unternehmen verschiedene Massnahmen ergriffen. So wird neuerdings in der Vorweihnachtszeit mit qualitativ und preislich hochwertigen Produkten geworben und versucht die Vollsortimenter auf einem Bereich zu attackieren, der bislang vom Discount-Prinzip verschont bliebt. Daneben wird aber auch mit einem massiven Modernisierungsprogramm über die Filialen das Einkaufserlebnis der Kunden zu steigern. Aldi bezeichnet dieses Konzept als „Filiale der Zukunft".

Das Konzept wurde in 2016 vorgestellt. Innerhalb von nur drei Jahren sollen alle deutschen Standorte des Unternehmens (immerhin rund 4.500 Filialen) und anschliessend auch die Schweizer Standorte umgebaut werden. Das neue Konzept sieht dabei u.a. animierte Bildschirme zum Bewerben der Aktionsware, bodentiefe Fenster für ein Einkaufen bei Tageslicht, deutlich aufgewerteter Warenpräsentation und eine Drehung des Ladenaufbaus vor (vgl. Hardaker 2016: 10). Auch der Lidl-Konzern hat bereits mit der Modernisierung der Filialen begonnen, welche sich ebenfalls durch höherwertige und hellere Architektur auszeichnet.

Zudem verfolgen beide Unternehmen eine Erweiterung des Sortiments, was mit höheren Flächenbedarfen einhergeht. An den aus geographischer Sicht wesentlichen Merkmalen einer von solitären, eingeschossigen Filialen ändert jedoch weder Aldi's Filiale der Zukunft noch Lidl's modernisierte Filiale etwas.

6.2   Räumliche Auswirkungen

Die vorliegende Arbeit suggeriert, dass Discounter spezifische Auswirkungen auf die räumliche Entwicklung haben. Dabei ist klar zwischen den Discounter-Unternehmen und den von diesen Unternehmen bevorzugten Filialtypen zu unterscheiden. Wenn im Folgenden Discounter erwähnt und Supermärkten gegenübergestellt werden, dann bezieht sich dieser Vergleich nicht auf die unterschiedlichen Betriebskonzepte, sondern auf die von diesen Unternehmen bevorzugten Filialtypen. Damit geht auch einher, dass nicht jede Filiale, sondern die typische Filiale gemeint ist.

Um die räumlichen Auswirkungen entsprechend zu kontextualisieren, wird zunächst auf planerische Leitbilder eingegangen, die hinter den planungsrechtlichen Zielen stehen. Dabei wird grob zwischen der Europäischen Stadt und der Zwischenstadt unterschieden. Im Folgenden wird dann argumentiert, dass eine Discounterisierung ein wesentlicher Schritt der Zwischenstadtisierung ist und mit entsprechenden externen Effekten verbunden ist.

6.2.1   Europäische Stadt als Leitbild der räumlichen Entwicklung

Wenn planerisches Handeln als Steuerung der baulichen Entwicklung (und nicht als reine Bauverwaltung) gesehen wird, ist die Politik an Zielen orientiert, d.h. normativ aufgeladen und mit Leitbildern hinterlegt. In den akademischen und politischen Diskursen findet sich dabei eine Vielzahl von unterschiedlichen Bildern (welche zudem selbst in der deutschsprachigen Literatur auf Englisch bezeichnet werden, um eine Universalität des jeweiligen Ansatzes zu suggerieren). Einige Beispiele:

- die kompakte Stadt (compact city),
- die nachhaltige Stadt (sustainable City),
- die gesunde Stadt (healthy city),
- die entschleunigte Stadt (slow city),
- die kreative Stadt (creative city),
- die intelligente Stadt (smart city) und
- die widerstandsfähige Stadt (resilient city).

Diese Leitbilder wechseln je nach zeitgenössischen Werten oder förderungspolitischen Moden. Gemein ist ihnen lediglich, dass sie eine abstrakte Wertvorstellung über die gewünschte oder notwendige zukünftige Entwicklung transportieren, die in konkretes planerisches Handeln übersetzt werden soll.

Diese verschiedenen Leitbilder betonen unterschiedliche Aspekte, welche bei der Stadt- (und Raum-) Entwicklung Priorität haben sollen. So unterschiedlich die jeweiligen Prioritäten gesetzt werden, können diese Bilder auf eine gemeinsame Wertegrundlage zurückgeführt werden (vgl. Frey & Koch 2010a: 262): Das Leitbild der Europäischen Stadt. Neben den impliziten Bezügen, gibt es auch eine Vielzahl von expliziten Bezügen zum Leitbild der Europäischen Stadt. So legt bspw. die sog. Torremolinos Charter (CEMAT-Richtlinie) von 1983 die Europäische Stadt als Prinzip der räumlichen Entwicklung in Europa fest (1983: 13-14, veröffentlicht als ILS 1984; vgl. auch Hengstermann 2012). Der Stadtentwicklungsbericht der deutschen Bundesregierung bezeichnet, „die Europäische Stadt, verstanden als Raum-, Sozial- und Werte-, aber vor allem auch als Erfolgsmodell, [... ist] Ausgangspunkt und Leitvorstellung aller stadtentwicklungspolitischen Maßnahmen und Aktivitäten des Bundes" (2009: 49). Schliesslich trägt das Leitdokument der EU-Stadtentwicklungspolitik, die Charta zur nachhaltigen europäischen Stadt (sog. Leipzig Charta) den Begriff sogar im Titel (2007, veröffentlicht BMVBS 2010).

6.2.1.1   Die Europäische Stadt

Der Begriff Europäische Stadt ist dabei keinesfalls geographisch als Sammelbegriff aller Städte in Europa zu verstehen. Paradoxerweise gibt es keinen direkten Zusammenhang zwischen Städten in Europa und Europäischen Städten (vgl. mit einer Vielzahl an Beispielen: Frey & Koch 2010a: 261). Städte in Amerika (Portland, USA) oder Asien (Hongkong, China) können ‚Europäisch' sein, während Städte in Europa ‚nicht-Europäisch' sein können (bspw. Frankfurt a.M.). Um das Konzept von der Ortsangabe abzugrenzen wird in Fachaufsätzen einigermassen konsequent die Grossschreibung zur Betonung des Eigennamens verwendet. Der Begriff Europäische Stadt bezeichnet vielmehr eine Vorstellung eines bestimmten Stadttyps mit spezifischen Eigenschaften und ist dabei sowohl analytischer, wie auch normativer Natur. Als Gegenpol wurde früher die orientalische und heute die (nord-) amerikanische Stadt verwendet, die dann mit negativen spezifischen Eigenschaften (wie Zersiedelung, Verödung der Innenstädte, Segregation) verbunden wird (vgl. Frey & Koch 2010a: 261, Häussermann/Haila 2005: 52). In seiner analytischen Funktion geht der Begriff auf Max Weber und seine Typologie der Stadt zurück (vgl. Häussermann/Haila 2005: 44). Weber versuchte sich zunächst an einer Definition von Stadt. Wenngleich auch er daran scheiterte eine allgemein gültige Definition zu erarbeiten, so ist es doch als grosser Durchbruch zu verstehen, dass seine Definitionsansätze nicht auf den mittelalterlichen Stadtrechten (bspw. Marktrechte), sondern auf gesellschaftlichen und ökonomischen Eigenarten basiert. Von zentraler Bedeutung ist dabei, dass Weber typische Merkmale der Europäischen Stadt erarbeitet, die durchaus mittelalterlichen Ursprung haben: Die Stadtbefestigung, der Markt, eine eigene Rechtsprechung, die Gesellschaftsstruktur, und die politische Autonomie. „Als Analyserahmen können die unterschiedlichen Merkmale dann genutzt werden, um Stadtentwicklungsprozesse verschiedener Städte auf die Frage hin zu untersuchen, wie ‚europäisch' die jeweilige Stadt eigentlich ist" (Frey & Koch 2010a: 261).

Im Feststellen einer ‚wenig Europäischen Stadt' schwingt bereits die implizite Normvorstellung mit, die der Begriff insbesondere auch in der kontinentaleuropäischen Stadtplanung innehat. Überwiegend mit positiven Eigenschaften verknüpft, dient die Europäische Stadt als städtebauliches Leitbild und damit als Instrument der allgemeinen Orientierung, Koordinierung und Aktivierung der Akteure (vgl. Durth 1987: 42, Dehne 2005: 608, zit. n. Willemsen 2014: 7, auch Jessen 2005: 602-604). Das hinter dem Begriff stehende Konzept wird häufig auch mit anderen Begriffen beschrieben. So werden städtebauliche Qualität, Baukultur, das Leitbild der kompakten und durchmischten Stadt und die US-Amerikanische Bewegung New Urbanism mehr oder weniger konsequent synonym verwendet. Unabhängig von der konkreten Begriffswahl umfasst das dahinterstehende Konzept verschiedene historisch-kulturelle, soziale, politische und städtebauliche Aspekte (vgl. Frey & Koch 2010a: 262-264, Jessen 2005: 605-605).

Die Europäische Stadt umfasst mehr als die durch Dichte und Kompaktheit geprägte bauliche Hülle (vgl. Frey & Koch 2010a: 264, Häussermann/Haila 2005: 50-51). Europäische Städte sind zunächst einmal (meist) gewachsene Städte und unterscheiden sich bereits in diesem Punkt von (nord-)amerikanischen Städten. Dementsprechend sind Städte historisch-kulturell aufgeladen (vgl. Siebel 2004), wodurch sich auch öffentliche Politiken zum Schutz dieses Erbes erklären (Denkmalpflegen, UNESCO-Weltkulturerbe). Daneben wird darin auch eine lange politische Auseinandersetzung zur „Schaffung eines ausgewogenen Verhältnisses von Individualrecht und öffentlicher Kontrolle [deutlich], das nur dort funktionieren kann, wo die Interessen beider Seiten angemessen vertreten sind" (vgl. Frey & Koch 2010a: 262). Insofern ist das Leitbild der Europäischen Stadt auch eng mit den privaten und öffentlichen Rechten an Grund und Boden verknüpft.

- Die soziale Dimension der europäischen Stadt betont die gewünschte soziale Mischung bei gleichzeitiger Zulassung von verschiedenen Lebensmodellen. Wenngleich sich diese Vorstellung durch modernes, multilokales Wohnen abschwächt, wird dabei auch die Identifikation und Verantwortungsübernahme mit der eigenen Stadt verstanden.
- Die politische Dimension umfasst sowohl die politische Stellung der Stadtbürger, als auch der Stadt selbst. Die Gesellschaft der Europäischen Stadt zeichnet sich durch die aktive Partizipation der Bürger in politischen wie gesellschaftlichen Fragen aus und ist in hohem Grad organisiert (bspw. in Vereinen und Verbänden). Die Stadt als politische Organisation hat zudem vergleichsweise weitreichende Gestaltungsspielräume (verankert in nationalen und supranationalen Gesetzen als Subsidiaritätsprinzip). Da positive Effekte von freien Marktkräften meist globaler Natur sind und die negativen Auswirkungen vor allem lokal auftreten, wurde dieser politische Gestaltungsspielraum der Städte zur Zähmung des Marktes genutzt (vgl. Frey & Koch 2010a: 263). Während nationale Politiken auf die Entfesselung des Marktes ausgerichtet sind, werden auf lokaler Ebene Massnahmen zum Umgang mit den negativen Auswirkungen entwickelt. Die Stadtplanung um die Wende 19./20. Jahrhundert entstammt dieser Gegenbewegung.
- Physisch laufen alle diese drei Dimensionen im Städtebau zusammen. Die Europäische Stadt zeichnet sich daher durch ein einzigartiges städtebauliches (und auch architektonisches) Muster aus: Hohe Baudichte und kompakte Siedlungsentwicklung (bspw. Blockrandbebauung) mit niedrigen Gebäudehöhen (Bsp: Berliner Traufhöhe 22m), belebte öffentlichen Räume (bspw. Plätze, öffentliche Erdgeschossnutzungen), Nutzungsmischungen, definierten Stadträndern und dichten öffentlichem Versorgung (ÖPNV-Netz, Freiraumversorgung). „Als städtebauliche Struktur steht die europäische Stadt somit für Begriffe wie Dichte, Kompaktheit und Zentralität" (Frey & Koch 2010a: 264), die sich zudem gegenseitig bedingen (vgl. Jessen 2005: 605). „Die erstaunlich breite Akzeptanz des Leitbilds liegt darin begründet, dass es ökologische, soziale, politische, ökonomische und kulturelle Anforderungen an zukünftige Stadtentwicklung in ein einziges vertrautes Bild fasst und so von sehr vielen unterschiedlichen Fachdisziplinen und Politikbereichen getragen werden kann" (Jessen 2005: 605). Eigentumsrechtlich ist Europäische Stadt häufig kleinteilig Parzellierung und im Streubesitz, was ebenfalls der Nutzungsvielfalt und sozialen Durchmischung zugutekommt (vgl. für die Berner Altstadt: Bund 2017).

Das Leitbild der Europäischen Stadt wird vielfältig verwendet und dabei mehr oder weniger umfangreich verstanden. Nur selten werden dabei innere Widersprüche und Inkohärenzen thematisiert. So können die politische und die städtebauliche Dimension im Widerspruch stehen – zumal beide Veränderungen der zeitgenössischen Wertvorstellung unterworfen sind. Gerade der politische Gestaltungsspielraum ermöglichte, dass das Leitbild der autogerechten Stadt in der direkten Nachkriegszeit umfangreich umgesetzt werden konnte und damit die heute als qualitätsvoll geschätzte mittelalterliche und gründerzeitliche Architektur zum Opfer fiel (vgl. Häußermann/Haila 2005: 60-61). „Gerade weil die europäische Stadt ein starker politischer Akteur mit Handlungsmacht ist, war die Umsetzung solcher dem städtebaulichen Bild von der Europäischen Stadt entgegengesetzten Projekten möglich" (Frey & Koch 2010a: 264).

Zudem ist fraglich, ob das Leitbild der Europäischen Stadt nicht eine „rückwärts gewandte Planerromantik" (Jessen 2005: 605) auf die mittelalterliche und industrielle Stadt darstellt, welches mit den heutigen Lebensgewohnheiten und entsprechenden baulichen Ansprüchen der Bewohner nichts mehr zu tun hat, und vollkommen nutzlos ist (vgl. Häussermann/Haila 2005: 44). Die Umsetzung dieser Utopie ist zudem unrealistisch, da es mit planerisch kaum beeinflussbare Konzentrations- und Rationalisierungsprozessen der Wirtschaft und mit moderne Lebensgewohnheiten und Wohnanforderungen der Bevölkerung kollidiert (vgl. Jessen 2005: 605-606). Auch die aktuellen planungsrechtlichen und verwaltungsorganisatorischen Rahmenbedingungen entstammen ideengeschichtlich der Zeit der Funktionstrennung. Das Instrument des Zonenplans basiert auf der Idee der funktionalen Stadt (Charta von Athen) und steht somit dem Leitbild der Europäischen Stadt diametral gegenüber. Es „lässt sich etwas zugespitzt der Schluss ziehen, dass die Europäische Stadt als künftiges Leitbild für die Stadtplanung nicht geeignet ist und als Mythos die reale Stadtentwicklungen europäischer Städte nicht mehr fassen kann. Als konkreter Zukunftsentwurf, wie die Stadt der Zukunft aussehen sollte, und als planerischer Konsens über die Ziele der Stadtplanung, taugt die Europäische Stadt nur bedingt" (Frey & Koch 2010a: 265). Eine solche pessimistische Einstellung dem Leitbild gegenüber halten jedoch selbst Frey und Koch nicht konsequent bei. Diese Kritik ist nur dann zutreffend, wenn die Mehrdimensionalität der Europäischen Stadt ignoriert und auf eine der genannten Dimensionen (bspw. die soziale Durchmischung) reduziert wird. „In seiner [mehrdimensionalen] Summe bietet hingegen der Begriff Europäische Stadt die Chance, die komplexe Wirklichkeit der Städte Disziplinen übergreifend zu fassen. Als Leitbild für die Stadtplanung ergibt sich somit die Möglichkeit, einen umfassenden Anspruch an Stadtentwicklung zu formulieren, der sich nur durch die Zusammenarbeit und Kooperation mehrerer Disziplinen umsetzen lässt" (Frey & Koch 2010a: 265). Vor dem Hintergrund der aktuellen Renaissance der urbanen Lebensformen ist die Kritik an dem Leitbild materiell zu relativieren, wenngleich das Leitbild die instrumentellen Schwachpunkte der Raumplanung aufdeckt.

Das Leitbild ist dabei nicht auf die Funktion als normatives Leitbild zu reduzieren. Die Europäische Stadt ist im Zusammenhang mit der Problematik der Lebensmittel- Discounter nicht als normative Idealvorstellung einer bestimmten, gewünschten Stadt- und Siedlungsentwicklung zu verstehen. Vielmehr gibt es „für die Beibehaltung eines zentrenorientierten Systems der Raumentwicklung in Stadt, Region und Land viele gute materiell-inhaltliche Gründe" (Callies 2003: 125).

6.2.1.2 Die Zwischenstadt als tatsächliche Entwicklung

Die Europäische Stadt wird mit verschiedenen Gegenmodelle kontrastiert. Die gemeinsame Idee ist dabei, dass nicht die klassischen Stadtzentren im Fokus planerischer Aufmerksamkeit stehen sollten, da die eigentliche Entwicklung an anderen Orten stattfindet (vgl. Uttke 2009: 132). Damit wird implizit die klassische Dichotomie zwischen Stadt und Land aufgegeben und auf eine neue Zwischenform verwiesen (vgl. Lampugnani/Noell 2007: 51). Die Abgrenzung dieses neuen Raumtypus von den gewachsenen Siedlungsstrukturen und dem planerischem Leitbild der Europäischen Stadt ist auch begrifflich schwierig. Verschiedene Begriffe werden hierbei verwendet –

teilweise in Abgrenzung zu einander, teilweise als Synonyme. Vorstadt bezieht sich zumeist auf die Gebiete ausserhalb der mittelalterlichen Stadtmauer. Neustadt dient zur Bezeichnung der Stadterweiterungen während der Industrialisierung. Suburbanisierung bezeichnet die Verlagerung des Wohnortes in Wohngebiete ausserhalb der klassischen Siedlungsgebiete. Peripherer Raum bezieht sich ausschliesslich auf die Lage und wird zudem in der Schweiz für weit abgelegenen Gebiete, meist Berggebiete, verwendet. Im Kern dieser verschiedenen Begriffe steht jedoch meist die Erkenntnis, dass sich die städtebauliche Unterscheidbarkeit von urbanen und ländlichen Räumen auflöst. Dieser neue Raumtyp wird planerisch und städtebaulich wenig beachtet. Der Raum wurde lange Zeit mehr als blinder Fleck denn als Gestaltungsaufgabe gesehen (für Verweise auf einige wenige aus den 1960er und 1970er Jahren siehe Lampugnani/Noell 2007: 30-31) oder schlossen sich gegenseitig aus (vgl. ebd.: 50). Eine wissenschaftliche Auseinandersetzung mit der Raumentwicklung ausserhalb der klassischen Stadt/Land-Dichotomie findet erst seit der Veröffentlichung von Thomas Sieverts statt. Sieverts beschreibt den neuen Raumtypus mit Merkmalen, die zwischen typisch städtischen und typisch ländlichen Leitbildern stehen und bezeichnet es daher als Zwischenstadt (1997).

Eine planerische Gestaltung dieser Zwischenstadt ist aus ökologischen (Eingrenzung des Flächenverbrauchs und damit Schutz der verbleibenden Natur- und Landwirtschaftsflächen) und finanziellen Gründe (hohe Kosten der öffentlichen Hand zum Bau und Unterhalt der Infrastruktur, insb. vor dem Hintergrund einer geringeren Nutzerdichter) gleichermassen notwendig. Die Entscheidungen für den suburbanen Raum als Lebensstandort basieren im Allgemeinen auf einer gewünschten Nähe zum ländlichen Grünraum und auf geringeren Wohn-, nicht jedoch Lebenskosten. Ebensolche Bewohner, die eine grüne Landschaft schätzen, sind damit deren grösste Gefährder, da eine andauernde und ungesteuerte Suburbanisierung der Landschaft eben diese gewünschten ländlichen Freiräume gefährdet. „Es gilt zu verhindern, dass den gewünschten Freiraumqualitäten hinterherzuziehen wird und sich dadurch die Wohnsuburbanisierung zulasten des ländlichen Raums in die Fläche fortsetzt" (Lampugnani/Noell 2007: 35).

6.2.1.3   Discounterisierung als Schritt der Zwischenstadtisierung

Die planerische Annahme ist demnach, dass Discounter zu einer städtebaulichen Entwicklung beitragen, die nicht mehr dem Leitbild der Europäischen Stadt entspricht. In Abgrenzung dazu wird von der Zwischenstadt gesprochen. Die Abgrenzung des Begriffs Europäische Stadt zum Begriff Zwischenstadt illustriert dabei nochmals, „dass es sich beim Konzept der Europäischen Stadt nicht um ein deskriptives, die tatsächlichen Entwicklungen ableitendes Stadtentwicklungsmodell handelt, sondern um einen Idealtypus" (Frey & Koch 2010b: 153). Daraus kann ein planerisches Leitbild oder auch die Forderung nach neuen Schwerpunkten der Raumplanungspolitik abgeleitet werden. „Statt am Bild der alten Europäischen Stadt festzuhalten, seien der Fokus der Stadtplanung auf diese [zwischenstädtischen] Zonen zu lenken, hierfür neue Stadtbilder zu generieren sowie Konzepte und Methoden zu entwickeln, mit denen sich die Entwicklungsdynamik an der Peripherie städtebaulich qualifizieren lasse" (Jessen 2005: 606). Der Begriff der Zwischenstadt erhebt dabei einen Anspruch auf einen höheren Realitätsgehalt. „Die eigentliche Herausforderung der Stadtplanung stellen danach quantitativ und qualitativ die diffusen Zonen des Umlands dar, dort entfalte Stadtentwicklung die höchste Dynamik. Die steigende Mobilität, die Konzentration und Dezentralisierung der Wirtschaft, die Regionalisierung des Alltags privater Haushalte, der Bedeutungsverlust traditioneller Zentren und das Entstehen von Knotenpunkten neuen Typs seien irreversibel; Stadtplanung habe dies zu akzeptieren" (Jessen 2005: 606).

Discounter sind einer der Treiber dieser Zwischenstadtisierung – die sich in hohem Flächenverbrauch und ungebremsten Verkehrszuwachs zeigen. Der Zusammenhang ist dabei nicht erst seit der Debatte um Zwischenstadt und Zersiedelung, also seit den späten 1980er Jahren bekannt, sondern wurde auch bereits in der ursprünglichen Debatte um das Auftreten der Discounter klar angesprochen: „Die Folgen [der Motorisierung] sind [in Amerika und Europa] ähnlich: Der Verkehr in den Innenstädten stockt, der Einzelhandel in den Außenquartieren, einschließlich Einkaufszentren, nimmt zu. Was wird mit den nicht spezialisierten Einzelhändlern in der Innenstadt geschehen, wenn sie nicht dem Zug der Zeit zu folgen gewillt sind? [...] Doch werde ich das Vorgefühl nicht los, daß in zehn Jahren in den Schaufenstern der Einzelhandelsgeschäfte in den europäischen Innenstädten ebenso viele ‚zu-vermieten'- und ‚zu-verkaufen'-Plakate hängen, wie sie heute in den Vereinigten Staaten zu finden sind" (Meyers 1962, zit. n. Applebaum et al. 1962: 136).

„Das will nicht heißen, daß der Kern unserer Städte aussterben wird. Bei weitem nicht. Er wird verjüngt und erneuert als ein Zentrum für Dienstleistungen und hoch spezialisierte Einzelhandelsgeschäfte. Diese Spezialisierung wird in Form von einigen kleinen, selbständigen Läden als auch von großen Warenhäusern vor sich gehen" (Meyers 1962, zit. n. Applebaum et al. 1962: 136). „Es ist wichtig, immer und immer wieder zu betonen, daß der Massen-Einzelhandel nicht alles beherrschen wird. Wir werden jedoch mehr und mehr eine Bi-Polarisation – eine Entwicklung in zwei Richtungen – erleben. Mit dem rapid steigenden persönlichen Einkommen nimmt auch die Nachfrage nach speziellen Dienstleistungen und Spezialartikeln beträchtlich zu. Daneben müssen wir auch regelmäßig unsere Lebensmitteleinkäufe tätigen. Das ist aber eine Hausarbeit, die wir so rasch wie möglich erledigen möchten. Hier ist der Supermarkt der Massenverteilung die passende Einkaufsstelle. Ich sehe keinen stichhaltigen Grund, weshalb die Hausfrau sich im Verkehr der Innenstadt herumschlagen sollte, nur um diese Artikel des täglichen Gebrauchs einzukaufen" (Meyers 1962, zit. n. Applebaum et al. 1962: 136-137). Die Innenstadt sei deswegen dem spezialisierten Einzelhandel (mit Waren des periodischen oder episodischen Bedarfs) vorbehalten.

6.2.2 Weitere räumliche Auswirkungen des Strukturwandels auf die Raumentwicklung

Diese Entwicklungen haben verschiedene Auswirkungen in verschiedene Bereiche. Für die vorliegende Arbeit werden lediglich die direkt raumrelevanten Auswirkungen betrachtet. Indirekt raumrelevante Auswirkungen (bspw. arbeitsrechtliche Entwicklungen und deren Auswirkungen auf die regionale Wirtschaftsgeographie) oder nicht-raumrelevante Auswirkungen (bspw. volkswirtschaftliche Veränderungen) werden ausgeklammert. Die allgemeine Entwicklung von integrierten Supermärkten zu grossflächigen Discountern wird dabei in den Kontext eines Strukturwandels des Detailhandels gestellt, wobei dieser Begriff zu relativieren ist.

6.2.2.1 Der Mythos des Strukturwandels

Um die Wechselwirkungen zwischen Handel und Raumentwicklung zu illustrieren, wird häufig auf die Historie verwiesen. Städte entstanden an wichtigen Handelsknotenpunkten und führten im Mittelalter das Recht, Märkte abzuhalten. Doch auch die neuzeitliche Entwicklung der Stadt ist eng mit Handelstätigkeiten verbunden. Die Versorgungsstruktur wandelte sich mit dem Beginn der Industrialisierung und den zu dieser Zeit entstandenen Formaten Trinkhallen, „Tante-Emma-Läden" und Quartiersmärkte. Später kamen die modernen Verkaufsformate, wie Super-, Fach- und Verbrauchermärkte hinzu und veränderten die Struktur der Nahversorgung vollständig. Trinkhallen und Tante-Emma-Läden verschwinden mittlerweile aus dem Stadtbild. Die Märkte werden als Ort einer naturnahen Versorgung wiederentdeckt und überleben ausgerechnet in urbanen Zentren. Die mittelalterlichen Städte wandelten sich von einem Alltagsort zu einem Tempel des periodischen Konsums. Die besten Lagen sind dabei auch durch die Entstehung von Einkaufszentren auf der grünen Wiese nicht gefährdet – wohl aber die dezentralen Versorgungsstrukturen.

Handelsformate passen sich an die jeweiligen gesellschaftlichen und politischen Kontexte an. Dies führt dazu, dass aktuelle Veränderungen auch Auswirkungen auf die Handelstätigkeit haben. Es wird diesbezüglich von einem Strukturwandel gesprochen. Der Begriff ist jedoch zu relativieren. Bei genauerer Betrachtung wird deutlich, dass die gegenseitigen Abhängigkeitsverhältnisse schon immer bestanden und Veränderungen von Politik und Gesellschaft dementsprechend schon immer Veränderungen der Handelsstruktur nach sich zogen. Von einem Strukturwandel, in dem Sinne dass es ein stabiles Handelssystem früher gab, welches sich nun wandelt, um dann wieder ein stabiles System zu bilden, kann nicht gesprochen werden. Vielmehr befindet sich der Handel in einem stetigen Wandel. Ebenso wie eine Stadt nie fertig gebaut ist, wird sich auch die Handelsstruktur immer wieder wandeln. Allenfalls kann von mehreren, direkt aneinander anknüpfenden und vielfach auch überlappenden Veränderungen der Handelsstrukturen gesprochen werden.

6.2.2.2   Ursachen für diesen ‚Strukturwandel'

Durch die enge Verknüpfung des Handels mit den allgemeinen gesellschaftlichen und politischen Entwicklungen ist die Ableitung einer einfachen Ursache-Wirkung-Beziehung nicht möglich. Nichtsdestotrotz lassen sich einige Faktoren identifizieren, die für den Strukturwandel des Detailhandels (im Sinne der vorliegenden Arbeit: Discounterisierung) kennzeichnend sind und zumindest erklären, warum dieser Wirtschaftsbereich stärker betroffen ist, als andere (vgl. auch Abb. 26).

Handelsexogene Faktoren	**Verbraucherverhalten**	Verstärktes Selbstverwirklichungsstreben
		Vermehrte Freizeit
		Mobilitätssteigerungen durch weiter wachsende Mobilisierung und Verkehrswegebau
		Höhere Preisbewusstsein
		Verstärkte Selbsthilfe im Wohnungsbau, Umorientierung von Wohnungsneubau zur Modernisierung
	Hersteller	Konzentration und Zentralisierung bei den Herstellern, Übergang zur Massenproduktion
		Entwicklung „problemloser Waren" im non-food-Sektor
	Rechtssystem	Wirkung reglementierender Bestimmung bzgl. Verbrauchermarkansiedlungen (§ 11 Abs. 3 BauNVO)
Handelsendogene Faktoren		Wachstumsstagnation im food-Sektor
		Engagement der bestehenden Handelsgrossunternehmen im Fachmarktgeschäft (Diversifikation der Sortimente)
		Grosshändler, Hersteller und grosse Handwerksbetriebe drängen mit Kapital in die neue Betriebsform
		Entwicklung neuer Warenwirtschafts- und Kundeninformationssysteme im non-food Bereich

Abbildung 15: Enstehungsvoraussetzung und förderne Faktoren für die Betriebsformen Fachmarkt (insb. auch Discounter). Quelle: Eigene Darstellung nach Hatzfeld (1987: 28).

In der wirtschaftswissenschaftlichen Literatur wird dazu zwischen solchen Faktoren unterschieden, die einerseits direkt auf die Aktivitäten am Markt zurückzuführen sind (sog. „handelsendogene Faktoren"), und solchen, die diese Entwicklung einrahmen (sog. handelsexogene Faktoren") (vgl. BMRBS 1987: 23) (siehe Abbildung 15). Der wichtigste handelsendogene Faktor ist die vorteilhafte Positionierung am Markt durch die geringeren Preise. Die verschiedenen Rationalisierungsmassnahmen und das Primat der Kostenreduktion (siehe Kap. 6.1) spiegeln sich in den Produktpreisen wider. Discounter sind, wie der Name schon andeutet, in der Regel in der Lage günstigere Angebote zu schaffen als die klassischen Grossverteiler. Wirtschaftlich betrachten haben sie also einfach einen Vorteil am Markt, der dann in den entsprechenden Marktanteilen resultiert.

Bei handelsexogenen Faktoren werden vor allem die gesellschaftlichen und politischen Veränderungen genannt. So haben veränderte Arbeits- und Familienmodelle Auswirkungen auf die Einkaufsfrequenz. Statt mehrfach pro Woche verschiedene Spezialläden aufzusuchen, wird vermehrt lediglich ein wöchentlicher Grosseinkauf getätigt, bei dem möglichst alle Produkte in entsprechenden Mengen erworben werden. Zum Abtransport wird dabei zunehmend das Auto bevorzugt, welches zudem kein Luxusprodukt, sondern Grundausstattung durchschnittlicher Haushalte ist. Auch trägt die allgemeine räumliche Entwicklung dazu bei, dass es für Detailhändler preislich attraktiver ist, ausserhalb der Stadtzentren zu bauen. Die Schwäche einer bodenmarktregulierenden Raumplanungspolitik führt einerseits dazu, dass die entsprechenden Flächen am Siedlungsrand vorhanden sind und die allgemeine Flächenexpansion (Siedlungsfläche) sorgt andererseits für stetig steigende Bodenpreise insbesondere in den zentralen Lagen.

Von all diesen Entwicklungen profitieren Lebensmittel-Discounter, da ihre bevorzugte Bauweise auf eben solche kostengünstige, grossflächige Formate angelegt ist.

6.2.2.3 Direkte und indirekte räumliche Auswirkungen

Die Veränderungen der Handelsformate (‚Strukturwandel' oder Discounterisierung) haben Auswirkungen, die direkt den Standort betreffen, und solche, die indirekt auch über den Standortperimeter hinaus reichen. Die direkten Auswirkungen bestehen aus der Versiegelung des Standortes mit den entsprechenden ökologischen Auswirkungen (bspw. auf das Regenwasserabflussregime), den Belastungen bezüglich Lärm und Verkehr und Einzelkonflikte, insb. mit benachbarten Akteuren (bspw. Sichtachsen). Diese Aspekte sind mit den bestehenden institutionellen Rahmenbedingungen meist reguliert und in der planerischen Praxis weniger brisant. Planungswissenschaftlich interessant sind die indirekten Auswirkungen. Diese betreffen die Veränderung der Lebensgewohnheiten der Menschen / Kunden und den damit einhergehenden Veränderungen für die Mitbewerber und die bestehenden Ortszentren.

Christian Callis spricht in diesem Zusammenhang von einem doppelten Strukturwandel (vgl. Callis 2003: 110): Der Strukturwandel durch die stetige Zunahme der Verkaufsflächen (Strukturwandel der Betriebstypen) und eine Tendenz zur Wahl von städtebaulich nicht-integrierten Standorten (Strukturwandel der Standorte). Die beiden Arten des Strukturwandels sind zwar nicht losgelöst voneinander (so ist naheliegende, dass eine Tendenz zu grossflächigeren Verkaufsformaten auch zu einer Bevorzugung nicht-integrierter Standorte führt, da diese die benötigten Grundflächen einfacher zur Verfügung stellen können), allerdings nicht komplett deckungsgleich.

Im Bereich des Detailhandels sind gleich mehrere unterschiedliche, teilweise miteinander verbundene Entwicklungen festzustellen. Die Verkaufsflächen sind von einem stetigen Wachstum geprägt. In Deutschland sind mittlerweile etwa 1,3 m² Verkaufsfläche pro Einwohner vorhanden (vgl. Callis 2003: 110) (siehe Tabelle 22). Die Zunahme der Verkaufsflächen ist dabei in jedem Jahrzehnt sehr deutlich. Besonders hohe Wachstumszahlen waren in den 1970er Jahren durch das Aufkommen neuer grossformatiger Betriebstypen (grossflächiger Einzelhandel sowie Einkaufszentren), sowie in den 1990er Jahren als Nachholentwicklung in den neuen Bundesländern festzustellen. Doch auch während der anderen Jahrzehnte ist eine ungebremste Zunahme der Verkaufsflächen festzuhalten. Das Wachstum der Gesamtzahlen scheint in letzter Zeit zwar insgesamt abzuflachen, jedoch stellt dies lediglich die Wandlung hin zu einem Verdrängungsmarkt dar. Die Verkaufsfläche stagniert bei ca. 120 Mio. m². Die Wachstumszahlen der Discounter sind jedoch weiterhin ungebrochen und liegen in den meisten deutschen Städten über 10 % (1993-1999) (Callis 2003: 111).

	VRF IN MIO. M²	ZUNAHME IN %
1950	11 Mio m²	-
1960	26 Mio m²	136 %
1970	39 Mio m²	50 %
1980	63 Mio m²	62 %
1990	77 Mio m²	22 %
2000	108 Mio m²	40 %
2010	118 Mio m²	9 %

Tabelle 22: Verkaufsflächenentwicklung in Deutschland 1950-2010. Eigene Darstellung nach Zahlen von Callis (2003: 111).

Das stetige Wachstum betrifft nicht alle Formate gleichmässig. „Während die traditionellen, in ihrer Standortwahl eher auf die Innenstädte und Nebenzentren fixierten Betriebstypen [...] starke Einbußen hinnehmen mussten, haben andererseits die eher auf städtebauliche nicht-integrierten Standorte orientierten Betriebstypen [...] Marktanteile in erheblichem Umfang gewinnen können" (Callis 2003: 111). Der daraus entstehende allmähliche Bedeutungsgewinn der Discounter gegenüber den klassischen Supermärkten wird auch Discounterisierung genannt.

Aus den Verschiebungen der Betriebsformate ergeben sich als Folgeentwicklung auch Verschiebungen bei den Standorten. „Seit langen Jahren geschieht das in eine Richtung, welche letztlich die gewachsene Stadtstruktur und die damit verbundene räumliche Versorgungsstruktur selbst berührt, da sich der Einzelhandel teils selektiv, teils auf breiter Front aus den städtischen Haupt- und Nebenzentren (vor allen aus jenen unterer Ordnung) herauszieht" (Callis 2003: 113). Die Zuwächse der Verkaufsflächen finden dabei fast ausschliesslich (über 96 %) in den Randlagen statt (vgl. Callis 2003: 113). Diese Entwicklung führt dazu, dass die relativen Anteile der Verkaufsflächen sich in Richtung der nicht-integrierten Randlagen verschieben. So ist im Ruhrgebiet der Anteil der Verkaufsflächen Haupt- und Nebenzentren an der Gesamtverkaufsfläche von 37,7 % (Hauptzentrum) bzw. 22,9 % (Nebenzentrum) im Jahr 1987 auf 23,3 % (Hauptzentrum) bzw. 10,1 % (Nebenzentrum) im Jahr 2001 zurückgegangen (vgl. Callis 2003: 115). Der relative Anteil der städtebaulichen nicht integrierten Randlagen ist dementsprechend von 39,4 % (1987) auf 66,6 % (2001) gestiegen (ebd.).

Die Vergleichbarkeit dieser Zahlen ist jedoch eingeschränkt. Aufgrund des Mangels eines einheitlichen disziplinären Standards, sind diese Erhebungen jeweils im Detail zu betrachten, um die zugrundeliegenden Definitionen und Operationalisierungen offen zu legen. Eine solche Betrachtung offenbart, dass nahezu jede empirische Erhebung andere Dinge berücksichtigt. „Aus der Vielzahl der Quellen lässt sich dennoch ein recht eindeutiges Ergebnis erzielen, bei dem es auch weniger um die exakte Angabe von Nachkommastellen geht, als darum, in der Angabe ungefähr Größenordnungen auf Macht und Umfang eines sich derzeit breit vollziehenden und nicht unproblematischen Entwicklungsprozesses hinzuweisen" (Callis 2003: 116) „Da aber in der Regel in den gewachsenen Stadtzentren von Klein- und Mittelstädten aufgrund fehlender Flächenpotentiale und dichter, kleinteiliger Bebauung keine (kostengünstige) Baumöglichkeiten für großflächige Einzelhandelsbetriebe (einschließlich der aus Betreibersicht unabdingbaren Parkflächen) bestehen, wird die Lösung häufig darin gesucht, die notwendigen Baurechte am Stadtrand und damit in nicht-integrierter Lage zu schaffen" (Callis 2003: 117).

Diese aufgezeigten Entwicklungen verursachen indirekte räumliche Auswirkungen, die sich in vier Problemfelder gruppieren lassen:

- Verschlechterung der Versorgungsbasis
- Grossflächigkeit
- Möglicher Niedergang von Orts- und Quartierszentren
- Auswirkungen auf die städtebauliche Qualität

Als ein Ziel der Raumplanung fordert das RPG, dass die Versorgungsbasis des Landes zu sichern ist (Art. 1 Abs. 2 lit. d RPG). Historisch und politisch ist dieser Artikel vorallem auf die Produktion ausreichender Nahrungsmittel ausgerichtet – insbesondere als Vorsorgemassnahme für den Kriegsfall. Aus dem Artikel begründen sich weitreichende Massnahmen in den Bereichen der Agrarpolitik und der Landwirtschaftssubvention. Planerisch leitet sich hieraus der besondere Schutz des Kulturlandes (insb. mittels eidgenössischem Sachplan Fruchtfolgeflächen) und somit auch indirekt die Existenz einer landschaftsschützenden Raumplanung ab.

Neben der reinen Produktion umfasst die Versorgung der Bevölkerung jedoch auch den Aspekt der Distribution (vgl. Uttke 2009: 128-129, Hatzfeld 1987: 41). Hierbei ist (nicht nur in Kriegszeiten) eine flächendeckende Versorgung möglichst aller Teile der Bevölkerung sicherzustellen. Dieser Gedanke wird unter dem Begriff der Nahversorgung zusammengefasst. Die Konzentration des Handels auf weniger, dafür grossflächigere Formate verschlechtert diese Versorgungssituation. „Als erwiesen gilt, dass das Versorgungsnetz grobmaschiger geworden ist und dadurch Versorgungslücken für Siedlungsteilräume und einzelne Bevölkerungsgruppen entstanden sind" (Uttke 2009: 129). Uttke betont damit, dass diese Entwicklung nicht alle Bevölkerungsgruppen gleichermassen betrifft. Für die mobile und urbane Mehrheit der Bevölkerung ist nicht von einer signifikanten Verschlechterung auszugehen. Für einige Landesteile (insb. periphere Regionen) und für einige Teilgruppen (nicht-mobiler Teil der Bevölkerung) bedeutet der Rückgang an Verkaufsstellen jedoch eine signifikant schlechtere Versorgungsbasis. Besonders in ländlichen Regionen bedeutet der Wegfall der inner-dörflichen Verkaufsstellen auch den Verlust eines halböffentlichen Ortes der Begegnung und der Kommunikation. Damit können auch weiterreichende Auswirkungen auf die örtliche Gesellschaftsstruktur einhergehen.

Auch aus volkswirtschaftlicher Perspektive kann diese Konzentration problematisch werden. „Die Reduzierung der Betriebsstätten und die Zahl der Betreiber sowie die Dominanz der Discounter in der Nahversorgung beeinflussen darüber hinaus die Angebotsbreite und -tiefe, da die Vielfalt der Anbieter und die jeweiligen Wahlmöglichkeiten abnehmen. Es besteht die Gefahr von Monopolsituationen und Preissteigerungen" (Uttke 2009: 139).

Während hinter der Versorgungssituation ein abstraktes, allgemeines Problem steckt, ist die Grossflächigkeit der Handelsformate mit direkten, sehr konkreten Problemen behaftet. „Die Ansiedelung eines solchen Betriebs an einem städtebaulich nicht-integrierten Standort kann vor allem in den Fällen, in denen es sich um große Vorhaben handelt oder in denen es an einem Standort zu Agglomerationserscheinungen kommt, zu einer elementaren Gefährdung, wenn nicht sogar zu einer Infragestellung stadtstruktureller Konzepte führen" (BMRBS 1987: 7). Die grossflächigen Handelsformate an nicht-integrierten Standorten verursachen direkte und indirekte Flächenverbräuche. Mit dem direkten Flächenverbrauch ist die von Discountern überbaute Fläche gemeint. Eine Discounter-Filiale benötigt im schweizerischen Durchschnitt ein Grundstück von etwa 7.000m², von denen in der Regel etwa 1.500 bis 1.800m² überbaut und weitere ca. 4.000 bis 5.000m² versiegelt werden. Die indirekten Folgen sind noch weitreichender. Nicht-integrierte Standorte wirken verkehrserzeugend, was in aller Regel durch eine verstärkte Nutzung des PKW's vollzogen wird. Dies erhöhte die Ansprüche an die Kapazität der Strasseninfrastruktur einher und kann somit weitere Flächeninanspruchnahme (und entsprechende Unterhaltsaufgaben des Staates) bewirken.

Discounter sind das Ergebnis eines mehrstufigen Rationalisierungsprozesses: „Der Einkaufskonzentration (erste Stufe) folgt die Servicereduktion (zweite Stufe), die totale Selbstbedienung (dritte Stufe) und zuletzt der dezentrale Standort (vierte Stufe)" (BMRBS 1987: 20). Darin zeigen sich auch die veränderten Konsumgewohnheiten. „Der kleinbetrieblich strukturierte, nichtorganisierte Einzelhandel, der noch in den 50er Jahren das Erscheinungsbild des Handels prägte, ist innerhalb von nur 30 Jahren fast bedeutungslos geworden" (BMRBS 1987: 20) Die Verkaufsflächenexplosion der letzten Jahrzehnte spiegelt den Erfolg der Selbstbedienungsformate wieder. Diese sind flächenintensiv. Bei diesem Aspekt bleibt abzuwarten, ob sich neuste Entwicklungen flächendeckend durchsetzen. Der aufkommende Onlinehandel führt zunächst zu einer Verminderung des Verkaufsflächenbedarfs. Mittlerweile sind erste Experimente mit Hyprid-Anbietern zu beobachten (bspw. Amazon Shop, MyMüsli.ch, etc). Diese Anbieter betreiben ihr Geschäft primär über eine Online-Plattform. Für die Kunden werden jedoch sog. Show-Rooms vorgehalten, in denen haptische Einkaufserlebnisse ermöglicht werden. Da diese Show-Rooms nicht auf die direkte Warenmitnahme ausgelegt sind, benötigen sie deutlich kleinere Flächen. In den nächsten Jahrzehnten ist daher ein sinkender Bedarf an Gesamtverkaufsflächen möglich.

Über den Wettbewerbsmechanismus sind auch Verkaufsstellen in integrierter Lage gefährdet. Gesamthaft kommt es so zu push- und pull-Kräften. Nicht-integrierte Standorte führen zu einer Zunahme des PKW-Verkehrs und den damit verbundenen Umweltbelastungen, wie bspw. zusätzlicher Lärm, zusätzlicher Flächenverbrauch, zusätzliche Zersiedelung, Gefährdung des Landschaftsbildes. „Die Verlagerung der Angebotsflächen in dezentrale Lagen ist trotz gewisser Bündelungseffekte (one-stop-shopping) verkehrserzeugend. Aufgrund durchschnittlich längerer Einkaufswege und der Tatsache, daß die neuen Betriebsformen fast ausschließlich autokundenorientiert sind, erhält der PKW einen immer größeren Stellenwert bei der Erledigung von Einkäufen" (BMRBS 1987: 41). In der Folge steigen auch die autobedingten Umweltauswirkungen, wie Lärm-, Luftbelastung und infrastruktureller Flächenverbrauch.

Die verkehrlichen Auswirkungen sind dabei von allen Einzelaspekten am konkretsten und direkt messbar. Der Modal Split nach Betriebsform unterscheidet sich wesentlich. Bei Discountern ist das Auto (MIV) als Verkehrsmittel eindeutig dominierend ist (72 % bei kleinen Discountern, bzw. 78 % bei grossen Discountern) (Krüger et al. 2013: 40-46). Bei Supermärkten sind die Werte uneinheitlich. Kleine Supermärkte werden überwiegend durch den Langsamverkehr erreicht (55 %), während mittelgrosse und grosse Supermärkte ebenfalls überwiegend mit dem Auto angefahren werden (61 % bzw. 73 %) (ebd.). Hierbei ist jedoch anzunehmen, dass nicht das Betriebsformat ausschlaggebend ist, sondern die jeweiligen Standorte diese Effekte überlagern. Zudem sind auch Unterschiede innerhalb der jeweiligen Kategorien zu erkennen. Bei Aldi- und Lidl-Standorten ist der MIV-Anteil höher als bei vergleichbaren Penny- und Netto-Standorten derselben Kategorie (vgl. Krüger et al. 2013: 44).

Wird das Verkehrsverhalten nicht anhand des Betriebsformats, sondern anhand der Standorte analysiert, sind die Unterschiede zwischen Discountern und Supermärkten deutlich geringer, aber ebenfalls nachweisbar (vgl. Krüger et al. 2013: 44). Werden nur Filialen in Kernstädten betrachtet, ist der Anteil des Langsamverkehrs und des öffentlichen Personennahverkehrs bei Supermärkten (aller Grössen) bei über 70 % (ebd.). Bei Discountern beträgt der Wert bei gleichem Raumtyp lediglich knapp über 50 % (ebd.). Hier zeigen sich die Auswirkungen des unterschiedlichen Vertriebmodells. Bei Discountern wird mehr auf Grosseinkäufe mit hohem Produktumschlag gesetzt, während Supermäkrte häufiger aufgesucht werden und der durchschnittliche Einkauf kleiner ausfällt. Im suburbanen Raum ist die Differenz etwas kleiner. Dort weisen kleine Supermärkte noch einen Anteil des Langsamverkehrs von knapp 40 % auf (vgl. Krüger et al. 2013: 44). Bei mittelgrossen und grossen Supermärkten ist hingegen kein Unterschied mehr zu Discountern festzustellen. Dort ist jeweils der MIV-Anteil bei rund 80 % dominierend (vgl. Krüger et al. 2013: 44). In den ländlichen Räumen ist schliesslich kein Unterschied mehr zwischen Discountern und Supermärkten feststellbar. Dies zeigt sich auch bei der Betrachtung des räumlichen Einzugsgebiets. Hier sind (wiederum mit Ausnahme der Kernstädte) kaum Unterschiede zwischen Supermärkten und Discountern feststellbar. Die Distanzen leiten sich vielmehr vom Raumtyp und von der Verkaufsflächengrösse ab (vgl. Krüger et al. 2013: 44-46).

Zusammengenommen bedeutet das, dass Discounter Verkehr verursachen, der einen höheren MIV-Anteil aufweist, als Supermärkte. Dies liegt primär jedoch an den Standorteffekten und lediglich sekundär am Betriebsformat. Aus verkehrstechnischer Sicht ist daher die Wahl eines geeigneten Standorts wesentlich entscheidender, als die Wahl eines gewünschten Anbieters. Dieses Argument ist auch in Bezug auf den Konflikt mit der Gewerbefreiheit wichtig. Aus planerischer Sicht werden Discounter daher nicht direkt diskriminiert, sondern lediglich die jeweilige Standortwahl – nahezu unabhängig vom konkreten Anbieter.

Die räumliche Lage des Händlers ist aus Kundensicht auch das dominierende Argument für die Wahl des Einkaufsorts – sowohl bei Discountern, als auch bei Supermärkten (vgl. Krüger et al. 2013: 66-71). Daneben sind drei weitere Kriterien relevant: Die Auswahl, die Preise und die Qualität der Produkte. Die grosse Auswahl (inkl. Bedientheken) ist dabei erwartungsgemäss bei Supermarkt-Kunden entscheidender als bei Discounter-Kunden (ebd.). Beim Preis zeigt sich – ebenfalls erwartungsgemäss – das umgekehrte Bild. Dieses Kriterium bewerten Discounter-Kunden deutlich höher als Kunden von Supermärkten (ebd.). Bei der Produktqualität (bspw. Frische) ergeben sich wiederum keine Unterschiede zwischen den beiden Betriebsformaten (ebd.). Dies ist insofern überraschend, als dass Discounter nicht nur als preisgünstig, sondern auch als billig im Sinne einer schlechteren Produktqualität gelten und die Discounter-Unternehmen besonders in den letzten Jahren wesentliche Anstrengungen in diesem Bereich unternommen haben (Deluxe-Serien, Werbeoffensive in der Vorweihnachtszeit). Da aufgrund der methodischen Herangehensweise der Studie jedoch lediglich relative Auswahlkriterien abgefragt wurden, kann dies auch dahingehend gedeutet werden, dass Kundenanspruch und Angebot übereinstimmen. Kunden mit hohen Qualitätsanforderungen könnten sich demnach für Supermärkte entscheiden und ihre Ansprüche daher gedeckt sein. Kunden mit geringeren Anforderungen könnten sich für Discounter entscheiden und dort ebenfalls entsprechend ihrer Ansprüche befriedigt werden. Die weiteren Entscheidungskriterien werden von den Kunden als ausschlaggebend angegeben und konnten kaum über 5 % erreichen. Übersichtlichkeit, Gestaltung/Atmosphäre, Bestimmte Produkte (bspw. Bio), Freundlichkeit des Personals, Gewohnheit und Sonderangebote werden kaum als Grund genannt (ebd.). Auf dem letzten Platz der relevanten Gründe landet interessanterweise die Verfügbarkeit von ausreichenden Stellplätzen. Dies widerspricht augenscheinlich der Argumentation der Unternehmen. Allerdings ist diese Bewertung mit einigen, methodischen Einschränkungen zu interpretieren. So ist einerseits (wie bei den anderen Kriterien auch) zu hinterfragen, ob sich die befragten Kunden der tatsächlichen Auswahlkriterien bewusst sind. Es könnte sein, dass die Parkplatzverfügbarkeit einen grossen, aber unbewussten Einfluss spielt – ähnlich wie dies auch bei andere Kriterien, wie Gewohnheit oder die Atmosphäre der

Ladengestaltung, anzunehmen ist. Zum anderen könnt dies auch bedeuten, dass die Parkplatzangebote bei den gewählten Händlern grosszügig sind und daher nicht als Problem wahrgenommen werden.

Auch machttheoretische ist diese Entkopplung von Händlern des täglichen Bedarfs und den traditionellen Standorten bedeutend. „In dem Maße, wie sich der Handel von traditionellen Standortbindungen lösen kann und sich aufgrund der größeren Anzahl potentieller Standorte der Spielraum unternehmerischer Entscheidungen vergrößert, verringern sich die Möglichkeit der planerischen Beeinflussung der Standortentscheidungen; gleichzeitig gewinnt die interkommunale Konkurrenz um Steuereinnahmen und um Arbeitsplätze im Handel an Bedeutung" (BMRBS 1987: 41). Da der Handel nicht mehr auf die Stadt angewiesen ist, andersherum aber die Stadt auf den Handel angewiesen ist, verändern sich die Machtpositionen zulasten der kommunalen Planungsträger.

Eine solche Veränderung der Versorgungsbasis und eine Zunahme der Grossflächigkeit bedeutet auch, dass die klassischen Orts- und Quartierzentren und die dort befindlichen Mitbewerber unter Druck geraten. Dies ist nicht nur ein rein wirtschaftspolitisches Problem, da eben diese Lebensmittelhändler in vielen Orts- und Quartierszentren die Frequenzbringer sind. Der Einkauf von Lebensmittel dient als Anlass in das jeweilige Zentrum zu gehen und wird dabei oft genutzt, um weitere Erledigungen zu vollziehen. Durch diesen sog. Anker-Effekt profitieren auch andere Kleinläden (bspw. Bäcker, Post, Agenturen) wirtschaftlich – abgesehen von einem belebten Zentrum mit Aufenthalts- und Begegnungsmöglichkeiten. Ein Wegfall von frequenzbringenden Lebensmittel-Händlern geht in seiner Bedeutung daher über die reine Lebensmittelversorgung hinaus und kann (im Extremfall) den Niedergang des Dorfzentrums und einen massiven Verlust an Lebensqualität des Dorfes zur Folge haben (vgl. Uttke 2009: 132-134). „[...] der Niedergang eines Nahversorgungs-zentrums [ist] mittelfristig kaum aufzuhalten, wenn es nicht gelingt einen Supermarkt oder einen Lebensmitteldiscounter im Zentrum zu halten" (Schobeß 2000, zit. n. Uttke 2009: 133).

Von dem Trend der Discounterisierung sind schliesslich auch die traditionellen Zentren betroffen. Die dortigen Händler werden zusätzlichen Wettbewerbern ausgesetzt. Die positiven externen Effekte des Handels in der Innenstadt werden im Wettbewerb nicht berücksichtigt. Im Gegenteil: Sie treten als zusätzliche Belastungen (bspw. über höhere Bodenpreise) auf, sodass diese integrierten Standorte einen Wettbewerbsnachteil haben.

Diese verschiedenen räumlichen Auswirkungen münden schliesslich in dem übergeordneten Aspekt der städtebaulichen Qualität. „Neben der allgemeinen Kritik am Flächenverbrauch und der Verkehrserzeugung durch die peripheren Standorte des großflächigen Einzelhandels wurden mit der zunehmenden Expansion der Supermärkte und Lebensmitteldiscounter vor allem städtebauliche Integrationsprobleme, der fehlende Ortsbezug der Bauten, versiegelte Freiräume sowie die Anordnung, Gestaltung und Anzahl der Stellplätze kritisiert" (Uttke 2009: 135). Die Kritik ist dabei keinesfalls als reine architekturtheorietische Auseinandersetzung, sondern vielmehr als ein Bündel der zuvor genannten Aspekte zu verstehen. Die Rationalisierung des Geschäftsmodells und der Filialen führt im Ergebnis zu den von den Discounter-Unternehmen typischerweise bevorzugten Typenbauten.

6.2.3   Fazit: Planerische Auswirkungen beim Bau von Discountern anstatt von Supermärkten

Aus planerischer Sicht sind die Entwicklungen und Veränderungen der Handelsstrukturen relevant. Dabei geht es nicht um die Bevorzugung bestimmter Marken, Konzerne und Unternehmen bei gleichzeitiger Diskriminierung anderer Wettbewerber. Vielmehr sind bestimmte Handelsformate mit externen Effekten verbunden, welche starke Auswirkungen auf die Raumentwicklung haben. Eine stärkere Steuerung bestimmter Formate dient also der Reduktion dieser unerwünschten räumlichen Effekte. Zu fragen ist, welche Auswirkungen eine Discounterisierung auf die Nahversorgungsstruktur der klassischen dezentral konzentrierten Stadtstrukturen hat. Diese Frage suggeriert, dass es einen grundsätzlichen Unterschied zwischen den Betriebsformaten Supermarkt und Discounter gibt. Aufgrund dieses grundsätzlichen Unterschiedes kommt es bei Verschiebung der Marktanteile zu Veränderungen in der Raum- und insb. der Nahversorgungsstruktur. Die Bearbeitung der Frage erfolgt daher zweigeteilt. Zunächst wird der Unterschied zwischen den beiden Formaten freigestellt. Darauf aufbauend können dann die Auswirkungen abgeschätzt werden.

6.3   Planungsrechtliche Beschreibung von Discounter-Filialen

Diese verschiedenen Auswirkungen von Discountern und die damit verbundenen Auswirkungen auf die räumliche Entwicklung begründen, dass öffentliche Belange an Discounter-Filialen bestehen. Diese bestehen insbesondere aus der Adaption der planungsrechtlichen Ziele und Grundsätze der Planung auf die städtebauliche Qualität von Lebensmittel-Discountern. Neben der reinen Wiedergabe der planungsrechtlichen Anforderungen sind daher die Interpretation der zentralen Begriffe (städtebauliche Qualität, Baukultur) und die Frage, inwiefern diese qualitativen Belange überhaupt rechtlich bestimmbar sind, entscheidend. Das vorliegende Kapitel folgt dieser Einteilung und besteht aus der Interpretation und der Justiziabilität der qualitativen Belange. Darauf folgt eine Anwendung auf konkrete qualitative Ansprüche der Raumplanung an Standort und Gestaltung von Discounter-Filialen.

6.3.1   *Allgemeine Ziele und Grundsätze der Raumplanung und deren spezifische Adaption bzgl. städtebaulicher Qualität von Discountern*

Wie im vorherigen Kapitel beschrieben haben Discounter grundsätzlich eine Wirkung auf die örtliche städtebauliche Qualität. Das Planungsrecht unterscheidet dabei nicht zwischen den Aspekten des Anbieters und den mit den bevorzugten Filialtypen entstehenden direkt und indirekt entstehenden externen Effekten (bspw. Diskriminierung der nicht-motorisierten Bevölkerung) (vgl. Callis 2004: 178). Da es sich bei politischen Zielen nicht um naturwissenschaftliche Gegebenheiten, sondern um gesellschaftlich erarbeitete Ziele handelt, unterliegt deren Definition und Interpretation stets einer politischen Auseinandersetzung. Konsequenterweise spricht Peter Saladin in diesem Zusammenhang von „Wünschbarkeit" (1976: 109).

Dementsprechend bleibt unklar, was genau mit *städtebaulicher Qualität* gemeint ist. Klar ist lediglich, dass sich der Qualitätsbegriff über die Zeit verändert hat und darüber hinaus in der aktuellen planungspolitischen Debatte eine aussergewöhnliche Aufmerksamkeit erfährt (vgl. VLP 2017, RPG-Rev 1). Zudem wird der Begriff oft in Bezug zu ähnlichen Begriffen, wie *Baukultur* und *hochwertige Siedlungsentwicklung* gesetzt – oder gar gleichgesetzt.

Die grösste Herausforderung dieser Begriffe ist dabei, dass eine gewisse Subjektivität unterstellt wird, womit die Notwendigkeit eines staatlichen Eingriffs und auch die Justiziabilität negiert werden. Der Begriff bezieht sich dabei zwar durchaus auf einen Abgleich der Planung mit bestimmten räumlichen Leitbildern. Allerdings sind diese Leitbilder nicht individuell, sondern gesellschaftlich zu verstehen. Daher kann dem Verständnis von Qualität als ausschliesslich subjektives Empfinden nicht gefolgt werden. Es handelt sich damit um eine Beschreibung anhand von gesellschaftlichen Leitbilder. Qualitativ hochwertiges Bauen ist daher nicht nur Gegenstand der subjektiven Bewertung der jeweiligen Akteure, sondern das Ergebnis von fachlichen Kenntnissen, die auf die jeweilige räumliche Situation angepasst werden. Ästhetische Aspekte sind dabei ein Teil, aber nicht alles, was unter dem Begriff der Qualität gefasst wird. Zudem gelten selbst bei der Ästhetik Grundprinzipien, die intersubjektiv sind (bspw. Regeln der Proportionalität).

In der planerischen Praxis werden ästhetische Aspekte stattdessen meist als Pseudo-argument verwendet, die die eigentlichen Konflikte überdecken (bspw. Pauschal-ablehnung jeglicher Bebauung an einem bestimmten Standort). In der politischen Auseinandersetzung ist daher stets das dahinterliegende Interesse aufzudecken.

Vor diesem Hintergrund ist zudem relevant, dass qualitative Anforderungen natürlich in einem engen Zusammenhang mit der ökonomischen Rentabilität eines Projektes stehen. Fraglich ist dabei erstens, ob qualitative Anforderungen die Gesamtkosten des Projekts insgesamt steigern oder ob die erhöhten Anforderung an die Planung zu geringeren Kosten beim Bau (bspw. Einsparung von Erschliessungsflächen) führt (vgl. Bracke 2004: 87-89). Zweitens bleibt offen, ob die ggf. Kostensteigerung durch höheren Erlös aufgefangen oder gar überstiegen werden und sich daher die Gesamtrentabilität sogar erhöht (ebd.). Beide Aspekte können nicht pauschal beantwortet werden. Sie sind stattdessen in der jeweiligen räumlichen Situation zu erörtern.

Gleiches gilt auch für den Zusammenhang von städtebaulicher Qualität zu dem Begriff der Baukultur. Der Begriff steht dabei grundsätzlich für alle Aspekte der Beeinflussung der gebauten Umwelt. Im Gegensatz zum Begriff der städtebaulichen Qualität (und auch Baukunst) umfasst Baukultur damit auch nicht-bauliche Aspekte, wie bspw. prozessuale Aspekte sowie die Nutzung nach Bauerrichtung.

In der Schweiz wurde der Begriff bislang überwiegend rückwärtsgewandt verwendet, um das baukulturelle Erbe in Form von Heimatschutz und Denkmalpflege zu bewahren (bspw. Bundesbeschluss zum Schutz historischer Denkmäler von 1886 oder auch verfassungsrechtlicher Natur- und Heimatschutz von 1962). Seit der Botschaft des Bundesrates von 2011 und der Strategie des Bundesrates von 2017 findet jedoch eine Debatte über den Stellenwert in zeitgenössischen Planungs- und Architekturpolitik statt. „Baukultur bezeichnet nicht nur den gestalteten Lebensraum, sondern auch den Prozess der Erstellung und Pflege von Werken der Baukultur, ist also unter anderem ein Verfahrensbegriff. Der verantwortungsbewusste Umgang mit räumlichen Ressourcen ist ein Teil der Baukultur" (sia 2011: 2). Während damit die Debatte in der Schweiz am Anfang steht, ist die Anpassung neuer Planvorhaben an die jeweilige Baukultur in anderen Ländern im geltenden Recht. So gilt in Deutschland seit 2004 die baukulturelle Erhaltung und Entwicklung als verbindlicher Planungsgrundsatz. Die Bauleitpläne „sollen dazu beitragen, eine menschenwürdige Umwelt zu sichern, die natürlichen Lebensgrundlagen zu schützen und zu entwickeln sowie den Klimaschutz und die Klimaanpassung, insbesondere auch in der Stadtentwicklung, zu fördern, sowie *die städtebauliche Gestalt und das Orts- und Landschaftsbild baukulturell zu erhalten und zu entwickeln*" (§ 1 Abs. 5 Satz 2 BauGB. Eigene Hervorhebung). In Finnland kommt der Wahrung der gebauten Umwelt (ins. unter Gesundheits- und Kulturaspekten) sogar Verfassungsrang zu (Art. 20 Finnische Verfassung).

Einem solchem Begriffsverständnis folgend sind auch einige Verankerungen im schweizerischen Planungsrecht vorhanden. Dies betrifft sowohl Regelungen, die mit der RPG-Revision von 2012/2014 eingeführt wurden, als auch frühere Gesetzesartikel. So sind die Ergänzungen des schweizerischen Planungsrechts um das Ziel der angemessen Wohnqualität (Art. 1 Abs. 2 lit. abis RPG n.F.) bzw. den Grundsatz der hochwertigen Siedlungsentwicklung (Art. 8a RPG n.F.) in diesem Zusammenhang synonym zum Begriff der städtebaulichen Qualität und (bzgl. der prozessualen Aspekten) zum Begriff Baukultur zu verstehen. Auch die Grundsätze der kompakten Siedlungsentwicklung (Art. 1 Abs. 2 lit. b RPG n.F.) und der dezentralen Konzentration (Art. 1 Abs. 2 lit. c RPG a.F.) sind hochgradig relevant für Discountervorhaben. Letzterer Grundsatz geht auf das wirtschaftsgeographische Modell von Walter Christaller zurück (vgl. 1933), welches jedoch seit den 1970er Jahren einen Deutungswandel erfahren hat. War seine Veröffentlichung ursprünglich rein deskriptiv und wirtschaftsgeographisch zu verstehen, wurde sie seitdem immer stärker konzeptionell verstanden und wird zunehmend als Idealvorstellung im Planungsrecht referenziert. Zudem erfolgte auch eine inhaltliche Erweiterung. Ging es Christaller zunächst um Märkte landwirtschaftlicher Produkte, wurde das Konzept auf weitere Produkt- und Dienstleistungsbereiche übertragen und wird heute auch für öffentliche Einrichtungen verwendet. Wie auch die Auflistung in den Planungsgrundsätzen zeigt, ist das Konzept mittlerweile als abgestuftes System dezentraler Konzentrationsorte zu verstehen.

6.3.2 Zur Justizibialität von städtebaulicher Qualität

Der Hinweis auf qualitative Anforderungen im Planungsrecht mag politisch gewollt und planerisch interpretierbar sein. Damit verbunden sind jedoch noch keine belastbaren Aussagen zur rechtlichen Stellung, insb. zur rechtlichen Verbindlichkeit und schliesslich zur Justizibialität von städtebaulicher Qualität. Da es dabei um die einzelfallbezogene Interpretation eines unbestimmten Rechtsbegriffs geht, kann eine Abschätzung der gerichtlichen Überprüfbarkeit lediglich anhand von Entscheiden geschehen. Als Meilenstein der Rechtssprechung ist in diesem Zusammenhang das Urteil des Verwaltungsgerichts des Kantons Bern (vom 8. Juni 2017) anzusehen[27]. Das Gericht bestätigt dabei den Entzug einer Baubewilligung (sog. Bauabschlag) und führt dabei explizit ästhetische Gründe auf. Das Urteil schafft damit einen Präzedenzfall und ermöglicht grundsätzlich hochwertige Siedlungsentwicklungen als einklagbares Recht anzusehen.

Im beurteilten Fall wurde um den Bau eines Dreifamilienhauses am Hangweg in Köniz gestritten. Beteiligt waren insgesamt vier Parteien. Die Bauherren hatten das Baugesuch im April 2015 eingereicht und darin den Abriss des bestehenden Schuppens und den Neubau eines Wohngebäudes samt Einstellhalle ersucht. Planungsrechtlich liegt das Grundstück in einer Wohnzone W und Bauklasse IIa. Dem kommunalen Baureglement nach dient diese Zone dem „gesunden und ruhigen Wohnen" (Art. 41 Abs. 2 BauR-Köniz), wobei nicht störende Arbeitsaktivitäten bis zu 35 % der Bruttogeschossfläche (BGF) zulässig sind (ebd.). Grundsätzlich gilt offene Bauweise (Art. 60) sowie die Pflicht zur Ausrichtung des Gebäudes am Hang (Art. 62 Abs. 2 und Art. 84). Der Baukörper darf eine Dimensionierung von 25m x 13m x 8m (LxTxH) und maximal zwei Vollgeschosse aufweisen (Art. 93). Die maximale Ausnützungsziffer beträgt 0,6 (ebd.). Eine minimale Ausnützung ist nicht bestimmt. Die Bauten sind dabei „so zu gestalten, dass sich zusammen mit ihrem näheren und weiteren Umfeld eine gute Gesamtwirkung ergibt. In baulich unbefriedigend gestalteten Gebieten sollen neue Bauten und Anlagen möglichst zur Verbesserung des Gesamtbildes beitragen" (Art. 14 Abs. 1 & 2).

Gegen das Bauvorhaben wurde von verschiedenen Parteien Einspruch erhoben. Darunter war auch die Eigentümerfamilie der benachbarten Parzelle. Sie begründeten ihre Ablehnung u.a. die unangepasste Bauweise und der unzureichenden ästhetischen Gesamtwirkung. Die Gemeindeverwaltung holte sich zunächst eine fachliche Meinung zum Streitpunkt ein und hörte die Baukommission an. Dies befand das Projekt als „absolut nicht zufriedenstellend" (Urteil VerwG 2017: 7 Pkt. 4.2) und empfahl die Ablehnung. Der Gemeinderat folgte der Empfehlung jedoch nicht, wies die Einsprachen ab und erteilte im Februar 2016 die Baubewilligung.

---

[27] Urteil des Verwaltungsgerichts des Kantons Bern vom 08.06.2017, Nr. 100.2016.242U.

Ästhetische Anforderungen würden keine Rolle spielen, da das Gebäude sich nicht in einem Schutzgebiet befindet (vgl. ebd.: 8). Zudem folgte der Gemeinderat dem Argument der Bauherren, dass das Gebäude nicht störend sein kann, da die städtebauliche Qualität des Gebiets sowieso gering sei und daher keine schlechte Eingliederung vorliegen kann.

Gegen diesen Entscheid reichte die benachbarte Partei im März 2016 Beschwerde bei der nächsthöheren Behörde, also dem Kanton ein. Es oblag nun der Bau-, Verkehrs- und Energiedirektion über das Baugesuch zu befinden. Die Behörde holte sich ebenfalls einen fachlichen Bericht ein, in diesem Fall von der kantonalen Kommission zur Pflege der Orts- und Landschaftsbilder (OLK). Wie schon die vorherige, kommunale Kommission, bemängelte auch die kantonale Kommission die unangepasste projektierte Bauweise und empfahl die Abweisung. Die Direktion folgte der Empfehlung, hiess die Beschwerde gut und hob die kommunal erteilte Baubewilligung zum Juli 2016 auf (Bauabschlag). Als Begründung gab die Behörde jedoch nicht die ästhetischen Mängel, sondern die Überschreitung der zulässigen maximalen Ausnützungsziffer an.

Gegen diesen kantonalen Entscheid erhoben die Bauherren wiederum Beschwerde, weshalb der Fall schliesslich dem kantonalen Verwaltungsgericht vorgelegt wurde. Das Gericht gab den Beschwerdeführern Recht und entschied, dass das Baugesuch abzulehnen sei. Im Ergebnis folgt das Gericht somit der Entscheidung der kantonalen Direktion. Bemerkenswerter Weise folgte das Gericht jedoch einer anderen Begründung, als die Behörde (sog. Motivsubstitution). Für das Verwaltungsgericht stehen die ästhetischen Mängel des Bauprojekts im Vordergrund und genügen für eine Ablehnung.

Das Gericht bezieht sein Urteil dabei auf zweierlei Rechtsgrundlagen. Zunächst auf das Beeinträchtigungsverbots im kantonalen Baugesetz (Art. 9 BauG-BE). Demnach dürfen Bauten das Landschafts-, Orts- und Strassenbild nicht beeinträchtigen, was einem Verschlechterungs- oder Verschandelungsverbot gleichkommt. Darüber hinaus nutzt die Gemeinde Köniz jedoch ihre Kompetenz weiterreichende Regeln zu erlassen und anzuwenden. Die Anforderung des Könizer Bauregelements, dass Bauten so zu gestalten sind, dass sich eine gute Gesamtwirkung ergibt, stellt eine solche, zulässige weiterführende Regelung dar. „Mit dem positiven Einfügungs- und Verbesserungsgebot geht die Bestimmung in ihrem Regelungsinhalt und in ihrer Regelungsdichte über das Verunstaltungsverbot gemäss Art. 9 Abs. 1 BauG hinaus und hat selbständige Bedeutung" (Urteil VerwG 2017: 5 Pkt. 3.2). Das Gericht erkennt dabei an, dass die Begriffe ‚gute Gesamtwirkung‘, ‚baulich unbefriedigend gestaltetes Gebiet‘ und ‚Verbesserung des Gesamtbilds‘ unbestimmte Rechtsbegriffe sind. Daraus folgt jedoch nicht, dass die Begriffe nicht justiziabel seien. Für eine sachgerechte und rechtlich haltbare Konkretisierung der Begriffe bedarf es lediglich einer legitimen Haltung der Gemeinde, die diese zudem nachvollziehbar darstellt.

Ästhetik ist dabei keinesfalls ein beliebiger, subjektiver Begriff (‚Geschmackssache‘), sondern vielmehr ein Fachbegriff, dessen Einschätzung Fachwissen voraussetzen kann. „Für eine sachgerechte Konkretisierung der erwähnten Begriffe bedarf es oft eines besonderen Fachwissens" (Urteil VerwG 2017: 5 Pkt. 3.2). Wie bei anderen Fachgutachten auch, bleibt dem Verwaltungsgericht dann lediglich eine Überprüfung der rechtmässigen Verfahren zur Erstellung dieser Fachmeinung. Da dieses im vorliegenden Fall sowohl durch die kommunale, wie auch die kantonalen Fachkommissionen vollzogen wurde (und zudem beide Gutachten inhaltlich zum selben Schluss kommen), sieht das Gericht keine Notwendigkeit die Bewertung als nichtig zu erklären. Angemerkt wurde lediglich, dass städtebauliche Qualität zwar mittels Fachwissen beurteilt wird, jedoch die Kommunikation im laufenden Baugesuchsverfahren für Laien verständlich erfolgen muss.

Aufbauend auf diesem Verständnis sieht das Gericht ästhetische Anforderungen gegenüber anderen, bspw. schlichteren Bauvorschriften als grundsätzlich gleichrangig an. Dementsprechend können ästhetische Mängel bei der Interessensabwägung überwiegen und in der Konsequenz zu einem Bauabschlag führen. Als Massstab für ‚gute Gesamtwirkung' bezieht sich das Gericht dabei auf das Mittelmass. „Ob eine ‚gute Gesamtwirkung' erzielt wird, ist weder an geringen noch an besonders hohen architektonischen Qualitäten zu messen. Bei durchschnittlichen örtlichen Gegebenheiten bedeutet dies, dass das Mittelmass der Umgebung nicht gestört werden darf und sich eine Neuüberbauung an den qualitativ hochwertigen Bauten und Anlagen der Umgebung zu orientieren hat" (Urteil VerwG 2017: 6 Pkt. 3.4).

Im beurteilten Fall betrachten die Kommissionen das Bauprojekt als beliebig, lieb- und anspruchslos (vgl. ebd.: 7, 8). Zudem negiert das Vorhaben die örtliche Situation, was gesamthaft sogar zu einer Verschlechterung des Orts- und Landschaftsbildes führt. Das Gericht folgt dieser Einschätzung und folgert, dass unter diesen Umständen die Ästhetikvorschriften bei der Interessensabwägung eigenständige Bedeutung haben und gegenpber. anderen Anforderungen (hier: innere Verdichtung) überwiegen (vgl. ebd.: 13). Die vom Gemeinderat erteilte Baubewilligung ist daher vom Kanton rechtmässig abgeschlagen worden, wobei die ästhetischen Mängel des Projekts ausschlaggebend sind (vgl. Urteil VerwG 2017: 14 Pkt. 6).

Das Urteil hat daher an sich bereits weitreichend Wirkung und bestärkt die rechtliche Stellung von unbestimmten Rechtsbegriffen im Planungsrecht. Formulierungen wie hochwertige Siedlungsentwicklung sind daher keineswegs leere politische Worthülsen, sondern justiziable Begriffe, die verfahrenstechnische und fachliche Auswirkungen haben.

Das Urteil ist darüber hinaus in zwei weiteren Aspekten bemerkenswert:

1. Wie schon beim Urteil zur Umsetzung der ersten Teilrevision des RPG (Kanton Freiburg zu Art. 15a Abs. 2 RPG) ist es die Rechtsprechung (und nicht die Exekutive), die für eine strikte Umsetzung des Gesetzes und des gesetzgeberischen Willens sorgt. Am Beispiel Köniz wird dies besonders deutlich, da der Gemeinderat der Empfehlung seiner eigenen Baukommission nicht folgt und erst das Gericht die Durchsetzung dieser Fachmeinung vollzieht. Die Umsetzung der Raumplanungspolitik ist damit stark von einer regelmässigen gerichtlichen Überprüfung abhängig.

2. Andererseits wird explizit nicht nur das Verbot einer Verschlechterung der lokalen städtebaulichen Qualität, sondern tatsächlich das Gebot zur Verbesserung gerichtlich anerkannt. Das Urteil ist damit sehr weitreichend und als Hinweis zur Zulässigkeit einer Positivplanung zu verstehen. Dabei ist nicht entscheidend, dass der Begriff unbestimmt ist und eine Konkretisierung sogar Fachwissen voraussetzt.

Einschränkend ist lediglich zu berücksichtigen, dass das kantonale Verwaltungsgericht nicht die letzte Instanz ist und eine allfällige Überprüfung des Urteils vor dem Bundesverwaltungsgericht zum Zeitpunkt der Abgabe dieser Arbeit ausstehend ist.

6.3.3 Qualitative Ansprüche der Raumplanung an Standort und Gestaltung von Discounter-Filialen

Um als konkrete Untersuchungsvariable dienen zu können, sind aus diesen vergleichsweise abstrakten Qualitätsdiskussionen konkrete Merkmale abzuleiten. Die vorliegende Arbeit stützt sich dabei auf den Studien von Angela Million[28], welche städtebauliche Gestaltungsmerkmale von Baukörpern des Lebensmitteleinzelhandels induktiv erarbeitet und systematisiert hat. Die Merkmale städtebaulicher Qualität verknüpft sie dabei an das klassische

---

[28] Die Zitation erfolgt gemäss ihres Geburtsnamens Uttke, den sie zum Zeitpunkt der Veröffentlichung trug.

Verständnis nach Vitruv, im Sinne einer „passenden (angemessenen) Anordnung der Elemente zu einem Ganzen nach ihrer Zweckbestimmung" (Uttke 2009: 222). Demnach muss Qualität mehrdimensional analysiert werden. Million schlägt dazu fünf Merkmale vor (vgl. Uttke 2009: 223), bezogen auf die Funktion, das Objekt, die Stadtstruktur, den Freiraum und die Erschliessung (siehe Abbildung 16).

Die von Uttke erarbeiteten Kriterien werden in der vorliegenden Arbeit rein analytisch und nicht normativ verstanden. Die von ihr beschriebenen Qualitäten eignen sich zur differenzierten Beschreibung einzelner Filialen – ohne jedoch ihre qualitative Perspektive der handwerklichen Grundsätze zeitgenössischen Städtebaus zu übernehmen. Die Uttkeschen Qualitätsmerkmale werden in diesem Sinne als Ausgangspunkt genommen, jedoch eigenständig interpretiert und weiterentwickelt.

Qualitätsmerkmale von Lebensmittelmärkten				
Funktionale Qualität	**Stadtstrukturelle Qualität**	**Objekt-qualität**	**Freiraum-qualität**	**Erschliessungs-qualität**
Lage - in oder an traditionellen Versorgungszentren - räumlicher oder funktionaler Bezug zum traditionellen Versorgungszentrum	**Bezüge zur Umgebung und Wirkung auf den Stadtraum** - Aufnahme oder Interpretation der Bauweise, Baulinien, Materialien der Umgebung - Fortführung von Freiraumstrukturen und bestehenden Wegebeziehungen	**Fassade** - allseitige Behandlung des Baukörpers, inkl. Anlieferungsbereiche und Gebäuderückseite - Transparenz, Offenheit und Kommunikation gegenüber dem öffentlichen Raum durch Fensterflächen und Lage der Eingäge	**Gestaltung d. Parkplatzes** - Versickerungsflächen, geringe Versiegelung über versickerungsfähige Belage - Baumanpflanzungen - ausreichend dimensionierte Baumscheiben und Pflanzbeete	**Ab- und Abverkehr** - konfliktarm und mit Rücksicht auf angrenzende Wohnungen und Verkehrsfluss
Nutzungsstruktur - Mischnutzung - additive Nutzungen - Mehrfachnutzungen	**Kubatur, Dachlandschaft, Höhenentwicklung** - sich der städtebaulichen Situation unterordnend, ergänzend oder korrigierend	**Werbeanlagen** - Reduzierung auf ein notwendiges Mass - auf die Umgebung abgestimmte Grösse und Standort	**Übergänge und Grenzen zur Umgebung** - auf die Umgebung abgestimmte Einfriedung und Freiraumgestaltung	**Eingangssituation** - fussgänger- und fahrradfahrerfreundliches Erreichen des Einganges - räumliche Nähe zum öffentlichen Raum - Abstellmöglichkeiten für Fahrräder - Sitzgelegenheiten
Erreichbarkeit - mutiple Errecihbarkeit durch die zu versorgende Bevölkerung	**Raumkanten** - Bildung von Raumkanten zum öffentlichen Raum und zu Parkplatzflächen	**Aussenanlagen** - konzeptionelle Integration von Aussenanlagen, v.a. von Bauten und Unterständen für Einkaufswagen	**Beleuchtung** - Unterstützung Funktion und Gestaltung des Freiraumes und der „Objektidee" - Vermeidung der Beeinträchtigung der Tierwelt	

Abbildung 16: Städtebauliche Qualitätsmerkmale von Lebensmittelmärkten (Ausschnitt). Quelle: Eigene Darstellung nach Uttke (2009: 230).

Neben diesen systematischen Merkmalen enthält das Ursprungswerk auch noch weitere Qualitätsdimensionen (namentlich die *soziokulturelle, ökologische,* und *ökonomische Qualität,* sowie die *Verfahrensqualität*), die sich jedoch überschneiden und aus den genannten abgeleitet werden können, weshalb sie in der vorliegenden Arbeit keine weitere eigenständige Beachtung finden.

6.3.3.1 Funktionale Merkmale

Funktionale Merkmale beinhalten den übergeordneten, räumlichen Zusammenhang unter dem Gesichtspunkt der wohnortnahen Versorgung. Gefragt wird, inwiefern der Standort des Lebensmittel-Discounters im räumlichen Zusammenhang mit bestehenden Versorgungs- und Quartierszentren stehen. Unterschieden wird hierbei in die Einzelmerkmale *Lage, Nutzungsstruktur* und *Erreichbarkeit*. Das Merkmal Lage berücksichtigt, dass Lebensmittelmärkte „keine Monolithen, sondern Bestandteil eines funktionalen Netzes [sind]" (Uttke 2009:224). Aus den planungsrechtlichen Zielen lässt sich ableiten, dass ein geeigneter Standort im räumlichen Zusammenhang mit den vorhandenen Versorgungszentren und Wohngebieten gefunden werden muss. Desweiteren wird hier berücksichtigt, dass ein Lebensmittelmarkt die Leitfunktion („Ankertheorie") innehaben kann. Lebensmittelmärkte können die Passantenfrequenz erbringt, die für weitere Händler notwendig ist, und so ein durchmischtes Versorgungszentrum ermöglichen. Unter dem Merkmal Nutzungsstruktur wird erhoben, ob es sich um einen monofunktionalen Standort handelt, oder ob ein mischgenutztes Objekt handelt. Vorstellbar sind gewerbliche Kombination mit anderen Handels-, Dienstleistungs-, Büro- oder Gastronomieeinrichtungen, oder Kombination mit Wohnraum. Die Nähe zum Wohnort ist nicht als Distanz (also in Meter), sondern als Erreichbarkeit (also in Minuten) zu verstehen. Daher ist eine multimodale Erreichbarkeit ein weiteres Bewertungsmerkmal und berücksichtigt sowohl den öffentlichen Verkehr als auch den Langsamverkehr (fußläufige Erreichbarkeit, Fahrradfahrer).

6.3.3.2 Stadtstrukturelle Merkmale

Die Betrachtung der stadtstrukturellen Merkmale folgt der Ansicht, dass einzelne Baukörper nicht nur von der Funktion, sondern auch von der Architektur integriert betrachtet werden müssen. Ein Standort ist nicht isoliert zu verstehen, sondern als ein Teil eines übergeordneten Raumgefüges zu interpretieren (vgl. Uttke 2009: 224-225). Indikatoren sind beispielsweise die Aufnahme oder die Interpretation der regionaltypischen Bauweise (inkl. der Verwendung von regionaltypischen Materialien), die Übernahme der standorttypischen Kubaturen, und die Aufnahme und Fortführung von bestehenden Wegebeziehungen und Raumkanten. Diese Merkmalsdimension (abgestuft nach der Massstabsebene) wird daher in die drei Einzelmerkmale *architektonische Bezüge, städtebauliche Integration* und *Fortführung der Baukörperstruktur* unterteilt. Der Grad der Integration in den räumlichen Kontext ist jeweils das Bewertungskriterium. Die Integration erfolgt nicht nur über die Kopie des Kontexts, sondern auch über zeitgenössische Interpretation und Fortführung bestehender Elemente. Eine extravagante Einbindung ist dabei als Sonderfall denkbar, allerdings weitergehend zu begründen.

6.3.3.3 Objektmerkmale

Die architektonischen Merkmale des Baukörpers werden unter der Kategorie der Objektmerkmale verstanden. Klassischerweise umfasst diese die Materialen, Farben, Dekorationen der Objektfassaden und die Ausstattungselemente des Aussenraums (vgl. Uttke 2009: 226).

Die Fassadengestaltung ist aus architektonischer Sicht von zentraler Bedeutung. Sie ist „das Gesicht eines Hauses" und ist daher für den „aktiven Austausch mit der Umgebung" (insbesondere mit dem öffentlichen Raum) verantwortlich (Uttke 2009: 226). Neben diesen baukulturellen und künstlerischen Aspekten kann eine offene Fassadengestaltung auch funktionale Auswirkungen haben, bspw. zur Vermeidung von Angsträumen. Wesentliches Bewertungskriterium ist daher die Öffnung der Fassade in Richtung des öffentlichen Raumes. Die Offenheit kann dabei durch grundsätzliche architektonische Merkmale (bspw. die Ausrichtung des Baukörpers) oder durch einzelne Gestaltungselemente (bspw. Fensterfronten) erzielt werden. Der örtliche Bezug kann durch die Übernahme von Gestaltungsprinzipien (bspw. Gestaltung des Baukörpers durch Form oder Materialität) oder die Verwendung regionaltypischer Materialien (bspw. Holzkonstruktionen oder Klinkerfassaden) erfolgen.

Die Ausstattungselemente des Aussenraums, die einen Lebensmitteldiscounter prägen, sind relativ übersichtlich. Üblicherweise sind lediglich solche Elemente auffindbar, die für das Betriebskonzept von unmittelbarer Bedeutung sind. Die Gestaltung der Eingangssituation ist dabei von zentraler Bedeutung, um die Kundschaft zu den Produkten zu leiten. Daneben sind ergänzende Anlagen vorzufinden, wie bspw. die Wetterschutzunterstände von Einkaufswagen oder neuerdings die Pfandsammelanlagen. Wesentliches Bewertungskriterium ist die harmonische Einfügung dieser Elemente in die bauliche Umgebung.

In der Kategorie der Objektmerkmale weisen Lebensmitteldiscounter noch einige Besonderheiten auf, insbesondere der Umgang mit Werbeanlagen. „Werbeanlagen dienen der Identifikation und Auffindbarkeit einer Einzelhandelseinrichtung" (Uttke 2009: 226) und ist damit für das ökonomische Grundmodell der Anlage von zentraler Bedeutung. Die Art, die Grösse und der Standort der Werbeanlage sind daher keine unwesentlichen Details, sondern zentrale Indikatoren.

6.3.3.4   Freiraummerkmale

In die Kategorie der Freiraummerkmale fallen alle Aspekte der Freiraumgestaltung auf dem Gelände, wie auch an den Übergängen zur Umgebung. Üblicherweise werden hier vorwiegend Gestaltungselemente zur Bespielung des öffentlichen Raumes und die Konzeption der Grünräume subsumiert. In der speziellen Situation der Lebensmitteldiscounter kann allenfalls von halböffentlichen Räumen gesprochen werden, die wiederum monofunktional zu verstehen sind und nicht den klassischen Funktionen des öffentlichen Raums (bspw. Aufenthalts- und Begegnungsraum) bezwecken. Die stadtgestalterische Beurteilung des Freiraums kann sich daher lediglich auf die Gestaltung der Parkplätze und der Übergänge zur Umgebung beziehen. Die Parkplätze an sich sind nicht als Grünflächen zu verstehen (dienen bspw. nicht der Naherholung). Allerdings sind Sekundärfunktionen der Grünflächen von grosser Bedeutung für die Parkplatzgestaltung. Die Anpflanzung von Bäumen kann der Beschattung dienen und so das Entstehen von urbanen Hitzeinseln vermindern. Die grossen Mengen des anfallenden Regenwassers können in Versickerungsgruben (bspw. in Pflanzbeeten oder Baumscheiben) behandelt werden und so sowohl einen Beitrag zum ökologischen Städtebau als auch die Verringerung der Abwassergebühren erwirken.

Das Bewertungskriterium der Freiraumgestaltung ist daher die Gestaltung des Freiraumes durch die Dimensionierung und Gestaltung der Grünflächen. Hierbei wird der Umgang mit natürlichen Strukturen (bspw. topographischen Gegebenheiten oder Vegetation) und der Gestaltung der Übergänge zur Umgebung betrachtet (vgl. Uttke 2009: 227). Aufgrund des Primats der Ökonomie betrifft diese Kategorie bei Lebensmitteldiscounter in erster Linie die Gestaltung des Parkplatzes.

6.3.3.5   Erschliessungsmerkmale

Das abschließende Merkmal betrifft die Erschließung des Standorts. Dieses Merkmal wird unterteilt in den An- und Abverkehr (Aussenerschliessung), die Gestaltung der Eingangssituation (Innenerschliessung) sowie die qualitativen und quantitativen Aspekte der Stellplätze.

Der An- und Abverkehr wird anhand seiner verkehrstechnischen Konflikte bemessen. Insbesondere bei Standorten in Wohngebieten und Stadtzentren sind daher die Lage und die Gestaltung der Verkehrswege entscheidend. Aber auch bei der Lage an einer Kantonsstrasse kann es zu Konflikten, beispielsweise bei Abbiegeprozessen, kommen. Dies betrifft auch den Lieferverkehr, der idealerweise einen abgetrennten Anlieferungsbereich hat. Bei der Innenerschließung sind die Bedürfnisse der Fußgänger vorgängig zu bewerten. „Auch ein Autofahrer wird zum Fußgänger, wenn er sich zum Eingang des Marktes bewegt" (Uttke 2009: 228). Bei der Bewertung der Eingangssituation sind die Aspekte Orientierung, Barrierefreiheit und Sicherheit entscheidend. Dies betrifft insbesondere größere Parkflächen. Bei der Berechnung der angemessenen Anzahl von Stellplätzen sind mehrere Faktoren relevant. In der Regel zeigt sich das Anzahl der Stellplätze überdimensionierter ist (vgl. Uttke 2009: 229). „Neben der Anzahl von Stellplätzen sind ihre Anordnung und Unterbringung von noch größerer Bedeutung, um eine standortgerechte Integration des Lebensmittelmarktes zu erreichen" (Uttke 2009: 229). Betrachtet wird daher, ob die Stellplätze ebenerdig oder mehrgeschossig (bspw. offene Parkdecks, Parkhäuser, Tiefgaragen) gestaltet, ob sie mehrfach genutzt werden (bspw. bei Standortgemeinschaften) und ob diese Parkplätze städtebaulich integriert sind (bspw. vor oder hinter dem Gebäude).

6.3.3.6   Zusammenfassung

In der nachfolgenden Tabelle (Tabelle 23) werden die fünf Merkmalsdimensionen zur Beschreibung des städtebaulichen Charakters von Lebensmitteldiscounter zusammengefasst. Jede dieser Merkmalsdimension ist in jeweils drei Einzelmerkmale unterteilt die eigenständig und unabhängig voneinander bewertet werden. Zusammen mit Rahmendaten ergibt sich so für jede Filiale ein Übersichtsblatt, welche alle Informationen enthält, die für die Fallstudienanalyse notwendig sind und im Anhang dieser Arbeit zu finden ist.

FUNKTIONALE QUALITÄT	STADT-STRUKTU-RELLE QUALITÄT	OBJEKT-QUALITÄT	FREIRAUM-QUALITÄT	ERSCHLIES-SUNGS-QUALITÄT
Lage	Architektonische Bezüge	Fassaden-gestaltung	Parkplatz-gestaltung	An- und Ab-verkehr
Nutzungs-struktur	Städtebauliche Integration	Werbeanlagen	Übergänge	Eingangs-situation
Multimodale Erreichbarkeit	Fortführung der Raumkanten	Aussenanlagen	Beleuchtung	Stellplätze

Tabelle 23: Merkmale städtebaulicher Qualität von Lebensmittel-Discounter. Eigene Darstellung angelehnt an Uttke (2009: 230).

6.3.4   „Das öffentliche Interesse" an Discounter-Filialen

Das vorliegende Kapitel hat aufgezeigt, dass es nicht *das öffentliche Interesse* an Discounter-Filialen gibt – und auch gar nicht geben kann. Das liegt zum einen daran, dass ein singuläres öffentliches Interesse per se nicht bestimmbar ist, da alle Vorgaben Gegenstand gesellschaftlichen Auseinandersetzungen sind und dementsprechend heterogen beschaffen und letztlich umstritten sind. Daher existiert kein präzises, direkt anwendbares planungsrechtliches Interesse, sondern lediglich eine Reihe von abstrakten Zielen und Grundsätzen, die auf Discounter gleichermassen adaptierbar sind wie auf andere Planvorhaben auch. Diese stellen Kompromisse dar, die gesellschaftlich ausgehandelt wurden und in Form von konkreten Gesetzesartikel ausformuliert wurden. In einem solchen Verständnis herrscht eine Vielzahl an öffentlichen Belangen bei der Planung und beim Bau von Discounter-Filialen bezüglich deren städtebaulicher Qualität. Qualität ist dabei nicht gleichzusetzen mit ästhetische Aspekten. Ästhetik ist lediglich eine Teilmenge der städtebaulichen Qualität – aber keinesfalls deckungsgleich. Zudem sind auch ästhetische Aspekte intersubjektiv und folgen gewissen Grundregeln. Schliesslich sind qualitative Anforderungen und sogar ästhetische Anforderungen durchaus nach geltendem Schweizer Recht justiziabel, wie zumindest einzelne Fälle darlegen.

Die planungsrechtliche Beschreibung von Discounter-Filialen bezüglich ihrer städtebaulichen Qualität ist damit umrissen. Offen ist noch, wie diese rechtlichen Vorgaben erreicht werden sollen. Viele der Instrumente zur Steuerung des Detailhandels entstammen der politischen Auseinandersetzung rund um Einkaufszentren und werden seit deren ersten Erscheinen Anfang der 1970er Jahre diskutiert (vgl. umfassend zur Diskussion um die planungsrechtliche Steuerung von Einkaufszentren: Saladin 1976).

6.4   Planerische Steuerung von Discountervorhaben

Aufgrund der aufgezeigten Effekte ist der Detailhandel hochgradig raumrelevant und dementsprechend grundsätzlich Gegenstand planerischer Steuerung. Nicht zu unterschätzen ist dabei die Brisanz und das Ausmass, wie ein Vergleich aus Deutschland zeigt, wo die Discounter-Thematik deutlich fortgeschrittener ist. Der Ansiedelungsdruck ist dort so erheblich, dass der Lebensmittelbereich mittlerweile etwa die Hälfte der planerischen Genehmigungsprozesse und Planvoranfragen ausmacht (vgl. Uttke 2009). Die hohe Zahl kommt auch insbesondere deswegen zustande, weil Discounterunternehmen eine grosse Anzahl an Planvoranfragen stellen, um mögliche Standorte zu sondieren. Aufgrund der planerisch restriktiven Haltung haben diese Voranfragen mittlerweile eine hohe Ablehnungsquote. Etwa drei Viertel aller ablegenden informellen Planungsvoranfragen geht auf Discounter zurück (vgl. Krüger et al. 2013: 97-102). „Seither [Mitte der 1990er Jahre] hat insbesondere auch auf kommunaler Ebene ein Bewusstseinswandel eingesetzt und Stadtpolitik und/oder Planungsträger haben den Einzelhandel wieder verstärkt zum Gegenstand planerischer Lenkungsbemühungen gemacht" (vgl. Callis 2003: 117-118). Auslöser war das Aufkommen der Factory-Outlet-Stores als neues Betriebsformat, welches den für die Zentren besonders wichtigen Unternehmen der Textilbranche Konkurrenz zu machen drohten. Von Seiten der politischen Entscheidungsträger wurden die Argumente der Branche auch deswegen gehört, weil nahezu gleichzeitig die Debatten um die Nachhaltigkeit die kommunale Politik erreichten (Weltgipfel 1992, Lokale Agenden) und Debatten um nachhaltige Stadtentwicklung auslöste (kompakte Stadt, Nutzungsmischung, Stadt der kurzen Wege, verkehrsarme Stadt) (vgl. Callis 2003: 118).

Die hohe Ablehnungsquote zeigt aber auch gleichermassen, dass Discounter mittlerweile nicht mehr nur einfach bewilligt werden, sondern planerisch begleitet, gesteuert und auch (wenn nötig und möglich) verhindert werden. Die instrumentellen Ansätze zur Steuerung basieren dabei auf den allgemeinen planungsrechtlichen Instrumenten (insb. baurechtliche Grundordnung) und detailhandelsspezifischen Instrumenten (bspw. Sortimentsklausel). Letztere Kategorie ist in der Schweiz bislang schwach ausgeprägt. Dies ist insbesondere auch dem Umstand geschuldet, dass der Markteintritt der Lebensmittel-Discounter in der Schweiz vergleichsweise spät stattgefunden hat und daher noch keine explizite Weiterentwicklung des schweizerischen Planungsrechts stattgefunden hat. Daher lohnt auch der Blick nach Deutschland, wo Discounter seit mittlerweile mehr als fünf Jahrzehnten vorhanden sind und daher eine deutlich längere Tradition im planungsrechtlichen Umgang mit Discounterfilialen vorzufinden ist. Zudem ist eine Übernahme der jeweiligen Instrumente perspektivisch denkbar, auch wenn eine Anpassung an den rechtlichen und politischen Kontext der Schweiz notwendig wäre.

6.4.1 Grundkonflikte

Eine planerische Steuerung von Detailhandelsvorhaben beinhaltet verschiedene Grundkonflikte übergeordneter Natur. Auf der einen Seite stehen die verfassungsrechtlich geschützte Position des Eigentums in seiner speziellen Form der Baufreiheit, sowie die allgemeine Gewerbefreiheit. Auf der anderen Seite stehen die öffentlichen Interessen in der speziellen Form der Inhalts- und Schrankenbestimmung des Eigentums. Der Konflikt um Lebensmittel-Discounter unterscheidet sich dabei nicht wesentlich von anderen typische Konflikte der Raumplanung.

Die Bundesverfassung gewährleistet das Grundrecht auf Eigentum (Art. 26 BV), über welches in den Schranken der Rechtsordnung beliebig verfügt werden kann (Art. 641 und 664 ZGB). Bezogen auf die Ressource Boden wird in diesem Zusammenhang von der Baufreiheit gesprochen. Eine Einschränkung des Grundrechts ist nur durch ein Gesetz möglich (Art. 36 Abs. 1 BV), wenn ein überwiegendes öffentliches Interesse vorliegt oder die Grundrechte eines Dritten geschützt werden sollen (sog. Bestandsgarantie) (Abs. 2). Zudem hat die Massnahme verhältnismässig zu sein (Abs. 3) und darf den Kerngehalt nicht aushöhlen (sog. Institutsgarantie) (Abs. 4). Schliesslich ist ein allfälliger teilweiser oder vollständiger Entzug des Eigentums vollständig zu kompensieren (sog. Wertgarantie) (Art. 26 Abs. 2).

Der Verweis auf den Rahmen der Rechtsordnung ist dabei als administrative Einschränkung zu verstehen. „Obwohl die bauliche Nutzung eines Grundstücks zum Inhalt des Eigentums an Grund und Boden gehört, kann die materielle Baufreiheit nur eine rechtlich geordnete Freiheit sein, in welcher grundsächlich alle baulichen Maßnahmen einer Genehmigungspflicht unterliegen – anders wäre die Verwirklichung der hierzulande gesetzlich aufgetragenen Ordnung des Baugeschehens und der räumlichen Entwicklung nicht herzustellen" (Callies 2003: 124). Dieses System enthält zweierlei Verpflichtungen für beide Parteien: Einerseits ist ein allgemeines Verbot enthalten, dass bauliche Veränderungen nicht ohne staatliche Genehmigung vorgenommen werden dürfen. Andererseits ist der Staat verpflichtet diese Genehmigung zu erteilen, wenn alle rechtlichen Anforderungen eingehalten wurden. Die Baugenehmigung ist keine politische Entscheidung, sondern ein rein administrativer Akt.

Eine spezielle Form der Baufreiheit ist die Handels- und Gewerbefreiheit. Als geschütztes Grundrecht steht es Grundeigentümern grundsätzlich zu, ein Grundstück ökonomisch zu nutzen und zur Ausübung eines Gewerbes zu verwenden (freier Wettbewerb). Die Handels- und Gewerbefreiheit ist in der Schweiz seit der Helvetik ein verfassungsrechtlich eigenständig geschütztes Grundrecht. Seit der Verfassungsreform 1999 wird zwar nur noch von der Wirtschaftsfreiheit gesprochen (was im Kern vor allem die freie Berufswahl und grundsätzlich freie Berufsausübung beinhaltet). Allerdings impliziert der neue Artikel die für die vorliegende Arbeit wesentlichen Elemente der freien gewerblichen Tätigkeit. Das Grundrecht ist in Art. 27 BV festgeschrieben und steht damit sowohl inhaltlich, wie auch optisch in enger Verbindung zur Eigentumsgarantie in Art. 26 BV. Das Grundrecht steht natürlichen, wie juristischen Personen gleichermassen zu. Wie bei der Einschränkung der Baufreiheit auch, ist eine Einschränkung der Handels- und Gewerbefreiheit an die Bedingungen des Art. 36 geknüpft.

Im Bewusstsein, „dass eine reine Marktwirtschaft Ergebnisse produziert, die unter gesellschaftlichen Gesichtspunkten nicht ausnahmslos und nicht immer als sozial und gerecht oder zukunftssichern beurteilt werden können", gelten die Grundrechte nicht uneingeschränkt (Callies 2003: 124). Art. 36 bestimmt die rechtlich zulässigen Möglichkeiten und dessen Bedingungen zur Einschränkung von verfassungsrechtlichen Grundrechten. Eine Einschränkung eines Grundrechts ist nur durch ein Gesetz möglich (Art. 36 Abs. 1 BV), wenn ein überwiegendes öffentliches Interesse vorliegt oder die Grundrechte eines Dritten geschützt werden sollen (sog. Bestandsgarantie) (Abs. 2). Zudem hat die Massnahme verhältnismässig zu sein (Abs. 3) und darf den Kerngehalt des

jeweiligen Grundrechts nicht aushöhlen (sog. Institutsgarantie) (Abs. 4). Schliesslich ist ein allfälliger teilweiser oder vollständiger Entzug des Eigentums vollständig zu kompensieren (sog. Wertgarantie) (Art. 26 Abs. 2).

Vor dem Hintergrund dieser Anforderung an eine Einschränkung der Grundrechte, ist der Begriff
des öffentlichen Interesses von besonderer Bedeutung. Während die weiteren Anforderungen
vergleichsweise eindeutig zu erfüllen sind (bspw. die Berechnung des Verkehrswerts zur vollständigen Kompensation), ist der Nachweis des öffentlichen Interesses aufgrund der begrifflichen
Unschärfe von grosser Schwierigkeit.

6.4.2 Steuerungsinstrumente und Einflussmöglichkeiten mittels der baurechtlichen Grundordnung

Zur Steuerung von Lebensmittel-Detailhändlern stehen den Planungsträgern verschiedene Instrumente zur Verfügung. Aufgrund der föderalen Struktur unterscheiden sich diese Instrumente in
den einzelnen Kantonen und Gemeinden, sodass keine präzise Darstellung erfolgen kann. Es
werden lediglich die grundsätzlichen Mechanismen des jeweiligen Instruments aufgezeigt und
dabei auf bestehende Umsetzungserfahrungen verwiesen. Die Darstellung ist jedoch nicht abschliessend und nicht jede Situation umfassend.

Zu beachten ist dabei, dass die planerischpolitische Erfahrung mit Lebensmittel-Discountern in
der Schweiz vergleichsweise jung ist – nämlich gerade einmal 13 Jahre (Aldi) bzw. 9 Jahre (Lidl).
Daraus ergibt sich, dass das planungsrechtliche Instrumentarium in der Schweiz noch nicht besonders differenziert ausgebaut ist. Um hier weitere Interventionsmechanismen aufzuzeigen, wird
in diesem Kapitel auch punktuell auf Steuerungsinstrumente in Deutschland verwiesen. Ein solcher Verweis dient nur der Anschaulichkeit und impliziert keine Aussage zu einer höheren Wirksamkeit des dortigen Planungssystems.

Lebensmittel-Discounter sind planungsrechtlich aus vier Gesichtspunkten zu betrachten: Die
Erforderlichkeit eines planerischen Eingriffs, die Art der Nutzung, das Mass der Nutzung, und
Regulierungen zur Abweichung von der Regelbauweise (Sondernutzungsplanung). Die Reihenfolge dieser Darstellung orientiert sich im Sinne einer responsiven Planung am Abstraktionsgrad
der jeweiligen Instrumente.

6.4.2.1 Erforderlichkeit und Interessensabwägung

Im Kern kann Raumplanung als die öffentliche Politik zur Beeinflussung von Art und Mass der
baulichen Nutzung von Boden verstanden werden. Die verschiedenen Planungsinstrumente dienen dabei dazu die bauliche und sonstige Nutzung des Bodens vorzubereiten und zu leiten. Der
Charakter als öffentliche Politik zur Lösung eines öffentlich wahrgenommenen Problems wird
dabei insbesondere in der Erforderlichkeitsklausel deutlich. Demnach werden planerische Interventionen durchgeführt sobald und soweit dies für die städtebauliche Entwicklung und Ordnung
erforderlich ist (siehe bspw. § 1 Abs. 3 BauGB). Wann und wie weit ein planerischer Eingriff
erforderlich ist, kann durch zwei Kontrollfragen ermittelt werden. Zunächst wird gefragt, ob die
räumliche Situation oder Entwicklung sich auf die städtebaulichen oder raumordnerischen Belange negativ auswirkt. Wenn diese Betroffenheit gegeben ist, wird gefragt, ob der planerische Eingriff zu Konfliktminimierung beiträgt. Nur wenn auch diese Wirksamkeit gegeben ist, ist ein
planerischer Eingriff begründbar. Sollte mindestens eine der beiden Fragen verneint werden, ist
die Erforderlichkeit nicht gegeben und somit der hoheitliche Eingriff durch die Planung in die
Baufreiheit des Eigentums nicht zu rechtfertigen.

Eine Regelung, die der deutschen Erforderlichkeitsklausel Nahe kommt, ist auch im schweizerischen Planungsrecht zu finden. In der Raumplanungsverordnung (RPV) heisst es: „Stehen den

Behörden bei Erfüllung und Abstimmung raumwirksamer Aufgaben Handlungsspielräume zu, so wägen sie die Interessen gegeneinander ab" (Art. 3 RPV). Die schweizerische Regelung ist damit a) deutlich weniger prominent verankert und b) deutlich stärker interpretationsdürftig. Der erste Punkt soll in der sogenannten RPG 2-Revision (siehe Kap. 8.4.5.6) korrigiert werden. Eine eindeutige Formulierung ist jedoch bislang nicht geplant.

Für die planungsrechtliche Steuerung von Discountern ist dieser Grundsatz auf zweierlei Gründen relevant: Erstens muss die Betroffenheit geklärt werden. Dazu sind die negativen externen Effekte einer Discounterfiliale auf der grünen Wiese auf das traditionelle Siedlungszentrum zu belegen. Zweitens muss die Wirksamkeit des Eingriffs begründet werden. Beide Gründe stellen kommunale Ortsplanungen jedoch vor Herausforderungen, die ggf. mit den begrenzten personellen und fachlichen Ressourcen nicht gemeistert werden können. Sollte auf ausführliche Dokumentation der Betroffenheit und der Wirksamkeit verzichtet werden, laufen die Bauverwalter Gefahr in einem juristischen Konfliktfall zu unterliegen. Da es sich bei den Discounterunternehmen um Grossunternehmen mit entsprechenden Rechtsabteilungen handelt, ist die Zurückhaltung der Bauverwalter nachvollziehbar. Die schwache Verankerung der Interessensabwägung auf Verordnungsebene fördert dies.

6.4.2.2 Art und Mass der baulichen Nutzung

Das eidgenössische Raumplanungsgesetz besagt: „Nutzungspläne ordnen die zulässige Nutzung des Bodens" (Art. 14 Abs. 1 RPG). Mit dieser Formulierung legitimiert das Bundesrecht die Kantone (und indirekt auch die Gemeinden) mit der nutzungsrechtlichen Ordnung der Bodennutzung, was den Kern der Bodennutzungsplanung darstellt. Instrumentell werden dabei die Nutzungspläne (also der Nutzungszonenplan und der Sondernutzungsplan) in das Zentrum gestellt. Sie bilden klassischerweise die wesentlichen Handlungsmöglichkeiten der Planungsträger. „Die Nutzungspläne definieren die Rechtsstellung sämtlicher Grundstücke eines Gebiets nach den raumordnungspolitischen Überlegungen und unter Berücksichtigung der örtlichen Gegebenheiten und sie legen gleichzeitig die Rechte und Pflichten der Grundeigentümer fest" (Jeannerat/Moor 2016: 230). Eine Übereinstimmung mit dem Regelungsinhalt der jeweiligen Zone ist demnach Voraussetzung einer rechtlich zulässigen Bebauung (Art. 22 RPG). Die Zonenkonformität wird dabei unterteilt in Art und Mass der baulichen Nutzung.

Die Art der baulichen Nutzung ist grundsätzlich durch das kantonale Recht, meist jedoch durch kommunale Regelungen bestimmt. Dementsprechend sind keine schweizweit gültigen Aussagen möglich, in welchen Zonenarten Discounter zulässig sind. Grundsätzlich sind selbst in Wohnzonen auch gewerbliche Nutzungen erlaubt, wobei jedoch nach Emissionen differenziert wird. Dabei wird grob zwischen nicht-störendem, mässig störendem und störendem Gewerbe unterschieden. Zur Bewertung, zu welcher Kategorie ein Gewerbebetrieb gehört, sind sowohl die direkten Emissionen (im Falle von Discountern also bspw. durch Klimaanlagen) als auch die indirekten Emissionen (bspw. durch den induzierten Verkehr) relevant. Detailhändler werden dabei in den Gemeinden meist als nicht- oder wenig-störendes Gewerbe angesehen und sind demnach in fast allen Wohnzonen zulässig.

Darüber hinaus sind planerisch Discounter vor allem in solchen Zonen vorgesehen, die Grundzentren darstellen. Dies sind meist Misch-, Quartierszentrum- oder Kernzone. In diesen Zonenarten bestehen keine Einschränkungen, die Discounter ausschliessen würden.

Neben der Art der baulichen Nutzung beinhalten Nutzungspläne auch Bestimmungen zum Mass der baulichen Nutzung, was auch bauliche Intensität genannt wird und historisch aus dem Baupolizeirecht entstanden ist. Dies sind Regelungen bspw. zu Grenzabständen, Gebäudeabständen, minimale oder maximale Ausnützung, Geschosszahlen. Für Detailhandel ist zudem relevant, wenn Regelung bspw. zu Verkaufsflächen bestehen. Dies ist jedoch nur in wenigen Gemeinden der Fall.

Die genaue Regelungsdichte all dieser Aspekte liegt im Ermessensspielraum der zuständigen Ebene (i.d.R. Gemeinde) und richtet sich nach den örtlichen Gegebenheiten. Die Regelungen müssen jedoch ausreichend präzise sein, um eine Planungs- und Rechtssicherheit zu gewährleisten. Gleiches gilt auch für eine Abweichung von der Regelbauweise in Form einer Sondernutzungsplanung.

6.4.2.3   Sondernutzungsplanung

Das eidgenössische Gesetz enthält explizit den Plural und spricht von Nutzungsplänen. Die Kantone haben daraus die Möglichkeit abgeleitet, neben den Rahmennutzungsplänen andere Arten von Nutzungspläne zu erlassen: Bebauungsplan, Gestaltungsplan, Überbauungsordnung, plan d'affectation de détail, plan de quartier, plan de zone partiel, piano di uso speciale, piano di progettazione, la costruzione di ordinanza, lottizzazione. Die einzelnen Pläne unterscheiden sich nicht nur begrifflich, sondern auch konzeptionel. Gemein ist ihnen lediglich, dass sie bestimmte Abweichungen zur sonst üblichen Regelbauweise ermöglichen. Als Überbegriff werden diese Pläne als Sondernutzungspläne bezeichnet.

Materiell unterscheidet sich der Sondernutzungsplan nicht vom Rahmennutzungsplan. Die prozessualen Unterschiede und die sich daraus ergebenen strategische Bedeutung sind nicht spezifisch auf Discounter gemünzt. Diese Aspekte werden in dieser Arbeit nochmals aufgegriffen, wenn das Instrument vor dem Hintergrund von bodenpolitischen Instrumentariums vorgestellt wird (siehe Kap. 9). Daher wird an dieser Stelle auf weitere Ausführungen verzichtet. Allenfalls ist eine Sondernutzungsplanung im sinne eines strategischen Bebauungsplanung[29] möglich, wie dies derzeit in Deutschland debattiert wird. Durch die föderal strukturierten Baureglemente in der Schweiz ist hier jedoch eine textliche Regulierung denkbar.

6.4.2.4   Die Sortimentsliste

Als Standard-Instrument zur Regulierung des zentrenrelevanten Einzelhandels gilt in Deutschland die sog. Sortimentsliste. Gestützt auf § 11 Abs. 3 BauNVO[30] setzen Gemeinden das Sortiment des zentrenrelevanten Einzelhandels fest und definieren Standorte für entsprechende Geschäften in den zentralen Versorgungsbereichen (Positivplanung) oder schliessen diese ausserhalb dieser

---

[29]   Der strategische Bebauungsplan ist eine von mehreren Formen des deutschen Bebauungsplans, insb. der qualifizierte Bebauungsplan (Angebotsplanung), der vorhabenbezogene Bebauungsplan (Investorenplanung) und die neue Form des strategischen Bebauungsplans. Letzterer ist erst durch die Änderung des Baugesetzbuches von 2006 ermöglicht worden und wird insbesondere zur Einzelhandelssteuerung derzeit intensiv erprobt (vgl. Rettinger/Bauer 2017). Explizit wurde dabei die Erhaltung oder Entwicklung von zentralen Versorgungsbereichen als politisches Ziel identifiziert, welche durch den Erlass eines sogenannten strategischen Bebauungsplans implementiert werden soll. Der Bebauungsplan nach § 9 Abs. 2a BauGB dient dem Erhalt und der Entwicklung von zentralen Versorgungsbereichen. Begründet wird dies zunächst mit dem Auftrag der dezentralen Nahversorgung der Bevölkerung. Darüber hinaus wird ein zweites politisches Ziel, namentlich die Innenentwicklung, referenziert. Bemerkenswert ist, dass beide Ziele explizit in den Gesetzestext integriert sind und nicht nur in der dazugehörigen Drucksache erläutert werden. Im Siedlungsgebiet „kann zur Erhaltung oder Entwicklung zentraler Versorgungsbereiche, auch im Interesse einer verbrauchernahen Versorgung der Bevölkerung und der Innenentwicklung der Gemeinden, in einem Bebauungsplan festgesetzt werden, dass nur bestimmte Arten der nach § 34 Abs. 1 und 2 zulässigen baulichen Nutzungen zulässig oder nicht zulässig sind oder nur ausnahmsweise zugelassen werden können; die Festsetzungen können für Teile des räumlichen Geltungsbereichs des Bebauungsplans unterschiedlich getroffen werden" (§ 9 Abs. 2a Satz 1 BauGB). Eine Gemeinde kann also zentrale Versorgungsbereiche bestimmen, in denen die Art der baulichen Nutzung entweder positivrechtlich festgelegt, negativrechtlich ausgeschlossen oder administrativrechtlich mit Auflagen, namentlich Ausnahmegenehmigungen, zugelassen werden. Das Instrument ist dabei komplementär zum qualifizierten Bebauungsplan zu verstehen und somit grossflächig auch zu bereits bestehenden Bebauungsplänen anwendbar. Rechtlich ist der Erlass eines Bebauungsplans nach § 9 Abs. 2a für das gesamte Gemeindegebiet zulässig. Diese Konstruktion ist nur deshalb notwendig, da deutsche Gemeinden (anders als ihre Schweizer Pendents) kein eigenes Baurecht erlassen und nur mittels der textlichen Festsetzungen in den Bauleitplänen die Vorgaben des BauGB und der BauNVO spezifizieren können. Vorraussetzungen zur Anwendung einer solchen Regelung ist das Vorhandensein eines städtebaulichen Entwicklungskonzepts (im Sinne des § 1 Abs. 6 Nr. 11 BauGB), wobei hiermit vermutlich Einzelhandelskonzepte gemeint sind.

[30]   vgl. Gerber undenorientierung.echende Darstellung.lstudien ungen Tragen kommen. Da es sich hierbei jedoch eher um denkbare VarVerordnung über die bauliche Nutzung der Grundstücke (BauNVO)

Gebiete explizit aus (Negativplanung). Auch die Bestimmung von Verkaufsflächenlimits ist möglich. Alle Bestimmungen können zudem in unterschiedlichen Teilräumen unterschiedlich ausgestaltet werden, sodass die Umsetzung eines abgestuften räumlichen Versorgungskonzepts möglich wird.

Obgleich die Gesetzesnovelle bereits mehr als ein Jahrzehnt zurückliegt, sind die kommunalen Planungsträger in der Anwendung noch sehr zurückhaltend. „Die Gründe hierfür mögen gemeindespezifisch in vereinzelter Unsicherheit der rechtssicheren Anwendung, fehlenden planungspolitischen Voraussetzungen oder schlicht in einem unzureichenden Steuerungsbedarf liegen" (Steinke 2017: 33). Nur wenige Anwendungsfälle sind zudem rechts- oder planungswissenschaftlich dokumentiert und analysiert. Sie fokussieren stark auf die rechtlichen Anforderungen zur Anwendung des Instruments und weniger auf die tatsächlichen räumlichen Effekte.

Dabei zeigt sich, dass sowohl die Verwendung für spezifische Teilräume, als auch die grossflächige Anwendung auf das gesamte Gemeindegebiet in der Planungspraxis anzutreffen ist (vgl. Steinke 2017: 35). Zu bedenken ist jedoch, dass lediglich 7 Anwendungen überhaupt gefunden wurden, die rechtswirksam und dokumentiert sind. Die untersuchten Fälle beinhalten fast ausschliesslich einen negativplanerischen Ansatz durch den Ausschluss des Verkaufs von zentrenrelevanten Sortiments ausserhalb der zentralen Versorgungsgebiete (ebd.). Lediglich in Bremen wurde der positivplanerische Weg gewählt, indem Standorte für grossflächigen Einzelhandel definiert wurden (ebd.).

Von politischer Seite ist das neue Instrument in Deutschland bislang unumstritten. Auf bundespolitischer Ebene gibt es keinen Widerstand und bei der lokalpolitischen Anwendung kommen (im Rahmen des Beteiligungsverfahren) kaum Stellungnahmen von privaten Akteuren (bspw. Grundstückseigentümer oder Einzelhändler) (vgl. Steinke 2017: 36). „Befürchtungen, dass ein Plan gem. § 9 Abs. 2a BauGB erhebliche Herausforderungen in der Abwägung der Stellungnahmen und der betroffenen Belange mit sich führt, sind demnach unbegründet" (Steinke 2017: 36). Auch das planungsschadensrechtliche Risiko ist gering, wenn Einzelhandel nicht kategorisch, sondern planerisch differenziert ausgeschlossen wird.

Aus Sicht der Gemeinden ist das Instrument auch hinsichtlich des Verfahrens zu betrachtet. Dabei können Pläne im vereinfachten Verfahren erlassen werden, wenn lediglich der unbeplante Innenbereich (nach § 34 BauGB) umfasst wird. „Bei Einbezug bestehender Bebauungspläne kann das vereinfachte Verfahren hingegen nicht angewendet werden (Schmidt-Eichstaedt 2009: 48f)" (Steinke 2017: 36). Der dadurch entstehende grosse Verfahrensaufwand ist jedoch strategisch zu rechtfertigen. Immerhin erlaubt das Instrument eine eigentümerverbindliche Festsetzung von Einzelhandelskonzepte, welche ansonsten lediglich behördenverbindliche Leitdokumente blieben. Die neue Form des Bebauungsplans erfüllt daher „eine wichtige strategische Steuerungsfunktion" (Steinke 2017: 36) im deutschen Planungssystem.

6.4.3 Steuerungsinstrumente und Einflussmöglichkeiten mittels detailhandelsspezifischer Instrumente

Neben der baurechtlichen Grundordnung gibt es einige Instrumente, die speziell die Steuerung und Beeinflussung von Detailhandelsvorhaben bezwecken. Die nachfolgend aufgeführten Instrumente sind dabei gegenseitig ergänzend und auch komplementär zur klassischen Raumplanung zu verstehen. Nicht berücksichtigt werden Instrumente und politische Massnahmen, die zwar grossen Einfluss auf die Standorte von Lebensmittel-Discountern haben können, aber nicht planungsrechtlich verankert sind. Dies umfasst beispielsweise steuerpolitische Instrumente (Besteuerung von Grundstücken, Zulassung von Aldi als steuerbegünstigtes Kleinunternehmen) und auch wettbewerbs- und kartellrechtliche Instrumente (bspw. Übernahme Tengelmann/Edeka und die damit verknüpften Standortzusicherungen durch den Bundeswirtschaftsminister).

6.4.3.1   *Verkehrsintensive Einrichtungen*

Als einziges detailhandelsspezifisches Instrument des schweizerischen Planungsrechts ist die Klausel zu den sog. „verkehrsintensiven Einrichtungen" zu nennen. Eine Steuerung von problematischen Bodennutzungen kann auch über die erwarteten externen negativen Effekte erfolgen. Dies ist bei dem Instrument der verkehrsintensiven Einrichtungen der Fall. Hierbei wird nicht über die eigentliche Nutzung, sondern über die externen Effekten, in diesem Fall die Verkehrserzeugung, definiert. Die Grenzwerte zur Bestimmung einer verkehrsintensiven Nutzung werden kantonal festgelegt. Sie beinhalten zunächst Grenzwerte zur Verkehrsinduktion (sog. Durchschnittliche tägliche Verkehrsstärke, kurz DTV). Daneben können weitere Parameter, wie bspw. die Nutzfläche oder die Parkplatzanzahl herangezogen werden. Verkehrsintensive Einrichtungen sind zusätzlich durch die kantonalen Planungsträger zu genehmigen. In der Regel ist ein Vorhaben nur dann genehmigungsfähig, wenn es an einem speziell im Richtplan ausgewiesenen Standort erfolgt.

Lebensmittel-Discounter müssen im Rahmen des Baugesuchs ein Verkehrsgutachten beilegen, aus dem die prognostizierte Verkehrsstärke hervorgeht. Diese Gutachten sind im Auftrage und auf Rechnung der Antragsteller, sprich dem Discounter-Unternehmen, zu erstellen und werden üblicherweise durch externe Verkehrsingenieursbüros erarbeitet.

Im Rahmen des Baubewilligungsverfahrens werden diese Prognosen verwendet, um das Baugesuch zu bewerten. Hieraus ergeben sich die indirekten Emmissionen (bspw. die Lärmschutzklassen) und auch die Frage, ob ein Vorhaben als verkehrsintensive Einrichtung zu behandeln ist. Die kommunalen Behörden können sich dabei bislang lediglich auf diese Verkehrsgutachten stützen. Zahlen zu tatsächlichen Verkehrsstärken liegen den Gemeinden bislang nicht vor.

Vor diesem Hintergrund ist problematisch und gleichzeitig verständlich, dass die Verkehrsgutachten meist Verkehrsstärken prognostizieren, die knapp unter den kantonalen Grenzwerten zu verkehrsintensiven Einrichtungen liegen. So wird bei Lebensmittel-Discountern im Kanton Solothurn angenommen, dass etwa 1300 bis 1400 Fahrten pro Tag induziert werden. Der Grenzwert in Solothurn liegt bei 1500 Fahrten. Im Kanton Tessin wird hingegen prognostiziert, dass lediglich 800 Fahrten induziert werden. Der dortige Grenzwert liegt bei 1000 Fahrten pro Tag. Im Kanton Bern wird von etwa 1400 bis 1600 Fahrten ausgegangen. Der dortige Grenzwert liegt bei 2000 Fahrten.

Tatsächliche Zahlen, die nicht auf Prognosen, sondern auf Zählungen basieren, sind kaum vorhanden, wie auch alle befragten Personen aus den kommunalen Planungsämtern versicherten (siehe Kap. 10.3). Einzig der Kanton Bern hat in einer Pilotstudie eine Erhebung beauftragt. Die Ergebnisse werden jedoch nicht veröffentlicht. Der Grund liegt offiziell im Datenschutzrecht, wobei zu vermuten ist, dass auch die politische Brisanz des Themas eine Rolle spielen könnte. Auf Nachfragen wurden immerhin aggregierte Zahlen bereitgestellt, die jedoch keine Rückschlüsse auf die einzelnen Standorte und keine Überprüfung der methodischen Vorgehensweise zulassen. So ist als Aussage zugelassen worden, dass im Kanton Bern bei 5 Aldi- und bei 2 Lidl-Filialen Zählungen vorgenommen wurden. Dabei wurden tägliche Fahrten (dtv) von 605 bis 1900 ermittelt (vgl. JGK Kanton Bern 2017). Zudem ist festgestellt worden, dass mit zunehmender Zeitdauer der Existenz der Filiale diese Zahlen grundsätzlich steigen. Die Aussagen sind nicht zu überprüfen und daher aus wissenschaftlicher Sicht nicht belastbar. Offen ist, welche Standorte überhaupt untersucht wurden und wie die Fahrtenverteilung war. Die Erhebung ist aber zumindest ein erster, belastbarer Hinweis darauf, dass Lebensmittel-Discounter verkehrsintensive Einrichtungen sein können. Sie haben grundsätzlich das Potenzial bis zu 1900 Fahrten zu induzieren, was in den meisten Kantonen als verkehrsintensive Einrichtung gilt.

Falls diese Erkenntnis im Rahmen des Bewilligungsverfahrens berücksichtigt wird, sind entsprechende kantonale Genehmigungen einzuholen. Wenn dann die Verkehrsintensivität bestätigt wird, sind als Folge nur Standorte an im Richtplan vorgesehenen Orten zulässig. Unbeachtet bleibt jedoch eine nachträgliche Klassifizierung als verkehrsintensive Einrichtung. Den Planungsträgern bleibt in diesem Falle nur die Ergreifung von sekundären Massnahmen, bspw. durch Parkplatzmanagement, Veränderung der ÖV-Angebote oder Beschränkung der Öffnungszeiten. Eine nachträgliche Verlagerung des Standortes, wie dies aus planerischer Sicht am sinnvollsten wäre, wäre nicht verhältnismässig und ist daher nicht anwendbar. Das Instrument kann also nur wirkungsvoll greifen, wenn bereits im Rahmen des Bewilligungsverfahrens Verkehrsstärken oberhalb des Grenzwertes angenommen werden. Die von den Discountern eingereichten Gutachten werden dies in den seltensten Fällen attestieren, wie der empirische Teil der vorliegenden Arbeit bestätigten wird (vgl. Kap. 10.3). Ein nachträgliches Monitoring kann allerdings für ein entsprechendes Problembewusstsein bei den Planungs-trägern sorgen. Am konkreten Fall lassen sich dann jedoch nur noch sekundäre Massnahmen ergreifen.

6.4.3.2   *Stadtmarketing und Einzelhandels- bzw. Zentrumskonzepte*

Eine mittlerweile weit verbreitete Möglichkeit der aktiven Steuerung der Zentrumsentwicklung ist in der Übernahme von Erkenntnissen und Vorgehensweisen aus der Wirtschaftswissenschaft. Dieser querschnittorientierte Ansatz ist unter Bezeichnungen wie ‚Stadtmarketing', ‚Urban Management' oder ‚City-Management' zu finden. Die grundsätzlichen Charakteristika lassen sich aus der Definition von Stadtmarketing erkennen. Demnach basiert Stadtmarketing „als Ansatz der zielgerichteten Gestaltung und Vermarktung einer Stadt auf der Philosophie der Kundenorientierung" (Block 2016). Diese Definition spiegelt nicht nur linguistisch das veränderte Verständnis von der klassischen Verwaltungstätigkeit zur ökonomisch inspirierten Management der Stadt wider. Bürgerinnen und Bürger werden als Kunden bezeichnet, die folglich das Produkt ‚Stadt' konsumieren. Städte stehen im Wettbewerb um diese Kunden und brauchen daher Strategien und Massnahmen zur bestmöglichen Positionierung am Markt. ‚Die Stadt' wird als Ganzes verstanden, wodurch eine Kooperation der verschiedenen Einzelakteure wichtiger ist, als deren konkurrenzieren untereinander. Schliesslich soll die Stadt als einheitliche Marke entwickelt und vom Kunden Bürger wahrgenommen werden.

Grundlage dieser Haltung ist ein anderes Rollenverständnis der öffentlichen Hand (vgl. Gerber 2016). Die städtischen Behörden dienen nicht der reinen Verwaltung, sondern sind der bestmöglichen Positionierung der Stadt im Wettbewerb verpflichtet. Durch Gestaltungs- und Vermarktungsmassnahmen soll die Position gegenüber anderen konkurrenzierenden Städten verbessert werden, um letztlich einen Vorteil im Wettstreit um Einwohner, Touristen, Investoren, Fachkräfte, Steuergelder oder Fördermittel zu erlangen.

Aus dieser Grundhaltung heraus wurden seit den 1970er Jahren, zunächst noch projekthaft neuartige Verwaltungseinheiten gebildet, die keinen klassischen Sachbereich zugeordnet und verantwortlich sind, sondern ämter- und themenübergreifend die relevanten Massnahmen koordiniert. Das Stadtmarketing wird dabei postmodern nicht als Abteilung oder Referat, sondern häufig als *Agentur* (bspw. in Dortmund[31]) oder privatrechtlich angehaucht als *Gesellschaft* (bspw. in Berlin[32]) bezeichnet. Auch Mischformen, wie das mitgliederbasierte öffentliche Unternehmen *Bern Welcome*[33] sind üblich. Seit den 1990er Jahren findet eine Verstetigung dieser Organisationen statt.

---

[31] www.agentur.dortmund.de.

[32] www.berlin-partner.de.

[33] www.bern.com

In der Aussenwahrnehmung wird die Arbeit des Stadtmarketings überwiegend mit Image- und Werbemassnahmen (wie beispielsweise der Entwicklung von städtischen Corporate Designs[34] und der Durchführung von Events) verbunden. Die Selbstdarstellung des Stadtmarketings ist jedoch anspruchsvoller. Als drei wesentliche Elemente nennt die *Bundervereinigung City- und Stadtmarketing (bcsm)*: Konzeptarbeit, Beteiligungs- und Netzwerkarbeit, Kommunikation (siehe Block 2016: 15-27). Diesem Anspruch nach ist die professionelle Vermarktung der Stadt integrierend zu verstehen. Folglich werden auch Massnahmen im Bereich von Kommunikations- und Partizipationsprozesse durchgeführt und letztlich eine aktive Beteiligung an Stadtentwicklungsprojekten verfolgt.

Eine Befragung unter den Mitgliedsorganisationen der *Bundesvereinigung City- und Stadtmarketing (bcsd)* zeigt auch quantitativ die typischen Aufgaben und die üblichen Prioritäten des Stadtmarketings (vgl. Block 2016: 12, 14). Die klassischen Aufgaben, wie Eventorganisation, Citymanagement und touristische Vermarktung spielen demnach die Hauptrollen. Mit jeweils über 95 % stellt diese die häufigste Aufgabe des Stadtmarketings dar (ebd.). Weitere häufige Aufgaben sind Standort- und Kulturmarketing, Öffentlichkeitsarbeit und Wirtschaftsförderung. Die Umfrage zeigt aber auch, dass die atypischen Aufgaben auf dem integrierenden Anspruch von Bedeutung sind. Etwa 45 % der Mitgliedsorganisationen sind als Akteure bei der Stadtentwicklung aktiv beteiligt und weitere 25 % werden in diese Prozesse beratend eingebunden (ebd.).

Der Bundesverband selber nimmt diesen Integrationsanspruch daher sogar in sein Leitbild auf und schreibt: Stadtmarketing „dient der nachhaltigen Sicherung und Steigerung der Lebensqualität der Bürger und der Attraktivität der Stadt im Standortwettbewerb. Dies geschieht im Rahmen eines systematischen Planungsprozesses und durch die Anwendung der Instrumente des Marketing-Mix. […] Stadtmarketing wird deshalb idealerweise von Menschen mitgetragen. In einem institutionalisierten Verfahren werden die vielfältigen und häufig unterschiedlichen Interessen aus dem öffentlichen wie privaten Bereich zusammengeführt und die Kräfte gebündelt." (ebd: 18.).

Kritisch betrachtet kann der Ansatz des Stadtmarketings dem hohen, integrierenden Anspruch kaum gerecht werden, wodurch der Eindruck von Stadtmarketing ausschliesslich mit Fokus auf Image- und Werbekampagnen entsteht. Dieser Kritik folgend wäre Stadtmarketing letztlich eine versteckte Form der Wirtschaftsförderung. Diese Zuordnung zur Wirtschaftspolitik findet sich auch kaum versteckt im Grusswort des Parlamentarischen Staatssekretär Uwe Beckmeyer zum Deutschen Stadtmarketingtag 2014. Er bezeichnet das Stadtmarketing als „einen wichtigen Ansatz wirtschaftspolitischer Steuerung" und räumt damit ein, dass es deutlich mehr ist als lediglich „Bindeglied" zwischen der Stadt und der Wirtschaft (ebd.: 20).

Wenn Stadtmarketing im Sinne einer querschnittsorientierten Vermarktung betrachtet wird, stellt es einerseits eine Form des neuen Verwaltungsdenkens dar (ähnlich zum New Public Management, siehe Gerber 2016) und basiert andererseits zentral auf strategischer Planung.

Instrumentell finden sich diese Ansätze meist in sog. Einzelhandels- oder Zentrumskonzepten wieder. Da es sich bei den Konzepten nicht um ein standardisiertes Instrument handelt, variieren die wesentlichen Stellschrauben immens. Während Einzelhandelskonzepte dabei sektoral aufgestellt sind und lediglich den Aspekt des Handels berücksichtigen, sind in Zentrumskonzepten die vielfältigen Funktionen berücksichtigt, die dem zentralen Bereich einer europäischen Stadt zugeordnet werden. Abgesehen von dieser groben Einteilung unterscheiden sich die einzelnen Konzepte massiv bzgl. Bezeichnung, Formalisierung, Grad der Verbindlichkeit, Detailgrad der materiellen Aussagen und Ordnungsanspruch (vgl. Callies 2003: 121). Die Konzepte dienen jedoch dazu die räumlichen Einzelhandelsentwicklungen auf die bestehenden Zentren zu kanalsieieren (ebd.). Im Sinne eines strategischen Planungsdokuments dienen die Einzelhandelskon-

---

[34] Eine beispielhafte Liste von Slogans findet sich auf Wikipedia unter: https://de.wikipedia.org/wiki/Stadtmarketing#Slogans.

zepte der Vorbereitung und Absicherung nachfolgender, jedermannverbindlicher Entscheidungen, insb. den Ausschluss von grossflächigen Einzelhandel an nicht-integrierten Standorten. Die Erarbeitung eines solchen Konzepts ermöglicht den politischen Entscheidungsträgern eine fundiertere Entscheidung, da (meist erstmals) eine Datengrundlage zum bestehenden Verkaufsflächen und deren prognostizierten Bedarf erarbeitet wird. Auf dieser Grundlage können dann allgemeine Zielvorstellungen definiert und räumlich präzisiert werden. Als Konsequenz werden schliesslich konkrete, verbindliche Aussagen über die Zulässigkeit (Positivplanung) oder die Unzulässigkeit (Negativplanung) von Einzelhandelsvorhaben an bestimmten Standorten festgelegt.

Die Konzepte dienen dabei auch als Dokumentation einer fundierten Abwägung und verstärken daher die Position der Gemeinde gegenüber den Bodeneigentümern, möglichen Investoren und den Einzelhandelsunternehmen. Charakteristisch und problematisch ist dabei, dass diese Konzepte mit einem gewissen zeitlichen Vorlauf – präventiv – erarbeitet werden und daher ein gewisses Problembewusstsein voraussetzen. Wenn vorhanden, können diese Konzepte jedoch wirken, indem sich bspw. die Gutachten zur städtebaulichen Auswirkungen auf diese Dokumente als Referenz beziehen. In diesem Sinne erfüllen Einzelhandels- und Zentrumskonzepte eine positiv-planerische Bestimmung der gewünschten Raumentwicklung (vgl. OVG Münster)[35] und sind daher als Legitimationsgrund für planerische Eingriffe wertvoll.

6.4.3.3   Städtebauliche Auswirkung

Das wohl allgemeinste Instrument im Set der detailhandelsspezifischen Instrumente ist die Klausel bezüglich der städtebaulichen Auswirkung, wie es im deutschen Planungsrecht vorhanden ist. Grundsätzlich muss in Deutschland seit 1977 bei jeder städtebaulichen Massnahme geprüft werden, ob negative Auswirkungen auf andere Räume zu erwarten sind (vgl. § 11 Abs. 2 BauNVO-1979). Mit der Novelle von 1990 wurde ergänzt, dass dieses Prinzip explizit bei grossflächigen Einzelhandelsprojekte zur Anwendung kommt (vgl. § 11 Abs. 3 Satz 2 BauNVO-1990). Zu prüfen ist, ob neue Projekte Auswirkungen haben können auf Umwelt, Infrastruktur, Verkehr, Versorgung (insb. zentrale Versorgungsbereiche), Orts- und Landschaftsbild, oder Naturhaushalt. Zur Erfüllung dieser Anforderungen werden in der planerischen Praxis meist gutachterliche Berichte eingeholt.

Nur wenn ausgeschlossen werden kann, dass von einer Neuplanung eines grossflächigen Einzelhandels keine negativen städtebaulichen Auswirkungen ausgehen, ist eine Ansiedelung ausserhalb der Kern- und Sondergebiete zulässig. Kerngebiete (vergleichbar CH: Kernzone) sind dabei auf die klassischen Zentren beschränkt. Sondergebiete (vergleichbar CH: verkehrsintensive Einrichtungen) sind an die überörtliche Raumordnung (bspw. Regional- und Landesplanung) (vergleichbar CH: kantonale Richtplanung) zu orientieren.

Die genannte Prüfkategorie der Versorgung bezieht sich explizit auf die bedarfsgerechte, wohnungsnahe Versorgung der Bevölkerung. Eine negative Auswirkung, die einer Zulässigkeit widerspricht, wäre beispielsweise die Bedrohung der wirtschaftlichen Existenz von kleinen Einzelhandelsbetrieben, die für die Bevölkerung fussläufig erreichbar sind. Ein solcher Fall würde die Gewährleistung der bedarfsgerechten wohnungsnahen Versorgung gefährden und daher zu Zurückweisung des Baugesuchs führen. Während dieses Prüfkriterium sich auf einzelne Betriebe bezieht, sind auch grössere Einheiten zu prüfen. So ist eine Ansiedlung ausserhalb der zentralörtlichen Standorte auch dann unzulässig, wenn dadurch die Entwicklung der zentralen Versorgungsbereiche gefährdet wird. Explizit sind hier auch die Auswirkungen ausserhalb der Planungsgemeinde zu prüfen. „Nach den Vorstellungen von Gesetz- und Verordnungsgeber hat die gemeindliche Siedlungsentwicklung unverändert in räumlicher Orientierung auf intrastädti-

---

[35]   Urteil des Oberverwaltungsgerichts Münster vom 15.2.2012

sche Zentren zu erfolgen, welche zusammen ein hierarchisches Siedlungsstrukturmodell bilden" (Callis 2003: 120).

Regelungen, die der deutschen Auswirkungsklausel nahekommen, sind auch in schweizerischen Baureglementen vorhanden. So finden sich Verschlechterungsverbote bzw. Eingliederungsgebote oder gar Verbesserungsgebote (Art. 14 Abs. 1 & 2 Baureglement Köniz).

6.4.3.4   Sortimentsklausel

Die vergleichsweise allgemein gehaltene Klausel zu den negativen städtebaulichen Auswirkungen erfährt mit der sogenannten Sortimentsklausel eine relevante Konkretisierung. Dieser Ansatz basiert auf dem Grundgedanken, dass neben dem direkten Flächenverbrauch nicht-integrierte Detailhändler aus planerischer Sicht auch aus einem zweiten, indirekten Grund problematisch sind. Der Markt (und der Lebensmittelmarkt besonders) ist ein Verdrängungsmarkt, weshalb neue Anbieter (egal an welchem Standort) zu Lasten bestehender Anbieter gehen. Entscheidendes Merkmal aus Kundensicht ist daher die Einteilung des Marktes anhand der Zusammensetzung der angebotenen Produkte – also dem Sortiment.

Für bestimmte Produktarten sind Standorte ausserhalb der klassischen Zentren aufgrund ihrer Eigenart materiell begründbar. Dies gilt für Anbieter aus den Bereichen Einrichtung (bspw. Möbel) oder Baubedarf (bspw. Heimwerk). Aus Sicht einer dezentral konzentrierten Nahversorgung sind diese Sortimente von untergeordneter Bedeutung, da sie keine bestehenden Anbieter in zentralen Lagen gefährden. Sie werden ,nicht-zentrenrelevante Sortimente' genannt. Demgegenüber sind jedoch solche Anbieter zu unterscheiden, die aufgrund ihres Sortiments in Konkurrenz zu Anbietern in den klassischen, integrierten Versorgungslagen bestehen. Das entsprechende Sortiment wird ,zentrenrelevantes Sortiment' bezeichnet. Während bei einem Anbieter mit nicht-zentrumsrelevanten Sortiment keine Auswirkungen auf die bestehende zentrale Einzelhandelsstruktur erwartet wird, konkurrenziert ein Anbieter ,auf der grünen Wiese' mit zentrumsrelevanten Sortiments mit den bestehenden Anbietern in den Zentren und kann zur Verödung der Innenstadt beitragen.

Aus diesem Grund wird im deutschen Planungsrecht eine Regulierung des zentrenrelevanten Sortiments vorgenommen und dieses ausserhalb der Zentren beschränkt (§ 9 Abs. 2a, § 34 Abs. 3 BauGB und § 11 Abs. 3 BauNVO).

Eine genaue Abgrenzung, welche Sortimente zentrenrelevant sind, besteht nicht (vgl. ausführlich dazu Janning 2012: 85). Gemeinden erarbeiten in den jeweiligen Einzelhandelskonzepten solche Listen anhand der jeweiligen räumlichen Situation. Lebensmittel gehören jedoch nach allgemeiner (und unbestrittener) Auffassung zur Kategorie des zentrenrelevanten Sortiments, weshalb eine genaue Abgrenzung für die vorliegende Arbeit nicht notwendig ist.

Mit der Revision des Baugesetzbuches im Jahr 1998 ist das Instrument des sog. vorhabenbezogenen Bebauungsplans eingeführt worden. Das Instrument ist für die Anwendung bei grossflächigen Einzelvorhaben gedacht und spielt daher bei grossflächigen Einzelhandelsprojekten eine grosse Rolle (vgl. Rettinger/Bauer 2017: 74). Mit dem Instrument des vorhabenbezogenen Bebauungsplans lassen sich spezifische Regelungen für Verkaufsflächen des zentrumsrelevanten Sortiments erlassen. Diese können relativ oder absolut ausfallen. So ist in einigen deutschen Bundesländern (bspw. Berlin/Brandenburg und Schleswig-Holstein) die Verkaufsfläche des zentrenrelevanten Sortiments auf 10 % der Gesamtverkaufsfläche begrenzt. Meist werden weitere, absolute Schwellenwerte ergänzt und mit den relativen Werten kombiniert. So begrenzt NRW die Verkaufsfläche des zentrenrelevanten Sortiments ebenfalls auf 10 %, wobei absolut nicht mehr als 2500m² überschritten werden dürfen. Niedersachen kombiniert die 10 %-Regel mit einer 800m²-Obergrenze.

6.4.3.5 Grossflächigkeitsklausel

Schädliche städtebauliche Auswirkungen können auch pauschal über die Verkaufsfläche eines Planungsvorhabens abgeschätzt werden, was als Grossflächigkeitsklausel bezeichnet wird. Demnach wird zunächst angenommen, dass das gesamte Sortiment eines Anbieters zentrumsrelevant ist (daher die ergänzende, und nicht konkurrierende Form zur Sortimentsklausel), aber eine schädliche städtebauliche Auswirkung erst ab einer gewissen Grossflächigkeit entsteht.

Die genaue Abgrenzung ist dabei nicht gesetzlich geregelt. Nach Auffassung des Bundesverwaltungsgerichts kann aber davon ausgegangen werden, dass eine Grossflächigkeit ab 1.200m² Geschossfläche grundsätzlich anzunehmen ist. Abweichungen dieser Grenze sind möglich, dann aber speziell zu begründen. Da im Bereich des Detailhandels die Verkaufsfläche relevanter ist als die Geschossfläche, gilt seither grob, dass die Regelung ab einer Verkaufsfläche von 800m² greift. Oberhalb dieser Grenze sind demnach gesonderten Gutachten zum Nachweis über wahrscheinlichen Auswirkungen notwendig.

Das Instrument findet in Deutschland breite Anwendung – auch wenn dies nicht zu einer grundsätzlichen Verbesserung der räumlichen Situation geführt hat. In der Schweiz experimentieren einige Gemeinden mit ähnlichen Mechansimen, wie bspw. die Gemeinde Biberist.

Das Instrument ist vor dem Hintergrund neuster Entwicklungen im Bereich der Handelsimmobilien jedoch kritisch zu betrachten. Eine reine Korrelation von Fläche und Auswirkung ist deutlich zu hinterfragen. Die Verbindung von kleinen Geschäftsräumen in zentraler Lage (sog. „showrooms") und grossen, dahinterstehenden Logistikstrukturen (Onlinehandel) führt zur Aufweichung der planerischen Näherungsformel. Auch bei neue Konzepte stösst eine solche klare Trennung an ihre Grenze. So ist planungsrechtlich unklar, wie die Entwicklung von Buchläden zu bewerten ist, die sich aufgrund der Konkurrenz aus dem Internet zu Aufenthaltsräumen (bspw. mit Gastronomie- und Leseecken) entwickeln. Auch der umgekehrte Fall wird zutreffen: Wenn grosse Händler nur noch kleine Läden in zentralen Lagen betreiben, bspw. in Form von „showrooms" oder „pick-up stores". Letzteres ist auch gerade im Bereich des Lebensmittelmarktes ein umstrittenes Konzept. Es bleiben Fragen offen, z. B. ob diese Flächen dann planungsrechtlich Verkaufsflächen sind. Und wenn ja, ob dann lediglich die kleinen Abholorte berechnet (oft weniger als 500m²) werden und wie die handelstechnische Bedeutung erfasst wird, die dahintersteht.

Auch der Onlinehandel insgesamt ist planerisch schwierig. Die zweifelsfrei zentrumschädlichen Auswirkungen des Amazons-Konzerns sind planungsrechtlich nicht mehr fassbar. Der Verkaufsort verlagert sich in das weltweite Netz. Die räumliche Ausprägung davon ist lediglich durch die Logistikzentren und die Lieferdienste im Raum wirksam. Planungsrechtlich werden Logistikzentren jedoch nicht auf die Verkaufsflächen einer Region angerechnet.

6.4.4 Weitere Steuerungsinstrumente anderen Ursprungs

Neben diesen direkten Steuerungsinstrumenten sind weitere planerische Interventionen denk- und anwendbar. Diese können dabei auch aus dem funktionellen Planungsrecht entlehnt werden. So können privatrechtliche Regelungen (bspw. Nachbarschaftsrecht, öffentliches Eigentum) oder umweltschutzrechtliche Einflussnahme (bspw. Strategische Umweltprüfung) im Einzelfall zum Tragen kommen. Da es sich hierbei jedoch eher um denkbare Sonderfälle als um erwartete Standardinstrumente handelt, wird von ausführlichen Beschreibungen abgesehen. Sollten diese im Rahmen der empirischen Fallstudien berührt werden, erfolgt dort eine entsprechende Darstellung.

6.4.5 Überblick der Instrumente zur Steuerung von Discountern

Die Darstellung der detailhandelsrelevanten Steuerungsinstrumente ist keinesfalls abschliessend zu verstehen. Es soll lediglich aufgezeigt werden, dass der Detailhandel allgemein und Lebensmittel-Discounter im speziellen instrumentell gesteuert werden können. Die Steuerung erfolgt dabei über allgemeine Planungsinstrumente, als auch solche, die speziell auf Detailhandel ausgerichtet sind.

Letztlich kann aber aus dem Vorhandensein der Instrumente nicht automatisch eine effektive Steuerung abgeleitet werden. Die planerischen Möglichkeiten zur Steuerung des Detailhandels sind „stark begrenzt und in erster Linie reaktiver Natur" (BMRBS 1987: 8). Dies liegt vor allem an den geringen Kenntnissen über die tatsächlichen Wirkungsmechanismen. „Als wesentlicher Erklärungsansatz für die partielle Unwirksamkeit planerischer Maßnahmen im Einzelhandelssektor muß neben der ein einzelnen Bereichen tatsächlich gegebenen Lückenhaftigkeit, dass Instrumentariums das Faktum gelten, daß die internen Wirkungszusammenhänge im Einzelhandel und deren raumrelevanten Auswirkungen zum Teil noch zu wenig erforscht, zum Teil aber auch in der Planungspraxis noch nicht ausreichend bekannt sind oder aber auch nicht die notwendige Berücksichtigung finden. Die weitverbreitete reaktive Haltung der Planung wird aber weder der hohen Bedeutung der Handelsfunktion für die Stadtentwicklung gerecht, noch bildet sie ein ausreichendes Gegengewicht zu der extrem hohen Entwicklungsdynamik in diesem Wirtschaftsbereich" (BMRBS 1987: 8).

6.5   Vergleich von Discounter aus betriebswirtschaftlicher und planerischer Sicht

Discounter-Filialen sind planerisch wie betriebswirtschaftlich ein spezifischer Raumtypus. Die Anforderungen an Standort und Baukörper unterscheiden sich je nach Akteur, weshalb keine einheitliche Zusammenfassung möglich ist. Aus betriebswirtschaftlicher Sicht zeichnet sich das Konzept einer Discounter-Filiale durch das Primat der Preisgünstigkeit aus. Damit verbunden sind grosse Verkaufsflächen an hochfrequentierten und gut sichtbaren Standorten die vorwiegend mit dem Auto erreichbar sind und zudem zu geringen Bodenpreise verfügbar sind. Die potenziellen Kunden stammen dabei aus einen grossräumigen Einzugsbereich, der über die durchschnittliche Grösse schweizerischer Gemeinden hinausgeht. Aus all diesen Gründen ist es aus Sicht der betriebswirtschaftlichen Akteure sinnvoller an einer Ausfallstrasse am Stadtrand statt in den gewachsenen Zentren anzusiedeln. Die Integration in den gewachsenen Siedlungskörper ist dabei nicht notwendig – und (aufgrund der höheren Bodenpreise) sogar negativ zu beurteilen. Die eingeschossige, standardisierte Bauweise wird dabei bevorzugt, um Planungs- und Baukosten zu minimieren. Wesentliche Unterschiede sind dabei zwischen den Firmen Aldi und Lidl nicht festzustellen.

Neben der räumlichen Lage sind die Bodenpreise und die Bauweise aus Sicht dieser Akteure entscheidend. Zu hohe Grundstückspreise können die Rentabilitätsrechnung der Filiale erheblich beeinträchtigen. Gleiches gilt für eine Bauweise, die von der standardisierten und optimierten Regelbauweise abweicht. Die Bevorzugung von Standorten ‚auf der Grünen Wiese', in Industriegebieten oder an Autobahnabfahrten ist dementsprechend kein Selbstzweck, sondern ergibt sich aus der stringenten Verfolgung des betriebswirtschaftlichen Konzepts.

Zu betonen ist dabei, dass damit nicht die Discounter-Unternehmen als solches die Untersuchungseinheit der vorliegenden Arbeit sind. Vielmehr sind die von den Discountern bevorzugten Filialtypen und -standorte von planungsrechtlicher Relevanz. Aus diesem Umstand erklärt sich auch, warum lediglich Aldi und Lidl betrachtet werden, und nicht andere Discounter (wie Denner) oder gar andere Lebensmittelhändler (wie Coop oder Migros). Aldi und Lidl stehen an dieser Stelle stellvertretend für die betriebswirtschaftliche Strategie eingeschossige Filialen in peripheren Lagen zu errichten, welche als Untersuchungseinheit der vorliegenden Arbeit dienen.

7.   Untersuchungsmethoden

Entsprechend ist für die vorliegende Arbeit eine zielführende Methodik zu entwickeln. Im Sinne eines Ansatzes mit verschiedenen Methoden (*mixed-methods*) werden dabei sowohl qualitative, wie quantitative Methoden herangezogen (vgl. Etzioni 1967). Hierdurch wird ermöglicht, dass sowohl Erkenntnisse über den Zustand der Ressource (oder genau: der gewählten Untersuchungseinheit) erhoben, als auch die akteurszentrierten Prozesse analysiert werden, die diesen Zustand verursacht haben. Des Weiteren wird ermöglicht, dass (im Sinne einer hypothesengeleiteten Forschung) deduktiv erarbeitete Erwartungen getestet werden, als auch (im Sinne einer offenen Forschung) explorative Erkenntnisse zugelassen werden.

Die Methodik folgt damit dem Ansatz sowohl rationalistische, wie auch inkrementelle Modelle miteinander zu kombinieren, was von Amitai Etzioni als „der dritte Ansatz" bezeichnet wurde (1967: 385). Während rationalistische Modelle eine hohe Entscheidungs- und Steuerungsmöglichkeit der politischen Akteure unterstellen, unterstellt das inkrementalistische Modell einen Mangel an selbstbestimmten Handeln und attestiert den Akteuren ein durchwursteln (‚muddling through') (ebd.). Der dritte Ansatz (mixed-scanning) kombiniert diese beiden Ansätze. Dadurch werden sowohl die Vorteile des rationalistisichen Modells, insb. die sorgfältige Sammlung von belastbaren Informationen, wie auch die des inkrementellen Modells, insb. die effiziente Auswertung dieser Informationen durch realistische Beschränkung, miteinander verbunden (vgl. Etzioni 1967: 389-392).

Die Methodik der vorliegenden Arbeit besteht daher aus zwei Teilen: Screening und Fallstudien.

1) Zunächst wird ein allgemeines Screening des institutionellen Bodenregimes durchgeführt. Dieses umfasst zunächst eine Analyse des Ist-Zustandes der Ressource. Darüber hinaus wird das Regime in seinen wesentlichen Entwicklungsphasen dargestellt. Hierdurch lässt sich der Rahmen darstellen und (hinsichtlich seiner Integriertheit) bewerten, in dem die wesentlichen Akteure agieren. Schliesslich werden die wesentlichen Instrumente dargestellt, welche den Akteuren innerhalb des Regimes zur Verfügung stehen (Kap. 7.1)
2) Das Screening dient dem Verständnis der allgemeinen Rahmenbedingungen, eignet sich jedoch nicht zum Aufzeigen konkreter Wirkungsmechanismen. Daher wird eine Reihe von Fallstudien ergänzt, welche den zweiten Teil der Methodik darstellen. Dazu werden zunächst Fallstudien als Methode vorgestellt (Kap. 7.2), ehe dann eine detailliertere Auseinandersetzung über die Wege zur Datenerhebung und -interpretation der einzelnen Fallstudien erfolgt (Kap. 7.3). Die dort vorgestellte Vorgehensweise wird in vier Bausteine unterteilt (Fernerkundung, Fragebogen, Ortsbegehung und Interviews/ Dokumentenanalyse).

© Springer Fachmedien Wiesbaden GmbH, ein Teil von Springer Nature 2019
A. Hengstermann, *Von der passiven Bodennutzungsplanung zur aktiven Bodenpolitik*, https://doi.org/10.1007/978-3-658-27614-0_7

7.1   Untersuchung mittels Screening

Die Untersuchung des institutionellen Bodenregimes soll mittels der Screeningmethode durchgeführt werden. Das Screening verbindet dabei im Sinne des IRR die Analyse des Wirkungsmechanismus der öffentlichen Politik mit dem institutionellen Regime (eine ähnliche, aber im Detail
abweichende Vorgehensweise ist bei de Buren (2015: 37-40) dargestellt).

Angelehnt an das Umweltrecht, bezeichnet das Screening eine erste Abschätzung der Umwelt-
und Regelungssituation (vgl. Art. 4 Abs. 2 UVP-Richtlinie).[36] Die Abschätzung ist dabei explizit
grob gehalten, da konkrete Untersuchungsergebnisse zu konkreten Fallstudien nicht vorweggenommen werden können und sollen. Das Screening dient daher lediglich einer allgemeinen Orientierung und hauptsächlich der Identifizierung von weiteren, genauer zu betrachtenden Aspekten.

In der vorliegenden Arbeit wird das Screening dazu verwendet, die institutionellen Regulierungen
der Ressource Boden zu identifizieren und deren Entwicklungen über die Zeit nachzuzeichnen.
Im Fokus steht die Identifikation von wesentlichen Gesetzesänderungen als Indikatoren für Re-
gimewechsel. Als Vorarbeiten ist es daher notwendig die Ressource selbst zu bestimmen und
abzugrenzen, deren Güter und Dienstleitungen zusammenzutragen und die wesentlichen Akteure
zu identifizieren und den entsprechenden Modellkategorien zuzuordnen. Diese Vorgehensweise
erlaubt auch eine Bewertung des Bodenregimes inklusive der Entwicklung über die Zeit.

Als ein wesentliches Ergebnis dient das Screening auch der Identifikation von Instrumenten, die
aufgrund der vorherrschenden Regulierung zur Verfügung stehen. Ein Abgleich mit der erarbeiteten Definition von Bodenpolitik (siehe Kap. 2.2) erlaubt dann eine Identifikation der bodenpolitischen Instrumente, deren Kategorisierung und schliesslich die Zuordnung zu den Typen
kommunaler Bodenpolitik (siehe Kap. 2.3). Das Screening des institutionellen Bodenregimes
wird in der vorliegenden Arbeit in acht Schritten erfolgen, die zu drei Abschnitten zusammengefasst werden können (siehe Kap. 8).

7.2   Untersuchung mittels Fallstudien

Um ein Verständnis über den Mechanismus zwischen planerischen Instrumenten und der tatsächlichen Raumentwicklung zu erarbeiten, wird auf die Methode der Fallstudien zurückgegriffen.
Fallstudien können je nach Forschungsfrage und -design unterschiedlich gestaltet werden. Robert
Yin (2014: 49-63) unterscheidet zwischen holistischen vier Arten von Fallstudien. Dieser Systematik folgend wird in der vorliegenden Arbeit ein holistischer, multi-case Ansatz gewählt.

7.2.1   *Fallstudien als Untersuchungsmethode in der Planungs- und Politikwissenschaft*

„Fallstudien sind eine der gängigsten Methoden in der Raum- und Planungsforschung" (Lamker
2014: 1). Die Methode entstammt ursprünglich der Psychoanalytik und der klinischen Psychologie und wurde Ende des 19. Jahrhunderts durch Sigmund Freud und Josef Breuer entwickelt (vgl.
1895). Expliziter Anwendungszweck war das tiefgründige Verständnis des Falls. Die Wahrnehmung von Stadt als Organismus (siehe Kap. 1.5 zu den Planungsepochen) führte dazu, dass bereits vor dem Zweiten Weltkrieg die Übernahme dieser Methodik in die Stadtforschung (Harvard
Business School und Chicago School of Sociology) und in die Planungswissenschaft stattfand.
Das wohl bekannteste Beispiel einer planungswissenschaftlichen Fallstudienuntersuchung ist
Rationality and Power von Bent Flyvbjerg (1998). Diese Veröffentlichung hat massgeblich zu

---

[36]   85/337/EWG i.d.F. 2003/35/EG

einer kritischen Diskussion über Grenzen und Möglichkeiten von Fallstudien in der Planungswissenschaft geführt. Weitere, klassische Beispiele sind:

- Die Arbeitslosen von Marienthal (Marie Jahoda 1933)
- The Death and Life of Great American Cities (Jane Jacob 1961)
- What Planners Do: Power, Politics and Persuasion (Charles Hoch 1994)
- The Making of the European Spatial Development Perspective (Andreas Faludi & Bas Waterhout 2002)

Spätestens seit den 1970er Jahren haben sich Fallstudien in der Planungswissenschaft als gängige Methode etabliert. Als wesentliche Intitialzündung gilt auch hier die bereits erwähnte Arbeit von Jeffrey Pressman und Aaron Wildavsky (1973, siehe auch Kap. 2.6). Auch in weitere Disziplinen der qualitativen Gesellschaftsforschung hat sich der Ansatz mittlerweile etabliert, so bspw. in der rekonstruktiven Sozialwissenschaft und in der objektiven Hermeneutik (vgl. mit weiteren Beispielen: Wintzer/Hengstermann (im Erscheinen): 6). Fallstudien dienen der Darstellung und Beschreibung der sozialen Praxis und gesellschaftlicher Probleme, um dabei insbesondere das Verhalten der Akteure und die zu Grunde liegenden Motive des Handelns nachvollziehbar aufzuzeigen (ebd.).

Die Forschungsfrage kann also dahingehend präzisiert werden, dass gefragt wird, wie planerische Ziele in unterschiedlichen Fallstudien (also spezifischen Gemeinden) implementiert werden. Damit geht das Forschungsvorhaben von einem relativen Vollzugsdefizit aus (Knoepfel 1979: 12). Methodisch knüpft die Studie an den fallstudienorientierten Ansatz, wie er beispielsweise von Yin (2014) und Flyvbjerg (1998, 2006) beschrieben wird.

Im Sinne der Arbeit sind die Wirkungsmechanismen aufzuzeigen, die die tatsächliche Raumentwicklung erläutern und somit eine Erklärung zu liefern, wie unterschiedliche Ausgestaltungen (städtebaulichen Qualitäten) von Discounterstandorten zu Stande kommen. Dabei bietet es sich grundsätzlich an, vergleichende Fallstudien durchzuführen. Um Erklärungsansätze für das Planungsregime zu erarbeiten, wird die Untersuchung an Hand von Fallstudien angegangen. Die Fallstudien dienen dazu, ein vertieftes Verständnis über die Wirkungsmechanismen und politischen Kräfte innerhalb der Raumplanung zu erarbeiten und daran die Defizite und deren Gründe ableiten zu können, wie es mit anderen Methoden nicht zu erreichen ist. Die Standortplanungen von Discountern dienen dabei als Untersuchungseinheiten. Als Untersuchungskontext werden explizit kleine und mittlere Gemeinden ausgewählt. Die Auswahl der Fallstudien innerhalb der Gruppe der kleinen und mittleren Städte ergibt sich auch dadurch, dass angenommen wird, dass die vermuteten Widersprüche zwischen den planungsrechtlichen Zielen und der tatsächlichen Planungspraxis in diesen Gemeinden am stärksten auftreten. Die Auswahl der Lebensmittel-Discounter als typisches zwischenstädtisches Phänomen unterstützt dies.

7.2.2   Bestandteile einer Fallstudie

Nach Yin (2014: 27-37) besteht eine Fallstudie grundsätzlich aus fünf Bausteinen:

(1) Fallstudien eignen sich zur Untersuchung von explanativen und explorativen *Fragestellungen*. Bei diesen Fragestellungen können Fallstudien mit ihrer kontextabhängigen Darstellung und analytischen Tiefe ihre Stärken ausspielen (vgl. Lamker 2014: 11).

(2) Bei Fallstudien wird zwischen dem Untersuchungsraum und der *Untersuchungseinheit* unterschieden. Der Untersuchungsraum stellt lediglich den räumlichen Kontext der eigentlichen Untersuchungseinheit dar und ist keinesfalls identisch mit letzterem. Die Auswahl der Untersuchungseinheit bestimmt auch wesentlich die Art der Fallstudienuntersuchung (vgl. Abbildung 17).

(3) Um brauchbare Ergebnisse aus einer Fallstudie erlangen zu können, ist es essentiell die *Vorannahmen* transparent darzustellen. Fallstudien sind zwar grundsätzlich theoriegeleitet, allerdings nicht determiniert (vgl. Lamker 2014: 12). Im Gegensatz zur quantitativen Forschung ist diese Vorgehensweise bei qualitative Methoden ungewöhnlich, erhöht aber die Aussagekraft der Empirie.

(4) Um die gewonnenen Daten untereinander vergleichbar zu machen und in den Bezug zur gewählten Theorie zu setzen, ist die Systematik der *Untersuchungslogik* zu entwickeln.

(5) Abschliessend sind die *Kriterien zur Interpretation* zu entwickeln und darzustellen, um die Bewertung nachvollziehbar zu gestalten. Diese fünf Bestandteile sind für alle Fallstudien wesentlich, auch wenn sie nicht immer explizit benannt und getrennt und ggf. anders eingeteilt werden.

„Zum einen richtet [eine Fallstudie] den Blick bewusst auf ein Phänomen in seinem komplexen realen Kontext und zum anderen ist sie gut geeignet, kontextabhängiges Wissen zu generieren, ein theoretisches Grundgerüst zu testen und damit kontextbezogene Theorien zu entwickeln" (Lamker 2014: 38). Wichtig sind demnach drei Dinge (vgl. Lamker 2014: 38): (1) eine klare Fragestellung, (2) eine systematische Fallauswahl und (3) eine strukturierte Datensammlung, -aufarbeitung und -auswertung.

7.2.3   Arten von Fallstudien und Auswahl der Fälle

		Einzelfall	Mehrere Fälle	
Holistisch (eine Analyseeinheit)		Kontextualisierter Fall	Kontextualisierter Fall	Kontextualisierter Fall
			Kontextualisierter Fall	Kontextualisierter Fall
Eingebettet (mehrere Analyseeinheiten)		Kontextualisierter Fall mit eingebetteten Analyseeinheiten	Kontextualisierter Fall mit eingebetteten Analyseeinheiten	Kontextualisierter Fall mit eingebetteten Analyseeinheiten
			Kontextualisierter Fall mit eingebetteten Analyseeinheiten	Kontextualisierter Fall mit eingebetteten Analyseeinheiten

Abbildung 17: Grundtypen von Fallstudien. Quelle: Eigene Darstellung, angelehnt an Lamker (2014: 14).

Von zentraler Bedeutung ist die Auswahl des Falls, wobei je nach Art der Fallstudie mehrere Wege möglich sind. Wie bei anderen wissenschaftlichen Methoden auch kann zunächst zwischen deskriptiven, explanativen und explorativen Fallstudien unterschieden werden (vgl. genauer: Yin 2014 9-15). Eine weitere, wesentliche Unterscheidung wird zwischen solchen

Fallstudien gemacht, die lediglich einen Fall untersuchen, und solchen mit mehreren Fällen (vgl. Stake 2005: 23). Zusätzlich kann zwischen holistischen und eingebetteten Fallstudien unterschieden werden (vgl. Yin 2014: 50). Holistische Fallstudien umfassen lediglich eine einzige Untersuchungseinheit, die allerdings in einem oder in mehreren Kontexten untersucht werden kann. Eingebettete Fallstudien untersuchen als zusätzliche Komplexitätsstufe mehrere Untersuchungseinheiten, wiederum in einem oder mehreren Kontexten. Hierdurch entstehen also vier mögliche Arten von Fallstudien (siehe Abbildung 17).

Die eigentliche Auswahl des Falls kann auf verschiedenen Wege vollzogen werden (siehe Tabelle 24). Entscheidend ist, dass die Fallauswahl zur theoretischen Vorüberlegung und zum erarbeiteten Forschungsdesign passt, d.h. valide und reliable Erkenntnisse liefern kann. Flyvbjerg unterscheidet zwischen zwei grundsätzlichen Ansätzen der Fallauswahl (2006: 230), die jeweils weiter unterteilt werden können: Der zufälligen Auswahl (A) und der bestimmten Auswahl (B). Bei zufälliger Auswahl ist die Anzahl der Fälle von entscheidender Bedeutung. Bei bestimmter Auswahl ist vielmehr die Relevanz für die vorliegende Forschungsfrage zu begründen.

ART DER FALLAUSWAHL	ZWECK
A Zufallswahl	Zur Vermeidung von systematischen Fehlern und Voreingenommenheit
A1 Zufälliger Querschnitt	Zum Erhalt einer repräsentativen Stichproben, aus der Generalisierungen für die Gesamtheit abgeleitet werden können
A2 Geschichtete Stichprobe	Zur Generalisierung innerhalb der speziell ausgewählten Untergruppe
B Bestimmte Auswahl	Zur Maximierung des Werts der Informationen. Fallauswahl basiert auf den Annahmen zur Informationsgehalt
B1 Extremfälle	Zur Generierung von Informationen zu Fällen, die sich in bestimmten Punkten erheblich von gewöhnlichen Fällen unterscheiden (bspw. bei der Problemstellung oder im räumlichen Ergebnis)
B2 Maximale Varianz	Zur Generierung von Informationen zu Fällen, die sich in bestimmten Rahmenbedingungen untereinander maximal unterscheiden (bspw. im Phänomen oder in der Organisation)
B3 Kritische Fälle	Zur Gewinnung von Informationen, die logische Deduktion erlauben
B4 Paradigmatische Fälle	Zur Entwicklung von Metaphern oder zur Veranschaulichung

Tabelle 24: Strategien zur Fallauswahl. Eigene Darstellung basierend auf Flyvbjerg (2006: 230).

7.2.4 Begründung für Fallstudien

Im Gegensatz von quantitativen Ansätzen, geht es bei Fallstudien als qualitative Methode darum, die eigentlichen Wirkungsmechanismen aufzudecken. Oder anders formuliert: „Questioning how things work" (Stake 2010: 71). Fallstudien eigenen sich daher für humangeographische und insb. planungswissenschaftliche Forschungsdesigns grundsätzlich. Dies ist auch in den speziellen Umständen des Untersuchungsobjekts (Raumplanung) begründet. So ist Raumplanung immer kontextspezifisch, d.h. abhängig von den jeweiligen räumlichen, rechtlichen und kulturellen Begebenheiten. Dies impliziert auch, dass experimentelle Laborsituationen nicht möglich sind. „Im Gegensatz zu naturwissenschaftlichen Experimenten ist es zudem unmöglich, die Einflussgrößen und Auswirkungen so exakt zu isolieren, dass sich Vorhersagen treffen lassen und dieseleben Aktionen an anderer Stelle dieselben Ergebnisse liefern würden" (Lamker 2014: 1). Neben der Kaum-Vergleichbarkeit ist auch die Nicht-Wiederholbarkeit zu beachten. Planerische Entscheidungen behalten ihre Gültigkeit für viele Jahre – häufig auch für mehrere Generationen. Der Rückbau oder die Neukonzipierung einer baulichen Struktur bedarf einem langen Zeitraum. Die Planungsobjekte mit den kürzesten Lebenszyklen sind Büro- und Dienstleistungsgebäude. Eine Umwandlung solcher Strukturen bedarf Jahrzehnte, wie in ehemals industriellen Gebieten (bspw. Ruhrgebiet) anschaulich zu beobachten ist. Die strukturelle Veränderung von Wohngebieten dauert nochmals länger (üblicherweise >100 Jahre). Die längsten Lebenszyklen haben städtebauliche Grundentscheidungen (Stadtmorphologie). Die meisten europäischen Stadtzentren sind noch heute von mittelalterlichen oder sogar römischen Strukturen geprägt. Aus diesen Gründen sind planerische Entscheidungen kaum vergleichbar, selten wiederholbar und grundsätzlich einzigartig.

Untersuchungen planerischer Entscheidungen werden daher gezwungenermassen meist an Einzelfällen durchgeführt – obwohl diese selbst nicht Gegenstand des Erkenntnisinteresses sind. „Fallstudienuntersuchungen arbeiten exemplarisch. Nicht die Einzelfälle selbst sind von Interesse, sondern die dahinterstehende Gesetzmäßigkeiten und Strukturen" (Wiechmann 2014, zit. n. Lamker 2014: i).

„Die Stärken des Fallstudienansatzes liegen vor allem in seiner Fähigkeit, kausale Beziehungen und Wirkungszusammenhänge zu entdecken, die sich einer quantitativen Studie mit operationalisierten Variablen entziehen. [...] Gerade bei komplexen, schwer abgrenzbaren und realweltlich verankerten Phänomenen spielt sie [die fallstudienbasierte Forschung] ihre Überlegenheit aus" (Wiechmann 2014, zit. n. Lamker 2014: i). Jane Jacobs nutzt Fallstudien, um den Schwächen der Planung mit erkenntnisbringenden Methoden zu begegnen. Planung leidet an zu starken Vereinfachungen und einer Fülle an normativen Ideen. „The pseudoscience of city planning and its companion, the art of city design, have not yet broken with the specious comfort of wishes, familiar superstitions, oversimplifications, and symbols, and have not yet embarked upon the adventure of probing the real world" (Jacobs 1961: 13).

Flyvbjerg nennt fünf wesentliche Vorteile von Fallstudien (Flyvbjerg 2011): Die analytische Tiefe, die hohe Konstruktivität, das Verständnis von Kontext und Prozess, das Verständnis über Ursache und Wirkung, und die Generierung von neuen Hypothesen und Forschungsfragen. Die Darstellung der Fallstudien erfolgt ereignisbasiert. In Fallstudien werden „Vorgänge meist in ihrem zeitlichen Verlauf und/oder in ihrem komplexen realen Kontext betrachtet und dies aus einer theoretischen Perspektive, die vorab entwickelt wird und keinesfalls beliebig oder zufällig ist" (Lamker 2014: 8). Flyvbjerg plädiert gar für eine erzählende (*story-telling*) Darstellungsweise (Flyvbjerg 2006: 241). In diesem Falle verbleibt die Beurteilung bei der Leserschaft. Mit solchen Eigenschaften passen Fallstudien sehr gut zu planerischen Forschungen, „weil die Methode gegenüber anderen dazu geeignet ist, ungeordnete, komplexe und widersprüchliche soziale Situationen zu bearbeiten und Ergebnisse in klarer und überzeugender Weise zusammenzufassen" (Lamker 2014: 9).

> „Räumliche Planung wird durch den komplexen räumlichen Kontext beeinflusst, wirkt sich aber wiederum auch auf diesen aus und beeinflusst dessen Entwicklung. Die klare Trennung zwischen Kontext und Phänomenen, die z. B. in naturwissenschaftlichen Experimenten möglich ist, entfällt hier vollständig und wird die Praxis wie die Theorie immer wieder vor Schwierigkeiten stellen. Was hingegen in Fallstudien möglich wird, ist das

Einbeziehen vielfältiger Interessen und das flexible Reagieren auf die Komplexität des räumlichen Gebiets ebenso wie das Datenmaterial"
(Lamker 2014: 9).

7.2.5 Kritische Betrachtung von Fallstudien als Methode

Fallstudienbasierte Forschungen sind nicht unumstritten. Sie werden als „high level journalism" bezeichnet, da sie angeblich ohne Theoriebezug arbeiteten (vgl. für Beispiele dieser Kritik: Wiechmann 2014, zit. n. Lamker 2014: ii). Dahinter stecken zwei grundsätzliche Argumente: Einerseits wird (besonders mit einer naturwissenschaftlichen Perspektive) hinterfragt, ob praxisorientierte Fallstudien überhaupt generalisierbar sind und irgendeinen relevanten Beitrag zur Theorie-Bildung beitragen können. Andererseits werden (besonders planungswissenschaftliche) Fallstudien für eine inadäquate Auswahl der Fallstudien kritisiert. Die kritische Betrachtung von Fallstudien als Methode erfolgt daher zweigeteilt und fokussiert zunächst auf generelle Kritik und danach auf Kritik speziell an planungswissenschaftlichen Fallstudien.

Die Kritik in ihrer stärksten Form postuliert, dass man aus Fallstudien nicht generalisieren kann. In abgeschwächter Form wird gesagt, dass Fallstudien nur als Pilotstudien dienen können oder dass Fallstudien von der persönlichen Interpretation des Forschenden abhängig sind. Diese Argumente münden in jeder dieser Formen in der Schlussfolgerung, dass die Validität von Fallstudien unzulänglich ist (vgl. ausführlich: Campbell 1975, Flyvbjerg 2006). Ein Beispiel dieser Kritik: „Case Study. Detailed information of a single example of a class of phenomena, a case study cannot provide reliable information about the broader class, but it may be useful in the preliminary stages of an investigation since it provides hypotheses, which may be tested systematically with a larger number of cases" (Dictionary of Sociology 1984: 34, zit. n. Flyvbjerg 2006: 220). In dieser Aussage finden sich genau diese kritischen Motive wieder. Es wird geschlussfolgert, dass aus einer Einzelfallstudie keine generellen Aussagen getroffen werden können.

Die Kritik lässt sich nach Campbell (1975) und Flyvbjerg (2006) in fünf Hauptstränge zusammenfassen:

(1) Generelles (kontextunabhängiges), theoretisches Wissen ist wertvoller als konkretes (kontextabhängiges), praktisches Wissen.

(2) Auf Grundlage einer geringen Fallanzahl (oder gar einer Einzelfalluntersuchung) kann nicht generalisiert werden und daher nicht zur Theoriebildung beigetragen werden.

(3) Fallstudien sind daher lediglich als Pilotstudien sinnvoll, um erste Hypothesen aufzustellen. Die Verifizierung muss jedoch mit anderen methodischen Ansätzen geschehen.

(4) Ergebnisse von Fallstudien sind voreingenommen und haben die Neigung die Erwartungen des Forschenden zu bestätigen (selection bias).

(5) Auf Grundlage von Fallstudien können keine Theorien und generellen Aussagen getroffen werden.

Die Befürworter von fallstudienbasierter Forschung bezeichnen diese fünf Kritiken als „oversimplifications" (Campbell 1975), „missunderstandings" (Flyvbjerg 2006) oder „confusion" (Yin 2014: 20). So wird dem Argument der fehlenden Generalisierbarkeit entgegnet, dass durchaus zutreffend ist, dass nicht *immer* aus *allen* Fallstudien generalisiert werden kann. Möglich ist es trotzdem. „It is incorrect to conclude that one cannot generalize from a single case. It depends on the case one is speaking of and how it is chosen" (Flyvbjerg 2006: 225). Eine allgemeine Generalisierbarkeit liegt bei Fallstudien nicht vor. Eine grundsätzliche Generalisierbarkeit allerdings schon. In diesem Punkt unterscheiden sich Fallstudien nicht von anderen, bspw. quantitativen Methoden. Wie naturwissenschaftliche Experimente müssen demnach auch Fallstudien bewusst und sinnvoll gewählt werden, um generalisierbare Aussagen zuzulassen.

Daneben darf die Generierung von generellem, kontextunabhängigen Wissen nicht als einzige Form des Erkenntnisgewinns anerkannt werden. „A purely descriptive, phenomenological case study without any attempt to generalize can certainly be of value in this process [of gaining knowledge] and has often helped cut a path toward scientific innovation. [...] Formal generalization is only one way of many ways by which people gain and accumulate knowledge" (Flyvbjerg 2006: 227). In einer ausgewogenen Sichtweise sind qualitative und quantitative Methoden genauso ergänzend, wie Studien mit grossen und mit kleinen Fallzahlen. So können Einzelfallstudien auch genutzt werden, um mittels Falsifikation eine Theorie zu widerlegen. Demnach stehen induktive und deduktive Studien in einem iterativen Prozess zueinander, der erst gemeinsam zum Erkenntnisgewinn beiträgt: „One can often generalize on the basis of a single case, and the case study may be central to scientific development via generalization as supplement or alternative to other methods. But formal generalization is overvalued as a source of scientific development, whereas the force of example is underestimated" (Flyvbjerg 2006: 228).

Der Grad der Generalisierbarkeit ist dabei abhängig von der Fallauswahl (die verschiedenen Möglichkeiten der Fallauswahl werden im nachfolgenden Kapitel aufgezeigt). Eine strategische Auswahl von bestimmten Fällen kann die Aussagekraft der erklärenden Elemente deutlich steigern, während grosse Fallzahlen die Häufigkeit, den Umfang und das Ausmass von bestimmten Phänomen aufdecken können (vgl. Flyvbjerg 2006: 229). Bei der strategischen Auswahl wird dann das Auswahlprozedere an sich zu einem kritischen Punkt der Forschung. Hier gilt es zu berücksichtigen bei der Auswahl auch die Fälle zu inkludieren, bei denen das zu untersuchende Phänomen oder der erklärende Mechanismus am wahrscheinlichsten (Falsifizierung) oder am unwahrscheinlichsten auftritt (Verifizierung).

Neben der Fallauswahl ist die Interpretation der zweite wesentliche Punkt, welcher die Qualität der wissenschaftlichen Erkenntnisse ausmacht. Der wesentliche Vorteil von Fallstudien ist die tiefgehende Untersuchung in der gesellschaftlichen Realität.

Auch diese Kritik kann nicht vollständig zurückgewiesen werden. Ähnlich, wie bereits bei dem Problem der Generalisierbarkeit sei aber auch hier darauf hingewiesen, dass eine Voreingenommenheit auch bei quantitativen Forschungsdesigns vorhanden sein kann. Je nach Aufbau des Experiments wird ebenfalls lediglich auf eine Bestätigung der Hypothesen fokussiert und ggf. kontra-intendierte Resultate als Fehlmessungen interpretiert. Und auch bei grossen Zahlenmengen, wie bspw. in der statistischen Sozialforschung mittels Umfragen, bedürfen die reinen Zahlen einer Interpretation, die wiederum abhängig vom Forschenden und damit keinesfalls objektiv ist.

Damit gilt für Fallstudien, wie für andere Methoden auch, dass der Aufbau des Forschungsdesigns und die Interpretation der Resultate vom fachlichen Wissen, der methodischen Ethik und der persönlichen Einstellung des Forschenden abhängig sind. Dass bei qualitativen Forschungen dieses mögliche Defizit häufiger offengelegt wird und nicht durch Formeln und Tabellen verdeckt wird, sollte hingegen als Stärke und nicht als Schwäche ausgelegt werden. Ebenso ist daher die Kritik der Voreingenommenheit als stetige Erinnerung an die wissenschaftliche Ethik und die notwendige Reflexion aufzufassen.

Die aufgezeigten kritischen Punkte, die gegenüber Fallstudien als wissenschaftliche Methode aufgebracht werden, sind also zu relativieren. Je nach Forschungsziel und -design können Fallstudien eine adäquate Methode sein und sind daher weder pauschal abzulehnen, noch pauschal zu befürworten. „The case study is a necessary and sufficient method for certain important research tasks in the social sciences, and it is a method that holds up well when compared to other methods in the gamut of social science research methodology" (Flyvbjerg 2006: 241). Wie andere Methoden auch sind dabei ihre Vor- und Nachteile zu reflektieren. „The advantage of large samples is breadth, whereas their problem is one of depth. For the case study, the situation is reverse" (Flyvbjerg 2006: 241). Die Verwendung von Fallstudien als Methoden stellen jedoch hohe Anforderungen an das Forschungsdesign und eine bewusste Auswahl des Falls oder der Fälle.

Genau diesen Ansprüchen genügen planungswissenschaftliche Fallstudien oft nicht – so eine nicht selten geäusserte Kritik. Sie fokussieren meist auf zwei Arten von Projekten: aussergewöhnliche und erfolgreiche Projekte, die schon aus sich heraus Aufsehen generiert haben und damit ins Zentrum des Interesses gerückt sind. Im Sinne Flyvbjergs kann eine solche Fokussierung durchaus erkenntnisbringend sein. Aussergewöhnliche Projekte können dazu dienen, spezifische Variable in ihrer verstärkten, oder im Idealfall isolierten Form zu untersuchen und daher spezielle Erkenntnisse über eben diese ausgewählten Mechanismen liefern. Erfolgreiche Projekte können als Validierung zur Bestätigung von Hypothesen verwendet werden. Insofern kann die Wahl von aussergewöhnlichen oder erfolgreichen Projekte durchaus erkenntnisbringend sein, wenn diese bewusst und durch das Forschungsdesign begründet ausgewählt wurden.

In der vorliegenden Arbeit wird ein solcher Ansatz jedoch kritisch betrachtet. Die beiden Aspekte (aussergewöhnlich und erfolgreich) sind für sich genommen kritisch zu hinterfragen und nur bedingt als alleiniges Auswahlmerkmal zielführend.

- Die Auswahl von Fällen über den Aspekt der aussergewöhnlichen Ansatzes ist zwingend zu begründen. Die von Flyvbjerg angesprochene Möglichkeit zur Betonung von spezifischen Aspekten ist nur dann zulässig, wenn diese Aspekte ausreichend präzise bestimmt sind. Dies ist häufig nicht der Fall. Eine unbegründete Auswahl von aussergewöhnlichen Projekte nährt lediglich die oben aufgeführte Kritik an Fallstudien als unwissenschaftliche Methode (zur Bestätigung des subjektiven Empfindens des Forschenden ohne generalisierbare Aussagekraft).
- Ähnliches gilt auch bei der ausschliesslichen Fokussierung auf erfolgreiche Projekte. Hier besteht die Gefahr, dass die jeweiligen Projektumstände glorifiziert werden. Die ggf. identifizierten Erkenntnisse können allenfalls als notwendige, nicht jedoch als hinreichende Bedingungen bestimmt werden. Es erscheint daher ratsam die Untersuchung von erfolglosen Projekten als Alternative und / oder Ergänzung mit in Betracht zu ziehen, um deutlich differenziertere Ergebnisse zu erhalten (in der Flyvbjergischen Sprache wäre das ‚most different cases').
- Schliesslich ist die Kombination dieser beiden kritischen Aspekte von höchstem Risiko. Die Fokussierung auf Projekte, die aussergewöhnlich *und* erfolgreich sind, bietet im Regelfall den geringsten Erkenntnisgewinn. Sie dienen allenfalls als interessante Narrative (im Idealfall zur Illustration von anderen Fällen) und Inspiration. Systematische Erkenntnisse sind jedoch nur in wenigen (und stark begründeten) Ausnahmen abzuleiten.

Die aufgezeigten Kritiken mögen im Einzelfall zutreffen oder nicht; in jedem Fall „belegen sie die Notwendigkeit, Fallstudien sorgfältig anzulegen und das eigene Vorgehen zu begründen. Bei der Arbeit mit Fallstudien besteht ansonsten gewiss eine nicht zu unterschätzende Gefahr, dass der Vorwurf mangelnder Objektivität und unzulässiger Generalisierung zutrifft" (Wiechmann 2014, zit. n. Lamker 2014: ii). Aufgrund dieser kritischen Auseinandersetzungen mit willkürlichen Fallbeispielen wird in der vorliegenden Arbeit ein anderer Ansatz verfolgt. Es wird explizit nicht auf erfolgreiche Projekte abgestellt, sondern – ergebnisoffen – auch der Fall des geringen Erfolges oder des Scheiterns mit in die Betrachtung einbezogen (wobei letzterer Fall aus praktischen Gründen deutlich schwieriger zu untersuchen ist und tendenziell zu wenig Beachtung findet). Darüber hinaus wird ebenfalls ein extremer Ansatz gewählt und explizit kein aussergewöhnlicher, sondern ein möglichst gewöhnlicher Fall ausgewählt. Damit wird einerseits die Untersuchung von gewöhnlichen Wirkungsmechanismen angestrebt (und damit potenziell weitreichende Erkenntnisse zugelassen) und andererseits eine (für planerische Verhältnisse) stabile und sich wiederholende Untersuchungssituation geschaffen. In einer freien Interpretation ähnelt dies einem experimentellen Aufbau aus naturwissenschaftlichen Disziplinen. Im sozialwissenschaftlichen Kontext ist es jedoch nicht möglich wirklich alle Einflussvariablen zu kontrollieren, weshalb allenfalls (angelehnt an die psychologische Forschung) von einem quasi-experimentellen Forschungsdesign gesprochen werden kann.

7.3   Vorgehen: Datenerhebung mit vier Bausteinen

Die Gewinnung der relevanten Informationen wird in vier Bausteine unterteilt (siehe auch Tabelle 25): Bausteine A (Bewertung mittels Fernerkundung) und B (Schriftliche Umfrage) sollen zu allen schweizerischen Gemeinden mit Filialen von Aldi Suisse und Lidl Schweiz durchgeführt werden. Die Bausteine dienen dazu einen Überblick über den Einsatz von bodenpolitischen Strategien bei kommunalen Planungsbehörden und über die städtebauliche Qualität der Untersuchungseinheit Discounter-Filialen zu erlangen.

	STÄDTEBAULICHE QUALITÄT VON DISCOUNTER-FILIALEN	BODENPOLITISCHE STRATEGIEN
Überblick	Baustein A (Fernerkundung)	Baustein B (Fragebogen)
Örtliche Analyse	Baustein C (Ortsbegehung)	Baustein D (Dokumenten-analyse und Experteninterviews)

Tabelle 25: Übersicht der einzelnen Bausteine der Datenerhebung dieser Arbeit. Quelle: Eigene Darstellung.

Die konkreten Beziehungen der öffentlichen Strategien mit dem räumlichen Endergebnis sollen in mehreren Fallstudien erarbeitet werden (Bausteine C und D). Es entsteht ein holistisches (single-unit of analysis) multiple-case study design.

Die Auswahl erfolgt nach zwei grundsätzlichen Kriterien:

(1) Maximale Varianz in der unabhängigen Variable (bodenpolitischen Strategien) und deren Bedingungen (siehe SV-CV).

(2) Modellcharakter der Strategie.

Die tatsächliche städtebauliche Qualität der Filialen kann dabei als Such-, nicht jedoch aus Auswahlindikator dienen.

Die Anzahl der Fallstudien richtet sich nach der Anzahl der in den Umfragen ermittelten vorhandenen bodenpolitischen Strategien. Dabei ist inhärent, dass fast nur mittlere und kleine Städte ausgewählt werden. Dies ist vorteilhaft, da die Widersprüche der Raumplanung bei diesen Fällen a) klarer auftreten, weil weniger Störvariablen vorhanden sind, und b) potenziell grösser sind, da der Wirkungsmechanismus der Raumplanung in kleine Gemeinden tendenziell weniger effektiv und die Auswirkungen von LM-Discountern auf die monozentrischen Siedlungsstrukturen tendenziell stärker sind.

Baustein A (Fernerkundung): Zunächst wird eine Bewertung der 280 Discounter-Filialen bezweckt. Um die Masse der Standorte unter den gegebenen verfügbaren Ressourcen bewerten zu können, wird dazu auf Fernerkundungstechnik zurückgegriffen. Ziel dieses Bausteins ist es, grundsätzliche Merkmale (Lage, Grösse, Typ, etc.) und die Merkmale städtebaulicher Qualität (Struktur, Objekt, Freiraum, etc.) zu ermitteln.

Baustein B (Schriftliche Umfrage): Um die Bandbreite der vorhandenen bodenpolitischen Strategien zu erheben, wird in den Gemeinden, die eine Discounter-Filiale vorweisen, eine schriftliche Umfrage durchgeführt. Die Umfrage dient dazu, grundsätzliche geographische Merkmale der Gemeinde (Grösse, Lage, Zentralität, Siedlungsstruktur, topographische Besonderheiten, etc.), grundsätzliche politische und administrative Merkmale der Gemeinde (Verwaltungsorganisation, politische Grundausrichtung, Entscheidungsverfahren, etc.), allgemeine planerische Herausforderungen (demographisch, verkehrstechnisch, städtebaulich, etc.), der grundsätzliche planungspolitische Ansatz der Gemeinde (Planungsziele, Umsetzungsstrategien, etc.), spezifische bodenpolitische Strategien (städtisches Bodeneigentum, strategischer Bodenerwerb, bodenpolitische Grundsatzbeschlüsse, Instrumentarium, etc.), Information bzgl. der Lebensmittel-Detailhandelsstruktur (Wettbewerbssituation / Gefährdungspotenzial durch Discounter, etc.) und die Strategien zur Steuerung des Detailhandels (Politische Bewusstsein, Ziele, Konzepte, Instrumente, etc.) zu erheben.

Auf Grundlage dieser beiden Bausteine zur Gewinnung eines allgemeinen Überblicks werden einzelne Gemeinden zur genaueren Analyse ausgewählt. Bei diesen Fallstudien wird eine genauere örtliche Analyse durchgeführt, die sowohl aus Ortsbegehung (Baustein C) als auch Dokumentenanalyse und Experteninterviews (Baustein D) bestehen.

Baustein C (Ortsbegehung): Die Ortsbegehung dient dazu, die Ergebnisse der Fernerkundung zu verifizieren und um weitere Informationen zu ergänzen, die nicht durch Fernerkundung ermittelbar waren (bspw. Fassadengestaltung, Werbegestaltung, Räumlicher Charakter, etc.)

Baustein D (Dokumentenanalyse und Experteninterviews): Abschliessend werden die Fallstudien gründlich analysiert. Bevorzugte Methoden sind dabei die Analyse von planungspolitischen und planungsrechtlichen Dokumenten sowie die Befragung von relevanten Akteuren, i.d.R. Experten. Durch diese Vorgehensweise sollen der allgemeine planungsrechtliche Kontext (baurechtliche Grundordnung, kantonaler Rahmen, etc.), das Planungsverfahren der Discounter-Filiale (Verfahren, Mitwirkung, Varianten, ggf. Zonenplanänderungen, ggf. Abstimmungen, etc.), die strategische Vorgehensweise der Gemeinde im Planungsverfahren (politische Beschlüsse, Konflikte, Variantenprüfungen, etc.) und die tatsächlich, beobachtete Auswirkung der Discounter-Filiale auf die Stadtentwicklung (Wettbewerbssituation, Ext. Effekte, etc.) erhoben werden.

7.3.1   Fernerkundung (Baustein A)

Fernerkundung ist eine Methodik zu Erlangung von geographischen und räumlichen Daten, ohne einen direkten Zugang zum Objekt zu benötigen. Durch die Zunahme der zur Verfügung stehenden technischen Möglichkeiten im letzten Jahrhundert (insb. die Entwicklung der Fotographie im 19. Jahrhundert und der Luftfahrt in der ersten Hälfte des 20. Jahrhunderts) und nochmals durch die zivile Satellitentechnik (Start des LANDSAT 1972) hat die Methodik in den Geowissenschaften deutlich an Bedeutung zugenommen und wird mittlerweile als „Dritte Erkundung der Erde" bezeichnet (vgl. Albertz 2009: 6). Die grundlegende Eigenschaft, dass durch technische Hilfsmittel effizient und mit räumlicher Distanz Daten erhoben werden können, ermöglichen umfangreichere geographische Analysen und Vergleiche. Ähnlich wie bei der Kartographie geht die Entwicklung der Technik auf militärische Belange zurück, steht jedoch im Nachgang auch akademischen und zivilen Interessen zur Verfügung.

7.3.1.1   Formen der Fernerkundung

Eine klare Definition von Fernerkundung ist schwierig, da es sich um einen Sammelbegriff verschiedener Methoden handelt. Allgemein kann allenfalls von einem indirekten Beobachtungsverfahren gesprochen werden, bei dem das Messgerät in einiger Entfernung vom Ort der Messung befindet (vgl. Albertz 2009: 1). Dies beinhaltet sehr viele Sonderformen der Fernerkundung, welche für die vorliegende Arbeit nicht von Belang sind. Daher wird sich spezifischer auf den abbildenden Fernerkundungssysteme bezogen, welcher zur Gewinnung der Informationen elektromagnetische Strahlung nutzt, welche von beobachteten Objekten abgestrahlt oder reflektiert wird und mittels Luft- oder Raumfahrzeugen gewonnen werden.

Diese Definition beinhaltet zwei Aspekte, die für die Anwendung in der geographischen und insb. der planerischen Forschung bedeutend sind. Einerseits wird die Fernerkundung als Methoden von der konkreten Technik unabhängig betrachtet. Die zugrundeliegenden Daten können sich dabei sowohl radiometrisch (Datentiefe), als auch zeitlich (Jahreszeiten), räumlich (Auflösung), wie auch spektral (Sichtbarer Bereich des Lichts, Infrarotaufnahmen) unterscheiden. Die konkrete Auswahl bei diesen technischen Parametern ist anhand der jeweiligen Fragestellung und der Verfügbarkeit der Daten zu treffen. Andererseits wird neben diesem Aspekt die Einteilung der Fernerkundung in drei wesentliche Abschnitte betont. Fernerkundung beinhaltet somit sowohl den Schritt der Datenerfassung, als auch der -analyse und der -interpretation.

7.3.1.2   Auswahl einer geeigneten Form

Für die vorliegende Forschungsarbeit wird eine Bestandsaufnahme des baulichen Zustandes mittels Fernerkundung bezweckt. Hierzu ist der Teil der elektromagnetischen Wellen ausreichend, der für das menschliche Auge sichtbar ist (VIS). Weiterführende spektrale Analysen, bspw. Vegetationsanalyse mittels Infrarot- bzw. Fehlfarbaufnahmen, sind nicht notwendig. Die Datentiefe und Bildauflösung sollten ausreichend sein, um die wesentlichen baulichen Elemente identifizieren zu können. Daneben ist eine Georeferenzierung der Bilder notwendig, um die entsprechenden Objekte aufzufinden. Wesentlich ist zudem die Aktualität der Aufnahmen, da einige Objekte erst kürzlich errichtet worden sind.

Gesamthaft betrachtet sind die Anforderungen an die Fernerkundungstechnik bei der vorliegenden Arbeit nicht sonderlich hoch. Auf eine aufwändige Ausgestaltung mittels der Daten des Landesamts für Topographie (Swisstopo) wird daher verzichtet. Stattdessen wird auf einen herkömmlichen, kommerziellen Anbieter (Google Earth Pro) gesetzt, dessen Daten zumeist auf Aufnahmen des amerikanischen Satelliten *LANDSAT 7* stammen und aus technischer Perspektive die Anforderungen erfüllen.

7.3.1.3   Entwicklung von Kennzahlen zur Erhebung durch die Fernerkundung

Google Earth Pro liefert jedoch lediglich die Ausgangsdaten und ersetzt damit den Schritt der Datenerfassung. Deren Analyse und Interpretation bedarf eines klaren Formats. Wie bereits in Kap. 5 begründet, werden bei der vorliegenden Forschungsarbeit Filialen von Lebensmittel-Discountern als Untersuchungseinheit herangezogen. Deren baulicher und räumlicher Zustand ist systematisch zu analysieren, wozu ein einheitliches Bewertungsraster benötigt wird. Die erhobenen Daten können grob in quantitative und qualitative Daten unterteilt werden.

7.3.1.3.1   Quantitative Kennzahlen

Bei den quantitativen Daten bewährt sich die Verwendung der professionellen Variante von Google Earth, *Google Earth Pro*. Hierbei können nämlich neben Distanzen auch Flächen gemessen und kalkuliert werden. Dies ermöglicht die Abschätzung der Grundstücks- sowie der Gebäudegrundflächen. Beide Kennzahlen sind nicht frei von notwendiger wissenschaftlicher Interpretation. Die Grundstücksgrenzen sind als rechtliche Ebene an sich nicht auf den Fernerkundungsdaten sichtbar, sondern werden anhand indirekter Indikatoren interpoliert. So können Vegetationswechsel (Baumreihen, Büsche), lineare Objekte (Zäune, Gräben) und Oberflächenbeschaffenheit (Wechsel des Versiegelungsmaterials) Hinweise auf die Grundstücksperimeter geben. Eine zweifelsfreie Bestimmung ist jedoch mit Methoden der Fernerkundung nicht möglich. Der Umstand, dass im Einzelfall lediglich eine Recherche im jeweiligen Grundbuch Klarheit schaffen kann, wird aus Gründen der Effizienz hingenommen und kann an dieser Stelle lediglich transparent Erwähnung finden. Gleiches gilt für die Abgrenzung der jeweiligen Gebäude. Bei geschlossener Bauweise wird versucht mittels erkennbarer baulicher Wechsel (bspw. Dachgestaltung) die Angrenzung des Baukörpers zu bestimmen.

Vor dem Hintergrund der Innenentwicklung ist auch die Geschossigkeit der Gebäude von Interesse. Hierbei kann auf zwei Indikatoren zurückgegriffen werden. Die einfachste Möglichkeit zur Bestimmung ist die Verwendung von Vertikalfotos. Google bietet dies unter dem Markennahmen *Street View* an, wobei die Verfügbarkeit deutlich schlechter ist, als bei den Orthofotos. Alternativ kann die Gebäudehöhe indirekt durch die Interpretation des Schattenwurfs auf den Orthofotos ermittelt werden, wobei diese Methode deutlich ungenauer ist und auch vom Aufnahmezeitpunkt (Jahreszeit und Uhrzeit) abhängig ist. Diese Metadaten sind jedoch bei Google Earth Pro einsehbar, sodass hier eine Analyse stattfinden kann. Sowohl bei der Verwendung von Vertikalfotos, als auch bei der indirekten Ermittlung via Schattenwurf ergibt sich eine weitere Schwierigkeit bei der Quantifizierung. Bei Filialen in Gewerbe-, Industrie- und Einkaufsgebäuden kann eine abweichende Geschossigkeit auftreten. Da bei diesen Gebäude das Volumen im Vordergrund steht und insgesamt eine introvertierte Architektur vorgezogen wird, ist eine Bestimmung der Geschossigkeit durch Fensterreihen oder rein aufgrund der Gebäudehöhe fehlleitend. So können bspw. Einkaufszentren durchaus Gebäudehöhen von über 20m aufweisen und dabei im inneren lediglich wenige oder sogar ineinander verschachtelte Geschosse haben. In diesen Fällen wird eine allgemeine Interpretation vorgenommen, deren Vergleichbarkeit mit klassischen, bspw. gründerzeitlichen Gebäude jedoch nur beschränkt gegeben ist.

Als letzte direkt erhobene Kennzahl wurde die Anzahl der Parkplätze ermittelt. Hierbei wird nicht zwischen allgemeinen Parkplätzen und solchen für mobilitätseingeschränkte Personen (sog. „Behindertenparkplätze") oder anderen Sonderparkplätzen (bspw. für Familien, Angestellte) unterschieden. Bei einigen Filialen waren Parkflächen durch Sonderverkäufe oder Container blockiert. Dies wurde nicht weiter untersucht und stattdessen bei der Erhebung aber als temporäre Belegung interpretiert und die Parkplätze daher in der Zählung berücksichtigt.

Aus diesen erhobenen Kennzahlen (Grundstücks-, Gebäudegrundfläche, Geschossigkeit, Parkplatzanzahl) kann zudem auch eine indirekte Kennzahle ermittelt werden: Die Ausnützungsziffer (ANZ). Diese setzt die Bruttogeschossfläche mit der Grundstücksfläche ins Verhältnis und entspricht damit der deutschen Geschossflächenzahl (GFZ). Die Bruttogeschossfläche wiederum kann durch die Grundfläche und die Geschossigkeit des Gebäudes genähert werden, wobei beide Zahlen aufgrund der methodischen Ungenauigkeit nicht genau bestimmt werden können. Aufgrund der Relevanz für die planungsrechtlichen und -politischen Debatten wurde die Ziffer jedoch ermittelt – vorbehaltlich der erwähnten methodischen Ungenauigkeiten bei der Erhebung.

7.3.1.3.2 *Qualitative Kennwerte*

Die Beschreibung der Standorte soll auch auf qualitativer Ebene stattfinden. Dabei soll nur eine erste, grobe Einschätzung des Standortes erfolgen. Die detaillierte Bewertung der einzelnen Filialen aufgrund weitergehender qualitativer Merkmale (siehe Kap. 6.3) erfolgt lediglich bei solchen Filialen, die für die Fallstudien ausgewählt werden und auch mittels Ortsbegehung verifiziert werden.

Dennoch wird bereits die erste, grobe Einschätzung anhand von qualitativen Merkmalen umfangreich, da zwei unterschiedliche Merkmale, bezogen auf den Makro- und auf den Mikrostandort, herangezogen werden. Dies ist darin begründet, dass in vergleichbaren Arbeiten für qualitative Werte wahlweise verschiedene Standort- (Makro-Ebene) oder Betriebs-Merkmale (Mikro-Ebene) herangezogen werden, ohne dass überzeugend dargelegt wird, welches Merkmal in der Gewichtung derart überwiegt, dass das jeweils andere Merkmal vernachlässigt werden kann. Von daher ist für die Abschätzung der Schweizer Filialen eine Klassifizierung entwickelt worden, die beide Merkmale kombiniert. Dadurch ergeben sich zwar relativ viele einzelne Klassen, die sich dann aber qualitativ zu Typen vereinfachen lassen. Als Klassen-Merkmal werden einerseits die Zentralität des Marko-Standortes (angelehnt an die klassischen Christallerischen Zentralen Orte) und andererseits die Bauweise und das dazugehörige Betriebskonzept des Mikro-Standortes herangezogen.

Der Makrostandort wird mittels der klassischen Zentralität des Standortes bewertet. Zunächst wird zwischen solchen Standorten unterschieden, die im Sinne eines Zentrale-Orte-Konzepts irgendeine Form von Zentralität aufweisen (*zentral*), und solchen, die ausserhalb dieser zentralen Versorgungsstrukturen liegen (*peripher*). Die beiden Kategorien werden jeweils nochmals verfeinert. Bei *zentralen* Standorten wird dreistufig zwischen *Oberzentrum*, *Mittelzentrum* und *Grundzentrum* unterschieden. Die Charakterisierung erfolgt durch den funktional-räumlichen Kontext und (da die vorliegende Forschung auf den Detailhandel fokussiert) deren Produktangebot (Waren des täglichen Bedarfs, des periodischen Bedarfs und des episodischen Bedarfs). Bei *peripheren* Standorten wird der räumliche Kontext charakterisiert. Die Einschätzung ist naturgegeben etwas interpretativer und wird im Zweifelsfall ebenfalls aufgrund des funktional-räumlichen Kontexts getroffen. Unterschieden wird zwischen peripheren Standorten *im Wohngebiet*, *im Gewerbe- & Industriegebiet* und *auf der grünen Wiese*. Die ersten beiden Kategorien sind dabei begrifflich bewusst von den planungsrechtlichen Zonen abgegrenzt, da explizit keine Zuordnung nach der tatsächlichen rechtlichen Zonierung, sondern aufgrund des funktional-räumlichen Charakters (im kulturgeographischen Sinne) erfolgen soll. Die dritte Kategorie („grüne Wiese") ist bewusst an die Begrifflichkeit der geographischen und planerischen Literatur der 1990er Jahre angelehnt und bezweckt eine Quantifizierung dieser Annahme. Dabei ist eine klare Abgrenzung aufgrund dieser schlagwortartigen Bezeichnung nicht eindeutig leistbar und die reale räumliche Beschreibung hätte vermutlich auch aufgrund der verkehrlichen Anbindung erfolgen könnte (bspw. in der Nähe der Autobahnabfahrt, an der kantonalen Ausfallstrasse). Bei der Codierung wird eine durchgehende Nummerierung verwendet, um die Datenverarbeitung zu erleichtern. Zusammenfassend wir der Makrostandort in den folgenden Kategorien unterteilt.

Der Mikrostandort wird zunächst durch die dichotome Einteilung der Bauweise charakterisiert. Hier wird zwischen der *offenen* und der *geschlossenen Bauweise* unterschieden. Die Begriffe lehnen sich dabei bewusst an die baupolizeilichen Bestimmungen an (vgl. für Kanton Bern Art. 13 BE-BauG bzw. Art. 10-15 BE-NBRD)[37]. Als *geschlossene Bauweise* werden Bauten verstanden, die entweder baulich nicht getrennt sind (also bautechnisch ein Gebäude sind) oder zusammengebaut sind (also zwei oder mehr aneinander gebaute Gebäude sind). Bauten, die traditionell oder ausnahmsweise einen geringeren Gebäudeabstand aufweisen, als dies aus baupolizeilichen Gründen (insb. Brandschutz) vorgeschrieben ist, werden als *annähernd geschlossene Bauweise* bezeichnet und in der vorliegenden Arbeit ebenfalls dieser Kategorie zugerechnet. Demgegenüber gelten alle anderen Bauformen als *offene Bauweise*. Hier sind Vorgaben bzgl. der Gebäude- und Grenzabstände einzuhalten. Umgangssprachlich wird häufig nicht von geschlossener und offener

---

[37] Dekret über das Normalbaureglement (NBRD) vom 10.02.1970 (Stand 01.09.2009) des Kantons Bern (723.13).

Bauweise, sondern von integrierten und nicht-integrierten Standorten gesprochen. Dies erscheint grundsätzlicher einer ähnlichen Logik zu entstammen und wird daher synonym verstanden, ohne dass eine weitere Verwendung dieser Begrifflichkeiten erfolgt.

Innerhalb dieser Bauweisen werden weitere Unterteilungen vorgenommen, die insbesondere Rückschlüsse auf den räumlichen Kontext zulassen. Bei den geschlossenen Bauweisen wird auf das Zentrale-Orte-Konzept zurückgegriffen (vgl. Christaller 1933). Es wird zwischen Filialen im *Oberzentrum* (A1) (also insb. zentrale, kernstädtische Lagen), *Mittelzentrum* (A2) (insb. Stadtteilzentrum, Dorfzentrum) und *Grundzentrum* (A3) (bspw. Quartierzentrum) unterschieden. Zusätzlich werden auch Standorte *ausserhalb zentraler Versorgungsbereiche* (A4) wobei Standorte in *Einkaufszentren* auf der sog. „grünen Wiese" (A5) separat betrachtet werden. Einkaufszentren in zentralen Versorgungsbereichen werden entsprechend der vorher genannten Kategorien klassifiziert.

Bei den offenen Bauweisen wird als weiteres Unterscheidungsmerkmal das Betriebskonzept betrachtet. Es wird zwischen *Standortgemeinschaften*, *Agglomerationen* (B2) und *solitären Standorten* (B3) unterschieden. Als *Standortgemeinschaften* werden solche Standorte betrachtet, wo gemeinsame (betriebliche) Verantwortung für gewisse Teile besteht. Dies umfasst klassischerweise die gemischte Nutzung des Gebäudes oder der Parkplätze, kann aber auch das gemeinschaftliche Bebauen eines Grundstücks umfassen. Im Unterschied zum Einkaufszentrum, erfolgt jedoch eine bauliche Trennung der einzelnen Gebäude. *Agglomerationen* sind Ansammlungen von mehreren Fachmärkten, die jedoch betrieblich getrennt sind. Es sind keine gemeinsam genutzten Bauten (bspw. Parkplätze) vorhanden. Analog zu städtischen Agglomerationen sind die Räume funktional einheitlich, jedoch administrativ getrennt. Die Grundstücke sind üblicherweise angrenzend oder mindestens in einem engen Zusammenhang, jedoch in jedem Fall voneinander getrennt. Alle anderen Standorte werden als *solitäre Standorte* bezeichnet. Bei diesen Filialen besteht weder ein funktionaler, noch ein betrieblicher Bezug zur Umgebung.

Die Codierung erfolgt analog zu den obigen Merkmalen mit durchgehender Nummerierung.

BAUWEISE	Geschlossen	Offen		
BETRIEBSFORM	Standortgemeinschaft		Agglomeration	Solitärstandort
Oberzentrum (Stadt)	A1	B1	C1	D1
Mittelzentrum / Dorfzentrum	A2	B2	C2	D2
Grundzentrum (Quartiers- zentrum)	A3	B3	C3	D3
Peripher (Wohngebiet)	A4	B4	C4	D4
Peripher (Gewerbe & Industriegebiet)	A5	B5	C5	D5
Peripher (Grüne Wiese)	A6	B6	C6	D6

Tabelle 26: Kategorisierung der Discounterfilialen nach Standort. Quelle: Eigene Darstellung.

Mittels der beiden beschriebenen Merkmale des Makro- und des Mikro-Standortes lassen sich die Discounter-Standorte sowohl klassifizieren, als auch typisieren (siehe Tabelle 26). Die Klassifizierung bezieht sich dabei auf eindeutige Merkmale und ist (im Idealfall) trennscharf. Die Typisierung fügt verschiedene Klassen wiederum zu Typen zusammen, die bewusst auch umgangssprachlich und daher teilweise nicht trennscharf sind. Dadurch ergeben sich zwar relativ viele einzelne Klassen, die sich dann aber qualitativ zu Typen illustrieren lassen.

Die visuelle Bildinterpretation wird in der vorliegenden Arbeit dazu genutzt, um einen Beschrieb des Zustandes der Discounter-Filialen quantitativ wie qualitativ zu ermöglichen. Die Fernerkundung ermöglicht dabei die ressourcenschonende Durchführung trotz der grossen Anzahl der Filialen (275). Die Analysetiefe ist für die vorliegende Arbeit und den vorliegenden Baustein ausreichend. Die benötigten quantitativen Kennzahlen können so, ohne aufwändige Recherchen in den jeweiligen Grundbuchämtern, ausreichend präzise bestimmt werden. Die benötigten qualitativen Werte können ebenfalls ausreichend erhoben werden, wobei weitergehende Analyse durch den Baustein der Ortserkundung ergänzt werden.

7.3.2   Fragebogen (Baustein B)

Als nächster Baustein der Datenerhebung dient ein schriftlicher Fragebogen. Der grundsätzliche Aufbau, die Erhebungs- und Auswertungsmethodik werden in diesem Kapitel aufgearbeitet. Die inhaltlichen Ergebnisse sind in Kapitel 5.1 zu finden.

7.3.2.1   Analyse vorhandener Primärdatensätze

Die Durchführung einer schriftlichen Befragung ist aufwändig. Insofern wäre eine Neuinterpretation bestehender Primärdaten aus ökonomischen Gründen zu bevorzugen. Daher war es vielversprechend, dass mit Geldern des Schweizerischen Nationalfonds bereits eine ähnliche Umfrage durchgeführt wurde. Im Rahmen der Projekte SPROIL «Siedlungsentwicklung steuern – Bodenverbrauch verringern» (NFP68, 406840_142996) und «Determinanten raumplanerischer Massnahmen und ihrer Verbreitung sowie deren Wirkung auf die Zersiedelung» (SNF, 143440) wurde im Jahr 2014 eine grosse Zahl Schweizer Gemeinden befragt (siehe: Hersperger/Cathomas 2015, Hersperger et al. 2017 und Rudolf/Kienast/Hersperger 2017). Die Vorgehensweise und Ergebnisse dieser Studie sind jedoch nicht für die vorliegende Arbeit verwendbar.

Die Befragung wurde im Rahmen der Zersiedelungsforschung durchgeführt. Die Eidgenössische Forschungsanstalt für Wald, Schnee und Landschaft (WSL) verfolgt hierbei den Ansatz, eine objektive Messbarkeit von Zersiedelung zu erreichen, um die wissenschaftliche Auseinandersetzung mit dem Thema zu ermöglichen und die politischen Schlüsse zu objektivieren. Mittels einer Vielzahl von Indikatoren wird versucht das Ausmass von Zersiedelung zu quantifizieren. Bei der Durchführung und Anwendung dieser Indikatoren wird deutlich, dass die Zersiedelung in der Schweiz nicht einheitlich ist. Es zeigen sich deutliche regionale und lokale Unterschiede, obgleich die haushälterische Bodennutzung und die geordnete Besiedlung des Landes seit 1969 verfassungsrechtlich und seit 1980 einfachgesetzlich verankert und gesamtschweizerisch festgelegt ist. Zweck der Studie war es daher herauszufinden, wie die lokalen Unterschiede trotz gleicher gesetzlicher Rahmenbedingungen zu erklären sind. Als Erklärungsansatz wurden die Instrumente betrachtet, welche potenziell einen Zersiedelungsrückgang herbeiführen konnten.

Der Fragebogen wurde im April / Mai 2014 an alle ca. 2,300 Gemeinden in der Schweiz versandt. Eine bemerkenswerte Zahl von etwa 1.000 Gemeinden füllten den Fragebogen aus und beantwortete die Fragen. Die Studie gilt aufgrund dieser grossflächigen Datenbasis als bedeutendes empirisches Werk der empirischen Planungsforschung in der Schweiz.

Als wesentliches Ergebnis gibt die WSL-Studie einen Überblick über zeitliche Entwicklung der Einführung von Raumplanungsinstrumenten in der Schweiz. Die 20 abgefragten Instrumente wurden dazu in den Nennungen gemittelt, aufsummiert und durch die Anzahl der Stichprobe dividiert. Im Ergebnisse können pauschale Aussagen zur Einführung der einzelnen Instrumente sowie zum Instrumentenumfang in den jeweiligen Epochen und der Gemeinden getätigt werden.

Der Studie zufolge verfügten lediglich 15 % der Gemeinden zum Zeitpunkt des Inkrafttretens des Raumplanungsgesetzes (1980) über Raumplanungsinstrumente. Diese Zahl ist vor dem Hintergrund der sonst üblichen Chronologie der Raumplanung zu hinterfragen. In einschlägigen Quellen wird zumeist auf die verzögerte Einführung des Planungsrechts verwiesen (Bodenrechtsartikel von 1969, Ablehnung des ersten RPG-Entwurfs von 1974, etc). Die Einführung von Richtplänen auf kantonaler Ebene und Zonenplänen auf kommunaler Ebene erfolgte in vielen Regionen vor der eidgenössischen Regelung. Der überraschend niedrige Wert ist eher auf Grenzen der Erhebungsmethode zurückzuführen. Die Auswertung beruht auf den Angaben der derzeit tätigen Bauverwalter. Nur die wenigsten dürften bereits Anfang der 1980er im Amt gewesen sein. Die Aussagen, ob ein Instrument vor oder nach der RPG-Einführung 1980 eingeführt wurde, ist daher mittels der ungenauen Angaben der Befragten zu erklären.

Einen recht guten Überblick dürfte die Studie über das aktuelle Instrumentarium der Gemeinden geben. Im Durchschnitt wurden zum Befragungszeitpunkt (2014) in den Gemeinden 5.7 der 20 Instrumente angewendet (ebd.: 79). Die Spitzenreiter nutzen dabei nahezu das gesamte Instrumentarium und insgesamt etwa ein Fünftel der Gemeinden verwendet zehn oder mehr der genannten Instrumente (ebd.). Die Studie zeigt jedoch auch auf, dass selbst 34 Jahre nach der RPG-Einführung noch ein Anteil von 8,5 % der Gemeinden kein einziges der ausgewählten planerischen Instrumente anwenden (ebd.).

Die Ergebnisse über das jeweilige örtliche Instrumentarium wurde vom WSL mit der Einwohnerstärke der Gemeinden und dem Gemeindetypen analysiert. Dabei konnte bestätigt werden, dass grundsätzlich grössere Gemeinden und Gemeinden mit städtischem Charakter mehr Instrumente verwenden (ebd.: 81). Auch bezogen auf die einzelnen Instrumente ist eine Anwendung häufiger zu beobachten, je grösser und städtischer die Gemeinden sind (ebd.). Zwei Instrumente weichen von dieser Tendenz ab: Die minimale Ausnützungsziffer und die Massnahmen gegen die Baulandhortung. Diese sind bei kleineren Gemeinden häufiger anzutreffen, als bei grossen (ebd.).

Der Nutzen für die planungswissenschaftliche Forschung ist dennoch differenziert zu betrachten. Einerseits stellt die Studie einen einzigartigen Datensatz dar. Die bemerkenswerte hohe Rücklaufquote ermöglicht einen beachtlichen Überblick über die kommunale Raumplanung in der Schweiz. Ausserdem wurde mit der Zersiedelung als abhängige und den ortsplanerischen Massnahmen als unabhängigen zwei Variablen untersucht, die sich im Zentrum der wissenschaftlichen Aufmerksamkeit befinden. Andererseits sind die Resultate aufgrund des quantitativen Charakters wenig aussagekräftig. Aus dem reinen Zeitpunkt der Einführung eines Instruments können Fragen bezüglich der Effizienz, Effektivität, Legitimität und Praktikabilität schwerlich abgeleitet werden.

Die Ergebnisse können daher lediglich als allgemeiner Vergleich dienen, um die eigenen Befragungsergebnisse in diesem weitreichenden und allgemeinen Kontext reflektieren zu können und sind daher Inspiration und Vergleichsdaten gleichermassen. Als alleinige Ausgangslage für die vorliegende Arbeit zur Untersuchung der dahinterliegenden politischen, rechtlichen und planerischen Massnahmen scheinen sie aufgrund der unterschiedlichen Erkenntnisinteresse und daraus folgenden abweichenden Schwerpunktsetzung nicht anwendbar zu sein.

7.3.2.2   Vorgehen der eigenen Erhebung

Der Fragebogen der vorliegenden Arbeit ist konzeptionell an den Hinweisen von Dillman et al. (2014) orientiert. Dabei wird zwischen den inhaltlichen und den technischen Anforderungen unterschieden. Aus inhaltlicher Sicht ist bspw. zu klären, wer befragt werden soll (Auswahl der Stichprobe) und wie die gewünschten Informationen ermittelt werden (Konstruktion der Fragen). Aus technischer Sicht ist zu klären, wie die Befragung durchgeführt werden soll (also ob Telefon-, Fragebogen- und / oder Onlinebefragung).

Die inhaltlichen Aspekte lassen sich in die drei Bereiche Aufbau, Fragetyp und Frageinhalte gliedern. Der Aufbau des Fragebogens ist bewusst gewählt worden und orientiert sich einerseits an inhaltlichen Clustern und andererseits an der Rangfolge gemäss der Bedeutung für den Untersuchungszweck. Die inhaltliche Clusterung von Fragen soll den Befragten die Beantwortung erleichtern.

Der Fragebogen gliedert sich demnach in die Bereiche Bodenpolitik (1.1 Raumplanerischer Kontext, 1.2 Öffentliches Bodeneigentum, 1.3 Bodenpolitische Instrumente, 1.4 Auswirkungen des neuen RPG) und 2. Lebensmittel-Discounter (2.1 Lebensmittel-Discounter als Planungsfall, 2.2 Planungsphase der Lebensmittel-Discounter-Filiale, 2.3 Lebensmittel-Discounter als Akteur, 2.4 weitere Filialen). Hinzu kommen zu Beginn eine allgemeine Einleitung, die insbesondere notwendige technische Erklärungen liefert, und zum Ende noch eine Abschlussseite, die auch die Möglichkeit zur Kontaktaufnahme ermöglicht. Die allgemeinen Fragen zur Einordnung (bspw. bezogen auf die Anstellung des Befragten) wurden ebenfalls an den Schluss gestellt.

7.3.2.2.1   Prozess zur Auswahl der Adressaten

Als wesentliche Ebene der Raumplanung wird die kommunale Ortsplanung identifiziert. In der Schweiz gibt laut offiziellem Gemeindeverzeichnis 2294 politische Gemeinden (Vgl. BfS 2016). Die Streuung reicht dabei von Zürich (ZH) mit 411,696 Einwohnern bis zu Corippo (TI) mit lediglich 13 Einwohnern. Sechs Gemeinden haben mehr als 100,000 Einwohner. Die durchschnittliche Einwohnerzahl liegt bei 2,806 Einwohnern; der Median liegt bei 1,023 Einwohnern.

Im Mittelpunkt der Studie stehen kleine und mittlere Gemeinden, da hier die Widersprüche der Raumplanungspolitik am stärksten ausgeprägt sind. Dieser Schwerpunkt wirkt allerdings erst bei der Auswahl der Fallstudien und hat noch keinen Einfluss auf die Auswahl der Adressaten des schriftlichen Fragebogens.

Eine Vollerhebung (wie bspw. in der WSL-Umfrage) ist daher aus Gründen des Forschungsdesigns nicht notwendig. Stattdessen wird aus der Gesamtmenge der Teil der Gemeinden in Betracht gezogen, die zudem auch die Untersuchungseinheit aus dem Gesamtforschungskonzept vorweist, also mindestens eine Filiale eines Lebensmittel-Discounters[38]. Nach eigenen Angaben betreiben die beiden untersuchten Discounter-Unternehmen insgesamt mehr als 275 Filialen in der Schweiz. Aldi Suisse gibt auf der Website 175 Filialen an[39]. Lidl gibt an von den rund 10.000 europäischen Standorten „über 100" in der Schweiz zu betreiben[40].

Um die Adressaten des Fragebogens zu ermitteln, wurde eine Datenbank mit allen Discounter-Standorten erstellt. Dabei konnte nicht auf die Webseiten der Unternehmen direkt zurückgegriffen werden, da die Filialen dort standortbezogen sortiert und aufgelistet werden. Eine vollumfängliche und exportierbare Liste ist nicht vorhanden. Daher wurde bei der Ermittlung der

---

[38]   Betrachtet werden dabei aus methodischen Gründen lediglich die beiden Hard-Discounter Aldi Suisse und Lidl Schweiz. Der zur Migros gehörende Konkurrent Denner ist zwar aus betriebswirtschaftlicher Sicht auch als Discounter zu bezeichnen, verfolgt allerdings eine abweichende Standortstrategie, weshalb Denner aus planerischer Sicht nicht in diese Kategorie fällt und nicht in der Untersuchung berücksichtigt wird

[39]   https://www.aldi-suisse.ch/de/infos-und-services/infos/filialsuche-und-oeffnungszeiten/ Stand: 7.3.2016

[40]   http://www.lidl.ch/de/3172.htm Stand: 7.3.2016

Standorte zunächst auf die Daten von Drittanbietern zurückgegriffen, wobei kommerzielle Datenanbieter aufgrund der hohen Kosten ausschieden. Als Grundlage diente eine Proxy-Webseite. Als beste Quelle hat sich eine Shopping-Website herausgestellt (http://www.filialsuche.ch), die verschiedene Detailhändler geobasiert verortet. Die dortige Liste war übersichtlich und daher aus praktischen Gründen als Grundlage brauchbar. Punktuell wurden die dortigen Adressdaten mit den offiziellen Seiten der Unternehmen abgeglichen, wobei keine Fehler festzustellen waren. Einschränkend ist lediglich zu bemerken, dass die Aktualität nicht gewährt ist. So ist beispielsweise von den fünf Neueröffnungen, die Lidl Schweiz im Zeitraum der ersten zwei Monate des Jahres 2016 getätigt hat, nur der Standort Basel (2701L) erfasst gewesen. Die restlichen Standorte mussten händisch ergänzt werden, wodurch keine Vollständigkeit garantiert werden kann. Insgesamt konnten mit dieser Methode 256 Standorte ermittelt werden. 90 Standorte von Lidl sowie 166 Aldi-Filialen. Im Vergleich zu den Eigenangaben der Unternehmen konnten also mehr als 90 % der Standorte ermittelt werden.

256 potenzielle Untersuchungseinheiten (also Filialen) entsprechen jedoch nicht der gleichen Anzahl an Gemeinden, da einerseits mehrere Filialen eines oder beide Unternehmen in einer Gemeinde vorhanden sein können. Im Datensatz befinden sich auch Gemeinden mit mehr als einer Discounterfiliale. In 46 Fällen war es je eine Filiale von den beiden Unternehmen. In Thun (je zwei) und Zürich (je drei) existieren sogar gleich mehrere Filialen beider Unternehmen. Mehrere Filialen von nur einem der beiden Unternehmen gibt es in 9 weiteren Fällen. Aldi betreibt in Winterthur und Basel je drei, sowie in 6 Gemeinden (Allschwill, Bern, Davos, Kriens, Lausanne und St. Gallen) je zwei Filialen. Lidl hat in Genf zwei Standorte.

Die 256 Filialen der untersuchten Lebensmittel-Discounter verteilen sich also auf insgesamt 190 verschiedene Gemeinden, die als potenzielle Befragte in Frage kommen. Dies entspricht in etwa 10 % aller Schweizer Gemeinden, wobei die grösseren Gemeinden nahezu vollständig vertreten sind. Die einwohnermässig kleinste Gemeinde mit einer Discounterfiliale ist Honau (LU) mit 376 Einwohnern. Zürich ist erwartungsgemäss die grösste Gemeinde. Lugano (TI) ist mit 62,000 Einwohnern die einwohnerstärkste Gemeinde ohne einen Discounter. Die Gemeinden mit Discounter decken ca. 3,2 Mio Einwohner ab und sind im Durchschnitt 21,500 Einwohner gross, wobei der Median bei 9500 Einwohnern liegt.

Die 190 Gemeinden verteilen sich auf 25 der 26 Kantone. Im Kanton Appenzell Innerrhoden ist keine Discounterfiliale vermerkt. In allen drei Sprachregionen sind Filialen zu finden (siehe Tabelle 27). Bezogen auf die Bevölkerungsanzahl liegt die Filialdichte in der deutschsprachigen Schweiz mit 3,78 Filialen je 100.000 Einwohner etwas höher als in den französischsprachigen (2,60) bzw. italienischsprachigen (2,12) Landesteilen. Die Kantone mit höchster Filialdichte sind Thurgau (6,30), Solothurn (5,58) und Uri (5,54). Die geringste Filialdichte ist in den grenznahen Kantonen Schaffhausen (1,24), Genf (1,02) und Neuenburg (0,56) zu finden. Im Kanton Appenzell Innerrhoden gibt es keine einzige Discounter-Filiale.

Landesteil	Anzahl Filialen	Anzahl Gemeinden
Deutschschweiz	193	142
Französische Schweiz	46	36
Italienische Schweiz	14	12
Schweiz gesamt	253	190

Tabelle 27: Discounterfilialen nach Landesteilen der Schweiz. Quelle: Eigene Darstellung.

7.3.2.2.2   Grenzen der Daten und der Analyse

Die schriftliche Befragung der Gemeinden mit mindestens einer Filiale eines Lebensmittel-Discounters dient dazu, einen ersten Überblick über die Anwendung und Bedeutung bodenpolitischer Instrumente zu erlangen. Das Erhebungsinstrument des Fragebogens ermöglicht dabei grundsätzlich alle Gemeinden zu berücksichtigen und so eine grösstmögliche Abdeckung im Rahmen der zur Verfügung stehenden Möglichkeiten zu erreichen. Diese Erhebungsmethode weist jedoch auch Grenzen auf, die an dieser Stelle transparent dargestellt werden sollen und die Aussagekraft der Daten beschränken.

Die durch den Fragebogen erhobenen Daten basieren auf der Selbstauskunft der antwortenden Personen. Die Grundannahme ist, dass diese Personen den Fragebogen nach besten Wissen und Gewissen ausfüllen und ihr subjektives und fachliches Wissen einbringen. Eine Verifizierung dieser Aussagen findet jedoch nicht grundsätzlich statt. Lediglich in solchen Gemeinden, die (auf Grundlage eben dieser Fragebogenergebnisse) als weitere Fallstudien ausgewählt werden, erfolgt eine Überprüfung. Sollte es bei diesen Überprüfungen zu Abweichungen kommen, fliessen diese in Baustein C ein. Bei der Darstellung der Ergebnisse von Baustein A werden die Aussagen ausschliesslich so wiedergegeben, wie sie von den antwortenden Personen abgegeben wurden.

Im Fragebogen werden ausgewählte Daten erhoben. Die Auswahl ist dabei bestmöglich erläutert und begründet worden. In einem föderalistischen Land wie der Schweiz ist jedoch nicht auszuschliessen, dass relevante Daten (bspw. Instrumente) unberücksichtigt bleiben, die in einzelnen Gemeinden oder Kantonen auftreten. Zudem sind die Fragebogenteilnehmer zu einer gewissen Interpretation der Fragen gezwungen, da ein landesweit einheitliches Vokabular verwendet wurde, welches ebenfalls im Einzelfall uneindeutig gewesen sein könnte. Eine Überprüfung der Hintergründe beschränkt sich auch hier auf die ausgewählten Fallstudien statt.

Gesamthaft betrachtet können die mittels des Fragebogens erhobenen Aussagen als erste Orientierung dienen. Es bedarf jedoch zwingend einer näheren Untersuchung, bevor valide Ableitungen getätigt werden können, welche im Baustein C erfolgt.

7.3.2.2.3   Datenverwaltung und -analyse

Die ermittelten Standorte wurden in einer Datenbank erfasst. Zentral ist hierbei die eindeutige Identifizierung der Lebensmittel-Discounter-Filialen. Hierzu wurde eine ID generiert, welche sich aus der BFS-Gemeindenummer, dem Unternehmen und eine fortlaufende Nummerierung generiert. Bsp: Die Filiale mit der ID „0351Ab" ist daher als die zweite Aldi-Filiale in Bern eindeutig identifizierbar.

Die eindeutige Identifizierung ist auch deshalb notwendig, weil einige Filialen in Werbe- und Unternehmensauftritten abweichende Namen aufweisen. So sind einige Filialen nach Stadtteilen, bspw. „Lidl-Emmenbrücke" (1024L) in der Stadt Emmen, oder nach veralteten Flurnamen, bspw. „Aldi-Näfels" (1630A) in der Gemeinde Glarus-Nord, benannt. Diese inoffiziellen Namen wurden in der Datenbank miterfasst. Durch die Generierung von eindeutigen IDs wurde eine Verwechselung ausgeschlossen.

7.3.2.2.4   Massnahmen zur Steigerung der Rücklaufquote

Die Kriterien bei der Auswahl des Adressatenkreises führten zu keinerlei Einschränkung bezüglich der Landesteile der Schweiz. Daher wurden potenziell Gemeinden in allen Sprachregionen angesprochen. Selbst wenn Deutschkenntnisse in vielen dieser Gemeinden (insb. in der italienischsprachigen Schweiz) vorhanden und gut entwickelt sind, ist die Beantwortung des Fragebogens in einer Fremdsprache wohl als Hürde anzusehen. Daher wurde der Fragebogen auch als Ausführung in französisch und italienisch erstellt, um eine gleichmässige Teilnahme in allen Regionen zu ermöglichen. Die technische Umsetzung ist dabei bei einem Fragebogen vergleichsweise einfach, was (neben der grossen Reichtweite) ein weiterer Vorteil dieser Methode ist. Zu diesem Zweck wurde zudem speziell eine Software ausgewählt, die diese Mehrsprachigkeit berücksichtigt (und nicht etwa über Pfadführung agiert) und daher die Ergebnisse gebündelt darstellt.

Als wichtigste Massnahme zur Sicherung der Antwortqualitäten ist ein zweistufiges Pre-Test-Verfahren angewandt worden. In der ersten Stufe wurden hausinterne Versuchsbeantwortungen durchgeführt. Bereits in diesem Schritt konnten Probleme bezogen auf die mangelnde Intersubjektivität festgestellt werden. So konnten unklare Definitionen und uneindeutige Fragen identifiziert werden. Zudem konnte reflektiert werden, ob die jeweils getroffenen Entscheidungen zur technischen Umsetzung sinnvoll und zielführend waren. Die Ergebnisse dieser ersten Stufe des Pre-Tests flossen unmittelbar in die Verbesserung der Konstruktion ein. In einer zweiten Stufe wurden dann zwei Gemeinden ausgewählt, die einerseits den Auswahlkriterien des Adressatenkreises entsprachen und andererseits einen Bezug zur Universität Bern aufwiesen. Neben der Verifizierung der genannten Aspekte wurde bei dieser zweiten Stufe auch die Zeitdauer getestet. Die ausgewählten Testgemeinden lieferten eine belastbare Abschätzung darüber, welchen zeitlichen Aufwand der Fragebogen mit sich führt. Für das finale Anschreiben ist eine realistische Aufwandsabschätzung wesentlich, um gegenseitigen Frust zu vermindern und die Abbrecherquote nicht unnötig zu erhöhen. Auch war es Ziel, eine maximale Dauer von maximal 30 min nicht zu überschreiten.

Der Versand der Befragungseinladung erfolgte in einem klassischen Postbrief. Hierdurch soll die Seriosität des Anliegens auch optisch und haptisch vermittelt werden. Um sowohl die Eingabe als auch die Auswertung der Daten möglichst effizient zu gestalten, erfolgt die eigentliche Befragung online. Eine Woche vor Ablauf der gesetzten Frist wurde eine schriftliche Erinnerung in Form einer Postkarte versendet.

7.3.2.3 Abgefragten Daten

Die schriftliche Befragung dient zur vergleichbaren und breiten Abfrage von relevanten Daten. Im Fokus standen dabei: (1) Der Einsatz von bodenpolitischen Instrumenten in der planerischen Praxis (2) Die konditionalen Bedingungen für einen erfolgreichen Einsatz von bodenpolitischen Instrumenten (3) Der Umfang von öffentlichen Bodeneigentum und die Rolle der Einwohnergemeinde als Bodeneigentümerin (4) Die Bewertung der örtlichen Filiale des Lebensmittel-Discounters.

Die ersten drei Teile sind dabei der unabhängigen Variablen zuzuordnen und dienen als Grundlage für die Auswahl der Fallstudien der nachfolgenden vertieften Empirie. Der vierte Teil bezweckt einige qualitative Aussagen zur Qualität der örtlichen Discounter-Filiale und bezieht sich somit auf die abhängige Variable. Dieser Teil wird vorwiegend durch die Evaluation mittels Fernerkundung und die nachfolgende Ortsbegehung eruiert. Die Ergänzung durch qualitative Einschätzungen ist daher komplementär zu verstehen. Allenfalls (und in Abhängigkeit der tatsächlichen Ergebnisse) kann dieser Teil als Sekundär-Kriterium zur Auswahl der Fallstudien dienen, falls die reine Fokussierung auf die unabhängige Variable keine eindeutige Entscheidung zulässt.

Einige Elemente des Fragebogens sind von besonderer Herausforderung. Auf eine vollständige Darstellung der Konstruktion aller Fragen wird an dieser Stelle verzichtet, und stattdessen lediglich punktuell einige Anmerkungen gegeben.

7.3.2.3.1 Bodenpolitische Instrumente

Die Einordnung erfolgt mit einer relativen, viergestuften Skala. Die Antwortkategorien geben bewusst keine absoluten Häufigkeiten vor, da eine Abhängigkeit von der Gemeindegrösse bzw.

der Anzahl der Planungsaktivitäten unterstellt wird. Die Antworten sind daher gestuft nach „Sehr häufig, Regelmässig, Selten, Einmalig". Zur Klärung wurden diese Kategorien durch die Dominanz ergänzt („ist der Regelfall, durchaus üblich, in Ausnahmefällen, für Einzelfall"). Daneben wurde auch die Möglichkeit der absoluten Verneinung („Nein – niemals") und die Neutralisierung („Weiss nicht – Keine Angaben") eröffnet. Letztere ist insbesondere aufgrund der Streuung der abgefragten Instrumente notwendig, da nicht von jedem Befragten die vollständige Übersicht über alle Instrumente vorausgesetzt werden kann.

Die vierstufige Skala wurde wiederum ausgewählt, um mindestens eine Tendenz zu erzwingen und die neutrale, nichtssagende Mitte zu vermeiden. Die eingesetzte Software ermöglicht auch die Reihenfolge der Antwortvorgaben bewusst einzustellen. Es wurde die zufällige Reihenfolge der Instrumente gewählt, um eine Beeinflussung der Ergebnisse durch eine spezifische Reihenfolge auszuschliessen.

7.3.2.3.2   Konditional-Bedingungen der Bodenpolitik

Die Kommunikation mit Fachpersonen der planerischen Praxis soll auch dazu genutzt werden, wesentliche Faktoren zu identifizieren, welche die erfolgreiche Anwendung von bodenpolitischen Instrumenten fördern, schwächen, ermöglichen oder verunmöglichen. Diese sogenannten Konditional-Variablen flossen in Form von Aussagen ein, welche zu bewerten waren.

Viele Texte zu Erfolg- und Misserfolgsmodellen der Bodenpolitik beinhalten solche Konditional-Bedingungen. Zumeist sind diese jedoch einzelfallbezogen und beruhen auf den Erfahrungen der jeweiligen Autoren. Es mangelt an einer meta-analytischen Übersicht dieser wichtigen Faktoren. Um dennoch eine vergleichsweise fundierte Grundlage der Befragung zu ermöglichen, wurde auf eine der wenigen einzelfall-unabhängigen Studien zurückgegriffen. Unter der Schirmherrschaft der Deutschen Gesellschaft für Geodäsie, Geoinformation und Landmanagement (DVW) beschäftigt sich der Arbeitskreis 5 mit dem Management von Land. 2014 wurde durch diesen Arbeitskreis eine Studie veröffentlicht, welche die Kommunale Bodenpolitik von verschiedenen deutschen Städten verglichen hat (vgl. Drixler et al. 2014). Zwar zielt diese Studie auf Strategien für bezahlbaren Wohnraum, allerdings ist die Anwendbarkeit dennoch gegeben, da das Hauptaugenmerk auf den zugrundeliegenden bodenpolitischen Modellen der Kommunen liegt. Die Studie stellt damit eine Metaanalyse dar.

Im Rahmen dieser Studie wurde versucht, gemeinsame Erfolgsfaktoren der untersuchten Baulandmodelle zu identifizieren und zu reflektieren (Drixler et al. 2014: 125-137). Die zehn identifizierten Faktoren sind: (1) Breiter Konsens zwischen Politik und Verwaltung (2) Belastbare Informationen über die zu erwartende Bodenmarktentwicklung (3) Gleichbehandlung der Betroffenen, sowie Vollzugskontrolle (4) Gezielte Kombination mit verfügbaren Programmen und Förderungen (5) Transparenz und Klarheit über Ziele und Grundsätze der Politik (6) Langfristigkeit und Verlässlichkeit der Bedingungen der kommunalen Bodenpolitik (7) Abstimmung mit Nachbargemeinden (8) Organisation durch ämterübergreifende Baulandkommission (9) Flexibilität und Anpassungsfähigkeit für individuelle Situationen (10) Steuerung durch die kommunale Planungshoheit

Nicht alle dieser Faktoren sind mittels einer Berücksichtigung im Fragebogen erhebbar. Dies ist zum einen darin begründet, dass die Begrifflichkeiten durchaus unterschiedlich interpretiert werden können und zum anderen dadurch, dass das Antwortverhalten bei einer Befragung mittels Fragebogen zu antizipieren ist. So ist beispielsweise zu erwarten, dass eine direkte Abfrage des Gleichbehandlungsgrundsatzes (Nr. 3) wohl keine belastbaren Informationen ergeben würde.

Auch bei den konditionalen Variablen wurde wiederum die zufällige Reihenfolge aktiviert, um keine Beeinflussung zu erwirken.

7.3.3 Ortsbegehung (Baustein C)

Unabhängig von den verwendeten Modellen, Theorien und Forschungsansätzen behandelt geographische Forschung im Allgemeinen immer räumliche Fragestellungen und (das ist die planerische Ergänzung) deren politische Einflussfaktoren. Hinter jeder Forschungsfrage steht daher implizit oder explizit auch ein konkreter Raum. „Raum in der Planung ist (...) mehr als gebauter Raum, mehr als die Zusammenfassung aller sichtbaren Siedlungs- und Kulturlandschaften. Er ist immer sowohl gebauter als auch sozialer und logischer, d.h. konstruierter Raum, der immer wieder neu zu denken, zu strukturieren und zu gestalten ist" (Kilper/Zibell 2005: 177).

Zur Analyse sowohl des gebauten, wie auch des sozial konstruierten Raums stehen dabei verschiedene wissenschaftliche Methoden zur Auswahl, die unter dem Oberbegriff der *Ortserkundung* gefasst werden. Dabei sind zwei wesentliche Bedingungen zu beachten (vgl. Althaus et al. 2009: 2): Erstens ist zu beachten, dass es verschiedene Arten der Ortserkundung gibt. Je nach Fragestellung ist zu entscheiden, ob eine *Besichtigung, Begehung, Beobachtung, Befragung* oder *Kartierung* zielführend ist. Nur wenn hier eine methodische Kohärenz vorliegt, können belastbare Ergebnisse erzielt werden. Zweitens sind darüber hinaus die Anforderungen der Wissenschaftlichkeit zu berücksichtigen. Die getätigten Aussagen müssen dabei nachvollziehbar und überprüfbar sein. Sowohl bei der Datenerhebung als auch der Datenauswertung müssen die einzelnen Arbeitsschritte daher logisch und systematisch aufeinander aufbauen. Diese zwei Bedingungen bewirken, dass die Ortserkundung keineswegs banal ist. Die Vorbereitungen und die Durchführung sind sorgfältig zu vollziehen, um belastbare Erkenntnisse zu erzielen. In diesem Kapitel soll daher die Ortserkundung (bzw. genauer: die Ortsbegehung) als Baustein D hergeleitet und vorbereitet werden. Die Ergebnisse des Bausteins sind dann bei der Darstellung der untersuchten Fallstudien zu finden (siehe Kap. 10.3 Fallstudien Bausteine C und D).

7.3.3.1 Arten der Ortserkundung

Bei der Ortserkundung kann zwischen fünf Arten unterschieden werden (siehe auch Tabelle 28): Besichtigung, Begehung, Beobachtung, Befragung und Kartierung. Dabei sind jedoch auch Mischformen durchaus üblich, wodurch die genaue Abgrenzung im Einzelfall erschwert wird. Zudem werden diese Arten auch häufig kombiniert und können im Rahmen eines Forschungsprojekts logisch und zeitlich aufeinander aufbauend gestaltet werden.

Die Besichtigung stellt einen unstrukturierten Rundgang durch den Untersuchungsraum dar und dient der Gewinnung des ersten Eindrucks. Der bewusste Verzicht auf einen strukturierten Ablauf soll „den BetrachterInnen eine persönliche, intuitive Wahrnehmung der Umwelt, ohne durch Vorgaben sofort auf bestimmte Aspekte beschränkt zu werden, [ermöglichen]" (Althaus et al. 2009: 24). Dieser methodische Schritt ist daher insbesondere für qualitative Fragestellungen im Bereich der Sozialwissenschaften zielführend. Die Dokumentation erfolgt meistens mittels persönlicher Notizen und Fotos.

Davon abzugrenzen ist die Begehung, welche einen strukturierten Rundgang durch den Untersuchungsraum darstellt. Der Raum wird nach festgelegten Aspekten untersucht (sog. systematische Bestandsaufnahme). Dies eignet sich insbesondere für die Erfassung der gegenständlichen, physischen Umwelt mit ihren baulichen und natürräumlichen Gegebenheiten (vgl. Althaus et al. 2009: 26). Entsprechend ist eine sorgfältige Vorbereitung notwendig, die die benötigten Informationen identifiziert und in Kategorieren operationalisiert. Bei der Durchführung ist auf entsprechende Hilfsmittel, insbesondere zur Dokumentation zurückzugreifen. Daneben sind (je nach Fragestellung) auch Faktoren zu berücksichtigen, die die Daten beeinflussen und ggf. verfälschen können. So sind bspw. die Ergebnisse einer Passanten- oder Kundenfrequenzzählung stark vom Wetter und vom Zeitpunkt (Wochentag, Tageszeit, Jahreszeit) abhängig. Auch die Bewertung städtebaulicher Qualität kann unter Umständen durch diese Faktoren beeinflusst werden, da die menschliche Beobachtung emotionsgetrieben und somit anfällig für Einflüsse ist. Die Erarbeitung von objektive Merkmalen mit klaren Abstufungen soll diesem Phänomen vorbeugen. Zur sorgfältigen Dokumentation bieten sich Erhebungsbögen an. So kann sichergestellt werden, dass alle benötigten Informationen erhoben werden und die gesammelten Daten nicht verloren gehen.

Zur Erfassung sozialräumlicher Strukturen ist eine Betrachtung der gebauten und natürlichen Umwelt nicht ausreichend. Um das Verhalten der beteiligten Akteure zu erfassen sind Beobachtungen notwendig. Je nach Fragestellung sind hier unterschiedlichste Untersuchungsansätze möglich, die sich nach Grad der Strukturierung oder Grad der Teilhabe der Forschenden unterscheiden (Für eine Reihe von Beispielen siehe Althaus et al. 2009: 36-44). Im Zentrum stehen Variationen der Grundfrage: Wer macht was wann und wo? Die Dokumentation kann mittels schriftlicher Fixierung der Beobachtungen oder auch nachträglicher Analyse von Filmmaterial stattfinden. Interessante Forschungsergebnisse sind häufig in der Diskrepanz zwischen den beobachtetem Verhalten und der Selbstauskunft mittels Befragung zu finden.

Um entweder die Selbstwahrnehmung der beteiligten Akteure oder deren Begründungszusammenhänge zu untersuchen, können Befragungen durchgeführt werden. Je nach Fragestellung ist zwischen der quantitativen und der qualitativen Befragung zu unterscheiden. Bei quantitativen Befragungen steht der Vergleich (bspw. der Häufigkeiten bestimmter Antworten) im Vordergrund. Qualitativen Befragungen dienen der Gewinnung von Meinungen, Einschätzungen, Begründungen oder bisher unbekannte Informationen. Bei der Durchführung ist für beide Arten zwischen einer Vielzahl von Möglichkeiten zu wählen, die von der Fragestellung und den verfügbaren Ressourcen abhängig sind. Die Dokumentation erfolgt mittels Mitschrift (auch strukturiert im Rahmen eines Erhebungsbogens) oder Mitschnitt des Gesprächs und der nachträglichen Auswertung.

	BESICHTI-GUNG	BEGEHUNG	BEOBACH-TUNG	BEFRAGUNG	KARTIE-RUNG
Merkmale	Unstrukturierte Begehung des Untersuchungsgebiets	strukturierte Begehung des Untersuchungsgebiets	Beobachtung des Akteursverhalten	Befragung der Akteure	Kartografische Darstellung der Daten
Anwendungsgebiete	Zur Gewinnung eines intuitiven Eindrucks	Zur systematischen Bestandserhebung	Zur Analyse sozialräumlicher Strukturen eines Untersuchungsgebiets	Zur Analyse von Selbstwahrnehmungen und Begründungszusammenhängen	Zur Analyse der räumlichen Struktur
Vorbereitung	Bewusst keine	Identifikation von benötigten Daten und Operationalisierung und erhebbare Kategorien	Identifikation von benötigten Daten und Erarbeitung von Verhaltensmerkmalen	Je nach Typ und Ziel. Quantitative Befragungen: Ausarbeitung eines detaillierten Fragebogens. Qualitative Befragungen: meist Leitfaden	Häufig in Kombination mit den anderen Methoden
Dokumentation	Meist mittels Notizen und Fotos	Meist mittels Erhebungsbögen und Fotos	Meist mittels Erhebungsbögen und Filmaufnahmen	Meist mittels Mitschriften und Mitschnitten	Vielfältige technische Möglichkeiten (GIS, CAD, etc.)

Tabelle 28: Merkmale unterschiedlicher Arten der Ortserkundung. Quelle: Eigene Darstellung

Bei der Ortserkundung sind häufig räumliche Verortungen der Daten hilfreich oder gar zwingend notwendig. Hierfür bietet sich die Kartierung an. Dies findet häufig in Kombination mit den vorgenannten Arten statt. So können besichtigte Daten als atmosphärische oder kognitive Karten dargestellt werden; Begangene Daten werden als kartographische Bestandsaufnahme aufgearbeitet; beobachtete Daten können bspw. als Verhaltenskarten dokumentiert werden. Bei der Dokumentation und Darstellung kann die gesamte Bandbreite der Kartographie herangezogen werden (bspw. Schwarzpläne, Schichtenanalyse oder GIS-Datenbanken).

Die Methoden der Ortserkundung dienen der Sammlung der für die Analyse notwendigen Daten. Die Darstellung der gesammelten Daten erfolgt im Rahmen der Fallstudienpräsentation (siehe Kap. 10.3) und somit in Kombination der verschiedenen Bausteine. Die gesammelten Daten werden dabei systematisiert und verdichtet, um eine möglichst nachvollziehbare und anschauliche Darstellung der örtlichen Verhältnisse zu erhalten.

7.3.3.2 Auswahl der Ortsbegehung als geeignete Methode

Die Auswahl aus den zur Verfügung stehenden Methoden erfolgt gemäss dreier Kriterien: Eingrenzung, Wichtigkeit und Angemessenheit. Zunächst ist einzugrenzen, welche Daten für die jeweilige Forschung überhaupt benötigt werden. Dies ist abhängig von dem Erkenntnisinteresse und den Arbeitshypothesen (siehe Kap. 4.3). Aufbauend darauf ist in einem zweiten Kriterium zu prüfen, wofür die Antworten überhaupt benötigt werden. Dies erlaubt Rückschlüsse über die Wichtigkeit der zu sammelnden Daten. Abschliessend ist zu fragen, welches das geeignete Mittel ist, um diese Daten logisch konsistent zu erheben.

Im vorliegenden Fall dient die Ortserkundung als ergänzenden Baustein der systematischen Bestandsaufnahme der baulichen und natur-räumlichen Umwelt. Die Daten, die mittels Fernerkundung (Baustein A), Fragebogen (Baustein B) und Fallstudienuntersuchung (Baustein D) erhoben wurden, sollen in ihrer Räumlichkeit überprüft werden. Dementsprechend ist bezogen auf die Eingrenzung, Wichtigkeit und Angemessenheit eine *Ortsbegehung* die geeignete Methode.

Die Vorteile dieser Methode erlauben eine nachvollziehbare und überprüfbare Darstellung des Bestands. Der methodische Mangel liegt in der rein deskriptiven Art der Aussagen. In der vorliegenden Forschung stellt dies jedoch kein Hindernis dar, da mittels der anderen Bausteine bereits explanative Elemente erhoben und analysiert werden. Die Ergänzung um den deskriptiven Part stellt daher eine bewusste Ergänzung dar.

Gleichzeitig sind die anderen Arten der Ortserkundung auszuschliessen. Die vorliegende Fragestellung zielt nicht auf subjektive Wahrnehmung der Räume ab, weshalb eine Ortsbesichtigung und auch eine Kartierung nicht zielführend sind. Auch eine Kartierung führt nicht zum Ziel. Das Verhalten der Raumnutzer steht (im Gegensatz zum Verhalten der Raumgestalter) nicht im Zentrum des Forschungsinteresses, sondern wird lediglich indirekt angesprochen (bspw. über das Einkaufsverhalten und die Versorgungssituation der Bevölkerung). Eine direkte Beobachtung ist entsprechend ebenfalls nicht zielführend. Schliesslich führt auch eine Befragung, bspw. über die Gründe der Raumnutzer, nicht weiter. In Anbetracht der Kriterien und der Alternativen ist die Entscheidung den Baustein C als Ortsbegehung zu gestalten, bewusst für diese Methode und bewusste gegen die Alternativen oder mögliche Kombinationen getroffen worden.

7.3.3.3 Entwicklung eines Erhebungsbogens zur Ortsbegehung

Zweck der Ortsbegehung ist die überprüfbare Bestandsaufnahme der gebauten und natürräumlichen Umwelt in den jeweiligen Fallstudien. Daher ist ein Erhebungsbogen zu entwickeln, der a) die Erfassung aller benötigten Daten vor Ort sicherstellt (und in diesem Sinne ein Hilfsmittel für die Forschung darstellt) und b) die Bestandsaufnahme nachvollziehbar und überprüfbar macht (und in diesem Sinne ein Hilfsmittel für die Leserschaft darstellt). Die Entwicklung von klaren

Merkmalskategorien stellt damit eine wichtige Vorleistung der Ortsbegehung dar. Die einzelnen Merkmalsausprägungen müssen so ausgewählt werden, dass sie sich eindeutig erheben lassen und die örtliche Situation ausreichend beschreiben. Nur dann ist eine Nachvollziehbarkeit und Überprüfbarkeit der Aussagen möglich.

Der Erhebungsbogen wird in vier Abschnitte gegliedert. Zunächst werden die Rahmendaten erhoben, welche für archivarische und dokumentarische Zwecke notwendig sind. Dies umfasst bspw. die Daten zur eindeutigen Identifikation der untersuchten Gemeinde (Gemeindename, Kanton, BFS-Nr.), der örtlichen Ansprechpartner (Name, Funktion, Adresse) und des untersuchten Standortes (Betreiber, interne ID, alternativer Name, Adressdaten). Darüber hinaus werden auch grafische Elemente ermöglicht (Ortsplan, Ortsbild, Standortfoto). Im zweiten Abschnitt werden Daten zum Standort zusammengetragen. Dies umfasst auch einige Daten, die nicht mittels Ortsbegehung, sondern durch Schreibtischrecherche ermittelt werden, aber im Sinne eines Profils des Standortes im Erhebungsbogen integriert werden. So werden zeitliche Abläufe (bspw. Zeitpunkt des Baugesuchs), baurechtliche Grunddaten (Zone, GF, BGF, VK und Anzahl Stellplätze), sowie schliesslich bautypische Daten (Discounter-Generation, Bautyp) gesammelt. Hier ist auch bereits ein erstes offenes Merkmal vorgesehen, in welchem bautypische Besonderheiten notiert werden können. Im dritten Abschnitt erfolgt schliesslich die Bewertung des Standorts anhand eines Kriterienkatalogs (für die ausführliche Herleitung siehe Kap. 6.3). Dies wird in fünf Unterabschnitt gegliedert (Funktionale Qualität, Stadtstrukturelle Qualität, Objektqualität, Freiraumqualität und Erschliessungsqualität), die wiederum jeweils in einzelne Merkmale operationalisiert werden. Auch hier werden wieder im Sinne der Entwicklung eines Profils Daten zusammengetragen, die entweder durch die Ortsbegehung oder bereits durch die Fernerkundung erhoben wurden. Im abschliessenden vierten Abschnitt werden offene Kategorien geführt. Hier können weitere Beobachtungen festgehalten werden. Als grobe Orientierungskategorien werden Informationen zu Kontakte, (mögliche) Konflikte, Fragen, Links und Sonstiges angeboten. Dieser Abschnitt ist allerdings explizit dynamisch und kann im Verlauf der Fallstudienuntersuchung im Einzelfall angepasst werden.

Der Erhebungsbogen dient gleichzeitig auch als Vorlage für die Profile, die im Rahmen der Darstellung der empirischen Arbeit für die einzelnen Discounter-Standorte erarbeitet werden. Informationstechnisch handelt es sich dabei um Serienbriefe, die auf einer Word-Vorlage basieren und aus den Datensätzen der Excel-Datei die Profile generiert.

7.3.4   Akteursbefragung und Dokumentenanalyse

Die in der vorliegenden Arbeit behandelten Erkenntnisinteressen sind überwiegend explanativer Art. Als wesentliche Informationsquellen sind daher einerseits Akteure und andererseits zentrale planungsrechtliche Dokumente unerlässlich. Daher werden Akteursbefragung und Dokumentenanalyse als weiterer methodischer Baustein ergänzt und im Folgenden begründet. Da beide Ansätze auf die Gewinnung ähnlicher, vielfach auch deckungsgleicher Daten bzw. die gegenseitige Verifizierung abzielen, sind beide Methoden in einem Baustein zusammengefasst (Baustein D). Die inhaltlichen Ergebnisse sind direkt in die Dokumentation der jeweiligen Fallstudien eingeflossen (siehe Kap. 10.3).

7.3.4.1   Befragung als Methode

Die Befragung ist als Methode in den gesellschaftswissenschaftlichen Forschungen von grosser Bedeutung. Sowohl im Rahmen qualitativer, als auch bei quantitativer Forschung kann mittels dieser Methode das Fachwissen und die Erfahrung ausgewählter Personen zugänglich gemacht werden. Die befragten Personen sind dabei (anders als bspw. bei der Diskursanalyse) nicht Gegenstand der Untersuchung, sondern dienen als Informationsquelle. „Sie sind Zeugen des Sachverhalts und nicht das Objekt der Untersuchung selbst" (Wintzer/Hengstermann (im Erscheinen): 6). Die Befragungen haben insofern sowohl systematischen, wie gleichermassen auch explorativen Charakter.

Systematische Befragungen dienen insbesondere dem Abfragen von spezifischen Fachwissen und in einem weiteren Sinne und, soweit für die Unterschung notwendig, der fachlichen Einschätzungen (Bogner & Menz, 2002: 38). „Beim Experteninterview ist der Informationsgewinn über einen Sachverhalt das vordergründige Ziel. Das heißt, dass die Interviewsteuerung auf den Gewinn von Fakten ausgerichtet ist und die Meinungen und Wahrnehmungen der ExpertInnen nur von Interesse sind, wenn diese dem Verständnis des Sachverhalts dienen" (Wintzer/Hengstermann (Im Erscheinen): 6). Die Interviews sind in aller Regel stark strukturiert, wodurch auch die Vollständigkeit und Vergleichbarkeit gewährleistet werden sollen. Explorative Befragungen dienen der ersten Orientierung, der Schärfung der Problemstellung, wie auch der Strukturierung des Untersuchungsgegenstandes (Bogner & Menz, 2002: 37). Die Befragung selbst wird zwar durch einen allgemeinen Gesprächsleitfaden vorstrukturiert, ist aber grundsätzlich offen. Vollständigkeit und Vergleichbarkeit sind nicht zwingend.

Die Qualität der gewonnenen Erkenntnisse ist stark von der Auswahl der jeweiligen Gesprächspersonen abhängig. Je nach Forschungsfrage kommen dazu unterschiedliche Personen in Frage. Die häufig verwendete Bezeichnung als „Experteninterview" erscheint dabei wenig zielführend und kommt bereits bei der Definition von Expert an seine Grenzen. „ExpertInnen sind Personen, die auf Grund ihrer beruflichen Stellung über spezifisches Gruppenwissen verfügen, mittels dessen die Wissenschaft Wissen über einen Gegenstand, ein Ereignis oder einen Prozess erlangen kann" (Wintzer/Hengstermann (Im Erscheinen): 6). Einerseits ist bei gesellschaftlichen Prozessen allgemein, und bei räumlichen Entwicklung insbesondere, kaum abgrenzbar, wer als Experte zu bezeichnen ist. Privatanlieger verfügen häufig über sehr detailliertes Wissen über die räumliche Situation und können daher ebenfalls als sachkundig bezeichnet werden. Gleichzeitig sind technisches und prozessuales Wissen im Regelfall gering ausgeprägt, wobei hier durchaus beachtenswerte Ausnahmen beobachtet werden können (häufig institutionalisiert in Form von Interessensgemeinschaften oder Bürgerinitiativen). Andersherum kann insbesondere in der Raumplanung nicht automatisch von Sachkunde ausgegangen werden, nur weil eine bestimmte Person eine bestimmte berufliche Rolle ausübt. Besonders in kleineren Gemeindeverwaltungen erfüllen die „Bauverwalter" meist eine Vielzahl von Aufgaben aus den Bereichen Planung, Hochbau und Tiefbau. Das Fachwissen, auch im prozessualen und technischen Bereich, kann dabei kaum in allen Bereichen gleichermassen ausgeprägt sein. Durch die mangelnde Tradition als eigenständige und abgrenzbare Disziplin und die unzureichende Planungsausbildung werden die planerischen Aufgaben nicht selten von Quereinsteigern ausgeübt. Ähnliches gilt für Politiker, die häufig ein breites Themenspektrum abdecken müssen und (insbesondere in tieferen Staatsebenen) dies nebenberuflich ausüben. Gesamthaft betrachtet erscheint eine Auswahl der Befragungspersonen nach deren Fachkompetenz (im Sinne eines Experteninterviews) kaum möglich und wenig hilfreich.

Stattdessen wird in der vorliegenden Arbeit der Ansatz der akteurszentrierten Forschung auch in der Methodik durchgezogen. Die Auswahl der Befragungspersonen erfolgt nach deren Rolle, die interessensbasiert definiert und daher als Akteur bezeichnet wird. Im Einzelfall kann das dazu führen, dass Personen befragt werden, deren Wissen und Kompetenz über den Fall gering ist. Allerdings ist dies nicht als methodische Schwäche anzusehen. Da diese Personen qua Interesse auch im tatsächlichen Planungsprozess eingebunden sind, stellt dies lediglich eine realistischere Situation dar und ist daher als methodischer Vorteil zu betrachten. Die Auswahl ausgewiesener „Experten" (unter Vorbehalt der erwähnten Ungenauigkeiten bei der Bestimmung von Experten) führt in der Tendenz zu einer sehr subjektiven Verfälschung der Ergebnisse. Wenn eine Person mit der Durchführung der Planung beauftragt ist, aber das

notwendige Fachwissen nicht ausweisen kann, könnte dies das Planungsergebnisse massgeblich erklären und ist daher explizit auszuwählen, anstatt (wie bei Experteninterviews gefordert und vielfach in der Planungsliteratur gemacht) als Person auszuschliessen.

Für die vorliegende Arbeit werden daher Akteure definiert, welche befragt werden sollen (siehe
Tabelle 29). Ob die Personen, die diese Akteursrolle innehaben, das notwendige Fachwissen
mitbringen, wird nicht berücksichtigt und kann allenfalls als Einflussfaktor berücksichtigt werden.
Bei der Aufarbeitung des institutionellen Bodenregimes (siehe Kap. 8) werden diese Akteure
nochmals detaillierter vorgestellt und aufgearbeitet. An dieser Stelle soll lediglich vorweggenommen werden, dass für die Darstellung der Fallstudien die öffentlichen Planungsträger von
zentraler Bedeutung sind und daher befragt werden sollen. Der Begriff umfasst dabei verschiedene Akteure. Wichtig ist, dass sowohl administrative, wie auch politische Akteure gemeint sind.
Zudem wird zwar auf die kommunale Ebene fokussiert, je nach Fallstudie sind die entsprechenden Akteure auf kantonaler Ebene ebenfalls von Bedeutung und werden daher grundsätzlich
ebenfalls berücksichtigt.

Zusätzlich werden auch entsprechende Kommissionen berücksichtigt. Üblicherweise werden
diese durch fachkundige Mitglieder des Gemeindeparlaments gebildet und durch (nicht stimmbe-
rechtigte) Vertreter der Verwaltung ergänzt. Im Einzelfall (bspw. in der Fallstudie Biberist) sind
jedoch auch weitere, externe Personen in der Kommission. Die Kommissionen (je nach Gemeinde und Aufgabe werden darunter Baukommission, Raumplanungskommission oder Stadtentwick-
lungskommission verstanden) haben die Aufgabe, die Arbeit der Gemeindeparlamente
vorzubereiten und sind daher grundsätzlich als Legislative Einheit zu verstehen. Als grober Indikator können sie verwendet werden, um in der Planungspolitik aktive Gemeindemitglieder zu
identifizieren, und sind daher als erste Orientierung sehr hilfreich. Bezeichnend ist auch, welcher
Akteur den Vorsitz der jeweiligen Kommission innehat. Üblicherweise ist dies der für die Planung zuständige Gemeinderat. In einigen Fällen (bspw. in der Fallstudie Wädenswil) wird dies
jedoch auch direkt vom Gemeindepräsidenten übernommen.

	ADMINISTRATION	POLITIK
Kommunal	Bauverwaltung, Planungsamt, Gemeindeschreiber	Gemeindepräsidium, Gemeinderat, Gemeinde-parlament, Kommissionen
Kantonal	Kantonales Planungsamt	Grosser Rat

Tabelle 29: Einteilung der öffentlichen Planungsträger nach Ebene und Organisation. Quelle: Eigene Darstellung.
Die einzelnen Begrifflichkeiten können sich dabei je nach Sprachregion, Kanton und einzelner Gemeinde unterschei-
den. Verwendet werden an dieser Stelle generische Begriffe, deren Äquivalente inkludiert sind.

Die Akteure der Zielgruppe (insb. Investoren und Grundeigentümer) und der Betroffenen
(insb. die allgemeine Bevölkerung), sowie die Dritten (Beeinträchtigte und Nutzniesser) sind
für die vorliegende Arbeit von indirekter Bedeutung (dies wird im Kap. 5 erläutert und begründet) und daher bei den Befragungen nicht berücksichtigt.

7.3.4.2   *Dokumentenanalyse*

Die Aussagen der Akteure sind keinesfalls Gegenstand, sondern nur Hilfsmittel der Untersuchung. Da im Zentrum des Bausteins jedoch die Gewinnung von Fakten steht, sind die Aus-

sagen stets zu überprüfen. Wo immer möglich sollen dazu belastbare Schriftdokumente herangezogen werden, wobei es sich dabei sowohl um kartographische, wie auch textliche Dokumente handeln kann.

Die Untersuchungseinheit Lebensmittel-Discounter (siehe Kap. 5.1) hat damit (zumindest in der Schweiz) einen weiteren, pragmatischen Vorteil. Die älteste Filialeröffnung liegt lediglich 12 Jahre zurück. Die Planungen begannen zwei Jahre früher, im Jahr 2003. LM-Discounter in der Schweiz sind damit ein vergleichsweise junges Phänomen, welches entsprechend gut dokumentiert ist und bei dem die zugehörigen Dokumente gut zugänglich (häufig sogar online archiviert) sind. Gleichzeitig ergibt sich hierdurch eine Vielzahl von Datenpunkten und Dokumenten. Daher ist es notwendig, die Analyse auf wesentliche Dokumente zu beschränken und ein mehrstufiges Verfahren zur gezielten Auswertung dieser Dokumente zu entwickeln.

In der vorliegenden Arbeit wird ein dreistufiges Verfahren gewählt, welches (1) aus einer ersten Voruntersuchung (Screening), (2) aus fachlichen Dokumentenauswertung (Analyse) und (3) aus spezifischen Verifizierungen und Vertiefungen besteht. Je nach Stufe werden dabei unterschiedliche Dokumentenarten berücksichtigt. Für die erste Stufe, die Voruntersuchung, werden allgemein zugängliche Dokumente, wie bspw. Zeitungsberichte (inkl. Leserbriefe) und Parteiparolen herangezogen. Hierdurch kann einerseits ein erster allgemeiner Eindruck gewonnen und andererseits erste (in der Öffentlichkeit diskutierte) politische Konflikte identifiziert werden. In der zweiten Stufe, der eigentlichen Analyse, werden planungsrechtliche wie auch planungspolitische Dokumente herangezogen. Im Zentrum steht hier die baurechtliche Grundordnung (Bauordnung + Nutzungszonenplan + ggf. Raumplanungs- oder Mitwirkungsbericht + ggf. Sondernutzungsplan). Die strategischen, planungspolitischen Dokumente (bspw. Raumentwicklungskonzepte, Leitbilder, Strategien) dienen dazu, die jeweiligen Ziele zu identifizieren, die mit den planungsrechtlichen Dokumenten und dem darin enthaltenen Instrumentarium erreicht werden soll. Auch kantonale Dokumente (sowohl rechtlicher, wie auch politischer Natur) werden zu diesem Zeitpunkt ergänzt, wobei ein direkter Bezug gegeben sein muss. Im Einzelfall kommt noch eine dritte analytische Stufe zu Einsatz. Hier werden spezifische Punkte durch gezielt ergänzte Dokumente verifiziert oder vertieft. Dies betrifft bspw. Dokumente bzgl. einer kommunalen Bodenbevorratungspolitik oder zu planerischen Einzelaspekten (Zentrumsentwicklung).

7.3.4.3   *Hierarchie der beiden methodischen Ansätze*

Zu klären ist noch, welche Hierarchie zwischen den beiden methodischen Ansätzen dieses Bausteins in der vorliegenden Arbeit besteht. In planungswissenschaftlicher Literatur wird häufig von einem zweischrittigen Verfahren gesprochen. Die Dokumentenanalyse dient der Vorbereitung der Befragung. Einer solch klaren Hierarchie wird in der vorliegenden Arbeit nicht gefolgt. Die beiden Methoden werden vielmehr als iterative Ergänzungen und gegenseitige Überprüfungen verstanden. Die Befragungen werden durch eine vorangegangene Dokumentenanalyse vorbereitet. Gleichermassen wird allerdings stets versucht die in der Befragung erlangten Informationen durch Dokumente zu verifizieren. Andersherum dienen die Befragungen auch dem besseren Verständnis der Dokumente. Bspw. ist die rein deskriptive Beschreibung der baurechtlichen Grundordnung ein wichtiger und häufig interessanter Schritt. Doch erst durch die Ergänzung des Entstehungshintergrunds und/oder die tatsächliche Bedeutung in der planerischen Praxis können die rechtlichen Regeln angemessen interpretiert werden. Dazu kann in aller Regel eine Befragung beitragen. Die beiden Methoden sind daher keiner eindeutigen Hierarchie zuzuordnen. Auch deshalb werden beide in einem einzelnen Baustein der Datenerhebung zusammengefasst.

7.3.5   Übersicht der vier Bausteine zur Datenerhebung

Die empirischen Ergebnisse dieser Arbeit werden also auf vier Bausteine basieren (siehe Tabelle 30): Bausteine A (Bewertung mittels Fernerkundung) und B (Schriftliche Umfrage) stellen eine extensive Untersuchung in allen schweizerischen Gemeinden mit mindestens einer LM-Discounter-Filiale dar. Dies dient der Gewinnung eines Überblicks und Vergleichsmöglichkeiten. Der konkrete Wirkungszusammenhang zwischen den Strategien der öffentlichen Planungsträger und dem räumlichen Endergebnis werden in mehreren Fallstudien intensiviert (Bausteine C und D). Zusammen betrachtet entsteht ein holistisches (single-unit of analysis) multiple-case study design.

	BEWERTUNG DER STÄDTE-BAULICHE QUALITÄT VON LM-DISCOUNTER-FILIALEN	**ANALYSE DER BODEN-POLITISCHEN STRATEGIEN**
Extensive Untersuchung aller Standort bzw. Gemeinden	Baustein A (Fernerkundung)	Baustein B (Fragebogen)
Intensive Untersuchung ausgewählter Fallstudien	Baustein C (Ortsbegehung)	Baustein D (Dokumentenanalyse und Experteninterviews)

Tabelle 30: Matrix des Forschungsdesigns der vorliegenden Arbeit. Quelle: Eigene Darstellung.

7.4   Quasi-Experimentelles Forschungsdesign

Mit den nun vorgestellten Forschungsmethoden verfolgt die vorliegende Arbeit eine Untersuchungsanordnung, die als quasi-experimentell zu bezeichnen ist.

Im weiteren Sinne umfasst ein Experiment „that portion of research in which variables are manipulated and their effects upon other variables observed" (Campbell/Stanley 1966: 1). Im engeren Sinne bedeutet dies, dass in einem Experiment alle Variablen durch den Untersuchungsaufbau kontrolliert sind und so der Einfluss der unabhängigen Variablen auf die abhängige Variable isoliert werden kann. In den Sozialwissenschaften sind solche Untersuchungsaufbauten nicht möglich.

> There are many natural social settings in which the research person can introduce something like experimental design into his scheduling of data collection procedures [...], even though he lacks the full control over the scheduling of experimental stimuli [...] which makes a true experiment possible. [...] But just because full experimental control is lacking, it becomes imperative that the researcher be thoroughly aware of which specific variables his particular design fails to control. (Campbell/Stanley 1966: 34).

Seit nunmehr fast einhundert Jahren werden jedoch in sozialwissenschaftlicher Forschung (insb. Psychologie, Soziologie und Pädagogik) Untersuchungsaufbauten erstellt, die zumindest einen Ausschluss einiger Einflussvariablen ermöglichen und den Einfluss weiterer Variablen zu reduzieren versuchen. Das im Jahr 1923 veröffentlichte Buch ‚How to Experiment in Education' (McCall 1926) scheint diesbezüglich ein bemerkenswerter Wandel zu sein.

Um eine Verwechslung mit naturwissenschaftlichen Experimenten zu vermeiden wird in diesem Zusammenhang von *Quasi-Experimenten* gesprochen und diese von den *Wahren*

Experiments abgegrenzt (vgl. Campbell/Stanley 1966). Damit soll auch zum Ausdruck gebracht werden, dass diese Versuchsaufbauten nicht den naturwissenschaftlichen Ansprüchen genügen würden – dies aber gleichermassen auch nicht suggeriert wird. „Where an experimental design ‚controls' for one of these factors, it merely renders this rival hypothesis implausible, even though through possible complex coincidences it might still operate to produce the experimental outcome [...]. Where controls are lacking in a quasi-experiment, one must, in interpreting the results, consider in detail the likelihood of uncontrolled factors accounting for the results" (Campbell/Stanley 1966: 36). Quasiexperimente sind also solche Designs, „bei denen eine oder mehrere [...] Sekundarfehlerquellen methodisch nicht befriedigend kontrolliert bzw. kontrollierbar sind. Es ist meist nicht die Unzulänglichkeit [...] des Untersuchers, sondern vielmehr die Natur des psychologischen Untersuchungsobjekts selbst, welche nur eine geringe Kontrolle der die interne Validität bedrohenden Faktoren ermöglicht, als dies vergleichsweise für die strengen experimentellen Designs zutrifft" (Sarris 1992: 148).

Quasi-Experimente können verschiedene Unterformen annehmen (siehe Campbell/Stanley 1966: 37-64), die jedoch für die vorliegende Arbeit von geringer Bedeutung sind. Festgehalten werden soll lediglich die Eigenschaft des vorliegenden Forschungsdesigns als teilkontrollierte, soziale Situation im Sinne eines Quasi-Experiments, da (ähnlich wie bei einem „echten" Experiment) der erarbeitete Aufbau auf die Isolierung des Einflusses der unabhängigen Variablen zielt. Unterschieden werden muss jedoch, dass die Untersuchung nicht im Labor, sondern im Feld stattfindet und daher nicht alle Einflussfaktoren kontrollieren werden können. „When, in fact, experiments often proved to be tedious, equivocal, of undependable replicability, and to confirm pre-scientific wisdom, the overoptimistic grounds upon which experimentation had been justified were undercut, and a disillusioned rejection or neglect took place" (Campbell/Stanley 1966: 3).

Teil C: Empirische Erkenntnisse

EMPIRISCHE TEILE DER VORLIEGENDEN ARBEIT	
Screening (Kap. 8 & 9)	
Fernerkundung (Kap. 10.1)	Fragebogen (Kap. 10.2)
Ortsbegehung (Kap. 10.3)	Dokumente / Interviews (Kap. 10.3)

Tabelle 31: Methoden der vorliegenden Arbeit. Quelle: Eigene Darstellung.

Die vorliegende Arbeit basiert umfassend betrachtet also auch verschiedene methodische Elemente (siehe Tabelle 31). Die Ergebnisse der empirischen Untersuchung werden nachfolgenden Teil C dargestellt. Analog zum hier dargestellten methodischen Vorgehen, werden zunächst die Ergebnisse des Screenings des institutionellen Bodenregimes in der Schweiz (Kap. 8) und deren Instrumente (Kap. 9) dargestellt, ehe dann die Befunde zum Wirkungsmechanismus aktiver Bodenpolitik (Kap. 10) folgen.

8. Screening des institutionellen Bodenregimes in der Schweiz

In der Kommunikationswissenschaft gilt, dass es unmöglich ist nicht zu kommunizieren. "Denn jede Kommunikation (nicht nur mit Worten) ist Verhalten und genauso wie man sich nicht nicht verhalten kann, kann man nicht nicht kommunizieren." (Watzlawick / Beavin / Jackson (1969/2007: 53). Analog zum Verhalten und zur Kommunikation kann Boden nicht nicht genutzt werden. Ein Verzicht auf eine bewusste bauliche Nutzung stellt im Umkehrschluss die Nutzung der natürlichen Bodenfunktionen dar, welche ebenfalls anthropozentrisch sein kann – mindestens aber biozentrisch ist. Daher stellt Boden eine Ressource dar, welche Gegenstand unterschiedlicher Akteursinteressen mit entsprechenden Konflikten ist und entsprechend institutionell zu regulieren ist.

Um zu zeigen, welche Rolle die Bodenpolitik in der schweizerischen Raumplanung einnimmt, soll daher das institutionelle Bodenregime in der Schweiz erarbeitet werden. Die Untersuchung erfolgt mittels der dargestellten Screeningmethode (siehe Kap. 7.1). Die Darstellung wird in die folgenden Unterkapitel gegliedert: Zunächst wird mithilfe der Politikanalyse (vgl. Kap. 3.4) der Wirkungsmechanismus der öffentlichen Politik zur Gewährleistung einer haushälterischen Bodennutzung und zur Erreichung der gewünschten Raumordnung dargestellt (Kap. 8.1) dargestellt – die Politik wird auch verkürzt als Raumplanungs- oder Raumordnungspolitik bezeichnet. Anschliessend wird argumentiert, dass die kürzlichen Änderungen dieser Politik, die Anlass und Problemstellung der vorliegenden Arbeit sind (siehe Kap. 1), zwar eine Veränderungen der Politik darstellen, aber nicht als grundsätzlicher Wandel des Wirkungsmechanismus zu interpretieren ist (siehe Kap. 8.2). Nachfolgenden werden die historischen Entwicklungen, die zu dieser Politik geführt haben, nachgezeichnet. Dabei wird analytisch zwischen der Bodeneigentums- (Kap. 8.3) und der Bodennutzungspolitik (Kap. 8.4) unterschieden. Mit diesen Vorarbeiten kann das institutionelle Bodenregime hinsichtlich seines Regimetyps (siehe Kap. 3.3.3) interpretiert – und auch die historischen Veränderungen es Regimetyps nachgezeichnet (Kap. .8.5). Das Screening dient gesamthaft als Vorbereitung für die nachfolgende Ableitung bodenpolitischer Instrumente (siehe Kap. 9).

Zu beachten ist, dass Boden Gegenstand verschiedener öffentlicher Politiken und den entsprechenden Rechtsbereichen ist. Wie bereits begründet, werden die Raumplanungspolitik und die eigentumsrechtliche Situation von Boden als die beiden wesentlichen Felder betrachtet. Daneben sind andere Politikfelder, wie Umwelt-, Landwirtschafts-, aber auch Wirtschafts- und Finanzpolitik zu nennen, für deren gründliche Analyse auf Arbeiten anderer Autoren verwiesen sei (siehe bspw. Nahrath 2003, Viallon 2017). Auch allgemeine Prinzipien, wie das Rechtsstaats-, Subsidiaritäts- und Nachhaltigkeitsprinzip seien hier nur am Rande erwähnt, aber nicht ausführlich behandelt, obgleich sie Einfluss auf die Ressource Boden und die öffentliche Politik nehmen.

© Springer Fachmedien Wiesbaden GmbH, ein Teil von Springer Nature 2019
A. Hengstermann, *Von der passiven Bodennutzungsplanung zur aktiven Bodenpolitik*, https://doi.org/10.1007/978-3-658-27614-0_8

8.1 Die öffentliche Politik zur Gewährleistung einer haushälterischen Bodennutzung und zur Erreichung der gewünschten Raumordnung

Eine öffentliche Politik bezeichnet ein „Ensemble von intentional zusammenhängenden Entscheidungen oder Tätigkeiten verschiedener öffentlicher [...] Akteure mit unterschiedlichen Ressourcen, institutionellen Bindungen und Interessen, die in der Absicht erfolgt, gezielt ein politisch als kollektiv definiertes Problem zu lösen" (Knoepfel et al. 2011: 47). Dieser Definition zufolge ist die Raumplanung als öffentliche Politik zu bezeichnen. Entsprechend ist die Politik anhand des legitimierenden öffentlichen Problems, dem grundsätzlichen Wirkungsmechanismus, den Akteuren und den kodifizierten Zielen zu dekonstruieren.

8.1.1 Das öffentliche Problem und die zugrundeliegende Kausalhypothese

Um die Auswahl und die Wirksamkeit bodenpolitischer Instrumente zu verstehen, sind das öffentliche Problem und die zugrundeliegende Kausalhypothese zu identifizieren. Das öffentliche Problem ist politisch und/oder gesellschaftlich definiert und beschreibt die soziale Forderung zur Lösung eines Konflikts (vgl. Viallon 2017: 40). Diese Problemdefinition kann sich über die Zeit verändern, wie dies im Bereich der Raumplanungspolitik in den 1980er Jahren der Fall war (vgl. Nahrath 2003).

Der öffentlichen Bodennutzungsplanung liegen verschiedenartige räumliche Probleme zugrunde, die meist unter dem Begriff ‚Zersiedelung' zusammengefasst werden. Der Begriff beschreibt dabei genau genommen eher ein Phänomen, welches verschiedene Probleme umfasst. Von zentraler Bedeutung sind die umfassende Umwandlung von landwirtschaftlich wertvollen Flächen in Siedlungsflächen (‚Kulturlandverlust') und den damit einhergehenden Auswirkungen auf die Agrarproduktion und (seit den 1970er Jahren) auf die Umwelt (bzgl. Biodiversität, Versiegelung, etc.), die stetig steigenden Bodenpreise mit den damit verknüpften Ausprägungen (bspw. ‚Wohnungsnot') sowie die negativen Auswirkungen der Zwischenstadtisierung (Zunahme des Verkehrs und der Verkehrsprobleme, Anonymisierung der Gesellschaft, Versiegelung, Naturgefahren, Identitätsverlust, Umweltverschmutzung, etc.).

Als Ursache hinter diesen verschiedenen problematischen Entwicklungen wird mangelnde Koordination angenommen. Der Zieleartikel des RPG verdeutlicht diese Grundhalten. Um die beiden Hauptziele der Raumplanungspolitik (haushälterische Bodennutzung und Erreichung der gewünschten Raumordnung) sind raumwirksame Tätigkeiten aufeinander abzustimmen. Wörtlich ist festgehalten: „Bund, Kantone und Gemeinden sorgen dafür, dass der Boden haushälterisch genutzt und das Baugebiet vom Nichtbaugebiet getrennt wird. Sie *stimmen ihre raumwirksamen Tätigkeiten aufeinander ab* und verwirklichen eine auf die erwünschte Entwicklung des Landes ausgerichtete Ordnung der Besiedlung" (Art. 1 Abs. 1 RPG n.F. Eigene Hervorhebung). Um Konflikte zu verringern und die Probleme zu lösen muss die räumliche Entwicklung koordiniert, gesteuert und geplant werden – so die grundsätzliche Kausalhypothese. Hieraus ergibt sich die grundsätzliche Legitimation einer Raumplanung und von planerischen Eingriffen in das geschützte Eigentum (bzw. die Baufreiheit). „Wenn die Bodennutzungen besser koordiniert und teilweise beschränkt werden, dann wird das Land gegen Übernutzung geschützt" (Viallon 2017: 43. Eigene Übersetzung). Seit den 1980er Jahren findet zudem eine kleine Veränderung statt, dass die nachhaltige Raumentwicklung als gesellschaftlich wünschenswertes und politisch gewolltes Leitbild fungiert. Dies geht auch einher mit der leicht veränderten Weiterentwicklung des politischen Problems durch die ressourcen-zentrierte Betrachtung einer aktiven Bodenpolitik. Demnach sind die einzelnen Konflikte problematisch. Ausschlaggebend ist jedoch die gesamthaft unerwünschte Raumentwicklung bzw. anders formuliert: Das Nicht-Erreichen der gewollten Raumentwicklung. Vor diesem Hintergrund ist auch die jüngste Teilrevision des RPG von 2012/2014 zu betrachten. Ausschlaggebend war, dass das ursprüngliche Politikproblem, nämliche die stetige Zersiedelung der Landschaft, nicht gelöst wurde. Um hier Fortschritte zu erzielen, sind die Interventionsmechanismen angepasst worden (siehe ausführlich Kap. 8.4.5).

8.1.2   Der grundsätzliche Wirkungsmechanismus der öffentlichen Raumordnungspolitik

Die Hauptaufgabe der schweizerischen Raumordnungspolitik ist die Zersiedelung der Landschaft und den Kulturlandverlust einzudämmen, um so einen haushälterischen Umgang mit Boden und eine geordnete Besiedlung des Landes zu ermöglichen (Art. 1 RPG). Aufgrund von diesen politisch definierten zu lösenden kollektiven Problems, werden politisch-administrative Akteure mit der Erarbeitung und Umsetzung der Politik beauftragt. Dies umfasst die Formulierung der Ziele und Grundsätze auf Bundesebene, die Konkretisierung und der Vollzug auf kantonaler Ebene (Richtpläne) und die Umsetzung in eigentümerverbindlichen Zonenplänen auf kommunaler Ebene. Die gesamte Ausrichtung der politischen Intervention basiert auf der angenommenen Kausalhypothese, dass die Zersiedelung der Landschaft durch die unkontrollierten Bautätigkeiten und die wenig effektive Aktivierung der baulichen Potenziale im bestehenden Siedlungskörper (durch bewusste Hortung oder unbewusste Unternutzung von Bauland) verursacht wird. Die Bodeneigentümer werden damit vom Gesetz klar als Verursacher des Problems identifiziert, auch wenn diese im RPG begrifflich kaum erwähnt werden. Zur Lösung des Problems muss also das Verhalten der Bodeneigentümer gezielt verändert werden. Die wesentliche Intervention der schweizerischen Raumordnungspolitik besteht zunächst in der grundsätzlichen Trennung der Bau- von den Nichtbaugebieten und in der detaillierteren Zuordnung des Bodens in spezifische Nutzungszonen und den daran verknüpften Nutzungsrechten. Darüber hinaus soll die Erweiterung des Siedlungsraumes neuerdings verstärkt über die Mobilisierung bestehender Baulandreserven vermindert werden.

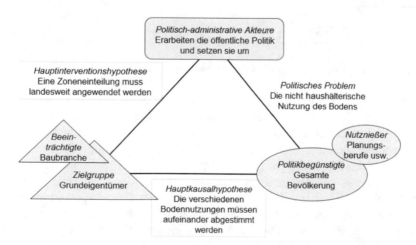

Abbildung 18: Das Akteursdreieck einer öffentlichen Politik. Quelle: Eigene Darstellung nach Knoepfel et al. (2011: 77).

Mit der Revision des RPG sollen den Gemeinden hierfür weitere Instrumente zur Verfügung gestellt werden, um die verfügungsrechtlichen Hindernisse (komplexe Eigentumsstrukturen) einer Innenentwicklung wirksam angehen zu können. Diese Interventionen zielen letztlich darauf, das Verhalten der problemverursachenden Akteure positiv zu beeinflussen. Die Bodenpolitik in der Schweiz soll in diesem Sinne verstanden werden (siehe Abbildung 18).

8.1.3   Bodenpolitische Akteure

Im Sinne des vorliegenden akteurszentrierten Ansatzes (siehe Kap. 3) sind die verschiedenen beteiligten Akteure zu identifizieren (siehe genauer Kap. 3.4.3) und gemäss ihrer Rollen im Wirkungsmodell des Bodenregimes (siehe Abbildung 18) zu zuordnen. Dies ermöglicht eine bessere Kontextualisierung von Aussagen, die im Verlaufe der folgenden Fallstudien (siehe Kap. 10.3) getätigt werden.

Hierbei lassen sich grundsätzlich die direkt beteiligten Akteursgruppen (die Betroffenen, die politisch-administrative Akteure und die Zielgruppe) sowie die indirekt betroffenen Dritten (Nutzniesser und Beeinträchtigte) unterscheiden (siehe Abbildung 19).

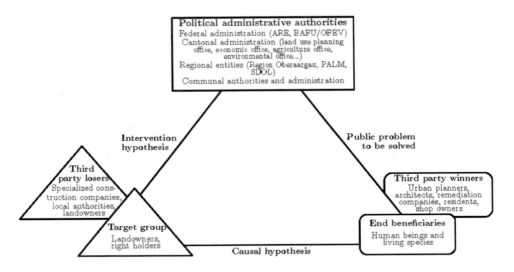

Abbildung 19: Akteursdreieck der Bodenpolitik. Quelle: Viallon (2017: 45).

Die Betroffenen einer öffentlichen Bodenpolitik sind zunächst die allgemeine Bevölkerung. Dieser Akteur ist naturgemäss sehr diffus, muss aber dennoch zentral als eigenständigen Akteur herausgestellt werden. Die Bevölkerung trägt die negativen Auswirkungen einer problematischen Raumentwicklung und ist gleichzeitig Begünstigte einer wirksamen Bodenpolitik. Ein Einzelfall kann dieser Akteur genauer bestimmt werden. So sind in raumplanerischen Angelegenheiten oftmals die Nachbarschaft oder Bewohner der Gemeinde als Akteure anzutreffen. Einzelne Personen, bspw. Eigentümer angrenzender Grundstücke, können dabei auch gleichzeitig andere Akteursrollen einnehmen (bspw. als Beeinträchtigte) und daher ein multiples Akteursverhalten aufweisen. Die Bevölkerung als betroffener Akteur wird auch vielfach als ‚das Wahlvolk' bezeichnet. Dabei ist jedoch wichtig, dass diese beiden Begriff nicht deckungsgleich sind. Nicht Wahlberechtigte Bürger (bspw. Ausländer und Kinder) sind ebenso betroffen und bei der Bezeichnung als ‚Wahlvolk' ausgeschlossen. Zudem ist fraglich, wie politisch uninteressierte Personen zu bewerten sind. Die Verwendung als Wahlvolk als betroffener Akteur erkennt jedoch an, dass der wahlberechtigte Teil der Bevölkerung deutlich bessere Möglichkeiten zur Durchsetzung der eigenen Interessen hat und daher von politisch-administrativen Akteuren meist referenziert wird.

Unter der Akteursgruppe der politisch-administrativen Akteure sind die Akteure zu verstehen, die mit der Lösung des politischen Problems beauftragt sind. Dies umfasst die legislative wie exekutive Gewalt gleichermassen – und indirekt auch die judikative Gewalt. Damit sind also zunächst gesetzgebende Akteure (Parlament, Parlamentarier) gemeint, die die entsprechenden politischen Entscheide prägen. Auch gemeint sind ausführende Akteure (Gemeinderat, Gemeindepräsidium, Bauverwaltung, Gemeindeschreiber). Zwischen diesen beiden Akteuren sind zudem oftmals verbindende, sog. beratende Kommissionen tätigt (bspw. Baukommission, Raumplanungskommission), die meist aus Vertretern von Gemeindepolitik und -verwaltung sowie weiteren externen Fachleuten bestehen und die Beschlüsse der Legislativen fachlich vorbereiten. Die politisch-administrativen Akteure umfassen in der vorliegenden Arbeit überwiegen die lokale Ebene, da dies im Rahmen der Untersuchungseinheit die höchste Relevanz aufweist (siehe Kap. 6). Von weiterer Bedeutung sind all diese Akteurskategorien aber auch auf regionaler, kantonaler und eidgenössischer Ebene. Dabei sind die regionalen Strukturen häufig weniger formalisiert und weniger einflussreich als bspw. die kantonalen Pendants.

Die Zielgruppe umfasst die Akteure, die das politisch definierte Problem verursachen oder die zur Lösung dessen beitragen können. Die öffentliche Politik zielt auf eine Veränderung des Verhaltens dieser Gruppe. Für die Bodenpolitik sind dabei zwei Akteure von entscheidender Bedeutung, die dieser Gruppe angehören: (1) die Bodeneigentümer, (2) die Investoren. Beide Gruppen können jeweils weitergehend differenziert werden. Der Akteur Bodeneigentümer umfasst sowohl die (natürlichen oder juristischen) Personen, die die Rechte an dem Grundstück vor Beginn des Planungsvorhabens inne hatten (sog. Alteigentümer), wie auch die (ebenfalls natürlichen oder juristischen) Personen, die die Rechte an dem Grundstücke während der Planungsphase (sog. Zwischeneigentümer) oder nach Abschluss der Planung (sog. Endeigentümer) inne haben. Der Akteur Investor umfasst sowohl die Nutzer der Nutzfläche (im vorliegenden Fall also Aldi bzw. Lidl als Unternehmen), wie auch ggf. Vermieter des Gebäudes sowie beteiligte Bauunternehmen und Finanziers (Banken, Versicherungen, Pensionskassen, Private).

Die Akteursgruppe der Dritten umfasst die Akteure, die von den Auswirkungen der öffentlichen Politik positiv oder negativ beeinflusst werden, ohne dass sie explizit Zielgruppe der öffentlichen Politik sind. Positiv Beeinflusste werden Nutzniesser genannt. Dieser Akteur umfasst bspw. Berufsgruppen, die durch verstärkte Planungsaktivitäten entsprechende Aufträge erhalten (bspw. Planungsbüros). Negativ Beeinflusste werden Beeinträchtigte genannt. Dieser Akteur umfasst bspw. Eigentümer benachbarter Zellen, deren Wert durch eine Planungsmassnahme verringert wird (verbaute Aussicht).

8.1.4   *Kodifizierte bodenpolitische Ziele des institutionellen Bodenregimes*

Das institutionelle Bodenregime in der Schweiz enthält demnach kodifizierte Zielsetzungen. Diese sind allerdings spärlich und zudem wenig systematisch entwickelt. Für den Bereich der Bodennutzung sind diese insb. in der Bundesverfassung (BV) und im Raumplanungsgesetz (RPG) festgehalten. „Ging es Damaschke und Eberstadt und den anderen Bodenreformern zu Anfang dieses [20.] Jahrhunderts um gesunde Wohnverhältnisse für alle, so ist heute das gute Wohnen im eigenen Haus oder in der eigenen Eigentumswohnung das Ziel vieler, um das sich auch politische Bemühungen durchaus lohnten" (Dieterich 1996: 532). Erschwerend kommen zwei Besonderheiten hinzu, die bei der Ressource auftreten: Einerseits ist Boden als knappes Gut zu betrachten. Dies ist nicht nur eine philosophische Grundhaltung aufgrund der Unvermehrbarkeit von Boden, sondern eine alltäglich erfahrbare Tatsache, die sich bspw. in den stetig steigenden Wohnungspreisen, die nur eine bestimmte Form der Knappheit von Boden darstellen, widerspiegelt. Zielsetzungen, aus dieser Problematik abgeleitet, bezwecken eine Zunahme des verfügbaren Baulandes. Andererseits nimmt die Siedlungsfläche in der Schweiz stetig – und trotz der Etablierung einer Raumplanung nahezu ungebremst – zu. Einfamilienhausgebiete auf der grünen Wiese, grossflächige Gewerbegebiete am Siedlungsrand und der stetige Ausbau der Infrastruktur tragen zu dieser Flächeninanspruchnahme bei. Die daraus entstehenden Konflikte sind vielfältig und umfassen sowohl Konflikte innerhalb einer öffentlichen Sektoralpolitik (bspw. bezahlbarer Wohnraum vs. qualitativ hochwertige Siedlungen, kompakte Stadtentwicklung vs. begrünte Städte), als auch Konflikte zwischen verschiedenen Sektoralpolitiken (bspw. Landwirtschafts- vs. Wohnungspolitik, Verkehrs- vs. Umweltpolitik). Zielsetzungen, aus dieser Problematik abgeleitet, bezwecken eine Verringerung der Flächeninanspruchnahme oder gar eine Verkleinerung der Bauzone. Nur unter Betrachtung dieser beiden paradoxen Problemlagen lässt sich der Zustand der Ressource Boden und die komplexe, teilweise widersprüchliche Zielsystematik erklären.

Die schweizerischen Ziele umfassen daher sowohl quantitative Ziele (bspw. Mobilisierung von Bauland) als auch qualitative Ziele (nachhaltige Raumentwicklung, hochwertige Siedlungen), die sich zudem in allokative und distributive Ziele unterteilen lassen. Es wird darauf verzichtet alle Ziele in ihrem Wortlaut des jeweiligen Gesetzes wiederholend aufzuführen. Stattdessen wird eine gewichtete Zusammenfassung gegeben.

Allokative Bodenpolitik bezweckt eine bestmögliche Nutzung des Bodens. Kodifizierte Ziele sind:

- Haushälterische Bodennutzung (Art. 75 BV und Art. 1 RPG)
- Schaffung räumlicher Voraussetzungen für die Wirtschaft (Art. 94 Abs. 3 BV und Art. 1 Abs. 2 lit. bbis RPG)
- Förderung der Siedlungsqualität (Art. 1 Abs. 2 lit. abis RPG)
- Konzentrierte Dezentralisation von Besiedlung und wirtschaftlicher Entwicklung (Art. 1. Abs. 2 lit. c RPG)
- Schutz des Agrarlandes als Versorgungsbasis (Art. 104 BV; Art. 1 Abs. 2 lit. d RPG)
- Schutz der natürlichen Lebensgrundlagen Boden, Wald, Landschaft (Art. 73, 74, 76, 77, 78 BV; Art. 1 Abs. 2 lit. a. und Art. 3 Abs. 2 RPG)

Bodenpolitische Massnahmen sind allokationswirksam, wenn sie eine Nutzungsänderung verursachen (bauliche Nutzung infolge von Einzonung). Eine Verhinderung einer Umnutzung (Sicherung von Freiflächen) ist allokationswirksam, aber nur dann als bodenpolitisch zu bezeichnen, wenn die institutionelle Situation geändert wurde. Entsprechend bedarf die Bewertung über Erfolg oder Misserfolg einer allokativen Massnahme eines gesellschaftlich konstruierten Bewertungsmassstabs (räumliches Leitbild). Dieses Leitbild konkretisiert, was unter einer besseren (oder bestmöglichen) Nutzung zu verstehen ist.

Distributive Bodenpolitik bezweckt eine gerechte Verteilung des Bodens. Kodifizierte Ziele sind:

- Mieter- und Pächterschutz (Art. 109 BV)
- Schutz des bäuerlichen Grundbesitzes (Art. 104 Abs. 3 lit. f BV)
- Begrenzung des Zweitwohnungsanteils (Art. 75b BV)

Der schweizerische Bundesrat misst der breiten Streuung von Bodeneigentum und der grundsätzlichen Zugänglichkeit zum Bodeneigentum traditionell eine hohe Bedeutung zu (vgl. Scheidegger 1990: 153). Begründet wird dies mit der These, dass eine hohe Eigentumsquote als Garant für gesellschaftliche Stabilität gilt. Angesichts der massiven Auswirkungen der Banken- und Immobilienkrise ab 2007 in den europäischen Ländern mit hoher Eigentumsquote an den geographischen Rändern der Europäischen Union und der gleichzeitig recht stabilen Entwicklung in den Ländern, die das Ziel einer hohen Eigentumsquote nicht erreichten (wie Deutschland und die Schweiz), erscheint hier allerdings noch dringender Forschungsbedarf. Zudem sind es genau die Ländern, die eine hohe Eigentumsquote als Ziel verfolgen, die niedrigsten Quoten im europäischen Vergleich aufzeigen. Nichtsdestotrotz findet sich spätestens seit dem Ende des zweiten Weltkrieges in politischen, wie rechtlichen Dokumenten der Schweiz, als auch in Deutschland, die Eigentumsförderung wieder. So fordert die schweizerische Bundesverfassung, dass der Erwerb von privatgenutztem Wohnungs- und Hauseigentum gefördert wird (Art. 108 BV). Um diese breite Streuung des Bodeneigentums zu ermöglichen ist eine reale Möglichkeit zum Erwerb von Bodeneigentum durch bisherige Nichteigentümer von zentraler Bedeutung. „Wo der Zugang zu Grundeigentum nur noch wenigen offensteht, ist die Eigentumsgarantie selbst in Gefahr" (Scheidegger 1990: 153). Als Ziel einer distributiven Bodenpolitik verfolgt der schweizerische Bundesrat daher, die Eigentumsquote langfristig nicht unter 30 % fallen zu lassen (vgl. Scheidegger 1990: 153).

Zu Vergleichszwecken sei als kleiner Exkurs noch auf das sog. „30-ha Ziel" der deutschen Bundesregierung hingewiesen. Dieses bildet eine Ausnahme für ein explizites Ziel, welches sowohl allokative, wie auch distributive Aspekte gleichermassen beinhaltet. Anlässlich des Weltgipfels für nachhaltige Entwicklung in Johannesburg hat die deutsche Bundesregierung im Jahr 2002 eine *Nationale Nachhaltigkeitsstrategie* verabschiedet. Darin enthalten ist eine politische Vorgabe zur Reduktion der Flächeninanspruchnahme: „Zu wenig machen wir uns bewusst, dass auch die unbebaute Landschaft eine begrenzte Ressource ist. In Deutschland werden täglich rund 130 ha neue Siedlungs- und Verkehrsflächen ausgewiesen. [...] Ziel ist eine Flächeninanspruchnahme von maximal 30 ha pro Tag im Jahr 2020" (Deutsche Bundesregierung 2002: 99). An dieser Zielvorgabe wird auch in den nachfolgenden Dokumenten, insbesondere der aktualisierten Fassung der Nachhaltigkeitsstrategie (2016) festgehalten. Das Ziel, ist aber nicht nur als Mengenziel, sondern auch als Qualitätsziel zu verstehen (vgl. Adrian, Bock, Preuß 2016: 24).

Der Erfolg dieses Ziels ist dabei umstritten. Einerseits wird festgestellt, dass der Anstieg der Siedlungs- und Verkehrsflächen seit der Verabschiedung der Nachhaltigkeitsstrategie rückläufig ist. Betrug der Wert im Zeitraum 1997 bis 2000 durchschnittlich etwa 129 ha pro Tag, so waren es 2012 bis 2015 nur noch etwa 66 ha (vgl. Adrian, Bock, Preuß 2016: 24-25). Diese kann einerseits als Erfolg gewertet werden, da tatsächlich eine Halbierung stattgefunden hat. Andererseits wird das Ziel im Jahr 2020 aller Voraussicht nach nicht erreicht werden. Zudem ist anzunehmen, dass die Entwicklungen in der Phase seit 2015 aufgrund der öffentlichen Debatte um Wohnungsknappheit und Flüchtlingszustrom eher wieder zunehmend waren. Die aktualisierten Zahlen des Statistischen Bundesamtes sind allerdings noch ausstehend. Speziell für Deutschland ist zudem noch anzumerken, dass diese nationalen Werte die räumliche Realität nur unzureichend abbilden. „In peripheren, suburbanen und ländlichen Räumen ist der Flächenverbrauch überproportional hoch. Selbst Schrumpfung geht in der Regel nicht mit einem Verzicht der Neuausweisung einher. [...] So finden nahezu 70 % der Flächeninanspruchnahme außerhalb der verdichteten Regionen statt und davon wiederum 70 % in Gemeinden ohne zentralörtliche Funktion" (Adrian, Bock, Preuß 2016: 25). Neben der Gesamtsumme ist demnach auch die räumliche Verteilung der Flächeninanspruchnahme eine Herausforderung des sog. 30-ha Ziels. Bemerkenswert ist diese deutsche Zielsetzung dennoch, da ungewöhnlicher weise ein konkreter Zielwert vorgegeben wird, anstatt (wie sonst in der schweizerischen und deutschen Raumplanung üblich ist) ein abstraktes Ziel mit bestimmten Konditionen zu verbinden.

8.2   Veränderung der öffentlichen Raumplanungspolitik durch die Teilrevision des RPG von 2012/2014

Die Nachjustierung der schweizerischen Raumplanungspolitik im Zuge der 2012/2014 Teilrevision des RPG verändert den grundsätzlichen Wirkungsmechanismus der Raumordnungspolitik nicht; die neuen gesetzlichen Bestimmungen deuten jedoch auf eine Verschiebung der Machtpositionen zugunsten der Gemeinden gegenüber den Bodeneigentümern hin. Durch die Verstärkung der bodenrechtlichen Instrumente wird die Umsetzung der Raumordnungspolitik weniger abhängig vom Verhalten der Bodeneigentümer. Dies beruht zunächst auf einer Anpassung der gesetzlichen Ziele. Wahrend das RPG von 1979 darauf ausgerichtet war, die unbeschränkte Bebaubarkeit von landwirtschaftlichem Land zu regulieren, ist mit der neuen Revision auch die Mobilisierung des Baulandes im Innenbereich als Ursache des öffentlichen Problems identifiziert worden und mit entsprechenden Massnahmen versehen, um eine verdichtete Bauweise zu ermöglichen. Aus der bodenpolitischen Perspektive ist die aktuelle RPG-Revision unter allen drei Aspekten bemerkenswert (vgl. Kap. 2.2).

(1) Das Gesetz berücksichtigt nun explizit sowohl die Nutzung als auch die Verteilung von Boden (auch in bereits bebauten Gebieten) und bezweckt die Verbesserung der Kohärenz der beiden Ebenen.

(2) In der Konsequenz müssen die lokalen Planungsakteure strategisch handeln, um ihre Ziele zu erreichen.

(3) Die Umsetzung wird dabei stärker von kantonalen Behörden überprüft.

Neben den aktualisierten Zielvorstellungen zeigen sich diese Aspekte vor allem im aktualisierten Art. 15 (Bauzonen) und dem neu eingeführten Art. 15a (Baulandverfügbarkeit) RPG, die auf den Boden und seine Verfügbarkeit ausgerichtet sind. In beiden Artikeln zeigt sich eine stärkere Fokussierung auf die tatsächliche Umsetzung durch eine kohärentere Betrachtung von geplanter Nutzung und tatsächlicher Verfügung. Die rechtliche Verfügbarkeit des Bodens ist nun ein zwingendes Kriterium bei Neueinzonungen. Bauunwilligen Bodeneigentümern soll so die Möglichkeit zur Hortung von Bauland genommen werden (Vgl. BBl 2010: 1074). Auch bei bestehenden Bauzonen wird die Verfügbarkeit des Bodens (und damit die Umsetzbarkeit der Pläne) thematisiert. In Art. 15a fordert der Gesetzgeber explizit Maßnahmen zur Förderung der Verfügbarkeit. „Je wichtiger es aus Sicht der Raumplanung ist, ein Grundstück einer bestimmten Nutzung zuzuführen, desto zwingender ist es, dass das Gemeinwesen von den Möglichkeiten nach Art. 15a Gebrauch macht und griffige Instrumente zur Verfügung stellt" (BBl. 2010: 1074). Die griffigen Instrumente bleiben im RPG allerdings spärlich. Neben der bereits im RPG-1979 enthaltenen Baulandumlegung (Art. 20) wird lediglich die Bauverpflichtung direkt im RPG angesprochen. Der im Laufe des Gesetzgebungsverfahren in eine kann-Formulierung abgeschwächte Ansatz erinnert dabei stark an die Historie der Mehrwertschöpfung aus der Zeit des RPG-1974. Der Bundesrat betont jedoch in seiner dazugehörigen Botschaft die verschiedenen Instrumente, die in den einzelnen Kantonen bereits vorhanden sind und eingesetzt werden. Neben der konkreten Auswahl Bebaubarkeit von landwirtschaftlichem Land zu regulieren, ist mit der neuen Revision auch die Mobilisierung des Baulandes im Innenbereich als Ursache des öffentlichen Problems identifiziert und mit entsprechenden Massnahmen versehen worden, um eine verdichtete Bauweise zu ermöglichen.

Der Instrumente wird schließlich an die Kantone delegiert – ist allerdings obligatorisch. Die Kantone haben einen klaren gesetzlichen Auftrag, die Verfügbarkeit des Bodens verstärkt zu berücksichtigen und mit geeigneten Maßnahmen in ihre Raumplanung zu integrieren. Insgesamt bleibt festzuhalten, dass durch die Revision das RPG eine Entwicklung im bodenpolitischen Sinne

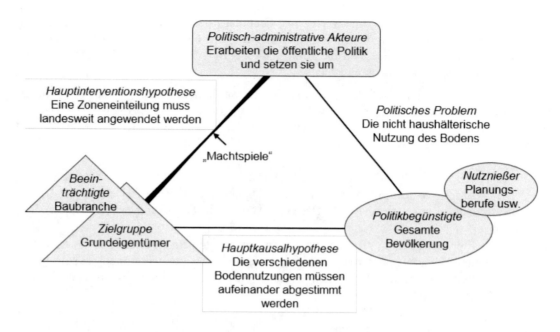

Abbildung 20: Akteursdreieck der Raumordnungspolitik. Quelle: Eigene Darstellung angelehnt an Hengstermann/Gerber (2015: 249).

erfährt. Der Boden wird nochmals expliziter als Gegenstand der Raumordnungspolitik formuliert. Zudem wird neben der Nutzung des Bodens auch vermehrt die Verteilung (und Verfügbarkeit) betrachtet. Und schließlich ist der Umsetzungscharakter der Raumplanung verstärkt worden und dies insbesondere durch einen gesetzlichen Auftrag an die Kantone eine Verstärkung der Kohärenz zwischen Nutzungs- und Verteilungsrechten herzustellen.

8.3   Entwicklung des privaten Bodeneigentums

Die Systematik der Eigentumsrechte an Gütern im Allgemeinen und Boden im Besonderen verändert sich historisch betrachtet nur selten. Dies ist vor allem darin begründet, dass eine Änderung direkte und weitreichende Konsequenzen für die Titelinhaber hat. Infolgedessen ist auch die Entwicklung der Bodeneigentumsrechte in der Schweiz in wenige Etappen einteilbar. Wesentliche Meilensteine, die die einzelnen Etappen voneinander trennen, sind (1) die Verabschiedung des schweizerischen Zivilgesetzbuches (ZGB) im Jahr 1907, (2) die Einführung einer verfassungsrechtlichen Eigentumsgarantie im Jahr 1969, (3) die nachfolgenden Beschränkungen der Verkaufs- und Erwerbsmöglichkeiten in den Jahren 1983, 1991 und 2012.

8.3.1   Ausgangslage und Entstehungsphase (vor 1907)

Die heutige Eigentumsform des Volleigentums ist in der Schweiz ab der Helvetik (ab 1798) kodifiziert. Zuvor galt seit etwa dem 15. Jahrhundert (zunächst in St. Gallen und Basel, später in der gesamten Schweiz) das im mittelalterlichen römischen Rechts geteilte Eigentum (vgl. HLS).[41] Demnach waren das Obereigentum (dominium directum) und das Unter- oder Nutzeigentum (dominium utile) getrennt. Das Obereigentum war zunächst in der Hand feudaler Familien, wurde

---

[41]   „Eigentum" im Historischen Lexikon der Schweiz

im Verlaufe der Zeit sukzessive verstaatlicht. Auf Grundlage des Nutzeigentums entstand zudem eine Vielzahl von gemeinschaftlichen Eigentumsformen, die eine gemeinsame Nutzung einer Ressource regulierten. Beispiele sind die Allmenden zur Bewirtschaftung der Alpgebiete, aber auch Gewässer-, Jagd- und Fischereirechte.

Die Institutionalisierung des Volleigentums war eine der wesentlichen Beweggründe der französischen Revolution. Die Erklärung der Menschen- und Bürgerrechte vom 26. August 1789 führt das Eigentum zunächst neben Freiheit, Sicherheit und Widerstand als allgemeines Recht auf und konkretisiert dies in der Eigentumsgarantie.

> Le but de toute association politique est la conservation des droits naturels et imprescriptibles de l'homme. Ces droits sont la liberté, la propriété, la sûreté et la résistance à l'oppression. (Art. 17 Déclaration des Droits de l'Homme et du Citoyen).[42]

> Les propriétés étant un droit inviolable et sacré, nul ne peut en être privé, si ce n'est lorsque la nécessité publique, légalement constatée, l'exige évidemment, et sous la condition d'une juste et préalable indemnité (Art. 17 Déclaration des Droits de l'Homme et du Citoyen)[43].

Auch die erste französische Verfassung (1791) sicherte das Volleigentum zu und orientiert sich dabei auch an der Eigentumsgarantie im Sinne der Menschenrechtserklärung und im Sinne der ersten Verfassung der nordamerikanischen Staaten (erstmals Virginia 1776). Die Ideale der Revolutionen und der ersten liberalen Verfassungen reichten auch bis in die Schweiz.

In die schweizerische Gesetzgebung erhält die Garantie des privaten (Boden-) Eigentums im Sinne des heutigen Volleigentums erstmal durch die Helvetische Verfassung von 1798 Einzug. Dort werden gleich zwei wesentlich Eigenschaften geregelt, die zur damaligen Zeit revolutionär waren und bis heute fortgelten. Zunächst ist festgehalten, dass kein Eigentum an Personen bestehen kann. Leibeigenschaft und Sklaverei sind hierdurch ausgeschlossen. „Die Gesamtheit der Bürger ist der Souverän oder Oberherrscher. Kein Theil und kein einzelnes Recht der Oberherrschaft kann vom Ganzen abgerissen werden, um das Eigenthum eines Einzelnen zu werden" (Art. 2 Die erste helvetische Verfassung vom 12. April 1798). Darüber hinaus ist der Schutz des privaten Eigentums grundsätzlich garantiert und insbesondere vor dem Zugriff des Staates geschützt. „Privateigenthum kann vom Staat nicht anders verlangt werden als in dringenden Fällen oder zu einem allgemeinen, offenbar nothwendigen Gebrauch und dann nur gegen eine gerechte Entschädigung" (Art. 9). Interessant ist dabei, dass selbst im Geiste der libertären Menschenrechtsbewegung der Revolutionsjahre die Eigentumsgarantie nicht uneingeschränkt gilt, sondern bereits Ausnahmen und dazugehörige Bedingungen vorgesehen wurden. Schlüsselaspekte sind dabei die Grundbedingungen der Dringlichkeit oder der Notwendigkeit, sowie der Bezug zur Allgemeinheit und des zwingenden Ausgleichs. Diese Konstruktion ist im Wesentlich bis heute unverändert und findet sich in der Unterscheidung Enteignungsarten (formelle und materielle Enteignung) und dem Enteignungsverfahren wieder (siehe Kap. 9.13).

---

[42] Deutsche Übersetzung: „Der Zweck jeder politischen Vereinigung ist die Erhaltung der natürlichen und unantastbaren Menschenrechte. Diese sind das Recht auf Freiheit, das Recht auf Eigentum, das Recht auf Sicherheit und das Recht auf Widerstand" (Art. 2 Erklärung der Menschen- und Bürgerrechte vom 26. August 1789) Übersetzung gemäss https://de.wikisource.org/wiki/Erste_Helvetische_Verfassung d gegen Unterdrückung

[43] Deutsche Übersetzung: „Da das Eigentum ein unverletzliches und heiliges Recht ist, kann es niemandem genommen werden, wenn es nicht die gesetzlich festgelegte, öffentliche Notwendigkeit augenscheinlich erfordert und unter der Bedingung einer gerechten und vorherigen Entschädigung" (Art. 17 Erklärung der Menschen- und Bürgerrechte vom 26. August 1789) Übersetzung gemäss https://de.wikisource.org/wiki/Erste_Helvetische_Verfassung d gegen Unterdrückung

Im Anschluss an die Erste Helvetische Verfassung erfährt die Eigentumsgarantie keine explizite Erwähnung in der Vermittlungsakte (1803)[44] oder im Bundesvertrag (1815)[45]. Die Grundsätze, insb. die Entschädigungspflicht bei staatlichem Eingriff in das private Eigentum, galten jedoch fortan. Stattdessen begannen einige Kantone die Eigentumsgarantie in die kantonalen Verfassungen zu übernehmen. Die Kantone der West- und Südschweiz folgten dem Code Napoleon, während die Deutschschweizer Kantone (in diesem Falle Bern, Solothurn, Graubünden und Luzern) die Regelungen aus Österreich adaptierten. Der Kanton Zürich erliess vergleichsweise spät (in den 1850er Jahren) Regelungen zum Eigentum, unterschied dabei aber als erste Schweizer Gebietskörperschaft zwischen Mobilien und Immobilien. Diese Regelung diente im folgenden den Kantonen Schaffhausen, Glarus und Thurgau als Vorbild und wurde später auch im eidgenössischen Zivilgesetzbuch übernommen. Zunächst erfolgte auf eidgenössischer Ebene jedoch die endgültige Etablierung des Eigentums mit der Verabschiedung der Bundesverfassung (1848).

Die erste Bundesverfassung der modernen Schweiz trat am 12. September 1848 in Kraft[46]. Im Verfassungstext wird zunächst wiederholt, dass alle Schweizer gleich sind und kein Leibeigentum besteht (Art. 4). Nicht explizit wiederholt wird die Garantie des privaten Eigentums an Sachen. Es ist lediglich festgehalten worden, dass der Staat für öffentliche Zwecke und auf Grundlage eines Gesetzes das Recht erhält, Enteignungen vorzunehmen. Zum Zwecke der Errichtung von Infrastruktur von nationaler Bedeutung ist der Bund befugt, „gegen volle Entschädigung das Recht der Expropriation geltend zu machen. Die nähern Bestimmungen hierüber bleiben der Bundesgesezgebung vorbehalten" (Art. 21 Abs. 2 BV). Hier ist also implizit eine Garantie des Eigentums enthalten, ohne dass dies nochmals ausdrücklich formuliert wird. Auch diese Garantie kann wiederum im Interesse der Allgemeinheit beschränkt oder gar aufgehoben werden, wenn dies eine gesetzliche Grundlage hat und der Errichtung von Infrastruktur dient. Auf einfachgesetzlicher Ebene wurden im Folgenden erste Gesetze erlassen, um die verfassungsrechtlichen Anforderungen einer Enteignung zu erfüllen. Der Treiber dieser Entwicklung war insbesondere der Eisenbahnbau, welcher in der zweiten Hälfte des 19. Jahrhunderts in der Schweiz an Fahrt aufnahm und zunächst (bis zur Gründung der Schweizerischen Bundesbahnen im Jahr 1902) aus privaten Unternehmungen bestand. Das erste Gesetz trat bereits zwei Jahre nach der Bundesverfassung in Kraft. Das „Bundesgesetz betreffend die Verbindlichkeit zur Abtretung von Privatrechten" vom 1. Mai 1850 ermöglichte den Eigentumsentzug, regelte das grundsätzliche Verfahren und enthielt erstmals Verfahren zur Bestimmung der notwendigen Entschädigungshöhe. Das Gesetz gilt damit als Vorläufer des eidgenössischen Enteignungsgesetzes (EntG) (siehe nächstes Kapitel). Neben dem Eisenbahnbau wurden im Verlaufe der Zeit auch die Enteignung für andere infrastrukturelle Projekte (Strom- und Wasserversorgung) ergänzt.

8.3.2   Institutionalisierungsphase (1907 bis 1969)

Der stetige Ausbau der Infrastruktur führte zu einer Vielzahl an Enteignungsprozessen. Ende des 19. Jahrhunderts entstand daher die politische Einsicht, dass ein einheitliches (sprich landesweites) und ausgewogenes Eigentumssystem notwendig wird. Das System sollte einerseits das private Eigentum definieren und schützen und andererseits den Ausbau der Infrastruktur weiterhin ermöglichen. Aus diesem Grund wurden zu Beginn des 20. Jahrhunderts zwei wesentliche Rechtsbereiche neu geregelt, weshalb von der Entstehungsphase gesprochen werden kann. Zunächst wurde 1907/1912 das Zivilgesetzbuch eingeführt, indem erstmalig eine positivrechtliche Definition des Eigentums erfolgt. Die infrastrukturpolitisch bedingten Ausnahmen wurden 1930 im Enteignungsgesetz festgehalten.

---

[44]   Mediationsverfassung vom 19. Februar 1803
[45]   Bundesvertrag zwischen den XXII. Kantonen der Schweiz vom 7. August 1815
[46]   Bundesverfassung der Schweizerischen Eidgenossenschaft vom 12. September 1848

Rechtssystematisch ergeben diese beiden Rechtsquellen eine Inhalts- und Schrankenbestimmung des Eigentums auf einfachgesetzlicher Ebene. Aus politischen Gründen wurde noch eine explizite verfassungsrechtliche Verankerung gefordert, welche 1969 schliesslich durch die Eigentumsgarantie der Bodenrechtsartikel (heute Art. 26 BV) aufgenommen wurde.

8.3.2.1   Schweizer ZGB (1907/1912)

Die Kodifizierung der Eigentumsgarantie auf eidgenössischer Ebene erfolgte mit der Einführung des eidgenössischen Zivilgesetzbuchs (ZGB)[47] im Jahr 1907 (in Kraft ab 1912). Seither gilt geschrieben:

> Art. 641 ZGB Eigentum
> (1) Wer Eigentümer einer Sache ist, kann in den Schranken der Rechtsordnung über sie nach seinem Belieben verfügen.
> (2) Er hat das Recht, sie von jedem, der sie ihm vorenthält, herauszuverlangen und jede ungerechtfertigte Einwirkung abzuwehren.

In den weiteren Bestimmungen des ZGB erfolgt eine Unterscheidung verschiedener Eigentumsbündel, wie sie der Kanton Zürich auserkoren hat und welche stark an das germanische Recht erinnert. Zunächst wird zwischen dem Grundeigentum (Art. 655-712 ZGB) und dem Fahrniseigentum (Art. 713-729) unterschieden. Zudem sind einzelne Eigentumsstränge enthalten, die in ihrer Wirkungsweise an das germanische Eigentumsrecht erinnern. So zum Beispiel das Nachbarrecht (Art. 684-698), Dienstbarkeiten (Art. 730-792). Das ZGB ist daher von der Rechtslogik ein Zwitter. Es löste in der Schweiz den Code Napoléon ab und ist gleichzeitig durch einige Elemente im Sinne des germanischen Rechts geprägt.

Bezogen auf die Ressource Boden enthält das ZGB zudem die klare Bestimmung, dass Bodeneigentum nicht als Fläche, sondern als Säule zu verstehen ist und auch die Luftraum oberhalb und das Erdreich unterhalb der Grundfläche umfasst (Art. 667). Zudem umfasst das Bodeneigentum nicht nur das Land an sich, sondern auch alle fest damit verbundenen Element. „Bestandteil einer [Eigentums-] Sache ist alles, was nach der am Orte üblichen Auffassung zu ihrem Bestande gehört und ohne ihre Zerstörung, Beschädigung oder Veränderung nicht abgetrennt werden kann" (Art. 641 Abs. 2).

Mit dem Inkrafttreten des ZGB im Jahr 1912 gilt die Eigentumsfreiheit auf eidgenössischer Ebene als abschliessend kodifiziert. Die politischen Forderungen, welche durch die französische Revolution ausgelöst wurde und im Zeitraum der Helvetik auch die Schweiz erreichten, schienen erfüllt. Der rechtliche Rang war jedoch dem Papier zufolge ´nur´ einfachgesetzlich. Eine Anerkennung der Eigentumsfreiheit als verfassungsrechtliches Grundrecht ergibt sich logisch, fehlte jedoch explizit. Das Eigentum galt seither als ungeschriebenes Verfassungsrecht. Ein Manko, welches weitere 60 Jahre Diskussion auslösen sollte, ehe das Eigentum 1969 auch explizit in der Verfassung geschützt wurde.

8.3.2.2   Heimstättenrecht

Das Schweizerische Zivilgesetzbuch enthielt neben der allgemeinen Eigentumsregulierung auch ein explizit bodenpolitisches Instrument, das sog. Heimstättenrecht. Demnach erhalten die Bewohner einer Mietliegenschaft (sog. Heimstätter) ein Vorkaufsrecht, „um dem Heimstätter ein dauerndes Heim als Grundlage eines glücklichen Familienlebens zu sichern" (Grossmann 1927: 145). Auf diese Art sollte der Wohnraum der Bevölkerung vor dem Zugriff von Gläubigern geschützt werden. „Wie bisher das Bett unter dem Leibe soll dem Schuldner das Dach über dem Haupte nicht weggenommen werden" (ebd.). Das Recht umfasst dabei nur

---

[47]   Schweizerisches Zivilgesetzbuch vom 10. Dezember 1907. SR 210

den unmittelbar genutzten Wohnraum im für die Versorgung der Familie erforderlichen Umfang. Nach der Nutzung dieses Rechts, der sog. Errichtung der Heimstätte, unterliegt die Wohnung einem Veräusserungsverbot, um Missbrauch zu verhindern.

Die eidgenössische Regelung bedurfte einer Ausführung auf kantonaler Ebene. Dieser wurde sehr unterschiedlich nachgekommen. Während der Kanton St. Gallen noch im selben Jahr weitreichende Bestimmungen erliess, versuchte der Kanton Basel-Stadt das Instrument auszuschliessen. Die meisten Kantone folgten den bundesrechtlichen Vorgaben und setzten entsprechende Bestimmungen in der ersten Hälfte der 1920er Jahre um (vgl. Grossmann 1927: 145-146). Zentraler politischer Streitpunkt war dabei, ob das Recht bei allen juristischen Personen zur Anwendung kommen kann oder nur bei öffentlichen Eigentümern anwendbar ist (vgl. von Gierke 1925: 85).

Der Grundgedanke des Instruments wurde dabei von Bodenreformern gestützt und sollte der Eigentumsbildung grosser Schichten der Bevölkerung dienen. „Die hohe Bedeutung eines eigenen Heims ist schon von jeher gewürdigt worden. Die alte Idee, ein eigenes Heim auf eigener Scholle zu besitzen, und die Flucht vor der Mietskaserne, sind in der Heimstättenbewegung enthalten" (Grossmann 1927: 146). Die Schweiz war damit der erste europäische Staat, der die aus Nordamerika stammende Idee umsetzte (Homestead Act 1839). Österreich, Frankreich und Deutschland folgten sehr bald – insbesondere begründet in der kriegsbedingten Wohnungsnot. In der Schweiz sind nur sehr vereinzelte Anwendungsfälle bekannt, die zumeist dazu dienten, die Pflege- und Unterbringungseinrichtungen von Menschen mit Behinderungen zu sichern. Mit der grossen ZGB-Novelle von 1997 wurde das Instrument ersatzlos gestrichen.

8.3.2.3 Enteignungsgesetz (1930)

Im Juni 1930 trat das eidgenössische Enteignungsgesetz (EntG)[48] in Kraft. Es regelt bis heute die infrastrukturpolitischen Möglichkeiten einer formellen Enteignung. Festgelegt wurde recht abstrakt, dass eine Enteignung möglich ist für Werke „die im Interesse der Eidgenossenschaft oder eines grossen Teils des Landes liegen, sowie für andere im öffentlichen Interesse liegende Zwecke, sofern sie durch ein Bundesgesetz anerkannt sind" (Art. 1 Abs. 1 EntG). Neben dem Zweck ist jedoch explizit die Erforderlichkeitsklausel bestimmt. „Das Enteignungsrecht kann nur geltend gemacht werden, wenn und soweit es zur Erreichung des Zweckes notwendig ist" (Art. 1 Abs. 2 EntG). In dieser Klausel sind direkt drei Hürden einer formellen Enteignung enthalten (wenn, soweit und notwendig), wovon die Notwendigkeit zentral ist. Die Notwendigkeit bestimmt, ob eine Enteignung überhaupt zulässig ist und bestimmt auch die Grenzen einer möglichen Enteignung. Damit sind stets andere, weniger drastische Rechtsmittel zu prüfen und vorzuziehen, sollten diese anwendbar und zielführend sein. Wichtig ist auch, dass eine Enteignung stets mit einer vollständigen Entschädigung einhergeht (Art. 16). Diese klare Formulierung ist mit zweierlei Problemen verknüpft. Einerseits werden nur rein ökonomische, nicht aber nicht-kommerzielle Werte entschädigt und andererseits ermöglicht diese Formulierung keinerlei Abstufung (bspw. im Falle einer materiellen Enteignung). Nichtsdestotrotz bestimmt das Enteignungsgesetz ab 1930 landesweit einheitliche Möglichkeiten und Grenzen des Eigentumsentzugs für infrastrukturelle Zwecke. Das Enteignungsgesetz bestimmt daher die Grenzen der zivilrechtlichen Eigentumsgarantie. Obwohl diese als quasi verfassungsrechtliches Grundrecht in der Rechtspraxis existierte, wurde die direkte Verankerung in der Bundesverfassung gefordert und im Jahr 1969 umgesetzt.

8.3.2.4 Bodenrechtsartikel 1969

Seit dem Erlass des Zivilgesetzbuches 1907/1912 wurde die eigentliche Definition von Eigentum kaum verändert. Kleinere Änderungen betreffen die Neueinführung des Stockwerkeigentums 1963 (Art. 712a ff ZGB) und den Schutz von landwirtschaftlichen Boden vor Bodenspekulanten

---

[48] Bundesgesetz über die Enteignung (EntG) vom 20. Juni 1930 (Stand am 1. Januar 2012) SR 711

und ausländischen Investoren (1940 und 1951). Eine wesentliche Veränderung trat 1969 in Kraft – wenngleich dies mehr politischen und symbolischen Charakter hat als tatsächliche rechtspraktische Auswirkungen.

Boden kann Gegenstand eines Eigentumstitels sein und innerhalb der geltenden Rechtsordnung kann ein Eigentümer über den Boden frei verfügen. Mit der Etablierung des Zivilgesetzbuches (ZGB) 1907 wurde dieser Grundsatz bereits in das bundesweite Recht aufgenommen. Als wesentliche Schwäche der Eigentumsregelung im ZGB wurde jedoch empfunden, dass dies keine verfassungsrechtliche Garantie des Eigentums darstellt. Wenngleich die zivilrechtliche Regelung aus juristischer Perspektive einen ausreichenden Schutz des Eigentums und eine zwingende Entschädigung für den Fall der Enteignung darstellt und auch dies auch in der Rechtsprechung stets praktiziert wurde, wurde eine Ergänzung der Bundesverfassung gefordert.

Als Zwillingslösung mit der gleichzeitigen verfassungsrechtlichen Etablierung einer Landesplanung wurden 1969 gleich zwei Bodenrechtsartikel in die Verfassung aufgenommen (Art. 22ter und 22quarter BV, heute: Art. 26 und 75 BV). „Die Bodenrechtsartikel konstituieren das Schlüsselelement des sozialen und politischen Kompromisses des Umtauschs der Verfassungsgarantie des Eigentums und des Prinzips der Entschädigung im Falle einer Enteignung gegen den Eintrag des Raumplanungsprinzips in der Bundesverfassung" (Gerber/Nahrat 2013: 19). Mit dieser Rechtsveränderung hat das Ausmass der eigentumsrechtlichen Bestimmung des Bodeneigentums seine volle Ausprägung erreicht. Mit dem Jahr 1969 ist die Institutionalisierungsphase abgeschlossen.

8.3.3   Neueste Entwicklungen (seit 1969)

Wenngleich die Bodenrechtsartikel die letzte grössere Änderung der schweizerischen Eigentumspolitik darstellen, so werden Debatten und kleinere Änderungen durchaus weiterhin durchgeführt. Vier wesentliche Entwicklungen sollen an dieser Stelle vorgestellt werden, die aufzeigen, dass die Auseinandersetzung über Bodeneigentum keinesfalls abgeschlossen ist. Zunächst wird der Entwurf zur Totalrevision der Bundesverfassung (1978) vorgestellt, welcher zwar letztlich verworfen wurde, aber mit den weitreichenden eigentumspolitischen Neuerungen zur Debatte beigetragen hat. Es folgen die Einführung der sog. Lex Koller (1983) und des bäuerlichen Bodenrechts (1991). Schlussendlich erfolgt die Darstellung der Zweitwohnungsinitiative (2012).

8.3.3.1   Entwurf einer Totalrevision der Bundesverfassung und der schweizerischen Eigentumspolitik (1978)

Im Zeitraum 1874 bis 1999 wurden insgesamt über 140 Teilrevisionen vorgenommen. Wenngleich die Änderungen meist geringfügige Anpassungen darstellen, zeigt dies, dass das Verfassungsrecht keineswegs ein starres Recht ist. Ab den 1960er Jahren begann die Debatte über eine Totalrevision der Bundesverfassung. Infolge der geschichtlichen Entwicklung des Landes wurde debattiert, ob die Bundesverfassung mit der veralteten Sprache, teilweise überholten Bestimmungen und rechtssystematischen Inkohärenzen noch als Rechtsrahmen dienen kann. Im Zuge dieser Debatte wurde auch über die Veränderung des Eigentumsrechts nachgedacht, die über die Bestimmungen von 1969 hinausgehen. Getrieben von einer normativen Vorstellung, die heute als Nachhaltigkeit bezeichnet werden würde[49], präsentierte eine Gruppe um Hans Christoph Binswanger 1978 einen Verfassungsentwurf, der Eigentumspolitik als eigenständiges Politikfeld enthielt.

Entwurf einer Totalrevision der Bundesverfassung (VE) (Binswanger 1978: 171-172):

---

[49]   Binswanger begründet den Entwurf bereits mit einer Formulierung, die stark an das Nachhaltigkeitsverständnis im Brundtland-Bericht etwa 10 Jahre später erinnert: „Schliesslich geht es aber auch um das post-ökonomische Bedürfnis nach Vorsorge für die Kinder und Enkel, deren künftige Existenzgrundlage nicht durch heutige Verschwendung gefährdet werden soll" (Binswanger 1978: 88).

Art. 30 VE Eigentumspolitik

Mit seiner Eigentumspolitik soll der Staat vor allem:

a. die Umwelt vor übermässiger oder das Gemeinwohl schädigender Beanspruchung schützen;

b. eine sparsame Nutzung des Bodens, eine geordnete Besiedelung des Landes und harmonische Landschafts- und Siedlungsbilder fördern;

c. die natürliche und kulturelle Eigenart des Landes wahren;

d. eine übermässige Konzentration von Vermögen und Grundeigentum verhüten;

e. volkswirtschaftlich oder sozial schädliches Gewinnstreben bekämpfen;

f. für eine gerechte Umverteilung des Bodenwertzuwachses sorgen;

g. das Eigentum, das gemeinnützigen Zielen dient, und das Eigentum, das vom Eigentümer selbst genutzt wird, schützen und fördern;

h. eine angemessene Vermögensbildung der natürlichen Personen fördern.

Diese eigentumspolitischen Zielsetzungen sollten im Artikel über die Eigentumsgarantie referenziert werden und Leitprinzipien für die Beschränkung des Eigentums bilden (vgl. Art. 17 VE). Die Hauptverantwortung zur Verwirklichung dieser Politik sollte dabei beim Bund liegen (vgl. Art. 50 VE).

Der Vorschlag stelle „eine Kombination unterschiedlicher eigentumspolitischer Instrumente der Schweiz, um Umweltschutz- und Eigentumspolitikziele im Spannungsverhältnis zwischen (hoheitlichen) Steuerungsansprüchen und (privaten, individualistischen) Aneignungsstrategien der Grundstückseigentümer zu formulieren und zu erreichen" (Thiel 2009: 32). Dabei sollten die umweltpolitischen Ziele Bestandteil des Eigentumstitels werden und nicht als nachträgliche Einschränkung eingebracht werden. „Für die neue Rechtskonzeption, welche dem Anspruch der Umweltgerechtigkeit genügen will, ist entscheidend, dass die Erhaltung und der Schutz der natürlichen Umwelt zu einem konstituierenden Bestandteil des Eigentums werden" (Binswanger 1978: 113). Dieser Vorschlag ist dabei stark an die Eigentumskonstruktion im germanischen Recht angelehnt.

Der Verfassungsentwurf konnte sich in der politischen Debatte jedoch nicht durchsetzen. Für die Opposition war der Vorschlag eine ‚Gefährdung der Eigentumsinstitution' (vgl. Thiel 2009: 33). Die Kritik bezog sich explizit vor allem darauf, dass das Eigentum als Grundrecht abgeschafft werden würde. Die Konstruktion, dass die Eigentumsgarantie als Grundrecht bestehen bliebe, allerdings durch eigentumspolitische Ziele ausserhalb im sozialpolitischen Teil (also ausserhalb des Kapitels der Grundrechte) eingeschränkt werden würde, wurde als Abschaffung des Eigentums aufgefasst. Diese ablehnende Haltung setzte sich schliesslich durch und der Verfassungsentwurf von Binswanger et al. erreichte die Wahlurne nicht.

Die Totalrevision der Bundesverfassung wurde schliesslich in den 1990er[50] Jahren tatsächlich überarbeitet und dem Volk am 18. April 1999 zur Abstimmung vorgelegt. In der Abstimmung erhielt der Entwurf das erforderliche doppelte Mehr von 59,2 % der Stimmen und 13 zu 10 Ständen und trat zum 1. Januar 2000 in Kraft. Die Änderungen betrafen jedoch im Wesentlichen redaktionelle Anpassungen (die sprachlichen Vereinheitlichungen sowie die Nachführung des geltenden geschriebenen und ungeschriebenen Verfassungsrechts)[51]. Die Bestimmungen mit raumplanerischen, bodenpolitischen und eigentumsrechtlichen Bezug sind dabei durchaus verän-

---

[50] Der ursprüngliche Antrag des Bundesrates stammt aus dem Jahr 1985. 1987 wurde der Auftrag zur Ausarbeitung eines Entwurfs erteilt. Der Entwurf wurde 1995 präsentiert und in die Vernehmlassung geschickt. Der überarbeitete Entwurf wurde 1996 konsolidiert und 1998 von beiden Räten verabschiedet. Mit der Zustimmung des Volkes trat die Verfassung in Kraft.

[51] Abgeschafft wurden beispielsweise die nicht mehr zeitgemässen Bestimmungen über das Brotgetreide (Art. 23bis) oder das Absinthverbot (Art. 32ter). Weitere Hinweise sind im Historischen Lexikon der Schweiz zu finden http://www.hls-dhs-dss.ch/textes/d/D9811.php

dert worden, allerdings stellen diese Veränderungen keine inhaltliche Neuausrichtung, sondern lediglich eine neue Systematik dar.

Bundesverfassung von 1874 (in der Version seit 1969):

> Art. 22bis
> (1) Das Eigentum ist gewährleistet.
> (2) Bund und Kantone können im Rahmen ihrer verfassungsmäßigen Befugnisse auf dem Wege der Gesetzgebung im öffentlichen Interesse die Enteignung und Eigentumsbeschränkungen vorsehen.
> (3) Bei Enteignung und bei Eigentumsbeschränkungen, die einer Enteignung gleichkommen, ist volle Entschädigung zu leisten.

Bundesverfassung von 1999:

> Art. 26 Eigentumsgarantie
> (1) Das Eigentum ist gewährleistet.
> (2) Enteignungen und Eigentumsbeschränkungen, die einer Enteignung gleichkommen, werden voll entschädigt.

> Art. 36 Einschränkungen von Grundrechten
> (1) Einschränkungen von Grundrechten bedürfen einer gesetzlichen Grundlage. Schwerwiegende Einschränkungen müssen im Gesetz selbst vorgesehen sein. Ausgenommen sind Fälle ernster, unmittelbarer und nicht anders abwendbarer Gefahr.
> (2) Einschränkungen von Grundrechten müssen durch ein öffentliches Interesse oder durch den Schutz von Grundrechten Dritter gerechtfertigt sein.
> (3) Einschränkungen von Grundrechten müssen verhältnismässig sein.
> (4) Der Kerngehalt der Grundrechte ist unantastbar.

Die Veränderungen sind daher lediglich redaktioneller Art. Die wesentlichen Bestimmungen sind nach ihrem Inhalt fortgeführt worden.

8.3.3.2   Lex Koller (1983)

Hinter dem Begriff *Lex Koller* verbirgt sich das Bundesgesetz über den Erwerb von Grundstücken durch Personen im Ausland (BewG)[52]. Das Gesetz ist nach dem damaligen Nationalrat Arnold Koller (CVP) benannt, auf dessen Bestreben es eingeführt wurde, und „beschränkt den Erwerb von Grundstücken durch Personen im Ausland, um die Überfremdung des einheimischen Bodens zu verhindern" (Art. 1 BewG). Es löst einen aus 1961 stammenden Bundesbeschluss[53] mit ähnlichem Mechanismus und Zielstellung ab, welcher wiederum auf ähnliche, nochmals ältere Bestimmungen zurückgeht.

Im Wesentlichen wird es natürlichen Personen ohne Schweizer Nationalität und ohne Wohnsitz in der Schweiz erschwert Eigentumsrechte zu erwerben. Grundsätzlich ist jeder Erwerb bewilligungspflichtig, wobei eine Reihe von Zulassungs- und Versagensgründen festgelegt sind (vgl. Art. 8 und 9 sowie 12 und 13 BewG). Hinzu kommt, dass die jährliche Gesamtzahl der Bewilligungen kontingentiert ist (Art. 11 und 39) und an weitere Bedingungen geknüpft werden kann (Art. 14).

---

[52]   Bundesgesetz über den Erwerb von Grundstücken durch Personen im Ausland (BewG) vom 16. Dezember 1983. SR 211.412.41

[53]   Bundesbeschluss vom 23. März 1961 über die Bewilligungspflicht für den Erwerb von Grundstücken durch Personen im Ausland. SR 211.412.41. AS 1961 203

Ein ähnliches Recht gilt auch in Dänemark. Im Rahmen der Verhandlungen zum EU-Beitritt wurde Dänemark das Sonderrecht eingeräumt, dass der freie Liegenschaftshandel eingeschränkt werden darf. Nach dem Liegenschaftsrecht von 1995 (lov om erhvervelse af fast ejendom) ist der Erwerb von Liegenschaften an einen Wohnsitz in Dänemark (von mindestens 5 Jahren) gekoppelt. Ein freihändiger Erwerb aus dem Ausland ist nur Dänischen Staatsbürgern erlaubt. Die Regelungen bzgl. Sommerhäuser sind sogar noch restriktiver.

Gesetze dieser Art stellen einen weitreichenden Eingriff in das Eigentumsrecht, genauer: in die Verfügungsfreiheit, dar. In Dänemark hat dies zu einem Verfall der Immobilienpreise geführt, da ein grosser Kreis an potenziellen Kunden regulatorisch ausgeschlossen wurde. In der Schweiz wird dem Gesetz ein preisdämpfender Effekt zugesprochen, der allerdings deutlich weniger stark ausfällt, da einerseits juristische Personen von der Regel weitestgehend ausgenommen sind und andererseits Ausnahmen (insb. für steuerpolitisch besonders erwünschte Ausländer) bewilligt werden. Nichtsdestotrotz zeigt das Gesetz, dass eine Steuerung des Bodeneigentums auch aus dem bürgerlichen Lager je nach Zielsetzung angestrebt wird und das Eigentumsrecht grundsätzlich Veränderungen unterliegen kann.

8.3.3.3 Bäuerliches Bodenrecht (1991)

Seit 1991 existiert im Schweizer Rechtssystem eine weitere, wesentliche Beschränkung des Verfügungsrechts an Bodeneigentum. Im Bereich des landwirtschaftlichen Bodens untersagt seither das bäuerliche Bodenrecht (BGBB)[54] den Erwerb von landwirtschaftlichem Land durch Nicht-Landwirte. Das Gesetz verfolgt dabei das Ziel „das bäuerliche Grundeigentum zu fördern und namentlich Familienbetriebe als Grundlage eines gesunden Bauernstandes und einer leistungsfähigen, auf eine nachhaltige Bodenbewirtschaftung ausgerichteten Landwirtschaft zu erhalten und ihre Struktur zu verbessern [... und] übersetzte Preise für landwirtschaftlichen Boden zu bekämpfen" (Art. 1 BGBB). Zu diesem Zweck sind sowohl privatrechtliche (Art. 11-57) als auch öffentlich-rechtliche (Art. 58-79) Bestimmungen erlassen. Privatrechtlich sind bspw. Vorkaufsrechte für Pächter (Art. 47) oder die Pflicht zur Beteiligung an einer Melioration (Art. 57) geregelt. Öffentlich-rechtlich ist bspw. das Realteilungsverbot (Art. 58)

Im Kern des Gesetzes steht allerdings die Bewilligungspflicht bei Erwerb. Lapidar heisst es, dass „Wer ein landwirtschaftliches Gewerbe oder Grundstück erwerben will, braucht dazu eine Bewilligung" und weiter, dass „die Bewilligung erteilt [wird], wenn kein Verweigerungsgrund vorliegt" (Art. 61 Abs. 1 und 2 BGBB). Im Wesentlichen werden im Gesetz drei dieser Verweigerungsgründe genannt (Art. 63). Erstens muss der Käufer ein Selbstbewirtschafter sein. Damit ist die persönliche Bewirtschaftung des Landes oder die Leitung des landwirtschaftlichen Betriebes gemeint, wobei zudem eine agrarische Ausbildung nachgewiesen werden muss (Art. 9). Zweitens dürfen keine übersetzten Preise vereinbart werden. Damit ist gemeint, dass der vereinbarte Kaufpreis grundsätzlich nicht mehr als 5 % (im kantonalen Einzelfall bis zu 15 %) über den ortsüblichen Preisen für vergleichbare Grundstücke oder Gebäude überschreiten darf (vgl. Art. 66). Drittens darf das Grundstück nur an solche Selbstbewirtschafter veräussert werden, deren Betrieb im ortsüblichen Bewirtschaftsbereich liegt. Betriebe mit grösserem räumlichem Abstand sind ausgeschlossen. Sollte eine dieser drei Bedingungen missachtet werden, liegt ein Verweigerungsgrund vor, wodurch eine Bewilligung versagt wird.

Auch für die öffentlichen Körperschaften werden kaum Ausnahmen eingeräumt. „Der Erwerb durch das Gemeinwesen oder dessen Anstalten ist zu bewilligen, wenn er a. zur Erfüllung einer nach Plänen des Raumplanungsrechts vorgesehenen öffentlichen Aufgabe benötigt wird; b. als

---

[54] Bundesgesetz über das bäuerliche Bodenrecht (BGBB) vom 4. Oktober 1991. SR 211.412.11

Realersatz bei Erstellung eines nach Plänen des Raumplanungsrechts vorgesehenen Werkes dient und ein eidgenössisches oder kantonales Gesetz die Leistung von Realersatz vorschreibt oder erlaubt" (Art. 65). Infrastrukturelle Massnahmen sind demnach weiterhin möglich. Eine Boden-bevorratungspolitik wird durch die Regelungen des bäuerlichen Bodenrechts jedoch erschwert.

Gesamthaft wird der Ankauf von landwirtschaftlichem Land weitestgehend auf landwirt-schaftlich tätige Personen beschränkt und zudem stark (insb. bezogen auf die Preisentwick-lung) überwacht. Die Kategorie des Bauerwartungslandes (im Sinne des deutschen Rechts) entfällt hierdurch. Die Bodenwertsteigerung durch eine eventuelle Zuordnung zur Bauzone fällt zudem besonders drastisch aus. Die Höhe der Bonczekschen Treppenstufe dürfte in der Folge entsprechend hoch ausfallen (vgl. Bonczek / Halstenberg 1963).

8.3.3.4   Zweitwohnungsinitiative (2012)

Aufgrund der hohen Attraktivität der schweizerischen Berglandschaft hat sich bereits früh eine Tourismusindustrie entwickelt. Aufgrund mangelnder alternativer Wirtschaftsmodelle ist diese für diese bestimmten Regionen (insb. Berggebiete) von zentraler Bedeutung und ist gesamtschweizerisch der viertgrösster Wirtschaftszweig (Vgl. Bundesrat 2013: 13). Neben dem klassischen Hoteltourismus nimmt seit den 1950er Jahren die Bedeutung von Zweitwoh-nungen stetig zu und stellte bereits ca. 1970 mehr Betten zur Verfügung als die Hotellerie (vgl. Clivaz / Nahrath 2010: 5). Heutzutage sind schätzungsweise sechsmal mehr Betten in Zweitwohnungen als in Hotels vorhanden (ARE 2010: 37) und Zweitwohnungen machen einen Anteil von rund 15 % des gesamten schweizerischen Wohnungsbestandes aus (BfS o.J.). Gleichzeitig ist der Flächenverbrauch, der durch Zweitwohnungen induziert wird, sehr hoch, insbesondere gemessen an der tatsächlichen Nutzungsdauer. Touristische Zweitwoh-nungen werden häufig nur während der Hauptsaison nur wenige Tage im Jahr genutzt – bspw. über Weihnachten und Sylvester. Die restlichen meist rund 50 Wochen des Jahres stehen sie leer, weshalb man vom Phänomen der „kalten Betten" spricht.

Um den weiteren Bau von Zweitwohnungen und dem damit verbundenen Landschaftsver-brauch flächendeckend zu begrenzen gründete sich 2006 ein Komitee aus dem Verein Hel-vetia Nostra und der übergeordneten Stiftung des Umweltaktivisten Franz Weber und lancierte die Initiative „Schluss mit uferlosem Bau von Zweitwohnungen" zur Änderung der Bundesverfassung. Das Komitee erarbeitete einen Initiativtext und sammelte bis Dezember 2007 die erforderlichen 100.000 Unterschriften (BBl 2008: 1113). Damit waren die Voraus-setzungen für eine Volksabstimmung geschaffen. Im März 2012 wurde darüber abgestimmt, ob die eidgenössische Bundesverfassung um den Art. 75b ergänzt wird, der besagt:

> Art. 75b BV Zweitwohnungen
> (1) Der Anteil von Zweitwohnungen am Gesamtbestand der Wohneinheiten und der für Wohnzwecke genutzten Bruttogeschossfläche einer Gemeinde ist auf höchstens 20 Prozent beschränkt.
> (2) Das Gesetz verpflichtet die Gemeinden, ihren Erstwohnungsanteilplan und den de-taillierten Stand seines Vollzugs alljährlich zu veröffentlichen.

Das Hauptanliegen der Initiatoren bestand im Schutz der Landschaft. Der „uferlose Bau von Zweitwohnungen", wie der Initiativtitel betont, sollte beendet werden, um der Zersiedelung der Schweiz und letztlich dem Verlust der attraktiven Bergwelt entgegenzutreten. Landwirtschaftliche Nutzflächen und wertvolle Landschaften sollen gerettet werden, womit die Initiative einhergeht mit der parallel lancierten Landschaftsinitiative. Die intakte Landschaft bietet schliesslich auch Grundlage für den Tourismus und die daran geknüpfte Wertschöpfung. Darüber hinaus sollte auch Gentrifizierungseffekte in den Bergregionen begegnet werden. Zweitwohnungen wurden als ein wesentlicher Faktor für hohe Wohnungspreise in touristischen Gebieten identifiziert, was zu hohen Mietzinsen und letztlich einem Wohnungsmangel für die lokale Bevölkerung führe. Mit der Einschränkung des Zweitwohnungsbaus soll die Verfügbarkeit von bezahlbarem Wohnraum verbessert werden. Hauptkritikpunkte an bisherigen Umgang mit der Problematik betrafen die Ineffektivität von lokalen Strategien, da diese häufig durch Interessenskonflikte und die mangelnde Kontrolle durch supralokale Institutionen wirkungslos blieben. Gemeinden wären auch bisher bereits in der Lage gewesen, aktiv gegen einen übermässigen Anteil an Zweitwohnungen vorzugehen, jedoch erwiesen sich die Massnahmen in den Augen der Initiatoren als ineffektiv. Zudem verzichteten zu viele Gemeinden grundsätzlich auf eine Zweitwohnungspolitik. Daher war es den Initiatoren wichtig, eine einheitliche und zwingende Regelung vorzugeben, die als klare Zielvorgabe für die Aktivitäten der Gemeinden zu verstehen ist und über die unpräzise kann-Formulierung des Raumplanungsgesetzes hinausgeht.

Gegen die Zweitwohnungsinitiative formierte sich eine Koalition, die vor allem diese Einheitlichkeit und Starrheit der vorgeschlagenen Regelung kritisierte. Lokale Ungleichheiten würden nicht ausreichend gewürdigt und insgesamt setze eine bundesweite Regelung auf der falschen Ebene an und stellt eine heimliche Zentralisierung dar. Die Initiativgegner rund um den Wirtschaftsverband economiesuisse und den Vertretern der Bergkantone beurteilten die Initiative als verantwortungslos für die wirtschaftliche Entwicklung (vgl. 2012) und prognostizierten einen Verlust von 15 % der lokalen Arbeitsplätze insbesondere durch den Einbruch der Bauwirtschaft (ebd.). Sogar kommunistische anmutende Feindbilder erlebten in einer Zeitungskampagne ihr Revival (siehe Aargauer Zeitung vom 23.2.2012).

Auch Bundesrat und Parlament, die ein besonderes Kommentierungsrecht innehaben, lehnten die Initiative mit Verweis auf die anstehende Revision des Raumplanungsgesetzes (RPG) ab. Das neue RPG fordert von den Gemeinden Strategien zum haushälterischen Umgang mit Boden und zur Problematik des Zweitwohnungsbaus ein. Durch die offene Formulierung werden regional adäquatere Lösungen ermöglicht, die die Probleme auch über eine bessere Auslastung von bestehenden Zweitwohnungen angehen kann. Damit sei das kalte Betten-Phänomen von Bundesebene her bereits ausreichend angegangen.

Am 11. März 2012 wurde die Initiative (bei einer Wahlbeteiligung von rund 45 %) knapp angenommen (vgl. BBl 2012-6623). Sowohl das erforderliche Mehr der Kantone (12 3/2), als auch die Mehrheit bei der Bevölkerung (50.6 %) stimmte für die Initiative – wobei der Vorsprung lediglich rund 28 800 Stimmen umfasste. Die höchste Zustimmung erhielt die Initiative in den städtischen Kantonen der Deutschschweiz. Die grösste Ablehnung erfolgte in den Bergkantonen, die am stärksten durch die Zweitwohnungsproblematik betroffen sind. Mit der Annahme der Initiative wurde die Quotenregelung direkt in den Text der Bundesverfassung aufgenommen. Somit bewirkt die Initiative seit dem Tag ihrer Annahme, dass grundsätzlich keine Baugesuche für Zweitwohnungen gutgeheissen werden können, wenn die Quote von 20 % in der Gemeinde überschritten ist. Die Initiative hat nicht nur eine Beschränkung des Neubaus an Zweitwohnungen zur Folge, sondern bedeutet für Personen ohne lokalen Erstwohnsitz ein faktisches Verbot der Erwerbsfreiheit und stellt somit einen erheblichen Eingriff in die grundsätzlichen Freiheiten des Eigentums dar.

8.3.3.5   Ausblick

Auch zukünftig werden politische und gesellschaftliche Debatten über das Eigentumsrecht geführt werden. Nicht zuletzt technische Fortschritte führen zu neuen Konfliktfeldern, deren Regulierung politisch diskutiert und juristisch reguliert werden muss. Ungeklärt ist beispielsweise die Dreidimensionalität von Bodeneigentum. Während mittlerweile sehr gut geklärt ist, wem welcher Teil der Erdoberfläche gehört, ist unklar, ob und wie weit die Luftsäule oberhalb dieser Fläche und das Erdreich unterhalb dieser Fläche Teil des Eigentumstitels sind. Im ZGB ist dazu festgehalten: „Das Eigentum an Grund und Boden erstreckt sich nach oben und unten auf den Luftraum und das Erdreich, soweit für die Ausübung des Eigentums ein Interesse besteht" (Art. 667 ZGB). Diese Regulierung ist jedoch nur scheinbar hilfreich. Die Definition über die individuellen Interessen des Eigentums ist einerseits hohl, da eine darüber hinaus gehende Verwendung definitorisch nicht von Interesse und damit konfliktfrei ist[55]. Andererseits entstehen durch die zunehmende Nutzung des Untergrundes neue Konfliktfelder.

Aufgrund der Untätigkeit des Gesetzgebers ist die Rechtsprechung gezwungen eine einheitliche Linie zu entwickeln. Dies kommt vom Mechanismus her jedoch eher dem angle-sächsischen Modell des case law gleich und ist für Länder mit kodifiziertem Rechtssystem (wie die Schweiz) ungewöhnlich. Die Rechtsprechung hat dabei bislang argumentiert, dass bei landwirtschaftlichem Land das Eigentum nur so tief geht, wie die Pflanzen wachsen. Bei Bauland erstreckt sich das Eigentum tiefer. Bspw. bei Bauten mit Tiefgarage bis in eine Tiefe von 30m. Bei neueren Nutzungsformen, bspw. in Form von Erdsonden, gibt es jedoch noch keine Rechtsprechung. Unklar ist, ob Erdsonden eine Nutzung des privaten Bodeneigentums darstellen oder es sich um öffentliches Erdreich und eine Nutzung des öffentlichen Eigentums handelt. Eine Regulierung erscheint daher notwendig. Die Problematik ist dem Bundesrat durchaus bewusst. So wurde ein erster Bericht im Jahr 2014 erarbeitet[56], der jedoch noch keine konkreten Regelungsvorschläge enthält und lediglich den Beginn der politischen Debatte markiert. Das Beispiel der Untergrundnutzung zeigt jedoch, dass der technische Fortschritt zu einer gesellschaftlichen und politischen Auseinandersetzung über das Eigentumsrecht im Untergrund und die Planung der Nutzung dieser Rechte zwingt.

8.4 Entwicklung der öffentlichen Bodennutzungspolitik

Die Entwicklung der nationalen öffentlichen Politiken zur Bodennutzung kann in *fünf* Phasen eingeteilt werden (Vgl. auch mit grundsätzlich ähnlicher, aber im Detail etwas anderer Einteilung: Nahrath 2003 und 2005). (1) Die Ausgangslage (1848 bis 1919), (2) die Entstehungsphase (bis 1969), (3) die Institutionalisierungsphase (bis 1979), (4) die Wirkungsphase (bis 2008) und (5). die Revisionsphase (bis heute).

Bei der historischen Darstellung zeigt sich, dass die Bodennutzung deutlich häufigeren Veränderungen unterliegt, als das Bodeneigentum. Die hier darstellten politischen Schritte sind daher als Auswahl und als markanteste Meilensteine zu verstehen. Detailliertere Ausführungen sind bei anderen Autoren zu finden. Bspw. bei Nahrath (2003), der zwar eine ähnliche Phaseneinteilung vornimmt, diese jedoch deutlich kleinteiliger darstellt, oder bei Pleger (2017), die 18 raumplanungsrelevante Entscheidungen untersucht.

8.4.1   Ausgangslage (vor 1919)

Das Eigentum an Grund und Boden war zu keinem geschichtlichen Zeitpunkt absolut, sondern unterlag stets vielen Beschränkungen. Selbst im Kontext der französischen Revolution und der Erklärung der Menschenrechte wurde diese Beschränkung für notwendig erachtet. Zwar gilt das

---

[55] Erinnert sei an dieser Stelle an den zynischen Beitrag über hohles Eigentum von Harald Braem: „Ich schenke dir diesen Baum. Aber nur, wenn du ihn wachsen läßt, da wo er steht; denn Bäume sind keine Ware, die man einfach mitnehmen kann. Sie keimen und wurzeln in unserer alten Erde, werden hoch wie ein Haus und vielleicht sogar älter als du. Ich schenke dir diesen Baum, das Grün seiner Blätter, den Wind in den Zweigen, die Stimmen der Vögel dazu und den Schatten, den er im Sommer gibt. Ich schenke dir diesen Baum, nimm ihn wie einen Freund, besuche ihn oft, aber versuche nicht, ihn zu ändern. So wirst du sehen, daß du viel von ihm lernen kannst. Eines Tages sogar seine Weisheit und Ruhe. Auch wir sind nämlich Bäume, die in Bewegung geraten sind."

[56] https://www.newsd.admin.ch/newsd/message/attachments/37578.pdf.

Eigentum als unverletzliches, ja heiliges Recht, aber gleichzeitig sind Ausnahmen, die bis zur Enteignung reichen können, notwendig. 1789 wurde formuliert, dass das Eigentum genommen werden kann, „wenn es nicht die gesetzlich festgelegte, öffentliche Notwendigkeit augenscheinlich erfordert und unter der Bedingung einer gerechten und vorherigen Entschädigung" (Art. 17 Erklärung der Menschen- und Bürgerrechte 1789). Diese Formulierung findet sich noch heute so oder so ähnlich in allen Eigentumsordnungen (bspw. Art. 26 Abs. 2 und Art. 36 Schweizer Bundesverfassung oder Art. 14 Abs. 1 Niederländische Verfassung). Neben dieser Enteignungsmöglichkeit sind auch Beschränkungen des Eigentums vorhanden. Da sie sowohl den inhaltlichen Gehalt, als auch die Reichweite bestimmen, werden diese als Inhalts- und Schrankenbestimmungen bezeichnet. Als solche gelten Dienstbarkeiten (bspw. Wegerechte), Grundlasten (bspw. Zehntpflicht) und öffentlich-rechtliche Beschränkungen (bspw. Umweltschutzgesetze).

Obwohl diese Beschränkungen der Nutzung des Eigentums zu jedem geschichtlichen Zeitpunkt bestanden, kann noch nicht von einer koordinierenden Bodennutzungspolitik gesprochen werden. Diese entstand erst gegen Ende des 19. Jahrhunderts. Im Jahr 1848 erfolgte die Gründung des modernen Bundesstaates Schweiz. In der damaligen Zeit war keine staatliche Bodennutzungspolitik vorgesehen. So enthält die „Bundesverfassung der Schweizerischen Eidgenossenschaft" vom 12. September 1848 keinerlei Aussagen zur Bodennutzung, sodass im engen Wortsinne eigentlich nicht von einer Phase gesprochen werden kann. Die Abwesenheit einer Bodennutzungsplanung stellt vielmehr die Ausgangslage dar, vor dessen Hintergrund die weiteren Entwicklungen gesehen werden müssen.

Die Notwendigkeit einer Bodennutzungsplanung wurde jedoch bereits auf lokaler Ebene festgestellt. Im Verlaufe der Industrialisierung und den damit einhergehenden städtebaulichen Entwicklungen begannen erste Städte die Bautätigkeiten zu steuern. Ähnlich wie in England oder Deutschland wurden dabei zunächst Fluchtlinienpläne entwickelt, die die wesentlichen baulichen Entwicklungen insbesondere vor dem Hintergrund hygienischer Aspekte regulierten.

8.4.2   Entstehungsphase (1920 bis 1969)

Die staatlichen Massnahmen zur Bodennutzungsplanung vor, während und nach dem Zweiten Weltkrieg fokussierten insbesondere auf die Sicherung und Steigerung der landwirtschaftlichen Produktion. 1920 wurde der *Entwurf eines eidgenössischen Siedlungsgesetzes* präsentiert, welcher primär auf den Schutz des Kulturlandes zielte, aber auch darüber hinaus bereits einige weitergehende Ideen beinhaltete. 1937 wurde der *Plan Wahlen* vorgestellt, welcher während des Zweiten Weltkrieges die Selbstversorgung der Schweiz mit einer Anbauschlacht verteidigt und ein im Ausmass einzigartiges Werk zur Planung der Bodennutzung darstellt.

Nach dem zweiten Weltkrieg traten die Folgen des Wirtschaftswachstums in den Vordergrund. Stadt- und Industrieentwicklungen führten zu wohnungspolitischen Problemen, denen mit einer zunehmenden Planung der Bodennutzung entgegengewirkt werden sollte.

8.4.2.1   Entwurf zu einem Eidgenössischen Siedlungsgesetz

Als Grundstein der schweizerischen Landesplanung gilt der „Entwurf eines Eidgenössischen Siedlungsgesetzes", welcher 1920 von Hans Bernhard veröffentlicht wurde. Vor dem Hintergrund der Versorgungsengpässe während des ersten Weltkrieges war der Bundesrat an Ideen interessiert, wie die landwirtschaftliche Produktion stabilisiert oder gar erhöht werden kann. Im Juli 1919 beauftragte das Schweizerische Volkswirtschaftsdepartement ihn mit der Ausarbeitung eines Gutachtens. Im Gegensatz zu Vorschlägen anderer Autoren (bspw. des Bauernsekretariates) wurde das Bernhard-Gutachten dabei bewusst nicht nur als Landwirtschaftskonzept, sonder ganzheitlich konzipiert. Dies sollte sich auch im Titel widerspiegeln, weshalb es den Titel „Eidgenössisches Siedlungsgesetz" erhalten hat. Der Gesetzentwurf wurde im Juni 1920 veröffentlicht und gilt damit als „Grundsteinsetzung" der schweizerischen Landesplanung (SBZ 1945: 299).

Der Gesetzentwurf basiert auf dem Grundgedanken, dass Landwirtschaft nicht rein sektoral zu betrachten ist. Die geringe landwirtschaftliche Produktion führte Bernhard nicht auf eine geopolitische Isolation der Schweiz zurück, sondern sah vielmehr die wirtschaftliche Verkettung als Ursache. Die zunehmende Industrialisierung des Landes findet auf Kosten der landwirtschaftlichen Produktionsflächen statt, wodurch der „heimische Nährfruchtboden den Einflüssen des Weltmarktes preisgegeben [wird]" (Bernhard 1920). Industrialisierung und Städtebau sind ungesteuert. „Das gedankenlose Aneinanderreihen von Wohnstätten beim Ausbau der grossen Orte [ist] ein Unglück. Es fehlte den Massensiedlungen an der harmonischen Beziehung zum ernährenden Boden, die allein ein ungefährdetes, dauerndes Bestehen gestattet" (Bernhard 1920). Neben dem Kulturlandverlust führt die zunehmende Landflucht der damit verbundene Arbeitskräftemangel dazu, dass landwirtschaftliche Potenziale in den Berggebieten ungenutzt bleiben.

Entsprechend setzt sein Gesetzesentwurf an zwei wesentlichen Punkten an. Um den Kulturlandverlust zu stoppen, ist jede Inanspruchnahme durch industrielle oder städtische Entwicklung mit Realersatz auszugleichen. Um darüber hinaus ausreichend Arbeitskräfte im ländlichen Raum zu halten, sind die dortigen Wohnbedingungen zu verbessern. Im Jargon der damaligen Zeit wird dieses zweigleisige Vorgehen *Innenkolonisation* genannt.

Der Begriff der Innenkolonisation bezeichnet bei Bernhard „jene Gruppe von Maßnahmen, die zum Zwecke haben, innerhalb eines Landes einer größeren als der bisherigen Anzahl von Menschen Nähr- und Wohnraum zu verschaffen und in bessere Weise als er vordem vorhanden war" (1920: 5). Mit dieser Definition geht Bernhard über die vom Departement gemachten Vorgaben hinaus. Es sollte nicht nur der Versorgungsengpass der bestehenden Bevölkerung entgegnet, sondern eine harmonische Landesentwicklung und die Grundlage für ein Bevölkerungswachstum geschaffen werden.

8.4.2.1.1　Entwurfsinhalte

Der Gesetzentwurf enthält insgesamt 36 Artikel, die in sechs Abschnitte unterteilt sind. Abschnitt A (Art. 1) bestimmt die Aufgabe des Gesetzes. Abschnitt B (Art. 2 bis 19) enthält allgemeine Bestimmungen. Abschnitt C (Art. 20 bis 28) enthält das bäuerliche Siedlungswerk. Abschnitt D (Art. 29 bis 33) städtisch-industrielle Siedlungswerk. Abschnitt E (Art. 34 bis 35) enthält weitere Massnahmen zur Förderung der Innenkolonisation. Abschnitt F (Art. 36) enthält die Schlussbestimmungen. Kompetenzrechtlich bezieht sich Bernhard dabei auf das verfassungsrechtliche Ziel zur Förderung der Landwirtschaft (vgl. Bernhard 1920: 72).

Ähnlich wie bei modernen Gesetzen, bestimmt Artikel 1 zunächst die Aufgaben- und Kompetenzverteilung (Abschnitt A). Als allgemeiner Zweck wird bestimmt, dass das Siedlungsgesetz dazu dient, dass der Bund die Innenkolonisation fördert. Besonders hervorgehoben wird hierbei das Siedlungswesen, welches wiederum in die Teilbereiche bäuerliches Siedlungswerk, städtisch-industrielles Siedlungswerk und weitere Massnahmen zur Bekämpfung der Landflucht unterteilt werden kann. Mit dieser Aufgabenbeschreibung wird gleichzeitig der Aufbau des Gesetzesentwurfs gegliedert. Die Abschnitte C bis E entsprechen dieser Aufgabendefinition.

Im Abschnitt Allgemeine Bestimmungen (Abschnitt B) werden zunächst die Kompetenz- und Aufgabenverteilungen geklärt und alle für die Aufgaben benötigten Vorarbeiten geregelt. Das Siedlungswesen soll einerseits zum Zuständigkeitsbereich des eidgenössischen Volkswirtschaftsdepartements fallen (Art. 4) und andererseits gemäss dem Subsidiaritätsprinzip zunächst auf kantonaler Ebene geregelt werden (Art. 5 und 6). Aufgaben, die über die Kantonsgrenzen hinausgehen, werden als ‚interkantonale Siedlungswerke' in die Kompetenz des Bundes übertragen (Art.

5 Abs. 1). So erstellt bspw. der Bund unter Mitwirkung der Kantone statistische Vorarbeiten und führt eine Bestandsaufnahme zur Landnutzung durch (Art. 2). Für die Verarbeitung dieser statistischen Erhebung und als Beratung-, Begutachtung- und Aufsichtsorgan soll eine „Zentralstelle für Innenkolonisation" eingerichtet werden (Art. 3).

Zur Umsetzung der Siedlungswerke erhalten Bund und Kantone verschiedene Instrumente, wie das Enteignungsrecht (Art. 8) und das Recht einer amtlichen Anordnung einer Baulandumlegung („Beteiligungszwang") (Art. 9, 12 und 13). Von der grundsätzlichen Verhältnismässigkeit dieser weitreichenden Instrumente wird von Bernhard ausgegangen, „da kein Zweifel darüber bestehen kann, daß es sich bei den Siedlungswerken um die Beförderung der gemeinsamen Wohlfahrt (Art. 2 B.V.) handelt" (Bernhard 1920: 73). Die Notwendigkeit dieser Artikel wird darüber hinaus auch damit begründet, dass nicht nur die technischen Aspekte für die Erreichung der politischen Ziele ausschlaggebend sind, sondern auch der Einbezug der Grundeigentümer erforderlich ist (ebd.).

Die Finanzierung von interkantonalen Siedlungswerken wird vom Bund (abhängig vom volkswirtschaftlichen Nutzen) mit 10 bis 50 % subventioniert (Art. 10), wobei auch eine höhere Bundesbeteiligung über einen eidgenössischen Siedlungsfonds möglich ist, wenn eine Durchführung andernfalls gefährdet wäre (Art. 11). Der Siedlungsfonds ist dabei bewusst ausserhalb des regulären Bundeshaushalts angesiedelt, um eine zweckmässige Verwendung der Gelder sicherzustellen (vgl. Bernhard 1920: 74) und wird durch Gelder der Mehrwertabgabe gespeist (Art. 14). Dieser Mechanismus soll die „verwerfliche Spekulation volkswirtschaftlich fruchtbar" machen und letztlich Spekulationsverkäufen den wirtschaftlichen Anreiz entziehen (Bernhard 1920: 75). Die Mehrwertabgabe ist dabei bewusst als effizientere Möglichkeit gegenüber einem bürokratischen Spekulationsverbot vorgezogen worden und umfasst den gesamten Mehrwert.

Die Problemstellung erscheint im damaligen Gutachten so dringend und so drängend, dass „nicht abgewartet werden [kann], bis alle Kantone ihre Siedlungsgesetze erlassen haben" (Bernhard 1920: 73). Vom Grundsatz, dass der Bund nur für interkantonale Aufgaben zuständig ist, wird daher abgewichen und auf die Fälle erweitert, wo die Kantone ihren kantonalen Aufgaben nicht nachkommen und bspw. die Instrumente auf kantonaler Ebene fehlen. Hier ist eine direkte Eingreifmöglichkeit des Bundes vorgesehen (Art. 7 und alle instrumentellen Artikel).

Das Bäuerliche Siedlungswerk (Abschnitt C) stellt den eigentlichen Kern des Gesetzesentwurfs dar. Hierdurch soll „eine Stärkung des seßhaften Bevölkerungselementes und eine Verhinderung ungesunder Ueberindustriealisierung" bezweckt werden (Bernhard 2910: 75). Die Auswirkungen der Expansion von Städten und Industrien auf den Umfang des kultivierbaren Landes sollen gemindert werden, um die Gesamtproduktion landwirtschaftlicher Erzeugnisse zu stabilisieren. Dazu werden zwei wesentliche Mechanismen installiert. Einerseits ist jeder Verlust an Kulturland zu kompensieren – vorzugsweise mittels Realersatz (Art. 22-25), mindestens jedoch mittels Geldersatz (Art. 26-28). Andererseits soll die Siedlungsstruktur des Landes an den bäuerlichen Bedürfnissen orientiert optimiert werden. So kann vorgesehen werden, dass einige Gebiete gänzlich der bäuerlichen Bevölkerung vorbehalten bleiben (vgl. Bernhard 1920: 75). Und auch darüber hinaus sollen Neugründungen (im Zuge von Kulturlandschaffung), Umsiedlungen (bei Verdrängung durch Städte- und Industriewachstum) und Korrekturen (bei Güterzusammenlegungen) von bäuerlichen Siedlungen ermöglicht werden (Art. 20).

Schliesslich wird auch das städtisch-industrielle Siedlungswerk (Abschnitt D) geregelt. Hier erfolgen kaum eigenständige Regelungen. Stattdessen wird wiederum der Schutz von bäuerlichen Betrieben betont (Art. 31) und mit den Bestimmungen aus Abschnitt C versehen (Art. 32 und 33). Darüber hinaus ist sicherzustellen, dass bei grossflächigen Wohnüberbauungen ausreichend grosse Grundstücke zugewiesen werden, um mittel subsistenzieller Landwirtschaft zur allgemeinen Versorgung beizutragen (Art. 29-30, vgl. Bernhard 1920: 78).

8.4.2.1.2   Weitere Problemfelder

Der Entwurf eines eidgenössischen Siedlungsgesetzes stellt für Bernhard nur einen Teilbereich einer übergeordneten Fragestellung der Innenkolonisation dar. Konsequenterweise bezeichnet er den Gesetzentwurf in seinem Gutachten lediglich als *Abschnitt* und zeigt in weiteren Abschnitten weitere Problemfelder auf.

Ein Leitgedanke von Bernhard ist die Streuung des Grundbesitzes und die Förderung der Eigentumsquote. Aus seinen Erfahrungen aus der Landwirtschaft leitet er ab, dass eine Aufteilung des Landes unter möglichst vielen Familien das Beste für die Gesellschaft sei (vgl. Bernhard 1920: 21). Die Pachtung von Land ist nur als Mittel zum sozialen Aufstieg in begrenzten Umfang zulässig, sollte aber nicht (wie etwa in England) eine weitverbreitete Form annehmen (vgl. Bernhard 1920: 22-23). Grundsätzlich sei das Eigentum vorzuziehen. „Glücklicherweise sind wir in dieser Beziehung in der Schweiz besser dran [als Italien, England und das östliche Deutschland], [...sodass] es nicht notwendig [ist], auf dem Wege der Gesetzgebung eine Korrektur der Grundbesitzgröße einzuleiten" (Bernhard 1920: 21). Massnahmen sollten erst bei der Gefahr der Vermehr des Grossgrundbesitzes eingeleitet werden und wurden daher im Entwurf des Siedlungsgesetzes nicht berücksichtigt.

Als weiterer Abschnitt wird die Landflucht thematisiert, wobei zwischen der Abwanderung als natürlicher Prozese und der volkswirtschaftlich problematischen Entvölkerung unterschieden wird. Regionen können Abwanderung von jungen Menschen in Regionen mit wirtschaftlichen Perspektiven grundsätzlich verkraften, da die Bevölkerungszahl und die regionalen Wirtschaftsprozesse insgesamt stabil bleiben und die Siedlungen somit insgesamt unversehrt bleiben (vgl. Bernhard 1920: 24). Problematisch wird es jedoch, wenn solche Wanderungsprozesse zu einer Entvölkerung eines Gebietes führen. Hierdurch können Abwärtsspiralen entstehen, die letztlich im ungenutzten Verfall von Kulturland münden und daher volkswirtschaftlich abzulehnen sind. Solchen Entwicklungen „kann man nicht energisch genug zu Leibe rücken" (Bernhard 1920: 24).

Im Gutachten wird vor allem die Stärkung der abwanderungsbedrohten Gebiete als Gegenmassnahme vorgeschlagen (vgl. Bernhard 1920: 28-29). Die dezentrale Platzierung von Fabriken und Industrieanlagen soll die Erwerbsmöglichkeiten ausserhalb der Landwirtschaft ermöglichen. Der Bau neuer Siedlungen soll auf die neuen Wohnraumbedürfnisse reagieren. Daneben sollen auch physiologische Massnahmen das Phänomen abschwächen. So ist es „eine Sache der Volksaufklärung auch die Schattenseiten des Städtelebens der ländlichen Bevölkerung klar zu machen" (Bernhard 1920: 29). Speziell für die Berggebiete soll zudem die Verkehrserschliessung gefördert werden. Dadurch wird sich eine Stärkung der Fremdenindustrie und damit die Stärkung der wirtschaftlichen Stellung erhofft, „auch wenn der erwerbswirtschaftliche [einer Verkehrssubventionierung] im einzelnen Falle nicht ohne weiteres in die Augen springt" (Bernhard 1920: 30).

Auch der Verbleib des Boden- und Wohneigentums im Volkstum wird diskutiert. Dahinter verbirgt sich die „Sorge um die Erhaltung des Wohn- und Nährraums für das eigene Volk" (Bernhard 1920: 31). So sei vorstellbar, dass ein Volk „die letzten mühsam erschlossenen Siedlungsflächen dem eigenen Nachwuchs dienstbar machen will und daß es [...] ernstlich sich darum bekümmert, ob der Boden wirklich von Einheimischen besetzt sei" (Bernhard 1920: 31). „Eine Ueberfremdung nimmt die gefährlichsten Formen an, wenn das fremde Element [also die Nicht-Einheimischen] in erheblichen Maße von Grund und Boden Besitz ergreift" (Bernhard 1920: 31. Eigene Anmerkung). Dieser Entwicklung lasse sich jedoch ohne gesetzliche Massnahmen entgegenwirken, indem die ausführenden Siedlungsunternehmen nur an Schweizer verkaufen (vgl. Bernhard 1920: 32), weshalb ebenfalls keine direkte Berücksichtigung im Gesetzentwurf getätigt wurde.

Schliesslich wird noch die städtische Entwicklung thematisiert. Während die ländlichen Gebiete teilweise mit Entvölkerung zu kämpfen haben, findet eine „ausgesprochene Bevölkerungskonzentration" in den Städten und eine „Ueberindustriealisierung" des Landes statt (Bernhard 1920: 32-33), was zu „einer systematischen Verdrängung einer großen Zahl bäuerlicher Existenzen infolge der Inanspruchnahme des Kulturbodens durch das Städtewachstum" führt (Bernhard 1920: 34). Dazu trägt auch die Industrialisierung bei. Zwar zerstören Fabrikanlagen rein flächenmässig nicht dieselbe Menge an wertvollem Kulturland, wie die Stadterweiterungen, allerdings wirken sich die wirtschaftlichen Entwicklungen in den verschiedenen Regionen unterschiedlich aus – mit indirekten Folgen für den ländlichen Raum.

> Der bisherige Industrialisierungsprozeß ging sozusagen hemmungslose vor sich. Zwar wurden Vorschriften gemacht über die Bauweise der Fabriken selbst. Wer eine Farbik bauen will, muß alle hygienischen Vorschriften auf genauste berücksichtigen. Allein es blieb dem freien Spiel der Kräfte überlassen, wo Fabriken errichtet werden konnten. Wenn man von einer bewußten Beeinflussung des Baues von Fabriken sprechen will, so kann man höchstens jene Fälle erwähnen, wo Gemeinden durch Anerbietung von Vorteilen Industrien an sich zu zeihen suchten. Von irgendeinem planmäßigen Vorgehen in Hinsicht auf die Industrieansiedlung ist aber keine Rede. (Bernhard 1920: 35)

Bernhard attestiert, dass das Gleichgewicht zwischen Industrie und Landwirtschaft wiederhergestellt werden muss, um die Beeinträchtigung der Landwirtschaft zu unterbinden und eine schädliche Entvölkerung in eine normale Wanderung zu vermindern. Um dies zu erreichen, ist es für ihn klar, dass man langfristig „im Interesse der Erhaltung des volkswirtschaftlichen Gleichgewichts unseres Landes, nicht um […] eine Zurückhaltung des industriellen Wachstums […] herumkommen" wird (Bernhard 1920: 36). Dies sieht er auch geboten, obwohl ihm bewusst ist, dass „eine künstliche Bindung der industriellen Entwicklung im Widerspruch mit den heute geltenden Gesetzesbestimmungen und den Anschauungen über Gewerbefreiheit steht" (Bernhard 1920: 36). Auf absehbare Zeit sieht er jedoch noch eine andere Möglichkeit: eine systematische Siedlungsentwicklung (damals *Siedlungswerk* genannt) mithilfe eines Siedlungsplanes. Der Siedlungsplan soll die Siedlungsräume ermitteln und von den bäuerlichen Gebieten abgrenzen und die Dezentralisierung von Industrie und Bevölkerung bezwecken (vgl. Bernhard 1920: 37-39). Dabei sollen die verschiedenen Stellen gemeinsam an den Gesichtspunkten für eine sinnvolle Abgrenzung arbeiten und deren Umsetzung sicherstellen. Sogar die industrielle Freihaltung von Gebieten als ländliche Reserve wurde vorgeschlagen (Bernhard 1920: 39).

Die von Bernhard vorgeschlagene staatliche Siedlungspolitik sollte somit zusammenfassend gleich mehrere Probleme lösen, die durch die unplanvolle Entwicklung und die vorwiegend privat getriebenen Massnahmen entstanden sind. „Wie siedelten sich die neuen Bevölkerungsmassen an? So wie es der Zufall ergab, ohne Plan, ohne Voraussicht in spätere Verhältnisse. Fabriken vergrößerten sich, neue wurden gegründet. […] So entwickelten sich jene mißliche Zustände, die allerwärts mit dem Vorortsproblem verknüpft sind: überhohe Bodenpreise, Entscheidungen zu eng bebauter Quartiere mit meistens unschönen und schlechten Mietshäusern, finanzielle Ueberlastung der hievon betroffenen Gemeinden" (Bernhard 1920: 44-45).

8.4.2.1.3   Bedeutung des Gesetzesentwurfs für die schweizerische Landesplanung

Mit der Veröffentlichung des Gutachtens hat Hans Bernhard versucht die Diskussion über eine gesteuerte Siedlungsentwicklung zu initiieren. Die städtischen und industriellen Gebiete waren dabei kein Selbstzweck, sondern wurden als wesentliche Verursache von Versorgungsengpässen gesehen. Durch eine strenge Regulierung des Wachstums sollte das Kulturland stärker geschützt werden, um die landwirtschaftliche Produktion des Landes sicherzustellen. Der Gesetzentwurf war dabei ein Diskussionsauftakt:

> Bei der Neuigkeit des Problems kann unseren Vorschlägen nur der Charakter einer ersten Diskussionsgrundlage zukommen. Wir sind uns wohl bewußt, daß, nachdem sich alle zuständigen Kreise zur Sache geäußert haben werden, eine definitive Gesetzesvorlage über Innenkolonisation nach Form und Inhalt wesentlich anders aussehen wird als unser Entwurf. Die Hauptsache ist, daß unsere Ausführungen die allgemeine Erkenntnis wachzurufen vermögen, wonach eine kraftvolle eidgenössische Siedlungspolitik für die Wohlfahrt unseres Landes eine Notwendigkeit ist. Ferner, daß ein Siedlungsgesetz geschaffen wird, welches die Hindernisse, die einer Durchführung des großen Werkes der Innenkolonisation heute noch entgegenstehen, mit starker Hand beseitigt, und welches die Kräfte, die zum Gelingen der ganzen Arbeit beitragen könnten, straff zusammenfaßt. Auf welchem Wege dieses Ziel erreicht wird, ist Nebensache. (Bernhard 1920: 79)

Der angesprochene Diskussionsprozess dauerte jedoch wesentlich länger und zeigte sich als wesentlich kleinschrittiger. Als Anfang der 1930er Jahre der Bau eines Stausssees (Sihlsee) beschlossen wurde, mussten nicht nur 500 Bewohner, sondern auch 31 bäuerliche Höfe umgesiedelt werden. Dabei wurde erstmalig nicht die Strategie verfolgt eine monetäre Entschädigung vorzunehmen, sondern den Bauern mit neuem Kulturland zu versorgen, um die weitere landwirtschaftliche Existenz langfristig zu sichern. Die Auseinandersetzung von Bernhard mit der Selbstversorgung gilt auch als gedankliche Grundlage des *Plan Wahlen*. Zur Sicherung der Lebensmittelversorgung erarbeitete der damalige Abteilungsleiter im Eidgenössischen Kriegsernährungsamt und spätere Bundesrat Friedrich Traugott Wahlen einen Plan zur wirtschaftlichen Selbstversorgung des Landes. Als eine von vier Massnahmen wurde dabei die landwirtschaftliche Produktionsfläche von 183'000 ha (1938) auf 352'000 ha (1945) gesteigert.

Neben diesen Schritten wurde auch die bundesrechtliche Einführung einer Landesplanung diskutiert und bezog sich dabei immer wieder auf den Entwurf von 1920. Einige Elemente wurden bei der Einführung des Raumplanungsgesetzes von 1979 integriert und bestimmen damit bis heute die Bodennutzungsplanung in der Schweiz. So ist die strikte Trennung zwischen Kulturland und städtisch-industriellem Siedlungswerk heute als Trennungsprinzip bekannt und in den Zielen und Grundsätzen des RPG verankert. Die Forderung, dass planungsbedingte Mehrwerte ausgeglichen werden, ist mittlerweile zum Teil im Planungsrecht angekommen. Zwar werden nicht wie 1920 gefordert 100 % des planungsbedingten Mehrwerts ausgeglichen und in einen separaten Siedlungsfonds überführt. Allerdings ist der grundsätzliche Mechanismus eingeführt. Seit 1979 sollten planungsbedingte Vor- und Nachteile ausgeglichen werden. Seit 2014 wird dies durch die Formulierung „mindestens 20 %" präzisiert. Zudem sind die Einnahmen zweckgebunden und werden daher ausserhalb des regulären Haushalts geführt – ohne dass allerdings eine explizite Bezeichnung als Siedlungsfonds heute stattfindet. Auch die Zwangsbeteiligung findet sich unter diesem Namen nicht wieder – ist jedoch unter dem Begriff der amtlich angeordneten Baulandumlegung im RPG integriert. Die geforderte Arealstatistik wird seit 1979 regelmässig durchgeführt, auch wenn Bernhards Vorstellung deutlich über die heutige Statistik hinausgeht. So sollten neben der reinen Flächennutzung auch der Grundbesitz und landwirtschaftliche Potenziale explizit erhoben werden (vgl. Bernhard

1920: 37). Selbst funktionale Räume, die erst mit den letzten Revisionen des RPG Eingang in das Planungsrecht gefunden haben, finden sich bereits im Gesetzentwurf von 1920. „Wollte man sich sklavisch an den Grundsatz [der Beachtung kantonaler Grenzen] halten, [...] würde aber das ganze Siedlungswerk zur Unfruchtbarkeit verurteilt" (1920: 37-38).

Neben diesen Gemeinsamkeiten sind einige Aspekte jedoch deutlich vom modernen Planungsrecht zu unterscheiden. Die von Bernhard vorgeschlagene Zentralstelle ähnelt der seit 1979 gesetzlich geforderten *Fachstelle für Raumplanung* und dem 2000 tatsächlich eingerichtetem *Bundesamt für Raumentwicklung*. Die Zentralstelle sollte jedoch gemischtwirtschaftlich organisiert werden, also nicht einen Teil der Bundesverwaltung darstellen, sondern als öffentlich-privaten Organisation aufgebaut sein. Dementsprechend ist beim Aufgabenbeschrieb der beratende Charakter deutlich stärker ausgeprägt. Eine Aufgabe war auch die Vorbereitung eines *interkantonalen Siedlungsplans*. Dieser scheint grobe Bezüge zum *Raumkonzept Schweiz* aufzuweisen, welches im Jahr 2012 durch das ARE veröffentlicht wurde. Die beiden Planwerke unterscheiden sich jedoch fundamental und sind paradoxerweise gleichermassen irreführend bezeichnet. Bernhard forderte einen *interkantonalen Siedlungsplan*, meint damit jedoch keinen Plan der durch die Zusammenarbeit der Kantone, sondern durch den Bund erarbeitetet wird und daher konsequenterweise als *eidgenössischer Siedlungsplan* bezeichnet werden müsste. Das *Raumkonzept Schweiz* gilt als eidgenössisches Leitbild über die räumliche Entwicklung. Aufgrund der fehlenden Kompetenz, handelt es sich rechtlich jedoch um ein Dokument der Kantone, welches lediglich vom Bund koordiniert und gefördert wurde. Konsequenterweise wäre dies daher als *interkantonales Raumkonzept* zu bezeichnen. Auch inhaltlich erfüllt das heutige Raumkonzept die Forderungen aus dem Gesetzesentwurf an einen Siedlungsplan nicht. Die Hauptaufgabe, nämlich die Ermittlung der Siedlungsräume und die Abgrenzung der bäuerlichen und städtisch-industriellen Siedlungsgebiete, sind kaum aus dem Raumkonzept abzuleiten, sondern finden sich in den kantonalen Richt- und kommunalen Nutzungsplänen.

Trotz dieser Unterschiede bleibt festzuhalten, dass der Entwurf eines eidgenössischen Siedlungsgesetzes von 1920 als wesentlicher Grundstein der schweizerischen Landesplanung angesehen werden muss. Der Entwurf enthält viele wesentliche Grundmechanismen, wie bspw. das Trennungsprinzip, der Mehrwertausgleich und die statistische Erfassung der Bodennutzung, welche bis heute die Bodennutzungsplanung kennzeichnen. Die Trennung von Bau- und Nicht-Bauland wurde auch durch andere Politikbereiche etabliert. Der Zwang zum Anschluss an die öffentliche Kanalisation durch das Gewässerschutzgesetz (1955) setzte dieses Prinzip aus technischen und umweltpolitischen Gesichtspunkten um.

Auch institutionell konnte Bernhard einen Grundstein legen. Seine 1918 gegründete „Schweizerische Vereinigung für Innenkolonisation und industrielle Landwirtschaft" gilt als Vorläufer der 1943 gegründeten Vereinigung für Landesplanung (VLP-ASPAN) und bezweckte (gemäss Statuten) „unter Ausschluß jeglicher Landspekulation die Hebung der Bodenkultur durch nichtlandwirtschaftliche Kreise zur Ergänzung der Produktionstätigkeit der Berufslandwirte" (SBZ 1945: 139).

8.4.2.2 Bodenrechtsartikel (1969)

Dieser politische Symbolakt wurde 1969 durch die Etablierung zweier Verfassungsartikel vollzogen. Vorausgegangen war eine enorme wirtschaftliche Entwicklung in der Nachkriegszeit, welche innerhalb eines kurzen Zeitrahmens die traditionelle, ländlich geprägte Gesellschaft „überrollte" (Gilgen 2012: 34) und eine moderne, städtische Lebensweise entstehen ließ. Der technologische Fortschritt, die Verbesserungen des Lebensstandards und die steigenden individuellen Ansprüche führten zu großen Bautätigkeiten und Veränderungen der Landschaft. Weit abgelegene Landesteile wurden erschlossen, während gleichzeitig viele Menschen in die Städte zogen, die dadurch in bisher ungekanntem Ausmaß wuchsen. Dies alles hatte eine intensive Beanspruchung des Bodens und die Ausfransung der Städte zur Folge, weshalb eine Steuerung notwendig wurde. Aus diesem Schutzgedanken heraus wurden Ausmaß und Begrenzung des Bodeneigentums grundsätzlich hinterfragt und eine gesetzliche Regelung gesucht. Es entstand eine Debatte über notwendige politisch-administrative Steuerungs- und Kontrollmechanismen, um Wohnungsnot, Bodenspekulation und Zersiedelung entgegenzuwirken (Knoepfel et al. 2012: 418). Um die Entwicklungen in geordnete Bahnen zu lenken und so den viel zitierten „Krebs der Verhüselung" (Meili 1967, zitiert nach: Koll-Schretzenmayr 2008: 19) zu begegnen, musste die Verteilung und die Nutzung dringend geregelt werden. Das Motto „Wachstum benötigt Planung" drückt die Einstellung der Zeit treffend aus (Blanc 1996). Sozialdemokraten (SP) und Gewerkschaftsbund lancierten daher eine Initiative zum Schutz des Bodens, (Volksbegehren gegen die Bodenspekulation. BBl 1963 II 269) welche ein generelles staatliches Vorkaufsrecht vorsah und die Möglichkeit der Enteignung sehr weit umfasste. Im Rahmen der Debatte wurde das private Bodeneigentum auch grundsätzlich hinterfragt. So plädierte eine Zürcher Initiative beispielsweise dafür, dass Boden verstaatlicht werden sollte und dass eine Nutzung nur noch als einzelnes Nutzungsrecht (im sog. Baurecht) und nicht als vollständiges Privateigentum vergeben werden sollte. Die Initiative in Zürich (1966) fand ebenso wie die eidgenössische Initiative (1967) keine Mehrheit beim Volk. Die Bemühungen zeigte dem bürgerlichen Lager jedoch die Dringlichkeit und Bedeutung der Thematik auf.

Zudem finden sich in den Debatten die beiden Rechtsideen wieder, die im Kontext der Ressource Boden in besonderem Ausmaße aufeinandertreffen: Die Garantie des Eigentums ist für den freiheitlich-demokratischen Rechtsstaat von hoher Bedeutung. Gleichzeitig ist das Eigentum nicht unbeschränkt, sondern soll auch dem Wohle der Allgemeinheit dienen. Die Nutzung ist daher im Rahmen der Rechtsordnung eingeschränkt. Im Sinne der nachhaltigen Raumentwicklung verlangt das öffentliche Interesse ein kontrolliertes Siedlungswachstum, um eine kompakte, dezentral konzentrierte Siedlungsform anzustreben. Dazu soll die Siedlungsausdehnung nach außen gemindert werden, wodurch auch eine konsequente Ausnützung der bereits erschlossenen Bauzonen und Immobilien nötig ist. Diese Entscheidung liegt jedoch im verfassungsrechtlich geschützten Bereich des Eigentums. So kommt es, dass die Umsetzung und Erfüllung öffentlicher Planungspolitik und deren Ziele in der Hand der Bodeneigentümer liegt. Diese wiederrum verfolgen unter Umständen vollkommen andere Interessen und können sich beispielsweise für die Unter- oder gar Nichtnutzung von Wohnraum entscheiden. Dabei sind die beiden Rechtsinstitutionen (Eigentumsgarantie und Sozialpflichtigkeit des Eigentums) für den Rechtsstaat gleichermaßen von großer Bedeutung, auch wenn sie in Einzelfällen im Konflikt stehen. Aufgeschreckt durch die Initiativen der politischen Linken förderte auch die bürgerlich-liberale Politik die Lösung der Eigentumsdebatte (vgl. Vatter 1996: 32). Dabei sollten grundsätzlich Handlungsspielräume gesichert werden und die als kommunistisch empfundene Beplanung des Bodens eingeschränkt werden (vgl. Gilgen 2012: 34). Dieser Strategiewechsel führte dazu, dass bereits 1969 ein „historischer Kompromiss" (Knoepfel et al. 2012: 419) gefunden werden konnte, der nochmals deutlich aufzeigt, wie eng Raumplanung und Eigentumsrecht verknüpft sind. Der Kompromiss konnte beide Seiten überzeugen, indem gleich zwei neue Artikel in die Bundesverfassung aufgenommen wurden: Zum einen wurde die Notwendigkeit der Existenz einer räumlichen Planung angenommen und diese in Art. 22quater (heute Art. 75 BV) als Grundsatzkompetenz des Bundes festgeschrieben. Gleichzeitig wurde via Art. 22ter (heute Art. 26 BV) das Eigentum nochmals verfassungsrechtlich geschützt.

Art.22ter
1 Das Eigentum ist gewährleistet.
2 Bund und Kantone können im Rahmen ihrer verfassungsmässigen Befugnisse imöffentlichen Interesse und auf dem Wege der Gesetzgebung die Enteignung und Eigentumsbeschränkungen vorsehen.

3 Bei Enteignung und bei Eigentumsbeschränkungen, die einer Enteignung gleichkommen, ist volle Entschädigung zu leisten.

Art.22quater
1 Der Bund ist zur Grundsatzgesetzgebung über die Erschliessung und Besiedelung des Landes und die Nutzung des Bodens, insbesondere die Schaffung von Zonenordnungen durch die Kantone, befugt.
2 Er fördert und koordiniert die Bestrebungen der Kantone auf diesen Gebieten und arbeitet mit ihnen zusammen.

Nur durch diese Zwillingslösung konnten eigentumsfreundliche Kreise die weitreichenden Nutzungsbeschränkungen einer schweizerischen Raumplanung hinnehmen.

8.4.3 Entstehung des Raumplanungsgesetzes (1969 bis 1979)

Zur Ausführung der Bundeskompetenz über die Raumplanung wurde nominelles Raumplanungsrecht benötigt. Dessen Ausarbeitung war dringend notwendig, was sich auch an der Anwendung eines dringlichen Bundesbeschlusses (17.3.1972) zeigt. Trotz dieser Massnahme zog sich die Ausarbeitung eines Raumplanungsgesetzes letztendlich bis 1980 hin. Grund für diesen langwierigen Prozess war der politische Konflikt um den Grad der Dezentralität des Raumplanungssystems und die Auseinandersetzung um die Reichweite des Eingriffs in das Bodeneigentum. Die wesentlichen Streitpunkte sind an der Entwicklung des Gesetzestextes abzulesen, da bereits 1974 ein Entwurf für ein eidgenössisches Raumplanungsgesetz vorlag. Dieses wurde vom Volk verworfen und konnte erst 1979 in einer entschärften Version verabschiedet werden.

Die ursprüngliche Version des Raumplanungsgesetzes (RPG-1974)[57] war stark von einer zentralen, koordinierenden Planung und weitreichenden Eigentumsinstrumenten geprägt. Zu den wesentlichen Bestandteilen gehören:

- Die Koordinierung von verschiedenen raumrelevanten Bodennutzungen durch Nutzungsbeschränkungen,
- Die Einteilung des Bodens in Bau- und Nichtbauzonen,
- Der obligatorische Ausgleich des planungsbedingten Mehrwertes und
- Die „dezentrale Konzentration" als planerisches Leitbild für die Siedlungsentwicklung.

Der wohl umstrittenste Punkt war der Mehrwertausgleich, welche zum einen die Bevor- und Benachteiligungen ausgleichen sollte, die durch die Trennung in Bau- und Nichtbauzone entstehen würden. Hierdurch sollten die allgemeinen ungerechten Vermögenszuwächse ausgeglichen werden, die durch planerische, sprich gesellschaftliche Entscheidungen einzelnen Grundeigentümern widerfahren wird. Des Weiteren sollte das abgeschöpfte Geld dazu verwendet werden, Enteignungen und massive (enteignungsgleiche) Eingriffe in die Eigentumsfreiheit zu kompensieren, also ein weitreichendes Eigentumsinstrumentarium durch die Bereitstellung finanzieller Mittel zu ermöglichen. Der sozialpflichtige Umgang mit Bodeneigentum kommt auch in den Instrumenten gegen Baulandhortung zum Ausdruck. Diese sahen vor, dass eingezontes und erschlossenes Bauland auch tatsächlich einer Nutzung zugeführt wurde. Um die Planerfüllung zu erwirken, standen weitreichende hoheitliche Instrumente, wie Landumlegung, Bauverpflichtung oder gar einer Enteignung zur Verfügung. Das Gesetz wurde 1976 in einem Referendum knapp (48.9 % Ja) verworfen (vgl. BBl 1976 II 1567). Nach der Ablehnung des ersten Raumplanungsgesetzes wurde der Gesetzestext überarbeitet und 1979 durch das Parlament erneut beschlossen.

---

[57] Bundesgesetz über die Raumplanung vom 4. Oktober 1974 (Referendumsvorlage), BBl 1974 II 816ff, 826

Gegen die neue, entschärfte Variante des Gesetzes wurde kein Referendum erhoben, sodass das Raumplanungsgesetz zum 1.1.1980 in Kraft treten konnte. Der Bundesebene wird dadurch die Festlegung wesentlicher Grundsätze der räumlichen Planung zu geschrieben (Grundsatzkompetenz), während die Umsetzung und Zielerreichung im Aufgabenbereich der Kantone liegt. Somit ist das RPG-1979 wesentlich dezentraler orientiert und partizipativer gestaltet, als seine verworfene Vorgängerversion.

Auch in Bezug auf die eigentumsrelevanten Instrumente war die etablierte Version des Raumplanungsgesetzes relativiert worden. Das Spannungsverhältnis zwischen der Sozialpflichtigkeit des Eigentums und der Eigentumsfreiheit ist zu Gunsten letzterer verändert worden. So ist beispielsweise das ursprüngliche Instrument der Baupflicht nicht weiterverfolgt worden, sodass die Umsetzung der Pläne in der Hoheit der Bodeneigentümer liegt. Auch eine obligatorische Mehrwertabschöpfung wurde in optionaler Form auf die Kantonsebene verlagert, wovon bis zur RPG-Revision 2012 lediglich in den Kantonen Basel-Stadt und Neuenburg flächendeckend gebrauch gemacht wurde. Von den wesentlichen Instrumenten des ursprünglichen Gesetzes wurde an der Einteilung des Landes in Bau- und Landwirtschaftszone unverändert festgehalten, welche bis heute das zentrale Merkmal schweizerischer Raumplanung im Kampf gegen die Zersiedelung ist.

„Mit dem ersten Raumplanungsgesetz [Entwurf von 1974] wäre eine maßvolle Barriere gegen eine ungeregelte Vernutzung des Bodens errichtet worden, der sich jeder Grundbesitzer mit Sinn für einen intakten Lebensraum und mit der Verantwortung für das Gesamte hätte unterstellen können" (Gallusser 1979: 160). Zudem bleibt festzuhalten, dass der intensive Konflikt zwischen eigentumsfreundlichen und planungseuphorischen Kreisen dazu geführt hat, dass die Bodenpolitik in der Schweiz mit dem Inkrafttreten des Raumplanungsgesetzes 1980 im europäischen Kontext erst vergleichsweise spät institutionalisiert wurde. Dabei haben die politischen Diskurse in der Entstehungszeit ein „starkes Ungleichgewicht zugunsten der Grundeigentümer" bewirkt (Clivaz / Nahrath 2010: 9). Die sozialen Ungleichgewichte verursacht durch einen weitreichendenden Schutz des Bodeneigentums wurden durch die staatliche Raumplanung „salonfähig" gemacht (Knoepfel et al. 2012: 418). Eine gerechte Verteilung des Bodens wird nicht mehr debattiert.

8.4.4 Wirkungsphase (1980 bis 2008)

Die Einführung des Raumplanungsgesetzes beendete die politischen und fachlichen Debatten um die schweizerische Bodenpolitik mitnichten.

Bereits ein Jahr nach dem Inkrafttreten des Raumplanungsgesetzes wurde die „Stadt-Land-Initiative gegen die Bodenspekulation" initiiert, welche 1983 die notwendige Anzahl an Unterschriften erreichte. Die Initiative forderte die Änderung des Eigentums- (Art. 22ter) und Raumplanungsartikels (Art. 22quater) mit dem Ziel, die Bodenspekulation durch Beschränkungen bei Besitz und Veräusserungen von Bodeneigentum einzudämmen.[58] Landwirtschaftlicher Boden sollte einer strikten Preiskontrolle unterliegen, die sich am agrarischen Ertragswert und nicht an Preisen von Bauerwartungsland orientierte, und nur an Selbstnutzer veräußert werden können, um so der Bodenspekulation entzogen zu werden. Boden innerhalb der Bauzone sollte lediglich für Eigenbedarf oder zur Bereitstellung preisgünstiger Wohnungen erworben werden können. Damit sollten Kapital- und Spekulationsinteressen ausgeschlossen werden. Das Enteignungsrecht sollte dahingehen erweitert werden, dass für landwirtschaftlichen Boden Realersatz zu leisten ist und bei Boden innerhalb der Bauzone nur bereits realisierte Nutzungen entschädigt würden. Zudem sollte der planungsbedingte Mehrwert obligatorisch und vollständig abgeschöpft und der Bodenmarkt insgesamt transparent gestaltet werden. Der Bundesrat empfahl ebenso wie das Parlament eine Ablehnung der Initiative. Die Stimmbürger verwarfen die Initiative schliesslich in der Abstim-

---

[58]   Der vollständige Initiativetext ist online verfügbar: http://www.admin.ch/ch/d/pore/vi/vis158t.html

mung vom 4.12.1988 mit 69,2 % Volks- und 26-0 Ständemehr. Trotz des eindeutigen Votums gegen die Initiative konnte diese allerdings indirekt Wirkung erzielen, indem sie die gesellschaftliche und politische Diskussion über Boden und rechtliche Regulierungen befeuerte.

Als Reaktion auf die Einreichung der Initiative setzte das Eidgenössische Justiz- und Polizeidepartement (EJPD) im Auftrage des Bundesrats 1983 eine Arbeitsgruppe Bodenrechtspolitik ein. Ziel der interdepartementalen Gruppe war es, ein alternatives bodenrechtliches Konzept zu erarbeiten, um den Forderungen aus der Volksinitiative begegnen zu können. Die Gruppe setzte sich dabei u. a. aus Vertretern der Bundesämter für Raumplanung (welches damals noch zum EJPD gehörte), Justiz und Wohnungswesen zusammen und wurde von Marius Baschung (damaliger Direktor des Bundesamtes für Raumplanung) geleitet. Ein erster Bericht wurde dem Bundesrat 1984 unter dem Titel „Weiterentwicklung des Bodenrechts" (EJPD Arbeitsgruppe Bodenrecht 1985) vorgelegt, welcher daraufhin die Ausarbeitung von konkreten Vorschlägen zur Änderung verschiedener Rechtsbereiche veranlasste. Der nachfolgende Bericht (1985) umfasst weitreichende Änderungsvorschläge insbesondere in den Bereichen des Planungs-, Miet- und bäuerlichen Bodenrechts. Der Massnahmenkatalog enthielt Vorschläge, wie der Boden zielgerichteter reguliert werden kann. Dazu sollte bspw. eine einheitliche Rechtsgrundlage für landwirtschaftlichen Boden erarbeitet werden, in welcher Massnahmen wie Ertragswertprinzip, Vorkaufsrecht und Preiskontrolle enthalten waren. Die Vorschläge im Bereich des bäuerlichen Bodenrechts kamen der Stadt-Land-Initiative somit weit entgegen. Im Raumplanungsrecht sollte insbesondere im Hinblick auf die Vollzugsinstrumente geschärft werden. Dem bemängelten Verlust an Kulturland und der damit verbundenen falschen Dimensionierung von Bauzonen sollte durch eine durchdachte Baulandpolitik begegnet werden. Durch Massnahmen der raschen Erschliessung, Landumlegungsverfahren und hoheitliche Zwangsmassnahmen gegen Baulandhortung, wie die Baupflicht, sollte dem Kulturlandverlust entgegengewirkt werden. Nicht zuletzt wurden auch Änderungen des Fiskalrechts angedeutet, die jedoch eine eigenständige Betrachtung erfahren sollten. Unter Führung des Finanzdepartements wurde dazu eine eigenständige Arbeitsgruppe eingerichtet, die 1994 einen Bericht zum Einsatz von steuerrechtlichen Instrumenten für wohnungs- und bodenpolitische Ziele veröffentlichte (Eidgenössischen Finanzdepartement 1994). Der Endbericht der AG Bodenrechtspolitik „Zur Prüfung des Einsatzes des Steuerrechts für wohnungs- und bodenpolitische Ziele" wurde 1991 fertiggestellt und 1994 verschriftlicht. Die Vorschläge führten zu den sogenannten dringenden Bodenerlassen, welche 1989 durch den Bundesrat beschlossen wurden und die grössten Verwerfungen auf dem Bodenmarkt eindämmen sollten. Der Bundesbeschluss war als temporäre Lösung konstruiert und sollte die Vorstufe einer integrierten, demokratisch legitimierten Reform des Bodenrechts bilden, welche jedoch ausblieb. Die Ergebnisse der Arbeitsgruppe können jedoch als Hinweis darauf gewertet werden, was durch die nationalstaatliche Exekutive unter einer Bodenpolitik verstanden wurde. Auch wenn diese Vorstellung keine top-down Umsetzung erfahren hat, kann der Vergleich mit der nun tatsächlich stattfindenden Entwicklung von unten interessante Rückschlüsse liefern.

Parallel zu diesen Arbeiten wurde 1987 durch das zuständige Bundesamt erstmals einen Bericht über die Entwicklung der Bodennutzung in der Schweiz veröffentlicht. Darin sollten erste Erfahrungen mit der neuen Rechtsgrundlage sowie die langfristigen Ziele des Bundesrates dargestellt werden (vgl. Scheidegger 1990: 160-161). Die Analyse hat ein ernüchterndes Ergebnis geliefert. Es wurde deutlich, dass „die Zersiedelung unseres Landes noch nicht im gewünschten Ausmass gebremst worden ist" (Scheidegger 1990: 160). Als Schlussfolgerung wurde festgehalten, dass das Siedlungswachstum noch stärker als bislang nach innen, also im Rahmen der bestehenden Siedlungsgrenzen erfolgen muss. Damit ist einerseits die bauliche Nutzung von erschlossenem und baureifem Land gemeint, als auch die Erneuerung bestehender Siedlungen und Gebäude gemäss den sich wandelnden Wohn- und Lebensansprüchen. Zudem sollte insgesamt eine Abkehr von autoorientierter Stadtplanung zugunsten „einer Prämisse für die räumliche Ordnung des urbanen Lebens" vollzogen werden (Scheidegger 1990: 161), welche insbesondere auch ein stärkeres Denken im Perimeter der Agglomeration und eine Verknüpfung von urbanen Funktionen anstatt einer Entmischung beinhält.

Ungeachtet der erneuten politischen und fachlichen Diskussionen war Ende der 1980er Jahre ein ungebrochener Anstieg der Bodenpreise insbesondere in den Agglomerationsräumen zu beobachten. Die damit verbundenen sozial unterschiedlichen Auswirkungen veranlassten den Bundesrat zu einer Massnahme, die bereits 20 Jahre zuvor die Dringlichkeit der Thematik illustrierte und auch als indirekte Reaktionen auf die Stadt-Land-Initiative, die Ergebnisse der AG Bodenrechtspolitik und den Raumentwicklungsbericht gesehen werden kann. In Form von zwei dringlichen Bundesbeschlüssen[59] veranlasste der Bundesrat bodenrechtliche Sofortmassnahmen, um die jüngsten Bodenpreisentwicklungen zu dämpfen. Die dringlichen Bundesbeschlüsse wurden 1994 ausser Kraft gesetzt und sollte durch eine dauerhafte gesetzliche Anpassung ersetzt werden.

Neben den bodenrechtlichen Sofortmassnahmen, die sich auf eine Ausnahmeregelung der schweizerischen Bundesverfassung stützten, die nur für dringliche Ausnahmefälle vorgesehen ist, wurde eine dauerhafte Lösung in Form einer Aktualisierung der Bodenrechtsartikel gesucht. Dabei war die Notwendigkeit der Überarbeitung unbestritten und wurde einstimmig durch die entsprechende Kommission des Nationalrats bestätigt (vgl. Scheidegger 1990: 159-160). Lediglich der Prozess des konkreten Ausarbeitens war Gegenstand von Meinungsverschiedenheiten. Letztlich wurde beschlossen, den Bundesrat zu beauftragen neue Verfassungsartikel zu erarbeiten. Die Ziele reichten dabei von der bereits bekannten Förderung des eigengenutzten Wohneigentums inklusive eines Vorkaufrechts, über Vorkehrungen gegen schädliche Konzentration von Bodeneigentum, Massnahmen gegen Bodenspekulation (inkl. Mehrwertabschöpfung), transparente Bodentransaktionen, bis zu Verstärkung des Schutzes des unverbauten Bodens.

8.4.5 Revisionsphase (seit 2008)

In den ersten Jahren nach dem Inkrafttreten des RPG waren die zuständigen Planungsträger bei den Kantonen und Gemeinden mit der Umsetzung beschäftigt. Die politische Aufmerksamkeit wandte sich von der Raumplanung ab. Knapp zweieinhalb Jahrzehnte später nahm der politische Reformdruck jedoch wieder zu. Auslöser war der Fall Galmiz (siehe Kap. 1) und die anschliessend eingereichte Landschaftsinitiative. Als Reaktion auf diese Initiative wurde das Raumplanungsgesetz schliesslich reformiert. Der Prozess umfasste dabei verschiedene Meilensteine, die hier dargestellt werden sollen. Zunächst wurde vom Bundesrat eine internationale Expertenkommission eingesetzt. Anschliessend wurde ein erster Gesetzesentwurf in Form einer Totalrevision präsentiert (das sog. Raumentwicklungsgesetz). Dieses scheiterte jedoch. Stattdessen wurde anschliessend eine erste Teilrevision präsentiert und implementiert. Der Prozess soll schliesslich durch eine zweite Teilrevision komplementiert werden, was derzeit noch in der Realisierung ist.

8.4.5.1 Expertenkommission (2006-2008)

Um die Einschätzung und die Expertise der internationalen, planungswissenschaftlichen Forschungsgemeinschaft in den Revisionsprozess einzubinden, lies das ARE einen entsprechenden Bericht erarbeiten. Im Gegensatz zum ursprünglichen Auftrag bestand Bernd Scholl als auftragnehmender Projektleiter dabei darauf, den Fokus nicht rückblickend auf die Analyse der Problemursachen, sondern konzeptionell und vorwärtsgerichtet auf mögliche und effektive Problemlösungen zu legen.

---

[59] In der offiziellen Liste der Bundesbeschlüsse sind die beiden Bodenbeschlüsse unter den Nr. 36 und 37 aufgeführt. Die Liste ist online verfügbar unter: http://www.admin.ch/ch/d/pore/vr/vor_2_2_6_5_04.html

Der Bericht bestätigte viele Ansätze und vorangegangene Einschätzungen. So wurde festgehalten, dass „die Zersiedelung mit ihren Folgeerscheinungen weder ökonomisch noch ökologisch sinnvoll sei und die Handlungsspielräume kommender Generationen einschränke. Die Entwicklung müsse deshalb zu einem grossen Teil über die Transformation des Bestandes bewältigt werden. [...] Eine voranschreitende Zersiedelung, überbordender Verkehr in Agglomerationen und sensiblen Transiträumen sowie übermässige Eingriffe in die gewachsene Kulturlandschaft können Qualitäten zerstören, die für die Attraktivität des Landes von grosser, wenn nicht von zentraler Bedeutung sind. Mit einer Angleichung der Agglomerationen durch Zersiedelung würde die Vielgestaltigkeit auf überschaubarem Raum – ein besonderer Wert der Schweiz und damit auch ein wichtiger Standortvorteil – verloren gehen" (Scholl 2009: 38).

Die Expertenkommission stellte auch fest, dass die Thematik des haushälterischen Umgangs mit Boden zwar politisch präsent ist, aber es an der konsequenten Umsetzung mangelt. „Zwar existiert das Postulat, mit der nicht vermehrbaren Ressource Boden haushälterisch umzugehen. Doch die Schweiz ist von einem alle staatlichen Ebenen erfassenden Flächenmanagement noch weit entfernt" (Scholl 2009: 40).

8.4.5.2   Raumentwicklungsgesetz (REG)

Als Reaktion hat der Bundesrat die Totalrevision des Planungsrechts vorgeschlagen. Im Dezember 2008 wurde ein Entwurf eines Raumentwicklungsgesetzes (REG) präsentiert, welches sich umfangreich von bisherigen Raumplanungsgesetz unterscheiden und dies auch durch einen neuen Titel zum Ausdruck bringen soll. Der Wandel von der Raumplanung zur Raumentwicklung sollte dabei auch die deutlich wirtschaftspolitischere Ausrichtung des Gesetzes verdeutlichen. Entwicklung ist in diesem Zusammenhang im angelsächsischen und nicht im deutsch- oder französischsprachigen Sinne zu verstehen.

Die Ziele, die der Bundesrat an das vorgeschlagene Gesetz knüpft, stimmen dabei im Wesentlichen mit den Befunden der Initiativinitiatoren überein. Die Zersiedelung des Landes und der ungebremst hohe Verlust an Kulturland werden als ungebremste Herausforderungen der Raumentwicklung betrachtet. Mit Verweis auf den Raumentwicklungsbericht (ARE 2005) wird die Raumentwicklung als unnachhaltig beschrieben. Handlungsbedarfe werden insbesondere im Bereich der Baulandhortung und der Reduktion der überdimensionierten Bauzone gesehen.

Darüber hinaus soll die grundsätzliche Kompetenzverteilung beibehalten werden, allerdings die Kooperation in funktionalen Räumen (mittels Ausbau des Agglomerationsprogramms, Verstetigung der Modellvorhaben und Stärkung der regionalen Ebene) gestärkt werden.

Der Entwurf des Raumentwicklungsgesetzes beinhaltete Regelungen, die sich wesentlich vom bisherigen Raumplanungsgesetz unterschieden. Zunächst fällt auf, dass sich bereits die normativen Artikel im Titel und in den Inhalten von den bisherigen Versionen unterscheiden. Es wird nicht mehr zwischen Zielen (Art. 1 RPG) und Grundsätzen (Art. 3), sondern zwischen Zweck (Art. 1 REG) und Zielen (Art. 5) unterschieden. Die neue Zweckformulierung unterscheidet sich zudem stark von dem verfassungsrechtlichen Auftrag der Raumplanung. „Dieses Gesetz bezweckt eine räumliche Entwicklung, welche die gesellschaftlichen, wirtschaftlichen und ökologischen Ansprüche an den Raum dauerhaft in Einklang bringt" (Art. 1 REG). Die Formulierung und die Begriffswahl erinnern dabei stark an zwei wesentliche Aspekte aus der Nachhaltigkeitsdebatte. Der Bezug zu den Definitionen des Brundtlandberichts (1987) und der Rio-Konferenz (1992) wird deutlich. Die in der Bundesverfassung formulierte haushälterische Bodennutzung wird erst in den Planungszielen (Art. 5 REG) aufgegriffen. Die ebenfalls in der Bundesverfassung formulierte geordnete Besiedelung des Landes erfährt keine explizite Erwähnung mehr.

Durch den gesamten Gesetzesentwurf zieht sich eine sehr starke Tendenz zur Planung mit Raum-
konzepten und in funktionalen Räumen. Das Raumkonzept Schweiz wird als Instrument des Bundes eingeführt (Art. 14) und verbindlichen Charakter erhalten (Art. 18 Abs. 1). Zudem wird jeder
Kanton verpflichtet ebenfalls ein Raumkonzept aufzustellen (Art. 26). Der Planung in funktionalen
Räumen ist ein eigenes Kapitel gewidmet (Art. 21 bis 24) und sie ist auch eine Vielzahl von Quer-
verweisen eingebaut (bspw. international Art. 4; kantonal Art. 3 Abs. 3 und Art. 26 Abs. 2).

Neben der bereits bekannten Pflicht zur Berichterstattung (Art. 10 REG) soll auch „Controlling
und Wirkungsbeurteilung" (Art. 9) etabliert werden. Die genaue Ausgestaltung (bspw. Inhalte
und Methoden) bleibt jedoch unklar. Zudem werden die Modellvorhaben als Innovationsförde-
rung gesetzlich verankert (Art. 12).

Dem Bundesrat zufolge stellt die Baulandverfügbarkeit ein Hauptmotiv für die Erarbeitung einer
Totalrevision dar. Dem Gesetzesentwurf folgend, soll die Baulandverfügbarkeit mit drei Massnahmen erreicht werden: Durch die Aufwertung der Verfügbarkeit als zwingendes Kriterium bei
der Neueinzonung (Art. 40), durch Abbau von Bebauungshindernissen durch Erschliessung und
Umlegung (Art. 42 und 45) und durch die Bauverpflichtung (Art. 47).

Bei der Ausscheidung neuer Bauzonen[60] werden drei Vorraussetzungen genannt (Art. 40 Abs. 2):
a) Die Eignung, b) der regionale Bedarf, und c) die Verfügbarkeit. Die Eignung ist bereits aus
dem RPG bekannt und umfasst sowohl die rechtliche, wie auch die technische Eignung. Der
Nachweis des Baulandbedarfs ist grundsätzlich ebenfalls keine Neuheit. Allerdings fehlt der
explizite Verweis auf den Zeithorizont von 15 Jahren. Stattdessen wird der regionale Bedarf
explizit erwähnt. Die Sicherstellung der Verfügbarkeit ist ein neuer Aspekt, der aus den Erfahrungen mit der Baulandhortung und der mangelhaften Umsetzung der Zonenpläne erwachsen ist. Die
Neueinzonung wird an dieser Stelle also explizit an die rechtliche Verfügbarkeit als notwendige
Bedingung geknüpft. In der Folge sind also rechtliche Lösungen zur Sicherstellung dieser Verfügbarkeit, bspw. durch Verträge mit den entsprechenden Grundstückseigentümern oder durch
entsprechende Anpassungen der kommunalen Bauordnungen, notwendig. Dies geht einher mit
der Bauverpflichtung, die nochmals explizit als eigenständige Regelung im REG-Entwurf enthalten ist (Art. 47).

Die Konstruktion und die Formulierung der Bauverpflichtung als eigenständiger Artikel bewirkt,
dass diese Regelung nicht nur für neue Bauzonen, sondern grundsätzlich auch für Flächen in der
bestehenden Bauzone gültig ist.

Der Gesetzentwurf enthält einige weitere bemerkenswerte Nebenaspekte. So findet erstmals die
vertikale Dimension von Boden (Art 5 lit. a) Wiederklang im Gesetz. Auch werden erstmalig
Städte als Akteur erkannt. Während das Wort Stadt im alten Raumplanungsgesetz keine Erwähnung findet, sind die Städte im REG-Entwurf stellenweise als Akteur direkt berücksichtig. Sie
werden neben Bund, Kantone und Gemeinde als weitere Kategorie der Gemeinwesen explizit
angesprochen und finden sich bspw. bei der Zusammenarbeit innerhalb der Schweiz (Art. 3 Abs.
1 REG) und dem Raumkonzept (Art. 14 Abs. 1) wieder. Gleichzeitig wird am Beispiel der Städte
auch deutlich, dass es sich beim REG allenfalls um einen frühen Entwurf handeln kann. Inkonsis-
tenz ist allerdings, dass die Städte bei anderen Aufzählungen unerwähnt bleiben. So sollen städtische Behörden zwar die Ziele und Grundsätze des Gesetzes umsetzen (Art. 3 Abs. 2), sollen dazu
aber im Gegensatz zu den dörflichen Äquivalenten weder Pläne erlassen (Art. 2 Abs. 1) noch (in

---

[60] Interessant ist, dass an dieser und auch an anderen Stellen nicht mehr die bisherige Fachsprache verwendet wird, sondern eine
Anpassung an die Umgangssprache stattfindet. Während bei Fachleuten bislang nicht von Ein- und Auszonungen gesprochen
wurde, da kein Quadratmeter der Schweiz *keiner* Zone angehören kann, finden sich diese Begrifflichkeiten nun im Gesetzentwurf. Dementsprechend wird auch nicht mehr von der Zuweisung zur Bauzone (Art. 15 Abs. 4 RPG), sondern von der Ausscheidung neuer Bauzonen (Art. 40 REG) gesprochen und nimmt somit die Perspektive des Individuums und nicht mehr des
Planungssystems ein.

grenznahen Situationen) mit ausländischen Behörden zusammenarbeiten (Art. 4 Abs. 1). Die Vermutung eines redaktionellen Fehlers liegt näher, als hierin einen inhaltlichen Fehler zu sehen. Zudem bedeutet die Erwähnung der Städte keine grundsätzliche Verstärkung städtischer Thematiken. Städte werden als Akteure erwähnt; eine Neuausrichtung auf städtebauliche Entwicklung, ähnlich wie bspw. im deutschen Planungsrecht (§ 1 Abs. 3 BauGB), findet nicht statt.

Der Entwurf des Raumentwicklungsgesetzes erwies sich gesamthaft als unausgereift. Es fehlt eine strukturierte Prüfung der Ideen auf innere und äussere Konsistenz. Die politischen Reaktionen waren entsprechend reflexartige Ablehnung. Aus diesem Misserfolg lernte das zuständige Bundesamt jedoch und entwickelte den nachfolgenden Entwurf einer Teilrevision des RPG in einem konsensorientierten Partizipationsverfahren.

8.4.5.3   Erste Teilrevision (RPG1)

MEILENSTEIN	ZEITPUNKT
BR-Botschaft zur Landschaftsinitiative	20.01.2010
BR-Botschaft zur Teilrevision RPG	20.01.2010
Schlussbestimmungen SR und NR RPG	15.06.2012
Bedingter Rückzug Landschaftsinitiative	15.06.2012
Referendum ergriffen (Schw. Gewerbeverband)	Sept 2012
Volksabstimmung 62,9 % Ja	03.03.2013
Inkrafttrefen RPG	01.05.2014

Tabelle 32: Wesentliche Meilensteine der 1. Teilrevision des RPG (sog. RPG 1). Quelle: Eigene Darstellung nach dem jeweiligen Bundesblatt.

Die Teilrevision von 2012 umfasst einige Änderungen am Gesetzestext, welche im Folgenden aufgeführt werden. Die Darstellung erfolgt chronologisch und deskriptiv (siehe zur chronologischen Abfolge auch Tabelle 32). Eine kritische Prüfung, insbesondere über die Frage, ob die betreffenden Änderungen tatsächlich eine Veränderung darstellen, erfolgt im nachfolgenden Unterkapitel.

Zunächst wurden in den Zielen und Grundsätzen der Planung Änderungen vorgenommen. Bei den Planungszielen (Art. 1) sind drei Ergänzungen eingefügt worden. Satz 1 erhält neben den beiden verfassungsrechtlichen Zielen der Raumplanung (die haushälterische Bodennutzung und die geordnete Besiedlung des Landes) nun auch die Trennung des Baugebiets vom Nichtbaugebiet als ein Oberziel. Bei den Unterzielen (den sog. Bestrebungen nach Art. 1 Abs. 2 RPG) wurden die Siedlungsentwicklung nach innen (lit. abis), die Wohnqualität (ebd.) und die kompakten Siedlungen (lit. b) ergänzt. Die Planungsgrundsätze (Art. 3 RPG) wurden ebenfalls erweitert. Beim Grundsatz der Landschaftsschonung (Abs. 2) wurden die Fruchtfolgeflächen gesondert hervorgehoben (lit. a). Beim Grundsatz der Siedlungsentwicklung (Abs. 3) sind die Anbindung an den öffentlichen Verkehr als Standortkriterium hervorgehoben (lit. a), die Notwendigkeit der Revitalisierung von Brachflächen (lit. b) und zur Verdichtung (ebd.) ergänzt worden.

Umfassende Änderungen hat es auch beim Ausgleich und der Entschädigung von planungsbedingten Vor- und Nachteilen (Art. 5) gegeben. Die bisherige Regelung (Abs. 1) ist um fünf konkretisierende Absätze ergänzt worden (Abs. 1bis bis 1sexies). Wesentlich ist dabei, dass ein obligatorischer Mindestprozentsatz in Höhe von 20 % festgelegt worden ist, der zur Kompensation von planungsbedingten Mehrwerten ausgeglichen werden muss (Abs. 1bis). Zusammen mit der bundesgerichtlichen Obergrenze in Höhe von 60 % ergibt sich der Entscheidungsspielraum, in dem die Behörden agieren können. Zudem wurde geregelt, dass die dadurch erzielen Erträge nur für raumplanerische Massnahmen und nicht etwa für den allgemeinen Haushalt oder sonstige politischen Massnahmen verwendet werden dürfen (Abs. 1ter). Ausgenommen vom Mehrwertausgleich werden Massnahmen der öffentlichen Hand oder Massnahmen, bei denen die Erhebung des Mehrwertausgleichs unverhältnismässig wäre (Abs. 1qinquies). Interessant sind zwei Besonderheiten bei der Formulierung dieses Absatzes. Zunächst wurde eine kann-Formulierung gewählt, die es den Kantonen überlässt, diese Ausnahmeregelungen tatsächlich zu etablieren. In der Praxis dürfte sich zeigen, dass die Kantone diese Ausnahmeregelungen wohl adaptieren werden. Nicht gestattet ist es jedoch, weitere Ausnahmebestände zu ergänzen. Der Absatz ist als abschliessende Liste formuliert, sodass hier keine weitergehenden Spielräume vorgesehen sind. Einzig besteht die Möglichkeit darin, die Unverhältnismässigkeit von Buchstabe b grosszügig zu interpretieren. Eine juristische Interpretation, wie weit dies gehen kann, wird wohl in naher Zukunft durch die Rechtsprechung erfolgen.

Auch die kantonale Richtplanung wurde im Zuge der Teilrevision verändert. Bei den Grundlagen (Art. 6) wurden Änderungen vorgenommen, die redaktioneller Art zu sein scheinen. So wurden Abs. 1 und Abs. 2 zusammengezogen. Bei der Berichterstattung wurde einerseits betont, dass nicht nur die anzustrebende Entwicklung, sondern auch die tatsächlich räumliche Entwicklung zu dokumentieren ist (Satz 1) und dies auch explizit das Kulturland umfasst (lit. c). Die letzte Änderung betrifft die Wortwahl bezüglich der besiedelten Flächen. Statt des Begriffs Besiedlung, wurde im neuen Gesetz das Wort Siedlungsgebiet verwendet, wodurch ein Spannungsverhältnis zur Zielbestimmung (geordnete Besiedelung, Art. 1 RPG und Art. 75 BV) entsteht. Die Begründung und vor allem die Auswirkungen dieser Änderung bleiben unklar. Demgegenüber wurden die Inhalte der Richtpläne deutlich klarer umschrieben (Art. 8 und 8a). Die allgemeinen Mindestinhalte der Richtpläne (Art. 8) wurden sprachlich präziser gestaltet, um letztlich auch die bundesrätliche und gerichtliche Überprüfbarkeit zu erleichtern. Für den Bereich Siedlung[61] wurden sehr umfassende Vorgaben erlassen (Art. 8a). Dies umfasst die Grösse und Verteilung der Siedlungsflächen (Abs. 1 lit. a) sowie die Abstimmung von Siedlung und Verkehrserschliessung (lit. b). Die Siedlungsentwicklung nach innen wurde explizit aufgenommen (lit. c) und zudem um die Anforderung der Hochwertigkeit ergänzt (ebd.). In Vorgriff auf Art. 15 wurden zudem auch auf kantonaler Ebene die Kriterien zur Ausweitung der Bauzone aufgegriffen. Des Weiteren findet sich auch ein erster Hinweis, dass in Zukunft die Raumplanung nicht mehr nur die Steuerung der Siedlungserweiterung umfassen wird. Der Begriff der Siedlungserneuerung finden Eingang in den Gesetzestext (lit. e). Schliesslich werden noch die expliziten Massnahmen zum Umgang mit der Zweitwohnungsproblematik zu den Richtplaninhalten im Bereich Siedlung aufgeführt (Abs. 2 und 3). Allerdings handelt es sich bei dieser Regelung lediglich um eine redaktionelle Verschiebung.

Die umfangreichsten Veränderungen erfährt der Artikel bezüglich der Bauzonen (Art. 15 RPG 1979). Aus der alten, sehr knappen Regelung ist eine umfangreiche Regulierung geworden. Die alte Regelung definiert Bauzonen für zweierlei Fälle. Einerseits umfasst die Bauzone die bestehenden Überbauungen (lit. a), wobei auch hier die Eignung des Landes gegeben sein muss. Dieses Doppelkriterium ist nur dann sinnvoll zu interpretieren, wenn die Eignung nicht nur technisch, sondern auch rechtlich zu verstehen ist. Andererseits wurde mit Hinblick auf die Ausweitung der Bauzone festgelegt, dass neben der Eignung, auch der Bedarf (gemessen am Zeithorizont von 15 Jahren) und die Erschliessung gegeben sein müssen (lit. b). Die durch die Teilrevision eingeführte Regelung umfasst die bestehenden Bauzonen nicht mehr, sondern beinhaltet ausschliesslich die Regelungen zur Ausweitung der Bauzone. Dennoch ist die Regelungsdichte deutlich höher. Zunächst wird wiederum auf den voraussichtlichen Bedarf

---

[61]   Interessanterweise wurde hier nicht der Begriff Siedlungsgebiet aus Art. 5 oder der ursprüngliche Begriff Besiedlung aus Art. 1 RPG und Art. 75 BV verwendet. Die Rechtsprechung wird zu klären haben, ob diese Begriffsdiversität Auswirkung hat

der nächsten 15 Jahren verwiesen (Abs. 1). Zudem wird explizit formuliert, dass überdimensionierte Bauzonen zu reduzieren sind (Abs. 2). Die Ausweisung der Bauzonen muss zudem regional abgestimmt werden (Abs. 3). Schliesslich ist die Berechnung des Baulandbedarfs keine alleinige Aufgabe der Kantone mehr, sondern wird nach einer schweizweit einheitlichen und unter Beteiligung des Bundes erarbeiteten Richtlinie ermittelt (Abs. 5).

Weitreichend sind zudem die Voraussetzungen zur Ausweitung der Bauzone. Der neue Absatz 4 umfasst eine abschliessende Liste von fünf Kriterien, die vollumfänglich erfüllt sein müssen, bevor Land neu der Bauzone zugewiesen werden kann. Als Übernahme aus dem alten Recht findet sich zunächst wieder die Eignung als Kriterium (lit. a). Der voraussichtliche Baulandbedarf für den Zeithorizont der nächsten 15 Jahren ist ebenfalls aufgegriffen worden (lit. b). Allerdings ist die Formulierung der neuen Regelung strenger. Angerechnet wird nur solcher Baulandbedarf, welcher bestehen bleibt, wenn die bisherigen Nutzungsreserven konsequent mobilisiert werden. Gehortetes Bauland reicht als Begründung für die Ausweitung nicht aus. Darüber hinaus ist auch die tatsächliche Überbauung in den Absatz aufgenommen worden. Die Neuzuweisung zur Bauzone kann nur erfolgen, wenn (wie bisher) das Land benötigt und auch innerhalb der 15 Jahre erschlossen wird und (als neuer Aspekt) auch sichergestellt ist, dass es in diesem Zeitraum überbaut wird. Mit dieser kleinen Ergänzung führt das revidierte RPG eine faktische Bauverpflichtung für neue Bauzonen ein. Dieser Aspekt wird zudem nochmals explizit erwähnt, als dass die Verfügbarkeit rechtlich sichergestellt sein muss (lit. d). Mit Buchstabe b und d beinhalten somit gleich zwei der Kriterien die tatsächliche Verfügbarkeit des Bodens, um sicherzustellen, dass die Bauzone auch tatsächlich überbaut wird. Als weiteres Kriterium wird bestimmt, dass das Kulturland nicht zerstückelt wird (lit. c). Als fünftes und letztes Kriterium wird auf den kantonalen Richtplan verwiesen (lit. e). Damit wird indirekt die Möglichkeit eröffnet, dass die Kantone weitere Kriterien ergänzen. Der abschliessende Charakter der Kriterien wird damit aufgelöst, wobei die kantonalen Kriterien wohl lediglich ergänzend und nicht widersprüchlich ausgestaltet werden dürfen.

Der Aspekt der tatsächlichen Verfügbarkeit von Bauland bei der Ausweitung der Bauzone wird zudem neuerdings in einem eigenen Artikel behandelt (Art. 15a). Die Konstruktion als eigenständiger Artikel bewirkt, dass die nachfolgenden Bestimmungen grundsätzlich auch für bestehende Bauzonen gelten. Festgelegt worden ist, dass die Kantone in Zusammenarbeit mit den Gemeinden Massnahmen ergreifen, die die tatsächliche bauliche Nutzung der Bauzonen sicherstellen (Abs. 1).

Des Weiteren wird wiederum die Überbauungsfrist geregelt (Abs. 2). In Ergänzung zu indirekten Überbauungsfrist bei der Neuausweisung der Bauzone (Art. 15 Abs. 4 lit. b und d RPG), gilt diese Regelung grundsätzlich auch für bestehende Bauzone, also quasi rückwirkend. Im Sinne der Verhältnismässigkeit muss jedoch ein überwiegendes öffentliches Interesse vorhanden sein, was die Anwendung auf Flächen von übergeordneter Bedeutung beschränken dürfte. Zudem gilt die Überbauungsfrist nicht automatisch, sondern muss einzelfallbezogen festgesetzt werden.

Ein weiterer Unterschied dieser beiden verwandten Regelungen betrifft die Rechtsfolge. Bei Missachtung der indirekten Überbauungsfrist nach Art. 15 ist die betreffend Ausweitung der Bauzone nichtig. Die entsprechende Fläche wird als Nicht-Einzonung[62] gehandhabt, wodurch auch keine Kompensationsansprüche durch den Grundstückseigentümer geltend gemacht werden können. Die Rechtsfolge der Überbauungsfrist nach Art. 15a ist auf eidgenössischer Ebene nicht definiert. Eine automatische Rücknahme der Zugehörigkeit zur Bauzone wird nur in seltenen Fällen sinnvoll sein. Das Bundesgesetz überlässt es der kantonalen Ebene, Rechts-

---

[62] Weitere Informationen dazu im RPG-Kommentar von Enrico Riva, in der Inforaum 1/2014 mit Bezug auf die Urteile des Bundesgerichts.

folgen zu definieren. Denkbare Mechanismen, beispielsweise ein hoheitliches Kaufrecht, werden nicht im Gesetz, aber in der dazugehörigen Botschaft erwähnt.

Die Regelung in Abs. 2 ist zunächst eine muss-Formulierung. Das kantonale Recht muss die Festsetzung einer Überbauungsfrist ermöglichen. Eine direkte Auswirkung auf die planerische Praxis muss das jedoch noch nicht haben, da die Anwendung dieses Instruments eine kann-Formulierung ist.

Die in den Schlussbestimmungen enthaltenen Übergangsbestimmungen sind üblicherweise lediglich aus rechtswissenschaftlicher Perspektive interessant[63]. Die Teilrevision von 2012 unterscheidet sich in diesem Punkt von vorangegangen Gesetzesänderungen, da sie eine verbindliche Frist enthält und das Gesetz um wirksame Rechtsfolgen ergänzt.

Zunächst ist festgehalten, dass den Kantonen zur Umsetzung des neuen Raumplanungsgesetzes fünf Jahre Zeit eingeräumt wird. Die Umsetzung umfasst dabei sowohl die Anpassung der kantonalen Richtpläne (bis einschliesslich der Genehmigung durch den Bundesrat) (Art. 38a Abs. 1 RPG-2012) und als auch die Regelung zum Mehrwertausgleich (Art. 38a Abs. 4 RPG-2012). Die Berechnung der Frist beginnt mit dem Inkrafttreten der Gesetzesänderungen, sodass die Frist also zum 30.4.2019 gilt. Solche Fristsetzungen sind in ähnlicher Weise auch bereits in vorangegangen Gesetzesänderungen und auch bei der Einführung des RPG enthalten (vgl. bspw. Art. 35 RPG-1979). Die Teilrevision beinhaltet mit Abs. 2, 3 und 5 jedoch auch wirksame Rechtsfolgen für den Fall der Nicht-Anpassung. So kann in der ersten Phase (also bis 2019) der netto-Umfang der Bauzone in dem jeweiligen Kanton nicht vergrössert werden, sollte noch kein bundesrätlich genehmigter angepasster Richtplan vorliegen. Kantone müssen also in dieser Phase jede Einzonung mit einer Auszonung kompensieren, was komplexe juristischen, politische und schliesslich auch finanzielle Fragen nach sich zieht. Diese sehr strenge Regelung wird allerdings durch die Ausführungsverordnung ein wenig aufgeweicht. Dort wird eine Ausnahmeregelung für Flächen von kantonaler Bedeutung geschaffen (Art. 52a Abs. 2 lit. c RPV) und generell Zonen für öffentliche Nutzungen von dieser Regelung ausgenommen (lit. b). Noch strenger und ohne Ausnahmeregelungen sind die Bestimmungen für den Fall, dass ein Kanton die Anpassung des Richtplans oder die gesetzeskonforme Etablierung des Mehrwertausgleichs bis zum 30.4.2019 nicht vorgenommen hat. Dann nämlich ist jegliche Ausweisung neuer Bauzonen unzulässig (Art. 38a Abs. 3 bzw. Abs. 5 RPG-2012). Eine Kompensation an anderer Stelle genügt nicht. Insgesamt enthalten die Übergangsbestimmungen also sehr strenge und vermutlich wirksame Regelungen zur Anpassung an die neue Gesetzgebung. Die klar definierte Frist und die Konsequenz der bedingten bzw. absoluten Veränderungssperre der Bauzone sind als starke Rechtsfolgen anzusehen und stellen einen starken Anreiz für die Kantone dar, die neue eidgenössischen Regelung in das kantonale Planungsrecht zu übernehmen.

Daneben wurden mit der Teilrevision auch weitere Gesetzesartikel verändert, die aus planungswissenschaftlicher Perspektive nicht von zentraler Bedeutung sind und hier nur am Rande und unvollständig erwähnt werden sollen, wie beispielsweise die erneute Ergänzung der Regelungen für bauliche Massnahmen ausserhalb der Bauzone (Art. 24d RPG-2012). Eine Änderung von planungspraktischer Bedeutung ist die explizitere Formulierung der Etappierung von Erschliessungen (Art. 19 Abs. 2 RPG-2012). Es bleibt allerdings unklar, ob eine Etappierungspflicht oder -möglichkeit geschaffen wurde. Der deutsche und italienische Gesetzestext enthält eine kann-Formulierung, während in der französischen Version eine muss-

---

[63] Siehe beispielsweise die Frage, ob neue Bestimmungen auch für Nutzungspläne gelten, die zwar vor dem revidierten Gesetz von der Gemeinde erlassen wurden, gegen die aber noch Beschwerden anhängig sind. Hier kann das überwiegende öffentliche Interesse, welches eine sofortige Wirkung voraussetzt, im Falle des Raumplanungsgesetzes tatsächlich gegeben sein, wie das Bundesgericht urteilte (BGE 141 II 393 zum Fall Attalens FR. Siehe auch Urteil BGer 1C 365/2015 vom 9.12.2015 (Oberbüren SG).

Formulierung gewählt wurde. Die Etappierung war implizit bereits in der alten Gesetzesversion enthalten, da Art. 22 RPG die Erschliessung als Voraussetzung einer Baubewilligung nannte. Hierdurch konnten die Planungsbehörden bereits die Entwicklung von Baugebieten steuern und nutzten dies in der kommunalen Praxis ausgiebig. Mit dem neuen Artikel 19 wird einerseits diese Möglichkeit der öffentlichen Hand transparent dargestellt. Gleichzeitig wird auch die ständige Rechtsprechung in das Gesetz eingepflegt, welche stets betonte, dass dieser Möglichkeit der verzögerten Erschliessung Grenzen gesetzt sind. Ein Eigentümer eines Grundstücks innerhalb der Bauzone muss auch davon ausgehen können, dass die Erschliessung und damit die Bebaubarkeit seines Grundstücks innerhalb des Planungshorizonts von 15 Jahren erfolgt. Andernfalls wäre die Zuordnung zur Bauzone inhaltsleer und wertlos. Das neue Gesetz berücksichtigt dies und stärkt die Rolle der Grundeigentümer. Sollte eine Gemeinde nun dem Erschliessungsanspruch des Grundeigentümers nicht nachkommen, kann das Prinzip gekehrt werden. Der Grundeigentümer kann die Erschliessung dann selber vornehmen und die Kosten dafür von der öffentlichen Hand zurückverlangen (Abs. 3). Hiermit wird (insbesondere grossen Grundeigentümern und Investoren) ein starkes Druckmittel an die Hand gegeben. In der Folge werden die Gemeinden dazu gezwungen sein, wesentlich sorgfältiger mit der Ausweitung der Bauzone umzugehen, da sich eine Ausweitung auf Vorrat kontraproduktiv auswirken kann[64]. In diesem Sinne ist die Änderung nicht nur als Stärkung der privaten gegenüber den öffentlichen Akteuren zu verstehen, sondern auch eine Stärkung der Raumplanungspolitik als seriöse Entscheidung mit Konsequenzen für alle Beteiligten.

Bei einer weiteren, eher nebensächlichen Änderung kann aufgezeigt werden, dass die juristischen Veränderungen und die politischen Prozesse nicht unbedingt gleichen Regeln folgen. So waren die Veränderung der Regulierungen bezüglich der hobbymässigen Tierhaltung (Art. 24e) lediglich als redaktionelle Präzisierung zu verstehen. Die umständlichen Formulierungen haben jedoch nicht zum allgemeinen Verständnis der Regelinhalte beigetragen. Stattdessen empfanden die Betroffenen die Beeinträchtigungen zu weitreichend. Insbesondere die Pferdehalter formierten daraufhin politischen Widerstand und brachten die Teilrevision fast gänzlich zum Scheitern. Dieser Aspekt zeigt zweierlei: Einerseits besteht die Pflicht seitens des Gesetzgebers auch scheinbar unbedeutende Regelungen gewissenhaft und abgewogen zu formulieren. Andererseits kann eine Überfrachtung mit Detailanpassungen die gesamte Revision gefährden. Aus unbeteiligten Dritten können so recht schnell Beeinträchtigte werden, die politische Debatten abseits des eigentlichen Kerns entfachen können. Diese Lehre hätte bereits aus dem voreiligen und letztlich erfolglosen ersten Entwurf zum Raumentwicklungsgesetz gezogen werden können.

8.4.5.4 Kritische Einordnung der RPG1-Veränderungen

Die verschiedenen Komponenten der dargestellten Teilrevision sind von unterschiedlicher Innovationskraft. Nicht jede Veränderung des Gesetzestextes ist als Veränderung der Planungspolitik zu interpretieren. Die Komponenten können vielmehr in drei Kategorien eingeordnet werden: (1) Änderungen ohne Veränderung der Planungspolitik (2) Tatsächliche Weiterentwicklungen der Planungspolitik (3) Neuerungen und Ergänzungen der Planungspolitik

Einige textliche Änderungen des Planungsrechts können materiell nicht als Veränderung der Planungspolitik angesehen werden. Dies umfasst beispielsweise die medial viel diskutierte Trennung zwischen Baugebiet und Nichtbaugebiet, die Dimensionierung der Bauzone anhand des voraussichtlichen Bedarfs der nächsten 15 Jahre, und auch die Reduktion überdimensionierter Bauzonen.

---

[64] Vgl. Urteil BGer 1C_447/2015 vom 21.1.2016 (St. Niklaus VS).

- Das Prinzip, dass Baugebiete von Nichtbaugebieten zu trennen sind, bildet den inhärenten Kerngedanken der schweizerischen Raumplanungspolitik und ist implizit und explizit bereits seit langem planungsrechtlich verankert. Die explizite Erwähnung war bereits vor der Revision des RPG bei der Nutzungsplanung zu finden (Art. 14 Abs. 2 RPG-1979). Dort wird klar festgelegt, dass Bauzonen von Landwirtschaftszonen zu unterscheiden sind, wobei eine weitere Legaldefinition dieser Zonen in den folgenden Artikel erfolgt (Art. 15 bzw. Art 16 RPG-1979). Von dieser klaren Trennung wird auch nicht dadurch abgewichen, dass weitere Zonenarten bestimmt werden. Der Rechtstext sieht als dritte Kategorie die Schutzzone (Art. 17 RPG) vor. Zusätzlich wird die Möglichkeit eröffnet, dass die Kantone (und nachfolgend auch die Gemeinden) weitere Zonenarten definieren können (Art. 18 RPG). Das eidgenössische Gesetz kennt zudem noch die Planungszone (Art. 27 RPG), die jedoch instrumentellen Charakter hat und nicht den materiellen Zonen zuzuordnen ist.[65] Die Bebaubarkeit der Nichtbauzone ist materiell begründet (beispielsweise durch standortgebundene Bauwerke, wie Skilifte oder Landwirtschaftsbetriebe) und komplex geregelt, sodass auch hier von keiner Abweichung vom Trennungsprinzip gesprochen werden kann. Zusätzlich zu dieser expliziten Berücksichtigung des Trennungsprinzips finden sich weitere implizite Verweisen. Eine enge Verknüpfung findet sich beispielsweise zur haushälterischen Bodennutzung. Dieses Ziel ist seit 1969 verfassungsrechtlich (Art. 75 BV) und seit 1979 einfachgesetzlich (Art. 1 RPG-1979) verankert und basiert auf einer Einteilung des Landes in Bodennutzungszonen. Weitere implizite Erwähnungen des Trennungsprinzips sind im Raumplanungsgesetz von 1979 zu finden. Es wird bei den Grundlagen der kantonalen Richtplanung angesprochen (Art. 6 Abs. 2 lit. a RPG-1979). Insgesamt ist also festzuhalten, dass die Einführung des Trennungsprinzips in den Zielartikel (Art. 1 RPG-2012) keine inhaltliche Neuausrichtung der Politik bedeutet. Auch ist eine veränderte Rechtssituation nicht zu erkennen. Die vielfältige und langjährige Verankerung im Planungsrecht deutet vielmehr daraufhin, dass es sich hierbei um eine redaktionelle Veränderung handelt, die sich vielleicht durch die Notwendigkeit der politischen Kommunikation erklären lässt.
- Ganz ähnlich ist die Bauzonendimensionierung zu bewerten. Die alte Regelung von 1979 benennt den Zeithorizont bereits klar. „Bauzonen umfassen Land, das sich für die Überbauung eignet und a. weitgehend überbaut ist oder b. voraussichtlich innert 15 Jahren benötigt und erschlossen wird" (Art. 15 RPG-1979). Eine mögliche Erweiterung (lit. b) orientiert sich damit klar an drei Kriterien. Ersten muss das Land bebaubar sein, wobei hier nochmals zwischen der technischen und der rechtlichen Eignung unterschieden werden kann. Zweitens muss ein voraussichtlicher Bedarf innerhalb der nächsten 15 Jahre vorliegen. Und drittens muss auch die Erschliessung innerhalb der nächsten 15 Jahre erfolgen. Von einer Neueinführung des 15-Jahre-Horizonts, wie dies mediale im Vorfeld der Teilrevision diskutiert wurde, kann somit keine Rede sein. Unberührt bleibt, dass dieser Zeithorizont in der planerischen Praxis nicht immer und überall berücksichtigt wurde und es daher (gemessen an den jeweiligen voraussichtlichen Bedarfen der nächsten 15 Jahre) zu überdimensionierten Bauzonen gekommen ist. Die darauf reagierenden Änderungen stellen dann teilweise doch tatsächliche Veränderungen der Planungspolitik dar (siehe nächste Kategorie).

---

[65] In diesem Zusammenhang ist die schweizerische Bezeichnung als *Zone* vielleicht etwas irreführend. Es handelt sich nicht um eine andere Zonenart und die Zuordnung zu einer bestimmten Zone wird auch nicht durch die Planungszone abgelöst. Vielmehr handelt es sich um eine zusätzliche Regelung, dass in dem entsprechenden Gebiet befristet keine Veränderungen vorgenommen werden dürfen, die eine Beplanung des Gebiets verunmöglichen würde. Die deutsche Bezeichnung als gebietsbezogene Veränderungssperre (§§ 14-18 BauGB) drückt diesen Mechanismus linguistisch vielleicht präziser aus.

- Bereits die Altregelung enthielt implizit eine Regelung für den Umgang mit überdimensionierten Bauzonen. Unabhängig davon, ob die Überdimensionierung aus gesetzwidrigen Ausweitungen der Bauzone oder aus unzutreffenden Nachfrageprognosen hervorgegangen sind, formuliert Art. 15 RPG-1979 klar, dass diese Flächen nicht Teil der Bauzone sein können. Im Umkehrschluss sind überschüssige Flächen aus der Bauzone herauszunehmen. Die ständige Rechtsprechung hat dieses Vorgehen stets bestätigt. Die explizite Erwähnung der Notwendigkeit zur Reduktion der Bauzone, wie sie in nun enthalten ist (Art. 15 Abs. 2 RPG-2012), stellt somit materiell keine Neuerung dar.

Neben diesen textlichen Änderungen, die keinerlei inhaltliche Veränderung darstellen, umfasst die Teilrevision auch einigen Änderungen, die als Weiterentwicklung bestehender Regelungen zu interpretieren sind. Als solche sind die Neuregelungen bezüglich der Mehrwertabschöpfung, die inhaltlichen Vorgaben zur kantonalen Richtplanung, und die gemeindegrenzenübergreifende Bauzonenausweisung zu betrachten.

- Eine im Vorfeld der Abstimmung viel diskutierte Änderung betrifft den Ausgleich und die Entschädigung planungsbedingter Vor- und Nachteile. Die Regelung besteht grundsätzlich jedoch bereits seit der Einführung des RPG 1979, wurde durch die Teilrevision aber erheblich weiterentwickelt. Art. 5 besagt bereits seit 1979, dass das kantonale Recht einen angemessenen Ausgleich (Art. 5 Abs. 1 RPG-1979) für planungsbedingte Vorteile und eine Entschädigung für planungsbedingte Eigentumsbeschränkungen (Abs. 2) vorzusehen hat. Der eidgenössische Gesetzgeber fordert dementsprechend die kantonale Ebene auf, solche Regelungen zu erlassen. Eine kantonale Entscheidung zum Erlass einer solchen Regelung besteht nicht, da dies zunächst als muss-Formulierung zu interpretieren ist. Allerdings enthält das RPG in der Fassung von 1979 keine Frist zur Einführung einer solchen Regelung und keine wirksamen Rechtsfolgen, falls ein Kanton dieser Aufforderung aus Art. 5 nicht nachkommen sollte. Aus der juristischen muss-Formulierung wird so eine politische kann-Formulierung, der lediglich wenige Kantone (bspw. BS und NE) und einige Gemeinden (bspw. im Kanton Bern) nachgekommen sind. Mit den Übergangsbestimmungen (Art. 38a RPG-2012) enthält das neue Gesetz sehr präzise Fristen und darüber hinaus Rechtsfolgen, die die Ausweitung der Bauzone mindestens erschweren, nach dem fünfjährigen Übergangsfrist sogar unterbinden. Auch die Ausgestaltung des Mehrwertausgleichs ist von der eidgenössischen Ebene stärker gerahmt worden. Die Art. 5 1bis bis 1sexies beschreiben genauer, wie der Mehrwertausgleich auszusehen hat. Die wohl wichtigste Bestimmung ist dabei die Festsetzung einer minimalen Abgabe in Höhe von 20 Prozent (Art. 5 Abs. 1bis) und die Festlegung, dass diese Erträge lediglich für raumplanerische Massnahmen verwendet werden dürfen (Abs. 1ter). Umstritten bleibt dabei, ob die Ausführungen in den Absätzen 1bis bis 1sexies präzisierend oder komplementär zur alten, weiterhin erhaltenen Formulierung in Abs. 1 zu verstehen sind. Eine klare Interpretation durch die ständige Rechtsprechung steht zum Zeitpunkt der Arbeit noch aus. Festzuhalten bleibt, dass die Forderung zum Ausgleich des planungsbedingten Mehrwerts materiell nicht neu ist. Durch die massiven Veränderungen der Rechtsfolge bei Unterlassung (durch das Zusammenspiel mit Art. 38a RPG-2012) und der ausdifferenzierteren Ausgestaltung der Regelungsinhalte (Art. 5 Abs. 1bis bis 1sexies RPG-2012) ist jedoch von einer erheblichen Weiterentwicklung zu sprechen.

- Schliesslich seien auch die Regelungen bezüglich der Raumabgrenzungen erwähnt. Während das Gesetz bislang lediglich Allgemeines von der Notwendigkeit der Koordinierung von raumwirksamen Aufgaben beinhaltete (Art. 2 RPG-1979), erfährt dieser Aspekt nun eine weitergehende Ausformulierung. Gemeinden werden nun explizit aufgefordert, über ihre Grenzen hinweg zu planen (Art. 15 Abs. 3 RPG-2012). Die Planungspflicht (Art. 2) umfasst also mindestens die Lage und Grösse der Bauzonen (Art. 15 Abs. 3) und damit den Kern der Nutzungszonenplanung. Letztlich wird hier eine Weiterentwicklung der Planungspolitik in funktionalen Räumen betrieben, ähnlich wie dies schon bei den Agglomerationsprogrammen und bei den Modellvorhaben zu beobachten ist.

Schliesslich enthält die Teilrevision auch einige Aspekte, die als Neuerung bezeichnet werden können. Dies umfasst die einheitliche Ermittlung des Baulandbedarfs in allen Kantonen inklusive der Beteiligung des Bundes, die wirksamen Fristen und Rechtsfolgen, und die Berücksichtigung der Verfügungsrechte an Boden und der instrumentelle Umgang mit diesen.

- Wie bereits beschrieben, ist der Grundsatz zur Dimensionierung des Baulandbedarfs anhand der voraussichtlichen Nachfrage der nächsten 15 Jahre bereits im alten RPG enthalten. Die technische Berechnung dieses Baulandbedarfs oblag bisweilen jedoch bei den jeweiligen Kantonen, die ihren Ermessensspielraum durchaus weitreichend genutzt haben. Dies erst erklärt die faktische Überdimensionierung der Bauzonen in der Schweiz. Um diesen technischen Möglichkeiten Einhalt zu gebieten, wurde mit der Teilrevision ein wesentliches Detail eingeführt. Art. 15 Abs. 5 legt nun fest, dass die Kantone die Berechnung des Bauzonenbedarfs nicht allein und unreguliert durchführen können. Neuerdings ist eine technische Richtlinie erforderlich, welche gemeinsam zwischen den Kantonen und dem Bund erarbeitet wird. Dies bedeutet einerseits eine Vereinheitlichung der Berechnungsweisen zwischen den Kantonen und andererseits eine Beeinflussungsmöglichkeit der Bundesebene. Die daraus resultierende Technische Richtlinien Bauzonen (TRB)[66] wurde bereits zum März 2014 erarbeitet und beinhaltet sehr ausführliche Anweisungen zur Berechnungsmethode. Die Methode beinhaltet dabei eine Vielzahl an Spezialfällen. Wesentlicher Zweck ist die begründete Erzielung von Grenzwerten – auch um bei allfälligen Gerichtsverfahren als gutachterliche Grundlage zu dienen. Zweifelhaft bleibt jedoch, ob das Verfahren ohne spezielle Schulungen von querschnittsorientierten Bauverwaltern in kleinen und mittleren Gemeinden nachvollzogen werden kann oder ob diese Kompetenz lediglich grösseren Verwaltungseinheiten (grosse Gemeinden, kantonale Planungsstellen) explusiv vorbehalten bleibt. Entscheidend ist jedoch, dass diese Regelung schweizweit in Kraft ist und es nunmehr nicht alleine Kompetenz der Kantone handelt. Es ist daher als wesentliche Neuerung der Teilrevision einzuordnen.
- Wie aufgezeigt umfasst der Artikel zu den Bauzonen (Art. 15 & 15a) verschiedene Veränderungen (siehe auch Tabelle 33). Zwei wesentliche Veränderungen betreffen dabei die eigentumsrechtlichen Verfügungsrechte am entsprechenden Grundstück. Die faktische Bauverpflichtung für Grundstücke, die neu der Bauzone zugewiesen werden, (Art. 15 Abs. 4 lit. b) und die explizite Bauverpflichtung für Grundstücke in der bestehenden Bauzone von übergeordnetem öffentlichen Interesse (Art. 15a Abs. 2) weiten den Wirkungsmechanismus der Raumplanung fundamental aus. Der Grundmechanismus war bislang, dass die öffentliche Politik den Bodeneigentümern grundsätzliche Baufreiheit belässt und lediglich den Rahmen dieser Überbaubarkeit reguliert. Die tatsächliche Nutzung (sei es durch die Über-

---

[66] http://www.are.admin.ch/themen/recht/04651/index.html?lang=de

bauung oder durch die Kapitalisierung mittels Verkauf) oder die bewusste Nicht-Nutzung (bspw. als Baulandreserve für zukünftige Generationen oder aus spekulativen Gründen) blieben durch die öffentliche Hand in der Regel unangetastet. Dieser status imperfectus soll bei zukünftigen Ausweitungen der Bauzone und (soweit verhältnismässig) auch bei der bestehenden Bauzone unterbunden werden.

Übergangsbestimmungen stellen per se immer Neuerungen dar. Allerdings unterscheiden sich die Übergangsbestimmungen zur Teilrevision von 2012 fundamental von den Übergangsbestimmungen vorheriger Gesetzesänderungen. Die Bestimmungen aus dem ursprünglichen Gesetz von 1979 sehen zwar ebenfalls Fristen zur Adaption des Gesetzes vor, kennen aber keine Rechtsfolgen bei Nichteinhaltung. Nach der ursprünglichen Einführung hatten die Kantone fünf, die Gemeinden acht Jahre Zeit um die Richt- bzw. Nutzungszonenpläne aufzustellen (Art. 35 Abs. 1 lit. a und b RPG-1979). Darüber hinaus wurde sogar formuliert, welchem Akteur die Durchführungs- und Kontrollrolle zukommt, nämlich den Kantonen. Eine Rechtsfolge, was nach diesen fünf bzw. acht Jahren passieren würde, enthält das damalige Gesetz jedoch nicht.

	BEI AUSWEITUNG DER BAUZONE („EINZONUNG") NACH ART. 15 ABS. 4 LIT. D	IN DER BESTEHENDEN BAUZONE NACH ART. 15A ABS.1
Anwendbarkeit	direkt anwendbar	benötigt kantonales Ausführungsrecht
Rechtliche Stellung	Einzonungsvoraussetzung (muss-Formulierung)	Muss / kann Formulierung
Freiheit der Rechstanwendung durch die kommunalen Behörden	Gebundene Entscheidung	Ermessensspielraum
Öffentliches Interesse	Grundsätzlich anerkannt	Einzelfallprüfung notwendig

Tabelle 33: Vergleich der rechtlichen Ausgestaltung der Baulandverfügbarkeit. Quelle: Eigene Darstellung auf Grundlage der jeweiligen Gesetzestexte.

Die Fristen sind daher zahnlose Papiertiger geblieben und machen das Gesetz zum lex imperfecta. Dieser Umstand erklärt, warum auch heute (also fast 40 Jahre nach der Einführung des Raumplanungsgesetzes) noch immer nicht alle Nutzungszonenpläne in der Schweiz aufgestellt wurden. Bei der Teilrevision wurden die Lehren aus dieser Regelungslücke gezogen. Mit Art. 38a wurden Übergangsbestimmungen eingeführt, die in ihrer Strenge und Stringenz im Planungsrecht bislang unbekannt waren. Die rasche Verabschiedung der neuen Richtpläne in vielen Kantonen nach dem Inkrafttreten des revidierten RPG kann als Hinweis verstanden werden, dass die Bestimmungen ihre Wirkung nicht verfehlen.

8.4.5.5　Drei Thesen zu den zugrundeliegenden Tendenzen

Die Veränderungen des Planungsrechts wurden von vielen Autoren und aus verschiedenen disziplinären Perspektiven diskutiert und kommentiert. Viele dieser Beiträge behandeln die wesentlichen Einzelveränderungen, die das eidgenössische Planungsrecht durch die Teilrevision erfahren hat. Im Zentrum der Diskussionen stehen die zentralen Aspekte, namentlich vor allem die Innenentwicklung, der Mehrwertausgleich und die Vorgaben an die kantonale Richtplanung. Es erscheint nicht weiterführend an dieser Stelle einen weiteren Beitrag über diese einzelnen Aspekte zu ergänzen.

Ein Mehrwert zur planungswissenschaftlichen Debatte soll dadurch erzielt werden, dass eine zusammenhängende Interpretation erfolgt. Zwar hat sich von der Rechtssystematik das Gesetz nicht grundlegend geändert (und ist bspw. weiterhin ein Rahmengesetz). Auch ist die grundsätzliche Politikausrichtung (Wirkungsmechanismus) nicht gekehrt worden. Dennoch zeugt die Teilrevision von langfristigen Tendenzen und übergeordneten Entwicklungen der Planungspolitik, welche im Folgenden diskutiert werden sollen. Einschränkend ist vorwegzunehmen, dass diese Tendenzen deutlich weniger evident sind, als die üblicherweise besprochenen Einzelaspekte und daher als *mögliche* Entwicklung der Planungspolitik verstanden werden müssen. Es ist nicht auszuschliessen, dass zukünftige gegenläufigen Politikwechsel auftreten können, die diese Tendenzen kehren bevor sie sich fest etablieren können. Nichtsdestotrotz erscheint eine solche weitergehende Interpretation vielversprechend. Diese Änderungen können anhand von drei Thesen aufgezeigt werden: 1) Die Anpassung der Planungspolitik an neuartige Planungsaufgaben 2) Ein wandelndes Steuerungsverständnis 3) Eine kohärentere Betrachtung durch die Berücksichtigung der Verfügungsrechte.

8.4.5.5.1　These 1: Anpassung an neuartige Planungsaufgaben

Eine Tendenz, die sich in mehreren kleinen Hinweisen im neuen Gesetzestext zeigt, ist die Anpassung der Planungspolitik an neuartigen Planungsaufgaben. Dies ist inhaltlich wenig überraschend und dennoch in der planungswissenschaftlichen Debatte kaum adressiert worden. Die Teilrevision von 2012 zeigt hier zwei wesentliche Aspekte auf. Einerseits gibt es erste Hinweise auf die zukünftige Herausforderung, dass die Planungspolitik sich primär nicht mehr mit Planungen auf der grünen Wiese sondern vermehrt mit Planungen im Bestand beschäftigen wird. Dies ist wenig trivial, da alle wesentlichen Mechanismen der Planung auf Wachstum ausgerichtet sind, welches meist mit der Steuerung der Siedlungserweiterung gleichzusetzen ist. Planungen im Bestand sind ungleich komplexer und verlangen nach neuartigen Herangehensweisen bezogen auf die rechtlichen, ökonomischen und politischen Herausforderungen, die damit verbunden sind. Andererseits ist gleich an mehreren Stellen der Qualitätsaspekt integriert worden. Neben der Steuerung der quantitativen Aspekte der Raumentwicklung gibt es wachsende Bestrebungen auch die räumliche Qualität stärker zu steuern. Auch dieser Aspekt stellt das bisherige Planungssystem vor grosse Herausforderungen, da insbesondere das Instrumentarium neu ausgerichtet werden muss.

8.4.5.5.2　These 2: Wandel vom negativen zum positiven Planungsverständnis

Neben diesen materiellen Neuerungen sind auch formelle Aspekte von Interesse, die Indizien eines sich wandelnden Planungsverständnisses sein können. Die Raumplanung ist allgemein stark auf die Verhinderung von negativen räumlichen Entwicklungen ausgerichtet. Dies wird (in Anlehnung an die Standortplanung) als Negativplanung bezeichnet. Nach der Planungseuphorie und der folgenden Planungskrise ist dieses negative Planungsverständnis nun vorherrschend. Aktuell wird debattiert, ob eine Tendenz zu einem positiveren Planungsverständnis zu beobachten ist, welche sich auch in der Teilrevision widerspiegelt. Die Betrachtung der Formulierungen des Gesetzestexts sind in diesem Zusammenhang bemerkenswert und verdeutlichen diese Tendenz.

Bei den Formulierungen in den neuen oder erneuerten Teilen des Gesetzes sind deutlich häufiger positive oder aktive Begriffe verwendet worden, als dies in der vorherigen Gesetzesversion der Fall war. Die Planungsziele (Art. 1) waren bislang von konservierenden Verben geprägt: schützen (Abs. 2 lit. a), erhalten (lit. b), sichern (lit. d), gewährleisten (lit. e). Ähnliches gilt für die Planungsgrundsätze (Art. 3): schonen (Abs. 2), erhalten (Abs. 2 lit. a), einordnen (lit. b), freihalten (lit. c), erhalten (lit. d), begrenzen (Abs. 3), verschonen (Abs. 3 lit. a), erhalten (lit. b), sicherstellen (lit. c), abbauen (Abs. 4 lit. a), vermeiden (lit. c) und gering halten (ebd.). Daneben gab es in der alten Gesetzesversion einige, allerdings wenige aktive Aussagen: schaffen (Art. 1 Abs. 2 lit. b und Art. 3 Abs. 3 lit. c), fördern (lit. c) und gestalten (Art. 3 Abs. 3). Die durch die Teilrevision eingefügten Ziele und Grundsätze sind deutlich aktiver formuliert: lenken (Art. 1 Abs. 2 lit. abis), schaffen (lit. b), planen (Art. 3 Abs 3 lit. a), erschliessen (ebd.) und Massnahmen treffen (lit. abis). In den von der Teilrevision betroffenen Formulierungen findet sich nur ein einziges negatives Verb (nämlich trennen in Art. 1 Abs 1) und dieses ist bezeichnenderweise keine Neuerung, sondern lediglich eine Aufwertung der bestehenden Zielformulierung. Aus dieser linguistisch vermutlich unzureichenden Betrachtung einen definitiven Wandel zu einem aktiven Planungsverständnis abzuleiten, ist nicht haltbar. Im Gesamtbild mit den weiteren Indizien ist jedoch zunächst eine veränderte Art der Formulierung festzuhalten. Ob dies mit einem aktiveren Planungsverständnis einhergeht, sei zur Diskussion gestellt und kann sicherlich erst mit grösserem zeitlichen Abstand bewertet werden.

8.4.5.5.3 These 3: Erweiterung der reinen Bodennutzungsplanung um die Verfügungsrechte an Boden

Ähnliches gilt für die Berücksichtigung des Verfügungsrechts an Boden im revidierten Raumplanungsgesetz. Während das Gesetz in der bisherigen Version nahezu ausschliesslich die Bodennutzung (also die Nutzungsrechte des Bodeneigentums) regulierte, sind im revidierten Gesetzestext einige Bezüge auf die Verteilungssituation des Bodens (also Verfügungsrechte des Bodeneigentums) zu identifizieren.

Besonders evident werden diese Bezüge in den Artikeln zu den Bauzonen (Art. 15 RPG-2012) und zur Baulandverfügbarkeit (Art. 15a) (siehe auch Tabelle 34). Das revidierte Gesetz unterscheidet zwei grundsätzliche Anliegen, nämliche die Sicherstellung der Baulandverfügbarkeit, in zwei unterschiedlichen rechtlichen Situationen, nämlich in der bestehenden Bauzone und bei der Ausweitung der Bauzone. Die entstehende Regulierungssystematik kann der nachfolgenden Matrix entnommen werden. Neben diesen starken Bezügen, sind weitere, kleine Verweise zu den Verfügungsrechten an Boden in den Artikeln zu den Planungsgrundsätzen (Art. 3 Abs. 3 lit. abis) und den kantonalen Richtpläne (Art. 8a Abs. 1 lit. d) zu finden. Zudem ist die Regulierung zum Ausgleich planungsbedingter Mehrwerte (Art. 5) in seiner Gänze als verfügungsrechtliche Regulierung zu verstehen, welche im Gegensatz zu den zuvorgenannten auch bereits altrechtlich im Raumplanungsgesetz vorhanden war.

	BAULANDVERFÜGBARKEIT	BAUVERPFLICHTUNG
Bei Ausweitung der Bauzone („Einzonung")	Art. 15 Abs. 4 lit. d	Art. 15 Abs. 4 lit. b
In der bestehenden Bauzone	Art. 15a Abs.1	Art. 15a Abs.2

Tabelle 34: Verankerung der Verfügungsrechte in den Art. 15 und 15a (RPG-2012). Quelle: Eigene Darstellung auf Grundlage der jeweiligen Gesetzestexte.

8.4.5.6 Zweite Teilrevision (RPG2)

Nach der Umsetzung der ersten Teilrevision des RPG ist die politische Debatte keineswegs beendet. Von Seiten des ARE ist angedacht in einer zweiten Teilrevision die Regeln bezüglich Bauen ausserhalb der Bauzone und die interne Organisation und Zuständigkeiten neu zu regeln. Durch die aktuelle politische Debatte sind die aktuellen Entwürfe dabei derzeitig stetigen Änderungen unterworfen, so dass eine planungswissenschaftliche Auseinandersetzung noch nicht möglich ist. Gleiches gilt auch für die von den Jungen Grünen eingereichte und zustandegekommene Volksinitiative zur Verankerung eines verfassungsrechtlichen Einzonungsverbots, über die das Wahlvolk vermutlich in 2018 abstimmen wird. Es kann an dieser Stelle lediglich darauf hingewiesen werden, dass die aktuelle Revisionsphase noch nicht als beendet betrachtet wird.

Von grosser Bedeutung ist zudem noch, dass bereits ein erstes bundesgerichtliches Urteil zum teilrevidierten Raumplanungsgesetz gesprochen wurde, welches die Reformrichtung stärkt. Am Fall des Kanton Freiburgs wurde am 5. Juli 2017 geurteilt, dass die Bestimmungen des RPG durch die Kantone wortgetreu umzusetzen sind (vgl. BGer 1C_222/2016). Verhandelt wurden dabei explizit die beiden, aus bodenpolitischer Sicht besonders wichtigen Artikel 15 und 15a. Der Kanton hatte in seinem kantonalen Bau- und Planungsgesetz Regelungen getroffen, die die tatsächliche Überbauung des Baulandes herbeiführen sollen. So sollten Grundstücke, die sich in Arbeitszonen von kantonaler Bedeutung befinden vom Kanton übernommen werden können, wenn diese nicht innert zehn Jahren ab Zonenzuordnung überbaut werden. Diese Regelung ist, so das Urteil des Bundesgerichts, nicht ausreichend. Ein staatliches Kaufrecht zum Verkehrswert wurde vom Gericht als rechtmässige Massnahme eingestuft, wie dies von Art. 15a Abs. 2 RPG gefordert wird. Allerdings sind an der Freiburger Regelung zwei Aspekte problematisch: Erstens verlangt das eidgenössische Gesetz ausdrücklich, eine solche Regelung für alle Bauzonen zu treffen ist und nicht nur bestimmte Arbeitszonen von kantonaler Bedeutung umfassen. Der Anwendungsgegenstand ist damit nicht ausreichend weit gefasst worden. Zweitens ist diese Kompetenz explizit den Gemeinden zu eröffnen. Die Freiburger Regelung ist auf den Kanton als handelnden Akteur beschränkt und schliesst die Gemeinden aus. Dies ist unzulässig und entsprechend zu ändern. Insgesamt reichen die Regelungen des Kantons Freiburg also nicht, um die tatsächliche Überbauung der Bauzone zu gewährleisten. Das Bundesgericht hat hierdurch die planungsrechtlichen Ziele bestätigt und eine konsequente Erreichung dieser bei wortgetreuer Umsetzung des Gesetzestextes eingefordert.

8.5   Bewertung des institutionellen Bodenregimes

Gesamthaft betrachtet weisen die beiden wesentlichen Regulierungssystem (Bodeneigentumspolitik und Bodennutzungsplanung) unterschiedliche, aber miteinander zusammenhänge historische Entwicklungen auf.

Das Privateigentum an Boden ist historisch in drei Phasen einzuteilen. Die erste Phase umfasst sowohl die ideengeschichtliche Ausgangslage (insb. mit der französischen Revolution und den Auswirkungen auf die Schweizer Nationalstaatengründung) als auch die Entstehung einer bodeneigentumsrechtlichen Systematik. Ein erster Meilenstein ist die Definition des Eigentums im Zivilrecht (1907/1912). Die Institutionalisierung erstreckt sich mit mehreren Zwischenschritten auf die Phase bis zur verfassungsrechtlichen Verankerung der Eigentumsgarantie 1969. Anschliessend erfolgt eine Weiterentwicklung des Systems mit speziellem Fokus auf die Inhalte des Eigentums, wie die mehrfache Beschränkungen der Kaufrechte. Nicht-Schweizer dürfen seit 1983 kein schweizerisches Land mehr erwerben. Nicht-Landwirte dürfen seit 1991 kein landwirtschaftliches Land mehr erwerben. Und Nicht-Einheimische (also Touristen) dürfen seit 2012 kein Wohnraum mehr in Tourismusgebieten erwerben.

Eine ähnliche geschichtliche Entwicklung weisst die Bodennutzungsplanung auf. Erste Versuche einer planvollen Steuerung der Bodennutzungen wurden in vielen Städten Ende des 19. Jahrhundert unternommen. Anlass waren damals insb. hygienische und baupolizeiliche Herausforderungen. Seither erfolgte eine stetige Ausweitung – inhaltlicher, räumlicher und instrumenteller Natur – und mündete schliesslich in der Forderung nach eidgenössischen Regelungen. Treibendes Motiv der Entwicklung war jedoch stets der Schutz der landwirtschaftlichen Fläche – zunächst aus militärischen, später aus landwirtschafts- und umweltpolitischen Gesichtspunkten. „Anders als in anderen europäischen Ländern (zum Beispiel in Frankreich oder in Deutschland), entwickelt sich die Raumplanungspolitik in der Schweiz nicht ausgehend vom Gedanken zur Steuerung der städtebaulichen Entwicklung, sondern aus dem Schutz von landwirtschaftlichen Gebieten" (Gerber/Nahrath 2013: 21). Der wesentliche Meilenstein der Institutionalisierung war schliesslich die Verankerung der Raumplanung in der Bundesverfassung (1969) und der entsprechenden Ausführungsgesetzgebung (1979). Anschliessend fand zunächst eine Wirkungsphase statt. Seit dem Galmiz-Schock findet eine Revision des Systems statt, die aktuell noch nicht abgeschlossen ist.

Vor dem Hintergrund dieser geschichtlichen Entwicklungen ist das Bodenregime in der Schweiz unterschiedlich zu bewerten.

- Bis zu den 1920er Jahren kann eigentlich nicht von der Existenz eines Bodenregimes gesprochen werden. Die eigentumsrechtliche Verankerung war zwar de facto bereits vorhanden, jedoch wenig ausgeprägt. Ebenfalls haben erste Städte erste planerische Steuerungsinstrumente entwickelt, die jedoch eher experimentellen Charakter hatten und zudem lokale sehr begrenzt waren.
- Ab den 1920er Jahren kann von einem einfachen Regime gesprochen werden. Auch wenn weiterhin eine verfassungsrechtliche Garantie des Eigentums fehlte, existiert dies im tatsächlichen Rechtssystem und der Rechtsprechung. Der Erlass des Enteignungsgesetzes hat die spezifischen Abweichungen davon reguliert. In derselben Zeit wurden planerische Steuerungsinstrumente flächendeckend in den mittleren und grösseren Gemeinden verbreitet. Zudem wurden erste Versuche einer kantonalen und auch eidgenössischen Planungsregulierung unternommen.
- Die nächste grosse Veränderung des Bodenregimes ist um 1969 zu datieren. Dieses Jahr markiert den Wendepunkt zwischen einem einfachen und einem komplexen Bodenregime. Mit den beiden Bodenartikeln wurde in der Bundesverfassung sowohl die Garantie des Eigentums, als auch die Planung des Landes beschlossen. Die Planung war auf kantonaler Ebene bereits weit fortgeschritten. Die meisten Kantone besassen Baugesetze und Richtpläne. Die eidgenössischen Regelungen zur Raumplanung verzögerten sich jedoch noch bis 1980. Die Anzahl der Regulierungen wurde auch durch weitere Politikfelder erhöht, insb. die Umweltpolitik. Dies führt dazu, dass das Regime ein hohes Ausmass aufweist. Seither sind „praktisch alle Güter und Dienstleistungen der Ressource Boden nun direkt oder indirekt reguliert" (Gerber/Nahrath 2013: 23). Mit diesem Ausmass an Regulierungen gehen jedoch eine Vielzahl an Inkohärenzen einher. Aus diesem Grund ist das Regime zu dieser Phase eindeutig als komplexes Regime zu bewerten (siehe auch Nahrath 2003: 174-180).

PHASE	BODENNUTZUNGS-POLITIK	BODENEIGENTUMS-POLITIK	INSTITUTIONELLES BODENREGIME
Bis ca. 1910	Vereinzelte, städtische Ansätze der Bodennutzungsplanung. Keinerlei gesamtstaatliche Politik	Keinerlei gesamtstaatliche Definition des Eigentums	*Regime auf gesamtstaatlicher Ebene inexistent.* Ausmass sehr gering. Kohärenz nicht ermittelba
Bis 1969	Erste Diskussionen über Notwendigkeit und Ausgestaltung einer Landesplanung. Entstehung von ersten nutzungsrechtlichen Regulierungen (insb. Landwirtschaft). Entstehung flächendeckender Zonenplanung auf städtischer Ebene	Definition des Eigentums durch das ZGB. Beschränkung für infrastrukturelle Werke	*Einfaches Regime.* Ausmass stetig zunehmend. Kohärenz hoch.
Bis 1979	Institutionalisierung der Raumplanung auf verfassungsrechtlicher und einfachgesetzlicher Ebene	Einführung der verfassungsrechtlichen Garantie des Eigentums. Etablierung des Trennungsprinzips und damit Neudefinition der Baufreiheit	*Komplexes Regime.* Weiterhin Zunahme des Ausmasses. Starker Rückgang der Kohärenz insb. infolge der politischen Auseinandersetzung um die Raumplanung
Bis 2008	Wirkungsphase. Umsetzung der eidgenössischen Vorgaben auf nachfolgenden Ebenen. Kaum Änderungen	Kleinere Anpassungen (insb. bzgl. Kaufrechte)	Weiterhin *komplexes Regime.* Ungebrochene Zunahme des Ausmasses. Weiterhin grosse Inkohärenzen
Seither	Beginn einer Revision der Bodennutzungsplanung zur Verbesserung der Wirksamkeit	Weiterhin kleinere Anpassungen	Weiterhin *komplexes Regime.* Ausmass auf hohem Niveau stabil. Poltische Bemühungen zur Reduktion der Inkohärenzen. Leichte Tendenz in Richtung mehr Integration

Tabelle 35: Geschichtlicher Überblick über die Entwicklung des institutionellen Bodenregimes in der Schweiz. Quelle: Eigene Darstellung

Die Teilrevision von 2012/2014 stellt die erste grosse Veränderung des Regimes dar (vgl. Viallon 2017: 92-94). Die darin enthaltenen Veränderungen des Planungssystems, welche im eidgenössischen Raumplanungsgesetz im Jahr 2014 vollzogen wurden und in den nachfolgenden Jahren auf kantonaler und kommunaler Ebene umgesetzt werden, zielen auf eine Verringerung der Inkohärenz des Bodenregimes. Die Umsetzungsdefizite sollen durch eine stärkere Betrachtung der eigentumsrechtlichen Position reduziert werden. Gleichzeitig steigt auch das Ausmass der Regulierungen weiter. Neue Bereiche der Ressource Land werden reguliert, wie bspw. die Untergrundnutzung und auch die Säulenrechte einer Parzelle. Zusammenfassend stellen die jüngsten Veränderungen daher durchaus Veränderungen in Richtung eines integrierteren Regimes dar. Da jedoch weiterhin weitreichende Inkohärenzen vorhanden sind (bspw. die Regelungsprobleme in Bezug auf die Mehrwertabgabe oder in Bezug auf die Bauverpflichtung), kann jedoch nur von einem Trend in Richtung eines integrierten Regimes gesprochen werden. Ein tatsächlich integriertes Regime bedarf noch weiterer Anpassungen.

Gesamthaft kann die historische Entwicklung anhand von mehreren Phasen betrachtet werden (siehe auch Tabelle 37), die sich durch zwei wesentliche Meilensteine in der Vergangenheit und eine aktuelle Entwicklung auszeichnen. Die Einführung des ZGB (1907/1912) markiert den Übergang von einem inexistenten Regime zu einem einfachen Regime. Nachfolgend wird insbesondere das Ausmass der Regulierungen stetig erhöht. Die Zwillingslösung der beiden Bodenrechtsartikel (1969) markiert den nächsten Übergang – in diesem Fall zu einem komplexen Regime. Die Phase bleibt weitgehend stabil. Die aktuellen Bestrebungen (insb. die RPG-Revision) markieren eine erneute Weiterentwicklung des Regimes mit der Tendenz zu zunehmender Integration. Die Einschätzung des Bodenregimes als komplexes Regime wird auch von anderen Autoren geteilt, wenngleich dort die einzelnen Epochen leicht anders eingeteilt werden (vgl. bspw. Nahrath 2003: 192-228, Gerber / Nahrath 2013: 23-25).

8.6 Das institutionelle Bodenregime in der Schweiz

Die Durchführung eines Screenings sollte die institutionellen Rahmenbedingungen aufdecken, die die Handlungsmöglichkeiten der beteiligten Akteure in Bezug auf die Ressource Boden bestimmen. Die Definition und die Abgrenzung der Ressource basiert dabei auf dem Aspekt der Nutzbarkeit, also über die Güter und Dienstleistungen, die der Boden den Nutzern ermöglicht. Hierüber lassen sich auch die Akteure identifizieren, wobei grob zwischen den Nutzern und den Eigentümern unterschieden wird. Innerhalb der jeweiligen Gruppen und zwischen diesen beiden Akteursgruppen entstehen dabei Konflikte, deren Lösung Aufgabe der öffentlichen Hand (politisch-administrativen Akteur) ist. Sie soll Probleme in der Ressourcennutzung lösen und versucht dazu, das Verhalten der sog. Zielgruppe (also der Gruppe, die das Problem verursacht oder zu dessen Lösung beitragen kann) zu beeinflussen. Aus dieser Betrachtungsweise heraus ergibt sich die grosse Bedeutung die den Bodeneigentümern und Investoren zukommt. An deren Verhalten bzw. möglichen Veränderungen des Verhaltens müssen sich die öffentlichen Planungsträger orientieren und entsprechende Interventionsstrategien entwickeln und letztlich instrumentell umsetzen.

Das Verhalten der Akteure ist dabei eingebettet in einen institutionellen Rahmen, der jedoch ebenfalls Änderungen und politischer Einflussnahme unterworfen ist. Aus diesem Grund ist die Darstellung des Bodenregimes nicht starr, sondern als sich über die Zeit veränderndes System zu verstehen. Die Ausrichtung an der Ressource Boden bewirkt zudem, dass es nicht genügt, allein die Raumplanungspolitik darzustellen. Weitere Politikfelder sind ebenfalls zu berücksichtigen, wobei (aus den oben genannten Gründen) die Bodeneigentumspolitik als die wichtigste anzusehen ist. Der Wandel der Regulierungen stellt dabei jeweils interessante Zeitpunkte dar, denen eigene politische Auseinandersetzungen vorangegangen sind.

Innerhalb dieses institutionellen Kontexts können dann wesentliche bodenpolitische Instrumente identifiziert werden. Diese Instrumente dienen als Indikatoren der bodenpolitischen Idealtypen und bilden die Grundlage für die Erkenntnisse der folgenden Befunde zum Wirkungsmechanismus aktiver Bodenpolitik.

9.   Bodenpolitische Instrumente

Basierend auf der erarbeiteten Definition sollen nun die Instrumente der Bodenpolitik identifiziert und vorgestellt werden. Da allein im öffentlich-rechtlichen Bereich der Schweizerischen Rechtsordnung etwa 158 Instrumente existieren, die Bodeneigentum und dessen Nutzung regulieren (vgl. Knoepfel und Wey 2006), erfolgt die Darstellung gezwungenermassen selektiv. Verschiedene Instrumente, die auf einem grundsätzlich vergleichbaren Mechanismus basieren, werden dabei zusammengefasst. So wird bspw. nicht zwischen der agrarwirtschaftlichen Melioration und der Umlegung von Bauland unterschieden, da sich zwar die Art des Gegenstandes (in diesem Fall die rechtliche Qualität des Bodens), nicht aber der dahinterliegende Mechanismus des Instruments (in diesem Fall die Anpassung der Parzellengrenzen an die gewünschte zukünftige Nutzung) unterscheidet. Mit Hilfe dieser Simplifizierung sollen möglichst viele Instrumente und ihre Untervarianten abgedeckt werden, ohne dass sich jedoch ein Anspruch auf Vollständigkeit ergibt. Andersherum sind bei der Darstellung auch hoheitliche Instrumente enthalten, welche (definitionsgemäss) privaten Akteuren nicht zur Verfügung stehen. Mit dem Fokus auf öffentliche Planungsträger erscheint dies jedoch notwendig.

Die Darstellung der Instrumente basiert zunächst auf der entsprechenden Fachliteratur und den planungswissenschaftlichen Annahmen über den Wirkungsmechanismus. Zusätzlich wird (wo immer möglich) anhand von Fallstudien die planerische Praxis hinzugezogen. Dadurch soll ein realistischeres Bild der jeweiligen Instrumente ermöglicht werden, welches ggf. auch Widersprüche aufzeigt. Zur Wahrung der Vergleichbarkeit wird eine gleichbleibende Struktur gewählt, die für die Einzelfälle konkretisiert, nicht aber vernachlässigt wird.

Die Intensität der Darstellung ist unterschiedlich ausgeprägt. Einige Instrumente (bspw. die Zonenplanung) sind in der Planungsliteratur bereits ausreichend dokumentiert. An diesen Stellen wird auf die entsprechenden Quellen verwiesen und lediglich eine sehr knappe Zusammenfassung gegeben. Einige andere Instrumente erhalten von der Planungswissenschaft weniger Aufmerksamkeit. So ist bspw. die Bauverpflichtung nur selten Gegenstand von planungswissenschaftlichen Abhandlungen. Bei diesen Instrumenten erscheint eine ausführlichere Auseinandersetzung weiterführend, weshalb deren Darstellung deutlich umfangreicher ausfällt.

Schliesslich erfolgt die Darstellung mittels einer Kategorisierung der Instrumente. Es wird zwischen vier Kategorien von bodenpolitischen Instrumenten unterschieden. Die oben erwähnte Simplifizierung der Instrumente kann dazu führen, dass ggf. einige Untervarianten dieser Kategorisierung widersprechen. So werden unter dem Instrument der Bauverpflichtung sowohl die öffentlich-rechtliche, als auch die privatrechtliche Art gefasst, weshalb das Instrument in gleich zwei Kategorien einsortiert werden kann. Die Einteilung erfolgt in diesen Fällen aufgrund der gesetzten Schwerpunkte. So ist im Falle der Bauverpflichtung die öffentlich-rechtliche Variante deutlich interessanter, weshalb das Instrument in die dritte Kategorie einsortiert wird, wohlwissend, dass vor dem Hintergrund der privatrechtlichen Variante eine Zuteilung zur zweiten Kate-

© Springer Fachmedien Wiesbaden GmbH, ein Teil von Springer Nature 2019
A. Hengstermann, *Von der passiven Bodennutzungsplanung zur aktiven Bodenpolitik*, https://doi.org/10.1007/978-3-658-27614-0_9

gorie erfolgen müsste. Ähnliches gilt für die Sondernutzungsplanung. Die umgangssprachliche Bezeichnung als „privater Sondernutzungsplan" ist rechtswissenschaftlich zwar irreführend, da es sich ebenfalls um öffentliches Recht handelt, allerdings ist der Hinweis auf diese abweichende Variante gerechtfertigt. Zusammenfassend muss festgehalten werden, dass die vorgeschlagene Kategorisierung der Übersicht dient und im Einzelfall diskutabel ist.

Es wird zwischen Instrumenten unterschieden. Da die Zielgruppe der öffentlichen Politik wesentlich zur Behebung des ursprünglichen Politikproblems beiträgt, wird deren Perspektive eingenommen. Die Instrumente werden also aufgrund der tatsächlichen Wirkung bei der Zielgruppe – und nicht etwa durch die jeweilige Rechtsquelle – gruppiert (siehe auch Tabelle 36).

a) Zunächst werden Instrumente der öffentlichen Politik aufgezeigt, deren Wirkungsmechanismus *ohne direkte Auswirkungen auf die zugrundeliegenden Eigentumsrechte* agiert.
b) Des Weiteren werden Instrumente der öffentlichen Politik aufgezeigt, deren Wirkungsmechanismus mittels *der Beschränkung oder Neudefinition der Nutzungsrechte an Boden* agiert.
c) Darüber hinaus werden Instrumente der öffentlichen Politik aufgeführt, deren Wirkungsmechanismus mittels *der Bechränkung oder Neudefinition der Verfügungsrechte an Boden* agiert.
d) Schliesslich werden Instrumente aufgeführt, deren Wirkungsmechanismus auf *die Veränderung der Verteilung des Eigentums* abzielt.

ÖFFENTLICHE POLITIK		EIGENTUMSRECHTE		
OHNE DIREKTE AUSWIRKUNGEN AUF EIGENTUMSRECHTE	MIT BESCHRÄNKUNG DER NUTZUNGSRECHTE	MIT BESCHRÄNKUNG DER VERFÜGUNGSRECHTE	MIT VERÄNDERUNG DER VERFÜGUNGSRECHTE
Bodenbesteuerung	Sondernutzungsplanung	Bauverpflichtung	Aktive Bodenbevorratung
Mehrwertausgleich	Auszonung / Nicht-Einzonung / Reservezone	Zivilrechtl. Baurecht	Vorkaufsrecht
BID / Gassenclub	Planungszone	Baulandumlegung	Enteignung

Tabelle 36: Übersicht zur Auswahl und zur Zuordnung der betrachteten bodenpolitischen Instrumente. Die Einteilung erfolgt aus Perspektive der Zielgruppe. Quelle: Eigene Darstellung.

Die eigenständige Zusammenstellung der bodenpolitischen Instrumente ist auch deshalb notwendig, weil bisherige Arbeiten dieser Art rar sind und teilweise wenig tragbar. Eine Ausnahme bildet Markus Gmünder, welcher jedoch volkswirtschaftliche Betrachtungsweisen verfolgt und planerische Aspekte nicht adäquat berücksichtigt (siehe Gmünder 2016). Eine weitere Ausnahme bildet das internationale Sammelband „Instruments of Land Policy" (siehe Gerber/Hartmann/Hengstermann 2018).

Diese Einteilung der Instrumente ist nicht allgemeingültig und muss aus vier Gründen einschränkend betrachtet werden: (1) Die Einteilung folgt den aufgezeigten disziplinären Verständnis (siehe insb. Kap. 0 und 3) und der Fokussierung auf die Perspektive der Zielgruppe. Andere Disziplinen würden andere Einteilungen vornehmen. So ist aus wirtschaftswissenschaftlicher Sicht vermutlich verwunderlich, warum Anreizsysteme – also solche Instrumente, die mittels positiver oder negativer finanzieller Anreize arbeiten, bspw. Besteuerung – keine direkten Auswirkungen auf die Eigentumsrechte haben sollen. Aus wirtschaftlicher Perspektive schmälert sich der Wert des Eigentums (nämlich um den Steuersatz), wodurch sowohl Nutzbarkeit wie auch Handelbarkeit des Gutes beeinflusst werden. Ohne dass also eine Veränderung der rechtlichen Situation vorgenommen wurde, so hat sich aus dieser Perspektive jedoch das Gut an sich verändert. Einer solchen Denkweise folgend, wären finanzielle Anreize durch eine öffentliche Politik mit Auswirkungen behaftet. Aus politik- und rechtswissenschaftlicher Perspektive betrifft dies jedoch nicht die eigentlichen Nutzungs- und Verfügungsrechte und ist daher allenfalls als indirekter Effekt anzusehen. (2) Die Instrumente können je nach kulturellem, politischen und vor allem rechtlichen Rahmen auch andere Einteilung erfahren. Dies ist insbesondere bei internationalen und interkantonalen Vergleichen zu beachten. So sind beispielsweise vertragliche Regelungen zur Bebauung von Grundstücken in verschiedenen Ländern unterschiedlich geregelt – und entstammen unterschiedlicher Rechtslogiken. So finden sich im Ländervergleich die Vertragsraumordnung (AT), städtebauliche Verträge (DE), Vertragsraumplanung (CH) und Betaalplanologie (NL), die nicht einheitlich öffentlich- oder privatrechtlich geregelt sind. (3) Einige Instrumente enthalten zudem inhärent mehrere mögliche Mechanismen. So ist bspw. die Baulandumlegung in ihrer rein freiwilligen Form (bspw. in Form von Genossenschaften) anders einzuteilen, als in ihrer amtlich angeordneten Form. Gleiches gilt für die Bauverpflichtung, welches als Konkretisierung der Nutzungsrechte (in Form einer Nutzungspflicht) anders kategorisiert wird, als wenn die mögliche Rechtsfolge (im Extremfall: Enteignung) stärker berücksichtigt wird. (4) Schliesslich werden viele Instrumente in der planerischen Praxis nicht isoliert angewendet. Eine Planungszone ist ohne begleitenden Planungsprozess sinnbefreit und daher vermutlich sogar unzulässig. Der planungsbedingte Mehrwert, der beim des Instrument des Mehrwertausgleichs abgegolten werden soll, entsteht meistens durch eine Veränderung im Zonenplan. Und schliesslich ist eine Enteignung nur zulässig, wenn es zur Umsetzung eines öffentlichen Interesses notwendig ist, welches sich meist durch begleitende Planung zeigt.

Diese Einschränkungen führen dazu, dass die vorgeschlagene Einteilung als grobe Orientierung, nicht jedoch als unveränderliche und eindeutige Kategorisierung zu betrachten ist. Andere Autoren und -konstellationen kommen konsequenterweise auch zu leicht anderen Einteilungen (siehe bspw. Viallon 2017: 90-91, Gerber/Hartmann/Hengstermann 2018, Bohnsack 1967: 19-39, Alterman 1990: 17).

9.1 Charakteristische Instrumentenanwendung der verschiedenen bodenpolitischen Typen

Die dargestellten Instrumente können aufgrund ihrer jeweils zugrundeliegenden Wirkungsweisen den verschiedenen bodenpolitischen Typen (siehe Kap. 2.3) zugewiesen werden, ähnlich dem Ansatz der Profilierung der kommunalen Strategien der Baulandbereitstellung (vgl. BMVBW 2000). Wie schon bei der Erarbeitung der Typen selber, ist auch diese Zuteilung idealtypischer Natur und dient der strukturierten Analyse. Daher ist damit kein Anspruch auf Allgemeingültigkeit verbunden.

Die Tabelle 37 zeigt die Instrumente in Abhängigkeit der einzelnen bodenpolitischen Typen. Dabei kann zwischen zwei Abstufungen (möglich-unmöglich und typisch-untypisch) unterschieden werden, welche sich überlagern und so eine dreischrittige Abstufung darstellen. Einige Instrumente sind aufgrund der räumlichen Ausgangslage entweder logisch ausgeschlossen oder schlicht zweckundienlich. Diese werden als unmöglich/untypisch dargestellt. Instrumente, die zwar logisch möglich wären, aber typischerweise nicht verwendet werden, fallen in die zweite Kategorie. In die dritte Kategorie fallen lediglich solche Instrumente, die logisch möglich und potenziell zweckdienlich sind und auch tatsächlich typisch für diesen bodenpolitischen Idealtypus sind.

Die Zuordnung der einzelnen Instrumente zu den verschiedenen bodenpolitischen Typen ist unterschiedlich eindeutig. So ist die Baulandumlegung sehr klar zuzuordnen, da diese lediglich in Gemeinden mit fragmentierten Eigentumsstrukturen zweckdienlich ist. Bei Planungsprojekten mit einheitlichen Eigentumsstrukturen ist eine Anwendung schlicht überflüssig. Ähnliches gilt für die Bodenbevorratung. Sie ist im Grundsatz zwar in Gemeinden jedes bodenpolitischen Typs möglich, jedoch in den passiv agierenden Gemeinden untypisch. Andere Instrumente sind hingegen weniger klar zuzuordnen. So ist das zivilrechtliche Baurecht vergleichsweise schwierig zu verorten, da es die Anwendungsmöglichkeiten vielfältig und variabel sind. Ähnliches gilt für das Instrument der Planungszone. Da es sich um ein prozessuales Instrument handelt, ist es mit weiterer Instrument auf vielfältige Weise kombinierbar. Nichtsdestotrotz dient diese Übersicht als Indikator für eine grobe Einteilung, die dann im Einzelfall (siehe Kap. 10.3) überprüft werden muss.

INSTRUMENT / BODENPOLITISCHER TYP	TYP I	TYP II	TYP III	TYP IV	TYP V
	Geringe Fragmentierung des Eigentums / Aktive Strategie der Gemeinde	Geringe Fragmentierung des Eigentums / Starke Rolle eines (semi-)öffentlichen Akteurs	Geringe Fragmentierung des Eigentums / Passive Strategie der Gemeinde	Starke Fragmentierung des Eigentums / Passive Strateige der Gemeinde	Starke Fragmentierung des Eigentums / Aktive Strategie der Gemeinde
Bodenbesteuerung	-	o	+	+	+
Mehrwertausgleich	-	o	+	o	+
Business Improvement Disctrict / Gasseclub	-	-	+	o	+
Sondernutzungsplanung	-	o	o	o	+
Auszonung	o	o	o	o	+
Planungszone	o	o	+	o	+
Baulandumlegung	-	-	-	+	+
Bauverpflichtung	-	-	o	o	+
Privatrechtliches Baurecht	+	+	-	-	+
Bodenbevorratung	+	+	o	o	o
Vorkaufsrecht	+	o	-	-	o
Enteignung	o	-	-	-	-

Tabelle 37: Typischen Instrumentenanwendungen in Abhängigkeit zum bodenpolitischen Typ. Quelle: Eigene Darstellung. Legende: + = Möglich und typisch, o = möglich, aber untypisch, - = untypisch und unmöglich.

9.2   Besteuerung von Boden

Eine Möglichkeit der steuernden Einflussnahme, ohne die eigentlichen Verfügungs- und Nutzungsrechte zu verändern, ist die Erhebung von zielgerichteten Steuern. Hierbei ist (neben dem Steuerungsziel) auch zwischen verschieden Steuerarten zu unterscheiden (siehe auch Tabelle 38). Zunächst sind einmalige und wiederkehrende Steuern zu trennen. Einmalige Steuern fallen nur bei bestimmten Bedingungen an, bspw. beim Transfer der Eigentumsrechte (Handänderungssteuer in der Schweiz, Grunderwerbssteuer in Deutschland oder stamp duty im Vereinigten Königreich) oder bei der Generierung von planungsbedingten Mehrwerten (Mehrwertausgleich in der Schweiz, Betterment Tax in Israel). Aus Sicht der öffentlichen Hand sind die wiederkehrenden Steuern jedoch von grösserer Bedeutung (vgl. Thiel/Wenner 2018). Also bodenpolitisch sind dabei lediglich solche Steuern anzusehen, welche explizit ein bodenpolitisches Steuerungsziel bezwecken. Dies ist bei der Mehrwert- und Umsatzsteuer definitiv nicht gegeben. Die Liegenschafts- und Grundsteuer sowie der Mehrwertausgleich bezwecken explizit bodenpolitische Zwecke und sind daher eindeutig als bodenpolitische Instrumente zu bezeichnen. Die restlichen Steuerarten bezwecken primär zumeist andere Ziele oder solche, die indirekt bodenpolitisch sind. Ihre Bezeichnung als bodenpolitische Instrumente, wie dies in der vorliegenden Arbeit vollzogen wird, ist zumindest diskutabel. Tabelle 40 zeigt eine entsprechende Übersicht.

	GRUNDSTÜCK (GEBÄUDE UND BODEN)	NUR GEBÄUDE	NUR BODEN
Wiederkehrend	Liegenschaftssteuer (indirekt auch Vermögens- und Einkommenssteuer)	Zweitwohnungssteuer, Erschliessungssteuer	Grundsteuer
Einmalig	Handänderungssteuer, Grundstücksgewinnsteuer	Mehrwertsteuer, Umsatzsteuer	Mehrwertausgleich

Tabelle 38: Arten von Bodenbesteuerungen. Quelle: Eigene Darstellung basierend auf Thiel/Wenner (2018) (mit eigenen Ergänzungen des Schw. Steuersystems).

Die Erhebung von Steuern auf Grundstücken und/oder Gebäuden bzw. Boden unterliegt verschiedenen Legitimationen. Häufig wird darauf verwiesen, dass eine solche Besteuerung besonders gerecht ist, da sie objekt-basiert, also unpersönlich, sind und gezielt auf die Vermögenssituation einzelner Personen wirken (vgl. Thiel/Wenner 2018). Darüber hinaus werden die methodischen Vorteile herangezogen. So sind solche Besteuerungen ortsgebunden, progressiv und dynamisch (ebd.). Schliesslich sind die Erträge vergleichsweise kalkulierbar und spiegeln die allgemeine wirtschaftliche Entwicklung einer Region indirekt wider (ebd.). Dieser letztgenannte Punkt ist auch aus übergreifender Perspektive von Bedeutung. Die Bewertung von Grundstücken basiert auf den wirtschaftlichen Rahmenbedingungen und von der infrastrukturellen Erschliessung eines Grundstücks, welche durch die öffentliche Hand geleistet wird und ist kaum von den eigentlichen Aktivitäten des Grundstückseigentümers abhängig (von den reinen Baukosten des Gebäudes einmal abgesehen). Eine Besteuerung dieses Mehrwertes zielt also genau auf solche Werte, die nicht durch den Einzelnen, sondern durch die Allgemeinheit entstanden sind, und kann daher als besonders gerecht empfunden werden. Dieser Ansatz entspricht den Forderungen von Henry George und seinem Vorschlag der Finanzierung des Staates alleinig durch die Besteuerung des Bodens (sog. *Single Tax*) (vgl. George 1881/1906).

Neben dieser Begründung als einzige Steuer und einer (ungezielten) allgemeine Einnahmequelle des Staates können Grundstücksbesteuerungen auch als steuerlicher Anreiz für politisch gewolltes Verhalten genutzt werden. So werden in einigen Ländern Steuersysteme an sozial- oder umwelt-politische Ziele geknüpft. Aus planerischer Perspektive kann dieser Steuerungsmechanismus dazu verwendet werden, die bauliche Ausnützung eines Grundstücks zu erhöhen, die Revitalisierung von Brachflächen anzustossen, schützenswerte Gebäudesubstanz zu erhalten, Bodenspekulation zu dämpfen, Baulandhortung zu verhindern oder die Streuung von Eigentum zu fördern (vgl. Thiel/Wenner 2018). So wird beispielsweise in Dänemark eine Grundsteuer erhoben, welche auf Grundlage der rechtlich möglichen Bebaubarkeit (und nicht etwa auf der tatsächlichen Überbau-ung) basiert. Diese Grundsteuer (Ejendomsskat) wird von den Kommunen erhoben und soll der Baulandhortung entgegenwirken und letztlich bezahlbare Bodenpreise sicherstellen (vgl. Diete-rich-Buchwald 1997).

Auch in der Schweiz sind Steuerarten bekannt, die an Grund und Boden gekoppelt und räumlich wirksam sind. Die Ausgestaltung variiert aufgrund des föderalistischen Systems jedoch stark. Die Steuerhoheit liegt grundsätzlich bei den Kantonen und wird oftmals durch kommunale Bestim-mungen ergänzt. Aus planerischer Sicht sind beispielsweise die Handänderungssteuer, die Lie-genschaftssteuer und die Grundstückgewinnsteuer direkt relevant.

Die Handänderungssteuer wird bei Grundstückserwerb fällig. Das Steuermass variiert beträcht-lich. Im Kanton Bern wird 1,8 % des Kaufpreises fällig, wobei dies erst über einem Freibetrag von 800'000 CHF zum Tragen kommt. Im Kanton St. Gallen beträgt die Handänderungssteuer 1,0 % und wird im Falle familieninterner Übertragung halbiert. In einigen Kantonen wird die Abgabe lediglich als Gebühr verstanden und beträgt lediglich die anfallenden Verwaltungskosten der Grundbuchänderung (bspw. in Zug). In anderen Kantonen (bspw. Fribourg und Waadt) kön-nen die Gemeinden zusätzliche Steuern auf den kantonalen Betrag aufschlagen. Schliesslich obliegt die Erhebung der Steuer in einigen Kantonen (bspw. Appenzell Ausserrhoden und Grau-bünden) vollständig den Gemeinden. Einige Kantone verzichten vollständig auf diese Steuerart. So wurde sie in den Kantonen Zürich und Schwyz abgeschafft.

Die Liegenschaftssteuer wird (häufig durch die Gemeinden) in etwa der Hälfte der Kantone erho-ben (vgl. ESTV 2016) und ist eine Sonderform der Vermögenssteuer. Sie wird auf den vollen Wert des Grundstücks erhoben (ohne dabei etwaige Belastungen zu berücksichtigen) und beträgt üblicherweise etwa 1 bis 2 Promille des Verkehrswertes. Als Objektsteuer fällt diese Steuer in der Gemeinde des Objekts und nicht in der Wohnsitz des Steuerpflichtigen an. Aus diesem Grund ist diese Steuer besonders für Ferienregionen geeignet, die durch hohe Gäste- und Zweitwohnungs-zahlen eine (gemessen an der Einwohnerzahl) überproportionale Infrastruktur finanzieren müssen.

Schliesslich kennen alle Schweizer Kantone auch eine Steuer auf Spekulationsgewinne, die sog. Grundstücksgewinnsteuer. Wesentliche Unterschiede bestehen allerdings bei der Bestimmung des eigentlichen Spekulationsgewinns. Hier kann grob zwischen dem dualistische und dem monisti-schen System unterteilt werden, welche sich insbesonders durch die Berücksichtigung bzw. Nicht-Berücksichtigung etwaiger Abschreibungen unterscheiden. Ungeachtet dieser verschiede-nen Berechnungsmethoden greift die Grundstücksgewinnsteuer lediglich bei Privatvermögen (Kapitalgewinne im geschäftlichen Bereich fliessen regulär in die unternehmerische Gewinnsteu-er ein) und soll dämpfend auf die Preisentwicklungen am Bodenmarkt wirken. Zu diesem Zweck sind in vielen Kantonen auch zeitliche Abstufungen eingebaut. So erhebt bspw. der Kanton Aar-gau 40 % des Gewinns, wenn das Grundstück bereits im ersten Jahr seit dem Erwerb wiederver-kauft wird (vgl. Kanton Aargau o.J.). Dieser Satz sinkt dann stufenweise auf 5 % (ab dem 25. Jahr), wodurch allerdings Zielkonflikte mit der Baulandhortung entstehen können.

Auch der Ausgleich von planungsbedingten Mehrwerten (kurz Mehrwertausgleich) ist als zweckungebundene Abgaben als Steuer zu bezeichnen. Dieses Instrument wird in der vorliegenden Arbeit gesondert betrachtet.

9.3 Ausgleich planungsbedingter Mehrwerte

Bodenwerte sind nur zu einem kleinen Teil von den direkten Tätigkeiten (insb. baulichen Investitionen) der jeweiligen Bodeneigentümer abhängig. Der Wert bemisst sich überwiegend aus der allgemeinen Lage und dem potenziellen Ertrag, der ökonomisch aus der Parzelle erzielt werden kann. Diese ökonomische Betrachtungsweise ist somit vom Standort und von der potenziellen baulichen Ausnützbarkeit (also dem planungsrechtlichen Zustand der Parzelle) abhängig. Beide Aspekte sind überwiegend planungsbedingte Folgen.

Vor diesem Hintergrund gab es in den Frühphasen der Raumplanung intensive Diskussionen, ob diese leistungslosen Mehrwerte an die Gesellschaft ganz oder wenigstens teilweise zurückgeführt werden sollten. In den meisten Ländern fand eine entsprechende Diskussion bereits im Rahmen der Bodenrechtsdebatten in den 1950er und 1960er Jahren statt, etwa in Deutschland mit den Vorbereitungsarbeiten zum Bundesbaugesetz (vgl. Weiß 1998: 332). Das Instrument stiess jedoch auf erheblichen Widerstand von bürgerlicher Seite und wurde in den meisten Ländern nicht eingeführt. In zyklischen Abständen wird erneut über die Einführung dieses oder ähnlicher Instrumente (bspw. städtebauliche Folgekostenverträge oder Ausgleiche im Rahmen der städtebaulichen Entwicklungsmassnahme) debattiert. Zuletzt versuchte das Land Nordrhein-Westfalen im Rahmen der Novelle des Bau- und Raumordnungsrechts von 1998 eine entsprechende Regelung zu etablieren, scheiterte jedoch im Vermittlungsausschuss. Im Ergebnis ist das Instrument in nur wenigen Ländern etabliert. Neben dem Vereinigten Königreich und Israel zählt zu dieser kleinen Auswahl die Schweiz.

Das RPG enthält bereits seit der ersten Version einen solchen Ausgleichsmechanismus. Ebenso, wie planungsbedingte Minderwerte zu entschädigen sind (materielle Enteignung), sind dem Gesetzestext nach auch planungsbedingte Mehrwerte auszugleichen. Das RPG besagt:

> (1) Das kantonale Recht regelt einen angemessenen Ausgleich für erhebliche Vor- und Nachteile, die durch Planungen nach diesem Gesetz entstehen.
> (2) Führen Planungen zu Eigentumsbeschränkungen, die einer Enteignung gleichkommen, so wird voll entschädigt.
> (Art. 5 RPG a.F.)

Die Formulierung, die seit dem 1.1.1980 verpflichtend in Kraft ist, enthält jedoch keine Rechtsfolge, falls ein Kanton dieser eidgenössischen Vorlage nicht entspricht. Wesentliche politische Konflikte sind somit auf die kantonale Ebene verlagert worden, ohne dass dabei ein rechtlicher Zwang entstünde. Angesichts dessen haben lediglich zwei Kantone (nämlich Basel-Stadt und Neuenburg) ein entsprechendes Instrument eingeführt.

Mit der Teilrevision des RPG von 2012/2014 ist dieses Instrument wesentliche verändert und präzisiert worden. Die neue Regelung besagt:

> (1) Das kantonale Recht regelt einen angemessenen Ausgleich für erhebliche Vor- und Nachteile, die durch Planungen nach diesem Gesetz entstehen.

(1bis) Planungsvorteile werden mit einem Satz von mindestens 20 Prozent ausgeglichen. Der Ausgleich wird bei der Überbauung des Grundstücks oder dessen Veräusserung fällig. Das kantonale Recht gestaltet den Ausgleich so aus, dass mindestens Mehrwerte bei neu und dauerhaft einer Bauzone zugewiesenem Boden ausgeglichen werden.

(1ter) Der Ertrag wird für Massnahmen nach Absatz 2 oder für weitere Massnahmen der Raumplanung nach Artikel 3, insbesondere Absätze 2 Buchstabe a und 3 Buchstabe abis, verwendet.

(1quater) Für die Bemessung der Abgabe ist der bei einer Einzonung errechnete Planungsvorteil um den Betrag zu kürzen, welcher innert angemessener Frist zur Beschaffung einer landwirtschaftlichen Ersatzbaute zur Selbstbewirtschaftung verwendet wird.

(1quinquies) Das kantonale Recht kann von der Erhebung der Abgabe absehen, wenn:

  a. ein Gemeinwesen abgabepflichtig wäre; oder

  b. der voraussichtliche Abgabeertrag in einem ungünstigen Verhältnis zum Erhebungsaufwand steht.

(1sexies) Die bezahlte Abgabe ist bei der Bemessung einer allfälligen Grundstückgewinnsteuer als Teil der Aufwendungen vom Gewinn in Abzug zu bringen.

(2) Führen Planungen zu Eigentumsbeschränkungen, die einer Enteignung gleichkommen, so wird voll entschädigt.

(Art. 5 RPG n.F.)

In dieser Regelung sind deutlich weiterreichende Bestimmungen enthalten, insb. die Mindesthöhe, der Abgabezeitpunkt, den Anwendungsfall und der Verwendungszweck.

- Die Regelung enthält nun explizit eine Untergrenze, in welcher Höhe der planungsbedingte Mehrwert mindestens ausgeglichen werden muss. Die Festlegung auf 20 % ist dabei eine politische Stellschraube mit entsprechenden politischen Auseinandersetzungen gewesen. Im ersten Entwurf war eine Untergrenze von 30 % enthalten. Im Verlaufe der politischen Aushandlung ist dieser Betrag auf Druck der bürgerlichen Parteien auf 20 % reduziert worden.

- Die Regelung enthält auch den Abgabezeitpunkt. Hierbei ist explizit erwähnt, dass spätestens bei der Überbauung des Grundstücks oder dessen Veräusserung der Ausgleich zu entrichten ist. Diese Regelung bleibt damit hinter den Forderungen des Komitees der Landschaftsinitiative zurück. Um eine zügige Mobilisierung der bestehenden Bauzonen zu ermöglichen, war gefordert worden, dass der Ausgleich zu einem bestimmten Zeitpunkt (bspw. 5 Jahre nach der Einzonung) zu entrichten ist, unabhängig ob bis dahin bereits eine bauliche Nutzung angestrebt ist oder nicht. Dies wurde jedoch in den parlamentarischen Verhandlungen durch die bürgerliche Seite herausgenommen. Die jetzige Regelung wirkt nicht als Mobilisierungsanreiz. In der Eigenschaft des RPG als Rahmengesetz ermöglicht es jedoch den Kantonen weitergehende Regelungen zu erlassen.

- Das Bundesrecht sieht einen Ausgleich planungsbedingter Mehrwerte zwingend bei Flächen vor, die neu der Bauzone zugeordnet werden (sog. Einzonung). Auch hierbei sind weitergehende kantonale Regelungen möglich, aber nicht zwingend. So werden auch bei Veränderung der Zonenzugehörigkeit planungsbedingte Mehrwerte geschaffen (sog. Umzonung), bspw. durch eine höhere Ausnützungsziffer. Diese Mehrwerte sind auf Grundlage von Abs. 1bis nicht zwingend auszugleichen. Offen bleibt jedoch, ob der unveränderte Abs. 1 greift, der weiterhin fordert, dass *jeder* erhebliche Mehrwert auszugleichen ist.

- Schliesslich ist auch eine Zweckbestimmung der Ausgleichsbeträge festgelegt. Die Formulierung ist dabei recht offen. Zunächst können die Beträge explizit für Entschädigungen materieller Enteignungen verwendet werden, wodurch diese erst politisch und finanziell ermöglicht werden. Insofern ermöglicht Art. 5 in der neuen Fassung überhaupt erst die Redimensionierung der Bauzone, wie sie in Art. 15 Abs. 2 gefordert wird. Darüber hinaus sind jedoch auch weitere raumplanerische Massnahmen mit diesen Geldern finanzierbar. Kriterium ist lediglich der Bezug auf die Grundsätze der Raumplanung (Art. 3), wobei einige Unterpunkte zwar prominent genannt, aber nicht verbindlich exklusiv sind.

Neben der vielfach diskutierten Mindesthöhe des Ausgleichswert sind zwei weitere Aspekte bemerkenswert: Die Frage einer Maximalhöhe und die Frage der Berechnungsgrundlage. Beide Fragen sind dabei nach schweizerischem Recht nicht abschliessend geklärt. Das Bundesgericht hat in einem Entscheid geklärt, dass ein Ausgleichsbetrag von 60 % zulässig ist. In der Planungspraxis wird dies vielfach als Maximalhöhe interpretiert, wenngleich dies dem Wortlaut nicht zu entnehmen ist. Es heisst lediglich: „Eine Abschöpfung von bis zu 60 Prozent des durch Planungsmassnahmen verursachten Mehrwerts verletzt die Eigentumsgarantie nicht" (BGE 105 Ia 134: E3b). Der Umkehrschluss, dass ein Ausgleich über 60 % unzulässig ist, ist nicht richterlich geklärt. Nichtsdestotrotz etabliert sich dies als Grenze der politischen Akzeptanz. Daneben ist auch die Frage der Berechnungsgrundlage wichtig – und bislang in der planungspolitischen Debatte unterschätzt. So ist eine einfache Übertragung der Regelung zum Mehrwertausgleich des Kantons Basel-Stadt nicht möglich. Im Gegensatz zu den meisten anderen Kantonen, besitzt Basel-Stadt nämlich innerhalb des Grundbuchamtes eine Behörde zur Bewertung von Liegenschaften und damit das technische und empirische Wissen der Entwicklungen am Bodenmarkt. Auf dieser Grundlage ist es dem Kanton mit geringem Aufwand möglich, Bodenpreise zu ermitteln und ggf. auch planungsbedingte Mehrwerte zu beziffern. Die meisten anderen Kantone und Gemeinden sind an dieser Stelle zu aufwändigen und kostenintensiven Anfragen bei privaten Unternehmen angewiesen (bspw. Wüest & Partner). Der Aufwand kann daher (insb. bei kleineren Planungsprojekten) unverhältnismässig werden. Das Gesetz fordert ja zudem lediglich den Ausgleich von *erheblichen* Mehr- und Minderwerten. Die Schwelle zur Erheblichkeit wird dabei ebenfalls von den Kantonen unterschiedlich interpretiert. Ein Freibetrag von 100.000 CHF, wie im Tessin oder in Genf, ist aber wohl schwerlich gesetzeskonform.

Während die materiellen Unterschiede zwischen der alten und der neuen Fassung des Instruments vergleichsweise überschaubar sind, sind die prozessualen Bestimmungen weitreichend. Dies wird insbesondere durch die Übergangsbestimmungen der RPG-Revision gewährleistet. Neben der Anpassungspflicht des Richtplans enthält die Bestimmung auch einen Zwang, dass die Kantone das Instrument des Mehrwertausgleichs einführen müssen. „Die Kantone regeln innert fünf Jahren nach Inkrafttreten der Änderung vom 15. Juni 2012 den angemessenen Ausgleich für erhebliche Vor- und Nachteile nach den Anforderungen von Artikel 5" (Art. 38a Abs. 4 RPG n.F.). Falls die Kantone bis dahin keinen Mehrwertausgleich eingeführt haben, „ist die Ausscheidung neuer Bauzonen unzulässig" (ebd.). Den Kantonen droht also eine Einfrierung der Bauzone, wodurch die Planungshoheit exakt am ökonomischen Teil der Raumplanung angesetzt wird. Mit dieser Regelung ist zu erwarten, dass alle Kantone eine Anpassung ihrer gesetzlichen Grundlagen an das neue Bundesrecht vorantreiben werden.

9.4 Business Improvement District / Gassenclub

Ein *Business Improvement District* steht, allgemein gesprochen, lediglich für ein Modell zur Verbesserung von bestimmten (meist investiven) Rahmenbedingungen in einem bestimmten Gebiet (vgl. Kuplich 2013: 6). Insofern ist die genaue Abgrenzung schwierig, zumal einerseits in der Praxis diverse Varianten existieren und andererseits wissenschaftliche und politische Akteure jeweils andere Bezeichnungen verwenden. In den Vereinigten Staaten, wo solche Modelle ursprünglich entwickelt wurden, wird auch der Begriff *Special Benefit District* verwendet, wobei in verschiedenen Bundesstaaten auch Bezeichnungen wie *Self-Help Improvement District* (Virginia), *Special Improvement District* (New Jersey) oder *Neighbourhood Improvement Disctrict* (Florida) vorkommen (ebd.). In Europa ist hingegen der Begriff *Business Improvement District* vorherrschend, wobei ebenfalls bei der Übernahme in das jeweilige Recht oder im konkreten Projekt andere Bezeichnungen auftauchen.

Hinter den unterschiedlichen Begriffen verbergen sich häufig – aber nicht zwangsläufig – auch unterschiedliche Varianten des Modells. Insofern verdeutlicht die Begriffsvielfalt auch eine gewisse Vielfalt im Instrument selbst. Als weitreichend gültige Definition lässt sich festhalten:

> Notwendige Voraussetzung für ein BID ist eine gesetzliche Regelung (meist auf Ebene des Bundesstaates). BIDs kommen aufgrund einer privaten Initiative von Grundeigentümern und/oder Gewerbetreibenden eines räumlich abgegrenzten Gebiets zustande. Danach wird ein offizielles Verfahren mit oder ohne gesetzlich festgelegte Abstimmungs-Quoren eingeleitet. Abstimmungsgrundlage ist ein verbindlicher Massnahmen- und Finanzierungsplan. Ein BID wird durch einen förmlichen Akt des Staates gegründet und durch den Staat kontrolliert. Die zur Massnahmenumsetzung nötigen Finanzmittel werden als verpflichtende Abgabe von allen Grundeigentümern und/oder Gewerbetreibenden vom Staat eingezogen. BIDs sind also eine Form freiwilliger Selbstverpflichtung, die zu ihrer Formalisieruung als Public-Private-Partnership des Staates bedarf. Mit dem Begriff 'BID' kann dabei sowohl das Gebiet als auch die Organisation, die dieses Gebiet managt, bezeichnet werden.
> (Vollmer 2011: 11)

Aus diesem Zitat lassen sich bereits die wesentlichen Eigenschaften und auch Varianten eines BID ableiten. Zunächst ist wichtig, dass es sich bei einem BID grundsätzlich um ein privates Instrument handelt. Es ist immer privat initiiert und wird weitestgehend selbständig privat durchgeführt. Dennoch kommt der öffentlichen Hand eine kontrollierende und absichernde Rolle zu, wodurch sich ein BID von rein privaten Verbünden (bspw. Stadtmarketing, Innenstadt-Agenturen, etc.) unterscheidet. Durch die staatliche Formalisierung lassen sich weitreichende Mechanismen (insb. auch Mehrheitsentscheidungen und verpflichtende Abgaben) implementieren. Da nur hierdurch die Auslösung der zugrundeliegenden Probleme (Gefangendilemma, Trittbrettfahrerproblem) gewährleistet ist, wird dieser verpflichtende Charakter als wesentliches Merkmal angesehen, auch wenn viele Autoren mit weniger engen Definitionen dies anders vertreten (siehe bspw. Kuplich 2013: 6-11).

Als weiterer Aspekt wird häufig noch eine zeitliche Befristung aufgelistet. Dies ist insofern nachvollziehbar, als dass BIDs in der Regel befristet sind, auch wenn diese Fristen häufig verlängert werden. Ein Ausschluss von zeitlich unbefristeten BIDs erscheint jedoch nicht gegeben, da der Zeithorizont keinen Einfluss auch den grundsätzlichen Mechanismus hat.

Aus instrumenteller Perspektive bezweckt ein BID insbesondere die Auflösung von Zwängen, die zu einer bestimmten räumlichen Situation führen. Hierbei wird insbesondere auf das Gefangenendilemma und das eng damit verknüpfte Trittbrettfahrerproblem abgezielt.

9.4.1 Geschichtliche Entwicklung

Kooperations- und Organisationsformen von innerstädtischen Grundeigentümern und Gewerbetreibenden sind historisch betrachtet keine Ausnahme. Bereits in der mittelalterlichen Stadt bestehen zunft- und zollrechtliche Strukturen, die je nach Definition einem BID sehr ähnlich sein können. Im Kontext von Gewerbefreiheit und liberaler Marktwirtschaft ist die Bedeutung in der Neuzeit jedoch zu vernachlässigen. Die Handelsfunktionen der Stadt im 19. und in der ersten Hälfte des 20. Jahrhundert finden frei und weitgehend unkoordiniert statt. Erst diese Ausgangslage ermöglicht die Entstehung von räumlichen Situationen, die mittels Gefangenendilemma und Trittbrettfahrerproblematik verstanden werden kann.

Als erstes Projekt gilt die *Bloor West Village Business Improvement Area* in Toronto, Kanada (vgl. Baasch 2006: 40). Das Gebiet war in den 1960er Jahren von einer wirtschaftlichen Abwärtsspirale geprägt. Verwahrlosung und Leerstand führten zu sinkenden Geschäftsumsätzen und schliesslich zu sinkenden Mieteinnahmen. Um dieser Entwicklung entgegen zu wirken, sollten sowohl der öffentliche, als auch der kommerzielle Raum aufgewertet werden. Als wichtigste Massnahme zur Belebung des Aussensraums gilt der Bau der U-Bahn (insb. die Bloor-Danforth Line), der darauf abzielte, die Verkehrsbelastungen im Zentrum massiv zu reduzieren, und so das Einkaufserlebnis zu ermöglichen. Zusätzlich sollte das Handelsangebot gesteigert und in modernen Verkaufsflächen feilgeboten werden, um schliesslich einen attraktiven Einzelhandelsstandort (insb. in Konkurrenz zu den ausserstädtischen Einkaufszentren) zu errichten. Ein ortsansässige Händler schlossen sich zu einem Verband zusammen, der die Investitionen koordinieren sollte, ähnlich wie das auch durch die Center-Manager erfolgreich praktiziert wird. Die Bemühungen scheiterten jedoch daran, dass einzelne Eigentümer nicht zu Investitionen bereit waren – weder in die gemeinschaftlichen Aktivitäten, noch in die eigene Gebäudesubstanz. Das Projekt drohte zu scheitern. Die zugrundliegende Problematik wäre ein klassisches Gefangenendilemma mit Trittbrettfahrerproblematik gewesen. Die Stadtverwaltung Toronto erhob ab 1971 jedoch eine Sondersteuer für das Gebiet. Die erzielten Einnahmen wurden in die Verantwortung der Verbandsvorstands gegeben, welcher damit die Aufwertung der Innenstadt finanzieren konnte. Das Projekt stellt damit den ersten Fall eines BID mit verpflichtenden Abgaben (in diesem Fall als Steuer) dar.

In der Folgezeit erfolgte eine Verbreitung des Konzepts – sowohl räumlich als auch materiell. In vielen nordamerikanischen Städten wurden BIDs im Verlaufe der 1970er und 1980er Jahren etabliert. Die Einführung in Europa erfolgte vergleichsweise spät, da die Verödung der Innenstädte durch die starke Konkurrenz der Einkaufszentren erst vergleichsweise spät eintrat. Vorreiter in Deutschland war das Bundesland Hamburg, wo seit 2004 die gesetzliches Grundlage[67] und seit 2005 das erste Projekt (Innovationsbereich Sachsentor) vorhanden sind. Bis heute haben 7 deutsche Bundesländer entsprechende Gesetze erlassen. Seit 2007 sind die „privaten Initiativen zur Stadtentwicklung" (§ 171f BauGB) im nationalen Recht integriert und können explizit landesrechtlich mit entsprechenden Finanzierungsmodellen ausgestattet werden. Neben der räumlichen Ausweitung erfolgte auch eine Ausweitung der Materie. Das Konzept wurde zwischenzeitlich auf Wohnstandorte (Housing Improvement Districts), gemischt-genutzte Nebenzentren (Neighbourhood Improvement Districts) und sogar Freiflächen (Park Improvement Districts) übertragen.

9.4.2   BID in der Schweiz

Eine vollständige Übernahme von BID in die Schweizer Raumplanung hat bislang noch nicht stattgefunden. Allerdings existiert mit dem *Gassenclub* ein experimenteller Ansatz, welche Ähnlichkeiten aufweist.

Gassenclubs werden als Instrument vom *Netzwerk Altstadt* bezeichnet. Das Netzwerk Altstadt ist eine Beratungseinrichtung unter Federführung der VLP-ASPAN und unter Beteiligung des Bun-

---

[67] Gesetz zur Stärkung der Einzelhandels- und Dienstleistungszentren (HambGSED), seit 2013 Gesetz zur Stärkung der Einzelhandels-, Dienstleistungs- und Gewerbezentren.

desamtes für Wohnungswesens (BWO), des Bundesamtes für Raumentwicklung (ARE) sowie dem Schweizerischen Städteverband. Vor dem Hintergrund des fortschreitenden Strukturwandels (vorallem in kleineren und mittleren Stadtzentren) fungiert das Netzwerk Altstadt als neutraler Vermittler zwischen der öffentlichen Hand und den privaten Akteuren. Als Instrumentenkasten stehen dabei vier Ansätze[68] zur Verfügung, wovon der Gassenclub das am meisten formalisierte Koordinationsinstrument ist.

Der Gassenclub weist einige Gemeinsamkeiten und einige Unterschiede im Vergleich zum BID auf. Zunächst zielen beide Instrumente auf die Koordination von Investitionen im Zentrumsbereich und insbesondere auf die Einbindung der Investitionsentscheide aller Eigentümer. Angelehnt an die offene Form eines Vereins (daher die Bezeichnung als Club) werden Austausch- und Abstimmungsmöglichkeiten geschaffen, welche neutral moderiert und organisiert werden. Allerdings fehlen Mechanismen zur zwangsweisen Beteiligung von Akteuren. Gassenclub und Business Improvement District weisen demnach dieselbe Grundidee auf, sind instrumentell jedoch lediglich verwandt und keinesfalls gleichzusetzen, da ein wesentlicher Mechanismus (Zwangsverpflichtung) fehlt.

Zusammenfassend kann festgehalten werden, dass hinter *Business Improvement District* und ähnlichen Begriffen Governance-Modelle gefasst werden, welche durch die Art der Kooperation und Koordination die (Weiter-) Entwicklung eines bestimmten Gebiets bezwecken. Die konkrete Ausgestaltung ist dabei auf vielfältige Weise möglich. Die Modelle reichen von informativen Strukturen, die einzig über die Koordination der Information ein abgestimmtes Verhalten der betroffenen Bodeneigentümer erhoffen, bis hin zu stark formalisierten Strukturen, die auch Mehrheitsentscheidungen und ggf. auch Zwangscharakter enthalten. Letztere stellen jedoch für die Schweiz allenfalls eine Weiterentwicklungsmöglichkeit dar und sind bislang keine realisierte Praxis. Von daher ist das Instrument BID (noch) ohne verbindlichen Einfluss auf Nutzungs- und Verfügungsrechte, bezweckt jedoch die Erhöhung der Kohärenz der beiden Ebenen, weshalb die Aufnahme und Darstellung des Instruments im Rahmen der bodenpolitischen Instrumente gerechtfertigt ist.

9.5   Sondernutzungsplanung

Als zentrales Instrument der schweizerischen Raumplanung gilt die Nutzungszonenplanung. Sie ordnet die zulässige Nutzung des Bodens (Art. 14 Abs. 1 RPG), wobei dies sowohl die Art als auch das Mass der baulichen Nutzung beinhaltet. Die im Nutzungszonenplan festgelegten Bestimmungen sind jedermann verbindlich (Art. 21 Abs. 1 RPG) und haben somit gesetzliche Wirkung. Im allgemeinen Sprachgebrauch wird die Nutzungszonenplanung mit dem Zonenplan gleichgesetzt. Der eidgenössische Gesetzestext spricht jedoch im Plural von ´Nutzungsplänen´ (vgl. Art. 14 Abs. 1 RPG), ohne dabei die Planarten zu konkretisieren. In der kantonalen Interpretation dieser Formulierung hat sich dabei ein häufig zwei-, manchmal auch mehrstufiges System von Nutzungsplänen etabliert. Zunächst (und das ist landesweit nahezu einheitlich) gibt es den allgemeinen Nutzungszonenplan, welcher häufig auch als Rahmenzonenplan, als Bauzonenplan oder schlicht als Zonenplan bezeichnet wird. Dieses Instrument stellt den kartographischen Teil der baurechtlichen Grundordnung auf Gemeindeebene[69] dar und ist somit gemeinsam mit der Bauordnung zu betrachten. Da das gesamte Gemeindebiet in allen Gemeinden der Schweiz abgedeckt wird, decken die Nutzungszonenpläne das gesamte Schweizer Territorium ab. Die Formu-

---

[68]   Neben dem Gassenclub sind das Stadtanalyse, Nutzungsstrategie und Hausanalyse Teil des Instrumentariums.

[69]   Die genaue Ausgestaltung ist natürlich auch bei diesem Instrument kantonal unterschiedlich. Mit Genf und Basel-Stadt gibt es zudem zwei Fälle, in denen die Nutzungszonenpläne auf kantonaler Ebene angesiedelt sind. Dieses Detail wird im folgenden aus Gründen der Übersichtlichkeit ignoriert.

lierung im Plural erlaubt jedoch auch eine Abweichung von dieser Regelung in Form von sog. Sondernutzungsplänen. Diese Pläne tragen vermutlich ebensoviele Namen, wie es Kantone gibt. Eine Auswahl der gebräuchlichsten Begriffe, die im Rahmen der vorliegenden Arbeit und unter Beachtung der getroffenen Annahmen als gleichwertig verstanden werden: Bebauungsplan, Gestaltungsplan, Überbauungsordnung, plan d'affectation de détail, plan de quartier, plan de zone partiel, piano di uso speciale, piano di progettazione, la costruzione di ordinanza, lottizzazione. Die unterschiedlichen Begriffe stehen auch für leichte Abwandlungen im exakten Inhalte und des jeweiligen Rechtscharaktere, ohne dass dabei eine Systematik zu erkennen ist. So existiert der Sondernutzungsplan im Kanton Bern als zweite Stufe unter dem Begriff Überbauungsordnung, während der Kanton Aargau von einem Gestaltungsplan spricht und davon nochmals die verein-fachte Unterart des Erschliessungsplans unterscheidet und somit ein dreistufiges System kennt. Der Kanton Zürich kennt mit dem Quartierplan, dem Bebauungsplan, dem Gestaltungsplan und dem Überbauungsplan sogar noch mehr Varianten. Zudem können in vielen Kantonen, trotz der planerischen Gemeindehoheit, Sondernutzungspläne auch direkt vom Kanton erlassen werden, solang kantonale Interessen dies rechtfertigen (bspw. in Bern: kantonale Überbauungsordnung). Die Kantone haben damit auch die Möglichkeit jedermannverbindlich auf die Raumentwicklung einzuwirken. Auf diese und weitere kantonale Besonderheiten sei an dieser Stelle nicht weiter eingegangen. Um den grundsätzlichen Mechanismus zu referenzieren und die Abgrenzung zum allgemeinen Instrument *Nutzungszonenplan* (NZP) begrifflich deutlich zu machen, wird das Instrument des *Sondernutzungsplans* (SNP) hierunter die ähnlichen Pläne subsumiert.

Ein Sondernutzungsplan hat zwei wesentliche Eigenschaften, die aus bodenpolitischer Perspekti-ve interessant sind: Sie erlauben einerseits eine Abweichung von den Bestimmungen von der baurechtlichen Grundordnung (also Rahmennutzungsplan und Bauordnung) (sog. Regelbauweise) und können andererseits durch die Zielgruppe der privaten Akteure deutlich stärker beeinflusst werden, als dies sonst üblich ist. In der Kombination dieser Möglichkeiten ergibt sich somit ein Instrument, welches von den Akteuren weitreichend genutzt werden kann, wodurch es zu beson-ders interessanten Konstellation kommen kann.

Die Abweichung von den allgemeinen Bestimmungen ist je nach Kanton begrenzt oder nicht. Der Kanton Aargau erlaubt eine Abweichung nur, „wenn dadurch ein siedlungs- und landschaftsgestalte-risch besseres Ergebnis erzielt wird, die zonengemässe Nutzungsart nicht übermässig beeinträchtigt wird und keine überwiegenden Interessen entgegenstehen" (Art. 21 Abs. 2 BauG-AG). Im Kanton Bern gibt es keine solchen Einschränkungen. Dort gilt lediglich eine Hinweispflicht. „Sofern eine Überbauungsordnung von den Vorschriften der [baurechtlichen] Grundordnung über Art und Mass der Nutzung abweicht, ist in der Vorlage darauf hinzuweisen" (Art. 89 BauG-BE). Die Regelungs-möglichkeiten sind somit grundsätzlich sehr weitgehend, wodurch das Instrument besonders für anspruchsvolle Projekte ausgelegt ist. Gleichzeitig wird es für private Akteure interessant, da hiermit nicht nur öffentliche, sondern auch private Interessen berücksichtigt und (ohne Änderung des Nut-zungszonenplans oder des Baureglements) in geltendes Planungsrecht umgemünzt werden kann.

Hinzu kommt, dass die private Einflussnahme in vielen Kantonen nochmals ausgeprägter möglich ist. Neben den *öffentlichen* existiert auch ein sog. *privater Sondernutzungsplan*, so bspw. im Kanton Aargau: „Private können den Entwurf zu einem Gestaltungsplan selber erstellen." (Art. 21 Abs. 3 BauG-AG). Der Kanton Bern umschreibt noch weiter: „Die Überbauungsordnung kann [..] besondere Vereinbarungen zwischen der Gemeinde und den Grundeigentümern vorbehalten oder diese als Bestandteil der Überbauungsordnung erklären" (Art. 89 Abs. 4 BauG-BE)." Um ihren öffentlich-rechtlichen und damit verbindlichen Charakter zu erhalten, sind die Sondernutzungs-pläne dennoch von der Legislativen zu erlassen. Der Begriff des *privaten* Plans ist daher irrefüh-rend. Treffender handelt es sich um einen *privat-initiierten* oder *privat-finanzierten* *Sondernutzungsplan*. Die Initiative, die Federführung und/oder die Bezahlung der Ausarbeitung liegen dabei bei privaten, meist professionellen Akteuren. Der Legislativen bleibt jedoch vorbehalten aus dem Entwurf einen rechtlich bindendes Planwerk zu machen. Hierdurch ergeben sich beiderseitige Verhandlungsmöglichkeiten und -interessen.

Aus bodenpolitischer Sicht ist dies besonders interessant, da mit diesem Instrument explizit auf die beiden machtpolitischen Position abgezielt wird. Die Gemeinde, die die Planungshoheit innehat, tritt in Verhandlungen mit dem Bodeneigentümer – oder anders formuliert: Die absolute Hoheit der Gemeinde über die Nutzungsrechte am Boden wird mit dem absoluten Umsetzungsveto der Eigentümer der Verfügungsrechte in Verhandlung gestellt.

9.6 Reduktion der Bebaubarkeit (Auszonung / Nicht-Einzonung / Reservezone)

Die Einteilung des Bodens in verschiedene Arten von Zonen ist wohl das klassischste Instrument der Bodennutzungsplanung. Die Regelungsinhalte der jeweiligen Zonen und die Zuteilung der Parzellen zu diesen Zonen erfolgt dabei meist aufgrund inhaltlicher Kriterien. Ein räumliches Leitbild (bspw. ein städtebaulicher Entwurf) wird in die entsprechenden Zonenkategorien übersetzt und räumlich referenziert.

Der Mechanismus kann jedoch von Planungsträgern auch als Instrument im Sinne einer aktiven bodenpolitischen Strategie verwendet werden. In diesem Fall liegt der Fokus auf die Veränderung der Zonenzugehörigkeit, was sowohl Umzonungen von der Bau- in die Landwirtschaftszone (sog. Auszonung), die Rücknahme der Bauzonenzugehörigkeit (sog. Nicht-Einzonung), als auch die Übertragung in eine Reservezone umfasst. Definitionsgemäss würde auch eine Überführung von einer Art Bauzone in eine andere Art Bauzone fallen (sog. Umzonung), da dies jedoch meistens materiell und nicht strategisch begründet ist, bleibt dies an dieser Stelle unberücksichtigt.

Eine Auszonung und eine Nicht-Einzonung sind zunächst sehr ähnliche Vorgänge. Eine Parzelle, die zunächst Teil der Bauzone ist, gehört nach Abschluss des Verfahrens nicht mehr der Bauzone an. Zwischen den beiden Varianten sind aber erhebliche Unterschiede inhaltlicher, wie finanzieller Art. Eine Auszonung stellt einen Planungsschaden dar und ist daher als materielle Enteignung einzustufen. Als solche ist der materielle Verlust zu kompensieren und daher grundsätzlich entschädigungpflichtig. „Enteignungen und Eigentumsbeschränkungen, die einer Enteignung gleichkommen, werden voll entschädigt" (Art. 26 Abs. 2 BV). Eine Nicht-Einzonung hingegen bewirkt die Nichtigkeit des ursprünglichen Einzonungsentscheids und stellt daher keinen Planungsschaden dar. Dementsprechend ist eine Nicht-Einzonung nicht entschädigungspflichtig. Kriterien, wann die entsprechenden Verfahren einzuleiten sind, sind nicht bestimmt. Das RPG verlangt lediglich, dass überdimensionierte Bauzonen zu verkleinern sind (Art. 15 Abs. 2 RPG). Geregelt ist jedoch klar, ob es sich bei dieser Reduzierung um eine Aus- oder eine Nicht-Einzonung handelt. Die Rechtsprechung hat dazu herausgearbeitet, dass eine Nicht-Einzonung nur dann vorliegt, wenn der ursprüngliche Einzonungsentscheid rechtswidrig war. Bewertungsmassstab ist dabei das damals gültige Recht – und nicht heutige Gesichtspunkte. Wenn die damalige Rechtslage so massiv verletzt wurde, dass dies sogar für Unbeteiligte hätte klar gewesen sein müssen, dann handelt es sich um eine nichtige Entscheidung. Die damalige Entscheidung wird daher revidiert – eine Nicht-Einzonung. Da damit bereits die ursprüngliche Bebaubarkeit rechtswidrig und somit unrealistisch war, liegt kein Planungsschaden und keine materielle Enteignung vor, washalb keine Entschädigung gezahlt wird. Alle anderen Veränderungen der Zonenzugehörigkeit, die einen Planungsschaden nach sich ziehen, sind entschädigungspflichtig.

9.6.1 Reservezonen als Sonderfall

Einen Sonderfall stellt die sogenannte Reservezone dar, welche bislang jedoch in der planungs-wissenschaftlichen Debatte deutlich weniger Aufmerksamkeit erhalten hat. Die Reservezone umfasst üblicherweise solches Land, welches zukünftig für Bautätigkeiten und Siedlungserweite-rungen vorgesehen ist. Die genauen Definitionen sind dabei in den Kantonen unterschiedlich präzise. Beispielsweise bestimmt der Kanton Solothurn:

> 1 Land, das aus siedlungspolitischen Gründen für eine spätere Überbauung in Frage kommt, kann als Reservezone ausgeschieden werden. 2 Die voraussichtliche Nutzung im Sinne von §§ 29-34 kann in der Reservezone bereits festgelegt werden.
> § 27 PBG-SO

Ähnlich bestimmt der Kanton Zürich:

> 1 Die Reservezone umfasst Flächen, deren Nutzung noch nicht bestimmt ist oder in denen eine bestimmte Nutzung erst später zugelassen werden soll.
> § 65 PBG-ZH

Auch der Kanton Luzern folgt einer ähnlichen Formulierung:

> 1 Die Reservezone umfasst Land, dessen Nutzung noch nicht bestimmt ist. 2 In dieser Zone gelten die Bestimmungen der Landwirtschaftszone. 3 Bei ausgewiesenem Bedarf kann in der Reservezone langfristig die Bauzone erweitert werden.
> § 55 PBG-LU

Der Kanton Uri geht sogar offen mit der Rechtsunsicherheit um und definiert die Reservezone durch Abgrenzung von der Bau- und der Landwirtschaftszone. Unklar bleibt dabei, was den nun die Reservezone genau umfasst:

> Die Reservezone umfasst das Gebiet ausserhalb der Bau- und der Landwirtschaftszonen, a) das keiner bestimmten Nutzung zugewiesen werden kann; oder b) dessen Nutzung noch nicht bestimmt ist.
> Art. 34 PBG-UR

Unklar bleibt bei allen Definitionen, ob eine Reservezone nun eine Konkretisierung der Bauzone darstellt oder zur Nicht-Bauzone gehört. Die rechtliche Beurteilung ist dabei von zentraler Bedeu-tung. Davon abhängig ist die Planungssicherheit und der daraus abgeleitete ökonomische Wert der Fläche. Wenn Reservezonen ein Teil der Bauzone darstellen und eine Bebaubarkeit (in ferner Zukunft) grundsätzlich angenommen werden kann, ist der Schaden geringer, als wenn die Reser-vezone Teil der Nicht-Bauzone ist und eine Bebaubarkeit unsicher bleibt.

Wenn nun eine Umzonung vorgenommen wird und eine Fläche, die bisher in der Bauzone war, der Reservezone zugeordnet wird, ergeben sich daraus auch der ökonomische Schaden und die Höhe einer Entschädigungszahlung.

Zudem ist zu berücksichtigen, dass die Neu-Zuordnung zur Reservezone für Laien-Eigentümer als unproblematisch wahrgenommen werden kann. Begrifflich wird die rechtliche Veränderung kaschiert, wodurch die Konflikthäufigkeit abnimmt. Bodeneigentümer sind in dem Glauben, dass die Umwandlung von der Bau- zur Reservezone (egal welcher rechtlichen Beurteilung) für sie keinen Schaden darstellt und nutzen ihre rechtlichen Möglichkeiten zum Widerstand nicht. Dass in jedem Fall ein ökonomischer Schaden entsteht, bleibt so unbeachtet.

Dies könnte einer der Beweggründe sein, warum im Kanton Wallis die Umsetzung der teilrevidierten RPG durch die massenhafte Zuweisung zur Reservezone erfolgen soll. Die Bauzone im Kanton Wallis ist etwa 17.000 ha gross (siehe auch Tabelle 39). Davon entfallen etwa 13.000 ha auf die Wohnzone. Etwa 3.200 ha sind unüberbaut. Für die Periode der nächsten 15 Jahre gerechnet wird von einem Baulandbedarf von 1.500 ha ausgegangen, für die folgende Periode werden zusätzlich 1.000 ha kalkuliert. Somit ist die Bauzone um etwa 2.100 ha überdimensioniert. Die Flächen, die erst in der nächsten Periode benötigt werden (also X + 15 bis 30 Jahre), sollen demnach der Reservezone zugeordnet werden, weshalb im Wallis lediglich etwa 1.100 ha ausgezont werden müssen. Betroffen sind dabei Bodeneigentümer in etwa 100 der 134 Gemeinden.

BAUZONENSTATISTIK WALLIS	
Gesamtfläche der Bauzonen	17'254.3 ha
Gesamtfläche der Wohnzonen	13'175.5 ha
Bevölkerung (01.01.2015)	331'763 Personen
Erwartete Zunahme der Bevölkerung bis 2030	60'200 Personen
Theoretischer Überschuss im Jahre 2030 (Wohnnutzung)	2'134 ha

Tabelle 39: Bauzonenstatistik des Kantons Wallis. Quelle: Eigene Darstellung nach Daten von Regierungsrat Kanton Wallis (2015).

Der Kanton Wallis hat dabei das Instrument der Reservezonen im Planungsrecht versteckt eingebaut. So taucht der Begriff eigentlich nicht auf. Der Mechanismus findet sich jedoch im kantonalen Ausführungsgesetzes zum Bundesgesetz über die Raumplanung (kRPG-VS). Dort heisst es seit der Revision von 2017: Flächen können der einer Zone zugeordnet werden, „deren Nutzung erst später zugelassen wird" (Art. 11 kRPG-VS). Diese Zone wird vom Regierungsrat als „Bauentwicklungszone" bezeichnet (Regierungsrat Wallis 2016: 6).

Neben der politischen Akzeptanz und der (vermeintlich) geringeren Anzahl an Rechtsstreitigkeiten ist im Wallis die Wahl der Reservezonen aber auch aus einem weiteren Grund nachvollziehbar: Die extrem überdimensionierten Bauzonen der vergangenen drei Dekaden haben zu zerlöcherten Siedlungsstrukturen geführt. Die notwendigen Auszonungen betreffen damit auch Flächen, die mittlerweile von anderen Bautätigkeiten umrundet sind. Eine massenweise Auszonung würde somit eine perforierte Siedlungsstruktur verstetigen. Im Wallis ist daher zwischen überdimensionierten Bauzonen am Siedlungsrand und im bestehenden Siedlungskörper zu unterscheiden. Um hier eine Priorisierung der zukünftigen Bauzonen vorzuprägen, wurde das Instrument der Reservezonen gewählt.

Nach der massiven Ablehnung der Walliser Wahlberechtigten zum eidgenössischen Raumplanungsgesetz (62,9 %), wurde das neue Baugesetz (mit der Reservezone als zentrale Bestimmung) deutlich angenommen. Die Vorlage erhielt im Parlament 93 Ja- zu 14 Nein-Stimmen. Ablehnend waren einzig die Unterwalliser SVP und die Oberwalliser SP. Bei der nachfolgenden Volksabstimmung stimmten 72,9 % Ja und konnte sogar eine Mehrheit in allen Gemeinden des Kantons erzielen.

9.7   Veränderungssperre (sog. Planungszone)

Das eidgenössische RPG enthält nur wenige konkrete Zonenarten. So wird lediglich grob zwischen der Bau-, Landwirtschafts- und Schutzzone unterschieden (Art. 14 Abs. 2 RPG). Die Vielfalt der Nutzungszonen in der planerischen Praxis entsteht durch die Öffnungsklausel, wonach Kantone (und nachgelagert auch Gemeinden) weitere Zonenarten erlassen können (Art. 18). Daneben wird jedoch noch eine weitere Zone konkret genannt: Die Planungszone (Art. 27).

Der Name der *Planungszone* (franz. *Zones réservées*, ital. *Zone di pianificazione*) ist missverständlich und folgt nicht der der Rechtssystematik des RPG. Im planungsrechtlichen Sinne handelt es sich bei der Planungszone nicht um eine Nutzungszone, sondern um ein Verfahrensinstrument zur Sicherung der Planung. In diesem Sinne wäre ggf. der Begriff aus dem deutschen Planungsrecht intutiver. Der Mechanismus läuft dort unter dem Begriff *Veränderungssperre* (§§ 14-18 BauGB). Aus dem deutschen Begriff wird klarer, dass es sich um ein festgesetztes Gebiet handelt, in dem Veränderungen verhindert werden, die eine Umsetzung eines laufenden Planverfahrens erschweren oder verunmöglichen könnte. Insofern handelt es sich um kein materielles, sondern ein prozessuales Instrument zur Sicherung der Planung.

Von wesentlicher Bedeutung ist dabei, dass das Instrument befristet ist. Das eidgenössische Gesetz sieht dabei grundsätzlich eine maximale Dauer von 5 Jahren vor, wobei das kantonale Gesetz Ausnahmen bestimmen darf (Art. 27 Abs. 2). Sowohl die Anordnung als auch eine mögliche Verlängerung muss verhältnismässig sein. Andernfalls handelt es sich um eine Einschränkung der Baufreiheit, die entsprechend entschädigungspflichtig ist.

Für Planungsträger ist dieses Instrument als präventive Absicherung der Planung von strategischer Bedeutung. Die Auferlegung einer Planungszone gibt die notwendige Zeit um partizipative, qualitativ hochwertige Planungsergebnisse zu erzielen ohne befürchten zu müssen, dass zwischenzeitliche Handlungen der Bodeneigentümer die Planung erschweren oder verunmöglichen.

Als solches kann das Instrument jedoch ausschliesslich komplementär und präventiv eingesetzt werden. Eine Aktivierung im Planungsprozess (möglicherweise bei bereits abzeichnenden Konflikten) ist kaum möglich. Daher setzt das Instrument strategisches und langfristiges Denken, sowie die notwendigen Kenntnisse der planungsrechtlichen Möglichkeiten bei den Planungsträgern voraus. Zudem ist eine Planungszone nur in Kombination mit anderen Instrumenten und Verfahren (bspw. Testplanung) sinnvoll einzusetzen.

9.8   Die faktische und explizite Bauverpflichtung

Die klassischen Planungsinstrumente versagen an dem Dilemma des Baulandparadoxes (Hengstermann 2017; Hengstermann/Gerber 2017). Das Instrument der Bauverpflichtung soll Abhilfe schaffen und wurde mit der RPG-Revision gleich an zwei Stellen eingeführt. Faktisch ist eine Bauverpflichtung als Bedingung bei der Ausweitung der Bauzone ergänzt worden. Zudem gilt ein expliziter Auftrag für die bestehende Bauzone, dass die Bauverpflichtung in die kantonalen Bau- und Planungsgesetze aufgenommen werden muss und die Gemeinden dies anwenden können.

Aus einer institutionellen Perspektive liegt die Ursache der Entstehung dieser paradoxen Situation in dem eindimensionalen Aufbau des Planungssystems – die überwiegende Betrachtung von nutzungsrechtlichen, nicht aber verfügungsrechtlichen Aspekten. Die klassischen, planerischen Instrumente (allen voran die Nutzungszonenpläne) greifen nicht, da sie nur die nutzungsrechtliche Ebene vom Bodeneigentum regulieren. Sie machen Angebote an investitionswillige Eigentümer, sind aber keine aktive Steuerung des Baugeschehens (vgl. Dieterich 1983: 43). Die eigentumsrechtliche Ebene bleibt weitgehend unberührt. So erhält ein Bodeneigentümer durch die Raumplanung Vorgaben, in welchem Rahmen die Baufreiheit genutzt werden kann – eine Nutzungspflicht entsteht nicht. Die Planung muss jedoch von einer vollständigen Nutzung der Fläche ausgehen und bspw. die infrastrukturelle Erschliessung entsprechend dimensionieren. Während die Bodeneigentümer für das Halten der Grundstücke quasi keine Kosten haben und sogar den planungsbedingten Mehrwert (bspw. durch Grundpfandrechte) direkt kapitalisieren können, entsteht eine Kette an negativen externen Effekten. Die Gemeinden stehen unter Druck die Bauzone zu Lasten des Kulturlandes auszuweiten und weiteres Land kostenintensiv zu erschliessen, um den Baulandbedarf zu decken und die Preisentwicklungen auf Boden- und Wohnungsmarkt wenigstens einigermassen zu dämpfen. Eine Ausweitung der Bauzone ist unter diesen Umständen nicht im Sinne der planungsrechtlichen Ziele und spätestens seit der Teilrevision des Raumplanungsgesetzes unzulässig. Die betroffenen Gemeinden stehen also vor der paradoxen Situation, dass die Bauzone auf dem Papier zu gross ist und nicht erweitert werden darf, tatsächlich aber zu wenig Bauland effektiv verfügbar ist. Es kann von einer gleichzeitigen Über- und Unterversorgung, dem Baulandparadox, gesprochen werden (vgl. Davy 2000). Mit der Teilrevision 2012 wird diese problematische Situation angegangen, indem die Baulandverfügbarkeit berücksichtigt und gefördert werden soll. Eines der dafür vorgesehenen Instrumente ist die Bauverpflichtung.

Die Bauverpflichtung ist ein Instrument, welches bodenpolitisch angewandt werden kann. Dabei ist das Instrument allgemein als Staatsintervention zu verstehen, welche die Bodeneigentümer hoheitlich oder vertraglich verpflichtet das Bauland innerhalb einer bestimmten Frist einer baulichen Nutzung zuzuführen (vgl. auch mit verschiedenen anderen und weiteren untergeordneten Definitionen Antoniazza 2008: 21-25). Aufgrund des Wirkungsmechanismus kann es somit von Planungsträgern verwendet werden, um die Verwirklichung des demokratisch bestimmten räumlichen Leitbilds (bspw. eine kompakte Siedlungsentwicklung) aus der Abhängigkeit der einzelnen Bodeneigentümer zu lösen. Der theoretische Anwendungsbereich umfasst dabei sowohl unbebaute Gebiete (bei Ausweitung der Bauzone, sog. „Einzonung", oder innerhalb der bestehenden Bauzone) als auch untergenutzte Gebiete (ebd.). Trotz abweichender Meinung anderer Autoren sind bei den verschiedenen verwendeten Bezeichnungen keine systematischen inhaltlichen Unterschiede zu erkennen. Die Begriffe *Baupflicht*, *Bauverpflichtung*, *Überbauungsfrist* und das aus dem deutschen Baurecht bekannte *Baugebot* (§ 176 BauGB) werden daher vom Grundsatz als Synonyme zu verstehen. Einzig *Überbauungsvereinbarung* und *vertragliche Bauverpflichtung* werden abweichend verwendet, um die privatrechtliche von der öffentlich-rechtlichen Variante abzugrenzen, die dann häufig als *Bauzwang* bezeichnet wird. Wesentlicher Unterschied in der tatsächlichen Anwendung ist die Notwendigkeit des Einverständnisses der jeweiligen Eigentümer bei der privatrechtlichen Variante. Praktisch bedeutet dies, dass eine Anwendung vorwiegend im Falle der möglichen Ausweitung der Bauzone realistisch ist, da hier ein Kooperationsanreiz gegeben ist. Eine öffentlich-rechtliche Regelung benötigt dieses Einverständnis der Bodeneigentümer nicht. Als hoheitliches Instrument sind jedoch das überwiegende öffentliche Interesse und die Verhältnismässigkeit der Massnahme sorgfältig – sprich rechtsstaatlich – nachzuweisen.

	ÖFFENTLICH-RECHTLICHE BAUVER-PFLICHTUNG	PRIVATRECHTLICHE BAUVERPFLICHTUNG
Rechtsgrundlage	Planungsrecht, i.d.R. im Baureglement	Zivilrecht, i.d.R. als Vertrag
Einverständnis der Eigentümer	Nicht notwendig	Zwingend erforderlich
Anwendung bei Ausweitung der Bauzone („Einzonung")	Möglich	Möglich
Anwendung innerhalb der bestehenden Bauzone	Möglich	Unrealistisch
Nachweis des überwiegenden öffentlichen Interesses	Rechtlich erforderlich	Politisch empfehlenswert

Tabelle 40: Vergleich öffentlich-rechtliche versus privatrechtliche Bauverpflichtung. Quelle: Eigene Darstellung.

Grundsätzlich kann von zwei stereotypischen Anwendungsfällen ausgegangen werden (siehe auch Tabelle 40). Einerseits kann die Bauverpflichtung von den Behörden verwendet werden, um die allgemeine Verfügbarkeit von Bauland zu fördern, wenn der Baulandbedarf nicht ausreichend gedeckt wird, obwohl die Bauzone ausreichend gross ist. Andererseits kann es auch von den Behörden verwendet werden, um Zugriff auf ein spezifisches Grundstück zu erlangen, an welchem ein erhöhtes öffentliches Interesse besteht (bspw. von zentralen Grundstücken in Ortszentren oder kriegsbedingten Baulücken). Eine Anwendung zur besseren Ausnutzung von bisher unter- oder fehlgenutzten Flächen ist theoretisch denkbar, praktisch jedoch zu vernachlässigen.

Der Mechanismus der Bauverpflichtung ist per se ein weitreichender Eingriff in die Eigentumsgarantie. Mehr noch: Die Bauverpflichtung stellt eine „ungewöhnliche Änderung der Eigentumsordnung" (Müller 1989: 173) dar, die dadurch herausragend ist, dass neben der üblichen Form der Nutzungs*rechte* das schweizerische Recht nur sehr vereinzelt *Nutzungspflichten* kennt. Die Bauverpflichtung ist daher ein Instrument sui generis im klassischen Spannungsfeld zwischen Baufreiheit und öffentlichen Planungszielen.

Die Bundesverfassung gewährleistet das Grundrecht auf Eigentum (Art. 26 BV), über welches in den Schranken der Rechtsordnung beliebig verfügt werden kann (Art. 641 und 664 ZGB). Bezogen auf die Ressource Boden wird in diesem Zusammenhang von der Baufreiheit gesprochen. Eine Einschränkung des Grundrechts ist nur durch ein Gesetz möglich (Art. 36 Abs. 1 BV), wenn ein überwiegendes öffentliches Interesse vorliegt oder die Grundrechte eines Dritten geschützt werden sollen (sog. Bestandsgarantie) (Abs. 2). Zudem hat die Massnahme verhältnismässig zu sein (Abs. 3) und darf den Kerngehalt nicht aushöhlen (sog. Institutsgarantie) (Abs. 4). Schliesslich ist ein allfälliger teilweiser oder vollständiger Entzug des Eigentums vollständig zu kompensieren (sog. Wertgarantie) (Art. 26 Abs. 2).

Fraglich ist, ob das Grundrecht der Baufreiheit auch die Freiheit auf Nichtnutzung unbeschränkt abdeckt oder ob eine Eigentumsbeschränkung zur Anwendung kommen kann und das Recht auf Nichtnutzung dort endet, wo die Auswirkungen auf die Allgemeinheit (unnötiger Kulturlandverlust, ungenutzte technische und soziale Erschliessung) oder auf private Dritte (künstliche Baulandknappheit, hohe Wohnkosten) erheblich sind. Diese Beurteilung ist rechtswissenschaftlich die grösste Herausforderung am Instrument der Bauverpflichtung. Diese Frage ist bislang weder gesetzlich geklärt, noch höchstrichterlich überprüft worden. Das Bundesgericht machte bislang lediglich deutlich, dass auch Leistungspflichten zu den Eigentumsbeschränkungen zählen, und dass die Bauverpflichtung zum Zwecke der Baulandmobilisierung einsetzbar ist (vgl. Antoniazza 2008: 26 mit Verweis auf BGE 97 I 792, 795 und BGE 103 Ib 318, 326). Eine bundesgerichtliche Beurteilung der Verhältnismässigkeit im konkreten Fall fand bislang noch nicht statt.

Köhler meint, dass eine Bauverpflichtung zwar „eine enteignende Bedeutung" hat, aber anders als die Enteignung „nicht darauf [abzielt], das Eigentum aufzuheben, sondern den Eigentümer zur Nutzung des desselben zu veranlassen. Insofern handelt es sich in bezug auf das betroffene Grundstück nicht um enteignungsgleiche Eingriffe, [...] sondern um eine verwaltungsmässige Konkretisierung der Sozialbindung des Eigentums" (1985: 17). Instrumente, wie die Bauverpflichtung, „kommen als geeignete Richtinstrumente der Gemeinden für die Durchsetzung städtebaulicher Zielsetzungen in Betracht [... und] sind grundsätzlich vollstreckbar" (1985: 110). Auch Dieterich argumentiert, dass eine Bauverpflichtung innerhalb der Sozialpflichtigkeit des Eigentums liegt, zumal weder Vermögen noch Grundstück entzogen, sondern sogar im monetären Wert gesteigert werden (vgl. 1983: 45-46), womit es an den „mandatory happiness"-Mechanismus der Baulandumlegung erinnert (Vgl. Davy 2007). Eine allgemeine Unverhältnismässigkeit ist demnach nicht zu unterstellen (vgl. Müller 1989: 180), sondern ist stattdessen abhängig von der jeweiligen Situation (Vgl. auch für viele weitere rechtswissenschaftlichen Stellungnahmen Antoniazza 2008: 26-27). In Gebieten mit starken Nutzungsdruck scheint das Instrument „als ergänzende Massnahme zur Verwirklichung von verdichteten Gebäuden an günstigen Standorten geeignet zu sein. [...] Ein weitergehender Anwendungsbereich der Baupflicht [in Gebieten ohne starken Nutzungsdruck würde] falsche Signale setzen und wäre als Verstoss gegen die Eigentumsgarantie zu betrachten" (Antoniazza 2008: 227). Der Bundesrat teilt diese Meinung und betont neben der Verhältnismässigkeit und den überwiegenden öffentlichen Interesse auch, dass die Bauverpflichtung explizit als unterstützendes Mittel konstruiert und keine flächendeckende Anwendung geplant ist (vgl. BR-Botschaft 1077). Unter diesen Umständen „dient eine solche Verpflichtung dem öffentlichen Interesse der rationellen Bodennutzung und der Bekämpfung der Baulandhortung" (BR-Botschaft 1077) und erfüllt nach bundesrätlicher Meinung die verfassungsrechtlichen Anforderungen für den Eingriff in die Eigentumsgarantie. Der Abwägung von öffentlichem Interesse an der Überbauung und verfassungsrechtlich geschützter Eigentumsgarantie kann zudem auch dadurch präziser ausfallen, dass die Rechtsfolgen abgestuft ausformuliert werden. „In Fällen einer ‚normalen' Baulandknappheit dürften fiskalische Massnahmen genügen. Wo ein ausserordentliches Interesse an der Überbauung bestimmter Baulandreserven besteht, muss das kantonale Recht allerdings auch Rechtsfolgen vorsehen, die geeignet sind, nach ungenutztem Ablauf der Frist die Überbauung notfalls durchzusetzen" (BR-Botschaft 1077).

Die Fristanordnung ist mit verschiedenen Rechtsfolgen bei Nichterfüllung verknüpfbar. So können fiskalische (direkt mittels Bussgelder oder indirekt mittels eines zeitlich abgestuften Mehrwertausgleichs), planerische (Auszonung, Nicht-Einzonung) und letztlich eigentumsrechtliche Massnahmen (Kaufrecht, Enteignung) bestimmt werden. Die Konstruktion und die grundsätzliche Anwendbarkeit dieser Rechtsfolge ist von grosser Wichtigkeit, wie der Vergleich mit dem deutschen Baurecht zeigt. Die dortigen Bestimmungen zum Baugebot und zur Enteignung sind kein abgestuftes, sondern nebeneinanderstehende Verfahren mit eigenständigen Voraussetzungen und Rechtsfolgen (vgl. Stüer 1988: 37, Rothe 1986: 125 und auch BVerwG Urteil vom 15.2.1990 - 4 C 41/87 veröffentlicht in NVwZ 1990 658). Daher entsteht beim deutschen Baugebot keine über das allgemeine und ohnehin geltende Enteignungsrecht hinausgehende Sanktionsmöglichkeit (vgl. Lücke 1980: 37. Ähnlich Rothe 1986: 125-126). Auch deshalb findet das deutsche Baugebot in der planerischen Praxis kaum Anwendung und wird allgemein skeptisch als „stumpfes Schwert" (Stüer 1988: 337) oder „unvollkommen" (Lücke 1980: 37) bezeichnet.

Bei der Konstruktion der Bauverpflichtung im schweizerischen Planungsrecht ist daher auch eine anwendbare Rechtsfolge zu integrieren, auch wenn die Zielerreichung ohne tatsächliche Anwendung bezweckt wird (vgl. beispielhaft Schlichter 1993: 353 oder am konkreten Beispiel Menghini 2012: 10). Die grundsätzliche Wirkungsweise der Bauverpflichtung hängt nicht von der *tatsächlichen Anwendung*, sondern lediglich von der *Anwendbarkeit* ab, was aber auch eine wirksame Rechtsfolge beinhaltet (vgl. Dieterich 1983: 45, 49; Rothe 1986: 124-127 und Schlichter 1993: 365-370 und viele andere). Als indirektes Instrument kann es von den Behörden angewendet werden, um den Bodeneigentümern zu verdeutlichen, dass Boden kein normales Vermögensgut ist und die räumliche Entwicklung nicht absolut vom Willen der Bodeneigentümer abhängig sein kann (vgl. Müller 1989: 180-181). „In der Hand einer entschlussfreudigen Gemeinde [kann die Bauverpflichtung] zu einem praktikablen und sinnvoll einsetzbaren Instrument werden, um alsbald sichtbare Erfolge zu erzielen" (Schlichter 1993: 375). Konkrete Erfahrungen aus der kommunalen Praxis sind jedoch selten.

9.8.1 Rechtliche Entwicklung der Bauverpflichtung

Mit dem Inkrafttreten des revidierten Raumplanungsgesetzes erfährt die Bauverpflichtung landesweite Beachtung – und wird dabei als neues Instrument empfunden. Die geschichtliche Entwicklung des Instruments reicht dabei jedoch länger zurück. Bereits im römischen Recht war die Bauverpflichtung eine Selbstverständlichkeit. In einem Edikt von Friedrich Wilhelm von Brandenburg ist bspw. festgehalten, „dass ‚Baustellen' zum Bebauen da sind und dass, wer sie nicht bebaut, jedes Recht auf sie verliert" (zit. n. Dieterich 1983: 44. Hervorhebung im Original). Dieser Grundgedanke ist auch von den Autoren des ersten RPG-Entwurfs von 1974 aufgegriffen und berücksichtigt worden. Mit der Ablehnung des Gesetzentwurfs an der Wahlurne 1976 trat es jedoch nicht in Kraft. Die darauf folgende und tatsächlich inkraftgetretenen Version von 1979 enthält das Instrument dagegen nicht mehr. Als Rahmengesetz steht es den Kantonen jedoch frei weitere Bestimmungen in ihre Bau- und Planungsgesetze aufzunehmen, sodass eine Etablierung der Bauverpflichtung auf kantonaler Ebene möglich und von einigen Kantonen tatsächlich durchgeführt wurde. Inspiriert von diesen Erfahrungen in einzelnen Kantonen, wurde das Instrument dann auch auf Bundesebene wiederentdeckt und im vorgeschlagenen (aber verworfenen) Entwurf zum Raumentwicklungsgesetz von 2008 integriert. Letztlich wurde es (in abgeschwächter Form) mit der Teilrevision von 2012 ins eidgenössische Planungsrecht eingeführt.

9.8.2 Raumplanungsgesetz 1974 / 1979

Das Raumplanungsgesetz von 1974 nennt die Bauverpflichtung nicht explizit als eigenes Instrument, enthält den Mechanismus jedoch im Enteignungsartikel (Art. 35 RPG-1974)[70]. Die Möglichkeit der Enteignung war als eine von verschiedenen Massnahmen (neben bspw. dem Mehrwertausgleich) im Gesetz integriert worden, um nicht nur die Rechte, sondern auch die Pflichten von Grundstückseigentümern auszudrücken. Es sollte explizit verhindert werden, dass einzelne Eigentümer in die Lage versetzt werden, die Verwirklichung der Nutzungszonenpläne zu verunmöglichen. Nach dem Gesetzesentwurf sollte Enteignung insbesondere auch dann zulässig sein, wenn a) in dem entsprechenden Raum das Angebot an erschlossenem Land ungenügend ist, b) kein nachweisbarer, wichtiger Gründe für die Nichtüberbauung des Grundstücks besteht (bspw. ein späterer Eigenbedarf) und c) trotz einer angemessenen, behördlich angeordneten Frist keine Überbauung erwirkt worden ist (Abs. 2). In diesem dritten Punkt ist also implizit eine Bauverpflichtung enthalten und als Voraussetzung für eine mögliche Enteignung zum Zwecke der Umsetzung der Nutzungszonenpläne integriert. Aufgrund der engen Verknüpfung mit dem Enteignungsinstrument ähnelt der Regelungsvorschlag damit mehr der Wiener Bauordnung (§ 43

---

[70] Bundesgesetz über die Raumplanung vom 4. Oktober 1974 (Referendumsvorlage), BBl 1974 II 816ff, 826

Abs. 5 BO), als dem deutschen Baugebot (§ 176 BauGB). Weitere Ausführungen über die Ausgestaltung dieser Bauverpflichtung enthält das eidgenössische Gesetz nicht und verweist stattdessen auf die Regelungen, welche auf kantonaler Ebene zu treffen sind (Abs 3). Dennoch bleibt festzuhalten, dass das Prinzip einer Bauverpflichtung den Entwurfsautoren bereits 1974 bekannt war und vom National- und Ständerat beschlossen wurde. Gegen das Gesetz wurde von der Ligue vaudoise und dem Centre patronal vaudois mit Unterstützung des Schweizerischen Gewerbeverbands das Referendum erhoben. Bei der nachfolgenden Abstimmung im Juni 1976 verwarf das Volk das Gesetz knapp (48.9 % Ja), sodass die Bestimmungen nicht in Kraft trat.

In der Folge überarbeitete der Bundesrat das Gesetz massiv und entschärfte auch insbesondere den Enteignungsartikel, welcher in der öffentlichen Debatte hoch umstritten war. Die neue Bestimmung besagt lediglich, dass Einschränkungen, die einer Enteignung gleichkommen, zu entschädigen sind (Art. 5 Abs. 2 RPG-1979). Ausführungen zu möglichen Anwendungsfälle oder zu Vorbedingungen werden nicht mehr genannt. Auch die behördliche Anordnung einer angemessenen Frist innert derer ein Eigentümer ein Grundstück zu überbauen hat, um die Verwirklichung der Nutzungszonenpläne nicht zu verunmöglichen, entfiel. Die neue, entschärfte Variante wurde dann von den Ständen beschlossen und trat nach Ablauf der Referendumspflicht zum Januar 1980 in Kraft. Die Bauverpflichtung ist somit im wirkenden Planungsrecht auf eidgenössischer Ebene nicht integriert worden.

9.8.3   Kantonale planungsrechtliche Bestimmungen

Als Rahmengesetz ermöglicht das in Kraft getretene RPG den Kantonen jedoch in der eigenen Gesetzgebung weiterführende Regelungen zu erlassen. Einige Kantone haben diese Möglichkeit genutzt und Bestimmungen erlassen, die eine Bauverpflichtung oder ähnliche Mechanismen vorsehen (siehe Tabelle 41). Die Bestimmungen unterscheiden sich dabei in wesentlichen Aspekten insb. bzgl. der möglichen Anwendungsfälle und der Rechtsfolge. Die kantonalen Regelungen in Solothurn, Uri, Aargau und Freiburg betreffen lediglich solche Grundstücke, die neu zur Bauzone zugewiesen werden („Einzonung"). Demgegenüber gelten die Bestimmungen in Obwalden, Neuenburg und Appenzell Ausserrhoden auch für Grundstücke innerhalb der bestehenden Bauzone. Eine Besonderheit ist der Kanton Graubünden. Hier bezieht sich der Gesetzestext *insbesondere* auf Einzonungen – eine Anwendung in der bestehenden Bauzone ist demnach auf Grund dieser Formulierung nicht ausgeschlossen. Auch die Rechtsfolge bei Nichterfüllung ist in den Kantonen unterschiedlich geregelt. Die kantonalen Regelungen in Solothurn, Uri und Appenzell Ausserrhoden sehen eine Herausnahme des entsprechenden Grundstücks aus der Bauzone („Auszonung") vor, wobei dies vom Bodeneigentümer entschädigungslos hinzunehmen ist. Ähnlich wird in Aargau und Freiburg die Zuweisung zur Bauzone – ebenfalls entschädigungslos – zurückgenommen („Nicht-Einzonung"). In diesen Kantonen entsteht somit der Anreiz zur Überbauung aus dem drohenden individuellen Schaden. Bei Nichterfüllung der Bauverpflichtung und Durchführung dieser Rechtsfolge ist allerdings das öffentliche Ziel dennoch nicht erreicht. Im Gegenteil: Die planungsrechtlich unerwünschte zerlöcherte Siedlungsstruktur würde in der neuen Zonenstruktur festgehalten. Eine solche Rechtsfolge steht daher kontraproduktiv zur Zielverwirklichung, wodurch wiederum die Verhältnismässigkeit und damit die Rechtmässigkeit massiv bezweifelt werden muss. Anders agieren daher die Kantone Neuenburg, Obwalden und (indirekt) auch Graubünden. Die dortigen Regelungen fokussieren nicht auf die Bestrafung, sondern auf die Zielverwirklichung. Zu diesem Zwecke wird den Behörden ein Übernahmerecht eingeräumt, wobei dieser Entzug der Eigentumsrechte zum vollen Verkehrswert zu entschädigen ist.

Kanton	AG	AI	FR	SO	UR	GR	NE	OW
Rechtsgrundlage	§ 15a BauG	Art. 56 BauG	Art. 45 RPBG	§ 26bis PBG	Art. 20 PBG	Art. 19 KRP	Art. 86 LCAT	Art. 11a BauG
Anwendungsgegenstand	Bauvorhaben von übergeordnetem Interesse	Unüberbautes Bauland	Land für Grossprojekte bei Einzonung		Land bei Einzonung	Verfügbarkeit des Bodens	Erschlossenes Bauland	Grundstücke in Bauzone
Vorbedingungen	Wenn angewiesen auf besondere Eignung des Standorts	Vollständige Erschliessung	Keine	Vertragliche Zusicherung des Eigentümers	Vertragliche Zusicherung des Eigentümers	keine	Unzureichendes Angebot an verfügbaren, erschlossenem Bauland	Groberschliessung
Frist	festzulegen	10 Jahre	5 Jahre	5-10 Jahre	5-10 Jahre	offen	festzulegen	10 Jahre
Anwendung bei Ausweitung der Bauzone (Einzonung)	Ja	Ja	Ja	Ja	Ja	Ja	Ja	Ja
Anwendung in bestehender Bauzone	Nein	Ja	Nein	Nein	Nein	Implizit („insbesondere")	Ja	Ja
Formulierung / Ermessen	Kann-Formulierung	Muss-Formulierung	Muss-Formulierung	Kann-Formulierung	Kann-Formulierung	Muss-/Kann-Formulierung	Kann-Formulierung	Muss-Formulierung
Ausnahmen	Keine	Bei Verkauf an öffentliche Hand	Nicht, wenn im Rahmen einer Gesamtrevision des Ortsplans	Bei Verkauf an die Gemeinde	keine	keine	Bei kantonalem Land	Bei anderen Entwicklungszielen
Erfüllungstatbestand	Fertigstellung des Bauarbeiten	Beginn der Bauarbeiten	Abschluss der Rohbauarbeiten	Überbauung	Überbauung	Unbestimmt	Überbauung	Überbauung
Rechtsfolge bei Nichterfüllung	Entschädigungslose Dahinfällen der Zonenänderung	Entschädigungslose Auszonung	Rückfall in vorherige Zone	Auszonung	Auszonung	unbestimmt	Enteignung	Kaufrecht
Sonstiges	Nachweis zur Sicherstellung der Wiederherstellungskosten	Verwaltungsrechtlicher Vertrag möglich	Finanzielle Nachweise und Sicherheiten	-	-	Regelung beinhaltet die Bauverpflichtung nur implizit	Ausnahmegründe explizit geregelt	Verwaltungsrechtlicher Vertrag möglich
Eintragung ins Grundbuch	Nein	Nein	Ja	Ja	Ja	Nein	Nein	Ja

Tabelle 41: Übersicht über ausgewählte, kantonale Regelungen. Quelle: Eine Zusammenstellung auf Grundlage der jeweiligen kantonalen Bestimmungen. Weitere, ältere Regelungen sind auch bei Müller (1989: 170-171) zu finden.

9.8.4 Entwurf des Raumentwicklungsgesetzes (2008)

Unter anderem mit dem Verweis auf die kantonalen Erfahrungen erlebte das Instrument der Bauverpflichtung auch auf eidgenössischer Ebene eine Wiederentdeckung. Als Reaktion auf die Landschaftsinitiative hat der Bundesrat im Dezember 2008 die Totalrevision des Planungsrechts vorgeschlagen und präsentierte einen Entwurf für ein Raumentwicklungsgesetz (REG). Das Gesetz sollte sich so umfangreich vom bisherigen Raumplanungsgesetz unterscheiden, dass dies auch durch einen neuen Titel zum Ausdruck gebracht werden sollte. Die Ziele, die der Bundesrat an das vorgeschlagene Gesetz knüpft, stimmen dabei im Wesentlichen mit den Befunden der Initiativinitiatoren überein. Neben der Zersiedelung des Landes und dem ungebremst hohen Verlust an Kulturland wurde ausdrücklich die Baulandhortung als Hauptmotiv für das neue Gesetz genannt. Entsprechend wurde der Verfügbarkeit von Bauland auch ein eigener Abschnitt gewidmet, welcher auch das Instrument der Bauverpflichtung vorsah.

Die Bauverpflichtung im REG sah vor, dass Eigentümer von nicht überbauten Grundstücken zu verpflichten sind, diese innerhalb einer zu bestimmenden Frist zu überbauen oder zur Verfügung zu stellen (Art. 47 Abs. 1 REG). Dabei wurden im Gesetzesentwurf drei Bedingungen formuliert: Die Bauverpflichtung sollte als subsidiäres Instrument nur dann zur Anwendung kommen dürfen, wenn kein anderes, weniger zwingendes Mittel besteht, um die Nutzungspläne zu verwirklichen (lit. a). Zweitens, muss das Angebot an erschlossenem Bauland ungenügend sein (lit. b), wobei der regionale, und nicht der kommunale Bedarf ausschlaggebend ist. Drittens kann eine Bauverpflichtung nicht angeordnet werden, wenn der Eigentümer das Grundstück aus wichtigen Gründen unbebaut belässt (lit. c). Im Fall, dass diese Bedingungen vollumfänglich erfüllt sind, sollte eine Frist angeordnet werden, die aus der Sicht der Eigentümer zumutbar ist (Abs. 1). Die Anwendung dieser Regelung umfasst dabei grundsätzlich sowohl Grundstücke, die sich in der bestehenden Bauzone befinden, als auch solche, die neu der Bauzone zugewiesen werden. Im Falle der Nichterfüllung wird dem Gemeinwesen ein Kaufrecht zum Verkehrswert eingeräumt (Abs. 2), wobei das so erworbene Grundstück unverzüglich der Überbauung zuzuführen ist (Abs. 3). Als Regelfall wird dabei die Re-Privatisierung durch öffentliche Ausschreibung vorgesehen, wobei das kantonale Recht auch andere Veräusserungsformen vorsehen kann. Der Verbleib im Eigentum der öffentlichen Hand ist als Regelfall nicht vorgesehen, „da das Instrument der Bauverpflichtung für ein Gemeinwesen nicht zur Erhöhung seines Immobilienvermögens verwendet werden soll" (REG-Erläuterungsbericht 2008: 66). Ausgeschlossen wird dies jedoch nicht. Ein Verbleib im öffentlichen Eigentum und die Weitergabe durch ein Baurecht ist nach dem Gesetzesentwurf möglich, allerdings politisch „nicht bevorzugt" (REG-Erläuterungsbericht 2008: 66). Eine angeordnete Bauverpflichtung ist zudem als öffentlich-rechtliche Eigentumsbestimmung im Grundbuch festzuhalten (Abs. 4).

Die im Gesetzesentwurf vorgeschlagene Regelung ist als direkt anwendbares Bundesrecht konzipiert. Die wesentlichen Regelungsinhalte sind bestimmt, sodass eine Anwendung durch die Gemeinden direkt erfolgen kann. Die Kantone können jedoch weiterführende Bestimmungen erlassen und hierdurch eigene politische Entscheidungen treffen. So ist, anders als in den meisten kantonalen Bestimmungen, keine konkrete Frist vorgegeben. Das Gesetz fordert eine „zumutbare" Frist, die sich vermutlich im Rahmen von 5 bis 10 Jahren bewegen dürfte (vgl. auch REG-Erläuterungsbericht 2008: 66), sich aber klar an der Situation der jeweiligen Grundeigentümer zu orientieren hat, womit auch Abweichungen von diesem Grundsatz begründbar sind. Gleiches gilt auch für die „wichtigen Gründe" (Art. 47 Abs. 1 lit. c REG), die sich an den Eigentümern und nicht an den öffentlichen Interessen messen.

Im Erläuterungsbericht wird die Effizienz des Mittels betont (vgl. 2008: 65). Verbunden ist damit die Hoffnung, dass allein die Existenz des Instruments im Planungsrecht und nicht nur die tatsächliche Anwendung, die erhofften Mobilisierungseffekte auslösen kann. Die tatsächliche Anwendung wird dann nach Einschätzung des Bundes auch die Ausnahme bleiben (vgl. REG-Erläuterungsbericht 2008: 66). Dies kann aus beiderlei Perspektiven begründet werden. Einerseits wird die Bauverpflichtung als Anreiz- und nicht als Zwangsinstrument verstanden. Die bauliche Nutzung des Grundstücks und auch der damit verbundene planungs- und baubedingte Mehrwert kann so durch die Eigentümer realisiert werden. Andererseits wird die tatsächliche Anwendung des Instruments auch von den Gemeinden dosiert erfolgen. Die umfangreichen Nachweispflichten (Nachweis über den Ausschluss geeigneterer Mittel, Nachweis des regionalen Baulandbedarfs, Nachweis des regionalen tatsächlichen Baulandangebots) bewirken einen hohen administrativen Aufwand, der die Gemeinden anhalten wird, „ihren Baulandbedarf sorgfältig und zurückhaltend zu bemessen" (REG-Erläuterungsbericht 2008: 65). Insofern war mit der Bauverpflichtung die politische Hoffnung auf ein effizientes Instrument zur haushälterischen Bodennutzung und zur Bekämpfung der Baulandhortung verbunden. Der REG-Entwurf erwies sich jedoch gesamthaft als nicht ausgereift. Die vorgeschlagene Totalrevision des Planungsrechts wurde schliesslich von allen politischen Lagern abgelehnt und verworfen.

9.8.5 Teilrevision des Raumplanungsgesetzes (2012)

Stattdessen wurde 2010 ein Entwurf für eine Teilrevision des Raumplanungsgesetzes präsentiert (vgl. BR-Botschaft vom 20.1.2010), welcher 2012 von National- und Ständerat beschlossen wurde. Gegen das Gesetz wurde vom Schweizerischen Gewerbeverband das Referendum ergriffen, sodass wiederum das Volk über das Raumplanungsgesetz abzustimmen hatte. Im März 2013 wurde das Gesetz mit 62,9 % Ja an der Urne angenommen und trat schliesslich zum 1.5.2015 in Kraft.

Der eigenständige Abschnitt zur Bauverpflichtung ist in dieser Teilrevision nicht mehr enthalten. Dennoch ist der Mechanismus gleich an zwei Stellen in das neue, nun gültige Gesetz integriert worden und kann als *faktische* und *explizite Bauverpflichtung* bezeichnet werden.

Durch die Teilrevision erfuhr der Artikel bezüglich der Bauzonen (Art. 15 RPG 1979) umfangreiche Änderungen. Aus der alten, sehr knappen Regelung ist eine umfangreiche Regulierung geworden, welche als wesentliches Element eine abschliessende Liste mit fünf Bedingungen enthält, die vollumfänglich erfüllt sein müssen, um die Bauzone vergrössern zu können (Abs. 4). Buchstabe b erfährt eine kleine, aber wesentliche Veränderung. Nach der alten Regelung umfassen Bauzonen das Land, welches „voraussichtlich innert 15 Jahren benötigt und erschlossen wird" (Art. 15 lit. b RPG-1979). Nach der neuen Regelung kann Land der Bauzone zugewiesen werden, welches „voraussichtlich innerhalb von 15 Jahren benötigt, erschlossen und *überbaut* wird" (Art. 15 Abs. 4 lit. c RPG-2012. Eigene Hervorhebung). Die Ergänzung der tatsächlichen Überbauung ist ein wichtiger Unterschied. Kommunale Planungsbehörden werden zukünftig bereits bei einer möglichen Zuweisung zur Bauzone die tatsächliche Überbauung innerhalb des 15-Jahre-Zeithorizonts rechtlich sicherstellen müssen. Damit kommt diese Regelung faktisch einer Überbauungsfrist gleich.

Offen ist jedoch die konkrete Ausgestaltung. Denkbar sind privatrechtliche Einzelvereinbarungen oder pauschale Regelungen in den lokalen Bauordnungen. Klar ist jedoch, die Rechtsfolge bei Nichterfüllung. Sollte die entsprechende Fläche nicht innerhalb der 15 Jahre überbaut werden, ist eine der obligatorischen Voraussetzungen zur Ausweitung der Bauzone rückwirkend nicht erfüllt. Die Zuweisung zur Bauzone wird daher nichtig und das entsprechende Land ist nicht mehr als Teil der Bauzone anzusehen (sog. Nicht-Einzonung). Kompensationsansprüche erwachsen hierdurch nicht. Mit dieser kleinen Ergänzung führt das revidierte RPG eine faktische Bauverpflichtung bei der Erweiterung der Bauzone ein.

Daneben findet die Bauverpflichtung mit dem neuen Artikel zur Förderung der Baulandverfügbarkeit (Art. 15a RPG) auch eine explizite Erwähnung im revidierten RPG. Die Konstruktion als eigenständiger Artikel bewirkt dabei, dass die Bestimmungen grundsätzlich auch für bestehende Bauzonen gelten. Im Vergleich zur Entwurfsversion des REG weist die Regelung jedoch eine deutlich geringere Regelungsdichte auf und verweist in den wesentlichen Punkten auf die kantonale Ebene (Vgl. BR-Botschaft S. 1076), wodurch auch die politischen Auseinandersetzungen verlagert werden.

> „Das kantonale Recht sieht vor, dass, wenn das öffentliche Interesse es rechtfertigt, die zuständige Behörde eine Frist für die Überbauung eines Grundstücks setzen und, wenn die Frist unbenützt verstreicht, bestimmte Massnahmen anordnen kann"
> (Art. 15a Abs. 2 RPG-2012)

Die Regelung beinhaltet somit zwei Stufen mit unterschiedlichen Adressaten. In der ersten Stufe werden die Kantone zur Einführung des Instruments der Überbauungsfrist verpflichtet. Dabei handelt es sich um eine gebundene Entscheidung. Die Kantone haben keinen Ermessensspielraum, ob sie eine solche Bestimmung erlassen oder nicht. Offen bleibt jedoch die Auslegung der Überbauungsfrist. Weder im Gesetz selber, noch in der dazugehörigen Verordnung werden Hinweise für die konkrete Ausgestaltung gemacht. Das kantonale Recht wird also Bestimmungen zu den Voraussetzungen, zum Verfahren und vor allem zu den Rechtsfolgen festsetzen müssen, ehe die Anwendung auf kommunaler Ebene erfolgen kann. Selbst der Begriff „Überbauung" ist unbestimmt. Nach bundesrätlicher Interpretation umfasst der Begriff nicht nur die erstmalige bauliche Nutzung eines Grundstücks, sondern auch eine Pflicht zu Verdichtungsmassnahmen im Falle einer erheblichen baulichen Unternutzung eines Grundstücks (vgl. BR-Botschaft 2010: 1077). Falls diese weitreichende Interpretation im kantonalen Recht tatsächlich umgesetzt werden sollte, wird es erhebliche Unterschiede bei der genauen Bestimmung dieser Unternutzung geben. In der zweiten Stufe werden die kommunalen Behörden zur Anwendung dieses Instruments ermächtigt. Durch den massiven Eingriff der Überbauungsfrist in die Eigentumsgarantie ist dabei ein überwiegendes öffentliches Interesse im Einzelfall nachzuweisen und auch bezüglich der Verhältnismässigkeit zu begründen. Im genauen Verfahrensablauf werden die Verfahrensschritte inklusive der entsprechenden Fristen zu bestimmen sein. Schliesslich werden im Gesetz die Rechtsfolgen nur undeutlich angedeutet („bestimmte Massnahmen"). Eine automatische Rücknahme der Zugehörigkeit zur Bauzone („Nicht-Einzonung") als Rechtsfolge bei Nichterfüllung der Überbauungsfrist wird nur in seltenen räumlichen Situationen den Zielen des Planungsrechts entsprechen und daher kaum anwendbar sein. Das Bundesgesetz überlässt es der kantonalen Ebene, andere Rechtsfolgen zu definieren. In der Botschaft listet der Bundesrat denkbare Massnahmen auf und nennt beispielhaft das Kaufrecht des Gemeinwesens, eine Verpflichtung zur Veräusserung, die Auszonung und die Enteignung (vgl. BR-Botschaft 2010: 1077). Die verschiedenen möglichen Massnahmen können und sollen abgestimmt auf die jeweilige Situation ausgestaltet werden. So stellt sich der Bundesrat vor, dass die Kantone im Falle einer allgemeinen Baulandknappheit fiskalische Rechtsfolgen erlassen, während bei einem ausserordentlichen öffentlichen Interesse an der Überbauung auch weitreichende Rechtsfolgen ermöglicht werden sollen (vgl. BR-Botschaft 2010: 1077). Die kantonale Umsetzung der bundesrätlichen Rechtsnorm ist jedoch nicht gewährleistet. Nach den Erfahrungen mit dem obligatorischen Gesetzesauftrag zum Mehrwertausgleich von 1979 kann nicht einmal von der allgemeinen Übernahme ins kantonale Recht in allen Kantonen sicher ausgegangen werden.

	Nicht-Einzonung oder Auszonung	Kaufrecht / Enteignung
Anwendung <u>nur</u> bei Ausweitung der Bauzone (Einzonung)	AG FR UR SO	-
Anwendung <u>auch</u> innerhalb bestehender Bauzone	AR	NE GR OW

Tabelle 42: Übersicht der Anwendungsgebiete und der Rechtsfolgen in verschiedenen Kantonen. Quelle: Eigene Darstellung auf Grundlage der jeweiligen Planungsgesetze.

9.8.6   Rechtliche Verankerung der Bauverpflichtung im Planungsrecht

Die rechtliche Verankerung der Bauverpflichtung ist daher differenziert zu betrachten. Die erstmalige Erwähnung im RPG-Entwurf von 1974 wurde nicht rechtskräftig. Als Teil des Enteignungsartikels war die Bauverpflichtung von bürgerlicher Seite umstritten und war in der inkraftgetretenen Gesetzesversion von 1979 ersatzlos gestrichen worden. Nichtsdestotrotz nutzen einige Kantone ihren Spielraum und integrierten das Instrument in ihren Regelungen (siehe Tabelle 42). Mit Bezug auf diese kantonalen Erfahrungen vor dem Hintergrund des vergrösserten Problemdrucks schlug der Bundesgesetzgeber das Instrument im Rahmen der letztlich verworfenen Totalrevision wieder vor. Mit der stattdessen verabschiedeten Teilrevision erfolgt schliesslich die Einführung des Instruments auf eidgenössischer Ebene, wobei zwischen der faktischen Bauverpflichtung (Art. 15) und expliziten Bauverpflichtung (Art. 15a) zu unterscheiden ist. Bei der Ausweitung der Bauzone ist die tatsächliche Überbauung innerhalb der 15 Jahre als direkt anzuwendende Bedingung ergänzt worden. Die Gemeinden müssen dies bei der Ausweitung sicherstellen, wodurch eine faktische Bauverpflichtung entsteht. Bei Grundstücken in der bestehenden Bauzone müssen die Kantone ihre rechtlichen Regelungen explizit um das entsprechende Instrument ergänzen. Die tatsächliche Anwendung durch die Gemeinden ist bundesrechtlich nicht zwingend und wird von den jeweiligen lokalen Abwägungen abhängig sein. Bezogen auf die zukünftige Raumentwicklung ist die Situation damit zweigeteilt. Bei der Ausweitung der Bauzone ist eine Überbauungsfrist faktisch eingeführt. Innerhalb der bestehenden Bauzone hat der Bundesgesetzgeber die Bauverpflichtung zwar explizit ins Planungsrecht aufgenommen; die wesentlichen politischen Konfliktpunkte wurden jedoch auf die nachfolgenden Ebenen verlagert. Erste Erfahrungen vor Ort zeigen, dass das Instrument in der planerischen Praxis aufgrund der *Anwendbarkeit* (nicht unbedingt der *tatsächlichen Anwendung*) Wirkung entfalten wird (siehe Hengstermann/Gerber 2017).

9.9   Das zivilrechtliche Baurecht

Planungsrechtliche Literatur umfasst mit dem Begriff Baurecht zunächst das Recht seine Baufreiheit auszufüllen, also das eigene Bodeneigentum (im Rahmen der Rechtsordnung) frei zu verwenden. Zur Sicherstellung der Interessen der Allgemeinheit und von Dritten (bspw. Nachbarn) sieht das Planungsrecht daher vor, dass vor der Errichtung oder Veränderung von Bauten eine behördliche Bewilligung einzuholen ist (siehe Art. 22 RPG), die eben solche Rechtsbelange prüft. Dies ist korrekterweise als Baubewilligung zu bezeichnen, wird jedoch umgangssprachlich fälschlicherweise häufig als Baurecht bezeichnet. Davon abweichend findet sich der Begriff Baurecht auch im Zivilgesetzbuch wieder (insb. Art. 675 und 779 ZGB). Das dort verankerte Baurecht (nach deutschem Sprachgebrauch: Erbbaurecht) bezeichnet ein veräusserliches und vererbliches Recht auf einem fremden Grundstück ein Bauwerk zu haben und ist somit von dem planungsrechtlichen Begriff zu unterscheiden.

9.9.1 Historische Entwicklung

Das Baurecht entstammt der Rechtssystematik des Römischen Rechts, erfuhr jedoch mit der Einführung in Deutschland im Jahr 1919 seine moderne Kodifizierung. Die sog. *Erbbaurechtsverordnung mit Gesetzteskraft* (ErbbauVO)[71] diente der „Förderung des Wohnungsbaus, insbesondere für die sozial schwächeren Schichten und gleichzeitig [der] Schaffung eines Instruments zur Bekämpfung der Bodenspekulation" (Oefele/Winkler 1987). Ideengeschichtlich geht das Erbaurecht auf Bodenreformer zurück (siehe 2.2.3). Hintergründig betrifft es die Frage, wem die Bodenrente zufliessen soll. Das Baurecht kann grundsätzlich von jeder Person verwendet werden. Wird es (grossflächig und konsequent) von der öffentlichen Hand eingesetzt, ermöglicht dies die Zugänglichkeit zum Boden marktunabhängig nach politischen Kriterien zu ermöglichen und die allgemeine Bodenrente der Gemeinschaft zuzuführen.

9.9.2 Grundprinzipen des Baurechts

Der Mechanismus des Baurechts ist eigentlich in zwei Schritte zu unterteilen, die jedoch bei vielen Verwendern des Instruments direkt zusammen gedacht werden. In einem ersten Schritt wird mit dem Instrument die eigentumsrechtliche Trennung von Boden und Bauwerk vollzogen. In einem zweiten Schritt kann dann das Bauwerk (oder das Recht zur Errichtung eines solchen) vertraglich weitergeben werden, wobei diese Vereinbarung an soziale, stadtplanerische und / oder weitere ideelle Ziele verknüpft werden kann. Aus instrumenteller Sicht ist nur die eigentumsrechtliche Trennung (also der erste Schritt) das definitorische Merkmal des Baurechts. Aus anwendungsorientierter Sicht ist aber genau die vertragliche Weitergabe (also der zweite Schritt) der entscheidende Vorteil. Zudem ist die Vertragsdauer befristet, weshalb (was ebenfalls ein entscheidender Vorteil ist) keine dauerhafte Abgabe des Baurechts erfolgt und somit der Boden ‚nit us dr hand' gegeben wird (Formulierung aus der Kampagne der Befürworter der Neuen Bodeninitiative Basel-Stadt). Die Darstellung des Mechanismus des Baurechts erfolgt dementsprechend getrennt. Zunächst wird die eigentumsrechtliche Trennung, dann die vertragliche Weitergabe und schliesslich die Befristung geschildert.

9.9.2.1 Eigentumsrechtliche Trennung

Das zivilrechtliche Baurecht ist in der Schweiz ein gut ausgearbeitetes Instrument mit weitreichenden verfahrenstechnischen Details. Für den Einsatz als bodenpolitisches Instrument sind einige dieser Aspekte von grosser Bedeutung. So gilt das Baurecht als Grundienstbarkeit, kann nur durch einen notariellen Vertrag entstehen und ist im Grundbuch einzutragen (Art. 779a ZGB). Das Baurecht wird zudem mit einem bestimmten Zweck vergeben (Art. 779b), dessen Definition mehr oder weniger eng erfolgen kann. Baurechtsgeber haben hierdurch einen strategischen Spielraum. Zu berücksichtigen ist, dass der Umfang der Definition die Handelbarkeit und damit den ökonomischen und hypothekarischen Wert massgeblich beeinflusst. Eine zu enge Zweckbestimmung kann dies einschränken und ggf. (bewusst oder unbewusst) die inhärente Möglichkeit zur Weiterveräusserung stark reduzieren.

---

[71] Rechtssystematisch handelte es sich beim Erbbaurecht zu keiner Zeit um eine Verordnung. Es hatte von Anfang an den Gesetzesrang und wurde in Deutschland konsequenterweise im Jahr 2007 zum *Erbbaurechtsgesetz (ErbbauRG)* umbenannt.

9.9.2.2 Vertragliche Weitergabe

Die vertragliche Weitergabe ist kaum reguliert. Grundsätzlich können (im Rahmen der allgemeinen Rechtsordnung) alle Vereinbarungen getroffen werden, solange beide Seiten einverstanden sind. Hierdurch eröffnet sich ein Spielraum, der der öffentlich-rechtlichen Planung sonst unbekannt ist, und entsprechend der Zielsetzung beider Vertragsparteien genutzt werden kann. Beispiele von vertraglichen Vereinbarungen, die zur Umsetzung von planungspolitischen Zielen beitragen, sind: (1) Detaillierte Bestimmungen einer gewünschten (und damit einzig zulässigen) Nutzung, die über die üblichen abstrakten Bestimmungen der Zonenzulässigkeit hinaus gehen. (2) Detaillierte Bestimmung über bauliche Ausgestaltung, die ebenfalls über die sonst üblichen öffentlich-rechtlichen Einflussmöglichkeiten hinaus gehen, mitsamt Zustimmungserfordernis bei baulichen Veränderungen. (3) Vereinbarungen zum Heimfall, insb. bei Nicht- oder Fehlnutzung. (4) Vereinbarungen zur Quersubventionierung von nicht-rentablen Einrichtungen (preisgünstigen Wohnungsbau, soziale Einrichtungen, etc.). Neben diesen bestehen weitere Möglichkeiten der Ausgestaltung eines Baurechtvertrages (siehe Tabelle 43).

Die vertragliche Weitergabe ist auch an eine angemessene Entschädigung gekoppelt, die üblicherweise in Form eines Baurechtzinses anfällt. Typischerweise werden pro Jahr etwa 4 bis 5 % des Bodenwerts fällig. Der Wert kann jedoch frei ausgehandelt werden und ist bei Gewerbeeinheiten häufig etwas höher (da die Gesamtnutzungsdauer von Gewerbebauten auch deutlich geringer ist als bei Wohnbauten). Durch die vertraglichen Freiheiten können jedoch auch andere Modelle der Entschädigung, wie Staffelbaurechtzins, Erlös- oder Umsatzbeteiligungen, oder Zinsbefreiungen, vereinbart werden. Bei Vereinbarung eines Staffelbaurechtzinses ist der anfällige Zins in den Anfangsjahren niedriger und erreicht erst nach einiger Zeit die vereinbarte Höhe. Dies ist insbesondere für Neugründungen im Gewerbebereich attraktiv, da hier erst eine Etablierung erfolgen muss, ehe die entsprechenden Umsätze und Gewinne generiert werden können. Bei Erlös- oder Umsatzbeteiligungen ist die Höhe des fälligen Zinses nicht numerisch festgelegt, sondern eben an solche Bedingungen gekoppelt. Dies kann einerseits zur Erleichterung der Baurechtsnehmer dienen, um deren Nutzungskonzept nicht an zu hohen Baurechtszinsen scheitern zu lassen. Andererseits kann dies auch zur Quersubventionierung dienen, falls ein Nutzungskonzept höhe Erträge erzielen kann. Schliesslich kann auch eine vollständige Befreiung des fälligen Zinses vereinbart werden, bspw. für soziale Einrichtungen. In diesem Fall ist die Vereinbarung eines Baurechtsvertrages dennoch von Vorteil, da hierdurch die Rechts- und Planungssicherheit der Baurechtsnehmer gegeben ist, welche sich bei einer nicht vertraglich geregelten Überlassung rein auf die Zugeständnisse der Bodeneigentümer verlassen müssen.

Division of rights	The GL (Articles 675 and 779 of the Swiss Civil Code, CC) is an easement that allows the holder of the GL to erect buildings and facilities on land that does not belong to him/her. The GL holder owns the building and has the legal means any owner enjoys, including the ability to borrow on mortgage or to demolish and rebuild the facilities.
Creation and awarding	Swiss law governs the content of the GLs in a very general way (Art. 779 CC). Details must be agreed in the GL contract. Parties have considerable latitude in this regard.
Annuity	The GL holder pays an annuity to the landowner, which allows the latter to cash a share of the land rent of his/her parcel.
Duration	As distinct and permanent rights, GLs can be registered as property in the land registry. GLs have a duration of at least 30 years and 100 years maximum depending on the initial contractual agreement between landowner and GL holder. An earlier termination of a GL amounts to an expropriation.
Reversion	The law specifies that the landowner must pay the holder of the expired right adequate compensation for the buildings which have reverted to his/her ownership. Additional clauses are usually stipulated in the initial contract. Conflictual situations can result from the ambiguous formulation of the contractual stipulations concerning reversion.
Content	In the GL contract, the parties may specify additional clauses, such as the destination and the architectural treatment of buildings, the allocation of undeveloped land, or the prohibition of activities or provisions relating to green spaces.
Non-compliance	The violation of the obligation to maintain the buildings, and setting rent significantly higher than those prescribed, can lead to a premature reversion of the building right.
Transferability	It is possible to add a clause to the contract stipulating that any transfer of the GL requires the consent of the landowner.
Extension	The GL may at any time – even before the expiry date initially planned – be extended for a period of up to one hundred years.
Return Policy	On expiry of the GL, buildings and facilities on the encumbered land revert to the landowner and become part of the real estate. The landowner is required to pay compensation for the buildings.

Tabelle 43: Wesentliche Aspekte des Instruments Baurecht (engl. Ground Lease = GL) nach schweizerischer Rechtslage. Quelle: Eigene Darstellung auf Grundlage der Zusammenstellung nach Gerber/Nahrath/Hartmann (2017: 8)

9.9.2.3 Befristung und Heimfall

Neben diesen vertraglichen Möglichkeiten gelten die allgemeine Befristung und der sog. Heimfall als instrumentelle Vorteile des Baurechts. Baurechte werden ausschliesslich befristet vergeben, wobei die Frist (wie auch die restlichen Konditionen) grundsätzlich frei verhandelbar ist. Nach Schweizer Recht sind Vertragslaufzeiten jedoch auf maximal 100 Jahren beschränkt (Art. 779l ZGB), wobei jedoch eine Erneuerung vertraglich vereinbart werden kann. Die Laufzeiten sind von besonderer Bedeutung für beide Seiten. Sollte nach Ablauf der vertraglichen Frist keine Verlängerung vereinbart sein, ist das Grundstück zu räumen. Alternativ kann auch vereinbart werden, dass das Gebäude erhalten bleibt und gegen Zahlung einer vertraglich festgehaltenen Entschädigung (meist in Abhängigkeit vom baulichen Zustand und der Restnutzungsdauer) vom Bodeneigentümer übernommen werden. Im Regelfall werden Baurechtsverträge verlängert, wobei eine erneute Zustimmung der Vertragsparteien und damit ggf. auch eine erneute Aushandlung der Konditionen notwendig sind.

Zusätzlich gibt es beim Instrument des Baurechts noch einen Mechanismus, der für den planerischen Kontext einzigartig ist: Der sogenannte Heimfall. Dieser kann vom Baurechtsgeber ausgerufen werden, falls der Baurechtsnehmer seinen Vertrag nicht erfüllt, also im Falle der Nichtzahlung des Baurechtzinses, bei einem erheblichen Verstoss gegen die Zweckbestimmung oder bei Nichtnutzung. Für diese Fälle kann der Heimfall vorgesehen werden, also die Übertragung auf den Baurechtsgeber zu einem vorher festlegten Entschädigung (häufig werden hier 2/3 des Verkehrswertes angesetzt, siehe trias 2016: 3). Im Gegensatz zum üblichen Mechanismus der planerischen Instrumente beschreibt der Heimfall also eine nachträgliche Kontroll- und Eingriffsmöglichkeit bei erheblichen Fehlentwicklungen (bspw. auch bei Schrottimmobilien).

Neben der Heimfallmöglichkeit, die nur auf erhebliche Fehlentwicklungen beschränkt ist, ist der Einfluss des Bodeneigentümers während der Vertragslaufzeit reduziert. Üblicherweise ist bei Baugesuchen eine Zustimmung erforderlich oder wenn das Baurecht hypothekarisch beleiht werden soll.

9.9.3 Fazit

Aufgrund dieser besonderen Spezifika enthält das Instrument einige Vorteile sowohl für die Baurechtsgeber, als auch für die Baurechtsnehmer. Für die Baurechtsgeber ist entscheidend, dass ein Zugriff auf den Boden in gewissem Umfang möglich bleibt. Die Heimfallregelungen ermöglichen eine Einflussnahme nach Vertragsende oder (bei Vorliegen bestimmter Voraussetzungen) auch während der Vertragsdauer (bei Fehl- oder Nicht-Nutzung). Der öffentlichen Hand ermöglicht eine solche Konstruktion den Erhalt einer langfristigen Einflussnahme auf die Bodennutzung.

Dazu gehören auch die umfangreichen Regelungsmöglichkeiten. Während die Regelungsmöglichkeiten basierend auf den öffentlich-rechtlichen Rahmenbedingungen begrenzt sind, ermöglicht der Baurechtsvertrag nahezu unbegrenzte Regelungsinhalte. Voraussetzung ist lediglich, dass beide Vertragsparteien einverstanden sind. Für die Baurechtsnehmer ermöglicht das Instrument grundsätzlich den Zugang zu Boden. Hierbei ist von besonderer Bedeutung, dass Baurechtsnehmer für den Bodenwert stetige, aber kleine Zahlungen abliefern, anstatt (beim klassischen Ankauf) den Bodenwert auf ein Mal erbringen müssen. Mit der zusätzlichen Möglichkeit eines gestaffelten Baurechtszinses können so gezielt Akteursgruppen gefördert werden (Junge Familien, Unternehmensgründungen), die sonst an der hohen Anfangsinvestition scheitern würden.

Nachteilig ist zu berücksichtigen, dass das Instrument in der gesellschaftlichen Wahrnehmung nicht gleichberechtigt zum klassischen Eigentum gewertet wird. Dies kann bspw. bei Fremdfinanzierungen problematisch sein, da vielen Banken die Erfahrungen damit fehlen. Auch schliesst es einen Teil der Nachfrager aus, die lediglich an klassischem Volleigentum interessiert sind.

Das Instrument ist besonders geeignet für Akteure, die eine Bodenbevorratungspolitik betreiben. In der Kombination (Art. 675 und 779 ZGB) kann das Instrument eine zusätzliche Option sein. Die Abgabe kann dabei an politische Ziele geknüpft werden, wie bspw. die bevorzugte Vergabe an junge Familien oder zur Förderung von preisgünstigen Wohnungsbau. Insofern war erwartet worden, dass das Instrument eine gewisse Verbreitung und strategische Bedeutung erzielen kann – ohne als flächendeckendes Instrument verstanden zu werden.

Die Verwendung dieses Instruments ist zunächst nicht auf einen bestimmten Akteur beschränkt. Als privatrechtliches Instrument ist es frei von jeglichen Vertragspartnern anwendbar. Als solches finden sich für alle Akteursarten einzelne Beispiele der konkreten Verwendung und Anwendung.

- Bekanntestes Beispiel der Verwendung ist die Kirchengemeinde. So ist die Kirche Hannover grösster Baurechtsgeber in Deutschland. Aufgrund der langfristigen Perspektive, die in Kirchenpolitik verfolgt wird, herrscht hier eine gewisse Tradition der Verwendung vor.

- Auch gemeinnützige Stiftungen verwenden das Instrument, wie bspw. die Stiftung trias[72]. Sie wurde 2002 mit dem Ziel gegründet, den allgemeinen Marktentwicklungen am Bodenmarkt entgegenzuwirken und den Boden dauerhaft zu sozialen und ökologischen Zwecken zuzuführen. Um diese Stiftungszwecke zu erreichen wird das Stiftungskapital zum Ankauf von Grundstücken eingesetzt und diese anschliessend mittels Baurechtsverträgen verfügbar gemacht.

- In den Gemeinden der Schweiz war das Instrument bis in 1970er Jahre vergleichsweise häufig anzutreffen. Mit dem Rückzug des Staates aus vielen Bereichen verschwanden kommunale Bodenbevorratungsstrategien und die Vergabe von Boden im Baurecht. Nur wenige Gemeinden hielten an der Vorgehensweise fest. Basel-Stadt, Biel, Zürich, Genf, Köniz und Ulm sind gut dokumentierte Beispiele (vgl. Dieterich 1999, Gerber/Nahrath/Hartmann 2017).

- Schliesslich sind auch Mischformen vorhanden. So hat die Stadt Metzingen eine Organisation zum Ankauf von Boden und zur Weitergabe mittels Baurecht etabliert, an der sich explizit auch Private und Stiftungen beteiligen können.

9.10   Die Baulandumlegung

Bei der *Baulandumlegung* handelt es sich um ein Verfahren zur Neuordnung der Grundstücksgrenzen und Eigentumstitel in einem bestimmten Gebiet. Als räumlicher Kontext kommen dabei drei Varianten in Frage, die nach ihrem planungsrechtlichen Status vor und nach dem Umlegungsverfahren bezeichnet werden: (1) rural-rural, (2) rural-urban, und (3) urban-urban. Im ersten Fall handelt es sich um Flächen, die vor dem Verfahren ausserhalb der Bauzone, sprich Landwirtschaftsland, sind und deren planungsrechtlicher Status sich nicht verändert. In diesem Fall wird auch häufig von Flurbereinigung, Güterzusammenlegung oder Melioration gesprochen. Der zweite Fall umschreibt eine Umlegung im Zusammenhang mit einer Ausweitung der Bauzone. Der Zonenplan sieht für ein bestimmtes Gebiet die Möglichkeit zur baulichen Entwicklung vor. Die Grundstücksgrenzen sind in der Ausgangslage an landwirtschaftlichen Bedürfnissen ausgelegt und müssen im Rahmen des Verfahrens an die neuen, baulichen Bedürfnisse angepasst werden. Ohne eine solche Anpassung wäre eine bauliche Entwicklung ausgeschlossen. Schliesslich kann im dritten Fall auch eine Neuordnung der Grundstücksgrenzen innerhalb der bestehenden Bauzone notwendig sein. Dies ist beispielsweise bei Umnutzungen von brachgefallenen Industriearealen notwendig.

Der rein landwirtschaftliche Fall ist in der Schweiz durchaus häufig anzutreffen und wird Melioration genannt (engl.: land consolidation, dt.: Flurbereinigung). Die Umlegung im Rahmen einer Zonenveränderung stellt in Deutschland den Regelfall dar, ist der Schweiz demgegenüber selten. Die Umlegung von bestehenden Flächen im Rahmen der Stadtsanierung ist vergleichsweise jung, wird allerdings im Zuge der zunehmenden Fokussierung auf bestehende Bauzonen an Bedeutung zunehmen.

Die Darstellung des Mechanismus und des Verfahrens erfolgt in der vorliegenden Arbeit mit Bezug auf den urbanen Kontext. Es wird daher von der Baulandumlegung gesprochen, wenn-

---

[72]   Der Name leitet sich aus dem griechischen Wort für Dreiheit her und weist auf die drei Hauptfelder der Stiftung hin: Boden, Wohnen und Ökologie

gleich die land- und forstwirtschaftlichen Meliorationen in vielen Aspekten vergleichbar funktionieren. Die Baulandumlegung gilt als das typische Verfahren der deutschen Bodenpolitik (vgl. Ernst/Bonczek 1971: 79) und das wichtiges Planungswerkzeug zur Lenkung und Ordnung der städtebaulichen Entwicklung. Die historischen Ursprünge reichen in der Schweiz etwa 40 Jahre, in Deutschland sogar gut 150 Jahre zurück. Mit der Neuordnung von Grundstücken im Rahmen des Wiederaufbaus deutscher Städte erfuhr das Instrument weitreichenden Durchbruch in Deutschland und wird – anders als in der Schweiz – dort regelmässig angewandt.

9.10.1 Historische Entstehung

Die Baulandumlegung reagiert damit auf eine Problemstellung, die insbesondere in Regionen mit der Tradition zur Realteilung auftritt und durch Etablierung eines starken Schutzes von Eigentumsrechten im Zuge der liberalen Rechtssysteme verschärft wurde. Der historische Hintergrund der Baulandumlegung ergibt sich daher als Gegenreaktion auf diese neue Situation Ende des 19. Jahrhunderts. Einerseits stand der Städtebau aufgrund der Industrialisierung unter grossem Entwicklungsdruck. Andererseits konnten Projekte erstmalig an starken Eigentumsrechten scheitern, wenn die Grundstückszuschnitte und der Wille einzelner Eigentümer entgegenstand. Eine geordnete Bebauung war auf geometrisch passende Grundstücke angewiesen. Bei Inkohärenzen bedurfte es neuartiger Instrumenten, wie der Baulandumlegung. Als Vorläufer des modernen Umlegungsrechts gilt das „Gesetz betr. die Umlegung von Grundstücken" in Frankfurt am Main von 1902. Dies auch als *Lex Adickes* bekannte Gesetz beruht dabei auf den Vorerfahrungen des Stadterweiterungsgesetzes von Mainz aus dem Jahr 1875 und der Novelle des badischen Ortsstraßengesetzes von 1896, welche erstmalig Umlegungsverfahren regelten (vgl. Ernst/Bonzeck 1971: 45).

Die Baulandumlegung als Instrument war nicht unumstritten. Der Wiener Baumeister Camillo Sitte vertrat die Meinung, dass eigenwillige Eigentumsstrukturen die städtebaulich-künstlerische Planung bereichern (vgl. Ernst/Bonzeck 1971: 45-46). Durch Grenzen entstehe eine willkommene Abwechslung und könne so die städtebauliche Monotonie einer rationalen Planung durchbrechen (ebd.). Die Meinung wurde auch von anderen Institutionen geteilt (bspw. durch die Architekturabteilung der Technischen Hochschule Stuttgart), wurde jedoch insb. auf Druck der Bodenreformer in weiteren deutschen Ländern (bspw. Hamburg und Sachsen) rechtlich etabliert. Der landesweite Durchbruch erfolgte im Zuge des Wiederaufbaus nach dem Zweiten Weltkrieg und dem Bundesbaugesetz 1960. Vorherige Versuche einer gesamtdeutschen rechtlichen Verankerung scheiterten. So wurde die Baulandumlegung im Entwurf des „preussischen Städtebaugesetz" im Jahr 1926 präsentiert (Pr. Staatsrat Drucksache Nr. 209/1926). Das Instrument stiess jedoch auf erheblichen Widerstand und war beim finalen (aber letztlich ebenfalls verworfenen) Entwurf 1929 nicht mehr enthalten (vgl. Ernst/Bonzeck 1971: 47-48).

> Die Gegner des Gesetzes, die in dem Ganzen eine schwere Bedrohung des Eigentums erblickten, glaubten, [mit der Verhinderung der Umlegung] einen Erfolg errungen zu haben, daß eine Eingriffsmöglichkeit der öffentlichen Hand in die unbeschränkte Verfügungsgewalt über den Grund und Boden verhindert wurde. Sie waren der Auffassung, daß eine Umlegung eine versteckte Enteignung sei. Daß damit den Grundeigentümern ein schlechter Dienst erwiesen wurde, ist vielleicht mit Unkenntnis über städtebauliche Zusammenhänge zu erklären. Es entbehrt jedenfalls nicht einer gewissen Ironie, wenn bei einem Städtebaugesetz gerade die Bestimmungen am schärfsten bekämpft werden, die die Härten der Baubeschränkung oder Eigentumsentziehung zugunsten der Grundeigentümer zu mildern versuchen (Ernst/Bonczek 1971: 48).

9.10.2 Internationale Bedeutung

Die städtische Baulandumlegung existiert planungsrechtlich in 46 Ländern (vgl. Alterman 2012). In der Mehrheit dieser Länder findet das Instrument jedoch, ähnlich wie in der Schweiz, kaum nennenswerte Anwendung. Eine grosse Bedeutung hat das Instrument aufgrund der historischen Entstehung Deutschland, von wo aus es in den 1920er Jahren nach Japan (Kukaku Seiri) und deren damalige Kolonie Korea, sowie in den 1950er Jahren nach Israel (reparcelation) exportiert wurde. Darüber hinaus ist es ein bedeutendes Instrument in Spanien (reparcelación) und Portugal (Periquacioa), weshalb zudem weitere (eher vereinzelte) Anwendungen in Lateinamerika vorhanden sind. Im Vereinigten Königreich wurde Anfang des 20. Jahrhunderts erfolglos versuch das Instrument planungsrechtlich einzuführen. Darüber hinaus gibt es in jüngster Zeit Pilotprojekte in US-Bundesstaat Florida. Dennoch konnte das Instrument bisher keine nennenswerte Bedeutung in einem englischsprachigen Land erzielen, weshalb kein nativer englischer Begriff existiert. In internationalen Debatten wird zumeist der Begriff land readjustment verwendet, welcher 1982 von William Doebele als Kunstbegriff eingeführt und geprägt wurde. Aber auch replotting, pooling und urban land consolidation werden verwendet.

Die landwirtschaftliche Flurbereinigung ist sowohl rechtlich als auch planungspraktisch in nochmals deutlich mehr Staaten von Bedeutung. Zur Abgrenzung von land readjustment wird die Flurbereinigung auf Englisch als land consolidation bezeichnet. Jeder Quadratmeter niederländischer Boden ist statistisch gesehen bereits zweimal im Rahmen einer Flurbereinigung verändert worden. In Belgien trifft dies auf etwa 1/3 der Landesfläche zu. Besonders starke Prozesse finden seit den 1990er Jahren in Zentral- und Osteuropa statt, wo seit der Einführung des Privateigentums an Boden vor allem die Fragmentierung der Parzelle reduziert werden soll. Dies findet vor allem vor dem Hintergrund der Produktionssteigerung statt, wodurch sich auch erklärt, dass die Food and Agriculture Organization of the United Nations (FAO) eine starke Rolle spielt.

9.10.3 Baulandumlegung im Schweizer Planungsrecht

Die Baulandumlegung ist im Schweizer Planungsrecht (auf eidgenössischer Ebene) bereits seit dem ersten Raumplanungsgesetz von 1979 integriert, wenngleich die Regelungsdichte nicht besonders hoch ist. Als letzter Artikel zum Abschnitt Nutzungspläne wird die Baulandumlegung eingeführt. Dort ist festgelegt: „Die Landumlegung kann von Amtes wegen angeordnet und auch durchgeführt werden, wenn Nutzungspläne dies erfordern" (Art. 20 RPG).

Der Artikel umfasst somit zwei wesentliche Aspekte (die Möglichkeit der amtlichen Umlegung und die Verknüpfung an die Erforderlichkeit), enthält dafür allerdings keinerlei weitere Ausführungen zum Verfahren. Als wesentlicher Aspekt wird den Gemeinden ermöglicht, die Umlegung nicht nur auf Grundlage einer freiwilligen Zustimmung der Bodeneigentümer durchzuführen, sondern auch von Amts wegen anzuordnen. Dies soll die Umsetzbarkeit der Nutzungspläne gewährleisten, indem im Zweifelsfall auch ohne Einverständnis der betroffenen Bodeneigentümer eine Umlegung vollzogen werden kann. Als einzige Bedingung wird dabei die Erforderlichkeit herangezogen. Demnach ist eine solche Anordnung nur zulässig, wenn dies zur Umsetzung der Nutzungspläne erforderlich ist. Es bedarf also einer Prüfung, ob die bisherige Eigentumsstruktur die Umsetzung der Nutzungspläne verunmöglicht und ob eine Umlegung diesen Konflikt auflösen kann. Nur wenn beide Prüfschritte bejaht werden, kann eine Umlegung amtlich angeordnet werden. Die Ausgestaltung des konkreten Verfahrens und die damit verbundene Operationalisierung der Umlegung sind planungsrechtlich nicht geregelt. Beispielsweise bleibt ungeklärt, ob die Zuteilung flächen- oder wertbasiert zu vollziehen ist. Eine solche verfahrenstechnische Konkretisierung ist auch in der zugehörigen Raumplanungsverordnung nicht zu finden und hat daher auf die nachfolgenden Gesetzesebenen stattzufinden.

Seit der Revision des RPG im Jahr 2012 erfährt die Baulandumlegung allerdings eine weitere Erwähnung. Der Artikel über die Baulandverfügbarkeit adressiert das Problem der geringen Mobilisierung von Bauland und damit der unzureichenden Umsetzung der Bodennutzungsplanung. Mit der Revision sind die Kantone hier zu Massnahmen gezwungen – ohne dass dabei eine explizite Liste von Massnahmen von der eidgenössischen Ebene vorgegeben wird. Einzige die Umlegung wird als bodenrechtliche Massnahme erwähnt. „Die Kantone treffen in Zusammenarbeit mit den Gemeinden die Massnahmen, die notwendig sind, um die Bauzonen ihrer Bestimmung zuzuführen, insbesondere bodenrechtliche Massnahmen wie Landumlegungen (Art. 20)" (Art. 15a RPG-2012). Die Erwähnung in diesem Artikel hat keine Auswirkungen auf das Planungsregime. Es ist vielmehr als plakatives Beispiel zu verstehen, ohne dass dadurch konkrete Rechtsfolgen entstehen.

Neben dem nominellen Planungsrecht wird die Baulandumlegung auch in anderen Rechtsnormen erwähnt (siehe Tabelle 44). So kennt das Landwirtschaftsgesetz (LwG)[73] die Landumlegung als Instrument und unterscheidet dabei zwischen der angeordneten Landumlegung (Art. 100) und der vertraglichen Landumlegung (Art. 101). Bemerkenswert ist dabei, dass das agrarpolitische LwG explizit die Umsetzung der Nutzungsplanung als einen Anwendungszweck auflistet. Schliesslich ist die Umlegung auch im Wohnbau- und Eigentumsförderungsgesetz (WEG)[74] enthalten. Im zweiten Abschnitt (Art. 7-11) wird die Baulandumlegung und Grenzregulierung normiert. Abgesehen von der ausschliesslichen Ausrichtung auf Fragen des Wohnungsbau unterscheidet sich die Gesetzesformulierung dabei in zwei wesentlichen Punkten. Erstens wird nicht (wie im Raumplanungsgesetz) eine hohe Anwendungshürde („wenn erforderlich") formuliert, sondern kann die Baulandumlegung bereits dann durchgeführt werden, wenn der Grundstückszuschnitt die Umsetzung des Wohnungsbaus „erschwert" (Art. 7 WEG). Darüber hinaus sind im WEG zwei Verfahrensarten explizit genannt (wodurch insgesamt drei Arten entstehen). „Die Umlegung von überbauten und nicht überbauten Grundstücken wird eingeleitet auf Beschluss der zuständigen kantonalen Behörden oder durch Beschluss der Mehrheit der beteiligten Grundeigentümer, der mehr als die Hälfte des betroffenen Gebiets gehört" (Art. 8 Abs. 1 WEG). Demnach ist für Wohnungsbau, wie auch schon in den Bereichen Landwirtschaft und Nutzungsplanung, ein amtlich angeordnetes Verfahren zulässig. Darüber hinaus kann eine Umlegung auch dann erfolgen, wenn eine qualifizierte Mehrheit der Bodeneigentümer dies beschliesst. Dieses Verfahren ist in den anderen beiden Politikbereichen nicht integriert. Nicht erwähnt, aber aufgrund der Gesetzestexte weiterhin zulässig, sind freiwillige Umlegungen, bspw. in Form von vertraglichen Umlegungen. Hier ist jedoch das Einverständnis aller betroffener Bodeneigentümer vorauszusetzen.

	PLANUNGS-RECHT	LANDWIRTSCHAFTS-RECHT	WOHNEIGENTUMS-RECHT
Amtliches Verfahren	Ja	Ja	Ja
Mehrheitsverfahren	Nein	Nein	Ja
Freiwilliges Verfahren	Ja	Ja	Ja

Tabelle 44: Unterschiedliche Umlegungsverfahren nach Rechtsmaterie. Quelle: Eigene Darstellung.

---

[73] Bundesgesetz über die Landwirtschaft (Landwirtschaftsgesetz) vom 29. April 1998 (Stand am 1. Januar 2015) (SR 910.1).
[74] Wohnbau- und Eigentumsförderungsgesetz vom 4. Oktober 1974 (Stand am 1. Januar 2013) (SR 843).

Verfahrenstechnisch sind in der Schweiz demnach drei Arten vorhanden, die an unterschiedlicher Stelle im (eidgenössischen) Recht verankert sind (siehe Tabelle 45). Das freiwillige Verfahren setzt das Einverständnis aller Eigentümer voraus und kann vertraglich oder durch die Gründung einer Umlegungsgenossenschaft umgesetzt werden. Das amtliche Verfahren kann durch die Regierung angeordnet werden, unterliegt aber Anwendungsvoraussetzungen (bspw. die Erforderlichkeit) ohne die ein solcher weitreichender Eingriff in das konkrete Bodeneigentum nicht verhältnismässig ist. Eine Besonderheit stellt das Mehrheitsverfahren dar, welches lediglich im WEG Erwähnung findet. Hier kann eine qualifizierte Mehrheit ein Umlegungsverfahren erzwingen. Die Zustimmung muss dabei durch die Mehrheit der Eigentümer erfolgen, die gleichzeitig auch mehr als die Hälfte der Fläche repräsentieren (sog. doppelte Mehrheit). Da dieses Verfahren jedoch nur im WEG verankert ist, bleibt es für wohnungspolitische Projekte vorbehalten und kann keine allgemeine Anwendung im gesamten Spektrum des Planungsrechts erfahren.

	AMTLICHES VERFAHREN	**MEHRHEITS-VERFAHREN**	**FREIWILLIGES VERFAHREN**
Rechtliche Verankerung	Art. 20 RPG, Art. 100 LwG, Art. 8 WEG	Art. 8 WEG	Art. 20 RPG (implizit), Art. 101 LwG (explizit), Art. 8 WEG (implizit)
Voraussetzung	Verhältnismässigkeit des Eingriffs	Qualifizierte Mehrheit aus Mehrheit der Eigentümer und Mehrheit des Gebiets	Einverständnis aller Eigentümer
Anwendungsgebiet	Alle	Wohnungsbau	Alle

Tabelle 45: Eigenschaften verschiedener Umlegungsverfahren. Quelle: Eigene Darstellung.

9.10.4 Baulandumlegung im deutschen Planungsrecht

Zu Vergleichszwecken soll an dieser Stelle auch kurz auf die deutsche gesetzliche Regelungen eingegangen werden, da die dortige Regelungsdichte deutlich höher ist und erst dadurch die anwendungsrelevanten Fragestellungen identifiziert werden können. Die Baulandumlegung ist im deutschen Planungsrecht im Teil Bodenordnung (vierten Teil des Baugesetzbuchs) geregelt und umfasst die §§ 45-79 BauGB. Hinzu kommt noch das sogenannte Vereinfachte Verfahren, welches in §§ 80-84 geregelt ist (siehe zur Unterscheidung auch Tabelle 46).

Das vereinfachte Verfahren eignet sich demnach vor allem für räumliche Situationen, die, bezogen auf die Zahl der Beteiligten und deren Mitwirkungsbereitschaft, weniger komplex sind. Zu beachten ist zudem, dass im vereinfachten Verfahren keine Verfahrensabsicherung (Verfügungs- und Veränderungssperre) stattfindet und letztlich auch kein Vorkaufsrecht durch die öffentliche Hand besteht. Schliesslich ist aufgrund des mangelnden Umlegungsbeschlusses die Rechtskräftigkeit im Zweifelsfall nicht gegeben. Verfahren, die angefochten werden, müssen dementsprechend nachträglich formalisiert werden. Häufig werden daher die beiden Verfahren kombiniert. So wird eine freiwillige Umlegung durchgeführt, die praktisch einem vereinfachten Verfahren gleicht, jedoch rechtlich formalisiert nach dem amtlichen Verfahren abgesichert wird. Gesamthaft stellt das vereinfachte Verfahren lediglich eine Unterart der Baulandumlegung für wenig komplexe Situationen dar und wird im weiteren Verlauf der vorliegenden Arbeit nicht weiter gesondert betrachtet.

Die Umlegung verfolgt den Zweck die Grundstückszuschnitte so zu verändern, so dass eine zweckmässige bauliche oder sonstige Nutzung ermöglicht wird. Dieser Zweck, der jeder Umlegung zugrunde liegt, ist in § 45 festgehalten. Dort wird zudem deutlich, dass die Umlegung die Anpassung von Lage, Form und Grösse der Grundstücke – nicht aber die Eigentümerschaft an sich – bezweckt. Dies ist aus zweierlei Gesichtspunkten wichtig. Einerseits gibt dies bereits einen Hinweis auf die rechtswissenschaftlich interessante Frage, ob die Umlegung eine Inhalts- und Schrankenbestimmung des Eigentums oder eine Enteignung mit Realersatz darstellt. Nach Auffassung des Zweckparagpraphens bleibt das bestehende Eigentum erhalten und wird lediglich in Lage, Form und Grösse verändert. Demnach handelt es sich um eine Inhalts- und Schrankenbestimmung. Diese Auffassung wird vom deutschen Bundesverfassungsgericht geteilt (vgl. BVerfG, Beschluss vom 22. Mai 2001 - 1 BvR 1512/97). Andererseits ist dieser Zweckparagraph auch bodenpolitisch von Relevanz. Mit dem Ausschluss der Veränderung der Eigentümerschaft wird gleichzeitig auch die Einsatzmöglichkeit des Instruments im Sinne einer aktiven Bodenbevorratungspolitik beschränkt. Denkbar wäre, dass alle Alteigentümer im Sinne einer Wertzuteilung gleichwertige neue Grundstücke erhalten. Durch die planungsbedingte Wertsteigerung bleiben in diesem Fall Flächen übrig, die in das Eigentum der Stadt übergehen könnten. Der Zweckartikel unterstützt diese Vorgehensweise nicht. Allerdings ist das Vorgehen indirekt nicht ausgeschlossen und insb. bei der Verteilung nach Werten (§ 57) möglich. Durch die Wertsteigerung entsteht eine deutlich grössere (wertmässige) Verteilungs- als Einwurfmasse. Bei der Zuteilung muss jedoch lediglich der gleiche Wert berücksichtigt werden. Ein Verwendungszweck für die übrigen Werte ist nicht bestimmt und kann der Gemeinde zufallen. Und selbst im Verfahren nach Flächenverteilung (§ 58) ist ein solches Vorgehen möglich, wenn auch begrenzt. Bestimmt ist, dass der Flächenbeitrag für hoheitliche Aufgaben (Verkehrsflächen, Flächen für öffentliche Zwecke) auf 30 % (bei erstmaliger Erschliessung) bzw. 10 % (bei Neuordnung in bereit erschlossenen Gebieten) gedeckelt ist. Bis zu dieser Marke kann die Gemeinde also durchaus Flächen erlangen.

Neben diesem Verteilungsmassstab unterliegt das Instrument der Baulandumlegung nach deutschem Recht fünf wesentlichen Prinzipien. Das Konformitätsprinzip beschreibt den wesentlichen Grundmechanismus der Baulandumlegung und besagt, dass die Rechtsverhältnisse am Boden an die Planungen anzupassen sind. Das Solidaritätsprinzip beschreibt den Beitrag der einzelnen Bodeneigentümer und legt fest, dass notwendige öffentliche Flächen (bspw. für Verkehrs- und Grünflächen)[75] von allen Bodeneigentümern anteilig bereitgestellt werden. Das Konservationsprinzip beschreibt den Verteilungsmassstab und besagt, dass die Fläche respektive der Wert der Flächen nicht vermindert wird. Das Gebot der Privatnützigkeit beschreibt den planerischen Mehrwert, der explizit auch im Sinne der privaten Interessen zu sein hat. Schliesslich beschreibt das Surrogationsprinzip, dass die Grundstücke lediglich in Lage, Form und Grösse angepasst werden, nicht aber völlig neu entstehen und somit das Eigentum ungebrochen fortgesetzt wird.

Aus Sicht der Planungsträger ist zudem die zeitliche Abfolge des Umlegungsverfahrens insbesondere bezogen auf die verbindliche Bauleitplanung, aber auch bezogen auf die Erschliessungsmassnahmen wichtig. Die rechtlichen Bestimmungen beinhalten lediglich die Aussage, dass der Abschluss des Umlegungsverfahrens einen rechtskräftigen Bebauungsplan voraussetzt (§ 47 Abs. 2). Das Umlegungsverfahren kann also erst nach Abschluss des Bebauungs-

---

[75] Für das deutsche Naturschutzrecht von grosser Relevanz sind auch die Flächen zum Ausgleich ökologischer Eingriffe, welche ebenfalls in diese Kategorie fallen.

planverfahrens erfolgen. Der Beginn des Umlegungsverfahrens kann allerdings vorzeitig stattfinden. Um die Zeit für den gesamthaften Planungsprozess, also Planaufstellung, Planfestsetzung und Planumsetzung, zu minimieren, wäre eine entsprechende Abstimmung der beiden Verfahren sinnvoll. In diesem Fall würde der Umlegungsbeschluss zeitlich auf die Offenlegung des Entwurfs des Bebauungsplans folgen.

AMTLICHES VERFAHREN	VEREINFACHTES VERFAHREN
Umlegungsanordnung	Entfällt
Anhörung der Eigentümer	Entfällt
Umlegungsbeschluss (Einleitung des formellen Verfahrens)	Entfällt
Bestandskarte und Bestandsverzeichnis	Bestandskarte und Bestandsverzeichnis
Einzelgespräche mit den Eigentümer/Beteiligten	Einzelgespräche mit den Eigentümer/Beteiligten
Erarbeitung eines Zuteilungsentwurfs	Erarbeitung eines Zuteilungsentwurfs
Einzelgespräche mit den Eigentümer/Beteiligten	Einzelgespräche mit den Eigentümer/Beteiligten
Umlegungsplan	Umlegungsplan
In-Kraft-Treten des Umlegungsplans	In-Kraft-Treten des Umlegungsplans

Tabelle 46: Vergleich der Verfahren der unterschiedlichen Umlegungsarten nach deutschem Recht. Quelle: Eigene Darstellung basierende auf §§ 45-84 BauGB.

Aufgrund der weit vorangeschrittenen Ausarbeitung des Verfahrens in Deutschland sind im deutschen Planungsrecht einige Details ausgearbeitet, welche bei dem Instrument zu beachten sind. So ist nach deutschen Recht das Verfahren automatisch mit einer Veränderungssperre[76] kombiniert, um Veränderungen zu verhindern, die einen Vollzug der Umlegung und damit auch die Umsetzung der Planinhalt verunmöglicht (§ 51). Des Weiteren ist festgelegt, dass die Ermittlung der Werte sowohl der Einwurfs- als auch der Verteilungsmasse zu einem einheitlichen Stichtag, nämlich dem Zeitpunkt des Umlegungsbeschlusses erfolgt (§ 57 Satz 2 und 3). Hierdurch werden konjunkturelle Schwankungen der Bodenwerte ausgeschlossen und das Risiko der Umlegung minimiert. Das deutsche Recht nimmt sich auch einer Problematik an, die in der Schweiz aufgrund der Abwesenheit von öffentlichen Bodenrichtwertkarten nochmals verstärkt auftreten dürfte. Die gerichtsfeste Bestimmung des Einwurfswertes ist für das Gesamtverfahren von grosser Bedeutung – aber methodisch nicht einfach. Da es sich meist um Flächen handelt, die planungsrechtlich für eine bauliche Nutzung bestimmt sind, aber aufgrund der unzureichenden Lage, Form und Grösse nicht erschlossen und nicht bebaubar sind (sog. Rohbauland)[77], handelt es sich um

---

[76] Die Veränderungssperre (§§ 14-18 BauGB) entspricht vom grundlegenden Mechanismus der Planungszone nach Schweizer Recht (Art. 27 RPG).

[77] Der Begriff Rohbauland und die dahinter liegende räumliche Situation existiert im Schweizer Planungsrecht nicht. Die Logik lässt sich jedoch gleichermassen ableiten und übertragen, da auch in der Schweiz neben der planungsrechtlichen Bestimmung die Erschliessung des Landes gefordert wird (Art. 22 RPG).

einen fiktiven Bereich des Bodenmarkts. Somit eignet sich das Ertragswertverfahren nicht und das Vergleichswertverfahren nur bedingt für die Wertermittlung. Bei unbebauten Grundstücken ist zudem auch das Sachwertverfahren ausgeschlossen (abgesehen vom ursprünglichen Kaufpreis des Grundstücks, welcher allerdings wiederum kaum als objektiver Wert angenommen werden kann). Die Ermittlung der Einwurfswerte erfolgt in diesem Fall durch eine rückwärtsgerichtete Ableitung basierend auf den Zuteilungswerten. Demnach wird von dem Zuteilungswert ausgegangen, welcher als baureifes Land einfach mittels Vergleichs- oder Ertragswertverfahren bestimmt werden kann, wovon dann die Umlegungsvorteile abgezogen werden. Die Umlegungsvorteile können dabei verschiedene Komponenten umfassen, wie bspw. die ersparten Aufwendungen (Vermessungs-, Notar-, Gutachterkosten, Verhandlungsaufwand und Grunderwerbsteuer), die Vorteile der Erschliessungsflächenbeitragsfreiheit und (zumindest in Deutschland) die Ausgleichsflächenbeitragsfreiheit[78], sowie die Verkürzung der Entwicklungszeit (gegenüber einer ähnlichen privatrechtlichen Regelung). Der letztgenannte Punkt ist dabei allenfalls schwer zu beziffern, wodurch den Umlegungsbehörden ein wenig Spielraum bei der Ermittlung des Umlegungsvorteils entsteht. Die restlichen Punkte lassen sich rechtlich und technisch genau bestimmen, wobei das Vorhandensein von Bodenrichtwerten wesentlich ist.

Gesamthaft muss bei der Baulandumlegung nach deutschem Recht zwischen dem Umlegungs- und dem Planungsvorteil unterschieden werden. In der Art, wie das Verfahren nach deutschem Recht organisiert ist, kommt der planungsbedingte Mehrwert den Bodeneigentümern zu, während der Umlegungsvorteil von der Umlegungsbehörde abgeschöpft wird. Die genaue Abgrenzung erfolgt insbesondere über die Definition und Wertermittlung des Rohbaulandes. Hier entsteht den Gemeinden ein kleiner, aber unbestreitbarer Spielraum, der je nach politischer Ausrichtung unterschiedlich genutzt werden kann.

9.10.5 Diskussion über die strategische Bedeutung der Baulandumlegung

Die Baulandumlegung wurde auch im Rahmen der RPG-Diskussionen und den dringlichen Bodenbeschlüssen in der Zeit um 1989 relevant (vgl. Scheidegger 1990: 158-160). Um dem Problem der Baulandhortung zu begegnen ohne den weitreichenden und politisch schwierigen Schritt der Enteignung zu wählen, wurde die Etablierung einer eidgenössischen Rahmenvorschrift zur Umlegung von Boden gefordert. Die Klassifizierung als Bauland ist das Ergebnis von aufwendigen planerischen und politischen Entscheidungsprozesses und mit der öffentlichen Vorstellung verbunden, dass der entsprechende Boden innerhalb einer angemessenen Zeit (i.d.R. innert 15 Jahre) der bedachten baulichen Nutzung zugeführt wird. Die freiwillige Nicht-Ausnützung dieser Möglichkeit (bspw. aus Spekulationsgründen) führt langfristig zur Notwendigkeit der weiteren Einzonung und damit zu vermeidbaren negativen Effekten für die Allgemeinheit (bspw. doppelte Erschließungskosten) und einem Verbrauch an Boden, der dem Ziel der haushälterischen Bodennutzung widerspricht. „Deshalb dürfe es nicht im unbegrenzten Belieben des Grundeigentümers stehen, baureifes Land ungenutzt zu lassen. Das Gemeinwesen müsse einen gewissen indirekten Nutzungsdruck ausüben können" (Scheidegger 1990: 159), womit die amtlich angeordnete, d.h. im Zweifel auch gegen den Willen des Eigentümers durchgeführte Landumlegung gemeint ist. Trotz dieser Diskussion bleibt die Umlegung von Land in der schweizerischen Praxis auf landwirtschaftliche Flächen beschränkt.

Die Baulandumlegung ist aufgrund des inhärenten Mechanismus jedoch ein typisches Instrument der Bodenpolitik. Das Instrument soll durch die Anpassung der Eigentumsverhältnisse die Umsetzung der Planinhalte ermöglichen und sicherstellen.

---

[78] Nach deutschem Naturschutzrecht ist jede bauliche Veränderung der Landschaft (sog. Eingriff) auszugleichen. Die entsprechenden Rechtsgrundlagen sind §§ 14 und 15 des Bundesnaturschutzgesetzes (BNatSchG) und §§ 1a und 35 des Baugesetzbuches (BauGB). Eine solche Eingriffs-Ausgleichs-Regelung existiert im Schweizer Umwelt- oder Planungsrecht nicht.

Darüber hinaus ermöglicht das Instrument dem Gemeinwesen die Umverteilung der planungsbedingte Mehrwerte (bzw. nach deutschem Recht lediglich der umlegungsbedingte Mehrwert).
Zudem können die Grundstücke, welche für die Erschliessung und öffentlichen Einrichtungen
notwendig sind, in öffentliches Eigentum überführt werden, ohne dass Kaufkosten oder Enteignungen anfallen. Die Entschädigung der Bodeneigentümer erfolgt über den Ausgleich an kleineren, aber höherwertigen Flächen.

Aus diesen Gründen ist das Potenzial des Instruments grundsätzlich ziemlich gross. Die Anwendungsfälle des Instruments reichen von kleineren Grenzbereinigungen bis zu grundsätzlichen
Neuordnungen zur Umsetzung der Nutzungsplanung. Das Gygax-Areal in Biel ist eines der wenigen Schweizer Beispiele einer tatsächlichen Anwendung im urbanen Bereich. Daneben sind auch
ungewöhnliche Anwendungsfälle denkbar und beobachtbar. Die bündnerische Gemeinde Fläsch
nutzte das Umlegungsverfahren um den historischen Ortskern mit seinen charakteristischen
Obstwiesen zu erhalten. Die entsprechenden Flächen wurden mittels Realersatz umgelegt. So
konnte einerseits das gewünschte räumliche Endergebnis rechtlich gesichert werden und andererseits wurde eine gerechte Lösung auch in monetärer Sicht erwirkt. Die betroffenen Bodeneigentümer wurden weder um ihre Baumöglichkeit gebracht, noch droht ein doppelter Profit (durch
Kompensation der Rückzonung und einer möglichen zukünftigen Neueinzonung aufgrund des
Baulandbedarfs). Die Gemeinde erhielt für dieses Verfahren den Wakkerpreis und entsprechend
viel Aufmerksamkeit der Fachwelt und zeigt, wie das Verfahren abseits der üblichen Anwendungsfälle gewinnbringend verwendet werden kann.

Auch vor dem Hintergrund der möglichen Anwendungsfälle ist das Instrument im
(eidgenössischen) nominellen und funktionalen Planungsrecht (in diesem Fall: RPG, WEG und
LwG) daher seit 1980 vorgesehen. Allerdings sind die Bestimmungen sehr vage und wenig
ausgearbeitet. Einzig festgelegt sind die verschiedenen Arten der Umlegung. Mit der amtlich
angeordneten Umlegung, der freiwilligen Umlegung und der Sonderart im Wohnungsbau der
Mehrheitsumlegung   sind   zudem   Varianten   vorhanden,   die   unterschiedliche
Entscheidungsmechanismen und ausdifferenzierte Varianten des Verbindlichkeitscharakters
aufweisen. Nicht geregelt sind hingegen die einzelnen Verfahrensabläufe und wesentliche
Prinzipien (bspw. die Zuteilung der Grundstücke nach Massstab der Flächen oder der Werte, oder
die Zumutbarkeit von Realersatz in anderen Gemeinden gegen den Willen der Bodeneigentümer,
oder Zuteilung von Grundstücken in abweichenden Zonen).

Aufgrund der Existenz des Ausgleichs planungsbedingter Mehrwerte kommt der Baulandumlegung in der Schweiz auch deutlich geringere Bedeutung zu, als dies in Deutschland (Abschöpfung
der Mehrwertsteigerung) oder den Niederlanden (Verlagerung des finanziellen Risikos) der Fall
ist. Ungeklärt ist zudem die Frage der Nützigkeit. Während in Deutschland das Verfahren ausschliesslich privatnützig ist, wird es im RPG in den Kontext der Planumsetzung gesetzt, wodurch
es auch gemeinnützig ist.

Vereinfacht wird das Verfahren für die Planungsträger auch dann, wenn sie selbst als Beteiligte
(und nicht nur als hoheitliche Behörde) betroffen sind.

> Oft entstehen Schwierigkeiten bei der Neuordnung bebauter Gebiete, wenn es darum geht,
> die notwendigen Flächen für zentrale Einrichtungen zur Versorgung der Bewohnern mit
> Gütern und Dienstleistungen des öffentlichen und privaten Bereiches an die Träger dieser
> Einrichtungen zuzuweisen. Vor allem tritt diese Schwierigkeit auf, wenn der Träger nicht
> oder mit nicht ausreichendem Grundbesitz an dem Umlegungsverfahren beteiligt ist
> (Ernst/Bonczek 1971: 80).

Daraus ergeben sich potenzielle Synergieeffekte, wenn das Instrument mit anderen Instrumenten, bspw. der Bodenbevorratungspolitik, kombiniert eingesetzt wird.

9.10.6 Grenzen der Anwendung und politische Herausforderungen

Bei der Betrachtung des Instruments ist auf die Implikationen zu achten. Aufgrund der geringen Anwendungshäufigkeit und Regelungsdichte in der Schweiz wurde daher auch auf internationale Erfahrungen eingegangen. Ein Blick auf die niederländischen Erfahrungen zeigen zudem nochmals besonders die impliziten politischen und ökonomischen Aspekte, ohne welche eine kritische Betrachtung nicht möglich wäre.

In den Niederlanden wurde die Umlegung für landwirtschaftliche Flächen seit Ende des 19. Jahrhunderts eingesetzt. Damals war die Versorgung des Landes mit Lebensmitteln unzureichend und es wurde über verschiedene Massnahmen zur Produktionssteigerung debattiert. Als ein Faktor wurden dabei die fragmentierten Eigentumsstrukturen erkannt: „A malign phenomenon in agriculture exists that is hardly noticed, because it is so common and widespread, so widely accepted, and apparently so cureless, that eliminating it seems to be hopeless: land fragmentation" (Staring 1862, zit. n. Louwsma and van Rheenen 2016: 4). Um die Produktionskapazitäten zu erhöhen wurden schliesslich ab 1890 erste einzelne Umlegungsprojekte durchgeführt. Der Abschluss des ersten Grossprojekts erfolgte 1916. Auf der westfriesischen Insel Ameland wurde eine Fläche von etwa 190ha umgelegt und dabei die Anzahl der Parzellen von ursprünglich 4000 auf 219 reduziert. Die grösseren Flächen ermöglichten eine effizientere Bewirtschaftung. Auf Grundlage dieser Erfahrung wurde 1924 dann das erste Umlegungsgesetz erlassen. Das darin festgehaltene Verfahren erlebte seine Blütephase in den 1950er und 1960er Jahren, ehe es dann zu einer Krise kam. Das Gesetz war explizit darauf ausgerichtet rationellere Zuschnitte zu ermöglichen und die Umlegungen möglichst reibungsfrei durchführen zu können. Um die weitreichenden Eingriffe in das Eigentum zu legitimieren, waren Umlegungsbeschlüsse durch Volksabstimmungen zu bestätigen (was in einer parlamentarischen Demokratie von aussergewöhnlicher Bedeutung ist). Der Abstimmungsmodus war ebenfalls auf die Sicherstellung der Umsetzbarkeit ausgerichtet und sah unter anderem vor, dass zum Stopp einer Umlegung eine Mehrheit aller Stimmberechtigten notwendig ist. Umgekehrt bedeutet dies, dass jeder Nicht-Wähler quasi als Befürworter der Umlegung gerechnet wurde. Aus diesem Umstand ist zu erklären, dass nahezu alle Umlegungsprojekte beim Volk ´erfolgreich´ waren. Gleichzeitig führte dies jedoch auch dazu, dass die Meinung der Bodeneigentümer bzw. der Landwirte nicht mehr zählte, als jede andere Stimme. Unter anderem konnte dies dazu führen, dass die städtische Bevölkerung, die mit der konkreten Fläche nicht zu tun hatte, die Interessen der Landwirtschaft und der Bodeneigentümer überstimmte. In den 1960er Jahren führte dieses Governance Problem zu teilweise gewaltsamen Auseinandersetzungen und einer grundsätzlichen Debatte über die Befugnisse des Staats, der Allgemeinheit und dem Schutz des privaten Eigentums (Tubbergen 1971). Im Ergebnis wurde der Abstimmungsmodus mit der Gesetzesrevision 1985 angepasst und seither erfolgt die Legitimation im Kreise der betroffenen Bodeneigentümer und Landwirte. „Land consolidation aims to improve the spatial arrangement of the rural area in accordance with the functions of that area, as described by spatial planning" (Clause 4 Landinrichting). Die Umsetzung unter der Voraussetzung einer Abstimmungsmehrheit ist in dieser neuen Bestimmung nicht mehr enthalten. Zudem ist auch das Ziel nicht mehr ausschliesslich auf landwirtschaftliche Produktionssteigerungen ausgerichtet. Auch die Schaffung von Naturräumen stellt mittlerweile ein grosses Motiv der landwirtschaftlichen Umlegung in den Niederlanden dar und verbirgt sich im Gesetzestext unter der allgemeinen Formulierung der geplanten Funktion.

Seit dieser Zeit ist das Instrument (mindestens in der Fachwelt) auch in stetiger Diskussion. Eine Übernahme in den städtischen Kontext wurde jahrzehntelang diskutiert. Mit der Finanz- und

Immobilienkrise, welche in den Niederlanden im Jahr 2009 einschlug, erlebt diese Debatte einen Höhepunkt. Niederländische Gemeinden haben sich zuvor sehr aktiv am Bodenmarkt betätigt und eine öffentliche Bodenbevorratungs- und Entwicklungspolitik verfolgt. Der Einbruch der Bodenpreise und aufgrund des Ausmasses in welchen Gemeinden diese Strategie umgesetzt haben, führt zu einer Abkehr dieser Politik. Hauptmotiv ist dabei die Scheu das finanzielle Risiko dieser Bodenmarktinterventionen weiterhin zu tragen (Bsp. Apeldoorn). Die Baulandumlegung wird dabei als Wundermittel angesehen, um weiterhin die Umsetzung der planerischen Ziele zu garantieren, ohne dabei in eigene finanzielle Verpflichtungen zu geraten. Dass dabei auch die planerischen Steuerungsmöglichkeiten massiv reduziert werden und dass nicht das System an sich, sondern die massive Übertreibung durch die Gemeinden die eigentlichen Auslöser waren, findet keine Beachtung.

Die Betrachtung der Entwicklungen in den Niederlanden zeigen jedoch zwei wesentliche Punkte, die grundsätzlich bei allen bodenpolitischen Instrumenten zu beachten sind und im konkreten Fall der Umlegung von grosser Bedeutung sind. Sowohl das dahinterliegende Governance-System, als auch die ökonomischen Implikationen sind wesentliche Faktoren der Ausgestaltung und der Anwendung des Instruments. Die Baulandumlegung ist daher ein potenziell wirkungsvolles Instrument zur Neuordnung der Eigentumsrechte und ermöglicht damit die Umsetzung der Zonenplanung. Im Sinne einer passiven Rolle des Staates werden dabei finanzielle Risiken vollständig bei den Bodeneigentümern belassen – die gleichzeitig aber auch die Umsetzungshoheit und die potenziellen Profite beibehalten.

9.10.7   Fazit

Die Baulandumlegung ist ein hoheitliches Verfahren zur Neuanordnung der Grundstücke. Als Verwaltungsakt (im amtlichen Verfahren) ist es somit grundsätzlich auch gegen Widerstände durchsetzbar, wobei den Betroffenen der Rechtsweg zur Überprüfung der Erforderlichkeit und der Verhältnismässigkeit offensteht. Nichtsdestotrotz ist das Instrument auch kooperativ und privatnützig. Dies liegt zum einen an den mehrfachen kooperativen Elementen (Eigentümeranhörung) und zum anderen am expliziten Zweck der Privatnützigkeit (ggf. auch erzwungenermassen). Die Durchführung ist aus Sicht der öffentlichen Hand auch deshalb potenziell attraktiv, da es sich um ein sehr effizientes Mittel der Bodenpolitik handelt und zumindest in der Lage ist, Umsetzungshindernisse auszuschalten. Eine Umsetzungsgarantie entsteht jedoch nicht.

9.11   Öffentliche Bodenbevorratung

Zur Erfüllung öffentlicher Aufträge und politischer Ziele werden stets Flächen benötigt. Ob Strassenbau, Bildungseinrichtungen oder Wohnraum für bestimmte soziale Gruppen, die Entwicklung findet in der Fläche statt. Die dafür benötigten Flächen können im Einzelfall mobilisiert und (falls im öffentlichen Auftrage) ggf. sogar enteignet werden. Ein anderer Ansatz ist eine langfristig ausgerichtete und vom einzelnen Vorhaben unabhängige Bodenbevorratung durch die öffentliche Hand und damit einhergehend eine aktive Teilnahme am Bodenmarkt. Diese Vorgehensweise wird Bodenbevorratungspolitik, Aktive Liegenschaftspolitik, Flächenpool oder *Land Banking* genannt. Einige Autoren und Akteure sprechen in diesem Zusammenhang auch von *Aktiver Bodenpolitik*. Eine derartige Verwendung findet der Begriff bspw. in der niederländischen Planungsliteratur oder innerhalb der politischen Gremien der Stadt Biel. In der vorliegenden Arbeit wird der Begriff der Aktiven Bodenpolitik jedoch weitreichender verstanden und schliesst mehr als nur die aktive Teilnahme am Bodenmarkt ein (siehe dazu Kap. 2.2), weshalb an dieser Stelle das Instrument als Bodenbevorratung bezeichnet werden soll.

Im Gegensatz zu den Vorgehensweisen von Privatunternehmen, steht bei der öffentlichen Boden-bevorratungspolitik die direkte Nutzbarmachung des Bodens zur Erfüllung politischer Ziele im Vordergrund. Zwar kann auch die öffentliche Hand ein Bodenportfolio aufbauen und die Rendite zu öffentlichen Zwecken einsetzen, jedoch stellt diese Vorgehensweise nicht den Regelfall dar. Allenfalls bei Mischformen, wie bspw. öffentlichen Stiftungen, ist dies zu beobachten.

Eine öffentliche Bodenbevorratung kann viele Formen annehmen, die sich grob durch die jeweilige Ebene und die Rechtsform unterscheiden lassen.

- Eine Bodenbevorratung ist auf jeder staatlicher Ebene möglich. Je nach Politik- und Rechtskultur sind unterschiedliche staatliche Ebenen von Bedeutung. So ist eine Bodenbevorratungspolitik auf nationalstaatlicher Ebene, wie in Israel (*Israel Land Authority*) oder Frankreich (Nationalfonds für Städteplanung und Raumordnung), auf sub-nationaler Ebene, wie in Deutschland auf Länderebene (bspw. *Landesentwicklungsgesellschaft NRW*), oder auf kommunaler Ebene, wie in den Niederlanden (*Amsterdam Grond en Ontwikkeling*) möglich.
- Unabhängig vom Zweck und von der staatlichen Ebene kann die Bodenbevorratung unterschiedliche Rechtsform annehmen. Klassischerweise kauft die öffentliche Hand (bspw. die Gemeinde) eine Fläche direkt und nimmt diese dann in ihr Finanzvermögen auf. Alternativ können auch privatrechtliche Gesellschaften im öffentlichen Besitz gegründet werden, die diese Rolle übernehmen. Auch Mischformen, wie Bodenfonds, öffentliche Unternehmen oder Stiftungen, sind möglich. Die einzelnen Kauf- und Verkaufsverträge sind allerdings stets privatrechtlich.

Mit dieser Herangehensweise verfolgt die öffentliche Hand die Strategie, dass auch privatrechtliche Möglichkeiten zur Erfüllung von politischen Zielen genutzt werden. Die öffentliche Hand erweitert also die Handlungsmöglichkeiten und nimmt eine zweite Rolle an.

Die historischen Ursprünge und ursprünglichen Motive sind unterschiedlich. Im Vereinigten Königreich übernahmen die Gemeinden bis in den 1980er Jahren die Bodenbevorratungsstrategie privater, profitorientierter Landentwickler. In den Vereinigten Staaten wurden öffentliche Landkäufe seit den 1970er Jahren getätigt, um die entstandenen Schulden als Folge von negativem Wirtschaftsentwicklungen und Schrumpfungsprozessen zu übernehmen. In Israel wurde die staatliche Bodeneigentumspolitik im Jahr 1960 eingeführt, um die Existenz Israels auch privatrechtlich zu sichern. In den Niederlanden wurden insbesonders in der Nachkriegszeit die kommunalen Programme aufgelegt, um sozial- und wohnungspolitische Ziele umzusetzen. In Nordrhein-Westfalen sollte seit den 1970er Jahren die Landesentwicklungsgesellschaft ebenfalls wohnungspolitische Zwecke erfüllen. Mit dem Strukturwandel im Ruhrgebiet wurde ihr im Jahr 1980 auch die Revitalisierung und Verwertung der Industriebrachen übertragen. In Hongkong und Singapur tragen die öffentlichen Bodenstrategien wesentlich zur Finanzierung des Staatswesens bei.

In der Schweiz existiert keine Tradition einer öffentlichen Bodenbevorratungspolitik auf eidgenössischer Ebene. Zwar sind Bund und einige Kantone in Besitz von Boden (siehe Bund: Nahrath et al. 2009: 39, 64-67, bzw. Kantone: Gerber 2008: 34-41), allerdings dient dies den jeweilige Verwaltungsaufgaben (bspw. Flächen für das Militär oder die Infrastruktur). Auf kommunaler Ebene stellt die öffentliche Bodenbevorratungspolitik keine allgemeine Vorgehensweise dar, wird aber in einigen Gemeinden angewendet.

Zu unterscheiden ist zwischen den unterschiedlichen Zeithorizonten einer öffentlichen Bodenvorratungspolitik. Der Erwerb der Flächen durch die öffentliche Hand kann im Rahmen einer langfristigen Bevorratung, oder kurzfristig und projekt-bezogen als kommunaler Zwischenerwerb stattfinden. Bei der langfristigen Bodenbevorratung kauft die öffentliche Hand frühzeitig und kontinuierlich. Der Ankauf wird nicht am absehbaren Bedarf, sondern an den sich bietenden Kaufmöglichkeiten orientiert. Durch einen Ankauf zu einem Zeitpunkt, wo auf der entsprechenden Fläche noch keine bauliche Entwicklung erwartet wird, ist der Ankaufspreis entsprechend niedrig. In der Regel orientiert sich der Preis an Markt für landwirtschaftliche Flächen. Beim kommunalen Zwischenerwerb erfolgt der Ankauf zu einem Zeitpunkt, wo der konkrete Bedarf bereits vorhanden, oder zumindest absehbar ist. Dies spiegelt sich in der Regel auch im Preis wider. Der Ankaufspreis orientiert sich am Markt für Bauerwartungsland. Allerdings wird die Re-Finanzierung im Falle einer Wiederveräusserung schneller getätigt und grundsätzlich sind die Risiken für die öffentliche Hand geringer. Langfristigen Bodenbevorratungs- können mit kurzfristigen Zwischenerwerbsmodellen auch kombiniert werden.

9.11.1   Rechtliche Grundlage

Die rechtlichen Grundlagen einer öffentlichen Bodenbevorratungspolitik sind in zwei unterschiedliche Aspekte aufzuteilen. Auf der einen Seiten stehen rechtlichen Grundlagen der reinen Kauf- und Verkaufsgeschäft. Auf der anderen Seite ist ggf. auch die Kombination der Bodenbevorratungspolitik mit der Nutzungsplanung rechtlich festgelegt.

Wenn die öffentliche Hand am Bodenmarkt aktiv wird, sind dies aus rechtlicher Perspektive gewöhnliche Kauf- und Verkaufsgeschäfte. Die Gemeinde nimmt die Rolle einer juristischen Person des privaten Rechts ein und schliesst mit der Gegenpartei einen Vertrag auf rechtlich gleichgestellter Ebene. Ein solcher Vertrag unterliegt nur wenigen formellen und materiellen Beschränkungen. Wichtigste formelle Beschränkung sind die notariellen Anforderungen eines Liegenschaftshandels. Auf materielle Seite sind die Vertragsinhalte weitgehend frei bestimmbar, solange beide Seiten sich am Ende einigen.

Bei öffentlichen Bodeneigentum ist zwischen zwei wesentlichen Arten zu unterscheiden. Gebietskörperschaften haben Grundstücke sowohl im Verwaltungs- wie auch im Finanzvermögen, wobei die jeweilige Zuordnung auf Grundlage des Verwendungszwecks und aus finanzpolitischem Entscheid getroffen wird. Das Verwaltungsvermögen umfasst solche Grundstücke, die unmittelbar der Erfüllung staatlicher Aufgaben dienen. Typischerweise umfasst dies die Grundstücke, die für Strassen, Schulanlagen, Feuerwehren, Werkhöfe, Verwaltungsgebäude, usw. verwendet werden oder dafür vorgesehen sind. Solche Grundstücke können nicht veräussert werden, ohne dass eine Beeinträchtigung dieser Aufgaben zu erwarten ist. Demgegenüber werden alle anderen Grundstücke im Finanzvermögen geführt. Sie dienen nicht direkt der Erfüllung staatlicher Aufgaben. Mit diesen Grundstücken kann ohne Beeinträchtigung der öffentlichen Aufgaben kaufmännisch gehandelt werden.

9.11.2   Kombination mit Nutzungsplanung und -vergabe am Beispiel Biel

Eine Bodenbevorratungspolitik kann rechtlich mit der Nutzungsplanung verknüpft werden. Als bekanntestes Beispiel in der Schweiz gilt die Stadt Biel (vgl. Gerber/Nahrath/Hartmann 2017). Anders als die meisten Schweizer Gemeinden erwirbt die Stadt dabei nicht nur Boden für klassische Verwaltungsaufgaben, sondern auch für weiterreichende sozial- und standortpolitische Entscheide. Das Bieler Bodeneigentum umfasst daher Flächen im klassischen Verwaltungsvermögen, als auch im Finanzvermögen.

Die Stadt Biel betreibt ihre Bodenbevorratung seit 1898. Als politische Gemeinde besass sie vorher kein nennenswertes Bodeneigentum, was in der Konstruktion und Geschichte der politischen Gemeinden zurückgeht, die in der Zeit der Helvetik gegründet wurden. Den Grundgedanken der französischen Revolution folgend, wurden Bürgerrechte für Alle geschaffen. Neben den alteingesessenen (und meist wohlhabenderen) Bürger sollten neu auch alle anderen (männlichen)

Personen Bürgerrechte erlangen und über die politische Entwicklung mitentscheiden dürfen. Diese Neuverteilung der Macht führte zu Konflikten. Die (alten) Bürger versuchten ihre Privilegien zu verteidigen und den Einfluss der „Neubürger" gering zu halten. Schliesslich wurde ein Kompromiss ausgehandelt und zwei parallele öffentliche Körperschaften gegründet: Die Einwohner- und die Bürgergemeinde. Die Einwohnergemeinde ermöglicht als politische Gemeinde allen Ortsansässigen die Mitbestimmung. Die Bürgergemeinde bleibt eine öffentliche Körperschaft alteingesessenen Bürger und besitzt bis heute (meist) eine eigene Verwaltung und eigene interne Entscheidungsstrukturen. Die genaue Aufteilung der Kompetenzen zwischen den beiden Gemeindetypen wurde in den folgenden Jahrzehnten ausgehandelt (bspw. in Stadt Bern bis 1852) und erst durch die Vermögensteilung beigelegt. Als Ausgleich für die geringeren politischen Einflussmöglichkeiten, erhalten die Bürgergemeinden die Gemeinschaftsgüter (bspw. Allmenden) und alles Land, welches zum damaligen Zeitpunkt nicht in Privateigentum war (insb. Wald). Den politischen Gemeinden wurden die Flächen zugeteilt, auf denen sich die Strassen, Plätze und öffentliche Verwaltungsgebäuden befanden. Grob gesagt, war zu Beginn der Industrialisierung der Boden daher auf drei wesentliche Akteure folgendermassen aufgeteilt: Private besassen die bebauten Flächen innerhalb des Siedlungskörpers. Die Einwohnergemeinden besassen alle Flächen, die heute als Infrastruktur- und Verwaltungsvermögen bezeichnet werden – somit keine oder nur sehr wenige Baulandreserven. Die Burgergemeinden besassen die ausserhalb des Siedlungskörpers gelegenen Flächen, insb. Wald, Wiesen, Weiden und Allmenden (vgl. Gerber et al. 2011).

Dies trifft auch auf Biel zu. Mit dem Vertrag von 1864 wurde die Vermögen aufgeteilt. Die Burgergemeinde erhielt das umfangreiche Bodeneigentum und musste dafür den politischen Einfluss abgeben. Die Einwohnergemeinden übernahmen die politischen Aufgaben, erhielten aber kein nennenswertes Bodeneigentum.

Dies änderte sich bereits ab 1898. Zu Beginn eher zufällig, danach deutlich systematischer begann die Einwohnergemeinde Land zu kaufen und den Bestand aufzubauen (vgl. Schwab 1996: 130-131). Im Jahr 1947 umfasste städtisches Bodeneigentum bereits 424 ha, wovon 251 ha im Finanzvermögen geführt wurden (vgl. Schwab 1996: 131). In diesem Jahr wurde diese Vorgehensweise organisatorisch institutionalisiert und die Abteilung „Liegenschaftsverwaltung" als Teil der Finanzdirektion gegründet. Die Abteilung führt seitdem die Kauf-, Verkauf- und Baurechtsverhandlungen der Gemeinde sowohl für die Grundstücke im Verwaltungs- wie auch im Finanzvermögen und ist bemächtigt die entsprechenden Verträge zu unterzeichnen (generelle Vollmacht). Im Stadtrat werden dabei „nur noch Geschäften mit einer gewissen Bedeutung behandelt [..]. Die Stimmberechtigten haben nur noch bei ausserordentlich wichtigen Geschäften zu entscheiden" (Schwab 1996: 131).

Entsprechend dieser weitreichenden Befugnisse arbeitete die Abteilung an der Ausweitung des Bestands. Der Umfang vergrösserte sich bis 1996 auf 724 ha insgesamt, wovon 449 ha im Finanzvermögen geführt werden (ebd.). Dies würde in etwa 1/3 des Gemeindeterritoriums entsprechen (Die Umrechnung ist nicht fehlerfrei. Das Bodeneigentum der Stadt Biel liegt zum Teil auch in anderen Gemeindegebieten. Eine präzise Umrechnung ist nicht möglich, da sich die Summen des Bodeneigentums aufgeteilt nach Finanz- und Verwaltungsvermögen (vgl. Schwab 1996: 131) und aufgeteilt nach Gemeindegebiet (vgl. Schwab 1996: 132) widersprechen.). Allerdings ist ein Teil dieses Eigentum nicht auf Bieler Gemeindegebiet. Bezogen auf 1996 sind etwa 40 % des Gesamtbestandes und etwa 50 % des Finanzvermögens ausserhalb von Biel (vgl. Schwab 1996: 132). Dennoch hält die Stadt Biel etwa ein Viertel der Gemeindefläche im öffentlichen Eigentum (vgl. Gerber 2017 et al.: 10).

Die Bieler Bevorratungspolitik folgt dabei dem Grundsatz, dass das öffentliche Bodeneigentum in seinem Gesamtbestand erhalten und je nach wirtschaftlichem Kontext vermehrt werden soll (vgl. Schwab 1996: 125-127). Die Akquisition erfolgt dabei projektunabhängig, häufig bereits Jahrzehnte vor der Entwicklung der entsprechenden Fläche. In Biel werden die so bevorrateten Flächen vor allem zu wohnungspolitischen, aber auch zu weiteren standortpolitischen Zwecken verwendet. „Die öffentliche Hand hat die Förderung des Wohnungsbaus, die Förderung des Wohneigentums und die Bekämpfung von spekulativen Auswüchsen ebenso als Gemeindeaufgabe zu betrachten wie auch die Ansiedlung von Handels-, Gewerbe- und Industrieunternehmungen" (Schwab 1996: 125).

Im Wesentlichen basiert die Bieler Bodenpolitik auf dem Faktor Zeit. Die Gemeinde kauft Flächen auf, lange bevor diese für eine Stadtentwicklung in Frage kommen. Die entsprechenden Bauerwartungen sind zu diesem Zeitpunkt nur gering eingepreist. Nur so kann die traditionell eher finanzschwache Gemeinde marktübliche Preise zahlen, die es bedarf um einen freihändigen Kauf zu tätigen. Dabei verfolgt die städtische Liegenschaftsverwaltung die Strategie, dass Preise bezahlt werden, die „ordentlicherweise im freien Liegenschaftshandel für gleichwertige Grundstücke bezahlt werden" (also der Verkehrswert), ohne jedoch „auf übersetzte Preisforderungen einzugehen" (Schwab 1996: 125). Politisch wird dies nicht nur mit dem Selbstschutz, sondern mit den allgemeinwirtschaftlichen Auswirkungen von Bodenpreissteigerungen begründet.

Die Bieler Bodenbevorratungspolitik zeichnet sich auch durch die konsequente Kombination mit dem privatrechtlichen Baurecht aus (vgl. Gerber 2017). Im Gegensatz zu anderen Gemeinden (bspw. Ulm) wird nach der Einzonung des Landes keine Wiederveräusserung angestrebt. Stattdessen verbleiben die Verfügungsrechte bei der Gemeinde. Um eine rechtssichere Nutzung zu ermöglichen, wird stattdessen das privatrechtliche Baurecht vergeben. Dieses Vorgehen kann aus der öffentlichen, wie auch privaten Perspektive betrachtet werden.

- Aus öffentlicher Sicht ist der Verbleib des Bodens im öffentlichen Eigentum vor allem ein Verhindern des (buchstäblichen) Verbauens des zukünftigen Entscheidungsspielraums. „Damit wird Gewähr geboten, dass auch eine nächste Generation über die künftige Verwendung von Grund und Boden entscheiden kann" (Schwab 1996: 126). Daneben ist es aber auch monetär interessant. „Der garantierte Baurechtszins mit den vorgesehenen Anpassungen sichert der Einwohnergemeinde eine regelmässige Einnahme" (Schwab 1996: 126).
- Aus privater Perspektive ist dieses Verzinsungsmodell auf den ersten Blick unattraktiv, da über die Gesamtdauer üblicherweise mehr bezahlt wird, als mit dem einmaligen Kauf. Besonders für Familien und Erwerbstätige zu Beginn ihrer beruflichen Laufbahn kann dies jedoch dennoch attraktiv sein. Falls das für einen Kauf erforderliche Kapital nicht vorgehalten wird, sind auch beim Kaufmodell Verzinsungen fällig. Im Baurechtsmodell entfallen die hohen Bodengebühren. Mit einem solchen Vorgehen ist somit der Vorteil verbunden, dass die Finanzierungskosten zum Vertragsbeginn deutlich geringer sind, als bei einem Vollerwerb. Statt das Land direkt voll zu bezahlen, erfolgen jährliche Nutzungsentgelte. Besondern für Familien und Erwerbstätigkeit zu Beginn der beruflichen Laufbahn, aber auch für Firmengründungen, ist diese Model attraktiv.

Öffentliche Bodenbevorratungsstrategien werden auch in andere Schweizer Städte verfolgt, wie bspw. der Stadt Basel oder der später ausführlich aufgeführten Beispiele der Städte Emmen und Köniz (siehe Kap. 10.3).

9.11.3   Bodenbevorratungsstrategien anderer Akteure

Eine Bodenbevorratungsstrategie kann auch von anderen Akteuren und auch zu anderen Zwecken verfolgt werden. Private Akteure (bspw. Nichtregierungsorganisationen) nutzen diese Strategie substitutiv oder komplementär zur öffentlichen Politik, bspw. im Bereich des Naturschutzes. Am

Beispiel der amerikanischen Organisation The Nature Conservancy zeigten Gerber und Rissmann auf, dass eine solche eigentumsrechtliche Absicherung anstatt einer öffentlichen Naturschutzpolitik verfolgt werden kann, wobei auch Kombinationen und Zwischenstufen (in Form von Konservierungs-Dienstbarkeiten) möglich sind (vgl. Gerber und Rissman 2012: 1850-1851, Gerber 2012: 294-297). Am Beispiel der schweizerischen Sektion ProNatura wird sogar ersichtlich, dass eine solche Strategie verfolgt werden kann, wenn ein öffentlich-rechtlicher Schutz der Gebiete vorhanden ist und lediglich der zusätzlichen Absicherung zur Vorsorge eines Politikwechsel dient (vgl. Nahrath/Knoepfel/Csikos/Gerber 2009).

Auch viele Burgergemeinden betreiben weiterhin eine langfristige Bodenbevorratungspolitik. Aus dem beschriebenen historischen Kompromiss heraus erhielten sie im 19. Jahrhundert Flächen, die damals ausserhalb der Siedlungskörper lagen. Stadtnahe Flächen sind jedoch durch die Expansion der Siedlungen heute teilweise am Stadtrand und vielfach sogar innerhalb des Siedlungskörpers. Viele Burgergemeinden verfolgen daher die Strategie diese Flächen zu einem gegebenen Zeitpunkt baulich zu entwickeln, wobei hier auch gesellschaftspolitische Zwecke verfolgt werden können (vgl. Gerber et al. 2011).

9.11.4   Organisationsformen

Eine Bodenbevorratung kann dabei in verschiedenen Formen organisiert bzw. rechtlich verankert werden. So ist die Bodenbevorratung in der Stadt Köniz nicht rechtlich vorgeschrieben, sondern politischer Willen der entsprechenden Parteien. Zur Umsetzung werden dann periodisch Kredite beantragt, welche durch eine Volksabstimmung zu legitimieren sind. Demgegenüber stellt Emmen den gegensätzlichen Fall dar. Dort fehlt der politische Wille zur Durchführung einer Bodenbevorratung. Durch eine Volksinitiative wurde dies jedoch als Auftrag rechtlich verankert. Eine Mischform stellt die Bodenbevorratung des Kantons Basel-Stadt dar. Lange Zeit beruhte diese auf dem politischen Willen der entsprechenden Parteien und war bspw. in den Regierungserklärungen politisch – aber nicht rechtlich verbindlich – verankert. Mit der Annahme der Bodeninitiative im Jahr 2016 ist diese Vorgehensweise nun rechtlich im § 50 des Finanzhaushaltsgesetzes verankert.

Neben der politischen bzw. rechtlichen Verankerung variiert auch die rechtliche Ausgestaltung. Zu unterscheiden sind Fonds, Gesellschaften, Stiftungen und Mischformen. Ein Bodenfonds bezeichnet zunächst lediglich Haushaltmittel, die speziell zum Zwecke der Bodenbevorratung bereitgestellt werden.

In der Form eines revolvierenden Fonds werden Erträge aus den Liegenschaften (Zinseinnahmen, aber auch Veräusserungen) wieder zweckgebunden zurückgeführt. Es entsteht ein eigenständiger Finanzpool (Nebenhaushalt), welcher ausschliesslich zweckgebunden verwendet werden darf. Alternativ kann ein Bodenfonds im weiteren Sinne (sog. „atmender Fonds") eingerichtet werden. In diesem Fall erfolgt keine direkte Rückführung der Einnahmen zum Erwerb neuer Flächen. Überschüsse werden in diesem Fall in dem normalen Haushalt abgeführt. Die Befüllung des Fonds erfolgt auf politische Beschlüsse.

Eine reine Form eines revolvierenden Fonds existiert in der Schweiz nicht. Üblich ist lediglich eine Mischform, welche als gemeindeeigenes Unternehmen agiert und daher einen zweckgebundenen, eigenen Haushalt führt. Ein solches Modell betreibt die Stadt Bern. Der „Fonds für Boden- und Wohnbaupolitik" wurde 1985 etabliert und in die Rechtsform eines kommunalen Unternehmens mit Sonderrechnung etabliert. Die demokratische Legitimation erfolgt durch den Einsitz demokratischer Vertreter in den Aufsichtsrat des Unternehmens. Ein Beispiel mit ähnlichem Modell ist die Stadt Köln. Zudem wird dieses Modell auch häufig für spezielle Aufgaben herangezogen, bspw. für die Entwicklung von bestimmten Arealen (Entwicklungsgesellschaft Heidelberg Bahnstadt, Phoenixseegesellschaft Dortmund) oder für die Revitalisierung von bestimmten Brachflächen (bspw.

Landesentwicklungsgesellschaft NRW). In Köniz hingegen werden durch Volksabstimmung Kredite genehmigt, welche vom Stadtrat für den Liegenschaftshandel verwendet werden dürfen. Erträge aus Liegenschaftshandel werden dieser Rechnung wieder hinzugefügt, sodass ein zeitweiser eigener Haushalt entsteht. Die demokratische Legitimation erfolgt in diesem Falle im Voraus. Der kommunale Bodenfonds der Stadt München funktioniert ähnlich. In Emmen werden keine pauschalen Finanzmittel vorderhändig freigegeben. Stattdessen erfolgt die Freigabe immer Anlassbezogen. Der Legitimationsprozess ist vom Wert abhängig und gestaffelt. Bis zu einem Wert von 1 Mio. CHF kann der Gemeinderat (Exekutive) selbstständig agieren. Bei Überschreiten des Wertes bis zu einer Grenze von ca. 10.8 Mio. CHF ist die Zustimmung des Einwohnerrates (Legislative) erforderlich. In beiden Fällen kann das fakultative Referendum ergriffen werden. Geschäfte, die die Grenze von 10,8 Mio CHF überschreiten, bedürfen immer einer Volksabstimmung (obligatorisches Referendum). In Emmen erfolgen die Bodenbevorratung und der Bodenerwerb daher nicht über einen eigenständigen Bodenfonds, sondern durch einzelfallbezogene Haushaltsentscheidungen.

9.11.5   Fazit

„Although property rights arise form a different logic than land-use planning, property is inherently embedded in the political process" (Gerber/Rissmann 2012: 1852). Dieser inhärente Bezug zwischen Raumplanung und Eigentum kann durch eine Bodenbevorratungsstrategie explizit gemacht werden. Der jeweilige Akteur verbindet dabei öffentlich-rechtliche mit privatrechtlichen Möglichkeiten.

Dies ermöglicht einerseits deutlich weiterreichende Steuerungen, insbesondere wenn das Instrument Bodenbevorratung mit dem Instrument des Baurechts verknüpft wird. Andererseits ist ein solches Vorgehen auch mit gewissen Risiken verbunden. Diese sind einerseits finanzieller Art, wie die niederländischen Gemeinden im Rahmen der Immobilienkrise zu spüren bekamen. Andererseits sind auch demokratische Risiken enthalten, da die Strategie kapitalintensiv ist und die konkrete Verwendung der Steuergelder schwer überprüfbar ist. Letztlich besteht auch die Gefahr, dass eine Gemeinde aufgrund der eigentumsrechtlichen Situation planerisch weniger geeignete Flächen einzont, wie dies auch beim Beispiel Galmiz der Fall war (siehe Kap. 1).

9.12   Kommunales Vorkaufsrecht

Eigentümer eines Grundstückes haben in Kontinentaleuropa grundsätzlich das Recht über ihr Eigentum im Rahmen der Rechtsordnung frei zu verfügen (Baufreiheit). Das System der räumlichen Planung wird dieser Auffassung nach als Inhalts- und Schrankenbestimmung angesehen und stellt bezogen auf Bodeneigentum die genannte Rechtsordnung dar. Daraus folgert auch, dass das Planungsrecht lediglich die Möglichkeit zum Bauen einräumt (solange dies nicht begründet und verhältnismässig eingeschränkt wird), nicht jedoch die Pflicht dieses Recht zu nutzen (positive Freiheit).

Aus der Sicht der Planungsträger ergibt sich dadurch eine einseitige Steuerungsmöglichkeit. Entwicklungen können zwar gelenkt werden (insb. bezogen auf Art und Mass der baulichen Nutzung), jedoch können solche Entwicklungen nicht aktiviert (quasi erzwungen) werden, sodass jedem Eigentümer eine Art Vetorecht entsteht. Bei vielen Aufgaben im Sinne des Wohles der Allgemeinheit (bspw. die Wohnraumversorgung) kann dies zu Problemen führen. Die Planungsträger machen mit der Bauleitplanung Angebote an die Bodeneigentümer, die im Sinne der privaten und öffentlichen Belange sind, können aber nicht sicher sein, dass diese Angebote tatsächlich umgesetzt werden. Die tatsächliche Ausnützung dieser Rechte bleibt in der Entscheidungskompetenz der Bodeneigentümer.

Diese begrenzte Steuerungsmöglichkeit stellt im Regelfall kein Problem dar, solange die öffentlichen Interessen weitgehend deckungsgleich mit den Interessen des privaten Grundeigentümers sind und die (besonders ökonomischen) Anreize der baulichen Nutzung einer Fläche zur tatsächlichen Nutzung führen. Zudem können die nutzungsrechtlichen Aspekte vergleichsweise gut gesteuert werden; verfügungsrechtliche Ziele sind jedoch nicht tangiert. So können beispielsweise nicht bestimmte Zielgruppen gefördert werden (Vergabe von Bauland an bestimmte Bevölkerungsgruppen) und die Preisentwicklungen kaum beeinflusst werden. Vor dem Hintergrund dieser Problemstellung erlaubt das Instrument des Vorkaufsrechts den aktiven Eingriff in den Bodenmarkt bspw. durch eine Gemeinde.

Der Mechanismus des Instruments ist dabei einfach. Etwaige Verkaufsaktivitäten werden durch die Gemeinde entsprechend übergeordneter politischer Ziele geprüft. Falls ein Verkauf diesen Zielen widerspricht kann die Gemeinde unter bestimmten Voraussetzungen sich selbst als Käufer in den Kaufvertrag einsetzen. Das dadurch erlangte Grundstück kann dann von der Gemeinde selbst im Sinne der politischen Ziele entwickelt werden, sodass deren Umsetzung sichergestellt ist. Die Umsetzung der planerischen Ziele erfolgt demnach nicht nur auf nutzungsrechtlicher, sondern eben auch auf verfügungsrechtlicher Ebene. Der Städtebau erhält Zugriff auf das Grundstückseigentum, wobei zu beachten ist, dass konsensuale oder andere vertragliche Lösungen Vorrang geniessen. Das Instrument hat somit präventiven Charakter und soll (ähnlich wie die Bauverpflichtung) allein durch das Vorhandensein seine Wirkung entfalten.

9.12.1 Grundstruktur und Ablauf

Der grundsätzliche Ablauf und die wesentlichen Struktur lassen sich in vier Schritten darstellen, die aufeinander aufbauend zu verstehen sind: die Vorkaufsberechtigung, der Vorkaufsfall, die Ausübung des Vorkaufsrechts und der Vollzug.

Die Möglichkeit, dass Gemeinden ein Vorkaufsrecht als bodenpolitisches Instrument nutzen, ist im demokratischen Rechtsstaat an das Vorhandensein einer expliziten Vorkaufsberechtigung gekoppelt. Die konkrete Ausgestaltung ist im nationalstaatlichen und kantonalen Einzelfall unterschiedlich, jedoch kann sich ein Vorkaufsrecht grundsätzlich auf ein Gesetz, einen Vertrag, oder eine Satzung stützen. Ein gesetzliches Vorkaufsrecht ermöglicht den Gemeinden den Zugriff auf die Grundstücke in generell-abstrakten Fällen. Eine Eintragung in das Grundbuch des entsprechenden Grundstücks oder die Zustimmung der Voreigentümer sind nicht notwendig. Beim Vorhandensein aller im Gesetz genannten Bedingungen ist das Vorkaufsrecht grundsätzlich aktivierbar. Dies trifft beispielsweise bei unbebauten Wohngebieten oder bei Baulandumlegung zu. Daneben besteht die Möglichkeit, dass ein Vorkaufsrecht zwischen der Gemeinde und dem Voreigentümer frei verhandelt und vertraglich vereinbart wird. Dies wird auch als Kaufrecht bezeichnet und stellt eine privatrechtliche Vereinbarung dar. Die Gemeinde handelt in diesem Fall als juristische Person auf gleicher Ebene wie der Eigentümer und besitzt keine hoheitlichen Kompetenzen. Durch das Kopplungsverbot ist es unzulässig eine solche Verhandlung an öffentlich-rechtliche Entscheidungen (bspw. über Einzonungen) zu binden. Im Regelfall wird die Gemeinde eine Gegenleistung für das Kaufrecht bieten müssen. Dies kann in Form von Geldleistungen, aber auch Dienstleistungen ausgestaltet sein. Eine Eintragung in das Grundbuch kann das vertragliche Kaufrecht absichern. Schliesslich können Vorkaufsrechte auch mittels Satzung für ein bestimmtes Gebiet oder gar eine einzelne Zelle erlassen werden. Hierzu ist eine legislative Mehrheit notwendig. Zudem müssen weitere Bedingungen erfüllt sein, bspw. ein erheblicher städtebaulichen Missstand (Sanierungssatzung) oder bei einer städtebaulichen Entwicklungsmassnahme (Entwicklungssatzung).

In jedem der drei Vorkaufsberechtigungen ist ein Vorkaufsfall notwendig. Das Vorkaufsrecht kann von einer Gemeinde nur dann aktiviert werden, wenn eine tatsächliche Verkaufsabsicht vollzogen werden soll. Das heisst, dass der aktuelle Eigentümer das entsprechende Grundstück tatsächlich am Bodenmarkt angeboten hat und tatsächlich einen Käufer finden konnte. Die Vertragsverhandlung mitsamt der Bestimmung aller Verkaufskonditionen ist abgeschlossen und vertraglich festgehalten. Nach Abschluss der Verhandlungen sind die Informationen den Gemeinden grundsätzlich zur Verfügung zu stellen, welche wiederum innert einer bestimmten Zeit (in Deutschland: 2 Monaten) die Ausübung des Vorkaufsrechtes (also die Aktivierung des Rechts) beschliessen und zustellen müssen.

In der ortsplanerischen Praxis kann dieser fast banale Verfahrensschritt mit Problemen, bezogen 1. die tatsächliche Verkaufsaktivität, 2. auf die Fristenregelung und 3. bezogen auf die Zustellung, verbunden sein.

1. Das Instrument setzt einen gültigen Kaufvertrag voraus. Dementsprechend sind sowohl eine verkaufsbereite und eine kaufbereite Person zu finden, die sich zudem über konkrete Kaufkonditionen verständigt und dieses Verhandlungsergebnis in einem Vertrag dokumentiert haben. Das Instrument bietet keine Möglichkeit der Einflussnahme, falls eine dieser Bedingungen nicht erfüllt ist, wie dies aufgrund der aktuellen Lage am Finanzmarkt oder auch bei notorischer Baulandhortung der Fall ist. Das Instrument ist daher lediglich als allgemeine Einflussnahme auf den Bodenmarkt und nicht als gezielte Mobilisierung bestimmter Parzellen anwendbar.

2. Die deutsche Fristenregelung von 2 Monaten erscheint für politische Prozesse bereits äussert knapp bemessen. Im realen Ablauf ist diese Frist sogar nochmals deutlich kürzer. Der Fristbeginn wird gerechnet, ab dem Zeitpunkt der Überreichung der vollständigen Kaufurkunde an die Gemeinde durch den Notar (in Auftrage der Vertragspartner). Häufig reichen dieser zunächst jedoch lediglich eine notarielle Mitteilung ein, die die Gemeinde über die allgemeine Verkaufsaktivität aufklärt, ohne dabei alle Verhandlungsinhalte offenzulegen. Diese zurückhaltende Informationspolitik wird mit dem Schutz persönlicher Daten begründet, führt jedoch zu einem massiven Problem für die Gemeinden. Diese müssen dann ,unmittelbar' um die vollständige Urkunde bitten, falls sie genauer Informationen erhalten möchte und sich auch die Möglichkeit der Aktivierung des Vorkaufsrechts erhalten möchte. Dieser ,unmittelbarer Zeitabstand' ist zwar positivrechtlich nicht definiert, dürfte aber nach ständiger Rechtsprechung eher im Bereich von ein oder zwei Wochen bewegen. Sollten die Gemeinden also innerhalb dieser sehr kurzen Frist nicht reagieren, erhalten sie die vollständig Urkunde erst bei Vollzug der Kaufabwicklung (also bei der Eintragung in das Grundbuch), wobei dann die Frist zur Aktivierung des Vorkaufsrecht bereits abgelaufen ist. Somit stehen den Gemeinden also auf dem Papier äusserst knappe 2 Monate zu, in denen die Aktivierung beschlossen werden kann, in der planerischen Praxis wird dies (aufgrund der notariellen Vorgehensweise) sogar nochmals auf wenige Tage verkürzt. Dies insofern bedenklich, als dass diese Aktivierung des Vorkaufsrechts bindend ist. Das heisst, dass eine Gemeinde dann dieses Grundstück auch tatsächlich übernehmen wird. Daher sind umfangreiche Vorprüfungen notwendig, die von einem Wertermittlungsgutachten bis hin zu einer Altlastenuntersuchung reichen. Eine Gemeinde, die Vorkaufsrechte grundsätzlich nutzen möchte, müsste daher all diese Vorprüfung vorbereiten und präventiv durchführen, um innerhalb der kurzen Frist überhaupt handlungsfähig zu sein.

3. Die Bekundung zur Aktivierung des Vorkaufsrecht ist ein Verwaltungsakt und somit grundsätzlich rechtlich anfechtbar. Auch hier sind Fristen zu beachten, welche wiederum ab der Zustellung des Verwaltungsakts beginnen. Diese Zustellung ist daher gerichtsfest zu leisten, was bei komplexen und teilweise unklaren Eigentumsrechten durchaus problematisch sein kann. In der planerischen Praxis trifft dies beispielsweise bei Fällen zu, wo die Eigentumsstruktur aufgrund vielfacher Erblasschaften komplex und ggf. ungeklärt ist. Darüber hinaus ist dies auch zutreffend, wenn die betreffende Liegenschaft in Hand von geschlossenen Immobilienfonds oder ausländischer Unternehmen ist. Diese können zwar (bspw. per Vollmachten) Kaufverträge aushandeln (lassen), sind aber für Gemeinden

im Gegenzug nicht zwangsläufig greifbar, sodass die Zustellung im Einzelfall durchaus problematisch und am Ende rechtlich angreifbar sein kann.

Sind alle diese Hürden beachtet, kann eine Gemeinde das Vorkaufsrecht mittels Verwaltungsakt ausüben. Dabei ist auf die rechtskonforme Formulierung zu achten, da dieser Akt anfechtbar ist und nicht selten vor Gericht überprüft wird. Sind die Fristen abgelaufen oder etwaige Rechtsstreitigkeiten abgeschlossen, kann der Verkauf vollzogen und im Grundbuch entsprechend vermerkt werden. Dies stellt den Abschluss des Verfahrens dar.

9.12.2 Konkrete Ausgestaltung im Recht

Im Schweizer Raumplanungsgesetz ist kein allgemeines Vorkaufsrecht für die öffentliche Hand vorgesehen. Eine Einführung wurde jedoch bereits mehrmals diskutiert. So befand die EJPD-Arbeitsgruppe als „einer der wichtigsten Vorschläge" (EJPD-Arbeitsgruppe 1991: 26), dass ein doppeltes Vorkaufsrecht eingeführt werden sollte. Einmal ein unlimitiertes gesetzliches Vorkaufsrecht für Mieter, um eine breitere Streuung des Eigentums zu erreichen, und zum anderen ein gesetzliches Vorkaufsrecht des Gemeinwesens, um eine aktive, gezielte Bodenpolitik betreiben zu können (ebd.). Eine Umsetzung fanden die Vorschläge nie. Stattdessen wurden etwa nach 20 Jahre erneut diskutiert. Vor dem Hintergrund des angespannten Wohnungsmarkts wurde erörtert, ob ein Vorkaufsrecht zugunsten des gemeinnützigen Wohnungsbaus gesetzlich verankert werden sollte. Das zuständige Bundesamt für Wohnungswesen (BWO) erarbeitete dazu in Zusammenarbeit mit dem Eidgenössischen Justiz- und Polizeidepartement (EJPD) einen Bericht, der die rechtlichen Möglichkeiten prüfte. Im Kern standen dabei die Fragen, ob das Instrument das Ziel der besseren und preisgünstigeren Wohnraumversorgung überhaupt erreichen würde und ob das mit der verfassungsrechtlichen Eigentumsgarantie vereinbar wäre. Beide Aussagen wurden von der Arbeitsgruppe bejaht. Sie schlägt konkret ein fakultatives, preislich nicht limitiertes und vielfältig beschränktes Vorkaufsrecht vor. „Ein solches Instrument könnte sicherstellen, dass die Gemeinde Kenntnis von der Verkaufsabsicht erhält und für einen beabsichtigten Landerwerb ein Vorrecht gegenüber bestimmten Drittinteressenten erhält. Damit würde der boden- und wohnungspolitischen Spielraum der Gemeinden erweitert und ein häufig geäussertes Postulat konkretisiert, wonach den Gemeinden im Zusammenhang mit der Bewältigung wohnungspolitischer Herausforderungen eine zentrale Rolle zukommen, weil diese am besten wüssten, welche Bedürfnisse durch den Markt nicht abgedeckt werden" (BWO 2014: 4). Bezogen auf die Zulässigkeit wird im Bericht festgehalten, „dass mit dem Vorkaufsrecht des Gemeinwesens ein leichter Eingriff in die Eigentumsgarantie und die Wirtschaftsfreiheit erfolgen würde. Das Vorkaufsrecht würde die Umsetzung der in Artikel 108 BV formulierten Aufgaben dienen und wäre durch ein öffentliches Interesse legitimiert. Die anderen Voraussetzungen von Artikel 36 BV, die gesetzliche Grundlage, die Verhältnismässigkeit und die Unantastbarkeit des Kerngehalts wären erfüllt, weshalb der Eingriff zulässig wäre" (ebd.: 14). Nach Prüfung des Berichts entschied der Bundesrat, dass „ein solches Vorkaufsrecht nicht marktneutral und überdies mit einem grossen Aufwand bei Gemeinden und Vertragsparteien verbunden wäre. [...] Diese Nachteile überwiegen aus Sicht des Bundesrates die Vorteile eines solchen Instruments [...]. Der Bundesrat hat deshalb entschieden, das Vorkaufsrecht für Gemeinden vorderhand nicht weiterzuverfolgen" (BR-Mitteilung vom 17.12.2014).

Dies hindert die Kantone jedoch nicht, entsprechende Regelungen zu erlassen. Das Bundesgericht hat dazu im Fall ´Dafflon´[79] entschieden, dass diese Massnahmen auch sehr weitreichend sein können und erwähnte explizit die Möglichkeit eines Vorkaufsrechts: „Wenn das öffentliche Interesse, sei es auch im wesentlichen nur mittelbar im Spiele stehend, wichtig genug ist, kann ein

---

[79] BGE 88 I 170

Kanton durch einen allgemein verbindlichen Erlass (Gesetz) die Enteignung oder eine in ihrer Wirkung der Enteignung entsprechende Massnahme (Vorkaufsrecht) anordnen im Rahmen von im allgemeinen Interesse liegenden Massnahmen auf dem Gebiete der Sozial- oder Wirtschaftspolitik (Erstellung von Wohnungen zu mässigen Preisen), sofern nur die Enteignung sich in gewissen Grenzen hält und das Privateigentum dabei nicht unterdrückt oder ausgehöhlt wird" (BGE 88 Ia 248).

Der Kanton Genf nimmt von dieser Möglichkeit Gebrauch. Im Gesetz über die industriellen Entwicklungszonen[80] wird das Vorkaufsrecht weiträumig eingeräumt. Dort wird bestimmt, dass der Kanton für sämtliche Grundstücke innerhalb der industriellen und gemischtgenutzten Entwicklungszonen ein Vorkaufsrecht hat und die so erlangten Grundstücke an Dritte weiterveräussert werden können (Art. 10 LZIAM). Expliziter Zweck des Instruments ist einerseits die Sicherstellung der Umsetzung und andererseits die Verhinderung von überhöhten Preisen (Art. 11). Bei der Umsetzung des Vorkaufsrechts nach Genfer Recht wird dem Gemeinwesen 60 Tage zur Aktivierung des Rechts eingeräumt (Art. 12 Abs. 4), wobei nochmals explizit auf die Interessen der Betroffenen eingegangen wird (Art. 12 Abs. 3).

Im deutschen Baugesetzbuch sind verschiedene Fälle beschrieben, bei denen ein allgemeines oder besonderes Vorkaufsrecht der Gemeinden aktiviert werden kann. Im zweiten Teil (Sicherung der Bauleitplanung) ist der Thematik ein eigener Abschnitt gewidmet.

Als allgemeines Vorkaufsrecht (nach § 24 BauGB) werden dort generell-abstrakte Fälle beschrieben, in denen die Gemeinde als Käufer eintreten kann. Dies umfasst (1) Flächen, die im FNP für öffentliche Zwecke festgesetzt sind (also bspw. Infrastrukturmassnahmen, aber auch naturschutzrechtliche Ausgleichsmassnahmen), (2) Umlegungsgebiete (wobei hierbei ausschliesslich amtliche Umlegungen zählen, die mit einem förmlichen Umlegungsbeschluss eingeleitet wurden), (3) Sanierungs- oder Entwicklungsgebiete, (4) Stadtumbau- und Erhaltungsgebiete, (5) Aussenbereichsflächen, die im FNP für Wohnbau vorgesehen sind, (6) spezifische Innenbereichsgebiete und (7) Flächen für den vorbeugenden Hochwasserschutz. Zu beachten ist, dass bei den Anwendungsfällen 3 und 4 eine förmliche Festlegung (meist in Form einer Satzung) erforderlich ist. In allen diesen Fällen sind zudem zwei Bedingungen zu erfüllen. Die Ausübung des Vorkaufsrechts ist (nach § 24 Abs. 3) nur dann zulässig, wenn a) das Wohl der Allgemeinheit dies rechtfertigt und b) die Gemeinde den Verwendungszweck des Grundstücks angibt. Hier entsteht für die Gemeinden also eine doppelte Nachweispflicht. Die Rechtfertigung durch das Wohl der Allgemeinheit ist zu begründen und gerichtsfest nachzuweisen. Eine allgemeine Begründung (bspw. Bodenpreisdämpfung) erscheint hier nicht ausreichend. Die Pflicht, dass der konkrete Verwendungszweck anzugeben ist, begrenzt die Anwendung des Vorkaufsrechts zudem auf einen späten planerischen Zeitpunkt. Eine allgemeine öffentliche Bodenbevorratungsstrategie kann hieraus nicht abgeleitet werden. Stattdessen ist eine konkrete städtebauliche Gestaltungsidee als Voraussetzung anzusehen. Dies kann bspw. in Form eines städtebaulichen Wettbewerbs oder durch einen (ggf. im Entwurf befindlichen) Bebauungsplan erfolgen. Beides ist allerdings vorgängig zu leisten und kann nicht in der äusserst knapp bemessenen Frist (siehe oben) geschehen.

Neben dem gesetzlichen Vorkaufsrecht sieht das deutsche BauGB auch Fälle für ein Vorkaufsrecht bezogen auf Satzungen vor, sog. besondere Vorkaufsrechte. Namentlich werden hier zwei Fälle genannt. Eine Satzung für unbebaute Grundstücke im Geltungsbereich eines Bebauungsplans (§ 25 Abs. 1) und für Flächen in denen städtebauliche Massnahmen in Betracht gezogen werden (Abs. 2). Ersteres zielt grundsätzlich auf die Mobilisierung von Baulücken, wobei dies aus zweierlei Konstruktionsgründen kaum praktische Wirkung entfalten kann. Zunächst ist bei Baulücken selten von einer Verkaufstätigkeit auszugehen. Zum anderen sind Baulücken (insbesondere

---

[80]   Loi générale sur les zones de développement industriel ou d'activités mixtes (LZIAM) vom 13. Dezember 1985 L-1-45

kriegsbedingten Baulücken in den Stadtzentren) häufig gerade nicht in durch einen Bebauungs-plan erfasst, sondern werden nach deutschen Planungsrecht als sog. ´34er Bereich´ (also nach § 34 BauGB) ohne Bebauungsplan behandelt. Die verbleibende Schnittmenge dieser beiden Aspekte dürfte verschwindend gering sein. Die in Absatz zwei genannten städtebaulichen Massnahmen, die in Betracht gezogen werden, sind dagegen sehr offen formuliert. In Frage kommen hier aller-lei Planungen und Konzeptionen, die zudem nicht beschlossen, sondern lediglich ´in Betracht gezogen werden´ müssen. Hier eröffnet sich für Gemeinden ein grosser instrumenteller Spiel-raum, der bei entsprechendem strategischem Vorgehen weitreichend sein kann. Zumal die weite-ren Anforderungen bei besonderen Vorkaufsrechten zwar ähnlich, aber in einem entscheidenden Detail abweichend gegenüber den allgemeinen Vorkaufsrechten formuliert sind. Nach § 25 Abs. 2 ist das Vorkaufsrecht wiederum durch das Wohl der Allgemeinheit zu rechtfertigen. Darüber hinaus ist der Verwendungszweck ebenfalls anzugeben, wobei hier die Einschränkung gemacht wird, dass dies nur im Umfang zu leisten ist, wie das zu diesem Zeitpunkt überhaupt möglich ist. Von der absoluten Formulierung bei den allgemeinen Vorkaufsrechten wurde also abgesehen.

Neben diesen allgemeinen und besonderen Vorkaufsberechtigungen sind im deutschen Recht auch Fälle formuliert, bei denen ein Vorkaufsrecht ausgeschlossen wird. Dies betrifft vor allem zwei Personengruppen. So ist ein Vorkauf durch die Gemeinde ausgeschlossen, wenn der Käufer in direkter Verwandtschaft zum Verkäufer steht (§ 26 Abs. 1) oder an öffentlich-rechtliche Kör-perschaften (bspw. Militär oder Kirchen) (Abs. 2) abgegeben werden soll. Auch Grundstücke, die im Planfeststellungsverfahren (Abs. 3) oder zweckmässig bebaut sind (Abs. 4) sind ausgeschlos-sen. Da das Instrument des Vorkaufsrechts in Deutschland nur die Herstellung der zweckgemäs-sen Nutzung, nicht aber die Veränderung der eigentumsrechtlichen Situation bezweckt, kann der Vorkauf auch abgewendet werden (§ 27). Hierzu muss sich der Käufer zur zweckgemässen Ver-wendung innerhalb einer zumutbaren Frist verpflichten. Da in diesem Falle die planerische Ver-wendung sichergestellt wird, ist vom eigentumsrechtlichen Eingriff abzusehen.

Im Gegensatz zu den Regeln der Enteignung, kann das Vorkaufsrecht auch Zugunsten Dritter ausgeübt werden (§ 27a). Die Gemeinde kann also mit ihrem hoheitlichen Instrument das Grund-stück zugreifen und es dann direkt an eine Dritte Person geben. Der Kaufvertrag wird in diesem Falle direkt zwischen dem Verkäufer und der Dritten Person getätigt (Abs 2). Die Gemeinde hat lediglich die Haftung inne und muss daher grundsätzlich selber kein Geld mobilisieren (ebd.). Wichtig ist dabei, dass dieser Dritte in der Lage sein muss, die zweckmässige Nutzung des Grund-stücks tatsächlich innerhalb einer angemessenen Frist herzustellen und sich dazu auch vertraglich verpflichtet (Abs 1). Sollte dies nicht geschehen, wird das Grundstück rückenteignet (Abs. 3).

In den verfahrenstechnischen Paragrafen findet sich ein sehr interessantes Detail, nämlich das sog. ´preislimitierte Vorkaufsrecht´ (nach § 28 Abs. 3). Grundsätzlich wird die Gemeinde bei der Ausübung des Vorkaufsrechts als Käufer eingesetzt. Damit übernimmt sie auch die Konditionen des Kaufvertrages, also insbesonders auch den vereinbarten Kaufpreis. Von diesem Grundsatz kann jedoch abgewichen werden: Die Gemeinde kann „den zu zahlenden Betrag nach dem Ver-kehrswert des Grundstücks im Zeitpunkt des Kaufes bestimmen, wenn der vereinbarte Kaufpreis den Verkehrswert in einer dem Rechtsverkehr erkennbaren Weise deutlich überschreitet" (§ 28 Abs. 3 Satz 1). Wenn also ein Kaufvertrag einen deutlich erhöhten Kaufpreis vorsieht, kann die Gemeinde einschreiten, sich als Käufer einsetzen und letztlich lediglich den gutachterlich be-stimmten allgemeinen Verkehrswert (Bodenrichtwert) zahlen. Mit diesem Mechanismus können deutliche Preissteigerungen unterbunden werden. Von praktischer Bedeutung ist dabei die unge-klärte Definition von der ´deutlichen´ Überschreitung. Dies ist nicht abschliessend geklärt. Aber umgekehrt hat der Bundesgerichtshof bereits in den 1960er Jahren geurteilt, dass die realistische

Bestimmung eines Verkehrswerts nur mit einer Ungenauigkeit von bis zu 20 % möglich ist[81]. Als deutliche Überschreitung kommen daher erst Werte darüber in Frage. In jedem Fall ist die Wertbestimmung gutachterlich zu dokumentieren, wodurch wiederum ein Problem mit den oben genannten Fristen entsteht. Im Falle dieses preislimitierten Vorkaufsrechts hat der Verkäufer zudem das Recht, von dem Kaufvertrag zurückzutreten (Abs. 3 Satz 2), wodurch der Verkaufsfall als Vorbedingungen entfällt und die Ursprungssituation wiederhergestellt wird.

9.12.3   Fazit: Ein grundsätzlich starkes Instrument, aber strategische Einbindung notwendig

Das Instrument des Vorkaufsrechts ist in der Konzeption des Planungssystems ein weitreichendes Instrument. Insbesondere die deutsche rechtliche Ausgestaltung lässt eigentlich eine breite Anwendung und starke präventive Wirkung zu. Das Schweizer Planungsrecht ist demgegenüber etwas restriktiver, aber enthält dennoch realistische Anwendungsfälle. In der planerischen Praxis kann das Instrument jedoch keine ebenbürtige Wirkung entfalten. Dies liegt zum einen in der grundsätzlichen Konzeption und zum anderen an kleinen, aber wesentlichen Details des Verfahrens. In der grundsätzlichen Konzeption ist zu bedenken, dass neben der rechtlichen Grundlage auch immer ein tatsächlicher Verkaufsfall die Voraussetzung eines Vorkaufsrechts darstellt. Damit ist das Instrument für den 'klassischen' Fall der Baulandhortung unbrauchbar. Ein Zugriff auf Grundstücke kann lediglich in dynamischen Bodenmärkten ermöglicht werden, wobei hier insbesondere die Ausgestaltung des preislimitierten Vorkaufsrechts im Sinne der Planungsziele interessant ist. In den verfahrenstechnischen Details liegen ebenfalls hohe Hürden für die Anwendung. Die Ausgestaltung nach deutschem Recht zwingt die Gemeinde dazu, weitreichende präventive Arbeit zu leisten, da andernfalls innerhalb der kurzen Frist (von 2 Monaten auf dem Papier, bzw. wenigen Tagen in der Praxis) keine fundierte Entscheidung getroffen werden kann. Die Variante des preislimitierten Vorkaufsrechts ist ebenfalls von hoher präventiver Bedeutung. Allerdings sind auch hier Einschränkungen zu machen. Zum einen muss die Gemeinde einen sehr präzisen Einblick in den Bodenmarkt und insb. in die Verkehrswerte haben (was im Schweizer Bodenrecht nicht flächendeckend vorgesehen ist). Zum anderen kann sich der präventive Charakter nur entfalten, wenn von der Ausübung des Vorkaufsrechts auch im Zweifel tatsächlich Gebrauch gemacht wird. Insgesamt ist das Instrument von der Konzeption darauf angelegt, dass die zweckmässige, sprich plankonforme Nutzung des Bodens hergestellt wird. Der eigentumsrechtliche Charakter ist lediglich instrumenteller Natur. Eine Kombination mit einer Bodenbevorratungsstrategie ist nicht vorgesehen und nach deutschem Recht ausgeschlossen.

9.13   Bodenpolitische Enteignung

Der Begriff Bodenpolitik findet sich auch im Rahmen des Enteignungsrechts wieder. So wird der unbestimmte Rechtsbegriff des öffentlichen Interesses im Kontext des Planungsrechts in der Rechtsprechung dahingehend interpretiert, dass u.a. bodenpolitische Interessen eine Enteignung notwendig machen und rechtfertigen können. Eine konkretere Definition erfährt der Begriff dabei jedoch nicht.

Aufgabe der Raumplanung ist die Vertretung öffentlicher Interessen bezogen auf die Ressource Boden. Um diese Interessen durchsetzen zu können, räumt die Bundesverfassung weitreichende Kompetenzen ein, die die Nutzung und Verfügung des Privateigentums beschränken. Nach Art. 36 BV besteht unter bestimmten Voraussetzungen die Möglichkeit, die Eigentumsrechte einzuschränken (materielle Enteignung) oder gar vollständig aufzuheben (formelle Enteignung). Die Möglichkeit ist verknüpft mit der Anforderung, dass bei Enteignungen oder Eingriffen, die einer Enteignung

---

[81]   Diese Einschätzung ist im BFH-Beschluss von 2002 bestätigt worden. Siehe BFH-Beschluss vom 22.5.2002 (II R 61/99) BStBl. 2002 II S. 598.

gleichkommen, eine volle Entschädigung zu zahlen ist, um so zumindest die Wertgarantie zu erhalten. Neben den Erfordernissen der Gesetzmässigkeit und der gesetzlichen Grundlage, ist ein öffentliches Interesse erforderlich, welches ebenfalls einen Hinweis auf den Begriff der Bodenpolitik liefert. Das öffentliche Interesse ist dabei sowohl als Bedingung als auch Rechtfertigung eines Eingriffs in das Grundrecht auf Eigentum. Der Rechtsbegriff des öffentlichen Interesses ist jedoch unbestimmt und unterliegt der Interpretation der bundesgerichtlichen Rechtsprechung. „Der Entscheid über das, was im öffentlichen Interesse liegt, ist essentiell politischer Natur, ja der politische Entscheid par excellence. Wandlungen in der Deutung des Begriffs reflektieren stets eine gewandelte Auffassung von den Aufgaben des Staates." (Saladin 1982: 352).

Mit der Etablierung des Eigentumsschutzes auf verfassungsrechtlicher Ebene wurde gleichzeitig auch die Möglichkeit der Beschränkung oder gar des Entzugs von Eigentum eingeräumt, sobald und soweit ein überwiegendes öffentliches Interesse vorliegt. Im Zivilrecht bestand dieses Rechtsverfahren bereits deutlich länger (siehe Kap. 8.3), doch erst durch die Annahme der Bodenrechtsartikel im Jahr 1969 wurde dies in der Bundesverfassung verankert. Das öffentliche Interesse findet sich dabei in Absatz 2 der folgenden eingeführten Regelung (Art. 22ter) wieder:

> Art. 22ter BV (1969)
> 1 Das Eigentum ist gewährleistet.
> 2 Bund und Kantone können im Rahmen ihrer verfassungsmässigen Befugnisse auf dem Wege der Gesetzgebung im öffentlichen Interesse die Enteignung und Eigentumsbeschränkung vorsehen
> 3 Bei Enteignung und bei Eigentumseinschränkungen, die einer Enteignung gleichkommen, ist volle Entschädigung zu leisten.

Die moderne Fassung (nach 1999) wird in diesem Punkt noch deutlicher:

> Art. 36 BV (1999)
> 1 Einschränkungen von Grundrechten bedürfen einer gesetzlichen Grundlage. Schwerwiegende Einschränkungen müssen im Gesetz selbst vorgesehen sein. Ausgenommen sind Fälle ernster, unmittelbarer und nicht anders abwendbarer Gefahr.
> 2 Einschränkungen von Grundrechten müssen durch ein öffentliches Interesse oder durch den Schutz von Grundrechten Dritter gerechtfertigt sein.
> 3 Einschränkungen von Grundrechten müssen verhältnismässig sein.
> 4 Der Kerngehalt der Grundrechte ist unantastbar.

Die jeweiligen Absätze fordern also ein öffentliches Interesse sowohl als Bedingung als auch als Rechtfertigung, ohne den Rechtsbegriff näher zu bestimmen. In der Rechtsprechung wird dieser Verweis so weit ausgelegt, sodass grundsätzlich „jedes öffentliche Interesse geeignet [ist], einen Eingriff in das Eigentum zu rechtfertigen, sofern das angestrebte Ziel nicht rein fiskalischer Art ist oder gegen andere Verfassungsnormen verstösst." (Hänni 2008: 38). Ähnliche Verweise enthalten auch einige kantonale Planungsgesetze, bspw. in St. Gallen (Art. Art. 28 RS-SG 731.1) oder Neuenburg (Art. 86 LCAT; RS-NE 701.0).

Die im positiven Recht verankerten öffentlichen Interessen beziehen sich insbesondere auf die Planungsgrundsätze des nominellen Planungsrechts nach Art. 3 RPG, wie Landschaftsschutz und Siedlungsbegrenzung, und die Belange nach funktionalem Planungsrecht, wie Walderhaltung (Art. 77 BV und Art. 5 WaG) Gewässerschutz (Art. 76 BV) und Umweltschutz (Art. 74 BV) (vgl. Hänni 2008: 43). Übertragen auf Aufgaben und Konflikte im Bereich der Raumplanung wird der Begriff öffentliches Interesse dahingehend interpretiert, dass neben baupolizeilichen und positivrechtlichen Anliegen auch Eigentumseingriffe mit sozialpolitischen, ästhetischen oder bodenpolitischen-wohlfahrtsstaatlichen Zwecken gesetzlich zu verstehen sind (Hänni 2008: 38-39).

Ohne den Begriff der bodenpolitischen Zwecke weiter zu definieren, nennt Hänni einige Beispiele, die aus rechtlicher Sicht im Sinne eines bodenpolitischen Interesses zu begründen sind. Die Spanne reicht dabei von gesellschaftlich gewünschter Einflussnahme auf die Siedlungsmorphologie, über die Vielfältigen Konflikte im Umgang mit Bauzonen, über Schutzgedanken bis hin zu Werbung im öffentlichen Raum (Hänni 2008: 39f: weitere Beispiele Saradin 1: 340ff). Diese beeindruckende Sammlung an Rechtsurteilen, welche im Sinne eines bodenpolitischen Interesses einen Eingriff in privates Eigentum legitimiert haben, lässt jedoch keine Rückschlüsse auf die Natur des Begriffs Bodenpolitik zu. Insbesondere mit Blick auf eine mögliche Abgrenzung zu „planerischen Interessen" (also positivrechtliche öffentliche Interessen im Sinne der Ziele und Grundsätze der Raumplanung) erscheint kaum möglich.

Somit kann festgehalten werden, dass die Rechtsprechung den Begriff der bodenpolitischen Interessen verwendet, ohne eine nähere Begriffsbestimmung und eine Abgrenzung zu raumplanerischen Interessen zu tätigen, und umschifft damit nur den unbestimmten Rechtsbegriff des öffentlichen Interesses.

Rechtsurteile mit Bodenpolitik:

- BGE 83 I 69: Liegenschaftskauf, Landreserve, „Die Gemeinde benötige für öffentliche Hochbauten, Strassen, Plätze und Anlagen und zur Förderung des sozialen Wohnungsbaus Grund und Boden, könne aber mit dessen Ankauf jeweils nicht zuwarten, bis ein ausgereiftes Projekt vorliege. Um eine dem allgemeinen Interesse entsprechende, einer allseitigen Ortsplanung dienende Bodenpolitik verfolgen zu können, müsse sie sich eine gewisse Landreserve sichern." S. 70
- BGE 135 II 416 „Gegen den Unternutzungsabzug wird indessen aus bodenpolitischer Sicht grundsätzlich eingewendet, dass er nicht den haushälterischen Umgang mit Wohnraum fördert" S. 422
- BGE 132 I 157 „Aus dem Gedanken der Wohneigentumsförderung und der Notwendigkeit einer Wohnung hat das Bundesgericht vielmehr abgeleitet, dass die Unterscheidung zwischen Eigentümern, die ihre Liegenschaft als Hauptwohnsitz nutzen, und Zweitwohnungseigentümern zulässig ist (Urteil vom 13. April 1983 i.S. AVLOCA gegen Kanton Waadt, publ. in: StR 39/1984 S. 135, E. 5e). Für diese Unterscheidung spricht auch, dass das verfassungsmässig vorgesehene Konzept der Wohneigentumsförderung (Art. 108 BV, früher: Art. 34sexies aBV; vgl. auch Art. 31 KV/GL) sich nicht auf Zweitwohnungen erstreckt, weil hier gewisse Zielkonflikte mit der haushälterischen Bodennutzung (namentlich bei langem Leerstand der Zweitwohnungen) bestehen. In diesem Zusammenhang führte ein tiefer Eigenmietwert für Zweitwohnungen zu dem bodenpolitisch unerwünschten Anreiz, eine Zweitwohnung eher leer stehen zu lassen, statt sie zu vermieten und damit eine höhere Besteuerung zu riskieren. Entsprechend sind Zweit- und Ferienwohnungen ausdrücklich vom Anwendungsbereich des Wohnbau- und Eigentumsförderungsgesetzes vom 4. Oktober 1974 (WEG; SR 843) ausgeschlossen (Art. 2 Abs. 3 WEG; vgl. auch Bericht der Expertenkommission zur Prüfung des Einsatzes des Steuerrechts für wohnungs- und bodenpolitische Ziele [Expertenkommission Locher], Bern 1994, S. 8 und 44; ANTON ALFRED AMONN, Besteuerung von Zweitwohnungen, Diss. Bern 1997, S. 212 f.)." S. 165

Die Urteile fassen demnach den Begriff Bodenpolitik deutlich weiter, als dies in der vorliegenden Arbeit verstanden wird (siehe Kap. 2.2). So werden auch haushaltspolitische Ziele in diesen Bereich gefasst.

Die Enteignung ist demnach grundsätzlich als bodenpolitisches Instrument anzusehen und wird vice versa teilweise sogar mit bodenpolitischen Zielsetzungen begründet. Eigentumsrechtlich stellt es den extremsten Fall eines Instruments dar indem die Rechte an einer Parzelle vollständig entzogen werden. Im rechtsstaatlichen Kontext ist die Enteignung daher an hohe Hürden geknüpft und nach Schweizer Rechtsauffassung nur in wenigen Fällen möglich. Neben der vergleichsweise üblichen infrastrukturellen Enteignung ist daher die städtebauliche und sogar bodenpolitische Enteignung möglich, aber selten. Zudem ist der Begriff Bodenpolitik in diesem Zusammenhang nicht definiert und wird von den unterschiedlichen Gerichten unterschiedlich verstanden.

9.14   Übersicht der bodenpolitischen Instrumente

Abschliessend folgt ein kurzer Überblick der vorgestellten bodenpolitischen Instrumente. Es sei nochmals darauf hingewiesen, dass es sich dabei um eine Auswahl an Instrumenten handelt, die naturgegeben weder vollständig noch umfassend sein kann. Die Vielfalt der Ausgestaltungsmöglichkeiten der jeweiligen Instrumente im föderalen System der Schweiz erschwert dies nochmals exponentiell. Die ausgewählten Instrumente lassen sich in vier Gruppen gliedern, die aufgrund der grundsätzlichen Wirkungsmechanismen begründet sind:

Die erste Gruppe umfasst Instrumente, die das Verhalten der Zielgruppe beeinflussen, ohne die Nutzungs- oder Verfügungsrechte zu verändern. Dies umfasst die Einflussnahme durch finanzielle Anreize, bspw. Steuern. Direkte Bodenbesteuerung kann dabei je nach politischem Ziel unterschiedlich ausgestaltet sein und nochmals unterschiedlich wirken. Während Steuern stetige Abgaben sind, können auch finanzielle Anreize verwendet werden, die einmalig erhoben werden, wie dies beim Mehrwertausgleich der Fall ist. Die Ausgestaltung nach eidgenössischem Recht ist dabei im Zuge der RPG-Revision deutlich präzisiert worden. Dennoch ist die Regelung als Minimal-Lösung anzusehen, da lediglich Vermeidungsmöglichkeiten im Gesetz geschlossen wurden. Die Optimierung der Steuerungseffekte stand nicht im Vordergrund. Schliesslich sind auch Interessengemeinschaften (in Form von Business Improvement District) anwendbar, die auf koordiniertes Handeln der privaten Akteure abzielen. Die schweizerische Form des Gassenclubs enthält dabei den wesentlichen Mechanismus der Zwangsmitgliedschaft nicht, sodass weiterhin Trittbrettfahrereffekte möglich sind und so die Einflussnahme auf die Zielgruppe erheblich reduziert wird.

Die zweite Gruppe umfasst Instrumente, die das Verhalten der Zielgruppe beeinflussen, indem die Nutzungsrechte am Boden verändert werden. Dies umfasst den klassischen Bereich der Nutzungszonenplanung. Vorgestellt wurde dabei die Form der Sondernutzungsplanung, die Abweichungen von der Regelbauweise zulässt und die planungsrechtliche Situation einer Parzelle zum Verhandlungsgegenstand zwischen öffentlicher Hand und privatem Akteur macht. Als weiteres Instrument können auch gezielte Veränderungen der Zonenzugehörigkeit vorgenommen werden, wobei eine Vielfalt an Möglichkeiten vorherrscht. Betrachtet wurden solche, wo die ursprüngliche Baumöglichkeit zurückgenommen wird. Dies umfasst sowohl die Herausnahme der Parzelle aus der Bauzone (sog. Auszonung), die Nichtigkeit der ursprünglichen Zuweisung (sog. Nicht-Einzonung), als auch die Umwandlung in eine rechtlich kaum definierte neue Art von Zone, der Reservezone. In diesem Zusammenhang ist auch die Planungszone zu nennen, die jedoch keine Nutzungszone im eigentlichen Sinne, sondern ein zeitlich befristetes Instrument zur flächenhaften Veränderungssperre darstellt und daher lediglich als prozessuales Instrument zur Absicherung der

Handlungsfreiheit der öffentlichen Hand zu verstehen ist. Dieses Instrument ist daher auch stets mit anderen Instrumenten zu kombinieren.

Die dritte Gruppe umfasst Instrumente, die das Verhalten der Zielgruppe beeinflussen, indem die Verfügungsrechte am Boden verändert werden. So können planerische Ziele erreicht werden, indem die Verfügungsrechte am Boden von den Verfügungsrechten am Gebäude getrennt werden (sog. Baurecht). Potenziellen Nutzern wird damit der Zugang zum Boden ermöglicht, ohne dass der gesamte Bodenwert zu Anfang aufgebracht werden muss. Für die Baurechtsgeber (bspw. die Gemeinde) besteht der Vorteil, dass der langfristige Zugriff auf die Parzelle erhalten bleibt und zudem bestimmte Kontroll- und Ausgleichsmöglichkeiten bestehen. Das Instrument der Baulandumlegung passt die Verfügungsrechte (bzw. konkret: die geodätische Abgrenzung der Verfügungsrechte) an die Erfordernisse der Pläne an und ermöglicht so deren Umsetzung. Die Bauverpflichtung ist einen Schritt weitreichender. Die Planumsetzung wird dabei nicht nur ermöglicht, sondern gar erzwungen. Den Bodeneigentümern bleiben bestimmte Fristen zur baulichen Nutzung des Bodens und droht andernfalls eine hoheitliche Planumsetzung mit Rechtsfolgen, die sogar den Entzug der Verfügungsrechte (Enteignung) beinhalten können.

Die vierte und letzte Gruppe umfasst Instrumente, die das Verhalten der Zielgruppe beeinflussen, indem die Verfügungsrechte am Boden neu verteilen werden. Dies kann durch aktive Beteiligung am Bodenmarkt und durch privatrechtliche Verträge geschehen. Die Gemeinde (oder auch ein anderer Akteur) verfolgt in diesem Falle eine Strategie der Bevorratung von Boden, um diesen dann zu gegebenem Zeitpunkt und in Abhängigkeit der jeweiligen Ziele verfügbar zu haben. Um die Preisentwicklung am Bodenmarkt grundsätzlich und ggf. auch gegen den Willen der privaten Akteure zu dämpfen, kann ein hoheitliches Vorkaufsrecht verwendet werden. Hierbei gilt wie schon bei der Bauverpflichtung, dass die erhoffte Wirkung rein durch die Anwendbarkeit und nicht erst durch die konkrete Anwendung eintritt. Schliesslich steht auch der vollständige Entzug der Verfügungsrechte als Instrument zur Verfügung. Die Anwendung ist jedoch auf bestimmte Fälle reduziert, wobei bodenpolitische Zielsetzungen explizit als Enteignungsgrund genannt werden.

10. Befunde zum Wirkungsmechanismus aktiver Bodenpolitik

Die Befunde zum Wirkungsmechanismus aktiver Bodenpolitik stützen sich auf die vier dargestellten Bausteine. Das vorliegende Kapitel folgt grundsätzlich diesem Aufbau. Zunächst werden daher die Ergebnisse der Fernerkundung präsentiert, welche Rückschlüsse zur städtebaulichen Qualität von Lebensmittel-Discounter-Filialen in der Schweiz ermöglichen (Kap. 10.1). Es folgen die Ergebnisse des Fragebogens, welche erste Hinweise zu planungs- und bodenpolitischen Vorgehensweisen der Gemeinde enthalten (Kap. 10.2). Auf Grundlage dieser beiden Bausteine werden dann die Fallstudien identifiziert. Deren Darstellung erfolgt integriert (Kap. 10.3), d.h. es werden sowohl die Erkenntnisse aus den Ortsbegehungen, als auch die Erkenntnisse aus den Experteninterviews und und der Dokumentenanalyse zusammengefasst dargestellt.

10.1 Evaluation der städtebaulichen Qualität von Schweizer LM-Discounter Filialen (Baustein A): Darstellung der Ergebnisse der Fernerkundung

Die Darstellung der Ergebnisse der Fernerkundung gliedert sich in fünf Abschnitte. Zunächst werden die Metadaten bzgl. der Stichprobe und der Rahmendaten aufgeführt (Kap. 10.1.1). Wie im methodischen Kapitel aufgezeigt und begründet (siehe Kap. 6.3), werden die erhobenen Kennzahlen in quantitative (Kap. 10.1.2) und qualitative Werte (Kap. 10.1.3) eingeteilt. Die Ergebnisdarstellung folgt dieser Einteilung. Die Verknüpfung der jeweiligen Ergebnisse folgt in einem separaten Abschnitt (Kap. 10.1.4), ehe eine allgemeine Einschätzung erarbeitet wird (Kap. 10.1.5) und die daraus folgenden Konsequenzen für den Baustein B abgeleitet werden (Kap. 10.1.6).

10.1.1 Beschreibung der Stichprobe und der Rahmendaten

Nach eigenen Angaben betreiben die Unternehmen zum Stichtag 31.12.2016 175 Aldi- bzw. 100 Lidl-Filialen in der Schweiz. Zur Untersuchung dieser Filialen wurde auf Orthobilder des Bundesamtes für Landestopographie (swisstopo) zurückgegriffen. Hierdurch wird eine Analyse anhand der funktional-räumlichen Struktur über die große Anzahl an Filialen ermöglicht. Die planungsrechtliche Situation kann hieraus nicht abgeleitet werden. In 256 Fällen waren die Aufnahmen ausreichend aktuell und ausreichend aufgelöst, um detaillierte Messungen vorzunehmen. Die Bilder von swisstopo werden im dreijährigen Zyklus nachgeführt und stammen aus den Jahren 2012-2014. Die Bodenauflösung der Bilder beträgt grundsätzlich 25 cm je Pixel (sog. SwissImage25). Für die urbanen Regionen sind höhere Auflösungen von 10 cm je Pixel verfügbar. Die Bilder in den Bergregionen sind hingegen hochkalkuliert auf 25 cm basierend auf Aufnahmen mit einer Auflösung von 50 cm je Pixel.

Verglichen mit den Eigenangaben der Unternehmen konnten also gesamthaft etwa 93 % der Filialen (165 Aldi- und 91 Lidl-Filialen) in die nachfolgende Abschätzung einfliessen. Die Discounter befinden sich in 190 verschiedene Gemeinden. Dies entspricht lediglich 8 % der schweizerischen Gemeinden, in denen jedoch etwa 40 % der ständigen Wohnbevölkerung wohnen. Bezogen auf die Bevölkerungsanzahl liegt die Filialdichte in der deutschsprachigen Schweiz mit 3,78 Filialen je 100.000 Einwohner etwas höher als in den französischsprachigen (2,60) bzw. italienischsprachigen (2,12) Landesteilen. Die Kantone mit höchster Filialdichte sind Thurgau (6,30), Solothurn (5,58) und Uri (5,54). Die geringste Filialdichte ist in den grenznahen Kantonen Schaffhausen (1,24), Genf (1,02) und Neuenburg (0,56) zu finden. Im Kanton Appenzell Innerrhoden gibt es keine einzige Discounter-Filiale. Die Gemeinde mit der kleinsten Einwohnerzahl und einem Discounter ist Honau (Kanton Luzern) (376 Einwohner/innen). Zürich (390.000 E) ist erwartungsgemäß die größte Gemeinde. Lugano (62.000 E) (Kanton Tessin) ist die einwohnerstärkste Gemeinde, die keinen Discounter hat.

10.1.2   Räumliche Verteilung der Discounter-Klassen

Die Daten erlauben eine Überprüfung von Mustern in der räumlichen Verteilung der Discounter-Klassen. Zur Kategorisierung des Raumes werden dazu die Gemeindetypologie des BfS und des ARE herangezogen (BfS 2000: 116-134). Diese unterteilt die Gemeinden in der Schweiz in neun Haupttypen. Die Daten sind zwar leicht veraltet und beruhen auf der Volkszählung im Jahr 2000, können als räumlicher Indikator dennoch herangezogen werden. Im Falle von Gemeindefusionen wurde der aktuelle Stand von Ende 2016 herangezogen.

GEMEINDETYP	ANZAHL GEMEINDEN (2000)	ANZAHL FILIALEN (2016)
Zentren	69	81
Suburbane Gemeinden	332	106
Einkommensstarke Gemeinden	88	0
Periurbane Gemeinden	464	22
Touristische Gemeinden	164	4
Industrielle und tertiäre Gemeinden	349	28
Ländliche Pendlergemeinde	632	4
Agrar-gemischte Gemeinden	494	8
Agrarische Gemeinden	304	0
Summe	2.896	253*

Tabelle 47: Verteilung der Discounter-Filialen nach BfS-Gemeindetyp. Quelle: Eigene Darstellung.
*Bei drei Filialen konnte mittels Fernerkundungsdaten keine eindeutige Beschreibung es Mirko-Standortes erfolgen, sodass nur eine unvollständige Beschreibung auf alleiniger Grundlage des Marko-Standortes durchgeführt werden konnte. Die Filialen konnten keiner Klasse zugeordnet werden und erscheinen daher lediglich in der Summenzahl.

Dieser Verteilung nach konzentrieren sich die meisten Filialen auf die Zentren und die suburbanen Gemeinden (siehe Tabelle 47). Fast drei Viertel aller Filialen sind in diesen Gemeinden. Mit einigem Abstand folgen Periurbane und industriell-teritäre Gemeinden mit jeweils etwa 10 %. In den weiteren Gemeindetypen, die immerhin etwa 58 % der Gemeinden ausmachen, sind nur vereinzelt Discounter-Filialen zu finden. Hier zeigt sich die ungleiche administrative Einteilung der Schweiz. Die vielen Kleingemeinden machen zwar die überwiegende Anzahl aus, sind aber bezogen auf die Einwohnerzahl in der Minderheit und daher für Detailhändler nicht gleichbedeutend von Interesse.

Auffällig ist allerdings, dass keine einzige Filiale in einer sog. einkommensstarken Gemeinde vorhanden ist. Da diese Gemeinden vor allem durch ihre überdurchschnittliche sozio-ökonomischen Struktur auffallen, Können ein abweichendes Zielpublikum und zu hohe Boden-preise zwei mögliche Faktoren zur Erklärung dieses Phänomens bilden. Auch in der Kategorie der agrarischen Gemeinden ist keine einzige Filiale vorhanden. Hierbei handelt es sich zumeist um sehr peripher gelegene, kleine Gemeinden (häufig in den Berggebieten), die die kritische Grösse zum Betrieb eines Lebensmitteldiscounters weder innerhalb der Gemeindegrenzen noch im funk-tional-räumlichen Umfeld erreichen.

Neben der absoluten Verteilung der Filialen bezogen auf die Gemeindetypen lassen sich auch die Discounter-Klassen auf ihre räumliche Verteilung aufzeigen.

So zeigt sich, dass bei den eher ländlich geprägten Gemeindetypen die Filialen fast ausschliesslich in peripheren Standorten zu finden sind. In den periurbanen Gemeinden sind 20 der 22 Filialen in indust-riell/gewerblichen Gebieten oder auf der Grünen Wiese. Bei den industrielle und tertiäre Gemeinden sind es 26 der 28 Filialen. Bei den agrar-gemischte Gemeinden sind es alle 8 Filialen. Bei den Zentren und den suburbanen Gemeinden ist die Verteilung differenzierter. Auch hier überwiegen die periphe-ren Filialen. In den Zentren sind 44 der 91 Filialen in industriell/gewerblichen Gebieten oder auf der Grünen Wiese. In den suburbanen Gemeinden sind es 83 der 105 Filialen. Allerdings gibt es auch integrierte Filialen. In den Zentren sind 18 der 81 Filialen im Ober- oder Mittelzentrum angesiedelt. Weitere 5 Filialen befinden sich in Mittelzentren der suburbanen Gemeinden.

10.1.3   Quantitative Kennzahlen

Die Analyse mittels Fernerkundung liess eine quantitative Abschätzung der Standorte zu. Dabei konnten die Grundstücksgrössen, die Grundflächen der Gebäude, die Parkplatz- und Baumanzahl erhoben werden. Indirekt lassen diese Primärdaten auch Rückschlüsse auf andere, relevante Da-ten, insbesondere die Ausnützungsziffer, zu.

10.1.3.1   Grundstücksgrössen

Als erste Kennzahl wurden die Grundstücke, auf denen die Discounter-Filialen stehen, vermessen. Die genauen Grundstücksgrenzen wurden dabei nicht aus dem Grundbuch entnommen, sondern anhand von indirekten Indikatoren bestimmt. Dies beinhaltet eine gewisse Ungenauigkeit, die jedoch im Rahmen der Aufgabenstellung hinnehmbar ist. Anhand von landschaftlichen Elementen (bspw. Büsche, Bäche) oder Änderung der Bodenoberfläche (bspw. Wechsel im Strassenbelag, Bepflanzung) sind die Grundstücksgrenzen in der Regel gut auf dem Orthofoto ablesbar.

Unter den genannten Umständen konnte in 235 Fällen das Grundstück identifiziert und vermessen werden. Dabei ergab sich eine durchschnittliche Grundstücksgrösse von etwa 7680 m^2. Die zent-ral gelegenen Grundstücke sind dabei in der Regel etwas kleiner (6020 m^2) als die peripheren Grundstücke (7910 m^2). Auch sind Filialen, die in geschlossener Bauweise errichtet wurden, durchschnittlich auf grösseren Grundstücken (nämlich 8930 m^2) als Filialen in offener Bauweise (7120 m^2) gebaut. Letztere sind dabei jedoch in der Regel monofunktional, während bei ersterer Kategorie multifunktionale Nutzungen möglich sind. Die Summe aller 235 erfasster Grundstücke ist etwa 1.805.202 m^2 (= 180,5 ha).

10.1.3.2   Gebäudeflächen

Neben der Grundstücksgrösse konnten auch die Gebäudegrundfläche ermittelt werden. Diese Kennzahl ist keinesfalls gleichzusetzen mit der ebenfalls interessanten Grösse der Verkaufsfläche. Aufgrund der methodischen Beschränkung konnte jedoch nur die Gebäudegrundfläche, nicht aber die Verkaufsfläche ermittelt werden.

Die Gebäudefläche konnte in 236 Fällen ermittelt werden. Der Mittelwert beträgt dabei etwa 2.220 m^2. Filialen in geschlossener Bauweise (Klasse A) sind wie erwartet in grösseren Gebäuden, die durchschnittlich etwa 3600 m^2 aufweisen. Der Mittelwert von Filialen in offener Bauweise (nur Klasse C und D) liegt bei 1630 m^2. Gebäude in zentraler Lage sind überdurchschnittlich gross (etwa 2630 m^2), wobei diese neben den Discountern auch andere Anbieter aufweisen.

10.1.3.3   Geschossigkeit

Soweit durch Vertikalfotos oder Schattenwurf sichtbar, wurden auch die Geschossigkeiten der Gebäude erhoben. Dies war in 246 Fällen möglich. Über alle Klassen hinweg sind Discounter Filialen in Gebäuden mit durchschnittlich 1,6 Geschossen untergebracht. Drei Viertel der Filialen (nämlich 185) sind in eingeschossigen Gebäuden angesiedelt. Bei den weiteren Filialen sind keinerlei Muster erkennbar. Berücksichtigt man nur die mehrgeschossigen Gebäude, liegt der Mittelwert bei etwa 3,6 Geschossen. Das höchste Gebäude in dieser Analyse, in dem eine Discounter-Filiale untergebracht ist, ist ein neungeschossiges Gebäude in der Stadt Genf mit einer Lidl-Filiale.

10.1.3.4   Ausnützungsziffer, Bruttogeschossfläche und Grundflächenzahl

Aus diesen erhobenen Primärdaten lassen sich weitere, planungsrechtlich relevante Sekundär-Kennzahlen, wie die Ausnützungsziffer (ANZ), die Bruttogeschossfläche (BGF) und die Grundflächenzahl (GRZ), ableiten. Die BGF dient dabei lediglich als rechnerischer Zwischenschritt für die ANZ.

Bei den Filialen, wo sowohl Grundstücksgrösse, Gebäudegrundfläche als auch Geschossigkeit erhoben sind, lässt sich die Ausnützungsziffer (ANZ) errechnen. Dies trifft auf 231 Filialen zu. Deren durchschnittliche ANZ beträgt 0,68. Werden jedoch nur die Filialen betrachtet, welche in offener Bauweise errichtet und mit eigener Betriebsweise betrieben werden (also Klassen C und D), beträgt die durchschnittliche Ausnützung lediglich 0,26 und ist damit etwa um den Faktor 10 niedriger als die ANZ in der Altstadt von Bern. Bei diesen Klassen schwankt die ANZ zwischen 0,12 und 0,50 Zwei Filialen dieser Klassen erreichen eine höhere ANZ, da die Parkplätze nicht ebenerdig offen, sondern auf dem Dach bzw. unter der Filiale angeordnet sind (siehe illustrativ: Aldi-Filiale in Rüthi SG). Die ANZ liegt bei den zentral gelegenen Filialen der Klasse A durchschnittlich bei 2,68 und in keinem Fall unter 0,5. Bei den peripher gelegenen Filialen schwankt die ANZ immens und liegt zwischen 0,16 und 3,5.

Die GRZ beschreibt das Verhältnis zwischen der Grundfläche des Gebäudes zur Gesamtfläche des Grundstücks. Die Dreidimensionalität des Gebäudes wird dabei ignoriert. Die GRZ kommt im eidgenössischen Planungsrecht nicht vor – wird aber in einigen kantonalen Planungsgesetzen gleich oder ähnlich berücksichtigt. Sie wird dort bspw. Grünflächenzahl genannt. Im deutschen Planungsrecht ist die GRZ z.B. für Berechnungen und Regulierungen zur Versiegelungsfläche und zur genaueren städtebaulichen Steuerung der Überbauung relevant. Die GRZ liegt im Mittel aller Filialen bei 0,25 und reicht von 0,12 bis zur Vollbebauung (4 Filialen in den Städten Genf, Basel und Fribourg).

10.1.3.5   Parkplatzanzahl

Schliesslich können auch weitere Ausstattungsmerkmal, wie die Anzahl der Parkplätze und der Bäume, erhoben werden. Da dies nicht im Zentrum der vorliegenden Arbeit liegt, wurde dies nur bei vertretbaren Aufwand durchgeführt. Zu beachten sind hierbei auch die methodischen Grenzen. So sind Parkplätze an den Standorten mit geteilter Betriebsweise das häufigste, geteilte Element. Eine einfache Halbierung des Zählwerts würde der realen Situation nicht gerecht werden, da es einerseits häufig ungleich grosse Partner sind (bspw. Aldi in Egerkingen) und andererseits auch Fälle existieren, in denen die Parkplätze mit Einrichtungen geteilt werden, die andere zeitliche Kundenfrequenzen haben (bspw. Aldi in Kriens in Standortgemeinschaft mit einem Nachtclub). Zudem ist die Erhebung der Anzahl der Parkplätze bei Tiefgaragen oder Parkhäusern methodisch ausgeschlossen.

Insgesamt konnten bei 141 Discounter Filialen die Anzahl der Parkplätze ermittelt werden. Die Spannweite reicht dabei von 41 Parkplätzen (Lidl-Filiale in Schlieren) bis zu ca. 130 Parkplätze (Aldi Duggingen, Lausen, Oberentfelden, Orbe und Thal). Bei einer Filiale (Aldi in Gebenstorf) wurden sogar 152 Parkplätze gezählt, wobei unklar ist, ob nicht einige davon an Nachbargeschäfte vermietet sind. Die meisten Filialen weisen ca. 75 bis 120 Parkplätze auf. Bei 57 Filialen wurden nichtebenerdige Parkanlagen erkannt, also bspw. Tiefgaragen, Parkhäuser oder Parkdecks. Bei diesen Filialen konnte die Anzahl der Parkplätze nicht ermittelt werden, zumal auch hier wiederum viele Filialen in geteilter Betriebsweise enthalten sind.

10.1.3.6   Hochrechnung

Die erhobenen quantitativen Kennzahlen lassen sich auf alle Discounter-Filialen hochrechnen und mit anderen Vergleichswerten in Bezug setzen. Dies ermöglicht eine bessere Abschätzung der tatsächlichen Relevanz.

Die Hochrechnung auf alle Discounter-Filialen ist unter einigen Vorbehalten zu verstehen. Die Analyse umfasst etwa 93 % aller Discounter-Filialen und ist daher als valide zu bezeichnen. Nichtsdestotrotz basiert eine Hochrechnung auf der nicht bewiesenen Annahme, dass die restlichen 7 % Filialen ähnliche Muster aufweisen, wie die untersuchten Filialen. Die nachfolgenden Aussagen sind daher unter dem Vorbehalt zu verstehen, dass implizit angenommen wird, dass sich die nicht untersuchten Filialen in ihren Werten nicht wesentlich von den untersuchten Filialen unterscheiden. Mögliche Abweichungen und bauliche Veränderungen, beispielsweise bei jüngeren Filialen, werden damit gegebenenfalls ignoriert. Das Ergebnis ist somit als Näherung zu betrachten.

Die Summe aller 235 erfasster Grundstücksflächen umfasst etwa 180,5 ha. Auf alle 275 Filialen hochgerechnet, dürfte die Grundstücksfläche über 210 ha betragen, also etwa 4 Mal die Fläche der Altstadt von Bern (ohne Aareufer). Die Gesamtfläche aller Discounter-Filialen ist damit grösser als das Territorium des Fürstentum Monaco (2,02 ha).

Allein die Grundfläche der Gebäude aller Discounter-Filialen ist etwa so gross, wie der kleinste Staat der Erde. Bei einer durchschnittlichen Grundfläche je Filiale von 1.500 m^2 beträgt die Summe aller Discounter-Filialen etwa 420.000 m^2 (= 42 ha). Dies entspricht recht genau der Grösse des Vatikans (44 ha). Wären alle Schweizer Discounter-Filialen ein einziges Gebäude, wäre dies das Gebäude mit der zweitgrössten Grundfläche der Welt und läge hinter dem Bloemenveiling Aalsmeer in den Niederlanden (518.000 m^2) und vor dem Boeing-Werk in Everett (USA) (399.480 m^2).

Bei einer angenommenen durchschnittlichen Grundstücksgrösse von 800 m^2 könnten anstatt der Discounter-Filialen auch 3.000 Einfamilienhäuser samt Garage und Garten gebaut werden. Basierend auf Durchschnittswerten könnten hier etwa 6.200 Einwohner wohnen, die 5.000 Autos und 2.200 Hunde hätten.

Würden anstatt der Discounter-Filialen konsequent dreigeschossige, gemischt-genutzte Gebäude (mit einem Supermarkt im EG und Wohnungen im ersten und zweiten OG) gebaut, könnte auf der Fläche – bei gleichbleibender Versorgungsqualität und unveränderter Verkaufsfläche – Wohnraum für ca. 50.000 Einwohner entstehen. Ein solches Vorgehen ist jedoch rein theoretischer Natur, da eine solche Bebauung planerisch nicht an allen Standorten sinnvoll und meist auch nicht zulässig wäre. Es zeigt jedoch die erhebliche Unternutzung des Bodens an den Discounter Standorten.

Der derzeitige Gesamtgebäudebestand der Schweiz umfasst ca. 2,5 Mio. Gebäude mit einer Gesamtgeschossfläche von ca. 940 Mio. m^2 (vgl. HEV 2014: 5). Würde diese Fläche in einer baulichen Dichte, wie bei Discountern erstellt, wäre die Schweizerische Siedlungsfläche 4,7 Mrd. m^2 (= 4,700 km^2). Hinzu kommen noch die benötigten Verkehrsflächen, die derzeit etwa einen Anteil von 50 % ausmachen (vgl. BfS 2013). Demnach wäre die schweizerische Siedlungsfläche bei einer solchen Bauweisen ca. 9,4 Mrd. m^2 (= 9,400 km^2) gross. Fast ein Viertel der gesamten Schweiz wäre vollständig überbaut.

10.1.3.7   Der schweizerische Durchschnitts-Discounter

Neben den Summen kann auch ein Durchschnitts-Discounter ermittelt werden. Nach den vorliegenden Daten hat dieser eine Gebäudegrundfläche von 2.230 m^2 und befindet sich auf einem 7680 m^2 grossem Grundstück. Das Gebäude ist 1,6 Geschosse hoch, wodurch eine bauliche Ausnützung von 0,46 entsteht.

10.1.4   Qualitative Aspekte

Eine Präsentation reiner Summen erscheint vor dem Hintergrund des vorliegenden Forschungsinteresses nicht ausreichend. Um verwertbare Aussagen über die geographische Verteilung treffen zu können, ist eine qualitative Differenzierung notwendig. Zu diesem Zweck wurden die Filialen mit qualitativen Kennwerten bewertet. Um hier eine Übersichtlichkeit zu gewährleisten wurden diese Filialen verschiedenen Klassen zugeordnet.

In bestehenden Arbeiten werden wahlweise verschiedene Standort- (Makro-Ebene) (bspw. Bleyer 2002) oder Betriebs-Merkmale (Mikro-Ebene) (bspw. Uttke 2009, 2011a) herangezogen, um greifbare Klassifizierungen zu erlangen. Von daher ist für die Abschätzung der Schweizer Filialen eine Klassifizierung gewählt worden, die beide Merkmale kombiniert (ähnlich zu Jürgens 2013). Dadurch ergeben sich zwar relativ viele einzelne *Klassen*, die sich dann aber qualitativ zu Typen vereinfachen lassen.

Als Klassen-Merkmal werden einerseits die Zentralität des Standortes und andererseits die Bauweise und das dazugehörige Betriebskonzept herangezogen. Zunächst wird zwischen solchen Standorten unterschieden, die im Sinne Christallers (1933) irgendeine Form von Zentralität aufweisen (*zentral*), und solchen, die ausserhalb dieser zentralen Versorgungsstrukturen liegen (*peripher*). Die beiden Kategorien werden jeweils nochmals verfeinert. Bei zentralen Standorten wird dreistufig zwischen *Oberzentrum*, *Mittelzentrum* und *Grundzentrum* unterschieden. Bei peripheren Standorten wird der funktional-räumliche Kontext charakterisiert und zwischen peripheren Standorten *im Wohngebiet*, *im Gewerbe- & Industriegebiet* und *auf der grünen Wiese* unterschieden, wobei sich die Begriffe bewusst von den planungsrechtlich definierten Zonen unterscheiden. Die Bauweise wird angelehnt an die baupolizeiliche Begrifflichkeit in *offen* und *geschlossen* unterteilt. Das Betriebskonzept dient der weiteren Verfeinerung bei offener Bauweise. Hier wird zwischen den verschiedenen Betriebsvarianten des Standortes (nicht der Filiale) variiert. Mit *gemeinschaftlichem* Betriebskonzept ist gemeint, dass mindestens ein Element des Standorts, bspw. die Immobilie oder die Parkplätze, zusammen mit anderen Einzelhändlern betrieben wird. Bei *Agglomerationen* ist eine solche Teilung betrieblich nicht vorhanden, aber aufgrund der räumlichen Nähe aus Kundenperspektive gegeben (bspw. Fachmarktagglomerationen). Bei *solitären Standorten* ist ein Bezug zu anderen Anbietern weder betrieblich, noch funktional-räumlich gegeben.

10.1.4.1   Zentralität des Standorts

Von den 256 untersuchten Filialen sind lediglich 31 (12 %) der Filialen an Standorte, die im Sinne des Zentrale-Orte-Konzepts als zentral zu bezeichnen sind. Erwartungsgemäss konzentrieren sich die Filialen dabei seltener auf Standorten mit oberzentraler Versorgungsfunktion (9 Filialen). Entgegen der Erwartungen liegt der Schwerpunkt jedoch nicht auf den Grund- (lediglich 4 Filialen), sondern auf Mittelzentren (18 Filialen). Hier zeigt sich, dass Lidl und Aldi selten die Rolle als moderne Quartier- oder Dorfläden der Grundversorgung einnehmen, wie das von den Unternehmen bei Abwägungen gerne behauptet und politisch verkauft wird. Tatsächlich sind 225 der 256 (also 88 %) untersuchten Discounter-Filialen an Standorten, die keine Zentralität aufweisen. Davon sind wiederum die meisten (nämlich 132, also 52 % aller

Filialen) in Industrie- bzw. Gewerbegebieten und 36 (14 %) im weiteren Siedlungsbereich (also bspw. in reinen Wohngebieten). Die anderen 57 Standorte (22 %) sind wiederum ausserhalb jeglichen Siedlungsraums, meist an Kantonsstrassen oder Autobahnabfahrten, gelegen.

10.1.4.2   Bauweise & Betriebskonzept des Standorts

Neben der Makro-Beschreibung des Standortes wurden auch die Bauweise und das Betriebskonzept (Mikro-Standort) erhoben. Von den 256 untersuchten Standorten sind 176 (69 %) in offener Bauweise errichtet worden. Folglich sind 79 Standorte (31 %) in geschlossener Bauweise gebaut.

Der jeweilige Standort wurde dabei sehr unterschiedlich betrieben. 81 Standorte (36 %) sind gemeinschaftlich geführt, d.h. dass bspw. Gebäude oder Parkplätze mit anderen Anbietern geteilt wird. Die 162 anderen Standorte (64 %) sind klassische Standorte mit eigenständiger Standortführung, wobei 46 (18 %) der Standorte aufgrund der funktional-räumlichen Lage ein Cluster oder eine Agglomeration mit benachbarten Fachmärkten bilden. Weitere 116 Standorte (45 %) sind betrieblich, wie funktional-räumlich solitäre Standorte.

Zu beachten ist, dass bei drei Standorten das Orthofoto keine genaue Klassifizierung der Betriebsweise zuliess. Diese Standorte sind lediglich in den Summen, aber nicht in den einzelnen Klassen enthalten.

10.1.4.3   Klassifizierung der Discounter-Filialen

Aufgrund dieser Daten lassen sich die Discounter-Filialen den verschiedenen erarbeiteten Klassen zuordnen. Die nachfolgende Tabelle zeigt die genaue Anzahl der einzelnen Klassen (siehe Tabelle 48).

Bauweise	Geschlossen	Offen			
Betrieb	Gemeinschaftlich	Agglomeration	Solitär	Summe	
Zentral (Oberzentrum)	8	-	1	-	9
Zentral (Mittelzentrum)	16	-	-	1	18*
Zentral (Grundzentrum)	2	-	2	-	4
Peripher (Wohngebiet)	16	2	1	17	36
Peripher (Gewerbe- / Industriegebiet)	31	9	34	56	132*
Peripher (Sonstiges, Grüne Wiese)	5	3	8	41	57
Summe	78	14	46	115	256*

Tabelle 48: Verteilung der Standorte von Lebensmittel-Discountern in der Schweiz. Quelle: Eigene Darstellung.
*Bei drei Filialen konnte mittels Fernerkundungsdaten keine eindeutige Beschreibung des Mirko-Standortes erfolgen, sodass nur eine unvollständige Beschreibung auf alleiniger Grundlage des Marko-Standortes durchgeführt werden konnte. Die Filialen konnten keiner Klasse zugeordnet werden und erscheinen daher lediglich in der Summenzahl.

Die Klassen dienen der wissenschaftlich korrekten Beschreibung einzelner Standorte. Für politische Diskurse werden dabei häufig mehrere Klassen zu Typen zusammengefast, wobei die exakte Abgrenzung nicht immer eindeutig und trennscharf vorgenommen wird. Wenn im politischen Diskurs vom „Landschaftsfresser Aldi" gesprochen wird (vgl. Kampagne der Zersiedelungsinitiative), sind damit vermutlich nicht die baulich integrierten Filialen in Bahnhofsnähe (bspw. Biel) (also A1), sondern eher solitären, peripheren Standorte (also D5 und D6) gemeint.

10.1.4.4 Räumliche Verteilung der Discounter-Klassen

Die ermittelten Filialen können entsprechend ihrer räumlichen Verteilung betrachtet werden (siehe Tabelle 49). Dabei werden nicht die Kantonalen Zugehörigkeiten herangezogen, da hier keine planerisch relevante Aussage zu erwarten ist. Stattdessen werden die BfS-Gemeindetypologien herangezogen. Das BfS unterscheidet zwischen 9 Arten von Gemeinden in der Schweiz. Die Discounter-Klassen, zu denen keine Filiale gefunden wurde, werden dabei übersprungen.

BFS-Typ	1	2	3	4	5	6	7	8	9
Anzahl Gemeinden in der Schweiz	71	315	85	394	131	274	454	404	166
Anzahl Gemeinden in Stichprobe	48	88	0	18	4	24	3	6	0
A1	8		-	-	-	-	-	-	-
A2	10	5	-	-	-	1	-	-	-
A3	-	1	-	-	1	-	-	-	-
A4	6	10	-	-	-	-	-	-	-
A5	7	21	-	1	-	2	-	-	-
A6	4	-	-	-	-	1	-	-	-
B4	2	-	-	-	-	-	-	-	-
B5	3	3	-	2	-	-	-	1	-
B6	1	1	-	-	-	1	-	-	-
C1	1	-	-	-	-	-	-	-	-
C3	-	1	-	1	-	-	-	-	-
C4	-	1	-	-	-	-	-	-	-
C5	7	10	-	4	1	8	2	2	-
C6	2	4	-	2	-	-	-	-	-
D2	1	-	-	-	-	-	-	-	-
D4	9	5	-	1	-	1	-	1	-
D5	16	29	-	6	2	2	-	1	-
D6	8	11	-	5	-	12	2	3	-
Summe	85	102	-	22	4	28	4	8	-

Tabelle 49: Verteilung der Discounter-Filialen nach Klassen und nach BfS-Gemeindetypologie. Quelle: Eigene Darstellung.

Auffällig ist, dass die integrierten Standorte überwiegenden in urbanen Gemeinden zu finden sind. Dies ist keinesfalls eine Selbstverständlichkeit, da die Zentralität auf den Standort – nicht auf die Gemeinde – bezogen erhoben wurde. Ebenfalls bemerkenswert ist, dass die solitären Standorte ausserhalb des Siedlungskörpers auf keinen bestimmten Gemeindetypen konzentriert sind. Hier ist eine annähernde Gleichverteilung festzustellen.

10.1.4.5 Weitere qualitative Aspekte

Wie bei der theoretischen Herleitung der Untersuchungseinheit Lebensmittel-Discounter dargestellt (siehe Kap. 6), gibt es eine Vielzahl von weiteren qualitativen Aspekten, die für eine umfassende Evaluation von Standorten zu erheben ist. So fehlen bspw. Erhebungen zur stadtstrukturellen und zur funktionalen Qualität. Diese Werte können mit der Methode der Fernerkundung nicht erhoben werden. Daher werden diese lediglich im Rahmen der Ortsbegehung für die ausgewählten Fallstudien, nicht jedoch umfassend für alle Discounter-Filialen erhoben.

10.1.5 Allgemeine Einschätzung der städtebaulichen Qualität

10.1.5.1 Einschätzung der Ergebnisse der Fernerkundung

Die Analyse der Filialen mittels Fernerkundung ergibt also, dass eine politische Debatte über den Discounter auf der grünen Wiese zwar eine grosse Zahl der Filialen abdeckt, dennoch zu kurz greift. Die Discounter-Filialen in der Schweiz weisen durchaus eine gewisse Heterogenität auf. Es existieren unterschiedliche Formate, die sich hinsichtlich ihres Makro- und Mikro-Standortes unterscheiden, sodass nicht von *dem Discounter* gesprochen werden kann.

10.1.5.2 Internationaler Vergleich der Filialdichte

Aus einer internationalen Perspektive mag die Thematik der Discounter in der Schweiz nicht besonders relevant wirken. In absoluten Zahlen erscheint die Filialstruktur unproblematisch, insb. verglichen mit dem Heimatmarkt Deutschland. Bei einer Betrachtung in Relation zur Einwohnerzahl zeigt sich jedoch die Brisanz, die die Thematik innerhalb kurzer Zeit bereits entfalten konnte. Innerhalb von nur 12 Jahren wurden in der Schweiz 2.1 Aldi-Filialen pro 100.000 Einwohner gebaut und ist damit vergleichbar mit Ländern, wie Luxemburg (2,4) oder Irland (2,1) wo der Markteintritt bereits 1991 bzw. 1999 erfolgte. Die Dichte in der Schweiz übersteigt sogar den Wert von Frankreich (1,4), wo der Markteintritt bereits 1988 erfolgte, und welches als Negativbeispiel bei der Discounterisierung und der Verödung der ländlichen Dorfzentren gilt. Allerdings ist zu bedenken, dass die Anzahl an unterschiedlichen Unternehmen in Frankreich deutlich grösser ist, als in dem recht übersichtlichen Schweizer Markt. Zudem plant Aldi Suisse eine weitergehende Expansion von derzeit 175 auf 300 Filialen (vgl. Aldi 2016). Auch Lidl gab von Anfang an die Zielmarke von 200 Filialen für die Schweiz aus und hält an diesem Ziel auch nach Erreichen der Hälfte fest (vgl. NZZ 2015). Im Gegensatz zum Heimatmarkt Deutschland, wo das Ende der Discounter-Ära zumindest diskutiert wird (vgl. Hardaker 2016), ist die Dynamik in der Schweiz in vollem Gange. Die beiden Discounter streben grob eine Verdopplung der Anzahl der Filialen in den nächsten Jahren an. Damit würde die Schweiz in puncto Aldi-Dichte die Niederlande (3,0) und Belgien (4,0) hinter sich lassen und ähnliche Dichten aufweisen, wie Österreich (5,2) oder gar Deutschland (5,4). Die planungspolitische Debatte wird sich wohl darum drehen, ob die nächsten Filialen ebenfalls ohne aktive planerische Steuerung entstehen.

10.1.6 Konsequenzen für den Baustein B

Der Baustein A (Fernerkundung) hat für den nachfolgenden Baustein B (Fragebogen) nur indirekte Konsequenzen. Wie im methodischen Kapitel begründet wurde der schriftliche Fragebogen nicht an alle Schweizerische Gemeinden versandt, sondern nur an solche in denen ein Lebensmittel-Discounter vorhanden ist. An dieser Stelle kann leicht präzisisert werden: Der Fragebogen wurde nur an solche Gemeinden versandt, in denen ein Lebensmittel-Discounter vorhanden ist, der auf den Orthofotos erkennbar und daher bewertbar war. Dies trifft auf 190 verschiedene Gemeinden zu. Darüber hinaus wurden keine Einschränkungen vorgenommen. Auf denkbare Selektion, bspw. eine Auswahl an Gemeinden mit möglichst unterschiedlichen Discountern, wurde verzichtet. Dies ist insbesondere darin begründet, dass jede weitere Auswahl die weiteren Schritte gefährden könnte. Bei schriftlichen Umfragen ist grundsätzlich von einer Rücklaufquote von etwa 20 % auszugehen. Eine all zu grosse Selektion vor dem Versand könnte demnach dazu führen, dass ggf. nicht ausreichend Gemeinden antworten und die Einteilung in fünf bodenpolitische Typen gefährdet wäre. Als Konsequenz wurde daher der schriftliche Fragebogen an alle 190 im Baustein A berücksichtige Gemeinden versandt.

10.1.7   Abschliessende Kontextualisierung

Die Zahlen scheinen also insgesamt zu belegen, dass die räumlichen Auswirkungen der Discounter in der Schweiz gravierend sind. Dennoch lassen sich aus dieser Beschreibung der Raumentwicklung noch keine direkten Schlüsse für die Raumplanung ziehen, wie das eingangs erwähnte und von der Grünen Partei verwendete Beispiel der Filiale in Biberist lehrt. Mit dem solitären Standort auf der grünen Wiese (direkt an einer Autobahnausfahrt) ist es ein klassischer Fall der Klasse D6 und ein typischer *Bad Boy*. Bei einer Grundfläche von 1.700m² weist die Filiale und 1.000m² Verkaufsfläche auf. Das Grundstück ist 6.900m² gross, wodurch sich eine Ausnützung von lediglich 0,25 ergibt, und ist mit 12 Bäumen und 90 Parkplätzen ausgestattet.

Das Beispiel Biberist lehrt, dass die räumliche Abschätzung der Filialen zur Quantifierzierung der Debatte dienen kann. Direkte Schlüsse für die politische Debatte dürfen daraus jedoch nicht abgeleitet werden. Die jeweiligen tatsächlichen Wirkungsmechanismen können durch die fernerkundliche Untersuchung nicht betrachtet werden.

So verkörpert Biberist zwar den Filial-Typen, der als Feindbild der Zersiedelungsinitiative dient und ist daher konsequent als Kampagnen-Motiv gewählt worden. Vor diesem Hintergrund erscheint die Aussage des von Aldi beauftragen Planungsbüros absurd, dass „die geplante Aldi-Filiale als eingeschossiger, nicht unterkellerter Bau mit einem vorgelagerten oberirdischen Parkplatz für Kunden den Gegebenheiten des Areals bestmöglich Rechnung trägt" (BSB & Partner 2008: 21) und „eine der haushälterischsten Bodennutzungen überhaupt" (ebd.: 34) sei. Erklärbar ist diese Argumentation lediglich vor dem Hintergrund, dass diese Parzelle jahrelang als Industriebrache keiner Neunutzung zugeführt werden konnte. Potenzielle Investoren lehnte eine Überbauung der Parzelle jahrelang ab, da aufgrund der ehemaligen industriellen Nutzung im Boden Altlasten vermutet wurden. Erst Aldi war bereit dieses ökonomische Risiko einzugehen. Die Beurteilung der Filiale als „bestmögliche Lösung" erfolgte vor dem Hintergrund der Unvermarktbarkeit des Grundstücks und dem fehlenden Willen, Zwang und Mitteln des Alteigentümers zur Bodensanierung. Die Einschätzung „als eine der haushälterischste Bodennutzung überhaupt" kann nur nachvollzogen werden, wenn eine Neueinzonung als einzig mögliche Alternative betrachtet wird. Dies ist jedoch seit dem Inkrafttreten des Raumplanungsgesetzes 1979 bereits schwierig, seit dessen Teilrevision 2012 kaum mehr möglich und soll nun im Zuge der Zersiedelungsinitiative komplett verboten werden. Die Wahl der Biberister Filiale als Kampagnenmotiv ist daher auf Ebene der Problemstellung zutreffen. Über die Richtigkeit der Lösung wird das Schweizer Wahlvolk voraussichtlich im Jahr 2018 abstimmen dürfen.

10.2   Einsatz bodenpolitischer Instrumente (Baustein B): Ergebnisse des Fragebogens

Die Darstellung der Fragebogenergebnisse gliedert sich in drei Teile. Im Kern stehen die lokale Bodenpolitik und der Einsatz der bodenpolitischeren Instrumente, welche im zweiten Teil darge-stellt werden. Dem vorangestellt erfolgt zunächst ein Blick auf die fachliche Einschätzung des planungspolitischen und räumlichen Kontexts in den jeweiligen Gemeinden. Im dritten Teil erfolgt die Darstellung der Fragen bezogen auf den/die örtlichen Lebensmittel-Discounter.

10.2.1   Beschreibung der Stichprobe und der Rahmendaten

Die Aussagen der nachfolgenden Kapitel basieren auf der Auswertung der eingegangenen Ant-worten. Von den 190 angeschriebenen Gemeinden beteiligten sich 66 Gemeindevertreter, was einer Rücklaufquote von etwa 35 % entspricht. Die Stichprobe erhebt demnach keinen Anspruch vollständig repräsentativ zu sein. Die Rücklaufquote war in der Westschweiz etwas höher (39 %), als in der Deutschschweiz (35 %) und im Tessin (25 %) (siehe Tabelle 50).

Sprachregion	Gemeinde	Rücklauf	Quote
DE	142	49	35 %
FR	36	14	39 %
IT	12	3	25 %
CH	*190*	*66*	*35 %*

Tabelle 50: Antworten pro Sprachregion. Quelle: Eigene Darstellung.

In der räumlichen Verteilung lässt sich keine räumliches Muster ableiten. Weder sind be-stimmte Kantone oder Regionen überproportional häufig, noch auffällig selten vertreten. Die Datenlage für die weitere Bearbeitung basiert daher auf einer räumlichen Verteilung, die grundsätzlich gleichmässig über das Land verteilt ist. Etwaige Abweichungen bewegen sich im Rahmen der üblichen Schwankung.

Die Qualität der Datenauswertung ist auch von den individuellen Beantwortern und deren Erfah-rungen abhängig. Zur Einordnung wurde daher sowohl nach der Funktion, als auch nach der beruflichen Erfahrung auf dieser Position gefragt. Um bei den Funktionsbeschreibungen mög-lichst präzise Antworten zu erhalten, wurde die Frage offen und ohne vorgegebene Antwortkate-gorien gestellt. Eine Kategorisierung, die eindeutig und landesweit zutreffend die verschiedenen Bezeichnungen und Ämter abbilden, erschien zu fehleranfällig. Die Antworten diese Frage rei-chen dabei vom Gemeindeschreiber/innen, über Mitarbeiter/innen und Leiter/innen der Orts-/Stadtplanungsämter bis zu den für die Planung zuständige Gemeinderäten/innen. Als häufigstes Stichwort wurde Bauverwalter/in oder ein ähnlicher Funktionsbegriff angegeben, was aufgrund der Adressierung des Fragebogens erwartet war. Häufiger als erwartet beantworten die Lei-ter/innen der jeweiligen Ämter den Fragebogen selbst, anstatt ihn an Mitarbeiter weiterzuleiten.

Die Dauer der Ausübung der entsprechenden Position ist stark verteilt (siehe Tabelle 51). Jeweils etwa jeweils ein Drittel der Befragten üben die derzeitige Funktion seit weniger als 3 Jahren, seit 4 bis 10 Jahren bzw. seit über 10 Jahren aus. Ein einheitlicher Trend ist hier nicht abzulesen. Weite-re Angaben (bspw. das Geschlecht) sind im Fragebogen nicht berücksichtigt worden, da keine Relevanz für die Inhalte der Antworten erkennbar waren.

JAHRE IN DER POSITION	ANTEIL
<1 Jahr	9,3 %
1 - 3 Jahre	24,1 %
4 - 6 Jahre	18,5 %
7 - 10 Jahre	16,7 %
>10 Jahre	27,8 %

Tabelle 51: Zeitliche Erfahrungen der antwortenden Personen. n=54. Fehlende Werte zu 100 %: Weiß nicht / keine Angabe. Quelle: Eigene Darstellung.

Zusammenfassend basiert der finale Datensatz dieses Baustein A der Empirie auf einer Stichprobe von 66 Antworten, die von den 190 angeschriebenen Gemeinden eingegeben wurden. Die Beantwortung fand durch Verwaltungsangestellten der jeweiligen für Planung zuständigen Ämter statt, wobei ein unerwartet grosser Teil durch die jeweiligen leitenden Personen direkt stattfand. Die räumliche Verteilung der antwortenden Gemeinden lassen keine bestimmten Muster erkennen, sodass von einer grundsätzlichen Gleichverteilung ausgegangen wird.

10.2.2   Fragen zum planungspolitischen Kontext und der räumlichen Entwicklung

Der Fragebogen enthielt eine Reihe von Fragen zum planungspolitischen Kontext und zur allgemeinen räumlichen Entwicklung. Die Darstellung in diesem Kapitel erfolgt zusammengefasst und ist nach logischen Gesichtspunkten sortiert und weicht von der Reihenfolge im Fragebogen ab. Die konkrete Zuordnung der einzelnen Abschnitte zu den Fragen lässt sich anhand der Kodierung in Klammern entnehmen. Der Original-Fragebogen mit den konkreten Fragestellungen und den vollständigen Resultaten (Primärdaten) ist im Anhang zu finden. Die Nummerierung aus dem Fragebogen ist bei den jeweiligen Abschnittsüberschriften und auch in den Beschritungen der jeweiligen Darstellungen angegeben. So steht die Angabe „F1" dafür, dass dieser Abschnitt bzw. diese Darstellung auf die Frage Nr. 1 im Fragebogen (siehe Primärdaten) basieren (vgl. auch Kap. 7.3.2).

10.2.2.1   Planungspolitischen Herausforderungen (basierend auf F2)

Die Anwendung der bodenpolitischen Instrumente findet vor dem Hintergrund planerischer Herausforderungen statt. Um die jeweilige Anwendung besser zu kontextualisieren wurde daher auch nach den grössten planerischen Herausforderungen der räumlichen Entwicklung gefragt, wobei Mehrfachnennungen möglich waren. Das System ist dabei so programmiert worden, dass bei jedem Befragten eine zufällige Reihenfolge der vorformulierten Antworten generiert wurde. Eine Beeinflussung des Antwortverhaltens aufgrund der Reihenfolge ist daher auszuschliessen. Zudem war es durch ein freies Antwortfeld möglich, auch Antworten zu geben, welche nicht durch die vorformulierten Auswahlmöglichkeiten abgedeckt wurden. In diesem offenen Feld wurden jedoch mehrheitlich prozessuale und kaum materielle Probleme der Raumentwicklung genannt.

Mit 68,2 % Zustimmung zeigt sich dabei, dass die Wahrung oder Steigerung der städtebaulichen Qualität das derzeit dominierende Thema der Ortsplanung ist. Die Antwort ist damit sogar knapp häufiger genannt worden, als die Bewältigung des Verkehrs (66,7 %). Mit 47,0 % Zustimmung wird zudem noch die Belebung der jeweiligen Zentren als bedeutende Herausforderung genannt, vor Baulandhortung (25,8 %), der Begegnung der Folgen des demographischen Wandels (22,7 %) sowie Wohnungsmangel (19,7 %). Nur 10,6 % der Befragten stimmten zu, dass die Zersiedelung bzw. der Kulturlandverlust eine der grössten

Herausforderungen ihrer Gemeinde ist. Schrumpfungsprozesse werden mit nur 4.5 % Zustimmung nicht flächendeckend als Herausforderung wahrgenommen.

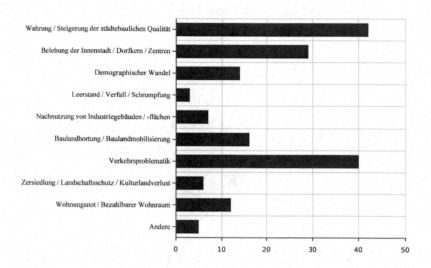

Abbildung 21: Die grössten raumplanerischen Herausforderungen der jeweiligen Gemeinde. Quelle: Eigene Darstellung (basierend auf F2).

Die Antworten zeigen eine bemerkenswerte Erkenntnis. Die fachliche Sicht der lokalen Planungsträger zeigt eine andere Einschätzung, als die allgemeine mediale Debatte und die Abstimmungsresultate der jüngeren Zeit vermuten lassen (beispielsweise Kulturlandinitiative 2012, Zersiedlungsinitiative 2017). Die Probleme bezüglich des Kulturlandverlustes und der Zersiedelung werden von nur wenigen Gemeinden als eine der grössten Herausforderungen angegeben. Vermutlich ist dies auf die langjährige Auseinandersetzung mit dem Thema und der Ausrichtung des gesamten Planungssystems auf diese Problemstellung zurückzuführen. Den kommunalen Planungsträger wird seit nunmehr fast vier Dekaden ein eidgenössisches Instrumentarium zur Verfügung gestellt, welches stark auf eben diese Problemstellung ausgerichtet ist. Die Einschätzung der lokalen Fachleute legt nahe, dass diese Instrumente durchaus in der Lage sind, einen haushälterischen Umgang mit Boden zu gewährleisten, soweit dies unter den sozio-ökonomischen Rahmenbedingungen (insb. der Flächennachfrage) möglich ist. Die gegenteilige Konstellation ergibt sich bei Herausforderungen im Zusammenhang mit der städtebaulichen Qualität und der Belebung der Zentren. Die beiden Problemstellungen werden von den Fachleuten vor Ort als grösste Herausforderungen genannt. Für diese relativ junge Debatte stehen bislang nur wenige Instrumente zur Verfügung. Mit der derzeitigen Ausrichtung von Planungsrecht und der Planungspolitik sind bislang wenige Bezüge hergestellt worden.

10.2.2.2   *Der örtliche Bodenmarkt und die Abhängigkeit von Investoren und Bodeneigentümer (basierend auf F4.9 und F3 und F2, F19)*

Überraschend positiv ist die Selbsteinschätzung der Gemeinden über den Einblick in den Bodenmarkt. 81,25 % gaben an, einen guten oder sehr guten Einblick über Preis und Verfügbarkeit von Boden zu haben. Die Abwesenheit von öffentlichen Bodenrichtwertkarten und die damit verbundene Abhängigkeit von privaten (und kostenpflichtigen) Informationsquellen hatten hier andere Einschätzungen vermuten lassen. Vermutlich trägt jedoch der direkte Bezug der Gemeindevertreter zu den örtlichen Akteuren aufgrund der durchschnittlich geringen Gemeindegrösse zur positiven Selbsteinschätzung bei.

Die Situation am örtlichen Bodenmarkt wird in der Mehrheit der Gemeinden (47,5 %) als eher angespannt angesehen. Ein Fünftel der Gemeindevertreter sprechen sogar von einer sehr angespannten Situation. Ebenfalls ein Fünftel der Gemeindevertreter empfinden den Bodenmarkt als eher entspannt. Zwei Gemeinden wird ein sehr entspannter Bodenmarkt attestiert.

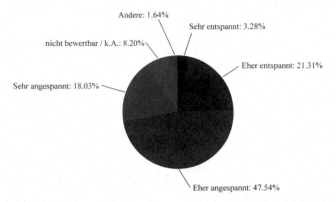

Abbildung 22: Bewertung des örtlichen Bodenmarktes. Quelle: Eigene Darstellung (basierend auf F3).

Die Verflüssigung des Baulandes wird jedoch nicht in gleich grossem Masse als grundsätzliches Problem angesehen. In lediglich rund einem Viertel der Gemeinden (25,4 %) wird die Baulandmobilisierung gar als eine der drei grössten Herausforderungen der räumlichen Planung angesehen. Fast ein Drittel der Gemeinden (32,1 %) sehen in der Baulandhortung zwar ein grosses Problem, aber kein einziger befragter Gemeindevertreter sieht dadurch die städtebauliche Entwicklung behindert. In den meisten Gemeinden (44,6 %) wird Baulandhortung als kleineres Problem angesehen. In 14,8 % stellt es überhaupt kein Problem dar.

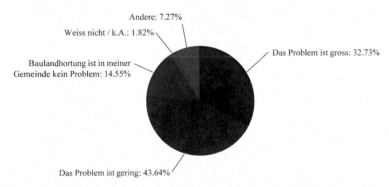

Abbildung 23: Einschätzung der Baulandhortung als Problem in der jeweiligen Gemeinde. Quelle: Eigene Darstellung (basierend auf F19).

Trotzdem sind sich die Gemeinden der zentralen Rolle, die den Bodeneigentümern zukommt, bewusst. „Die Verbesserung der Bodenverfügbarkeit und Kooperationsbereitschaft der Grundeigentümer für die Innenentwicklung ist ein wichtiger Schlüssel für die zukünftige Raum- und Stadtplanung" (Antwort eines Vertreters einer Deutschschweizer Gemeinde). Dabei unterstützen 91 % der befragten Gemeindevertreter die Aussage, dass die Beteiligung der Öffentlichkeit das wichtigste Instrument der Raumplanung sei, „aber ohne aktive respektive willige Grundeigentümer und Investoren lässt sich auch die beste Beteiligung nicht umsetzen" (Antwort eines Vertreters einer Deutschschweizer Gemeinde).

Der aktuell sehr hohe Anlagedruck auf dem Boden- und Immobilienmarkt führt dazu, dass es zu Synergien zwischen den Gemeinden und den Investoren kommt. Der Marktdruck führt einerseits zu einer hohen Mobilisierung von potenziellem Bauland und andererseits werden die Gemeinden in die Lage versetzt, erhöhte Qualitätsanforderungen durchzusetzen.

	Volle Zustimmung (1)		Grundsätzliche Zustimmung (2)		Grundsätzliche Ablehnung (3)		Vollständige Ablehnung (4)		Keine Meinung / k.A. (0)	Ø	±
	Σ	%	Σ	%	Σ	%	Σ	%	Σ		
Über die Ausrichtung in der örtlichen Raumplanungspolitik herrscht grundsätzlich ein parteibuchübergreifender politischer Konsens	7x	11.29	37x	59.68	15x	24.19	-	-	3x	2.14	0.60
Das Verhätlnis zu den angrenzenden Gemeinden ist vorwiegend kooperativ und nicht kompetitiv	10x	16.13	41x	66.13	9x	14.52	1x	1.16	1x	2.02	0.62
Öffentlichkeitsbeteiligung ist das wichtigste Instrument zur Entwicklung und Umsetzung der örtlichen Raumplanung	20x	32.26	36x	58.06	6x	9.68	-	-	-	1.77	0.61
Die Zusammenarbeit mit anderen (halb)öffentlichen Akteuren (bspw. Bugergemeinde) funktioniert gut	12x	19.35	40x	64.52	4x	6.45	-	-	6x	1.86	0.52
Die örtliche Raumplanung agiert im Konsens mit den Bodeneigentümern	5x	8.06	48x	77.42	5x	8.06	2x	3.23	2x	2.07	0.55
Die Grundsätze der örtlichen Raumplanungspolitik sind seit längerem (d.h. länger als eine Wahlperiode) unverändert	16x	25.81	33x	53.23	8x	12.90	4x	6.45	1x	2.00	0.82
Die Gemeinde hat einen guten Einblick in den örtlichen Bodenmarkt (bzgl. Preis und Verfügbarkeit von Boden)	12x	19.35	40x	64.52	4x	6.45	3x	4.84	3x	1.97	0.69
Legislative und Exekutive sind sich über die Grundsätze der Raumplanungspolitik einig	12x	19.35	40x	64.52	5x	8.06	1x	1.61	4x	1.91	0.60
Die Position der öffentlichen Hand ist schwach. Die öffentlichen Interessen können kaum gegenüber privaten Akteuren durchgesetzt werden	4x	6.45	17x	27.42	30x	48.39	10x	16.13	1x	2.75	0.81

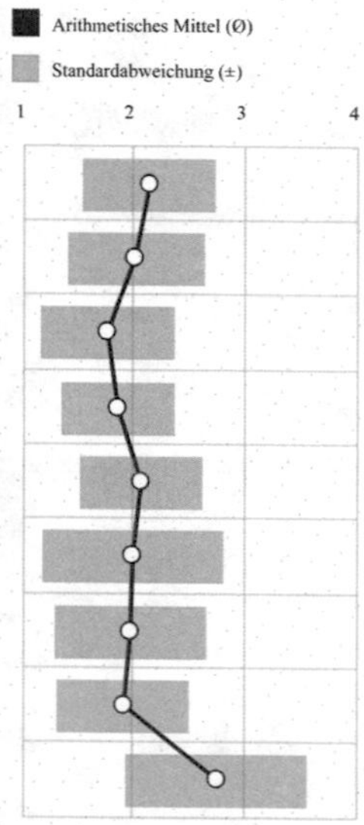

Legende: Arithmetisches Mittel (Ø), Standardabweichung (±)

Abbildung 24: Kooperation mit anderen Bodeneigentümern. Quelle: Eigene Darstellung (basierend auf F4).

10.2.2.3 Andere Bodeneigentümer und Kooperationen (basierend auf F12, F4.3, F4.5, F4.8)

Neben den jeweiligen politischen Gemeinden wurde auch erwartet, dass andere öffentliche, halböffentliche sowie private Akteure als Bodeneigentümer eine relevante Rolle für die Raumplanung spielen. Hier wurde eine Skala von 1 bis 4 gewählt. Die Gemeindevertreter wurden gebeten, die Eigentumsverteilung pro Akteur einzuschätzen, wobei ein niedriger Wert für umfangreiches Bodeneigentum und ein hoher Wert für wenig oder keinerlei Bodeneigentum in den befragten Gemeinden steht.

Als wichtigste öffentliche Bodeneigentümer wurden die jeweiligen Burgergemeinden (2,56), der jeweilige Kanton (2,66) und Genossenschaften (2,82) genannt. Es folgen die Kirche (2,87), die bundeseigenen Betriebe (SBB und Post) (2,89) und der Bund (3,15). Armasuisse erfährt in den Gemeinden nicht soviel Bedeutung (3,47), wie die landesweite Bedeutung als grösster Bodeneigentümer der Schweiz vermuten liess. Andere Einwohnergemeinden (bspw. die Nachbargemeinde) (3,50) oder Nicht-Regierungs-Organisationen (wie ProNatura) (3,70) spielen ebenfalls nur eine untergeordnete Rolle.

Neben diesen Durchschnittswerten sind die Abweichungen in den Einzelfällen teilweise immens. So wurden die Burgergemeinden zwar in 12,7 % der Fällen mit sehr viel Bodenbesitz als die grösste und wichtigste Gruppe genannt, haben aber gleichzeitig in 21,82 % der Gemeinden keinerlei Bodenbesitz (Standardabweichung 1,08). Erwartungsgemäss ist die Standardabweichung bei Armasuisse (0,89) und beim Bund (0,66) ebenfalls gross.

Die privaten Bodeneigentümer spielen, wie vermutet, ebenfalls eine grosse Rolle. Es stechen die Pensionskasse (2,51), Banken und Versicherungen (2,66) und Handelsunternehmen (wie Coop oder Migros) (2,87) heraus. Bei den privaten Akteuren ist die Standardabweichung durchgehend gering und liegt im Bereich um 0,55. Die privaten Akteure spielen also als Bodeneigentümer in allen befragten Gemeinden eine gleichmässig starke Rolle, während es bei den öffentlichen Akteuren zu starken Ausprägungen kommt, abhängig von der örtlichen Situation. Der Befund kann teilweise auch darin begründet sein, dass bei den öffentlichen Akteuren deutlich differenzierter Antwortmöglichkeiten vorgegeben wurden, als dies bei den privaten Akteuren der Fall ist.

	Volle Zustimmung (1)		Grundsätzliche Zustimmung (2)		Grundsätzliche Ablehnung (3)		Vollständige Ablehnung (4)		Keine Meinung / k.A. (0)	Ø	±
	Σ	%	Σ	%	Σ	%	Σ	%	Σ		±
Eine andere Einwohnergemeinde	1x	1.79	4x	7.14	18x	32.14	30x	53.57	3x	3.45	0.72
Die Burgergemeinde	6x	10.71	17x	30.36	8x	14.29	13x	23.21	12x	2.64	1.06
Der Kanton	2x	3.57	16x	28.57	34x	60.71	1x	1.79	3x	2.64	0.59
Der Bund	1x	1.82	5x	9.09	30x	54.55	12x	21.82	7x	3.10	0.66
Unternehmen des Bundes (SBB, Post)	-	-	11x	19.64	39x	69.64	5x	8.93	1x	2.89	0.53
Arma Suisse	3x	5.66	4x	7.55	8x	15.09	31x	58.49	7x	3.46	0.91
Die Kirche	2x	3.51	5x	8.77	46x	80.70	3x	5.26	1x	2.89	0.53
Nicht-Regierungs-Organisationen (bspw. ProNatura)	-	-	1x	1.85	10x	18.52	29x	53.70	14x	3.70	0.52
Pensionskassen	-	-	25x	45.45	23x	41.82	2x	3.64	5x	2.54	0.58
(Wohn- oder Bau-) Genossenschaften	-	-	11x	19.64	35x	62.50	4x	7.14	6x	2.86	0.53
Handelsunternehmen (Coop, Migros)	1x	1.85	10x	18.52	34x	62.96	3x	5.56	6x	2.81	0.57
Banken, Versicherungen, Immobilienfonds	-	-	16x	29.63	26x	48.15	2x	3.70	10x	2.68	0.56

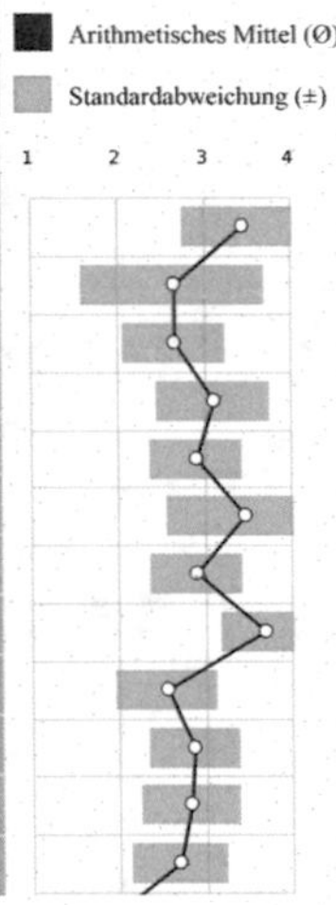

Legende: ■ Arithmetisches Mittel (Ø)   ▨ Standardabweichung (±)

Abbildung 25: Einschätzung zu anderen relevanten Bodeneigentümern. Quelle: Eigene Darstellung basierend auf F12).

Die Zusammenarbeit mit den anderen (halb-) öffentlichen Akteuren funktioniert dabei nach der Selbsteinschätzung der befragten Gemeindevertreter durchwegs positiv. 81,25 % gaben an, dass die Kooperation gut oder sehr gut läuft. In lediglich 6,25 % der Gemeinden läuft die Kooperation weniger gut. Eine schlechte Zusammenarbeit wurde kein einziges Mal genannt. Gleiches gilt auch für die Kooperation mit den Nachbargemeinden. 83 % bescheinigen ein gutes oder sehr gutes Verhältnis. Lediglich 13 % der Gemeinden geben an, dass sie ein schlechtes Verhältnis zu den Nachbargemeinden haben. In einem einzigen Fall wurde ein sehr schlechtes Verhältnis attestiert. Weniger eindeutig ist die Frage bezogen auf private Akteure. Zwar beantworteten 82,8 %, dass grundsätzlich im Konsens mit den Bodeneigentümern geplant und agiert wird. Im Falle eines Interessenskonfliktes sehen aber gut ein Drittel der Gemeindevertreter die öffentliche Hand in einer schwachen Position zur Durchsetzung der öffentlichen Interessen (34,4 %).

10.2.2.4   Zusammenfassung

Insgesamt gaben die befragten Gemeindevertreter an, dass der planungspolitische Kontext und die örtliche räumliche Entwicklung deutlich weniger problematisch sind, als die eidgenössische Debatte suggeriert. Da mit der Beantwortung der Fragen auch eine Art Selbstevaluation verknüpft ist, zeigen sich hier die Grenzen des Befragungsbogens als methodischer Baustein. Nichtsdestotrotz dienten die Antworten aus diesem Teil des Fragebogens auch als Einstiegsfragen für die Interviews in den ausgewählten Fallstudien (siehe Kap. 10.3).

10.2.3 Fragen zur lokalen Bodenpolitik und dem Einsatz bodenpolitischer Instrumente

Neben dem allgemeinen, planungspolitischen Kontext und der Einschätzung der räumlichen Entwicklung untersucht der Fragebogen die lokale Bodenpolitik und die verwendeten bodenpolitischen Instrumente. Hierzu wurde eine Reihe von Fragen gestellt, die nachfolgend im zunehmenden Detailierungsgrad dargestellt werden. Begonnen wird mit der allgemeinen bodenpolitischen Strategie der Gemeinde, die den entsprechenden Kontext von konkreten, bodenpolitischen Instrumenten bilden. Schliesslich wurden auch Fragen zum strategischen Bodeneigentum der Gemeinde gestellt (im Sinne einer strategischen Bodenbevorratung). Dabei ist jedoch zu beachten, dass der Fragebogen explizit an die Planungsträger gerichtet war. Diese Akteure haben ggf. einen weniger guten Einblick in den örtlichen Liegenschaftsmarkt.

10.2.3.1 Bodenpolitische Strategie (basierend auf F15)

Zur Bewältigung der räumlichen Herausforderungen wurde die räumliche Planung als öffentliche Politik institutionalisiert. Das zugrundeliegende Raumplanungsgesetz trat 1980 in Kraft und wurde mit Wirkung zum 1.5.2014 nennenswert revidiert. Zwei Änderungen dieser Revision sind von besonderem Interesse: Die Pflicht zur Erstellung von bodenpolitischen Massnahmen (Art. 15a) und die erneuerte und erweiterte Pflicht zum Ausgleich planungsbedingter Vor- und Nachteile (Art. 5). Die raumplanerische Praxis soll auch in diesem Bezug untersucht werden – auch wenn zum Zeitpunkt der Befragung diese Änderungen zwar auf eidgenössischer Ebene, aber noch nicht in allen Kantonen und kaum auf kommunaler Ebene rechtskräftig waren und zudem weder umgesetzt werden noch wirken konnten. Die Ergebnisse spiegeln daher zum grössten Teil die politische und rechtliche Situation vor dem Wirken der Gesetzesrevision aus kommunaler Ebene wider, zeigen jedoch die Erfahrungen und Einschätzung zu diesem Thema auf denen die Revision basiert.

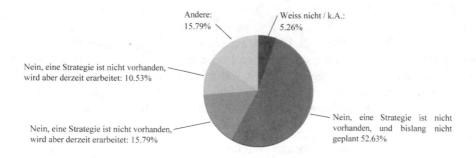

Abbildung 26: Vorhandensein von bodenpolitischen Strategien. Quelle: Eigene Darstellung (basierend auf F15).

Das revidierte Raumplanungsgesetz fordert von den Kantonen und Gemeinden in Art. 15a explizit bodenrechtliche Massnahmen zur Förderung der Baulandverfügbarkeit. So soll sichergestellt werden, dass die Umsetzung des Nutzungszonenplans nicht durch die eigentumsrechtliche Situation verhindert wird (bspw. durch Baulandhortung). Die grundsätzliche Forderung ist zwar im alten Gesetz indirekt enthalten, aber eine konkrete Pflicht zur Aufstellung von solchen Massnahmen entstand erst durch die Revision. 80,0 % der Gemeindevertreter gaben an, dass es in ihrer Gemeinde bislang keine schriftliche bodenpolitische Strategie gibt, die solche eidgenössischen geforderten Massnahmen enthält. Darin enthalten sind jedoch auch diejenigen Gemeinden, die eine solche Strategie derzeit erarbeiten (10,9 %), und diejenigen Gemeinden, bei denen eine solche Ausarbeitung geplant ist (16,4 %). Es bleibt dennoch eine Mehrheit von 52,7 %, die die gesetzliche Forderung noch nicht umzusetzen begonnen haben. Weitere 16,4 % der Gemeinden haben die entsprechenden Massnahmen in anderen Dokumenten (wie bspw. dem kommunalen Richtplan oder einem Siedlungsentwicklungskonzept) integriert.

10.2.3.2   Einsatz bodenpolitischer Instrumente (basierend auf F13)

Aus dem Nichtvorhandensein einer expliziten, bodenpolitischen Strategie kann jedoch keinesfalls abgeleitet werden, dass die befragten Gemeinden bodenpolitisch untätig sind. Als Indikator für die bodenpolitische Aktivität wurde daher nach dem Einsatz von verschiedenen Einzelinstrumenten gefragt, denen bodenpolitische Mechanismen zugrunde liegen. Die Ergebnisse zeigen hier, dass die einzelnen Instrumente durchaus in der raumplanerischen Praxis zur Anwendung kommen, wenn auch in höchst unterschiedlicher Häufigkeit.

Die Antworten zeigen eine grosse Vielfalt beim Instrumenteneinsatz. Auf einer Skala von 1 (Regelfall) bis 4 (Einzelfall) bzw. 5 (Keine Anwendung) sind die häufigsten Instrumente der Sondernutzungsplan in seiner privaten (2,26) bzw. öffentlichen Form (2,36), die erweiterte Infrastrukturabgabe (3,25) und das zivilrechtliche Baurecht (3,36). Durchschnittlich sehr wenig zum Einsatz kommen die Planungszone (4,02), der Mehrwertausgleich (4,08) und die freiwillige Baulandumlegung (4,11). Fast keinerlei Anwendung finden bislang die Reduktion der Bauzone (4,70), die städtebauliche Enteignung (4,70), die öffentlich-rechtliche Bauverpflichtung (4,72) und die amtlich angeordnete Baulandumlegung (4,72). Bei diesen Durchschnittswerten gilt es zu beachten, dass auch wenn die jeweiligen Instrumente keine flächendeckende Anwendung finden, sie in einzelnen Gemeinden durchaus eine grosse Rolle spielen können.

Neben der Häufigkeit wurde auch nach der strategischen Bedeutung gefragt. Bei der Befragung konnten hier Punkte für die strategische Bedeutung vergeben werden, die prozentual dargestellt werden. Bei 100 % wäre ein Instrument von allen Gemeinden mit der vollen Punktzahl versehen worden. Bei 0 % hätte keine Gemeinde Punkte an das Instrument verteilt.

Bei der strategischen Bedeutung zeigt sich ein ähnliches, jedoch kein gleiches Bild wie bei der Häufigkeit der Anwendung der Instrumente. Von grösster Bedeutung werden auch hier der SNP in seiner öffentlichen (84 %) bzw. privaten Form (76 %), sowie die erweiterte Beteiligung an Infrastrukturkosten (65 %) benannt. Der Mehrwertausgleich wird in der strategischen Bedeutung deutlich höher eingeschätzt (62 %), als bei der tatsächlichen Häufigkeit. Gleiches gilt für die Planungszone (60 %). Von mittlerer strategischen Bedeutung sind das zivilrechtliche Baurecht (53 %), die freiwillige Baulandumlegung (50 %), die privatrechtliche Überbauungsfrist (47 %), das Vorkaufsrecht (46 %) und die Reduktion der Bauzone (46 %). Von geringer strategischer Bedeutung sind die amtliche Bauverpflichtung (40 %), die amtliche Baulandumlegung (36 %) und schliesslich die städtebauliche Enteignung (32 %).

Zusammenfassend zeigt sich, dass die kooperativen Instrumente eine weitere Verbreitung finden, als die hoheitlichen Instrumente. Allerdings kommt den hoheitlichen Instrumenten teilweise eine gewisse strategische Bedeutung zu, mit stark schwankenden Einschätzungen durch die Gemeindevertreter.

10.2.3.3   Der Sondernutzungsplan als häufigstes und wichtigstes Instrument

Als häufigstes und wichtigstes Instrument wird der Sondernutzungsplan (SNP) genannt (Dieses Instrument erfährt unterschiedliche Bezeichnungen. Als gleichbedeutend werden angesehen: Bebauungsplan, Gestaltungsplan, Überbauungsordnung, plan d'affectation de détail, plan de quartier, plan de zone partiel, piano di uso speciale, piano di progettazione, la costruzione di ordinanza, lottizzazione.) In seiner Form als öffentlich-initiierter Plan wird er in fast zwei Drittel der Gemeinden (64,8 %) häufig oder regelmässig angewendet. Lediglich 14,8 % der Gemeinden wenden dieses Instrument niemals oder nur sehr selten an. Noch häufiger wird das Instrument als privat-initiierter SNP verwendet. In mehr drei Viertel der Gemeinden ist diese Ausprägung des Instruments häufig oder regelmässig anzutreffen (76,7 %) und nur in 9,3 % niemals oder sehr selten. Der SNP ist damit das dominierende Instrument auf kommunaler Ebene. Dies spiegelt sich auch in der Gewichtung wider, wobei hier der öffentliche SNP leicht stärker bewertet (83 %) wird, als die privat-initiierte Variante (75 %).

10.2.3.4 Mehrwertausgleich (basierend auf F18, F13)

Das RPG fordert die Kantone bereits seit der ersten Version auf, planungsbedingte Mehrwerte angemessen auszugleichen (Art. 5 RPG) – nannte allerdings vor der Revision keine Konsequenzen, falls ein Kanton dieser Forderung nicht nachkommt. So haben seit der Institutionalisierung des RPG 1979 lediglich vier Kantone dieses Instrument flächendeckend eingeführt. Erst mit der Revision werden auch die anderen 22 Kantone gezwungen, einen solchen Ausgleich (im Umfang von mindestens 20 %) einzuführen.

Auch bei Abwesenheit einer kantonalen Regelung, hatten Gemeinden immer die Möglichkeit auf Gemeindeebene einen Ausgleich des Mehrwerts zu erheben. Die Befragung zeigt, dass diese rechtliche Möglichkeit nur zurückhalten genutzt wurde. Rund zwei Drittel der 66 Gemeinden kannten bis zur Gesetzesrevision keine Mehrwertabschöpfung (65,5 %). Lediglich 18,2 % führten mindestens 20 % der planungsbedingten Mehrwerte von den Eigentümern an die Allgemeinheit ab und erfüllen damit bereits die Anforderungen des neuen RPG. In etwa der Hälfte der Gemeinden (52,7 %) hat zudem noch keine Anpassung an die neue Gesetzeslage begonnen. In 10 % der befragten Gemeinden ist die Mehrwertabschöpfung bereits heute der Regelfall. In weiteren 7 % bzw. 9 % wird das Instrument regelmässig bzw. selten angewendet.

10.2.3.5 Erweiterte Beteiligung an Infrastrukturkosten

Neben dem automatischen Ausgleich von planungsbedingten Mehrwerten kann auch eine vertragliche Beteiligung an Infrastrukturkosten vereinbart werden. Dieses Instrument wird vorwiegend zur konkreten Finanzierung von Infrastrukturprojekten verwendet, welche zwar im Zusammenhang stehen, aber nicht ausschliesslich ursächlich auf die jeweilige Planungsmassnahme zurückzuführen ist. Beispielsweise können Schulraumerweiterungen oder das Anlegen von urbanen Grünräumen über diese Weise finanziert werden.

Es wurde erwartet, dass dieses Instrument vorwiegend in der Westschweiz anzutreffen ist, da die Planung in der Westschweiz traditionell hoheitlicher orientiert ist. Die Befragung bestätigt diese Erwartung nicht. Vier der fünf Gemeinden, in denen das Instrument der Regelfall ist, sind in der Deutschschweiz; die fünfte ist aus dem Tessin. Die Westschweizer Gemeinden gaben überwiegend an, dass das Instrument zwar durchaus üblich, aber nicht der Regelfall ist. Allerdings hat nur eine einzige Westschweizer Gemeinde angegeben, dass es niemals zum Einsatz kommt.

10.2.3.6 Abgabe von Liegenschaften im Baurecht

Insbesondere in den Gemeinden, die eine Bodenbevorratungspolitik betreiben, kann die Abgabe von Bauland im zivilrechtlichen Baurecht (Art. 675 und 779 ZGB) eine zusätzliche Option sein. Die Abgabe kann dabei an politische Ziele geknüpft werden, wie bspw. die bevorzugte Vergabe an junge Familien oder zur Förderung von preisgünstigen Wohnungsbau. Insofern war erwartet worden, dass das Instrument eine gewisse Verbreitung und strategische Bedeutung erzielen kann – ohne als flächendeckendes Instrument verstanden zu werden.

Die Umfrageergebnisse bestätigen diese Einschätzung. Die Polarisierung des Instrumentes ist (hinter dem Mehrwertausgleich und dem öffentlichen SNP) mit einer Standardabweichung der Antworten bezogen auf die Anwendung, eine der grössten (1.22). In 22 % der Gemeinden ist die Abgabe im Baurecht sehr häufig oder regelmässig der Fall. Zusammengenommen etwa 53 % der Gemeinden nutzen es selten oder haben es bislang einmalig verwendet. Somit haben lediglich gut ein Viertel aller Gemeinden noch niemals Erfahrungen mit diesem Instrument gemacht.

Die strategische Bedeutung wird dabei zwar hoch, aber nicht sehr hoch eingeschätzt. Mit einem Wert von 54 % liegt das Instrument auf Platz 6 aller abgefragten Instrumente.

10.2.3.7   Vorkaufsrecht

Ein planungsrechtliches Vorkaufsrecht steht nicht landesweit zur Verfügung. Einzelne kantonale Gesetze (bspw. Genf) räumen diese Möglichkeit jedoch ein. Bei einem Vorkaufsrecht ist die Verkaufsabsicht vorgängig der zuständigen Behörde zu melden, die daraufhin prüfen kann, ob ein übergeordnetes öffentliches Interesse an der Fläche besteht und sich in einem solchen Fall als Käufer einsetzen kann. Die konkrete Ausgestaltung dieses Rechtsgeschäft ist dabei von besonderer Bedeutung.

Auch dieses Instrument ist von der Konstruktion bereits strategisch ausgerichtet. Im Kanton Genf soll allein die Existenz zu einer Preisdämpfung führen. Es war erwartet, dass das Instrument in einer grossen Mehrheit der Gemeinden keine tatsächliche Anwendung findet, jedoch eine gewisse strategische Bedeutung erlangen kann, da Akteure die Möglichkeit eines staatlichen Eingriffs berücksichtigen. Die Befragung zeigt jedoch, dass das Instrument eine deutlich grössere Verbreitung erfahren hat. Lediglich 28 % der Gemeinden haben es bislang niemals angewendet. Etwa 19 % der Gemeinden haben das Instrument einmalig angewendet. Weitere 28 % selten bzw. 7 % regelmässig. Und in einer Gemeinde ist der Einsatz des Instruments der Regelfall. Demgegenüber wird die strategische Bedeutung des Instruments vergleichsweise gering eingeschätzt. Mit 45 % erreicht das Vorkaufsrecht einen mittleren Wert aller Instrumente.

Unklar bleibt aufgrund der Erhebungsmethode jedoch, für welche Fälle und unter welchen Kriterien das Vorkaufsrecht angewandt wurde. Denkbar ist hier die Verwendung zur Ermöglichung öffentlicher Bauten oder die privatrechtliche Konstruktion als vertragliches Kaufrecht. Eine regelmässige Anwendung als öffentlich-rechtliches Zwangsinstrument erscheint weiterhin unwahrscheinlich – wenngleich die Umfrageergebnisse aufhorchen lassen.

10.2.3.8   Städtebauliche Enteignung

Ein ähnlich strategisches Instrument stellt die Enteignung dar. Im vorliegenden Fall umfasst das lediglich die Enteignung aus städtebaulichen Gründen. Eigentumsentzug für Infrastrukturprojekte wird in der Fragestellung explizit ausgenommen. Insofern war eine äusserst geringe Verbreitung und Bedeutung des Instruments erwartet worden.

Diese Erwartung ist in den Ergebnissen bestätigt worden. Knapp 78 % der Gemeinden haben bislang niemals eine städtebauliche Enteignung durchgeführt. In etwa 12 % der Gemeinden gab es einen einmaligen Fall. In 7 % ist das Enteignungsverfahren bereits mehrmals vollzogen worden, wobei hier Tessiner Gemeinden überproportional häufig vertreten sind.

Unerwartet gering wurde die strategische Bedeutung der Enteignungsmöglichkeit eingeschätzt (32 %). Die Enteignung als potenzielle ultima ratio einer responsiven Bodenpolitik (Davy 2005b, 2014) kann hierdurch nicht bestätigt werden.

Zusammenfassend entsprechen die Ergebnisse bezüglich der städtebaulichen Enteignung nicht den Erwartungen. Entgegen der Annahmen sind tatsächliche Anwendungsfälle nicht vollkommen ungewöhnlich. Gleichzeitig wird die strategische Bedeutung von den Gemeindevertretern sehr gering eingeschätzt. Unter beiden Betrachtungspunkten ergibt sich also in der planerischen Praxis ein anderes Bild, als die literaturbasierte Erwartung vermuten liess.

10.2.3.9   Überbauungsfrist

Das neue RPG nennt keine abschliessende Liste von bodenpolitischen Massnahmen, mit welchen die Verfügbarkeit des Baulandes gefördert werden soll. Allerdings werden explizit zwei Instrumente aufgeführt. Neben der Baulandumlegung wird die Überbauungsfrist als Instrument explizit im Gesetz genannt (Art. 15a Abs. 2 RPG). Eine solche Überbauungsfrist kann grundsätzlich als öffentlich-rechtliche Bauverpflichtung oder als privatrechtlicher Überbauungsvertrag ausgestaltet werden.

Die privatrechtliche Regelung wird dabei von den befragten Gemeinden in strategischer wie praktischer Hinsicht bevorzugt, wenn auch auf unerwartet geringem Niveau. Lediglich 5,25 % der Gemeinden gaben an, eine solche Regelung sehr häufig oder gar als Regelfall anzuwenden. Weitere 12,3 % nutzen dies gelegentlich. 2/3 der Gemeindevertreter gaben an keinen Gebrauch zu machen. Gesamthaft erreicht die privatrechtliche Überbauungsfrist einen unerwartet niedrigen Wert in der Anwendung (4.42) und in der strategischen Bedeutung (47 %).

Die öffentlich-rechtliche Regelung wird noch seltener angewandt. Nur je eine Gemeinde gab an, das Instrument regelmässig bzw. in Ausnahmefällen zu verwenden. Weitere 14 % haben durch eine einzelne Anwendung bereits Erfahrung damit gemacht. Der Grossteil der Gemeinden (68 %) hat das Instrument bislang nicht angewendet. Gesamthaft erreicht die öffentlich-rechtliche Variante der Überbauungsfrist in der tatsächlichen Anwendung den niedrigsten Wert aller Instrumente (4.73) und wird in den befragten Gemeinden nicht häufiger angewandt als die städtebauliche Enteignung. Die strategische Bedeutung (38 %) liegt etwas höher als bei der Enteignung, aber deutlich hinter der privatrechtlichen Überbauungsfrist zurück.

Gesamthaft ist das Instrument der Bauverpflichtung (in seinen beiden Ausprägungen) aus Sicht der befragten Gemeinden deutlich unbedeutender, als erwartet. Das Potenzial, welches dem Instrument im Rahmen der RPG-Revision zugeschrieben wurde und im Einzelfall naheliegend ist (siehe die Abhandlung dazu im Anhang), wird von den befragten Gemeinden weder strategisch noch in der praktischen Anwendung bestätigt.

10.2.3.10   Baulandumlegung

Die Baulandumlegung ist als Instrument bereits seit dem Inkrafttreten des RPG im Jahr 1980 namentlich genannt (Art. 20 RPG). Dennoch erfuhr es bislang wenig Aufmerksamkeit. Sie kann grundsätzlich freiwillig, also mit Zustimmung einer qualifizierten Mehrheit der betroffenen Bodeneigentümer angewendet werden. Der Gesetzestext räumt jedoch auch die Möglichkeit zur amtlichen Anordnung ein, wenn dies zur Umsetzung der Nutzungspläne notwendig ist. In einem solchen Fall ist die Zustimmung der betroffenen Bodeneigentümer keine rechtliche Voraussetzung.

Wenig überraschend bevorzugen die Gemeinden die freiwillige Variante. Sowohl in der strategischen Bedeutung (50 %), als auch in der Häufigkeit (4,1) überwiegt diese Variante gegenüber der amtlich angeordneten Massnahme (36 % bzw. 4,7). Mit Zustimmung der Bodeneigentümer wird das Instrument in 23 % der Gemeinden regelmässig oder selten angewendet. Weitere 23 % haben bereits einmalige Erfahrung damit gemacht. Rund 40 % der Gemeinden haben noch nie eine freiwillige Baulandumlegung vollzogen. Für die amtlich angeordnete Umlegung trifft dies bei 72 % der Gemeinden zu. Und nur 7 % der Gemeinden haben das Instrument schon mehr als einmalig angewendet.

Die Baulandumlegung spielt damit in der raumplanerischen Praxis eine deutlich geringere Rolle, als dies auf Grund der langjährigen, gesetzlichen Existenz oder den Erfahrungen im Ausland (bspw. Spanien) zu vermuten war. Die weitreichenden Möglichkeiten, die der Gesetzgeber mit der amtlichen Umlegung eröffnet, werden vor Ort kaum genutzt.

10.2.3.11   Verhängung einer Planungszone

Raumplanerische Prozesse sind nicht für ihre grosse Geschwindigkeit bekannt. Das RPG sieht mit den sogenannten Planungszonen (Art. 27 RPG) ein Instrument vor, welches für die Dauer eines Planungsprozesses Veränderungen verhindern soll. So soll ermöglicht werden, dass eine politische Auseinandersetzung inklusive der wünschenswerten Öffentlichkeitsbeteiligung geführt werden kann, ohne dass die Nichtumsetzbarkeit der Nutzungspläne durch das Faktenschaffen der jeweiligen Bodeneigentümer befürchtet werden muss. Dementsprechend ist das Instrument bereits der Konstruktion nach von strategischer Natur, welches eher als Ausnahmefall tatsächlich Anwendung erfahren sollte.

Die Umfrageergebnisse bestätigen dies. Rund 28 % der Gemeinden haben das Instrument bereits mehrmals verwendet, wobei es in keiner der befragten Gemeinden der Regelfall ist. In weiteren 28 % ist es einmalig angewendet worden. Die strategische Bedeutung wird dabei erwartungsgemäss nochmals deutlich höher eingeschätzt (59 %) als die tatsächliche Anwendung (4,07).

10.2.3.12   Reduktion der Bauzone

Die wohl grösste mediale Aufmerksamkeit erfährt die Reduktion der Bauzone. Die Umzonung einer konkreten Parzelle von der Bau- in die Nicht-Bauzone ist zudem in der Regel mit grossem juristischen und finanziellen Aufwand verbunden, da dies als materielle Enteignung grundsätzlich entschädigt werden muss. Die verschärfen Regulierungen im neuen RPG könnten dies zukünftig in der raumplanerischen Praxis häufiger notwendig machen. Konkrete Erfahrungen konnte bislang nur eine Minderheit der Gemeinden machen. 16 % der Gemeinden haben bereits einmalig eine solche sogenannte Auszonung durchgeführt. Weitere 5 % haben das Instrument sogar schon in mehreren Fällen angewendet. Trotzdem wird dem Instrument eine vergleichsweise grosse strategische Bedeutung zugemessen (46 %).

10.2.3.13   Übersicht der bodenpolitischen Instrumente

	Sehr häufig, ist der Regelfall (1)		Regelmässig, durchaus üblich (2)		Selten (in Ausnahmefällen) (3)		Einmalig (für Einzelfall) (4)		Nein (niemals) (5)		Weiss nicht (0)	Arithmetisches Mittel (Ø)	Standardabweichung (±)	Gewichtung (%)
	Σ	%	Σ	%	Σ	%	Σ	%	Σ	%	Σ	Ø	±	%
(Kommunale und kantonale) Mehrwertabschöpfung (nach Art. 5 RPG)	6x	10.53	4x	7.02	5x	8.77	2x	3.51	37x	64.91	3x	4.11	1.45	60%
Erweiterte Beteiligung an Infrastrukturkosten (bspw. Städtebauliche Verträge)	5x	8.77	15x	26.32	11x	19.30	7x	12.28	15x	26.32	4x	3.23	1.38	65%
Abgabe von Liegenschaften im Baurecht (nach Art. 675 ZGB)	4x	7.02	9x	15.79	21x	36.84	9x	15.79	14x	24.56	-	3.35	1.22	54%
Vorkaufsrecht (bspw. Nach Art 56 BGBB)	1x	1.75	4x	7.02	15x	26.32	11x	19.30	16x	28.07	10x	3.79	1.08	45%
Enteignung (aus städtebaulichen Gründen, nicht für Infrastrukturmassnahmen)	-	-	1x	1.75	3x	5.26	6x	10.53	45x	78.95	2x	4.73	0.65	31%
Bauverpflichtung (Öffentl.-rechtl., in bestehender Bauzone (Art. 15a (2) RPG)	-	-	1x	1.75	1x	1.75	8x	14.04	39x	68.42	8x	4.73	0.60	38%
Überbauungsfrist (Privatrechtl., bspw. bei Einzonung)	1x	1.75	3x	5.26	7x	12.28	4x	7.02	38x	66.67	4x	4.42	1.05	47%
Freiwillige Baulandumlegung (nach Art. 20 RPG)	-		3x	5.26	10x	17.54	12x	21.05	24x	42.11	8x	4.16	0.96	48%
Amtlich angeordnete Baulandumlegung (ggf. ohne Einverständnis der Bodeneigentümer) (nach Art. 20 RPG)	-	-	1x	1.75	3x	5.26	4x	7.02	41x	71.93	8x	4.73	0.67	36%
Melioration (ausserhalb Bauzone)	-	-	4x	7.02	3x	5.26	3x	5.26	35x	61.40	12x	4.53	0.97	31%
Verhängung einer Planungszone (Art. 27 RPG)	-		4x	1.75	11x	19.30	16x	28.07	24x	42.11	2x	4.09	0.97	59%
Reduktion der Bauzone (auch Rück- oder Auszonung genannt) (nach Art. 15 (a) RPG)	-		1x		2x	3.51	9x	15.79	44x	77.19	1x	4.71	0.62	46%
Betrieb eines (halb-) öffentlichen Bodenfonds	1x	1.79	2x	3.75	2x	3.57	2x	3.57	40x	71.43	9x	4.66	0.92	34%
Öffentlicher Sondernutzungsplan (Gestaltungsplan, Überbauungsordnung, Bebauungsplan)	15x	26.79	21x	37.50	10x	17.86	1x	1.79	8x	14.29	1x	2.38	1.31	84%
Privater Sondernutzungsplan (Gestaltungsplan, Überbauungsordnung, Bebauungsplan)	12x	21.43	24x	42.86	11x	19.64	-	-	5x	8.93	4x	2.27	1.12	76%

Abbildung 27: Anwendungshäufigkeit und strategische Bedeutung ausgewählter bodenpolitischer Instrumente. Quelle: Eigene Darstellung (basierend auf F13).

Mithilfe des Fragebogens konnten sowohl Ausprägungen der Indikatoren, Anwendungshäufigkeit und strategischer Bedeutung ausgewählter bodenpolitischer Instrumente ermittelt werden. In beiden Kategorien sind dabei grosse Unterschiede zwischen den verschiedenen Instrumenten feststellbar, wie die nachfolgende Abbildung nochmals als Überblick darstellt.

10.2.3.14 Strategisches Bodeneigentum (basierend auf F6 & F10)

Für die Durchsetzung von politischen Zielen in der räumlichen Entwicklung kann es für Gemeinden von Vorteil sein, selbst als Bodeneigentümerin im Planungsprozess beteiligt zu sein. Bei der Befragung wurde daher auch explizit gefragt, ob strategisches Bodeneigentum vorhanden ist. Darunter wurden lediglich solche Grundstücke verstanden, welche anlassunabhängig erworben wurden und für Zwecke ausserhalb der Verwaltungsaufgaben (Schulen, Strasse, etc.) zur Verfügung stehen (also namentlich für Unternehmensansiedelungen, Wohnungsbau, Landabtäusche, etc). Unterschieden wurde zudem, ob diese nach derzeit gültiger Zonenplanung innerhalb oder ausserhalb der Bauzone liegen. Die Antwortkategorien sind dabei bewusst relativ formuliert worden, um den jeweiligen örtlichen Bedingungen gerecht werden zu können.

Insgesamt zeigt sich, dass die politischen Gemeinden nur wenig Boden für strategische Zwecke im eigenen Besitz haben. Allerdings ist hier ein deutlicher Unterschied der Bevorratung von Grundstücken innerhalb und ausserhalb der Bauzone feststellbar. Eine relative Mehrheit (41,9 %) der Gemeinden besitzen gar keine strategischen Grundstücke ausserhalb der Bauzone. Im Gegensatz dazu besitzt innerhalb der Bauzone nur eine Minderheit der Gemeinden (10 %) gar keine strategischen Grundstücke. 53,3 % der Gemeinden geben an, dass nur wenige Flächen für strategische Zwecke innerhalb der Bauzone in ihrem Besitz sind. 21,0 % der Gemeinden halten einige oder reichlich Grundstücke ausserhalb der Bauzone vor. Innerhalb der Bauzone sind bei 30,0 % der Gemeinden einige Grundstücke für strategische Zwecke vorhanden. 6,7 % sind besonders aktiv und halten reichlich strategische Flächen innerhalb der Bauzone vor.

Einzig in der Wohnzone hat eine Mehrheit der Gemeinden (58,3 %) strategische Flächen zur Verfügung. Selbst in den jeweiligen Ortszentren tritt nur eine Minderheit der Gemeinden als Bodeneigentümer auf (38,3 %). Noch weniger aktiv sind die Gemeinden in den Gewerbe- und Industriezonen. Lediglich 23,3 % (Gewerbe) bzw. 20,0 % (Industriezone) haben hier Flächen für strategische Zwecke zur Verfügung.

Auch die Sonderform der Bodenbevorratung in Bodenfonds ist in den Gemeinden von untergeordneter Bedeutung. Die strategische Bedeutung wird mit 34 % überraschend tief angegeben. Die Anwendungshäufigkeit fällt mit 4,66 ebenfalls sehr tief aus. Demnach ist auch dieses Instrument in der planerischen Praxis seltener anzutreffen und weniger wichtig, als dies aus den planungstheoretischen Debatten zu erwarten war.

10.2.3.15 Fazit

Insgesamt zeigt sich ein sehr heterogenes Bild. Alle abgefragten Instrumente finden in einigen Gemeinden Anwendung. Keines der Instrumente ist dabei dominierend. Auch sind die jeweiligen Einschätzungen bezüglich Anwendung und strategischer Bedeutung stark schwankend. Bei den Gemeinden ist zudem kein einheitliches Muster festzustellen. Die Ergebnisse bilden daher zunächst die heterogene Planungslandschaft in der föderalistischen Schweiz ab. Aus wissenschaftlicher Perspektive ist dies als Vorteil zu betrachten, da hierdurch konkurrenzierende Subsysteme entstehen, deren Wirksamkeit analysiert und verglichen werden können. Auch deshalb sind die einzelnen Resultate des Fragebogens für die nachfolgende Fallstudienuntersuchung interessant.

10.2.4   Fragen zur örtlichen LM-Discounter-Filiale

Im abschliessend dritten Teil wurde im Rahmen der schriftlichen Befragung einige Informationen über die örtliche Filiale eines Lebensmittel-Discounters erfragt. In jeder der angeschriebenen Gemeinden findet sich mindestens eine Filiale einer Discounter-Kette (Aldi oder Lidl), wobei eine antwortende Person dies dennoch verneinte. Sollten in einer Gemeinde mehr als eine Filiale vorhanden sein, wurden die Teilnehmenden daraufhin angewiesen, die Fragen bezogen auf die zuletzt eröffnete Filiale zu beantworten. Die Fragen aus diesem Teil werden in sechs Themen gruppiert, wobei die Darstellung von der Reihenfolge im Fragebogen abweicht. Zunächst werden die Fragen bezogen zur Eigentumsstruktur präsentiert. Es folgen zonen- und baurechtliche Fragen. Im Anschluss wird versucht die Standortwahl zu rekonstruieren, wobei hier nur sehr vorsichtig Tendenzen dargestellt werden können, da mit den Gemeindevertretern nicht die Träger dieser Entscheidung befragt wurden. Es folgt die Abfrage der Erwartungen an die Ansiedelung des Discounters und der Abgleich mit den tatsächlich beobachteten Veränderungen. Darauf aufbauend folgen die politischen Diskussionen und Konflikte um die Ansiedelung. Abschliessen wurden die Gemeindevertreter gebeten eine Bewertung der Filialen vorzunehmen. Nicht präsentiert werden Fragen (basierend auf F21, F22, F31, F36, F37), die (meist als offene Felder) Möglichkeiten zur weiteren Recherche eröffneten. Sie sind nicht als eigenständige Forschungsergebnisse, sondern als Hilfsmittel zur Vorbereitung der nachfolgenden Experteninterviews gedacht (siehe Bausteine C und D).

10.2.4.1   Eigentumsverhältnisse (basierend auf F23, F24 und F25)

Zunächst wurden die Eigentumsverhältnisse der Parzelle ermittelt, auf dem die Filiale steht. Erfragt wurde zunächst, welche Kategorie von Grundeigentümer der Boden vor Beginn der Planung zugehörte. Darauf folgte die Frage nach der heutigen Eigentümerschaft. Da es sich bei diesen Fragen um teilweise datenschutzrechtlich kritische Fragen handelt, wurde den Teilnehmern ermöglicht diese Fragen zu überspringen. Bis zu 15 der 66 Teilnehmenden machten von dieser Möglichkeit Gebrauch. Weitere 10 bis 13 nutzen die Kategorie „Weiss nicht / keine Angabe". Die Auswertung basiert bei den folgenden Fragen daher auf etwa 40 Aussagen.

Zunächst wurde erfragt, welcher Kategorie die Rechteinhaber der Parzelle angehört, auf der heute die Discounter-Filiale steht. Es zeigt sich, dass die jeweiligen Parzellen sehr unterschiedliche Eigentumsverhältnisse hatten. Die grösste Gruppe der Bodeneigentümer stellen mit einem Anteil von einem Drittel Einzelpersonen oder Personenverbunde (wie bspw. Familien oder Erbengemeinschaften). Eine zweite grosse Gruppe stellen mit etwa 27,8 % unternehmerische Eigentümer (bspw. Bauunternehmen) dar. Überraschend geringe Bedeutung haben institutionelle Eigentümer (wie bspw. Banken oder Pensionskassen) mit lediglich 13,0 %. Nochmals deutlich geringer ist die Bedeutung der öffentlichen Hand als Bodeneigentümerin (1,9 %). Weitere (halb-) öffentliche Institutionen (bspw. Kirche, Burgergemeinde) sind in keinem einzigen Fall vor dem Planungsbeginn Bodeneigentümer gewesen.

Die heutige Eigentumssituation hat sich deutlich verändert. Grösste Gruppe ist nun das Lebensmittel-Discounter-Unternehmen selbst mit 35,2 %. Gefolgt von institutionellen und unternehmerischen Eigentümern (16,7 % bzw. 18,5 %). Natürliche Personen sind nur noch in 9,3 % die zugrundeliegenden Bodeneigentümer. Die öffentlichen und halböffentlichen Akteure tauchen nicht mehr als Bodeneigentümer auf.

Auffallend sind die grossen Verschiebungen, welche aus dem Vergleich der beiden Fragen zu erkennen sind. Grösste Zunahme hat das Selbsteigentum der Lebensmittel-Discounter erlangt (+35 Prozentpunkte). Die unternehmerischen Eigentümer sind nach der Planungs- und Bauphase weniger stark vertreten (-9 Prozentpunkte). Institutionelle Eigentümer haben eine leichte Zunahme (+6 Prozentpunkte) zu verzeichnen. Die stärkste Abnahme verzeichnen die natürlichen Personen. Ihr Anteil sinkt um etwa 24 Prozentpunkte von 33,2 % auf 9,3 %. Die öffentliche Hand hat ihren (vorher sehr geringen) Anteil vollständig abgegeben.

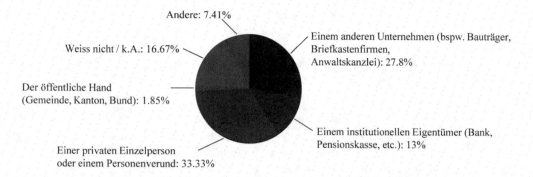

Abbildung 28: Eigentümerschaft vor Planungsbeginn. Quelle: Eigene Darstellung (basierend auf F23).

Aus den Verschiebungen deuten sich bereits konkrete Eigentumsstrukturen ab, welcher in einer eigenen Frage nochmals explizit erhoben wurde. Gefragt wurde hierbei, in welcher Eigentumsstruktur Boden und Gebäude zueinander stehen. Hier zeigen sich keine überraschenden Ergebnisse. Am stärksten vertreten sind das klassische Volleigentum und das Mieteigentum. Unter klassischem Volleigentum wird verstanden, dass der Boden und das Gebäude einheitlich in der Hand des Discounterunternehmens sind. Dies trifft auf 35,3 % der Fälle zu. Als Mieteigentum werden die Fälle bezeichnet, in denen Boden- und Gebäudeeigentum uneinheitlich sind und der Discounter die Verkaufsfläche lediglich anmietet. Dies trifft auf genau ein Drittel der Fälle zu. Deutlich geringere Bedeutung kommt dem Baurecht zu. In diesem Fall sind Boden- und Gebäudeeigentum nicht in gleicher Hand und das Nutzungsrecht am Boden wird mittels zivilrechtlichem Baurecht vergeben. Dies trifft auf 11,8 % zu, wobei eine geringere Verbreitung im Vergleich zu den beiden anderen Formen erwartet worden war.

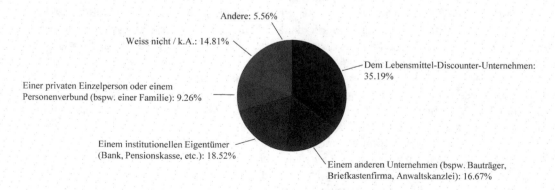

Abbildung 29: Heutige Eigentümerschaft. Quelle: Eigene Darstellung (basierend auf F24).

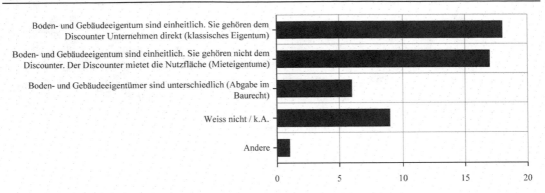

Abbildung 30: Eigentumsstruktur (Boden – Gebäude). Quelle: Eigene Darstellung (basierend auf F25).

10.2.4.2   Planungsrechtlicher Kontext der Discounter-Filialen (basierend auf F26 und F27)

Aus planungsrechtlicher Perspektive sind die Nutzungszonen und das dazugehörige Baureglement von grosser Bedeutung. Im Fragebogen wurde daher auch berücksichtigt, in welcher konkreten Nutzungszone die Discounter-Filiale steht und ob diese Zone im Rahmen der Discounterplanung verändert werden musste.

Zunächst ist auffällig, dass die Discounter-Filialen in sehr unterschiedlichen Nutzungszonen anzutreffen sind. Von der reinen Wohnzone bis zur Industriezone ist für fast alle Zonenarten mindestens ein Beispiel zu finden. Einzige Ausnahmen bilden die Dienstleistungszone und die Zone für öffentliche Zwecke. Die drei häufigsten genannten Zonen sind die Zonen, die aufgrund ihrer planungsrechtlichen Eignung erwartet wurden. Stark vertreten sind die Gewerbezone mit bzw. ohne Wohnen (13,0 % bzw. 20,4 %), die speziell für Handels- und Gewerbeeinrichtungen gedacht sind und daher als Zonen erwartet worden waren. Daneben sind auch Industriezone (18,5 %) häufig genannt. Bei dieser überraschend hohen Zahl ist zu berücksichtigen, dass insbesondere kleinere Gemeinden häufig nicht zwischen Gewerbe- und Industriezonen unterscheiden. In solchen Fällen ist die Ansiedelung einer Discounterfiliale in der Industriezone tatsächlich im Sinne des Planungsrechts. Im Einzelfall ist jedoch zu überprüfen, ob nicht Discounter-Filialen auch dann in der Industriezone sind, wenn eine eigene Gewerbezone vorhanden ist. Des weiteren wird die Zone mit Sondernutzungsplanpflicht häufig genannt (11,1 %). Auch hier müssen die genauen Umstände in den Fallstudien näher betrachtet werden. Anzunehmen ist, dass mit dieser Massnahme entweder versucht wird gezielter Einfluss zu nehmen auf die Gestaltung der Filiale oder dass dies aus den kantonalen Anforderungen abzuleiten ist. Vergleichsweise niedrig ist die Anzahl der Discounterfilialen in der Zentrumszone, die je nach Gemeinde auch Kern- oder Dorfzone genannt wird. Lediglich 7,4 % der Filialen sind in dieser Zone. Daraus kann schon ein erster Indikator zur räumlichen Verteilung der Filialen im jeweiligen stadtstrukturellen Kontext abgeleitet werden. Ebenfalls vergleichsweise niedrig sind die Nennungen zur Mischzone, welche lediglich 3,7 % ausmachen. Die Wohnzone (mit oder ohne Gewerbeanteil) macht erwartungsgemäss nur einen kleinen Teil aus (3,7 % bzw. 1,9 %), wobei auch hier im Einzelfall zu überprüfen ist, wie es zu dieser Konstellation gekommen ist. In 16,7 % der Fälle ist keine dieser generischen Zonenarten zutreffen. Im offenen Antwortfeld wurden zudem weitere Zonenarten ergänzt, in denen die Discounter-Filiale zu finden ist. Dies umfasst „Gewerbe- und Industriezone", eine spezielle „Zone für publikumsintensive Anlagen" oder auch die „Spezialzone Autobahnanschluss". Die Gemeinden nutzen hier offenbar die offene Formulierung aus dem Raumplanungsgesetz (Art. 18 Abs. 1 RPG), um massgeschneiderte Lösungen für die jeweilige räumliche Situation zu entwickeln.

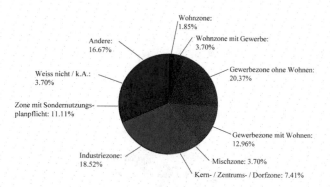

Abbildung 31: Zonenzugehörigkeit. Quelle: Eigene Darstellung (basierend auf F27).

Neben diesem deskriptiven Part der Nutzungszonen ist auch von Interesse, wie die Zonenkonformität (nach Art. 22 Abs. 2 lit. a RPG) hergestellt wurde. Die Teilnehmenden gaben an, dass die Zonenkonformität in den drei Viertel der Fälle bereits von Anfang an gegeben, sodass keine Anpassung der Zonenordnung notwendig war (75,9 %). Eine Anpassung des Nutzungszonenplans wurde lediglich in 3,7 % durchgeführt. In weiteren 11,1 % wurde ein SNP aufgestellt.

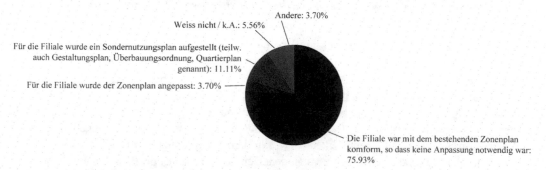

Abbildung 32: Zonenkonformität. Quelle: Eigene Darstellung (basierend auf F26).

Der hohe Anteil an Filialen, die von Beginn an zonenkonform waren, kann in mehrerlei Hinsicht interpretiert werden. Entweder zeugt das Umfrageergebnise von der ordnenden Stärke der Zonenplanung und der Anpassung der Discounter an die planungsrechtliche Struktur. Vielleicht ist es aber auch ein Hinweis, dass die entsprechenden Zonen- und Baureglemente die Planung und den Bau der Discounterfilialen nicht sehr weitreichend steuern. Schliesslich kann es aber auch ein Hinweis zur unterschiedlichen Temporalität sein. Planungsprozesse allgemein und insbesondere die Veränderung der baurechtlichen Grundordnung sind demokratische Entscheidungen, die mit entsprechenden politischen Diskussionen und verfahrensrechtlichen Ansprüchen ablaufen. Eine Anpassung ist daher zeitintensiv. Demgegenüber stehen die Discounterunternehmen, die aus betriebswirtschaftlichen Gründen einen möglichst raschen Eintritt und eine schnellstmögliche Verbreitung im Land anstrebten. In dieser Hinsicht ist die schnelle Verfügbarkeit der Fläche (inklusive der Zonenkonformität) wesentliches Entscheidungskriterium und eine Anpassung der Zonenplanung wird als zu langwierig betrachtet und daher nicht als Option gewählt.

10.2.4.3 Parzellenauswahl (basierend auf F38) und Auswahlkriterien (basierend auf F39)

Schliesslich wurden Fragen nach der Parzellenauswahl und den zugrundliegenden Auswahlkriterien gestellt. Um hier fundierte Antworten zu erhalten, wäre eigentlich eine Befragung der entsprechenden verantwortlichen Personen bei Aldi und Lidl notwendig. Da diese jedoch zu keinem

Gespräch bereit waren, ist hier keine fundierte Aussage möglich. Indirekt wurde jedoch versucht, die Auswahl der Parzelle durch die Discounter zu rekonstruieren. Die Planenden der Gemeindeverwaltung stehen im engen Kontakt mit den Unternehmen und können insofern Hinweise geben, wenngleich die Aussagekraft geringer ist, als bei den anderen, direkten Fragen.

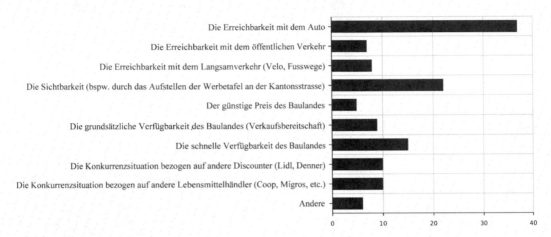

Abbildung 33: Wichtigsten Gründe zur Auswahl des Standorts (Mehrfachnennungen möglich). Quelle: Eigene Darstellung (basierend auf F39).

Gefragt wurde, welches die wichtigsten Gründe für das Discounterunternehmen waren, um an diesem Standort zu bauen. Die Antworten spiegeln das betriebswirtschaftliche Konzept der Discounter sehr gut wider. Die Antworten, die mit Abstand am häufigsten genannt wurden, waren die Erreichbarkeit mit dem Auto (75,5 %) und die Sichtbarkeit (44,9 %). Die Konkurrenzsituation bezogen auf andere Discounter (Aldi, Lidl, Denner) und bezogen auf andere Lebensmittelhändler (Coop, Migros) wurde dagegen weniger stark genannt (je 20,4 %). Erwartungsgemäss geringe Bedeutung hatten auch die Erreichbarkeit mit dem öffentlichen Verkehr bzw. mit dem Langsamverkehr (14,3 % bzw. 16,3 %). Überraschend klar waren die Aussagen zum Bodeneigentum. Der günstige Preis des Baulandes war als einer der wesentlichen Gründe vermutet worden, da dies im Sinne der betriebswirtschaftlichen Strategie von Bedeutung ist. Lediglich 10,2 % der Befragten gaben dies jedoch als Grund an. Deutlich wichtiger waren die grundsätzliche Verfügbarkeit (also die Verkaufsbereitschaft) und die schnelle Verfügbarkeit (18,4 % bzw. 30,6 %). Die Temporalität ist damit (hinter der Autoerreichbarkeit und der Sichtbarkeit) am dritthäufigsten als wichtigster Grund genannt worden.

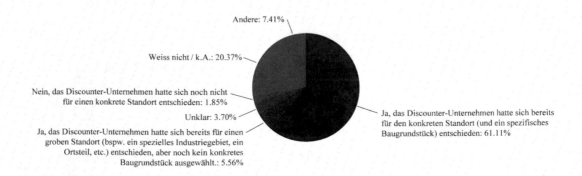

Abbildung 34: Parzellenauswahl. Quelle: Eigene Darstellung (basierend auf F38).

Insofern ist es wenig überraschend, dass die Auswahl der konkreten Parzelle ohne Beteiligung der öffentlichen Planung stattfindet. Überprüft wurde dies mit der Frage, ob der konkrete Standort (also das Baugrundstück) bereits festgelegt war, als die Vertreter des Discounters an die Gemeinde herangetreten ist. 61,1 % gaben an, dass sich das Discounterunternehmen bereits für den konkreten Standort entschieden hatte. In weiteren 5,6 % war der grobe Standort bereits entschieden, aber noch kein konkretes Baugrundstück ausgewählt. Lediglich in einem Fall (=1,9 %) hat von Seiten des Unternehmens keine Standortentscheidung stattgefunden. Die auf 100 % fehlenden Angaben fallen auf „Weiss nicht / keine Angabe" (20,4 %) bzw. auf den Umstand zurück, dass der Discounter eine fertige Ladenfläche angemietet hat und in dem Sinne keine Grundstücksentscheidung stattfand (7,4 %).

Diese Zahlen zeigen, dass der öffentlichen Planung bei der Standortsuche keine aktive Rolle zukommt. Die Entscheidungen werden grösstenteils vor der ersten Kontaktaufnahme getätigt. Eine öffentliche Politik zur Steuerung der Raumentwicklung kann unter diesen Umständen nur präventiv, aber kaum proaktiv eingreifen. Eine präventive Steuerung basiert allerdings auf der Grundannahme, dass planerische Regulierungen wesentliche Einflussfaktoren sind, was in der vorangegangenen Frage nicht bestätigt werden konnte, und dass die Zonen- und Baureglemente wirksame Instrumente sind, was aufgrund der breiten Streuung der Standorte in nahezu allen Zonenarten auch nicht eindeutig belegt werden konnte. Indirekt deuten diese Aussagen daher auf einen geringen Einfluss der Raumplanung auf die tatsächliche Raumentwicklung hin. Diese Passivität ist auch in den vorangegangenen Aussagen der Gemeindevertreter zu den Erwartungen und Zielstellungen erkennbar.

10.2.4.4 Erwartungen (basierend auf F28), Beobachtungen von Veränderungen (basierend auf F29) und Auswirkungen auf die Konkurrenz (basierend auf F34)

Abgefragt wurden die Erwartungen, welche von Seiten der Gemeindepolitik an die Eröffnung des Lebensmittel-Discounters geknüpft wurden. Zur Auswahl standen klassische Argumente, die in Diskussionen häufig angebracht werden, sowie die Möglichkeit eigene Erwartungen zu umschreiben. Die Antworten zeigen, dass die Ortsplanung nur wenig konkrete Erwartungen formuliert hat. In 50,0 % der Fälle wurden keinerlei spezifische Erwartungen geknüpft. In 30,8 % erhofften sich die Gemeinen sich eine Verbesserung der Versorgungssituation der Bevölkerung. Mit je 17,3 % folgen die Erwartungen an einen Zugewinn an Arbeitsplätzen und an die Bindung von Kaufkraft in der Gemeinde. Überraschend niedrig war die Erwartung der Belebung des Raumes rund um den Discounterstandort. In lediglich 13,5 % der Fälle wurde diese Erwartung formuliert. In den offenen Antwortkategorien formulierten einzelne Gemeindevertreter, dass die Gemeinde „keine Erwartungen stellen braucht", bzw. „keine Erwartungen stellen kann, da das Projekt baurechtlich konform ist und es keine Ausnahmebewilligung braucht" oder gar „baurechtlich nicht zu verhindern ist" und grundsätzlich „kein Interesse an solchen Anlagen besteht".

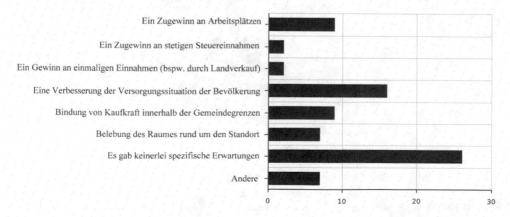

Abbildung 35: Erwartungen an den Discounterstandort Quelle: Eigene Darstellung (basierend auf F28).

Die Antworten reichen also von einer gewissen Passivität bis zu einer fast fatalistischen Einstellung gegenüber der begrenzten Steuerungsmöglichkeit der Gemeinde.

Die tatsächlich beobachteten Veränderungen fallen recht deckungsgleich aus. Die Versorgungssituation wurde nach Aussage der Gemeindevertreter in einem Drittel der Fälle tatsächlich verbessert. In gut einem Viertel (25,5 %) der Fälle ist zudem tatsächlich ein Zugewinn an Arbeitsplätzen beobachtet worden. Die Belebung rund um den Standort trat in 13,7 % der Fälle auf. Insgesamt geben die Gemeindevertreter an, dass ihre (vergleichsweise geringen) Erwartungen im Regelfall eingetreten sind. Nur in 7,8 % wurde angegeben, dass sich keine der Erwartungen erfüllt hat.

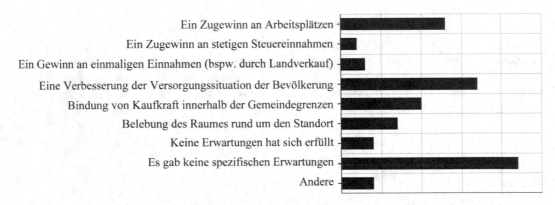

Abbildung 36: Beobachtete Veränderung durch Discounter. Quelle: Eigene Darstellung (basierend auf F29).

Aus volkswirtschaftlicher Perspektive ist zudem zu erwarten, dass das Aufkommen eines neuen Konkurrenten zu einer Verschiebung der Marktanteile führt. In kleinen und mittleren Gemeinden mit geringen Kundenpotenzial kann dies grundsätzlich massive Auswirkungen auf die örtlichen Konkurrenten haben, die ggf. sogar in ihrer Rentabilität gefährdet sind. Keiner der Befragten konnte eine solche massive Umsatzverschiebung beobachten, die die Schliessung einer Filiale eines Konkurrenten beinhaltet. Und lediglich in einem einzigen Fall erscheinen den Gemeindevertretern die Auswirkungen auf die Konkurrenz massiv. In den meisten Fällen waren die beobachteten Auswirkungen nicht wesentlich (44,4 %) oder zwar spürbar, aber nicht existenzbedrohend (9,3 %). In 9,3 % der Fälle wurde sogar der gegenteilige Effekt festgestellt. Hier konnte durch die Standortgemeinschaft zwischen dem Grossverteiler (Coop, Migros) und dem Discounter (Lidl, Aldi) ein Kundengewinn beobachtet werden, der in einem Falle sogar dazu geführt hat, dass die vorher gefährdete Filiale nicht geschlossen wurde. Auch wurden zwei Fällen benannt, in denen ein Neubau eines Grossverteilers getätigt wurde.

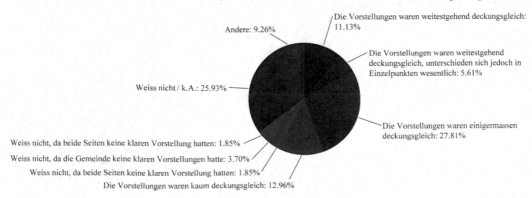

Abbildung 37: Beobachtete Auswirkungen auf die Konkurrenz. Quelle: Eigene Darstellung (basierend auf F34).

10.2.4.5   Überschneidung (basierend auf F40), Widerstand (basierend auf F30) und Kompromissbereitschaft (basierend auf F41)

Um die politischen Dimensionen hinter der Discounterplanung zu identifizieren, wurden auch Fragen zu (möglichen) Konflikten gestellt. Zunächst wurde eine Einschätzung abgefragt, inwiefern sich die planerischen Vorstellungen der Gemeinde mit denen des Discounterunternehmens zu Beginn des Planungsprozesses überschneidet. Hier wurde eine allgemeine Deckungsgleichheit attestiert. In der Mehrheit der Fälle waren die Vorstellungen der beiden Akteure weitestgehend deckungsgleich (11,1 %), im wesentlichen deckungsgleich (5,6 %) oder einigermassen deckungsgleich (27,8 %). Diese hohen Zahlen sind vor dem Hintergrund der geringen Erwartungen der Gemeinden wenig erstaunlich. Lediglich in einer Minderheit der Fälle wurden bemerkenswerte Abweichungen attestiert (13,0 %). Bei den restlichen Angaben mangelt es an klaren Vorstellungen des Discounters (1,9 %), der Gemeinde (3,7 %) oder beider Seiten (1,9 %). Der hohe Anteil an „Weiss nicht / keine Angabe" (25,9 %) und Andere (9,3 %) ist in dieselbe Richtung zu interpretieren.

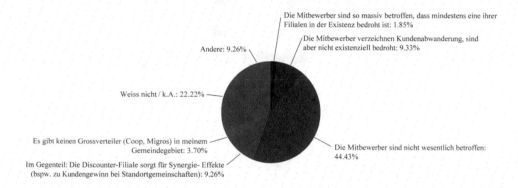

Abbildung 38: Interessensüberschneidungen. Quelle: Eigene Darstellung (basierend auf F40).

Vor diesem Hintergrund ist auch die Kompromissbereitschaft des Discounterunternehmens zu betrachten. Lediglich eine Minderheit konnte das Vorurteil bestätigen, dass diese Unternehmen zu keinem Kompromiss bereits sind (8.7 %). In der Mehrheit wurde grundsätzliche Kompromissbereitschaft attestiert, wenn dies keine wesentliche Kostensteigerung bedeutet (37,0 %) oder sogar, wenn dies wesentliche Kostensteigerungen bedeutete (26,1 %). Aufgrund der geringen Erwartungen der Gemeinden und der überwiegenden Deckungsgleichheit der Interessen ist jedoch zu hinterfragen, welche Kompromisse überhaupt eingegangen werden mussten. Diese Einschätzung wurde auch von 23,9 % transparent geteilt, die das offene Antwortfeld dazu nutzen, zu betonen, dass Kompromisse nicht notwendig, rechtlich nicht durchsetzbar oder schlicht kein Thema waren. In lediglich in zwei Fällen (4,3 %) wurde angegeben, dass Kompromisse notwendig waren, die massive Kostensteigerungen für den betroffenen Discounter bedeuteten.

Anspruch- und Verhandlungspartner waren in diesen Fällen nicht unbedingt Personen des Unternehmens direkt. Das trifft nur in 37,5 % der Fälle zu. In der Mehrheit (52,1 %) fungierte ein Architekturbüro oder eine Bauunternehmung als Mittlerstelle. Daneben traten auch Fälle auf, wo eine Anwaltskanzlei (2,1 %), ein sonstiger Investor (12,5 %), ganz andere (12,5 %) oder gar mehrere Ansprechpartner (6,3 %) auftraten.

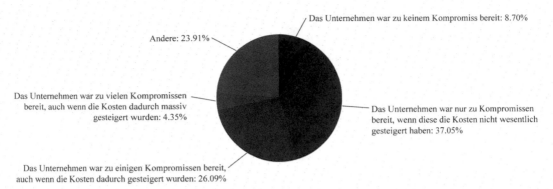

Abbildung 39: Kompromissbereitschaft. Quelle: Eigene Darstellung (basierend auf F41).

Die politische Debatte um die Discounter-Filialen ist stark unterschiedlich ausgeprägt. In der Mehrheit der Fälle gab es keine Vorbehalte von anderen Akteuren (39,6 %). Falls es Vorbehalte gab, kamen die zumeist von den Nachbarn oder Anwohnern (20,8 %), der Ortsplanung selber (18,8 %) oder sonstigen Organisationen (bspw. VCS, ProNatura, Stiftung Landschaftsschutz) (16,7 %). Erstaunlich wenig Widerstand kam von der direkten Konkurrenz (Migros, Coop) (lediglich 6,3 %) oder anderen Detailhändlern (Fachgeschäfte, Zentrumsinitiativen), die auf Grund der Zentrumsverlusts indirekt betroffen sein könnten (12,5 %). Auch die politischen Parteien (6,3 %), Fachplanungen (4,2 %) und übergeordnete Ebene (6,3 %) hatten wenige Vorbehalte.

Dieser geringe Widerstand kann entweder als gutes oder schlechtes Zeichen interpretiert werden. Einerseits ist denkbar, dass dies ein Indikator für die planungsrechtlich gute Koordination der Raumansprüche und somit für das Funktionieren der Planungspolitik ist. Es kann auch als Hinweis gedeutet werden, dass bei den anderen Akteuren (berechtigt oder unberechtigt) kein Problembewusstsein vorhanden ist.

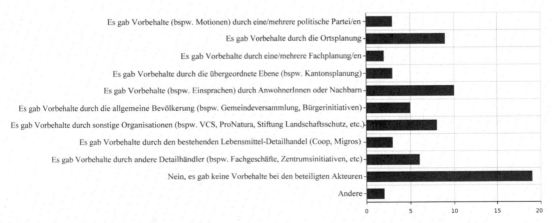

Abbildung 40: Vorbehalte weiterer Akteure. Quelle: Eigene Darstellung (basierend auf F30).

Von Seiten der Gemeinden wird das Thema Detailhandel häufig nicht weiter bearbeitet. Eine Strategie im Umgang mit dem Detailhandel haben lediglich 15,4 % der Gemeinden, wobei hier auch entsprechende Bestimmungen in kommunalen Richtplänen gefasst werden. Die anderen 84,6 % haben keinerlei Strategie. Eine Minderheit der Gemeinden ist allerdings dabei eine solche Strategie auszuarbeiten. In 5,6 % wird sie derzeit erarbeitet, in 3,7 % ist eine solche Strategie bereits erarbeitet, aber noch nicht beschlossen und in weiteren 5,6 % ist eine

Strategie seit der Eröffnung der Discounter-Filiale erarbeitet und beschlossen worden. Darüber hinaus versuchen einige Gemeinden solche strategischen Elemente in anderen Dokumenten zu integrieren, wie bspw. in einem Raumkonzept, im Forum Attraktive Innenstadt oder in den allgemeinen Bau- und Zonenreglementen.

10.2.4.6 Bewertung der Discounter-Filiale (basierend auf F35)

	hervorragend (1)		gut (2)		akzeptabel (3)		ungeeignet (4)		Weiss nicht / k.A. (0)	Ø	±	G				
	Σ	%	Σ	%	Σ	%	Σ	%	Σ				1	2	3	4
Qualität des Standorts aus ortsplanerischer Sicht (bspw. Lage, Nutzungsmischung, etc.)	3x	5.56	27x	50.00	13x	24.07	7x	12.96	4x	2.48	0.81	77%				
Architektonischer Bezug zum städtebaulichen Kontext (bspw. Anpassung an bestehende Raumstruktur, etc.)	3x	5.56	14x	25.93	22x	40.74	12x	22.22	3x	2.84	0.86	62%				
Qualität der Architektur der Filiale (bspw. Baukörper, Fassadengestaltung, etc.)	1x	1.85	13x	24.07	27x	50.00	9x	16.67	4x	2.88	0.72	59%				
Qualität des Aussenraums (Parkplätze, Grünraum, Werbeanlagen, Beleuchtung, etc.)	-	-	11x	20.37	25x	46.30	15x	27.78	3x	3.08	0.72	69%				
Erschliessungsqualität (konfliktarme verkehrliche Integration, multimodale Erreichbarkeit, etc.)	8x	14.81	19x	35.19	18x	33.33	5x	9.26	4x	2.40	0.88	79%				

Abbildung 41: Städtebauliche Bewertung der Discounter-Filialen. Quelle: Eigene Darstellung (basierend auf F35).

Schliesslich wurden die Gemeindevertreter auch gebeten, eine Bewertung der Filiale aus städtebaulicher Sicht vorzunehmen und die einzelnen Aspekte zu gewichten. Die Skala der Qualität reicht dabei von hervorragend (1) bis ungeeignet (4). Die Gewichtung wurde wiederum prozentual errechnet und reicht von 0 % (unwichtig) bis 100 % (sehr wichtig). Die besten Bewertungen (2,40) und die höchste Gewichtung (79 %) erhielt dabei die Erschliessungsqualität. Gleichzeitig war bei dieser Kategorie die Standardabweichung, also die Schwankung zwischen den Meinungen der Antwortenden am höchsten (0,88). Der Standort selber (also insbesondere die stadtstrukturelle Beziehung aus ortsplanerischer Sicht) wurde ebenfalls gut (2,48) und wichtig (77 %) bewertet. Die schlechtesten Werte erreicht die Qualität des Aussenraums (3,08), die von der Bedeutung auf den mittleren dritten Platz gewertet wurde. Am unwichtigsten wurde die architektonische Qualität eingestuft (59 %), wobei die tatsächliche Qualität den zweitschlechtesten Wert aller Kategorien erreicht hat (2,88).

Diese Zahlen sind teilweise überraschend. Die geringe Gewichtung der architektonischen Qualität war nicht erwartet worden. Insbesondere vor dem Hintergrund der häufig architektonischen Ausbildung der Personen der Bauverwaltung war hier mit hohen Werten gerechnet worden. Die geringe Gewichtung geht mit der schlechten Bewertung der allgemeinen architektonischen Qualität einher. Auffallend ist, dass mit der Erschliessungsqualität ausgerechnet der Bereich stark gewichtet und gut bewertet wurde, der am weitreichendsten reguliert und beeinflussbar ist. Ganz im Gegensatz zur Architektur bestehen hier Einflussmöglichkeiten und somit auch Verhandlungsspielraum. Die Werte können als Hinweis verstanden werden, dass a) die mit der Erschliessung zusammenhängenden Fragen Gegenstand intensiver Debatten und Verhandlungen sind und b) die für die öffentliche Hand auftretenden Personen mit den Ergebnissen nicht ganz unzufrieden sind.

10.2.4.7 Schlussfolgerungen und Erkenntnisse

Aus den Ergebnissen dieses Teils des Fragebogens lassen sich keine kausalen Aussagen ableiten. Allerdings können Hinweise isoliert werden, die für die weiteren Bausteine hilfreich sind.

Bezogen auf die Eigentumsverhältnisse kann zunächst wenig überraschend festgehalten werden, dass häufig natürliche Personen Eigentümer der Parzellen waren und im Verlauf des Verfahrens die Grundstücke von den Discountern übernommen wurden. Daneben sind recht stabil sowohl vor als auch nach der Planung unternehmerische Eigentümer wichtige Akteure. Die öffentliche Hand spielt bei diesem Aspekt überhaupt keine nennenswerte Rolle und auch die institutionellen Eigentümer (bspw. Pensionskassen etc.) sind nur wenig vertreten. Damit ergeben sich zugrundeliegenden Eigentumsstrukturen: Das klassische Volleigentum (Land und Gebäude in der Hand des Discounters) ist dominierend. Ähnlich wichtig ist das Mieteigentum (also das Anmieten einer Ladenfläche durch den Discounter). Daneben ist jedoch auch festzuhalten, dass das zivilrechtliche Baurecht zwar selten, aber nicht exotisch ist. Es wurden einige Fälle gefunden, wo diese Trennung von Boden- und Gebäudeeigentum die rechtliche Grundlage der Nutzung bildet.

Planungsrechtlich scheint, bezogen auf Discounterfilialen, alles möglich zu sein. Mit der Auswahl der befragten Gemeinden konnte nahezu jede zonenplantechnische Konstellation nachgewiesen werden – ob Wohn-, Gewerbe- oder Industriezone. Nur etwa ein Zehntel der Filialen steht, dem klassischen Modell der Stadtplanung folgend, in der Zentrumszone. Die meisten Filialen (etwa die Hälfte) finden sich dagegen tatsächlich in der Gewerbe- oder Industriezone, wodurch die negative Erwartung bestätigt werden konnte.

Recht eindeutig ist dagegen die geringe Notwendigkeit der Zonenplananpassung. Für kaum eine Discounterfiliale war dies notwendig. In drei Viertel aller Fälle entsprachen die Filialen direkt dem Zonen- und Baureglement. Für einige Filialen wurde die Zonenkonformität mittels Sondernutzungspläne hergestellt. Und lediglich in zwei Fällen war eine Adaption des Zonenplans notwendig. Wie diese Aussagen zu interpretieren sind, kann erst die qualitative Analyse durch die ausgewählten Fallstudien zeigen.

In der Kategorie der Standortsuche und -auswahl spiegelt sich zunächst das betriebswirtschaftliche Konzept der Discounter wider. Gut (mit dem Auto) erreichbar und weithin sichtbar sind die zwei wesentlichen, genannten Standortkriterien. Daneben fällt jedoch auf, dass nicht die Preisgünstigkeit des Bodens, sondern die grundsätzliche und die schnelle Verfügbarkeit des Baulandes grosse Bedeutung haben.

Überraschend gering ausgeprägt ist der politische Konflikt um die Discounter. Grundsätzlich sind kaum Erwartungen bezüglich der positiven oder negativen Auswirkungen vorhanden. Entsprechend wurden auch kaum Veränderungen seit der Filialeröffnung beobachtet. Die planungs- und volkswirtschaftswissenschaftlich erwartete Bedrohung der Ortszentren wurde im Fragebogen nicht bestätigt. Auch die beteiligten politischen Akteure sahen grösstenteils keine Probleme, sodass kaum von politischen Konflikten berichtet wurde.

Dennoch fällt die allgemeine Bewertung der Filialen schlecht aus. Die Discounter werden durchschnittlich als *akzeptabel* bewertet und konnten nur in der Kategorie der Erschliessung *gut* abschneiden. Die Standorte werden als *gut* bis *akzeptabel* bezeichnet, während die architektonische, stadtstrukturelle und Aussenraumqualität lediglich *akzeptabel* sind. Die getätigten Aussagen basieren jedoch auf den Selbstauskünften der Gemeindevertreter. Diese sind selbst beteiligte Akteure der jeweiligen Planungsverfahren. Die deutlich andere Einschätzung zu den Discountern im Vergleich zu der in dieser Arbeit vorgenommenen Evaluation mag auch teilweise Ergebnis dieser unterschiedlichen Perspektiven sein.

10.2.5   Kategorisierung der Gemeinden nach bodenpolitischen Typen

Im Rahmen des methodischen Aufbaus der vorliegenden Arbeit dient die schriftliche Befragung nicht nur dem allgemeinen Erkenntnisgewinn über den Einsatz von bodenpolitischen Strategien und den politischen Konflikten um Discounter-Filialen. Wesentlicher Zweck ist zudem die Identifizierung von aussagekräftigen Fallstudien für die Bausteine C und D, um die Wirksamkeit bodenpolitischer Instrumente und Strategien aussagekräftig zu überprüfen. Als Zwischenschritt sind daher die Gemeinden gemäss den bodenpolitischen Typen (siehe Kap. 2.3) zuzuordnen. Der Fragebogen enthält einige Indikatorfragen, die diese Einteilung ermöglichen sollen. Dabei handelt es sich um die Fragen, die sich auf das bodenpolitische Instrumentarium, auf die relevanten Akteure am örtlichen Bodenmarkt und auf das strategische Bodeneigentum der Gemeinden abzielen. Namentlich werden also Frage 13 (das bodenpolitische Instrumentarium der Gemeinde), Frage 8 (strategische Grundstücke der Gemeinde innerhalb der Bauzone), und Frage 12 (Akteurskonstellation am örtlichen Bodenmarkt) zur Identifikation der bodenpolitischen Typen herangezogen. Mithilfe dieser Fragen wird eine vorläufige Einordnung getätigt. Unbestritten bleibt dabei, dass die Einteilung nicht fehlerfrei getätigt werden kann. Dies ist zwei methodischen Grenzen geschuldet. Einerseits basiert die Auswertung der schriftlichen Befragung auf der Selbsteinschätzung der antworteten Personen, die in diesem Stadium ungeprüft bleiben (siehe ausführlicher Kap. 7.3.2). Andererseits sind auch die bodenpolitischen Typen selber lediglich als Orientierungshilfen konzipiert und erheben nicht den Anspruch auf Eindeutigkeit (siehe ausführlicher Kap. 2.3). Im Einzelfall kann es so durchaus zu Einteilungen kommen, die in einer genaueren Betrachtung im Rahmen der Fallstudien-Untersuchung revidiert würden. Nichtsdestotrotz erlaubt dieses Vorgehen eine gezieltere Auswahl der Fallstudien, die ohne diese Einteilung nochmals deutlich ungenauer wäre.

Um der Kontrolle durch die Fallstudien bereits vorweg zu greifen, sei darauf hingewiesen, dass die Gemeinden Wädenswil und Emmen im nachfolgenden Kapitel eine andere Zuordnung erfahren werden. Aufgrund der Informationen im Fragebogen wurden in beiden Fällen neuere bodenpolitische Entwicklungen unberücksichtigt gelassen.

- In Emmen fand am 28. Februar 2016 eine Volksabstimmung über die Einführung einer aktiven Bodenbevorratung statt. Eine darauf basierende Einteilung führt daher zum Ergebnis, dass Emmen als Typ I zu bezeichnen wäre. Der Fragebogen wurde zwar nach der Abstimmung verschickt und beantwortet, enthält inhaltlich jedoch den Stand vor der Abstimmung, da eine Implementierung der neuen politischen Ausrichtung noch nicht stattgefunden hatte und sich praktisch noch nicht auswirkte. Auf Grundlage der Daten aus dem Fragebogen ist daher die Zuordnung zu Typ II entstanden.
- Ähnliches gilt für die Gemeinde Wädenswil. Diese ist auf Grundlage der Angaben im Fragebogen als Gemeinde des Typ III zugeordnet worden. Die detailliertere Analyse im Rahmen der Fallstudien ergab jedoch eine spezielle bodenpolitische Situation. Grundsätzlich und bezogen auf das gesamte Gemeindegebiet erscheint die Zuordnung zu Typ III sinnvoll. Als Ausnahmefall wurde jedoch eine starke aktive Rolle der Gemeinde übernommen. Da dieser Einzelfall ausgerechnet den Standort des Lebensmittel-Discounters betrifft, handelt die Gemeinde bezogen auf die Untersuchungseinheit wie eine Gemeinde des Typs I.

Die abweichenden Zuordnungen von Emmen und Wädenswil sind auf Grundlage der jeweiligen Datengrundlagen berechtigt, auch wenn hierdurch eine Inkohärenz zwischen den beiden Bausteinen der Empirie entsteht.

Schliesslich ist eine weitere Zuteilung umstritten. Auf Grundlage der Ergebnisse des Fragebogens wurde die Stadt Solothurn als bodenpolitischer Typ I identifiziert. Die genaueren Recherchen im Rahmen der nachfolgenden Fallstudie ergaben, dass die Einteilung lediglich für zwei Einzelprojekte zutreffend ist, die jedoch von zentraler Bedeutung für die Stadtentwicklung sind. Abseits dieser beiden Projekte agiert die Stadtplanung deutlich passiver und mit einer Vielzahl an Einzeleigentümern. Wenn die beiden zentralen Projekte unberücksichtigt bleiben, wäre

Solothurn dem Typ IV zuzuordnen. Auch hier zeigt sich wiederum, dass die Einteilung in vier Idealtypen lediglich einer übergeordneten Sortierung und nicht als abschliessende, präzise Kategorisierung dienen.

Zudem ist bei der Einordnung im Baustein A eine weitere Einschränkung aufgrund der Datengrundlage zu machen. Von den 66 antwortenden Gemeinden haben 11 den Fragebogen nicht vollständig ausgefüllt. Dies umfasst Gemeindevertreter, die den Fragebogen nicht beendet haben, als auch solche, die die Möglichkeit, Fragen zu überspringen (siehe Kap. 7.3.2), genutzt haben. Da hierdurch auch einige der Indikatorfragen betroffen waren, ist bei diesen Gemeinden aufgrund der unvollständigen Datenlage keine Zuordnung durchführbar. Gemäss der typischen verwendeten Instrumenten und der Fragmentieren der örtlichen Bodensituation verteilen sich die restlichen Gemeinden (55) auf die bodenpolitischen Typen wie folgt:

BODENPOLITISCHER TYP	ANZAHL GEMEINDEN
Typ I	9
Typ II	13
Typ III	17
Typ IV	10
Typ V	6
k.A.	11
Summe	66

Tabelle 52: Anzahl der Gemeinden pro bodenpolitischem Typ. Quelle: Eigene Darstellung.

Die Interpretation der Verteilung dieser bodenpolitischen Typen kann entlang der beiden Dimensionen (Fragmentierung des Eigentums und Rolle des öffentlichen Akteurs) geschehen.

Zunächst lassen sich die Gemeinden einteilen nach der Einheitlichkeit bzw. der Fragmentierung des Eigentums. Hier wird vorallem bewertet, wie stark das Bodeneigentum gestreut ist. Typen I, II und III zeichnen sich durch eine vergleichsweise konzentrierte Verteilung des Bodens oder durch einzelne Akteure mit bemerkenswerten Anteil am örtlichen Bodeneigentum aus. Bei den Typen IV und V ist die Raumentwicklung das Ergebnis von gestreuten Eigentumsverhältnissen. Die Befragungsergebnisse zeigen eine vergleichsweise starke Konzentration des Bodeneigentums in den befragten Gemeinden. In 39 der 55 Gemeinden sind einzelne Bodeneigentümer identifizierbar, die viel oder sehr viel Flächen innerhalb der Bauzone aufweisen (Typen I, II und III). In nur 16 Gemeinden sind solche dominanten Akteure abwesend (Typen IV und V). In diesen Fällen muss die örtliche Raumplanung eine Raumentwicklung koordinieren, welche durch heterogene Eigentümerschaften gekennzeichnet ist.

Eine zweite Interpretationsmöglichkeit bietet die Frage nach der aktiven Rolle der Gemeinde als öffentlicher Akteur. Unterschieden wird hier, ob der öffentliche Akteur, also die Planungsträger, die aktive Rolle in der Raumentwicklung innehaben (Typen I und V), oder dies den privaten Akteuren zukommt (Typen III und IV). Die Befragungsergebnisse zeigen, dass eine aktive Rollenverteilung nur in 15 der 55 Gemeinden, also in einer deutlichen Minderheit anzutreffen ist. Die entgegengesetzte reaktive Rolle ist deutlich häufiger, nämlich in 23 Gemeinden vorzufinden (Typen III und IV). In diesen Gemeinden ist die öffentliche Ortsplanung eher reaktiv und passiv gegenüber den privaten Akteuren. Einen Sonderfall stellen Gemeinden des Typs II dar. Hier zeichnet sich zwar ab, dass die örtliche Planung eher passiv ist, was für eine Zuordnung zu Typ III sprechen würde. Allerdings zeigen die Befragungsergebnisse dieser Gemeinden auch, dass der aktive Akteur kein privater Akteur ist, sondern vielfach ein anderer öffentlicher oder halböffentlicher Akteur (wie bspw. die örtliche Burgergemeinde, der jeweilige Kanton oder die Kirche). Daher werden diese Gemeinden von dem klassischen Typ III getrennt aufgeführt und als Typ II kategorisiert. Dieser Typ ist mit 13 Zuordnungen stark vertreten.

Auf Grundlage dieser Datenbasis lässt sich schlussfolgern, dass die Planungsträger in der Schweiz mehrheitlich eine reaktive Rolle einnehmen und dabei häufig mit recht einheitlichen Eigentumsstrukturen konfrontiert sind.

10.2.5.1   Übersicht der bodenpolitischen Typen in den befragten Gemeinden

TYP I (9)	TYP II (13)	TYP III (17)	TYP IV (10)	TYP V (6)
1860 Aigle	5000 Aarau	5250 Chiasso	6460 Altdorf	3123 Belp
3186 Délémont	4562 Biberist	4622 Egerkingen	1225 Chêne-Bourg	6330 Cham
1204 Genf	6021 Emmen*	8840 Einsiedeln	8424 Embrach	8453 Dietikon
3098 Köniz	8600 Dübendorf	1196 Gland	5442 Filisbach	3186 Düdingen
1002 Lausanne	4402 Freutendorf	8340 Hinwil	3422 Kirchberg BE	9201 Gossau SG
6002 Luzern	3238 Gals	1212 Lancy	8708 Männedorf	3900 Interlaken
1723 Marly	5502 Hunzenwil	4415 Lausen	5630 Muri	
4502 Solothurn	5734 Reinach	6600 Locarno	3414 Oberburg	
9443 Widnau	4852 Rothrist	4665 Oftringen	6023 Rothenburg	
	9475 Sevelen	8105 Regensdorf	8622 Wetzikon	
	9425 Thal SG	1032 Romanel-sur Lausanne		
	4106 Therwil	8952 Schlieren ZH		
	3052 Zollikofen	6210 Sursee		
		8240 Uzwil		
		8604 Volketswil		
		8820 Wädenswil*		
		4222 Zwingen		

Tabelle 53: Übersicht der Gemeinden gemäss der bodenpolitischen Typen. Quelle: Eigene Darstellung.
* Die Gemeinden Wädenswil und Emmen sind in dieser Abbildung auf Grundlage der Datenbasis des Fragebogens (Baustein B) eingeteilt worden. Im Rahmen der folgenden Fallstudien (Bausteine C und D) wird eine abweichende Zuordnung erfolgen.

Nicht Typisierbar (11) sind: 9434 Au SG, 6033 Bachrain, 1163 Etoy, 1700 Fribourg 3063 Ittigen, 1845 Noville, 6583 Saint Antonio, 1950 Sion, 9004 St. Gallen, 2710 Tavannes, und 3602 Thun.

10.2.5.2 Räumliche Verteilung der Gemeinden gemäss der bodenpolitischen Typen

Bei der räumlichen Verteilung der Gemeinden gemäss der bodenpolitischen Typen lassen sich einige Muster herleiten. Diese sind jedoch nicht im Sinne von deterministischen Beweisen, sondern lediglich als induktive Beobachtungen zu verstehen.

- So ist auffällig, dass fünf der neun Gemeinden des Typs I in der französischsprachigen Schweiz liegen. Keine einzige Gemeinde dieses Typs konnte im Kanton Tessin identifiziert worden. Die vier weiteren liegen ausschliesslich in der deutschsprachigen Schweiz, wobei hier wiederum kein weiterführendes Muster erkennbar ist.
- Demgegenüber ist der Typ II ausschliesslich in der deutschsprachigen Schweiz zu finden. 13 dieser Gemeinden verteilen sich gleichmässig über das Mittelland in einem Bogen vom Neuenburgersee bis nach Zürich. Hinzu kommen zwei Gemeinden in der Agglomeration Basel und zwei Gemeinden in der Nähe zur östlichen Grenze der Schweiz.
- Der Typ III ist nahezu gleichmässig über die gesamte Schweiz verteilt. Hier sind keine räumlichen Konzentrationen festzustellen. Bemerkenswert ist jedoch, dass alle italienischsprachigen Gemeinden, die im Rahmen dieser Arbeit typisiert wurden, diesem Typ zuzuordnen sind.
- Der Typ IV ist vorwiegend in der Zentralschweiz anzutreffen. Sieben der zehn Gemeinden befinden sich in diesem Raum. Hinzu kommen zwei Gemeinden im Emmental und eine Gemeinde im Kanton Genf.
- Schliesslich ist der Typ V ausschliesslich in der Deutschschweiz anzutreffen. Drei Gemeinden befinden sich in der Agglomeration von Zürich. Hinzu kommen zwei Gemeinden im Grossraum Bern/Fribourg sowie eine Gemeinde in der Ostschweiz.

Zur Vollständigkeit sei noch ergänzt, dass die elf Gemeinden, welche nicht typisiert werden konnten, kein räumliches Muster aufweisen. Die Gemeinden finden sich gleichmässig verteilt über die verschiedenen Sprachregionen und Kantone. Eine Gemeinde liegt im Tessin. Fünf weitere sind im französischsprachigen Teil zu finden, wobei hier keinerlei Konzentration auftritt. Wiederum fünf weitere verteilen sich über die deutschsprachige Schweiz, wobei ebenfalls keine Konzentration auftritt. Mit Ausnahme des Kantons Bern findet keine Doppelung statt. Gesamthaft kann bei den nicht typisierteren Gemeinden von keinem räumlichen Muster ausgegangen werden.

10.2.5.3 Überschneidung von bodenpolitischen Typen einer Gemeinde mit den Standort-Klassen des jeweiligen Lebensmittel-Discounters

An dieser Stelle können nun auch erste Querbezüge erstellt werden. So lassen sich die Erkenntnisse aus dem Baustein A (Fernerkundung) mit denen aus Baustein B (Fragebogen) kombiniert betrachten. Dies kann in zweierlei Richtungen gemacht werden:

1. Standortklassen in Abhängigkeit des jeweiligen bodenpolitischen Typs.
2. Bodenpolitischer Typ in Abhängigkeit der Standortklasse.

Die erste Betrachtungsweise ist kongruent mit dem Forschungsinteresse der vorliegenden Arbeit. Hierdurch können sich erste Indikatoren für die aufgestellten Hypothesen ergeben. Aufgrund des räumlichen Zusammentreffens ist noch keine direkte Kausalität abzuleiten; die Verifizierung bzw. Falsifizierung auf Grundlage von qualitativen Erkenntnissen erfolgt im nächsten empirischen Schritt (Fallstudien).

Die gemeinsame Betrachtung ist nur in solchen Fällen möglich, wo sowohl eine Bewertung aufgrund der Fernerkundung (Baustein A), als auch ein vollständiger Fragebogen (Baustein B) vorhanden ist. Dies trifft auf insgesamt 55 Gemeinden zu, in denen 68 Filialen bewertet wurden.

10.2.5.4   Typ I

Der bodenpolitische Typ I umfasst solche Gemeinden, die eine aktive Steuerung mittels wenig fragmentiertem Eigentum verfolgen. Der Hypothese folgend sind hier vergleichsweise nachhaltige Ergebnisse zu erwarten.

Insgesamt neun Gemeinden konnten diesem bodenpolitischen Typ zugeordnet werden. Diese umfassen dabei insgesamt 12 Discounter. Nur fünf dieser zwölf Standorte sind in offener Bauweise errichtet worden (also Klassen B, C und D). Eine Mehrheit von sieben Filialen ist in geschlossener Bauweise (Klasse A). Dieses Ergebnis hebt sich von der allgemeinen Verteilung aller bewerteter Filialen ab, bei dem weniger als ein Drittel der Filialen in geschlossener Bauweise errichtet worden sind.

Exakt die Hälfte der Filialen liegt an zentralen Standorten, wobei hier das Mittelzentrum (4) gegenüber dem Oberzentrum überwiegt (2) und kein einziger Standort in einem Grundzentrum angesiedelt ist. Auch dieses Ergebnis weicht massiv von den allgemeinen Werten ab. In der Gesamtbetrachtung aller untersuchten Filialen sind lediglich etwa 12 % der Filialen an zentralen Standorten. Die anderen, peripheren Standorte verteilen sich bei den Gemeinden des bodenpolitischen Typs I gleichmässig auf Siedlungs- (2), Gewerbe- & Industriegebiete (2) und sonstige Standorte (2).

Gesamthaft sind in den Gemeinden des bodenpolitischen Typs I die meisten Filialen an vergleichsweise zentralen Standorten und vergleichsweise kompakt gebaut.

In Délémont, Genf und Luzern sind die Filialen planungsrechtlich gut in den Siedlungskörper integriert. Solitäre Filialen an industriellen oder klassischen Grüne-Wiese-Standorten finden sich nur in Widnau (D5) und Marly (2 x C6).

10.2.5.5   Typ II

Der bodenpolitische Typ II ist gekennzeichnet durch eine geringe Fragmentierung des Bodeneigentums und durch eine starke Rolle eines (semi-)öffentlichen Akteurs (nicht die Gemeinde).

Diesem Typen konnten 13 Gemeinden zugeordnet werden, in denen sich 16 Discounter-Filialen befinden. Von diesen Filialen ist der Grossteil, nämlich zehn Filialen, in solitärer Bauweise an peripheren Lagen errichtet worden. Hinzu kommen drei Filialen in Einkaufszentren und eine Filiale innerhalb eines Fachmarktzentrums. Demgegenüber sind lediglich zwei Filialen an zentralen Standorten errichtet worden. Davon ist eine Filiale (nämlich Zollikofen) in geschlossener Bauweise errichtet. Die andere Filiale (Frenkendorf) ist in offener Bauweise in räumlicher Nähe zum Gemeindezentrum errichtet worden.

10.2.5.6   Typ III

Der bodenpolitische Typ III zeichnet sich durch eine geringe Fragmentierung der Eigentumsrechte und eine passive Rolle der Gemeinde aus. Insofern war erwartet worden, dass private Investoren die Entwicklung der Parzellen vergleichsweise frei gestalten können. Diesem Typen konnten 17 Gemeinden zugeordnet werden, in denen 21 Filialen vorhanden sind.

Auch bei diesem Typen dominieren die solitären Filialen an peripheren Standorten. 11 der 21 Filialen sind diesem Typen zugeordnet. Weitere 5 befinden sich in geschlossener Bauweise (überwiegend Einkaufszentren) und weitere 3 in Fachmarktzentren. Lediglich 2 Filialen sind an zentralen Standorten, wobei hier (wie auch schon bei der vorherigen Gemeindetyp) ein Standort integriert (Lancy) und ein Standort (Locarno) als urban stand alone typisiert ist. Im Gegensatz zu Frenkendorf, handelt es sich bei der Aldi Filiale in Locarno nicht um einen typischen urban stand alone. Zwar ist es in der Tat eine solitäre Filiale an zentralem Standort, allerdings ist der Baukörper teilweise in eine alte Baustruktur integriert worden. Dies wird bei der vorliegenden Typisierung nicht berücksichtigt, sodass diese Filiale korrekterweise diesem Typ zugeordnet wurde, ohne das eigentliche Klischee eines urban stand alone zu treffen.

10.2.5.7   Typ IV

Der bodenpolitische Typ IV zeichnet sich durch fragmentierte Eigentumsstrukturen und passive Strategie der Planungsträger aus. Insofern wurde bei diesem Typen erwartet, dass die Effektivität zur Durchsetzung von Planungszielen am geringsten ist.

Zehn Gemeinden konnten diesem Typen zugeordnet werden. In diesen Gemeinden sind zehn Discounter vorhanden. Von diesen sind vier Filialen als solitärer Standort in peripherer Lage errichtet worden. Eine Filiale ist Teil eines Fachmarktzentrums. Fünf weitere sind ebenfalls an peripheren Standorten, allerdings in geschlossener Bauweise. Bei den Gemeinden dieses Typs ist keine einzige Discounter Filiale an einem zentralen Standort.

10.2.5.8   Typ V

Der bodenpolitische Typ V zeichnet sich durch fragmentierte Eigentumsstrukturen und eine aktive Strategie der Planungsträger aus. Insofern wurde bei diesem Typen erwartet, dass die Effektivität zur Durchsetzung von Planungszielen ähnlich ist wie bei Typ III.

Sechs Gemeinden konnten diesem Typen zugeordnet werden. In diesen Gemeinden sind acht Discounter vorhanden. Von diesen sind drei Filialen in geschlossener Bauweise errichtet worden. Sechs der acht Filialen sind in Industrie- und Gewerbegebieten. Eine Filiale ist in einem Wohngebiet und eine weitere ist ausserhalb des klassischen Siedlungskörpers. Bei den Gemeinden dieses Typs ist keine einzige Discounter Filiale an einem zentralörtlichen Standort.

10.2.5.9   Fazit

Zur besseren Übersicht lassen sich die Ergebnisse nochmals tabellarisch zusammenfassen:

BODENPOLITIK	I	II	III	IV	V	SUMME
ANZAHL GEMEINDEN	9	13	17	10	6	55
Center (A1 / B1)	2	-	-	-	-	2
Gut-Integriert (A2/A3)	4	1	1	-	-	6
Urban Stand Alone (C1/C2/C3/D1/D2/D3)	-	1	1	-	-	2
Fachmarkt-Zentrum (B4/B5/B6/C 4/C5/C6)	3	1	3	1	1	9
Einkaufszentrum (A4/A5/A6)	2	3	5	5	3	18
„Bad Boy" (Grüne Wiese) (D4/D5/D6)	2	10	11	4	4	31
Summe	13	16	21	10	8	68

Tabelle 54: Überschneidung von bodenpolitischen Typen einer Gemeinde mit den Standortklassen der jeweiligen Lebensmitteldiscounter. Quelle: Eigene Darstellung.

Die rein korrelative Darstellung der Ergebnisse der Bausteine A und B lassen also eine erste Bestätigung der Forschungshypothese vermuten. Die integrierten Discounter-Filialen an zentralörtlichen Standorten sind vermehrt in Gemeinden mit aktivem Planungsverständnis (Typ I) zu finden. Diese Gemeinden weisen gleichzeitig eine geringere Anzahl an wenig peripheren Filialen offener Bauweise auf. Diese Filialen finden sich wiederum vergleichsweise häufiger in Gemeinden mit passivem Planungsverständnis (Typ III und IV), sowie in Gemeinden mit starken, einheitlichen Grundeigentümern (Typ II). Die vermutete Korrelation lässt sich als zutreffend beschreiben.

Unbeantwortet bleibt bei dieser Zusammenstellung jedoch, was Ursache und was Wirkung ist. Vorstellbar ist, dass ein aktives Planungsverständnis zu stärker integrierten Discounter geführt haben. Ob die aufgrund der Korrelation vermutete Wirkungsbeziehung tatsächlich besteht, wird im Folgenden durch vertiefte Untersuchungen, die in den Bausteinen C und D präsentiert werden, analysiert.

10.2.6   Konsequenzen für die Bausteine C und D

Die bisherige empirische Analyse, bestehend aus der Fernerkundung (Baustein A) und dem schriftlichen Fragebogen (Baustein B), bildet die Grundlage für die nachfolgenden Bausteine. Die gewonnene Übersicht und die ersten Eindrücke erlauben eine begründete Auswahl an Fallstudien. Der theoretischen Annahme folgend wird bei den Fallstudien ein Schwerpunkt auf den bodenpolitischen Typ I gelegt. Daher werden für diesen Typ vier Fallstudien gewählt.

Als Konsequenz der Resultate der schriftlichen Umfrage wurden daher folgenden Gemeinden für die Fallstudien ausgewählt: Köniz (BE), Solothurn (SO), Wädenswil (ZH) und Emmen (LU) für Typ I; Biberist (SO) für Typ II; Schlieren (ZH) für Typ III; Oberburg (BE) und Fislisbach (AG) für Typ IV. Für Typ V konnte keine Fallstudie durchgeführt werden.

10.3   Wirkungsweise von bodenpolitischen Strategien (Bausteine C und D): Fallstudien

Der Nachweis von Wirkungszusammenhängen zwischen den bodenpolitischen Strategien und der tatsächlichen Raumentwicklung erfolgt mittel sieben Fallstudien. Die Auswahl basiert auf den methodischen Vorüberlegungen (insb. Kap. 7.2) und auf den bereits dargestellten empirischen Erkenntnissen (Kap. 10.1 und 10.2) und ist eine Kombination von verschiedenen Ansätzen. Zunächst wurde auf Grundlage der Fernerkundung und der schriftlichen Befragung (Bausteine A und B, siehe Kap. 10.1 und 10.2) eine Vorauswahl getroffen. Die Gesamtheit der möglichen Fälle wurde dann mithilfe der bodenpolitischen Typisierung zugeordnet, sodass eine Identifikation von möglichst grosser Varianz auf Seiten der unabhängigen Variablen möglich wurde. Dieser Teil des Auswahlverfahrens entspricht dem B2-Ansatz (siehe Kap. 7.2.3). Innerhalb des jeweiligen bodenpolitischen Typs wurde jedoch möglichst der klarste Fall gewählt, was dem Ansatz der paradigmatischen Auswahl ähnelt (B4). Der Fokus liegt auf Gemeinden des bodenpolitischen Typs I, da an diesen die Hypothesen der vorliegenden Arbeit vermeintlich am besten getestet werden kann (siehe Kap. 0 und 5). Um die tatsächliche Wirkungsweise zu kontrastieren werden zusätzliche Fallstudien in Gemeinden anderer bodenpolitischer Typen ergänzt. Die Wahl dieser Fallstudien im bodenpolitischen Typ IV bewirkt dabei eine grösstmögliche Varianz. Eine Voraussetzung zur Auswahl innerhalb der jeweiligen bodenpolitischen Typen ist, dass die Gemeinden modellhaft für diesen Typ stehen (keine Extremfälle innerhalb eines Typs, siehe Kap. 7.2.3). Die Kombination der verschiedenen Auswahlansätze ist im Sinne Flyvbjergs vorgesehen und vielversprechend. „Concerning considerations of strategy in the choices of cases, it should be mentioned that the various strategies of selection are not necessarily mutually exclusive. For example, a case can be simultaneously extreme, critical, and paragmatic. The interpretation of such a case can provide a unique wealth of information because one obtains various perspectives and conclusions on the case according to whether it is viewed and interpreted as one or another type of case" (Flyvbjerg 2006: 233).

Aufgrund dieses Auswahlprozesses wurden die Gemeinden Köniz BE (I), Solothurn SO (I), Wädenswil ZH (I), Emmen LU (I), Biberist SO (II), Oberburg BE (IV) und Fislisbach AG (IV) ausgewählt.

10.3.1   Fallstudie Köniz

Die Gemeinde Köniz hat etwas mehr als 40.000 Einwohner und liegt in der Agglomeration der Stadt Bern. Mit 51,1 km² ist Köniz flächenmässig etwa so gross wie Bern und wird als grösste Agglomerationsgemeinde der Schweiz bezeichnet. Nach statistischen Kennzahlen ist Köniz eine Stadt. Es gibt jedoch einige Ortsteile, die ländlichen Charakter haben und funktionalräumlich kaum mit der Agglomeration verbunden sind. Aus diesem Grund wird die neutrale Selbstbezeichnung *Gemeinde* Köniz verwendet.

Die grossen Entwicklungsschübe traten in Köniz geschichtlich betrachtet relativ spät auf. Zu Beginn der Industrialisierung wuchs Köniz lediglich von 6000 Einwohnern (1850) auf 7700 Einwohner (1910), was im Vergleich zu anderen Gemeinden und Städten dieser Zeit als minimales Wachstum zu bezeichnen ist. Jedoch erst im Zuge der ersten Suburbanisierungswelle ab dem ersten Weltkrieg nahm die Stadtentwicklung Köniz Fahrt auf. Der Bau der genossenschaftlich organisierten Gartenstadt Liebefeld 1917 markiert diesen Wendepunkt. In der Folgezeit entstanden viele Quartiere typischerweise für Beamtenfamilien des mittleren und gehobenen Dienstes. Viele Einfamilienhaussiedlungen entstanden. Das städtebauliche Leitbild der Zeit war: „Wohnen im Grünen – Arbeiten und Einkaufen im Stadtzentrum" (SHS 2012: 14). Es war die Zeit des grössten Bevölkerungsanstiegs. Die Bevölkerungszahl stieg auf 32.000 im Jahr 1970. Seither hat die Entwicklung deutlich an Dynamik verloren und durchlief auch einige Phasen der Stagnation. Bis heute verzeichnet Köniz einen kleinen, aber stetigen Zuzug an Personen, insbesondere an jungen Familien.

Entsprechende planerische Herausforderungen betreffen vor allem zwei Punkte: Die Förderung von attraktiven, dezentral konzentrierten Stadtteilzentren und die Bewältigung des Verkehrs. Obwohl letzterer Punkt für die Gemeinde von grosser Bedeutung ist und in diesem Bereich auch bemerkenswerte Projekte realisiert wurden (Ortsdurchfahrt Wabern, Begegnungszone Kantonsstrasse, Neugestaltung Neuhausplatz) soll dieser Punkt an dieser Stelle nicht weiter berücksichtigt werden. Von grosser Bedeutung für die vorliegende Arbeit ist dagegen der erstgenannte Punkt. Grundsätzlich sind die damit verbundenen Aufgaben vielfältig. Um die privaten Bodeneigentümer und Investoren zu inspirieren und eine entsprechende politische Legitimation zu erreichen, versucht die Gemeindepolitik dieses Ziel auch in ihren eigenen Handlungen konsequent durchzusetzen. Als Beispiele dieser Vorgehensweise gelten die baukulturell anspruchsvolle Erweiterung des Gemeindehauses oder die Unterhaltung eines dezentral konzentrierten Netzes an Schulhäusern (immerhin 17 Schulhäuser).

10.3.1.1   Bodenpolitische Ausgangslage

Neben Biel wird auch die Gemeinde Köniz als Lehrbeispiel für aktive Bodenpolitik erwähnt. Gemeint sind dabei die Aktivitäten der Gemeinde am lokalen Bodenmarkt und die öffentliche Bodenbevorratung.

Eine solche Referenzierung kommt jedoch zu kurz und entspricht dem Könizer Verständnis von aktiver Bodenpolitik nicht. Die befragten Planungsträger in Köniz haben stattdessen ein breiteres Verständnis, welches der beschriebenen Definition der vorliegenden Arbeit (siehe Kap. 2.2.2) nahekommt und von ihnen selbst auch als aktive Planungskultur bezeichnet wird. Demnach umfasst die aktive Bodenpolitik eine proaktive Grundhaltung der Gemeinde in planerischen Fragen. Das Ziel planerischer Aktivitäten besteht nicht darin, negative Entwicklungen zu verhindern, sondern Entwicklungsziele auszuhandeln und deren Verwirklichung zu gewährleisten. „Das Ziel der aktiven Bodenpolitik ist einerseits, rechtzeitig Bauerwartungsland sicherzustellen, also zu kaufen, um die weitere Entwicklung der Gemeinde zu ermöglichen [...]. Aktive Bodenpolitik bedeutet andererseits auch, dass die Grundlagen geschaffen werden, um eingezontes Bauland auch wirklich zur Überbauung zu bringen" (Wilk, zit. n. SHS 2012: 38). In beiden Fällen wird die Bodenbevorratung mit weiteren planerischen Instrumenten, insbesonders einer vorausschauenden Ortsplanung, verknüpft.

> „Eine aktive Bodenpolitik ist zusammen mit einer qualitativ hochstehenden Ortsplanung ein ganz wesentliches Instrument für die gute und gesunde Entwicklung einer Gemeinde. Sie gibt der Gemeindeexekutive die Möglichkeit, aktiv beispielsweise für Bevölkerungswachstum zu sorgen oder neue Arbeitsplätze in der Gemeinde zu generieren. Für eine modern geführte Gemeinde ist das Betreiben einer aktiven Bodenpolitik unabdingbar" (Wilk, zit. n. SHS 2012: 38).

Diese Einstellung zeigt sich sowohl im örtlichen Planungsrecht, als auch in den politischen Verfahren und schliesslich in den Aktivitäten der Behörden. Als ein Teil dieser Strategie wird dabei auch die eingangs erwähnte Bodenbevorratung verfolgt.

Eine strategische Bodenbevorratung betreibt die Gemeinde Köniz (mindestens) seit dem Jahr 1970. Instrumentell erfolgt dies (meist) durch die Bereitstellung eines Rahmenkredits, was als „ideales Instrument" angesehen wird (Köniz 2015: 1). Ein Rahmenkredit ist ein vom Volk eingeräumtes, abrufbares Budget, welches die Exekutive selbständig und zweckgebunden einsetzen kann. Die demokratische Legitimation erfolgt bei diesem Instrument vorgängig und ohne konkreten Anlass. Das Instrument bietet der Exekutiven die Möglichkeit schnell und abseits der Öffentlichkeit Vertragsverhandlungen zu führen und abzuschliessen. Die Ablage der Rechenschaft (buchhalterische und demokratische Kontrolle) erfolgt nachträglich gegenüber der Rechenschaftskommission (regelmässig), gegenüber dem Parlament (anlassbezogen) und gegenüber dem Wahlvolk (nur bei Neubeantragung).

In Köniz wurde 1970 erstmalig und 1984 nochmals Rahmenkredite zum Erwerb von Liegenschaften vom Volk in der Höhe von 20 Millionen Franken (1970) respektive 25 Millionen Franken (1984) gutgeheissen. Die bewilligte Summe von 1984 war Ende des Jahres 2015 ausgeschöpft und der Gemeinderat beantragte eine erneute Auffüllung in Höhe von 25 Millionen Franken. Die Vorlage wurde im Februar 2016 vom Wahlvolk mit 67,9 % gutgeheissen.

Die Finanzmittel dürfen zum Erwerb von Land sowohl für öffentliche Nutzung (bspw. Erschliessungsvorhaben), wie auch privatrechtliche Nutzung (Landreserven, Entwicklungsmöglichkeiten) verwendet werden. Als Hauptnutzen wird dabei angesehen, dass die Gemeinde ein Mitspracherecht bei der Entwicklung hat, welches über die ortsplanerischen Möglichkeiten hinausgehen. Wesentlicher Mechanismus ist auch, dass die Gemeinde gezielt eine Entwicklung initiieren kann und damit einen oftmals benötigten Entwicklungsimpuls auslöst. Von sekundärer Bedeutung ist ausserdem, dass mit diesem Weg Landflächen für mögliche Investoren aufbereitet werden können (bspw. durch die Entflechtung komplizierter Eigentumsstrukuten).

Der verbindliche Verwendungszweck des Rahmenkredits ist dabei „bewusst offen formuliert und sind lediglich als Richtschnur zu verstehen" (Köniz 2015: 2). Hierdurch soll dem Gemeinderat die notwendige Flexibilität und Handlungsschnelligkeit ermöglicht werden. Zudem ist für Investoren auch von Bedeutung, dass ggf. notwendige Parlaments- oder Volksabstimmungen als Risiko zu betrachten sind und zudem Vertragsdetails offen legen. Als Bedingungen der Verwendung des

Rahmenkredits ist festgehalten, dass der Rahmenkredit auf maximal 5 Mio. CHF pro Geschäft beschränkt ist und nur zur Anwendung kommt, wenn rasches Vorgehen erforderlich ist und die Vertragspartner auf Verlässlichkeit und Diskretion Wert legen (vgl. Köniz 2015: 3-4). Davon abweichende Geschäfte sind über den regulären Kompetenzweg abzuwickeln. Die demokratische und buchhalterische Kontrolle erfolgt über die Geschäftsprüfungskommission sowie die nachträgliche Offenlegung im Verwaltungsbericht (ebd.).

Mit der Annahme des neuen Rahmenkredits gehen einige kleine, aber nicht unwesentliche Änderungen des Verfahrens einher. Die befragten Planungsträger berichteten, dass die bisherigen Regelungen als zu starr empfunden wurden. Der neue Rahmenkredit ist daher eingebunden in eine übergeordnete Liegenschaftsstrategie. So sollen die Gelder aus dem Rahmenkredit nur angewandt werden, wenn die entsprechende Liegenschaft von strategischer Bedeutung für die Gemeinde ist oder wenn rasches und diskretes Handeln notwendig ist. Der Bodenerwerb soll aber auch in anderen Fällen ermöglicht werden. Dazu soll der Rahmenkredit um das übliche Kompetenzverfahren ergänzt werden. Dies bedeutet, dass Liegenschaftskäufe bis zu einem Wert von 5 Mio. Franken mit einem Parlamentsbeschluss getätigt werden können. Darüber hinaus gehende Werte bedürfen einer Volksabstimmung.

Zusätzlich sind auch die Kontrollmechanismen verändert worden. Bislang erfolgt dies durch die nicht-öffentlich tagende Rechenschaftskommission. Aus Perspektive der Wähler erfolgte eine Rechenschaft lediglich vor Abstimmungen. Dies sollte deutlich engmaschiger erfolgen, um das hohe politische Vertrauen in Rahmenkredite nicht zu gefährden. Die neue Regelung sieht daher eine jährliche und öffentliche Rechenschaftsablage vor.

10.3.1.2   Baukultur und städtebauliche Qualität als planungsrechtlicher Kontext der Discounter-Filiale

Neben der Planungskultur wird in Köniz auch die Baukultur von den Akteuren als wichtiges Element betont. Baukultur und das Primat der städtebaulichen Qualität waren neben der klaren Trennung von Siedlungs- und Freiflächen auch ausschlaggebende Gründe zur Verleihung des Wakkerpreises des Schweizer Heimatschutzes an die Gemeinde Köniz im Jahr 2012 (vgl. SHS 2012). Der qualitative Aspekt wird in zwei Elementen deutlich. Einerseits kann die hohe Bedeutung von städtebaulicher Qualität in den Planungsdokumenten und bei den Planungsträgern nachvollzogen werden. Andererseits hat die Gemeinde ein Verfahren entwickelt, welches die Erreichung der städtebaulichen Qualität sicherstellen soll. Beide Aspekte sind schliesslich gemeinsam zu betrachten, um das Logik der Könizer Planungsträger nachzuvollziehen.

10.3.1.2.1   Bedeutung von Qualität

Die Bedeutung von städtebaulicher Qualität nahm in Köniz im Zuge der Ortsplanungsrevision von 1994 seinen Anfang. Damals erfolgt ein entscheidender Paradigmenwechsel in der Ortsplanungspolitik. Im damals gültigen Nutzungszonenplan von 1966 war vorgesehen, dass Köniz von damals etwa 37'300 Einwohner auf etwa 180'000 im Jahr 2000 wächst. Entsprechend grosszügig war die Bauzone. Im Zuge der Ortsplanungsrevision von 1994 wurde von diesem extremen Wachstum Abstand genommen und auf ein deutlich kleineres, aber qualitativ hochwertiges Wachstum gesetzt. Direkte Folge war die Auszonung von 330ha Bauzone – samt entsprechender gerichtlicher Auseinandersetzungen über mögliche Kompensationen. Eine indirekte und deutlich weniger beachtete Folge war die Ausrichtung des Baureglements auf qualitative und baukulturelle Aspekte. „Köniz verabschiedete sich von einer Politik der übertriebenen Wachstumsfanatasien, die von einer Stadt Köniz träumte mit hunderttauschend Einwohnerinnen und Einwohnern. Wachstum um jeden Preis ist seit zwanzig Jahren keine Devise mehr in Köniz, wohl aber das Credo einer qualitätsbewussten und behutsamen Siedlungsentwicklung" (SHS 2012: 18).

Die städtebauliche Qualität ist im Könizer Baureglement sowohl in der derzeit gültigen Version von 1993, als auch im Entwurf der derzeitig in der öffentlichen Auflage befindlichen Teilrevision zu finden – und nimmt in beiden Versionen eine grosse Rolle ein.

Das derzeit gültige Baureglement ist vom 7. März 1993 datiert[82]. Darin ist die Siedlungsqualität als eines von fünf kommunalen Planungszielen festgehalten und in den Art. 25 bis 31 geregelt. Darin heisst es:

> Die Siedlung ist wohnlich zu gestalten. Dazu sind
> a) die Ortszentren und Quartiere mit den erforderlichen Einrichtungen der Versorgung, Bildung, Kultur, Geselligkeit usw. auszurüsten;
> b) die Anlage und der Raum von Plätzen, Strassen, Wegen und Familiengärten den Bedürfnissen der ansässigen Bevölkerung anzupassen;
> c) Fuss-, Wander- und Radwege, insbesondere auch als Verbindung zu den Naherholungsgebieten, anzulegen.
> (Art. 25 Abs. 1 BauR-Köniz 1993).

Bemerkenswert ist einerseits die klare Fokussierung auf die Bewohner. Die Zielvorstellung orientiert sich an dem Leitbild der Wohnlichkeit. Zudem wird die ansässige Bevölkerung explizit als begünstigte Gruppe der Politik genannt. Das Leitbild wird zudem durch einige Schlagworte konkretisiert, wobei sowohl die Ortszentren, als auch die dazugehörigen Versorgungseinrichtungen genannt werden. Diese Ausformulierung ist vor dem Hintergrund der vorliegenden Arbeit und der gewählten Untersuchungseinheit von besonderer Bedeutung, zeigt sie doch, dass die Rolle des Detailhandels für die Stadtentwicklung erkannt und gewürdigt wird. Zudem ist in der Formulierung der Leitgedanke der dezentralen Konzentration enthalten.

In nachfolgenden Art. 26 werden auch Instrumente zur Erreichung der qualitativen Planungsziele aufgeführt. Darin heisst es:

> In diesem Sinne [der Planungsziele]
> a) erarbeitet sie [die Gemeinde] Konzepte und Richtpläne;
> b) betreibt sie eine aktive Bodenpolitik;
> c) strebt sie Vereinbarungen mit Grundeigentümern an;
> d) nimmt sie auf Überbauungsordnungen Einfluss.
> (Art. 26 Abs. 2 BauR-Köniz 1993)

Den kommunalen Planungsträgern werden demnach durch das gültige Baureglement vielfältige Möglichkeiten gegeben, um die Planungsziele zu erreichen. Die explizit erwähnten Instrumente umfassen dabei sowohl hoheitliche wie auch kooperative Instrumente gleichermassen. Als Besonderheit wird der Betrieb einer aktiven Bodenpolitik genannt, wobei hiermit eine aktive Bodenbevorratungspolitik gemeint ist. Daneben wird die zentrale Rolle der Bodeneigentümer deutlich, deren Verhalten durch Vereinbarungen und Einflussnahme bei der Sondernutzungsplanung entsprechend der Planungsziele ausgerichtet werden soll.

Neben den in Art. 26 genannten Umsetzungsmöglichkeiten erfolgt die Regelumsetzung durch den Gestaltungsgrundsatz. Dort heisst es, dass Bauten so zu gestalten sind, dass sich eine gute Gesamtwirkung ergibt (Art. 14 Abs. 1). Im Klartext bedeutet dies, dass Vorhaben abzulehnen sind, die den gestalterischen Ansprüchen nicht genügen. Auch kann als Konsequenz auftreten, dass

---

[82] Reglement 721.0. Beschluss des Stimmvolks vom 7. März 1993; genehmigt durch die Bau-, Verkehrs- und Energiedirektion am 21.Dezember 1993; Inkrafttreten am 1. Januar 1994 (siehe GRB vom 26. Januar 1994 gestützt auf Art. 103 BauG).

gewisse Bauvorschriften (bspw. die maximal möglichen Ausnützung) nicht voll ausgeschöpft werden können. Explizit wird dabei die aktive Planungskultur der Gemeinde deutlich. Der Gestaltungsgrundsatz ist nicht als reines Verschlechterungsverbot, sondern als ergebnisorientierte Gebot zu verstehen (im Sinne einer Positivplanung). Dies spiegelt sich auch in den Interviewaussagen der befragten Planungsträger, wie auch in den schriftlichen Erklärungen zur Ortsplanungsrevision wider. Letzteres ist dabei explizit an die Stimmbürger gerichtet. „Der neue Gestaltungsartikel wird gegenüber dem heutigen Art. 14 konkreter formuliert. Inhaltlich gilt dasselbe wie heute. Es wird eine ‚gute Gesamtwirkung' verlangt (positiv ästhetische Generalklausel) und nicht bloss ein Beeinträchtigungsverbot aufgestellt, wie es in Art. 9 [kantonales] BauG vorgesehen ist." (Erläuterung zum Art. 6 Abs. 1 des Entwurfs BauR-2017).

Neben den Berücksichtigungen im Baureglement wird der Qualitätsbegriff insgesamt 16 Mal in den verschiedenen Zonen mit Planungspflicht (ZPP) aufgegriffen. Eine Abweichung von der Regelbauweise dient in Köniz der Erhöhung der städtebaulichen Qualität und nicht etwa dem Absenken von Anforderungen. Die Erwähnungen bei den ZPPs sind dabei gleichermassen ziel- wie verfahrensorientiert. Hier zeigt sich die Kombination auf Art. 25 und 26 Abs. 2 lit c und d. Die städtebauliche Qualität wird als Planungsziel fokussiert und in die Aushandlung von Überbauungsordnungen eingebracht.

Das Baureglement von 1993 befindet sich derzeit in der turnusgemässen Teilrevision. Die dazu notwendige Volksabstimmung ist für 2018 vorgesehen. In der Entwurfsversion mit den Anpassungen nach der 2. Vorprüfung (vom 7.3.2017) sind dabei einige Änderungen enthalten, die auch die städtebauliche Qualität betreffen.

Zunächst einmal wird auf die Formulierung von eigenen Planungszielen im Baureglement verzichtet. Dies bezweckt eine klarere Strukturierung und folgt dem Gedanken, dass die Planungsziele behördenverbindliche Anforderungen sind und nicht Teil der eigentümerverbindlichen baurechtlichen Grundordnung bilden sollten. Der Vorschlag ist daher lediglich als Verschiebung der Planungsziele in den kommunalen Richtplan und nicht als Weglassen von Planungszielen im Planungsrecht zu verstehen. Darüber hinaus sind die qualitativen Anforderungen im neuen Art. 6 zusammengefasst und konkretisiert worden. Im Entwurf heisst es:

> Bauten und Anlagen sind so zu gestalten, dass zusammen mit ihrer Umgebung sowie den prägenden Elementen und Merkmalen des Orts- und Landschaftsbildes, eine gute Gesamtwirkung entsteht; dies betrifft insbesondere: a) Lage, Volumen, Typologie, Stellung, Form und Proportionen von Bauten und Anlagen, b) Gestaltung, Strukturierung, Materialisierung und Farbgebung von Fassaden und Dächern, c) Gestaltung, Strukturierung und Materialisierung von Aussenräumen, insbesondere des Vorlandes und der Begrenzungen gegen den öffentlichen Raum, d) Gebäudeabstände, Grundstückserschliessungen, Geländeverlauf, Terrainveränderungen und ihr Übergang zu Nachbargrundstücken. (Art. 6 Abs. 1 BauR-Entwurf).

Der zugrundeliegende Mechanismus des neuen Artikels 6 gleich demnach dem alten Artikeln 15 und 26. Neu werden nun einige Grundelemente einer städtebaulichen Qualität angedeutet, wobei alle diese Aspekte nicht direkt anwendbar sind und einer fachlichen Interpretation bedürfen. Dies kann im Zweifelsfall zu juristischen Unklarheiten führen. Der zuständige Planer der Stadtverwaltung betont jedoch, dass dies vielmehr ein verhandlungstechnisches Element darstellt und keinen klaren, juristisch endgültig bestimmten Anforderungskatalog. Die Liste definiert die Ausgangslage der öffentlichen Planungsträger für die anstehenden Verhandlungen mit den Grundeigentümern. Vor diesem Hintergrund ist auch zu verstehen, dass diese Liste nicht abschliessend ist. Die Planungsträger sind ermächtigt, eine situations-bedingte Präzisierung oder sogar Erweiterung der Anforderungen vorzunehmen.

Die starke Kürzung und die klarere Systematisierung des Baureglements hat auch zur Folge, dass der Verweis auf eine kommunale aktive Bodenbevorratung („aktive Bodenpolitik" in Art. 26 Abs. 2 lit. b a.F.) gestrichen wird. Bei dieser Veränderung gilt dasselbe Prinzip wie bei den allgemei-nen Planungszielen: Diese Passage richtet sich ausschliesslich an die Behörden und ist daher in eigentümerverbindlichen baurechtlichen Grundordnung fehlplatziert. Darüber hinaus gilt, dass eine kommunale Bevorratung vielmehr vom politischen Willen des Gemeinderates und des Ge-meindepräsidenten und ggf. vom Wahlvolk abhängig ist, als von schriftlichen Bekundung. Daher ist die Streichung ebenfalls nicht als Ende dieser Strategie zu verstehen, wie der Gemeindeplaner im Interview betont.

Die Bodenbevorratung ist abseits des Baureglements auch weiterhin schriftlich verankert. In der kommunalen Verwaltungsorganisationsverordnung[83] heisst zu den Aufgaben der Liegen-schaftsverwaltung:

> „Der Dienstzweig Liegenschaftsverwaltung ist verantwortlich für die Entwicklung der gemeindeeigenen Immobilien in Umsetzung der Bodenpolitik des Gemeinderates. Bei seiner Tätigkeit berücksichtigt er die strategische Bedeutung der gemeindeeigenen Grund-stücke. Insbesondere ist er zuständig für die Vorbereitung der gemeinderätlichen Geschäf-te betreffend den Rahmenkredit für vorsorglichen Landerwerb. Er besorgt weiter die Bewirtschaftung und den Kleinunterhalt der gemeindeeigenen Liegenschaften des Fi-nanzvermögens sowie des Verwaltungsvermögens, soweit nicht eine andere Direktion zu-ständig ist; dieselben Aufgaben kann er im Auftragsverhältnis für Körperschaften und Anstalten der Gemeinde erfüllen sowie für Dritte, die der Gemeinde nahestehen."
> (Art. 39 VOV-Köniz)

In diesem behördenverbindlichen Dokument wird auch auf die gemeinderätliche Kompetenz im Bereich der Bodenbevorratung verwiesen. Die Verwaltung sorgt dabei dafür, dass diese vorsorg-lichen Landerwerbe verwaltungstechnisch vorbereitet und durchgeführt werden. Der Abschnitt zeigt daher zweierlei: Einerseits, dass an einer strategischen Bodenbevorratung festgehalten wird, und andererseits, dass die Entscheidung politischer Natur ist.

Im gleichen Dokument werden auch die Aufgaben der Planungsabteilung beschrieben. Hier zeigt sich nochmals die aktive Haltung, die in Köniz im Bereich der Raumplanung eingenommen wird. Neben den klassischen Aufgaben (Richtplanung, Zonenplanung, etc) ist dort explizit festgehalten, dass die Planungsabteilung „für die Durchführung qualitativer Verfahren zur Verbesserung der Siedlungs- und Lebensraumqualität [zuständig ist]" (Art. 27 Abs. 2 VOV-Köniz). Bemerkenswert ist hierbei, dass wiederum nicht nur die Unterbindung von negativen Entwicklungen, sondern die Sicherung von positiven Entwicklungen benannt wird. Bereits in der verwaltungsinternen Organi-sation zeigt sich der positivplanerische Anspruch der Gemeinde.

10.3.1.2.2 Sicherstellung von Qualität

All diese Verweise in den Könizer Planungsdokumenten und die Hinweise in den Interviews legen lediglich die hohe Bedeutung der städtebaulichen Qualität dar. Offen bleibt, was genau in Köniz darunter zu verstehen ist und mit welchen Mechanismen diese zu erreichen ist. Die oben verwiese-nen Anmerkungen kommen diesem Erkenntnisinteresse nicht ausreichend nach. Dies ist jedoch, wie die Aussagen der befragten Planungsakteure verdeutlichen, ein bewusster Zustand. In Köniz erfolgt

---

[83] VOV, 152.011

die abschliessende Definition von städtebaulicher Qualität und die Sicherstellungen der Erreichung derselben durch Verfahrenstechnik und durch die aktive Planungskultur der Gemeinde.

So erfolgt die Ausformulierung der städtebaulichen Qualität situationsspezifisch. Dazu wird eine Baukommission aus unbeteiligten Fachleuten zusammengesetzt, die für jedes Projekt separat definieren, was an diesem Ort zu dieser Zeit eine hochwertige städtebauliche Qualität ist. Gleichzeitig werden die Grundeigentümer und Investoren dazu angehalten, möglichst früh im Planungsprozess die öffentlichen Planungsträger einzubinden und in einem kooperativen Prozess eine gemeinsame Haltung zu erzielen. Zentrales formelles Instrument ist hierbei der Grundsatz der Bauvoranfrage (in Art. 7 a.F. bzw. Art. 5 Entwurfsfassung). Der Entwurf der Teilrevision macht dabei jedoch explizit, was auch bereits in der bislang gültigen Version galt: Die Bauvoranfrage ist lediglich summativ und hat daher keine vorgreifende Wirkung auf ein mögliches formelles Baugesuch (siehe explizit: Art. 5 Abs. 3 n.F.). Andersherum ist jedoch auch festzuhalten, dass eine Bauvoranfrage empfohlen, jedoch nicht vorgeschrieben ist. Dennoch dienen die beiden Verfahrenselemente (Einbindung der Baukommission und Grundsatz der Bauvoranfrage) dazu, dass die Abwägung zwischen privaten und öffentlichen Interessen zu einem möglichst frühen Zeitpunkt stattfindet. Anders als bei partizipative Verfahren zielt die Vorgehensweise jedoch nicht darauf, breite Bevölkerungsschichte und möglichst viele Träger öffentlicher Belange einzubinden, sondern in einen aktiven Austausch und in eine produktive Verhandlung mit der wesentlichen Zielgruppe, namentlich der Grundeigentümer, zu treten. Die städtebauliche Qualität ist demnach in Köniz ein Verhandlungsgegenstand der durch ein gegliedertes Verfahren ausgearbeitet und gefördert werden soll – ohne dass Vorschriften dazu die Verhandlungsfreiheit einschränken bzw. eine hoheitliche Bevormundung darstellen.

10.3.1.2.3   Juristische Bedeutung

Die Ästhetikklausel im Baureglement der Gemeinde Köniz hat zunächst strategischen, vorbeugenden Charakter. Aufgrund dieser abstrakten Bestimmung müssen Aspekte der Baukultur mit der Gemeinde besprochen werden, was meist in Verhandlungen und Kompromissen mündet. Anders als in anderen Gemeinden werden in Köniz jedoch auch aus ästhetischen Gründen formell abgelehnt. Der befragte Gemeinderat und der befragte Ortsplaner sehen die Anforderungen der Ästhethikklausel als rechtlich bindende Anforderung.

Das Vorgehen der Gemeinde ist dabei sogar bereits gerichtlich überprüft und im Ergebnis bestätigt worden (siehe Kap. 6.3.4). Zum Aspekt der städtebaulichen Qualität sind daher in Köniz zweierlei Erkenntnisse festzuhalten. Ersten ist der Qualitätsbegriff von zentraler Bedeutung und wird entsprechend in den Planungsdokumenten prominent berücksichtigt. Dies beinhaltet jedoch weder eine exakte Definition noch vorgegebene Zielerreichungswege. Zweitens erfolgt die Sicherstellung der städtebaulichen Qualität durch projekt- und situationsabhängige Verhandlungen zwischen den öffentlichen Planungsträgern und den Bodeneigentümern.

10.3.1.3   Die Aldi-Filiale in Köniz-Wabern

In Köniz gibt es keine grundsätzliche Ablehnung von Discountern oder ausländischen Unternehmen. Allerdings berufen sich die öffentlichen Planungsträger auf die Vorerfahrungen mit Aldi und Lidl und stehen den klassischen Filialtypen, die von Aldi und Lidl und auch anderen Anbietern bevorzugt werden, kritisch gegenüber. Eine solche Filiale ist planungspolitisch aus zweierlei Gründen unerwünscht: Einerseits induzieren klassische, autoorientierte Filialen merklichen Mehrverkehr, der vor der bereits bestehenden angespannten verkehrsplanerischen Situation problematisch sein kann. Andererseits können Discounter (wie alle anderen Lebensmittelhändler) die dezentrale Konzentration gefährden, wenn diese an falschen Standorten errichtet werden. Aus diesen Gründen werden Ansiedelungen von Discountern kritisch begleitet.

Die Aldi-Filiale in Köniz trägt die ID-Nummer 0355A. Die Filiale befindet sich im Stadtteil Wabern an der Seftigenstrasse. Der Standort am südöstlichen Rand des Siedlungsgebiets. Die Siedlungsgrenze liegt noch etwa 700m weiter südöstlich. Dazwischen sind einige Wohngebiete. Das Wohngebiet östlich der Seftigenstrasse besteht überwiegend aus Einfamilienhäusern aus den späten 1980er Jahren. Westlich der Seftigenstrasse befinden sich traditionell Gewerbegebäude, die jedoch in den letzten Jahren sukzessive zu Wohnhäusern umgewandelt wurden. Südwestlich grenzt der Hausberg Gurten an den Standort an. Das Ortszentrum Wabern (inkl. einiger Bundeseinrichtungen und der Tram- und S-Bahnstation) befindet sich nordwestlich. Die Filiale selber befindet sich auf einer Parzelle, die ursprünglich industriell genutzt war. Heute befinden sich in der ehemaligen Produktionshalle mehrere verschiedene Gewerbetreibende (Drucktechnik, Handwerksbetrieb) sowie (in den Obergeschossen) einige Büroflächen. Die Fläche ist entsprechend gemischt genutzt. Allerdings kann nicht von einem lokalen Versorgungszentrum gesprochen werden, da die weiteren Nutzungen kaum dem Bereich der Nahversorgung zugesprochen werden können. Die Erreichbarkeit des Standortes ist vielfältig gegeben. Die Seftigenstrassen ist eine Ausfallstrasse der Stadt / Agglomeration Bern mit entsprechend hohem Verkehrsaufkommen. Nebem dem Autoverkehr sind auch Velostreifen und Fussgängerwege vorhanden. Für die Anwohner der benachbarten Quartiere sind einige Querungsmöglichkeiten sowie hinterführende Wegeverbindungen vorhanden. Eine Bushaltestelle einer Tangentiallinie ist in der Nähe. Die Tramstation ist etwa 300m entfernt, wobei Pläne bestehen, die Linie zu verlängern. Insgesamt ist der Standort multimodal erreichbar, richtet dich aber dennoch klar an Aus- und Einpendler, die mit dem Auto den Standort erreichen.

Stadtstrukturelle Bezüge sind einigermassen gegeben. Das Gebäude liegt einigermassen zentral innerhalb des Siedlungskörpers, wenngleich nur ein weiterer typischer Anbieter eines Grundzentrums (nämlich ein Bäcker) vorhanden sind. Architektonisch schlägt die industrielle Vornutzung des Gebäudes durch. Entsprechend gering ist die städtebauliche Integration. Allerdings führen das Gebäude und die vorgelagerte Bepflanzung die Raumkante der Seftigenstrasse fort.

Bemerkenswert ist die Fassadengestaltung. Da es sich bei der Filiale um eine Nachnutzung handelt, ist diese zunächst durch das bestehende Gebäude bestimmt. Die offene Fensterfront zur Strassenseite führt dazu, dass die Filiale ungewöhnlich offen ist und sogar Tageslicht hineinlässt. Der Eingang der Filiale befindet sich im Gebäude. Ein Zugang dazu ist sowohl zur Vorderseite, als auch durch einen Durchgang von der Parkgarage aus möglich. Die Werbeanlagen sind deutlich sichtbar an der Strasse positioniert. Insbesondere eine freistehende Stele weist auf den Anbieter hin. Weitere Werbeeinrichtungen sind gemeinschaftlich mit den anderen Mietern des Gewerbepark organisiert. Die Aussenanlagen sind darüber hinaus schlicht und funktional gestaltet.

Die Parkierung erfolgt teilweise ebenerdig offen und grössenteils durch eine Parkgarage an der Rückseite des Gebäudes. Die Übergänge von der Parzelle sind ebenfalls sachlich gestaltet. Die Beleuchtung des Areals ist gering, aber ausreichend gewährleistet.

Der An- und Abverkehr ist ungewöhnlich und zunächst gewöhnungsbedürftig geregelt. Von der Seftigenstrasse abzweigend wird auf das Grundstück eingebogen. Dort erfolgt eine einbahnstrassenartige Führung um das Gebäude und schliesslich durch das Gebäude durch. Ein Abzweigen ist nicht möglich. Der Abverkehr erfolgt rückwärtig im Lieferbereich. Auch Kunden, die im Freiraum parkieren, müssen diese Runde durch die Parkgarage drehen, um das Gelände zu verlassen. Die Anlieferung erfolgt seitlich gebündelt mit den Lieferrampen der anderen Gewerbebetriebe. Insgesamt sind 52 Stellplätze vorhanden. Das Parkieren ist kostenlos. Auch Veloabstellmöglichkeiten sind direkt am Eingang vorhanden.

Bemerkenswert ist noch, dass die Lagerfläche von der Verkaufsfläche baulich getrennt ist. Die Binnenlogistik erfolgt durch den Verbindungstunnel, der zwischen Eingang und Parkgarage führt.

Insgesamt handelt es sich bei der Filiale in Köniz-Wabern um eine gute integrierte Filiale in einem Mischgebiet. Aufgrund der Unterbringung in einem industriell vorgenutzten Gebäude weist die Filiale viele bauliche Kompromisse und Abweichungen gegenüber den Standard-Filialen auf. Die Filiale wird der Klasse A4 zugeordnet. Eine Zuordnung als A5 wäre auch denkbar, wenn insbesondere die Gewerbenutzung in direkter Nähe betont würde. Aufgrund der funktionalräumlichen Lage im Wohngebiet von Wabern wurde jedoch eine Zuordnung zu A4 gewählt.

10.3.1.4   Erkenntnisse zur Wirkungsweise

Die Fall Köniz ist aus mehrerlei Perspektiven bemerkenswert. Zunächst nehmen die kommunalen Planungsträger eine aktive Grundhaltung in der Ortsplanung ein, ohne dass diese formell festgehalten oder rechtlich verbindlich wäre. Die Beibehaltung dieser Strategie wird lediglich über den Erfolg und über die kulturelle Prägung (Planungskultur) gewährleistet. Eine demokratische Legitimation findet durch einerseits in Form von Abstimmungen über Rahmenkredite und somit präventiv statt. Eine nachträgliche Kontrolle wird durch die Rechenschaftskommission unternommen. Während konkreter Kaufprozesse findet keine öffentliche Kontrolle statt, wodurch der Gemeinderat Handlungsmöglichkeiten in den Verhandlungen erfährt. Die Konstruktion ist damit ein Kompromiss zwischen der Handlungsfreiheit der Gemeinde und demokratischen Kontrollmöglichkeiten.

Die Bodenbevorratung erfolgt dabei sowohl gezielt (Ankauf bestimmter für die Entwicklung notwendiger Grundstücke) als auch ungezielt (Ankauf von Grundstücken, die verfügbar werden). Konkrete Kriterien zur Auswahl der Kaufobjekte sind nicht formalisiert.

Das politische Ziel dieser Vorgehensweise ist positivplanerisch. Es sollen nicht nur negative Entwicklungen verhindert werden, sondern positive Entwicklungen gefördert. Diese Zielrichtung zeigt sich dabei sogar in baurechtlichen Bestimmungen (Ästhetik), welche von der Gemeinde einigermassen konsequent verfolgt und umgesetzt werden. Die aktive Planungskultur wird also mit klassischen Mitteln ergänzt und unterstützt. Die Gemeinde tritt dabei jedoch niemals selbst als Entwicklungsgesellschaft auf, um die politische Akzeptanz (bspw. aufgrund der finanziellen Risiken eines solchen Vorgehens) nicht zu gefährden. Allenfalls werden über die Abgabe im Baurecht Entwicklungen angestossen.

Instrumentell nutzt die Gemeinde dabei die grosse Bandbreite des Planungsrechts aus. Die Gemeinde nutzt strategisch sowohl informelle (Bauvoranfragen, Wettbewerb, Baukommission), wie auch formelle Instrumente (Ausgleich planungsbedingten Mehrwerts). Durch die Kombination der Massnahmen erreicht die Gemeinde flächendeckend gute Ergebnisse, auch ohne selbst die Rolle als Entwickler einzunehmen.

Die Untersuchungseinheit Discounter verdeutlicht dies sinnbildlich. Die örtliche Aldi-Filiale ist in eine bestehende Gewerbebrache untergebracht. Damit entspricht die Filiale zwar nicht den planungsrechtlichen Idealvorstellungen, aber stellt unter den gegebenen Umständen (Standort für den Discounter und gleichzeitig Notwendigkeit der Umnutzung) ein gutes Ergebnis dar. Zu diesem Ergebnis haben einerseits das restriktive Baureglement und andererseits die aktive Rolle der Gemeinde (in diesem Fall als Vermittlerin) geführt.

Gesamthaft betrachtet agiert die Gemeinde Köniz aktiv und nutzt die bodenpolitischen Möglichkeiten. Durch den Abgleich mit dem Idealtyp I werden aber auch Abweichungen deutlich, die dem realen Kontext geschuldet sind.

10.3.2   Fallstudie Solothurn

Solothurn ist die Hauptstadt des gleichnamigen Kantons. Die Stadt hat etwa 16'500 Einwohner und gehört laut dem Raumkonzept Schweiz zur Hauptstadtregion. Die Stadt ist eine der ältesten der Schweiz und geht auf eine keltische Siedlung zurück. Zur Römerzeit erfolgte der Ausbau zu einer

Festung. Die militärische Bedeutung der Stadt blieb auch während des Mittelalters erhalten und lässt sich noch heute an der Stadtmorphologie und den barocken Festungsanlagen ablesen. Im frühen Mittelalter kamen Klosteranlagen hinzu, die die Stadt ebenfalls bis heute prägen, und ein starkes Wachstum auslösten. Die Verleihung von Marktrechten und der Bau von regionalen Verwaltungseinheiten führte schliesslich zur lokal-räumlichen Position, welche die Stadt bis heute inne hat.

Mit der Schleifung der Festungsanlagen in der zweiten Hälfte des 19. Jahrhunderts begann die Industrialisierung der Stadt und die Erweiterung des Siedlungskörpers. Die Entwicklung fand zunächst in Richtung Westen statt, wo der erste Eisenbahnanschluss errichtet wurde. Schon früh fand jedoch eine Verlegung des Hauptbahnhofs zum heutigen Standort südlich der Aare statt. Die entsprechende städtebauliche Lücke wurde mit der damals vorherrschenden Blockrandbebauung erschlossen. Ab der Jahrhundertwende 1900 fand eine immense Stadterweiterung statt, die durch den Ausbau der örtlichen Industrie (insb. Uhrenindustrie) ausgelöst wurde. Höhepunkt der baulichen Entwicklung war die Nachkriegszeit. Damals wurde in Solothurn an mehreren Stellen das Konzept einer Satellitenstadt umgesetzt. Seit den 1970er Jahren ist die bauliche Entwicklung der Stadt stark vermindert. Der Niedergang der örtlichen Uhrenindustrie stoppte das Wirtschafts- und schliesslich auch das Bevölkerungswachstum der Stadt. Die weiterhin ungebremsten Wohnflächenansprüche wurden überwiegenden in den Nachbardörfern realisiert, weshalb sich Solothurn heute in einer zwischenstädtischen Region befindet.

10.3.2.1 Planerische Herausforderungen

Der Siedlungskörper der Stadt bringt einige planerische Herausforderungen mit sich. Die monozentrische Ausrichtung auf das mittelalterliche Stadtzentrum induziert entsprechende Verkehrsströme. Die Klosteranlagen, die am Rande der mittelalterlichen Stadt errichtet wurden, bilden heute einen Grüngürtel um die Altstadt. Um diese Grüngürtel sind wiederum grossflächige zersiedelte Einfamilienhausgebiete, sowie einzelne punktuelle Satellitenstädte entstanden. Der Übergang dieses Bereichs in die Nachbargemeinden ist geographisch nicht zu erkennen und lediglich administrativer Natur. Der Siedlungskörper geht nahtlos in ein loses Siedlungsgeflecht zwischenstädtischen Charakters über.

Daraus ergibt sich einerseits die Notwendigkeit einer Siedlungsentwicklung nach innen und gleichzeitig besondere Herausforderungen bei der Umsetzung. Die Freiflächen innerhalb des geschlossenen Siedlungskörpers werden als identitätsstiftend gewertet und sind entsprechend zu schützen. Zumal die Altstadt bereits hochgradig verdichtet ist, weshalb die Nachverdichtungsmassnahmen in Einfamilienhausgebieten zu vollziehen sind. Aus bodenpolitischer Sicht ist diese Situation besonders herausfordernd, da hier eine Vielzahl einzelner Bodeneigentümer involviert ist.

Aus dieser Situation heraus identifiziert die Stadtverwaltung die Situation am Bodenmarkt als grösste Herausforderung. In der zur Vorbereitung der Ortsplanungsrevision erarbeiteten Stadtanalyse werden die beschränkten Baulandreserven und deren beschränkte Verfügbarkeit als wesentliche Schwäche genannt (vgl. Stadt Solothurn 2014: 22). Die befragten Personen der Stadtverwaltung teilen diese Einschätzung.

Auch die Frage der städtebaulichen Qualität wird in Solothurn thematisiert. Hierbei wird die hohe Attraktivität der Altstadt gelobt. Die Stadt wirbt mit dem Marketingslogan ‚Schönste Barockstadt der Schweiz' und verwendet in den offiziellen Broschüren (bspw. räumliches Leitbild) fast ausnahmslos Bilder dieser Epoche. Auch die gründerzeitlichen Blockrandbebauungen in der südlichen Stadterweiterung werden für ihre hochwertige Siedlungsqualität bei gleichzeitig hoher Dichte gewürdigt. Uneinigkeit herrscht jedoch bei der Bewertung über jüngere und aktuelle Stadtentwicklungsprojekte. Die befragten Vertreter der Stadt sehen hier kein grundsätzliches Problem und auch keinen Handlungsbedarf – wenngleich kein einziges Beispiel für vorbildhafte zeitgenössische Architektur in den offiziellen Dokumenten aufgeführt ist. Andere Akteure, wie die befragten Vertreter des Vereins *Masterplan Solothurn*, kritisieren die miserable städtebauliche Qualität dieser Entwicklungen. In ihren Augen sind die Entwürfe austauschbar und beliebig und entsprechend nicht den hohen Anforderungen der ‚Solothurner Schule' (eine Architekturdenkweise der Moderne).

10.3.2.2 Solothurner Bodenpolitik als Ausgangslage

Die Stadt Solothurn ist weitreichend bebaut und weist kaum noch unbebaute Baulandreserven und Entwicklungsmöglichkeiten auf. Die Ressource Boden ist daher besonders knapp. Die Notwendigkeit einer Bodenpolitik im Sinne einer strategischen öffentlichen Bodenbevorratung wird daher mittlerweile von der Legislativen, wie auch der Exekutiven erkannt. „Auf kommunaler Ebene erhält eine aktive Bodenpolitik künftig eine Schlüsselaufgabe zum Erschliessen von baulichen Reserven, die sich nicht auf der grünen Wiese befinden" (vgl. Stadt Solothurn 2015: 10). Die örtliche Bodenpolitik soll demnach künftig eingeführt und verfolgt werden. In ersten Ansätzen ist damit bereits begonnen worden. Daneben ist auch auf kantonaler Ebene die Entscheidung getroffen worden, aktive Bodenpolitik zu betreiben.

10.3.2.2.1 Kantonale Bodenpolitik

Im Planungs- und Baugesetz betont der Kanton Solothurn sowohl die Bedeutung der verfügungsrechtlichen Ebene für die Siedlungspolitik und die haushälterische Bodennutzung, als auch die Bedeutung der Siedlungsqualität. Auffallend ist zudem, dass die Formulierungen positivplanerisch sind. So zielt das Gesetz auf die angestrebte Siedlungsentwicklung und die Rolle der gemeindlichen Akteure ist, für diese Erreichung Sorge zu tragen. „Er [der Zonenplan] berücksichtigt die angestrebte bauliche und siedlungspolitische Entwicklung der Ortschaft und sorgt für eine haushälterische Nutzung des verfügbaren Bodens und eine hohe Siedlungsqualität" (§ 26 PBG-SO). Der Aspekt der Qualität ist auch im Zweckartikel des Gesetzes enthalten (§ 1 Abs. 2) und geniesst eine dementsprechend hohe rechtliche Stellung.

Neben der Zonenplanung wird im Gesetz auch das Instrument der Landumlegung als Instrument zur Erreichung dieser Zielstellung definiert. Die Baulandumlegung kann dabei im Kanton Solothurn freiwillig (d.h. mit Zustimmung der betroffenen Grundeigentümer) als auch behördlich angeordnet durchgeführt werden (§ 85 BG-SO).[84] Das Instrument dient dabei sowohl der Ermöglichung von Gestaltungsplänen, als auch dem Ausgleich von planungsbedingten Vor- und Nachteilen – wobei in diesem Fall ein flächenhafter, und keiner monetärer Ausgleich angestrebt wird.

10.3.2.2.2 Örtliche Bodenpolitik

Die Stadt Solothurn hat keinen systematischen Überblick über die Bauland- und Nutzungsreserven innerhalb der Stadtgrenzen. Die sogenannte Stadtanalyse (also der erste Verfahrensschritt der aktuellen Ortsplanungsrevision) enthält lediglich eine allgemeine Abschätzung. Demnach sind in Solothurn etwa 31,1 ha Baulandreserven vorhanden, die sich auf 25,1 ha Wohn- und 6,0 ha Arbeitszone aufteilen (vgl. Stadt Solothurn 2014: 16). Demnach ist etwa 11,6 % der Solothurner Bauzone unbebaut (ebd.). Darin enthalten ist bereits das 2013 eingezonte Weitblick-Areal, welches mit ca. 12,5 ha (davon 4,9 ha Wohn- und 7,6 ha Arbeitszone) die grösste zusammenhängende Reserve darstellt.

Eine über diese quantitative Abschätzung hinausgehende Analyse der Baulandreserven gibt es in Solothurn nicht. Die interviewten Mitglieder der Stadtverwaltung betonen zwar, dass sie bei den meisten Flächen wissen, wer die jeweiligen Grundeigentümer sind. Aber das liege schlicht daran, dass Solothurn eine Kleinstadt ist und dementsprechend die verschiedenen Vernetzungen sehr eng sind. Die Grundeigentümer wurden jedoch weder systematisch ermittelt, noch wurde eine Befragung der Eigentümer bezüglich deren Bau- bzw. Verkaufsabsichten durchgeführt – obwohl dies als Auftrag an

---

[84] Planungs- und Baugesetz (PBG, BGS 711.1) vom 03.12.1978 (Stand 01.04.2014)

die Verwaltung in den Planungsdokumenten niedergelegt ist. So fordert das Stadtentwicklungskonzept: „Die Stadt setzt sich für eine Mobilisierung dieser Nutzungsreserven ein und sucht aktiv das Gespräch mit den Grundeigentümern" (Stadt Solothurn 2015: 56). Doch bislang sind keine konkreten Handlungen aus dieser Forderung nachvollziehbar. Auf Nachfrage versicherten die Befragten Personen der Stadtverwaltung, dass keine proaktive Kommunikation von Seiten der Stadt stattfindet. Die Haltung der Stadtverwaltung ist vielmehr, dass dies nicht als Aufgabe einer Stadtverwaltung angesehen wird. Informationen über mögliche Bauabsichten erhält die Stadtverwaltung erst (und nur), wenn die Eigentümer auf die Stadtverwaltung zugehen und beispielsweise eine Bauvoranfrage starten.

Auf Grundlage dieser groben Abschätzung lassen sich die Eigentumsstrukturen in Solothurn näherungsweise ermitteln. Dominierend sind, laut Aussage des Stadtbauamtes, institutionelle Anleger und immobilienferne Gesellschaften. Klassische Bauunternehmen und Immobilienhändler sind im Vergleich zu den anderen regionalen Städten weniger bedeutend. Genossenschaften und die Burgergemeinde spielen aus Sicht der Stadtverwaltung keine wesentliche Rolle. Von Bedeutung sind noch die in privaten Streubesitz befindlichen Liegenschaften, wobei in Solothurn diesen Akteure einer durchschnittlichen Rolle zukommen.

Unklar bleibt der Baulandbedarf in der Stadt Solothurn. Das entsprechende Planungsdokument, der Wohnungsmarktbericht, bleibt an dieser Stelle methodisch wie materiell unscharf. In der Analyse werden die allgemeinen Bevölkerungsszenarien des BfS mit den Wohnungsangeboten des privaten Internetanbieters Homegate abgeglichen. Daraus ergebe sich, so die Autoren des Berichts, „ein gutes Bild" (Stadt Solothurn 2014: 1).

So wird aus der Beobachtung, dass in den letzten zehn Jahren jährlich mehr Wohnungen auf Homegate angeboten werden, geschlussfolgert, dass der Wohnungsmarkt insgesamt liquider wird (vgl. Stadt Solothurn 2014: 8-9). Kritisch ist zu hinterfragen, ob diese Entwicklung der Angebotszahlen nicht vielmehr auf die wachsenden Marktanteile der Internet-Wohnungsanzeigen gegenüber klassischen Anzeigeformaten (bspw. Zeitungen) zurückzuführen ist. Aus dieser Perspektive bleibt die Wohnungsmarktanalyse der Stadt Solothurn methodisch zweifelhaft. Festzuhalten bleibt lediglich, dass in Solothurn das Angebot an Kleinwohnungen gering ist und stattdessen viele grosse Wohnungen und Einfamilienhäuser gebaut werden.

Materiell beschränkt sich die Analyse zudem ausschliesslich auf die Beschreibung des Ist-Zustandes. Prognosen zum zukünftigen Wohnraumbedarf, welche als Grundlage für Zonenentscheidungen dienen könnten, sind nicht enthalten. Die befragten Personen der Stadtverwaltung sehen keinen Bedarf einer gesonderten Prognose. Die zukünftige Nachfrage wird in etwa der bisherigen Entwicklung entsprechen. Mit anderen Worten: Die Beobachtungen der vergangenen Jahre werden für die Zukunft fortgeschrieben. Konkrete Zahlen werden dazu nicht genannt.

Demgegenüber wird der Kanton genauer. So wird (bei Annahme des mittleren BfS-Bevölkerungsszenariums) davon ausgegangen, dass die Stadt Solothurn im Jahr 2030 rund 20.300 Einwohner haben wird. Das entspricht einer Zunahme von 3.700 Einwohnern bzw. etwa 20 % verglichen mit der heutigen Einwohnerzahl (vgl. Stadt Solothurn 2016: 11). Gleichzeitig wird berechnet, dass in der heute bestehenden Bauzone etwa 670.000m² Geschossflächenpotenziale bestehen (ebd.: 15). Eine totale Aktivierung angenommen, entspricht das ausreichend Fläche für etwa 7200 bis 8400 neue Einwohner und 4200 bis 5700 neue Arbeitsplätze (ebd.). Vor diesem Hintergrund räumt die Stadt ein, dass „Neueinzonungen weder nötig noch anzustreben sind" (ebd.). Fraglich ist sogar, ob angesichts dieser Zahlen überhaupt die Einzonung im Weitblick-Areal notwendig war. Rechnet man dieses aus den Gesamtsummen heraus, bleiben immer noch Geschossflächenpotenziale für 4500 bis 5300 Einwohner und 2500 bis 3600 Arbeitsplätze. Alle diese Zahlen beruhen auf den derzeitigen Zulässigkeiten gem. Zonenplan – ohne Auf- und Umzonungsmassnahmen.

	WEITBLICKAREAL	RESTLICHE STADT	TOTAL
Geschossfläche neu	390'800	238'236	629'036
Geschossfläche Abbruch	18'639	16'210	34'849
Geschossfläche Potenziale	372'160	222'026	582'625
Potentzial Wohnbevölkerung	ca. 4'400 - 5'300	ca. 2'700 - 3'100	ca. 7'200 - 8'400
Potentzial Arbeitsplätze	ca. 3'500 - 2'600	ca. 1'700 - 2'100	ca. 4'200 - 5'700

Tabelle 55: Bestehende bauliche Potenzial in der Stadt Solothurn. Eigene Darstellung. Ausgewählte Daten basierend auf Stadt Solothurn (2016: 15).

Die Zahlen in der obigen Tabelle wurden von der Stadt publiziert, um die grossartigen Entwicklungsmöglichkeiten der Stadt aufzuzeigen. Sie belegen jedoch gleichzeitig, dass die Bau- und Geschossflächen in der Stadt die kantonalen Entwicklungsszenarien übersteigen. Dazu beigetragen hat nicht zuletzt die grosszügige Einzonung des Weitblick-Areals. Sie deuten ebenfalls auf eine fehlende Strategie zur Mobilisierung der bestehenden Potentiale hin, die mit einer Ausweitung der Bauzone kompensiert wird.

Der städtische Bericht zum Wohnungsmarkt enthält genau dafür ebenfalls zwei Hinweise. Die Autoren bleiben dabei jedoch sehr vage. Einerseits wird vorgeschlagen, dass die Stadt eigenes Land im Baurecht an entsprechende Wohnbauträger abgeben soll (vgl. Stadt Solothurn 2014: 14). Andererseits wird auf das versteckte Potenzial der Privateigentümer hingewiesen (ebd.). Um dies zu aktivieren, so der Bericht, soll eine Kooperationsstruktur aufgebaut werden und die Verwaltung Informations- und Beratungsangebote schaffen (ebd.).

10.3.2.2.3   Aktive Bodenbevorratungsstrategie

Die Stadt Solothurn behauptet zwar von sich eine aktive Bodenpolitik zu betreiben, begründet deren Notwendigkeit und referenziert dabei die Stadt Basel als Vorbild (vgl. Stadt Solothurn 2014: 55), allerdings kann dieses Ergebnis aus der externen Perspektive schwer nachvollzogen werden. Weder im engeren Sinne von Bodenpolitik als strategische Bodenbevorratung, noch im weitreichenderen Begriffsverständis der vorliegenden Arbeit verfolgt die Stadt eine aktive Bodenpolitik. Lediglich an zwei punktuellen Standorten wird im aktiven Sinne Stadtentwicklung betrieben und dazu Bodeneigentum eingesetzt. Die beiden Flächen sind dabei aus einem historischen Zufall (Brunngraben-Areal) bzw. tatsächlich aus strategischen Gründen (Weitblick-Areal) im Eigentum der Stadt. Die Kategorisierung der Stadt Solothurn als bodenpolitischer Typ I (siehe Kap. 10.2) bezieht sich daher lediglich auf diese beiden Flächen und steht, so das Ergebnis der Fallstudien-Analyse, nicht für die grundsätzliche Vorgehensweise der Stadt.

- Das Brunngraben-Areal ist aus historischen Gründen im öffentlichen Eigentum. Die Parzelle wurde bis in die 1980er Jahre als offene Kehrrichtdeponie verwendet und diente der Entsorgung und Verbrennung von Abfall. Das Areal gehört der Stadt und dem Kanton zu etwa gleichen Teilen. Aufgrund der Vornutzung ist von erheblichen Altlasten im Boden auszugehen, deren Sanierung etwa 200 Mio. CHF kosten wird. Eine bauliche Entwicklung dieser Fläche wurde politisch bereits diskutiert. Zur Anziehung von guten Steuerzahlern und zur Querfinanzierung der Altlastensanierung war gehobenes Wohnen im Einfamilienhaus geplant. Das Projekt wurde als „Wasserstadt Solothurn" bezeichnet, da die Bauten an einer künstlichen Aareschlaufe errichtet werden sollten, welche durch den Aushub des Bodenmaterials entstehen sollte. Da das Projekt in einer geschützten Landwirtschaftszone befindet und an ein Naturschutzgebiet angrenzt sieht der Kanton jedoch keine Möglichkeit einer planungsrechtlich konformen Einzonung. Von Seiten der Stadtverwaltung ist diese Planung damit beendet und das Problem der Altlastensanierung und deren Finanzierung ungelöst. In der Lokalpolitik wird das Projekt ab und zu noch diskutiert. Die Realisierungswahrscheinlichkeit ist jedoch gering.

- Die andere Fläche ist das als Weitblick-Areal bezeichnete Projekt in den Flurstücken Obere Mutten, Unter- und Oberhof. Die entsprechenden Parzellen wurden von der Stadt im Jahr 2010 erworben. Genauere Details zum Vertrag werden von der Stadtverwaltung nicht veröffentlicht und auch nicht in Interviews preisgegeben. Allerdings lassen sich durch den Vergleich der Verwaltungsberichte 2009 und 2010 einige Rückschlüsse ziehen. So stieg das sog. ‚Finanzvermögen unbebaut' in diesem Zeitraum um 12.0 Mio CHF (siehe Stadt Solothurn 2009: 44a bzw. 2010: 48a). Da keine weiteren relevanten Landkäufe in diesem Jahr vorgenommen wurden, dürfte die Zahl auf die Erwerbe im Weitblick-Areal zurückzuführen sein. Den Berichten lässt sich auch die Grösse des Areals entnehmen. Das städtische Eigentum nahm in diesem Jahr von 450.222 m² auf 624.253 m² zu (ebd.). Unter der Annahme, dass es sich mehr oder weniger vollständig um das Weitblick-Areal handelt, umfasst dieses demnach 174.031m² und wurde zu einem durchschnittlichen Kaufpreis von etwa 7 CHF / m² erworben. Über die genauen Kaufpreise der einzelnen Parzellen, sowie den oder die Verkäufer ist nichts bekannt. Die politische Motivation zum Kauf der Fläche liegt offiziell in den erweiterten Steuerungsmöglichkeiten. Mit der aktiven Bodenpolitik hat die Stadt „ihre Entwicklungspotenziale selbst in der Hand und kann sie ganzheitlich steuern. Dadurch können auch gesellschaftliche Aspekte in die Stadtplanung und Stadtentwicklung einfliessen. Die Behörden können Bedingungen festlegen, um beispielsweise allen Bevölkerungsschichten Wohnraum anbieten zu können oder ein erwünschtes Nutzungsspektrum zu erzielen" (Stadt Solothurn 2014: 16). Die aktive Bodenpolitik zielt also laut Eigenangaben der Stadt insbesondere auf die erweiterten Steuerungsmöglichkeiten in Hinblick auf bezahlbaren Wohnraum. Geplant ist die Errichtung von Wohnungen für insg. 1.100 Personen sowie Gewerbeflächen für 1.100 Arbeitsplätze (vgl. Stadt Solothurn 2014: 21).

Beide Projekte werden von der Stadt als strategisch wichtige Projekte eingestuft, die direkt der Erreichung ihrer planerischen Ziele dienen (vgl. Stadtbauamt Solothurn 2014: 13). Auch diese Eigenangaben werden aus der externen Perspektive anders bewertet. Die finanzielle Situation der Stadt ist sehr gut. Diese Einschätzung teilten alle befragten Personen. Darüber hinaus lässt sich dies in den Kennzahlen ablesen. Der Steuerfuss der Stadt ist (im regionalen Kontext) vergleichsweise gering und der Selbstfinanzierungsgrad der Gemeinde ist hoch (vgl. Stadt Solothurn 2014: 16). Dennoch besteht die Gefahr einer finanzpolitisch motivierten Verwendung der Flächen – bei dem dann die planerischen Ziele vernachlässigt werden könnten.

10.3.2.2.4 Gefahr des Missbrauchs von Bodenpolitik

Ein Grund, warum das Feld der Bodenpolitik so umstritten ist, sind die grossen Renditemöglichkeiten. Bei der Entwicklung von landwirtschaftlichem Land zu Wohn- und Gewerbeflächen findet eine enorme Steigerung des Bodenwertes statt, der den Faktor 100 erreichen kann. Diese Bodenwertsteigerung sichert das Erwerbsmodell von Grundstückshändlern und Bauunternehmen. Wenn nun eine Gemeinde aktiv an diesem Geschäft teilnimmt, wird sie zunächst ein grosser potentieller Konkurrent zu den privaten Akteuren. Durch die Eigenschaft als öffentlich-rechtliche Gebietskörperschaft ist die Stadt dabei mit rechtlichen Möglichkeiten ausgestattet, die über das instrumentelle Portfolio von privaten Akteuren hinausgehen, weshalb der Gemeinde ein gewisser Vorteil am Markt zukommt. Bereits dieses Grundproblem stellt einen klassischen Konflikt einer öffentlichen Bodenbevorratungsstrategie dar.

Am Beispiel der Stadt Solothurn lässt sich jedoch auch sehen, dass noch weiterreichendere Probleme auftreten können. Es besteht grundsätzlich die Möglichkeit, dass Gemeinden nicht nur am Markt teilnehmen, sondern die Marktlogik vollkommen verinnerlichen. Die Möglichkeit der aktiven Gestaltung der Raumentwicklung kann dann gegenüber Renditeerwartungen unterliegen. Im Falle der Stadt Solothurn besteht mindestens die Möglichkeit, dass solche Motive die Entscheidungen entscheidend beeinflusst haben. Das Projekt „Weitblick" ist daher kritisch zu betrachten. Das Projekt umfasst flächenmässig nicht viel mehr, also die bereits vorhandenen, eingezonten Baulandreserven innerhalb der bestehenden Siedlungsstruktur. Den Zielen des Planungsrechts folgend, wären zunächst diese Reserven zu mobilisieren, um hierdurch die Wachstumsmöglichkeiten (bzgl. Bevölkerungs- und Arbeitsplatzzunahme) auszuschöpfen. Aktive Bemühungen zur Mobilisierung dieser Flächen wurden von Seiten der Stadt jedoch nicht in erkennbarer Form unternommen.

Dass Motiv, warum eine solche Aktivierung der bestehenden Reserven in der bestehenden Bauzone unterlassen wurde und stattdessen eine grüne Wiese erworben und danach eingezont wurde, ist kann aus zweierlei Sichtweisen interpretiert werden: Einerseits kann argumentiert werden, dass dies die Passivität und die Umsetzungsproblematik der passiven Bodennutzungsplanung aufzeigt. Auf Ebene der Bodennutzungsplanung sind diese Flächen schliesslich beplant. Lediglich die eigentumsrechtliche Umsetzung fehlt. Zusätzlich stehen der Stadt in diesem Bereich wenige Möglichkeiten zur Verfügung, sodass ein Engagement hier für aussichtslos gehalten werden könnte. Andererseits kann ebenfalls angenommen werden, dass die Stadt damit die Rendite orientierte Denkweise von Privatakteuren übernommen hat. Statt die Entwicklung im bestehenden Siedlungskörper zu fördern, was unter Zersiedelungsaspekten vorteilhafter gewesen wäre, konzentriert sich ihre Bemühungen auf die Entwicklung der Flächen, die im eigenen Eigentum sind. Von diesem Blickwinkel aus agiert die Stadt nicht nur mit Instrumenten von privatwirtschaftlichen Akteuren, sondern folgt auch deren Denkweise.

10.3.2.2.5   Aktive Bodenpolitik und funktionale Räume

Raumplanung ist als verwaltungstechnischer Vorgang stets territorial gegliedert. Es existieren klare Zuständigkeiten und deren räumliche Grenzen. Dem gegenüber ist die räumliche Lebenswirklichkeit der Menschen nicht an administrative Grenzen orientiert. Seit nunmehr zwei Dekaden wird (unter dem Stichwort „Funktionale Räume") versucht diesen Widerspruch zu lösen. Immer neue Verwaltungseinheiten und -kooperationen werden geschaffen. Das Problem dieser unterschiedlichen Raumwahrnehmungen ist jedoch fundamental und wird allenfalls phänomenologisch angegangen.

Die Fallstudie der Stadt Solothurn zeigt deutlich, dass dies auch unter Verwendung von aktiven bodenpolitischen Strategien nicht anders sein muss. Einerseits konnte die Stadt Solothurn aufgrund ihres Planungssystems und der aktiven Bodenpolitik verhindern, dass ein nicht-integrierter Discounter auf dem Stadtgebiet (siehe Kap. 10.3.2.3) entsteht. Die Discounter, die jedoch nicht an administrative Grenzen gehalten sind, haben das Problem jedoch umgehen können, indem sie schlicht ausweichen. So existieren in unmittelbarer Nachbarschaft zur Stadt Solothurn gleich vier solcher Filialen. Obwohl diese funktional-räumlich (in diesem Fall aus Kundenperspektive) zum Siedlungsraum der Stadt Solothurn gehören, konnte die Stadtverwaltung und -politik deren Bau nicht verhindern. Die Planung der Discounter obliegt in der exklusiven Hoheit der Nachbargemeinden. Der Stadt Solothurn bleibt nur die Bemängelung dieser Filialen im Rahmen des Auflegungsverfahrens. Dies hat die Stadt gemacht – hat die richtigen Argumente im Diskurs aber nicht finden können. Ihre Argumentation wurde folgerichtig von allen Gemeinden weggewogen. Auch der Kanton ist in diesen Fällen seiner koordinierenden Rolle nicht nachgekommen. Die entsprechenden kantonalen Bestimmungen wurden zu spät erlassen bzw. greifen nicht (siehe die Gestaltungsplanpflicht am Beispiel Biberist).

Am Beispiel der Stadt Solothurn kann daher festgehalten werden, dass aktive Bodenpolitik den Widerspruch zwischen Verwaltungs- und funktionalen Räumen nicht zwingend aufzuheben vermag. Die bisherigen planungssystematischen Ansätze (räumliche Koordination und auch übergeordneter Kontrolle) und die innovativen Ansätze (Planung in funktionalen Räumen) bleiben zusätzlich notwendig.

10.3.2.2.6 Minimale Ausnützung als Instrument der Solothurner Bodenpolitik

In einem Punkt ist die Bodenpolitik der Stadt Solothurn deutlich progressiver, als in den anderen Fallstudien. Als zentrales Instrument zur Sicherstellung der Umsetzung der planerischen Ziele ist im Baureglement der Stadt Solothurn das Instrument der Mindestausnützungsziffer etabliert. Das Baureglement der Stadt enthält dieses Instrument für das oben beschriebene Weitblick-Areal seit der Teilrevision vom 28.6.2011.[85] § 41bis bestimmt die Ausnützungsziffer in der Wohnzone des Weitblick-Areals. Dies beträgt 0,45 bei dreigeschossiger, bzw. 0,60 bei viergeschossiger Bauweise. Mit dieser Bestimmung soll eine erhebliche Unternutzung des Areals verhindert werden. Als politisches Motiv hinter dieser Regelung gaben die befragten Personen der Stadtverwaltung an, dass dies der strategischen Bedeutung des Projekts für die Solothurner Stadtentwicklung entspricht. In den anderen Zonen gibt es bislang keine ähnliche Regelung. Jedoch, so die Aussage aus dem Stadtbauamt, sei dies ein wichtiger Punkt im Rahmen der laufenden Ortsplanungsrevision und werde in der nächsten Version des Baureglements enthalten sein.

Unklar bleibt jedoch, warum dieses Instrument ausgerechnet beim Weitblick-Areal notwendig wird. Das Areal ist, wie oben beschrieben, im Eigentum der Stadt Solothurn. Im Vergleich zu anderen Flächen hat die Stadt auf diesem Areal also deutlich bessere Beeinflussungsmöglichkeiten. Als Eigentümerin bestimmt sie den städtebaulichen Wettbewerb vollkommen und kann Baurechts- und Kaufverträge mit den entsprechenden Bestimmungen einer minimalen Ausnützung ausstatten. Insofern steht die Etablierung einer Mindestausnützungsziffer im Baureglement komplementär zu den bestehenden Möglichkeiten, erscheint jedoch nicht als dringend notwendig. Nichtsdestotrotz ist dies ein fortschrittliches Instrument im Solothurner Baureglement.

Weitere, vor dem Hintergrund der vorliegenden Arbeit interessante Abschnitte des Baureglements betreffend Regelungen bzgl. dem Zweck der Planung, der Gestaltungsplanpflicht, der Ästhetik und der Zulässigkeit von Discountern.

Das Baureglement Solothurns enthält bereits seit der Totalrevision von 1984 das Selbstverständnis der Ortsplanung. Demnach bezweckt diese „eine aktive Gestaltung und die wirtschaftliche, gesunde und harmonische Entwicklung der Stadt als regionales Zentrum und Ort der Begegnung. Es fördert die Wohnlichkeit und die Durchgrünung der Stadt, pflegt die Landschaft und das Stadtbild und schützt deren wertvollen Teile" (§ 1 Abs. 2 BauR). Diese Formulierung ist unter mehreren Gesichtspunkten bemerkenswert. Zum einen transportiert die Regelung ein aktives Planungsverständnis, welche in der ortsplanerischen Praxis derzeit nicht vollständig nachvollzogen werden kann. Zum anderen sind qualitative Aspekte des Städtebaus bereits enthalten, was von einem progressiven Verständnis zeugt. Insgesamt zeugt dieser Paragraph also eher von einer Differenz zwischen dem damaligen Planungsverständnis und der heute vorherrschenden Praxis.

Das Solothurner Baureglement kennt zudem auch den Ästhetik-Begriff und bezieht sich an mehreren Punkten darauf. Zentral sind dabei die Bestimmungen in §§ 19 bis 22. Dort zeigt sich, dass

---

[85] Inkrafttreten 23.4.2013, RRB Nr.2013/714

der Ästhetik-Begriff in Solothurn sehr rudimentär verstanden wird. Der Kern der Bestimmung besagt lediglich, dass „beschädigte Gebäude innert einer von der Behörde festgesetzten Frist zu entfernen oder wiederherzustellen [sind]" (§ 19 Abs. 1 BauR-SO). Darüber hinaus gehende ästhetische, verbindliche Anforderung gibt es nicht. Als Möglichkeit wird noch ergänzt, dass die architektonische Gestaltung Gegenstand einer Bauvoranfrage sein kann (§ 6), wodurch jedoch ebenfalls keine verbindlichen Anforderungen entstehen.

Im Baureglementen werden auch die Arten der zulässigen Nutzung in den jeweiligen Zonen bestimmt. Von zentraler Bedeutung sind dabei auch in Solothurn die Bestimmungen bzgl. nichtstörender, mässig-störender und störender Betriebe. Ein Lebensmittel-Discounter emittiert aus dem direkten Betrieb keinen Lärm, der über die Grenzwerte der nicht-störenden Betriebe hinausgeht (Lärmschutzklasse II). Allerdings werden in der Stadt Solothurn die sekundären Lärmquellen ebenfalls berücksichtigt, wie das befragt Bauinspektorat mitteilte. In diesem Fall wird also auch der Verkehrslärm des Liefer-, Kunden- und Mitarbeiterverkehrs mit eingerechnet. Dieser Einschätzung folgend werden Discounter in Solothurn der mittleren Kategorie, also dem mässig störenden Gewerbe zugerechnet (Lärmschutzklasse III). In der Folge ergibt sich daraus, dass Discounter in den Altstadt-, Kern- und Wohnzonen (§§ 27, 37, 40) nicht zulässig sein können. Anders gesagt können Discounter nur in Industrie- und Gewerbe, und in Arbeitszonen angesiedelt werden (§§ 50 und 50bis). Diese Einschätzung wird vom befragten Mitarbeiter des Bauinspektorats bestätigt.

Eine solche Einschätzung ist jedoch höchst widersprüchlich. Erstens würde dies genau die dezentrale Versorgung in den Wohnquartieren verhindern und die Versorger in die Industriegebiete verdrängen. Zweitens ist eine solche Auslegung des Gesetzes in der bisherigen und derzeitigen Genehmigungspraxis nicht nachvollziehbar. Die bestehende Aldi-Filiale auf Solothurner Boden, wie auch die geplante Lidl-Filiale befinden sich jeweils in Kernzonen. Die befragten Personen der Stadtverwaltung konnten diesen Widerspruch nicht aufklären. Dies sei vor ihrer jeweiligen Amtszeit entschieden worden und aus heutiger Sicht nicht nachvollziehbar. Drittens widerspricht das auch der Planung bzgl. des Weitblick-Areals. Dort soll im nördlichen Teil ein moderner Quartierversorger eingerichtet werden. Der derzeit gültige Zonenplan lässt dies jedoch nur im südlichen Teil des Areals zu. Anders als bei den anderen Filialen und von der grundsätzlichen Einschätzung sei hier jedoch von einem nicht-störenden Betrieb auszugehen, da die Filiale bahnhofsnah in einer verkehrsreduzierten Siedlung entstehen werde und daher von einem geringen Anteil an Autoverkehr entstehen würden. In diesem Fall, so das Stadtbauamt, sei von einer geringeren Lärmbelastung auszugehen, weshalb eine Bewilligung in der Wohnzone zulässig sei.

10.3.2.2.7   Das Spezialinstrument Reservezone

Eine Vorgehensweise, wie von der Stadt Solothurn bei dem Weitblick-Areal hat, ist einzigartig. In den anderen Fallstudien waren die Aussagen der Interviewten, dass es nicht möglich ist, landwirtschaftlich genutztes Land als Gemeinde zu kaufen und dann einzuzonen und entsprechend zu entwickeln. Das eidgenössische, bäuerliche Bodenrecht widerspreche dieser Strategie. Die Stadt Solothurn hat jedoch genau diese Vorgehensweise verfolgt und umgesetzt. Fraglich ist daher, mit welchen rechtlichen und politischen Instrumenten eine solche Vorgehensweise möglich wurde.

Die Antwort liegt in der Rechtsunsicherheit des Instruments der Reservezonen. Die entsprechende Fläche, welche heute als Weitblick-Areal bekannt ist, war im Zonenplan von 2001 als Reservezone bezeichnet. Diese Zonenkategorie ist vergleichsweise ungewöhnlich und mit rechtlichen Unsicherheit verbunden, welche sich die Stadt zu nutzen gemacht hat. Umstritten ist, ob eine Reservezone eine Unterkategorie der Bauzone oder der Nicht-Bauzone darstellt. Das kantonale Planungsgesetz bestimmt:

§ 27 Reservezone PBG-SO

1 Land, das aus siedlungspolitischen Gründen für eine spätere Überbauung in Frage kommt, kann als Reservezone ausgeschieden werden.

2 Die voraussichtliche Nutzung im Sinne von §§ 29-34 kann in der Reservezone bereits festgelegt werden.

Reservezonen umfassen also das Land, welches zwar einer baulichen Nutzung zugeführt werden soll, diese Überbauung aber zu eine späteren Zeitpunkt stattfinden soll. Die Beschreibung enthält demnach Hinweise, dass eine Reservezone für die Bebauung vorgesehen ist und daher als Bauzone einzustufen ist. Als Referenzzeitpunkt dient dazu vermutlich der 15-Jahre-Horizont der Bauzone. „Die Bauzone umfasst Land, das sich für die Überbauung eignet und weitgehend überbaut ist oder voraussichtlich innert 15 Jahren für eine geordnete Besiedlung benötigt und erschlossen wird" (§ 26 PBG-SO). Der Vergleich der beiden Definitionen lässt die Interpretation zu, dass Reservezonen nicht zur Bauzone gehören. Eine solche Einstufung hat zwei wesentliche Konsequenzen: Erstens wäre dann bei einer Ortsplanungsrevision die Zuordnung zur Landwirtschaftszone ohne Entschädigung zu tätigen. Dies ist für die Stadt Solothurn relevant, da im Rahmen des aktuell laufenden Verfahrens mit den Reservezonen am Siedlungsrand genau dies geschehen soll. Das neue kantonale Planungs- und Baugesetz fordert die Gemeinden auf, die Reservezonen abzuschaffen und die Flächen entweder der Bauzone zuzuordnen, oder (insb. am Siedlungsrand) als Landwirtschaftszone auszuzeichnen. Zweitens bedeutet eine solche Einstufung, dass der Kauf einer Fläche durch das bäuerliche Bodenrecht nur landwirtschaftlich tätigen Betrieben und Personen vorbehalten ist. Entsprechend hätte die Stadt Solothurn das Weitblick-Areal nicht erwerben können und dürfen.

Die Strategie, um dennoch einen Erwerb und die darauffolgende bauliche Entwicklung zu ermöglichen, ist einfach. Die Stadt hat die rechtliche Untersicherheit zu ihren Gunsten ausgenutzt und den Liegenschaftsankauf eingeleitet. Dem für die Einhaltung des bäuerlichen Bodenrechts zuständige kantonale Amt für Landwirtschaft wurde der Kaufvorgang vorgelegt, hat aber keine Bedenken geäussert. Die Stadt hat keine weitere rechtliche Prüfung vorgenommen und den Vorgang schliesslich vollzogen. Die Stadt geht implizit davon aus, dass die Reservezone Teil der Bauzone ist und daher ein grundsätzliches Erwerbsrecht besteht.

Allerdings nimmt die Stadt keine einheitliche Einschätzung der rechtlichen Situation in vergleichbaren Fällen vor, wie sich am Beispiel Steinbruggstrasse zeigt. Dort wird eine Veränderung der Zonenzugehörigkeit vorgenommen. Die Parzelle wird von der Reservezone in die Landwirtschaftszone überführt, ohne dass die Stadt dafür Kompensationen plant. Die interviewten Verantwortlichen in der Stadtverwaltung gehen schlicht davon aus, dass keine Kompensation notwendig ist, da zu keinem Zeitpunkt reales Baurecht existierte. Implizit gehen die Akteure an dieser Stelle also davon aus, dass die Reservezone nicht Teil der Bauzone ist, und daher grundsätzlich keine materielle Enteignung vorliegt, die kompensationspflichtig wäre.

Diese wechselnde rechtliche Beurteilung und die resultierende Diskrepanz wird noch deutlicher, wenn die Unterteilung der Reservezone hinzugefügt wird. Das kantonale Gesetz ermöglicht es den Gemeinden Reservezonen nach voraussichtlicher Nutzung zu unterteilen (siehe oben, § 27 Abs. 2). Die Stadt Solothurn folgt diesem Modell und unterteilt im Zonenplan zwischen „Reservezonen ohne vorgegebene Nutzung", „Reservezone W2 a" und „Reservezone OeBAa". Während bei den beiden letztgenannten Reservezonen also bereits ersichtlich ist, welche Zonenzugehörigkeit in Zukunft vorgesehen ist, wird bei der ersten Reservezone keine konkrete zukünftige Nutzung genannt.

Eine entsprechende Bewertung der Reservezone als Bau- oder Nicht-Bauzone könnte in Abhängigkeit dieser Unterkategorien vorgenommen werden. Eine Reservezonen ohne vorgegebene Nutzung zieht keine bestimmte Baumöglichkeit nach sich und wäre daher eine Nicht-Bauzone. Eine Reservezone mit Bestimmung der zukünftigen Nutzung beinhaltet eine konkrete, wenn auch nicht kurzfristige Baumöglichkeit. Eine solche Zone wäre der Bauzone zuzuordnen. Eine solche differenzierte Zuordnung würde die Vorgehensweise der Stadt um ein gewisse Logik ergänzen. Die unterschiedlichen Verhaltensweisen der Stadt würde auf einer rechtlichen Differenzierung der Flächen nach der jeweiligen Unterkategorie beruhen.

Eine solches Muster ist hier nicht erkennbar, stattdessen ist die differenzierte Zuordnung der Flächen ist konträr zu dieser Logik. Die Fläche des Weitbild-Areals ist im Zonenplan 2001 als Reservezone ohne vorgegebene Nutzung ausgewiesen. Die Fläche an der Steinbruggstrasse ist dagegen als Reservezone W2a ausgewiesen. Der rechtlichen Logik folgend wäre also der Erwerb ausgeschlossen und eine Kompensation fällig – also genau entgegen des tatsächlichen Handelns.

Schlussendlich lassen sich die beiden Beispiele nicht in ein logisch konsistentes Muster bringen. Vielmehr hat die Stadt die rechtliche Unsicherheit der Reservezonen einzelfallbezogen zu ihren Gunsten zu nutzten versucht. Im Falle des Erwerbs ist die Vorgehensweise rechtlich abgeschlossen. Eine nachträgliche Diskussion über die Zulässigkeit dieser Vorgehensweise wäre unwirksam. Die Umzonung der Steinbruggstrassen-Fläche ist hingegen Gegenstand der laufenden Ortsplanungsrevision und wird vermutlich rechtliche Auseinandersetzungen nach sich ziehen. Der entsprechende Bodeneigentümer hat sich bereits im Rahmen der Mitwirkung eingebracht und entsprechende Nutzungsabsichten dokumentiert. Da bereits zu diesem Schritt eine anwaltliche Vertretung eingeschaltet wurde, ist davon auszugehen, dass eine gerichtliche Klärung folgen wird.

Letztlich hat diese rechtliche Unsicherheit dazu geführt, dass in Solothurn eine aktive Bodenbevorratung ermöglicht wurde, die auch landwirtschaftliche Flächen umfasst. Das bäuerliche Bodenrecht wurde dabei schlicht umgangen, was zunächst als Fakt festzuhalten ist ohne eine rechtliche Bewertung vorzunehmen.

10.3.2.3   Die Aldi-Filiale am Bahnhof Solothurn

Das Thema Detailhandel wird in Solothurn unterschiedlich behandelt. Einerseits wird diesem Thema eine strategische Bedeutung zugemessen, andererseits fehlen daraus abgeleitete konkrete Massnahmen und Handlungen.

Auf strategischer Ebene wird das Thema Detailhandel und insbesondere die dezentrale Versorgung explizit als sogenannter Leitgedanke der Planung aufgegriffen. So heisst es in Leitgedanke 5: „Die Stadt Solothurn ermöglicht die Wohnraumentwicklung in der Nähe von bestehenden Versorgungsangeboten und in Bahnhofsnähe. Die Stadt erhält und erweitert die Gewerbe- und Versorgungsangebote an publikumsorientierten Lagen. Sie unterstützt auch dezentrale Versorgungsangebote für den Alltag ausserhalb der Altstadt" (Stadt Solothurn 2014: 28-29). In diesem Leitbild sind also zweierlei Gedanken enthalten. Zum einen sollen zukünftige städtebauliche Entwicklungen in räumlicher Nähe zu bestehenden Angeboten stattfinden. Zum anderen soll auch die Entwicklung von dezentraler Nahversorgung unterstützt werden. Dem planerischen Leitbild der Stadt folgend werden also sowohl Nachfrage-, wie auch Angebotsseite berücksichtigt.

Auffällig ist dabei, dass sehr schwache Formulierungen verwendet werden. Die Wohnentwicklung in der Nähe der bestehenden Angebote soll nicht gesteuert oder realisiert werden, sondern lediglich ermöglicht werden. Auch bei den gewünschten Versorgungsangeboten wird lediglich formuliert, dass diese unterstützt werden sollen. Ein Ausschluss von Wohnentwicklungen fernab von bestehenden Angeboten oder Versorgungsangeboten in peripheren Lagen beinhaltet eine solche Formulierung nicht. Diese Entwicklungen, die dem räumlichen Leitgedanken der Stadt widersprechen, werden nicht ausgeschlossen, verhindert oder gestoppt. In diesem Sinne sind die materiellen Gedanken der Stadt durchaus im Sinne der planungsrechtlichen Ziele. Deren Umsetzung jedoch beschränkt sich auf eine re-aktive Begleitung von separat stattfinden Entwicklungen.

Nicht nur die Formulierung der Leitgedanken, auch die daraus abgeleiteten Handlungsmöglichkeiten sind vage. Aus den hohen Ansprüchen der dezentralen Versorgung werden lediglich zwei Handlungen abgeleitet: (1) Die Organisation, Durchführung und Unterstützung von Wochenmärkten, und (2) die Integration eines Nahversorgers im nördlichen Teil des Weitblick-Areals.

Die abgeleiteten Handlungsmöglichkeiten sind vermutlich nicht ausreichend, um die strategischen Ziele zu erreichen. Auch geben die formulierten Aktivitäten in sich Grund zur Verwunderung: Wochenmärkte als Teil der denzentralen Versorgungsstruktur zu betrachten entspricht den spätindustriellen Planungsvorstellungen des ausgehenden 19. Jahrhunderts. In der modernen Rolle werden Wochenmärkte typischerweise als ergänzendes Nischenprodukt bewertet.

Auffällig ist wiederum die Nennung des Weitblick Areals als wesentlicher Baustein.

Die Aldi-Filiale in Solothurn trägt die ID-Nummer 2601A. Die Filiale befindet sich in der Dornacher Str. 26 und ist damit äusserst zentral. Der Standort liegt liegt zwischen dem Solothurner Hauptbahnhof (weniger als 200 m zum Bahnhofsgebäude), dem gründerzeitlichen Quartier Bahhofsquartier West und der Altstadt von Solothurn (etwa 300 m Luftlinie). Funktional-räumlich handelt es sich um ein Oberzentrum. Entsprechend sind am Standort vielfältige Nutzungen zu finden. In den Erdgeschossen finden sich vielfältige Detailhändler und Gastronomie. In den Obergeschossen sind Büro- und Dienstleistungsnutzungen, sowie urbane Wohnformen zu finden. Südlich der Filiale und auch südlich der Bahngleise grenzt zunächst ein Mischgebiet (mit Funktionen eines Grundzentrums) und ein Wohngebiet von mittlerer bis niedrigerer Dichte an. Der Standort der Filiale ist als Oberzentrum im zentralörtlichen Sinne zu bezeichnen.

Die Filiale selber befindet sich auf einem gleisparallelen, länglichen Grundstück und ist im Erdgeschoss eines 6 geschossigen Gebäudes von 4.000 m² Grundfläche untergebracht. Im Haus selber finden sich neben dem Discounter Systemgastronomie, wie auch eine Kindertagesstätte, ein Fitnessstudio und verschiedene andere Büro- und Dienstleistungsflächen. Anzeichen für Wohnnutzung wurden nicht gefunden. Die Erreichbarkeit der Filiale ist mit allen Verkehrsträgern gewährleistet. Der örtliche Knotenpunkt des öffentlichen Verkehrs ist etwa 200m entfernt. Das städtische Velonetz ist auf diesen Standort zugeschnitten. Zudem befinden sich Wohnquartiere in allen Richtungen. Für die Erreichbarkeit mit dem Auto gibt es eine Tiefgarage im 1. UG.

Das Gebäude selber versucht die stadtstrukturelle Qualität des Standortes aufzugreifen und postmodern zu interpretieren. Der Baukörper orientiert sich in seiner Kubator an dem gründerzeitlichen Quartier auf der gegenüberliegenden Strassenseiten. Die blockartige Struktur dient dabei als Lärmschutzriegel zwischen den Gleisen und der Stadt. Eine Neuinterpretation der örtlichen Baukultur findet jedoch durch die Andersartigkeit der Materialien und durch den Bau eines Flachdachs statt. Durch diesen Ansatz führt das Gebäude die örtlichen Raumkanten fort, unterscheidet sich jedoch gleichzeitig in der Gestaltung. Die Filiale selber ist vollständig in das Gebäude integriert. Der Zugang findet über einen Vorraum statt. Alle anbieterspezifischen Einrichtungen sind im Gebäude integriert untergebracht.

Die Fassadengestaltung ist entsprechend postermodern. Die Filiale selber ist im Erdgeschoss im rückwärtigen Teil des Gebäudes. Abgesehen von der Eingangssituation tritt die Filiale fassadenseitig nicht in Erscheinung. Das Gebäude an sich und auch der Discounter-Eingang sind jedoch strassenorientiert und mit viel Glas gestaltet. Die Werbeanlagen sind in der Gebäudefassade und in zwei gemeinschaftlich genutzten Werbesteelen angeordnet. Sie ordnen sich dem kommerziellen Charakter des Ortes unter und sind nicht dominant, sondern haben fast informierenden Charakter. Die Aussenanlagen bestehen aus dem öffentlichen Strassenraum (bspw. Fahrradständer). Die anbieterspezifischen Elemente finden sich im Gebäude integriert. So werden die Einkaufswagen innen neben dem Eingang zur Ladenfläche und unten beim Eingang, der von der Tiefgarage aus genutzt wird, positioniert.

Die Tiefgarage ist gebührenpflichtig und besteht aus einem vorderen, öffentlichen und einem hinteren, privaten Teil. Der private Teil ist den Angestellten der lokalen Büros vorbehalten und durch eine Schranke abgetrennt. Im vorderen Teil stehen den Discounterkunden 68 Parkplätze zur Verfügung. Die Zugänge zum Verkaufsraum sind funktionell gestaltet. Der Etagenwechsel erfolgt durch einen Aufzug. Die Beleuchtung in der Garage ist ausreichend. Zum Schutz vor nicht konsumierenden Gästen (bspw. Obdachlosen) erfolgen eine durchgehende Beschallung und die Bewachung durch eine private Sicherheitsfirma.

Der An- und Abverkehr erfolgt durch eine rückseitige Rampe, die wiederum an eine Kreuzung mit Lichtzeichenanlage angebunden ist. Eine Besonderheit stellt die Anlieferung dar. Diese erfolgt ebenerdig auf einem Vorplatz am westlichen Gebäudeende. Der Lieferwagen kann dabei durch einen grossen Aufzug in das Untergeschoss abgelassen werden, um an die Lagerräume zu gelangen. Dieser Lastwagen-Aufzug stellt eine aussergewöhnliche Lösung dar. Anzunehmen ist, dass die Lieferung dadurch konfliktfrei, insb. mit geringer Lärmbelastung, stattfinden kann. Einzig das Wendemanöver könnte zu gewissen kurzfristigen Beeinträchtigungen führen. Eine entsprechende Situation konnte jedoch nicht beobachtet werden.

Insgesamt stellt die Aldi Filiale in Solothurn eine A1-Filiale dar. Dies begründet sich einerseits durch die geschlossene Bauweise (integriert in einem Gebäudekomplex) und andererseits durch den zentralen Standort (in einem Oberzentrum). Sie steht damit nur für eine kleine Minderheit der Filialen. Lediglich 8 der 256 untersuchten Filialen zeigen einen ähnlichen Charakter auf (siehe Baustein A).

10.3.2.4   Erkenntnisse zur Wirkungsweise

Das Fazit der Fallstudie Solothurn ist auf zwei Ebenen zu ziehen: Zunächst ist die konkrete Planungsebene zu betrachten. Diese ist von der generellen, dahinter liegenden Planungskultur abzugrenzen.

Auf konkreter Ebene konnten einige Erkenntnisse zur Lebensmittel-Discounter-Filiale gewonnen werden. So ist der zentrale Standort auf eine Mischung von negativ- und positivplanerischen Elementen zurückzuführen. Einerseits sind die Regulierungen zum Bau von Discountern ausserhalb der Zentren in der Stadt Solothurn relativ streng. Die Begründung liegt in der hohen Bedeutung, die dem Detailhandel in Solothurn planungspolitisch zukommt. Zwar zielt dies primär auf Anbieter episodischen Bedarfs (insb. Textil) und zur Verhinderung von grossen Shopping Malls ausserhalb der historischen Altstadt, dennoch wirkt sich diese Regulierung auch auf die Lebensmittelbranche aus. Andererseits hat Solothurn attraktive Entwicklungsprojekte in zentraler Lage, die in ausreichender Zahl vorhanden sind und deren bauliche Entwicklung erst am Anfang steht. Das Projekt am Bahnhof ist dabei eines der ersten. Aufgrund der grossen Baulandreserven ist in Zukunft mit noch weiteren zu rechnen. Dass ausgerechnet ein Discounter dort eingemietet wird, ist dann unter diesen Rahmenbedingungen als Zufall entstanden.

Neben diesen konkreten Aussagen ist die Fallstudie Solothurn insbesondere bezüglich der zugrundliegenden Planungskultur interessant. Hierbei zeigt sich das paradoxe Phänomen, dass die Stadt einerseits ein aktives Planungsverständnis hat und dementsprechend handelt und andererseits grosse Flächenpotenziale ungenutzt lässt. Erklärt werden kann dieser scheinbare Widerspruch mit dem Eigentum und politischen Interessen ausserhalb der Planungspolitik. So sind die grossen, ungenutzten Areale zwar innerhalb der bestehenden Bauzone, aber im Eigentum privater Akteure. Für dieses Areal verfolgen die Planungsträger eine passive Planungskultur. Die Akteure sehen dort keinen Bedarf und keine Möglichkeit der Einflussnahme. Die planerischen Aktivitäten fokussieren sich stattdessen auf die Areale, die der Stadt gehören. So kommt es auch zu der konträren Situation, dass am Stadtrand dichter gebaut wird, als in der bestehenden Bauzone.

Diese Solothurner Planungskultur spitzt sich im Projekt des Weitblick-Areals zu. Im Rahmen der aktuell laufenden Ortsplanungsrevision wird durch die Stadtverwaltung Solothurn eine Vielzahl von Planungsdokumenten erarbeitet und zur Verfügung gestellt. Auffällig ist dabei, dass alle diese Dokumente die Stadterweiterung im Westen (das Weitblick-Areal) als Lösung deklarieren. Dieses Projekt, so erscheint die Wahrnehmung der Stadtverwaltung zu sein, ist in der Lage den verschiedenen planerischen Herausforderungen zu begegnen.

Eine solche Fokussierung auf die Neuentwicklung im Westen kann und muss jedoch auch kritisch hinterfragt werden. So bleibt unbeantwortet, ob nicht auch Entwicklungen innerhalb der bestehenden Bauzone die erarbeiteten Probleme zu lösen vermag. Die Flächen stellen ein ungenutztes Potenzial dar. Die Stadtverwaltung berücksichtigt dieses Potenzial jedoch nicht. Erklären lässt sich dies durch das dortige passive Planungsverständnis. Planung soll, so wurde an verschiedenen Stellen deutlich, lediglich Entwicklungen Privater ermöglichen, begleiten und unterstützten. Eine pro-aktive Rolle der öffentlichen Planungsträger ist nicht vorgesehen.

Aus einer kritischen Perspektive betrachtet, erscheinen die Hoffnungen, die an das Weitblick-Areal geknüpft werden, zu weitreichend. Zwar mag das Vorgehen der Stadt auf diesem Areal durchaus in der Lage sein, zukünftige Probleme zu minimieren. Allerdings ist nicht erkenntlich, wie diese Neuplanung in der Lage sein soll, die bestehenden Probleme innerhalb der bestehenden Bauzone zu reduzieren. Eine qualitative Innenverdichtung, wie das räumliche Leitbild der Stadt vorsieht, erfolgt nicht.

- Erstens bedeutet aktive Bodenpolitik in Solothurn ausschliesslich, dass die Stadt eigene Flächen prioritär entwickelt. Darüber hinaus gehend wird keine aktive Rolle bei der Stadtentwicklung eingenommen. So findet keine Ansprache an die Grundeigentümer bestehender Baulandreserven statt. Die Vertreter der Gemeinde betonen, dass sie lediglich ermöglich, nicht aber steuern. Dementsprechend findet eine Mobilisierung der bestehenden Baulandreserven nur über Gespräche und Kommunikation mit den Eigentümern statt, sobald diese sich bei der Stadt mit konkreten Entwicklungsabsichten melden.
- Zweitens ist das Ziel der aktiven Bodenpolitik teilweise planerische und teilweise fiskalisch. Planerische Aspekte sind die gezieltere planerische Entwicklung des Areals, wobei hiermit vorallem die Förderung des bezahlbaren Wohnraums gemeint ist. Darüber hinaus ist die Abgabe im Baurecht für etwa 1/3 der Fläche vorgesehen. Dies bezweckt die Schaffung von bezahlbaren Wohnraum und auch den langfristigen Zugriff auf die Flächen.

Aus der Perspektive der vorliegenden Forschungsarbeit ist die Fallstudie Solothurn daher gesamt sehr differenziert zu betrachten. Die allgemeine Planungskultur der Stadt ist grundsätzlich passiv, wird jedoch im Einzelfall mit einer aktiven Bodenpolitik inklusive einer öffentlichen Bodenbevorratung kombiniert. Diese Vorgehensweise verfolgt jedoch überwiegend nicht planerische oder städtebauliche, sondern vielmehr finanzpolitische Motive. Den offiziellen Zielsetzungen einer gezielteren Steuerung der Entwicklung insbesondere um bezahlbaren Wohnraum zu ermöglichen, kommt die Vorgehensweise dabei nur indirekt nach.

Insgesamt zeugt die aktive Bodenpolitik in Solothurn von einer spezifischen Strategie bei einem spezifischen Projekt. Demgegenüber ist die allgemeine Planungskultur jedoch passiv. Das Selbstverständnis der Stadtplanung ist es Entwicklungen zu ermöglichen, nicht diese zu initiieren oder zu steuern. Die theoretische Annahme der vorliegenden Arbeit war es aktive Bodenpolitik im Zusammenhang mit der Umsetzung von planungspolitischen Zielen zu betrachtet. Wie das Beispiel Solothurn zeigt, kann eine aktive, bodenpolitische Vorgehensweise doch auch für andere politische Zwecke effektiv eingesetzt werden. So ist nicht ausgeschlossen, dass eine Gemeinde mithilfe einer aktiven Bodenpolitik auch fiskalpolitische Ziele verfolgt und verwircklicht.

10.3.3   Fallstudie Wädenswil

Wädenswil ist eine Gemeinde im Bezirk Horgen am linken Zürichseeufer mit etwa 21.200 Einwohnern. Der historische Siedlungspunkt liegt im heutigen Weiler Au, verlagerte sich im Verlauf des Mittelalters jedoch ostwärts. Das ursprünglich landwirtschaftlich geprägte Dorf wandelte sich im 19. Jahrhundert zu einer Industriesiedlung mit mehreren Fabriken (bspw. Tuchfabriken, Hutfabriken, Gerberei, Brauerei, Metallwarenfabrik, Seidenweberei, Stärkefabrik und Bürstenfabrik). Im Jahr 1974 erhielt Wädenswil die Stadtrechte und verfügt seither über ein Gemeindeparlament. Nichtsdestotrotz ist die Gemeinde in der Eigenwahrnehmung dörflich geprägt (siehe bspw. Stadt Wädenswil 2012b: 4). Flächenmässig ist Wädenswil die siebtgrösste Gemeinde des Kantons. Wädenswil gilt als Einkaufszentrum der Region[86] und ist zudem Standort einer Hochschule (ZHAW) und einer eidgenössischen Forschungsanstalt (ACW).

10.3.3.1   Planerische Herausforderungen

Die industrielle Prägung in Wädenswil ist mittlerweile lediglich noch historischer Natur. Die De-Industrialisierung ist seit den 1980er Jahren im Gang. Dies führt zu einer Umorientierung der Gemeinde und damit verbunden zu einigen Herausforderungen planerischer Art. Die Nähe und gute Erschliessung gegenüber Zürich führt dazu, dass Wädenswil zunehmend in Wechselwirkungen mit der Grossstadt steht. So entwickelt sich Wädenswil einerseits zu einer Wohnalternativ und induziert entsprechende Pendlerströme. Andererseits etabliert sich Wädenswil als gut erreichbarer Ort für einen Wochenend-Einkaufstrip.

Vor diesem Hintergrund werden einerseits die städtebauliche Qualität (insbesondere im Ortszentrum) und andererseits die Steuerung des lokalen Detailhandels als planerische Ansatzpunkte genannt. „Der qualitativen Siedlungsentwicklung wird eine hohe Priorität beigemessen. Die Veränderungen des Lebensraums sollen bewusst und hervorragend gestaltet werden" (Stadt Wädenswil 2012a: 8).

Um die Zentrums- und Einkaufsentwicklung der Stadt politisch zu thematisieren und planerisch zu beleuchten, wurde im Jahr 2003 in Wädenswil die Aktion „Wädensville" initiiert. Die französisch-inspirierte Schreibweise soll dabei auf die hohe Bedeutung der Zentrumsentwicklung hinweisen. Der Prozess diente einer allgemeinen Erfassung der Probleme des Stadtzentrums. Dabei wurde bewusst ein dialogartiges Verfahren gewählt, um mit der Bevölkerung kooperativ zu Ergebnissen zu gelangen. Auftakt des Prozess bildete daher eine Ausstellung im Jahr 2003. Der Erfolg des Formates führte dazu, dass dieses seither zwei weitere Male eingesetzt wurde.

Der Dialogprozess legte die Defizite des Zentrums offen. Diese liegen insbesondere in Aspekten der Aufenthaltsqualität (insb. öffentlicher Raum, Platzgestaltungen) und der in der Funktionalität und städtebaulicher Güte der Innenstadt. In Folge dieser Wahrnehmung wurden insgesamt 50 Projekte erarbeitet, die die Neuausrichtung der Stadt repräsentieren sollten und ebenfalls im Format der Ausstellung präsentiert wurden. Hinter den Projekten steckten dabei 6 strategische Ziele (Stadtrat Wädenswil 2008):

1. Wädenswil stärkt die Wohn-, Forschungs- und Bildungsstadt.
2. Die Zugerstrasse bleibt Hauptverkehrsstrasse und wird umgestaltet.

---

[86]   http://www.hls-dhs-dss.ch/textes/d/D105.php

3. Ein Hochhaus in Wädenswil.
4. Das «Oberdorf»: Einkaufen und attraktives Wohnen.
5. Ein «Leuchtturm» als Ganzjahres-Restaurant auf dem Seeplatz.
6. Wädenswil etabliert sich als dritte Stadt am Zürichsee.

Die Zielstellung stellt sich insgesamt als zu hoch gestochen heraus. Von den vielen Projekten wurde schliesslich nur eines tatsächlich umgesetzt (eine Sporthalle). Das Format wurde jedoch von den Planungsträgern als erfolgreicher Kommunikationskanal angesehen und bildet letztlich die strategische Grundlage im Rahmen der Überarbeitung der Ortsplanung.

Das Projekt Wädensville ist daher kaum als konkretes planerisches Konzept zu bewerten(vgl. NZZ 2003). Allerdings darf die aktivierende Rolle dieses Dialogs in der Bevölkerung und der lokalen Politik nicht unterschätzt werden, welche dann wiederum in konkrete Schritte übersetzt wurde.

Die Erneuerung der baurechtlichen Grundordnung wird in Wädenswil sehr detailliert betrieben und gründlich vorbereitet. Bevor die poltischen Auseinandersetzungen über die konkrete Ausgestaltung beginnen, wurden daher planerische Grundlagen erarbeitet. Diese bestehen aus einer räumlichen Entwicklungsstrategie und zwei darauf basierenden Konzepten (die Innenentwicklungsstrategie für den Siedlungsbereich und das Landschaftsentwicklungskonzept für das restliche Gemeindegebiet).

10.3.3.1.1   Räumliche Entwicklungsstrategie (RES)

Die räumliche Entwicklungsstrategie (kurz RES) soll (nach gemeinderätlichem Auftrage) „die Grundlage bilden für allfällige BZO-Änderungen und phasengerechte Inputs der Stadt für die übergeordnete Richtplanungsrevision erlauben" (Wädenswil 2012a: 4). Das Begleitgremium wurde dabei aus den beiden bestehenden städtischen Kommissionen (Denkmalschutz plus Planungskommission) zusammengesetzt und direkt beim Stadtpräsidenten angesiedelt. Dies soll die fachliche, wie politische Position des Verfahrens absichern. Die Veröffentlichung der vom Stadtrat genehmigten, endgültigen Version erfolgt schliesslich am 16. April 2012.

In der RES wurden von Auftraggebern und -nehmer die für die Stadtentwicklung relevanten Themen identifiziert. Neben (a) Bildung und Forschung, (b) Einkaufen und Arbeitsplätze, (c) Dichte und bauliche Reserven, (d) Ortsteil Au, (e) Freiräume und (f) Mobilität). Für die vorliegende Arbeit von besonderem Interesse sind die Aussagen zu Wädenswil als Einkaufsstadt (gem. Thema b) und bezogen auf die Dichte und bauliche Reserven (gem. Thema c).

Als Einkaufsstadt soll Wädenswil sich klar im Bereich des Zentrums entwickeln. Dazu wird das sog. ‚Versorgungsdreieck' hervorgehoben (also der Bereich zwischen der zentralen Coop Filiale, dem Migros und der alten Fabrik – siehe Karte, markiert mit 3x V). Dieser Bereich ist „als Versorgungsschwerpunkt mit urbaner Mischnutzung zu stärken, obwohl sich das Wohnen immer mehr ausbreitet. [... Zudem] sind gestalterische Aufwertungen notwendig. Aufwertungsmassnahmen sind gezielt zu fördern, benötigen aber keine BZO-Revision. Im Rahmen der Zentrumsplanung sind Möglichkeiten aufzuzeigen, um Coop im Zentrum zu halten" (Stadt Wädenswil 2012a: 17).

Dabei wurde im Verlauf des Verfahrens diskutiert, wie eine solche Zielstellung zu erreichen sei. Als Vorschläge standen dabei unter anderem zur Diskussion die Erdgeschosse der jeweiligen Immobilien baurechtlich für ausschliesslich für gewerbliche Nutzung zu reservieren und/oder einen Mindestgewerbeanteil vorzuschreiben. Beide Vorschläge wurden verworfen, dass das Ziel der Zentrumsförderung nun ohne baurechtliche Massnahmen erreicht werden soll.

Darüber hinaus sollten mit weiteren, eher verhindernden Massnahmen eine Konkurrenzierung verhindert werden, auch wenn dies sehr indirekt formuliert ist. So sei an den aktuellen Einkaufspotenzialen zwischen Food und Non-Food-Bereich festzuhalten (vgl. Stadt Wädenswil 2012a: 18). Hinter dieser Formulierung steckt die Begrenzung der Verkaufsflächen ausserhalb des Zentrums. Das Zentrum, welches eine stärkere Nahversorgerausrichtung hat (und dementsprechend unter die Kategorie Food fällt), solle relativ keine Anteile an die Standorte am Stadtrand abgeben (welche eher periodische Bedarfe decken und dementsprechend zum Non-Food-Bereich zählen). Im RES wird daher festgehalten, dass die Verkaufsflächenkapazitäten im Gebiet Hinter Rüti nicht stärker steigen solle, als im Zentrum. Zudem ist „auf die Festlegung von Eignungsgebieten für stark verkehrserzeugende Nutzungen sowohl im Stadtzentrum als auch im Gebiet Hinter Rüti zu verzichten" (Stadt Wädenswil 2012a: 18). Sollten von dieser Regelung ausnahmen bewilligt werden, seien diese an „erhöhte Anforderungen für Standort-/Angebotsbegründung, Gestaltung und Erschliessung" zu knüpfen (ebd.).

Im zweiten grossen Bereich, welcher in der regionalen Entwicklungsstrategie behandelt wird, sind noch weniger Umsetzungsstrategien zu entnehmen. Bezogen auf die Dichte und baulichen Entwicklungsreserven werden lediglich die Potenziale abgeschätzt und auf Quartiersmassstab analysiert. Bei einzelnen Gebieten wird die grundsätzliche Verfügbarkeit abgeschätzt und dementsprechend werden Realisierungshorizonte genannt. Auf instrumenteller Ebene wird auf jegliche Massnahme verzichtet. Einzig zum Instrument der Ausnützungsziffer wird explizit Stellung genommen, wobei jedoch ebenfalls explizit von jeglicher Veränderung abgesehen wird. Es „hat sich bewährt und soll beibehalten werden" (Stadt Wädenswil 2012a: 21). Veränderungen seien zudem mit Praxisunsicherheit verbunden und daher nicht gerechtfertigt.

Im Gesamtkonzept bleibt daher festzuhalten, dass das Zentrum (insb. mit dem Versorgungsdreieck) mittels gestalterischer Massnahmen gestärkt werden soll und ein nicht konkurenzierendes Arbeitsplatzgebiet von hoher städtebaulicher Qualität auf dem Rütihof entstehen soll.

10.3.3.1.2 Landschaftsentwicklungskonzept (LEK)

Die Gemeinde Wädenswil spielte bereits bei der Aufstellung des regionalen Leitbildes Landschaftsentwicklungskonzepts in der Planungsregion Zimmerberg Süd im Jahr 2003 eine aktive Rolle. Dieses Konzept dient bis heute als Koordinierungsinstrument zwischen den verschiedenen Gemeinden. Allerdings sind die darin getätigten Analysen und Handlungsempfehlungen aufgrund ihrer Massstäblichkeit für die Gemeindepolitik nicht direkt anwendbar. So wurde bereits ab 2004 an einem präziseren Landschaftsentwicklungskonzept gearbeitet. Dies erfolgte zunächst auf private Initiative und umfasste neben Wädenswil auch die Gemeinde Horgen. Diese Vorarbeiten und übergeordneten Erkenntnisse zeigten alelrdings den Handlungsbedarf auf, sodass im Jahr 2011 ein Landschaftsentwicklungskonzept für die Gemeinde Wädenswil bei einem externen Planungsbüro in Auftrag gegeben wurde.

Das LEK soll „einen Rahmen für die anzustrebende langfristige Entwicklung der Landschaft zu formulieren und die darin stattfindenen [sic] Nutzungen im Sinne einer nachhaltigen Nutzung zu optimieren" (Stadt Wädenswil 2012b: 7). Dementsprechend wurden Aspekte der Naherholung, Biodiversität und Naturschutz betrachtet, während Siedlungs-, aber auch Waldentwicklung und Fruchtfolgeflächen ausgeklammert wurden.

Die Arbeiten des externen Planungsbüros wurden vom Stadtrat beauftragt, welcher im operativen Teil durch einen Projektausschuss und eine LEK-Kommission vertreten wurde. Der Projektausschuss ist für die Projektsteuerung zuständig, während die LEK-Kommission das Projekt inhaltlich bearbeitet (vgl. Stadt Wädenswil 2012b: 10, wo auch die jeweiligen Mitgliedslisten zu finden sind).

Das im Sepetember 2012 fertig gestellte Landschaftsentwicklungskonzept besteht final aus einem Fachbericht, drei Grundlagenplänen und einem Massnahmenplan. Der Fachbericht umfasst die textliche Dokumentation aller Elemente. Die Grundlagenpläne sind funktional aufgebaut und stellen die Bestandsaufnahme und Analyse für die Bereiche Erholung, Kultur, Siedlungsraum und Siedlung & Landschaft dar. Die Ableitung und Verortung von konkreten Massnahmen zur zukünftigen Entwicklung sind im Massnahmenplan zu finden.

Inhaltlich enthält das LEK eine Vielzahl an Massnahmenvorschläge unterschiedlicher Verbindlichkeiten und Themenbereiche. Die Verbindlichkeit der einzelnen Vorschlage richtet sich dabei einerseits an den politischen Prioritäten (und dabei vor allem nach der Finanzierung) und andererseits an der Zustimmung der betreffenden Grundeigentümer.

Aus ortsplanerischer Sicht sind die Massnahmen im Bereich S Siedlungsgebiet und D Diverses von besonderer Bedeutung. Unter Diverses (D4) sind Massnahmen, wie eine kontinuierliche Öffentlichkeitsarbeit, aber auch allgemeine Planungshinweise gefasst. Unter Planungshinweise werden alle Informationen verstanden, die während der Erarbeitung des LEK zusammengetragen wurden (bspw. im Rahmen der Workshop oder der öffentlichen Mitwirkung), aber nicht originär die Landschaftsplanung betreffen. Genannt wird hier u.a. die Siedlungsqualität, welche nicht in allen Ortsquartieren hoch ist. Als spezifisches Beispiel wird dabei das Gebiet Hintere Rüti genannt (vgl. Stadt Wädenswil 2012b: 53), welches bei der nachfolgenden Betrachtung der Lidl-Filiale nochmals behandelt wird. Daneben wird die Notwendigkeit der Förderung des Gemeindezentrums betont, ohne Umsetzungsstrategien oder -instrumente zu nennen (vgl. Stadt Wädenswil 2012b: 53). Neben diesen sehr vagen Planungshinweisen, sind auch konkrete Massnahmenvorschläge enthalten. Massnahme S4 listet auf: „Die Stadt Wädenswil verfügt über Reservegebiete (Baureserve, Bauland), welche für den Lebensraumverbund und/oder für die Lebensqualität innerhalb der Siedlung von grosser Bedeutung sind. Diese wichtigen Funktionen sind weitmöglichst zu erhalten, wo immer möglich auch zu verbessern (ökologische Aufwertung)" (vgl. Stadt Wädenswil 2012b: A3 53). Gefordert wird also, dass die bestehenden Baulandreserven aus ökologischen Gründen zu erhalten sind. Ein möglicher Zielkonflikt mit der aus diesem Standpunkt resultierenden Ausweitung der Siedlungszone am Siedlungsrand wird nicht gesehen. Allerdings wird im weiteren Verlauf auf eine Auszonung der Gewerbezone Hintere Rüti abgesehen, und lediglich die Sicherstellung des Einfügens in das Orts- und Landschaftsbild mittels Gestaltungsvorschriften gefordert (vgl. Stadt Wädenswil 2012b: A3 8).

Zusammenfassend ist das Landschaftsentwicklungskonzept aus ortsplanerischer Sicht wenig aussagekräftig – und die wenigen erarbeiteten Ansätze sind den planerischen Zielen nicht nützlich. Es sind entweder Forderungen enthalten, deren Umsetzung nicht behandelt wurde (bspw. Förderung des Zentrums) oder Forderungen, die dem Planungsgedanken eigentlich widersprechen (wie bspw. die Forderung nach Erhalt der unüberbauten Baulandreserven aus ökologischen Gründen). Hierbei wird vernachlässigt, dass eine Freihaltung von Grünflächen im Siedlungskörper eine Ausweitung der Bauzone an anderer Stelle nach sich ziehen würde und daher auch im landschaftsschützerischen Sinne widerspreche.

10.3.3.1.3 Innenentwicklungsstrategie (IES)

Schliesslich wurden die beiden Teilberichte in einen zusammenfassenden Schlussbericht, der Innenentwicklungsstrategie, zusammengeführt (siehe Stadt Wädenswil 2014a)

Eine inhaltliche Begründung, warum das eine Dokument als Strategie und das andere als Konzept bezeichnet wird, besteht nicht. Beide Dokumente sind rechtlich und politisch gleichgestellt und unterscheiden sich zunächst über den jeweils betrachteten Teilraum. Darüber hinaus sind im Zuge der Ausarbeitung methodisch und inhaltlich unterschiedliche Schwerpunkte gesetzt worden, sodass die finalen Dokumente keinen einheitlichen Aufbau folgen. Schliesslich sind die Berichte, insbesondere durch die Wahl unterschiedlicher Auftragnehmer, in Umfang, Gestaltung und Vorgehensweise unterschiedlich, ohne dass sich hier eine Hierarchie ableiten liesse.

10.3.3.2   Bodenpolitische Ausgangslage

In Wädenswil existiert bislang keine explizite Bodenpolitik. Zwar besitzt die Gemeinde einige Grundstücke, diese sind aus historischen Zufällen angeeignet worden. Ausserhalb der Bauzone umfasst das etwa 5 % aller Flächen innerhalb des Gemeindegebiets. Innerhalb der Bauzone umfasst dies etwa 10 %, wobei hier jedoch nicht zwischen Flächen im Finanz- und im Verwaltungsvermögen unterschieden wird.

ZONENART	UMFANG
Ausserhalb der Bauzone	Etwa 5 %
Innerhalb der Bauzone	Etwa 10 %

Tabelle 56: Verteilung der gemeindeeigenen Flächen je nach Zonenart und bezogen auf die Gesamtflächen in der Gemeinde. Quelle: Eigene Darstellung basierend auf Auskunft Bauverwaltung.

Nichtsdestotrotz ist die bodenpolitische Situation in Wädenswil nicht unproblematisch. Insbesondere die Unternutzung von bestehenden Flächen innerhalb der Bauzone stellen eine grosse Herausforderung der örtlichen Planungspolitik dar. Dabei ist das Problem grösser, als die offizielle Bauzonenstatistik zunächst vermuten lassen.

Baulandreserven spielen in der Gemeinde Wädenswil eine grosse Rolle. Sowohl im Bereich der unüberbauten Flächen innerhalb der Bauzone, als auch bei ungenutzten Nachverdichtungspotenzialen. Die Problematik wird auch von Seiten der Gemeindepolitik erkannt und thematisiert. Die bereits erwähnte Innenentwicklungsstrategie ist als direkte Massnahme dazu zu betrachten. Darin enthalten ist auch eine Bestandsaufnahme aller 13 Quartiere, wodurch sich in der Gesamtbetrachtung ein Überblick über die aktuelle Baulandsituation ableiten lässt.

Die Bauzone in Wädenswil umfasst etwa 377,9 ha, wovon gesamthaft etwa 46,9 ha (also 12,4 %) unüberbaut sind (vgl. Stadt Wädenswil 2014a: 42). Zusammen mit den Verkehrsflächen ergibt sich eine Gesamtsiedlungsfläche von 521 ha innerhalb des 1736 ha grossen Gemeindegebiets (vgl. Stadt Wädenswil 2012b: 14). Der nachfolgenden Tabelle sind die genaueren Werte bezogen auf die jeweilige Zonierung zu entnehmen.

BAUZONENFLÄCHE (ha)	BEBAUT	UNÜBERBAUT
Kernzone	55,5	3,4
Wohnzone	216,9	19,7
Wohnzone mit Gewerbe	14,8	2,8
Industrie- und Gewerbezone	53,1	11,0
Zone für öffentl. Bauten und Anlagen	37,6	10,0
Total	377,9	46,9

Tabelle 57: Bauzonenstatistik Wädenswil. Quelle: Eigene Darstellung basierend auf Daten von Stadt Wädenswil (2014a: 42).

Diese Statistik ist jedoch nicht als vollständig und politisch neutral zu bewerten. Eine genauere Analyse des Zonenplans und des LEK ergibt noch weitere Flächen im Umfang von etwa 58 ha, die unbebaut, aber für die Bebauung vorgesehen sind. Im Zonenplan werden diese als ,Reservezonen' bezeichnet, ohne dass eine genaue Definition oder Erklärung gegeben wird. Die Reservezonen erinnern begrifflich zunächst an die entsprechende Konstruktion im Kanton Wallis, wo diese als politisch realistische Möglichkeit zur Reduktion der Bauzone ohne Kompensationsansprüche entwickelt wurden. Ob diese Zonenart in Wädenswil die gleiche Rolle spielt, ist zunächst schwer zu beurteilen, da in der Wädenswiler Bauordnung diese Zonen zwar erwähnt, aber nicht weiterführend bestimmt. So listet Art. 1 BZO (Zonen) die Reservezone lediglich auf und bestimmt lapidar, dass diese in der kartographischen Darstellung des Zonenplans mit der Farbe weiss angezeigt werden. Eine weitere, beispielsweise definitorische oder inhaltliche Ausführung erfolgt nicht.

Dem LEK sind bereits Hinweise zu entnehmen, vor welchen politischen und historischen Hintergrund diese Reservezonen entstanden sind. Dort heisst es zunächst sehr vage: „Die Reservezonen im Wädenswiler Zonenplan sind aus planungsrechtlichen Ueberlegungen entstanden und z.Z. sogenannte Nichtbauzonen" (Stadt Wädenswil 2012b: 7). Diese planungsrechtlichen Überlegungen sind ein schmaler Grat zwischen der planerischen Vorbereitung einer Fläche als Bauzone und dem Verharren in Unverbindlichkeit. Einerseits soll damit aufgezeigt werden, welche Flächen vermutlich bei einer Ausweitung der Bauzone zuerst berücksichtigt werden. Dies erfolgt insbesondere aus landschaftsplanerischer Sicht. Landschaftsplanerische „Massnahmen in diesen Zonen sollen deshalb nur sehr zurückhaltend geplant und ausgeführt werden. Insbesondere eignen sich Massnahmen in diesen Gebieten weder als Start- noch als Schlüsselprojekte" (Stadt Wädenswil 2012b: 8). Was hier vornehm zum Ausdruck kommt, ist, dass der Freiraum-Perspektive diese Flächen kaum zu berücksichtigen sind, da sie sowieso bei nächster Gelegenheit zur Bauzone hinzugefügt werden. Andererseits sind diese Flächen de jure noch keine Bauzone. Dies führt dazu, dass sie in der offiziellen Bauzonenstatistik nicht auftauchen und somit nicht zur statistischen Berechnung der Reserven gerechnet werden. Zudem werden hierdurch rechtlich verbindliche Zusagen der Planungsträger gegenüber den Eigentümern vermieden. Die Reservezone ist juristisch noch kein Teil des Bauzone. Dementsprechend entstehen auch keine Kompensationsansprüche sollte ein Entscheid getroffen werden, diese nicht zur Bauzone hinzuzufügen, wie dies beispielsweise bei einer Verschärfung der eidgenössischen Raumplanungspolitik (siehe RPG-Revision) oder gar bei ein vollständigen Unterbindung der Ausweitung der Bauzone (siehe Zersiedlungsinitiative) der Fall ist. Die Reservezonen in Wädenswil sind daher nicht mit den Walliser Reservezonen zu Vergleichen, sondern haben eher die Funktion der Kategorie vom ‚Bauerwartungsland'. Diese werden in der deutschen Wertermittlungsverordnung als Flächen bezeichnet, „die nach ihrer Eigenschaft, ihrer sonstigen Beschaffenheit und ihrer Lage eine bauliche Nutzung in absehbarer Zeit tatsächlich erwarten lassen" ohne baurechtlich bereits dazu bestimmt zu sein (§ 4 Abs. 2 und 3 WertV).

Zusammenfassend kann festgehalten werden, dass in Wädenswil umfangreiche Flächen vorhanden sind, die a) entweder baurechtlich zur Bebauung vorgesehen, aber tatsächlich unbebaut sind, b) die zwar bebaut sind, aber die baurechtlichen Möglichkeiten nicht ausnützen, oder c) die unbebaut sind und im engen juristischen Rahmen auch baurechtlich (noch) nicht zur Bebauung vorgesehen sind, aber bereits politisch als Bauzonen deklariert wurden. All diese Flächen gilt es zu entwickeln, bevor Neueinzonungen planungsrechtlich als Option zur Verfügung stehen.

Dieser erweiterten Betrachtung zeigt auch, dass die genannten etwa 47 ha Bauzonenreserven nicht korrekt wiedergeben, welche baulichen Entwicklungsreserven tatsächlich vorhanden sind. Anzurechnen sind mindestens die baulichen Reserven im bereits überbauten Gebiet und eigentlich auch noch die 58 ha Reservezonen.

Die Mobilisierung dieser Potenziale wird in politischen Dokumenten stets betont und als Wichtig erachtet. Daher ist es umso bemerkenswerter, dass die Planungsträger weder das Instrumentarium, noch eine Strategie zur Umsetzung dieser politischen Ziele haben.

10.3.3.3   Planerischer Hintergrund der örtlichen Discounter-Filialen

Wädenswil hat als Gemeinde eine klar Zielstellungen, sog. ‚Leitideen', erarbeitet, die die räumlich-funktionale Entwicklung der Stadt als gesamte und der einzelnen Quartiere darstellt. Die Lidl-Filiale befindet sich im Quartier Rüti im Bereich der sog. Hintere Rüti. Die SWOT-Analyse des Quartiers beschreibt die Charakteristika (vgl. Stadt Wädenswil 2014a: 61). Als Stärken wird hervorhoben, dass eine gute Autobahnbindung vorhanden ist und notwendige Flächen in Form von Bauzonenreserven vorhanden sind. Gleichzeitig wird der fehlende räumliche Bezug zur Stadt als Schwäche und die daraus resultierende Schwächung des Zentrums als Risiko definiert. Die entsprechenden Verkehrseffekte werden ebenfalls differenziert analysiert. Die grosse Distanz zu den potenziellen Kunden und Arbeitnehmern verursacht Verkehre, die vorwiegen über den motorisierten Indiviudalverkehr und schwerlich mittel Langsam- und öffentlichen Verkehr abgewickelt werden.

Das Quartier ist industriell-gewerblich geprägt und soll mithilfe eines Gesamtkonzept zu einem „hochwertigen Arbeitsstandort" entwickelt werden (Stadt Wädenswil 2014a: 60). Das Konzept soll dabei eine koordinierende Entwicklung sicherstellen, um „eine Konkurrenzsituation zum Stadtzentrum zu verhindern (indem auf weiteren Detailhandel und publikumsintensive Einrichtungen verzichtet wird)" (Stadt Wädenswil 2014a: 60). Dementsprechend seien „Fehlentwicklungen zu vermeiden" (Stadt Wädenswil 2014a: 60). In dem Gebiet versuchen die Planungsträger also den Spagat zwischen einer gewerblichen Nutzung mit möglichst vielen Arbeitsplätzen und hochwertiger städtebaulicher Qualität. „Das Gebiet Rütihof soll für Gewerbe strukturiert werden und städtebaulich einen attraktiven Auftakt für die Gebietsentwicklung Neubüel schaffen" (Stadt Wädenswil 2012a: 19). Die Anforderungen gehen damit über den eigentlichen Gebietsperimeter hinaus.

Die Planungsträger sind sich für das Quartier Rüti gesamthaft betrachtet sehr gut über die Entwicklungsmöglichkeiten und -risiken bewusst. Daher wurde für das Quartier die Zielsetzung entwickelt, dass Gewerbe angesiedelt werden soll und speziell Einkaufsnutzungen verhindert werden müssen. Zudem soll diese wertvolle Baulandreserve möglichst effizient genutzt werden, was sich in der Teilstrategie „Gewerbezentren anstelle von Gewerbeflächen" konzeptionell niederschlägt (Stadt Wädenswil 2014a: 61).

Problematisch dabei ist, dass diese Erkenntnis in dieser Deutlichkeit lediglich die Reaktion auf eine Reihe von Misserfolgen ist, an deren Spitze die Lidl-Filiale steht.

In den 1990er Jahren waren Investoren an der Errichtung von Einkaufszentren in Wädenswil interessiert. Die Nähe zu Zürich und die Lage an der Autobahn war damals von ausschlaggebender Bedeutung. Die Wädenswiler Planungsträger konnten die Entwicklung damals durch die Anwendung von Planungszonen und die Überarbeitung der Bau- und Zonenordnung verhindern. Aus diesem historischen Grund sind in Wädenswil deutlich mehr Steuerungsinstrumente zum Detailhandel vorhanden, als dies bei den anderen Fallstudien der Fall ist.

Die politischen Bemühungen zur Vermeidung von Einkaufszentren waren jedoch nicht erfolgreich. Aus dem bestehenden Logistikzentrum der Post auf der Oberen Rüti wurde im Zeitraum 2009 bis 2011 ein Migros-Fachmarktzentrum geplaht und errichtet, das sog. Zürisee-Center. Die Verkaufsfläche beträgt dabei 9.000m² (Volumen 8.000m³). Zwar preisen die Architekten die offene Gestaltung als auch die Zweigeschossigkeit des Gebäudes an,[87] allerdings kann die städtische Strategie zur Verhinderung von Einkaufszentren als gescheitert angesehen werden. Als politische Lehre wurden der Umfang der Verkaufsflächen im kommunalen Baureglement neu geregelt.

---

[87]   siehe: https://hzds.ch/projekte/migros-fachmarkt/

10.3.3.3.1   Bau- und Zonenordnung (BZO)

Die Wädenswiler Bau- und Zonenordnung (BZO) vom 17. Januar 1994[88] enthält bezogen auf die vorliegende Thematik zwei bemerkenswerte Besonderheiten. Einerseits findet auf Zielebene eine Berücksichtigung qualitativer Aspekte statt, andererseits ist auf instrumenteller Ebene

Begonnen werden soll mit dem letztgenannten Aspekt. Die Lidl-Filiale und das geplante Gewerbegebiet Rütihof liegen laut Zonenplan in der Industriezone A. Die Bestimmungen in der BZO beinhalten hier bezogen auf das Mass der baulichen Nutzung folgende Rahmenfestlegungen (alles nach Art. 10 BZO): Die Baumasse wird auf max. 6 m^3 / m² festgelegt; die Überbauungsziffer beträgt maximal 0,6; die Gebäudehöhe beträgt (je nach Dachform) maximal 20 bzw. 22m; der Grenzabstand beträgt 1/2 der Gebäudehöhe, jedoch mindestens 3,5m. Eine Einteilung nach Ausnützung- und Überbauungsziffer ist bei gewerblichen Bauten nachvollziehbar, sodass diese Bestimmungen in sich konsequent und wenig überraschend sind. Weitreichende Einschränkungen sind jedoch bei der Art der baulichen Nutzung festzustellen (nach Art. 11 BZO): Dort ist zunächst positivrechtlich bestimmt, dass in der Industrie- wie auch Gewerbezone Handels- und Dienstleistungsbetriebe zulässig sind. „Verkaufsgeschäfte des Detailhandels oder Zusammenfassungen von solchen jedoch nur bis max. 1.000m² Verkaufsfläche" (Art. 11 Abs. 2 BZO). Grundsätzlich werden also Detaillisten durch die Obergrenze von Verkaufsflächen limitiert. Mit ‚Zusammenfassungen' sind vermutlich Einkaufszentren gemeint, wobei unklar bleibt, ob auch Fachmarktzentren, -agglomerationen und Hybridmalls gefasst werden. In jedem Fall werden jedoch bei solchen Zusammenfassungen auch Gewerbeflächen mitberechnet, die eher der Unterhalt als dem Detailhandel dienen, falls diese vergleichbare Publikumsverkehre erzeugen. Die Regelungen des Art. 11 bezwecken also eine negativplanerische Verhinderung von Einkaufszentren und vergleichbaren grossflächigen Anlagen, sowie dies in der RES als „Fehlentwicklungen sind zu vermeiden" gefordert wurde (Stadt Wädenswil 2014a: 60).

10.3.3.3.2   Kaufkonzept

Auf der noch unbebauten Fläche des Rütihofs hat die Gemeinde schliesslich eine Ankaufsstrategie entwickelt. Hierdurch sollten weitere Fehlentwicklungen (insb. als Reaktion auf die Lidl-Filiale) verhindert werden. Dabei verfolgten die Planungsträger sowohl die planerische, wie eigentumsrechtliche Schiene gleichzeitig: 1. Planerisch wurde zunächst eine Planungszone verhängt. Dies bewirkt, dass weitere Planungen unterbrochen wurden und so keine baulichen Entwicklungen stattfinden konnten, die der weiteren Planung entgegentraten. Anschliessend wurde mit der Erarbeitung eines Gestaltungsplans begonnen, in welchem die genaue bauliche Entwicklung reguliert werden sollte. 2. Gleichzeitig war die Gemeinde verfügungsrechtlich aktiv. Gegen Zahlung von 900.000 CHF sicherte sich die Gemeinde ein Kaufrecht auf die Fläche. Die bisherige Eigentümerfamilie hatte keine eigenen landwirtschaftlichen Ambitionen und waren daher grundsätzlich zu einer Veräusserung bereit. Das Kaufrecht ermöglichte den benötigten Spielraum, um zunächst den finalen Kaufpreis zu verhandeln und anschliessende die Freigabe dieser Gelder im Rahmen der Gemeindeordnung zu erwirken. Als dies geschah kaufte die Gemeinde schliesslich das Gelände. Aus dem Kreditbeschluss lässt sich ableiten, dass gesamthaft 750 CHF / m² bezahlt wurden. Um die Freigabe der Gelder im Parlament zu erlangen, wurde der Kredit mit zwei politischen Bedingungen geknüpft: Erstens dienen die Gelder lediglich zum Zwischenerwerb. Eine Re-Privatisierung der Flächen ist angestrebt, so lange nicht Interessenten explizit eine Abgabe im Baurecht verlangen. Zweitens ist die Wiederveräusserung kostendeckend, aber ohne Gewinn zu tätigen.

Das Vorgehen der Gemeinde erwies sich als geschickter Schachzug. Nicht lange, nachdem der Vorvertrag geschlossen wurde, platzierte auch eine Fachmarktkette ein Angebot für den vorderen,

---

[88]   letzte Änderung am 19. Oktober 2012

besseren Teil der Parzelle. Gerüchten zufolge handelte es sich dabei um eine Baumarkt-Kette. Aus den veröffentlichten Informationen der Gemeinde lässt sich dies jedoch nicht bestätigen. Auch dieser Fachmarkt war anscheinend bereit einen ähnlich hohen Betrag für die Fläche zu bezahlen.

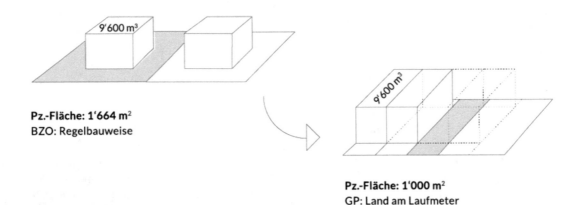

Abbildung 42: Flächenkonzept des Projekts Werkstadt Zürisee. Quelle: Werkstadt Zürisee.

Die Gelderfreigabe für den Kauf des Grundstücks erfolgte schliesslich auch in einer ungewöhnlichen politischen Konstellation. Getragen wurde die Vorgehensweise aus einer Grün-Rechts Koalition. Von Seiten der grünen Partei stand klar der haushälterische Umgang mit Boden im Vordergrund. Durch den Kauf und die dichte Überbauung der Fläche sollte eine Neuinanspruchnahme an anderer Stelle zu schlechteren Bedingungen verhindert werden. Auch vom linken politischen Spektrum gab es Unterstützung, da die aktive Gestaltung durch den Staat als Garant für ein bestmögliches Ergebnis gesehen wurde. Wesentlich war jedoch die Unterstützung der rechtspopulistischen SVP. Diese steht dem Eingriff des Staates in den Bodenmarkt zwar grundsätzlich skeptisch. Allerdings wurde auch erkannt und wertgeschätzt, dass die Zielgruppe dieser staatlichen Aktivität in diesem Falle ihre Kernklientel ist: Kleine und mittlere einheimische Unternehmen. Da die Vorgehensweise eine gezielte Förderung ermöglichte, zeigte sich die SVP mit der Vorgehensweise einverstanden. Lediglich die liberalen Parteien (FDP und GLP) unterstützten das Projekt und die Vorgehensweise nicht, da eine staatliche Einflussnahme abgelehnt wurde.

Auf dem Areal soll nun das Projekt „Werkstadt Zürisee" verwirklicht werden. Offizielle Zielsetzung ist die Schaffung von attraktiven Arbeitsplätzen bei optimaler Nutzung der Fläche. Das Projekt zeichnet sich planerisch vorallem durch die dichte Ansiedelung von Gewerbebetrieben aus, welche ungewöhnlicherweise in geschlossener Bauweise erfolgen soll. Dieses Vorgehen heisst im Marketing-Deutsch: „Gewerbeland am Laufmeter" und führt dazu, dass dieselbe Geschossfläche bei einem Drittel weniger Grundfläche erzielt werden kann. Nur durch diesen Mechanismus ist dann auch erklärbar, dass Quadratmeterpreise von 980 CHF marktfähig sind. Der Preis ist dabei dem Prinzip der Kostenmiete folgend ermittelt worden und ist exakt kostendeckend (Anschaffungs-, wie auch Sanierungs- und Erschliessungskosten). Die Stadt selber erzielt mit dem Projekt keinen monetären Gewinn.

Instrumentell wird das Projekt durch einen Gestaltungsplan und die Abgabe der Parzellen durch die Stadt als Projektträgerin umgesetzt. Dabei ist durchaus möglich, dass Parzellen auch im Baurecht abgegeben werden. Die befragten Planungsträger betonten jedoch, dass dies nicht das Hauptinteresse der Stadt ist. Zudem ist bei der aktuellen Niedrigzinsphase kaum ein Bedarf an

Baurechtsverträgen vorhanden, da die Unternehmen nicht an Finanzknappheit leiden und stattdessen sogar aktiv Kapitalsenken suchen.

10.3.3.4 Die Aldi-Filiale in Au und die Lidl-Filiale auf dem Rütihof

10.3.3.4.1 Aldi-Filiale Au

Die Aldi Filiale in Wädenswil trägt die ID-Nummer 0142A. Die Filiale befindet sich an der Seestrasse 302 im Stadtteil Au. In der Aldi-internen Vermarktung wird ausschliesslich der Stadtteil, nicht aber die Stadt genannt, weshalb Zeitungsberichte o.ä. schlicht vom Aldi in Au berichten. Die Strasse führt am Ufer des Zürichsee entlang und bildet den nördlichen Abschluss des Siedlungskörpers. In direkter Nähe befindet sich auch der Bahnkörper der Linksufrige Zürichseebahn, sowie deren Haltepunkt Au. Die Ortschaft selber befindet sich südlich der Strasse (und damit südlich der Filiale) am Hang des Zimmerberg. Nördlich der Filiale befindet sich die Halbinsel Au, welche trotz des hohen Entwicklungsdrucks am Zürichsee kaum bebaut ist. Es befindet sich dort ein Naturschutzgebiet samt Naherholungsmöglichkeit, sowie (als einzige Bebauung) ein Weingut und ein Schloss. Diese Gebiet ist durch die Kantonsstrasse und die Bahntrasse vom Siedlungskörper abgeschnitten. Östlich und Westlich der Filiale setzt sich das Infrastrukturband mit seinen angrenzenden Gewerbe- und Handelseinrichtungen fort. Es sind eine Fachgeschäfte (bspw. für Farben, Autobedarf und Elektronik) sowie Handwerksbetriebe zu finden. Das Grundstück der Parzelle selber wird monofunktional genutzt. Es befindet sich lediglich der eingeschossige Discounterbau darauf. Die Erreichbarkeit des Standortes ist grundsätzlich multimodal, dennoch klar auf den Autoverkehr fokussiert. Für den Langsamverkehr ist eine Verbindung unattraktiv. Fahrradstreifen und Gehwege sind an der Kantonsstrasse zwar vorhanden, aber aufgrund der Verkehrsbelastung unattraktiv. Fussgänger der angrenzenden Wohngebieten müssen diese belastete Strasse zudem queren und einen Höhenunterschied zur Hanglage des Wohngebiets überwinden. Die Querung erfolgt durch den direkt zur Filiale führenden Fussgängerüberweg. Alternativ kann die Unterführung zum nahegelegenen Bahnhof genutzt werden. Eine Bushaltestelle ist direkt vor der Filiale, wird allerdings lediglich sporadisch bedient.

Bei der Filiale handelt es sich grundsätzlich um einen standardisierten Bau. Zwei wesentliche Abweichungen sind bemerkenswert. Der Zuschnitt der Parzelle gelegen zwischen Strasse und Bahnlinie zwang beim Bau zu diesen Abweichungen. Einerseits ist die Filiale schlauchförmig. Das Gebäude ist mit 100m x 18m ungewöhnlich tief. Dies führt auch dazu, dass die Filiale einen Verkaufsgang weniger aufweist, als üblich. Zum anderen existiert eine Tiefgarage (siehe Absatz zur Erschliessung). In Kombination führt es zudem dazu, dass ein zusätzliches Nebengebäude existiert, in dem der Aufzug, das Treppenhaus zur Tiefgarage und deren Einfahrt untergebracht sind. Abgesehen von diesen Aspekten weist das Gebäude kaum stadtstrukturelle oder architektonische Besonderheiten auf. Die Ausrichtung des Gebäudes ist gen Strasse bzw. Siedlung. Zur Umsetzung der besonderen Form wurden die standardisierten Materialien und Muster verwendet. Regionale baukulturelle Bezüge sind nicht vorhanden. Einzige auffällig ist die Fensterreihe an der strassenbegleitenden Gebäudeseite. Um das Einkaufsverhalten jedoch nicht zu beeinträchtigen sind die Fenster über Blickhöhe angebracht. Die Fensterreihe unterbricht die ansonsten lineare, monotone Raumkante, die zudem durch eine Baumreihe seitlich am Gebäude bis hin zum Parkplatz fortgeführt wird. Es findet sich eine freistehende Werbeanlagen an der Einfahrt zum Parkplatz. Die Aussenanlage ist ansonsten schlicht aber wertig gestaltet. Die Grundstücksabgrenzung findet mit bepflanzten Steingärten und der besagten Baumreihe statt.

Der Parkplatz ist teilweise oberirdisch und teilweise in einer Tiefgarage ausgestaltet. 36 Parkplätze sind direkt vor dem Filialeingang oberirdisch vorhanden. 32 weitere Parkplätze sind in der Tiefgarage untergebracht. Alle Parkplätze sind kostenfrei. Die Übergänge des Grundstücks sind offen und barrierefrei gestaltet. Ein fussläufiger Zugang befindet sich direkt vor dem Eingang und mündet auf den Fussgängerweg bzw. dem Fussgängerübergang. Das Betreten der Filiale kann ohne Kreuzung des Parkplatzes bzw. des Parkplatzsuchverkehrs geschehen und ist somit äusserst konfliktarm. Die Beleuchtet ist ausreichend und modern gestaltet.

Der An- und Abverkehr erfolgt durch direkte Abzweigung von der Kantonsstrasse. Dabei ist kein offizieller Abbiegestreifen vorhanden. Allerdings besteht räumlich die Möglichkeit, dass der weiterführende Verkehr auf die Ausbuchtung der Bushaltestelle ausweicht. Da der Bereich der Bushaltestelle verkehrstechnisch als sensibler Bereich gilt, ist dieses beobachtete Verhalten kritisch zu betrachten. Beim Abverkehr ist zudem die Sicht der ausfahrenden Kunden beeinträchtigt. Die Sichtachse ist aufgrund der Baumreihe so weit vorne gelegen, dass das Auto bereits auf dem Gehweg und teilweise auf dem Velostreifen steht. Aufgrund dieser Unübersichtlichkeit und der gefahrenen Geschwindigkeiten an dieser Stelle ist der An- und Abverkehr als problematisch zu beschreiben. Der Lieferverkehr wird rückwärtig an die Filiale herangeführt. Hierzu ist ebenfalls ein Abbiegemanöver notwendig. Das eigentliche zurücksetzen findet jedoch auf eine Privatgrundstück statt (teilweise unter Mitbenutzung der Fläche des benachbarten Autohandels) und ist konfliktfrei. Insgesamt ist die Situation des Lieferverkehrs unproblematisch. Die Eingangssituation ist, wie bereits erwähnt, konfliktarm gelöst und überzeugt durch eine Trennung von Langsam- und MIV.

Insgesamt handelt es sich bei der Filiale in Wädenswil-Au um eine leicht abgewandelte Form des standardisierten Filialtyps. Die Abweichungen gehen dabei insbesondere auf die längliche Form des Grundstücks zurück und bewirkten eine angepasste Bauweise (inkl. Tiefgarage). Es handelt sich um eine offene Bauweise in solitärer Lage. Die Zentralität des Standortes ist nicht eindeutig zu bestimmen. Einerseits handelt es sich um einen zentralen Standort (Bahnhofsnähe) umgeben von einigen anderen Geschäften (allerdings nicht der Nahversorgung), andererseits ist der Standort funktionalräumlich als Gewerbegebiet entlang der Kantonsstrasse zu charakterisieren. Dementsprechend liegen Anhaltspunkte für die Klassifizierung sowohl als D5 oder auch als D4 vor. In der vorliegenden Arbeit wird der gewerbliche Charakter als überwiegend angesehen, weshalb eine Zuordnung zur Klasse D5 erfolgt. Die Filiale steht damit für eine relative Mehrheit von Filialen. 56 Filialen entsprechen dieser Klasse (siehe Baustein A). 17 weitere Filialen der Klasse D4 sind ebenfalls ähnlich.

10.3.3.4.2   Lidl-Filiale auf dem Rütihof

Die Lidl-Filiale in Wädenswil trägt die ID-Nummer 0142L. Die Filiale befindet sich an der Steinacherstrasse 147. Damit liegt der Standort etwa 2,8 km vom Ortszentrum (Referenzpunkt: Gemeindeverwaltung) und etwa 1 km vom nächsten Wohngebiet entfernt. Der Autobahnanschluss Wädenswil A3 liegt etwa 600m entfernt. Der Standort ist klar gewerblich geprägt, auch wenn einige Dienstleister, wie die private Zurich International Lower School und ein Fitness-Center in der Nähe sind. Der Standort liegt zentral im Gewerbegebiet Hintere Rüti. Direkt nördlich anschliessend an die Parzelle befindet sich die bislang unbebaute Fläche Rütihof, welche für das Projekt Werkstadt Zürisee vorgesehen ist. Nordöstlich befindet sich ein Logistikstandort. Östlich und südlich befinden sich weitere Gewerbe- und Industriebetriebe. Westlich ist die besagte Privatschule und daran anschliessend ein kleines Waldgebiet zu finden. Der Standort selber wird monofunktional betrieben. Neben der hervorragend Auto-Anbindung ist der Standort auch durch eine Buslinie mit den nächsten Wohngebieten verbunden. Auf der Zugerstrasse befindet sich zudem ein Velostreifen, der aufgrund der Topographie jedoch vermutlich kaum verwendet wird. Der Standort befindet sich etwa 150 Höhenmeter höher als der Ortskern von Wädenswil.

Aussagen zur stadtstrukturellen Qualität sind kaum möglich. Das Gebiet weist insgesamt kaum einheitliche Strukturen auf. Es ist gewerblich geprägt und hat weder einheitliche baukulturelle, noch architektonische Merkmale. Raumkanten sind keine vorhanden. Insofern fügt sich die Lidl-Filiale, welche als Standard-Bau errichtet ist, nahtlos in dieses identitätslose bauliche Gefüge ein.

Auch auf Objektebene sind wenige Anmerkungen zu treffen. Die Fassade ist grundsätzlich geschlossen, allerdings (durch den Eingang) in Richtung des öffentlichen Raums ausgerichtet. Es gibt eine freistehende Werbestele, die dominant im Raum agiert. Die weiteren Aussenanlagen sind funktional gestaltet. Velos und Einkaufswagen können witterungsgeschützt untergestellt werden.

Die Parkplatzgestaltung ist äusserst karg. Zwischen den Parkreihen befindet sich keine Begrünung. Der Übergang von der Filiale in Richtung Norden ist durch einen kleinen Durchgang ermöglicht. In Richtung der Bushaltestelle gibt es keinen Durchgang, sodass Fussgänger über die Autoeinfahrt laufen müssen. Im öffentlichen Raum sind dann ausreichend gesicherter Querungsmöglichkeiten vorhanden. Bemerkenswert ist noch, dass die Filiale eine der ersten in der Schweiz ist, wo Parkplätze speziell für Elektroautos vorhanden sind. Diese sind mit Elektroanschlüssen zum Aufladen ausgestattet. Auffällig ist zudem noch, dass der Parkplatz mit 83 Parkplätzen bereits zur Eröffnung eher grosszügig war. Kürzlich ist sogar noch eine Erweiterung um weitere 13 Parkplätze vorgenommen worden.

Der An- und Abverkehr ist konfliktarm gelöst. Von der Hauptachse, der Zugerstrasse, wird der Verkehr über einen Kreisel auf die Nebenstrasse, die Steinacherstrasse geführt. Von dort aus erfolgt die Auffahrt auf das Gelände. Der Lieferverkehr kreuzt den gesamten Parkplatz und dockt nördlich an das Gebäude an. Dies führt zu einem grossen Bedarf an Rangierraum, der ansonsten ungenutzt ist. Dadurch entsteht bei dieser Filiale ein versiegelte Fläche, die selbst für Discounter überdurchschnittlich gross ist. Bemerkenswert ist zudem, dass die Filiale eine kleine Regenwasserversickerungsanlage besitzt, die nördlich an die Filiale angebaut wurden.

Insgesamt handelt es sich bei der Filiale um eine Klasse D5. In offener Bauweise an einem solitären Standort in einem Gewerbegebiet gelegen, steht diese Filiale für die Mehrheit der Filialen in der Schweiz und ist ähnlich der Lidl-Filiale in Biberist.

10.3.3.5 Erkenntnisse zur Wirkungsweise

Zusammenfassend ist der Fall Wädenswil von herausragender Bedeutung, da sich daran gleich zwei Wechsel der Politik ablesen lassen. Zunächst einmal ist die räumliche Entwicklung der Stadt eine grosse Herausforderung für die Ortsplanung. Insbesondere der Strukturwandel von einer Industrie- zu einer Agglomerationsstadt beschäftigt die lokale Raumplanung. Unter den vielfältigen Herausforderungen, die damit verbunden sind, finden sich auch explizit a) hohe städtebauliche Ansprüche und b) die Steuerung des Detailhandels. So sind Einkaufszentren in Wädenswil bereits seit längerem ein planerisches Thema. Entsprechend enthält das örtliche Planungsrecht bereits vielfältige Regelungen zur Verhinderung unerwünschter Entwicklung.

Trotz dieser präventiven Regulierungen entstand eine Lidl-Filiale, die bezogen auf den Standort wie auch auf die Bauweise den planungsrechtlichen Zielen widerspricht – und zudem einen bemerkenswerten Anteil des restlichen, verfügbaren Gewerbegebiets beansprucht. Trotz aller politischer Bemühungen konnte die Lidl-Filiale nicht verhindert werden. Das Ereignis stellt einen externen Schock für die lokalen Planungsträger dar, die daraufhin ihre gesamte politische Strategie zur Steuerung der Raumentwicklung abänderten. Statt nur auf die verhindernde Wirkung des Baureglements zu hoffen, wurde die Ortsplanung zu einer aktiven Bodenpolitik verändert. Dieser Wandel wurde dabei von einer Koalition aus linken, grünen und rechten Parteien getragen und an der Urne vom Volk deutlich bestätigt.

Der Wandel fand dabei vergleichsweise einfache Rahmenbedingungen. Die einzige übriggebliebene Fläche (Rütihof) gehörte einer einzigen Eigentümerfamilie und konnte (mit vorgelagertem Kaufvertrag) vergleichsweise einfach erworben werden. Die neuen Steuerungsmöglichkeiten, die sich für die Gemeinde durch die Rolle als Eigentümerin ergeben, wurden schliesslich dazu genutzt, das Projekt „Werkstadt Zürisee" aufzugleisen. Das Projekt verdeutlicht dabei, wie ein Gewerbegebiet nach den

Massgaben des Planungsrechts aussehen sollte. Die geschlossene, mehrgeschossige Bauweise maximiert die Ausnützung des Bodens und reduziert gleichermassen die Neuinanspruchnahme.

Der politische Wandel ist dabei auf die ungewöhnliche politische Koalition und die Dringlichkeit der Sache vor dem Hintergrund der Endlichkeit der Bodenreserven zurückzuführen.

Am Beispiel Wädenswil werden auch gleichzeitig die Grenzen einer aktiven Bodenpolitik deutlich. Der beschrittene Politikwandel wurde trotz des Erfolgs im Projekt Werkstadt Zürisee nicht weitergeführt, sodass von einem erneuten Politikwandel gesprochen werden kann. Von den Planungsträgern werden dazu drei Gründe als ausschlaggebend bezeichnet:

1. Um eine solche Politik zu verfolgen sind zunächst grosse Investitionen notwendig. Der Ankauf von Land ist kostspielig und ist (in Wädenswil) als Verwendungszweck von Steuergeldern entsprechend umstritten.
2. Die Höhe der Investitionen ergibt sich auch daraus, dass eine aktive Bodenbevorratung in der Vergangenheit nicht erfolgt ist und daher lediglich innerhalb der Bauzone zu entsprechenden Bodenpreisen gekauft werden kann. Als Argument wird daher auch aufgeführt, dass ein Einführung zu jetzigen Zeitpunkt zu spät ist.
3. Schliesslich entsteht als indirekter Effekt, dass durch die Vorgehensweise die bislang neutrale, klare hoheitlichen Ortsplanung zu einem Verhandlungsgegenstand zwischen Gemeinde und Eigentümern wird. Dies beinhaltet auch die Gefahr einer Ungleichbehandlung. Zudem ist nicht zwingend, dass die Gemeinde von einer solchen flexibleren Situation profitiert oder die Position gegenüber professionellen Akteuren (wie bspw. Aldi) verschlechtert.

Für das Erkenntnisinteresse der vorliegenden Arbeit lassen sich daher gleich zwei Politikwandel heranziehen.

10.3.4   Fallstudie Emmen

Die Gemeinde Emmen ist ein besonders interessantes, allerdings keine besonders klare Fallstudie. Die reine Betrachtung der Untersuchungseinheit LM-Discounter würde die Auswahl von Emmen als Fallstudie nicht ausreichend begründen. Die örtliche Lidl-Filiale ist am Stadtrand an der grossen Ausfallstrasse in Richtung Luzern (Gerliswilstrasse Ecke Seetalplatz) gelegen und befindet sich in einem Einkaufszentrum. Die Ergebnisse der Fernerkundungsanalyse ergaben keine Erkenntnisse, die eine gesonderte Betrachtung rechtfertigen würden. Auch die planerische Strategie der Gemeinde im Vorfeld der Discounteransiedelung weist keine besonders interessante Konstellation auf. Bemerkenswert macht die Gemeinde ein bodenpolitischer Umstand, der erst nach der Eröffnung der Discounter-Filiale eintrat. Emmen hat, zeitgleich mit dem Kanton Basel-Stadt, über eine Bodeninitiative abgestimmt und diese (entgegen der Abstimmungsempfehlung des Gemeinderates und entgegen der allgemeinen Erwartung, die im bürgerlich geprägten Ort eine klare Ablehnung der sozialdemokratisch-grünen Initiative unterstellte) an der Urne gutgeheissen. Analog zum Basler Vorbild forderte die Initiative, dass der Verkauf städtischer Grundstücke grundsätzlich untersagt und die Gemeinde zur Einführung einer aktiven Bodenpolitik (genauer einer aktiven Bodenbevorratungsstrategie mit Weitergabe der Grundstücke im Baurecht) gezwungen wird. Anders als in Wädenswil gibt es dabei keine Anzeichen, dass der LM-Discounter bei diesem Wechsel der bodenpolitischen Strategie eine politische Rolle gespielt hat. Der Fall ist jedoch beachtenswert, da es sich einerseits um eine generelle Einführung handelt (und nicht wie in Wädenswil um eine punktuelle Strategie bezogen auf ein einziges Projekt) und andererseits die Annahme durch das Stimmvolk in dieser ungewöhnlichen politischen Konstellation besondere Erkenntnisse über die politische Stellung aktiver Bodenbevorratungspolitik zulassen mag. Emmen wurde daher als Fallstudie ausgewählt, auch wenn die Discounter-Filiale in diesem Falle nur eine sekundäre Rolle spielt.

Mit etwa 30.000 Einwohner ist Emmen die zweitgrösste Gemeinde im Kanton Luzern und befindet sich geographisch in direkter Nachbarstadt zur gleichnamigen Kantonshauptstadt. Die Stadt ist dabei stark durch die örtlichen Industrie- und Militärbetriebe geprägt. Der historische Ortskern (heute „Emmen-Dorf" genannt) liegt im Osten des heutigen Gemeindegebiets. Seine Existenz und Bedeutung verdankt Emmen der Lage an den Flüssen Reuss und Kleine Emme. Die Handelswaren aus dem Oberzentrum Luzern kommend mussten in diesem Gebiet die beiden Flüsse überqueren, wofür eine Brücke (die *pontem Emmon*) gebaut wurde und wodurch sich Zolleinnahmen für die Gemeinde ergaben. Aus dieser Zeit stammt bereits die Aufteilung in das Dorfzentrum und den Stadtteil Emmenbrücke. Letzterer lag im Mittelalter in der Flussebene und wurde erst mit der durch wasserbauliche Massnahmen zu Beginn der Industrialisierung dauerhaft besiedelbar.

Im Verlaufe der Industrialisierung verlagerte sich der Siedlungsschwerpunkt von Emmen in diesen Stadtteil. Während Emmen eine bäuerliche Siedlung blieb, wurde Emmenbrücke eisenbahntechnisch erschlossen (Zentralbahn 1856, Seetalbahn 1883) und anschliessend industrialisiert. Die Eröffnung der Eisenfabrik *von Moos Stahl* (heute: Swiss Steel AG) im Jahr 1850 und der Kunstseidenfabrik *Viscosuisse* (heute Monosuisse) im Jahr 1906 verwandelten Emmenbrücke in ein Industriedorf. Weitere Industrie-, Gewerbe- und Handwerksbetriebe folgten und so wurde Emmenbrücke zu Beginn des 20. Jahrhunderts zum wichtigsten Industriestandort des Kantons. Der hohe Bedarf an Arbeitskräften löste eine allgemeine Bevölkerungsexplosion durch Land-Stadt- und durch internationale Migration aus.

Mit Beginn des Zweiten Weltkrieges wurde zusätzlich ein militärischer Flugplatz in Emmen errichtet und die Eidgenössischen Flugzeugwerke (heute: RUAG) angesiedelt. Der Flugplatz Emmen ist bis heute (neben Meiringen und Payerne) einer der wichtigsten Stützpunkte der Schweizer Luftwaffe und (neben Stans und St. Gallen-Altenrhein) der schweizerischen Rüstungsindustrie (RUAG und Pilatus Aircraft).

In der Nachkriegszeit war die Gemeinde von einem massiven Bauboom ergriffen. Für die Arbeiter der Stahl- und Rüstungsindustrie wurde (meist günstiger) Wohnraum benötigt und in Form mehrerer grossflächiger, teilweise firmeneigener Arbeitersiedlungen verwirklicht. Der überwiegende Teil des Gebäudebestands der Gemeinde stammt aus dieser Zeit, wie bspw. die *Wohnkolonie Feldbreite*, aber auch Siedlungen Sonnenhofe, Ober-Emmenweid und Erlenring.

Die Bevölkerungsentwicklung ist stark an die industrielle Entwicklung gekoppelt. Zu Beginn der Industrialisierung zählte die Gemeinde etwa 1.500 Einwohner.[89] Diese Zahl verdoppelte sich bis zur Jahrhundertwende und stieg auf etwa 8.500 zu Beginn des Zweiten Weltkrieges. 1944 erreichte die Einwohnerzahl erstmals 10.000 und stieg bis im Jahr 1962 auf 20.000. Von 1965 (22.000) bis 1986 (23.000) stagnierte die Zahl nahezu, da in Folge der Wirtschaftskrise viele ausländische Arbeitskräfte in ihre Ursprungsländer (vorwiegend Italien und Spanien) zurückgingen. Seit dem Beginn der 1990er Jahre steigt die Zahl der Einwohner wieder kontinuierlich, obwohl die wirtschaftlichen Situation der örtlichen Industriebetriebe zunehmend angespannt ist und zum Abbau von Arbeitsplätzen führt.[90] Heute (Stand: 1.1.2015) leben in der Gemeinde etwa 29.500 Einwohner, von denen etwa 1/3 keinen Schweizer Pass besitzen. Für Emmen wird ein weitere Anstieg bis auf etwa 36.000 Einwohner im Jahr 2030 prognostiziert.

---

[89] Alle Zahlen dieses Absatzes entstammen der Online-Datenbank des BfS

[90] In diesem Zusammenhang erlangte Emmen 1999 nationale Aufmerksamkeit als die schwierige wirtschaftliche Lage und die verschärfte Konkurrenz um die verbleibenden Arbeitsplätze zur Annahme einer ausländerfeindlichen Volksinitiative der rechtsgerichteten Schweizer Demokraten (SD) führte. Die Initiative verlangte Volksabstimmungen bei jeder einzelnen Einbürgerung von Ausländern und wurde 2003 durch ein Urteil des Bundesgerichts gekippt und (wie allgemein in der Schweiz übliche) durch eine gewählte Bürgerrechtskommission ersetzt.

10.3.4.1   Planerische Herausforderungen

Emmen, und insbesondere der Stadtteil Emmenbrücke, stehen vor grossen planerischen Herausforderungen in Bezug auf die Deindustrialisierung und den damit verbunden Wandel der regionalen Wirtschaftsstruktur. Als Folge- und Nebeneffekte sind Schrumpfungsprozesse planerisch zu begleiten und dementsprechend mit Revitalisierungsprojekten gegenzusteuern.

Aus bodenpolitischer Sicht ist zu betonen, dass diese Herausforderungen eindimensional sind. Auf der Ebene der Bodennutzung, sprich der Raumplanung, sind diese Herausforderungen immens. Gleichzeitig ist jedoch zu betonen, dass eine solche Ausgangslage ein wesentliches Charakteristika aufweist, welche die Meisterung des Strukturwandels erheblich erleichtert. So sind grosse Industrieareale vergleichsweise einfach planerisch zu steuern, da sie meist eine einheitliche Parzelle bilden und dementsprechend im Eigentum von nur einer (meist juristischen) Person stehen.

Es ist daher davon auszugehen, dass auf der konzeptionellen Ebene immense Herausforderungen zu bewältigen sind. Sollte jedoch ein räumliches Entwicklungsleitbild erfolgreich erarbeitet worden sein, ist die Umsetzung von vergleichsweise geringer eigentumsrechtlicher Komplexität.

10.3.4.2   Bodenpolitische Ausgangslage und Entwicklungen

Analog zu den anderen Fallstudien sollen die Regulierungen zusammengestellt werden, welche für die vorliegende Arbeit und die gewählte Untersuchungseinheit relevant sind. Als Besonderheit wird dabei in der Fallstudie Emmen speziell auf die Bodenpolitik (genauer: auf den angestrebten Wandel der örtlichen Bodenpolitik) ein Schwerpunkt gelegt.

10.3.4.2.1   Örtliche Bodenpolitik

Die Bodenpolitik in Emmen ist derzeit politisch hoch umstritten. Emmen hat landesweite Aufmerksamkeit erlangt, als im Februar 2016 die sog. Bodeninitiative vom Wahlvolk überraschend angenommen wurde. Die Bodenpolitik in Emmen soll daher in der vorliegenden Arbeit gründlich betrachtet werden. Dazu wird zunächst die bisherige Bodenpolitik der Gemeinde umrissen. Danach erfolgt die Darstellung der Abstimmung über die Bodeninitiative, wobei es sich faktisch um zwei Abstimmungen (im Februar 2016 und im Februar 2017) handelt. Die Darstellung erfolgt getrennt.

10.3.4.2.2   Bisherige Bodenpolitik

Die Gemeinde Emmen hat bislang keine explizite Bodenpolitik verfolgt. Die örtliche Politik ist von bürgerlichen und liberalen Parteien geprägt. Der Gemeinderat (Exekutive) besteht aus zwei Vertretern der FDP, sowie je einem Vertreter der CVP, der SVP und der SP.

Partei	Eidg. Wahl	Kantonale Wahl	Einwohnerrat
Grüne/glp	7,2 %	2,9 %	4
CVP	16,4 %	21,2 %	9
FDP	16,4 %	22,8 %	10
SVP	36,4 %	28,7 %	11
SP	15,5 %	15,0 %	6

Tabelle 58: Stimmanteile aus Emmen bei den eidgenössischen bzw. kantonalen Wahlen (2015) und Sitzverteilung im Einwohnerrat Emmen (2016). Quelle: Eigene Darstellung.

Der Boden im Gemeindeeigentum besteht überwiegend aus Grundstücken im Verwaltungsvermögen. Daneben sind aus historischen, unstrategischen Gründen einige weitere Grundstücke im Finanzvermögen.

Die Abwesenheit einer aktiven Rolle der Gemeinde auf dem Bodenmarkt ist politisch, nicht aber rechtlich begründet. Nach geltender Emmer Gemeindeordnung ist der Gemeinderat befugt, Grundstücksgeschäfte (Käufe, Verkäufe, Dienstbarkeiten, Täusche) im Einzelfall bis zu einem Wert von 1. Mio. CHF zu tätigen (Art. 48 lit. c GO-Emmen). Bei Hinzuziehung des Einwohnerrats können Grundstücksgeschäfte bis zu einem Wert von 30 % des massgebenden Steuerertrags (also etwa bis 10,8 Mio. CHF) getätigt werden. Dabei steht jedoch das fakultative Referendum offen. Grundstücksgeschäfte, die diesen Wert überschreiten, sind dem Stimmvolk zwingend vorzulegen (obligatorische Abstimmung) (Art. 14 Abs. 1 lit. e, Art. 15 Abs. 1 lit. e GO-Emmen).

ENTSCHEIDUNGSGEWALT	SCHWELLENWERT	RECHTSQUELLE
Gemeinderat (Exekutive)	bis 1 Mio. CHF	Art. 48 Abs. 1 lit. c
Einwohnerrat (Legislative)	1. Mio. bis 10,8 Mio. CHF	Art. 31 Abs. 1 lit. a
Fakultatives Referendum	bis 10,8 Mio. CHF	Art. 15 Abs. 1 lit. e
Obligatorisches Referendum	ab 10,8 Mio. CHF	Art. 14 Abs. 1 lit. e

Tabelle 59: Entscheidungskompetenzen und die dazugehörigen Schwellenwerte und Rechtsquellen. Angegeben sind die jeweiligen Artikel aus der Gemeindeordnung Emmen (GO-Emmen). Stand: Januar 2017. Quelle: Eigene Darstellung.

Bemerkenswert ist noch, dass diese Schwellenwerte für die jeweiligen Kompetenzen im Jahr 2000 erhöht und in den Jahren 2007 und 2010 verringert wurden. Die jeweiligen Änderungen der Gemeindeordnung ist dabei jeweils vom Stimmvolk in einer obligatorischen Abstimmung gutgeheissen worden.

10.3.4.2.3 Grundstücksbestand der Gemeinde

Der Bestand an gemeindeeigenen Grundstücken hat sich dabei in den Jahre 2003 bis 2013 kontinuierlich verringert, wie aus der Beantwortung einer SVP-Interpellation hervorgeht (vgl. Gemeinde Emmen 2013: 2-3). In der Periode wurden insgesamt 30 Liegenschaften des Finanzvermögens veräussert, wobei vier davon zum Zeitpunkt des Verkaufs bebaut waren (vgl. Gemeinde Emmen 2013: 2-3). Zukäufe fanden keine statt.

GRUNDSTÜCKE (NACH WERT)	ANZAHL	ERLÖS
Gemeinderat	23	7,6 Mio. CHF
Einwohnerrat	7	23,6 Mio. CHF
Obligatorische Volksabstimmung	0	0,- CHF
Summe	30	31,2 Mio. CHF

Tabelle 60: Übersicht der veräusserten Grundstücke im Zeitraum 2003-2013. Die wertbasierten Kategorien orientieren sich an den aktuell rechtsgültigen Schwellenwerten der Entscheidungskompetenzen gemäss der Emmener Gemeindeordnung. Bei dem Gewinn handelt es sich um Buchgewinne. Quelle: Eigene Darstellung auf Grundlage der Daten aus der Interpellation 41/13 (vgl. Gemeinde Emmen 2013: 2-3).

Insgesamt wurden also bei 30 Grundstücksgeschäfte etwa 31,2 Mio. CHF Verkaufserlös eingespielt. Die überwiegende Anzahl der Geschäfte lag im Kompetenzbereich des Gemeinderates, wobei es sich naturgemäss um die kleineren Geschäfte handelte. Die deutlich geringere Zahl der Geschäfte des Einwohnerrates macht gleichwohl einen grösseren Anteil am Gesamterlös aus. Kein einziges Grundstücksgeschäft bedurfte einer obligatorischen Volksabstimmung. Der Buchgewinn umfasst dabei insgesamt etwa 21,5 Mio. CHF, die in den allgemeinen Gemeindehaushalt eingeflossen sind (vgl. Gemeinde Emmen 2013: 3).

ZEITPUNKT	2003	2015	SALDO
Bestand Anzahl	61	31	-30
Bestand Wert	46,4 Mio. CHF	15,2 Mio. CHF	-31,2 Mio. CHF
Quelle	Interpellation 43/13	Bericht 18/15	-

Tabelle 61: Übersicht der Grundstücke im Eigentum der Gemeinde Emmen. Berücksichtigt sind lediglich Grundstücke im Finanzvermögen. Angegeben sind Grundstücke, nicht Parzellen. Quelle: Eigene Darstellung nach Daten wie angegeben.

Vom Finanzvermögen im Umfang von etwa 46,4 Mio. CHF zum Zeitpunkt 2003 sind bis zur Abstimmung über die Bodeninitiative Anfang 2015 noch Grundstücke im Wert von 15,2 Mio. CHF im Eigentum der Gemeinde (vgl. Gemeinde Emmen 2015: 7). Anders ausgedrückt wurde in der Periode 2003-2013 nach Auskunft des Gemeinderats etwa 2/3 des Finanzvermögens kapitalisiert. Die Anzahl der Grundstücke im Finanzvermögen der Gemeinde Emmen halbiert sich dabei in etwa. Waren 2003 61 Grundstücke gelistet, sind es Ende 2015 nur noch 31 Grundstücke.

10.3.4.2.4 Bauzonenstatistik

Die Bauzonenstatistik des Kanton Luzern weist Emmen als vergleichsweise durchschnittliche Gemeinde ein. Verglichen mit den anderen Gemeinden der Agglomeration Luzern und bezogen auf das Gemeindegebiet ist die Bauzone in Emmen recht gross, allerdings durchschnittlich überbaut. In der Wohnzone sind 29,0ha von 302,5ha unüberbaut. Die Quote von 9,6 % entspricht dabei nahezu exakt dem Wert der Agglomerationsgemeinden Luzern 9,4 %. Ähnliches gilt für die Mischzonen. In Emmen sind 8,7ha bzw. 15,4 % unüberbaut, was leicht über dem regionalen Durschnitt von 12,5 % liegt. Eine spezifische Überdimensionierung der Bauzone, die über den regionalen Durchschnitt hinaus geht, ist zumindest am Indikator der grossflächigen unüberbauten Wohn- und Mischbauzone nicht festzustellen. Die Emmer Werte weichen jedoch in der Kategorie der Arbeitszone massiv ab. Zum einen ist die Grösse der Arbeitszone in Emmen mit 180,3ha aussergewöhnlich gross. In absoluten Zahlen ist es die grösste Arbeitszone von allen Gemeinden des Kanton Luzern. Selbst die Kantonshauptstadt, welche in dieser Statistik auf Platz 2 liegt, weist mit 105ha erheblich weniger Arbeitszone auf. Die hohe Zahl kann auch nicht durch den Flugplatz direkt erklärt werden, da dieser im Nutzungszonenplan als Landwirtschaftszone ausgewiesen wird. Die grosse Arbeitszone umfasst daher zwar die flugplatzzugehörigen Betriebe, nicht aber den Flugplatz selbst. Hinzu kommen die grossflächigen Anlagen aus dem Bereich Logistik und Montanindustrie. Neben der allgemeinen Grösse der Arbeitszone ist auch der Anteil der unüberbauten Flächen innerhalb dieser Zone aussergewöhnlich hoch. 44,2ha sind unbebaut, was einer Quote von 24,5 % entspricht und damit über dem regionalen Durchschnitt (19,7 %) liegt. Ebenfalls auffallend sind die 36,0ha Reservezone in Emmen. In dieser Kategorie wird Emmen nur knapp durch die Gemeinde Reiden (36,3ha) geschlagen, während die meisten Luzerner Gemeinden wenig (<10ha) oder gar keine Reservezonen ausweisen. Die Bauzonenstatistik belegt einerseits, dass Emmen noch grossflächige Bauzonenreserven aufweist. Gleichzeitig erscheint die Gemeinde aufgrund der statistischen Werte zur Wohn- und Mischbauzone im regionalen Durchschnitt zu liegen. Lediglich im Bereich der Arbeits- und Reservezonen nimmt die Gemeinde aussergewöhnliche Werte ein.

10.3.4.2.5 Einreichung der Bodeninitiative

In diesem politischen Kontext reichten die Grünen und die SP die Gemeindeinitiative „Bodeninitiative – Boden behalten und Emmen gestalten" ein. Die notwendigen Unterschriften wurden ab Dezember 2014 gesammelt und bereits einen Monat später beim Gemeinderat eingereicht. Dieser stellt das formelle Zustandekommen der Initiative im Februar 2015 offiziell fest.

Die Initiative wurde in Form einer allgemeinen Anregung eingereicht (Art. 16 GO-Emmen). Das hat sowohl formelle, wie materielle Konsequenzen. Das Initiativkomitee legt demnach dem Wahlvolk nur eine allgemeine politische Neuausrichtung, nicht jedoch ein konkretes, direkt ausführbares Reglement zur Abstimmung vor. Bei Annahme der Initiative ist der Gemeinderat daher beauftragt die Umsetzung dieser Anregung in direktes politisches Handeln vorzubereiten (Art. 17). Diese Umsetzung wird dann (in Form eines Konzepts oder eines Reglements) dem Wahlvolk innerhalb eines Jahres erneut zur Abstimmung vorgelegt (Art. 17 Abs. 1 und 2). Erst wenn das Wahlvolk in dieser zweiten Abstimmung den Antrag gutheisst, erfolgt die tatsächliche, und rechtlich verbindliche Umsetzung (Art. 17 Abs 6). Sollte in einer der beiden Abstimmungen eine Ablehnung erfolgen, ist der Antrag erledigt. Aus diesem Grunde wurde in Emmen zweimal über die Bodeninitiative abgestimmt. Einmal im Februar 2016, als die allgemeine Anregung knapp mit 51 % Ja-Stimmen angenommen wurde, und nochmals im Februar 2017, als der Ausführungsvorschlag vom Volk deutlich mit 60 % Ja-Stimmen gutgeheissen wurde. Das entsprechende Reglement trat daraufhin zum 1. März 2017 in Kraft.

10.3.4.2.6 Der Fall Herschwand/Neuschwand als Auslöser der Bodeninitiative

Der Bodeninitiative ging ein umstrittenes Projekt voraus, welches an dieser Stelle grob vorgestellt werden soll. Ausgangslage war das Alten- und Pflegezentrum *Herschwand*. Dieses liegt zentral im Stadtteil Emmenbrücke unweit des Emmen Center. Das Gebäude stammt aus dem Jahr 1976 und war stark sanierungsbedürftig. Für eine Instandsetzung wären 32,6 Mio CHF benötigt gewesen (vgl. ausführlich auch zum baulichen Zustand: Gemeinde Emmen 2014: 2-4). In einer Abstimmung im Jahr 2009 sprach sich das Emmer Wahlvolk auf Empfehlung des Gemeinde- und Einwohnerrat dafür aus, die Pflege der Betagten in eine gemeindeeigene Aktiengesellschaft zu überführen. Ab 2010 wurde die Planung eines neuen Betragtenzentrums im sog. *Emmenfeld* begonnen, welches auf einem stadteigenen Grundstück im Baurecht realisiert und vier Jahre später eröffnet wurde. Anschliessend wurde der Umgang mit dem bisherigen Standort debattiert.

Unter Bezug auf die übergeordneten raumplanerischen Ziele der Innenentwicklung und des verdichteten Bauens (vgl. Gemeinde Emmen 2014: 2, 4-6) sollte anstelle des ehemaligen Betagtenzentrums ein urbanes, gemischtes Quartier *Neuschwand* entstehen, welches den völligen Rückbau der bisherigen Bebauung *Herschwand* vor. Auf 1,8 ha Grundstücksfläche sollten 160 Wohneinheiten von drei unterschiedlichen Typen (90 Mietwohnungen in Zeilenbauten, 59 Eigentumswohnungen in sieben Punktbauten und insgesamt elf Reiheneinfamilienhäuser), sowie ein Kindergarten und eine Kindertagesstätte entstehen. Ziel des Konzepts waren „individuelle Grundrisse für durchmischtes Wohnen, autofreie Aussenräume, ein historischer Spycher als Treffpunkt, ein moderner und ökologischer Ausbau für eine 2000-Watt-Gesellschaft. [...] Familien, junge und ältere Paare sowie Singles jeden Alters werden sich hier in den Formen Miete und Eigentum zusammenfinden" (Projektwebseite von Rüssli Architekten). Aufgrund der zentralen und gut erschlossenen Lage sahen die Projektarchitekten eine vergleichsweise hohe Wohndichte vor, die in Richtung der westlich angrenzenden Einfamilienhäuser verringert werden sollte (siehe Website Losinger Marazzi 2014). Um gleichzeitig den Grünflächenanteil zwischen den Gebäuden zu maximieren waren dafür bis zu fünf Geschosse vorgesehen. Zur Realisierung des Projekts waren sowohl die Änderung im Nutzungszonenplan (bzw. der Erlass eines Bebauungs- oder Gestaltungsplans), als auch der Abschluss eines Vorvertrages über den Verkauf an die Entwicklungsgesellschaft Losinger Marazzi AG notwendig. Beide Entscheide forderten nach geltender Gemeindeordnung eine Zustimmung durch das Wahlvolk. Im Februar 2014 stimmte das Emmer Wahlvolk dem Vorvertrag zu. Der Vertrag sah einen Verkaufspreis von 1.010 CHF / m² bzw. 18,1 Mio CHF vor (vgl. für die genaue Berechnung: Gemeinde Emmen 2014: 7). „Es ist wiederholt darauf hingewiesen worden, dass die Veräusserung der Liegenschaft Herschwand, welche nicht mehr als Betagtenzentrum genutzt werden kann, auch aus finanziellen Überlegungen zwingend notwendig ist" (Gemeinde Emmen 2014: 8-11). Als zwingender Umstand, auf die der Gemeinderat an dieser Stelle verweist, wird der Schuldenstand der Gemeinde angesehen. Der Verkaufserlös aus dem Grundstücksgeschäft soll „nachhaltig positive Auswirkungen [...] auf den Bilanzfehlbetrag der Gemeinde Emmen" haben (Gemeinde Emmen 2014: 8). „Sollte dem Verkauf der Liegenschaft nicht zugestimmt werden, entfallen diese positiven Auswirkungen auf die Finanzlage und die finanzielle Handlungsfreiheit der Gemeinde Emmen bleibt eingeschränkt" (Gemeinde Emmen 2014: 8). Dabei sollte noch ergänzt werden, dass der Reinerlös der Gemeinde nicht mit dem Verkaufspreis gleichzusetzen ist. Durch die Privatisierung der Betagtenpflege ist eine Abgeltung notwendig, wodurch sich der Erlös des Gemeindehaushalts von 18,2 Mio CHF auf 5,8 Mio CHF verringert (zur ausführlichen Rechnung siehe Gemeinde Emmen 2014: 9). Der Gemeinderat prüfte auch alternative die Weitergabe des Grundstücks im Baurecht, wobei jedoch attestiert wird, dass „der Unterschied zwischen Baurecht und Verkauf [aus Sicht des Gemeindehaushalts] finanziell nicht so gross [ist]" (Gemeinde Emmen 2014: 12). Der Gemeinderat kommt zu dem Schluss, dass der Baurechtszins (als Einnahme) den Schuldenzins (als Ausgabe) der verschuldeten Gemeinde nicht übersteigt und daher nicht rentabel sei. Die Temporalität der Einnahmen wird vom Gemeinderat nicht berücksichtigt. Abgesehen vom finanziellen Aspekt wird durchaus anerkannt, dass die Gemeinde „über den Baurechtsvertrag Einfluss auf die Bautätigkeit und die Gebäudenutzung nehmen kann beispielsweise eine bestimmte Nutzung untersagt und eine andere zur Pflicht gemacht werden" (Gemeinde Emmen 2014: 12). Diese Einflussmöglichkeit überwiegt jedoch nicht die Nachteile, die sich aus Sicht des Gemeinderats aus dem Altlastenrisiko und der Eigentümerhaftung ergeben. Abschliessend wird daher von der Vergabe im Baurecht abgesehen und der Verkauf des Grundstücks dem Volk zu Abstimmung vorgelegt. Das Wahlvolk bestätigte diese Vorlage am 8. März 2015 mit 51,5 % Ja-Stimmen.

10.3.4.2.7 Abstimmung zur Bodeninitiative von Februar 2016

Nicht alle politischen Parteien waren mit dem Projekt und dem Prozess einverstanden. Auf Initiative eines Grünen Einwohnerrates und unterstützt von seiner und der sozialdemokratischen Fraktion wurde daraufhin ein Initiativkommittee gegründet. Ziel war es das Projekt trotz der Bestätigung durch das Wahlvolk noch zu verhindern. Inspiriert von der Volksinitiative im Kanton Basel-Stadt wurde daher einer Initiative eingereicht und konnte die notwendige Anzahl an Unterschriften erreichen. Der genaue Initiativtext lautet:

> Liegenschaften, die im Eigentum der Gemeinde Emmen sind, sollen grundsätzlich nicht veräussert werden, können Dritten jedoch insbesondere im Baurecht zur Nutzung überlassen werden. Zulässig sein soll nur noch der Verkauf oder Tausch von Liegenschaften, wenn ein gleichwertiger Ersatz erworben wird, welcher in Bezug auf Fläche und Nutzung mit der zu veräussernden Liegenschaft vergleichbar ist.
> (Initiativtext Bodeninitiative – Boden behalten und Emmen gestalten)

Einwohner- und Gemeinderat, sowie die einzelnen politischen Parteien können im Vorfeld der Abstimmung eine Abstimmungsparole ausgeben und so dem Wahlvolk eine Empfehlung an die Hand geben. Von dieser Möglichkeit haben im Vorfeld der Bodeninitiative in Emmen alle Parteien und die beiden Räte Gebrauch gemacht, sodass sich hieraus die politischen Positionen ablesen lassen. Sowohl die FDP, CVP und SVP, als auch Einwohner- und Gemeinderat lehnen die Bodeninitiative ab. Die Grünen und die SP befürworten die Initiative.

Die Initiatoren führen als Argument auf, dass das öffentliche Bodeneigentum in Emmen knapp ist und dadurch Einflussmöglichkeiten der Gemeinde verloren gehen. „Geht der Verkauf von Land im Tempo der letzten Jahre weiter, besitzt Emmen schon in wenigen Jahren keine Landreserven mehr. Jetzt zur Bodeninitiative Ja sagen, verhindert diesen Ausverkauf der Gemeinde" (Abstimmungsparole SP/Grüne).[91] „Es ist für die zukünftige Entwicklungsmöglichkeiten sehr wichtig, dass die Gemeinde Land besitzt. […] Die demokratische Mitsprache bei der Verwendung von Land wird mit der Annahme der Initiative gestärkt" (ebd.). Zudem wird auch mit der finanziellen Situation der Gemeinde argumentiert. „Es sind langfristig höhere Erträge aus Baurechtszinsen zu erwarten, als wenn nur einmalig ein Verkaufserlös anfällt" (ebd.).

Als wesentliches Argument der Initiativgegner wird dabei aufgeführt, dass „mit der Annahme der Initiative den Entscheidungsträgern die Vollmacht genommen [wird], die Gemeinde sinnvoll zu führen und zu gestalten" (Abstimmungsparole der FDP). „Der Handlungsspielraum der Gemeinde [wäre bei Annahme der Initiative] zu stark eingeschränkt" (Abstimmungsparole CVP) und „ist nur eine Schwarzweisspolitik" (Abstimmungsparole SVP). Die CVP stimmt dabei als bürgerliche Partei den grundsätzlichen Gedanken hinter der Bodeninitiative zwar zu, stört sich jedoch an der Stringenz des Initiativtexts. „Emmen darf das Tafelsilber nicht verscherbeln. Den Verkauf von Grundstücken zur Aufbesserung der laufenden Rechnungen lehnen wird ab. […] Strikte, wirtschaftsfeindliche Vorgaben – wie die Bodeninitiative – lehnen wir jedoch ab. Die Gemeinde muss handlungsfähig bleiben." (Abstimmungsparole der CVP). Daneben bezweifeln die Abstimmungsgegner auch den von den Initiatoren postulierten Mehrwert. „Es sind genügend flankierende Massnahmen vorhanden, um den Umgang mit dem noch vorhandenen Boden zu steuern" (Abstimmungsparole FDP). „Die Einflussnahme auf die Gestaltung des im Baurecht abgegebenen Grundstücks ist die gleiche wie heute – also kein Gewinn" (Abstimmungsparole SVP). Im Gegenteil: Die SVP erwartet gar „Kosten, die ins Unermessliche steigen", wenn die Gemeinde nach Ablauf des Baurechtsvertrags das auf dem Grundstück stehende Gebäude übernimmt (Abstimmungsparole SVP). Die CVP erwartet zudem, dass „kaum Nachfrage nach Baurechten [besteht], da sie rechtliche Risiken mit sich bringen und für langfristige Investitionen weniger interessant sind" (Abstimmungsparole CVP). Am 28. Februar 2016 nahm das Wahlvolk die Initiative mit 4739 zu 4535 an.

10.3.4.2.8 Entwurf zum Reglement über die Grundstücke im Eigentum der Gemeinde Emmen

Da die Bodeninitiative in Form eines allgemeinen Anliegens eingebracht wurde, hatte der Gemeinderat innerhalb eines Jahres einen Entwurf für ein Reglement zu erarbeiten. Dieser Entwurf wurde dem Einwohnerrat am 28. Oktober 2016 vorgestellt, welcher auch bereits die Anregungen der Vernehmlassung (vom 10. Juni 2016) berücksichtigt. Dazu wurden sechs Ausführungsartikel erarbeitet. Artikel 1 beschreibt das übergeordnete Ziel einer nachhaltigen und langfristigen Bodenpolitik, um damit aktiv Einfluss auf die Gestaltung des Lebensraumes zu nehmen und haushälterisch mit den Grundstücken im Gemeindeeigentum umzugehen (Art. 1 Entw., siehe Gemeinde Emmen 2016). Das Reglement sieht dabei für Grundstücke im Verwaltungsvermögen ein allgemeines Veräusserungsverbot (Art. 2 Abs. 1) und für Grundstücke im Finanzvermögen ein grundsätzliches Veräusserungsverbot mit der Überlassung im Baurecht (Art. 2 Abs. 2 und Art. 3) vor. Vom dem Grundsatz kann dabei in vier Fällen abgewichen werden (Art. 4): Eine Abgabe an den Kanton oder den Bund zur Verwirklichung von öffentlichen Bauvorhaben (lit. a); bei Kleinstgrundstücken (bis 100m²) (lit. b); sowie an gemeindeeigene Betriebe (lit. c) und gemeinnützige Organisationen (lit. d).

---

[91] Alle Abstimmungsparolen finden sich in Gemeinde Emmen (2015a)

Ähnlich wie im Kanton Basel-Stadt kann zudem ein Verkauf stattfinden, wenn in Bezug auf Fläche, Ausnützung, Nutzung und Wert vergleichbare Fläche ersatzweise direkt beschafft wird (Art. 5) oder innerhalb der letzten fünf Jahre beschafft wurde (Art. 6). Der Entwurf des Gemeinderats ermöglicht sich damit eine gewisse Flexibilität über die zeitliche Bilanzierung.

Die bestehenden Entscheidungskompetenzen werden dabei auch auf einen möglichen Baurechts-vertrag angewendet. Als Bezugssumme zur Berechnung der Schwellenwerte nimmt das Regle-ment dabei die zehnfache Summe des Baurechtszinses an, wie dem Erläuterungsbericht zum Reglementsentwurf zu entnehmen ist. „Damit wäre bis zu einem jährlichen Baurechtszins von Fr. 99'999.00 der Gemeinderat, bis zu einem jährlichen Baurechtszins von Fr. 1'079'000.00 der Ein-wohnerrat zuständig. Bei höheren Baurechtszinsen müsste das Geschäft dem obligatorischen Referendum unterstellt werden" (Gemeinde Emmen 2016: 5).

Bei den Ausnahmebestimmungen wurde in Zusammenarbeit zwischen dem Gemeinderat und den Initiatoren darauf geachtet, dass „für vorgängig definierte Einzelfälle eine Ausnahme vom strikten Grundsatz der Abgabe von Grundstücken im Baurecht" ermöglicht werden (Gemeinde Emmen 2016: 5). Dies „ist jedoch nicht als generelle Abweichung vom Grundsatz der Abgabe im Bau-recht zu verstehen" (Gemeinde Emmen 2016: 5).

Das Ausführungsreglement wurde dem Einwohnerrat vorgelegt. Bei einer Annahme durch den Einwohnerrat tritt das Reglement (vorbehaltlich dem fakultativen Referendum) direkt in Kraft. Bei einer Ablehnung wird der Entwurf dem Volk obligatorisch vorgelegt. Mit den Stimmen der FDP und SVP wurde der Entwurf am 28. Oktober 2016 vom Einwohnerrat abgelehnt (20 zu 17), sodass es am 12. Februar 2017 zu einer erneuten Volksabstimmung kommt.

10.3.4.2.9 *Abstimmung vom Februar 2017 über das Ausführungsreglement*

Das Wahlvolk hat in dieser Abstimmung das Ausführungsreglement mit 59,8 % gutgeheissen. Bei dieser zweiten Abstimmung haben sich die Argumente der Befürworter und Gegner gegen-über der ersten Abstimmung kaum verändert (vgl. bspw. das Streitgespräch zwischen den Grünen und der FDP in der Abstimmungsbotschaft). Eine Veränderung gab es jedoch bezüglich der Aufmerksamkeit, die die politischen Parteien der Abstimmung zumassen, und bezüglich der Koalition. Im Gegensatz zur ersten Abstimmung plakatierten die Initiativgegner bei der zweiten Abstimmung und versuchten so ihre Position zu kommunizieren.

Darüber hinaus wechselte die christilich-bürgerliche CVP ihre Haltung gegenüber der Bodeniniti-ative. Während bei der ersten Abstimmung noch die Einschränkung der Gewerbefreiheit als wesentliches Argument überwog und daher eine ablehnende Abstimmungsparole gefasst wurde, erfolgte bei der zweiten Abstimmung eine zustimmende Abstimmungsparole, insbesondere be-gründet durch den Schutz von finanziellen Werten des Staates. Die Koalition repräsentiert jedoch keine Mehrheit im Einwohnerrat. Das Stimmverhältnis beträgt 17 zu 20.

	Grüne/glp	SP	CVP	FDP	SVP
Abstimmung 2016	Ja	Ja	Nein	Nein	Nein
Abstimmung 2017	Ja	Ja	Ja	Nein	Nein

Tabelle 62: Abstimmungsparolen der verschiedenen Emmer Parteien. Quelle: Eigene Darstellung nach Angaben der Parteien in den jeweiligen Abstimmungsbotschaften.

In der Abstimmung von 12. Februar 2017 wurde den Argumenten der Initiativbefürworter jedoch mehrheitlich gefolgt. Bei einer Beteiligung von 39 % stimmte das Stimmvolk für das Ausführungsreglement. Laut Gemeindepräsident Rolf Born wird die Gemeinde damit als eine der ersten in der Schweiz einen neuen Weg in der Bodenpolitik gehen (vgl. Medienmitteilung der Gemeinde Emmen vom 12.2.2017).

10.3.4.3 Planungsrechtlicher Hintergrund der Lidl-Filiale

Auch planungsrechtlich ist Emmen bezogen auf die vorliegende Untersuchungseinheit Lebensmittel-Discounter interessant. Das aus der kommunalen, wie auch kantonalen Ebene bestehende wirkende Planungsrecht enthält einerseits eine starke Betonung der Baukultur bzw. der städtebaulichen Qualität. Andererseits hat der Kanton Luzern und insbesondere Emmen einige Erfahrung im Umgang mit Einkaufszentren, weshalb die entsprechenden Rechtsartikel stark im Ausmass sind.

10.3.4.3.1 Baukultur und städtebauliche Qualität

Das „Bau- und Zonenreglement für die Gemeinde Emmen vom 4. Juni 1996" (Stand: April 2013) nennt in Art. 1 die Planungsvorschriften. Die Zielebene wird dabei ambitiös als „Charta Emmen" bezeichnet (Art. 1) und erinnert damit sowohl an die „Charta von Athen" (1933) als auch die „Charta von Leipzig" (2007). Neben den Verweis auf die kantonalen Ziele und Grundsätze der Raumplanung, werden sieben kommunale Ziele und Grundsätze auflistet, die bei Planungen und Bewilligungen zu beachten sind. Die beiden ersten aufgeführten Ziele und Grundsätze handeln dabei von der Zentrums- und Platzentwicklung (lit. a) und deren Vernetzung (lit. b). Mit diesen beiden Punkten kommt zum Ausdruck, welch grosse Bedeutung allgemein die Zentrumsentwicklung und dabei insbesondere die Gestaltung und Vernetzung von öffentlichen Räumen (in Emmen besonders Plätze) für die Gemeinde hat. Die weiteren genannten Ziele und Grundsätze befassen sich mit sechs sog. Schlüsselarealen, die zuvor industriell genutzt waren und nun aufgrund des wirtschaftlichen Strukturwandels eine Neuentwicklung erfahren sollten (lit. c), mit den imagebildenden öffentlichen Räumen (lit. d), mit dem Landschaftsschutz (lit. 3), mit der ausgewogenen Wohnentwicklung, wobei damit insbesondere die verstärkte Förderung der Wohneigentumsbildung gemeint ist (lit. f), und mit der kontrollierten Entwicklung der Arbeitszonen (lit. g).

Der Schutz des Orts- und Landschaftsbildes ist jedoch nicht nur auf der Zielebene verankert. Das Baureglement in Emmen macht eine städtebauliche Qualität sogar zur Voraussetzung bei der Bewilligung von Baugesuchen.

> Art. 45 Schutz des Orts- und Landschaftsbildes
> (1) Bauliche und landschaftliche Veränderungen im Gemeindegebiet sind so zu gestalten, dass sie siedlungsbaulich und architektoisch in einer qualitätsvollen Beziehung zur baulichen und landschaftlichen Umgebung stehen.
> (2) Der Gemeinderat ist berechtigt, die Baubewilligung für Projekte oder die Genehmigung von Bebauungs- und Gestaltsungsplänen von siedlungsbaulich und architektonisch qualitätsvollen Lösungsvorschlägen abhängig zu machen. Er kann den Beizug von dafür qualifizierten Architekten oder die Durchführung eines ordentlichen Architekturwettbewerbs fördern und unterstützen.

Im Klartext bedeutet das, dass die beiden Bedingungen aus dem eidgenössischen Raumplanungsgesetzes um eine dritte Bedingung ergänzt wurde. Neben der Zonenkonformität (Art. 22 Abs. 2 lit. a RPG) und der Erschliessung (lit. b) ist die Bewilligung in Emmen auch von der städtebaulichen Qualität abhängig. Eine Bewilligung kann bei unzureichender Qualität verweigert werden. Dies dürfte sowohl im Falle einer tatsächlichen Anwendung, als auch durch die grundsätzliche Anwendbarkeit Wirkung entfalten.

Der Gemeinderat bewertet seine Machtposition entsprechend. Im Zweifelsfall wird mit der Verweigerung der Bewilligung gedroht, woraufhin die meisten Bauwilligen ihr Baugesuch zurückziehen und entsprechend anpassen (vgl. Aussage Gemeinderat Josef Schmidli 17.1.2017). Selbst die tatsächliche Verweigerung von Baubewilligung trotz gegebener Zonenkonformität und vollständiger Erschliessung kam in Emmen bereits vor (ebd.); bei einem Projekt aufgrund der diametralen Bewertung der Projektunterlagen sogar mehrfach. Eine gerichtliche Überprüfung der Rechtmässigkeit dieser Rechtsnorm fand jedoch nicht statt, da der betroffene Eigentümer in der Zwischenzeit verstarb und vorher keine Klage einreichte.

Von zentraler Bedeutung sind bei der Qualitäts-Regulierungen in Emmen die Prozedere zur Bestimmung der städtebaulichen Qualität. Um hier materiel, wie formell die Anforderungen des demokratischen Rechtsstaates zur verfolgen, sind in Emmen entsprechende Erlasse ausgearbeitet worden. Der Vollzugsartikel (Art. 58 BZR Emmen) wurde entsprechend erweitert. Darin heisst es: „Zur Begutachtung von städtebaulich wichtigen privaten und öffentlichen Bauvorhaben und zur Förderung der architektonischen Qualität setzt der Gemeinderat eine Fachgruppe Stadtbild ein" (Art. 58a BZR Emmen). Die Stadtbildkommission hat zu diesem Zweck zwei Verordnungen erarbeitet. Die eine enthält die grundsätzlichen Bestimmungen zur Begutachtung von Plänen und ist somit prozessual orientiert, während die andere eine Liste mit Qualitätskriterien enthält.

10.3.4.3.2   Regulierungen bzgl. Detailhandel bzw. Einkaufszentren

In Emmen wurde 1975 eines der ersten modernen, nach amerikanischer Architektur konzipierten Einkaufszentren der Schweiz eröffnet. Es wurde vom amerikanisch-österreichichen Architekten Victor Gruen entworfen und entspricht den zur damaligen Zeit üblichen Shopping-Center-Architektur. Es hatte ursprünglich eine Verkaufsfläche von 24.000m², welche nach einem Umbau im Jahr 2001 auf 30.000m² vergrössert wurde. Das Projekt war bereits während der ursprünglichen Planungsphase stark umstritten und gilt bei EKZ-Kritikern bis heute als Negativ-Beispiel. Vermutlich auch aufgrund dieser Erfahrung enthält das Luzerner „Planungs- und Baugesetz" (PBG) vom 7. März 1989 (Stand: 1. Juni 2015) ausgedehnte Bestimmungen für Einkaufs- und Fachmarktzentren, auf welche im Emmer Baureglement verwiesen wird.

Als Einkaufs- und Fachmarktzentrum werden dabei „Betriebe von einem oder mehreren Unternehmen des Detailhandels mit einem Warenangebot für Selbstverbraucher und gegebenenfalls von Dienstleistungsunternehmen, deren Nettoflächen in enger räumlicher Beziehung zueinander stehen und die planerisch oder baulich eine Einheit bilden" (§ 169 Abs. 1 PBG-LU). Die Luzerner Definition versteht demnach sowohl die klassische zentrale Anordnung von mehreren Detailhändlern, als auch gleichermassen einen einzelnen Einzelhändler als Einkaufszentrum. Letzteres ist zu betonen, da somit auch Lebensmittel-Discounter unter diese Regelung fallen könnten. Die Unterscheidung zwischen Einkaufs- und Fachmarktzentrum wird im PBG über das Warenangebot gemacht: „Einkaufszentren bieten ohne Einschränkungen auf einzelne Branchen insbesondere Waren für den täglichen häufigen periodischen Bedarf an. Fachmarktzentren führen ein auf einzelne Branchen beschränktes Warenangebot für den mittel- und langfristigen Bedarf. Sie dürfen keine Güter des täglichen und des häufigen periodischen Bedarf anbieten" (Abs. 2 & 3 PBG-LU). Entgegen der umgangssprachlichen Verwendung werden demnach im Luzerner Planungsrecht Supermärkte und Discounter zu Einkaufszentren gezählt.

Als planungsrechtliche Konsequenzen formuliert das Luzerner Gesetz umfangreiche Auflagen. So können Einkaufs- und Fachmarktzentren ab bestimmten Nettoverkaufsflächen nur durch einen Gestaltungs- bzw. Bebauungsplan bewilligt werden. Ein ausschliesslicher Bezug auf die baurechtliche Grundordnung ist demnach nicht ausreichend. Die genannten Schwellenwerte bei der Bebauungsplanpflicht können dabei durch das kommunale Baureglement verringert, nicht aber angehoben werden (§ 170 Abs. 2 S. 2). Sollten diese Schwellenwerte erreicht werden, sind bei der Planung weitreichende Anforderungen zu erfüllen, die Flächennutzung, aber auch Gestaltung und Verwirklichungsmechanismen enthalten (siehe Abs. 3).

	GESTALTUNGSPLANPFLICHT	BEBAUUNGSPLANPFLICHT
Einkaufszentrum	ab 1500m²	ab 6000m²
Fachmarktzentrum	ab 3000m²	ab 10000m²
Quelle	§ 170 Abs. 1	§ 170 Abs. 2

Tabelle 63: Abgestufte Sondernutzungsplanpflichtigkeit verschiedener Planvorhaben. Quelle: Eigene Darstellung gemäss angegebener Quellen

Das Luzerner Planungsrecht ist somit eindeutig auf die planungsrechtliche Steuerung von Shopping Centern ausgerichtet. Die ungewöhnlichen Definitionen machen dabei die konkrete Übertragung und Vergleiche schwierig. Eine striktere planerische Behandlung in Form einer Gestaltungsplanpflicht bei Einkaufszentren unter 1500 m² Verkaufsfläche ist zudem ausgeschlossen. Einzige Ausnahme ist für Einkaufszentren vorgesehen, die gemeindeübergreifende Auswirkungen aufweisen, bei denen keine Verkaufsflächenuntergrenze existiert (§ 170 Abs. 5). Die kommunalen Steuerungsmöglichkeiten für Einzelprojekte sind demnach durch das kantonale Recht äusserst beschränkt. Eingeräumt wird jedoch eine allgemeine Steuerungsmöglichkeit mittels strategischer Planungsinstrumente (insb. mittels dem kantonalen Richtplan), weil in dem entsprechenden Artikel ebenfalls keine Verkaufsflächenuntergrenze genannt wird, sondern auf die allgemeine Definition nach § 169 verwiesen wird. „Einkaufszentren haben sich in die nach dem Richtplan des Kantons, den regionalen Teilrichtplänen und den Richtplänen der Gemeinden sowie nach der kommunalen Nutzungsplanung anzustrebenden Siedlungs- und Versorgungsstruktur einzufügen. Insbesondere haben sich ihre Standort, ihre Grösse und ihr Einzugsgebiet nach der im kantonalen Richtplan umschriebenen Bedeutung und Funktion der Siedlungszentren zu richten, denen sie sich zuordnen lassen" (§ 171 Abs. 1 PBG-LU). Bemerkenswert ist darüber hinaus, dass in jedem Fall die zusätzlichen Kosten dieser Planungen abweichend von der sonst üblichen Regelung (siehe § 66 PBG-LU) von den Gesuchstellern, also von den jeweiligen Investoren zu tragen sind (§ 173).

Zusammenfassen lassen sich diese Regulierung dahingehend, dass zwar weitreichende Bestimmungen erlassen wurden und Lebensmittel-Discounter in die Kategorie der Einkaufszentren fallen, aber aufgrund normalerweise nicht erreichen Mindestverkaufsfläche nicht unter die kantonalen Bestimmungen fallen. Zudem hat der Kanton den Gemeinden weiterreichende Regulierungen erheblich erschwert. Einzig die allgemein gehaltene Standortbestimmung mittels der Richtpläne reguliert die Planung und den Bau von Discountern im Kanton Luzern und in der Gemeinde Emmen.

10.3.4.4   Die Lidl-Filiale am Seetalplatz

Die Lidl-Filiale in Emmen trägt die ID-Nummer 1024L. Die Filiale ist integrierter Bestandteil des Einkaufszentrums ‚Seetalplatz' am gleichnamigen Platz. Der Standort befindet sich knapp 200m vom SBB Bahnhof Emmenbrücke und etwa 300m von der Grenze zur Stadt Luzern. Der historische Ortskern Emmen ist etwa 1.700m entfernt, das neuerrichtete Zentrum (Referenzpunkte Gemeindeverwaltung) etwa 1000m. Dies verdeutlicht, dass Emmen eine polyzentrische Gemeinde ist. Der Standort des Seetalplatz-Einkaufszentrums ist äusserst zentral. In der näheren Umgegbung (südlich und westlich vom Standort) befinden sich Gewerbe- und Industrieareale, die teilweise einem Strukturwandel unterliegen. Auf dortigen Industriebrachen befinden sich auch die Viscosistadt und der Campus der Hochschule Luzern. Direkt südlich angrenzend befindet sich der Fluss kleine Emme. Richtung Norden schliesst sich das Wohngebiet von Emmen an. Im Einkaufszentrum selber sind verschiedene Anbieter des Detailhandels und der

Systemgastronomie sowie ein Kinokomplex. Insofern kann von einer multiplen, aber nicht gemischten Nutzungsstruktur gesprochen werden. Die Erreichbarkeit des Standortes ist mit vielen Verkehrsträgern gegeben. Vor dem Einkaufszentrum wird derzeit ein neuer Knotenpunkt des öffentlichen Verkehrs gebaut, welcher aus einem Zentralen Omnibusbahnhof und der SBB Haltestelle besteht, welche wiederum in das S-Bahnnetz der Stadt Luzern eingebunden ist. Die Situation der Fahrradwege ist aufgrund der Baustellensituation derzeit nicht zu evaluieren. Es kann jedoch davon ausgegangen werden, dass eine gute Veloerreichbarkeit entstehen wird. Unklar ist, ob die Fahrradverbindungen lediglich über die Hauptverkehrsstrassen führen oder eigenständige Verbindungen geschaffen werden. Gleiches gilt für die Fussgängerverbindungen. Die Erreichbarkeit mit dem Auto ist hoch und durch den allgemeinen Anschluss des Einkaufszentrums gegeben.

Das Einkaufszentrum selbst ist im postmodernen Stil errichtet. Die Grundarchitektur erscheint aus den 1990er Jahren, wobei das Einkaufszentrum in den letzten Jahren eine gründliche Renovation erfahren hat. Besonderes Merkmal ist die grosse, gläserne Front zur Strassenseite, welche in dieser Form ungewöhnlich ist für ein Einkaufszentrum. Die Lidl-Filiale selbst ist vollständig in dieses Gebäude integriert. Sie befindet sich im EG zwischen einer Handlung für Tierbedarf und einem Anbieter für Systemgastronomie. Ungewöhnlich für eine Discounter-Filiale ist, dass der Grundriss nicht rechtwinklig ist. Dies ist vermutlich der Grundarchitektur des Gebäudes geschuldet und führt dazu, dass der Kassenbereich etwas zurückversetzt und schräg angeordnet ist. Die Aussendimensionen des Gebäudes definieren die Raumkanten des Platzes und der Gerliswilstrasse.

Neben der bereits erwähnten, offen gestalteten Fassade ist auch die Ausrichtung des Einkaufszentrums ungewöhnlich. Das Gebäude weisst nicht die typische Binnenorientierung auf, sondern richtet sich gen Seetalplatz. Die am Gebäudeäusseren errichteten Werbeanlagen sind am Gebäude direkt angebracht. Freistehende Werbetafeln waren zum Zeitpunkt der Ortsbegehung nicht vorzufinden. Aber dies kann wiederum der derzeitigen Baustellensituation geschuldet sein. Die vorhandenen Werbeanlagen sind gemeinschaftlich ausgeführt. Darüber hinaus sind die weiteren Discounter-typischen Aussenanlagen entweder im Gebäudeinneren oder in der Tiefgarage untergebracht.

Die Aussenraumqualität varriert massiv, je nachdem ob die Vorder- oder die Rückseite des Einkaufszentrums betrachtet wird. Die Vorderseite des Gebäudes ist modern, sauber und offen. Die Übergänge sind ansprechend und sicher gestaltet. Eine grosse Freitreppe verbindet den Eingang mit dem Seetalpatz. Die Strassenquerungen, die zum Bahnhof führen, sind mit Lichtzeichenanlagen gesichert. Der Bereich ist gut illuminiert. Die Rückseite des Gebäudes ist der Zugangsbereich für alle Automobilisten. Hier befindet sich ein oberirdischer Parkplatz, der auch im Untergeschoss des Gebäudes weitergeführt wird. Der dortige Freiraum ist minimalistisch gehalten. Als Gestaltungselement dominiert Asphalt – ergänzt durch einige Leitplanken. Die Beleuchtung vielfach vorhanden, aber in einem schlechten Zustand und zum Zeitpunkt der Besichtigung teilweise defekt. Separate Fussgängerwege existieren nicht. Stattdessen wird der Parksuchverkehr zweispurig über das Gelände geführt. Die Übergänge zu Nachbarparzellen und zum öffentlichen Raum sind willkürlich.

Der Anverkehr wird rückwärtig an die Südseite des Gebäudes herangeführt. Dort befinden sich die zahlreichen Parkplätze, wobei keine eigenen Stellplätze für den Discounter ausgezeichnet werden. Lediglich ein Parkbereich ist empfohlen, um die Wege zum Verladen der Waren zu minimieren. Das Parkieren ist für 1 Stunde kostenlos. Der Abverkehr erfolgt durch eine separate Ausfahrt nördlich des Gebäudes. Die Ausfahrt ist derzeit etwas unübersichtlich, da zwei Ausfahrtsspuren auf eine zweispurige, vielbefahrene Strasse führen. Es ist unklar, ob an dieser Situation im Zuge der laufenden Umbaumassnahmen etwas verändert wird. Die Anlieferung für den Warenverkehr konnte nicht identifiziert werden, sodass dazu keine Aussagen möglich sind.

Insgesamt ist die Filiale für das Erkenntnisinteresse der vorliegenden Arbeit von geringer Bedeutung. Die Filiale wurde in ein bestehendes Einkaufszentrum eingemietet. Die planerischen Hintergründe lassen sich weichen von dem gewählten Fokus ab. So differieren räumliche Herausforderungen und planerische Intervention deutlich. Zudem zeigt sich kaum ein Bezug zur politischen Ausrichtung der örtlichen Planung. Der beschriebene Wandel hin zu einer aktiven Bodenpolitik scheint keinen Bezug zum Standort zu haben – was sowohl zeitlich wie auch materiell begründet ist. Die Art des Standortes ist dabei nicht einzigartig. Die Filiale wird als integrierte Bauweise an einem gewerblichen Standort klassifiziert und gehört daher zur Klasse A5. 30 Filialen weisen ähnliche Charakteristika auf (siehe Baustein A). Hinzu kommen weitere 5 Filialen, die ebenfalls in einem Einkaufszentrum integriert sind, welches sich jedoch im Unterschied zur Filiale in Emmen ausserhalb des Siedlungskörpers befinden (‚Grüne Wiese').

10.3.4.5 Erkenntnisse zur Wirkungsweise

Der Erkenntnisgewinn des Falls Emmen für die vorliegende Arbeit ist vergleichsweise gering. Zunächst einmal musste die Zuordnung von Emmen revidiert werden. Die Indikatorfragen des Fragebogens wiesen Emmen eindeutig als Typ II aus. Der Fragebogen fiel jedoch zeitlich parallel zu einem fundamentalen Politikwandels in der örtlichen Bodenpolitik. Die bisherige Zurückhaltung der Planungsträger am lokalen Bodenmarkt ist durch das Volk gedreht worden. Neuerdings ist in Emmen eine aktive Bodenpolitik (Modell Basel) zu vollziehen. Die Bodeninitiative bezweckte dabei eigentlich die Verhinderung eines spezifischen Projekte (bzw. des Verkauf der Parzelle). Dieser taktische Schritt ist jedoch nicht aufgegangen und dieses Projekt konnte nicht mehr verhindert werden. Nun stellt die Bodeninitiative jedoch eine Art externen Schock der lokalen Politik da, die sich nun neu ausrichten muss. Die notwendigen Mehrheiten wurden dabei in beiden Abstimmungen gewonnen – einmal knapp, einmal deutlich. Dies ist besonders erstaunlich, da Emmen politisch grundsätzlich als bürgerlich-konservativ gilt und die rot-grünen Parteien (die die Initiative eingereicht haben) üblicherweise eine kleine Minderheit darstellen. Dies zeigt, dass die werterhaltene Nichtveräusserung von Boden durchaus auch für konservative Wählerkreise ansprechend ist.

Für die vorliegende Arbeit ist dieser Wandel in der bodenpolitisch sehr interessant. Es führt auch dazu, dass die ursprüngliche Zuordnung zum bodenpolitischen Typen II nicht beibehalten werden kann und nun von einem Typ I-Beispiel gesprochen werden kann. Praktische Auswirkungen konnten jedoch noch keine beobachtet werden, da die Abstimmung erst kürzlich erfolgte und sich in der Planungspraxis noch nicht auswirken konnte.

Diese Erkenntnisse zur Bodenpolitik sind zwar interessant, aber für das vorliegende Forschungsanliegen wenig weiterführend, da kaum ein Zusammenhang zwischen der örtlichen Bodenpolitik (weder vor noch nach der Abstimmung) und der örtlichen Discounter-Filiale besteht. Die Lidl-Filiale ist als klassischer Mieter in einem urbanen Einkaufszentrum integriert und unterliegt daher nicht dem planungs-, sondern mietrechtlichen Rahmenbedingungen. Lediglich das Einkaufszentrum an sich kann als Hinweis verstanden werden. Im Kanton Luzern insgesamt, und in Emmen speziell ist eine langjährige Tradition der Auseinandersetzung mit Einkaufszentren vorhanden, sodass mittlerweile ein gewisses Problembewusstsein vorhanden ist und einige steuernde Regulierungen existieren.

10.3.5   Fallstudie Biberist

Mit knapp 8.000 Einwohnern ist Biberist eine mittelgrosse Gemeinde im Kanton Solothurn. Die Gemeinde ist Teil der Agglomeration der Stadt Solothurn und deren direkter Vorort. Verkehrstechnisch ist die Gemeinde gut erschlossen. Auf dem Gemeindegebiet befindet sich sowohl ein Bahnhof der RBS (S-Bahn und Regionalexpress), wie auch der SBB (Biberist Ost). Zudem führen zahlreiche Buslinien aus dem Umland durch Biberist in Richtung Solothurn.

Die Gemeinde ist ursprünglich industriell geprägt. Besonders östlich der Emme waren bis in die 1990er Jahre verschiedene Anlagen der Schwerindustrie aktiv, die grösste davon gehört zur Stahl Gerlafingen AG. Mit dem allgemeinen Strukturwandel ging auch die industrielle Produktion in Biberist zurück, sodass es sich heute um industrielle Brachen handelt, die erst zum Teil neugenutzt sind. Die weiteren Gemeindegebiete haben periurbanen Charakter und erstreckend sich einerseits entlang der Emme (direkt angrenzend an die Schwestergemeinde Gerlafingen) oder entlang der Bernstrasse.

10.3.5.1   Planerische Herausforderungen

In Biberist gibt es vielfältige planerische Herausforderungen. Von zentraler Bedeutung ist der Grundsatzentscheid im Umgang mit Wachstum. Die Gemeinde hat nach Angaben des Kantons ein Wachstumspotenzial von derzeit 8.400 auf ca. 10.000 Einwohnern. Nach Aussage des befragten Leiter des Stadtplanungsamtes liegt das technische Potenzial sogar noch deutlich höher. Biberist hat demnach bauliche Kapazitäten um bis zu einer Grösse von 15.000 Einwohnern zu wachsen. Ein solches Szenario ist jedoch an eine entsprechende politische Entscheidung geknüpft. Bislang ist ungeklärt, ob in Biberist eine Verdoppelung der Einwohnerzahl politisch erstrebenswert ist.

Unabhängig von dem Zielszenario ist weiteres Wachstum in Biberist mit entsprechenden gesellschaftlichen und planerischen Begleiterscheinungen verknüpft. Dies beginnt bei Fragen der Identität (ist Biberist ein Dorf oder eine Stadt?) und endet bei konkreten Fragestellungen, wie die Planung des zukünftig benötigten Schulraums.

Für jedes der genannten Wachstumsszenarien ist eine Nachnutzung der vorhandenen Brachflächen wesentlich. Das grösste Areal ist die alte Papierfabrik im Osten des Gemeindegebiets. Die Fläche wurde zwischenzeitlich von einem auf Industrierevitalisierung spezialisierten Investor aufgekauft. Aus Sicht der Stadt, so äusserten sich sowohl die befragten Vertreter der Exekutiven, wie auch der Legislativen, ist dabei eine Mischnutzung erwünscht. Der westliche Teil des Areals soll überwiegend mit Wohnnutzungen nachgenutzt werden. Im östlichen Teil ist ein Tech-Park geplant. Der Mittelteil soll für Gewerbenutzungen zur Verfügung stehen.

In diesen Äusserungen über die gewünschte Nachnutzungsart sind auch Ausschlüsse enthalten. So ist politisch entschieden, dass das Areal nicht für ein grossflächiges Einkaufszentrum oder für Logistikflächen zur Verfügung stehen soll. Das Stadtplanungsamt ist mit der Sicherung dieses Ausschlusses beauftragt. Die politischen Motive dahinter liegen insbesondere in der Wertschöpfung. Eine Nachnutzung als Logistikzentrum schafft nicht die Anzahl und die Dichte an Arbeitsplätzen, wie dies politisch vertretbar wäre. Da gleichzeitig der Bedarf an Logistikflächen im Mittelland besonders gross ist, ist die konkrete Gefahr der Umwandlung besonders hoch. Hieraus ergibt sich aus Sicht der befragten Vertreter der Politik und aus Sicht des Mehrheitsbeschlusses des Gemeinderates ein dringender planerischer Handlungsbedarf. Als Rechtfertigung wird dabei auch insbesondere das planungsrechtliche Ziel der haushälterischen Bodennutzung angeführt.

Zur Erreichung dieser Zielstellung wird die Baubewilligung zum Nachnutzungskonzept der alten Papierfabrik an ein Dichteverhältnis geknüpft. Nur wenn das Verhältnis zwischen entstehenden Arbeitsplätzen und der Fläche gut bewertet wird, soll eine Bewilligung erfolgen. Eine entsprechende baureglementarische Absicherung soll schnellstmöglich umgesetzt werden. Durch die

Verwendung der Instrumente Planungszone und Gestaltungsplanpflicht wurde ausreichend Zeit verschaffen, diese Änderung vorzunehmen.

Aus historischen Gründen besitzt die Gemeinde kein einheitliches Dorfzentrum. Die erste Siedlungstätigkeit fand im Bereich des heutigen Oberbiberist seit dem 9. Jahrhundert statt. Seit dem 12. Jahrhundert sind Siedlungen im Bereich des heutigen Unterbiberist nachgewiesen. Die beiden Siedlungsbereiche waren jedoch selbstständig und sind erst seit der Gründung des gemeinsamen Schulhauses im Jahr 1832 funktional verbunden. Die räumliche Verknüpfung fand mit dem Anschluss des Gebiets an das Eisenbahnnetz in den 1870er Jahren statt. Der Bahnhof wurde zwischen den beiden bisherigen Siedlungsteilen errichtet. Nachfolgend siedelten sich Industrieanlagen zwischen den beiden Ortsteilen an und wurden schliesslich durch Wohnungsbauten ergänzt. Ein klassisches, historisch gewachsenes Zentrum ist daher in Biberist nicht vorhanden.

Eine Bestrebung ist daher die Entwicklung eines Zentrums im Bereich Hauptstrasse / Poststrasse. Die dortige Bebauung besteht derzeit aus einer in die Jahre gekommenen Filiale der Post und einem leerstehenden Gewerbebau indem früher eine Zahnarztpraxis war. Das Ensemble ist funktionell derzeit bedeutungslos und bauliche stark sanierungsbedürftig. Aus dieser Ausgangslage heraus soll eine Entwicklung stattfinden, die der Gemeinde Biberist ein Zentrum geben soll und unter dem Projektitel „Zentrum Post" läuft.

Das Projekt wird durch die Vereinigung von drei Parzellen ermöglicht. Dieser Vorgang ist ohne besonderes bodenrechtliches Verfahren möglich, da der Investor (Unique Real AG) die entsprechenden Grundstücke erwerben konnte.

In diesem Zusammenhang ist auch das Projekt Gestaltungsplan Post zu sehen. Mit der Überbauung sollen benötigte Flächen für Kleingewerbe und Detailhandel ergänzt werden. Als Ankermieter dient dabei die Postfiliale. Eine Einbindung eines Lebensmittel-Detailisten stand nicht zur Diskussion. Coop und Migros betreiben je eine Filiale im zentralen Bereich von Biberist. Die Filialen sind baulich nicht sanierungsbedürftig, weshalb kein Anbieter Interesse an einem Ersatzneubau hatte. Als Frequenz bringender Ankermieter ist daher die Post Teil des Projekts.

10.3.5.2 Bodenpolitische Ausgangslage

In der Gemeinde Biberist kann nicht von einer kommunalen Bodenpolitik gesprochen werden. Die Gemeinde führt ein paar einzelne Parzellen in ihrem Eigentum, welche im Finanzvermögen geführt werden. Die Parzellen liegen peripher und sind schlecht erschlossen. Von einem strategischen Vorgehen kann nicht gesprochen werden. Eine Reserve führt zukünftige Verwaltungsaufgaben besteht nicht. Sollten weitere Flächen benötigt werden, sind hierzu bislang keine Vorkehrungen getroffen. Der Flächenbedarf könnte auftreten, wenn das Gemeindewachstum entsprechen gross ausfällt, bspw. in Form von weiterem Schulraumbedarf.

Namentlich sind lediglich zwei einzelne unbebaute Parzellen im Eigentum der Stadt. Der historische Grund, warum diese im Gemeindeeigentum sind, lässt sich heute nicht mehr rekonstruieren. Alle befragten Vertreter der Gemeindepolitik und -verwaltung sind erst nach dem Erwerb ins jeweilige Amt gekommen. Entsprechende Unterlagen waren mit den gegebenen Ressourcen und Prioritäten nicht aufzufinden. So ist das Motiv des damaligen Erwerbs unklar. Einigkeit herrscht jedoch über den zukünftigen Verbleib. Die befragten Vertreter von Politik und Verwaltung sind sich einige, dass die beiden Parzellen bei nächster Gelegenheit entwickelt und weiter veräussert werden sollen. Die Gemeinde wird in diesem Zusammenhang jedoch nicht proaktiv wirken, sondern behält diese Parzellen in der Hinterhand.

10.3.5.3   Die Aldi-Filiale auf dem Gloria-Areal und die Lidl-Filiale an der Solothurnstrasse

In Biberist gibt es sowohl eine Aldi-, wie auch eine Lidl-Filiale. Die Lidl-Filiale ist deutlich jünger und befindet sich am Ortsrand in einem Gewerbegebiet. Die Aldi-Filiale ist deutlich älter und ist ausserhalb des Biberister Siedlungskörper am Stadtrand von Solothurn. Für die vorliegende Arbeit ist die Aldi-Filiale von deutlich grösserer Bedeutung, weshalb ihr mehr Aufmerksamkeit zu Teil wird. Die Lidl-Filiale wird nur am Rande und zur allgemeinen Vollständigkeit erwähnt.

10.3.5.3.1   Aldi-Filiale auf dem Gloria-Areal

Bereits kurz nach der Eröffnung der ersten Aldi Suisse-Filiale wurde das Unternehmen auf die Region Solothurn und den Standort *Gloria-Areal* in Biberist aufmerksam. Im November 2006 startete die unternehmensinterne Planung einer möglichen Filiale und innerhalb eines Monats wurden die notwendigen Vorabklärungen mit der Gemeindeverwaltung und -politik getroffen. Bereits zum 30. April 2007 erfolgte die Eingabe eines Gestaltungsplans samt Raumplanungsbericht (vgl. Raumplanungsbericht Aldi-Biberist 2008: 9-11, zit. als BSB & Partner 2008). Das Projekt wurde insgesamt sehr zügig voran getrieben und lediglich durch die kantonale Vorprüfung verzögert. Diese hatte ergeben, dass das Vorhaben grundsätzlich zulässig ist, jedoch genauer Abklärungen zu einzelnen Aspekten zu tätigen sind. Von kommunaler Seite waren keine hinderlichen Bedenken angebracht worden.

Bemerkenswert ist, dass, obwohl der Standort keinen funktional-räumlichen Bezug zum Siedlungsgebiet von Biberist aufweist, dieser dennoch zur Einzelhandelsstruktur der Gemeinde beitragen soll. „Das Vorhaben stellt einen Beitrag zur weiteren Entwicklung der Gemeinde Biberist bzw. zur Diversifizierung der Einkaufsmöglichkeiten in Biberist dar" (BSP & Partner 2008: 8). Ein möglicher Konflikt mit der Ortsplanung von Solothurn wird nicht gesehen. Zwar plant die Stadt Solothurn im Stadtteil Obach (etwa 700m entfernt) neue Wohnbebauungen und einen zentralen Lebensmittelversorger (Coop), allerdings war die Planung noch nicht ausreichend weit fortgeschritten. „Die Auswirkungen des Vorhabens auf die Nutzungsplanung im Gebiet Obach sind heute insofern schwierig zu beurteilen, als für die Entwicklung dieses Gebiets erst konzeptmässige Vorstellungen bestehen" (Raumplanungsbericht Aldi-Biberist 2008: 9). Ausserdem sei allein durch die räumliche Nähe die Aldi-Filiale auf dem Gloria-Areal im Einvernehmen mit der möglichen Planung in Obach. „Das Gloria-Areal entspricht diesem Konzept insofern, als es auch direkt an der Entlastungsstrasse-West liegt" (BSP & Partner 2008: 9).

Für den Standort Gloria-Areal sprechen aus Sicht des Unternehmens die gute Erreichbarkeit und Erschliessung samt ausreichender Parkierungsmöglichkeiten sowie die Möglichkeit ein Ladengeschäft von ca. 1.000m² Verkaufsfläche im Neubau als alleiniger Nutzer errichten zu können (vgl. BSP & Partner 2008: 11). Die Filiale soll dabei lauf Selbstauskunft „einem gut ausgebauten Quartierladen entsprechen" (BSP & Partner 2008: 23), auch wenn alle anliegenden Quartiere mindestens 600m entfernt liegen (vgl. BSP & Partner 2008: 15). Aufgrund der räumlichen Distanz zum nächsten Wohngebiet ist der Standort „zwar peripher. Aber unter Einbezug der Vorstadt mit den nahe gelegenen öffentlichen Einrichtungen (Bürgerspital, Schule) liegt es nach der Realisierung des Aareüberganges der Entlastungsstrasse sehr wohl zentral" (BSP & Partner 2008: 9). Dieser konfusen Argumentation ist anzumerken, dass das angesprochene Spital 1,3km und damit doppelt so weit wie das Wohngebiet entfernt ist, die Schule ebenfalls im Wohngebiet Vorstadt liegt und etwa 700m entfernt ist und der angesprochene Aareübergang eine Verbindung zum gewerblichen Entwicklungsschwerpunkt Solothurn-West darstellt. Worauf sich die diagnostizierte Zentralität herleitet, bleibt nicht nachvollziehbar. Näherliegend ist die Annahme, dass die Filiale gar keine Funktion als Quartierladen, sondern für (automobile) Pendler gedacht ist. Dies ist als Nebenaspekt auch bei der unternehmerischen Standortbeschreibung enthalten. „Nicht zuletzt bietet der Standort eine günstige Einkaufsmöglichkeit für Arbeitspendler sowie allgemein alle Benützer der Bürenstrasse" (BSP & Partner 2008: 12)

Als Reaktion auf die kritische Haltung des Kantons wurde der Raumplanungsbericht überarbeitet und um weitere Untersuchungen ergänzt. Ermittelt wurden die Auswirkungen auf die Bereiche (1) Siedlung, Infrastruktur und Wirtschaft, Natur und Landschaft, Abstimmung Siedlung und Verkehr, und Wasser Boden Altlasten. (1) Im Bereich Siedlung wird die städtebauliche Qualität, wie auch das Planungsziel der haushälterischen Bodennutzung thematisiert. In beiden Fällen erfolgt ausschliesslich der Vergleich zu bestehenden Situation und überwiegend die Betrachtung der Parzelle. Der Einbezug der Umgebung sowie alternativen Planungen bzw. der Perspektive der Ortsplanung erfolgt nicht. Das Areal „ist heute mit alten, weitgehend leerstehenden Industrie- und Gewerbebauten überbaut. Die Bauten weisen architektonisch keine besonderen Qualitäten auf [...]. Insgesamt wird sich mit den geplanten Veränderungen gegenüber heute ein wesentlich grosszügiger Eindruck des Gebiets einstellen" (BSP & Partner 2008: 17-19). Ein Aldi ist also qualitativ besser als eine Industriebrache - bezogen auf die Quantität der Bodennutzung.

Gesamthaft betrachtet wird Aldi-Filiale in Biberist durchaus kreativ begründet. Der Hauptbezugs-punkt der argumentativen Herleitung ist die bisherige Situation des Parzelle als Industriebrache innerhalb der bestehenden Bauzone. Im Vergleich dessen, führe die Aldi-Filiale „insgesamt zu einer Verbesserung der Gesamtsituation gegenüber dem aktuellen Zustand" (BSP & Partner 2008: 25), wie an mehreren Stellen argumentiert wird. Durch die Umnutzung müsse keine neue Bauzo-ne ausgewiesen werden, weshalb dies „eine der haushälterischsten Bodennutzungen überhaupt" sei (BSP & Partner 2008: 34).

Die Perspektive der Ortsplanung wird dabei nicht eingenommen. Ehrlicherweise wird dies auch nicht behauptet. Offen wird kommuniziert, dass „die Zweckmässigkeit des geplanten Bauvorhabens dazulegen" und nicht etwa abzuwägen ist (BSP & Partner 2008: 5). Dementsprechend werden die periphere Lage, die geringe bauliche Ausnützung und die möglichen Auswirkungen auf die Nach-bargemeinde Solothurn nicht thematisiert. Als positives Merkmal wird lediglich die Möglichkeit zur Deckelung der vermuteten Altlasten angeführt. Die Planungsträger der Gemeinde sind allen Forde-rungen der Investoren offen, solang eine gangbare Lösung für den Umgang mit den Altlasten ver-folgt wird, was in diesem Falle aus einer Deckelung in Form des Parkplatzes stattfindet.

10.3.5.3.2 Die Lidl-Filaile an der Solothurnstrasse

Die Lidl-Filiale in Biberist trägt die ID-Nummer 2513L. Die Filiale befindet sich an der Bü-renstrasse 91. Der Standort der Filiale ist etwa 3200m vom Gemeindezentrum (Referenzpunkt Rathaus Biberist) bzw. 1100m vom Zentrum Solothurns (Referenzpunkt Bahnhof) entfernt. Funk-tional-räumlich handelt es sich um eine Filiale ausserhalb des Siedlungskörpers (sog. „Grüne Wiese") an der Zubringerstrasse zur Autobahn 5 (Ausfahrt Solothurn-West). Nördlich und nord-westlich grenzt das Flussufer der Aare an den Standort an. In Nordöstlicher Richtung folgt mit etwa 450m Abstand zunächst das Schulhaus Solothurn-Vorstadt und daran angrenzend das Solo-thurner Wohnquartier Vorstadt. Südlich und westlich der Filiale befinden sich landwirtschaftliche Flächen sowie ein Pferdehof. Daran schliess das Waldgebiet Oberwald und der Hunnenberg an. Der Standort ist mit dem Auto gut erreichbar. Für Velofahrer ist ein eigener Streifen auf der Kantonsstrasse vorgesehen. Zudem ist direkt vor der Filiale eine Postbushaltestelle eingerichtet. In Fussdistanz der Filiale befinden sich keine Wohngebäude.

Stadtstrukturell handelt es sich um eine standardisierte Filiale mit entsprechend geringer Qualität. Architektonische Bezüge zur regionalen Baukultur oder sonstigen Elemente sind nicht zu erkennen. Gleiches gilt für die städtebauliche Integration in den baulichen Kontext. Da im näheren Umfeld keine prägenden Raumkanten vorhanden sind, können diese durch die Filiale nicht fortgeführt werden.

Auf Objektebene ist ebenfalls festzustellen, dass es sich um eine Filiale in der standardisierten Bauweise handelt. Dementsprechend sind nur wenige Besonderheiten auf Ebene der Objektqualität vorhanden. Bemerkenswert ist, dass die Öffnung der Filiale gen Westen, also in Richtung der landwirtschaftlichen Flächen angelegt ist. Eine Werbeanlage befindet sich zudem direkt an der Kantonsstrasse. Eine weitere befindet sich an der Ostseite in Richtung der Autobahnauffahrt. Der weitere Aussenraum ist funktional gestaltet. Die Anlieferung ist frontal in Richtung Kantonsstrasse angeordnet.

Der Parkplatz folgt der standardisierten Bauweise. Eine Begrünung bestehend aus neun Bäumen ist vorhanden. Die Randstreifen sind einfach gestaltet. Ein Übergang vom öffentlichen Raum ist im Norden des Geländes vorhanden und führt zu einem Fussgängerüberweg über die Kantonsstrasse. Auf dem Gelände selber wird dieser Übergang nicht weitergeführt, sondern mündet direkt auf dem Parkplatz. Die Beleuchtung ist funktional und ausreichend.

Die Erschliessung der Filiale ist schwierig. Die Erschliessung richtet sich zunächst eindeutig an Automobilisten. Die Erreichbarkeit mit dem Langsam- und dem öffentlichem Verkehr ist grundsätzlich gegeben, aber wenig ausgeprägt. Der Autoverkehr wird von Solothurn kommend über eine kurze Linksabbiegerspur geführt. Dies führt zu einer Verschwenkung der Fahrbahn aus Osten. Zusammen mit der kurz zuvor durchgeführten Geschwindigkeitsreduzierung führt dies zu konfliktreichen Sichtschwierigkeiten und entsprechenden Gefahren bei der Auto-Erschliessung. Der Lieferverkehr wird über dieselbe Zuwegung geführt. gut. Der Parkplatz weisst insgesamt 87 Parkplätze auf.

Insgesamt handelt es sich bei der Filiale um eine standardisierte Filiale der Klasse D6. Sie ist in offener Bauweise als solitäre Filiale errichtet worden und befindet sich ausserhalb des Siedlungskörpers. Die Aldi Filiale in Biberist steht damit stellvertretend für die zweitgrösste Gruppe der Discounter-Filialen in der Schweiz. 41 Filialen weisen ähnliche Rahmencharakteristika auf (siehe Baustein A). Sie steht dabei auch für den am stärksten kritisierten Typen, wie die Verwendung als Kampagnenmotiv der Jungen Grünen im Rahmen der Zersiedelungsinitiative zeigt.

10.3.5.3.3 Lidl-Filiale

Dass dieses Vorgehen in Biberist keine einmalige Ausnahme ist, zeigt auch der Blick auf die zweite Discounterfiliale im Gemeindegebiet. Etwas früher als die Aldi-Filiale wurde auch ein Standort vom Lidl-Konzern in Biberist geplant. Diese Planung ist bemerkenswert, weil sie verdeutlich, wie gering das Problembewusstsein von Seiten der öffentlichen Hand ist und wie einseitig die planungsrechtlichen Instrumente zur Anwendung kommen. Die Lidl-Filiale wurde ebenfalls durch einen Gestaltungsplan planungsrechtlich begleitet (10. Juni 2008). Wie bereits bei der Aldi-Filiale ist auch dieser ein privat-initiierter Gestaltungsplan. Das Discounterunternehmen beauftragt und bezahlt dabei ein privates Planungsbüro mit der Ausarbeitung des Plans, welcher dann öffentlich legitimiert werden kann.

Diese Konstellation wird auch im dazugehörigen Planungsbericht an einigen Punkten deutlich. So beginnt der Planungsbericht mit dem Abschnitt „Standortkonzept". Damit ist jedoch kein Konzept zur planvollen Ansiedelung von Grundversorgern im Gemeindegebiet gemeint, wie das von den öffentlichen Planungsträgern zur Wahrung des öffentlichen Interesses zu erwarten (aber nicht zwingend vorgeschrieben) ist. Stattdessen wird hier klar die Perspektive des Discounterunternehmens eingenommen und die Ergänzung der neuen Filialen im bestehenden bzw. angepeilten Filialnetz des Unternehmens aufgezeigt. „Die Firma möchte sich im Raum Solothurn etablieren und plant daher an diversen Standorten um die Stadt Solothurn Filialen zu errichten. […] Die Standorte liegen an den wichtigsten Ein- bzw. Ausfallachsen in der Agglomeration Solothurn. Mit diesem Konzept soll das Verkehrsaufkommen bei den Lidl-Standorten minimal gehalten und regionaler Kundenverkehr vermieden werden" (Raumplanungsbericht Lidl-Biberist 2008: 1, zit.

als Planteam S 2008). Dieser Ausschnitt zeigt in bemerkenswerter Klarheit, dass nicht die öffentlichen Interessen (also die planungsrechtlichen Ziele der Raumplanung), sondern rein die Standortanforderungen des Unternehmens im Vordergrund stehen. Gleichzeitig wird offen zugegeben, dass diese Standorte an grossen Verkehrsachsen und nicht an der Zentralität des Standortes ausgerichtet werden. Die entsprechende Formulierung (im zweiten Satz des obigen Zitats) zeigt zudem zweierlei. Erstens wird von der Grundannahme ausgegangen, dass Kunden spezifisch zu Lidl fahren möchten und nicht generisch zu einem Lebensmittel-Versorger. Nur so ist zu erklären, warum regionaler Kundenverkehr durch ein solches Filialnetz vermieden werden kann. Hier zeigt sich nochmals deutlich, dass nicht die raumplanerische Versorgung der Bevölkerung mit Grundversorgern, sondern das firmeneigene Filialnetz im Vordergrund stehen. Zweitens ist die Aussage dieses Abschnitt mit Blick auf die Zulässigkeitsprüfung zu verstehen. Im klaren Bewusstsein der rechtlich entscheidenen Kriterien (Zonenkonformität und Erschliessung) wird bereits eine Vorwegnahme der verkehrsplanerischen Prüfung der Erschliessung getätigt. Dass diese Aussage im weiteren Verlauf des Berichts relativiert werden muss, bleibt in dieser Klarheit der Aussage verdeckt. Die präzise verkehrsplanerische Betrachtung wird ergeben, dass die Filiale 1.190 Fahrten am Tag induziert, wovon etwa 50-80 % Neufahrten sind (Planteam S 2008: 13-16).

10.3.5.3.4 Prüfung der Planungsrechtlichen Zulässigkeit

Bei den weiteren planungsrechtlichen Abklärungen wird deutlich, dass die klaren Kriterien (kantonale Richtplanung, Verkehr, Umwelt) gegenüber den weiteren Kriterien (Gestaltung) Priorität haben. Aber auch hierbei wird durch die selektive

Bei der Erarbeitung des Gestaltungsplans zur Lidl-Filiale wird punktuell auf den kantonalen Richtplan eingegangen. Es wird darauf hingewiesen, dass die Gemeinde Biberist eine Entwicklungsgemeinde in Zentrumsnähe ist (vgl. Planteam S 2008: 2). Hierdurch kann direkt eine „wichtige Versorgungsfunktion" abgeleitet werden, weshalb „die Ansiedelung einer Lidl-Filiale in Biberist dem kantonalen Richtplan nicht widerspricht" (Planteam S 2008: 2). Die Grundsätze der kantonalen Richtplanung bleiben unerwähnt. Aus diesen wäre abzuleiten gewesen, dass diese wichtige Versorgungsfunktion der Gemeinde Biberist zwar zutreffend ist, allerdings damit keine peripheren Standorte gemeint sind. Grundsatz 2 beschreibt, dass die Zentren gezielt bezüglich ihrer Attraktivität als Wohn-, Arbeits- und Einkaufsort gestärkt werden sollen (vgl. Kanton Solothurn 2000: SW1). Grundsatz 5 fügt zudem hinzu, dass die Gemeinden des ländlichen Raumes nicht in ihrer Funktionsfähigkeit gestört werden sollen (vgl. Kanton Solothurn 2000: SW1). In Kombination ist daher die wichtige Versorgungsfunktion der Gemeinde Biberist nicht als blanko-Zulässigkeit jeglicher Verkaufsaktvität zu verstehen. Auch in den Gemeinden, denen grundsätzlich eine Versorgungsfunktion zukommt, hat die Standortwahl gemäss raumplanerischen Kriterien zu folgen. Eine solche solche differenzierte Interpretation der kantonalen Planung erfolgte beim Gestaltungsplan Lidl nicht. Durch die ausschliessliche Darstellung der Teilinformation (Biberist als Entwicklungsgemeinde in Zentrumsnähe) lässt sich die pauschale Zulässigkeit der Lidl-Filiale erklären. Auch die (tatsächlich relevante) Erwähnung der Siedlungstrenngürtel ergibt keine vollständige Prüfung der kantonalen Vorgaben.

Ähnlich wird auch auf ortsplanerischer Ebene agiert. Hingewiesen wird auf die Gestaltungsplanpflicht, die sich aus dem Zonenbeschrieb im Baureglement für Lebensmittelverteiler ergibt, und auf das Gebot zur gebührenden Rücksichtnahme auf das Orts- und Landschaftsbild (vgl. Planteam S 2008: 3). Im weiteren Verlauf der planungsrechtlichen Begründung der Lidl-Filiale wird dieses Gebot jedoch auf den Aspekt des Landschaftsbildes reduziert. Hier werden tatsächlich einige Auflagen erarbeitet. So werden detaillierte Bestimmungen zur Versiegelung, zu ökologischen Ausgleichsflächen und zur Bepflanzung gemacht (vgl. Planteam S 2008: 6, 8-9). Der städtebauliche Aspekt des Standorts und das Gebot zur Rücksichtnahme auf das Ortsbild wird mit einem einzigen Hinweis bagatellisiert: „Heute wird dieser Ortseingang durch die bestehende ESSO-Tankstelle markiert" (Planteam S 2008: 7). Eine weitere Auseinandersetzung mit dem Thema erfolgt nicht.

Die gleiche Vorgehensweise ist im Umgang mit dem Leitbild der Gemeinde zu erkennen. Statt (wie bei der Aldi-Filiale) das veraltete Leitbild heranzuziehen, wurde im Lidl-Fall der Gemeinderat um eine ersatzweise Stellungnahme gebeten. Darin wird festgehalten, dass „Standorte von Lebensmittelmärkten an den Haupteingangsachsen der Einfallstrassen [...] möglich [... und] zu begrüssen sind. Mit diesem Standort werden zudem die Bewohner der nördlichen Quartiere Chrüzi und Bleichenberg sowie die umliegenden Arbeitsgebiete versorgt" (vgl. Planteam S 2008: 4). Aus dieser positiven Einstellung gegenüber Lebensmittelmärkten in Industriegebieten wird paradoxerweise ein gegenteilig lautender Grundsatzentscheid abgeleitet: „Die Versorgung der Bevölkerung mit Gütern des täglichen Bedarfs wird grundsätzlich im Ortszentrum der Gemeinde sichergestellt. Von diesem Grundsatz ausgenommen sind kleinere Quartierläden (mit weniger als 500m² Verkaufsfläche) und Standorte an den Hauptverkehrsachsen zum Agglomerationszentrum Solothurn (Läden von höchstens 1.000m² Verkaufsfläche), welche der Versorgung der umliegenden Wohn- und Arbeitsquartiere dienen" (Planteam S 2008: 4). Die Aussage klingt zunächst danach, als sei eine Versorgung der Bevölkerung mit zentralen Standorten erwünscht. Der erste Satz lässt dieses politische Leitbild ableiten, wenngleich dies nur als Grundsatz und daher nicht bindend zu verstehen ist. Mit dem zweiten Satz belegt der Gemeinderat gleich zweifach, dass einerseits kein Wissen über die räumlichen Auswirkungen von grossflächigen Lebensmittelmärkten vorhanden ist, und andererseits dies in Ausführungen mündet, die gegenseitig widersprüchlich sind. Standorte, die erstens an der Hauptverkehrsachse liegen, zweitens bis zu 1000m² Verkaufsfläche aufweisen und drittens der Versorgung der umliegenden Quartiere dienen sollen, sind schwerlich miteinander vereinbar. Mindestens ein Kriterien wird sicherlich gebrochen. Die beiden anliegenden Quartiere im konkreten Fall (Chrüzi und Bleichenberg) haben zusammengenommen jedoch deutlich weniger Einwohner, als das Kundenpotenzial eines Lebensmittelmarkt mit 1.000m² Verkaufsfläche aufweist, weshalb der Standort bereits aus ökonomischer Sicht mehr als nur ein Standort zur Versorgung der umliegenden Quartiere ist. Der Gemeinderat hat hier also kein eindeutiges, widerspruchsfreies Konzept und krönt diese Position mit dem populistischen Hinweis auf die idyllischen Quartiersläden. Einerseits kommt hier ein idealisierter politischer Wunsch zum Vorschein, dass diese Läden der gewünschten Siedlungsstruktur entsprechen und daher zu fördern sind, gleichzeitig werden diese Kleinstläden mit der Zulassung von grossflächigen Detailhandel ihrer ökonomischen Basis entzogen und daher realpolitisch im selben Satz eliminiert. Der Hinweis ist daher als zynische Leerformel zu verstehen.

Die instabile Position des Gemeinderats wird auch durch die Verfasser und Auftraggeber des Gestaltungsplans weiter adäquat gewürdigt. Die einzige feste Grenze, die der Gemeinderat in seiner Aussage gezogen hat, nämlich das Verkaufsflächenlimit von 1.000m², wird bei der Planung der Lidl-Filiale trocken ignoriert. Die Filiale weist eine Nettoverkaufsfläche von 1.110m² bzw. eine Bruttoverkaufsfläche von 1.530m² auf (vgl. Planteam S 2008: 5). Damit ist die reale Verkaufsfläche deutlich grösser, als die vom Gemeinderat als politisch erwünschte (aber rechtlich nicht bindende) Obergrenze – sogar unabhängig davon, ob der Gemeinderat sich auf Brutto- oder Nettoberechnung bezieht. Die politischen Vorgaben des Gemeinderats sind demnach in zweierlei Hinsicht zusammenzufassen: Einerseits sind sie inhaltlich widersprüchlich und andererseits werden sie bei der planungsrechtlichen Erarbeitung der Lidl-Filiale schlicht ignoriert.

Ernst genommen wird hingegen der Aspekt der Erschliessung, insb. der Verkehrsplanung. Hierzu wird sogar ein eigenes Fachgutachten herangezogen, welches die verkehrlichen Auswirkungen der Filiale ermittelt und als unbedenklich bewertet. „Die ermittelte Fahrtenerzeugung liegt mit rund 1.110 bzw. 1190 Fahrten / Tag deutlich unter dem in Kanton Solothurn für verkehrsintensive Nutzung geltenden Wert von 1500 Fahrten" (Planteam S 2008: 14), sodass keine weitergehenden kantonalen verkehrsrechtlichen Beschränkungen entstehen. „Die Ansiedelung des Lidl-Lebensmittelmarktes führt zu einer Verkehrszunahme und erhöht gering Wartezeiten und Stau-längen auf der Solothurner- und der Holzackerstrasse. Die Verkehrsqualität wird allerdings immer noch als ‚gut' qualifiziert" (Planteam S 2008: 19). Weshalb auch hierbei kein Bedarf für weitere Massnahmen abgeleitet wird.

Neben der Erschliessung erfolgt eine umfangreiche Prüfung der Umweltaspekte, welche in einem separatem Bepflanzungsplan mündet. Darüber hinaus wurden weitere, technische Abklärungen hinsichtlich des Waldabstandes, der Luftreinhaltung, des Lärmschutzes, von Erschütterungen, des Grundwasser, von Altlasten, der Entwässerung und von Naturgefahren getroffen. All diese Prü-fungen haben keine weiteren, nennenswerten Ergebnisse ergeben.

Die Lidl-Filiale in Biberist trägt die ID-Nummer 2513L. Die Filiale befindet sich an der Holz-ackerstr. 2. Der Standort der Filiale ist etwa 1200m vom Gemeindezentrum (Referenzpunkt Rat-haus) entfernt. Funktional-räumlich handelt es sich um ein Gewerbegebiet, welches klassisch am Rand des Siedlungskörpers an der Ausfallstrasse (in Richtung Solothurn) gelegen ist. Die Filiale ist von zwei Seiten mit dem Siedlungskörper verbunden. Südöstlich grenzt ein Gewerbegebiet mit Fachgeschäften und Handwerksbetrieben an, wobei das direkte Nachbargrundstück zum Zeit-punkt der Begehung unbebaut ist. Im Osten (auf der anderen Seite der Solothurnstrasse) schliesst ein Wohngebiet mit geringer Dichte (überwiegend Einfamilienhäuser) an. In Richtung Westen schliesst ein Waldgebiet an die Filiale an. In Richtung Norden befindet sich ein ca. 600m breiter landwirtschaftliche genutzter Korridor, ehe dann der Solothurner Siedlungskörper beginnt. Die Nutzungsstruktur des Grundstücks ist monofunktional. Auf dem Grundstück befindet sich ledig-lich die Filiale mitsamt ihrer Nebenbauten. Der Standort ist mit dem Auto gut erreichbar. Mit dem Velo kann der Standort ebenfalls gut erreicht werden. Dabei besteht einerseits die Möglichkeit die Velomarkierung auf der Solothurner Strasse zu verwenden. Zudem ist andererseits auch eine Vermeidung dieser Hauptverkehrsstrasse möglich, indem die Filiale (vom Zentrum aus gesehen) via Holzackerstrasse rückwärtig angefahren wird. In Fussdistanz der Filiale finden sich lediglich wenige Wohngebäude, sodass die fussläufige Erreichbarkeit zu vernachlässigen ist. Auf der Solothurnstrasse, direkt vor der Filiale, befindet sich eine Bushaltestelle, sodass auch eine Er-reichbarkeit mit dem öffentlichen Verkehr gegeben ist.

Stadtstrukturell handelt es sich um eine standardisierte Filiale mit entsprechend geringer Qualität. Architektonische Bezüge sind nicht zu erkennen. Gleiches gilt für die städtebauliche Integration in den baulichen Kontext. Da im näheren Umfeld keine prägenden Raumkanten vorhanden sind, können diese durch die Filiale nicht fortgeführt werden.

Auf Objektebene ist ebenfalls festzustellen, dass es sich um eine Filiale in der standardisierten Bauweise handelt. Dementsprechend sind nur wenige Merkmale der Objektqualität vorhanden. Eine Übernahme von regionaltypischen Elementen, bspw. in der Fassadengestaltung, ist nicht festzustel-len. Bemerkenswert ist jedoch die offene Gestaltung mittels einer breiten Fensterfront an der stras-senseitigen Fassadenseite. Zudem ist eine Ausrichtung des Baukörpers auf den Kreuzungsbereich vorzufinden. Sowohl an der Haupt-, wie auch an der Nebenstrasse befinden sich freistehende Wer-beanlagen. Sie prägen die Aussenwirkung dominant. Der sonstige Aussenraum ist funktional gestal-tet. Ein baulich integrierter, überdachter Unterstand für Fahrräder und Einkaufswagen befindet sich links neben dem Eingang. Die Anlieferung ist seitlich in Richtung Wald angeordnet. Auf der Rück-seite der Filiale (Nordfassade) befindet sich eine Regenwasserversickerungsgrube.

Der Parkplatz orientiert sich an der standardisierten Art. Eine allgemeine Begrünung ist vorhan-den und vorwiegend mit pflegeleichten Pflanzen ausgestaltet. Auf dem Gelände sind einige Bäu-me vorhanden. Das Alter lässt darauf schliessen, dass im Zuge der Filialerrichtung vier Bäume gepflanzt wurden. Die weiteren Bäume, insb. an der Holzackerstrasse, sind älter als die Filiale und als Grundstücksbegrenzung aufgenommen worden. Sie bilden an der Nebenstrasse ein Kantenelement. Die Übergänge von der Filiale zum öffentlichen Raum sind gut gelöst. Der Höhenunterschied von etwa 2m wird durch eine kleine Treppe und zusätzlich durch eine Barrierefreie Rampe überwunden. Die Übergänge verbinden den Haupteingang der Filiale mit dem Kreisel und der dortigen Bushaltestelle. Abgesehen davon sind die Grundstücksübergänge durch niedrige Begrünung markiert, aber offen gestaltet. Die Beleuchtung ist funktional und ausreichend.

Die Erschliessung der Filiale ist insgesamt gut. Neben der bereits erwähnten multimodalen Erreichbarkeit ist insbesondere der An- und Abverkehr mit dem Auto konfliktarm gelöst. Die Erschliessung der Filiale findet über die Nebenstrasse Holzackerstr. statt, welche wiederum durch einen mittelgrossen Kreisel an die Hauptstrasse Solothurnstr. angebunden ist. Es ist daher nicht davon auszugehen, dass der zusätzliche Verkehr zu grösseren Verkehrsstörungen führt. Der Lieferverkehr wird ebenfalls auf diesem Erschliessungsweg geführt und muss dann auf dem Parkplatz an die Laderampe manövrieren. Eine dezidierte Innenerschliessung erfolgt ausschliesslich für den Autoverkehr. Fussgängerbereiche sind nicht vorhanden. Der Parkplatz weisst insgesamt 80 Parkplätze auf.

Insgesamt handelt es sich bei der Filiale um eine standardisierte Filiale der Klasse D5. Sie ist in offener Bauweise als solitäre Filiale errichtet worden und befindet sich in einem Gewerbegebiet am Siedlungsrand. Die Lidl Filiale in Biberist steht damit stellvertretend für die grösste Gruppe der Discounter-Filialen in der Schweiz. 56 Filialen weisen ähnliche Rahmencharakteristika auf (siehe Baustein A). 34 weitere Filialen sind ebenfalls ähnlich, aber zusätzlich in einem Cluster angesiedelt (Klasse C5).

10.3.5.4   Erkenntisse zur Wirkungsweise

Die Fallstudie Biberist kann zusammenfassend als Beleg verstanden werden, für die der vorliegenden Arbeit zugrunde liegenden Nullhypothese. Sowohl die Lidl Filiale im Gewerbegebiet als auch die Aldi Filiale am Autobahnzubringer verkörpern das Gegenteil der planungspolitisch geforderten Raumentwicklung. Die Lidl Filiale steht dabei für den häufigsten Discounter-Fall in der Schweiz. Die standardisierte Filiale am Siedlungsrand entspricht weitestgehend den Investorenvorstellungen. Die Planungsträger hatten lediglich in einigen Einzelaspekten explizite Belange und haben diese mittels technokratischen Vorgehensweise durchzusetzen vermocht. So konnte die Erschliessung der Filiale massgeblich beeinfluss werden. Darüber hinaus gehende öffentliche Interessen bestanden in der Wahrnehmung der Planungsträger nicht und wurden entsprechend nicht tangiert. Die Aldi Filiale entspricht zwar der politisch deutlich heftiger debattierten Filialklasse, wenngleich diese schweizweit weniger häufig ist. Die Filiale hat keine funktionalräumliche Verbindung zum Biberister Siedlungskörper. Sie steht stattdessen im Zusammenhang mit der Stadt Solothurn, bzw. genauer gesagt: mit den aus der Stadt Solothurn herausführenden Verkehrsachsen. Planungsrechtlich handelt es sich um eine Revitalisierung einer vormals industriell genutzten Brachfläche, weshalb alle nutzungsrechtlichen Instrumente zur Verhinderung von Discountern auf der grünen Wiese ins Leere liefen, da diese auf den Fall der Neuausweisung ausgerichtet sind (greenfield development). Die negativen Auswirkungen der Filiale betreffen lediglich die Solothurner Bevölkerung, weshalb die verantwortlichen Biberister Planungsträger keine entsprechende Sensibilisierung aufweisen.

Bei beiden Filialen werden zudem nochmals die Investoreninteressen deutlich. So ist bei beiden Filialen ausschlaggebend, dass die Flächen schnell, günstig und ohne grosse planungsrechtliche Beschränkungen verfügbar sind. Die wenigen Auflagen, die von Seiten der Planungsträger gemacht wurden, sind von den Unternehmen ohne gerichtliche Auseinandersetzung akzeptiert worden, um eine möglich rasche Realisierung zu ermöglichen. Hier zeigt sich, dass die Politikressource Zeit für die Unternehmen von grosser Bedeutung ist und ggf. der Politikressource Recht hintenansteht.

Von Seiten der öffentlichen Planungsträger wird dabei eine äusserst passive Haltung eingenommen. Die personellen und finanziellen Ressourcen sind begrenzt, entsprechend gering ist die Wahrnehmung der notwendigen und möglichen Einflussnahme. Besonders illustrativ ist das anhand der Gutachten zu erkennen. Die Gemeinde nutzt die Möglichkeit sehr gerne, dass die privaten Akteure die planungsrechtlich notwendigen Gutachten (und sogar Plandokumente) erstellen und deren Kosten übernehmen. Die Gemeinde selber hat keine Kapazität diese Gutachten selber zu erstellen oder auch nur zu prüfen. Als Resultat werden diese Dokumente durch die entsprechenden Gremien akzeptiert und erhalten öffentlich-rechtliche Verbindlichkeit.

Auf den Punkt gebracht wird dies durch einen Satz, der in dem von Aldi beauftragten und durch den Gemeinderat zu Gesetzeskraft erhobenen Raumplanungsbericht steht: „Aus Sicht der Raumplanung steht damit der Realisierung des Vorhabens der Aldi Suisse AG nichts im Wege" (BSP & Partner 2008: 35). Dieser Satz ist vielsagend, wie missverständlich zugleich. Zutreffend ist, dass Raumplanung in der Fallstudie Biberist tatsächlich im Sinne einer Negativplanung zu verstehen ist und damit ausschliesslich geprüft wird, ob einem spezifischen Vorhaben irgendetwas im Wege steht. Anders formuliert ist es irrelevant, was politisch, gesellschaftlich gewollt ist. Relevant ist lediglich, ob etwas rechtlich verboten ist. In dieser Aussage schrumpft die Politik der Raumplanung auf ein Minimum zusammen. Mit der Fokussierung auf die Verhinderung von unzulässigen Vorhaben wird jeder steuernde, gestaltende Anspruch eliminiert. Gleichzeitig ist in dem Satz ein Missverständnis enthalten. Der Planungsbericht und die darin getätigten Aussagen sind nicht ‚die Sicht der Raumplanung'. Die Privatisierung der hoheitlichen Planung hat dazu geführt, dass ein von Aldi beauftragtes und bezahltes privates Planungsbüro die planungsrechtliche Prüfung des Vorhabens durchführt und dabei feststellt, dass keine Aspekte dem Interesse Aldis im Wege stehen. Im Gegenteil: Nach Einschätzung des Berichtsautors trägt „die geplante Aldi-Filiale als eingeschossiger, nicht unterkellerter Bau mit einem vorgelagerten oberirdischen Parkplatz für Kunden den Gegebenheiten des Areals bestmöglich Rechnung" und ist „eine der haushälterischsten Bodennutzungen überhaupt" (ebd.: 34).

Dabei zeigt sich an der Fallstudie Biberist, dass nicht die Übermacht des private Akteur (wie Aldi oder Lidl) für das Ergebnis ausschlaggebend ist, sondern die Schwäche der öffentlichen Akteure. Aldi und Lidl nutzen die Flexibilität aus, die durch die Privatisierung der Planung (insb. durch die Gestaltungspläne) entstanden sind. Admiinistrative oder politische Korrekturmöglichkeiten werden dabei in der Fallstudie Biberist kaum genutzt.

10.3.6   Fallstudie Oberburg

Oberburg ist ein Vorort von Burgdorf im Kanton Bern mit etwa 3000 Einwohnern. Namensgebend ist die „obere Burg", als Abgrenzung zum Schloss in der Nachbargemeinde. Die Gemeindegrenze wurde durch das alte Überschwemmungsgebiet der Emme bestimmt, bevor der Fluss begradigt wurde, sodass die Gemeinde nicht mehr direkt am Flusslauf liegt. Im ehemaligen Überschwemmungsgebiet siedelten sich seit dem späten 19. Jhdt. (insbesondere nach der Eröffnung der Bahnlinie Langnau-Burgdorf im Jahr 1881) verschiedene Industriebetriebe an. Der Bahnhof Oberburg und einige dieser Betriebe befinden sich auf Burgdorfer Gemeindegebiet. Die Siedlungskörper sind in diesem Bereich lückenlos zusammengewachsen.

Oberburg ist ein klassisches Strassendorf und besitzt kein historisches Zentrum. Neben dem alten Kirchplatz, welches etwas oberhalb am Hang liegt, zieht sich auch die historische Bebauung entlang der Emmentalstrasse. Entsprechend schwach ausgeprägt sind gastronomische Angebote und das touristische Potenzial. Die wenigen Detailhändler sind entlang der Emmentalstrasse angesiedelt. Die Strasse ist mit einer durchschnittlichen Verkehrsbelastung von etwa 18.000 Fahrzeugen pro Tag prägend und zerteilt den Siedlungskörper in Nord-Süd-Ausrichtung.

Die Bevölkerungsentwicklung ist in der Zeit der Industrialisierung stark angestiegen und seit etwa hundert Jahren auf einheitlichem Niveau. Von dynamischer Entwicklung ist hingegen die örtliche Industrie. Während das Dorf mit Aufstieg der Industrie wuchs (insb. durch die beiden örtlichen Giessereien), findet seit nunmehr zwei Dekaden ein Deindustrialisierungsprozess statt.

Aus politischer Sicht gilt es daher zu verhindern, dass sich Oberburg zu einem reinen Schlafdorf entwickelt. Der lebendige, aber dörfliche Charakter soll erhalten bleiben. Dazu ist die Hauptstrasse einladender zu gestalten, wozu auch Einkaufsmöglichkeiten zählen.

10.3.6.1   Planerische Herausforderungen

Aus dieser grundsätzlichen politischen Zielstellung lassen sich einige planerische Herausforderungen ableiten. Die Zentrumsentwicklung kann dabei als Querschnittsaufgabe angesehen werden. Daneben ist auch mit den Auswirkungen der enormen Verkehrsbelastung auf der Emmentalstrasse umzugehen. Zudem sind die verschiedenen Brachflächen in Oberburg zu revitalisieren. Als besondere (und für die Schweiz untypische) Rahmenbedingung ist dabei zu beachten, dass all diese Aufgaben in einem Umfeld angegangen werden müssen, welches ohne Wachstum auskommt.

Auch die Nahversorgung stellt explizit eine Herausforderung für Oberburg da. Die als Migros-Filiale an der Emmentalstrasse wurde bereits vor einigen Jahren geschlossen, da das Gebäude den heutigen Anforderungen an einen Supermarkt nicht mehr entspricht. Das Geschäft wird heute von einem Bike-Laden genutzt. Neben der zu geringen Verkaufsfläche waren explizit die Ästhetik und die Parkplatzproblematik Gründe für die Schliessung.

Das Oberburger Zentrum soll demnächst wieder einen Grossverteiler beheimaten. An der Emmentalstrasse ist der Neubau einer Coop-Filiale geplant. Die erforderlichen Grundstücke wurden von Coop bereits aufgekauft. Der Planungsprozess behandelt derzeit die Frage im Umgang mit der Altbebauung. Das derzeit darauf befindliche Gebäude ist denkmalrechtlich geschützt. Voraussichtlich wird ein Abriss ermöglicht, wobei an selber Stelle ein ähnlicher Baukörper errichtet werden muss.

Zur planungsrechtlichen Steuerung der Zentrumsentwicklung wurde in der Ortsplanung zu Beginn der 1990er Jahre die ZPP Zentrum installiert. Vorstellung war damals, dass die privaten Investitionen durch die öffentliche Hand koordiniert werden sollten und so an der Kreuzung Emmentaler-/Bahnhofsstrasse ein Dorfzentrum entstehen sollte. Aus heutiger Sicht, so der befragte Bauverwalter, ist die damalige Vorstellung aus zweierlei Aspekten unrealistisch. Erstens seien derzeit überhaupt keine Investitionen geplant. Statt einer Koordinierung wäre vielmehr eine Akquirierung von Investitionen notwendig. Problematisch ist dabei, zweitens, dass fast alle Gebäude denkmalrechtlich geschützt sind, sodass bauliche Massnahmen kaum möglich sind.

Ausserhalb des geplanten Zentrums bewirkt die örtliche Bautätigkeit vorwiegend den Erhalt der Bevölkerungszahl. Bevölkerungswachstum hat seit hundert Jahren nicht mehr nennenswert stattgefunden und ist auch für die Zukunft nicht prognostiziert. Innere Verdichtung findet demnach nur bezogen auf die Geschossflächen, nicht bezüglich der Bevölkerung statt.

10.3.6.2   Bodenpolitische Ausgangslage

Die Gemeinde Oberburg verfolgt keine aktive Bodenbevorratung. Die Gemeinde hat in den vergangenen drei Dekaden lediglich zwei Parzellen für nicht öffentliche Zwecke erworben. Bei beiden handelt es sich um Restflächen, die schwer bebaubar und bis heute unbebaut sind. Eine Fläche soll, wenn möglich, im Rahmen der Gewerbeüberbauung Krieggasse eingebracht werden. Konkrete Nachfrage besteht jedoch nicht. Die andere Fläche wurde umgezont und wiederveräussert. Ein strategischer Ankauf von Flächen findet nicht statt.

Die Planungsträger in Oberburg verfolgen ihre Ziele mit einer Drei-Säulen-Strategie. Die wesentlichen Bausteine sind dabei

1) die positivrechtliche Formulierung von städtebaulichen Qualitätsansprüchen,
2) der negativplanerische Ausschluss von Discountläden in bestimmten Zonen,
3) die Verwendung von Sonderbauvorschriften.

Das Baureglement in Oberburg enthält sowohl in seiner altrechtlichen Version von 1996, als auch in der revidierten Version von 2014 eine bemerkenswerte Eigenschaft. Das Oberburger Baureglement[92] stellt im baupolizeilichen Abschnitt Gestaltungsanforderungen:

> Bauten und Anlagen sind so zu gestalten, dass zusammen mit der bestehenden Umgebung eine gute Gesamtwirkung entsteht (vergleiche Anhang I). Bei Bauten, welche diesen Gestaltungsansprüchen nicht genügen, können im Baubewilligungsverfahren Bedienungen und Auflagen verfügt oder Projektänderungen verlangt werden
> (Art. 6 BauO-1996. Eigene Hervorhebung).

Die Beurteilung über die Erfüllung dieser Bestimmung und die Ausarbeitung der Auflagen und Änderungen wird durch die Ortsplanungskommission getroffen (Abs. 2), welcher damit eine weitreichende Entscheidungsbefugnis zukommt.

Die genauere Umschreibung, was unter einer „guten Gesamtwirkung" zu verstehen ist, erfolgt im Anhang des Reglements (Anhang I BauR-1996). Dort ist zu lesen, dass Bauvorhaben sich in die Landschaft, in das Quartier oder in das Strassenbild einfügen müssen. Spezifisch wird dabei auf die Lage und Ausrichtung des Gebäudes, die Volumetrie und Gebäudeproportion, und auf die Dachform und Fristrichtung geachtet. Insbesondere an exponierten Lagen kommen zudem noch die Fassadengestaltung und die Dachaufbauten als Beurteilungsaspekte hinzu. Mit exponierten Lagen sind dabei nicht nur die klassischen Hanggebiete, sondern auch explizit die Ortsschutzgebiete gemeint. Für Bauvorhaben in zentralen, sprich dichten Quartieren, wird zudem auf eine hohe Nutzungs- und Gestaltungsqualität der Aussenräume Wert gelegt, die sich durch klare Strukturierung (Kantengestaltung) und Begrünung von Parkplätzen auszeichnet. Mit diesen Bestimmungen soll erwirkt werden, „dass sich neue Bauvorhaben in die bestehende Umgebung einordnen und ihre Beeinträchtigung auf Nachbarparzellen zu beschränken" (ebd.).

Mit der Überarbeitung des Baureglements im Rahmen der Ortsplanungsrevision erfahren die Gestaltungsansprüche eine weitere Ausdifferenzierung. Das ausführende private Planungsbüro zur Erarbeitung des neuen Baureglements erhielt dabei von der Gemeindepolitik explizit den Auftrag, die Regeln zu vereinfachen (vgl. Interview Lüdi 2016). Dieser Grundsatz ist im Reglementstext mehrfach wiederholt: „Das neue Baureglement lässt grössere Spielräume" und „regelt nicht alles" (BauR-2014: 6-7). „Dieser allgemeine Baugestaltungsgrundsatz sowie die allgemein gehaltenen Gestaltungsregelungen ersetzen detailliertere Regelungen" (BauR-2014: 28). Die angesprochene verringerte Regelungsdichte und der gegebene Spielraum lassen sich im Text nur schwerlich nachvollziehen. Die alte Regelung (Art. 6 plus Anhang I BauR-1996) ist durch einen eigenen Abschnitt mit 23 Artikeln ersetzt worden.

Trotz der umfangreichen Erweiterung der Gestaltungsanforderungen hat in einem wesentlichen Punkt tatsächlich eine Reduktion stattgefunden: Die formelle Einbindung der Gestaltungsansprüche in den Planungsprozess ist ersatzlos gestrichen worden. Während im alten Baureglement die Ortsplanungskommission ermächtigt wurde Auflagen zur Planänderung zu erlassen, falls die

---

[92] Baureglement der Einwohnergemeinde Oberburg vom 2. Juli 1996

Kriterien der guten Gesamtwirkung nicht erfüllt sind, fehlt dieser Mechanismus im neuen Reglement. Stattdessen wird an die Moral der Beteiligten appelliert. „Wer baut, übernimmt Verantwortung gegenüber der Mitwelt. [...] Ein sorgfältiger Einbezug der umgebenden Landschaft sollte
selbstverständlich sein. [...] Durch den frühzeitigen Einbezug der Behörden kann sowohl der
Verfahrensablauf vereinfacht wie auch das Resultat verbessert werden" (BauR-2014: 6).

Noch präziser werden der Fairnessgrundsatz und die Qualitätssicherung beschrieben:

> Der Gebrauch der vorliegenden Vorschriften richtet sich nach dem folgendem Grundsatz:
> Offene und freue Meinungsäusserung, Akzeptieren anderer Meinungen, gegenseitige Rück-
> sichtnahme, Hilfsbereitschaft, Ehrlichkeit, Konfliktbereitschaft, rechtzeitige Information,
> Respekt vor Menschen, Tieren und Pflanzen (Fairnessgrundsatz)
> Das Baureglement regelt nicht alles. Es belässt genügend Spielraum, um z.B. in der Bau-
> und Aussenraumgestaltung auf unterschiedliche Gegebenheiten einzugehen. Diese müssen
> sorgfältig analysiert werden. Das Baureglement bietet Erweiterungen des Gestaltungsspiel-
> raums an; allerdings unter der Voraussetzung, dass die Siedlungs- und architektonische
> Qualität gewährleistet ist (Qualitätssicherung)
> (BauR-2014: 7)

Die Erreichung dieser gewünschten Qualität soll schliesslich durch die verantwortungsbewusste
Interpretation durch Projektverfassende und Baubewilligungsbehörden erreicht werden. Rein
rechtlich sind letztere jedoch auf eine beratende Rolle beschränkt und können im Konfliktfall
kaum agieren. Die Zonenkonformität kann bei nicht erfüllter Qualität wohl in seltensten Fällen
abgesprochen werden, sodass die Regelungen nach Art. 12 bis 35 als unvollständige Regulierung
anzusehen ist.

Darüber hinaus sind verschiedene weitere Änderungen im Baureglement geplant. So soll die
Ausnützungsziffer ersatzlos gestrichen werden. Im Sinne der inneren Verdichtung wird kein Sinn
darin gesehen eine obere Beschränkung festzuhalten. Diese Änderung soll auch als Anreiz zur
Verdichtung verstanden werden. Darüber hinaus soll bei den Dachformen eine grössere Vielfalt
und Flexibilität zugelassen werden. Dies ist sowohl aus ökologischen, wie auch investitionstech-
nischen Gründen notwendig. Insgesamt herrscht eine grosse und zunehmende Nachfrage nach
Flachdächern zur Installation von Photovoltaikanlagen. Aus umweltpolitischen Gründen soll
dieser Nachfrage nachgegeben werden, auch wenn baukulturelle Gründe entgegenstehen. Auf die
Entscheidung könnte auch Einfluss gehabt haben, dass sich im Ort ein Hersteller für Photovolta-
ikbauteile befindet. Schliesslich sollen auch Veränderungen, insb. Vereinfachungen und Locke-
rungen, der Regelungen der Grenzabstände vorgenommen werden. All diese Änderungen sollen
auch als Anreiz für mehr Investitionen wirken.

10.3.6.2.1 *Explizite Erwähnung und Ausschluss von Discountläden aus bestimmten Zonen (Negativplanung)*

Eine wesentliche Bestimmung zum Umgang mit Lebensmittel-Discountern ist in den Zonenbe-
schreibungen zu finden. Hier wird einerseits positiv bestimmt, welche Nutzungsarten zugelassen
sind. Daneben finden sich auch Ausschluss-Bestimmungen, welche Nutzungsarten in den jeweiligen Zonen unzulässig sind.

Art. 1 BauR legt fest, dass in den Wohnzonen (W2 und W3) ausschliesslich Wohnen und stilles
Gewerbe als Nutzungsart zulässig sind. Letzteres bezieht sich dabei auf die Regelung in der kantonalen Bauverordnung (Art. 90 Abs. 1 BauV). Demnach umfasst der Begriff stilles Gewerbe
auch solche Nutzungen, die weder durch den Betrieb noch durch den verursachten Verkehr stö-

rend wirken (bspw. Lärm, Erschütterungen, dgl.). Das kommunale Baureglement weist in der nicht verbindlichen Erläuterung darauf hin, das dies auch Lebensmittelgeschäften zur Deckung des täglichen Bedarfs umfassen. Lebensmittel-Discounter dürften nicht unter dieses Begriffsverständnis fallen und sind daher in der Wohnzone von Oberburg ausgeschlossen.

Weniger eindeutig sind die Regelungen zur Mischzone. In der Mischzone (M3) sind zunächst Wohn- und Dienstleistungsnutzungen sowie stilles bis mässiges störendes Gewerbe zulässig. Als mässig störendes Gewerbe werden u.a. auch Verkaufsläden gefasst, die störend, aber nicht gesundheitsgefährdend auf die anliegenden Wohnnutzungen wirken. Die Abgrenzung ist dabei nicht eindeutig. Eine direkte Gesundheitsgefährdung ist jedoch weder direkt durch den direkten Betrieb eines Lebensmittel-Detailhändlers noch indirekt durch den verursachten Verkehr nachzuweisen. Von daher sind solche Einrichtungen durch den allgemeinen Begriff nicht ausgeschlossen. Um hier eine Klarstellung zu erlangen, beinhaltet das Oberburger Baureglement noch einen expliziten Zusatz. Demnach werden in Mischzonen „gewerbliche Nutzungen, die ein überdurchschnittlich hohes Mass an quartierfremden Motorfahrzeugverkehr verursachen" ausgeschlossen (Art. 1 Abs. 1 Pkt. 3 BauR). Auch hier ist wieder unklar, wann von einem überdurchschnittlichen quartierfremden Verkehr ausgegangen werden kann. Zur weiteren Klarstellung ist festgehalten, dass damit Einkaufszentren und Discountläden zu verstehen sind. Eine rechtssichere Definition bleibt jedoch aus, sodass fraglich bleibt, ob diese Regelung alleinstehend einen rechtlich wasserdichten Ausschluss von Discountern bewirkt. Um abschliessende Sicherheit zu erlangen wird schliesslich auf die kantonale Gesetzgebung verwiesen (Art. 20 Abs. 3 BauG), wobei hier lediglich auf Einkaufszentren und nicht auf Discounter eingegangen wird. Gesamthaft beinhaltet das Oberburger Baureglement den politischen Wunsch, Discounter (wie schon in der Wohnzone) auch in der Mischzone auszuschliessen. Ob die getroffene Regelung dagegen rechtlich eindeutig ausgearbeitet wurde, bleibt jedoch zu hinterfragen.

Eindeutig sind hingegen die Regelungen bzgl. der Arbeitszone. In Oberburg wird zwischen zwei Arten der Arbeitszone (A1 und A2) unterschieden. Die Arbeitszone 1 (ehem. Gewerbezone) ist demnach für Gewerbe- und Büronutzungen vorgesehen. In der Arbeitszone 2 (ehem. Industriezone) sind Industrie- und Büronutzungen zulässig. Weitere Bestimmung betreffen lediglich solche Nutzungsarten, die besonders nachteilige Auswirkungen auf die umgebende Wohnsituation haben. Demnach sind (ohne Berücksichtigung der kantonalen Regelungen) Lebensmittel-Discounter als Gewerbebauten in der Arbeitszone 1 eindeutig zulässig, während sie in der Arbeitszone 2 eindeutig ausgeschlossen werden.

Die Regelungen im Oberburger Baureglement sind dabei nicht erst mit der Ortsplanungsrevision von 2013 eingeführt worden. Auch das alte Baureglement von 1996 beinhaltet bereits ähnliche Bestimmungen. So ist der Ausschluss aus der Wohn- (Art. 23 BauR-1996) und der Industriezone (Art. 26) mit ähnlichen Formulierungen aber gleichem Regelungsinhalt enthalten. Die Zulässigkeit in der Gewerbezone (Art. 25) ist ebenfalls identisch. Und – bemerkenswerterweise – die explizite Erwähnung in der Wohn- und Gewerbezone (Art. 24) ist ebenfalls vorhanden. Bereits seit mindestens 1996 sind demnach Discounterläden in dieser Zone namentlich erwähnt und ausgeschlossen.

Gesamthaft umfasst das Oberburger Baureglement in der heute gültigen, wie auch in der vorangegangenen Version Bestimmungen zur Zulässigkeit von Lebensmittel-Discountern in den verschiedenen Zonen. Bemerkenswert ist, dass sog. *Discountläden* in der Wohn- & Gewerbe- bzw. in der heutigen Mischzone explizit angesprochen und ausgeschlossen werden. Noch bemerkenswerter ist, dass das bereits im Baureglement von 1996 enthalten ist. Die Regelung ist dabei als starke – und vorausschauende – politische Willensäusserung zu verstehen. Die rechtliche Bewertung der Regelung kann nicht abschliessende getroffen werden. Von einem vollumfänglicher Ausschluss, der ggf.

auch gerichtsfest ist, kann jedoch allein aufgrund dieser Regelung nicht ausgegangen werden. Das kommunale Baureglement verweist daher zusätzlich auf die kantonale Regelung.

10.3.6.2.2 Sondernutzungsplanpflicht für Einkaufszentren (Art. 19/20 BE-BauG)

Kommunale Bauordnungen und Zonenpläne sind überlicherweise auf die lokalen Verhältnisse und die bisherige Art der Bebauung ausgerichtet. Gerade kleinere Gemeinden sind damit nicht auf Bauvorhaben vorbereitet, die diesen traditionellen und konventionellen Kontext abweichen, obwohl gerade diese aussergewöhnlichen Projekte eine überdurchschnittliche Notwendigkeit der planerischen Steuerung im Sinne von Art. 2 RPG haben. Das bernische Baurecht geht auf diesen Umstand ein und bestimmt seit 1976,[93] dass für Bauten, die „wesentlich von der baurechtlichen Grundordnung der Gemeinde abweichen" (sog. *besondere Bauten und Anlagen*) eine Bewilligung nur auf Grundlage einer Überbauungsordnung erlassen werden kann (Art. 19 BauG). Eine Bewilligung auf Grundlage des Nutzungszonenplans (Art. 22 RPG) oder über den Ausnahmeweg (Art. 26 BauG) ist demnach ausgeschlossen.

Also solche besondere Bauten und Anlagen werden explizit auch Einkaufszentren verstanden (siehe Art. 19 Abs. 2 BauG).[94] Sollten Lebensmittel-Discounter in diesem Sinne als Einkaufszentren gelten, unterstehen sie also einer besonderen Planungspflicht und können nur mittels einer Überbauungsordnung bewilligt werden. Die hätte zur Folge, dass a) eine gesonderte planungsrechtliche Ordnung für das Bauvorhaben erarbeitet werden muss, dass b) der Entscheidung über diese Ordnung keine einfache administrative Bewilligung, sondern eine demokratische Entscheidung darstellt und entsprechend durch Abstimmung durch das Volk oder das Parlament getroffen wird, und dass c) die Planung auf ihre Rechtmässigkeit und Vereinbarkeit bzgl. der übergeordneten Planungsziele und ggf. auch bzgl. der Zweckmässigkeit gesondert geprüft wird (vgl. Zaugg/Ludwig 2013: 258). Überbauungsordnungen für besondere Bauten müssen zudem explizit mit den ortsplanerischen Konzepten vereinbar sein (Art. 21 BauG), womit zunächst Nutzungs-, Erschliessungs- und Verkehrskonzepte angesprochen, aber im weiteren Sinne auch Zentren- und Detailhandelskonzepte verstanden werden.

Die näheren Bestimmungen (Art. 20 BauG) führen aus, dass Einkaufszentren in zwei bestimmten Fällen von dieser Sondernutzungsplanpflicht betroffen sind: Innerhalb von Geschäftsgebieten, wenn die baupolizeilichen Masse überschritten werden, also die Gebäudedimensionierung, die Ausnützung und/oder der Gewerbeanteil von dem Regelungsinhalt des baurechtlichen Grundordnung abweicht. Ausserhalb der Geschäftsgebiete, wenn die Verkaufsfläche 500m² überschreitet. Einkaufszentren innerhalb der baurechtlichen Grundordnung innerhalb der Geschäftsgebiete, sowie Einkaufszentren ausserhalb der Geschäftsgebiete mit weniger als 500 m² Verkaufsfläche bedürfen keiner Überbauungsordnung. Die Regelung bewirkt darüber hinaus, dass eine Ausnahmebewilligung eines Einkaufszentrums innerhalb des Geschäftsgebiets nicht zulässig ist (vgl. Zaugg/Ludwig 2013: 266).

Für die Auslegung dieser Regelung sind daher drei Aspekte zentral: Wie wird die (1) Verkaufsfläche bestimmt und was ist unter den Begriffe (2) *Geschäftsgebiet* und (3) *Einkaufszentrum* zu verstehen.

Der erste Punkt ist am schnellsten geklärt, da in der Bauverordnung eine entsprechende Klärung vorgenommen wurde. Demnach umfasst die anzurechnende Verkaufsfläche die Bruttogeschossfläche aller Verkaufsräume (Art. 24 Abs. 2 BauV). Demnach werden Erschliessungs- und Vorkassenbereiche mit berücksichtigt; Lager- und Nebenräume dagegen nicht. Die so definierte

---

[93] Die entsprechende Regelung war zunächst in der Verordnung über den Bau von Einkaufszentren (EKZV) vom 15. Dezember 1976 zu finden. Mit der Revision des Baugesetzes vom 9. Juni 1985 ist diese Regelung in das kantonale Baugesetz übernommen und integriert worden.

[94] Eine Auflistung von bundesgerichtlichen Entscheiden, die diese besondere Planungspflicht bestätigen und die Abgrenzung der besonderen Bauten zum Gegenstand haben, ist zu finden in: Zaugg/Ludwig (2013): 256

Verkaufsflächen von modernen Lebensmittel-Discounter überschreiten diese Grenze deutlich (siehe Kap. 6) und fallen somit unter diesen Regelungsaspekt.

Die Bestimmung, was ein Geschäftsgebiet ist, erscheint zunächst ebenfalls einfach, enthält jedoch ein interessantes Detail. Unter «Geschäftsgebiet» sind die in den Nutzungsplänen (Art. 57 Abs. 2) ausgeschiedenen Geschäftszonen und Kernzonen verstanden sowie bestehende Orts- und Quartierzentren, soweit diese bereits überwiegend mit Dienstleistungsbetrieben belegt sind. (Art. 20 Abs. 3 BauG)

Obwohl der Begriff bundesrechtlich nicht erwähnt ist, erscheint diese kantonale Definition somit klar. Alle in den Zonenplänen als Geschäfts- oder Kernzonen bezeichneten Gebiete fallen in die Kategorie der Geschäftsgebiete. Darüber hinaus werden auch Orts- und Quartierszentren umfasst, selbst wenn diese einer anderen Zone zugeordnet sind, aber den Dienstleistungscharakter aufweisen. Dagegen werden die anderen Zonen nicht als Geschäftsgebiete bezeichnet. Solange diese Gewerbezone nicht überwiegend mit Dienstleistungsbetrieben belegt sind, sind Einkaufszentren demnach ohne Überbauungsordnung in Gewerbezonen nicht zulässig (vgl. Zaugg/Ludwig 2013: 266).

Abschliessend ist zu klären, ob es sich bei einem Lebensmittel-Discounter um ein Einkaufszentrum handelt. Die Bauverordnung führt dn Begriff aus dem Baugesetz folgendermassen aus:

> Einkaufszentren sind Verkaufseinheiten des Detailhandels, die aus einem oder aus mehreren Geschäften bestehen und ein breites, mehreren Geschäftszweigen angehörendes Warensortiment anbieten.
> (Art. 24 Abs. 1 BauV)

Demnach umfasst der Begriff Einkaufszentrum drei wesentliche Teilaspekte: Die Orientierung an den Endverbraucher (Detailhandel) ist bei Lebensmittel-Einzelhändlern gegeben. Die Tatsache, dass ein Einkaufszentrum (baulich und/oder organisatorisch) aus mehreren Geschäften bestehen kann, ist selbsterklärend. Der bernische Regierungsrat umfasst jedoch auch solche, die jediglich aus einem Geschäft bestehen. Demnach kann auch eine freistehende Filiale ein Einkaufszentrum sein und auch der zweite Aspekt ist erfüllt. Unklar ist der dritte Aspekt. Ein Detailhandel ist nur dann als Einkaufszentrum zu verstehen, wenn ein breites, mehreren Geschäftszweigen angehörendes Warensortiment angeboten wird. Lebensmittel-Discounter haben (anders als der Name vermuten lässt) neben den Lebensmittel als Güter des täglichen Bedarfs auch periodisch wechselnde Angebote aus völlig anderen Warensegmenten (bspw. Gartengeräte, Elektronikartikel, Reisedienstleistungen). Diese sind als Lock- und Werbeartikel von grosser Bedeutung, machen jedoch bezogen auf die Verkaufsfläche und das Gesamtsortiment einen kleinen Teil aus. Eine eindeutige Auslegung erscheint hier schwierig. Auch die Rechtsprechung ist wenig hilfreich, da widersprüchlich. Lebensmittelgrossverteiler wie Coop und Migros sind in der Rechtsprechung als Einkaufszentren zu bewerten, da sie ein breites Angebot führen, welches über Lebensmittel hinaus geht (vgl. Zaugg/Ludwig 2013: 265 mit Verweis auf VGE 18977 vom 8.2.1994 E. 5c). Gleiches gilt für Fachmärkte, wie bspw. Heim- und Hobby-Geschäfte (vgl. Zaugg/Ludwig 2013: 265 mit Verweis auf BVR 2004 S. 33 E. 4a) oder Möbel (vgl. Zaugg/Ludwig 2013: 265 mit Verweis auf BGer 1A.136/2004 vom 5.11.2004 E. 2). Ein Geschäft, welches Wohnbedarfsgegenstände (Möbel und Lampen, etc) (vgl. Zaugg/Ludwig 2013: 266 mit Verweis auf VGE 17653 vom 19.12.1988 E. 2) anbietet, wird hingegen ebenso wenig als Einkaufszentrum angesehen, wie eine Liegenschaft, wo Elektronik- und Erotikartikel, sowie Schuhe und Autos angeboten wurden (vgl. Zaugg/Ludwig 2013: 266 mit Verweis auf VGE 22407 etc. vom 13.7.2006 E. 7.2.3). Eine abschliessende rechtliche Klärung, ob Lebensmittel-Discounter als Einkaufszentren zu bewerten sind, muss demnach noch erfolgen. Die enge Auslegung des mehrere Geschäftszweigen angehörigen Warensegments bei Lebensmittel-Supermärkten und Fachmärkten, legt jedoch eine solche Betrachtung nahe.

Dieser Einschätzung folgend, unterliegen Lebensmittel-Discounter erhöhten formellen und materiellen Anforderungen. Formell ist zunächst eine Überbauungsordnung zu erarbeiten, welche demokratisch zu erlassen ist. Materiell müssen sich die Bauvorhaben den Siedlungskonzepten entsprechen. „Sie müssen zwar in den Konzepten nicht geradezu vorgesehen sein, sie dürfen diese aber nicht stören" (Zaugg 1995: 191). Dies betrifft insbesondere die Lebensfähigkeit bestehender Orts- und Quartierszentren, die Versorgungsmöglichkeit der nicht-mobilen Bevölkerung, den Erhalt des Ortscharakters und die verkehrlichen Beeinträchtigungen (vgl. Zaugg 1995: 191). Zusätzlich ist auch die verkehrliche Anbindung sicherzustellen. So ist eine Überbauungsordnung nur rechtmässig, wenn eine gute Erreichbarkeit mit öffentlichen Verkehrsmittel gewährleistet ist und durch den motorisierten Individualverkehr keine Überlastung der öffentlichen Strasse zu erwarten ist (vgl. Zaugg 1995: 191).

10.3.6.2.3 Abgestufter Mehrwertausgleich

Mit Wirkung zum 1. November 2013 trat das kommunale Reglement über die Spezialfinanzierung „Abgeltung der Planungsmehrwerte" in Kraft. Die Regelung erfüllt vorwegnehmend die bundesrechtlichen Forderungen aus dem revidierten RPG und enthält zudem einen Mechanismus, um eine weitere bodenpolitische Zielstellung (namentlich die Mobilisierung des Baulandes) sicherzustellen.

Der Bestimmung nach, soll der Planungsausgleich nicht erst bei Überbauung, Baugesuch oder Verkauf, sondern auch zeitlich gestaffelt fällig werden. Fünf Jahre nach der entsprechenden Zuweisung zur Bauzone wird ein erster Teilbetrag des Mehrwertausgleichs fällig. Weitere Teilbeträge folgen nach sieben bzw. zehn Jahren. Mit diesem Mechanismus soll ein finanzieller Anreiz zur tatsächlichen Überbauung der Flächen gegeben werden.

Der Mehrwert umfasst dabei gesamthaft den bundesrechtlich vorgeschriebenen Mindestsatz von 20 %. Darüber hinaus sind privatrechtliche Verträge in Oberburg üblich, die auch weitere und andere Arten des Mehrwertausgleichs berücksichtigt. Als Beispiel ist die Coop-Tankstelle im Siedlungskern zu nennen. Neben dem reinen Mineralölbetrieb ist auch eine Verkaufsfläche zugelassen worden, sodass eine entsprechende Anzahl an Parkplätzen erstellt werden musste. In den Verhandlungen mit dem Grundeigentümer hat die Gemeinde dabei eine Sonderlösung erzielen können. Die Parkplätze können bei entsprechenden Grossveranstaltungen auch für die angrenzende Mehrzweckhalle mitgenutzt werden. Damit entfällt für die Gemeinde die Notwendigkeit weitere Parkplätze zu errichten. Diese öffentliche Nutzbarkeit der Parkplätze ist im Grundbuch als Dienstbarkeit eingetragen worden und wurde bei der Gesuchstellung als nicht-monetärer Mehrwertausgleich berücksichtigt.

Das Oberburger Reglement zur Abgeltung von Planungsmehrwerten erfüllt die Forderungen der eidgenössischen Bestimmung nach Art. 5 RPG-2012. Darüber hinaus ist ein Mechanismus eingebaut worden, der zukünftige Baulandhortung verhindern soll. Ob dies bereits die geforderte rechtliche Sicherstellung der Verfügbarkeit (nach Art. 15 Abs. 4 lit. b und d RPG-2012) erfüllt, bleibt hingegen ungewiss.

Darüber hinaus werden die Anwendung und die Wirksamkeit nur recht beschränkt sein. Die Regelung betrifft nur Flächen, die neu der Bauzone zugewiesen werden. Auf Grund des sozioökonomischen Kontextes dürfte das in Oberburg in absehbarer Zeit keinen nennenswerten Umfang erreichen. Zudem bleiben bestehende Baulandreserven unberührt.

10.3.6.3 Die Aldi-Filiale an der Ziegelei

Die Parzelle, auf der sich heute die Aldi-Filiale befindet, wird planungsrechtlich durch die Überbauungsordnung „Ziegelei" vom 13. Juli 1989 reguliert. Der Name deutet auf die industrielle

Geschichte des Standorts hin, wo seit 1770 Handziegel und seit 1840 Backsteine und Dachziegel gebrannt wurden. Mit dem Produktionsende 1985 begann die planerische Neuausrichtung des Geländes, wobei von den alten Gebäuden lediglich die Villa an der Emmentalstrasse im Inventar der Denkmalschutzbehörde gelistet ist. Für die restliche Fläche konnte völlig offen die Planung begonnen werden.

Zu Beginn des Planungsprozesses stand keine konkrete Nutzungsabsicht fest. Mit dem Beschluss der Überbauungsordnung sollte allgemein die planungsrechtliche Baureife erwirkt werden. So ist der Regelungsinhalt zu Art und Mass der baulichen Nutzung stark unterschiedlich ausgeprägt. Zur Nutzungsart wurde lediglich festgelegt, dass eine gewerbliche Nutzung vorgesehen ist und Wohnungen nur für das betriebsgebundene Personal zulässig sind (siehe Art. 5 UeO Ziegelei). Faktisch kommt dies einer unregulierten Öffnung für alle gewerblichen Nutzungen und einem Ausschluss jeglicher Wohn- und Industrienutzungen gleich. Sehr detailliert ausgestaltet sind die Bestimmungen bezüglich dem Mass der baulichen Nutzung. Die Masse der Gebäude (Art. 6-9, 12) und weitreichende Gestaltungsvorschriften (Art. 13-19) wurden ausführlich bestimmt. Darüber hinaus wurden der Umgang mit der erhaltenswerten Bausubstanz (Art. 10-11) und die Erschliessungsfinanzierung (Art. 20) geregelt.

Zu Beginn der 1990er Jahre wurde dann von einem lokalen Unternehmer die Idee entwickelt die Ziegelei als Ausgangspunkt für einen „Golfplatz Emmental" umzunutzen. Die Planung umfasst zunächst die Neunutzung einzelner Gebäude und die Umgestaltung der umliegenden Abbaugebiete. Die Baureife für das umgebende Areal wurde 1992 mit der Überbauungsordnung erreicht. Für die Umnutzung des Ziegelei-Geländes war keine Änderung der Überbauungsordnung notwendig. So konnte das alte Sumpfhaus zu einem Restaurant gehobener Qualität umgebaut und der 9-Loch Golfplatz angelegt werden. Die Eröffnung folgte 1998. In den Jahren 2010 bis 2013 erfolgten nochmals eine Erweiterung der Anlage und der Ausbau auf einer turniertauglichen 18-Loch-Anlage. Am Nordrand der alten Ziegelei wurde zudem eine Driving Range errichtet.

Für die restlichen Baufelder auf dem Ziegelei-Gelände wurden ebenfalls Nutzungen gesucht. Etwa zeitgleich zur ursprünglichen Eröffnung des Golfplatzes mietet sich der Sonderpostenverkäufer *Otto's* ein. Die Filiale wurde im östlichen Geländeteil untergebracht. Weiterhin stand damit jedoch der grössere Teil des Ziegelei-Areals leer. Mehrere Unternehmen bekundeten Interesse an der Nutzung der Fläche, jedoch erwies sich stetig die Verkaufsfläche als zu gering. Schliesslich reichte der Grundeigentümer ein Baugesuch ein, um die Gebäudefläche zu erweitern und so für Detailhändler interessant zu werden. Mit dem Umbau entstand eine Hybrid-Mall mit zwei gemeinsam genutzten Eingängen und einem kleinen überdachten Innenhof als zentrale Erschliessung. Neben Aldi wurde die letzte verbliebende Fläche an einen Schuh-Discounter vermietet.

10.3.6.3.1　*Beschrieb der Filiale und des Standortes*

Die Aldi-Filiale in Oberburg trägt die ID-Nummer 0418A. Die Filiale befindet sich an der Ziegelgutstrasse 16. Der Standort ist südlich vom Siedlungskörper Oberburg. Westlich, nördlich und südlich befindet sich die Anlage des Golfclubs. Östlich befindet sich der Flusslauf der Emme mit einigen landwirtschaftlich genutzten Flächen. Entlang der Emmentalstrasse sind einige versprengte Wohnbauten. Der eigentliche Siedlungskörper von Oberburg liegt etwa 600m nördlich, das Dorfzentrum (Referenzpunkt Gemeindeverwaltung) ist etwa 1,4km nördlich. Der Siedlungskörper der nächsten angrenzenden Gemeinde Hasle liegt etwa 1,7km südöstlich. Die Liegenschaft ist eine ehemalige Ziegelei, die nun als Hybrid-Mall genutzt wird. Neben Aldi befinden sich dort zwei weitere Discounter-Filialen von Otto's und Bingo-Schuh. Der Standort ist dabei primär durch den MIV über die Emmentalstrasse erschlossen. Zusätzlich gibt es eine nahegelegene Bushaltestelle, sowie Velo- und Fussgängerstreifen entlang der Kantonsstrasse. Den Golfplatz querend gibt es zudem eine Verbindung für den Langsamverkehr zum nächstgelegenen Wohnquartier am südlichen Rand von Oberburg.

Die Architektur der Hybrid-Mall nimmt auf der Vorderseite (Süden) die Elemente der ehemaligen Ziegelei auf. Eine entsprechende Fassade schmückt den Eingang. Die Funktionsbauten sind in die historische Architektur eingearbeitet. Auf der Rückseite schlägt sich die standardisierte Aldi-Architektur durch, wobei lediglich eine Fensterreihe eine bemerkenswerte Ausnahme bildet. Das gesamte Gebäude ist leicht zurückversetzt, sodass keine durchgehenden Raumkanten vorhanden sind. Auf Grund der Lage ist der Gebäudekomplex landschaftsprägend für die Anfahrt des Ortes aus Richtung Süden.

Die Gestaltung des Parkplatzes auf der Vorderseite ist funktional, aber ansprechend. Der Parkplatz hat (ungewöhnlicherweise) Kies als Grundbelag. Weitere Parkmöglichkeiten finden sich auf der Rückseite des Gebäudes. Die dortige Parkplatzgestaltung ist deutlich funktionaler und durch eintönige Metallelemente (Leitplanken, Wellblechbauten) geprägt. Die verschiedenen Anbieter nutzen die Parkplätze gemeinschaftlich. Die rückwärtigen Parkplätze werden auch durch Kunden des Golfclubs genutzt. Auch die Werbeanlagen sind gemeinschaftlich ausgeführt. Eine Stele befindet sich direkt an der Kantonsstrasse, ist jedoch verhältnismässig klein und wenig dominant ausgeführt. Die Übergänge zum öffentlichen Raum sind offen gestaltet. Neben dem Hauptzugang auf der Südseite, gibt es einen Fussgängerweg an der Nordostseite und einen Wanderweg an der Nordwestseite.

Der An- und Abverkehr erfolgt über einen Abbiegevorgang von der vielbefahrene Kantonsstrasse. Zum Linksabbiegen ist dabei ein eigener Fahrsteifen vorhanden. Zu Spitzenzeiten kann dieser Vorgang langwierig sein. Von einer erhöhten Gefahrenlage ist jedoch nicht auszugehen, da die erlaubte Höchstgeschwindigkeit in diesen Abschnitt bereits auf 50 km / h reduziert ist. Die Warenanlieferung erfolgt zur Westseite des Gebäudes und liegt damit in Richtung des Golfplatzes und des dazugehörigen Restaurants. Der Anlieferbereich ist teilweise überdacht (Einhausung) und durch eine zusätzliche Lärmschutzwand abgeschirmt.

Insgesamt handelt es sich bei der Filiale in Oberburg um eine teilintegrierte Filiale ausserhalb des klassischen Siedlungskörpers. Sie wird der Klasse A6 zugeordnet. Diese Charakteristika sind eher ungewöhnlich und schweizweit lediglich 5 Mal vorgefunden worden (siehe Baustein A).

10.3.6.3.2 Beurteilung der Gemeinde

Die Vertreter der Gemeinde beurteilen die Aldi Filiale durchweg positiv. Der zuständige Gemeinderat Fritz Lüdi attestiert, dass sich die Aldi Filiale „gut in den Ort einfügt" hat (2016). Die Vorgaben aus dem Baureglement seien „umfänglich" erfüllt (ebd.). Aus Sicht des Bauverwalters sind keine negativen Entwicklungen eingetreten. Insbesondere das Verkehrsregime führt bislang zu „keinen Konflikten" (2016). Das Einbahnsystem funktioniert und die Veloverbindung wird nicht durch übermässigen Verkehrs gestört. Bezogen auf die architektonische Gestaltung sind beide Vertreter neutral. Da die alte Ziegelei denkmalschutzrechtlich nicht als erhaltens- oder schützenswert eingestuft ist, sind hier keinerlei öffentliche Ansprüche zu machen. Der Baukörper hält sich im Bauvolumina an die rechtlichen Vorgaben und ist daher nicht zu beanstanden. Auswirkungen auf den örtlichen Einzelhandel sind keine zu erwarten. Nach Lüdi hat Aldi ein nicht das gleiche Kundenprofil wie der örtliche Coop und konkurrenziert daher nicht (2016). Das nun im Ort vorhandene Überangebot an Lebensmittel-Händlern wirkt sich daher möglicherweise in anderen Orten aus, nicht aber in Oberburg (ebd.).

Auch von Seiten der Bevölkerung oder Interessenvertretungen sind keine negativen Äusserungen zu erhalten. Es gab gegen die Baugenehmigung keine einzige Einsprache, . Auf den Gemeindeversammlungen stellte die Filiale kein Thema dar.

10.3.6.4 Erkenntnisse zur Wirkungsweise

Die wesentlichen Faktoren, die bei Planung und Bau der Aldi-Filiale prägenden Einfluss hatten, sind andere. Aus Sicht des Lebensmittel-Unternehmens sprach vor allem die schnelle Verfügbarkeit für den Standort. Die genau Ausgestaltung wurde dann vor allem durch den Bodeneigentümer und seinen Interessen beeinflusst.

10.3.6.4.1 Schnelle Verfügbarkeit

Im Kanton Bern herrscht grundsätzliche eine Sondernutzungsplanpflicht für Lebensmittel-Einzelhändler. Um dennoch im Sinne der allgemeinen Unternehmensstrategie möglichst schnell Filialen zu eröffnen, war es aus Unternehmenssicht notwendig einen Standort zu finden, der vollständig baureif war. Da die alte Überbauungsordnung aus dem Jahr 1989 noch rechtskräftig war, traf dies grundsätzlich auf den Standort Oberburg zu. Die Erschliessung war gesichert und die notwendigen baulichen Anpassungen konnten in Kooperation mit dem Bodeneigentümer zügig realisiert werden. Die notwendige Ausnahmegenehmigung zur geringfügigen Abweichung von der Überbauungsordnung (insb. die Abweichung bei den Baufeldern) konnte privatrechtlich erwirkt werden. Einer zügigen Realisierung stand daher nichts entgegen. Dies entsprach auch dem Interesse des Bodeneigentümers, der die Fläche nach jahrelanger Nichtnutzung endlich einer gewinnbringenden Nutzung zuführen wollte. Die Kombination einer Golfanlage mit einem Lebensmittelhändler im unteren Preissegment störte dabei nicht grundsätzlich.

10.3.6.4.2 Bauleitplanung durch Bodeneigentümer

Obwohl die allgemeine Planung im Interesse der beiden beteiligten privaten Parteien war, gab es mindestens einen kleinen Unterschied in den Standpunkten. Für den Eigentümer und Golfplatzbetreiber konnte die Warenlieferung ein Problem werden. Aus technischen Gründen (Schleppkurve der Lastwagen) ist eine Anlieferung (wie sonst üblich) auf der Rückseite der Filiale (also von Norden) nicht möglich. Die Lieferrampe musste daher westlich zur Filiale geplant werden – also in Richtung des Golfplatzes und des dazugehörigen Restaurants (Altes Sumpfhaus). Die mehrmals täglichen Rangierfahrten mit Sattelzügen hätte durch Lärm- und Abgasemmissionen den Golfplatzbetrieb beeinträchtigen können. Zusätzlich ist die Entsorgungsstelle aus logistischen Gründen häufig bei der Laderampe angesiedelt, sodass (besonders im Sommer) auch von Geruchsimmissionen ausgegangen werden kann.

Bei einer solchen Ausgangslage bei zwei aneinandergrenzenden Grundstücken unterschiedlicher Eigentümer wäre dies ein klassischer Fall der Raumplanung. Es kann davon ausgegangen werden, dass mittels Bauauflagen versucht worden wäre, die Konflikte zu minimieren. Als späterer Raumnutzer hätte die Aldi-Planung angepasst werden müssen, sodass keine negativen Auswirkungen auf die Nachbarflächen entstehen. In Oberburg fand ein solcher planerischer Eingriff jedoch nicht statt, da einerseits die Ortsplanung nur reaktionär handelt und andererseits der betroffene Nachbar (Golfplatz), der Bodeneigentümer und der Investors ein und dieselbe Person sind. Mit dieser mehrfachen Kompetenz ausgestattet konnte eine Konfliktlösung entwickelt und gegenüber Aldi Suisse durchgesetzt werden. Die Laderampe erhielt in westlicher Richtung eine Einhausung, die sogar aus optischen Gründen mit einer Fensterreihe ausgestattet wurde. Wesentlicher Effekt ist, dass die Emissionen der Ladetätigkeiten gegenüber dem Golfplatz abgeschirmt wurden. Die Entsorgungsstelle wurde direkt neben der Laderampe installiert, sodass auch hier eine Abschirmung stattfindet.

Der Bodeneigentümer hat somit aufgrund seiner multiplen Rollen in Eigenregie bauleitplanerische Aufgaben übernommen.

10.3.6.4.3   Schlussfolgerungen

Der Fall Oberburg ist aus mehreren Gesichtspunkten interessant. So zeigt sich einerseits, dass die kantonale Bestimmung, dass Discounter nur mittels Überbauungsordnungen zulässig sind, lückenhaft ist. Die kantonale Forderung einer Überbauungsordnung verfolgt das Ziel, den Bau von LM-Discountern präziser zu steuern. Durch die vorbeugenden Erlass in Oberburg, wurde dies jedoch ausgehebelt. Andererseits ist auch dies ein Beispiel für eine passive Planungskultur, die in diesem Fall interessanterweise durch das Agieren eines privaten Akteurs kompensiert wird. Nur durch sein Handeln wurde Aldi dazu bewegt, zumindest einige kleine Zugeständnisse an das öffentliche Interesse zu machen, in diesem Fall die Offenhaltung des Wanderweges, die ästhetische Gestaltung der Vorderseite und die Lärmschutzmassnahmen im Anlieferbereich.

In einem etwas grösseren Kontext betrachtet ist die Vorgehensweise der Planungsträger schockierende. Oberburg steht vor grossen räumlichen Herausforderungen. Die zwei wichtigsten sind dabei nicht wesentlich von der Gemeinde beeinflussbar: Die Verkehrsbelastung und die sozioökonomische Zusammensetzung der örtlichen Bevölkerung. Für beide Herausforderung ergibt sich jedoch in naher Zukunft eine einmalige Lösungsmöglichkeit in Form der eidgenössisch finanzierten Umgehungsstrasse und den dazugehörigen Stadtumbaumassnahmen entlang der Hauptstrasse. Mit Coop konnte zudem ein Partner gewonnen werden, welcher einen neuen, zentralen Standort eröffnen wollte und in diesem Zusammenhang zur Finanzierung von Gestaltungsmassnahmen im Zentrum bereits gewesen wäre. Mit der Entwicklung der Ziegelei zu einem Versorgungszentrum fällt diese Option jedoch weg. Die Untätigkeit der Planungsträger hat daher in diesem Fall direkte negative Auswirkungen auf die weitere Siedlungsentwicklung. Selbst wenn die Ortsumgehung nun kommen wird, fehlen nun Planung und Finanzierung zur Aufwertung des Zentrums. Mit dem Projekt Krieggasse steht die Gemeinde kurz davor, eine solche negative Entwicklung zu wiederholen.

10.3.6.4.4   These 1: Private Ortsplanung bei weitgehender Abwesenheit der öffentlichen Hand

Die kommunalen Planungsträger in Oberburg agieren passiv. Verwaltung und Politik haben kein nennenswertes Leitbild einer zukünftigen Raumentwicklung und verfolgen keine Strategie zur Umsetzung irgendwie gearteter Ziele. Die tatsächliche Raumentwicklung wird geringst möglich beeinflusst. Die planerischen Aktivitäten der öffentlichen Hand beschränken sich auf den Schutz von Grundrechten (Nachbarschaftskonflikte, Planauswirkungen) und die Erfüllung klarer, direkt anwendbarer öffentlicher Aufträge (bspw. Denkmalschutz, Hochwasserschutz). Eine darüber hinausgehende öffentliche Politik zur Verwirklichung einer räumlichen Vision findet nicht statt. Die vorhandenen Instrumente (insbesondere aus dem alten Baureglement) werden nicht mobilisiert. Die Ortsplanung in Oberburg kann auch als Baugenehmigungsverwaltung bezeichnet werden.

Die privaten Akteure tragen die Raumentwicklung weitestgehend selbst. Solang keine offensichtlichen Gesetzwidrigkeiten ersichtlich sind, entsteht die Siedlungsentwicklung als Summe der Einzelentscheidungen. Abstimmungen, die klassischerweise planerisch Tätigkeit fallen, finden im Einzelfall sogar unter den privaten Akteuren statt, wie das Beispiel zwischen Aldi und dem Golfplatzbesitzer zeigt.

10.3.6.4.5   These 2: Die Ortsplanung ist von Externen abhängig

Die politische Führung des Bauamtes findet im Rahmen des Milizsystems statt. Das Personal der Bauverwaltung ist für viele, weitreichende Aufgaben vom Strassenunterhalt bis zur Müllentsorgung zuständig. Unter diesen Umständen agieren die beiden Vertreter der öffentlichen Hand ohne spezifische fachliche Grundlage. Um diese zu ergänzen, wurde die Ortsplanungs- (bis 2014) bzw. Baukommission (ab 2014) eingesetzt. Der Kommission kommen sehr weitreichende Kompetenzen zu, die mit der Baureglementsüberarbeitung sogar noch ausgeweiteten wurden, und über rein beratende Tätigkeiten hinausgehen. Formal werden zwar nur Empfehlungen ausgesprochen, die jedoch in aller Regel in Entscheidungen übergehen und aufgrund der Personal- und Qualifikationssituation kaum gegengeprüft werden können. Eine solche Organisation ist anfällig für Verquickungen von Interessen. In der Oberburger Kommission sind Architektur-, Bau- und Immobilienhandelbüros vertreten. Einerseits werden dadurch fachliche Kompetenzen eingebracht. Gleichzeitig kann es aber auch zu Interessenüberlagerungen kommen. Bei der Analyse muss daher auch besonders auf diese Dritten (Beeinträchtigte und Nutzniesser) geachtet werden. Vor dem selben Hintergrund ist erklärbar und nachvollziehbar, dass zentrale planerische Aufgaben (bspw. die Überarbeitung des Baureglements) an externe Firmen outgesourcet wurden, ohne dass eine wirksame Führung und Kontrolle erfolgt.

10.3.7   Fallstudie Fislisbach

Fislisbach ist eine Gemeinde mit ca. 5.500 Einwohnern im Kanton Aargau. Das Siedlungsgebiet grenzt an den Bezirkshauptort Baden AG an und befindet sich im weiteren Einzugsbereich der Agglomeration Zürich. Etwa anderthalb Kilometer südlich des Dorfes befindet sich ein Haltepunkt der S-Bahn Zürich. Das Dorfzentrum selber ist mit fünf Postbuslinien angebunden, sodass fast flächendeckend eine gute Abdeckung (ÖV-Güteklasse B) mit dem öffentlichen Verkehr besteht. Eine Anschluss an die Autobahn A1 (Zürich-Bern) befindet sich etwa 2,5km nördlich des Ortszentrums.

Obwohl die geschichtliche Entwicklung als Kloster- und Bauerndorf bis in das 12. Jahrhundert zurück reicht, sind kaum historische städtebauliche Zeugnisse erhalten. 1848 ist das Dorf niedergebrannt und nahezu alle Häuser sind zerstört worden. Der Wiederaufbau erfolgte nach den damaligen neusten Bautechnik (Piséebauten). Das städtebauliche und architektonische Erbe ist demnach auf den Zeitraum nach dem Dorfbrand reduziert.

Der Ort ist siedlungsgeographisch durch zwei charakteristische Merkmal geprägt. Einerseits herrscht ein periurbane Siedlungsstruktur vor. Die Baustrukturen umfassen viele offene Bauweisen (Ein- und Zweifamilienhäuser) sowie einige Zeilenbauten aus den 1970er Jahren. Der Ort befindet sich an der Schwelle zwischen dörflichem und vorstädtischem Charakter. Andererseits ist, insbesondere das Dorfzentrum, deutlich vom Verkehr geprägt. Die drei in Nord-Süd-Richtung verlaufenden kantonalen Strassenachsen definieren die Erschliessung und Orientierung und wirken sich zudem deutlich auf die Wohn- und Aufenthaltsqualität im Siedlungskern aus.

10.3.7.1   Planerische Herausforderungen

Die Bau- und Planungspolitik der Gemeinde Fislisbach kennt im wesentlichen drei formelle Planungsgrundsätze. Zu beachten sind demnach:

> 1. Wahrung von Natur und Landschaft und Förderung deren Zugänglichkeit als Naherholungsraum
> 2. Förderung einer räumlich-funktionalen Dorfmitte unter Einbezug der Kantonsstrassenachsen als gestalterischer öffentlicher Raum
> 3. Sicherstellung einer stetigen Entwicklung durch periodische Überarbeitung der Planungsmittel
> (§ 3 Abs. 1 BNO-2004)

Diese Zielzusammenstellung ist zunächst eine Mischung von Negativ- und Positivplanung. Das Natur- und Landschaftsziel hat explizit bewahrenden Charakter und ist als Negativplanung zu verstehen. Gleichzeitig wird jedoch auch diese Bewahrung in einem anthropozentrischen Kontext gestellt. Zudem ist nicht der Erhalt der Naherholungsfunktion, sondern die Förderung der Zugänglichkeit zur Naherholung zentral. Hier wird ein positivplanerischer Aspekt referenziert.

Selbiges gilt für das zweite Ziel. Als städtebauliches Ziel ist die räumlich-funktionale Dorfmitte nicht nur zu bewahren, sondern zu fördern. Der Verweis auf die Kantonsstrassenachsen ist materiell zwingend und die Bezeichnung als gestalterischer öffentlicher Raum ebenfalls wieder positivplanerisch zu verstehen – oder gar als euphemistische Form zum Umgang mit der Verkehrsbelastung. Schliesslich wird sogar ein Umsetzungsziel definiert. Dabei ist der Begriff stetige Entwicklung zunächst als Dynamik zu verstehen – ohne dass eine spezifische Richtung vorgegeben ist. Letztlich verbirgt sich dahinter jedoch das Wachstumsparadigma, auf das auch die weiteren Planungsmechanismen ausgelegt sind. Mit der Sicherstellung dieses stetigen Wachstums sind Massnahmen gemeint, die eine Entwicklungsblockade verhindern. Die explizite Formulierung eines Umsetzungsziels ist bemerkenswert, da es sich nicht um ein materielles, sonder um ein institutionelles Ziel handelt.

Aus diesen allgemeinen Planungsgrundsätzen der Gemeinde Fislisbach sind drei wesentliche planerische Herausforderungen abzuleiten. Die örtliche Planungspolitik beschäftigt sich erstens mit der Bewältigung der Verkehrsbelastung, zweitens mit der Zentrumsentwicklung und drittens mit der Sicherstellung der Baulandverfügbarkeit. Diese drei Herausforderungen beziehen sich dabei jeweils mehrfach auf die genannten Planungsgrundsätze und sind nicht linear, sonder eher matrixartig abgeleitet.

	Natur- und Landschaftsziel	Städtebauliche Entwicklung	Sicherstellung der stetigen Entwicklung
Verkehrsbelastung	X	X	
Zentrumsentwicklung		X	X
Förderung der Baulandverfügbarkeit	X		X

Tabelle 64: Matrix der planerischen Herausforderungen und der planungspolitischen Ziele in Fislisbach. Quelle: Eigene Darstellung auf Grundlage der BNO

10.3.7.1.1 Verkehrsbelastung

Fislisbach profitiert von der guten verkehrlichen Erschliessung – ist durch selbige aber auch stark beeinträchtigt. Das Dorf ist durch drei Strassenäste, die alle in Nord-Süd Richtung verlaufen, zerschnitten. Zentral durch das Dorf führt die Badenerstrasse, welche nördlich an den Bezirkshauptort anschliesst. Die Achse verzweigt sich im Dorfzentrum zum Ast Mellingen (in südwestlicher Richtung) und zum Ast Niederrohrdorf (in südöstlicher Richtung). Östlich, und damit oberhalb vom historischen Ortskern, verläuft die Oberrohrdorferstrasse. Die drei Äste verbinden über Fislisbach die Gemeinden im Reusstal mit dem Hauptort Baden und der Autobahn A1. Besonders die Badenerstrasse, als gemeinsamer Teil der Äste Mellingen und Niederrohrdorf, ist verkehrlich stark belastet und verursacht durch die Linienführung durch den Dorfkern starke städtebauliche Effekte. Im Schnitt (dtv) befahren täglich etwa 17.000 Fahrzeuge (davon ca. 5 % Schwerlastverkehr) diesen Abschnitt, welches sich dann auf die Äste Mellingen (8.600 dtv), Niederrohrdorf (6.000 dtv) und den Abzweig Birmenstorferstrasse (3.500 dtv) verteilt.

Eine solch starke Verkehrsbelastung ist mit weitreichenden Folgeproblemen, wie bspw. Lärm- und Schadstoffbelastung. Für die Entwicklung eines Zentrums und eines kompakten Siedlungskörpers stellt auch die schwierige Querung der Strasse eine grosse Herausforderung dar.

10.3.7.1.2 Zentrumsentwicklung

Die Gemeinde Fislisbach befindet sich an der Schwelle zwischen einer Siedlung mit dörflichen Charakter und einer peri-urbanen Vorortsgemeinde. Eine wichtige Herausforderung ist daher auch der Erhalt und die Förderung der Ortszentrums als Treff- und Versorgungsraum. Die Entwicklung des Ortszentrums ist jedoch mit einer nicht unwesentlichen Unsicherheit verbunden. Die Gemeinde ist bestrebt einen direkten Anschluss an den schienengebundenen öffentlichen Verkehr zu erhalten. Der Haltepunkt südlich der Gemeinde ermöglicht zwar eine Verbindung in Richtung Zürich, zur viel näher gelegenen Stadt Baden gibt es jedoch keine schienengebundene Verbindung. Die (erst mittel- oder langfristige realistische) Anbindung an das Schienennetz ist dabei in zwei Varianten denkbar, die räumlich getrennt sind. Einerseits ist eine Strassenbahnverbindung auf der bestehenden Verkehrsachse Badenerstrasse denkbar. Eine solche Variante würde mit der aktuellen Siedlungsentwicklung von Fislisbach überein gehen. Andererseits verläuft im Westen des Gemeindegebiets eine Fernverkehrs-Trasse der SBB. Die Errichtung von zusätzlichen Nahverkehrsgleisen und eines Haltepunkts wäre hier möglich, würde aber die städtebauliche Ausrichtung der Gemeinde massiv verändern. Aus einer bislang an der Badenerstrasse orientierten Nord-Süd-Ausrichtung würde langfristig eine Ost-West-Ausrichtung entlang der Birmenstorfer- oder der Leemattenstrasse entstehen. Etwaige Investitionen und Massnahmen entlang der Badenerstrasse würden unter Druck geraten. Ob überhaupt eine der beiden Varianten realisiert wird und in diesem Falle welche, ist derzeitig nicht absehbar. Keine Variante ist kurzfristig anstehend. Dennoch ist jede Entwicklungstätigkeit im Ortszentrum von Fislisbach mit einer gewissen Unsicherheit über die langfristige städtebauliche Ausrichtung verbunden.

10.3.7.1.3 Baulandverfügbarkeit

Die Verfügbarkeit des Baulandes ist in Fislisbach ein drängendes Problem. Zur Vorbereitung der Ortsplanungsrevision hat die Baukommission daher eine Voruntersuchung veranlasst, die aus einer Bestandsaufnahme, einer schriftlichen Befragung und vereinzelten Direktgesprächen bestand.

In der Bestandsaufnahme wurden im ersten Schritt durch die Bauverwaltung solche Flächen identifiziert, die ungenutzt sind. Insgesamt wurden in dieser Kategorie 18 Parzellen identifiziert, die eine Gesamtfläche von 37.500m² umfassen. Mittels der den jeweiligen Zonen entsprechenden geltenden Ausnützungsziffer konnte daraus die anrechenbare Geschossfläche (aGF) im Sinne von § 32 BauV-AG ermittelt werden. Bei den ermittelten Flächen lassen sich baurechtlich insgesamt 20.300m² Geschossfläche realisieren (vgl. Gemeinde Fislisbach 2014: 21). Im zweiten Schritt der Bestandsaufnahme wurden solche Flächen betrachtet, die die baurechtlich maximal zulässige Ausnützung der jeweiligen Zone unterschreiten. Hier konnte ein Potenzial von insgesamt weiteren 27.300m² ermittelt werden (vgl. Gemeinde Fislisbach 2014: 22). Durch die Bauverwaltung wurde daraus eine Baulandreserve für rund 400 zusätzliche Einwohner im aktuellen Baugebiet festgestellt (vgl. Gemeinde Fislisbach 2014: 23). Das Potenzial dürfte dabei noch etwas grösser sein. In der Schweiz wird von einer mittleren Geschossflächeninanspruchnahme von ca. 60m² gerechnet, was einer effektiven Wohnfläche pro Person von 50m² entspricht (vgl. Nebel/Hollenstein 2017: 2). Unter dieser Annahme umfasst die Baulandreserve in Fislisbach (20.300m² Geschossreserve auf ungenutzten Flächen plus 27.300m² Geschossreserven auf unternutzten Flächen) realisierbaren Wohnraum für etwa 790 Menschen. Dies würde a) bezogen auf die derzeitige Einwohnerzahl von 5.500 ein Einwohnerzuwachs von über 14 % bedeutet und b) das festgelegte Wachstumsziel (6.000 Einwohner bis zum Jahr 2025) bereits übertreffen. Wären alle Baulandreserven verfügbar, könnte Fislisbach den Bedarf an Bauland über den Planungshorizont von 15 Jahren und über das angestrebte Wachstum von 500 Einwohnern decken.

Aufbauend auf dieser Gesamtsicht wurden alle Eigentümer der betreffenden Flächen schriftlich kontaktiert und nach ihren Entwicklungsabsichten befragt. Die Rücklaufquote war sehr hoch. Die Entwicklungsabsichten jedoch sehr gering. Drei Viertel der Eigentümer gaben an keinen Bedarf und/oder kein Interesse an einer Eigennutzung zu haben. Von den 15 Eigentümern ohne Eigenrealisierungsinteresse gaben 13 Eigentümer an erst mittel oder langfristig einen Verkauf der Fläche anzustreben. Obwohl nur 25 % der Eigentümer angaben, überhaupt Interesse an der Eigennutzung zu haben, standen 16 der 18 Grundstücke kurzfristig nicht zur Verfügung. In den meisten Fällen wurden keine Gründe genannt, die diese Haltung erklärten.

Als letzter Schritt wurden daher diejenigen Eigentümer direkt kontaktiert, welche angaben Interesse an einer kurzfristigen Realisierung zu haben. Diese Aktivität der Bauverwaltung in Absprache mit der Baukommission hat dazu geführt, dass zwei Parzellen kurze Zeit später in Realisierung gekommen sind. Die Bauverwaltung hat in diesen beiden Fällen eine Beratungstätigkeit ausgefüllt, um die Nutzungsmöglichkeiten und -beschränkungen aufzuzeigen und eine entsprechendes, bewilligungsfähiges Projekt auszuarbeiten.

Das Vorgehen der Bauverwaltung im Auftrag der Baukommission hat gut dokumentiert, dass die Baulandverfügbarkeit in Fislisbach problematisch ist. Der Baulandbedarf und die angestrebten Wachstumsziele könnten rechnerisch innerhalb der bestehenden Bauzone gedeckt werden. Die tatsächliche Verfügbarkeit ist sehr schlecht. Nur drei Grundstücke wurden für den Eigenbedarf eingeplant. Und nur zwei Grundstücke stehen kurzfristig zum Verkauf zur Verfügung. Die allermeisten Eigentümer planen keine Eigenentwicklung und vorerst keinen Verkauf.

10.3.7.2   Bodenpolitische Ausgangslage und planungsrechtlicher Hintergrund

In Fislisbach gibt es keine explizite bodenpolitische Strategie. „Das gehört nicht zu den Aufgaben der Gemeinde" (Interview Hegglin 2016). Nichtsdestotrotz finden sich in der rechtskräftigen Bau- und Nutzungsordnung von 2004 jedoch bemerkenswerte Einzelaspekte, insbesondere bezogen auf die Adressatenformulierung. Bei den Planungsgrundsätzen werden die Grundeigentümer als Zielgruppe des Reglements adressiert und zur Zusammenarbeit aufgerufen:

> Der Gemeinderat kann in Zusammenarbeit mit den Grundeigentümerinnen und Grundeigentümern und unter Beizug von Fachleuten rechtzeitig ein Konzept zur Verdichtung und Erneuerung unternutzter bzw. sanierungsbedürftiger Gebiete erstellen.
> (§ 3 Abs. 2 BNO-2004)

Aus dieser Formulierung können zwei wesentliche Erkenntnisse abgeleitet werden. Einerseits folgt die BNO der Logik, dass Grundeigentümer die relevante Zielgruppe zur Lösung von planerischen Problemen darstellen. Die ist an sich wenig überraschend, wird jedoch selten explizit in Rechtstexten ausformuliert. So basiert das eidgenössische Raumplanungsgesetz auf dem selben Prinzip und ist zur Behebung der planerischen Probleme gleichermassen auf die Umsetzung mittels der Grundeigentümer angewiesen. Eine explizite Adressierung enthält das RPG jedoch nicht. Insofern ist es bemerkenswert, dass die Fislisbacher BNO hier eine Benennung vornimmt. Es wird jedoch andererseits auch deutlich, dass dies für die verschiedenen Planungsanlässe mit unterschiedlicher Deutlichkeit gilt. So adressiert die BNO lediglich die Fälle von Verdichtung und Erneuerung. Ungenannt bleiben beispielsweise der deutlich häufigere Fall des Neubaus. Auch hier wäre eine Aufforderung zur Zusammenarbeit denkbar gewesen, um bspw. planerische (dichte Bauweise), städtebauliche (hochwertige Siedlungen) oder soziale (altersgerechter und/oder bezahlbarer Wohnraum) Ziele als gemeinsamen Orientierungsrahmen aufzuführen. Bei Neubauten hat die Gemeinde mit den klassischen Planungsinstrumenten deutlich bessere Steuerungsmöglichkeiten, weshalb die Vermutung naheliegt, dass diese selektive Adressierung lediglich auf untergenutzte und sanierungsbedüftige Flächen deshalb geschieht, weil hier die Gemeinde nochmals stärker auf die Kooperation der Grundeigentümer angewiesen ist. So interpretiert, stellt der entsprechende Absatz eine Art Appel dar, der gleichzeitig die selektiven Handlungsmöglichkeiten der öffentlichen Hand karikiert.

10.3.7.2.1 Eigentumsstruktur und kommunales Bodeneigentum

Die Gemeinde Fislisbach hat grundsätzlich nur sehr wenige Flächen im kommunalen Eigentum. Zu den wenigen Ausnahmen gehören eine grössere Fläche im Ortszentrum, eine am nördlichen Siedlungsrand und ein paar kleine Einzelparzellen innerhalb und ausserhalb der Bauzone.

Die Fläche im Ortszentrum (direkt westlich an das Gugger Zentrum anschliessend) wird derzeit als Sportwiese und für Familiengärten genutzt. Die Fläche ist schon seit Jahrzehnten in kommunalen Eigentum, sodass der Ankaufszeitpunkt und -grund nicht mehr rekonstruiert werden kann. Eine spezifische Verwendung ist bislang nicht vorgesehen. Im Zuge des Baus des Gugger Zentrums wurde ein kleiner Randstreifen zur Verfügung gestellt und für eine kleine Fläche in der Nähe des Schulzentrums getauscht. Die getauschte Fläche wird als Reserve für eine mögliche Schulerweiterung vorgehalten. Die Fläche am Gugger Zentrum wird für mögliche, bislang noch nicht absehbare Gemeindeaufgaben in mittel- oder langfristiger Zukunft vorbehalten und bis dahin zwischengenutzt. Im Gemeinderat wird diskutiert, dass sich in Fislisbach aufgrund der verschiedenen Verdichtungsmassnahmen im Siedlungskörper ein Mangel an Grünraum entwickeln könnte. Da (besonders westlich und südlich) angrenzend an diese Fläche viele Nachverdichtungsmassnahmen von der Gemeinde vorgesehen sind, wäre diese Fläche als grüner Ausgleich von strategischer Bedeutung.

Am nördlichen Rand des Siedlungskörpers ist eine weitere, grössere Fläche im kommunalen Eigentum. Auch diese Fläche wird als Reserve bereits über einen langen Zeitraum vorgehalten. Im Jahr 1998 wurde auf einem Teil der Fläche jeweils ein neuer Standort für die Feuerwehr und des Werkhofs des Bauamts errichtet. Die verbleibende Fläche bleibt unbestimmten Nutzungen vorbehalten.

Weitere Flächenankäufe sind eher individuellen Umständen, als einer strategischen Bodenbevorratung geschuldet. So wurde an der Oberrohrbacherstrasse eine einzelne Parzelle von einer Erbengemeinschaften übernommen, um diese dann zusammen mit der zukünftig geplante Einzonung der Nachbarparzelle an einen Entwickler weiterzugeben. Ähnlich wurde auch ein Bauernhof im Dorfzentrum übernommen. Schliesslich gehören der Gemeinde einige Parzellen in der Landwirtschaftszone. Diese sind verpachtet und werden als Reserve für Landtäusche vorgehalten, die bspw. bei Strassenerweiterungen notwendig werden. Die Gemeinde Fislisbach betreibt insgesamt keine Bodenbevorratung für Nutzungen ausserhalb der Verwaltungsaufgaben. Die beiden nennenswerten Landreserven innerhalb der Bauzone werden für zukünftige Verwaltungsaufgaben gehalten.

10.3.7.2.2 Richtkonzept Badenerstrasse

Aufgrund der grossen Verkehrsbelastung schreibt der Kanton die Erarbeitung eines Richtkonzepts für die Badenerstrasse vor. Die Gemeinde Fislisbach hat dies mit der Ideenstudie „Fislisbach Boulevard" im September 2006 eingeleitet (zit. als Fugazza Steinmann & Partner 2006). Die Studie befasst sich mit der zentralen Abschnitt der Badenerstrasse (vom Kreisel Lindenplatz bis zum Kreisel Bernardastrasse) und trägt die verkehrlichen Probleme und städtebaulichen Potenziale zusammen. Festgehalten sind Analysen zur Verkehrsbelastung, Unfallschwerpunkte, Erschliessungen für Langsam- und öffentlichen Verkehr und Querungsarten. Darauf aufbauen soll eine „kostengünstige und realisierbare Lösung zur Förderung der Koexistenz von motorisiertem Verkehr und Langsamverkehr [und zur] Bewältigung der vorhandenen Verkehrsmenge auf einem angepassten Geschwindigkeitsniveau" entwickelt und umgesetzt werden (ebd.: 7). Als konkrete Massnahmen wird der Bau einer Baumallee (als raumbildende Massnahmen), eines Mehrzweckstreifens (zur Querungshilfe und zur Verbesserung der Abzweigeverbindungen) und von Verkehrskammern (die auch an Bewohnern ausgerichtet sind) entwickelt (vgl. ebd.: 7-13). Mit diesen Massnahmen soll die Badenerstrasse einen „urbanen innerörtlichen Charakter" erhalten und „Wohnlichkeit" vermittelt (ebd.: 14). Neben den verkehrlichen Aspekten betont die Ideenstudie auch die wichtige Funktion als kommerzielles Zentrum. Nur mit einem vielfältigem Angebot („von der Bäckerei über Bank und Grossverteiler, Gewerbebetrieben bis zur Tankstelle") kann der Vorstellung gefolgt werden, dass der Strassenraum nicht nur Verkehrsfläche, sondern auch Treffpunkt und Aufenthaltsbereich sein soll (vgl. ebd.: 12). Trotz dieser starken Betonung der Bedeutung von Nutzungsangeboten sind keine Massnahmen für diese Thematik vorgesehen.

Die verkehrlichen Massnahmen aus der Ideenstudie wurden im folgenden Richtkonzept aufgegriffen, welches bis zum Juli 2014 von *Architheke AG + Naef Landschaftsarchitekten* erarbeitet wurde (zit. als Architeke 2014) Auch in diesem Richtkonzept wurden die Perspektiven der Autofahrer auf der einen Seite und der Dorfbewohner auf der anderen Seite eingenommen. Das Ziel lag in der Untersuchung des baulichen und landschaftlichen Entwicklungspotentials und der Weiterentwicklung der Zentrumsfunktion durch bauliche Verdichtung und Konzentration von Einkaufs- und Wohnangeboten (vgl. Architeke 2014: 3). Die verkehrliche Dimension wird auf der Zielebene nicht angesprochen – jedoch auf der Massnahmenebene.

Die Massnahmen, die aus dieser Zielstellung abgeleitet werden, sind vorwiegend baupolizeilicher Art und betreffen die Baudimensionierungen. Für acht einzelne sog. Schilder (Teilbereiche) wurden Baulinien, Geschossigkeit und Grenzabstände für mögliche Ersatzbauten definiert, die in Zukunft an dieser Stelle errichtet werden könnten. Dabei wurden viele Detailfragen geklärt, bspw. die Ausrichtung der Gebäude, die Bautypologie und Dachformen. Das Richtkonzept soll so die bauliche Kohärenz der einzelnen, über die Zeit verteilten Baumassnahmen sicherstellen und letztlich als Leitbild für eine städtebauliche Entwicklung dienen. In einem Fall wurde dabei auch auf die Nutzungsebene eingegangen. Im Schild 5 wird in Erweiterung des Gugger Zentrums ein Coop-Ersatzbau vorgeschlagen. Das Konzept enthält an dieser Stelle konkrete Flächenangaben und berücksichtigt eine Verkaufsfläche von 1.100m².

Die Bemühungen der Gemeinde Fislisbach unter Beihilfe der beiden Planungsbüros zeigen die Prioritäten klar auf. Der Kanton verlangt die Erarbeitung eines Richtplans aus verkehrspolitischen Gründen. In beiden Dokumenten wird jedoch deutlich, dass es für die Entwicklung der Badenerstrasse neben dem Verkehr, auch die Nutzung der angrenzenden Gebäude von zentraler Bedeutung sind – insbesondere das kommerzielle Angebot. Die vorgeschlagenen Massnahmen bleiben jedoch fast ausschliesslich verkehrsplanerischer (Ideenstudie) oder baupolizeilicher (Richtkonzept) Art. Zwischen den proklamierten Schwerpunkten und den tatsächlich vorgeschlagenen Massnahmen herrscht eine gewisse Differenz. Vorgeschlagen wurden nicht solche Massnahmen, die den eigenen Zielen entsprechen, sondern solche Massnahmen, die die Vorgaben des Kantons erfüllen. Der Erarbeitungsprozess hat jedoch zu einem klaren Leitbild geführt, welches in einem positivplanerischen Sinne die städtebauliche Entwicklung vorzeichnet. Einzige Ausnahme bildet die Neuplanung der Coop-Filiale, welche jedoch aufgrund der Verkaufsflächenlimite geringe Realisierungschancen hat.

10.3.7.2.3   Verkaufsflächenlimite

Das Bau- und Planungsrecht des Kantons Aargau[95] betont den engen Zusammenhang zwischen der Siedlungsqualität und der Verkehrsverträglichkeit von baulichen Vorhaben.

> Die Gemeinden zeigen auf, wie sie die innere Siedlungsentwicklung und die Siedlungsqualität fördern und wie die Siedlungsentwicklung auf die vorhandenen oder noch zu schaffenden Kapazitäten des Verkehrsnetzes abgestimmt ist.
> (§ 13 Abs. 2bis BauG-AG)

---

[95]   Das Gesetz über Raumentwicklung und Bauwesen (BauG) vom 19. Januar 1993 (Stand 1. Mai 2016) 713.100 und die Bauverordnung (BauV) vom 25. Mai 2011 (Stand 1. Januar 2015) 713.121 sowie der Grossratsbeschluss über den kantonalen Richtplan (Richtplan Aargau) vom 20. September 2011 (Stand 28. Februar 2016) 713.140

Bei jeder Änderung der baurechtlichen Grundordnung sind daher von der Gemeinde die verkehrlichen Effekte aufzuzeigen und mit Massnahmen zur verträglichen Bewältigung zu ergänzen (§ 4 Abs. 2 lit a BauV-AG), wobei Langsam- und öffentlicher Verkehr grundsätzlich zu bevorzugen sind (lit. b). Dies dient letztlich auch der „möglichst ausgewogenen Entwicklung von Bevölkerung, Arbeitsplätzen und der dezentralen Versorgung in Dorf, Stadt und in den Quartierzentren. Die Zentren in ihrer unterschiedlichen Grösse und Funktion werden auf der historisch gewachsenen Struktur weiterentwickelt. Sie sind Standorte der übergeordneten Versorgung und der Verkehrsverknüpfung. Eine angemessene Verteilung von Versorgungseinrichtungen wird angestrebt. Zentren, Ortskerne und Quartierzentren sollen so entwickelt werden, dass sie Standorte von Versorgungseinrichtungen für den täglichen und periodischen Bedarf ihrer Bevölkerung bleiben" (Kanton Aargau 2011 S 3.1: 1).

Abgeleitet aus dieser Zielstellung werden im Richtplan unterschiedliche Planungsverfahren festgelegt. Demnach wird einerseits zwischen den Kern-/Zentrumsgebieten und den übrigen Gebieten unterschieden. Darüber hinaus wird zwischen kleinen und mittelgrossen Verkaufsnutzungen, sowie Standorten mit grossen Personenverkehr unterschieden. Die einzelnen Kategorien bestimmen dabei nicht die Zulässigkeit eines Vorhabens, sondern lediglich das Planungsverfahren. Dadurch soll das Verfahren „vereinfacht" und „Planungssicherheit für die öffentliche Hand und die Investoren" erzeugt werden (Kanton Aargau 2011 Kap. S 3.1: 3-4).

	KERN- UND ZENTRUMSGEBIETE	ÜBRIGE GEBIETE
Standorte mit hohem Personenverkehr	Grundzonierung (Nutzungsplan) genügt	Konkrete Aussage in Zonenvorschrift erforderlich und Richtplanverfahren notwendig (Standortfestsetzung im Einzelfall)
Mittelgrosse Verkaufsnutzungen	Grundzonierung (Nutzungsplan) genügt	Konkrete Aussage in Zonenvorschrift erforderlich
Kleine Verkaufsnutzungen	Grundzonierung (Nutzungsplan) genügt	Grundzonierung (Nutzungsplan) genügt

Tabelle 65: Standortanfoderungen nach kantonalem Recht. Quelle: Eigene Darstellung nach Kanton Aargau 2011 (S.3.1: 3)

Als kleine Verkaufsnutzungen gelten Verkaufseinheiten bis zu 500 m² Verkaufsfläche. Als Standorte mit hohem Personenverkehr gelten Verkaufseinheiten mit mehr als 3'000m² Verkaufsfläche, 300 Parkfelder oder 1'500 Fahrten pro Tag. bei diesen Standorten kann zusätzlich noch eine Umweltverträglichkeitsprüfung fällig werden.[96] Als mittelgrosse Verkaufsnutzungen gelten dementsprechend alle Verkaufseinheiten, die 500m² Verkaufsfläche überschreiten und alle anderen Schwellenwerte unterschreiten. Die Definition von Standorten mit grossen Personenverkehr ist dabei vom Kanton bewusst mit verschiedenen möglichen Schwellenwerten versehen worden. Dies „trägt dem Trend zu kombinierten Freizeit- und Einkaufszentren (zum Beispiel Einkauf kombiniert mit Multiplexkinos, Restaurants, Hotels, Sport- und Wellnesszentren usw.) Rechnung und kann auch die weitere Marktdynamik im Detailhandel und bei den Freizeit- und Erholungsaktivitäten aufnehmen" (Kanton Aargau 2011 S 3.1: 2).

---

[96] Aus dem Umweltschutzgesetz ergibt sich eine UVP-Pflicht für Einkaufszentren und Fachmärkten mit einer Verkaufsfläche von mehr als 7'500 m², von Parkhäusern und -plätzen für mehr als 500 Motorwagen und von Vergnügungsparks für eine Kapazität von mehr als 4'000 Besuchern pro Tag verlangt (vgl. Art. 10a USG).

Bemerkenswert ist dabei, dass sich der Kanton Aargau sich der Gefahr von Lebensmittel-Discountern und anderen Fachmärkten bewusst zu sein scheint. „Standorte mittelgrosser Verkaufsnutzungen ausserhalb der bestehenden Siedlungsstruktur gefährden die Grundversorgung der Bevölkerung in den gewachsenen Zentren, belasten das Verkehrsnetz auf bereits stark belasteten Abschnitten zusätzlich und bewirken eine einseitige Ausrichtung auf den motorisierten Individualverkehr" (Kanton Aargau 2011 S 3.1: 2). Dennoch sind materiell vom Kanton nur wenige Festlegungen gemacht worden. Zur Standortbestimmung werden lediglich für Verkaufsnutzungen mit hohem Verkehrsaufkommen Beurteilungskriterien beschlossen, die jedoch überwiegend verkehrspolitischer Art sind. Kriterien sind a) die angemessene Erschliessung (inkl. Knotenkapazität) und keine übermässige Belastung der Wohngebiete, b) eine gute Erschliesslung mit Langsam- und öffentlichem Verkehr, und c) ein Bezug oder eine städtebauliche Einbindung zum gewachsenen Zentrum (Beschluss im Kanton Aargau 2011 Kap. S 3.1: 5). Der Richtplan Aargau sieht für Fislisbach keinen Standort vor.

Die Gemeindeversammlung hat diese Rahmen in die neue BNO übernommen. Für die einzelnen Zonen sind Verkaufsflächenlimite vorgesehen.

	Max. zulässige Verkaufsfläche je Ladeneinheit	Max. zulässige Verkaufsfläche je Gebiet	Sonstige Bestimmungen	Rechtsquelle
Wohnzonen (E2 W2 W3)	100m²	-	keine erheblichen Auswirkungen auf Wohnnutzung zulässig	§ 5
Wohn- und Gewerbezonen (WG2 WG3)	1.500m²	-	Zulässig sind nicht störende und mässig störende Betriebe	§ 7
Dorfzone (D)	500m²	-	Zulässig sind nicht störende und mässig störende Betriebe	§ 9 Abs. 3
Kernzone (KN)	500m²	3.000m²	Zulässig sind nicht störende, mässig störende sowie für Nutzungen mit hohem Personenverkehrsaufkommen auch stark störende Betriebe	§ 6
Gewerbezone (Ge)	500m²	1.200m²	Zulässig sind nicht störende und mässig störende Betriebe	§ 8

Tabelle 66: Verkaufsflächenlimite in der Fislisbacher BNO-2016. Quelle: Eigene Darstellung auf Grundlage der angegebenen Gesetzesbestimmungen.

Problematisch ist hierbei die Unterscheidung nach Verkaufsflächen pro Verkaufeinheit und pro Gebiet. Im Zweifel bedeutet dies, dass ein Grundstückseigentümer eine an sich zulässige Nutzung (bspw. ein 500m² Geschäft in der Gewerbezone) nicht bewilligt bekommt, wenn bereits zwei Geschäfte im Gewerbegebiet bestehen. Die öffentlich-rechtliche Beschränkung ist somit abhängig von den Handlungen anderer, privater Grundeigentümer. Dies kann unter dem Gleichbehandlungsgrundsatz juristisch hinterfragt werden. Praktisch hat die Gemeinde Fislisbach somit aber die Ansiedlungen von grossflächigem Detailhandel flächenmässig in allen Gebieten ausser der Wohn- und Gewerbezone ausgeschlossen. Durch das zusätzliche Kriterium, dass Verkaufsnutzungen mit hohem Verkehrsaufkommen lediglich in der Kernzone zulässig ist, wird die Möglichkeit eines Discounter zusätzlich eingeschränkt. Üblicherweise werden 1.500 Fahrten pro Tag als Schwellenwert für ein hohes Verkehrsaufkommen angesehen. Eine Verkehrsnutzung einer Discounter-Filiale erreicht häufig Grössenordnungen von 600 bis 1.000 Fahrzeuge, die dann durch Zu- und Abfahrt zweifach gerechnet werden. Ein einfacher Lebensmittel-Discounter kann also bei entsprechend hohem MIV-Anteil und ausreichendem Kundenpotenzial den Schwellenwert bereits erreichen. In diesem Fall wäre ein Discounter nur in der Kernzone zulässig, wo jedoch die zulässige Verkaufsfläche überschritten würde. In der Kombination hat die Gemeinde Fislisbach also erreicht, dass weitere Discounteransiedelungen nach der baurechtlichen Grundordnung fast vollständig unzulässig sind und lediglich unter der Voraussetzung von Massnahmen zur Reduktion der MIV-Fahrtenanzahl in der WG-Zone zugelassen werden können.

Auch bewirkt wurde jedoch, dass der Coop-Ersatzbau im Dorfzentrum verunmöglicht wurde. Die Fläche befindet sich in der Kernzone und wäre demnach selbst mit hohem Personenverkehr zulässig. Allerdings sprechen beide Flächenlimite gegen eine neue Coop-Filiale. Einerseits ist die geplante Filiale mit 1.100m² über der zulässigen Grösse von 500m², andererseits wird die zulässige gesamt Verkaufsfläche von 3.000m² in der Kernzone bereits erreicht (u.a. durch Aldi und Migros).

Ein zusätzlicher Detailhandel kann dementsprechend in Fislisbach nur mit einer Änderung des kantonalen Richtplans erfolgen. Da das Ortszentrums Fislisbach allerdings alle kantonal geforderten Standortanforderungen erfüllt, erscheint dies aus rechtlicher und politischer Perspektive möglich.

10.3.7.2.4 Mehrwertausgleich als weitere Massnahme

Mit der Revision der BNO 2016 wurde auch eine Regelung zum Mehrwertausgleich eingeführt. Die Regelung geht über das eidgenössische Minimum von 20 % hinaus und fordert einen Ausgleich in Höhe von 25 % des planungsbedingten Mehrwerts (§ 3c Abs. 2 BNO-2016). Anwendbar ist die Regelung ausschliesslich bei der Neuzuweisung von Grundstücken zur Bauzone (sog. Einzonung) (§ 3c Abs. 1). Ein Ausgleich von planungsbedingten Mehrwerten bei Veränderungen der Zone (sog. Um- bzw. Aufzonung) wurde diskutiert. Die Baukommission und der Gemeinderat kamen jedoch zum Schluss, dass der Aufwand, der insbesondere durch die Verkehrswertermittlung entsteht, nicht verhältnismässig ist zu den erwarteten Ausgleichsbeträgen. Die Ausgleichsbeträge bei Neueinzonungen sind dagegen leicht zu ermitteln. Als Ausgangswert wird der Preis für landwirtschaftliches Land genommen. Dabei wird zwar im Sinne der Grundeigentümer immer vom höchst möglichen Wert ausgegangen; eine Berücksichtigung von Spekulationswerten (Bauerwartungsland) erfolgt jedoch nicht. Der effektive Wert wird daher nicht mehr als 10 CHF pro m² betragen. Die planungsbedingte Wertsteigerung wird dann mittels des Verkehrswertes des baureifen Lands gegen gerechnet. Als Bezugswert dient hier im Regelfall der Verkaufspreis. Im Falle einer Eigennutzung wird ein Wert einer vergleichbaren Fläche herangezogen. Die Differenz dieser beiden Werte gilt als planungsbedingter Mehrwert. Angerechnet werden dabei noch solche Kosten, die notwendig sind um die Baureife zu erlangen (§ 3c Abs. 2 Satz 2) – namentlich also die parzellenexternen Planungs- und Erschliessungskosten. Der Mehrwertausgleich wird bei Verkauf oder Überbauung der Parzelle fällig (§ 3c Abs. 4). Eine zeitlich definierte Fälligkeit (bspw. 5 Jahre nach der Zonenzuweisung unabhängig vom Verkauf oder Überbauung) oder eine Staffelung (bspw. jeweils 1/3 des Betrags nach jeweils 3 Jahren) sind baurechtlich nicht vorgesehen. Als Absicherung ist lediglich festgelegt, dass mit dem Bau bewilligter Bauten erst begonnen werden kann, wenn der Ausgleich vollständig getätigt worden ist (§ 3c Abs. 5).

Praktisch werden alle Einzonungen mit einem privatrechtlichen Vertrag begleitet. In diesem Vertrag sind Bau- oder Verkaufsabsichten des jeweiligen Eigentümers zugesichert. Diese werden in konkrete Fristen übersetzt, die auch mit Bestimmungen verbunden werden. So ist bei einer Parzelle, welche im Rahmen der aktuellen Zonenplanrevision eingezont werden soll, vom Eigentümer eine Überbauung oder ein Verkauf innert 5 Jahre zugesichert. Spätestens zu diesem Zeitpunkt ist dann auch der planungsbedingte Mehrwert fällig (bei vorheriger Handänderung oder Überbauung ist dieser Betrag bereits früher fällig). Die Absichtserklärung der Eigentümer ist also mit finanziellen Verpflichtungen hinterlegt.

Das Instrument des Mehrwertausgleichs wurde in die Fislisbacher BNO aufgenommen, wobei die politische Motivation dabei extrinsisch ist. Der vom Gemeinderat genehmigte Planungsbericht zur

BNO-Revision begründet die Einführung ausschliesslich mit der Revision des eidgenössischen Raumplanungsgesetzes. „Im Zuge dieser Revision soll eine entsprechende kommunale Rechtsgrundlage zur Abschöpfung eines Mehrwertanteils bei zukünftigen Einzonungen geschaffen werden" (Gemeinde Fislisbach 2015: 25). Weitergehende Begründungen und Erläuterungen, bspw. wie die Festlegung auf 25 % zustandegekommen ist oder welche Effekte für die Baulandverfügbarkeit erwartet werden, finden nicht statt. Die Ausgleichshöhe basiert dabei auf einer Unsicherheit. Durch die starken Veränderungen des Planungsrecht auf kantonaler und Bundesebene zur dieser Zeit, war nicht klar, welcher Anteil des Mehrwertausgleichs auf kommunaler Ebene und welcher Anteil auf kantonaler Ebene zugeordnet wird. Klar war lediglich die bundesrechtliche Mindesthöhe von 20 %. 25 % wurden daher gewählt, damit der Gemeinde auf jeden Fall ein Betrag bleibt, auch wenn der Kanton die 20 % gesamthaft einstreichen würde. Ein darüber hinaus gehender Betrag (bspw. 30 % oder 40 %) war kommunalpolitisch nicht durchsetzbar. Hier kommt auch zum tragen, dass aufgrund der dörflichen Struktur viele Wortäusserungen auf Gemeindeversammlungen von Bürgern kamen, die eher älter sind und oft landwirtschaftliches Bodeneigentum haben.

Auffallend ist zudem, dass im Planungsbericht die Begriffe *Mehrwertausgleich* und *Mehrwertabschöpfung* willkürlich gemischt. Die Einführung des Instruments kann in Fislisbach daher nur als Pflichterfüllung und nicht als strategische Massnahme verstanden werden.

10.3.7.3   Die geplante Aldi-Filiale an der Oberrohrdorferstrasse und die tatsächliche gebaute Aldi-Filiale an der Badenerstrasse

Bei der Beschreibung der Strategien und Instrumente der Planungsträger bezogen auf Discounter-Filialen ist zwischen zwei Fällen zu unterscheiden. Zunächst war eine Discounter-Filiale an der Oberrohrdorferstrasse geplant, die jedoch nicht zur Umsetzung gekommen ist. Später wurde eine Aldi-Filiale am Kreuzungsbereich Badenerstrasse / Birmenstorferstrasse geplant, die tatsächlich umgesetzt wurde und Ende 2008 eröffnet wurde. Die Vorgehensweise der öffentlichen Hand erscheint dabei unterschiedlich, weshalb diese beiden Planungen als zwei separate Verfahren aufgezeigt werden.

10.3.7.3.1   Geplante Discounter-Filiale an der Oberrohrdorferstrasse

Im Nord-Osten der Gemeinde (an der Oberrohrdorferstrasse) liegt das Gewerbegebiet Moosäcker. Das Gebiet ist das grösste der vier Fislisbacher Gewerbegebieten und umfasst ca. 2,2 ha. Zudem sind drei der vier unbebauten Gewerbeparzellen von Fislisbach in diesem Gebiet, weshalb es die wichtigste Gewerbereserve des Ortes darstelle. Die drei Parzellen haben einen Umfang von 1,2 ha. Eine der Parzellen (etwa 3.900m²) liegt direkt an der Kantonsstrasse; die anderen beiden sind etwas zurückversetzt in zweiter Baureihe.

Der Grundeigentümer der an der Kantonsstrasse liegenden Parzelle trat im Jahr 2004 an die Bauverwaltung heran und erkundigte sich informell über die zulässige Bebaubarkeit. Im Verlauf des Gesprächs wurde deutlich, dass ein Lebensmittel-Discounter Kontakt zu ihm aufgenommen hatte und Interesse an der Fläche hatte. Um welches Discounter-Unternehmen es sich handelt, ist nicht bekannt. Vom Zeitpunkt her muss sich jedoch um eine der ersten Filialplanungen von Aldi handeln. Eine Pilotplanung von Lidl ist nicht ausgeschlossen aber eher unwahrscheinlich.

Der Grundeigentümer war der Planung zunächst aufgeschlossen. Beruflich als Bauunternehmer tätig, erhoffte er sich neben dem Verkaufserlös auch Bauaufträge einfahren zu können. Das Geschäft mit dem Discounter könnte sich wirtschaftlich daher doppelt für ihn lohnen, so sein Eindruck damals. Die Bauverwaltung stand dieser Einschätzung aus zwei Gründen deutlich skeptischer gegenüber (vgl. Interview Hegglin). Einerseits bezweifelte die Verwaltung, dass ein solcher Grosskonzern nennenswerte Aufträge an ein regionales Bauunternehmen vergeben würde.

Es stand die Befürchtung im Raum, dass lediglich kleinere Arbeiten (Planierung) an ihn vergeben würde. Die umsatzintensiven Arbeiten, insb. der Hochbau, würden vermutlich von grösseren Unternehmen und langjährigen Kooperationsunternehmen des Discounters ausgeführt werden. Andererseits hatte die Gemeindeverwaltung und insbesondere der Gemeinderat strategische Bedenken (vgl. Interview Hegglin und Interview Mahler). Die besprochene Parzelle war nicht nur eine der vier letzten Gewerbereserven der Gemeinde, sondern durch die direkte Lage an der Kantonsstrasse und die bautechnisch günstige Form auch noch die attraktivste. Eine Vergabe dieser wichtigen Parzelle an ein Unternehmen, welches keinen nennenswerten Beschäftigungs- und/oder Steuereffekt haben würde, erschien nicht erstrebenswert. Zudem wäre eine Verlagerung der Kundenströme problematisch. Es wurde befürchtet, dass sowohl durchfahrende Pendler als auch einheimische Fislisbacher ihr Einkaufsverhalten verändern könnten. Dies würde einerseits zu einer Zunahme des Verkehrs führen, was in der verkehrsgeplagten Gemeinde sehr kritisch gesehen wurde. Indirekt könnte dies auch den Einkaufsstandort im Ortszentrum betriebswirtschaftlich schädigen und sich langfristig auf das Nahversorgungsangebot in Gehdistanz negativ auswirken. „Der Gemeinderat unterstreicht noch einmal, dass ein Lebensmittelladen oder Baumarkt [am Standort Winkel] den kommunalen Zielsetzungen widerspricht" (Gemeinde Fislisbach 2006: 3). Der Kanton unterstützte diese Ansicht: „Bezugnehmend auf vorangegangene Diskussionen um die Situierung von Einkaufsnutzungen in Fislisbach und gestützt auf den Richtplanabschnitt S 4.3 sowie der Bestrebungen im Zusammenhang mit der Abstimmung Siedlung und Verkehr unterstützen die kantonalen Behörden die Bestrebungen der Gemeinde um Konzentration solcher Nutzungen im Dorfzentrum" (Gemeinde Fislisbach 2006: 2). Kanton, Gemeinderat und Bauverwaltung waren sich einig, dass die angedachte Filiale an der Oberrohrbacherstrasse den ortsplanerischen Zielen widerspricht und zu verhindern ist.

Die Verhinderung der Discounter-Filiale wurde auf zwei Ebenen verfolgt. Einerseits wurde weiter ein intensiver Dialog mit dem Grundeigentümer geführt, um diesen von seinen hohen und vielleicht unrealistischen Erwartungen abzubringen. Andererseits wurde planungsrechtlich ein Ausschluss des Discounters vorangetrieben. Hier erwies es sich als vorteilhaft, dass die Fläche (ohne konkrete Absicht zum damaligen Zeitpunkt) im Zonenplan von 2004 mit einer Sondernutzungsplanpflicht versehen worden ist. Der Erlass eines Sondernutzungsplans ermöglichte es der Gemeinde die Bau- oder Verkaufstätigkeit der Bodeneigentümer nicht unnötig zu unterbinden und andererseits starken Einfluss auf die konkrete Überbauung zu nehmen und damit auch ein unerwünschter Discounter zu verhindern.

Der Gemeinderat veranlasste im September 2004 ein Planungsbüro mit der Erarbeitung eines Erschliessungsplans gem. § 17 BauG-AG. Der offizielle Auftrag wurde gestützt auf Abs. 3 vom Grundeigentümer erteilt, der dadurch die entsprechenden Kosten zu tragen hatte. Der erste Entwurf wurde im November 2005 präsentiert und nach einer Überarbeitung im Dezember in die Vorprüfung zum Kanton gegeben. Die öffentliche Auflage erfolgte bereits im Feburar und März 2006. Der zur Rechtskräftigkeit notwendige Beschluss vom Gemeinderat und die Genehmigung von Kanton erfolgten im Mai bzw. Juli 2006. Von der ersten thematischen Auseinandersetzung bis zur Rechtswirksamkeit vergingen demnach insgesamt lediglich 9 Monate.

Der Erschliessungsplan „Winkel" (Gemeinde Fislisbach 2006) teilt das Gewerbegebiet an der Oberrohrdorferstrasse in drei Bereiche auf. In den Bereichen A und B (im nördlichen Bereich) fallen die Regelungsinhalte recht knapp aus. „Die verkehrstechnische Erschliessung des Bereichs A erfolgt auf die Esprainstrasse. Die verkehrstechnische Erschliessung des Bereichs B erfolgt auf die Esprainstrasse und/oder auf die Quartiereschlissungsstrasse Nr. 1" (SNP Winkel, Genehmigungsinhalt). Weitere Regelungsinhalte finden sich zu diesen beiden Bereichen nicht. Deutlich ausdifferenzierte sind die Regelungen betreffend dem Bereich C, in welchem auch das Grundstück liegt, für welches sich das Discounterunternehmen interessierte.

In den Bereichen C sind keine verkehrsintensiven Nutzungen zugelassen. Oberirdische Pflichtparkplätze für Neubauten in den Bereichen C können entweder in diesen Bereichen oder auf den im Plan ausgewiesenen Parkierungsbereichen erstellt werden. Die Gesamtzahl der oberiridischen Pflichtparkplätze darf die maximal mögliche Anzahl der Parkfelder in den Parkierungsbereichen nicht überschreiten. Alle weiteren Parkplätze sind unterirdisch anzuordnen. Der Gemeinderat kann Ausnahmen von dieser Regelung gewähren. Bei Bauvorhaben ist möglichst frühzeitig mi den kommunalen Behörden Kontakt aufzunehmen. Der Strassenraumgestaltung zur K411 ist besondere Beachtung zu schenken. (SNP Winkel, Genehmigungsinhalt)

Mit diesem Regelungsinhalt verhindert die Gemeinde die Ansiedelung eines Discounters gleich auf zwei Arten. Einerseits erfolgt ein kategorischer Ausschluss von verkehrsintensiven Nutzungen. Andererseits sind die Regulierungen bezgl. der Parkplätze so gestaltet, dass sie mit dem Betriebskonzept eines Discounters inkompatibel sind.

Als verkehrsintensive Nutzung gelten allgemein solche Anlagen, die mehr als 1.500 Fahrten je Tag verursachen. An- und Abfahrten werden dabei separat gezählt, sodass bei einem Detailhändler 750 motorisierte Kunden am Tag ausreichen, um den Grenzwert zu überschreiten. Das Betriebskonzept von Discountern ist üblicherweise auf ca. 600 bis 1.000 Kunden täglich ausgelegt. An stark frequentierten Standorten mit zudem hohem MIV Anteil kann also die Schwelle zur Verkehrsinivität durchaus erreicht werden. Bei Lebensmitteldiscountern wird daher grundsätzlich von einer verkehrsintensiven Nutzung gesprochen, solange keine Umstände vorliegen, die eine gegenteilige Annahme begründen (bspw. einen überdurchschnittlichen ÖV-Anteil). Der Gemeinderat von Fislisbach geht davon aus, dass es sich bei einem Lebensmittel-Discounter um eine verkehrsintensive Nutzung handelt und eine Filiale daher durch die Regelung im Erschliessungsplan ausgeschlossen ist (vgl. Interview Mahler).

Zusätzlich verweist der Erschliessungsplan auf die Parkplatzregulierungen. Oberirdisch angelegt dürfen nur die sog. Pflichtparkplätze, also solche, die nach kantonalem Planungsrecht verpflichtend vorgeschrieben sind. Alle weiteren Parkplätze sind unterirdisch anzulegen, was mit entsprechenden Kosten verbunden ist, die dem betriebswirtschaftlichen Konzept eines Discounters widersprechen.

Bereits mit der Erarbeitung des Sondernutzungsplans war dem Discounterunternehmen klar, dass die Parzelle nicht mehr für einen Standort in Frage kommen würde. Es wurde kein neues Interesse bekundet und die Gespräche mit dem Grundstückseigentümer wurden eingestellt.

10.3.7.3.2   Gebaute Aldi Filiale an der Badenerstrasse

Wenige Monate später wurde dann doch eine Filiale eines Lebensmittel-Discounters in Fislisbach eröffnet. An der Badenerstrasse Ecke Birmenstorferstrasse wurde das Wohn- und Geschäftsgebäude *Alpenrösli* eingeweiht. Ursprünglich war im Erdgeschoss dabei eine Coop-Filiale geplant. Coop unterhielt in Fislisbach bislang eine veraltete und sehr kleine Filiale, die zudem in dritter Reihe an einem unattraktiven Standort lag. Für den Investor war es daher naheliegend, dass Coop einen alternativen Standort suchen würde, weshalb eine entsprechende Verkaufsfläche in der Planung berücksichtigt wurde. Anfängliche Gespräche zwischen dem Investor und einem regionalen Immobilienmanager von Coop verliefen zudem positiv. Es kam jedoch nicht zu einem verbindlichen Vertrag. Im Verlauf des Verfahrens verlor Coop das Interesse an diesem Standort. Der Bau des Gebäudes hatte jedoch bereits begonnen, sodass der Investor kurzfristig nach einem alternativen Mieter für die Verkaufsfläche Ausschau halten musste. Migros und Denner kamen nicht in Frage, da beide bereits mit einer modernen Filiale in Fislisbach vertreten waren. Gleichzeitig hatte Aldi kürzlich den Markteintritt in die Schweiz vollzogen und arbeitete intensiv an einem möglichst raschen Aufbau eines dichten Filialnetzes. Der Bauinvestor und das Discounterunternehmen waren sich schnell einig und eine der ersten schweizerischen Aldi-Filiale wurde in Fislisbach eröffnet.

Die Gemeinde war bei diesem Prozess nicht integriert. Da es sich um einen Mietvertrag zwischen einem Privaten Gebäudeeigentümer und einem Verkaufsunternehmen handelt, war keinerlei offizielle Kommunikation notwendig. Das Geschäftsgebäude war planungs- und baurechtlich begleitet worden. Es bestand auf jeder Seite der Glaube, dass Coop eine Filiale eröffnen würde. Dies war jedoch nicht Teil des Baugenehmigungsprozesses und davon unabhängig. Die Gemeindevertreter erfuhren von der Aldi-Filiale aus der Presse.

Die Filiale in Fislisbach ist die erste Schweizer Aldi-Filiale, die nicht auf der grünen Wiese, sondern in integrierter Lage errichtet worden ist.

Die Aldi-Filiale in Fislisbach trägt die ID-Nummer 4027A. Die Filiale befindet sich in der Birmenstorferstrasse 1, ist im Ortszentrum integriert (A3) und liegt direkt gegenüber des Gemeindehauses. Der Standort bildet den nördlichen Abschluss (Anker) der ca. 400m langen Versorgungsachse „Boulevard Fislisbach" (Badenerstrasse). Der andere Anker ist das Gugger Zentrum. Dazwischen befinden sich zahlreiche kleine Grundversorger (Modegeschäfte, Metzgerei, Tankstelle) und Dienstleister (Coiffeur, 3 Restaurants). Südlich an den Standort angrenzend befinden sich verschiedene Detailhändler des täglichen Bedarfs (in diesem Fall: Banken, Coiffeur, Pflegeeinrichtungen), sowie einige Detailhändler des periodischen Bedarfs (bspw. Matratzenhandel, Autobedarf, Boutique). Im Gebäude selber sind neben Aldi auch ein Matratzenhändler und ein Discount-Modegeschäft untergebracht. Das Gebäude, in dem auch die Aldi Filiale untergebracht ist, fungiert im Sinne der Ankertheorie als Abschluss dieser Versorgungsachse. Für den Massstab von Fislisbach ergibt sich daraus die höchstmögliche Zentralität. Westlich an den Standort gliedert sich weitere, sekundäre Einrichtungen des Dorfzentrums, wie bspw. das Schulzentrum und ein weiteres Restaurant. Dahinter liegend folgen Wohnquartiere mittlerer und geringer Dichte. Nördlich des Standortes (entlang der Badenerstrasse) sind verschiedene Gewerbebetriebe vorhanden. Nordwestlich befinden sich weitere Wohngebiete. Nordöstlich ist ein kleines Waldgebiet. Südöstlich der Filiale sind ältere Gutshäuser, die überwiegen zu Wohnzwecke genutzt werden. Einige beherbergen auch Handwerksbetriebe. Die Liegenschaft, in der die Aldi Filiale ist, wird gemischt genutzt. Im Erdgeschoss befinden sich neben dem Lebensmitteldiscounter ein Detailhändler (Matratzen) und eine Physiotherapiepraxis. Darüber sind drei Geschosse mit Wohnungen. Die Obergeschosse sind dabei sowohl auf der Vorder- wie auf der Rückseite etwas zurückversetzt, sodass sich auch dem Dach des Erdgeschosses Terrassen bzw. Gärten befinden. Das Attikageschoss ist nochmals zurückversetzt, weshalb der Baukörper im lokalen Gefüge weniger dominant wirkt. Der Standort ist insgesamt vielfältig verkehrstechnisch erreichbar. Er ist grundsätzlich direkt an der Hauptverkehrsstrasse gelegen. Die MIV-Anbindung erfolgt jedoch über zwei untergeordnete Strassenäste über die Rückseite des Gebäudes. Die zentrale Lage erlaubt eine Erreichbarkeit per Langsamverkehr. Dabei kann sowohl die zentrale Verkehrsachse (Badenerstrasse) gentutzt werden, welche auch Velostreifen und Fussgängerüberwege aufweist, als auch das rückwärtige Netz an Nebenstrassen, welche den Standort insbesondere mit den westlichen Gemeindequartieren verbindet. Vor dem Haus befindet sich die Postbushaltestelle „Fislisbach Gemeindehaus", welche von 5 Postbuslinien bedient wird.

Das Gebäude *Alpenrösli*, in welchem die Filiale untergebracht ist, stellt mit Abstand die jüngste Bebauung an diesem Abschnitt der Badenerstrasse dar und steht in einem gewissen Spannungsfeld der lokalen Bauweise. Der Bau ist nach modernen architektonischen Gesichtspunkten gestaltet worden, wodurch ein gewisser Bruch mit der umliegenden Bebauung entsteht. Das viergeschossige Gebäude überragt die umliegenden Bauten im gesamten Bauvolumina. Die Raumkante zur Badenerstrasse ist abgestuft. Im Bereich des Erdgeschosses ist diese im Sinne des

Richtkonzepts eng an den Strassenraum herangeführt. Die weiteren Geschosse sind zurückversetzt. Hierdurch entsteht ein gartenähnlicher Grünraum auf dem Dach des Erdgeschosses, welcher von den Hausbewohnern genutzt wird. Somit integriert sich das Gebäude einerseits in den lokalen städtebaulichen Kontext. Andererseits wird eine Verdichtung des Standortes und eine Ausrichtung des Gebäudes an postmodernen Ansprüchen angestrebt. Insofern sind die stadtstrukturellen Qualitäten kompromissbelastet. Die Kubator des Gebäudes ist massiver, als der angrenzenden Bauten. Diese höhere Ausnützung der Grundfläche wird optisch zurückgenommen, indem die Obergeschosse zurückversetzt sind. Die Raumkante wird dabei durch gleich zwei Elemente definiert: Das Gebäude selbst und eine davor gesetzte, am Strassenrand angebrachte Pergolastruktur.

Die Fassade ist modern mittels Waschbeton gestaltet. Ein Aufgreifen lokaler baukultureller Elemente findet bei der Materialisierung nicht statt. Auch Dachform oder Bauweise zeigen keinen spezifischen Bezüge auf. Die Werbeanlagen sind doppelt ausgeführt, sodass eine weitreichende Erkennbarkeit sowohl von der Badener- als auch von der Birmenstorferstrasse gewährleistet ist. Die Werbeanlagen sind in Kooperation mit den weiteren gewerblichen Mietern des Hauses ausgeführt, wobei Aldi der dominante Werbetreibende bleibt. Die Aussenanlagen sind öffentlich ausgestaltet und vollständig in die Baustruktur integriert. Velo- und Einkaufswagenabstellanlagen sind unterhalb der Pergolastruktur, sowie unterirdisch in der Tiefgarage platziert. Sie sind von der Kantonsstrasse nicht sichtbar. Die Anlieferung ist rückwärtig an der Alten Birmenstorferstrasse angelegt. Die Entsorgungsanlagen befinden sich an der Süd-Seite des Gebäudes. Die Fassadengestaltung ist aussergewöhnlich. Einerseits ist eine offene Gestaltung mittels Strassenorientierung und Fensterfront gegeben. Andererseits wird diese Offenheit durch die vorstehenden Pergolastrukturen und durch die Absenkung des Erdgeschosses zum Strassenniveau deutlich reduziert.

Die Gestaltung der Parkplätze erfolgt ausschliesslich überdacht. Durch den Niveauunterschied zwischen dem Erdgeschoss und dem Strassenraum ist der Parzellenübergang kantig ausgeführt. Der Übergang ist Richtung Badenerstrasse mittels Treppen, Richtung Birmenstorfer- und Alte Birmenstorferstrasse auch mittels Rampen ausgeführt. Der eigene Vorplatz ist direkt mit einer Fussgängerunterführung (unter der Badenerstrasse) verbunden. Darüber hinaus sind zwei weitere Treppe vorhanden. Zur rückseitigen Strasse ist ebenfalls ein Durchgang vorhanden, der insbesondere für die Velofahrer gedacht ist. Zur Nebenstrasse gibt es einen weiteren Übergang, der ebenfalls barrierefrei ist. Die Grundstücksgrenze ist durch niedrige Gebüsche und einige Bäume. Die Parkplätze sind in einer Tiefgarage angeordnet, welche auch für die anderen kommerziellen Anbieter im Haus und auch (zur Miete) für die Bewohner verfügbar sind. Eine klare Abgrenzung der Aldi Parkplätze findet nicht statt, sodass eine Quantifizierung nicht möglich ist. Bis 30min Standzeit ist das Parkieren kostenlos. Der Etagenwechsel erfolgt durch einen Aufzug. Die Beleuchtung des Standortes findet über den öffentlichen Raum und über Gebäudeleuchten statt.

Der An- und Abverkehr wird über drei Abbiegungen geführt. Von der zentralen Strasse aus zunächst über den den Kreisel Badener-/Birmenstorfer. Danach ist ein Abzweigen auf die Alte Birmenstorferstrasse notwendig von der wiederum in die Parkhauseinfahrt abgebogen werden muss. Der An- und Abverkehr erfolgt somit hierarchisch. Auf der am stärksten belasteten Strasse erfolgt die Verzweigung konfliktarm mittels Kreisel. Es ist nicht von erheblichen verkehrlichen Beeinträchtigungen auszugehen. Die Warenanlieferung erfolgt ebenfalls rückwärtig mit einer einfachen kurzen Rückwärtsfahrt. Um die Laderampe zu erreichen ist ein Wendemanöver und eine kurze Rückwärtsfahrt (ca. 30m) auf öffentlicher Strasse notwendig. Die Laderampe ist überdacht, aber ohne Schallschutz ausgeführt. Die Verkehrsbelastung auf der Birmenstorferstrasse ist mittelmässig. Hierbei ist wohl mit kurzen Einschränkungen zu rechnen, allerdings keiner übergeordneten Gefährdung zu rechnen. Die Verkehrsbelastung auf der rückwärtigen Strasse (Alten Birmenstorferstrasse) ist äusserst gering. Hier sind keine Konflikte mit dem MIV zu erwarten. Allerdings stellt diese Strasse eine attraktive Verbindung für den Langsamverkehr dar, sodass es hier zu einigen Konflikten kommen kann. Die Eingangssituation ist hervorragend gelöst. Eine kleine Platzsituation ermöglicht zudem Aufenthaltsqualität. Aus Betreibersicht ist die etwas eingeschränkte Sichtbarkeit vom Strassenniveau nachteilig.

Weiter ist auffällig, dass die Filiale nicht in allen Punkten den standardisierten Ausführungen folgt. Die Grundform der Verkaufsfläche ist etwas quadratischer als üblich. Die fehlende Tiefe macht Änderungen im Ladenaufbau notwendig. So ist der Backwarenbereich ungewöhnlicherweise am Ende (nebem dem Kassenbereich) installiert. Die Aktionswaren sind auf zwei Bereiche im vorderen und hinteren Ladenbereich verstreut.

Insgesamt ist die Aldi Filiale in Fislisbach vollintegriert an einem zentralörtlichen Standort (Grundzentrum). Die Filiale ist gehört daher der Klasse A3 an. Die Filiale steht damit für einen Typ, der den planungsrechtlichen Zielen und dem Betriebskonzepts eines Supermarktes idealtypisch entspricht. Eine solche Filiale ist als zentraler Nahversorger zu bezeichnen. Die Filiale in Fislisbach steht dabei für eine kleine Minderheit der Discounter-Filialen. Lediglich 2 der 256 untersuchten Filialen gehören dieser Klasse an (siehe Baustein A). 16 weitere Filialen sind vergleichbar, weisen jedoch mehr Merkmale eines Mittelszentrums auf (Klasse A2).

10.3.7.4 Erkenntnisse zur Wirkungsweise

Neben den beschriebenen Vorgehensweisen sind weitere Faktoren identifizierbar, die wesentlich das Verhältnis zwischen den Planungsträgern und der Zielgruppe haben. In Fislisbach betrifft dies zwei Aspekte, die eher mit den generellen Entwicklungen des örtlichen Planungssystems zusammenhängen. Einerseits fand durch die Revision der BNO eine Veränderung im grundsätzlichen Zielerreichungssystem statt. Von dem anreizbasierten System (im Zusammenhang mit der ANZ) wurde auf eine rechtlich geregelt Pflicht gesetzt. Andererseits wurde das Planungssystem an sich stetig ausgebaut. Das ursprüngliche einstufige System mit punktueller zweiter Stufe (SNP) wurde zu einem generell dreistufigen System (Richtplan-Zonenplan-SNP) ausgebaut. Beide Aspekte verändern die öffentliche Politik der Ortsplanung und die strategische Position der öffentlichen Hand.

10.3.7.4.1 Abschaffung der ANZ und Wandel im Anreizsystem weiterer politischer Ziele

Der Vergleich der Fislisbacher Bau- und Nutzungsordnungen von 2004 zu 2016 zeigt auch eine Veränderung im Regulierungstyp. Besonders erkennbar wird dies bei der Energie-, Sozial- und Wirtschaftspolitik. Mit der Revision der BNO fand hier ein Wandel vom anreizbasierten zu einem verpflichtenden System statt.

Die BNO von 2004 definiert für jede Nutzungszone die maximal zulässige Ausnützungsziffer (ANZ) (siehe § 4 BNO-2004). Für die verschiedenen Zonen sind ANZ von 0.4 (Einfamilienhauszone) bis 0.6 (Kernzone) vorgesehen. Allerdings werden bei der Berechnung die Unter-, Dach- und Attikageschosse nicht angerechnet (§ 22), sodass die reale zulässige Ausnützung etwas über diese Werten liegt. Eine minimale Ausnützung ist in der BNO von Fislisbach nicht vorgesehen.

An diese, recht einfache Bestimmung werden weitere politische Ziele verknüpft. So erhalten Gebäude, die den Minergie-Standart erfüllen, einen `Ausnützungsbonus´ von 5 % (§ 22 Abs. 3). Gebäude, die altersgerechte Wohnungen vorsehen, können mit bis zu 15 % zusätzlicher Ausnützung bewilligt werden (§ 23 Abs. 2). Und schliesslich erhalten Gebäude in den Mischzonen (WG2, WG3 und KN) eine zusätzliche Ausnützung von 0.1 bis 0.2 für Gewerbebauten (§ 4). Wenn Bauwillige also einen (oder mehrere) dieser politischen Zielsetzungen mit ihrem jeweiligen Bauprojekt erfüllen, können diese die maximal zulässige Ausnützung vergrössern. Bei einer Weitervermietung des Gebäudes ist diese Vergrösserung der Bruttogeschossfläche in einen finanziellen Vorteil umrechenbar. Im Falle der Eigennutzung geniesst der Eigentümer den Flächenzuwachs direkt.

Die Erfahrungen seit dem Inkrafttreten der BNO im Jahr 2004 erfüllten die Erwartungen des Gemeinderats jedoch nicht. Lediglich in zwei Fällen wurde der Zuschlag gewährt. In beiden Fällen nutzte ein institutioneller Eigentümer den Bonus für altersgerechte Wohnungen. Für die übrigen Bauwilligen erscheint eine Erhöhung der ANZ jedoch kein attraktiver Mehrwert zu sein. Für den Gemeinderat ist der Mechanismus damit keine wirksame Möglichkeit, politische Zielsetzungen zu erreichen.

Bei der Revision der BNO wurde die ANZ grundsätzlich abgeschafft und die Erreichung der politischen Ziele an andere Mechanismen gekoppelt. Die ANZ wurde (ebenso wie die Festlegung der maximalen Geschosszahl) auch mit dem Verweis auf die aktuellen Bestrebungen zum verdichteten Bauen ersatzlos gestrichen. Die neue BNO bestimmt für die einzelnen Zonen lediglich die zulässigen Bauvolumina (bestimmt durch Fassaden- und Gebäudehöhe sowie durch die jeweiligen Grenzabstände) (§ 22 BNO-2016). Darüber hinaus ist lediglich bestimmt worden, dass neue Bauten sich in der Anordnung des Baukörpers in das Quartierbild einzufügen und eine ansprechende Aussenraumqualität zu erreichen haben (§ 22 Abs. 1). Diese Regelung erinnert dabei materiell an die Zulässigkeit von Vorhaben innerhalb der im Zusammenhang bebauten Ortsteile nach § 34 BauGB.

Allerdings beinhaltet die Fislisbacher Regelung eine strategische Option für den Gemeinderat. Erstens ist bestimmt, dass ein Projekt schon vor der Projektierung bei der Gemeinde zu melden ist (§ 22 Abs. 2). Die Gemeinde (und insbesondere der Gemeinderat und die zuständige Baukommission) erhält somit frühzeitig die Information über ein anstehendes Bauprojekt und verhindert, durch eine Planung überrascht zu werden. Darauf hin kann der Gemeinderat einen Sondernutzungsplan verlangen (§ 22 Abs. 1 Satz 5). Bestimmungen, unter welchen Umständen diese Regelung aktiviert werden kann, sind nicht enthalten. Dies verändert die strategische Position vollkommen. Einerseits ist damit für Bauwillige nicht ersichtlich, wann ein Bauprojekt bewilligungsfähig ist. Die einfache Zonenkonformität und Erschliessung können somit frühzeitig und ohne klare Kriterien vom Gemeinderat um die zusätzliche Stufe der Sondernutzungsplanung ergänzt werden. Im Einzelfall kommt dies einer Veränderungssperre gleich. Die Ausarbeitung des Sondernutzungsplans inklusive seines Beschlusses durch die Legislative wird das Projekt zunächst stark verzögern. Zudem können so weitere Bestimmungen zu Art und Mass der baulichen Nutzung nachträglich ergänzt werden. Neben der zeitlichen wird hiermit auch die inhaltliche Dimension eines Bauprojekts beeinflussbar.

Schliesslich enthält die neue BNO auch einen Mechanismus, wie die offenen Begriffe „Einfügen in das Quartierbild" und „Ansprechende Aussenraumqualität" bestimmt werden. Der Gemeinderat kann diese Beurteilung durch Fachleute durchführen lassen, wobei die Kosten dieses Verfahrens durch die Bauherrschaft zu tragen sind (§ 22 Abs. 2).

Diese Regelungen enthalten gesamthaft eine Liberalisierung und De-Regulierung der Baubestimmungen, die jedoch mit einer verstärkten strategischen Position der Gemeinde (insb. Gemeinderat) einhergehen – zumindest was die rechtliche Möglichkeiten angeht.

Ungeklärt sind die neuen Mechanismen zur Erreichung der energie-, sozial- und wirtschaftspolitischen Ziele. In der neuen BNO ist hier eine Abkehr vom anreizbasierten System festzustellen. Stattdessen ist im Bereich der Sozialpolitik eine starre Regel integriert worden. Bei Bauprojekten ab 10 Wohneinheiten sind 10 % der Fläche als altersgerechte Wohnungen zu erstellen und diese 10 % günstiger als die übrigen Wohnungen anzubieten (§ 23 Abs. 2 BNO-2016). Die Vergünstigung sind zudem im Grundbuch einzutragen, damit ein dauerhafter Erhalt gesichert ist (§ 23 Abs. 3). Der Mechanismus zur Förderung von altersgerechten Wohnungen wurde also von einem anreizbasierten System auf eine rechtlich geregelte Pflicht verändert. Neue Mechanismen zur Erreichung der energie- und wirtschaftspolitischen Ziele sind in der neuen BNO nicht enthalten. Die wenig erfolgreichen anreizorientierten Systeme wurden in diesen Bereichen ersatzlos gestrichen.

10.3.7.4.2   Veränderungen des Planungssystems durch die Ortsplanungsrevision 2016

Die Bau- und Nutzungsordnung, sowie der dazugehörige Zonenplan der Gemeinde Fislisbach stammen aus dem Jahr 2004. 2011 wurde eine Überarbeitung begonnen, welche 2016 abgeschlossen wurde. In der Veränderung dieser baurechtlichen Grundlage ist eine Ausweitung des Planungssystems von einem anderthalbstufigen, zu einem dreistufigen Planungssystem zu beobachten.

10.3.7.4.3   Das anderthalbstufige System der BNO-2004

Das bisherige Planungssystem sah ein einstufiges System vor, welches in besonderen Fällen um eine zweite Stufe ergänzt wurde (daher die Bezeichnung als anderthalbstufiges System). Im Regelfall konnte die Baubewilligung auf Grundlage der allgemeinen Nutzungszonenplanung erteilt werden. Die öffentliche Hand definierte damit in einer Stufe die Zonenzugehörigkeit (kartographische Darstellung im Zonenplan) und die Regelungsinhalte (textliche Ausführung in der BNO). Die Planung erfolgt periodisch (etwa alle 15 Jahre) für das gesamte Gemeindegebiet. Von diesem einstufigen System gab es eine Ausnahmemöglichkeit, die nur in besonderen Fällen genutzt wurde. Das kantonale Planungsrecht ermöglicht die Bezeichnung von Gebieten, welche mit einem Sondernutzungsplanpflicht[97] versehen werden. Sondernutzungspläne sind dabei für drei Zwecke einsetzbar (§ 21 Abs. 1 BauG-AG): Erstens, um eine gute architektonische Gestaltung zu erreichen. Zweitens, zur haushälterischen Bodennutzung. Drittens, zur angemessenen Ausstattung mit Erholungs- und Erschliessungsanlagen. Die Gemeinde Fislisbach bezog sich auf das erste und zweite dieser Zweckverwendungen und machte im Zeitraum von 2004 bis 2016 insgesamt sechs Mal vom Instrument des Sondernutzungsplans Gebrauch.

- Eine entsprechende Parzelle befindet sich (nördlich der Kirche) in einer exponierten Hanglage, weshalb von der Baukommission zu besonderen ästhetischen Ansprüchen geraten wurde. Der Gemeinderat schlug daraufhin eine solche SNP-Pflicht vor, welche von der Gemeindeversammlung bestätigt wurde.

- Vier entsprechende Flächen liegen verteilt innerhalb der Wohnzone (W2). Bei den vier Flächen handelt es sich um die vier grössten Baulandreserven innerhalb der Bauzone. Die Baukommission hat die Belegung mit der Pflicht vorgeschlagen, nachdem auf einer der Flächen eine Teilüberbauung stattfand, die den Interessen der Baukommission und des Gemeinderates entgegenstand. Die Fläche zwischen Birmenstorfer- und Holderäckerstrasse im nördlichen Teil des Dorfes ist die zweitgrösste Baulandreserve in Fislisbach. Die Baukommission und der Gemeinderat erhofften sich auf dieser Fläche eine einheitliche Überbauung mit Wohnraum für etwa 80 Einwohner. Stattdessen wurde vom Grundstückseigentümer ein Baugesuch eingereicht, welches etwa 1/5 der Fläche abparzellierte und darauf den Bau von drei Einfamilienhäusern für seine drei Kinder vorsah. Aufgrund der zu diesem Zeitpunkt gültigen baurechtlichen Grundordnung waren die Zonenkonformität und die Erschliessung gegeben, weshalb lediglich eine Bewilligung des Projekts möglich war. Die drei Einfamilienhäuser konnten somit gebaut werden – eine Gesamtentwicklung des Areals fand nicht statt. In der politischen Aufarbeitung dieser Entwicklung wurde festgestellt, dass der Gemeinde eine Einflussmöglichkeit fehlte. Einerseits war nach dem Erlass der baurechtliche Grundordnung keine Einflussnahme mehr möglich. Andererseits war die baurechtliche Grundordnung nicht ausreichend detailliert, um politisch uner-

---

[97] Im Kanton Aargau wird zwischen zwei Arten von Sondernutzungsplänen unterschieden. Der Erschliessungsplan enthält lediglich Massnahmen bzgl. der parzellenexternen Erschliessung und der Aufwertung des Strassenraums (§§ 16-17 BauG-AG und §§ 5-7 BauV-AG). Der Gestaltungsplan enthält zusätzlich die zulässige Art und Mass der baulichen Nutzung (§ 16 und § 21 BauG-AG und § 8 BauV-AG). Gestaltungsplan ist direkt eigentümerverbindlich und kann von den Bestimmungen in der Nutzungszonenplanung abweichen. Erschliessungspläne sind für die vorliegende Arbeit, insb. in der Fallstudie Fislisbach, nicht von Belang. Daher wird bei der einheitlichen Terminologie des Sondernutzungsplans geblieben, auch wenn es sich im Kanton Aargau und speziell in der Fallstudie Fislisbach rechtlich um einen Gestaltungsplan handelt.

wünschte Entwicklungen auszuschliessen. Die Baukommission empfahl daraufhin die verbleibenden grossen Baulandreserven mit einer Sondernutzungsplanpflicht zu versehen, um eine Wiederholung einer solchen Entwicklung auf den anderen Flächen vorzubeugen. Der Gemeinderat übernahm diese Empfehlung und wurde von der Gemeindeversammlung darin bestätigt.

- Im gleichen Zuge wurde auch die Gewerbefläche im Nordosten der Gemeinde (Oberrohrdorferstrasse) mit einer Sondernutzungsplanpflicht versehen. Der Gemeinderat war der Meinung, dass eine ähnliche Entwicklung wie in der Wohnzone auch hier nicht auszuschliessen sein. Diese Entscheidung erwies sich im Nachhin als strategisch wertvoll, da nur hierdurch die Verhinderung der Discounter-Filiale auf ebendieser Fläche möglich war.

Gesamthaft ist demnach zu beobachten, dass das Planungssystem Fislisbach als einstufiges System begonnen hatte und dann sukzessive um eine zweite Stufe ergänzt wurde. Das Instrument des Sondernutzungsplans wird mittlerweile flächendeckend eingesetzt.

10.3.7.4.4 Das dreistufige System der BNO-2016

Die Planungsträger in Fislisbach haben erkannt, dass diese zweite Stufe der Planung eine gezieltere Steuerung zulässt. Nach der anfänglich lediglich punktuellen Verwendung der Sondernutzungsplanpflicht bei Flächen mit besonderen Anforderungen wurde diese Option nach und nach auf immer weitere Flächen ausgeweitet. Mit der neuen BNO wird zusätzlich noch eine weitere Stufe, nämlich die kommunale Richtplanung, eingeführt, sodass die Entwicklung in Richtung eines dreistufigen, kommunalen Planungssystems geht. In den Planungsgrundsätzen der neuen BNO ist festgelegt, dass:

> der Gemeinderat in Zusammenarbeit mit den Grundeigentümerinnen und Grundeigentümern und unter Beizug von Fachleuten rechtzeitig kommunale Richtpläne zur Verdichtung und Erneuerung unternutzter bzw. sanierungsbedürftiger Areale sowie zur ortsbaulichen Aufwertung von an belasteten Verkehrsachsen angrenzenden Siedlungsgebieten erstellen [kann].
> (§ 3 Abs. 2 BNO-2016)

Das Instrument wird somit de jure nicht für das gesamte Gemeindegebiet, sondern lediglich für zwei bestimmte Gebietstypen eingeführt. Einerseits das Ortszentrum entlang der Badenerstrasse und andererseits Gebiete mit Verdichtungspotenzial bzw. Sanierungsbedarf. De facto umfasst die Richtplan-Regelung damit aber alle Gebiete, auf denen planerischer Handlungsbedarf besteht, weshalb von einer generellen dritten Stufe gesprochen werden kann. Die Formulierung in der BNO enthält dennoch eine Einschränkung. Die Erstellung eines Richtplans ist als kann-Formulierung eingeführt worden. Damit steht dem Gemeinderat dieses zusätzliche Instrument zur Verfügung. Die tatsächliche Anwendung bleibt jedoch im Ermessensspielraum der öffentlichen Hand, wobei keine objektiven Voraussetzungen formuliert wurden. Lediglich die Zielsetzung eines solchen Richtplans ist festgelegt. Das Instrument kann nicht für beliebige Massnahmen oder Ziele verwendet werden, sondern lediglich zum Zwecke der Verdichtung bzw. Sanierung sowie zum Zwecke der städtebaulichen Aufwertung. Was zunächst wie eine Einschränkung klingt, ist vor dem Hintergrund der planungspolitischen Ziele ins Fislisbach relativ offen, da es exakt den drei formulierten Zielsetzungen entspricht.

10.3.7.4.5 Entwicklung des Fislisbacher Planungssystem

Insgesamt entwickelt der Gemeinderat unter Zustimmung der Gemeindeversammlung das Fislisbacher Planungssystem deutlich weiter. Ursprünglich bestand ein einstufiges System. Der Zonenplan war generell direkt wirksam. Die Möglichkeit mit dem Sondernutzungsplan eine zweite Stufe zu verwenden, wurde zunächst punktuell, mittlerweile weitreichend genutzt. Alle Baulandreserven sind mittlerweile mit dieser Pflicht versehen worden. Hinzu kommt mit der aktuellen BNO-Revision die Richtplan-Stufe. Dieser kann de jure nur in besonderen Gebieten angewendet werden, welche de facto jedoch alle planerisch relevanten Gebiete sind, sodass mittlerweile von einem generellen dreistufigen System der Ortsplanung gesprochen werden kann.

10.3.7.4.6 Abschliessende Schlussfolgerungen

Das Beispiel Fislisbach wirkt von Seiten der abhängigen Variable sehr spannend. Die örtliche Discounter-Filiale ist planungsrechtskonform in die Siedlungsstruktur eingebunden und befindet sich als Anker am nördlichen Ende der Versorgungsachse. Auch die weitere Siedlungsstruktur entspricht der räumlichen Leitvorstellung einer funktional gegliederten Stadt. Am Standort selber ist die Filiale in das Gebäude voll integriert. Die Filiale in Fislisbach war die erste ihrer Art in der Schweiz. Insofern war von hohem Interesse, wie diese räumliche Situation zustande gekommen ist.

Eine Analyse der planerischen Dokumente und die Befragung der lokalen Planungsträger ergeben jedoch, dass das räumliche Ergebnis nicht auf einem pro-aktive Verhalten der Ortsplanung zurückzuführen ist. Die bodenpolitischen Ziele zeigen sich lediglich konzeptionell (insb. in unverbindlichen Leitdokumenten), nicht jedoch instrumentell.

Die Integration der Filiale ist vielmehr auf zwei Zufälle zurückzuführen. Erstens, die Uneinigkeit über den Preis beim Kauf der peripher gelegenen Parzelle an der Oberrohrdorferstrasse. Zweistens, das plötzlich Abspringen von Coop aus dem Projekt Alpenrösli. Das Zusammentreffen dieser beiden Ereignisse war ausschlaggebend, dass Aldi sich entschied, eine städtebauliche integrierte Filiale zu errichten.

Dies erklärt, warum eine Gemeinde mit einer passiven Bodenpolitik eine Discounter-Filiale hat, die voll integriert ist. Insofern eignet sich die Fallstudie Fislisbach nicht, um die grundlegende Hypothese der vorliegenden Arbeit zu widerlegen. Es zeigt stattdessen lediglich ein inkohärentes Bodenregime, welches ohne Einwirkung der öffentlichen Planungsträger zu einem räumlichen Ergebnis im Sinne der planungsrechtlichen Ziele geführt hat.

10.4   Zusammenfassung der empirischen Ergebnisse

Die sieben Fallstudien dienen dazu Wirkungszusammenhänge aufzudecken. Um eine Einschätzung des empirischen Materials zu ermöglichen, wurden im Rahmen dieser Arbeit Forschungs- und Untersuchungshypothesen formuliert. Festzuhalten ist dabei, dass es sich um mechanismusorientierte Hypothesen qualitativer Forschung handelt. Eine Zusammenfassung der empirischen Ergebnisse erfolgt konsequenterweise mittels dem Abgleich mit den vorher getroffenen Annahmen. Im Hinblick auf die nachfolgende Diskussion der Ergebnisse und insb. die Schlussfolgerungen zur allgemeinen Wirksamkeit (siehe Kap. 11) wird an dieser Stelle auch bereits eine Interpretation der Ergebnisse vorgenommen.

- Zunächst ist der Fall Biberist interessant. Die beiden dortigen Discounter stehen symptomatisch für eine Raumentwicklung entgegen der planungsrechtlichen Ziele und die Ineffektivität der Raumplanung. Die beiden Filialen verdeutlichen daher die Problemstellung der vorliegenden Arbeit. Die Lidl-Filiale in einem Gewerbegebiet am Ortsrand steht stellvertretend für den häufigsten Discounter-Typen in der Schweiz, wie die Analyse mittels Fernerkundung ergeben hat. Fast die Hälfte aller Schweizer Discounter-Filialen weisen eine ähnliche Charakteristik auf. Die genauere Analyse zeigt, dass die öffentlichen Planungsträger lediglich das planungsrechtlich notwendige Minimum verfolgen. So wurde lediglich geprüft, ob klar definierte Grenzwerte überschritten werden. Entsprechend wurden lediglich einige Forderungen bezüglich der Erschliessung getätigt, um eine Überlastung der Kantonsstrasse zu verhindern. Weitere Anforderungen (bspw. bzgl. Standort oder städtebauliche Integration) wurden nicht gestellt. Die Filiale widerspricht den konkreten Bestimmungen des Baureglements nicht und das alleine genügt, um die Filiale planerisch zu befürworten. Die Ortsplanung ist in diesem Falle gleichermassen ambitions- wie machtlos. Die Aldi-Filiale in derselben Gemeinde ist gemessen an den planungsrechtlichen Zielen sogar noch problematischer. Der Standort hat keinen funktional-räumlichen Bezug zur Gemeinde, sondern zeichnet sich lediglich durch die Lage an der Autobahnausfahrt aus. Die Bauweise entspricht einer Standard-Filiale – offene, mit geringer Ausnützung. Aufgrund des daraus resultierenden hohen Flächenverbrauchs wurde genau diese Filiale im Zuge der politischen Debatte um die Zersiedelung der Schweiz als Kampagnen-Motiv von den Jungen Grünen gewählt. Der Abgleich mittels der Fernerkundung ergab, dass solche Standorte auf der grünen Wiese existieren – allerdings keinesfalls die Mehrheit darstellen. Die Biberister Aldi-Filiale steht dabei für etwa jede fünfte Discounter-Filiale. Bemerkenswert sind an der konkreten Fallstudie zwei Dinge: Einerseits hat das Instrument des Sondernutzungsplans in diesem Falle zu keinerlei positiven Effekt geführt. Andererseits haben auch weder die Stadt Solothurn noch die Kantonsplanung effektiv Einfluss auf die Planung der Filiale, obwohl diese direkt an der Gemeindegrenze gelegen ist. Die Ortsplanung in Biberist wurde dem Typ II zugeordnet, welche zu zwei Discounter-Filialen der Klasse D5 bzw. D6 geführt hat.

- Einen auf den ersten Blick ähnlichen Fall stellt die Aldi-Filiale in Oberburg dar. Auch hier handelt es sich um eine Filiale am Ortsrand. Im Gegensatz zu den Fallbeistudien in Biberist, ist die Filiale jedoch teilintegriert – in diesem Fall in eine Hybrid-Mall. Ungewöhnlich ist dabei auch die Nachbarschaft zu einem Golf-Club. Vor dem Hintergrund der vorliegenden Arbeit sind zwei Dinge bemerkenswert: (1) Die Einflussnahme auf die Gestaltung der Filiale wurden auf einige wenige Punkte reduziert. So konnte ein öffentlicher Wanderweg erhalten bleiben und Aldi zur Errichtung einer Lärmschutzwand im Anlieferungsbereich bewegt werden. Äusserst ungewöhnlich ist dabei, dass diese öffentlichen Interessen nicht durch die Intervention der öffentlichen Planungsträger, sondern durch einen Privaten erfolgt. Ortsplanung fand in diesem Fall zwischen dem Bodeneigentümer und dem Unternehmen und ohne einen aktiven Beitrag der Planungsträger statt. (2) Im Gegenteil: Die Oberburger Ortsplanung ist durch die Ansiedelung der Aldi-Filiale in ihrer strategischen Position massiv geschädigt worden. Dadurch dass nun ein Wettbewerber erschienen ist, ist die Region bezogen auf die Verkaufsflächen überversorgt. Coop hat entsprechende reagiert und Neubaupläne gestoppt. Für die allgemeine Bevölkerung ist das insofern dramatisch, da Coop zu einer Umgestaltung des zentralen Platzes bereit gewesen wäre, was grundsätzlich notwendig und aufgrund der Eröffnung der Umgehungsstrasse und dem nachfolgenden Rückbau der Dorfstrasse vordringlich wird. Diese Entwicklung wurde nun durch den Aldi verunmöglicht. Oberburg wurde als bodenpolitischer Typ IV kategorisiert und weist eine Filiale der Klasse A6 auf.
- Umgekehrt liegt der Fall in der Gemeinde Fislisbach. Die Dorfstruktur entspricht dem klassischen planerischen Leitbild und enthält eine zentrale Versorgungsachse an der auch eine Aldi-Filiale gelegen ist. Allerdings ist dies auch auf den Umstand zurückzuführen, dass sich das

Unternehmen mit einem Bodeneigentümer im Industriegebiet nicht einig wurde und dann zeitgleich eben diese Verkaufsfläche frei wurde, die eigentlich als Coop-Standort geplant war. Die örtlichen Planungsträger haben diese Entwicklung lediglich beobachtend begleitet. Die Gemeinde ist dem bodenpolitischen Typ IV zugeordnet, die Aldi-Filiale der Klasse A3.

- Noch ausgeprägter ist der Fall der Aldi-Filiale in Solothurn. Die örtliche Discounter-Filiale ist baulich vollständig integriert und ist zudem in zentralster Lage, nämlich direkt am Bahnhof. Da Solothurn dem bodenpolitischem Typ I zugeordnet ist, wurde hier ein Zusammenhang vermutet, der die Hypothese der Arbeit bestätigt. In der genaueren Analyse konnte die Kausalität jedoch nicht erhärtet werden. Es stellte sich heraus, dass das aktive Handeln der Gemeinde lediglich auf einige Teile der Stadt reduziert ist und keinesfalls eine allgemeine örtliche Planungskultur widerspiegelt. Die Entstehung der Aldi-Filiale ist dabei auch weitgehend ohne Einfluss der Ortsplanung zustande gekommen. Bei genauere Betrachtung konnte also der vermutete Zusammenhang mit der aktiven Vorgehensweise der Planungsträger nicht verifiziert werden.

- Die grössten Erkenntnisse bezogen auf das vorliegende Erkenntnisinteresse konnten in der Fallstudie Wädenswil errungen werden. Dort ist den Planungsträgern eben durch die erfolglose Verhinderung einer Lidl-Filiale die geringe Wirksamkeit der passiven Bodennutzungsplanung bewusst geworden. Trotz entgegenstehender politischer und rechtlicher Interessen konnte Lidl nicht daran gehindert werden, eine standardisierte Filiale zu errichten und so nebenbei einen beachtlichen Teil des letzten verbliebenen Gewerbelandes in der Gemeinde zu überbauen. Als direkte politische Gegenreaktion wurde eine aktive Bodenpolitik entworfen, welche politisch von einer breiten Koalition getragen wird und vom Wahlvolk bestätigt wurde. Als direktes Ergebnis dieser Politik entsteht derzeit das Projekt Werkstadt Zürisee, bei dem vielfältige bodenpolitische Instrumente kombiniert werden und eine haushälterische Nutzung des verbleibenden Gewerbebodens bei gleichzeitig hoher städtebaulicher Qualität gewährleisten soll. Diese neue Vorgehensweise bleibt in Wädenswil jedoch zunächst auf die restliche Gewerbefläche reduziert und wird aller Voraussicht nach keine dauerhafte und flächendeckende Vorgehensweise. Die örtliche Aldi-Filiale brachte hingegen keine neuen Erkenntnisse. Die dortigen Abweichungen sind eher dem ungewöhnlichen Zuschnitt der Parzelle geschuldet und kaum planerisch beeinflusst. Wädenswil stellt demnach den bodenpolitischen Typ I dar, und weist (entgegen der Hypothese) jedoch zwei Filialen der Klassen D5 auf. In diesem Fall ist jedoch die Bodenpolitik das Ergebnis der Discounter und nicht umgekehrt.

- In Köniz ist der Fall klarer. Die Gemeinde betreibt eine aktive Bodenpolitik im Verständnis, welcher dieser Arbeit zugrunde liegt. Dies beinhaltet wirkungsvolle Bestimmungen im Baureglement zur Verhinderung von unerwünschten Entwicklungen, wie auch eine aktive Planungskultur zur Gewährleistung einer guten Entwicklung. Die örtliche Discounter-Filiale ist gut in den Siedlungskörper integriert, wenn auch nicht an einem solch zentralen Standort wie in Solothurn oder Fislisbach. Der kausale Zusammenhang ist deutlich erkennbar und plausibel. Die aktive Planungskultur in Köniz (bodenpolitischer Typ I) hat dafür gesorgt, dass der Discounter in integrierter Bauweise an einem guten, wenn auch nicht optimalen Standort errichtet wurde (Klasse A4).

- Als letzte Fallstudie ist noch der Fall Emmen zu nennen. Dort ist von besonderer Bedeutung, dass kürzlich ein Wandel in der lokalen Bodenpolitik stattgefunden hat. In der bürgerlich geprägten Gemeinde stimmte das Wahlvolk für die Einführung einer aktiven Bodenpolitik nach Basler Vorbild zu. Der Wandel der Bodenpolitik (Typ I) steht jedoch in keinem Zusammenhang mit der örtlichen Lidl-Filiale (Klasse A5). Diese befindet sich in einem innerörtlichen Einkaufszentrum und ist von geringem Erkenntnisgehalt.

Teil D: Diskussion der Ergebnisse

Um die Ergebnisse der vorliegenden Arbeit vor dem Hintergrund des dargestellten Erkenntnisinteresses zu diskutieren, werden die empirischen Erkenntnisse (Teil C) mit den theoretischen Vorarbeiten (Teil A) und den methodischen Überlegungen (Teil B) verknüpft und in Teil D interpretiert. Dies ermöglicht eine Diskussion der aufgestellten Untersuchungs- und Forschungshypothesen, um letztlich die dargestellten Untersuchungs- und Forschungsziele herzuleiten (Kap. 11). Der Frage der Übertragbarkeit und der Generalisierbarkeit wird im nachfolgenden Kapitel (Kap. 12) nachgegangen. Anwendbare Handlungsempfehlungen folgen im abschliessenden Kapitel (Kap. 13). Dieser Aufbau folgt der Einteilung in interne und externe Validität. „Internal validity is the basic minimum without which any experiment in uninterpretable [...]. External validity asks the question of generatlizability" (Campbell/Stanley 1966: 5). Dabei sind beide Ebenen von Bedeutung, auch wenn die Gefahr besteht, dass die Aussagekraft sich gegenseitig negativ beeinflussen. Interne Validität ist eine notwendige und hinreichende Bedingung für wissenschaftliche Erkenntnisse. Gleichzeitig sind extern valide Aussagen das eigentliche Ziel wissenschaftlicher Tätigkeit – und können dabei niemals umfassend und zweifelsfrei erreicht werden. Entscheidend für beide Aspekte ist der Aufbau der Forschung (Forschungsdesign), welche die Möglichkeiten und Grenzen der Schlussfolgerungen bestimmt. Diesen Aspekten soll durch die Aufteilung der Erkenntnisdiskussion in die drei genannten Teile nachgekommen werden.

11. Schlussfolgerungen zur allgemeinen Wirksamkeit aktiver Bodenpolitik zur Umsetzung planerischer Ziele (Diskussion der Hypothesen)

Die präsentierten Fallstudien dienen der Analyse der tatsächlichen Wirkungszusammenhänge. Sie schliessen den Baustein C (Fallstudien) ab und ergänzen die vorangegangen empirischen Bausteinen A (Fernerkundung) und B (Fragebogen). Im Baustein A wurde mittels Fernerkundung die städtebauliche Qualität (fast) aller Lebensmittel-Discounter-Filialen in der Schweiz evaluiert, also eine Grobabschätzung des Zustandes der abhängigen Variable vorgenommen. Dabei zeigt sich, dass eine relative Mehrheit der Discounter-Filialen in Gewerbe- und Industriegebieten (d.h. meist am Ortsrand) angesiedelt ist. Zentral-integrierte Filialen bilden hingegen nur eine kleine Minderheit von lediglich etwa jeder Zehnten Filiale. Im Baustein B wurde mittels Fragebogen der Einsatz bodenpolitischer Instrumenten in den jeweiligen Gemeinden erhoben und konnte (zumindest in dem Drittel der Gemeinden, die geantwortet haben) den Idealtypen bodenpolitischer Strategien zugeordnet werden. Dies dient einer Grobaschätzung des Zustandes der unabhängigen Variablen. Dort wurde deutlich, dass die Gemeinden sehr unterschiedliche Strategien verfolgen. Die Gemeinden konnten den 5 entwickelten bodenpolitischen Typen zugeordnet werden, um Annahmen zur erwarteten Wirksamkeit der jeweiligen Strategie zu formulieren. Dem Ziel der vorliegenden Arbeit folgend, ist die Beziehung zwischen diesen beiden Erkenntnissen bzgl. der städtebaulichen Qualität und bzgl. der bodenpolitischen Strategien von Interessen. Aus den beiden Bausteinen A (Fernerkundung) & B (Fragebogen) zusammen lassen sich jedoch lediglich Korrelationen beschreiben. Der Baustein C (Fallstudien) ergänzt diese empirischen Bausteine um die Möglichkeiten, die angenommenen Kausalitäten zu verifizieren oder falsifizieren – und die erklärenden Wirkungsmechanismen aufzudecken. Andersherum ermöglicht die Vorarbeit durch die beiden deskriptiven Bausteine eine gezielte und begründete Auswahl der Fallstudien.

Als allgemeine Forschungsfragen verfolgt die vorliegende Arbeit:

RQ_0: Welche Auswirkungen hat die Anwendung von bodenpolitischen Strategien auf den Grad der Umsetzung von planungsrechtlichen Zielen?

RQ_1: Welchen Einfluss hat die Anwendung bodenpolitischer Strategien auf die Fähigkeit der kommunalen Planungsträger zur Beeinflussung des Verhaltens anderer Akteure?

RQ_2: Welche Auswirkung hat die veränderte Position auf den Grad der Umsetzung raumplanerischer Ziele?

© Springer Fachmedien Wiesbaden GmbH, ein Teil von Springer Nature 2019
A. Hengstermann, *Von der passiven Bodennutzungsplanung zur aktiven Bodenpolitik*, https://doi.org/10.1007/978-3-658-27614-0_11

Selbst wenn ein kausaler Zusammenhang zwischen der Anwendung bodenpolitischer Strategien und der Umsetzung von planungsrechtlichen Zielen (ggf. durch Hinzunahme der intermediären Variable) angenommen und nachgewiesen werden kann, können weitere Bedingungen diesen Kausalzusammenhang beeinflussen. Diese Bedingungen werden als Konditionale Variablen (CV) bezeichnet. Die letzte Forschungsfrage ist explorativ und fragt nach diesen Bedingungen:

> RQ-CV: Welche Bedingungen haben einen Einfluss auf den Wirkungsmechanismus von bodenpolitischen Strategien?

Angewandt auf die Untersuchungseinheit Lebensmittel-Discounter-Filialen sind die Forschungsfragen zu Untersuchungsfragen umformuliert worden:

> SV-RQ: Welche Auswirkungen hat die strategische Anwendung von bodenpolitischen Instrumenten durch kommunale Planungsträger auf die städtebauliche Qualität von Lebensmittel-Discounter-Filialen?

Die Schlussfolgerungen zur allgemeinen Wirksamkeit aktiver Bodenpolitik wird dabei (analog zur zweistufigen Forschungsfrage) in zwei Stufen vorgenommen. Zunächst wird überprüft, welche plausible Hinweise zu den Zusammenhängen zwischen den Forschungsvariablen in den empirischen Ergebnissen vorhanden sind und wie diese zu interpretieren sind (siehe Kap. 11.1). Dabei wird zwischen Korrelationen und Kausalitäten unterschieden. In einem zweiten Schritt werden dann weitere Einflussfaktoren extrahiert (siehe Kap. 11.2). Die dazugehörige Forschungsfrage war offen formuliert, um Faktoren berücksichtigen zu können, die nicht aus den theoretischen Vorüberlegungen abgeleitet wurden.

Gesamthaft lassen sich die Schlussfolgerungen der vorliegenden Arbeit in folgende Punkte stichwortartig zusammenfassen, die dann im Nachfolgenden ausführlich aufgezeigt werden:

- Zu überprüfen galt es, die aus der Theorie abgeleitete Annahme, dass aktive bodenpolitische Strategien wirksamer seien, als passive Bodennutzungsplanung. Auf phänomenologischer Ebene (Bausteine A und B) scheint die empirische Überprüfung die Hypothese zu bestätigen. Es liegt eine Korrelation zwischen der per Fernerkundung ermittelten städtebaulichen Qualitäten und den per Fragebogen ermittelten bodenpolitischen Strategien vor. Dabei gilt: Je aktiver die Strategie der kommunalen Planungsträger, umso wirksamer konnte die örtliche Discounter-Filiale gemäss der planungsrechtlichen Ziele beeinflusst werden.
- Die genauere Betrachtung mittels Fallstudien bezweckte die Aufdeckung der zugrundliegenden Wirkungsmechanismus, um plausible Erklärungen für die Beziehung der Variablen zu erlangen, die über reine Korrelationen hinausgehen. Diese Ergebnisse sind differenzierter:
    - o Während Wädenswil auf phänomenologischer Ebene die Forschungshypothese zu widerlegen scheint, deckt die genauere Analyse auf, dass der Fall tatsächlich eher als Bestätigung der Hypothese zu verstehen ist. Nicht trotz, sondern gerade wegen der mangelhaften städtebaulichen Qualität von Discountern wurde eine aktive bodenpolitische Strategie entwickelt und eingeführt.
    - o Die Fallstudie Emmen legte zunächst die Falsifizierung der Hypothese nahe. Die genauere Analyse ergab jedoch, dass die Aussagekraft des Falls gering ist, da die Discounter Filiale und die bodenpolitische Strategie kaum in einem Wirkungszusammenhang stehen.
    - o Die Fallstudie Solothurn legte zunächst eine Bestätigung der Hypothese nahe. Der kausale Zusammenhang konnte jedoch nicht plausibel belegt werden. Der Fall zeigt allenfalls die Risiken und Nachteile einer aktiven bodenpolitischen

      Strategie durch öffentliche planungsträger auf – insbesondere wenn diese für planungsfremde Ziele angewandt wird.

- o Eine klare Bestätigung der Hypothese war bei der Fallstudie Köniz. In der detaillierten Fallstudienanalyse konnte dieser Eindruck bekräftigt werden. Am Fall Köniz zeigt sich, dass ein plausibler kausaler Zusammenhang zwischen einer aktiven bodenpolitischen Planungskultur und Raumentwicklung im Sinne der planungsrechtlichen Ziele besteht.

- o Die Fallstudie Fislisbach entsprach zunächst nicht der Untersuchungshypothese. Trotz einer passiven bodenpolitischen Strategie, ist ein idealtypischer Discounter vorhanden. Die Fallstudienanalyse ergab, dass dabei jedoch kein kausaler Zusammenhang besteht. Das räumliche Ergebnis ist in diesem Fall vielmehr auf die Entscheidungen der privaten Akteure ohne Zutun der öffentlichen Planungsträger zurückzuführen.

- o Gleiches gilt für die Fallstudie Oberburg. Auch dort ist kein kausaler Zusammenhang zwischen der Vorgehensweise der öffentlichen Planungsträger und der tatsächlichem räumlichen Entwicklung festzustellen.

- o Die Fallstudie Biberist legte zunächst die Verifizierung der Gegen-hypothese nahe. Eine reaktive Strategie der Planungsträger resultiert in planungszielwidrigen Ergebnisse. Dieser Zusammenhang konnte bei der Fallstudie bestätigt werden.

- o Gesamthaft deuten die Befunde aus den untersuchten Fallstudien darauf hin, dass es einen positiven Zusammenhang zwischen aktiven bodenpolitischen Strategien und räumlichen Ergebnissen im Sinne der planungsrechtlichen Ziele gibt. Aktive bodenpolitische Strategien ermächtigen die öffentlichen Planungsträger dazu, die Raumentwicklung im Sinne der planungsrechtlichen Ziele wirksamer zu steuern. Noch klarer ist dabei die Gegenthese. Passive bodenpolitische Strategien führen zu räumlichen Ergebnissen widersprüchlich zu den planungsrechtlichen Zielen. Wie alle Fallstudien jedoch auch aufzeigen, sind die jeweiligen örtlichen Umstände zu beachten, um die tatsächlichen Wirkungszusammenhänge nachzuvollziehen.

- • Diese Ergebnisse dienen letztlich der Überprüfung der theoriebasierten Grund-these, dass bodenpolitische Strategien ein integrierteres Bodenregime darstellen und daher nachhaltigere Raumentwicklungen bewirken. Dabei ist festzuhalten, dass das Bodenregime an sich nicht kohärenter wird – wohl aber dessen Anwendung vor Ort koordinierter geschieht, wodurch eine kohärentere Wirkung im Sinne eines integrierten Regimes entsteht.

- • Die Steuerung der räumlichen Entwicklung mit negativplanerischen Instrumenten wirkt als präventiver Mechanismus. Wirkungsvolle Negativplanung setzt jedoch exakt bestimmbare und rechtssichere Regulierungen voraus, welche zukünftige Entwicklungen vorweggreifen. Die tatsächliche Wirkung ist jedoch reaktiv und daher sehr begrenzt. Die empirischen Erkenntnisse legen vielmehr nahe, dass Negativplanung allenfalls als Absicherung einer übergreifenden bodenpolitischen Strategie dienen kann.

- • Mit positivplanerischen Vorgehen ist die Erwartung an hohe Wirksamkeit verknüpft. Diese kann durch die empirischen Erkenntnisse grundsätzlich bestätigt werden, wie dies vor allen in den Fallstudien Wädenswil und Köniz deutlich wird. Allerdings sind die jeweiligen bodenpolitischen Massnahmen in beiden Fallstudien nur Teil einer übergreifenden Strategie, die jeweils ein breites Set an Instrumenten umfasst.

Schliesslich konnten auch Erkenntnisse zu weiteren Einflussfaktoren gewonnen werden, die über die in den Hypothesen formulierten Annahmen hinausgehen.

- Die kommunalen Planungsträger agieren in einem politischen und rechtlichen System, in dem Inkohärenzen vorhanden sind. In den Fallstudien ist dabei mehrfach auf das bäuerliche Bodenrecht hingewiesen worden, welche öffentliche Bodenbevorratung ausserhalb der Bauzone unterbindet. Die Fallstudien Köniz und Solothurn zeigen pragmatische Wege auf, mit dieser Herausforderung des Regimes umzugehen – welche jedoch jeweils mit Risiken verbunden sind.

- Eine weitere, noch grundsätzlichere Inkohärenz besteht zwischen den planungsrechtlichen Ansprüchen (und dem Leitbild hinter diesen) und den Umsetzungs-mechanismen (und den dazugehörigen Instrumenten). die Leitvorstellung eines lebendigen, dichten und gemischt genutzten Raumes in einer polyzentrischen Raumstruktur soll mit Instrumenten erreicht werden, die auf einer räumlichen Trennung von konfliktären Nutzungen basiert. Die beiden Ansätze sind kaum miteinander vereinbar.

- Zwiespältig ist die Tendenz einer zunehmenden Flexibilisierung der Raumplanung zu betrachten. Einerseits eröffnen sich hierdurch weitreichende Steuerungsmöglichkeiten für die öffentlichen Planungsträger, die in der Lage sind ihre Policy-Ressourcen strategisch einzusetzen. Andererseits bedeutet ein Wegfall von standardisierten Normen potenziell auch einen stärkeren Machtkonflikt, der auch zugunsten der privaten Akteure ausfallen kann. Dies gilt insbesondere für Planungsträger, die ein schwaches Policy-Ressourcen-Portfolio besitzen.

- Die empirischen Fälle zeigen auch, dass die Policy-Ressource Zeit sowohl in der Planungswissenschaft, wie auch in der -praxis unterschätzt wird. Die Zeit kann sowohl zugunsten der öffentlichen Planungsträger wirken (bspw. wenn private Akteure schnelle Investitionen befürworten und dadurch zu anderen Kompromissen bereit sind) als auch gegen diese (bspw. wenn man die langwierigen Prozeduren zur Anpassung der baurechtlichen Grundordnung betrachtet). Für beide Fälle gilt, dass die Zeit-Komponente die Machtpositionen der beteiligten Akteure wesentlich beeinflusst – aber nicht als solch wichtige Komponente wahrgenomen wird.

- Letztlich kann also festgehalten werden, dass bodenpolitische Strategien die wirksame Durchsetzung öffentlicher Planungsziele fördern. Es muss aber gleichermassen festgehalten werden, dass dies nicht dazu führt, dass eine flächendeckende Einführung solcher Strategien vorangetrieben wird.

11.1   Empirische Befunde zu Korrelationen und Kausalitäten

Der empirische Aufbau der vorliegenden Arbeit zielt darauf eine plausible kausale Beziehung zwischen den bodenpolitischen Strategien und der städtebaulichen Qualität zu untersuchen. Zur Operationalisierung wurden dazu einerseits die Gemeinden gemäss ihrer lokalen Bodenpolitik in 5 Typen eingeteilt und andererseits die Lebensmittel-Discounter als Untersuchungseinheit gewählt und in 24 mögliche Klassen kategorisiert. Die Forschungshypothese dazu lautet:

H_0: Durch die Anwendung von aktiven bodenpolitischen Strategien durch kommunale Planungsträger erhöht sich der Grad der Umsetzung raumplanerischer Ziele in der Raumentwicklung, da die Gemeinden durch den kohärenteren Ansatz (Übertragung der Planungsziele in die Eigentumslogik) eine verbesserte Fähigkeit erlangen, dass Verhalten der privaten Akteure zu beeinflussen.

Anders formuliert: Aufgrund der theoretischen Vorüberlegungen der Arbeit ist erwartet worden, dass Gemeinden, die im Sinne einer aktiven Bodenpolitik agieren, die planungsrechtlichen Ziele besser durchsetzen können, also Discounter-Standorte aufweisen, die in geschlossener Bauweise an zentralörtlichen Standorten errichtet sind. Gemeinden des Typs I sollten demnach häufiger Filialen der Klassen A1 bis A3 aufweisen (SH$_1$). Andersherum ist erwartet worden, dass Gemeinden der Typen III & IV überwiegend Filialen der Klassen D4-D6 aufweisen (SH$_2$). Neben der reinen Überprüfung der Korrelation dieser beiden Werte sollten durch die ausgewählte methodische Vorgehensweise auch insbesondere die zugrundliegenden Wirkungsmechanismen freigelegt und überprüft werden. Diese Annahmen sind in den Untersuchungshypothesen formuliert:

11.1.1 Befunde zu Korrelationen bei allen untersuchten Filialen

Auf der ersten Stufe der empirischen Überprüfung der Hypothese (Bausteine A und B) können aus methodischen Gründen lediglich Befunde zur Korrelation, nicht jedoch zur Kausalität gezogen werden. Die theoretisch abgeleitete Hypothese beschreibt dabei, dass Gemeinden des bodenpolitischen Typs I zu integrierten Filialen an zentralen Standorten führen müssten (also Klassen A1 bis A3). Andersherum wird erwartet, dass Gemeinden mit passiver Planungskultur (bodenpolitische Typen III & IV) solitäre Filialen an peripheren Standorten auftreten.

BODENPOLITIK	I	II	III	IV	V	SUMME
ANZAHL GEMEINDEN	9	13	17	10	6	55
Center (A1 / B1)	2	-	-	-	-	2
Gut-Integriert (A2/A3)	4	1	1	-	-	6
Urban Stand Alone (C1/C2/C3/ D1/D2/D3)	-	1	1	-	-	2
Fachmarktzentrum (B4/B5/B6/ C 4/C5/C6)	3	1	3	1	1	9
Einkaufszentrum (A4/A5/A6)	2	3	5	5	3	18
„Bad Boy" (Grüne Wiese) (D4/D5/D6)	2	10	11	4	4	31
Summe	13	16	21	10	8	68

Abbildung 43: Überschneidung von bodenpolitischen Typen einer Gemeinde mit den Standortklassen der jeweiligen Lebensmitteldiscounter. Quelle: Eigene Darstellung.

Die empirische Überprüfung dieser Zusammenhänge scheint die Hypothese klar zu bestätigten (siehe Abbildung 43). Fast alle integrierten Filialen an zentralen Standorten befinden sich in Gemeinden des Typs I. Solitäre Filialen an peripheren Standorten sind bei diesem Typ deutlich weniger häufig zu finden. Bei Gemeinden der Typen III und IV ist es umgekehrt. Dort gibt es nur sehr wenige gut-integrierte Filialen an zentralen Standorten, dafür aber eine grosse Mehrheit an solitären Filialen in peripheren Lagen. Die Tendenz der Ergebnisse entspricht der Erwartungen, wie sie aus der Theorie abgeleitet und durch die Hypothese (SH_1 und SH_2) zum Ausdruck gebracht wurde. Dabei ist jedoch wichtig zu bedenken, dass explanative Erkenntnisse sich auf dieser Stufe der Empirie nicht ableiten lassen.

SH_1: Ein Planungsträger, der mit nutzungsrechtlichen Instrumenten agiert, wird die städtebauliche Qualität der Raumentwicklung beeinflussen können, da ein negatives Verhalten der Akteure verhindert werden kann (Negativplanung). Passive Gemeinden (Typen III und IV) wenden überwiegend nutzungsrechtliche Instrumente an und sind daher lediglich in der Lage negative Entwicklungen der städtebaulichen Qualität zu verhindern.

SH_2: Ein Planungsträger, der mittels der strategischen Anwendung von bodenpolitischen Instrumenten agiert, wird die städtebauliche Qualität der Raumentwicklung bestimmen können, da die Logik der Raumplanungspolitik um die Logik des Eigentums ergänzt und somit die Kohärenz erhöht und schliesslich ein integriertes Regime geschaffen wurde (Positivplanung). Aktive Gemeinden (Typen I und V) wenden bodenpolitische Instrumente strategisch an und sind daher in der Lage die städtebauliche Qualität der Raumentwicklung zu bestimmen.

11.1.2   Befunde zu Korrelationen bei den Fallstudien

Nur bezogen auf die für die Fallstudien ausgewählten Gemeinden ergibt sich zunächst ein weniger deutliches Bild. Untersucht wurden vier Gemeinden mit einer aktiven Bodenpolitik (Typ I). Aufgrund der theoretischen Vorüberlegungen war bei diesen Filialen erwartet worden, dass die örtlichen Discounter-Filialen den planungsrechtlichen Zielen entsprechen sollten. Das tatsächliche Ergebnis ist jedoch diffus (siehe Tabelle 67). Bei zwei der vier Fälle (Solothurn und Köniz) trifft dies zu. Bei einem weiteren Fall (Wädenswil) ist dies klar zu verneinen. Beide Filialen widersprechen den planungsrechtlichen Zielen. Bei einem weiteren Fall (Emmen) ist dies nicht eindeutig zu bestimmen.

Gemeinde	Discounter	Klasse d. Discounters	Bodenpolitischer Typ
Köniz	Aldi	A4	I
Solothurn	Aldi	A1	I
Wädenswil	Aldi	D5	I
	Lidl	D5	I
Emmen	Lidl	A5	I
Biberist	Lidl	D5	II
	Aldi	D6	II
Oberburg	Aldi	A6	IV
Fislisbach	Aldi	A3	IV

Tabelle 67: Korrelationen zwischen der Discounterklasse und den bodenpolitischen Typen bei den untersuchten Fallstudien. Quelle: Eigene Darstellung.

Auch der umgekehrte Fall konnte in den Fallstudien nicht pauschal bestätigt werden. Untersucht wurden zwei Gemeinden, deren Bodenpolitik als passiv eingestuft wurde (Typ IV) und weshalb

Filialen erwartet waren, die den planungsrechtlichen Zielen widersprechen. Die beiden Fälle entsprechen dieser Erwartung jedoch nicht. In Fislisbach ist die Aldi-Filiale nahezu idealtypisch in den zentralen Versorgungsbereich der Gemeinde integriert und entspricht so den planungsrechtlichen Zielen. In Oberburg befindet sich die Aldi-Filiale am Siedlungsrand und ist immerhin teilweise integriert (in einer Hybrid-Mall).

Schliesslich wurde eine Gemeinde untersucht (Biberist), die eine Mischform der Bodenpolitik aufweist (Typ II). Hier waren weniger klare Ergebnisse erwartet worden. Entgegen dieser gemischten Annahme sind die beiden Discounter-Filialen jedoch eindeutig. Die Lidl-Filiale liegt in einem Gewerbegebiet am Ortsrand. Sie steht damit stellvertretend für den häufigsten Typ von Lebensmittel-Discounter-Filialen in der Schweiz: Den minimalen Anforderungen einer Baubewilligung entspricht sie zwar, den grundsätzlichen planungsrechtlichen Zielen jedoch nicht. Noch eindeutiger ist die Biberister Aldi-Filiale. Diese ist höchst problematisch auf der grünen Wiese platziert und widerspricht den planungsrechtlichen Zielen massiv. Die bodenpolitische Mischform hat in diesem Sinne unerwarteter Weise zu eindeutigen Ergebnissen geführt, die nicht den planungsrechtlichen Zielen entspricht.

11.1.3 Befunde zu plausiblen kausalen Wirkungsmechanismen bei den Fallstudien

Die methodische Vorgehensweise erlaubt Aussagen, die über diese phänomenologische Ebene hinausgehen. So sind einzelne Befunde zu relativeren, wodurch das Gesamtergebnis sogar klarer wird.

Besonders trifft dies auf die Gemeinde Wädenswil zu. Das unerwartete Ergebnis auf Seiten der Discounter ist auch auf eine zeitliche Abfolge und letztlich auf eine umgekehrte Kausalität zurückzuführen. Die Aussage, dass trotz einer aktiven Bodenpolitik zwei planungsrechtswidrige Filialen entstanden sind, ist eine Fehlinterpretation. Vielmehr liegt der umgekehrte Fall vor. Aufgrund der planungsrechtswidrigen Filialen ist ein Politikwandel hin zu einer aktiven Bodenpolitik entstanden. Abhängige und unabhängige Variable sind in diesem Fall umgekehrt. Der Fall Wädenswil kann insofern nicht als Widerlegung der Hypothese betrachtet werden. Vielmehr teilen die örtlichen Planungsträger die Erwartung über die Wirksamkeit und wechseln daher ihre bodenpolitische Vorgehensweise. Die tatsächliche Wirkungsweise lässt sich zum jetzigen Zeitpunkt wissenschaftlich noch nicht überprüfen. Das Projekt Werkstadt Zürisee legt jedoch ein solches Ergebnis nahe.

Eine Fehlinterpretation ist es auch das Beispiel Emmen als Widerlegung der Hypothese anzusehen. Entgegen der Annahmen bei der Auswahl von Emmen als Fallstudie hat sich vielmehr herausgestellt, dass die Aussagekraft des Falles gering ist. Die örtliche Lidl-Filiale stellt keinen planungsrechtlichen Vorgang, sondern vielmehr eine Neuvermietung einer bestehenden Fläche dar. Die Ortsplanung hatte darauf – wie im Planungssystem vorgesehen – keinen Einfluss. Der Wandel der örtlichen Bodenpolitik (Bodeninitiative) ist daher interessant, aber zur Überprüfung der vorliegenden Hypothese kaum geeignet – zumal auch zeitlich der Discounterplanung nachgelagert ist. Der Politikwechsel verdeutlicht lediglich die allgemeinen politischen Argumente für und gegen eine aktive Bodenpolitik und zeigt, dass dies keinesfalls eine Politik des linken politischen Spektrums ist, sondern vielmehr auch von bürgerlich-konservative Wählerschichten getragen wird.

Auch das Beispiel Solothurn, welches die Hypothese der vorliegenden Arbeit zu bestätigen scheint, ist zu relativieren. Der plausbiele kausale Zusammenhang konnte an diesem Beispiel nicht nachgewiesen werden. In Solothurn ist die aktive Bodenpolitik auf lediglich zwei strategische Projekte beschränkt. In Verfahren der restlichen Stadtentwicklung agieren die Planungsträger passiv – so auch im Falle der integrierten Aldi-Filiale. Dies kann nicht als positives Ergebnis einer aktiven Bodenpolitik gewertet werden. Bemerkenswert ist noch, dass der Fall Solothurn auch die Risiken einer aktiven Bodenpolitik aufzeigt. In der Stadt sind ausreichend Baulandreserven vorhanden, die innerhalb der bestehenden Bauzone liegen. Diese befinden sich im privaten Streubesitz. Anstatt diese Reserven zu aktivieren, fokussiert sich die planungspolitischen Aktivitäten auf die Entwicklung von zwei Gebieten, die im Eigentum der Stadt bzw. des Kantons sind – aber deutlich weniger den planungsrechtlichen Zielen entsprechen. Ähnlich wie in den Niederlanden zu Zeiten der Immobilienkrise, droht hier eine planerische Fehlentwicklung aufgrund der Rolle der Gemeinde als Bodeneigentümerin. Die Planungs- und Kontrollmechanismen scheinen sich in Solothurn nicht gegenüber der finanziellen Interessen der Stadt durchzusetzen.

Kontrolle und Rechenschaft sind auch in Köniz von grosser Bedeutung. Diese Fallstudie bestätigt die vorliegende Hypothese am klarsten. Der plausbiele kausale Zusammenhang zwischen einer aktiven bodenpolitischen Planungskultur und einem räumlichen Ergebnis im Sinne der planungsrechtlichen Ziele ist deutlich. Mit einer Kombination von verschiedenen Instrumenten versuchen die Könizer Planungsträger die räumliche Entwicklung ihrer Gemeinde zu steuern. Neben einer strategischen Bodenbevorratung umfasst die Strategie dabei auch Informations-, Beratungs- und Partizipationselemente, planungsrechtliche Absicherung durch eine Negativplanung in der baurechtlichen Grundordnung und positivplanerische Vorgehensweise – sowohl auf baurechtlicher Ebene, wie auch im Verwaltungsalltag. Im Falle von Köniz lässt sich die Positivhypothese der vorliegenden Arbeit bestätigen.

Auch die Kontroll- und Vergleichsfälle sind nach der detaillierten Analyse zu relativieren. Dies gilt insbesondere für die Gemeinde Fislisbach. Die dortigen Planungsträger agieren re-aktiv und entsprechend dem bodenpolitischen Typ IV. Dementsprechend sind solitäre Filialen in peripherer Lage und in offener, eingeschossiger Bauweise erwartet worden. Stattdessen ist die örtliche Filiale optimal in das Versorgungszentrum integriert. Bei der Untersuchung stellt sich jedoch heraus, dass hierbei kein direkter kausaler Zusammenhang besteht. Der planungsrechtskonforme Standort ist ursprünglich für Coop geplant worden. Das Unternehmen zog sich jedoch kurzfristig aus der Planung zurück und Aldi übernahm den Standort, nachdem selber zuvor bereits Verhandlungen für einen Standort im Gewerbegebiet am Ortsrand begonnen, aber aufgrund von unterschiedlichen Preisvorstellungen nicht beendet worden waren. Das räumliche Ergebnis ist in diesem Fall also vielmehr durch die Entscheidungen der privaten Akteure und nicht durch das Zutun der öffentlichen Planungsträger entstanden.

Eine ähnliche Passivität konnte in Oberburg festgestellt werden. Die Vorgehensweise der dortigen Planungsträger wurden ebenfalls dem bodenpolitischen Typ IV zugeordnet. Dementsprechend wurde auch hier erwartet, dass sich die öffentlichen Planungsträgern mit ihren Forderungen gegenüber den privaten Akteuren nicht durchzusetzen vermögen und eine periphere Filiale in offener Bauweise entstünde. Bei der genauen Analyse kam jedoch heraus, dass die Planungsträger überhaupt keine Forderungen versuchten durchzusetzen. Die öffentlichen Interessen wurden stattdessen durch einen privaten Akteur vertreten – in diesem Fall dem nachbarschaftlichen Golfplatzeigentümer. Insofern ist in diesem Fall der kausale Zusammenhang zwischen der Vorgehensweise der öffentlichen Planungsträger und der räumlichen Entwicklung nicht festzustellen.

Als Bestätigung der Gegenthese lässt sich vielmehr die Fallstudie Biberist heranziehen. Die Vorgehensweise der örtlichen Planungsträger ist re-aktiv. Insofern war erwartet worden, dass dort Discounter-Filialen auftreten, die deutlich schlechter integriert sind, als dies bei aktiv handelnden Planungsträgern der Fall ist. Dies konnte in Biberist an beiden Filialen bestätigt werden. Da in beiden Fällen der Planungsprozess präzise aufgearbeitet werden konnte, ist auch die plausible kausalen Zusammenhänge belegt. Das räumliche Ergebnis ist direkt auf die bodenpolitische Strategie der Gemeinde zurückzuführen.

Gesamthaft deuten die Befunde durchaus auf einen plausiblen kausalen Zusammenhang zwischen aktiver Bodenpolitik und städtebaulicher Entwicklung hin. Die Wahrscheinlichkeit, dass die planungsrechtlichen Ziele in der räumlichen Entwicklung erreicht werden, sind bei Gemeinden mit einem aktiven bodenpolitischen Planungsverständnis höher, als bei re-aktiv oder passiv agierenden Gemeinden. Die umgekehrte Aussage ist sogar noch deutlicher: Die Wahrscheinlichkeit, dass planungsrechtswidrige Entwicklungen stattfinden, ist bei passiv oder re-aktiv agierenden Gemeinden deutlich höher, als bei Gemeinden mit aktiver Planungskultur. Die Fälle Köniz und Biberist verdeutlichen dies. In der Tendenz konnte die Hypothese der vorliegenden Arbeit durchaus bestätigt werden. Wie die Fallstudie jedoch auch zeigen, sind die jeweiligen kontextualen Umstände zu berücksichtigen, um die tatsächlichen Wirkungszusammenhänge zu erfassen. So können Ursache und Wirkung getauscht sein oder gänzlich andere Faktoren das räumliche Ergebnis bestimmt haben. Die Fälle Wädenswil, Fislisbach und Oberburg zeigen dies deutlich – in beide Richtungen. Und letztlich kann kein Automatismus angenommen werden, wie der Fall Solothurn zeigt. Eine aktive Bodenpolitik funktioniert nicht automatisch und führt zudem nicht zwangsläufig zu einer planungsrechtskonformen Entwicklung.

11.1.4   Schlussfolgerungen aus diesen Befunden

Der wesentliche Ansatz der vorliegenden Arbeit besteht darin, die Erkenntnisse aus der Forschung rund um institutionelle Ressourcen Regime auf den Bereich der Raumplanungspolitik zu übertragen und einer empirischen Überprüfung zu unterziehen. Hierbei sollte getestet werden, ob die deduktiv abgeleitete und anhand von anderen Ressourcen teilweise bestätigte Annahme auch für die Ressource Boden zutreffend ist. Angenommen wird, dass integriertere Regime zu nachhaltigeren Ressourcennutzungen führen, als komplexe Regime. Übertragen auf den spezifischen Kontext der politischen Steuerung der baulichen Nutzung der Ressource Boden und unter der theoretisch begründeten Annahme, dass bodenpolitische Strategien ein deutlich kohärenteres Bodenregime abbilden, wurde eine Haupt- (H_0) bestehend aus zwei Teilhypothesen (H_1 & H_2) aufgestellt:

H_0: Durch die Anwendung von bodenpolitischen Strategien durch kommunale Planungsträger erhöht sich der Grad der Umsetzung raumplanerischer Ziele in der Raumentwicklung, da die Gemeinden durch den kohärenteren Ansatz (Übertragung der Planungsziele in die Eigentumslogik) eine verbesserte Fähigkeit erlangen, dass Verhalten der privaten Akteure zu beeinflussen.

H_1: Die Anwendung bodenpolitischer Strategien durch kommunalen Planungsträger führt zu einer verbesserten Fähigkeit der kommunalen Planungsträger zur Beeinflussung des Verhaltens der privaten Akteure, da die öffentliche Politik (Raumplanung) durch die Logik des Eigentums ergänzt und somit kohärenter wird.

H_2: Durch die verbesserte Machtposition der kommunalen Planungsträger wird die Umsetzung von öffentlichen Planungszielen erhöht, da die kommunalen Planungsträger das Verhalten der privaten Akteure durch die erweiterten Politik-Ressourcen gezielter beeinflussen können.

Dabei wurde die Durchsetzung eigener Interessen durch die Verwendung des zur Verfügung stehenden Politikressourcenportfolios als Machtposition verstanden.

Die Haupt-Hypothese und ihre zwei Teilhypothesen enthalten demnach zwei Komponente von unterschiedlichem Detailierungsgrad. Einerseits wird der kausale Zusammenhang zwischen den bodenpolitischen Strategien und der tatsächlichen Umsetzung von raumplanerischen Zielen in der räumlichen Entwicklung suggeriert. Diese Komponente ist sehr detailliert. Andererseits wird dies durch einen Wirkungsmechanismus erklärt, der vergleichsweise undetailliert ist. Namentlich, dass die Planungsziele durch die öffentlichen Planungsträger instrumentell in die Logik von Eigentum übertragen werden. Diese Übertragung stellt eine Verbesserung der Kohärenz und somit eine Erhöhung der Integration des Regimes dar. Aus der Raumplanung, die rein allokativ aufgebaut ist, wird dadurch eine Bodenpolitik, die auch distributiv agiert. Aufgrund der empirischen Erkenntnisse ist jedoch festzuhalten, dass das Bodenregime an sich nicht kohärenter wird – wohl aber dessen Anwendung vor Ort koordinierter geschehen kann, wodurch ebenfalls eine kohärentere Wirkung erreicht und die Integration der Regimewirkung erlangt wird. Der Forschungshypothese folgend müsste sich demnach der Grad der Umsetzung raumplanerischer Ziele erhöhen, da diese eine nachhaltige Raumentwicklung bezwecken.

Bezogen auf die Untersuchungseinheit Lebensmittel-Discounter lässt sich diese Haupthypothese ist zwei Teilschritte unterteilen. Erstens, dass mit ausschliesslich nutzungsrechtlichen Mitteln die Entstehung von solitären, nicht-integrierten Lebensmittel-Discountern nicht verhindert werden kann (Negativplanung), und zweitens, dass durch bodenpolitische Strategien Lebensmittel-Discounter an zentralen Standorten in integrierter Bauweise erreicht werden (Positivplanung). Die Unterteilung ist wichtig, da die Aussagen der vorliegenden Arbeit aufgrund des Forschungsdesigns von unterschiedlicher Qualität sind. Das Forschungsdesign der Arbeit bezweckte in erste Linie die Überprüfung des zweiten Teils. Die Aussagen zum ersten Teil sind lediglich ergänzend zu verstehen.

11.1.5   Erkenntnisse zur Negativplanung (Diskussion von SH$_1$)

Im Rahmen der Empirie konnte an einigen Stellen aufgezeigt werden, wie Gemeinden mit negativplanerischen Strategien versuchten, Discounter grundsätzlich oder an bestimmten Standorten zu verhindern. Aufgrund des Auswahlkriteriums (Vorhandensein eines Discounters) ist dabei inhärent, dass bei den untersuchten Gemeinden diese Strategien mindestens teilweise scheiterten. Aufgrund des Erkenntnisinteresses war das Forschungsdesign auch nicht darauf ausgelegt, die Mechanismen zur Verhinderung von unerwünschten Entwicklungen im Raum systematisch zu untersuchen. Da lediglich existierende Discounter-Filialen untersucht wurden, können keine Aussagen zur erfolgreichen Verhinderung von Discounteransiedelungen getroffen werden. Dennoch ermöglichen diese fehlgeschlagenen Aktivitäten der kommunalen Planungsträger Rückschlüsse auf die Wirkungsmechanismen. Es lassen sich sowohl Rückschlüsse ableiten, die bestätigen, dass eine unnachhaltige Raumentwicklung mit nutzungsrechtlichen Mittel nicht verhindert werden können, als auch Rückschlüsse, die dieser Annahme widersprechen. Die Annahme (SH$_1$) lautet dabei:

> SH$_1$: Ein Planungsträger, der mit nutzungsrechtlichen Instrumenten agiert, wird die städtebauliche Qualität der Raumentwicklung beeinflussen können, da ein negatives Verhalten der Akteure verhindert werden kann (Negativplanung). Passive Gemeinden (Typen III und IV) wenden überwiegend nutzungsrechtliche Instrumente an und sind daher lediglich in der Lage negative Entwicklungen der städtebaulichen Qualität zu verhindern.

Selbst wenn Discounter mittels der baurechtlichen Grundordnung erfolgreich ausgeschlossen werden können, so ist die übergeordnete Dimension zu berücksichtigen. Discounter stehen lediglich exemplarisch für eine Reihe von Planungsfällen, die den Zielen einer nachhaltigen Raumentwicklung entgegenstehen. Die vorgenannte Logik zum Ausschluss dieser unerwünschten Planungen setzt ein allgemeines Problembewusstsein auf Seiten der Legislativen, sowie genaue Problemkenntnis auf Seiten der Exekutiven voraus. Eine Negativplanung kann lediglich dann erfolgreich werden, wenn die planungs- und baurechtlichen Dimensionen exakt bestimmbar und rechtssicher definierbar sind. Am deutlichsten wird dieser Aspekt bei der schweizerischen Regelung zum Fahrtenmodell und der deutschen Regulierung zum grossflächigen Einzelhandel. Es gibt keine planerischen oder geographischen Anhaltspunkte, dass die schädlichen Auswirkungen von Handelsnutzungen bei exakt 800m² Verkaufsfläche bzw. bei genau 1.500 Fahrten pro Tag beginnen und nicht bereits bei 799m² oder 1.499 Fahrten vorliegen. Die Grenzwerte sind Gegenstand politischer Aushandlungen und nicht materiell ermittelt. Dies führt dazu, dass auch deren Anwendung interpretativ erfolgt und teilweise umgangen wird. Die Berechnungen der Anzahl der Fahrten einer Handelsnutzung erfolgt als Abschätzung anhand der Anzahl der Parkplätze. Die Anzahl der zulässigen Parkplätze wiederum wird durch die Baubewilligung geregelt, welcher u.a. auf einer Abschätzung der Fahrten basiert. Genehmigungs- und Evaluationsprozesse ergeben hierbei eine Tautologie. Empirische Überprüfungen finden von Seiten der öffentlichen Planungsträger – zumindest in den untersuchten Gemeinden – nicht statt.

Zudem sind die Zeithorizonte zu beachten. Eine solche definierte Negativplanung setzt die exakte Prognose der Zukunft voraus. In der empirischen Realität sind die demokratischen Willensbildungs- und Entscheidungsprozesse jedoch träge und langwierig. Die öffentlichen Planungsträger überarbeiten im Idealfall alle 15 Jahre die baurechtliche Grundordnung. Veränderungen, die während dieses Zeitraums eintreten, sind kaum erfassbar. So sind viele Bauordnungen und Nutzungszonenpläne mittlerweile angepasst, um die Ansiedelung von grossen Einkaufszentren entsprechend zu regulieren. Dies ist eine direkte Folge aus den Entwicklungen der 1990er Jahre und erst in den letzten Jahren abgeschlossen worden. Auf die neuen Entwicklungen von Discountern sind viele Bauordnungen hingegen damals noch nicht angepasst und vorbereitet worden. Der Markteintritt von Aldi und Lidl erfolgte dann vergleichsweise schnell. Das politische Problembewusstsein und die technische Anpassung der Regulierungen erfolgten erst mit Verzögerung und sind erst begonnen. Viele Gemeinden nutzen erst die nächste, reguläre Überarbeitung der baurechtlichen Grundordnung, sodass Zeiträume von bis zu 15 Jahren ohne eine entsprechende Regulierung entstehen können.

Schliesslich führt die föderale Struktur des schweizerischen Planungssystems zu parallelen Prozessen, die ressourcenintensiv sind und zu weiteren Verzögerungen führen. Vielfach ist die Ansiedelung eines Discounters die erste derartige Planung für die jeweilige Gemeinde. In Politik und Verwaltung mangelt es – zumindest in den Fallstudien – an entsprechenden Vorerfahrungen und Fachkenntnissen, um mögliche negative Auswirkungen fachgerecht einschätzen zu können. Auch die kantonalen Planungsträger unterstützen in diesen Aspekten nicht.

All diese Punkte können als Hinweise aufgefasst werden, dass eine Steuerung unerwünschter Planungen nur begrenzt effektiv möglich ist. Negativplanung setzt politisches Problembewusstsein und technische Kapazitäten voraus. Wenngleich der Mechanismus für sich genommen präventiv ist, werden Planungen jedoch nur reaktiv in der baurechtlichen Grundordnung aufgenommen, weshalb stets eine starke Verzögerung zwischen dem Auftreten und der Regulierung des Problems entsteht. Präventive Ausschlüsse von Planungen, die den planungspolitischen Zielen widersprechen, sind mit den negativplanerischen Mittel des Nutzungsrechts (bspw. Ausschluss von bestimmten Nutzungen in bestimmten Zonenarten) kaum zu gewährleisten.

Letztlich sind aber auch diese Aspekte lediglich notwendige, aber keine hinreichenden Bedingungen, wie die Fallstudien in Fislisbach, Wädenswil, Oberburg und Biberist zeigen. In allen Gemeinden waren aus unterschiedlichen politischen Gründen bereits recht restriktive Regulierungen explizit bezogen auf den Detailhandel in Kraft. Von zentraler Bedeutung war dabei die Sondernutzungsplanungspflicht (in Form von Gestaltungsplänen in den Kantonen Solothurn, Aargau und Zürich bzw. in Form von Überbauungsordnungen im Kanton Bern). In den vier Gemeinden entstanden trotz dieser Regelungen insgesamt sechs Discounter-Filialen (2 mal Lidl und 4-mal Aldi), die diese rechtliche Anforderung gegen die planungspolitischen Zielstellungen umgingen. Der gängige Weg war dabei bestehende, teilweise aus den 1980er Jahren stammende Sondernutzungspläne heranzuziehen und so eine Abweichung von der Regelbauweise rechtlich zu ermöglichen. Da diese bestehenden Pläne meist mit anderen politischen Zielen erlassen wurden, waren sie in den untersuchten Fallstudien de facto wirkungslos. Die hohe Erwartung der kantonalen Planungspolitik an die Steuerungswirkung der Sondernutzungsplanpflicht wird aus diesem Grund nicht erfüllt.

Eine Fallstudie widerspricht augenscheinlich dieser Darstellung, dass unnachhaltige Raumentwicklung mit negativplanerische Mitteln nicht zu verhindern ist. In Fislisbach war zunächst eine Aldi-Filiale im Industriegebiet am Dorfrand geplant. Letztlich gebaut wurde jedoch eine integrierte Filiale, die nun das nördliche Ende der dörflichen Versorgungsachse bildet. Dieser Zusammenhang suggeriert also, dass eine Verhinderung planungsrechtswidriger Filialen möglich ist. Bei der genaueren Betrachtung des Falls wird jedoch deutlich, dass nicht das Eingreifen der öffentlichen Planungsträger, sondern ‚der Markt' zu diesem Ergebnis geführt hat. Der Aldi Konzern konnte sich mit dem Bodeneigentümer nicht über die Konditionen des Geschäfts einig werden. Gleichzeitig führte der Rückzug von Coop aus dem Bauprojekt Alpenrose zu einer freien Verkaufsfläche, die schnell und günstig verfügbar war. Diese Umstände haben Aldi letztlich zur Eröffnung im Dorfzentrum erwogen, ohne dass dahinter eine explizite Strategie oder eine Intervention der kommunalen Planungsträger steckt. Die Hypothese ist daher nur insofern widerlegt worden, dass auch andere Mechanismen (unabhängig vom Handeln der öffentlichen Planungsträger) zu räumlichen Ergebnissen führen können, die im Einklang mit den planungsrechtlichen Zielen stehen.

In der Gesamtabwägung der empirischen Erkenntnisse überwiegen daher die Aspekte, dass negativplanerische Vorgehensweisen in der planerischen Praxis deutlich weniger effektiv sind, als dies planungspolitisch angenommen wird. Negativplanung kann lediglich dann wirksam sein, wenn abschliessend alle Eventualitäten berücksichtigt werden. Dies ist grundsätzlich nicht erreichbar und wird durch die föderale Struktur der Schweiz und der geringen Ausbildung der Planungsträger zusätzlich erschwert.

11.1.6   *Erkenntnisse zur Positivplanung (Diskussion von SH₂)*

Mangelnde Effektivität negativplanerischer Vorgehensweisen bedeutet im Umkehrschluss jedoch noch nicht automatisch eine hohe Effektivität positivplanerischer Strategien. Die empirischen Ergebnisse weisen jedoch auf eine solche Wirkung hin. Die Fallstudien Köniz und insbesondere die Fallstudie Wädenswil sind in diesem Zusammenhang zu sehen.

> SH₂: Ein Planungsträger, der mittels der strategischen Anwendung von bodenpolitischen Instrumenten agiert, wird die städtebauliche Qualität der Raumentwicklung bestimmen können, da die Logik der Raumplanungspolitik um die Logik des Eigentums ergänzt und somit die Kohärenz erhöht und schliesslich ein integriertes Regime geschaffen wurde (Positivplanung). Aktive Gemeinden (Typen I und V) wenden bodenpolitische Instrumente strategisch an und sind daher in der Lage die städtebauliche Qualität der Raumentwicklung zu bestimmen.

Die Fallstudie Wädenswil ist von besonderer Klarheit, da hier sowohl räumlich, wie politisch ein direkter Zusammenhang zwischen der Discounter-Filiale, der Strategie der öffentlichen Planungsträger und dem tatsächlichen räumlichen Resultat aufzeigbar ist. Explizit hat die Wirkungslosigkeit der bisherigen, negativplanerischen Vorgehensweise (die sich im Entstehen der örtlichen Lidl-Filiale trotz weitreichender verhindernder Regelungen zeigt) zur Einführung einer aktiven bodenpolitischen Strategie geführt. Das Projekt Werkstatt Zürisee ist damit als direkte Antwort auf die erfolglose Verhinderung der Lidl-Filiale und der damit verbundene unnachhaltigen Ausnützung der letzten Gewerbelandreserven in der

Gemeinde zu sehen. Die Einführung dieser Bodenpolitik ist dabei auch an der Wahlurne bestätigt worden und bezweckt eine deutlich nachhaltigere Nützung des Landes, um letztlich Boden wirksam haushälterisch zu nutzen und das lokale Gewerbe zu fördern. In diesem Sinne unterliegt der Vorgehensweise die Annahme einer plausiblen kausalen Wirkungsbeziehung, die sich auch in dem Projektergebnissen widerspiegelt. Durch den Ankauf des Geländes, die planungsrechtliche Absicherung, die Abweichung von der Regelbauweise durch den Sondernutzungsplan und die managementartige Vermarktung des Gebiets konnte ein Gewerbegebiet von ungewöhnlich hoher dichte und städtebaulicher Qualität gewährleistet werden. Die örtlichen Planungsträger begleiteten den Prozess dabei aktiv von der ersten Diskussion über das räumliche Leitbild bis zur tatsächlichen Umsetzung. Das Projekt wurde zudem von einer ungewöhnlichen links-rechts Koalition politisch abgestützt.

Bei der Fallstudie Köniz ist dieser kausale Zusammehang ebenfalls erkennbar. Erst die aktive, aus mehreren Komponenten bestehende strategische Vorgehensweise der Planungsträger führt zu räumlichen Ergebnissen, die im Einklang mit den vorgegeben und den selbstgesteckten Zielen stehen. Die Kombination von unverbindlichen und teilweise auch informellen Instrumenten (Informations-, Beratungs- und Partizipationselemente), planungsrechtlicher Absicherung (insb. die Bestimmungen in der baurechtlichen Grundordnung) und aktiven Massnahmen (wie bspw. die kommunale Bodenbevorratung, Qualitätsansprüche, etc.). Die Bestimmungen in der baurechtlichen Grundordnung sind dabei durchaus als negativplanerische Absicherung zu verstehen. In der Auffassung der kommunalen Planungsträger ermöglicht jedoch erst diese strikte Vorgehensweise, dass weiterführende, positivplanerische Vorgehensweisen erfolgversprechend sind – analog zu dem einführend aufgezeigten Beispiel Attisholz (siehe Kap. 1.3). Letztlich kann die Fallstudie Köniz als Bestätigung der Positivhypothese betrachtet werden. Der Zusammenhang zwischen dem räumlichen Ergebnisse (in diesem Fall als Nachnutzung einer Industriebrache in die bestehende Siedlungsstruktur integriert vorzufinden ist) und der aktiven bodenpolitischen Planungskultur stehen in einem plausiblen kausalen Zusammenhang.

11.2 Weitere Einflussfaktoren auf die Entwicklung und Wirkung bodenpolitischer Strategien (Kausalhypothesen)

Neben den aus der Theorie abgeleiteten Hypothesen ermöglicht die Auseinandersetzung mit der empirischen Realität gleichzeitig aber auch die Weiterentwicklung eben dieser Hypothesen. Die qualitative Herangehensweise der vorliegenden Arbeit bezweckt explizit genau dies. Es sollen nicht nur die bestehenden Hypothesen getestet, sondern auch ein Beitrag zur Aufstellung neuer Hypothesen geleistet werden. In diesem Sinne beinhaltet die Arbeit deduktive, wie induktive Herangehensweisen gleichermassen.

Aus diesem Grund ist es von Interesse, dass aufgrund der vorliegenden empirischen Erkenntnisse, weitere Faktoren identifiziert werden können, die die Wirksamkeit bodenpolitischer Strategien beeinflussen.

11.2.1 Rechtliche und politische Inkohärenzen

Die Nutzung und Verteilung von Boden wird nicht nur durch das Raumplanungsgesetz beeinflusst. Eine Vielzahl von Gesetzen hat direkte oder indirekte Auswirkungen. Eines dieser Gesetze ist im Verlaufe dieser Arbeit an mehreren Stellen – explizit in den Fallstudien Köniz,

Solothurn und Wädenswil, implizit aber auch in den anderen Fallstudien – aufgrund seiner massiven Einwirkung relevant geworden: Das bäuerliche Bodenrecht.

Das bäuerliche Bodenrecht soll landwirtschaftliches Land und landwirtschaftliche Betriebe schützen. Als solches verfolgt es zunächst dieselben politischen Ziele wie das Raumplanungsgesetz. Der zugrundeliegende Mechanismus (die Interventionshypothese) differiert jedoch fundamental. Das bäuerliche Bodenrecht versucht die Existenz der landwirtschaftlichen Betriebe durch einen besonderen Schutz des landwirtschaftlichen Bodenmarktes zu sichern. Als wesentliche Regulierung werden dazu Nicht-Landwirte vom Erwerb landwirtschaftlichen Bodens ausgeschlossen – was in der Regel auch öffentliche Akteure beinhaltet. Während das Raumplanungsgesetz also die landwirtschaftlichen Flächen durch nutzungsrechtliche Steuerung zu schützen versucht, agiert das bäuerliche Bodenrecht mit verfügungsrechtlichen Mitteln. Vor dem Hintergrund der vorliegenden Problemstellung ist dabei interessant, dass das verfügungsrechtliche Instrumentarium des bäuerlichen Bodenrechts in der Praxis stärker wirkt, als das nutzungsrechtliche Instrumentarium der Bodennutzungsplanung. Insofern bestätigt sich hier die grundsätzliche Annahme der vorliegenden Arbeit.

Die Fallstudien zeigen deutlich, dass in der Folge diese Regulierung jedoch auch eine wirkungsvolle kommunale Bodenpolitik (insb. mittels einer Bodenbevorratungsstrategie) erschwert. Gemeinden stehen vor dem Problem, dass keine strategischen Ankäufe von Parzellen getätigt werden können, mithilfe derer eine wirkungsvollere Planung realisiert werden könnte. Die Problematik tritt in allen untersuchten Fallstudien auf.

Gleichzeitig zeigt sich jedoch auch, dass zwei Gemeinden Strategien entwickelt haben, wie mit dieser Einschränkung der Handlungsmöglichkeiten umgegangen werden kann, um die Erreichung der eigenen politischen Ziele zu ermöglichen, obwohl das eidgenössische Gesetz und die kantonale Behörde zur Überprüfung des Gesetzes entgegenwirken: Das Modell der Solothurner Reservezonen und das Modell der Könizer Kopplung.

- Die Stadt Solothurn betreibt grundsätzlich eine aktive Bodenbevorratungsstrategie, auch wenn die damit verknüpften politischen Ziele nicht ausschliesslich planerischer Natur sind. Ungeachtet des Verwendungszwecks beschränkt das bäuerliche Bodenrecht diese Möglichkeit. Um diese Regulierung zu umgehen nutzen die örtlichen Planungsträger die Inkohärenz der beiden Gesetze und die rechtlichen Ungenauigkeit innerhalb der Gesetze zu ihren Gunsten aus. Ein grossflächiger Ankauf von landwirtschaftlichem Land durch die Gemeinde und eine nachgelagerte ebenso grossflächige Einzonung wäre durch die kantonalen Behörden verhindert worden. Stattdessen wurden in der Stadt Solothurn grosse Flächen zur Reservezone erklärt. Dabei ist nicht geklärt, ob es sich rechtlich um eine Bauzone ohne direkte Baumöglichkeit oder um eine Nicht-Bauzone mit ggf. späterer Baumöglichkeit handelt. Aufgrund dieser Unklarheit hat der Kanton weder die Einzonung noch den Ankauf gestoppt. Die Kantonsplanung ging davon aus, dass es sich um eine Sonderform der Landwirtschaftszone handelt, da keine direkte Baumöglichkeit gegeben ist. Die Einzonung wurde daher nicht kantonal untersagt. Die Landwirtschaftsbehörde ging davon aus, dass es sich um eine Sonderform der Bauzone handelt, da eine Bebaubarkeit ja grundsätzlich gegeben ist (wenn auch erst zu einem späteren Zeitpunkt). Der Ankauf wurde daher nicht kantonal untersagt. Im Ergebnis nutzte die Gemeinde also die Inkohärenz der beiden Gesetze und die rechtlichen Ungenauigkeit innerhalb der Gesetze zu ihren Gunsten und konnte eine grosse landwirtschaftlich genutzte Fläche kaufen und schrittweise einzonen und letztlich nach ihrer politischen Vorstellung optimal nutzen.

- Die Gemeinde Köniz koppelt ihre Zonenplanentscheide an ihre Kauftätigkeit. Damit umgeht die Gemeinde das Dilemma, dass lediglich Land in der Bauzone (zu entsprechenden Baulandpreisen) erworben werden kann. Der Mechanismus ist dabei einfach: Eigentümer von planerisch relevanten landwirtschaftlichen Flächen werden kontaktiert und eine entsprechende Offerte zum Erwerb des Landes unterbreitet. Die Offerte gilt jedoch nicht für die Parzelle im gültigen rechtlichen Status, sondern ist vorwärtsgerichtet auf eine mögliche Zuweisung der Fläche zur Bauzone. Wenn keine Einigkeit über einen Vertrag und seinen Bedingungen hergestellt werden kann, verbleiben Eigentümerschaft und Zonenzugehörigkeit unverändert. Wenn Einigkeit erreicht wird, bereiten Planungsträger eine entsprechende Änderung der Bauzone vor, die dann vom Volk bestätigt werden muss. In der juristischen Sekunde, in der die Zonenzugehörigkeitsänderung in Kraft tritt, wird auch das Kaufgeschäft getätigt. Da es sich das Land dann bereits in der Bauzone befindet, unterliegt es nicht mehr dem bäuerlichen Bodenrecht. Die vormaligen Eigentümer erhalten dabei üblicherweise einen Betrag, der sich zwischen den marktüblichen Preisen für Landwirtschaftsland und denen für Bauland bewegt. Sie können jedoch keine vollen Baulandpreise aushandeln, da bei zu hohen Forderungen die Gemeinde auf das Geschäft verzichtet, die Bauzone nicht vergrössert und dementsprechend das Land in der (deutlich weniger wertvollen) Landwirtschaftszone verbleibt. Der Ansatz ist aus ökonomischer Sicht ideal, da sich die Interessen genau in der Preisfindung und in der Generierung von Mehrwert bündeln und somit die Interessen beider beteiligter Parteien zu gleichen Teilen erreicht werden. Logisch, staatsrechtlich und ggf. auch planungsrechtlich ist die Vorgehensweise mit einigen Risiken verbunden. So besteht die Möglichkeit zu dieser Vorgehensweise nur dann, wenn einer Gemeinde mehrere, gleichwertige Einzonungsoptionen zur Verfügung stehen. Zudem ist bei vielen Gemeinden fraglich, ob ein solcher Einzonungsanreiz im Sinne der planungsrechtlichen Ziele ist. Letztlich bedeutet es auch eine Kopplung von privatrechtlichen Interessen mit öffentlich-rechtlichen, d.h. hoheitlichen Massnahmen, was letztlich zu Legitimationsprobleme führen kann.

Letztlich sind beide Vorgehensweisen lediglich Ausdruck zweier Möglichkeiten, wie Gemeinden praktikable Wege zum Umgang mit den Inkohärenzen der beiden Gesetze verfolgen.

11.2.2   Inkohärenz zwischen planerischen Zielen und Planungssystem

Planungsrechtlich verankerten Ansprüche sind vielfältig und umfassen Elemente, die sich grob unter dem Leitbild der Europäischen Stadt verbinden lassen. Von zentraler Bedeutung ist dabei die Leitvorstellung eines lebendigen, dichten und gemischt genutzten Raums in einer polyzentrischen Raumstruktur (dezentrale Konzentration). Die Umsetzung dieser planungspolitischen Vorgaben folgt jedoch einer anderen Logik und einem anderem Leitbild folgend. Die klassische Bodennutzungsplanung zielt darauf gegenseitig störende Nutzungen räumlich zu trennen, um Konflikte (bspw. Lärm, Luftbelastung) zu reduzieren und das Eigentum zu schützen. Instrumentell wird das durch die Zonenplanung (in all ihren Formen und Aspekten) herbeigeführt, was bis heute für die Bodennutzungsplanung prägend ist. Die zugrundeliegende Logik basiert auf den Ansätzen des Leitbildes der funktionalen Stadt, welches in wesentlichen Punkten mit der Europäischen Stadt in Konflikt steht. Zusammengenommen entsteht dadurch eine Inkohärenz zwischen den planungsrechtlichen Ansprüchen und den Umsetzungsmechanismen. Die jeweiligen Grundlogiken stehen sich diametral gegenüber.

Anhand der Lebensmittelmärkte lässt sich dies hervorragend aufzeigen. Der Idealvorstellung einer durchmischten, lebendigen Europäischen Stadt folgend, sind Lebensmittelmärkte als

Versorgungseinrichtungen und Frequenzbringer an zentralen, urbanen Orten (bspw. Quartierszentrum) zu bevorzugen. Diese Orte sind jedoch zwangsläufig am konfliktstärksten, da hier unterschiedliche Akteure mit ihren Ansprüchen und Möglichkeiten der Interessendurchsetzung aufeinandertreffen (bspw. Wohnbevölkerung und Verkehrsinduktion). Die Logik der Bodennutzungsplanungsinstrumente führt daher dazu, dass konfliktarme Standorte bevorzugt werden und daher „Grüne Wiese"-Standorte einfacher zu realisieren sind. Überdeutlich formuliert: Die Ziele des Planungsrechts können mit den aktuellen Instrumenten des Planungsrechts nicht erreicht werden. Wenn mit einem aktiven Verständnis der Planungsträger auch Flexibilisierung des Planungsrechts und verantwortungsvolle Umsetzung einhergehen, kann aktive Bodenpolitik diese Inkohärenz überwinden. Allerdings besteht gleichermassen die Gefahr, dass die Auflösung dieser inflexiblen Regelungen auch zu einer Machtverschiebung weg von den Planungsträgern führt.

11.2.3   Raumplanung wird zur Verhandlungssache

Ein aktiveres Verständnis der Rolle von Planungsträgern führt auch dazu, dass auch der Gegenstand flexibler und stetiger Aushandlung ausgesetzt wird. Kurz gesagt besteht die Möglichkeit, dass Pläne zum Verhandlungsgegenstand werden. Dies zeigt sich in der Verbreitung der privat-initiierten Sondernutzungspläne als zunehmend bevorzugtes Planungsinstrument.

Mithilfe des Sondernutzungsplans oder ähnlichen Instrumenten kann demnach durchaus die Raumentwicklung präzise beeinflusst werden. Dies gilt jedoch für beide beteiligten Parteien. Die Entwicklung kann also dazu führen, dass sich vermehrt die öffentlichen Planungsträger durchsetzen, wie dies an der Fallstudie Köniz und zu einem geringeren Masse auch Solothurn zu beobachten ist. Es kann jedoch gleichermassen dazu führen, dass sich private Investoren und Bodeneigentümer durchzusetzen vermögen, wie dies bei den Beispielen Oberburg und Biberist deutlich wurde. Zudem ist zu erwarten, dass die Akteure ihre eigene Position wiederum an diese veränderte Lage anpassen. So ist es möglich, dass Gemeinden möglichst enge Bestimmungen in der baurechtlichen Grundordnung erlassen, um schliesslich ihre Verhandlungsposition zu verstärken und vermeintliche Kompromisse zu erwirken, wie dies die Stadt Solothurn verfolgt.

Die Debatte um eine generelle Sondernutzungsplanpflicht ist die logische Folge dieser Entwicklung. Der Sondernutzungsplan wird dabei von Planungsträgern als generelle Lösung angesehen, da er mehr Abweichungen und mehr Gestaltungsmöglichkeiten eröffnet. Dabei wird kaum berücksichtigt, dass diese Flexibilisierung in beide Richtungen gilt. Ein Wegfall von standardisierten Normen und eine weitreichende Flexibilisierung ermöglichen potenziell auch den privaten Akteuren ihre Interessen weitergehend durchzusetzen. Sollten die Interessen mit den öffentlichen Interessen im Widerspruch stehen, ergibt sich hierdurch ein grösserer Machtkonflikt als zuvor. Oder anders formuliert: Bei den öffentlichen Planungsträgern reduziert sich die Wirkung der Politikressource Recht. Dadurch werden die restlichen Politikressourcen wichtiger, deren Ausstattung bei den privaten Akteuren grundsätzlich grösser ist. Die öffentliche Hand könnte demnach an Durchsetzungsvermögen verlieren. Dies gilt insbesondere für die Fälle, wo die öffentliche Mitsprache nicht stattfindet, also namentlich in solchen Fällen, wo die Sondernutzungspläne bereits existierten und daher keine Volksabstimmung notwendig wird. Die Fallstudien der vorliegenden Arbeit, wo Sondernutzungspläne vorhanden sind, zeigen dies. In allen Fällen, aber insb. aber in Biberist (Aldi) und Oberburg, haben die Sondernutzungspläne nicht zu einer stärkeren Durchsetzung der öffentlichen Interessen, sondern im Gegenteil zu einer stärkeren Durchsetzung der privaten Interessen geführt.

11.3 Schlussfolgerung: Aktive Bodenpolitik ist wirksam, aber...

Grundsätzlich weisen die empirischen Ergebnisse also darauf hin, dass bodenpolitische Strategien die wirksame Durchsetzung von öffentlichen Planungszielen fördern. Paradoxerweise führt dies nicht zu einer flächendeckenden Anwendung. Stattdessen zeien die Ergebnisse des Fragebogens (Baustein B), dass aktive Bodenpolitik nur in einer Minderheit der befragten Gemeinden verfolgt wird und eine Einführung auf erhebliche Widerstände trifft. In den untersuchten Fallstudien sind dafür dreierlei Gründe erkennbar: Das dominierende Verständnis eines schlanken Staates, die Wahrnehmung von aktiver Bodenpolitik als linke Politik und die starke gesellschaftliche Verankerung der Unbeschränktheit des Bodeneigentums.

Eine aktive Bodenpolitik fordert robuste politische Entscheidungen, die teilweise mit weitreichenden staatlichen Handlungen verbunden sind und ggf. einen grossen Einsatz an Steuergelder erfordern. Die dominierende Haltung der Politik als Antizipation entsprechender Mehrheiten an der Wahlurne beruht überwiegend auf dem geringstmöglichen staatlichen Eingriff, wie die Fälle Emmen, Fislisbach und interessanterweise auch Wädenswil zeigen. Der Staat soll sich auf die Kernaufgaben beschränken und darüber hinaus nicht aktiv werden. Vor diesem Hintergrund steht eine aktive Bodenpolitik, die im Einzelfall streng sein kann und auch ggf. teuer ist, vor der Schwierigkeit, dass der positiven gesellschaftliche Nutzen und die ökonomische Amortisation nur sehr langfristig und schwerlich mono-kausal sichtbar werden. Planerische Zyklen übersteigen Legislaturperioden deutlich. Zudem ist die Raumentwicklung das Ergebnis von zahlreichen Einzelentscheidungen. Diese Zusammenhänge übersteigen das Verständnis von Politikern und Wählern. Daher wird ein aktives bodenpolitisches Vorgehen als nicht zwingend notwendige Aufgabe des Staates gesehen und dementsprechend zurückhaltend eingeführt. Wenn die Mehrwerte und die direkte Kausalität wahrnehmbar wird (bspw. in Form von Studien und daraufbasierenden Pressemeldungen, aber auch durch Schulungen und allgemeine Öffentlichkeitsarbeit), formen sich dann aber schnell politische Mehrheiten, wie die Fallstudien Solothurn, Köniz, Emmen und Wädenswil deutlich zeigen.

In diese Zusammenhang ist auch ein weiteres Phänomen zu beobachten: Die Wahrnehmung von aktiver Bodenpolitik als linke Politik. Raumplanung insgesamt und aktives bodenpolitisches Handeln im Besonderen werden von weiten Teilen der Bevölkerung als Politik des linken politischen Spektrums wahrgenommen. Im materiellen Kern ist diese Wahrnehmung schwerlich nachvollziehbar. Materiell sind die planungsrechtlichen Ziele auf die Wahrung der Landschaft und den Schutz des Kulturlandes ausgerichtet und entsprechen damit traditionell konservativen Leitvorstellungen. Auch weitere, bodenrelevante Regulierungen, wie bspw. die Lex Koller oder das bäuerliche Bodenrecht entstammen konservativen oder rechtskonservativen Werten. Zudem sind typisch bürgerliche Wählergruppen die grössten Profiteure einer wirksamen Raumplanungspolitik: Bauern, Immobilieneigentümer und Investoren. Die Fallstudie Emmen zeigt dabei sehr deutlich, dass eine aktive Bodenpolitik und eine kommunale Bevorratung an Boden in Kern eigentlich eine sehr konservative politische Herangehensweise ist und entsprechende Mehrheiten in einem bürgerlich-konservativen Umfeld erringen kann. Die Wahrnehmung als linke Politik ist nicht flächendeckend zutreffend. Zudem ist die Wahrnehmung von Raumplanung als eigentumsfeindliche Politik ebenfalls differenziert zu betrachten. Ein wesentliches Ergebnis dieser Politik ist die Wertsteigerung oder mindestens eine verlässliche Werterhaltung der Liegenschaft und damit zunächst eine eigentumsfreundliche Politik.

Diese gesellschaftlichen Grundwerte erklären, warum aktive, bodenpolitische Vorgehensweisen bei den Gemeinden schwerlich einführbar sind und (wenn einmal eingeführt) nur sehr vorsichtig verfolgt werden. Dies zeigt sich besonders deutlich an den Fallstudien Köniz und Wädenswil.

- Die Planungsträger in der Gemeinde Köniz verfolgen seit mindestens 40 Jahren eine aktive Bodenpolitik, die aus vielfachen Kombinationen der verschiedenen formellen, wie informellen Instrumente und auch einer strategischen Bodenbevorratung besteht. Die demokratische Legitimation erfolgt in periodischen Abständen an der Wahlurne, wobei stets hohe Zustimmungswerte erzielt wurden. Dominierendes Motiv der Wahlbevölkerung sind dabei die durchweg guten Ergebnisse, die mit dieser Vorgehensweise erzielt wurden. All diese Umstände lassen Köniz als Paradebeispiel aktiver Bodenpolitik dastehen und bieten günstige Voraussetzungen für zukünftiges bodenpolitisches Handeln. Nichtsdestotrotz sind die Planungsträger in Köniz vorsichtig und zurückhaltend. In jeder Planung wird stets ausgeschlossen, dass die Gemeinde die politischen Ziele durch eigene Entwicklungen umsetzt. Selbst Projekte, die von der Grösse und Komplexität in Eigenregie durchführbar wären, werden in Kooperation mit privaten Entwicklern durchgeführt. Unerheblich ist dabei, dass diese das öffentliche Interesse natürlich nur mit gegebenen Profit oder für Gegenleistungen durchführen. Die Planungsträger und politischen Entscheider in Köniz bevorzugen diesen Weg nichtsdestotrotz. Die Gemeinde soll nicht zu direkt in den Markt eingreifen und mit privaten Unternehmen konkurrenzieren. In der öffentlichen Wahrnehmung würde ein solches direktes Vorgehen als Verschwendung von Steuergeldern und nicht als sicheres Erreichen der politischen Ziele wahrgenommen. Die zurückhaltende Vorgehensweise reicht in Köniz sogar soweit, dass das bestehende und bislang positive System derzeit mit weiteren Kontrollmechanismen in Form von politischen Ausschüssen ausgestattet wird.
- Die Planungsträger in der Gemeinde Wädenswil verfolgen traditionell hingegen keine aktive Bodenpolitik. Ein Wandel findet jedoch statt, als die passive Planungshaltung der Planungsträger nicht verhindern kann, dass ein Discounter gebaut wird, obwohl dieses planungspolitisches explizit nicht gewünscht ist. Die Unwirksamkeit der passiven Bodennutzungsplanung führt daher in Wädenswil dazu, dass eine aktive bodenpolitische Strategie eingeführt wird. Dieses stellt sich am konkreten Fall sogar als wirksam heraus und gewährleistet die Umsetzung der Ziele. Paradoxerweise halten die Planungsträger dennoch nicht an dieser erfolgreichen Strategie fest und fallen sofort nach Abschluss der Planung Rüti zurück in bisherige passive Planungshaltung. Der zweifache Politikwechsel ist dabei direkt von der Wahrnehmung der Zusammenhänge abhängig. Solang eine aktive Vorgehensweise direkt mit positiven Auswirkungen verbunden werden kann, ist es politisch umsetzbar. Sind diese Zusammenhänge nicht direkt erkennbar, ist eine aktive Bodenpolitik politisch nicht haltbar. Erwartete zukünftige positive Entwicklungen genügen der politischen Legitimation nicht. Darin zeigt wiederrum das planerische Grundproblem der Langfristigkeit und der damit verbundenen schwer nachvollziehbaren Massnahme-Wirkung-Beziehungen.

In beiden Fallstudien ist erkennbar, dass die Grenzen der Umsetzbarkeit aktiver bodenpolitischer Strategien bei den Grenzen der fassbaren Zusammenhänge liegen. Wenn räumliche Mehrwerte erkennbar sind und direkt auf die aktive Bodenpolitik zurückzuführen sind, ist die politische Unterstützung gegeben. Abstrakte Mehrwerte sind hingegen den Entscheidungsträgern und der Wahlbevölkerung nicht zu vermitteln, sodass dann eine vorsichtige Zurückhaltung (Köniz) oder Wiederabschaffung (Wädenswil) erfolgt.

Auch der umgekehrte Fall konnte in den Fallstudien beobachtet werden. So führt die Nicht-Sichtbarkeit der Zusammenhänge von negativen Entwicklungen in den Fallstudien ebenfalls nicht zu Wandel in der Planungskultur, wie dies an Biberist und Oberburg deutlich wird.

- In Oberburg haben die lokalen Planungsträger den Zusammenhang zwischen der Ansiedelung des Discounters und der zukünftigen Neugestaltung des Dorfzentrums nicht erkannt. Dementsprechend wurde nicht interveniert, als Aldi (unter geschickter Ausnützung einer regulatorischen Lücke) eine Filiale eröffnete, und damit Oberburg für den Konkurrenten Coop betriebswirtschaftlich unattraktiv machte. Coop wiederum hätte sich an der Umgestaltung des Dorfzentrums beteiligt, welche durch den Bau der Umfahrungsstrasse ansteht, und einen Dorfplatz finanziert. Unter den gegebenen Umständen führt also die Ansiedelung eines Aldis am Dorfrand dazu, dass die Zentrumsentwicklung erschwert wird. Der Zusammenhang wird jedoch weder von den Planungsträgern (sowohl der Verwaltung als auch der Politik) noch von der Wahlbevölkerung gesehen. Die Erfolglosigkeit der passiven Bodennutzungsplanung bleibt damit verborgen, sodass in der Folge eine Abstimmung über eine mögliche politische Korrektur unterbleibt.
- Ähnliches gilt für die Fallstudie Biberist. Die negativen Auswirkungen des Aldi-Standortes werden politisch nicht auf die Entscheidungsträger zurückfallen. Der Standort steht im funktional-räumlichen Zusammenhang mit der Stadt Solothurn, befindet sich administrativ jedoch auf Biberister Gemeindeterritorium. Die Biberister Bevölkerung ist jedoch nicht von den negativen Auswirkungen betroffen. Die betroffene Solothurner Bevölkerung kann wiederum nicht über die Biberister Entscheidungsträger abstimmen. Zudem wird kein Zusammenhang mit der fehlenden kantonalen Koordinierung gezogen. In der Summe führt dies dazu, dass die demokratische Kontrolle inkohärent zu den räumlichen Problemen ist.

In diesen beiden Fallstudien ist demnach ableitbar, dass die Unwirksamkeit passiver Bodennutzungsplanung ebenfalls von der Sichtbarkeit des Zusammenhangs abhängig ist. Wenn die Ursachen räumlicher Probleme nicht erkennbar sind, versagt die demokratische Kontrolle. Abstrakte Zusammenhänge erfordern tiefgreifendes fachliches Verständnis und werden in der Regel nicht erkannt, dass keine Korrektur der Politik erfolgen kann.

So lassen sich viele Probleme des Raumentwicklung auf eine Ursache zurückführen, die nicht weniger paradox ist: Der gesellschaftlich dominierende Glauben an die Unbeschränktheit des Bodeneigentums in Form einer uneingeschränkten Baufreiheit und Ansicht, dass der Staat sich aus Bodeneigentum heraus halten soll. Dieses Grundmotiv schwingt bei allen Fallstudien mit – wird jedoch insbesondere in der Fallstudie Wädenswil deutlich. Der aktive Eingriff der Gemeinde (in Form von Erwerb des Geländes und eine ausserordentlich detaillierte Planung) wurde nur vor der ausserordentlichen Problemdefinition legitimiert – und sofort nach erfolgreichem Einsatz wieder abgeschafft.

Staatliche Eingriffe werden grundsätzlich als ungerechtfertige Freiheitsbeschränkung, also gemäss der Interessen der Grundeigentümer, und nicht als staatliche Prävention von negativen externen Effekten, also gemäss der Interessen der Bevölkerung, betrachtet. Die historische Distanz zur französischen Revolution und zur Gründung des liberalen Bundesstaates Schweiz ermöglicht eine Verklärung der damaligen politischen Forderungen und der tatsächlichen Ergebnisse dieser Zeit. So ist zutreffend, dass die Gewährleistung des Eigentums zentrale Motive dieser beiden politischen Wenden war. Allerdings enthielten sowohl die Erklärung der Menschen- und Bürgerrechte als auch die erste Bundesverfassung durchaus Bestimmungen, die die Grenzen des Eigentumschutzes definieren, und noch im heute geltenden Recht enthalten sind (verfassungsrechtlich in Art. 36 BV und einfachgesetzlich in Art. 641 ZGB). Das Individuum und seine Grundrechte nehmen in allen Dokumenten einen hohen Stellenwert ein. Der Schutz ist dabei weitreichend – aber nicht unlimitiert. Dass die individuellen Rechte jedoch die öffentliche Notwendigkeit übersteigen, ist eine Fehlinterpretation. Wortwörtlich heisst es in der Erklärung der Menschen- und Bürgerrechte: „Les propriétés étant un droit inviolable et sacré, nul ne peut en être privé, si ce n'est lorsque la nécessité publique, légalement constatée, l'exige évidemment, et sous la condition d'une juste et préalable indemnité" (art. 17 Déclaration des droits de l'homme et du citoyen de 1789). Eigentum endet also dort, wo eine eindeutige und öffentliche Notwendigkeit festgestellt wird – und ein möglicher Schaden entsprechend entschädigt wird.

12. Reflexion zur Übertragbarkeit und Generalisierbarkeit

Dem vorliegenden Wissenschaftsverständnis folgend, dienen wissenschaftliche Arbeiten nicht der Erarbeitung von konzeptionellen Lösungen, sondern der Erforschung von plausiblen Kausalitäten. Von daher stellt die Übertragung der Erkenntnisse auf andere räumliche Entwicklungen einen Zwischenschritt und eine allgemeine Generalisierung das Ziel dar. Die Komplexität von räumlichen Prozessen (und sozialwissenschaftliche Fragestellungen allgemein) lassen jedoch keine absolut generalisierbaren Aussagen zu. Jede räumliche Situation unterscheidet sich in der Dimension von physisch-geographischen, kulturellen und regulatorischen Kontext. Dementsprechend kann eine planungswissenschaftliche Arbeit keine planerischen Lösungen erarbeiten – zumal bei einem solchen Anspruch fraglich wäre, welchen Vorteil die wissenschaftlich abstrakte Herangehensweise gegenüber den Wissens- und Erfahrungsvorsprung der praktizierenden Akteure hat.

Eine planungswissenschaftliche Arbeit kann jedoch prägnante Muster identifizieren, die in mehreren (zwangsläufig unterschiedlichen) räumlichen Situationen auftreten. Durch den systematischen Versuchsaufbau (Quasi-Experiment), durch Vergleiche und durch den Abgleich mit der Planungstheorie wird diese Identifikation gefördert, sodass die Mustererkennung zu einem gewissen Grad als valide, reliable und objektiv erklärt werden kann.

12.1 Möglichkeiten zur Verallgemeinerung und Übertragung der vorliegenden Arbeit

Die empirische Überprüfung hat gezeigt, dass die Wirkungsmechanismen in der Planungspraxis komplex und in jeder Situation einzigartig sind. Insbesondere die Fallstudien verdeutlichen, dass bei detaillierter Analyse individuelle Faktoren wirken. Dennoch bleibt das Ziel der vorliegenden Arbeit, Erkenntnisse zu gewinnen, welche übertragbar und im Idealfall generalisierbar sind.

Der Fokus auf Lebensmittel-Discounter ist dabei die Konsequenz des gewählten Forschungsdesigns. Die Discounter-Filialen dienen jedoch lediglich und ausschliesslich als Untersuchungseinheit, um eine Vergleichbarkeit zwischen verschiedenen Gemeinden und Kantonen zu ermöglichen. Entsprechend basieren die empirischen Erkenntnisse der Arbeit über die Wirksamkeit der Strategien der öffentlichen Planungsträger zunächst nur auf die Planung von Discountern. Allerdings stellen die Discounter selbst nicht das wissenschaftliche Erkenntnisinteresse dar. Als vergleichsweise kleines Planungsvorhaben stehen Discounter stellvertretend für den typischen Umgang der öffentlichen Planungsträger mit alltäglichen Planungsaufgaben. Es wird von einer grundsätzlichen Übertragbarkeit auf andere, übliche Planungsfälle ausgegangen.

Rückschlüsse, wie die jeweiligen Planungsträger mit ausserordentlichen Grossprojekten (bspw. Arealüberbauungen, Einkaufszentren, etc.) umgehen, sind dabei lediglich bedingt möglich. Grundsätzlich wird angenommen, dass auch bei Grossprojekten Planungsträger aktiv, re-aktiv oder passiv agieren. Allerdings sind zwei wesentliche Aspekte zu betrachten, die die Akteurskonstellation deutlich verän-

© Springer Fachmedien Wiesbaden GmbH, ein Teil von Springer Nature 2019
A. Hengstermann, *Von der passiven Bodennutzungsplanung zur aktiven Bodenpolitik*, https://doi.org/10.1007/978-3-658-27614-0_12

dern: Einerseits ist das Portfolio an Politik-Ressourcen bei Grossprojekten anders gelagert. Investoren hantieren mit anderen Investitionsgrössen. Dementsprechend sind deutlich mehr Abteilungen beteiligt (bspw. ein eigenständiger Projektleitungsstab und eine intensive Beteiligung der Rechtsabteilung). Dies erschwert die Durchsetzungsfähigkeit der Gemeinde und ihrer Interessen. Andererseits ist auch auf der Seite der öffentlichen Hand eine erhöhte Aufmerksamkeit festzustellen. So beansprucht die allgemeine Öffentlichkeit typischerweise ein deutlich stärkeres Mitspracherecht. Nur wenn das Planungsergebnis einen öffentlichen Konsens darstellt, kann die notwendige politische Akzeptanz eingeholt werden. Dabei ist oftmals unerheblich, ob eine solche Einflussnahme und eine politische Abstimmung rein rechtlich überhaupt notwendig sind. Liegt lediglich ein Baubewilligungsverfahren vor, sieht die Gesetzeslogik eine solche konstruktive Beteiligung nicht vor. Es sind lediglich Einsprachen gegen die Verletzung konkreter Rechtsnormen vorgesehen. Nur im Fall einer Änderung der baurechtlichen Grundordnung (Zonenplanänderung oder Abweichung durch Sondernutzungsplanung) wird eine demokratische Willensäusserung notwendig.

Von allgemeiner Natur sind hingegen die Erkenntnis zur Beziehung von Eigentum und Raumplanung. Zunächst konnte bestätigt werden, dass zur Umsetzung der Raumplanung insbesondere die eigentumsrechtliche Situation entscheidend ist. Dies ist vor dem Hintergrund der aktuellen planungswissenschaftlichen Debatte um Partizipationsmöglichkeiten der allgemeinen Bevölkerung keinesfalls banal. Die Beteiligung dieser Gruppen (auch insb. Nachbarn und Stimmvolk) ist durchaus wichtig und eine Vorbedingung wirksamer Planung. Allerdings wird dabei die zentrale Rolle, die den Bodeneigentümern zukommt, unterschätzt. Die empirischen Fälle zeigen, dass diese die Umsetzung der Raumplanung (bspw. die Realisierung des Nutzungszonenplans) wesentlich beeinflussen. Private Akteure (bspw. Investoren, wie die Discounter) antizipieren dies. Deren Planung richtet sich erstens nach der Verfügbarkeit von Boden, zweitens nach den planungsrechtlichen Status und erst drittens nach weiteren Faktoren (wie der Konkurrenzsituation und tatsächliche räumliche Situation und möglichen Konflikten). Die privaten Investoren haben damit erkannt, was bei öffentlichen Planungsträgern und auch in den planungswissenschaftlichen Veröffentlichungen oft nur eine untergeordnete Rolle spielt: Wer den Boden besitzt, ist der mächtigste Akteur. Der Bodeneigentümer bestimmt die tatsächliche Raumentwicklung. Die vorliegende Untersuchung hat auch gezeigt, dass öffentliche Planungsträger, die auf diese Prämisse erkennen und entsprechende bodenpolitische Strategien verfolgen, durchsetzungsstärker sind, als Planungsträger, die dies ignorieren.

12.2   Grenzen der Übertragbarkeit und Generalisierbarkeit der vorliegenden Arbeit

Die Erkenntnisse der vorliegenden Arbeit hängen explizit stark vom jeweiligen politischen und gesellschaftlichen Rahmen ab, der sich im entsprechenden Rechtssystem manifestiert. Die beteiligten Akteure nutzen ihre jeweiligen rechtlichen Möglichkeiten und formen ihre Strategien innerhalb dieses Rahmens – oder wirken auf deren Veränderung hin. Dementsprechend sind die Grenzen der direkten Übertragbarkeit erreicht, wenn der rechtliche Rahmen wechselt. Dies trifft auf den verschiedenen Ebenen innerhalb der Schweiz, aber auch vor dem Hintergrund der internationalen planungswissenschaftlichen Debatte zu. So sind grundsätzliche die Kantone für die Raumplanung zuständig und erlassen mit ihren Bau- und Planungsgesetzen wichtige regulatorische Grundentscheide. Deren Interpretation findet dann auf Ebene der Gemeinde statt. Im Ergebnis kann nicht von *dem* schweizerischen Planungsrecht gesprochen werden. Der starke schweizerische Föderalismus bewirkt eine vielfältige Ausgestaltung der Planung.

Berücksichtigt werden muss dabei allerdings, dass auch der Rechtsrahmen Gegenstand politischer Debatten und grundsätzlich veränderbar ist. So können insbesondere subnationale Ebenen von den Erkenntnissen aus anderen Regionen direkt profitieren. Die kommunale Aufgabe Baureglemente zu erlassen, trifft alle Gemeinden in der Schweiz – allerdings lediglich periodisch etwa alle 15 Jahre. In diesem Sinne kann der Föderalismus auch als experimentelle Brutstätte dienen und neue, innovative Lösungen ermöglichen.

Eine gewisse Übertragbarkeit wird lediglich dadurch hergestellt, dass der methodische Fokus der vorliegenden Arbeit auf den grundsätzlichen Wirkungsmechanismen liegt. Dies bewirkt, dass die abstrahierten Erkenntnisse durchaus als vergleich- und übertragbar anzusehen sind – wenn auch unter den genannten rechtlichen Vorbehalten.

12.3 Aussagekraft der vorliegenden Arbeit

Vor dem Hintergrund dieser kritischen Reflexion erhebt die vorliegende Arbeit keinen Anspruch auf Allgemeingültigkeit oder direkte Übertragbarkeit. Sehr wohl wird davon ausgegangen, dass die wesentlichen Erkenntnisse der Wirkungsmechanismen auf andere räumliche Situationen adaptiert werden können. In diesen engen Grenzen ist auch die Ableitung von Handlungsempfehlungen zulässig, wie dies im nächsten Kapitel vorgenommen wird.

13.   Ableitung von Handlungsempfehlungen

Die bisherigen dargestellten Erkenntnisse sind ausschliesslich analytisch. Um die daraus gewonnenen Erkenntnis auch für die planerische Praxis relevant zu machen, werden im Folgenden Handlungsempfehlungen abgeleitet. Diese sind lösungs- und handlungsorientiert und dementsprechend deutlich interpretativer als die bisherigen Abstraktionen.

Die Handlungsempfehlungen werden in drei Bereiche nach den jeweiligen Kernthemen gegliedert. Im ersten Bereich (Kap. 13.1) werden Empfehlungen zum zukünftigen Umgang mit Lebensmittel-Discountern dargestellt. Im zweiten Bereich (Kap. 13.2) werden Empfehlungen zu bodenpolitischen Strategien abgegeben. Diese beiden Bereiche richten sich somit an die planerische Praxis und insbesondere an kommunale Planungsträger. Im dritten Bereich (Kap. 13.3) werden Empfehlungen zu zukünftigen Forschungen im Bereich der Bodenpolitik aufgezeigt. Schliesslich werden diese Empfehlungen auf die Eingangsbeispiele Galmiz und Attisholz zurückbezogen (Kap. 13.4, siehe auch 1.1 und 1.3).

Die Ableitung von Handlungsempfehlungen mag die unmittelbarste Auswirkung der vorliegenden Arbeit sein. Dies ist jedoch einigen Einschränkungen unterlegen: „Streng methodisch betrachtet ergeben sich aber aus einem Fallstudiendesign alleine nie unmittelbare und eindeutige Handlungsempfehlungen" (Lamker 2014: 18). Die Handlungsempfehlungen gehen über die eigentlichen Erkenntnisse der Fallstudien hinaus. Die analytischen Erkenntnisse sind notwendige, aber keine hinreichenden Vorraussetzungen dieser Handlungsempfehlungen. Aufgrund der Komplexität der räumlichen Realität ist eine generelle Übertragung nur unter der Voraussetzung von gleichbleibenden Bedingungen und unter den dargestellten Grundannahmen zulässig. Allerdings unterscheidet sich die Planungswissenschaft als angewandte Geographie von anderen Disziplinen und Teilbereichen der Geographie, weshalb an der Erarbeitung von Handlungsempfehlungen festgehalten wird. Die Gefahr von neuen, unerwarteten Effekten wird dabei im Sinne von Karl Popper in Kauf genommen. „Jede Lösung eines Problems schafft neue, ungelöste Probleme. [...] Je mehr wir über die Welt erfahren, je mehr wir unser Wissen vertiefen, desto bewußter, klarer und fester umrissen wird unser Wissen über das, was wir nicht wissen, unser Wissen über unsere Unwissenheit. Die Hauptquelle unserer Unwissenheit liegt darin, daß unser Wissen nur begrenzt sein kann, während unsere Unwissenheit notwendigerweise grenzenlos ist" (Popper 2009: 63, zit. n. Lamker 2014: 19).

13.1   Handlungsempfehlungen zum Umgang mit Lebensmittel-Discountern

Zunächst muss festgehalten werden, dass Discounter negative räumliche Effekte haben können. Allerdings sind Discounter-Unternehmen (Aldi, Lidl) nicht per se planerisch problematisch. Aber die von Discountern bevorzugten Filialtypen von eingeschossigen Standardbauten an peripheren Lagen sind kritisch zu betrachten. Die räumlichen Effekte stehen dabei im direkten (bspw. Flächenverbrauch), wie auch indirekten Zusammenhang (bspw. auf das bestehende Ortszentrum) mit den Filialen. Daher sind in der planerischen Praxis Strategien im Umgang mit Lebensmitteldiscountern zu entwickeln.

Solche Strategien basieren zunächst auf dem Wissen über Wirkungen und Auswirkungen von Discountern. Dieses Wissen ist in den befragten Gemeinden und den untersuchen Fallstudien gering. Dies liegt einerseits an der erst kurzen Zeitspanne, seitdem die Gemeinden mit diesem neuen Planungsfall in der Schweiz konfrontiert sind. Andererseits auch an der geringen Professionalisierung, die Planungsträger in der Schweiz aufweisen. Kleine Gemeindeverwaltungen führen dazu, dass die Planungsträger eine grosse Bandbreite an Aufgaben zu bewältigen haben und kaum gleichermassen exzellente Fachkenntnisse in allen diesen Bereichen vorweisen können (bspw. Hochbau und Planungsrecht). Daraus lässt sich ableiten, dass die Aus- und Weiterbildung des Fachpersonals, der für Planung zuständigen Politiker und Personen in den Kommissionen von zentraler Bedeutung und Grundlage aller weiterer Massnahmen ist.

Wenn entsprechendes Fachwissen vorhanden ist, ist der Standpunkt der Planungsträger mit entsprechenden Informationen zu bestärken. In den befragten Gemeinden war die jeweilige Informationslage deutlich unterschiedlich. So waren Zahlen zur Dimensionierung der Bauzone in fast allen befragten Gemeinden vorhanden. Das schliesst jedoch nicht immer Kenntnisse über die tatsächliche Überbauung ein, aus der sich bspw. die Baulandreserven (durch Nicht-Nutzung oder durch erhebliche Unternutzung) ableiten lassen. Die Prognosen, also bspw. Bevölkerungsprognosen oder zum zukünftigen Baulandbedarf, waren bislang noch stark politisch geprägt und nicht immer nachvollziehbar. Mit der Teilrevision des Raumplanungsgesetzes scheint hier jedoch derzeit ein Wandel stattzufinden. In den Planungsabteilungen waren zudem nicht immer die Informationen vorhanden, welche Grundstücke der Gemeinde gehören oder wie die Bodenverteilung in der Gemeinde insgesamt ist. Auch wird der Bodenmarkt in keiner einzigen untersuchten Gemeinde systematisch ausgewertet. Wenn Informationen zu diesen Aspekten vorhanden waren, dann basierten diese auf den persönlichen Netzwerken und Erfahrungen der jeweiligen Beamten. Eine Systematisierung dieser Informationen auch durch einen verstärkten Austausch zwischen Planungs- und Liegenschaftsämtern erscheint notwendig. Andersherum waren die Liegenschaftsverwalter nicht immer über die Aktivitäten der Planungsabteilung informiert. Einige Gemeinden haben regelmässige Austauschrunden, die in diesem Zusammenhang sinnvoll erscheinen.

Bezogen auf die Discounter zeigt sich in den Fallstudien, dass kaum von den Erfahrungen anderer Gemeinden oder des Kantons profitiert werden konnte. Obwohl fast alle befragten Planungsträger (auf kommunaler, wie kantonaler Ebene) betonten, dass der Austausch bereits vorhanden und gut sei, scheint hier die Verbreitung des kollektiven Wissens innerhalb des Staatsapparats ausbaufähig zu sein. Eine verstärkte Zusammenarbeit und ein intensiverer Informationsaustausch scheint angebracht. Stattdessen scheinen Gemeinden und Kanton gegeneinander zu arbeiten und die Kooperation der Gemeinden untereinander stark von den jeweiligen Persönlichkeiten abzuhängen. Anstatt diese Informationen, die im Staatsapparat vorhanden sind, effektiv zu nutzen, werden stattdessen regelmässig externe Planungsbüros beauftragt. Dies führt zu einer Bündelung der Informationen in privater Hand und entsprechenden Kosten für den Steuerzahler. Denkbar wäre bspw. das Bundesamt für Raumentwicklung und auch die kantonalen Planungsämter in Aufsichts- und Beratungsbehörden zu trennen, wie dies bereits im Gesetzesvorschlag von 1920 enthalten ist (siehe Kap. 8.4.2.1). Dies ermöglicht einerseits die Entflechtung von Rollen und Interessen und andererseits eine effiziente Informationsgenerierung und -verbreitung innerhalb der öffentlichen Hand.

Bei den Informationen bzgl. der Discounter müssen die Planungsträger bezüglich der direkten und indirekten Auswirkungen sensibilisiert sein. Die befragten Planungsträger berücksichtigten die indirekten Auswirkungen kaum. So wurden die Auswirkungen auf das Mobilitätsverhalten oder auch die mögliche Konkurrenzierung der bestehenden Detailhändler (ggf. in zentraleren Lagen) kaum thematisiert. Selbst direkt mit dem Bauvorhaben verbundene Auswirkungen, wie die typischen Flächengrössen, die absehbaren Verkehrsinduktionen oder ästhetische Auswirkungen, spielten selten eine Rolle. Insofern erscheint es auf Grundlage der vorliegenden Erkenntnisse notwendig, dass sich die kommunalen Planungsträger dem Thema Detailhandel allgemein und Discounter im spezifischen annehmen.

Das allgemeine Fachwissen und die spezifischen Informationen dienen der Problemdefinition und damit letztlich auch der Legitimierung von politischer Intervention. Sie bilden insofern die Grundlage jeglicher politischer Entscheidung und Strategiebildung. Gleiches gilt auch für die Negativplanung. Obwohl die empirischen Ergebnisse dieser Arbeit gezeigt haben, dass negativplanerische Regulierungen alleine nicht wirken, so sind sie doch notwendige Bedingungen, um das wirksame Handeln der öffentlichen Hand zu ermöglichen. Von daher sind Gemeinden und Kantone angehalten die bau- und planungsrechtlichen Grundlagen regelmässig zu aktualisieren und an veränderte räumliche Herausforderungen anzupassen. Dabei gilt ebenfalls, dass von den gegenseitigen Erfahrungen profitiert werden sollte. Ziel der Negativplanung ist es, unerwünschte Entwicklungen effektiv zu verhindern. Erwünschte Entwicklungen zu erreichen, kann mit den Mitteln der Negativplanung nicht erreicht werden.

Für das Themenfeld der Discounter gilt dabei insbesondere, dass die Zonenbeschriebe dringend anzupassen sind. Bislang sind Discounter in nahezu allen Zonenarten zulässig, also auch in der Industriezone (die meist weit weg von den Wohngebieten und damit von der Bevölkerung / den Kunden ist). Diese Entwicklung ist dringend zu unterbinden, da eine nachträgliche Korrektur realistischerweise kaum möglich ist. Auch in den verschiedenen Arten der Wohnzone ist die Ansiedlung eines Discounters differenziert zu formulieren. Lebensmittelversorger sollten allgemein in Grundzentren angesiedelt werden und daher nur in den entsprechenden Zonen (wie Kern-, Quartierszentrums- und Mischzonen) zulässig sein. In reinen Wohnzonen sollte Kleingewerbe weiterhin möglich sein, grossflächige Discounter aber ausgeschlossen werden. Zur Abgrenzung könnten Schwellenwerte bzgl. der Grundfläche (nicht der Verkaufsfläche) verwendet werden. Um tatsächlich einen Effekt zu haben, sollten diese jedoch deutlich niedriger ausfallen, als dies im deutschen Planungsrecht vorgesehen ist. Unabhängig von der Detailhandelnutzung ist zudem über Mindestausnützungsziffer und Mindestgeschossanzahl nachzudenken. Im rein ökonomischer Betrachtungsweise sollten diese Intervention überflüssig sein, da ‚der Markt' zu einer grösstmöglichen Ausnützung führen müsste. In der Praxis zeigt sich, dass solche Mindestwerte jedoch notwendig sein können, um punktuell auftretende Marktversagen zu verhindern. Letztlich sind auch zeitliche Regelungen zu etablieren, wie eine Bauverpflichtung (abhängig vom Zeitpunkt der Einzonung) und einer Realisierungspflicht (abhängig vom Zeitpunkt der Baubewilligung). Die Abschaffung einer maximalen Ausnützungsziffer, wie dies derzeit bei vielen Gemeinden zu beobachten ist, ist hingegen wenig nachvollziehbar. Sicherlich sind die bisherigen Werte, die meist aus den 1980er und 1990er Jahren stammen, nach oben zu korrigieren. Im Sinne einer homogenen Bebauungsstruktur und der Bemessung der benötigten Infrastruktur sind jedoch auch Maximalwerte notwendig.

Um die erwünschte Entwicklung tatsächlich zu erreichen, ist letztlich eine andere Grundhaltung bei den Planungsträgern notwendig. Die Könizer Planungsträger formulieren dies als *aktive Planungskultur*. Der Begriff trifft sehr gut, da neben den rechtlichen Rahmenbedingungen auch die Art und Weise der Anwendung und die persönliche Grundeinstellung überhaupt werden müssen. Eine solche aktive Planungskultur beginnt bei stetigen, informellen Planvorbereitung, bspw. in Form von regelmässigen Austäuschen mit Bodeneigentümern und Unternehmen. Dies gilt insbesondere auch für konkrete Planungen, die nicht erst mit der Bauvoranfrage oder gar dem Baugesuch beginnen dürfen. Der Versuch einer planerischen Einflussnahme ist zu diesem Verfahrenszeitpunkt meist kaum noch möglich – und basiert meist lediglich auf harten Anpassungen zur Erfüllung der rechtlichen Mindestanforderungen (siehe Negativplanung). Um tatsächlich hochwertige Siedlungsentwicklung zu erreichen, sind bereits sehr frühere Sondierungen mit den entsprechenden Akteuren notwendig.

Zur informellen Planvorbereitung gehört auch die Erarbeitung von Zielstellungen der öffentlichen Hand. Um in konkreten Planungen zu wissen, welche öffentlichen Interessen von den Planungsträgern vertreten werden sollen, müssen diese vorhanden und (zumindest allgemein) bestimmt sein. Räumliche Leitbilder und entsprechende Konzepte (bspw. Stadtentwicklungskonzept) haben daher eine Daseinsberechtigung. Sie dienen der gesellschaftlichen und politischen Verständigung über die gewünschte räumliche Entwicklung. Trotz der fehlenden Jedermannverbindlichkeit könnten diese Gegenstand von Volksabstimmungen werden, um entsprechende Legitimität zu erlangen. Gleiches gilt auch für das Instrument des Richtplans.

13.2   Handlungsempfehlungen zu bodenpolitischen Strategien

Bodenpolitische Strategien erscheinen geeignet eine nachhaltige und hochwertige Raumentwicklung zu fördern. Dies gilt für eine Vielfalt an planerischen Aufgaben – nicht nur für den Themenbereich Detailhandel. Die Erkenntnisse dieser Arbeit haben dabei gezeigt, dass unter *aktiver Bodenpolitik* mehr zu verstehen ist, als eine pro-aktive Bodenbevorratung durch die öffentliche Hand. Bodenpolitik umfasst vielmehr alle Entscheidungen, Massnahmen und Instrumente zur verbesserten Koordination innerhalb des komplexen Bodenregimes durch die Koordinierung von nutzungs- und verfügungsrechtlicher Ebene – also zwischen der Raumplanung und dem Bodeneigentum. Den Gemeinden stehen dabei vielfältige Instrumente zur Verfügung, die in strategischer Art und Weise kombiniert eingesetzt werden sollten.

Zur Entwicklung einer bodenpolitischen Strategie wird daher eine Reihe von Handlungsempfehlungen entwickelt. Bei nahezu allen Gemeinden, die im Rahmen dieser Arbeit betrachtet wurden, sind einer oder mehrere dieser Empfehlungen bereits als gelebte Planungspraxis vorhanden. Jedoch kombiniert kaum eine Gemeinde die Vielzahl der Möglichkeiten und keine einzige Gemeinde wendet alle Instrumente gleichermassen an. Erst bei den weitreichenden Aspekten sind Ausdifferenzierungen zu beobachten. Der Vollständigkeit halber seien alle Aspekte als Gesamtheit dargestellt, um das Spektrum einer aktiven Bodenpolitik aufzuzeigen. Die Aspekte lassen sich in aufeinander aufbauende Bausteine bündeln:

1. Information
2. Negativplanung
3. Informelle Planvorbereitung
4. Positivplanung
5. Kontrolle und Wirksamkeitsüberprüfung.

Wie schon beim Thema Detailhandel gilt auch beim Thema Bodenpolitik, dass die Information Grundlage jeder wirksamen Entscheidung ist. Von daher ist es notwendig, dass Gemeinden systematisch Daten erheben sollten, die sowohl die räumliche Entwicklung und als auch den lokalen Bodenmarkt abbilden. Für einige dieser Informationen ist die langfristige Bündelung von Daten notwendig (bspw. Bodenpreisentwicklung). Einige Daten sind bereits in den Ämtern vorhanden (bspw. Bodeneigentümerschaft), allerdings nicht allen relevanten Abteilungen gleichermassen zugänglich. Letztlich ist die genaue Kenntnis der räumlichen Entwicklung und des Bodenmarktes Grundlage für evidenzbasierte Entscheidungen.

Zum Aufgabenbereich der Information gehört auch, dass die entsprechenden Planungsträger das Wissen, oder besser: die Kompetenzen erwerben, die es für eine gezielte Steuerung der räumlichen Entwicklung braucht. Wie schon im vorherigen Kapitel erwähnt, umfasst dies entsprechende Sensibilierung, analytische Fähigkeiten und Problemlösungskompetenzen.

Als strategische Ansätze sind dann sowohl negativplanerische, wie auch positivplanerische Massnahmen notwendig. Die Negativplanung (insb. bestehend aus einem wirksamen Baureglement) verhindert Entwicklungen, die den planungsrechtlichen Zielen diametral entgegenstehen. Positivplanerische Massnahmen erreichen die planungspolitischen Ziele. Als Brücke zwischen diesen beiden Ansätzen sind auch informelle Planungsmassnahmen (bspw. partizipativer Art) von Bedeutung. Dabei ist jedoch wichtig, dass die Befugnisse und deren Grenzen sowie die Verbindlichkeit der Ergebnisse klar definiert werden, damit es dabei nicht zu Missverständnissen kommt. Zur Kommunikation gehört auch der regelmässige Austausch, nicht nur mit der Bevölkerung und Interessensvertretern, sondern auch mit politischen Entscheidungsträgern und den Bodeneigentümern.

Planung endet nicht bei der Aufstellung des Planes. Die Umsetzung des selbigen ist ebenfalls zu berücksichtigen, wie es in eine der Grundannahmen dieser Arbeit formuliert wurde. Eigentlich geht Planung sogar noch einen Schritt weiter. Planung beinhaltet auch die nachträgliche Kontrolle und Wirksamkeitsüberprüfung. Nur durch diese Erkenntnisse können dann evidenzbasierte Rückschlüsse für zukünftige planerische Entscheidungen getroffen werden. Zu einer wirksamen Planung gehört daher integral auch die Überprüfung der Ergebnisse. Dies ist dabei aus unterschiedlichen Perspektiven durchzuführen. Zunächst ist eine fachliche Kontrolle notwendig. Diese evaluiert, ob die formulierten Ziele erreicht und die ursprünglichen Probleme tatsächlich gelöst werden können. Die fachliche Perspektive ist zwingend um eine politische Kontrolle zu ergänzen. Diese evaluiert, welche neuen Probleme nun vorhanden sind und welche neuen Ziele sich für zukünftige Handlungen festzusetzen sind. Dabei ist auch wichtig, den finanziellen Aufwand zu überprüfen und eine entsprechende finanzpolitische Prüfung durchzuführen. Letztlich ist auch eine öffentliche Kontrolle notwendig. Diese evaluiert, ob die politischen Ziele und die planerischen Massnahmen im Sinne der demokratischen Willens stehen und legitimieren daher die Planung.

Ein solcher, aus den fünf dargestellten Teilaspekten bestehender Wandel von einer passiven Bodennutzungsplanung zu einer aktiven Bodenpolitik ist mit weiterreichenden Veränderungen verbunden. Die Veränderungen umfassen

1. ein neues Rollen- und Selbstverständnis der Planung,
2. den Themenbereich der Sensibilierung der Bevölkerung,
3. die Frage nach dem Boden als kommodifiziertes Gut,
4. die Langfristigkeit von Planung,
5. die konkrete Umsetzung von Bodenpolitik und schliesslich
6. die Frage nach dem Anpassungsbedarf von institutionellen Rahmenbedingungen.

13.2.1 Rolle und Selbstverständnis der Planung

Der Wandel von einer passiven Bodennutzungsplanung zu einer aktiven Bodenpolitik ist eng mit dem endogenen und exogenen Rollenverständnis der Planung verknüpft. Öffentliche Planungsträger müssen sich als aktive Akteure verstehen, um einen solchen Wandel kulturell, strategisch und instrumentell zu vollziehen. Das entsprechende Rollenverständnis ist dabei von den Planungsträgern zu verinnerlichen und auch selbstbewusst gegenüber anderen Akteuren und im Einzelfall auch gegenüber Konfliktparteien (bspw. Einzelinteressen) zu vertreten. Die Entwicklung des Raumes entsprechend der politisch gewollten Zielsetzung verlangt mehr, als ein blosses passives Abwarten oder re-aktives Reagieren. Raumentwicklung bedarf einer aktiven Steuerung (wie die Beispiele Köniz und Wädenswil zeigen) oder bleibt vielen Einzelentscheidungen privater Investoren und Bodeneigentümer überlassen (wie in den Fallstudien Biberist und Emmen zu beobachten ist).

Eine solche Vorgehensweise benötigt an vielen Orten einen Wandel der Planungskultur, an den sich viele Beteiligte gewöhnen müssen. Im Einzelfall kann es dann auch zu Konflikten mit Einzelinteressen kommen. Diese Konflikte sind durch informelle Methoden (bspw. Kommunikation, Partizipation, Mediation, Testplanungen) zu minimieren. Jedoch ist davon auszugehen, dass selbst bei optimaler Nutzung informeller Instrumente nicht alle Konflikte aufgelöst werden können. Einige Nutzungen sind schlicht gegenseitig ausschliessend. In diesen Fällen sind weitere, formelle Verfahren zu wählen, die eine demokratische Entscheidung bei Einhaltung aller rechtsstaatlicher Standards berücksichtigt. Die privaten und öffentlichen Interessen sind untereinander und gegeneinander gerecht abzuwägen.

Eine so getroffene Entscheidung ist dann aber auch umzusetzen. Weitere Verzögerungen oder Verwässerungen dieser Entscheidungen schädigen die Legitimation des Verfahrens und letztlich dem politischen System.

13.2.2   Sensibilität der Bevölkerung

Ein solch aktives Verständnis der Steuerung der räumlichen Entwicklung ist dementsprechend an der Bevölkerung zu orientieren und mit dieser zu kommunizieren. Hierbei herrscht bei den Planungsträgern eher Zurückhaltung. Dabei wird wenig berücksichtigt, dass gerade die Bevölkerung unter den Folgen einer nicht-nachhaltigen Raumentwicklung leidet, wie besonders die Fallstudie Oberburg, aber auch Solothurn und Biberist im negtiven Sinne und die Fallstudie Köniz im positiven Sinne zeigen. Entsprechend ist die Sensibilität der Bevölkerung für planerische Probleme enorm hoch. Darüber hinaus ist auch der politische Wille zur wirksameren Steuerung der Raumentwicklung hoch, wie viele Abstimmungsresultate der letzten Jahre bestätigen.

Zu beachten ist, dass einerseits die negativen Auswirkungen nicht immer vollständig mit dem eigenen Handeln in Verbindung gebracht werden, und dass andererseits planerische Massnahmen bevorzugt bei anderen vorgenommen werden sollten. Beide Probleme lassen sich durch wissenschaftliche Untersuchungen und die aktive Kommunikation dieser Erkenntnisse vermindern. Aus diesem Grund ist die wissenschaftliche Erforschung der Raumentwicklung und -planung von höchster Bedeutung und endet keinesfalls bei der Veröffentlichung in Fachzeitschriften. Weitreichende Engagements der Planungswissenschaften in der allgemeinen gesellschaftlichen Debatte, wie auch in der konkreten örtlichen Situation sind gefragt.

13.2.3   Boden als kommodifiziertes Gut

Im geltenden institutionellen Regime ist Boden ein kommodifiziertes Gut. In den untersuchten Gemeinden herrscht eine gewisse Verschleierung dieser Tatsache vor, die auf zweierlei Motiven basiert: (1) Einerseits wird unkritisch angenommen, dass der Auftrag ausschliesslich darin besteht, die besten Planinhalte zu erarbeiten. Die ökonomischen Auswirkungen dieser Planung werden nicht mehr als integraler Bestandteil des Planverfahrens gesehen. Eine Übertragung der Logik der Eigentumsrechte in die Logik der Raumplanung (also die Entwicklung von der passiven Bodennutzungsplanung zur aktiven Bodenpolitik) impliziert eine Akzeptanz der ökonomischen Bedeutung an Boden. Kommunale Entscheidungsträger, wie auch die administrativen Planungsträger müssen berücksichtigen, dass ihr Handeln massive ökonomische Konsequenzen hat, wie dies in der Fallstudie Wädenswil politisch diskutiert und zeitweise angewandt wurde.

Dies ist für die Umsetzung von Planung und die Erreichung von planungsrechtlichen Zielen von zentraler Bedeutung und erklärt damit gleichermassen, ob Pläne umgesetzt oder opponiert werden. Bei den Fallstudien in Wädenswil und in Solothurn ist dieser Aspekte von den kommunalen Planungsträgern bewusst berücksichtigt worden. Beide Gemeinden nutzen die Kräfte, die durch die ökonomischen Grundprinzipien der Raumplanung entstehen, zur Erreichung ihrer jeweiligen planerischen Ziele. Ob eine solche ökonomische Implikation lediglich berücksichtigt oder gar politisch eingeplant werden soll, ist eine Frage der gesellschaftlichen und politischen Ausrichtung. Grundsätzlich ist jedoch auch eine Veränderung der ökonomischen Rahmenbedingungen denkbar. Die ökonomischen Aspekte der Planung zu ignorieren, führt jedoch zu Inkohärenzen und entsprechenden Konflikten, wie das Beispiel Oberburg am deutlichsten zeigt. (2) Im Umkehrschluss bedeutet dies, dass der Bodenmarkt Gegenstand staatlichen Handelns sein muss. Dies kann (je nach politischer Ausrichtung) bedeuten, dass Planungen auf ihre Rentabilität bewertet werden müssen oder dass die Kommodifizierung von Boden zu hinterfragen ist. Diese ist das Ergebnis einer gesellschaftlichen Auseinandersetzung grundsätzlich auch änderbar. Dies bedarf jedoch massiven Veränderungen des institutionellen Rahmens.

13.2.4 Langfristigkeit zwischen Entscheidung und Wirkung

Zwischen der raumplanerischen Entscheidungen und deren Wirkung liegen üblicherweise Zeiträume, die deutlich langfristiger sind, als bei anderen Politikfelder. Dass raumplanerische Entscheidungen sowohl auf exekutiver, wie auch legislativer Ebene diese Langfristigkeit berücksichtigen müssen, ist dementsprechend inhärent. Trotzdem stellt dies einen wesentlichen Mechanismus dar, welcher die Entscheidungen und Ergebnisse massgeblich beeinflusst. Verstärkend kommt hinzu, dass die Wirkung von aktiven bodenpolitischen Strategien nochmals langfristiger ist, als übliches planerisches Vorgehen. Um eine erfolgreiche aktive Bodenpolitik zu verfolgen, ist mit der öffentlichen Bodenbevorratung zu beginnen, bevor mögliche (positive) Auswirkungen erkennbar sind. Insgesamt zeigt sich damit, dass die Zeiträume von Bodenpolitik die Zyklen von administrativen Ämtern und politischen Wahlen deutlich übersteigen. Die dadurch entstehenden Widersprüche der Interessen sind bei Entscheidungen zu berücksichtigen.

13.2.5 Konkrete Umsetzung einer aktiven Bodenpolitik

Die genannten Punkte sind grundsätzlicher Natur. Für die Einführung einer aktiven Bodenpolitik vor Ort kommen einige spezifische Aspekte hinzu. Sollte eine aktive Bodenpolitik mit einer öffentlichen Bodenbevorratung einhergehen (was nach der vorliegenden Definition naheliegend, aber nicht zwingend ist) werden in der Planungspraxis die Aspekte Legitimität und Finanzen einige gewichtige Rolle erfahren.

Die demokratische Legitimität einer solchen Vorgehensweise kann auf unterschiedliche Art gewährleistet werden. Als vorteilhaft hat sich insgesamt das Modell Köniz erwiesen. Hierbei stimmt die wahlberechtigte Bevölkerung über Rahmenkredite ab, die von der Exekutiven zur Verwaltung und Erweiterung des öffentlichen Bodeneigentums verwendet werden können. Für einzelne Geschäfte sind dann in der Regel keine Volksabstimmungen notwendig, was eine Reaktionsgeschwindigkeit ermöglicht, die für die Nutzung der sich auftuenden Gelegenheiten am Bodenmarkt erforderlich ist. Bei einem solchen Modell erfolgt öffentliche Rechtfertigung juristisch gesehen lediglich vorbeugend. Praktisch ist jedoch auch eine rückwirkende Erklärung des Handelns in periodischen Abständen, insb. vor der erneuten Freigabe weiterer Gelder, notwendig. Mit dieser Konstruktion ist das Modell Köniz ausgewogen zwischen den sonst teilweise konfliktären Elementen Legitimation und Flexibilität.

Die Frage nach den Finanzen ist eng mit der Frage nach dem Zeitmassstab verknüpft. Kurzfristig ist eine aktive Bodenpolitik mit Bodenbevorratung kostspielig. Die einzelnen Kredite belasten den

Gemeindehaushalt und sind entsprechend politisch umstritten. Diese Gelder können nur mit ihrer späteren Wirkung legitimiert werden. Im wirtschaftswissenschaftlichen Jargon wäre dies eine langfristige Investition. Die Fallstudien zeigen, dass eine öffentliche Bodenbevorratung langfristig immer kostendeckend ist und in einigen Einzelfällen sogar zu einer langfristig stabileren Haushaltssituation beitragen. Die Erträge aus der Bodenbevorratung in Kombination mit der Vergabe des Bodens im Baurecht sind dabei klein, aber besonders stabil. Der Amortisationszeitpunkt ist abhängig von den jeweiligen Vertragskonditionen. Durch die Gewährung von abgestuften Baurechtszinsen in den Anfangsjahren wird der Zeitpunkt nach hinten verlagert. Das Ausbleiben einer Amortisation ist jedoch unwahrscheinlich. Zudem sind in der mittelfristigen Perspektive die Opportunitätskosten zu berücksichtigen. Das Unterlassen einer Bodeninvestition kann Kosten produzieren, die die ursprünglichen Investitionen übersteigen. So können negative externe Kosten entstehen, bspw. durch höhere Ausgaben für Infrastruktur. Auch kann dies zum Ausbleiben von Steuereinnahmen führen, wenn Unternehmen sich nicht ansiedeln können, da keine geeigneten Flächen verfügbar sind.

13.2.6   Anpassung der Institutionen

Abschliessend bleibt die Frage offen, ob die genannten Veränderungen innerhalb des bestehenden institutionellen Rahmens entstehen können, oder ob eine Anpassung dessen zu empfehlen wäre. Der Wandel von einer passiven Bodennutzungsplanung zu einer aktiven Bodenpolitik wurde in der vorliegenden Arbeit mit Fokus auf die kommunalen Planungsträger untersucht. Der kommunalen Ebene kommt eine besondere Bedeutung zu, da dort eine Anwendung der institutionellen Möglichkeiten auf die jeweilige örtliche Situation tatsächlich geschieht. Nichtsdestotrotz ist ihr Handeln vom institutionellen Rahmen bestimmt, der zum überwiegenden Teil auf kantonaler und nationaler Ebene bestimmt wird. Dementsprechend sind auch auf diesen Ebenen handlungsleitende Empfehlungen angebracht.

In den Fallstudien hat sich dabei gezeigt, dass verschiedene Inkohärenzen des institutionellen Regimes die Handlungsmöglichkeiten der öffentlichen Akteure zwar beeinträchtigen, aber grundsätzlich dennoch Handlungsspielräume für die Planungsträger bestehen. Insofern kann aus der vorliegenden Arbeit nicht abgeleitet werden, dass der institutionelle Rahmen dringenden Veränderungsbedarf aufweist.

Eine Inkohärenz schränkt den Handlungsspielraum der Planungsträger jedoch massiv ein, weshalb hier über eine Anpassung nachgedacht werden kann. Gemeint ist die Wirkung des bäuerlichen Bodenrechts. Dieses schränkt den Erwerb von landwirtschaftlichem Land durch Nicht-Landwirte ein. Unter diese Kategorie fallen nach aktueller Gesetzeslage und entsprechender Gesetzesinterpretation auch die öffentliche Hand – also auch die Gemeinden. Zwar enthalten Art. 23 und Art. 65 Ausnahmemöglichkeiten, diese setzen jedoch direkte kausale Wirkungszusammenhänge voraus. Anders formuliert: Eine Gemeinde kann nur landwirtschaftliches Land erwerben, wenn dieses für öffentliche Aufgaben oder als Realersatz benötigt wird. Dabei wird in der planerischen Praxis der Begriff der ‚öffentlichen Aufgaben‘ bislang sehr eng gefasst, was in der Folge dazu führt, dass eine strategische (d.h. anlassunabhängige) Bodenbevorratung faktisch ausgeschlossen ist.

Um diese Handlungsmöglichkeit der Gemeinden zu ermöglichen, sind zweierlei Wege denkbar: Einerseits kann der Begriff der ‚öffentlichen Aufgaben‘ weiter gefasst werden. Die planungsrechtlichen Ziele und Grundsätze sind deutlich weiter, weshalb auch konsequenterweise die daraus resultierenden Aufgaben der Planungsträger weiter gefasst werden können. Eine solche Lösungsmöglichkeit benötigt lediglich eine Korrektur der Gesetzesinterpretation. Andererseits kann jedoch auch die Ausnahmeregelung an sich verändert werden, indem klarer formuliert wird, in welchen Fällen Gemeinden strategischen Bodenerwerb vornehmen dürfen. In diesem Sinne könnten die vorliegenden Ergebnisse Einfluss auf die institutionellen Rahmenbedingungen haben.

13.3 Forschungsbedarf zur Weiterentwicklung der bodenpolitischen Erkenntnisse

Die zentrale Rolle von Wissen und Information in den vorangegangenen planungspraktischen Handlungsempfehlungen implizieren auch, dass die Bemühungen der bodenpolitischen Forschung weiterzuführen sind. Zu diesen Bestrebungen soll die vorliegende Arbeit einen Betrag leisten. Als Erkenntnis der Arbeit scheinen sich noch mindestens die folgenden fünf Handlungsfelder mit eklatanten weiteren Forschungsbedarf zu ergeben: Institutionelle Ressourcenregimeforschung, Rechtstatsachenforschung, Einbezug der Ökonomie, Motive der Planungsträger und komparative Forschung.

- Die vorliegende Arbeit basiert auf dem institutionellen Ressourcenregime, indem dem grundsätzlichen Analysefokus (Verbindung von Eigentumsrechte und Politikanalyse) gefolgt und die zugrundeliegende Hypothese (Integrierte Regime führen zu nachhaltiger Ressourcennutzung) überprüft wird. Als Ergebnis der Arbeit kann auch festgehalten werden, dass das Regime nicht direkt auf die Ressourcen wirken. Erst die Aktivierung der durch das Regime zur Verfügung gestellten Instrumente durch die jeweiligen Akteure (in diesem Fall: die öffentlichen Planungsträger) hat Einfluss auf die nachhaltige Nutzung der Ressource. Insofern ist auch der Determinismus der Hypothese zu kurz gegriffen. Nicht eine Veränderung des Regimes erhöht die Kohärenz und bewirkt eine Erhöhung der Ressourcennachhaltigkeit, sondern eine koordinierte Anwendung der Instrumente durch die Akteure, welche allerdings durch ein kohärentes Regime erheblich vereinfacht wird. So sind sind im vorliegenden Fall die Veränderungen in der nachhaltigen Ressourcennutzung nur teilweise direkt aus der Veränderung des Bodenregives (Von der passiven Bodennutzungsplanung zur aktiven Bodenpolitik, siehe 1.7) zurückzuführen. Sicherlich hat diese Erhöhung der Kohärenz zum Ergebnis beigetragen. Ein erheblicher Teil ist jedoch mit einem sich wandelnden Rollen- und Steuerungsverständnis zu begründen. Die politische Unterstützung der öffentlichen Planungsträger und die Eigenmotivation der öffentlichen Akteure trägt erheblich zur Verhandlungsposition und zum Management der Policy-Ressourcen bei. Im Ergebnis beeinflusst dies die Nachhaltigkeit der Ressource. Unklar bleibt, was eine solche Veränderung des Rollenverständnisses verursacht hat – oder allgemeiner: Wie sich die Selbstwahrnehmung der öffentlichen Planungsträger überhaupt manifestiert. Das IRR berücksichtigt dies bislang nicht.
- Die Arbeit verfolgt zudem den Ansatz der Evaluations- und der sogenannten Rechtstatsachenforschung. Dabei wird explizit der tatsächliche Wirkungsmechanismus von rechtlichen Regelungen überprüft. Anders als rechtswissenschaftliche Forschung zum Planungsrecht geht es also nicht nur darum ein vertieftes Verständnis der Regulierungen zu entwickeln, sondern auch zu überprüfen ob und wie die tatsächliche Wirkung bei der Zielgruppe des Gesetzes und dem zugrundeliegenden Problem ist. Der Ansatz sollte auch für zukünftige Forschungen handlungsleitend sein.
- Darüber hinaus sind ökonomische Wirkungszusammenhänge deutlich stärker zu betrachten. Die Schaffung von planungsbedingten Mehrwerten ist einer der wesentlichen Umsetzungsmechanismen einer wie auch immer ausgerichteten Raumordnungspolitik. Vor diesem Hintergrund ist der Einbezug von wirtschaftswissenschaftlichen Kompetenzen bei weiteren Forschungen ebenso wichtig, wie rechtswissenschaftliche Kompetenzen. Gebündelt werden sollte dies in der Weiterführung der bodenpolitischen Forschung innerhalb der Planungswissenschaften. Diese Betrachtungsweisen dienen dazu das planungspraktische Handeln der Planungsträger zu abstrahieren und hierdurch Erkenntnisse über wesentliche Einflussfaktoren ableiten zu können – was den inhärenten und einzigen Mehrwert der Planungswissenschaft gegenüber den praktischen Akteuren darstellt.

- Die Frage nach dem Selbstverständnis der Planungsträger und den jeweiligen Motiven der Akteure bedarf ebenfalls intensiver Untersuchungen (disziplinäres Rollenverständnis). Dies betrifft sowohl die Motive der privaten, meist gewinnorientierten Zielgruppe (Bodeneigentümer und Investoren) als auch im besonderen Masse die Motive der öffentlichen Planungsträger. Die Umsetzung des ‚öffentlichen Interesses' ist durchaus komplex und nur teilweise von planungsrechtlichen Vorgaben geleitet – sei es aufgrund der Abwesenheit einer direkt anwendbaren und eindeutigen Definition des öffentlichen Interesses, sei es durch die Überlagerung von bewussten und unterbewussten abweichenden Interessen. Die genaue Untersuchung dieser Fragestellung baut auf den politischen und rechtlichen Aufgabenstellungen auf – geht jedoch über diese hinaus. Hierbei ist eine verstärkte politikwissenschaftliche Betrachtungsweise zielführend – wobei methodisch auch auf soziologische und ggf. psychologische Kenntnisse zurückgegriffen werden sollte. Hierdurch kann allenfalls abgeleitet werden, welche politischen Motive die Auswahl der jeweiligen Strategien und Instrumente erklären.
- Schliesslich bleibt festzuhalten, dass die Entwicklungen, Konflikte und Wirkungsmechanismen nicht nur punktuell, sondern flächendeckend wirken. Daher sind explizit komparative Forschungen ebenfalls erkenntnisbringend. Die föderale Struktur der Schweiz und des schweizerischen Planungssystems erlaubt es dabei nationale Vergleiche durchzuführen. Darüber hinaus können (je nach Untersuchungseinheit) aber auch internationale Vergleich hilfreich sein. Die Vergleiche helfen dabei, die jeweiligen Eigenarten des Systems zu kontrastieren und somit freizustellen.

Bei allen genannten Aspekten erscheint ein Faktor bislang wenig Beachtung zu finden und gleichzeitig querschnittsorientiert in allen Bereichen eine wesentliche (aber unbeachtete) Rolle zu spielen: Die Rolle von Zeit in der räumlichen Entwicklung. Zeit kann einerseits von den Akteuren bewusst oder unbewusst als Policy-Ressource zur Durchsetzung der eigenen Interessen verwendet werden. In der vorliegenden Empirie ist das deutlich zu erkennen. Die Discounter-Unternehmen haben aufgrund ihrer übergeordneten Expansions-Strategie ein hohes Interesse an schneller Umsetzung. Öffentliche Planungsträger können mitunter die eigentliche Planung nicht verhindern oder bemerkenswert beeinflussen. Wenn allerdings mit der Möglichkeit einer Verzögerung gedroht wird, ist das Unternehmen plötzlich bereit Kompromisse einzugehen, zu denen es rechtlich gar nicht gezwungen wäre. Zeit ist also mehr als nur eine physikalische Rahmenbedingung. Gleichzeitig hindern ausschweifende politische Prozesse die Planungträger daran, schnell auf neue Begebenheiten zu reagieren. Auch etwa 13 Jahre nach dem Eintritt von Aldi in den schweizerischen Markt sind viele Bauordnungen noch nicht auf diese neuen Arten von Planungsaufgaben angepasst.

13.4   Rückbezug auf Galmiz und Attisholz

Die vorliegende Arbeit wurde mit zwei plakativen Beispielen begonnen, die zwar nicht explizite Untersuchungsgegenstände dieser Arbeit waren, aber gleichwohl die allgemeine Problemstellung aufzeigten. Einerseits wurde der Fall Galmiz aufgezeigt. Hierbei führte die Standortsuche eines US-Amerikanischen Konzerns dazu, dass Gemeinden und Politiker in einen Standortwettbewerb einstiegen. Einer der möglichen Standorte (Yverdon-les-Bains) entsprach dabei den planungspolitischen Zielen und war planungsrechtlich für das gewünschte Bauvorhaben geeignet. Der andere mögliche Standort (Galmiz) war planungspolitisch stark umstritten. Eine Nutzung als Industriestandort war zudem durch alle planungsrechtlichen Instrumente ausgeschlossen. Dieser rechtliche

Status wurde daraufhin schnellstmöglich geändert. Ausschlaggebender Grund war, dass die Fläche in Galmiz (eher zufällig) in kantonalem Eigentum war und daher schnell und preisgünstig verfügbar war. Demgegenüber war die Fläche in Yverdon-les-Bains im Eigentum mehrerer Privatakteure, mit denen Verkaufsverhandlungen hätten geführt werden müssen, deren Ausgang zeitlich und finanziell unklar war. Das Beispiel zeigt daher, dass die verfügungsrechtliche Situation einer Fläche für die tatsächliche Raumentwicklung bedeutender ist, als die nutzungsrechtlichen (sprich planerischen) Vorgaben. Es zeigt zudem auch, wie die öffentliche Hand sehr effektiv handeln kann – wenn auch in diesem Fall konträr zu ihren eigenen Zielsetzungen.

Der andere zu Beginn der Arbeit aufgezeigte Fall ist Attisholz. Die Ausgangslage ist dabei nicht wesentlich unterschiedlich. Wiederum ging es um eine Planung eines grossen Industrieareals – wenn auch in diesem Fall in Form einer Brachflächenrevitalisierung. Während Galmiz als das Negativbeispiel der Raumplanungspolitik gilt, wird Attisholz als ein Positivbeispiel wahrgenommen, da ein komplexes und den planungsrechtlichen Zielen entsprechendes Projekt entwickelt und umgesetzt wurde. Als Erfolgsfaktor wird dabei stets betont, dass die aktive Einbeziehung von Fachleuten und der allgemeinen Bevölkerung zur Diskussion verschiedener möglicher Entwicklungsszenarien (sog. Testplanungsverfahren) in einzigartiger Weise die Planung und deren Umsetzung ermöglicht hat. Weniger prominent wird dabei jedoch berücksichtigt, dass in der Planung auch derselbe Mechanismus wie im Fall Galmiz gewirkt hat: Die starke Beeinflussung der Planung durch die Eigentumsrechte. Oder konkret im Falle von Attisholz: Eine wesentliche Grundbedingung für das erfolgreiche Testplanungsverfahren war die aktive Vorgehensweise von Kanton und Gemeinden, die zu Beginn der Planung das Gelände kauften und so die spätere Umsetzung der Planung ermöglichten. Der Bodenerwerb und das aufwändige Testplanungsverfahren haben also in Kombination gewirkt. Dies markiert den Wandel von einer passiven Bodennutzungsplanung zu einer aktiven Bodenpolitik, wie es Gegenstand der vorliegenden Arbeit war.

Für beide Fälle gilt gleichermassen, dass Bodeneigentum als Faktor für den Erfolg oder Misserfolg der Planung kategorisch unterschätzt wurde. Dies stellt die Motivation und den Rahmen der vorliegenden Arbeit dar, die sich explizit auf die Rolle von Bodeneigentum in der räumlichen Entwicklung (operationalisiert durch bodenpolitische Instrumente) fokussiert. Die Ergebnisse, die anhand von alltäglichen Planvorhaben (Lebensmittel-Discounter) gewonnen werden konnten, stehen dabei im Einklang mit den Erfahrungen aus dieser beiden Grossplanungen.

Quellenverzeichnis

Literaturverzeichnis

Adrian, Luise; Bock, Stephanie; Preuß, Thomas (2016): *Flächeninanspruchnahme: Ziele und Herausforderungen.* In: Nachrichten der ARL. 3-4/2016. S. 24-27

Aemisegger, Heinz (1999) : *Kommentar zum Bundesgesetz über die Raumplanung.* Herausgegeben von VLP-ASPAN. Schulthess Verlag. Zürich

Aemisegger, Heinz; Moor, Pierre; Ruch, Alexander; Tschannen, Pierre (2016): *Kommentar zum Bundesgesetz über die Raumplanung RPG – Band 1: Nutzungsplanung.* Herausgegeben von VLP-ASPAN. Schulthess Verlag. Zürich

Aktion freiheitliche Grundordnung (1974-1976): *Dokumente zur Bodenfrage.* Basel Dokumentensammlung, siehe: http://aleph.unibas.ch/F/?local_base=DSV01&con_lng=GER&func=find-b&find_code=SYS&request=005711217

Albers, Gerd (1993a): *Über den Wandel im Planungsverständnis.* RaumPlanung (61) 1993. 98-103.

Albers Gerd (1993b): *Über den Wandel im Planungsverständnis.* In: Wentz, Martin (Hg.): *Wohn-Stadt.* Campus Verlag, Frankfurt / New York. 45-55

Albers, Gerd (1996): *Entwicklungslinien der Raumplanung in Europa seit 1945.* DisP (127) 3-12

Albert, Hans (1968): *Traktat über kritische Vernunft.* Siebeck, Tübingen

Albertz, Jörg (2009): *Einführung in die Fernerkundung – Grundlagen der Interpretation von Luft- und Satellitenaufnahmen.* 4. Auflage. WBG. Darmstadt

Aldi Suisse (2016): *Aldi Suisse investiert 70 Mio. Franken und strebt 300 Filialen an.* Pressemitteilung des Unternehmens vom 10.06.2016

Aldi Suisse (o.J.): *Wir suchen Grundstücke und Immobilien.* Webseite der Immobilienabteilung des Unternehmens. https://unternehmen.aldi-suisse.ch/de/immobilien/wir-kaufen-mieten/

Alexander, Ernest R. (1981): *If Planning Isn't Everything, Maybe it's Something.* In: Town Planning Review. Vol. 52, No 2, S. 131-142

Alexander Ernest R. (1997): *A mile or a millimeter? Measuring the 'planning theory – practice gap.* Environment and Planning B: Planning and Design 24 3–6

Alexander, Ernest R.; Alterman, Rachelle; Law-Yone, Hubert (1983): *Evaluating Plan Implementation: The National Statutory Planning System in Israel.* In: Progress in Panning. Vol. 20, S. 97-172.

Alexander, Ernest R.; Faludi, Andreas (1989): *Plannung and plan implementation: notes on evaluation criteria.* In: Environment and Planning B. Vol. 16, S. 127-140

Allmendinger, Peter; Tewdwr-Jones, Mark (1997): *Mind the gap: planning theory-practice and the translation of knowledge into action – a comment on Alexander (1997).* In: Environment and Planning B: Planning and Design 24, 6, 802-806.

© Springer Fachmedien Wiesbaden GmbH, ein Teil von Springer Nature 2019
A. Hengstermann, *Von der passiven Bodennutzungsplanung zur aktiven Bodenpolitik*, https://doi.org/10.1007/978-3-658-27614-0

Alterman, Rachelle (1975): *Selected aspects in the implementation of urban plans: Empirical measurement of effectuation and identification of influencing factors* Technion, 1975. PhD Thesis. Supervisor: Prof. Moshe (Morris) Hill.

Alterman, Rachelle (1990): *Private Supply of Public Services: Evaluation of Real State Exactions, Linkage, and Alternative Land Policies*. New York University Press.

Alterman, Rachelle (2012): *Land Use Regulations and Property Values: The 'Windfalls Capture' Idea Revisited.* In: Brooks, Donaghy, Knaap (Hg.): *The Oxford Handbook of Urban Economics and Planning.* S. 755-786

Alterman, Rachelle (2017): *Planners' Beacon, Compass and Scale – Linking Planning Theory, Implementation Analysis and Planning Law.* In: Haselsberger (Hg): *Encounters in Planning Thoughts.* Roudledge. 260-279

Alterman, Rachelle; Hill, Moirrs (1978): *Implementation of urban land use plans.* Journal of the American Institute of Planners, 44(3), 274-285.

Althaus, Julia; Grunwald, Natalie; Kreuzer, Volker (2009): *Ortserkundung in der Raumplanung. Materialien zur Projektarbeit.* Gelbe Reihe. Institut für Raumplanung. Dortmund. 2. Auflage

Antoniazza, Yannick (2008): *Die Baupflicht.* Schulthess. Zürich

Applebaum, William; Carrard, Erica; Cauwe, Maurice; Meissner, Frank; Meyers, Perry (1962): *Das Diskonthaus morgen.* In: Barnet et al. (Hg.): *Das Diskonthaus – Eine neue Revolution im Einzelhandel?* S. 132-144.

Architeheke AG (2014): *Richtkonzept Badenerstrasse K268 Gemeinde Fislisbach.* Version vom 2. Juli 2014

Baasch, Florian (2006): *Ansätze zur Stadtteilaufwertung durch Business Improvement Districts (BIDS).* Kaiserslautern: Selbstverlag TU Kaiserslautern, Lehrstuhl Regionalentwicklung und Raumordnung

Bachmann, Philipp (2005): *Galmiz – ein Lehrstück für die Raumplanung Schweiz.* In: GeoAgenda 2/2005 S. 4-10

Baer, Susanne (2016): *Rechtssoziologie.* Nomos Verlag

Barnet et al. (1962): *Das Diskonthaus – Eine neue Revolution im Einzelhandel?.* Vorträge und Diskussionen der 11. Internationalen Studientagung der Stiftung ‚Im Grünen' vom 9. bis 12. Juli 1962 in Zürich. Econ-Verlag, Düsseldorf

Barnet, Edward (1962): *Die Gründe für das Entstehen der Diskounthäuser in den USA.* In: Barnet et al. (Hg.): *Das Diskonthaus – Eine neue Revolution im Einzelhandel?* S. 25-49.

Barrett, Susan; Fuge, Colin (1981): *Policy and Action – Essays on the implementation of public policy.* Methuen. London and New York.

Benz, A. / Fürst, D. / Kilper, H. / Rehfeld, D. (1999): *Regionalisierung – Theorie Praxis Perspektiven.* Springer. Wiesbaden

Berliner Morgenpost (2018): *Aldi baut jetzt Wohnungen in Berlin.* Ausgabe vom 31.1.2018. Online verfügbar unter: https://www.morgenpost.de/berlin/ article213276131/Aldi-baut-jetzt-Wohnungen-in-Berlin.html

Bernhard, Hans (1920): *Die Förderung der Innenkolonisation durch den Bund. Grundlagen zu einem Eidgenössischen Siedlungsgesetz (Gutachten erstattet an das Schweizerische Volskwirtschaftsdepartement).* Schriften der Schweizerischen Vereinigung für Innenkolonisation und industrielle Landwirtschaft, Nr. 9, Zürich, Rascher Verlag.

Bernoulli, Hans (1946): *Die Stadt und ihr Boden.* 2. Auflage. Erlenbach-Zürich: Verlag für Architektur AG

Binswanger, Hans Christoph (1978): *Eigentum und Eigentumspolitik: ein Beitrag zur Totalrevision der schweizerischen Bundesverfassung.* Schulthess: Zürich

Binswanger, Hans Christoph (1998): *Dominium und Patrimonium – Eigentumsrechte und - pflichten unter dem Aspekt der Nachhaltigkeit.* In: Held, Martin (Hg.): *Eigentumsrechte verpflichten Individuum, Gesellschaft und die Institution Eigentum.* Frankfurt/Main. Campus-Verlag. S. 126-142

Blanc, Jean-Daniel (1996*): Planlos in die Zukunft? Zur Entwicklung der Raumplanungspolitik in der Nachkriegszeit.* disP-The Planning Review *32.*124. S. 3-9.

Blatter, Joachim; Janning, Frank, & Wagemann, Claudius (2007): *Qualitative Politikanalyse. Eine Einführung in Forschungsansätze und Methoden,* Wiesbaden, Springer

Bleyer, Burkhard (2002): *Die Einzelhandelsakteure im Spannungsfeld des Wettbewerbs und öffentlicher Vorgaben.* In: Standort – Zeitschrift für angewandte Geographie. Haft 1/2002. S. 21-27

Block, Jürgen (2016): *City- und Stadtmarketing Deutschland BCSD.* Vortrag im Rahmen der Tagung ‚Städtebau und Handel' am 7.6.2016 in Berlin.

Blomley, Nicholas (2017): *Land use, planning, and the ‚difficult character of property'.* In: Planning Theory & Practice. Vol. 18 , Iss. 3, 351-364

Bochard, Klaus; Weiß, Erich (Hg.) (1994): *Bodenpolitik in Vergangenheit und Gegenwart.* Schriftenreihe des Instituts für Städtebau, Bodenordnung und Kulturtechnik der Universität Bonn. Nr. 14. Bonn

Bogner, Alexander; Menz, Wolfgang (2002): *Das theoriegenerierende Experteninterview.* In: Bogner, Littig, Menz (Hg.): *Das Experteninterview.* VS Verlag für Sozialwissenschaften. 33-70.

Bohnsack, Gerd (1967): *Gesellschaft – Raumordnung – Städtebau – Grund und Boden.* Wachmann Verlag. Karlsruhe

Bonczek, Willi; Halstenberg, Friedrich (1963): *Bau-Boden: Bauleitplanung und Bodenpolitik – Systematische Darstellung des Bundesbaugesetzes.* Hammonia-Verlag, Hamburg.

Booth, Philip (2016): *Planning and the rule of law.* Planning Theory & Practice, 17(3), 344-360.

Bourdieu, Pierre (1984): *Distinction: A social critique of the judgement of taste.* Harvard university press.

Bracke, Dirk (2004): *Verfügungsrechte und Raumnutzung – Grundrente und externe Effekte als ökonomische Konzepte und Erklärungsmodelle der Raumentwicklung.* Dissertationsschrift Fakultät Raumplanung, Universität Dortmund.

Bromley, Daniel W. (1991): *Environmental and economy: property rights and public policy.* Blackwell, Cambridge, MA and Oxford, U.K.,

Bromley, Daniel W. (1992): *The commons, common property, and environmental policy.* Environmental and resource economics, 2(1), 1-17.

BSB & Partner (2008): *Raumplanungsbericht zum Gestaltungsplan Gloria-Areal Biberist.* Privatinitiierter Gestaltungsplan in der Fassung der 6. Revision vom 4.11.2008. Verfasst durch BSB & Partner, beauftragt durch die Aldi SUISSE AG, genehmigt durch den Gemeinderat Biberist. Unterlag dem fakultativen Referendum

Bühlmann, Lukas (2005): *Lehren aus dem «Fall Galmiz»: Kantone müssen ihre Standortpolitik koordinieren.* In: Geomatik Schweiz. S. 116-117.

Bühlmann, Lukas (2017): *Aktive Bodenpolitik – Geschicktes Verhandeln, Finanzen und Mehrwerte.* Vortrag im Rahmen der Konferenz „Innenentwicklung Schweiz – Herausforderungen, Chancen und Erfolgsfaktoren in kleinen und mittleren Gemeinden". 23. Juni 2017, Zürich.

Buitelaar, Edwin (2010): *Window on the Netherlands: Cracks in the myth: Challenges to land policy in the Netherlands.* Tijdschrift voor economische en sociale geografie, 101(3), 349-356.

Der Bund (2017) (Hrsg.): *Fokus Altstadt – Wem gehört die Altstadt*. Christian Zellweger und Samuel Bernet. Interaktive Webkarte. Online verfügbar unter: https://webspecial.derbund.ch/longform/wem-gehoert-die-altstadt/wem-gehoert-die-altstadt/

Bundesamt für Raumentwicklung (ARE) (2005a): *Stellungnahme des Bundesamtes für Raumentwicklung [zum Fall Galmiz]*. In: Bachmann, Philipp (2005): *Galmiz – ein Lehrstück für die Raumplanung Schweiz*, S. 10. Online verfügbar unter: www.are.admin.ch/are/de/medien/mitteilungen/02822/index.html

Bundesamt für Raumentwicklung (ARE) (2005b): *Raumentwicklungsbericht*. Bern

Bundesamt für Raumentwicklung (ARE) (2010): *Zweitwohnungen – Planungshilfe für die kantonale Richtplanung*. Bern, Juni 2010

Bundesamt für Statistik (2000): *Eidgenössische Volkszählung 2000*. Neuenburg

Bundesamt für Statistik (2013): *Die Bodennutzung in der Schweiz – Resultate der Arealstatistik*. Neuenburg

Bundesamt für Statistik (o.J.): *09 Bau- und Wohnungswesen / Wohnungen / Zweitwohnungen*. Online verfügbar unter: http://www.bfs.admin.ch/bfs/portal/de/index/themen/09/02/blank/key/wohnungen/zweitwohnungen.html

Bundesamt für Umwelt (BAFU) (2011): *Bodenwelten – Natürliche Ressourcen in der Schweiz*. In: Umwelt – Dossier Boden.

Bundesamt für Wohnungswesen (BWO) (2014): *Vorkaufsrecht der Gemeinden – Bericht zuhanden des Bundesrates*. Veröffentlicht durch das Eidgenössische Departement für Wirtschaft, Bildung und Forschung (WBF)

Bundesamt für Wohnungswesen (2014): *Vorkaufsrecht der Gemeinden – Bericht zuhanden des Bundesrates*. Online verfügbar unter: https://www.newsd.admin.ch/newsd/message/attachments/37735.pdf

Bundesinstitut für Bau-, Stadt und Raumforschung (BBSR) (2012): *Forschung für die Reduzierung der Flächeninanspruchnahme und ein nachhaltiges Flächenmanagement (REFINA)*. Bonn

Bundesministerium für Raumordnung, Bauwesen und Städtebau (BMRBS) (1987): *Städtebau und Einzelhandel*. Schriftenreihe des BMRBS Nr. 03.119. Bonn.

Bundesministerium für Verkehr, Bau und Stadtentwicklung (BMVBS) (2010): *Leipzig Charta zur nachhaltigen europäischen Stadt – Angenommen anlässlich des Informellen Ministertreffens zur Stadtentwicklung und zum territorialen Zusammenhalt in Leipzig am 24./25. Mai 2007*. In: IzR 4/2010 S. 315-319

Bundesministerium für Verkehr, Bau- und Wohnungswesen (BMVBW) (Hrsg.) (2000): *Baulandbereitstellung, Rechtstatsachenforschung zur Entwicklung, Erschließung und Finanzierung*. Berlin

Bundesministerium für Verkehr, Bau- und Wohnungswesen (BMVBW) (2001): *Baulandbereitstellung nach dem niederländischen Modell*. Schriftenreihe des Bundesamt für Bauwesen und Raumordnung. Forschung. Heft 99

Bundesrat (2013): *Bericht über die strukturelle Situation des Schweizer Tourismus und die künftige Tourismusstrategie des Bundesrates* vom 26. Juni 2013. Bericht in Erfüllung der Motion 12.3985 der Finanzkommission des Nationalrates vom 09.11.12 und der Motion 12.3989 der Finanzkommission des Ständerates vom 13.11.12

Bundesrat (2014): *Bundesrat will wohnungspolitischen Dialog weiterführen*. Medienmitteilung des Bundesrats vom 17.12.2014

de Buren, Guillaume (2015): *Understanding Natural Resource Management- An Introduction to Institutional Resource Regimes (IRR) and a Field Guide for Empirical Analysis*. durabilitas.doc. Biel & Lausanne: sanu durabilitas & idheap-UNIL.

Burke, Uwe (2015): *Eine zukunftsfähige Geld- und Wirtschaftsordnung für Mensch und Natur.* Selbstverlag. Puidoux

Callis, Christian (2003): *Als Geograph zwischen Raumplanern und unter Ufos....* In: Geographie Und Raumplanung (218), 105-130.

Callis, Christian (2004): *Kommunale Einzelhandelszentrenkonzepte und ihre Anwendung als Steuerungsinstrument der städtischen Einzelhandelsentwicklung – Ziele, Ansätze, Wirkungsweise und Erfahrungen aus der Praxis.* Dissertation an der TU Dortmund

Campbell, Donald T. (1975): *„Degrees of Freedom" and the Case Study.* Comparative Political Studies. Vol. 8 No. 2. S. 178-193

Campbell, Donald T. (2003): *Case Studies in Planning: Comparative Advantages and the Problem of Generalization.* University of Michigan Working Paper Series

Campbell, Donald T.; Stanley, Julian C. (1963/1971): *Experimental and Quasi-Experimental Designs for Research.* Boston: Houghton

Catella Research (Hg.) (2016): *Die europäische Einzelhandelslandschaft 2030 – Konsolidierung und neue Lagen.* In: Market tracker Juni

Cauwe, Maurice (1962): *Das Diskonthaus in Belgien.* In: Barnet et al. (Hg.): *Das Diskonthaus – Eine neue Revolution im Einzelhandel?* S. 99-105

Christ, Wolfgang (2014): *Kosumkultur und Raumstruktur. Aktuelle Entwicklungen in den USA und Grossbritannien.* In: Informationen zur Raumentwicklung (IzR) 1/14, 67-87.

Christaller, Walter (1933): *Die zentralen Orte in Süddeutschland: Eine ökonomisch-geographische Untersuchung über die Gesetzmässigkeit der Verbreitung und Entwicklung der Siedlungen mit städtischen Funktionen.* Gustav Fischer.

Clivaz Christophe; Nahrath Stephane (2010): *Le retour de la question foncière dans l'aménagement des stations touristiques alpines en Suisse.* In: Revue de géographie alpine, 98-2

Curdes, Gerhard (1995): *Stadtstrukturelles Entwerfen.* Kohlhammer.

Danielzyk, Rainer (2004): *Wozu noch Raumplanung?* In: Müller, B. / Löb, S. / Zimmermann, K. (Hrsg.) (2004): *Steuerung und Planung im Wandel – Festschrift für Dietrich Fürst.* S. 13-28

Davy, Benjamin (1996): *Baulandsicherung: Ursache oder Lösung eines raumordnungspolitischen Paradoxons?* ZfV 21 (2) 193-208

Davy, Benjamin (1997): *Essential injustice. When legal institutions cannot resolve environmental and land use disputes.* New York. Springer

Davy, Benjamin (1999): *Boden und Planung – Zwischen Privateigentum und Staatsintervention.* In: Klaus M. Schmals (Hg.): *Was ist Raumplanung?* Dortmunder Beiträge zur Raumplanung Band 89. Dortmund: Institut für Raumplanung der Universität Dortmund: 101-122

Davy, Benjamin (2000): *Das Bauland-Paradoxon. Wie planbar sind Bodenmärkte?* In: Klaus Einig (Hg.): *Regionale Koordination der Baulandausweisung.* Berlin: VWF: 61-78

Davy, Benjamin (2004): *Flächenland im BauGB.* FuB 66 (2) 57-63

Davy, Benjamin (2005a): *Bodenpolitik.* In: Akademie für Raumforschung und Landesplanung (Hg.): *Handwörterbuch der Raumordnung.* 4. Auflage. Hannover: ARL: 117-125

Davy, Benjamin (2005b): *Grundstückswerte, Stadtumbau und Bodenpolitik.* vhw Forum Wohneigentum (2) 67-72

Davy, Benjamin (2006): *Innovationspotentiale für Flächenentwicklung in schrumpfenden Städten.* Magdeburg, Wissenschaftliche Studie im Auftrag erstellt für die Internationale Bauausstellung Stadtumbau Sachsen-Anhalt 2010.

Davy, Benjamin (2007): *Mandatory happiness? Land readjustment and property in Germany.* In: Yu-Hung Hong & Barrie Needham (Hg.): Analyzing land readjustment. Economics, law, and collective action. S. 37-55

Davy, Benjamin (2010): *Freiraumsicherung durch Bodenpolitik – Was passieren müßte, wenn wir das Ziel-30-ha ernst nähmen.* In: Marion Klemme, Klaus Selle (Hg.): Siedlungsflächen entwickeln. Akteure. Interdependenzen. Optionen. Detmold: Rohn Verlag: 258-271

Davy, Benjamin (2012): *Land policy. Planning and the spatial consequences of property.* Ashgate Publishing. Oxford

Demsetz, Harold (1967): *Toward a Theory of Property Rights.* The American Economic Review, Vol. 57, No. 2, pp. 347-359.

Deutsche Bundesregierung (2002): *Perspektiven für Deutschland – Unsere Strategie für eine nachhaltige Entwicklung (Nachhaltigkeitsstrategie).*

Deutsche Bundesregierung (2009): *Stadtentwicklungsbericht 2008 – Neue urbane Lebens- und Handlungsräume.* Berlin. Bearbeitet vom Bundesinstitut für Bau-, Stadt und Raumforschung (BBSR) im Bundesamt für Bauwesen und Raumordnung (BBR). Herausgegeben vom Bundesministerium für Verkehr, Bau und Stadtentwicklung (BMVBS). Herausgegeben vom Bundesministerium für Verkehr, Bau und Stadtentwicklung (BMVBS)

Deutsche Bundesregierung (2016): *Neue Deutsche Nachhaltigkeitsstrategie.*

Devecchi, Lineo U. (2016). *Zwischenstadtland Schweiz. Zur politischen Steuerung der suburbanen Entwicklung in Schweizer Gemeinden.* transcript Verlag.

Diekmann, Andreas (2007): *Empirische Sozialforschung. Grundlagen, Methoden, Anwendungen.* 18. Auflage. Reinbek bei Hamburg: Rowohlt Taschenbuch.

Dieterich, Hartmut (1980): *Fragen der Bodenordnung und Bodennutzung.* Dortmunder Beiträge zur Raumplanung

Dieterich, Harmtut (1983): *Baugebot – ein Weg zur Bebauung erschlossener Baugrundstücke?* In: Städte- und Gemeindebund 2/1983. S. 43-49

Dieterich, Hartmut (1985): *Baulandumlegung – Recht und Praxis.* Beck Verlag

Dieterich, Hartmut (1996): *Bodenordnung und Bodenpolitik.* In: Jenkis (Hg.): *Kompendium der Wohnungswirtschaft.* 3. Auflage. München: Oldenbourg Verlag. S. 516-542

Dieterich, Hartmut (1999): *Was kann kommunales Bodenmanagement leisten?* In: BBauBl 1/99 22-27

Dieterich, Beate & Dieterich, Hartmut (1997): *Boden, wem nutzt er? Wen stützt er?* Friedr. Vieweg & Sohn Verlagsgesellschaft mbH, Braunschweig/Wiesbaden

Dieterich-Buchwald, Beate (1997): *Dänemark.* In: Dieterich / Dieterich (Hg.): *Boden, wem nutzt er? Wen stützt er?.* S. 94-108

Dillman, Don A.; Smyth, Jolene D.; Christian, Leah Melani (2014): *Internet, phone, mail, and mixed-mode surveys: the tailored design method.* John Wiley & Sons

Dransfeld, Egbert (2010): *Flächenmanagement in Nordrhein-Westfalen: Erfahrungen und Perspektiven.* In: Forum Baulandmanagement NRW (Hg.): Dokumentation der Tagung vom 12. März 2009 in Essen, Zeche Zollverein

Dransfeld, Egbert & Voß, Winrich (1993): *Funktionsweise städtischer Bodenmärkte in Mitgliedstaaten der Europäischen Gemeinschaft – ein Systemvergleich.*

Drixler, Erwin (2008): *Flächenmanagement – Der Schlüssel einer erfolgreichen Innenentwicklung?* In: FuB 4/2008 180-186

Drixler, Erwin; Friesecke, Frank; Kötter, Theo; Weitkamp, Alexandra; Weiß, Dominik (2014): *Kommunale Bodenpolitik und Baulandmodelle – Strategien für bezahlbaren Wohnraum?: Eine vergleichende Analyse in deutschen Städten.* Schriftenreihe des DVW. Band 26/2014

Economiesuisse (2012): *Zweitwohnungsbau: Starres Bundesdiktat hemmt Entwicklung dossierpolitik.* Pressemitteilung vom 6. Februar 2012. Online verfügbar unter: https://www.economiesuisse.ch/sites/default/files/dossier_pdf/dp01_Zweitwohnungen_web .pdf

Eidgenössische Departement für Umwelt, Verkehr, Energie und Kommunikation (UVEK) (2012): *Volksinitiative «Schluss mit uferlosem Bau von Zweitwohnungen!»: Argumentarium*. Pressemitteilung 08.072. Online verfügbar unter: https://www.parlament.ch/centers/documents/de/08-073-argumentarien-contra-d.pdf

Eidgenössische Steuerverwaltung (ESTV) (2016): *Die Steuern von Bund, Kantone und Gemeinden – Ein Kurzabriss über das schweizerische Steuersystem*. Bern 2016

EJPD-Arbeitsgruppe 1991: *Bausteine zur Bodenrechtspolitik. Schlussbericht der interdepartementalen Arbeitsgruppe „Weiterentwicklung des Bodenrechts"*. Arbeitsgruppe unter Leitung des Eidgenössisches Justiz- und Polizeidepartements. Veröffentlicht 1994.

Engels, Friedrich (1872): *Zur Wohnungsfrage*. Marx-Engels Werke (MEW) Bd, 18.

Ensminger, Jean (1992): *Making a Market – The Institutional Transformation of an African Society (Political Economy of Institutions and Decisions)*. Cambridge: Cambridge Press

Enz, Carole; Wiesmann, Christian (2005): *Greater Swiss Area: Lehren aus dem Fall Galmiz*. In: Tec21 Nr 131, S. 8-12

Ernst, Werner; Bonczek, Willi (1971): *Zur Reform des städtischen Bodenrechts*. Veröffentlichungen der Akademie für Raumforschung und Landesplanung. Hannover

Etzioni, Amitai (1967): *Mixed-Scanning: A Third Approach to Decision-Making*. In: Public administration review. Vol. 27, No. 5, S. 385-392.

Europäische Kommission (2004): *EU Land Policy Guidelines*. COM(2004) 686 final

van Evera, Stephan (1997): *Guide to methods for students of political science*. Cornell University Press.

Fachwörterbuch Angewandte Geodäsie (2009): *Fachwörterbuch Benennungen und Definitionen im deutschen Vermessungswesen*. Verlag des Instituts für angewandte Geodäsie Frankfurt

Fainstein, Susan S. (2005): *Planning Theory and the City*. In: Journal of Planning Education and Research, 25 (22). Zitiert nach: Fainstein, Susan S.; Campbell, Scott (Hg.): *Readings in Planning Theory*. Third Edition. Blackwell Publishing. S. 159-175

Faludi, Andreas (1989): *Conformance vs. Performance: Implications for Evaluation*. In: Impact Assessment, Vol. 7, No. 2/3, S. 135-151

Faludi, Andreas (2000): *The Performance of Spatial Planning*. In: Planning Practice & Research, Vol. 15, No. 4, S. 299-318

Faludi, Andreas (2004): *Das EUREK zwischen Anwendbarkeit und Umsetzbarkeit*. In: Müller, B. / Löb, S. / Zimmermann, K. (Hrsg.) (2004): *Steuerung und Planung im Wandel – Festschrift für Dieterich Fürst*. VS Verlag. Wiesbaden. S. 79-98

Faludi, Andreas; Waterhout, Bas (2002): *The making of the European Spatial Development Perspective: no masterplan* (Vol. 2). Psychology Press.

Fedtke, Eberhard (2012): *ALDI Geschichten – Ein Gesellschafter erinnert sich*. nwb Verlag. Herne.

Feitelson, Eran; Felsenstein, Daniel; Razin, Eran; Stern Eliahu (2017*): Assessing Land Use Plan Implementation: Bridging the Performance-Conformance Divide*. Land Use Policy 61, S.251-264.

Fischer, Kaspar; Thoma, Matthias; Salkeld, Robert (2016): *Organisationsmodelle der Innenentwicklung*. In: Raum & Umwelt. Sept. 2016. S. 3-28

Flick, Uwe (2000): *Qualitative Forschung – Theorie, Methoden, Anwendung in Psychologie und Sozialwissenschaften*. Rowohlt Verlag. 5. Auflage

Flick, Uwe (2007): *Qualitative Sozialforschung: Eine Einführung*. Rowohlt Verlag. 4. Auflage

Flürscheim, Michael (1909): *Not aus Ueberfluss: Beitrag zur Geschichte der Volkswirtschaft insbesondere der Bodenreform*. Excelsior-Verlag.

Flyvbjerg, Bent (1998): *Rationality and power: Democracy in practice*. University of Chicago press.

Flyvbjerg, Bent (2006): *Five misunderstandings about case-study research*. Qualitative inquiry, 12(2), 219-245.

Flyvbjerg, Bent (2011): *Case Study*. In: Denzin and Lincoln (Hg.): *The Sage Handbook of Qualitative Research*, 4. Auflage. Thousand Oaks: Sage. S. 301-316.

Freud, Sigmund; Breuer, Josef (1895): *Studien über Hysterie*. Deuticke, Leipzig & Wien

Frey, Oliver; Koch, Florian (2010a): *Die Europäische Stadt – Dimensionen und Widersprüche eines transdisziplinären Leitbilds*. In: RaumPlanung 153, S. 261-266

Frey, Oliver; Koch, Florian (2010b): *Die Zukunft der Europäischen Stadt – Stadtpolitik, Stadtplanung und Stadtgesellschaft im Wandel*. VS Verlag für Sozialwissenschaften

Friedman, Milton (1962): *Capitalism and freedom*. University of Chicago press.

Fugazza Steinmann & Partner (2006): *Fislisbach Boulevard – Ideenstudien Aufwertung Strassenraum Ortsdurchfahrt Fislisbach*. Im Auftrage der Gemeinde Fislisbach. Version vom September 2006

Fürst, Dietrich (2005): *Entwicklung und Stand des Steuerungsverständnisses in der Raumplanung*. disP-The Planning Review, 41(163), 16-27.

Fürst, Dietrich (2010): *Raumplanung: Herausforderungen des deutschen Institutionensystems*. Rohn. Dortmund

Fürst, Dietrich; Scholles, Franck (2001): *Handbuch Theorien und Methoden der Raum-und Umweltplanung*; Verlag Dorothea Rohn, 2. Auflage, München.

Gantner, Joseph (1925): *Die Schweizer Stadt*. Verlag Piper & Co. München

Gemeinde Emmen (2013): *41/13 Beantwortung der Interpellation vom 22. August 2013 von Patrick Schmid und Hans Schwegler namens der SVP Fraktion betreffend Ausverkauf von Emmens Landflächen?!*

Gemeinde Emmen (2014): *40/14 Botschaft betreffend Genehmigung des Vorvertrages zum Abschluss eines Kaufvertrages (Veräusserung Grundstück Nr. 255, Grundbuch Emmen, Liegenschaft Oberhofstrasse 23/25, Betagtenzentrum Herdschwand*.

Gemeinde Emmen (2015a): *18/15 Bericht und Antrag an den Einwohnerrat betreffend Gemeindeinitiative „Bodeninitiative – Boden behalten Emmen gestalten"*.

Gemeinde Emmen (2015b): *02/15 Motion Christian Blunschi namens der CVP Fraktion vom 9. Februar 2015 betreffend JA zum Verkauf der Herdschwand – JA zu Anpassungen beim Riegelbau „Neuschschwand"*.

Gemeinde Emmen (2016): *39/16 Bericht und Antrag betreffend Erlass des Reglements über die Grundstücke im Eigentum der Gemeinde Emmen*.

Gemeinde Fislisbach (2006): *Planungsbericht zum Erschliessungsplan „Winkel"*. Version vom Januar 2006

Gemeinde Fislisbach (2014): *Richtkonzept Badenerstrasse K268*. Version vom 02.07.2014

Gemeinde Fislisbach (2014/2015): *Teilrevision Nutzungsplanug – Planungsbericht gemäss Art. 47 RPV*. Mitwirkungsversion vom 09.09.2014. Überarbeitete Version vom 17.08.2015.

George, Henry (1881/1906): *The Land Question – what it involves, and how alone it can be settled*. (1. Auflage von 1881 veröffentlicht unter dem Titel: *The Irish Land Question*. Zitiert nach der 2. Auflage von 1906). Doubleday Page & Company. New York.

George, Henry (1884): *Progress and poverty: An inquiry into the cause of industrial depressions, and of increase of want with increase of wealth, the remedy*. W. Reeves.

Gerber, Jean-David (2008): *Les stratégies foncières des grands propriétaires fonciers collectifs: le cas des cantons et des communes de Bienne, la Chaux-de-Fonds et Zürich*. (Working Paper de l'IDHEAP 8). IDHEAP Institut de hautes études en administration publique

Gerber, Jean-David (2012): *The difficulty of integrating land trusts in land use planning*. Landscape and Urban Planning, 104(2), S. 289-298

Gerber, Jean-David (2016): *The managerial turn and municipal land-use planning in Switzerland – evidence from practice.* Planning Theory & Practice, 17(2), pp. 192-209

Gerber, Jean-David (2017): *Regional Nature Parks in Switzerland: Between top-Down and Bottom-Up Institution Building for Landscape Management.* Human ecology

Gerber, Jean-David; Gerber, Julien-François (2017): *Decommodification as a foundation for ecological economics.* Ecological economics, 131, S. 551-556.

Gerber, Jean-David; Knoepfel, Peter; Nahrath, Stéphane; Varone, Frédéric (2009): *Institutional Resource Regimes: Toward Sustainability through combining Property Rights Theory and Policy Analysis.* Ecological economics, 68(3), S. 798-809.

Gerber, Jean-David; Nahrath, Stéphane (2013): *Beitrag zur Entwicklung eines Ressourcenansatzes der Nachhaltigkeit: eine Diskussion am Beispiel der Regulation der Bodenressource in der Schweiz* (CRED Research Paper 3). Center for Regional Economic Development. Bern

Gerber, Jean-David; Nahrath, Stéphane; Csikos, Patrick; Knoepfel, Peter (2011): *The role of Swiss civic corporations in land use planning.* Environment and planning A, 43(1), S. 185-204

Gerber, Jean-David; Nahrath, Stéphane; Hartmann, Thomas (2017): *The strategic use of time-limited property rights in land-use planning: Evidence from Switzerland.* Environment and planning A, 49(7), S. 1684-1703

Gerber, Jean-David; Hartmann, Thomas; Hengstermann, Andreas (2018): *Instruments of Land Policy – Dealing with Scarcity of Land.* Routledge

Gerber, Jean-David; Hengstermann, Andreas; Viallon, François-Xavier (2018): *Land policy – how to deal with scarcity of land.* In: Gerber, Jean-David; Hartmann, Thomas; Hengstermann, Andreas (2018): *Instruments of Land Policy – Dealing with Scarcity of Land.*

Gerber, Jean-David; Rissman, Adena R. (2012): *Land-conservation strategies: the dynamic relationship between acquisition and land-use planning.* Environment and planning A, 44(8), S. 1836-1855

Germann, Raimund E.; Roig, C.; Urio, Paolo & Wemegah, M. (1979): *Fédéralisme en action: l'aménagement du territoire: les mesures urgentes à Genève, en Valais et au Tessin.* Georgi.

Gesell, Silvio (1906): *Die Verwirklichung des Rechtes auf den vollen Arbeitsertrag durch die Geld-und Bodenreform.* Aus: Gesell Gesammelte Werke

Gesellschaft für Konsumforschung (GFK) (Hg.) (2016): *GfK Markt Monitor Schweiz.* Nürnberg

Giddens, Anthony (1988): *Die Konstitution der Gesellschaft.* Frankfurt/New York, 3.

von Gierke, Julius (1925): *Bürgerliches Recht – Sachenrecht.* Julius Springer Verlag. Berlin

Gilgen, Kurt (2005): *Kommunale Raumplanung in der Schweiz: Ein Lehrbuch.* Zürich: vdf Hochschulverlag AG.

Gläser Jochen; Laudel, Grit (2009): *Experteninterviews und qualitative Inhaltshaltanalyse als Instrumente rekonstruierender Untersuchungen.* 3. Auflage. Wiesbaden: GWV Fachverlage

Gmünder, Markus (2016): *Steuerungsinstrumente der Bodennutzung – Faktenblätter.* Institut für Wirtschaftsstudien Basel und sanu durabilitas. durabilitas.doc No. 3/2016

Göllner, Wolfgang; Finkbeiner, Tanja (1997): *Die Bodenrechtsdebatte in Deutschland nach der Verabschiedung des Städtebauförderungsgesetzes 1972 bis 1996.* In: Dieterich, Beate & Dieterich, Hartmut (1997): *Boden, wem nutzt er? Wen stützt er?* S. 138-164

Gossen, Hermann Heinrich (1854): *Entwickelung der gesetze des menschlichen verkehrs, und der daraus fliessenden regeln für menschliche handeln.* F. Vieweg.

Grossmann, Hans (1927): *Heimstättenrecht.* In: Schweizerische Zeitschrift für Wohnungswesen, Vol. 2, No. 6, S. 145-147

Gualini, Enrico (2010): *Governance, Space and Politics: Exploring the Governmentality of Planning.* In: Hillier, J. and Healey, P. (Hrsg.): *The Ashgate Research Companion to Planning Theory: Conceptual Challenges for Spatial Planning,* Ashgate, Aldershot, S. 57-85

Guimaraes, Pedro Porfírio Coutinho (2016): *From liberal to restrictiveness: an overview of 25 years of retail planning in England.* In: Theoretical and Empirical Researches in Urban Management. Vol. 11, Issue 2, 25-38

Günther, Stephan (2016): Vortrag auf der ISW/ISB-Fachtagung „Wege zum Bauland" am 26.10.2016 in München

Häberli Rudolf et al. (1991): *Boden-Kultur: Für eine haushälterische Nutzung des Bodens in der Schweiz.* Schlussbericht des Nationalen Forschungsprogrammes (NFP) 22 Nutzung des Bodens in der Schweiz. Zürich

Hänni, Peter (2008): *Planungs-, Bau- und Umweltschutzrecht.* Fünfte Auflage. Stämpfli Verlag Bern

Hardaker, Sina (2016): *Aldi, Lidl & Co.: Geht die Ära der Discounter wirklich zu Ende?* In: Geographische Handelsforschung, Nr. 39, Juli 2016, S. 9 - 13

Hardin, Garrett (1968): *The Tragedy of the Commons.* 162. Science 1243

Hardin, Garrett (1991): *The tragedy of the unmanaged commons: population and the disguises of providence.* Trends in Ecology & Evolution. 9(5), S. 199

Harding, Alan; Blokland, Talja (2014): *Urban theory: a critical introduction to power, cities and urbanism in the 21st century.* Sage.

Hartmann, Thomas (2012): *Wicked problems and clumsy solutions: Planning as expectation management.* In: Planning Theory, 11(3), 242-256.

Hartmann, Thomas (2013): *Der Steuerungsansatz des Hochwasserrisikomanagementsplanes zum Zusammenspiel von Raumplanung und Wasserwirtschaft.* In V. Lüderitz, A. Dittrich, R. Jüpner, A. Schulte, F. Reinstorf & B. Ettmer (Eds.): *Die Elbe im Spannungsfeld von Hochwasserschutz, Naturschutz und Schifffahrt.* S. 126-142. Magdeburg: Shaker.

Hartmann, Thomas & Hengstermann, Andreas (2014): *Territorial cohesion through spatial policies – An analysis with Cultural Theory and clumsy solutions.* In: Central European Journal of Public Policy , 8(1), 30-49.

Hartmann, Thomas & Spit, Tejo (2015): *Dilemmas of involvement in land management– Comparing an active (Dutch) and a passive (German) approach.* Land Use Policy, 42, 729-737.

Haselsberger, Beatrix (Hg.) (2017): *Encounters in Planning Thought: 16 Autobiographical Essays from Key Thinkers in Spatial Planning,* Routledge. New York

Hatzfeld, Ulrich (1987) *Städtebau und Einzelhandel.* Schriftenreihe des Bundesministerium für Raumordnung, Bauwesen und Städtebau (BMRBS): Nr. 03.119. Bonn.

Hauseigentümerverband Schweiz (HEV) (Hrsg.) (2014): *Die Volkswirtschaftliche Bedeutung der Immobilienwirtschaft der Schweiz.* Studie von Staub, Peter und Rütter, Heinz. Online verfügbar unter: http://www.vlp-aspan.ch/sites/default/files/141008_hev-studie_immobilienwirtschaft_kurzbericht.pdf

Häußermann, Hartmut, & Haila, Anne (2005): *The European city: a conceptual framework and normative project.* In: Kazepov, Yuris (Hg.): *Cities of Europe: Changing contexts, local arrangements, and the challenge to urban cohesion,* Blackwell Publishung, 43-63.

Von Hayek, Friedrich A. (1973): *Law, Legislation and Liberty* (vol. 1). Rules and Order.

Von Hayek, Friedrich A. (1976): *The mirage of social justice.*

Healey, Patsy (1996): *The communicative turn in planning theory and its implications for spatial strategy formation.* In: Environment and Planning B: Planning and design. Vol. 23 No. 2 S. 217-234.

Hengstermann, Andreas (2012): *Geschichte der Raumplanung auf Europäischer Ebene*. In: RaumPlanung, 165(6), 51-55.

Hengstermann, Andreas, & Gerber, Jean-David (2015): *Aktive Bodenpolitik – Eine Auseinandersetzung vor dem Hintergrund der Revision des eidgenössischen Raumplanungsgesetzes*. Flächenmanagement und Bodenordnung, 2015(6), 241-250.

Hersperger, Anna; Cathomas, Gerina (2015): *Einflussreiche raumplanerische Massnahmen für einen haushälterischen Umgang mit dem Boden: Lernen von guten Beispielen*. In: Forum für Wissen. Eidgenössische Forschungsanstalt WAL. Birmensdorf. S. 27-32

Hersperger, Anna; Müller, G., Knöpfel, M., Siegfried, A., & Kienast, F., (2017): *Evaluating outcomes in planning: indicators and reference values for Swiss landscapes*. Ecological Indicators, 77, 96-104

Hertzka, Theodor (1889): *Freiland – ein soziales Zukunftsbild*. Pierson Verlag. Wien

Hillmann, Karl-Heinz (1994): *Wörterbuch der Soziologie*. 4. Auflage. Stuttgart: Kröner.

Hobbes, Thomas (1651): *Leviathan*. Re-Print von 2006. A&C Black.

Hoch, Charles (1994): *What planners do: Power, politics, and persuasion*. American Planning Association.

Hood, Christopher (1983): *The tools of Government*. London, Macmillan

Hotz-Hart, Beat et al. (2006): *Volkswirtschaft in der Schweiz*. 4. Auflage. vdf Zürich

Howard, Ebenezer (1898): *To-morrow: A peaceful path to real reform*.

Howard, Ebenezer (1902): *Garden Cities of Tomorrow*.

Innes de Neufville, Judith (1983*): Planning Theory and Practice: Bridging the Gap*. In: Journal of Planning Education and Research 3, 1, 35-45.

Institut für Handelsforschung (IFH) (2014): *IFH-Branchenreport Online-Handel, 2014.*

Institut für Landes- und Stadtentwicklungsforschung des Landes Nordrhein-Westfalen (ILS) (Hg.) (1984): *Europäische Raumordnungscharta*. Sonderveröffentlichung. Band 0.028

Jacobs, Harvey M., & Paulsen, Kurt (2009): *Property rights: The neglected theme of 20th-century American planning*. Journal of the American Planning Association, 75(2), 134-143

Jacobs, Jane (1961): *The death and life of great american cities*. Vintage, New York.

Jäggi, Hanna (2014): *Landeigentum und Raumplanung. Raumentwicklungsstrategien im Kontext der wirtschaftlichen Entwicklungsschwerpunkte (ESP) des Kantons Bern* (CRED-Bericht 4). Center for Regional Development, Universität Bern

Jahoda, Marie; Zeisl, Hans (1933). *Die Arbeitslosen von Marienthal: ein soziographischer Versuch über die Wirkungen langdauernder Arbeitslosigkeit*. Zur Geschichte der Soziographie (Vol. 5).

Janning, Heinz (2012): *Eckpunkte einer möglichen landesplanerischen Steuerung*. In: Konze, Wolf (Hg*.): Einzelhandel in Nordrhein-Westfalen planvoll steuern!*. S. 72-100

Jeannerat, Eloi; Moor, Pierre (2016): *Art. 14 Begriff*. In: Aemisegger, Heinz; Moor, Pierre; Ruch, Alexander; Tschannen, Pierre (2016): *Kommentar zum Bundesgesetz über die Raumplanung RPG – Band 1: Nutzungsplanung*. 227-287

Jessen, Johann (2005): *Leitbilder der Stadtentwicklung*. In: Ritter, Ernst-Hasso, et al. (Hrsg.): *Handwörterbuch der Raumordnung*. ARL. Hannover.

Jürgens, Ulrich (Hg.). (2011): *Discounterwelten*. LIS-Verlag. Passau

Jürgens, Ulrich (2013): *Nahversorgung durch Aldi, Lidl und Co?* In: Geographisches Rundschau 3/2013. S. 50-57

Justiz-, Gemeinde- und Kirchendirektion des Kantons Bern (JGK) (2017): *Fahrtenzählung bei ausgewählten Discountern*. Unveröffentlichte Studie

Kalbro, Thomas. (2000): *Property development and land-use planning processes in Sweden*. In: K. Böhme, B. Lange, & M. Hansen (Eds.) *Property Development And Land-use Planning Around The Baltic Sea*, Nordregio, Stockholm, Sweden, 95-110.

Kanton Aargau (o.J.): *Grundstücksgewinnsteuer*. Departement Finanzen und Ressourcen des Kanton Aargau. Online verfügbar unter: https://www.ag.ch/de/dfr/steuern/natuerliche_personen/steuerarten_natuerliche_personen/grundstueckgewinnsteuer/ggst1.jsp

Kanton Aargau (2011): *Richtplan*. Rechtskräftige Version vom 20.09.2011. Letzte Änderung vom 24.03.2015. Bundesrätliche Genehmigung 24.08.2015.

Kanton Solothurn (2000): *Richtplan 2000*.

Kantzow, Wolfgang (1995). *Grundrente und Bodenpolitik: zur ökonomischen und politischen Relevanz der Naturressource Boden*. Verlag für Wissenschaft und Forschung.

Kebir, Leïla (2004): *Ressource et développement: une approche insitutionnelle et etrritoriale*. Dissertation an der Universität Neuchâtel

Keddie, David (1962): *Das Diskonthaus in England*. In: Barnet et al. (Hg.): *Das Diskonthaus – Eine neue Revolution im Einzelhandel?* S. 91-98

Keynes, John. M. (1936): *The general theory of employment*. The quarterly journal of economics, 51(2), 209-223.

Khakee, Abdul; Hull, Angela; Miller, Donald; Woltjer, Johan (2008): *New Principle in Planning Evaluation*. Ashgate. Hampshire/Burlington

Kilper, Heiderose/Zibell, Barbara (2005): *Stadt- und Regionalplanung;* In: Kessl, Oliver et al. (Hg): *Handbuch Sozialraum*. Wiesbaden, 165-180

Knoepfel, Peter (1977): *Demokratisierung der Raumplanung. Grundsätzliche Aspekte und Modell für die kommunale Nutzungsplanung unter besonderer Berücksichtigung der schweizerischen Verhältnisse*. Berlin: Duncker und Humblot.

Knoepfel, Peter (1979): *Öffentliches Recht und Vollzugsforschung*. Haupt Verlag. Bern

Knoepfel, Peter; Wey, Benjamin (2006): *Öffentlich-rechtliche Eigentumsbeschränkungen (ÖREB)*. Working paper de l'Idheap 7/2006, Lausanne.

Knoepfel, Peter; Csikos, Patrick; Gerber, Jean-David; Nahrath, Stéphane (2012): *Transformation der Rolle des Staates und der Grundeigentümer in städtischen Raumentwicklungsprozessen im Lichte der nachhaltigen Entwicklung*. Politische Vierteljahresschrift(3), S. 414-443. Baden-Baden: Nomos

Knoepfel, Peter; Larrue, Corinne; Varone, F Frédéric; Veit, Sylvia (2011): *Politikanalyse*. Verlag Budrich. Opladen

Knoepfel, Peter; Nahrath, Stephane; Csikos Pierre; Gerber, Jean-David (2009): *Les stratégies politiques et foncières des grands propriétaires fonciers en action : Etudes de cas*. Cahier de l'IDHEAP. Lausanne

Köhler, Horst (1985): *Die Planverwirklichungsgebote als Instrument des Städtebaurechts*. Göttingen

Koll-Schretzenmayr, Martina (2008): *Gelungen/Misslungen? – Die Geschichte der Raumplanung Schweiz*. Zürich: NZZ Libro

Köniz (2015): *Rahmenkredit für den Erwerb von Liegenschaften – Beschluss und Botschaft;* Direktion Sicherheit und Liegenschaften. Protokoll der Parlamentssitzung vom Parlamentssitzung 7. Dezember 2015. Traktandum 5

Konze, Heinz; Wolf, Michael (Hg.): *Einzelhandel in Nordrhein-Westfalen planvoll steuern!*. Arbeitsbericht der ARL No. 2

Korthals Altes, Willem K. (2006): *Stagnation in housing production: another success in the Dutch 'planner's paradise'?*. Environment and Planning B: Planning and Design 33, no. 1 (2006): 97-114.

Korthals Altes, Willem K. (2016): *Freedom of Establishment Versus Retail Planning: The European Case*. In: European Planning Studies, 24/1, 163-180.

Kötter, Theo (2001): *Flächenmanagement – Zum Stand der Theoriediskussion.* In: FuB 4/2001 145-166

Krüger, Thomas; Anders, Sascha; Walther, Monika; Klein, Kurt (2013): *Qualitifizierte Nahversorgung im Lebensmitteleinzelhandel – Endbericht.* Eine Studie im Auftrag des Handelsverbands Deutschland (HDE) und des Bundesverbandes des Deutschen Lebensmittelhandels (BVL).

Kublich, Matthias (2013*): Innovationsbereiche, Eigentümergemeinschaften und private Initiativen – Eine systematische Einordnung von Business Improvement Districts.* Verlag Peter Lang

Kunz, Karl-Ludwig; Mona, Martino (2015): *Rechtsphilosophie, Rechtstheorie, Rechtssoziologie: eine Einfürhung in die theoretischen Grundlagen der Rechtswissenschaften.* Haupt Verlag. Bern. 2 Auflage

Kunzmann, Klaus (1972): *Grundbesitzverhältnisse in historischen Stadtkernen und ihr Einfluss auf die Stadterneuerung.* Springer. Wien

Lamker, Christian (2014): *Fallstudien.* Materialien Studium und Projektarbeit (Gelbe Reihe) Nr. 11. Universität Dortmund

Lampugnani, Vittorio Magnago; Noell, Matthias (2007): *Handbuch zum Stadtrand. Gestaltungsstrategien für den suburbanen Raum.* Birkhäuser Basel

Landauer, Gustav (1909) : *Die Siedlung.* In: Landauer, G. (Hrsg.): *Beginnen. Aufsätze über Sozialismus.* Köln: Marcan-Block Verlag, Re-Print von 1924, 105-111.

de Lange, Marie; Mastrop, Hans; Spit, Tejo (1997): *Performance of national policies.* In: Environment and Planning B. Vol. 24. S. 845-858

Lanier, Amelie (2013): *Das Grundeigentum als Grundlage allen Privateigentums.* In: Senft (Hg.): *Land und Freiheit – Zum Diskurs über das Eigentum an Grund und Boden in der Moderne.*

Lasswell, Harold Dwight (1936): *Politics: Who Gets What, When, How.*

Levin-Keitel, Meike; Lelong, Bettina & Thaler, Thomas (2017): *Zur Darstellung von Macht in der räumlichen Planung – Potenziale und Grenzen der Methode der systemischen Aufstellung.* In: Raumforschung und Raumordnung 75 (1): 31-44.

Lexique multilingue et multimédia (MLIS) (2003): *Encyclopédie européenne de l'urbanisme et de l'habitat.* Online verfügbar unter: http://www.muleta.org/

Lichfield, Nathaniel & Darin-Drabkin, Haim (1980): *Land policy in planning.* George Allen & Unwin. London

Lidl (2014): *immobilien international.* Immobilienstrategie der Expansionsabteilung der Lidl Stiftung & Co. KG. Abrufbar unter: http://www.lidl-immobilien.de/static_content/lidl_de/images/BRO_Lidl_Immobilien_international_2014_ANSICHT.pdf

Lidl Immobilien (o.J.): *Wir suchen… total flexibel.* Webseite der Expansionsabteilung Lidl Deutschland. http://www.lidl-immobilien.de/cps/rde/xchg/lidl_ji/hs.xsl/5186.htm

Lobeck, Michael; Wiegandt, Claus; Wiese-von Ofen, Irene (2006): *Entwicklung von umsetzungsortientierten Handlungs- schritten zur Mobilisierung von Baulücken und zur Erleichterung von Nutzungsänderungen im Bestand in Innenstädten NRWs.* Universität Bonn

Locke, John (1690/1977): *Zwei Abhandlungen über die Regierung.* Herausgegeben und eingeleitet von Walter Euchner 1977. Frankfurt/M.

Löhr, Dirk (2008): *Flächenhaushaltspolitische Varianten einer Grundsteuerreform.* In: Wirtschaftsdienst, 88(2), 121-129.

Löhr, Dirk (2013). *Prinzip Rentenökonomie: Wenn Eigentum zu Diebstahl wird.* Metropolis-Verlag.

Löhr, Rolf-Peter; Wiechmann, Thorsten (2005): *Flächenmanagement*, In: ARL – Akademie für Raumforschung und Landesplanung (ed.): *Handwörterbuch der Raumordnung,* Hannover 2005, S. 315-320.

Lord, Alex (2014): *Towards a non-theoretical understanding of planning.* In: Planning Theory 13, 1, 26-43.

Louwsma, Marije; van Rheenen, Jan (2016): *Land consolidation in a modern setting.* Kadaster. Vortrag im Rahmen der LANDac International Land Conference. 30 June & 1 July 2016. Apeldoorn

Lücke, Jörg (1980): *Das Baugebot – Ein wirksames Instrument des Bodenrechts?* Verlag Franz Vahlen. München

Magel, Holger (2003): *Land Policy and Land Management in Germany.* Public lecture in Melbourne, 6 February, 2003

Mandelker, Daniel R. (1971): *The zoning dilemma: A legal strategy for urban change.* Bobbs-Merrill.

Von Mangold, Karl (1907): *Die Städtische Bodenfrage – Eine Untersuchung über Tatsachen, Ursachen und Abhilfe.* Dandenhoed und Ruprecht. Göttingen

Markstein, Melanie (2004): *Instrumente und Strategien zur Baulandentwicklung und Baulandmobilisierung in Deutschland, Österreich und der Schweiz.* Dissertation an der TU München

Martinson, Catherine (2006): *Der Staat und die Rolle der Umweltschutzverbände.* In: natur+mensch 3/3006, S. 10-11

Marx, Karl (1868): *Über die Nationalisierung des Grund und Bodens.*

McCall, William A. (1926). *How to experiment in education.* Macmillan.

McCarthy, James (2002): *First World political ecology: lessons from the Wise Use movement.* Environment and planning A, 34(7), 1281-1302.

McCarthy, James (2005): *First World political ecology: directions and challenges.* Environment and planning A, 37, 953-958.

Meadows, Donella H., Meadows, Dennis L., Randers, Jørgen, & Behrens, William W. (1972): *The limits to growth.* New York, 102, 27. Deutsche Übersetzung veröffentlich als: Meadows, Dennis L., Meadows, Donella H., Milling, Peter, & Zahn, Erich (1972): *Die Grenzen des Wachstums: Bericht des Club of Rome zur Lage der Menschheit.*

Meili, Armin (1967): *Gedanken eines zornigen alten Mannes.* gta Archiv

Menghini, Orlando (2012): *Innovatives Modell zur Bekämpfung der Baulandhortung.* In: VLP-ASPAN InfoRaum 3/12. S. 6-11.

Meyer, Perry (1962): *Das Diskontgeschäft als Entwicklungsstufe in der Expansion des Warenhauses.* In: Barnet et al. (Hg.): *Das Diskonthaus – Eine neue Revolution im Einzelhandel?* S. 66-77

Michallik, Florian (2010): *Instrumentarien zur Steuerung von Einzelhandel in Deutschland und Spanien.* Peter Lang. Band 38

Mill, John Stuart (1848/2005): *From Principles of Political Economy.* In: *Readings In The Economics Of The Division Of Labor: The Classical Tradition,* S. 164-176. Re-Print 2005.

Moroni Stefano (2010): *Rethinking the theory and practice of land-use regulation: Towards nomocracy.* Planning Theory 9(2): 137-155

Müller, Bernhard (2004): *Neue Planungsformen im Prozess einer nachhaltigen Raumentwicklung unter veränderten Rahmenbedingungen.* In: Müller, B. / Löb, S. / Zimmermann, K. (Hrsg.) (2004): *Steuerung und Planung im Wandel – Festschrift für Dieterich Fürst.* S. 161-176

Müller, Bernhard, Löb, Stephan, & Zimmermann, Karsten. (Hrsg.). (2004): *Steuerung und Planung im Wandel: Festschrift für Dietrich Fürst.* VS Verlag. Wiesbaden.

Müller, Georg (1989): *Baupflicht und Eigentumsordnung.* In: Haller, Walter; Müller, Georg; Kölz, Alfred & Thürer, Daniel (Hrsg.): *Festschrift für Ulrich Häfelin.* Zürich: Schulthess Polygraphischer Verlag, S. 167-181.

Nahrath, Stephane (2003): *La mise en place du régime institutionnel de l'aménagement du territoire en Suisse entre 1960 et 1990.* Lausanne.

Nahrath, Stephane (2005): *Le rôle de la propriété foncière dans la génèse et la mise en oeuvre de la politique d'aménagement du territoire: quels enseignements pour la durabilité des aménagement urbains?* In: Da Cunha, A., Knoepfel, P., Leresche, J.-P., and Nahrath, S. (Hg.): *Enjeux du développement urbain durable. Transformations urbaines, gestion des ressources et gouvernance,* S. 299-328. Presses polytechniques universitaires romandes, Lausanne.

Nahrath, Stephane; Knoepfel, Peter; Csikos, Pierre, Gerber Jean-David (2009): *Les stratégies politiques et foncières des grands propriétaires fonciers au niveau national: Etude comparée.* Cahier No. 246 de l'IDHEAP Lausanne

Nebel, Reto; Hollenstein, Karin (2017): *Innenentwicklung aus Sicht der ETH – Aktuelle Forschungsergebnisse der ETH zur Innenentwicklung.* Vortrag im Rahmen der Konferenz „Innenentwicklung Schweiz – Herausforderungen, Chancen und Erfolgsfaktoren in kleinen und mittleren Gemeinden". 23. Juni 2017, Zürich. Die entsprechende Publikation erscheint nach Drucklegung der vorliegenden Arbeit.

Needham, Barrie (2014): *Dutch Land-use Planning: The Principles and the Practice.* Farnham: Ashgate.

Needham, Barrie, & Verhage, Roelof (1998*): The effects of land policy: quantity as well as quality is important.* Urban Studies, 35(1), 25-44.

Needham, Barrie; Verhage, Roelof (2003): *The Politics of Land Policy: Using Development Gains for Public Purposes.* Working paper. Online verfügbar unter: https://sites.univ-lyon2.fr/iul/policy.pdf

von Nell-Breuning, Oswald (1968/1987). *Zur Neuordnung des Bodenrechts: Bodeneigentum- Eckstein unserer Eigentumsordnung oder Stein des Anstoßes?* Re-Print von 1987.

von Nell-Breuning, Oswald (1983): *Bodeneigentum – Bodenpolitik – Bodenmarkt.* In: DASL-Berichte Nr. 8

von Nell-Breuning, Oswald (1990): *Baugesetze der Gesellschaft: Solidarität und Subsidiarität.* Herder.

Netting, Robert McC. (1981): *Balancing on an Alp: ecological change and continuity in a Swiss mountain community.* Cambridge University Press. New York

Neue Zürcher Zeitung (NZZ) (2003): *Erster Schritt zu „Wädensville".* Ausgabe vom 22.7.2003. Online verfügbar unter: https://www.nzz.ch/article8ZNEL-1.280762

Neue Zürcher Zeitung (NZZ) (2004): *Amgen outet sich – Biotechfirma will sich aus Galmiz-Disput heraushalten.* Ausgabe vom 1.4.2004. Online verfügbar unter: http://www.nzz.ch/articleCP9J9-1.114878

Neue Zürcher Zeitung (NZZ) (2006): *Amgen baut neues Werk in Irland – Absage an Schweizer Konkurrenzstandort Galmiz.* Ausgabe vom 24.1.2006. Online verfügbar unter: http://www.nzz.ch/newzzeiu5zfk1-12-1.5804

Neue Zürcher Zeitung (NZZ) (2015): *Lidl Schweiz eröffnet neues Verteilzentrum und expandiert in der Romandie.* Ausgabe vom 29.5.2015

Neue Zürcher Zeitung (NZZ) (2016): *Der Preis der Verschweizerung.* Ausgabe vom 21.6.2016. Online verfügbar unter: https://www.nzz.ch/wirtschaft/einzelhandel-schweiz-lidls-lernkurve-ld.90487

Neurath, Otto (1922): *Gildensozialismus. Klassenkampf, Vollsozialisierung. Siedlungs-, Wohnungs-und Baugilde Oesterreichs.* Raden.

North, Douglass (1994): *Economic Performance Through Time*. In: The American Economic Review. 84(3). 359-368

Oefele, Helmut; Winkler, Karl (1983): *Handbuch des Erbbaurechts*. München: Beck Verlag

Ogilvie, William (1782): *Essay on the Right of Property in Land*.

Oliveira, Vitor; Pinho, Paulo (2010): *Evaluation in urban planning: Advances and prospects*. Journal of Planning Literature 24(4), 343-361.

Ostrom, Elinor (1990): *Governing the commons: The evolution of institutions for collective action*. Cambridge University Press

Ostrom, Elinor (2005): *Understanding Institutional Diversity*. Princeton University Press. Princeton and Oxford.

Ostrom, Elinor (2007): *Institutional Rational Choice – An Assessment of the Institutional Analysis and Development Framework*. In: Sabatier, Paul (Ed.): *Theories of the Policy Process*. Westview PressS. 21-64

Padeiro, Miguel (2016): *Conformance in land-use planning: The determinants of decision, conversion and transgression*, Land Use Policy, 55, 285-299.

Paine, Thomas (1796): *Agrarian Justice*

Pissourios, Ioannis A. (2013): *Whither the Planning Theory-Practice Gap? A Case Study on the Relationship between Urban Indicators and Planning Theories*. In: Theoretical and Empirical Researches in Urban Management 8, 2, 80-92.

Planteam S (2008): *Raumplanungsbericht zum Gestaltungsplan Lidl Parz. Nr. 2233*. Privatinitiierter Gestaltungsplan in der Fassung vom 10. Juni 2008. Verfasst durch Planteam S AG, beauftragt durch die Lidl Schweiz AG, genehmigt durch den Gemeinderat Biberist. Unterlag dem fakultativen Referendum

Planungsverband München (2002): *Der Flughafen München und sein Umland Grundlagenermittlung für einen Dialog – Teil 1 Strukturgutachten*. Eine Untersuchung auf Initiative des Flughafen-Forums. Auftraggeber: Bayerisches Staatsministerium fürWirtschaft,Verkehr undTechnologie, Bayerisches Staatsministerium für Landesentwicklung und Umweltfragen, Landkreise Erding und Freising und Flughafen München GmbH. Abrufbar unter: http://www.munich-airport.de/media/download/bereiche/region/gutachten_lang.pdf

Pleger, Lyn (2017): *Voters' acceptance of land use policy measures: A two-level analysis*. Land Use Policy, 63, 501-513.

Pleger, Lyn; Lutz, Philipp; Sager, Fritz (2016): *Democratic Acceptability of Spatial Planning Policies: A Framing Experiment*. Unveröffentlichtes Manuskript.

Pralle, Sarah B. (2003): *Venue Shopping, Political Strategy, and Policy Change: The Internationalization of Canadian Forest Advocacy*. In: Journal of Public Policy. 23(3). 233-260

Pressman, Jeffrey L.; Wildavsky, Aaron B. (1973). *How great expectations in Washington are dashed in Oakland*. University of California Press

Proudhon, Pierre-Joseph (1840/1971): *Was ist das Eigentum?: erste Denkschrift*. Verlag Monte Verita. Reprint 1971

Quesnay, Francois (1758): *Analyse de la formule mathematique du tableau economique de la distribution des depenses annuelles d'une nation agricole*.

Raiser, Thomas (2009): *Grundlagen der Rechtssoziologie*. 4. Auflage. Siebeck Verlag. Tübingen

Regierungsrat Kanton Wallis (2016): *Grosser Rat – Kommission für die zweite Lesung. Teilrevision des Ausführungsgesetzes zum Bundesgesetz über die Raumplanung (kRPG), 2. Etappe*. September 2016

Rettinger, Nicole; Bauer, Sonja (2017): *Zusammenhang zwischen Sortimentsfestsetzungen in Bebauungsplänen und Standortkriterien des großflächigen Einzelhandels.* In: FuB 2/2017. S. 74-81

Ricardo, David (1817/1921): *The first six chapters of the principles of political economy and taxation of David Ricardo, 1817.* Macmillan.

Riva, Enrico (2006): *Galmiz – Ein Problem der Gesetzgebung oder des Vollzugs?.* In: natur+mensch, 3/2006, S. 12-15

Robbins, Paul (2002): *Obstacles to a First World political ecology? Looking near without looking up.* Environment and planning A, 34(8), 1509-1513.

Robbins, Paul (2003): *Political ecology in political geography.* Political Geography, 22(6), 641-645.

Robbins, Paul (2004). *Political ecology: A critical introduction.* Blackwell Publishing.

Rohr, Rudolf (1988): *Tatsachen und Meinungen zur Bodenfrage.* Herausgegeben on der Aktion freiheitliche Bodenordnung und vom Redressement national (Suisse). Sauerländer Verlag. Zürich

Rothe, Karl-Heinz (1985): *Verwirklichung von Bebauungsplänen.* Bauverlag. Wiesbaden / Berlin

Rousseau, Jean-Jaques (1762/1963): *Der Gesellschaftsvertrag oder die Grundsätze des Staatsrechts.* Übersetzt aus dem Französischen von H. Denhardt.

Rudolf, Sophie; Kienast, Fritz; Hersperger, Anna (2017): *Planning for compact urban forms: local growth-management approaches and their evolution over time.* Journal of Environmental Management. Im Erscheinen

Rupp, Marco; Schwab, Ramon (2012): *Raumplanung auf kantonaler, regionaler und kommunaler Ebene – Einführung.* Ecoptima

Saladin, Peter (1976): *Rechtliche Probleme im Zusammenhang mit Einkaufszentren.* ZBl.

Saladin, Peter (1982): *Grundrechte im Wandel – Die Rechtsprechung des Schweizerischen Bundesgerichts zu den Grundrechten in einer sich ändernden Umwelt.* Verlag Stämpfli & Cie AG. Bern. 3. Auflage

Salamon, Lester (2002): The new governance and the tools of public action: an introduction. In: Salamon (Hg.): *The tools of government. A guide to the new governance,* S. 1-48. Oxford university press, New York.

Sandel, Michael J. (2010): *Justice: What's the right thing to do?* Macmillan.

Sandner, Karl (1993): *Prozesse der Macht.* Zweite Auflage. Pyhsika-Verlag. Berlin.

Sarris, Viktor (1992): *Methodologische Grundlagen der Experimentalpsychologie. Band 2: Versuchsplanung und Stadien des psychologischen Experiments.* München: Reinhardt.

Schäfer, Rudolf (1983): *Planverwicklichungsgebote in der kommunalen Praxis.* Deutsches Institut für Urbanistik

Scharpf, Fritz W. (1999): *Governing in Europe: Effective and democratic?* Oxford/New York, Oxford University Press. Deutsche Übersetzung: *Regieren in Europa: Effektiv und demokratisch?* Frankfurt/Main; New York: Campus Verlag,

Scheidegger, Urs (1990): *Boden bleibt „Politikum" erster Güte.* In: Geissmann, Hanspeter(Hg.): *Dringliches Bodenrecht – Handbuch zu den befristeten Bodenrechtsbeschlüssen.* Zürich. 153-162

Schlichter, Otto (1993): *Überlegungen zum Baugebot.* In: Drieshaus, Hans-Joachim; Birk, Hans-Jörg (Hrsg.): *Festschrift für Felix Weyreuther.* S. 353.

Schneider, Andreas; Blum, Judith; Eiermann, Tamara; Landwehr, Mirjam; Beuret, Alain (2017): *IRAP-Kompass Innenentwicklung.* In: Raum&Umwelt. VLP-ASPAN

Schneider, Manuel/Haber, Wolfgang (1999): *Nachhaltiger Umgang mit Böden – Auf dem Weg zu einer internationalen Bodenkonvention.* In: Haber, Wolfgang; Held, Martin; Schneider Manuel (Hrsg.): *Nachhaltiger Umgang mit Böden.* München, S. 5-10.

Scholl, Bernd (2006): *Raumplanung und Raumentwicklung in der Schweiz – Beobachtungen und Anregungen der internationalen Expertengruppe*. Im Auftrage des Bundesamt für Raumentwicklung (ARE), Bern

Scholl, Bernd (2009): *Vom haushälterischen Umgang mit dem Boden zum Management der Fläche*. In: Forum Raumentwicklung 1/2009 S. 37-40

Scholl, Bernd; Vinzens, Martin; Staub, Bernard (2013): *Testplanung – Methode mit Zukunft – Grundzüge und Hinweise zur praktischen Umsetzung am Beispiel der Testplanung Riedholz/Luterbach*. Herausgegeben durch das Amt für Raumplanung (ARP) des Kanton Solothurn und das Bundesamt für Raumentwicklung (ARE). Bern/Solothurn

Schönwandt, Walter (2002): *Planung in der Krise?: theoretische Orientierungen für Architektur, Stadt-und Raumplanung*. Kohlhammer/Vieweg+Teubner Verlag. Stuttgart

Schwab, Hans-Peter (1996): *Im Dienst der kommunalen Bodenpolitik – 50 Jahre Liegenschaftsverwaltung der Stadt Biel*. In: Jahrbuch der Stadt Biel 1996. S. 125-133

Schweizer Heimatschutz (SHS) (2012): *Köniz – Wakkerpreis 2012*. Zürich/Köniz

Schweizerische Bauzeitung (SBZ) (1945): *Ein Vierteljahrhundert schweizerische Landesplanung*. Bd. 125/126.

Schweizerischer Ingenieur- und Architektenverein (sia) (Hrsg.) (2011): *Baukultur. Eine kultur-politische Herausforderung – Manifest des Runden Tischs Baukultur Schweiz*. Erarbeitet von: Runder Tisch Baukultur Schweiz. Online verfügbar unter: http://www.sia.ch/fileadmin/content/download/1105_Positionspapier_Baukultur_web.pdf

Seele, Walter (1988): *Elemente und Probleme der städtischen Bodenpolitik*. Zitiert nach: Bochard, Klaus; Weiß, Erich (Hg.): *Bodenpolitik in Vergangenheit und Gegenwart. Ausgewählte Schriften von Walter Seele*, (14), 3-12.

Seele, Walter & Lopez-Calera, Nicolas. M. (1988). *Politisches System und Bodenordnung / Les systemes politiques et l'amenagement foncier / Political systems and land management*. Frankfurt am Main: Lang Verlag.

Selle, Klaus (1995): *Phasen oder Stufen? Fortgesetzte Anmerkungen zum Wandel des Planungsverständnisses*. RaumPlanung (71) 237-242

Senft, Gerhard (2013): *Land und Freiheit: Zum Diskurs über das Eigentum von Grund und Boden in der Moderne*. Promedia Verlag.

Siebel, Walter (Hg.) (2004): *Die europäische Stadt*. Frankfurt a.M.: suhrkamp Verlag.

Sieverts, Thomas (1997): *Zwischenstadt – zwischen Ort und Welt Raum und Zeit*. Springer

Slaev, Alexander D. (2014): *Types of planning and property rights*. Planning Theory, Vol. 15(1) 23-41

Smith, Adam (1776): *An Inquiry Into the Nature and Causes of the Wealth of Nations*

Spence, Thomas (1775): *The meridian sun of liberty; or, the whole rights of man displayed and most accurately defined.*

Staatsrat des Kantons Freiburg (2016): *Der Staat Freiburg erwirbt das Tetra-Pak-Areal in Romont*. Medienmitteilung vom 12.09.2016. Online verfügbar unter: http://www.fr.ch/ce/de/pub/aktuelles.cfm?fuseaction_pre=Detail&NewsID=56145

Staatsrat des Kantons Freiburg (2017): *Der Staat Freiburg erwirbt die Immobilien des Unternehmens Elanco in St. Aubin und Marly*. Medienmitteilung vom 04.01.2017. Online verfügbar unter: http://www.fr.ch/ce/de/pub/aktuelles.cfm?fuseaction_pre=Detail&NewsID=58764

Stadt Solothurn (2009): *Verwaltungsbericht 2009*

Stadt Solothurn (2010): *Verwaltungsbericht 2010*

Stadt Solothurn Stadtbauamt (2014): *Stadtentwicklung Solothurn – Analyse zu Bevölkerungsentwicklung, Wohnungsbau und Wohnungsmarkt*. Nr 790.024.581

Stadt Solothurn (2015): *Stadtentwicklungskonzept (STEK) Solothurn 2030.* Version vom Juni 2015

Stadt Solothurn (2016): *Anhang zum räumlichen Leitbild.* Dezember 2016

Stadt Wädenswil (2012a): *Räumliche Entwicklungsstrategie (RES).* Version vom 12. April 2012

Stadt Wädenswil (2012b): *Landschaftsentwicklungskonzept (LEK).* Version vom 4. Septemer 2012

Stadt Wädenswil (2014a): *Innenentwicklungsstrategie.* Schlussbericht vom Dezember 2014

Stadt Wädenswil (2014b): *Gemeinde-Abstimmungen vom 30. November 2014 – Kauf Baugrundstück im Rütihof.*

Stadtrat Wädenswil (2008): *Stadtentwicklungsprojekt Wädensville.*

Stake, Robert E. (2005): *The Art of Case Study Research.* London: Sage

Stake, Robert E. (2010): *Qualitative research: studying how things work.* New York: Guilford

Steinke, Michael (201 *Die Anwendung des §9 Abs. 2a BauGB in der Praxis.* In: RaumPlanung vol. 190(2). S. 32-37.

Strasser, Arnold (1962): *Das Diskonthaus in den USA.* In: Barnet et al. (Hg.): *Das Diskonthaus – Eine neue Revolution im Einzelhandel?* S. 13-24.

Straub, Andreas (2012): *ALDI Einfach billig – Ein ehemaliger Manager packt aus.* Rowohlt Verlag. Hamburg. 5. Auflage

Ströbele, Wolfgang (1994): *Ökosteuern und Umweltabgaben – Versuch einer Systematisierung.* Umweltpolitik mit hoheitlichen Zwangsabgaben, Berlin, 107-122.

Stüer, Bernhard (1988): *Baugebot nach § 176 BauGB.* Die Öffentliche Verwaltung, Heft 8, S. 337-340.

Suter, Rudolf (1962): *Migros und Diskontprinzip.* In: Barnet et al. (Hg.): *Das Diskonthaus – Eine neue Revolution im Einzelhandel?* S. 117-122.

Swissinfo (2006): *Amgen lässt Schweiz im Grossen Moos stehen.* Pressemeldung vom 24.1.2006. Online verfügbar unter: http://www.swissinfo.ch/ger/amgen-laesst-schweiz-im-grossen-moos-stehen/4973088

Talen, Emily (2006): *Design that enables diversity: the complications of a planning ideal.* CPL bibliography, 20(3), 233-249.

Thaler, Thomas, & Hartmann, Thomas. (2016): *Justice and flood risk management: Reflecting on different approaches to distribute and allocate flood risk management in Europe.* Natural Hazards, 83(1), 129-147

Thiel, Fabian (2002): *Grundflächen und Rohstoffe im Spannungsfeld zwischen Privat- und Gemeineigentum. Eine interdisziplinäre Untersuchung.* Hamburger Beiträge zur geographischen Forschung. Bd. 2. Hamburg

Thiel, Fabian (2008): *Strategisches Landmanagement. Baulandentwicklung durch Recht, Ökonomie, Gemeinschaft und Information.* Norderstedt

Thiel, Fabian (2009): *Soziale Bodenpolitik durch Gemeinwohlförderung.* In: Zeitschrift für Sozialökonomie, Nr. 162-163/2009, S. 3-10.

Thiel, Fabian (2013): *Property entails obligations: land and property law in Germany.* Cambodian Yearbook of Comparative Legal Studies Vol. 2. Hong Kong. 29-67

Thiel, Fabian; Wenner, Fabian (2018): *Land taxation in Estonia: An efficient instrument of land policy for land scarcity, equity, and ecology.* In: Gerber/Hartmann/Hengstermann (Hg.): *Instruments of Land Policy.*

Tilly, Charles (1998): *Durable inequality.* University of California Press.

Tolstoi, Leo (1890): *Die Sklaverei unserer Zeit.* Verlag Erkenntnis und Befreiung. Wien (Übersetze Version von 1921).

trias (Hg.) (2016): *Das Erbbaurecht – ein anderer Umgang mit Grund und Boden.* Herten: Buschhausen

Turgot, Anne Robert Jaques (1766/1914): *Betrachtungen über die Bildung und die Verteilung des Reichtums.* Ins Deutsche übersetzt von Valentine Dorn 1914. Fischer Verlag.

Uttke, Angela (2009): *Supermärkte und Lebensmitteldiscounter: Wege der städtebaulichen Qualifizierung.* Rohn Verlag. Dortmund.

Uttke, Angela (2011a): *Discounter-Städtebau. Die bauliche Gestaltung von Markplätzen und Schauplätzen des Alltags.* In: Jürgens, Heinrich (Hrsg.): *Discounterwelten.* L.I.S. Verlag, Passau. S. 51-73

Uttke, Angela (2011b): *Old and emerging centers. Local food markets as today's anchors in urban centers.* In: DisP – The Planning Review 185, 2/2011. Zürich, S. 56-69.

Vatter, Adrian (1996): *Politikwissenschaftliche Thesen zur schweizerischen Raumplanung der Nachkriegszeit (1950-1995).* disP-The Planning Review 32.127. S. 28-34.

Vedung, Evert (1998): *Policy instruments: typologies and theories.* In: Bemelsman-Videc; Rist; Vedung (Hg.): *Carrots, sticks and sermons. Policy instruments and their evaluation.* Transaction publishers, New Brunswick and London

Vereinigung für Landesplanung (VLP-ASPAN) (2017): *Verdichtung – zwischen Qualität und Rendite.* Tagung vom 8. September 2017. Dokumentation veröffentlicht in: InfoRaum 4/2017

Verhage, Roelof (2002): *Local policy for housing development: European experiences.* Aldershot: Ashgate.

Viallon, François-Xavier (2017): *Redistributive instruments in Swiss land use policy: A discussion based on local examples of implementation.* Dissertation an der Universität Lausanne.

Vollmer, Annette (2011): *Business Improvement Districts – Erfolgreicher Politikimport aus den USA?* Peter Lang Verlag, Bern

Wachter, Daniel (1990): *Nachhaltige Entwicklung: Folgerungen für die schweizerische Bodenpolitik.* In: DisP 124 S. 10-16

Wachter, Daniel (1993): *Bodenmarktpolitik. Sozio-ökonomische Forschungen.* Paul Haupt Verlag, Bern

Wachter, Daniel (1994): *Ziele und Zielkonflikte der schweizerischen Bodenpolitik.* In: Vermessung, Photogrammetrie, Kulturtechnik (VPK). 92(1994), 211-213

Wallace, Alfred Russel (1882): *Land Nationalisation: Its Necessity and Its Aims.* Reeves.

Walras, Léon (1896): *Etudes d'économie sociale (Théorie de la répartition de la richesse sociale).* F. Rouge et cie, sa.

Watzlawick, Paul; Beavin, Janet H.; Jackson, Don D. (1969/2007): *Menschliche Kommunikation. Formen, Störungen, Paradoxien.* 11. Auflage von 2007. Huber Verlag, Bern, S. 53-70

Weber, Max (1922): *Wirtschaft und Gesellschaft – Die Stadt.* Neuauflage publiziert: Nippel, Wolfgang (2000) Studienausgabe der Max-Weber-Gesamtausgabe

Weiß, Erich (1998): *Die allgemeine Bodenfrage.* In: VR 7/1998. 321-335

Weiss, Hans (2006): *Galmiz: Vom Unfall zum Glücksfall.* In: natur+mensch 3/2006, S. 2-6

Werkstadt Zürisee (o.J.): *Werkstadt Zürisee – Ein Projekt der Stadt Wädenswil.* Herausgegeben von der Stadt Wädenswil sowie von der beauftragten Arealentwicklerin Halter AG I Immobilien. Online verfügbar unter: www. http://werkstadt-zuerisee.ch/de

Wildavsky, Aaron (1973): *If Planning is Everything, Maybe it's Nothing.* In: Policy Sciences. Vol 4. S. 127-153

Willemsen, Simon (2014): *Leitbilder in der Projektarbeit.* Materialien Studium und Projektarbeit (Gelbe Reihe). Dortmund

Williamson, Oliver E. (2000): *The new institutional economics: taking stock, looking ahead.* Journal of economic literature, 38(3), 595-613.

Winkler, Ernst; Winkler, Gabriella; Lendi, Martin (1979): *Dokumente zur Geschichte der schweizerischen Landesplanung. Zürich.* Institut für Orts-, Regional- und Landesplanung

Wintzer, Jeannine; Hengstermann, Andreas (im Erscheinen): *Bürgerschaftliche Expertise in Entscheidungsprozessen – Partizipation als Kollaboration am Beispiel nextsuisse.*

World Commission on Environment and Development (WCED) (1987): *Our Common Future.* Weltkommission für Umwelt und Entwicklung („Brundtland-Kommission"). Oxford University Press, Oxford.

Wortmann, Michael (2011): *Der Erfolg der Discounter. Zur Entwicklung des deutschen Lebensmitteleinzelhandels im internationalen Vergleich.* In: Jürgens, Ulrich (Hg.): *Discounterwelten.* S.103-120.

Yin, Robert (2014): *Case Study Research – Design and Methods.* 5. Auflage. Los Angeles/London: Sage

Zaugg, Aldo (1995): *Kommentar zum Baugesetz des Kantons Bern vom 9. Juni 1985.* Bern. Stämpfli. 2. Auflage

Zaugg, Aldo; Ludwig, Peter (2013): *Kommentar zum Baugesetz des Kantons Bern.* 4 Aufl., Band II.

Zimmermann, Erich W. (1933): *World Resources and Industries – A functional appraisial of the availability of agricultural and industrial resources.* Harper & Brothers Publishers. New York and London

Zürcher Planungsgruppe Zimmerberg (2011): *Regionales Raumordnungskonzept – Strategie Arbeitsgebiete.* Version vom 08.09.2011

Verzeichnis der geführten Interviews

Im Folgenden ist eine Übersicht der geführten Interviews enthalten. Die befragten Personen dienten als Informationsquellen und zum besseren Verständnis der Vorgänge. Die Personen und ihre formulierten Aussagen waren jedoch nicht Gegenstand der Untersuchung. Daher erfolgt keine Transkription der Gespräche (siehe zur Vorgehensweise ausführlich: Kap. 7.3). Direkte Zitationen wurden in der Regel nicht angestrebt. Sollte eine Interviewaussage direkt zitiert worden sein (da es sich um eine besonders gelungene, plakative Formulierung handelt), sind diese Zitate von den jeweiligen Personen freigegeben worden. Die Inhalte der getätigten Aussagen wurden nach Möglichkeit durch Dokumente oder durch Befragung anderer Akteure verifiziert (oder falsifiziert). Die folgende Auflistung enthält die befragten Personen in alphabetischer Reihenfolge:

Name, Vorname	Funktion	Organisation	Befragungs-zeitpunkt
Adam, Nicolas	Bauverwalter	Gemeinde Biberist	Dezember 2016
de Angelis, Diego	Architekt	Verein Masterplan Solothurn	Juni 2017
Allemann, Urs	Vereinspräsident	Verein Masterplan Solothurn	Juni 2017
Barman Krämer, Gabriela	Leiterin Stadtplanungsamt	Stadt Solothurn	Juli 2017
Berger, Urs	Bauverwalter	Gemeinde Oberburg	Juli 2016
Grambone, Daniele	Architekt	Verein Masterplan Solothurn	Juni 2017
Felber, Stephan	Gemeindeplaner	Stadt Köniz	August 2017
Hegglin, Robert	Bauverwalter	Gemeinde Fislisbach	August 2016
Kutter, Philipp	Stadtpräsident Wädenswil und Kantonsrat Zürich (CVP)	Stadt Wädenswil	Dezember 2016
Lenggenhager, Andrea	Leiterin Stadtbauamt	Stadt Solothurn	Juli 2017

Name, Vorname	Funktion	Organisation	Befragungs-zeitpunkt
Lüdi, Fritz	Gemeinderat (SVP) Ressort „Bauten"	Gemeinde Oberburg	August 2016
Mahler, Andreas	Gemeinderat (GLP) Bauverwaltung	Gemeinde Fislisbach	August 2016
Rickenbacher, Andrea	Mitarbeiterin Abteilung Planen & Bauen	Stadt Wädenswil	Februar 2017
Rindlisbacher, Anton	Leiter Bauinspektorat	Stadt Solothurn	Juli 2017
Schaad, René	Liegenschafts-verwalter	Stadt Köniz	August 2017
Schmidli, Josef	Gemeinderat (CVP) Ressort „Bauen"	Stadt Emmen	Januar 2017
Sedlmayer, Katrin	Gemeinderätin (SP) Planung und Verkehr	Stadt Köniz	August 2017

Printed in the United States
By Bookmasters